HANDBUCH DER PHYSIK

UNTER REDAKTIONELLER MITWIRKUNG VON

R. GRAMMEL-STUTTGART · F. HENNING-BERLIN
H. KONEN-BONN · H. THIRRING-WIEN · F. TRENDELENBURG-BERLIN
W. WESTPHAL-BERLIN

HERAUSGEGEBEN VON

H. GEIGER UND KARL SCHEEL

BAND III

MATHEMATISCHE HILFSMITTEL IN DER PHYSIK

SPRINGER-VERLAG BERLIN HEIDELBERG GMBH
1928

MATHEMATISCHE HILFSMITTEL IN DER PHYSIK

BEARBEITET VON

A. DUSCHEK · J. LENSE · K. MADER
TH. RADAKOVIC · F. ZERNIKE

REDIGIERT VON H. THIRRING

MIT 138 ABBILDUNGEN

SPRINGER-VERLAG BERLIN HEIDELBERG GMBH
1928

ISBN 978-3-642-88929-5 ISBN 978-3-642-90784-5 (eBook)
DOI 10.1007/978-3-642-90784-5

URSPRÜNGLICH ERSCHIENEN BEI JULIUS SPRINGER IN BERLIN 1928
SOFTCOVER REPRINT OF THE HARDCOVER 1ST EDITION 1928

Inhaltsverzeichnis.

Allgemeine physikalische Konstanten

(September 1926)[1].

a) Mechanische Konstanten.

Gravitationskonstante	$6{,}6_5 \cdot 10^{-8}$ dyn · cm^2 · g^{-2}
Normale Schwerebeschleunigung	980,665 cm · sec^{-2}
Schwerebeschleunigung bei 45° Breite	980,616 cm · sec^{-2}
1 Meterkilogramm (mkg)	$0{,}980665 \cdot 10^8$ erg
Normale Atmosphäre (atm)	$1{,}01325_3 \cdot 10^6$ dyn · cm^{-2}
Technische Atmosphäre	$0{,}980665 \cdot 10^6$ dyn · cm^{-2}
Maximale Dichte des Wassers bei 1 atm	0,999973 g · cm^{-3}
Normales spezifisches Gewicht des Quecksilbers	13,5955

b) Thermische Konstanten.

Absolute Temperatur des Eispunktes	$273{,}2_0$°
Normales Litergewicht des Sauerstoffes	1,42900 g · l^{-1}
Normales Molvolumen idealer Gase	$22{,}414_5 \cdot 10^3$ cm^3
Gaskonstante für ein Mol	$0{,}8204_5 \cdot 10^2$ cm^3-atm · grad^{-1}
	$0{,}8313_2 \cdot 10^8$ erg · grad^{-1}
	$0{,}8309_0 \cdot 10^1$ int joule · grad^{-1}
	$1{,}985_8$ cal · grad^{-1}
Energieäquivalent der 15°-Kalorie (cal)	$4{,}184_2$ int joule
	$1{,}1623 \cdot 10^{-6}$ int k-watt-st
	$4{,}186_3 \cdot 10^7$ erg
	$4{,}268_8 \cdot 10^{-1}$ mkg

c) Elektrische Konstanten.

1 internationales Ampere (int amp)	$1{,}0000_0$ abs amp
1 internationales Ohm (int ohm)	$1{,}0005_0$ abs ohm
Elektrochemisches Äquivalent des Silbers	$1{,}11800 \cdot 10^{-3}$ g · int coul^{-1}
Faraday-Konstante für ein Mol und Valenz 1	$0{,}9649_4 \cdot 10^5$ int coul
Ionisier.-Energie/Ionisier.-Spannung	$0{,}9649_4 \cdot 10^5$ int joule · int volt^{-1}

d) Atom- und Elektronenkonstanten.

Atomgewicht des Sauerstoffs	16,000
Atomgewicht des Silbers	107,88
Loschmidtsche Zahl (für 1 Mol)	$6{,}06_1 \cdot 10^{23}$
Boltzmannsche Konstante k	$1{,}372 \cdot 10^{-16}$ erg · grad^{-1}
$^1/_{16}$ der Masse des Sauerstoffatoms	$1{,}650 \cdot 10^{-24}$ g
Elektrisches Elementarquantum e	$1{,}592 \cdot 10^{-19}$ int coul
	$4{,}77_4 \cdot 10^{-10}$ dyn$^{1/2}$ · cm
Spezifische Ladung des ruhenden Elektrons e/m	$1{,}76_6 \cdot 10^8$ int coul · g^{-1}
Masse des ruhenden Elektrons m	$9{,}02 \cdot 10^{-28}$ g
Geschwindigkeit von 1-Volt-Elektronen	$5{,}94_5 \cdot 10^7$ cm · sec^{-1}
Atomgewicht des Elektrons	$5{,}46 \cdot 10^{-4}$

e) Optische und Strahlungskonstanten.

Lichtgeschwindigkeit (im Vakuum)	$2{,}998_5 \cdot 10^{10}$ cm · sec^{-1}
Wellenlänge der roten Cd-Linie (1 atm, 15° C)	$6438{,}470_0 \cdot 10^{-8}$ cm
Rydbergsche Konstante für unendl. Kernmasse	109737,1 cm^{-1}
Sommerfeldsche Konstante der Feinstruktur	$0{,}729 \cdot 10^{-2}$
Stefan-Boltzmannsche Strahlungskonstante σ	$5{,}7_5 \cdot 10^{-12}$ int watt · cm^{-2} · grad^{-4}
	$1{,}37_4 \cdot 10^{-12}$ cal · cm^{-2} · sec^{-1} · grad^{-4}
Konstante des Wienschen Verschiebungsgesetzes	0,288 cm · grad
Wien-Plancksche Strahlungskonstante c_2	1,43 cm · grad

f) Quantenkonstanten.

Plancksches Wirkungsquantum h	$6{,}55 \cdot 10^{-27}$ erg · sec
Quantenkonstante für Frequenzen $\beta = h/k$	$4{,}77_5 \cdot 10^{-11}$ sec · grad
Durch 1-Volt-Elektronen angeregte Wellenlänge	$1{,}233 \cdot 10^{-4}$ cm
Radius der Normalbahn des H-Elektrons	$0{,}529 \cdot 10^{-8}$ cm

[1]) Erläuterungen und Begründungen s. Bd. II d. Handb. Kap. 10, S. 487—518.

Kapitel 1.

Infinitesimalrechnung.

Von

A. Duschek, Wien.

Mit 6 Abbildungen.

I. Grundlagen.

a) Mengenlehre.

1. Abstrakte Mengen. Irgend eine Gesamtheit von Dingen heißt eine Menge, wenn folgende Voraussetzungen erfüllt sind:

1. Es muß von jedem Ding festgestellt werden können, ob es zur Menge gehört oder nicht.

2. Die einer Menge angehörenden Dinge — ihre Elemente — müssen voneinander wohl unterscheidbar sein.

Eine Menge $\mathfrak{M}_1$ heißt Teilmenge einer Menge $\mathfrak{M}$, wenn jedes Element von $\mathfrak{M}_1$ auch Element von $\mathfrak{M}$ ist, in Zeichen $\mathfrak{M}_1 < \mathfrak{M}$. Die Teilmenge $\mathfrak{M}_1$ heißt echt, wenn sie weder mit $\mathfrak{M}$ selbst identisch, noch leer ist, d. h. überhaupt kein Element enthält.

Unter dem Durchschnitt $\mathfrak{D}$ zweier Mengen $\mathfrak{M}_1$ und $\mathfrak{M}_2$ versteht man die Menge aller Elemente, die sowohl zu $\mathfrak{M}_1$ als auch zu $\mathfrak{M}_2$ gehören, in Zeichen $\mathfrak{D} = \mathfrak{M}_1 \cdot \mathfrak{M}_2$. Unter der Vereinigungsmenge $\mathfrak{V}$ zweier Mengen $\mathfrak{M}_1$ und $\mathfrak{M}_2$ versteht man die Menge aller Elemente, die entweder zu $\mathfrak{M}_1$ oder zu $\mathfrak{M}_2$ gehören, in Zeichen $\mathfrak{V} = \mathfrak{M}_1 + \mathfrak{M}_2$. Durchschnitt und Vereinigungsmenge von mehr als zwei Mengen sind entsprechend zu definieren.

Zwei Mengen $\mathfrak{M}_1$ und $\mathfrak{M}_2$ heißen äquivalent, in Zeichen $\mathfrak{M}_1 \backsim \mathfrak{M}_2$, wenn sich zwischen ihren Elementen eine ein-eindeutige Zuordnung festsetzen läßt, so daß jedem Element von $\mathfrak{M}_1$ ein und nur ein Element von $\mathfrak{M}_2$ entspricht und umgekehrt.

Eine Menge $\mathfrak{M}$ heißt endlich, wenn es keine echte Teilmenge $\mathfrak{T} < \mathfrak{M}$ gibt, die zu $\mathfrak{M}$ äquivalent ist; gibt es eine derartige echte Teilmenge $\mathfrak{T}$ mit $\mathfrak{T} \backsim \mathfrak{M}$, so heißt $\mathfrak{M}$ unendlich oder transfinit.

Eine unendliche Menge heißt abzählbar, wenn sie der Menge der natürlichen Zahlen äquivalent ist, d. h. kurz gesprochen, wenn ihre Elemente numeriert werden können. Die Vereinigungsmenge einer abzählbaren Menge von abzählbaren Mengen ist wieder eine abzählbare Menge.

Abzählbar ist die Menge der algebraischen Zahlen[1]), nicht abzählbar die Menge aller reellen Zahlen.

---

[1]) Das sind alle Zahlen, die Nullstellen von Polynomen

$$x^n + a_1 x^{n-1} + \cdots + a_n$$

mit ganzzahligen Koeffizienten $a_1, a_2, \ldots, a_n$ sind.

Äquivalente endliche Mengen stimmen in der Anzahl ihrer Elemente überein; man nennt diese Anzahl die Mächtigkeit oder Kardinalzahl der betreffenden Menge. Dieser Begriff wird für unendliche Mengen so verallgemeinert, daß man allen äquivalenten unendlichen Mengen dieselbe transfinite Kardinalzahl oder Mächtigkeit zuordnet. Die kleinste transfinite Kardinalzahl ist die Mächtigkeit $\mathfrak{a}$ der abzählbaren Mengen. Die Mächtigkeit $\mathfrak{c}$ der Menge der reellen Zahlen heißt Mächtigkeit des Kontinuums. Da jede abzählbare Zahlenmenge eine Teilmenge der Menge der reellen Zahlen ist, aber nicht umgekehrt, sagt man, $\mathfrak{c}$ sei größer als $\mathfrak{a}$.

2. Raum von n Dimensionen. Punktmengen. Man definiert: Jedes bestimmte System von n reellen Zahlen $(x_1, x_2, \ldots, x_n)$ ist ein Punkt x eines n-dimensionalen Raumes R_n; die einzelnen Zahlen $x_1, x_2, \ldots, x_n$ heißen die Koordinaten des Punktes x. Der Raum R_n selbst ist dann die Gesamtheit aller seiner Punkte, d. h. die Gesamtheit aller möglichen n-Tupel reeller Zahlen. Diese Definition ermöglicht es, sich der auch in den Fällen $n > 3$, wo kein anschauliches Korrelat mehr besteht, oft sehr zweckmäßigen geometrischen Sprechweise zu bedienen.

Wir schreiben kurz $x = (x_1, x_2, \ldots, x_n)$ und unterscheiden verschiedene Punkte durch verschiedene Buchstaben oder obere Indizes, z. B. $x^{(i)} = (x_1^{(i)}, x_2^{(i)}, \ldots, x_n^{(i)})$.

Unter einem Intervall im R_n versteht man die Menge der Punkte $x = (x_1, x_2, \ldots, x_n)$, deren Koordinaten Ungleichungen von der Form

(offene Intervalle) oder
$$a_i < x_i < b_i \qquad (i = 1, 2, \ldots, n)$$
$$a_i \leq x_i \leq b_i \qquad (i = 1, 2, \ldots, n)$$

(abgeschlossene Intervalle) genügen. Auf der Geraden bezeichnet man das Intervall $a < x < b$ mit $(a b)$ und das Intervall $a \leq x \leq b$ mit $[a b]$. Die Bezeichnungen $(a b]$ und $[a b)$ werden demgemäß ohne weiteres verständlich sein.

Umgebung eines Punktes des R_n ist jedes den Punkt enthaltende offene Intervall.

Gehört eine Punktmenge ganz einem Intervall an, so heißt sie beschränkt. Liegt in jeder Umgebung eines Punktes x mindestens ein von x verschiedener Punkt einer Menge $\mathfrak{M}$, so heißt x Häufungspunkt von $\mathfrak{M}$; x muß dabei nicht notwendig zu $\mathfrak{M}$ gehören.

Jede beschränkte unendliche Menge besitzt mindestens einen Häufungspunkt (Satz von BOLZANO-WEIERSTRASS).

Eine Menge heißt abgeschlossen, wenn sie alle ihre Häufungspunkte enthält; isoliert, wenn keiner ihrer Punkte Häufungspunkt ist, in sich dicht, wenn jeder ihrer Punkte Häufungspunkt ist und perfekt, wenn sie abgeschlossen und in sich dicht ist.

Gilt auf der Geraden $\mathfrak{M} < [a b]$, so heißt a untere und b obere Schranke von $\mathfrak{M}$. Die größte untere Schranke heißt untere Grenze g, die kleinste obere Schranke obere Grenze G von $\mathfrak{M}$. Es ist stets $a \leq g \leq G \leq b$. Für den kleinsten Häufungswert u schreibt man $u = \underline{\lim}\, \mathfrak{M}$ oder $u = \lim\inf \mathfrak{M}$ (Limes inferior) und analog für den größten Häufungswert $U = \overline{\lim}\, \mathfrak{M}$ oder $U = \lim\sup \mathfrak{M}$ (Limes superior). Ist $\mathfrak{M}$ linksseitig nicht beschränkt, so schreibt man $u = g = \lim\inf \mathfrak{M} = -\infty$ und entsprechend bei rechtsseitig nicht beschränkten Mengen $U = G = \lim\sup \mathfrak{M} = +\infty$. Man nennt dann $+\infty$ und $-\infty$ uneigentliche Häufungswerte.

b) Der Funktionsbegriff.

3. Definitionen. Ist jeder Zahl x einer Menge $\mathfrak{M}$ eine und nur eine andere Zahl y auf irgendeine Art zugeordnet, so nennt man y eine eindeutige Funktion von x und schreibt $y = f(x)$ oder $= g(x)$, $F(x)$, $\varphi(x)$ usw., mitunter auch

$y = y(x)$. Man nennt x unabhängige und y abhängige Veränderliche oder Variable. Sind jedem x einer nicht leeren Teilmenge $\mathfrak{M}_1$ von $\mathfrak{M}$ mehrere Werte von y zugeordnet, so heißt y eine mehrdeutige Funktion von x. Ganz analog werden Funktionen von mehreren Veränderlichen definiert; die Elemente von $\mathfrak{M}$ sind dann allgemein Zahlen-n-tupel $(x_1, x_2, \ldots, x_n)$, und man schreibt $y = f(x_1, x_2, \ldots, x_n)$. Die Menge $\mathfrak{M}$ heißt in jedem Fall Variabilitätsbereich der unabhängigen Veränderlichen oder Definitionsbereich der Funktion.

Sei $\mathfrak{N}$ die Menge aller Werte, die eine Funktion im Definitionsbereich annimmt. Ist $\mathfrak{N}$ beschränkt, so heißt auch die Funktion beschränkt; sind g und G untere und obere Grenze von $\mathfrak{N}$, so heißt g auch untere und G obere Grenze der Funktion. Gehört g (G) zu $\mathfrak{N}$, so heißt g (G) Minimum (Maximum) der Funktion in $\mathfrak{M}$. Die niemals negative Differenz $G - g = s$ heißt Schwankung der Funktion in $\mathfrak{M}$. Ist $\mathfrak{M}'$ eine Teilmenge von $\mathfrak{M}$ und sind g', G' und s' bzw. untere und obere Grenze sowie Schwankung der Funktion in $\mathfrak{M}'$, so ist $g \leq g' \leq G' \leq G$ und $s' \leq s$.

Ist $y = f(x)$ eine Funktion der einen Veränderlichen x und deutet man x und y als rechtwinklige Koordinaten in der Ebene, so bilden die sämtlichen Punkte, deren Abszissen x dem Definitionsbereich von $f(x)$ angehören und deren Ordinaten y die zugehörigen Funktionswerte sind, eine Punktmenge $\mathfrak{C}$ der Ebene, die geometrisches Bild oder Graph von $f(x)$ genannt wird.

Jede Zahl a, für die $f(a) = 0$ ist, heißt Nullstelle der Funktion $f(x)$. Die Nullstellen von $f(x)$ sind die Wurzeln der Gleichung $f(x) = 0$. Entsprechendes gilt im Falle mehrerer Veränderlicher. Eine Gleichung $f(x) = 0$ ist entweder nur für einige Werte des Definitionsbereiches von $f(x)$ erfüllt (Bestimmungsgleichung) oder für alle (identische Gleichung oder Identität). Man schreibt dann oft $f(x) \equiv 0$.

Eine Funktion heißt periodisch mit der Periode $w \neq 0$, wenn $f(x + w) \equiv f(x)$ identisch in x gilt. Neben w sind auch alle ganzzahligen Vielfachen von w Perioden von $f(x)$. Die kleinste mögliche Periode heißt primitive Periode.

Eine Funktion $f(x)$ heißt gerade, wenn $f(-x) \equiv f(x)$, und ungerade, wenn $f(-x) \equiv -f(x)$ ist.

Ist $y = f(x)$ eindeutig in einem Intervall $(a\, b)$ und sind x_1 und x_2 zwei beliebige Punkte aus $(a\, b)$, für die $x_1 < x_2$ ist, so heißt die Funktion $f(x)$ monoton, wenn entweder $f(x_1) \leq f(x_2)$ oder $f(x_1) \geq f(x_2)$ ist, und zwar im ersten Fall „monoton wachsende“, im zweiten Fall „monoton abnehmende“ Funktion.

Eine Funktion von n Veränderlichen heißt homogen vom Grade k, wenn

$$f(t x_1, t x_2, \ldots, t x_n) = t^k f(x_1, x_2, \ldots, x_n)$$

identisch in t gilt; dabei ist k eine beliebige reelle Zahl; ist $f(x_1, x_2, \ldots, x_n)$ nach allen Argumenten differenzierbar, so gilt

$$\frac{\partial f}{\partial x_1} x_1 + \frac{\partial f}{\partial x_2} x_2 + \cdots + \frac{\partial f}{\partial x_n} x_n = k f$$

(Eulersche Differentialgleichung der homogenen Funktionen).

Genügen zwei Funktionen $y = f(x)$ und $x = g(y)$ den Identitäten $y \equiv f(g(y))$ und $x \equiv g(f(x))$, so heißen sie zueinander invers (Umkehrfunktionen).

Eine Gleichung $f(x, y) = 0$ definiert unter gewissen Voraussetzungen (vgl. Ziff. 23) zwei zueinander inverse Funktionen $y = y(x)$ und $x = x(y)$. Man spricht von impliziten (oder besser von implizit gegebenen) Funktionen zum Unterschied von den oben besprochenen expliziten Funktionen. Für die beiden Funktionen $y(x)$ und $x(y)$ gilt $f(x, y(x)) \equiv 0$ und $f(x(y), y) \equiv 0$. Für die Eindeutigkeit der einen ist die Monotonie der anderen hinreichend.

Analog werden implizite Funktionen von mehreren Veränderlichen definiert.

4. Grenzwert von Funktionen einer Veränderlichen. Eine Funktion $f(x)$ hat an einer Stelle x_0 den Grenzwert A, oder sie konvergiert nach A, wenn sich zu jeder Zahl $\varepsilon > 0$ eine Zahl $\delta > 0$ angeben läßt, so daß $|f(x) - A| < \varepsilon$ ist, wenn nur $0 < |x - x_0| < \delta$ gilt[1]; d. h. wenn man den Unterschied zwischen Funktionswert $f(x)$ und Grenzwert dadurch beliebig klein machen kann, daß man x hinreichend nahe bei x_0 annimmt. Die Stelle x_0 muß dabei nur ein Häufungswert des Definitionsbereiches von $f(x)$ sein. Man schreibt $\lim\limits_{x \to x_0} f(x) = A$.

Mitunter unterscheidet man linksseitige und rechtsseitige Grenzwerte, womit gemeint ist, daß man der fraglichen Stelle entweder von links oder von rechts her näherkommt. Für einen linksseitigen Grenzwert muß die letzte Ungleichung der obigen Definition $0 < x_0 - x < \delta$, für einen rechtsseitigen $0 < x - x_0 < \delta$ lauten. Man schreibt den linksseitigen Grenzwert $\lim\limits_{x \to x_0 - 0} f(x)$, den rechtsseitigen $\lim\limits_{x \to x_0 + 0} f(x)$.

Ist der Definitionsbereich von $f(x)$ nicht beschränkt, so kann man nach den Grenzwerten $\lim\limits_{x \to +\infty} f(x)$ und $\lim\limits_{x \to -\infty} f(x)$ fragen. Es ist $\lim\limits_{x \to +\infty} f(x) = A$, wenn zu jeder Zahl $\varepsilon > 0$ eine Zahl N angegeben werden kann, so daß $|f(x) - A| < \varepsilon$ wird, wenn nur $x > N$ ist. Analog im zweiten Fall.

Ist $\lim\limits_{x \to x_0} f(x) = A$, so ist auch $\lim\limits_{x \to x_0} |f(x)| = |A|$. Dagegen darf man nicht umgekehrt aus der Existenz von $\lim\limits_{x \to x_0} |f(x)|$ auf die von $\lim\limits_{x \to x_0} f(x)$ schließen (es kann z. B. $\lim\limits_{x \to x_0 + 0} f(x) = +A$, aber $\lim\limits_{x \to x_0 - 0} f(x) = -A$ sein).

Existieren $\lim\limits_{x \to x_0} f(x) = A$ und $\lim\limits_{x \to x_0} g(x) = B$, so ist

$$\lim_{x \to x_0}(f(x) \pm g(x)) = \lim_{x \to x_0} f(x) \pm \lim_{x \to x_0} g(x) = A \pm B, \quad \lim_{x \to x_0}(f(x) \cdot g(x)) = \lim_{x \to x_0} f(x) \cdot \lim_{x \to x_0} g(x) = AB$$

und, sofern $B \neq 0$ ist, auch

$$\lim_{x \to x_0} \frac{f(x)}{g(x)} = \frac{\lim\limits_{x \to x_0} f(x)}{\lim\limits_{x \to x_0} g(x)} = \frac{A}{B}.$$

Existiert eine Stelle x_0 und läßt sich zu jeder noch so großen Zahl N eine Zahl $\delta > 0$ angeben, so daß $f(x) > N$ ist, für alle x des Definitionsbereiches, die der Ungleichung $|x - x_0| < \delta$ genügen, so hat $f(x)$ an der Stelle x_0 den uneigentlichen Grenzwert $\lim\limits_{x \to x_0} f(x) = +\infty$. Analog ist $\lim\limits_{x \to x_0} f(x) = -\infty$ zu verstehen. Wir erwähnen noch einige Sätze: Ist $\lim\limits_{x \to x_0} f(x) = \pm\infty$, so ist $\lim\limits_{x \to x_0} [f(x) + g(x)] = \pm\infty$, $\lim\limits_{x \to x_0} [f(x) \cdot g(x)] = \pm\infty$ oder $= \mp\infty$, je nachdem in einer Umgebung von x_0 entweder $g(x) \geq A > 0$ oder $g(x) \leq A < 0$ ist, und $\lim\limits_{x \to x_0} \frac{1}{f(x)} = 0$.

Sind $y = f(x)$ und $z = g(x)$ zwei Funktionen von x, für die $\lim\limits_{x \to x_0} y = \lim\limits_{x \to x_0} z = 0$ ist, so sagt man, y werde von höherer, gleicher oder niedrigerer Ordnung

---

[1] $|x|$ ist der absolute Betrag von x, also $|x| = x$, wenn $x > 0$, $|x| = -x$, wenn $x < 0$ und $|0| = 0$. Einige Regeln:

$$|x + y| \leq |x| + |y|, \quad |x - y| \geq ||x| - |y||, \quad |x \cdot y| = |x| \cdot |y|, \quad \left|\frac{x}{y}\right| = \frac{|x|}{|y|}.$$

Ist $a > 0$, so folgt aus $|x| = a$ entweder $x = a$ oder $x = -a$, aus $|x| < a$ die Doppelungleichung $-a < x < +a$. Man setzt $\frac{x}{|x|} = \operatorname{sign} x$ (Vorzeichen von x); es ist $\operatorname{sign} x = +1$, wenn $x > 0$, und $\operatorname{sign} x = -1$, wenn $x < 0$ ist; $\operatorname{sign} 0$ ist nicht definiert.

(unendlich klein oder besser) Null als z, je nachdem $\lim\limits_{x\to x_0}\left|\frac{y}{z}\right| = 0, = A$ oder $= +\infty$ ist, wobei A eine beliebige positive Zahl bedeuten kann. Ist $\lim\limits_{x\to x_0}|y| = \lim\limits_{x\to x_0}|z| = +\infty$, so sagt man analog, y werde von höherer, gleicher oder niedrigerer Ordnung unendlich (groß) als z, je nachdem $\lim\limits_{x\to x_0}\left|\frac{y}{z}\right| = +\infty, = A$ oder $= 0$ ist. Um die Ordnungen des Null- und Unendlichwerdens nicht nur vergleichen, sondern auch messen zu können, setzt man fest, daß $|x - x_0|^a$ an der Stelle x_0 von a-ter Ordnung Null wird, wenn $a > 0$ ist, und von $(-a)$-ter Ordnung unendlich, wenn $a < 0$ ist.

5. Stetigkeit von Funktionen einer Veränderlichen. Eine Funktion $y = f(x)$ ist stetig an einer Stelle x_0 ihres Definitionsbereiches, wenn $\lim\limits_{x\to x_0} f(x) = f(x_0)$ ist, d. h. wenn an dieser Stelle Grenz- und Funktionswert übereinstimmen. Oder: Wenn es zu jeder Zahl $\varepsilon > 0$ eine Zahl $\delta > 0$ gibt, so daß $|f(x) - f(x_0)| < \varepsilon$ ist, wenn nur $|x - x_0| < \delta$ gilt. Eine Funktion ist stetig in einem Intervall, wenn sie an jeder Stelle dieses Intervalles stetig ist.

Beispiele von Unstetigkeiten:

1. $f(x) = \lim\limits_{n\to\infty}\frac{nx+2}{nx+1}$; hier ist $f(x) = 1$, wenn $x \neq 0$, jedoch $f(0) = 2$. Solche Unstetigkeiten nennt man hebbar, da sie durch Abänderung der Funktion in einem einzigen Punkt (allgemein in den Punkten einer isolierten Menge) behoben werden können. In unserem Fall brauchen wir ja nur $f(0) = 1$ zu setzen, um zu erreichen, daß der Grenzwert $\lim\limits_{x\to 0} 1 = 1$ mit dem Funktionswert übereinstimmt.

2. $f(x) = [x]$, wo $[x]$ die größte in x enthaltene ganze Zahl bedeutet, also $x - 1 < [x] \leq x$ ist (z. B. $[\frac{1}{2}] = 0$, $[-\frac{7}{3}] = -3$). Diese Funktion ist für alle ganzzahligen x unstetig durch endlichen Sprung. Ein ähnliches Verhalten zeigt $f(x) = \operatorname{sign} x$ an der Stelle 0, die nicht zum Definitionsbereich der Funktion gehört. (Vgl. d. Anmerkung auf S. 4.)

3. $f(x) = \frac{1}{x}$ ist an der Stelle Null unstetig durch Unendlichwerden.

4. Die Funktion $f(x)$, die für alle rationalen x den Wert 1 und für alle irrationalen den Wert 0 hat, ist für alle x unstetig (total unstetig).

Eine Funktion heißt gleichmäßig stetig in einem Intervall, wenn zu jeder Zahl $\varepsilon > 0$ eine Zahl $\delta > 0$ angegeben werden kann, so daß $|f(x_1) - f(x_2)| < \varepsilon$ ist für alle Wertepaare x_1 und x_2 des Intervalles, die der Ungleichung $|x_1 - x_2| < \delta$ genügen. Es gilt der wichtige Satz: Ist eine Funktion stetig in einem abgeschlossenen Intervall, so ist sie im selben Intervall auch gleichmäßig stetig.

Die Funktion $f(x) = \frac{1}{x}$ ist in $(0, 1]$ stetig, aber nicht gleichmäßig stetig. Wie klein auch δ angenommen ist, es ist stets möglich, zwei (dann sehr nahe bei 0 gelegene) Zahlen x_1 und x_2 zu finden, für die zwar $|x_1 - x_2| < \delta$, aber $\left|\frac{1}{x_1} - \frac{1}{x_2}\right| > \varepsilon$ wird. Dagegen ist die Funktion gleichmäßig stetig in jedem Intervall $[a\, b]$, wo $a > 0$ beliebig klein und $b > a$ ist.

Ist $f(x)$ in $[a\, b]$ definiert und in den Intervallen $[a\, c_1)$, $(c_1\, c_2)$, $(c_2\, c_3)$, ..., $(c_{n-1}\, b]$ stetig $(a \leq c_1 \leq c_2 \cdots \leq c_{n-1} \leq b)$, so heißt $f(x)$ stückweise stetig in $[a\, b]$.

Jede in einem abgeschlossenen Intervall stetige Funktion ist in diesem Intervall auch beschränkt.

Summe, Differenz, Produkt und Quotient stetiger Funktionen sind ebenfalls stetig, jedoch sind beim Quotienten die Nullstellen des Nenners auszuschließen.

Der absolute Betrag einer stetigen Funktion ist stetig (die Umkehrung gilt im allgemeinen nicht).

Ist $f(x)$ stetig und $f(a) \neq 0$, so gibt es eine Umgebung der Stelle a, so daß das Vorzeichen von $f(x)$ in dieser Umgebung mit dem von $f(a)$ übereinstimmt.

Ist $f(x)$ stetig im abgeschlossenen Intervall $[ab]$ und sind $f(a)$ und $f(b)$ ungleich bezeichnet, ist also $f(a) \cdot f(b) < 0$, so hat $f(x)$ in $[ab]$ mindestens eine Nullstelle (Satz von BOLZANO).

Jede in einem abgeschlossenen Intervall stetige Funktion hat in diesem Intervall sowohl ein Maximum als auch ein Minimum (Satz von WEIERSTRASS).

Ist $u = g(x)$ stetig an der Stelle x_0 und $y = f(u)$ stetig an der Stelle $u_0 = g(x_0)$, so ist die zusammengesetzte Funktion $y = f[g(x)]$ stetig an der Stelle x_0; es ist also $\lim\limits_{x\to x_0} f[g(x)] = \lim\limits_{u\to u_0} f(u)$.

6. Grenzwert und Stetigkeit von Funktionen mehrerer Veränderlichen. Wir beschränken uns im folgenden der Einfachheit halber auf Funktionen zweier Veränderlicher, die in einem ganzen Intervall der (xy)-Ebene definiert sind. Die Verallgemeinerung auf n Veränderliche bietet weder besondere Schwierigkeiten noch etwas wesentlich Neues.

Die Funktion $f(x, y)$ hat an der Stelle (x_0, y_0) den Grenzwert A, in Zeichen

$$\lim_{(x,y)\to(x_0,y_0)} f(x, y) = A, \tag{1}$$

wenn man zu jeder Zahl $\varepsilon > 0$ eine Zahl $\delta > 0$ angeben kann, so daß $|f(x, y) - A| < \varepsilon$ wird für alle x und y des Definitionsbereiches, die den Ungleichungen $0 < |x - x_0| < \delta$ und $0 < |y - y_0| < \delta$ genügen.

Von dem obigen sog. simultanen Grenzübergang wohl zu unterscheiden sind die sukzessiven Grenzübergänge. Gibt man in $f(x, y)$ der einen Veränderlichen, etwa x, einen festen Wert und führt dann den Grenzübergang $\lim\limits_{y\to y_0} f(x, y)$ aus, so wird der Grenzwert, seine Existenz in eigentlichem Sinn vorausgesetzt, eine Funktion $\varphi(x)$, wenn wir x jetzt wieder als variabel ansehen. Mit dieser Funktion $\varphi(x)$ führen wir den Grenzübergang

$$\lim_{x\to x_0}\varphi(x) = \lim_{x\to x_0}\left[\lim_{y\to y_0} f(x, y)\right] = \lim_{x\to x_0}\lim_{y\to y_0} f(x, y) \tag{2}$$

aus. Ist analog $\lim\limits_{x\to x_0} f(x, y) = \psi(y)$, wobei der Grenzübergang bei festgehaltenem y auszuführen ist, so wird

$$\lim_{y\to y_0}\psi(y) = \lim_{y\to y_0}\left[\lim_{x\to x_0} f(x, y)\right] = \lim_{y\to y_0}\lim_{x\to x_0} f(x, y). \tag{3}$$

Die beiden Grenzwerte (2) und (3) müssen einander nicht gleich sein. Existieren (1) und (2) oder (1) und (3), so sind sie einander gleich. Existieren (2) und (3) und sind sie einander gleich, so muß (1) nicht existieren; ebenso folgt aus der Existenz von (1) nicht die von (2) oder (3).

Beispiele:

1. $f(x, y) \equiv \dfrac{x^2 - y^2 + 2x^3 + 3y^3}{x^2 + y^2}$, $(x, y) \neq (0,0)$. Für $(x_0, y_0) = (0,0)$ wird $\varphi(x) \equiv 1 + 2x$, $\psi(y) \equiv -1 + 3y$, also $\lim\limits_{x\to 0}\lim\limits_{y\to 0} f(x, y) = +1$, $\lim\limits_{y\to 0}\lim\limits_{x\to 0} f(x, y) = -1$. Der simultane Grenzwert (1) kann nicht existieren, da er sowohl $= +1$ als auch $= -1$ sein müßte.

2. $f(x, y) \equiv \dfrac{x^2 y}{(x^2 + y)^2}$, $x^2 + y \neq 0$. Hier ist $\lim\limits_{x\to 0}\lim\limits_{y\to 0} f(x, y) = \lim\limits_{y\to 0}\lim\limits_{x\to 0} f(x, y) = 0$, während (1) an der Stelle $(0, 0)$ nicht existiert.

3. $f(x, y) \equiv y \cdot \sin\dfrac{1}{x}$, $x \neq 0$. Hier ist $\lim\limits_{(x,y)\to(0,0)} f(x, y) = 0$, $\lim\limits_{x\to 0}\lim\limits_{y\to 0} f(xy) = 0$, während $\lim\limits_{y\to 0}\lim\limits_{x\to 0} f(x, y)$ nicht existiert.

Eine Funktion $f(x, y)$ heißt stetig an einer Stelle (x_0, y_0) ihres Definitionsbereiches, wenn $\lim\limits_{(x,y)\to(x_0,y_0)} f(x, y) = f(x_0, y_0)$ ist. Ersetzt man $\lim\limits_{(x,y)\to(x_0,y_0)} f(x, y)$ durch seine Definition, so ergibt sich so wie im Fall einer Veränderlichen eine vom Grenzwert unabhängige Formulierung des Stetigkeitsbegriffes. Alle Begriffe und Sätze von Ziff. 5 lassen sich — teilweise wörtlich — übertragen.

Beispiele:

4. $f(x, y) \equiv -y$ für $x \geq 0$, $f(x, y) \equiv +y$ für $x < 0$ (man überlege sich das Aussehen der Bildfläche!) ist unstetig in allen Punkten der y-Achse mit Ausnahme von $(0, 0)$.

5. Die Funktionen aus Beispiel 1 und 2 sind an $(0, 0)$ unstetig, und zwar auch dann, wenn man an dieser Stelle irgendeinen Funktionswert definiert.

7. Spezielle Funktionen. Es handelt sich hier durchaus um stückweise stetige Funktionen.

Polynome oder ganze rationale Funktionen. Diese sind bei einer unabhängigen Veränderlichen von der Form

$$\sum_{i=0}^{n} a_i x^i = a_0 + a_1 x + a_2 x^2 + \cdots + a_n x^n,$$

bei r unabhängigen Veränderlichen von der Form

$$\sum_{\alpha_1 \alpha_2 \ldots \alpha_r} a_{\alpha_1 \alpha_2 \ldots \alpha_r} x_1^{\alpha_1} x_2^{\alpha_2} \ldots x_r^{\alpha_r}, \qquad (\alpha_i \text{ ganz und } > 0).$$

Den größten Wert von $\alpha_1 + \alpha_2 + \cdots + \alpha_r$ nennt man den Grad des Polynoms. Bei homogenen Polynomen oder Formen ist die Exponentensumme in jedem Glied dieselbe; der Grad der Homogenität stimmt mit dem Grad der Form überein und ist somit immer eine natürliche Zahl. Eine Form heißt definit, wenn sie entweder nur positive oder nur negative Werte annimmt und insbesondere nicht verschwindet, außer wenn alle unabhängigen Veränderlichen $= 0$ gesetzt werden (triviale Nullstelle); sie heißt semidefinit, wenn sie außer der trivialen Nullstelle noch mindestens eine weitere Nullstelle besitzt, sonst aber nur Werte einerlei Vorzeichens annimmt, und schließlich indefinit, wenn sowohl positive als auch negative Funktionswerte existieren (vgl. auch Ziff. 36).

Rationale Funktionen sind Quotienten zweier Polynome. Ist der Grad des Zählers kleiner als der Grad des Nenners, so heißt die Funktion echt gebrochen, sonst unecht gebrochen.

Algebraische Funktionen lassen sich allgemein nur in impliziter Weise durch Nullsetzen eines Polynoms definieren. Rationale Funktionen und Polynome sind Sonderfälle algebraischer Funktionen.

Transzendente Funktionen. Diese Gruppe schließt alle nicht algebraischen Funktionen ein. Die sog. elementaren transzendenten Funktionen sind: die Potenz x^a mit irrationalem Exponenten a, die Exponentialfunktion a^x, der Logarithmus, die trigonometrischen, zyklometrischen und hyperbolischen Funktionen, ferner x^x und die aus diesen in elementarer Weise zusammensetzbaren Funktionen.

c) Die elementaren transzendenten Funktionen.

8. Exponentialfunktion und Logarithmus. Erstere ist definiert durch $f(x) = a^x$ mit $a > 0$. Sie ist stetig, stets positiv, für $a < 1$ monoton abnehmend, für $a > 1$ monoton wachsend. Ferner ist $\lim\limits_{x\to+\infty} a^x = 0$ oder $= +\infty$, je nachdem $a < 1$ oder $a > 1$ ist und umgekehrt für $x \to -\infty$. Ist $b = \frac{1}{a}$, so ist der Graph von a^x das Spiegelbild des Graphs von b^x bezüglich der y-Achse. Besonders wichtig ist der Fall der natürlichen Exponentialfunktion $y = e^x$, mit der Basis

$$e = \lim_{x\to\pm\infty}\left(1 + \frac{1}{x}\right)^x = \lim_{h\to 0}(1 + h)^{\frac{1}{h}} = 2{,}718\,281\,828\,459\,045\ldots$$

Der Logarithmus ist definiert als inverse Funktion der Exponentialfunktion. Schreibt man letztere $x = a^y$ ($a > 0$ und $\neq 1$), so wird $y = \overset{a}{\log} x$ (Logarithmus von x in bezug auf die Basis a oder a-Logarithmus von x); es ist (Ziff. 3) $a^{\overset{a}{\log} x} \equiv x$, $\overset{a}{\log} a^y \equiv y$. Der Definitionsbereich besteht aus allen positiven x. Der Logarithmus ist stetig, bei $a < 1$ monoton abnehmend, bei $a > 1$ monoton wachsend. Es ist $\lim\limits_{x \to +\infty} \overset{a}{\log} x = -\infty$, wenn $a < 1$ und $= +\infty$, wenn $a > 1$; $\lim\limits_{x \to 0+0} \overset{a}{\log} x = +\infty$, wenn $a < 1$ und $= -\infty$, wenn $a > 1$ ist. Für alle Werte von a gilt ferner $\overset{a}{\log}\, 1 = 0$ und $\overset{a}{\log}\, a = 1$.

Die Bedeutung des Logarithmus beruht auf den Funktionalgleichungen

$$\overset{a}{\log}(x_1 \cdot x_2) = \overset{a}{\log} x_1 + \overset{a}{\log} x_2, \qquad \overset{a}{\log} \frac{x_1}{x_2} = \overset{a}{\log} x_1 - \overset{a}{\log} x_2, \qquad \overset{a}{\log} x^z = z \cdot \overset{a}{\log} x.$$

Zwischen den Logarithmen in bezug auf zwei verschiedene Basiszahlen a und b besteht die Beziehung

$$\overset{b}{\log} x = \frac{1}{\overset{a}{\log} b} \overset{a}{\log} x = \overset{b}{\log} a \cdot \overset{a}{\log} x;$$

sie sind also proportional. Den Proportionalitätsfaktor

$$M_b^a = \frac{1}{\overset{a}{\log} b} = \overset{b}{\log} a$$

nennt man den Modul der b-Logarithmen bezüglich der a-Logarithmen. Wichtig ist wieder der natürliche oder Nepersche Logarithmus mit der Basis e (man schreibt statt $\overset{e}{\log}$ kurz ln oder lg) sowie, insbesondere bei numerischen Rechnungen, der gemeine, dekadische oder Briggsche Logarithmus $\log x$ mit der Basis 10. Zur Umrechnung der den Tafeln zugrunde liegenden dekadischen Logarithmen in natürliche und umgekehrt dienen die Moduln

$$M_{10}^e = \frac{1}{\ln 10} = \log e = 0{,}434\,294\,481\,9\ldots$$

und

$$M_e^{10} = \frac{1}{\log e} = \ln 10 = 2{,}302\,585\,093\,0\ldots$$

9. Trigonometrische Funktionen. Unter dem Bogenmaß eines Winkels versteht man die Länge des Bogens, den die Schenkel des Winkels auf einem Kreis vom Radius 1 (Einheitskreis) ausschneiden, dessen Mittelpunkt mit dem Scheitel des Winkels zusammenfällt. Zwischen Bogenmaß φ und Gradmaß φ° desselben Winkels bestehen die Relationen:

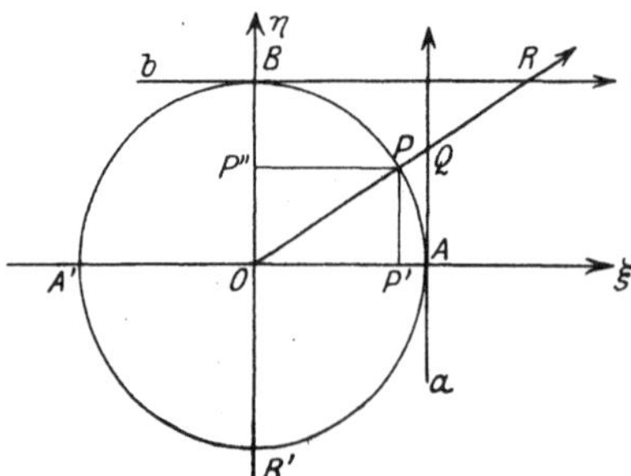

Abb. 1. Trigonometrische Funktionen.

$$\varphi^\circ = \frac{180^\circ}{\pi} \varphi = 57{,}29578\ldots{}^\circ \varphi = 57^\circ 17' 44{,}8'' \varphi;$$

$$\varphi = \frac{\pi}{180^\circ} \varphi^\circ = 0{,}017\,453\,292\ldots \varphi^\circ.$$

Legt man im Einheitskreis (Abb. 1) zwei senkrechte Durchmesser $A'OA = \xi$ und $B'OB = \eta$ sowie die Tangenten a in A und b in B und ist x das Bogenmaß des Winkels AOP, also $x = AP$, wobei der positive Sinn am Einheitskreis dem Uhrzeiger entgegenläuft, so sind die 6 trigonometrischen Funktionen erklärt durch

$$\sin x = \overrightarrow{OP''},\quad \cos x = \overrightarrow{OP'},\quad \operatorname{tg} x = \overrightarrow{AQ},\quad \operatorname{ctg} x = \overrightarrow{BR},\quad \sec x = \overrightarrow{OQ},\quad \operatorname{cosec} x = \overrightarrow{OR},$$

wobei der positive Sinn auf den Geraden ξ, η, a und b durch die Pfeile angedeutet ist. $\sec x$ und $\operatorname{cosec} x$ werden selten verwendet.

$\sin x$ und $\cos x$ sind für alle x definiert und stetig.

$\operatorname{tg} x$ und $\sec x$ sind definiert und stetig für alle x mit Ausnahme der Stellen, wo $\cos x = 0$ ist, also bei $x = \frac{2k+1}{2}\pi$, $(k = 0, \pm 1, \pm 2, \ldots)$

$\operatorname{ctg} x$ und $\operatorname{cosec} x$ sind definiert und stetig für alle x mit Ausnahme der Stellen, wo $\sin x = 0$ ist, also bei $x = k\pi$, $(k = 0, \pm 1, \pm 2, \ldots)$

$\sin x$, $\cos x$, $\sec x$ und $\operatorname{cosec} x$ sind periodisch mit der Periode 2π (Ziff. 3), d. h. es ist $\sin(x + 2k\pi) = \sin x$ usw.

$\operatorname{tg} x$ und $\operatorname{ctg} x$ sind periodisch mit der Periode π.

$\sin x$, $\operatorname{tg} x$, $\operatorname{ctg} x$ und $\operatorname{cosec} x$ sind ungerade, $\cos x$ und $\sec x$ gerade Funktionen.

Formeln:

$$\sin^2 x + \cos^2 x = 1,\qquad \operatorname{tg} x = \frac{\sin x}{\cos x} = \frac{1}{\operatorname{ctg} x},\qquad \operatorname{tg} x \cdot \operatorname{ctg} x = 1,$$

$$1 + \operatorname{tg}^2 x = \frac{1}{\cos^2 x},\qquad 1 + \operatorname{ctg}^2 x = \frac{1}{\sin^2 x},$$

$$\sin(x \pm y) = \sin x \cos y \pm \cos x \sin y,\qquad \cos(x \pm y) = \cos x \cos y \mp \sin x \sin y,$$

$$\operatorname{tg}(x \pm y) = \frac{\operatorname{tg} x \pm \operatorname{tg} y}{1 \mp \operatorname{tg} x \operatorname{tg} y},\qquad \operatorname{ctg}(x \pm y) = \frac{\operatorname{ctg} x \operatorname{ctg} y \mp 1}{\operatorname{ctg} y \pm \operatorname{ctg} x},$$

$$\sin 2x = 2 \sin x \cos x,\qquad \cos 2x = \cos^2 x - \sin^2 x,$$

$$\operatorname{tg} 2x = \frac{2 \operatorname{tg} x}{1 - \operatorname{tg}^2 x},\qquad \operatorname{ctg} 2x = \frac{\operatorname{ctg}^2 x - 1}{2 \operatorname{ctg} x},$$

$$\cos^2 x = \frac{1 + \cos 2x}{2},\qquad \sin^2 x = \frac{1 - \cos 2x}{2},$$

$$\sin 3x = 3 \sin x - 4 \sin^3 x,\qquad \cos 3x = 4 \cos^3 x - 3 \cos x,$$

$$\sin\frac{\varphi}{2} = \sqrt{\frac{1 - \cos\varphi}{2}},\qquad \cos\frac{\varphi}{2} = \sqrt{\frac{1 + \cos\varphi}{2}},$$

$$\operatorname{tg}\frac{\varphi}{2} = \frac{\sin\varphi}{1 + \cos\varphi} = \frac{1 - \cos\varphi}{\sin\varphi} = \sqrt{\frac{1 - \cos\varphi}{1 + \cos\varphi}} = \frac{-1 \pm \sqrt{1 + \operatorname{tg}^2\varphi}}{\operatorname{tg}\varphi},$$

$$\sin x + \sin y = 2 \sin\frac{x+y}{2} \cos\frac{x-y}{2},\qquad \sin x - \sin y = 2 \cos\frac{x+y}{2} \sin\frac{x-y}{2},$$

$$\cos x + \cos y = 2 \cos\frac{x+y}{2} \cos\frac{x-y}{2},\qquad \cos x - \cos y = -2 \sin\frac{x+y}{2} \sin\frac{x-y}{2},$$

$$\cos x + \sin x = \sqrt{2} \sin\left(\frac{\pi}{4} + x\right),\qquad \cos x - \sin x = \sqrt{2} \cos\left(\frac{\pi}{4} + x\right),$$

$$\operatorname{ctg} x + \operatorname{tg} x = \frac{2}{\sin 2x},\qquad \operatorname{ctg} x - \operatorname{tg} x = 2 \operatorname{ctg} 2x,$$

$$2 \sin\varphi \sin\psi = \cos(\varphi - \psi) - \cos(\varphi + \psi),$$

$$2 \cos\varphi \cos\psi = \cos(\varphi - \psi) + \cos(\varphi + \psi),$$

$$2 \sin\varphi \cos\psi = \sin(\varphi - \psi) + \sin(\varphi + \psi),$$

$$\frac{1 + \operatorname{tg} x}{1 - \operatorname{tg} x} = \operatorname{tg}\left(\frac{\pi}{4} + x\right),\qquad \frac{\operatorname{ctg} x + 1}{\operatorname{ctg} x - 1} = \operatorname{ctg}\left(\frac{\pi}{4} - x\right),$$

$$1+\cos x+\cos 2x+\cdots+\cos nx=\cos\frac{nx}{2}\cdot\frac{\sin\frac{n+1}{2}x}{\sin\frac{x}{2}},$$

$$\sin x+\sin 2x+\sin 3x+\cdots+\sin nx=\sin\frac{nx}{2}\cdot\frac{\sin\frac{n+1}{2}x}{\sin\frac{x}{2}},$$

$$\cos x+\cos 3x+\cos 5x+\cdots+\cos(2n-1)x=\frac{\sin 2nx}{2\sin x},$$

$$\sin x+\sin 3x+\sin 5x+\cdots+\sin(2n-1)x=\frac{\sin^2 nx}{\sin x}.$$

Für sehr kleine Werte von x ist näherungsweise

$$\sin x=x-\frac{x^3}{6}=x\sqrt[3]{\cos x},\qquad \cos x=1-\frac{x^2}{2},\qquad \operatorname{tg}x=x+\frac{x^3}{3}=\frac{x}{\sqrt[3]{\cos^2 x}}.$$

Setzt man $\operatorname{tg}\frac{x}{2}=t$, so wird

$$\sin x=\frac{2t}{1+t^2},\qquad \cos x=\frac{1-t^2}{1+t^2},\qquad \operatorname{tg}x=\frac{2t}{1-t^2},\qquad \operatorname{ctg}x=\frac{1-t^2}{2t};$$

die trigonometrischen Funktionen sind also rationale Funktionen der Tangente des halben Winkels.

10. Zyklometrische Funktionen. Die zyklometrischen Funktionen

$$y=\arcsin x,\qquad y=\arccos x,\qquad y=\operatorname{arc\,tg}x,\qquad y=\operatorname{arc\,ctg}x$$

sind definiert als die Umkehrungen von

$$x=\sin y,\qquad x=\cos y,\qquad x=\operatorname{tg}y,\qquad x=\operatorname{ctg}y;$$

y ist also der im Bogenmaß gemessene Winkel, dessen Sinus bzw. Cosinus, Tangens, Cotangens gleich x ist. Vielfach (besonders in England) gebräuchlich ist die Schreibweise $y=\operatorname{arc}(\sin=x)$ usw. Die Funktionen $\operatorname{arc\,sec}x$ und $\operatorname{arc\,cosec}x$ werden kaum verwendet.

Aus der Periodizität der trigonometrischen Funktionen folgt, daß die zyklometrischen unendlich vieldeutig sind. Um eindeutige Funktionen zu erhalten, muß man die abhängige Veränderliche y auf ein Intervall einschränken, in welchem bzw. $\sin y$, $\cos y$, $\operatorname{tg}y$ oder $\operatorname{ctg}y$ monoton ist (vgl. Ziff. 3); und zwar nimmt man meist das Intervall $\left[-\frac{\pi}{2},+\frac{\pi}{2}\right]$ für $\arcsin x$ und $\operatorname{arc\,tg}x$ und das Intervall $[0,\pi]$ für $\arccos x$ und $\operatorname{arc\,ctg}x$. Die so eingeschränkten Funktionen heißen Hauptwerte zum Unterschied von den Gesamtfunktionen. Bemerkt sei, daß $\arcsin x$ und $\arccos x$ nur im Intervall $[-1,+1]$ definiert sind, dagegen $\operatorname{arc\,tg}x$ und $\operatorname{arc\,ctg}x$ für alle x. Bezeichnet man die Hauptwerte durch ein vorgesetztes H, so ist

$$\arcsin x=H\arcsin x+2k\pi=-H\arcsin x+(2k+1)\pi,$$

$$\arccos x=\pm H\arccos x+2k\pi,$$

$$\operatorname{arc\,tg}x=H\operatorname{arc\,tg}x+k\pi,\quad \operatorname{arc\,ctg}x=H\operatorname{arc\,ctg}x+k\pi,$$

$$k=0,\ \pm1,\ \pm2,\ldots$$

Aus der Definition folgen unmittelbar die Identitäten

$$\arcsin(\sin y) \equiv y\,, \quad \sin(\arcsin x) \equiv x$$

usw. Ferner ist

$$H \arcsin x + H \arccos x \equiv \frac{\pi}{2}\,, \quad H \operatorname{arc\,tg} x + H \operatorname{arc\,ctg} x \equiv \frac{\pi}{2}\,.$$

Weitere Formeln (vgl. auch Kap. 6, Ziff. 16):

$$\arcsin x = \arccos\sqrt{1-x^2} = \operatorname{arc\,tg}\frac{x}{\sqrt{1-x^2}}\,,$$

$$\operatorname{arc\,tg} x = \operatorname{arc\,ctg}\frac{1}{x} = \arcsin\frac{x}{\sqrt{1+x^2}} = \arccos\frac{1}{\sqrt{1+x^2}}\,,$$

$$\begin{aligned}
\arcsin x \pm \arcsin y &= \arcsin\left(x\sqrt{1-y^2} \pm y\sqrt{1-x^2}\right)\\
&= \arccos\left(\sqrt{1-x^2}\sqrt{1-y^2} \mp xy\right),\\
\arccos x \pm \arccos y &= \arccos\left(xy \mp \sqrt{1-x^2}\sqrt{1-y^2}\right)\\
&= \arcsin\left(y\sqrt{1-x^2} \pm x\sqrt{1-y^2}\right),\\
\operatorname{arc\,tg} x \pm \operatorname{arc\,tg} y &= \operatorname{arc\,tg}\frac{x \pm y}{1 \mp xy}\,,\\
\operatorname{arc\,ctg} x \pm \operatorname{arc\,ctg} y &= \operatorname{arc\,ctg}\frac{xy \mp 1}{y \pm x}\,;
\end{aligned}$$

$$2\arcsin x = \arcsin\left(2x\sqrt{1-x^2}\right) = \arccos(1-2x^2)\,,$$

$$2\arccos x = \arccos(2x^2-1) = \arcsin\left(2x\sqrt{1-x^2}\right),$$

$$2\operatorname{arc\,tg} x = \operatorname{arc\,tg}\frac{2x}{1-x^2}\,, \qquad 2\operatorname{arc\,ctg} x = \operatorname{arc\,ctg}\frac{x^2-1}{2x}\,.$$

Diese Gleichungen gelten nicht für die Hauptwerte, sondern für die Gesamtfunktionen! Man kann sonst zu ganz falschen Resultaten kommen, z. B. (drittletzte Gleichung, $x = 0$) $\pi = 2\arccos 0 = \arccos(-1) = \arcsin 0 = 0$!

11. Die Hyperbelfunktionen und ihre Umkehrungen. Diese haben keine selbständige Bedeutung, da sie auf einfache Art aus der Exponentialfunktion zusammengesetzt sind, doch sind sie zur Abkürzung mancher Rechnung zweckmäßig. Im Komplexen gilt übrigens dasselbe für die trigonometrischen Funktionen (vgl. Kap. 6, Ziff. 16). Es ist

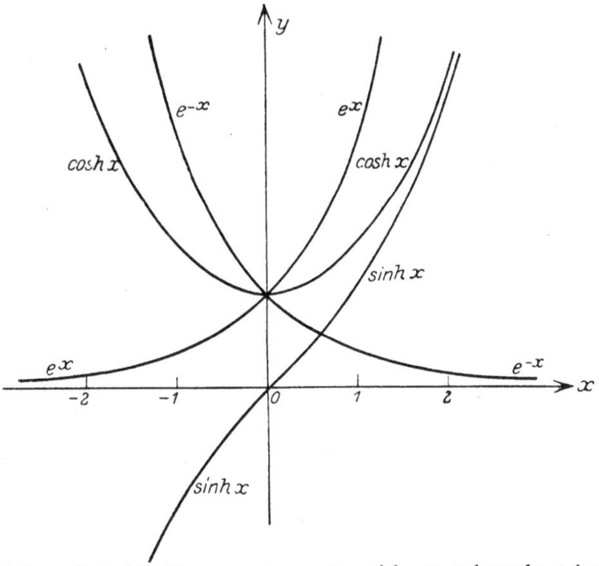

Abb. 2. Verlauf der Kurven $y = e^x$, $y = e^{-x}$, $y = \sinh x$, $y = \cosh x$ und $y = \operatorname{tgh} x$.

$$\sinh x = \tfrac{1}{2}(e^x - e^{-x})\,, \qquad \cosh x = \tfrac{1}{2}(e^x + e^{-x})\,,$$

$$\operatorname{tgh} x = \frac{\sinh x}{\cosh x} = \frac{e^x - e^{-x}}{e^x + e^{-x}}\,.$$

Die Funktionen sind für alle Werte von x definiert und stetig. Andere Schreibweisen sind $\mathfrak{Sin}\,x$, $\mathfrak{Cos}\,x$, $\mathfrak{Tg}\,x$. Die Funktionen

$$\operatorname{ctgh} x = \frac{1}{\operatorname{tgh} x}, \qquad \operatorname{sech} x = \frac{1}{\cosh x}, \qquad \operatorname{cosech} x = \frac{1}{\sinh x}$$

werden fast nie verwendet.

Aus der Identität $\cosh^2 x - \sinh^2 x \equiv 1$ folgt, wenn man $\cosh x = \xi$, $\sinh x = \eta$ setzt, $\xi^2 - \eta^2 = 1$; die gleichseitige Hyperbel übernimmt also hier die Rolle des Einheitskreises bei den trigonometrischen Funktionen (daher der Name). Das Argument x bedeutet aber nicht den Bogen, sondern die doppelte Fläche des schraffierten Sektors (Abb. 3). Eine analoge Deutung der unabhängigen Veränderlichen ist übrigens auch bei den trigonometrischen Funktionen möglich. In Abb. 3 ist $OP'' = \sinh x = \xi$, $OP' = \cosh x = \eta$.

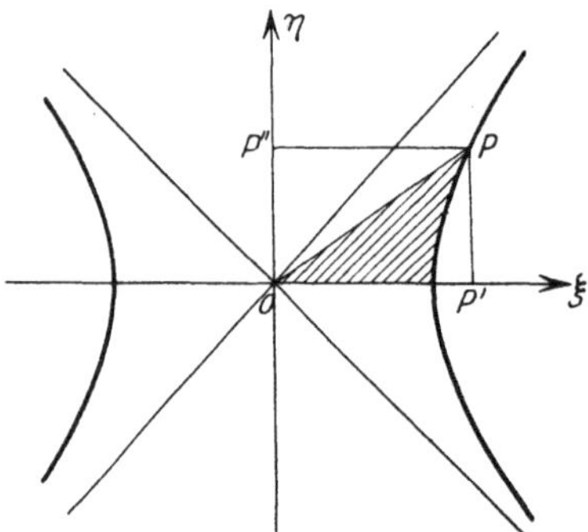

Abb. 3. Veranschaulichung der Hyperbelfunktionen.

Die Umkehrungen sind

$$\operatorname{ar\,sinh} x = \ln\left(x + \sqrt{x^2 + 1}\right),$$

$$\operatorname{ar\,cosh} x = \ln\left(x + \sqrt{x^2 - 1}\right),$$

$$\operatorname{ar\,tgh} x = \ln\sqrt{\frac{1+x}{1-x}}.$$

(ar ist eine Abkürzung von area, Fläche.)

Formeln:

$$\sinh 0 = 0, \qquad \cosh 0 = 1, \qquad \operatorname{tgh} 0 = 0,$$

$$\lim_{x \to \pm\infty} \sinh x = \pm\infty, \qquad \lim_{x \to \pm\infty} \cosh x = +\infty, \qquad \lim_{x \to \pm\infty} \operatorname{tgh} x = \pm 1;$$

$$\sinh(-x) = -\sinh x \text{ (ungerade)}, \qquad \cosh(-x) = \cosh x \text{ (gerade)},$$

$$\operatorname{tgh}(-x) = -\operatorname{tgh} x \text{ (ungerade)};$$

$$\cosh^2 x - \sinh^2 x = 1, \qquad (\cosh x \pm \sinh x)^n = \cosh n x \pm \sinh n x;$$

$$\sinh(x \pm y) = \sinh x \cosh y \pm \cosh x \sinh y,$$

$$\cosh(x \pm y) = \cosh x \cosh y \pm \sinh x \sinh y,$$

$$\operatorname{tgh}(x \pm y) = \frac{\operatorname{tgh} x \pm \operatorname{tgh} y}{1 \pm \operatorname{tgh} x \operatorname{tgh} y};$$

$$\sinh 2x = 2 \sinh x \cosh x, \qquad \cosh 2x = \cosh^2 x + \sinh^2 x, \qquad \operatorname{tgh} 2x = \frac{2 \operatorname{tgh} x}{1 + \operatorname{tgh}^2 x};$$

$$\sinh 3x = 4 \sinh^3 x + 3 \sinh x, \qquad \cosh 3x = 4 \cosh^3 x - 3 \cosh x;$$

$$\sinh x + \sinh y = 2 \sinh \frac{x+y}{2} \cosh \frac{x-y}{2},$$

$$\sinh x - \sinh y = 2 \cosh \frac{x+y}{2} \sinh \frac{x-y}{2},$$

$$\cosh x + \cosh y = 2 \cosh \frac{x+y}{2} \cosh \frac{x-y}{2},$$

$$\cosh x - \cosh y = 2 \sinh \frac{x+y}{2} \sinh \frac{x-y}{2}.$$

Die numerische Berechnung der Werte der Hyperbelfunktionen geschieht mittels der Hyperbelamplitude (Lambertscher oder Gudermannscher Winkel) $\gamma = \operatorname{amp} x = 2 \operatorname{arc} \operatorname{tg} e^x - \frac{\pi}{2}$. Es wird

$$\sinh x = \operatorname{tg} \gamma, \qquad \cosh x = \frac{1}{\cos \gamma}, \qquad \operatorname{tgh} x = \sin \gamma, \qquad \operatorname{tgh} \frac{x}{2} = \operatorname{tg} \frac{\gamma}{2};$$

ferner

$$x = \ln \operatorname{tg}\left(\frac{\gamma}{2} + \frac{\pi}{4}\right), \qquad e^x = \frac{1 + \operatorname{tg} \frac{\gamma}{2}}{1 - \operatorname{tg} \frac{\gamma}{2}}.$$

II. Differentialrechnung.

a) Funktionen von einer Veränderlichen.

12. Begriff der Ableitung und des Differentials. Sei $y = f(x)$ stetig in einem Intervall, ferner x_0 und x_1 zwei Punkte dieses Intervalles. Setzt man $y_0 = f(x_0)$ und $y_1 = f(x_1)$, so heißt der Ausdruck

$$\frac{y_1 - y_0}{x_1 - x_0} = \frac{\Delta y}{\Delta x} = \frac{\Delta f(x)}{\Delta x}$$

Differenzenquotient oder, der geometrischen Bedeutung (Abb. 4) als Richtungskoeffizient der Geraden $P_0 P_1$ entsprechend, mittlere Steigung von $f(x)$ im Intervall $[x_0 x_1]$, ferner

$$y_1 - y_0 = \Delta f(x) = \Delta y$$

Differenz der Funktion und $x_1 - x_0 = \Delta x$ Differenz der unabhängigen Veränderlichen.

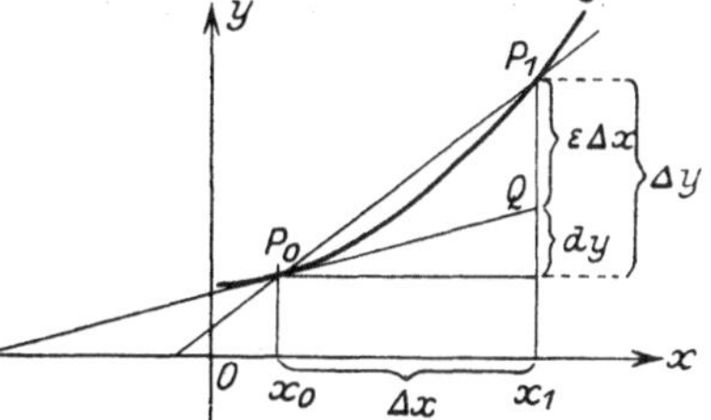

Abb. 4. Differenzenquotient und Ableitung.

Existiert ein eigentlicher Grenzwert des Differenzenquotienten für nach Null konvergierendes Δx, so heißt dieser Ableitung oder Differentialquotient von $f(x)$ an der Stelle x_0. Man schreibt

$$\lim_{x_1 \to x_0} \frac{y_1 - y_0}{x_1 - x_0} = \lim_{\Delta x \to 0} \frac{\Delta y}{\Delta x} = \lim_{\Delta x \to 0} \frac{\Delta f(x)}{\Delta x} = \lim_{\Delta x \to 0} \frac{f(x_0 + \Delta x) - f(x_0)}{\Delta x} = y' = f'(x) = \frac{dy}{dx} = \frac{df(x)}{dx}.$$

Geometrisch bedeutet die Ableitung den Richtungskoeffizienten der Geraden $P_0 Q$; sie wird deshalb mitunter auch Steigung der Kurve $y = f(x)$ genannt. Die Größen dx und $dy = df(x)$ heißen Differentiale (der unabhängigen Veränderlichen und der Funktion). Das Differential dx ist eine von x vollständig unabhängige, willkürlich wählbare Größe, das Differential dy eine Funktion von x und dx, wie sich aus $dy = df(x) = f'(x) \cdot dx$ ergibt. In der Regel wird $dx = \Delta x$ angenommen.

Setzt man $\Delta y - dy = \varepsilon dx$, also $\varepsilon = \frac{\Delta y}{\Delta x} - \frac{dy}{dx} = \frac{\Delta y}{\Delta x} - y'$, so folgt $\lim\limits_{\Delta x \to 0} \varepsilon = y' - y' = 0$. Das heißt das Zusatzglied εdx wird beim Grenzübergang von höherer Ordnung 0 als Δx. Man kann also bei sehr kleinem Δx angenähert schreiben: $\Delta y \doteq dy$ oder $f(x_1) = f(x_0 + \Delta x) \doteq f(x_0) + f'(x_0) \cdot \Delta x$ und spricht dann von einer ersten Annäherung.

Unter dem Nachbarpunkt eines Punktes (x, y) einer Kurve $y = f(x)$ versteht man den Punkt $(x + dx, y + dy)$, somit einen beliebigen Punkt der Tangente. Wesentlich ist nur, daß bei nach Null konvergierendem dx der Abstand des Nachbarpunktes von der Kurve von höherer Ordnung Null wird.

Eine Funktion $f(x)$ heißt an einer Stelle (in einem Intervall) differenzierbar, wenn an dieser Stelle (an jeder Stelle des Intervalles) die Ableitung existiert. Jede differenzierbare Funktion ist auch stetig, aber nicht umgekehrt. Es gibt Funktionen, die in ihrem ganzen Definitionsbereich stetig, aber nicht differenzierbar sind. Ist $f'(x)$ stetig in $[ab]$, so heist $f(x)$ stetig differenzierbar in $[ab]$.

Eine stückweise stetige Funktion (Ziff. 5) mit stückweise stetiger Ableitung wird als stückweise glatt bezeichnet.

Ist an einer Stelle x_0 die Ableitung $f'(x_0) > 0 (< 0)$, so gibt es eine Umgebung von x_0, in welcher die Funktion $f(x)$ monoton wachsend (abnehmend) ist. Ist die Ableitung in einem ganzen Intervall $\geq 0 (\leq 0)$, so ist $f(x)$ in diesem Intervall monoton wachsend (abnehmend).

13. Allgemeine Regeln für die Differentiation. Ist C eine Konstante, d. h. eine von x unabhängige Größe, so ist $\frac{dC}{dx} = 0$ und $dC = 0$.

Sind $u = f(x)$ und $v = g(x)$ differenzierbare Funktionen, so ist

$$(u \pm v)' = u' \pm v' \qquad \text{oder} \qquad d(u \pm v) = du \pm dv = [f'(x) \pm g'(x)]\,dx\,,$$

$$(u \cdot v)' = u'v + v'u \qquad \text{oder} \qquad d(u \cdot v) = u \cdot dv + v \cdot du\,,$$

also insbesondere $d(Cu) = C \cdot du$ und $d(-u) = -du$.

Für das Produkt von n Funktionen $u_1, u_2, \ldots, u_n$ gilt

$$d(u_1 \cdot u_2 \cdots u_n) = u_2 \cdot u_3 \cdots u_n \cdot du_1 + u_1 \cdot u_3 \cdots u_n \cdot du_2 + \cdots + u_1 \cdot u_2 \cdots u_{n-1} \cdot du_n\,.$$

Solange $v \neq 0$ ist, gilt

$$d\frac{u}{v} = \frac{v \cdot du - u \cdot dv}{v^2}\,, \qquad \text{insbesondere} \qquad d\frac{1}{v} = -\frac{dv}{v^2}\,.$$

Ist $y = f(u)$ und $u = g(x)$, also $y = f(g(x)) = F(x)$ eine zusammengesetzte Funktion von x, so gilt (Kettenregel)

$$F'(x) = \frac{dy}{dx} = \frac{dy}{du} \cdot \frac{du}{dx} = f'(u) \cdot g'(x)\,,$$

ist allgemeiner $y = f_1(u_1)$, $u_1 = f_2(u_2)$, $\ldots$, $u_n = f_{n+1}(x)$, so gilt

$$\frac{dy}{dx} = \frac{dy}{du_1} \cdot \frac{du_1}{du_2} \cdot \frac{du_2}{du_3} \cdot \ldots \cdot \frac{du_n}{dx}\,.$$

Ist $x = g(y)$ invers zu $y = f(x)$ und $f'(x) \neq 0$, so gilt

$$g'(y) = \frac{dx}{dy} = \frac{1}{\frac{dy}{dx}} = \frac{1}{f'(x)}\,.$$

Ist eine Funktion $y = f(x)$ in sog. Parameterdarstellung $x = x(t)$, $y = y(t)$ gegeben, so ist

$$\frac{dy}{dx} = \frac{\frac{dy}{dt}}{\frac{dx}{dt}} = \frac{y'(t)}{x'(t)}\,.$$

14. Die Ableitungen der elementaren Funktionen.

$$(x^a)' = a \cdot x^{a-1} \qquad (x > 0;\quad x < 0 \text{ nur, wenn } a \text{ natürliche Zahl}).$$

$$(a^x)' = a^x \cdot \ln a \; (a > 0)\,, \qquad (e^x)' = e^x\,.$$

$$(\overset{a}{\log} x)' = \frac{1}{x \cdot \ln a} \quad (a > 0 \text{ und } \neq 1)\,, \qquad (\ln x)' = \frac{1}{x}\,.$$

$$(\sin x)' = \cos x\,, \qquad (\cos x)' = -\sin x\,, \qquad (\operatorname{tg} x)' = \frac{1}{\cos^2 x}\,, \qquad (\operatorname{ctg} x)' = -\frac{1}{\sin^2 x}\,,$$

$$(\operatorname{arc}\sin x)' = \frac{1}{\sqrt{1-x^2}}, \quad (\operatorname{arc}\cos x)' = \frac{-1}{\sqrt{1-x^2}}, \quad (\operatorname{arc}\operatorname{tg} x)' = \frac{1}{1+x^2}, \quad (\operatorname{arc}\operatorname{ctg} x)' = \frac{-1}{1+x^2}.$$

$$(\sinh x)' = \cosh x, \qquad (\cosh x)' = \sinh x, \qquad (\operatorname{tgh} x)' = \frac{1}{\cosh^2 x},$$

$$(\operatorname{ar}\sinh x)' = \frac{1}{\sqrt{x^2+1}}, \qquad (\operatorname{ar}\cosh x)' = \frac{1}{\sqrt{x^2-1}}, \qquad (\operatorname{ar}\operatorname{tgh} x)' = \frac{1}{1-x^2}.$$

Aus der Formel für die Ableitung des Logarithmus ergibt sich die bei Funktionen von der Form $y = u(x)^{v(x)}$ zweckmäßige Methode der logarithmischen Differentiation. Man bilde die zusammengesetzte Funktion $z = \ln y = v(x) \cdot \ln u(x)$; dann wird

$$z' = \frac{y'}{y} = v \frac{u'}{u} + v' \ln u,$$

woraus durch Multiplikation mit y sofort die gesuchte Ableitung y' folgt.

15. Höhere Ableitungen. Da die Ableitung einer Funktion $y = f(x)$ wieder eine Funktion von x ist, kann man den Differentiationsprozeß wiederholen und kommt dadurch zu den höheren Ableitungen von $f(x)$, die man der Reihe nach 2te, 3te, ..., n^{te} Ableitung usw. nennt. Man schreibt

$$y'' = \frac{d^2 y}{dx^2}, \qquad y''' = \frac{d^3 y}{dx^3}, \qquad \text{allgemein} \qquad y^{(n)} = \frac{d^n y}{dx^n}.$$

Einige Formeln:

$$(x^a)^{(n)} = n!\binom{a}{n} x^{a-n}, \qquad (x^n)^{(n)} = n!,$$

$$(\ln x)^{(n)} = (-1)^{n+1} \frac{(n-1)!}{x^n}, \qquad (e^x)^{(n)} = e^x,$$

$$(\sin x)^{(n)} = \sin\left(x + n\frac{\pi}{2}\right), \qquad (\cos x)^{(n)} = \cos\left(x + n\frac{\pi}{2}\right),$$

$$(\operatorname{arc}\operatorname{tg} x)^{(n)} = (n-1)! \cos^n(\operatorname{arc}\operatorname{tg} x) \sin n\left(\operatorname{arc}\operatorname{tg} x + \frac{\pi}{2}\right)$$

$$= (-1)^{n-1}(n-1)! \frac{1}{\sqrt{(1+x^2)^n}} \sin(n \operatorname{arc}\operatorname{ctg} x).$$

Ist $y = f(u)$ und $u = g(x)$, so folgt durch Anwendung der Formel für die Differentiation eines Produktes auf $\frac{dy}{dx} = \frac{dy}{du} \cdot \frac{du}{dx}$ unter Beachtung, daß der erste Faktor eine zusammengesetzte Funktion ist

$$\frac{d^2 y}{dx^2} = \frac{d^2 y}{du^2} \cdot \left(\frac{du}{dx}\right)^2 + \frac{dy}{du} \cdot \frac{d^2 u}{dx^2}, \qquad \frac{d^3 y}{dx^3} = \frac{d^3 y}{du^3} \cdot \left(\frac{du}{dx}\right)^3 + 3\frac{d^2 y}{du^2} \cdot \frac{du}{dx} \cdot \frac{d^2 u}{dx^2} + \frac{dy}{du} \cdot \frac{d^3 u}{dx^3} \text{ usw.}$$

Ist $x = g(y)$ invers zu $y = f(x)$, so ist

$$\frac{d^2 x}{dy^2} = -\frac{\frac{d^2 y}{dx^2}}{\left(\frac{dy}{dx}\right)^3}, \qquad \frac{d^3 x}{dy^3} = \frac{3\left(\frac{d^2 y}{dx^2}\right)^2 - \frac{dy}{dx} \cdot \frac{d^3 y}{dx^3}}{\left(\frac{dy}{dx}\right)^5}, \qquad \text{usw.}$$

Sind $x = x(t)$ und $y = y(t)$ Parameterdarstellung von $y = f(x)$, so ist

$$\frac{d^2 y}{dx^2} = \frac{x' y'' - y' x''}{x'^3}, \qquad \frac{d^3 y}{dx^3} = \frac{x'(x' y''' - y' x''') - 3x''(x' y'' - y' x'')}{x'^5},$$

wo die Striche Ableitungen nach t bedeuten. Ferner ist

$$(u + v)^{(n)} = u^{(n)} + v^{(n)},$$

$$(u \cdot v)^{(n)} = \binom{n}{0} u^{(n)} v + \binom{n}{1} u^{(n-1)} v' + \cdots + \binom{n}{n-1} u' v^{(n-1)} + \binom{n}{n} u \cdot v^{(n)}.$$

(Leibnizsche Produktformel; man beachte die Analogie mit dem binomischen Satz!)

16. Mittelwertsätze. Sei $y = f(x)$ eine Funktion, die folgenden Voraussetzungen genügt:

1. $f(x)$ ist in einem offenen Intervall $(a\,b)$ differenzierbar und an den Grenzen a und b stetig.

2. Es ist $f(b) = f(a)$.

Dann gibt es mindestens eine in $(a\,b)$ gelegene Stelle ξ, für die $f'(\xi) = 0$ ist (Satz von ROLLE).

Genügt $f(x)$ der 1. Voraussetzung, so gibt es in $(a\,b)$ mindestens eine Stelle ξ, so daß

$$f'(\xi) = \frac{f(b) - f(a)}{b - a}, \qquad a < \xi < b$$

ist (Mittelwertsatz). Setzt man $a = x_0$ und $b - a = h$, so erhalten die beiden Behauptungen des Satzes die Gestalt

$$\frac{f(x_0 + h) - f(x_0)}{h} = f'(x_0 + \vartheta h), \quad 0 < \vartheta < 1,$$

oder

$$f(x_0 + h) = f(x_0) + h \cdot f'(x_0 + \vartheta h), \quad 0 < \vartheta < 1.$$

Die geometrische Bedeutung des Satzes ist die, daß man an den Graph von $y = f(x)$ mindestens eine Tangente legen kann, die zur Geraden durch die Punkte $[a, f(a)]$ und $[b, f(b)]$ parallel ist. Genügt $f(x)$ auch noch der Voraussetzung 2., so geht der Mittelwertsatz über in den Satz von ROLLE.

Sei nun $g(x)$ eine zweite, der 1. Voraussetzung genügende Funktion, deren Ableitung $g'(x)$ außerdem im ganzen Intervall stetig und von Null verschieden ist, so gibt es in $(a\,b)$ wieder mindestens eine Stelle ξ, so daß

$$\frac{f(b) - f(a)}{g(b) - g(a)} = \frac{f'(\xi)}{g'(\xi)}, \quad a < \xi < b$$

ist, oder in der zweiten obigen Schreibweise

$$\frac{f(x_0 + h) - f(x_0)}{g(x_0 + h) - g(x_0)} = \frac{f'(x_0 + \vartheta h)}{g'(x_0 + \vartheta h)}, \quad 0 < \vartheta < 1$$

(verallgemeinerter Mittelwertsatz). Ist $g(x) \equiv x$, so geht der verallgemeinerte Mittelwertsatz über in den gewöhnlichen.

Eine wichtige unmittelbare Folgerung aus dem Mittelwertsatz ist der folgende Satz:

Eine Funktion, deren Ableitung identisch verschwindet, ist eine Konstante.

17. Anwendung auf die Berechnung gewisser Grenzwerte (unbestimmte Formen). Es soll ein Verfahren angegeben werden, um den Grenzwert einer Funktion $F(x)$ an einer solchen Unstetigkeitsstelle x_0 zu berechnen, wo zwar der Grenzwert $\lim\limits_{x \to x_0} F(x)$, aber kein Funktionswert existiert. Es sind folgende Fälle in Betracht zu ziehen:

A. $F(x) = \frac{f(x)}{g(x)}$, $f(x_0) = g(x_0) = 0$. Ist $g'(x_0) \neq 0$, so wird $\lim\limits_{x \to x_0} F(x) = \frac{f'(x_0)}{g'(x_0)}$; ist $g'(x_0) = 0$ und $f'(x_0) \neq 0$, so ist $\lim\limits_{x \to x_0} |F(x)| = +\infty$; ist schließlich $g'(x_0) = f'(x_0) = 0$, so ist das Verfahren, Zähler und Nenner von $F(x)$ für sich zu differenzieren, so oft zu widerholen, bis einer der erstgenannten Fälle eintritt (Regel von DE L'HOSPITAL). Man spricht meist von einer „unbestimmten

Form 0/0", weil sich durch formales Einsetzen für $F(x_0)$ ein derartiger Ausdruck ergibt.

B. $F(x) \equiv \frac{f(x)}{g(x)}$, $\lim\limits_{x\to x_0} |f(x)| = \lim\limits_{x\to x_0} |g(x)| = +\infty$, (sog. unbestimmte Form $\frac{\infty}{\infty}$).

Es ist dasselbe Verfahren einzuschlagen wie im Fall A.

C. $F(x) \equiv f(x) \cdot g(x)$, $f(x_0) = 0$, $\lim\limits_{x\to x_0} |g(x)| = +\infty$. Man schreibt entweder

$$F(x) = \frac{f(x)}{\frac{1}{g(x)}} \quad \text{oder} \quad F(x) = \frac{g(x)}{\frac{1}{f(x)}}$$

und kommt dadurch auf Fall A. oder B.

D. $F(x) \equiv f(x) - g(x)$, $\lim\limits_{x\to x_0} f(x) = \lim\limits_{x\to x_0} g(x) = +\infty$. Sind $f(x)$ und $g(x)$ Brüche, deren Nenner für $x = x_0$ verschwinden, so bringt man $F(x)$ auf gemeinsamen Nenner und gelangt dadurch auf Fall A. zurück; immer erreicht man das durch die Umformung

$$F(x) \equiv \frac{\frac{1}{g(x)} - \frac{1}{f(x)}}{\frac{1}{f(x) \cdot g(x)}}.$$

E. $F(x) \equiv f(x)^{g(x)}$. Es ist entweder $f(x_0) = g(x_0) = 0$ oder $\lim\limits_{x\to x_0} f(x) = +\infty$, $g(x_0) = 0$ oder schließlich $f(x_0) = 1$, $\lim\limits_{x\to x_0} |g(x_0)| = +\infty$. Man kommt durch Logarithmieren auf den Fall C.

Bei der praktischen Ausführung des Verfahrens empfiehlt es sich, nicht blind drauflos zu differenzieren, sondern stets zu trachten, den zu untersuchenden Ausdruck mittels elementarer Umformungen und Anwendung der Regeln über Grenzwerte (Ziff. 4) in möglichst einfache Gestalt zu bringen.

18. Die Formeln von TAYLOR und MAC LAURIN. Ist $f(x)$ eine in einem Intervall $[a\,b]$ n-mal differenzierbare Funktion, so gilt für alle Werte von x_0 und h, sofern nur sowohl x_0 als auch $x_0 + h$ in $[a\,b]$ liegen

$$f(x_0 + h) = f(x_0) + \frac{h}{1!} f'(x_0) + \frac{h^2}{2!} f''(x_0) + \cdots + \frac{h^{n-1}}{(n-1)!} f^{(n-1)}(x_0) + r_n$$
$$= \sum_{\nu=0}^{n-1} f^{(\nu)}(x_0) \cdot \frac{h^\nu}{\nu!} + r_n.$$

(Taylorsche Formel), wobei das Restglied r_n im wesentlichen zur Abschätzung des Fehlers dient, den man begeht, wenn man den Funktionswert $f(x_0 + h)$ mittels des Polynoms $\sum\limits_{\nu=0}^{n-1} \frac{h^\nu}{\nu!} f^\nu(x_0)$ berechnet. Für r_n gibt es verschiedene Ausdrücke, die alle eine nicht näher bestimmbare, nur zwischen bestimmten Grenzen gelegene Größe enthalten. Die vier bekanntesten sind im folgenden angegeben; welche davon in einem konkreten Fall zu verwenden ist, hängt von der besonderen Natur der Aufgabe ab; im allgemeinen wird man mit der ersten Formel durch geeignete Wahl der Funktion $\psi(x)$ die schärfste Abschätzung erzielen können.

1. $$r_n = \frac{h^{n-1}(1-\vartheta)^{n-1}}{(n-1)!} \cdot \frac{\psi(x_0 + h) - \psi(x_0)}{\psi'(x_0 + \vartheta h)} f^{(n)}(x_0 + \vartheta h), \qquad 0 < \vartheta < 1,$$

worin $\psi(x)$ eine willkürliche Funktion bedeutet, deren erste Ableitung $\psi'(x)$ in $[a\,b]$ existiert und von Null verschieden ist (erste Formel von SCHLÖMILCH und ROCHE).

2. $$r_n = \frac{h^n(1-\vartheta)^{n-p}}{(n-1)!\,p} f^{(n)}(x_0 + \vartheta h), \qquad 0 < \vartheta < 1,$$

wo p eine beliebige natürliche Zahl ist [zweite Formel von SCHLÖMILCH und ROCHE, folgt aus 1. für $\psi(x) = (x_0 + h - x)^p$].

3. $$r_n = \frac{h^n(1-\vartheta)^{n-1}}{(n-1)!} f^{(n)}(x_0 + \vartheta h), \qquad 0 < \vartheta < 1$$

(Formel von CAUCHY, folgt aus 2. für $p = 1$).

4. $$r_n = \frac{h^n}{n!} f^{(n)}(x_0 + \vartheta h), \qquad 0 < \vartheta < 1$$

(Formel von LAGRANGE, folgt aus 2. für $p = n$).

Liegt der Punkt $x = 0$ in $[a\,b]$, so kann man $x_0 = 0$ setzen und erhält, wenn noch x statt h geschrieben wird, die Formel von MACLAURIN

$$f(x) = f(0) + \frac{x}{1!} f'(0) + \frac{x^2}{2!} f''(0) + \cdots + \frac{x^{n-1}}{(n-1)!} f^{(n-1)}(0) + r_n = \sum_{\nu=0}^{n-1} \frac{x^\nu}{\nu!} f^{(\nu)}(0) + r_n .$$

Dabei kann r_n wieder eine der folgenden Formen annehmen:

1. $$r_n = \frac{x^{n-1}(1-\vartheta)^{n-1}}{(n-1)!} \cdot \frac{\psi(x) - \psi(0)}{\psi'(\vartheta x)} f^{(n)}(\vartheta x), \qquad 0 < \vartheta < 1.$$

2. $$r_n = \frac{x^n(1-\vartheta)^{n-p}}{(n-1)!\,p} f^{(n)}(\vartheta x), \qquad 0 < \vartheta < 1.$$

3. $$r_n = \frac{x^n(1-\vartheta)^{n-1}}{(n-1)!} f^{(n)}(\vartheta x), \qquad 0 < \vartheta < 1.$$

4. $$r_n = \frac{x^n}{n!} f^{(n)}(\vartheta x), \qquad 0 < \vartheta < 1.$$

b) Funktionen von mehreren Veränderlichen.

19. Partielle Ableitungen. Sei zunächst $z = f(x, y)$ eine Funktion der beiden Veränderlichen x und y. Dann sind die beiden partiellen Ableitungen erster Ordnung definiert durch

$$f_x(x,y) = \frac{\partial z}{\partial x} = \lim_{h\to 0} \frac{f(x+h, y) - f(x,y)}{h}, \qquad f_y(x,y) = \frac{\partial z}{\partial y} = \lim_{k\to 0} \frac{f(x, y+k) - f(x,y)}{k},$$

d. h. man differenziert jeweils nach der einen unabhängigen Veränderlichen ohne Rücksicht auf die andere, die man dabei als Konstante ansehen kann. Analog sind die höheren Ableitungen definiert

$$f_{xx} = \frac{\partial\left(\frac{\partial z}{\partial x}\right)}{\partial x} = \frac{\partial^2 z}{\partial x^2}, \quad f_{xy} = \frac{\partial\left(\frac{\partial z}{\partial x}\right)}{\partial y} = \frac{\partial^2 z}{\partial y\,\partial x}, \quad f_{yx} = \frac{\partial\left(\frac{\partial z}{\partial y}\right)}{\partial x} = \frac{\partial^2 z}{\partial x\,\partial y}, \quad f_{yy} = \frac{\partial\left(\frac{\partial z}{\partial y}\right)}{\partial y} = \frac{\partial^2 z}{\partial y^2}$$

usw. Man beachte dabei die aus der Entstehungsweise hervorgehende verschiedene Kennzeichnung der Reihenfolge der Differentiationen in den beiden Schreibweisen.

Ganz ähnlich sind die partiellen Ableitungen einer Funktion $y = f(x_1, x_2, \ldots, x_n)$ von n Veränderlichen erklärt. Die Ableitungen erster, zweiter und dritter Ordnung schreibt man meist

$$f_i = \frac{\partial y}{\partial x_i}, \qquad f_{ik} = \frac{\partial^2 y}{\partial x_k\,\partial x_i}, \qquad f_{ikl} = \frac{\partial^3 y}{\partial x_l\,\partial x_k\,\partial x_i}, \qquad (i, k, l, = 1, 2, \ldots, n)$$

usw. Es gibt n^r Ableitungen r-ter Ordnung.

Eine Funktion $y = f(x_1, x_2, \ldots, x_n)$ heißt an einer Stelle $x^{(0)}$ partiell differenzierbar nach x_i, wenn die Ableitung $\frac{\partial f}{\partial x_i}$ an der Stelle $x^{(0)}$ existiert. Im Gegensatz zu den Funktionen einer Veränderlichen zieht hier die Differenzierbarkeit (auch nach allen unabhängigen Veränderlichen) nicht die Stetigkeit der Funktion nach sich.

Ist jedoch $f(x_1, x_2, \ldots, x_n)$ an der Stelle $x^{(0)}$ eindeutig definiert und sind alle ersten Ableitungen in einer Umgebung dieser Stelle vorhanden und beschränkt, so ist $f(x_1, x_2, \ldots, x_n)$ an dieser Stelle stetig.

Die „gemischten" partiellen Ableitungen, z. B. f_{xy} und f_{yx} sind einander im allgemeinen nicht gleich; ist jedoch $f(x_1, x_2, \ldots x_n)$ in einem n-dimensionalen Bereich $\mathfrak{B}$ definiert und sind alle partiellen Ableitungen bis einschließlich der m-ten Ordnung in $\mathfrak{B}$ vorhanden und stetig, so sind alle gemischten partiellen Ableitungen bis einschließlich m-ter Ordnung in $\mathfrak{B}$ unabhängig von der Reihenfolge der Differentiationen.

20. Totale Differentiale. Sei zunächst $z = f(x, y)$ eine nebst ihren beiden partiellen Ableitungen in der Umgebung $\mathfrak{U}$ einer bestimmten Stelle (x, y) stetige Funktion. Dann heißt der Ausdruck

$$\Delta z = \Delta f(x, y) = f(x + dx, y + dy) - f(x, y)$$

totale Differenz von $f(x, y)$. Dabei sind dx und dy (oft auch mit Δx und Δy bezeichnet) willkürliche Größen, die nur der Einschränkung unterliegen, daß der Punkt $(x + dx, y + dy)$ in $\mathfrak{U}$ liegen muß. Schreibt man den Ausdruck für Δz in der Form

$$\Delta z = f_x(x, y) \cdot dx + f_y(x, y) \cdot dy + \alpha\, dx + \beta\, dy,$$

so heißt (ganz analog wie bei einer Veränderlichen)

$$dz = f_x(x, y) \cdot dx + f_y(x, y) \cdot dy$$

totales Differential und der Rest

$$\alpha\, dx + \beta\, dy$$

Zusatzglied. Wegen $\lim\limits_{(h,k)\to(0,0)} \alpha = \lim\limits_{(h,k)\to(0,0)} \beta = 0$ ist für sehr kleine dx und dy angenähert $\Delta z \doteq dz$ oder

$$f(x + dx, y + dy) \doteq f(x, y) + f_x(x, y) \cdot dx + f_y(x, y) \cdot dy.$$

Legt man in einem rechtwinkligen räumlichen Koordinatensystem durch den Punkt $(x, y, 0)$ die beiden bzw. zur (xz)- und (yz)-Ebene parallelen Ebenen A und B, so sind $f_x(x, y)$ und $f_y(x, y)$ die Richtungskoeffizienten der Tangenten jener Kurven, in welchen die Fläche $z = f(x, y)$ von A und B geschnitten wird. Zieht man durch $(x + dx, y + dy, 0)$ eine Parallele zur z-Achse, so schneidet diese die Fläche $z = f(x, y)$ in einem Punkt mit der Applikate (Koordinate z) $f(x, y) + \Delta z$, und die im Punkt $[x, y, f(x, y)]$ an $z = f(x, y)$ gelegte Tangentialebene in einem Punkt mit der Applikate $f(x, y) + dz$, woraus die geometrische Bedeutung von Δz und dz sowie die des Zusatzgliedes ohne weiteres zu entnehmen ist.

Durch Anwendung des Operators „d" auf das Differential dz, das ja wieder eine Funktion von x und y ist, kommt man zum zweiten totalen Differential

$$d(dz) = d^2 z = \frac{\partial (dz)}{\partial x} dx + \frac{\partial (dz)}{\partial y} dy = \frac{\partial^2 z}{\partial x^2} dx^2 + \left(\frac{\partial^2 z}{\partial y\, \partial x} + \frac{\partial^2 z}{\partial x\, \partial y}\right) dx\, dy + \frac{\partial^2 z}{\partial y^2} dy^2,$$

wobei nur zu beachten ist, daß dx und dy von x und y unabhängig sind.

Existieren alle vorkommenden Ableitungen von $f(x, y)$, so wird

$$d^2 z = f_{xx}(x, y)\,dx^2 + 2 f_{xy}(x, y)\,dx\,dy + f_{yy}(x, y)\,dy^2$$
$$= \frac{\partial^2 z}{\partial x^2}\,dx^2 + 2\frac{\partial^2 z}{\partial x\,\partial y}\,dx\,dy + \frac{\partial^2 z}{\partial y^2}\,dy^2$$

und allgemein das n-te totale Differential

$$d^n z = \frac{\partial^n z}{\partial x^n}dx^n + \binom{n}{1}\frac{\partial^n z}{\partial x^{n-1}\partial y}dx^{n-1}dy + \binom{n}{2}\frac{\partial^n z}{\partial x^{n-2}\partial y^2}dx^{n-2}dy^2 + \cdots + \frac{\partial^n z}{\partial y^n}dy^n =$$
$$= \sum_{i=0}^{n}\binom{n}{i}\frac{\partial^n z}{\partial x^{n-i}\partial y^i}dx^{n-i}dy^i,$$

wofür in leicht verständlicher Symbolik wegen der Analogie mit dem binomischen Satz meist

$$d^n z = \left(\frac{\partial}{\partial x}dx + \frac{\partial}{\partial y}dy\right)^n z$$

geschrieben wird; es ist also symbolisch $d = \frac{\partial}{\partial x}dx + \frac{\partial}{\partial y}dy$.

Diese Begriffe übertragen sich leicht auf eine Funktion $y = f(x_1, x_2, \ldots, x_n)$ von n Veränderlichen. Das m-te totale Differential ist in symbolischer Schreibweise

$$d^m y = \left(\sum_{i=1}^{n}\frac{\partial}{\partial x_i}dx_i\right)^m y.$$

Die in Ziff. 13 für die Differentiale von Summe, Differenz, Produkt und Quotient zweier Funktionen gegebenen Regeln gelten unverändert auch bei beliebig vielen unabhängigen Veränderlichen.

21. Zusammengesetzte Funktionen. Ist $y = f(x_1, x_2, \ldots, x_n)$ eine Funktion der n Veränderlichen $x_1, x_2, \ldots, x_n$ und sind diese wieder Funktionen

$$x_1 = x_1(u_1, u_2, \ldots, u_m),\ x_2 = x_2(u_1, u_2, \ldots, u_m), \ldots,\ x_n = x_n(u_1, u_2, \ldots u_m)$$

der m Veränderlichen $u_1, u_2, \ldots, u_m$, so ist dadurch y als zusammengesetzte Funktion der u erklärt, deren Ableitungen sich aus den Ableitungen von y nach den x und jenen der x nach den u folgendermaßen zusammensetzen:

$$\frac{\partial y}{\partial u_i} = \frac{\partial y}{\partial x_1}\cdot\frac{\partial x_1}{\partial u_i} + \frac{\partial y}{\partial x_2}\frac{\partial x_2}{\partial u_i} + \cdots + \frac{\partial y}{\partial x_n}\frac{\partial x_n}{\partial u_i} = \sum_{\alpha=1}^{n}\frac{\partial y}{\partial x_\alpha}\cdot\frac{\partial x_\alpha}{\partial u_i}, \qquad (i = 1, 2, \ldots, m)$$

(Kettenregel) und analog

$$\frac{\partial^2 y}{\partial u_i\partial u_k} = \sum_{\alpha,\beta=1}^{n}\frac{\partial^2 y}{\partial x_\alpha\partial x_\beta}\cdot\frac{\partial x_\alpha}{\partial u_i}\cdot\frac{\partial x_\beta}{\partial u_k} + \sum_{\gamma=1}^{n}\frac{\partial y}{\partial x_\gamma}\cdot\frac{\partial^2 x_\gamma}{\partial u_i\partial u_k}, \qquad (i, k = 1, 2, \ldots, m)$$

usw. Das zweite totale Differential wird z. B. im Falle $n = 2$, $m = 1$ [$z = f(x, y)$, $x = x(u)$, $y = y(u)$]

$$d^2 z = \frac{\partial^2 z}{\partial x^2}dx^2 + 2\frac{\partial^2 z}{\partial x\partial y}dx\,dy + \frac{\partial^2 z}{\partial y^2}dy^2 + \frac{\partial z}{\partial x}d^2 x + \frac{\partial z}{\partial y}d^2 y.$$

Man beachte den Unterschied gegenüber der Formel für $d^2 z$ in Ziff. 20!

22. Die Taylorsche Formel. Sei zunächst wieder $f(x, y)$ eine n-mal stetig differenzierbare Funktion der beiden Veränderlichen x und y. Dann ist unter Verwendung der in Ziff. 20 eingeführten symbolischen Schreibweise ($h = dx$, $k = dy$)

$$f(x + h, y + k) = \left(\sum_{\nu=0}^{n-1}\frac{1}{\nu!}d^\nu\right)f(x, y) + \frac{1}{n!}d^n f(x + \vartheta h, y + \vartheta k), \quad 0 < \vartheta < 1.$$

Für $n = 1$ ergibt sich der Mittelwertsatz für Funktionen von zwei Veränderlichen

$$f(x+h, y+k) = f(x, y) + f_x(x+\vartheta h, y+\vartheta k) \cdot h + f_y(x+\vartheta h, y+\vartheta k) \cdot k.$$

Ebenso wird für eine Funktion $f(x_1, x_2, \ldots, x_m)$ von m Veränderlichen ($h_i = dx_i$)

$$f(x_1+h_1, x_2+h_2, \ldots, x_m+h_m) = \left(\sum_{\nu=0}^{n-1} \frac{1}{\nu!} \cdot d^\nu\right) f(x_1, x_2, \ldots, x_m) + r_n,$$

$$r_n = \frac{1}{n!} d^n f(x_1+\vartheta h_1, x_2+\vartheta h_2, \ldots, x_m+\vartheta h_m), \qquad 0 < \vartheta < 1.$$

c) Implizite Funktionen.

23. Eine Gleichung zwischen zwei oder mehreren Veränderlichen. Wir wollen zunächst in diesem einfachsten Fall die notwendigen und hinreichenden Bedingungen angeben, unter welchen eine vorgelegte Gleichung $F(x, y) = 0$ eine explizite Funktion $y = f(x)$ definiert, die (Ziff. 3) der Identität

$$F(x, f(x)) \equiv 0 \tag{A}$$

genügt. Daß das durchaus nicht immer der Fall sein muß, erkennt man an einfachen Beispielen, wie $F(x, y) = x^2 + y^2 + c^2 = 0$, wo keine reelle, oder $F(x, y) = |x| + |y| + 1 = 0$, wo überhaupt keine Funktion der verlangten Art existiert. Gibt es aber eine Stelle (x_0, y_0), so daß $F(x_0, y_0) = 0$ ist und ist $F(x, y)$ sowie $F_x(x, y)$ und $F_y(x, y)$ in einer Umgebung $\mathfrak{U}$ von (x_0, y_0) vorhanden und stetig, und ist schließlich $F_y(x_0, y_0) \neq 0$, so existiert in einer gewissen Umgebung $\mathfrak{U}'$ von x_0 eine eindeutige, stetige und differenzierbare Funktion $y = f(x)$, welche der Identität (A) genügt.

Durch Differentiation von (A) nach x folgt $\frac{\partial F}{\partial x} + \frac{\partial F}{\partial y} y' = 0$ oder

$$y' = -\frac{\partial F}{\partial x} : \frac{\partial F}{\partial y}.$$

Die zweite Ableitung y'' berechnet sich aus

$$\frac{\partial^2 F}{\partial x^2} + 2\frac{\partial^2 F}{\partial x \partial y} \cdot y' + \frac{\partial^2 F}{\partial y^2} y'^2 + \frac{\partial F}{d y} y'' = 0 \qquad \text{usw.}$$

Ist neben $F(x, y) = 0$ noch eine Funktion $z = \Phi(x, y)$ gegeben, so wird z eine zusammengesetzte Funktion von x allein, deren Ableitung

$$\frac{dz}{dx} = -\frac{\dfrac{\partial(F, \Phi)}{\partial(x, y)}}{\dfrac{\partial F}{\partial y}}$$

ist, wobei $\frac{\partial(F, \Phi)}{\partial(x, y)} = \frac{\partial F}{\partial x}\frac{\partial \Phi}{\partial y} - \frac{\partial F}{\partial y}\frac{\partial \Phi}{\partial x}$ die sog. Funktionaldeterminante der beiden Funktionen F und Φ ist (vgl. Ziff. 24).

Ist $F(x, y, z) = 0$ gegeben, sind $F(x, y, z)$ und $F_z(x, y, z)$ in der Umgebung $\mathfrak{U}$ einer Stelle (x_0, y_0, z_0) stetig, und ist $F(x_0, y_0, z_0) = 0$, $F_z(x_0, y_0, z_0) \neq 0$, so existiert in einer Umgebung $\mathfrak{U}'$ der Stelle (x_0, y_0) eine eindeutige und stetige Funktion $z = f(x, y)$, für die $F(x, y, f(x, y)) \equiv 0$ ist und deren Ableitungen sich aus

$$\frac{\partial F}{\partial x} + \frac{\partial F}{\partial z}\frac{\partial z}{\partial x} = 0 \qquad \frac{\partial F}{\partial y} + \frac{\partial F}{\partial z}\frac{\partial z}{\partial y} = 0$$

berechnen. Durch nochmalige Differentiation dieser Identitäten folgen Gleichungen für die zweiten Ableitungen von $z = f(x, y)$ usw.

Allgemein ergibt sich für die Ableitungen einer durch eine Gleichung $F(x_1, x_2, \ldots, x_n, y) = 0$ definierten Funktion $y = f(x_1, x_2, \ldots, x_n)$ unter analogen Voraussetzungen

$$\frac{\partial F}{\partial x_i} + \frac{\partial F}{\partial y}\cdot\frac{\partial y}{\partial x_i} = 0, \quad \frac{\partial^2 F}{\partial x_i \partial x_k} + \frac{\partial^2 F}{\partial x_i \partial y}\cdot\frac{\partial y}{\partial x_k} + \frac{\partial^2 F}{\partial x_k \partial y}\frac{\partial y}{\partial x_i} + \frac{\partial^2 F}{\partial y^2}\cdot\frac{\partial y}{\partial x_i}\frac{\partial y}{\partial x_k} + \frac{\partial F}{\partial y}\frac{\partial^2 y}{\partial x_i \partial x_k} = 0.$$

24. Unabhängige und abhängige Funktionen. Sind

$$y_i = f_i(x_1, x_2, \ldots, x_n), \qquad (i = 1, 2, \ldots, p)$$

p stetig differenzierbare Funktionen der n Veränderlichen x, so heißen diese Funktionen (voneinander) unabhängig, wenn zwischen ihnen keine identische Relation von der Form

$$F(y_1, y_2, \ldots, y_p) = 0$$

besteht. Notwendig und hinreichend dafür ist, daß der Rang r (vgl. Kap. 2, Ziff. 11) der Jacobischen oder Funktionalmatrix

$$M = \begin{pmatrix} \frac{\partial y_1}{\partial x_1} & \frac{\partial y_1}{\partial x_2} & \cdots & \frac{\partial y_1}{\partial x_n} \\ \frac{\partial y_2}{\partial x_1} & \frac{\partial y_2}{\partial x_2} & \cdots & \frac{\partial y_2}{\partial x_n} \\ \cdot & \cdot & \cdot & \cdot \\ \frac{\partial y_p}{\partial x_1} & \frac{\partial y_p}{\partial x_2} & \cdots & \frac{\partial y_p}{\partial x_n} \end{pmatrix}.$$

den Wert $r = p$ hat. Ist $p > n$, so können die p Funktionen y nicht unabhängig sein. Ist $p \leq n$ und hat M den Rang $r < p$, so gibt es unter den y gerade r unabhängige; die übrigen $p - r$ sind dann als Funktionen dieser darstellbar. Ist $p = n$, handelt es sich also um n Funktionen von n Veränderlichen, so sind diese unabhängig, wenn die Jacobische oder Funktionaldeterminante

$$J = \begin{vmatrix} \frac{\partial y_1}{\partial x_1} & \frac{\partial y_1}{\partial x_2} & \cdots & \frac{\partial y_1}{\partial x_n} \\ \frac{\partial y_2}{\partial x_1} & \frac{\partial y_2}{\partial x_2} & \cdots & \frac{\partial y_2}{\partial x_n} \\ \cdot & \cdot & \cdot & \cdot \\ \frac{\partial y_n}{\partial x_1} & \frac{\partial y_n}{\partial x_2} & \cdots & \frac{\partial y_n}{\partial x_n} \end{vmatrix} = \frac{\partial(y_1, y_2, \ldots, y_n)}{\partial(x_1, x_2, \ldots, x_n)}$$

von Null verschieden ist.

25. p Gleichungen zwischen n Veränderlichen. Seien

$$f_i(x_1, x_2, \ldots, x_n) = 0, \qquad (i = 1, 2, \ldots, p)$$

p Gleichungen zwischen den n Veränderlichen x, worin die f_i unabhängige, beliebig oft stetig differenzierbare Funktionen sind und $p < n$ ist. Wegen der Unabhängigkeit der Funktionen f_i können wir annehmen, daß etwa $\frac{\partial(f_1, f_2, \ldots, f_p)}{\partial(x_1, x_2, \ldots, x_p)} \neq 0$ ist. Dann lassen sich $x_1, x_2, \ldots, x_p$ als Funktionen der übrigen darstellen:

$$x_\alpha = \varphi_\alpha(x_{p+1}, x_{p+2}, \ldots, x_n), \qquad (\alpha = 1, 2, \ldots, p),$$

wobei die φ_α den Identitäten

$$f_i(\varphi_1, \varphi_2, \ldots, \varphi_p, x_{p+1}, x_{p+2}, \ldots, x_n) = 0, \qquad (i = 1, 2, \ldots, p)$$

genügen; durch Differentiation derselben nach einer der unabhängigen Veränderlichen, etwa x_β, folgt

$$\frac{\partial f_i}{\partial x_1}\cdot\frac{\partial x_1}{\partial x_\beta} + \frac{\partial f_i}{\partial x_2}\cdot\frac{\partial x_2}{\partial x_\beta} + \cdots + \frac{\partial f_i}{\partial x_p}\cdot\frac{\partial x_p}{\partial x_\beta} + \frac{\partial f_i}{\partial x_\beta} = 0, \qquad (i = 1, 2, \ldots, p);$$

aus diesen p Gleichungen lassen sich die Ableitungen der φ nach x_β berechnen, da die Gleichungsdeterminante gerade die oben als nicht verschwindend vorausgesetzte Funktionaldeterminante ist. Setzt man der Reihe nach $\beta = p+1$, $p+2, \ldots, n$, so erhält man sämtliche $n(n-p)$ Ableitungen der φ nach den x.

In geometrischer Ausdrucksweise stellen die p Gleichungen $f_i = 0$ eine $(n-p)$-dimensionale Mannigfaltigkeit V_{n-p} oder M_{n-p} des R_n dar (Ziff. 2). Eine Mannigfaltigkeit von $n-1$ Dimensionen V_{n-1} heißt Hyperfläche, eine V_2 Fläche und eine V_1 Kurve des R_n.

26. Parameterdarstellung einer V_q des R_n. Koordinatentransformation. Eine V_q des R_n $(q < n)$ kann auch in sog. Parameterdarstellung gegeben sein. Man versteht darunter Gleichungen von der Form

$$\text{(A)} \qquad x_i = \varphi_i(\lambda_1, \lambda_2, \ldots, \lambda_q), \qquad (i = 1, 2, \ldots, n)$$

deren Funktionalmatrix den Rang q hat; d. h. die Koordinaten eines Punktes der V_q sind Funktionen von q unabhängig veränderlichen Parametern $\lambda_1, \lambda_2, \ldots, \lambda_q$. Durch Elimination der Parameter ergeben sich $n-q$ Gleichungen in den x, so daß man auf die in Ziff. 25 verwendete Darstellung einer V_q zurückkommt. Setzt man

$$f_i(\lambda_1, \lambda_2, \ldots, \lambda_q, x_1, x_2, \ldots, x_n) = \varphi_i(\lambda_1, \lambda_2, \ldots, \lambda_q) - x_i,$$

so ergeben sich n Gleichungen $f_i = 0$ zwischen den $n+q$ Veränderlichen λ und x; ist nun etwa

$$\frac{\partial(\varphi_{n-q+1}, \varphi_{n-q+2}, \ldots, \varphi_n)}{\partial(\lambda_1, \lambda_2, \ldots, \lambda_q)} \neq 0$$

(und das kann man, nötigenfalls durch Abänderung der Reihenfolge der f_i, stets erreichen), so lassen sich $\lambda_1, \lambda_2, \ldots, \lambda_q, x_1, x_2, \ldots, x_{n-q}$ nach Ziff. 25 als Funktionen von $x_{n-q+1}, x_{n-q+2}, \ldots, x_n$ auffassen. Durch Differentiation nach einer der unabhängigen Veränderlichen, etwa x_β, folgt

$$\frac{\partial x_\alpha}{\partial x_\beta} = \sum_{\sigma=1}^{q} \frac{\partial \varphi_\alpha}{\partial \lambda_\sigma} \cdot \frac{\partial \lambda_\sigma}{\partial x_\beta}, \qquad (\alpha = 1, 2, \ldots, n-q)$$

$$\sum_{\sigma=1}^{q} \frac{\partial \varphi_\gamma}{\partial \lambda_\sigma} \cdot \frac{\partial \lambda_\sigma}{\partial x_\beta} = \delta_{\beta\gamma}, \qquad (\gamma = n-q+1, n-q+2, \ldots, n)$$

wobei $\delta_{\beta\gamma} = 0$ oder $= 1$ ist, je nachdem $\beta \neq \gamma$ oder $\beta = \gamma$ ist. Durch Auflösen der zweiten Gruppe von Gleichungen nach $\frac{\partial \lambda_\sigma}{\partial x_\beta}$ $(\sigma = 1, 2, \ldots q)$ — die Determinante dieses Gleichungssystems ist gerade die oben als nicht verschwindend vorausgesetzte Funktionaldeterminante — und Einsetzen der Lösungen in die erste Gruppe von Gleichungen ergeben sich direkt die links stehenden Differentialquotienten.

Eine V_q heißt rational, wenn es möglich ist, für sie eine Parameterdarstellung anzugeben, in welcher sämtliche φ_i rationale Funktionen der Parameter λ sind.

Ist in (A) $q = n$, so ergeben sich $(\lambda_i = y_i)$ Gleichungen von der Form

$$\text{(B)} \qquad x_i = \varphi_i(y_1, y_2, \ldots, y_n), \qquad (i = 1, 2, \ldots, n).$$

Aus der Funktionalmatrix vom Rang q wird die Funktionaldeterminante

$$\frac{\partial(x_1, x_2, \ldots, x_n)}{\partial(y_1, y_2, \ldots, y_n)} \neq 0.$$

Die Gleichungen (B) lassen sich dann nach den y_i auflösen:

$$\text{(C)} \qquad y_i = \psi_i(x_1, x_2, \ldots, x_n).$$

Man spricht von einer (allgemeinen) umkehrbar eindeutigen oder ein-

eindeutigen Koordinatentransformation. Die Transformationen (B) und (C) heißen zueinander invers.

Denkt man sich (B) in (C) eingesetzt, so folgt durch Differentiation der sich so ergebenden Identitäten in den y

$$\delta_{ik} = \sum_{\sigma=1}^{n} \frac{\partial y_i}{\partial x_\sigma} \cdot \frac{\partial x_\sigma}{\partial y_k}, \qquad (i, k = 1, 2, \ldots, n)$$

wobei $\delta_{ik} = 0$ oder $= 1$ ist, je nachdem $i \neq k$ oder $i = k$ ist, und analog, wenn man (C) in (B) einsetzt und differenziert

$$\delta_{ik} = \sum_{\sigma=1}^{n} \frac{\partial x_k}{\partial y_\sigma} \cdot \frac{\partial y_\sigma}{\partial x_i}. \qquad (i, k = 1, 2, \ldots, n)$$

Für die Funktionaldeterminanten der inversen Transformationen (B) und (C) gilt

$$\frac{\partial(y_1, y_2, \ldots, y_n)}{\partial(x_1, x_2, \ldots, x_n)} = \frac{1}{\dfrac{\partial(x_1, x_2, \ldots, x_n)}{\partial(y_1, y_2, \ldots, y_n)}}$$

(man beachte die Analogie mit der Relation zwischen den Ableitungen inverser Funktionen in Ziff. 13).

Ist durch

$$z_i = \varphi_i(y_1, y_2, \ldots, y_n), \qquad (i = 1, 2, \ldots, n) \quad \text{(D)}$$

bzw.

$$y_i = \psi_i(z_1, z_2, \ldots, z_n), \qquad (i = 1, 2, \ldots, n) \quad \text{(E)}$$

eine zweite Transformation gegeben, welche die y in die z überführt, so ist dadurch, wenn man (C) in (D) bzw. (E) in (B) einsetzt, auch eine Transformation der z in die x gegeben und umgekehrt (zusammengesetzte Transformation); für die bezüglichen Funktionaldeterminanten gilt

$$\frac{\partial(z_1, z_2, \ldots, z_n)}{\partial(x_1, x_2, \ldots, x_n)} = \frac{\partial(z_1, z_2, \ldots, z_n)}{\partial(y_1, y_2, \ldots, y_n)} \cdot \frac{\partial(y_1, y_2, \ldots, y_n)}{\partial(x_1, x_2, \ldots, x_n)}$$

(Kettenregel für Funktionaldeterminanten, vgl. Ziff. 13).

Ist durch $F(x_1, x_2, \ldots, x_n) = 0$ eine der Veränderlichen, etwa x_n als Funktion $x_n = f(x_1, x_2, \ldots, x_{n-1})$ der übrigen in impliziter Weise definiert, so wird diese Gleichung durch (B) in $G(y_1, y_2, \ldots, y_n) = 0$ transformiert, durch die wieder etwa y_n als Funktion $y_n = g(y_1, y_2, \ldots, y_{n-1})$ definiert wird. Um nun die Ableitungen $\partial x_n/\partial x_\alpha$ $(\alpha = 1, 2, \ldots, n-1)$ durch die $\partial y_n/\partial y_\beta$ $(\beta = 1, 2, \ldots, n-1)$ auszudrücken, denkt man sich $y_n = g(y_1, y_2, \ldots, y_{n-1})$ in die Gleichungen (B) eingesetzt, wodurch diese eine Parameterdarstellung der Hyperfläche $F = 0$ werden. Ganz analog hat man zu verfahren, wenn man die $\partial y_n/\partial y_\beta$ durch die $\partial x_n/\partial x_\alpha$ ausdrücken will, oder wenn nicht eine, sondern mehrere Gleichungen zwischen den x gegeben sind.

Beispiel: Der Übergang von rechtwinkligen Koordinaten (x, y) zu Polarkoordinaten (r, φ) in der Ebene wird durch $x = r\cos\varphi$, $y = r\sin\varphi$ vermittelt; der Gleichung $F(x, y) = 0$ bzw. $y = f(x)$ einer Kurve entspricht $G(r, \varphi) \equiv F(r\cos\varphi, r\sin\varphi) = 0$ bzw. $r = g(\varphi)$, und es wird

$$\frac{dy}{dx} = \frac{y'}{x'} = \frac{r'\sin\varphi + r\cos\varphi}{r'\cos\varphi - r\sin\varphi},$$

worin die Striche Ableitungen nach φ bedeuten.

III. Unendliche Reihen und Produkte.

27. Zahlenfolgen. Eine abzählbare Menge $u_1, u_2, \ldots, u_\nu, \ldots$ von reellen Zahlen oder Punkten der Geraden, für die die Forderung 2 von Ziff. 1 so zu verstehen ist, daß zwei Zahlen u_p und u_q auch dann als unterscheidbar gelten, wenn zwar $u_p = u_q$, aber $p \neq q$ ist, nennt man eine Zahlenfolge (Punktfolge), die einzelnen Zahlen (Punkte) ihre Glieder und u_ν das allgemeine Glied. Die Folge selbst bezeichnet man kurz mit (u_ν).

Eine Folge heißt konvergent, wenn sie nur einen einzigen, und zwar eigentlichen Häufungswert u besitzt. Man schreibt $\lim\limits_{\nu\to\infty} u_\nu = u$ oder kürzer $u_\nu \to u$ und nennt u den Grenzwert der Folge.

Notwendig und hinreichend für die Konvergenz einer Folge (u_ν) gegen den Grenzwert u ist, daß sich zu jeder beliebigen positiven Zahl ε eine natürliche Zahl N angeben läßt, so daß $|u_\nu - u| < \varepsilon$ ist, wenn nur $\nu > N$ gilt. Außerhalb jeder Umgebung des Grenzwertes u liegen höchstens endlich viele Glieder der Folge.

Ein Kriterium, welches eine Entscheidung über die Konvergenz einer Folge auch dann gestattet, wenn der Grenzwert unbekannt ist, ist das allgemeine Konvergenzprinzip: Die Folge (u_ν) ist konvergent, wenn zu jeder positiven Zahl ε eine natürliche Zahl N angegeben werden kann, so daß $|u_{\nu+p} - u_\nu| < \varepsilon$ ist, wenn nur $\nu > N$ ist. Die natürliche Zahl p kann dabei jeden beliebigen Wert haben. Der Satz ist von fundamentaler Bedeutung für die ganze Analysis.

Jede konvergente Folge ist beschränkt.

Nicht konvergente Folgen heißen divergent, und zwar eigentlich divergent, wenn sie zwar einen einzigen Häufungswert haben, dieser aber ein uneigentlicher ist, und uneigentlich divergent oder oszillierend, wenn mehrere Häufungswerte vorhanden sind.

Unter einer Teilfolge einer Folge (u_ν) versteht man jede (unendliche) Folge, die aus (u_ν) durch Weglassen von endlich oder unendlich vielen Gliedern entsteht.

Jede Teilfolge einer konvergenten Folge ist konvergent und hat denselben Grenzwert.

Eine Folge $u_1, u_2, \ldots, u_\nu, \ldots$ heißt monoton in weiterem Sinn, wenn entweder $u_1 \leq u_2 \leq \ldots \leq u_\nu \leq \ldots$ (monoton wachsende Folge) oder $u_1 \geq u_2 \geq \ldots \geq u_\nu \geq \ldots$ (monoton abnehmende Folge) ist. Gelten die Gleichheitszeichen nicht, so heißt die Folge monoton in engerem Sinn oder kurz monoton.

Jede beschränkte monotone Folge ist konvergent. Der Grenzwert stimmt mit der oberen oder unteren Grenze überein, je nachdem die Folge zu- oder abnimmt.

28. Reihen mit konstanten Gliedern. Unter einer unendlichen Reihe versteht man formal eine Summe

$$u_1 + u_2 + \cdots + u_\nu + \cdots = \sum_{\nu=1}^{\infty} u_\nu$$

von unbegrenzt vielen reellen Funktionen (über Reihen komplexer Funktionen vgl. Kap. 6). Wir nehmen zunächst an, daß alle u_ν (Glieder der Reihe) konstant sind, und bilden die Folge der Teilsummen

$$s_1 = u_1, \quad s_2 = u_1 + u_2, \quad \ldots, \quad s_\nu = u_1 + u_2 + \cdots + u_\nu, \quad \ldots$$

Die unendliche Reihe $\sum\limits_{\nu=1}^{\infty} u_\nu$ heißt konvergent mit der Summe s, wenn $\lim\limits_{\nu\to\infty} s_\nu$ existiert und $= s$ ist. In allen anderen Fällen heißt $\sum\limits_{\nu=1}^{\infty} u_\nu$ divergent, und zwar eigentlich divergent, wenn $\lim\limits_{\nu\to\infty} s_\nu = \pm\infty$ ist, und uneigentlich divergent oder oszillierend, wenn die Folge (s_ν) mehrere Häufungswerte hat.

Eine Reihe $\sum\limits_{\nu=1}^{\infty} u_\nu$ heißt absolut konvergent, wenn die aus den absoluten Beträgen der einzelnen Glieder gebildete Reihe $\sum\limits_{\nu=1}^{\infty} |u_\nu|$ konvergiert. Der Wert der Summe s ist dann unabhängig von der Reihenfolge der Glieder, weshalb eine solche Reihe auch unbedingt konvergent genannt wird. Ist hingegen $\sum_{\nu=1}^{\infty} u_\nu$ konvergent, $\sum_{\nu=1}^{\infty} |u_\nu|$ aber divergent, so heißt $\sum_{\nu=1}^{\infty} u_\nu$ bedingt konvergent; ihre Summe hängt wesentlich von der Reihenfolge der Glieder ab.

Beispiel: Die Reihe

$$1 - \frac{1}{2} + \frac{1}{3} - \frac{1}{4} + - \cdots = \sum_{\nu=1}^{\infty} (-1)^{\nu-1} \frac{1}{\nu}$$

ist bedingt konvergent mit $s = \ln 2$; ändert man die Reihenfolge der Glieder, indem man auf je m positive n negative folgen läßt, so wird $s = \ln 2 + \frac{1}{2} \ln \frac{m}{n}$, also etwa ($m = 1$, $n = 4$)

$$1 - \frac{1}{2} - \frac{1}{4} - \frac{1}{6} - \frac{1}{8} + \frac{1}{3} - \frac{1}{10} - \frac{1}{12} - \frac{1}{14} - \frac{1}{16} + \frac{1}{5} - \cdots = 0.$$

Die Summe $\sum_{\nu=1}^{\infty} (u_\nu + v_\nu)$ zweier konvergenter Reihen $\sum_{\nu=1}^{\infty} u_\nu$ und $\sum_{\nu=1}^{\infty} v_\nu$ ist konvergent, und ihr Wert ist gleich der Summe der Werte der beiden gegebenen Reihen.

Das Produkt $\sum_{\nu=1}^{\infty} (u_1 v_\nu + u_2 v_{\nu-1} + \cdots + u_\nu v_1)$ von zwei konvergenten Reihen $\sum_{\nu=1}^{\infty} u_\nu$ und $\sum_{\nu=1}^{\infty} v_\nu$ ist konvergent, wenn wenigstens ein Faktor absolut konvergiert, sein Wert ist gleich dem Produkt der Werte der beiden Faktoren.

Summe und Produkt zweier absolut konvergenter Reihen sind wieder absolut konvergent.

29. Reihen mit veränderlichen Gliedern. Es seien nun die Glieder der Reihe $\sum_{\nu=1}^{\infty} u_\nu$ Funktionen der Veränderlichen x, also $u_\nu = f_\nu(x)$, wobei die Definitionsbereiche der $f_\nu(x)$ mindestens einen Punkt gemeinsam haben müssen. Die Gesamtheit der Werte x, für welche $\sum_{\nu=1}^{\infty} u_\nu$ konvergiert, heißt Konvergenzbereich der Reihe. Es gibt also für jeden Wert von x dieses Bereiches zu jeder Zahl $\varepsilon > 0$ eine natürliche Zahl N, so daß $|s_{\nu+p}(x) - s_\nu(x)| < \varepsilon$ wird, wenn nur $\nu > N$ ist (allgemeines Konvergenzprinzip, Ziff. 27; s_ν ist die ν-te Teilsumme). Die Zahl N wird dabei im allgemeinen sowohl von ε als auch von x abhängen; ist N aber von x unabhängig, d. h. gilt die obige Ungleichung für ein und dasselbe N in einem Bereich $\mathfrak{B}$, so heißt die Reihe $\sum_{\nu=1}^{\infty} u_\nu$ in $\mathfrak{B}$ gleichmäßig konvergent.

Sind die Funktionen $u_\nu(x)$ sämtlich in einem Intervall $\mathfrak{J}$ definiert und beschränkt, also $|u_\nu(x)| \leq c_\nu$, und ist $\sum_{\nu=1}^{\infty} c_\nu$ konvergent, so ist $\sum_{\nu=1}^{\infty} u_\nu$ in $\mathfrak{J}$ gleichmäßig konvergent (vgl. Ziff. 30).

Ist $\sum_{\nu=1}^{\infty} u_\nu$ gleichmäßig konvergent in einem Intervall $\mathfrak{J}$ und sind alle ihre Glieder an einer Stelle x_0 von $\mathfrak{J}$ stetig, so ist auch die durch die Reihe dargestellte Funktion $F(x) = \sum_{\nu=1}^{\infty} u_\nu(x)$ in x_0 stetig, d. h. es ist

$$\lim_{x \to x_0} F(x) = \lim_{x \to x_0} \sum_{\nu=1}^{\infty} u_\nu(x) = \sum_{\nu=1}^{\infty} \left[\lim_{x \to x_0} u_\nu(x) \right] = \sum_{\nu=1}^{\infty} u_\nu(x_0) = F(x_0).$$

Ist $\sum\limits_{\nu=1}^{\infty} u_\nu(x) = F(x)$ gleichmäßig konvergent und sind die Funktionen $u_\nu(x)$ stetig in einem Teilintervall $[a\,b]$ von $\mathfrak{J}$, so ist

$$\int\limits_a^b \Big(\sum_{\nu=1}^{\infty} u_\nu(x)\Big)\, dx = \int\limits_a^b F(x)\, dx = \sum_{\nu=1}^{\infty} \left[\int\limits_a^b u_\nu(x)\, dx\right],$$

d. h. man „darf" eine gleichmäßig konvergente Reihe gliedweise integrieren (man darf natürlich jede Reihe stetiger Funktionen gliedweise integrieren, aber die sich so ergebende Reihe muß durchaus nicht nach $\int\limits_a^b F(x)\,dx$ konvergieren).

Sind die Glieder einer konvergenten Reihe $\sum\limits_{\nu=1}^{\infty} u_\nu(x) = F(x)$ in einem Intervall $\mathfrak{J}$ differenzierbar und ist die Reihe $\sum\limits_{\nu=1}^{\infty} u'_\nu(x) = f(x)$ in $\mathfrak{J}$ gleichmäßig konvergent, so konvergiert auch $\sum\limits_{\nu=1}^{\infty} u_\nu(x)$ in $\mathfrak{J}$ gleichmäßig und es ist $F'(x) = f(x)$. Das heißt eine konvergente Reihe „darf" gliedweise differenziert werden, wenn die Reihe der Ableitungen gleichmäßig konvergiert.

30. Konvergenzkriterien. Es handelt sich hier um eine Reihe mehr oder weniger spezieller Kriterien, welche in einfacher Weise die Frage nach der Konvergenz einer vorgelegten Reihe in den meisten Fällen zu beantworten gestatten. Das allgemeine Konvergenzprinzip liefert unmittelbar eine notwendige, aber nicht hinreichende Konvergenzbedingung: Eine Reihe $\sum\limits_{\nu=1}^{\infty} u_\nu$ ist nur dann konvergent, wenn $\lim\limits_{\nu\to\infty} u_\nu = 0$ ist. Nur bei der alternierenden Reihe $\sum\limits_{\nu=1}^{\infty} (-1)^{\nu+1} u_\nu$, $u_\nu \geq 0$ ist die Bedingung $\lim\limits_{\nu\to\infty} u_\nu = 0$ auch hinreichend.

Die meisten Konvergenzkriterien lassen sich aus dem auch direkt sehr verwendbaren Prinzip der Reihenvergleichung herleiten. Sei $\sum\limits_{\nu=1}^{\infty} c_\nu$ eine konvergente, $\sum\limits_{\nu=1}^{\infty} d_\nu$ eine divergente Reihe mit positiven Gliedern. Dann ist jede Reihe $\sum\limits_{\nu=1}^{\infty} u_\nu$, für die von einem gewissen Wert von ν angefangen $|u_\nu| \leq c_\nu$ ist, absolut konvergent und $\sum\limits_{\nu=1}^{\infty} c_\nu$ heißt Majorante von $\sum\limits_{\nu=1}^{\infty} u_\nu$; dagegen ist jede Reihe $\sum\limits_{\nu=1}^{\infty} v_\nu$, für die von einem gewissen Wert von ν angefangen $|v_\nu| > d_\nu$ ist, divergent und $\sum\limits_{\nu=1}^{\infty} d_\nu$ heißt Minorante von $\sum\limits_{\nu=1}^{\infty} v_\nu$. Als Vergleichsreihen sind besonders geeignet:

1. Die geometrische Reihe $\sum\limits_{\nu=1}^{\infty} q^{\nu-1} = 1 + q + q^2 + \dots$ Diese konvergiert, wenn $|q| < 1$ ist, mit der Summe $\frac{1}{1-q}$, und divergiert, wenn $|q| \geq 1$ ist.

2. Die harmonische Reihe $\sum\limits_{\nu=1}^{\infty} \frac{1}{\nu^p}$, $p > 0$. Sie konvergiert, wenn $p < 1$, und divergiert, wenn $p \geq 1$ ist.

Spezielle Kriterien:

Ist von einem gewissen Wert von ν an $\frac{|u_{\nu+1}|}{|u_\nu|} \leq k < 1$, so ist $\sum\limits_{\nu=1}^{\infty} u_\nu$ absolut konvergent; ist hingegen, wieder von einem gewissen ν an, $\frac{|u_{\nu+1}|}{|u_\nu|} \geq 1$, so ist die Reihe divergent (Cauchysches Quotientenkriterium).

Ist von einem gewissen ν an $\sqrt[\nu]{|u_\nu|} \leq k < 1$, so ist $\sum\limits_{\nu=1}^{\infty} u_\nu$ absolut konvergent; ist aber $\sqrt[\nu]{|u_\nu|} \geq 1$, von einem gewissen ν an, so ist $\sum\limits_{\nu=1}^{\infty} u_\nu$ divergent (Cauchysches Wurzelkriterium).

Sind die Folgen $\left(\frac{|u_{\nu+1}|}{|u_\nu|}\right)$ bzw. $\left(\sqrt[\nu]{|u_\nu|}\right)$ konvergent, so ist $\sum\limits_{\nu=1}^{\infty} u_\nu$ absolut konvergent, wenn $\lim\limits_{\nu\to\infty} \frac{|u_{\nu+1}|}{|u_\nu|} < 1$, $\lim\limits_{\nu\to\infty} \sqrt[\nu]{|u_\nu|} < 1$ und divergent, wenn diese Grenzwerte > 1 sind; sind sie $= 1$, so kann über die Konvergenz von $\sum\limits_{\nu=1}^{\infty} u_\nu$ nichts ausgesagt werden, doch liefert dann manchmal dasselbe Kriterium eine Entscheidung, wenn man den Grenzübergang nicht ausführt.

31. Potenzreihen. Unter einer Potenzreihe versteht man eine Reihe von der Form $\sum\limits_{\nu=0}^{\infty} a_\nu (z - z_0)^\nu$. Eine solche Potenzreihe konvergiert immer im Inneren eines Intervalles (Konvergenzintervall) von der Länge $2r$ (r heißt Konvergenzradius) und dem Mittelpunkt z_0. Setzt man $z - z_0 = x$, so nimmt die Potenzreihe die Form $\sum\limits_{\nu=0}^{\infty} a_\nu x^\nu$ an; der Mittelpunkt des Konvergenzintervalles liegt dann im Punkt $x = 0$.

Ist

$$M = \limsup \sqrt[\nu]{|a_\nu|}$$

(Ziff. 2) der größte Häufungswert der Folge $|a_1|, \sqrt[2]{|a_2|}, \ldots, \sqrt[\nu]{|a_\nu|}, \ldots$, so ist $\sum\limits_{\nu=0}^{\infty} a_\nu x^\nu$ beständig, d. h. für alle x konvergent, wenn $M = 0$; für alle $x \neq 0$ divergent, wenn $M = \infty$ ist; und konvergent für alle x, die der Ungleichung $|x| < \frac{1}{M}$ genügen, wenn $0 < M < \infty$ ist. Der Konvergenzradius von $\sum\limits_{\nu=0}^{\infty} a_\nu x^\nu$ ist also

$$r = \frac{1}{M} = \frac{1}{\limsup \sqrt[\nu]{|a_\nu|}}$$

(Satz von CAUCHY-HADAMARD).

Ist $\sum\limits_{\nu=0}^{\infty} a_\nu x^\nu$ konvergent für $x = x_0$, so konvergiert diese Reihe gleichmäßig für jedes x, welches der Ungleichung $|x| < |x_0|$ genügt.

Ist $\sum\limits_{\nu=0}^{\infty} a_\nu x^\nu$ divergent für $x = x_0$, so divergiert diese Reihe sicher für jedes x, welches der Ungleichung $|x| > |x_0|$ genügt.

Ist für alle x, die der Ungleichung $|x - x_0| < r$ genügen, $f(x) = \sum\limits_{\nu=0}^{\infty} a_\nu (x - x_0)^\nu$ und ist x_1 ein Punkt im Inneren des Konvergenzintervalles, so gilt für (mindestens) alle x, für die $|x - x_1| < r_1 = r - |x_1 - x_0|$ ist,

$$f(x) = f(x_1) + \frac{x - x_1}{1!} f'(x_1) + \frac{(x - x_1)^2}{2!} f''(x_1) + \cdots + \frac{(x - x_1)^\nu}{\nu!} f^{(\nu)}(x_1) + \cdots$$

(Taylorsche Reihe). Ist $x_1 = 0$, so folgt

$$f(x) = f(0) + \frac{x}{1!} f'(0) + \frac{x^2}{2!} f''(0) + \cdots + \frac{x^\nu}{\nu!} f^{(\nu)}(0) + \cdots$$

(MacLaurinsche Reihe).

Ist $f(x)$ reell und unbegrenzt oft differenzierbar, so folgt nach Ziff. 18 die Konvergenz der Reihenentwicklung bereits aus $\lim\limits_{n\to\infty} r_n = 0$.

32. Rechnen mit Potenzreihen. Fundamental für das Rechnen mit Potenzreihen ist der folgende Äquivalenzsatz: Haben die beiden Potenzreihen $\sum_{\nu=0}^{\infty} a_\nu x^\nu$ und $\sum_{\nu=0}^{\infty} b_\nu x^\nu$ in einem beliebig kleinen Bereich ihres gemeinsamen Konvergenzintervalles immer denselben Wert, so sind die beiden Reihen vollständig identisch, d. h. es ist $a_\nu = b_\nu (\nu = 0, 1, 2, \ldots, \ldots)$.

Im gemeinsamen Konvergenzintervall gilt

$$\sum_{\nu=0}^{\infty} a_\nu x^\nu \pm \sum_{\nu=0}^{\infty} b_\nu x^\nu = \sum_{\nu=0}^{\infty} (a_\nu \pm b_\nu) x^\nu$$

und

$$\sum_{\nu=0}^{\infty} a_\nu x^\nu \cdot \sum_{\nu=0}^{\infty} b_\nu x^\nu = \sum_{\nu=0}^{\infty} (a_0 b_\nu + a_1 b_{\nu-1} + \cdots + a_\nu b_0) x^\nu .$$

Ist in der letzten Formel

$$\sum_{\nu=0}^{\infty} b_\nu x^\nu = \sum_{\nu=0}^{\infty} x^\nu = \frac{1}{1-x}$$

die geometrische Reihe, so folgt $\sum_{\nu=0}^{\infty} a_\nu x^\nu \cdot \sum_{\nu=0}^{\infty} x^\nu = \sum_{\nu=0}^{\infty} s_\nu x^\nu$, wobei die s_ν die Teilsummen von $\sum_{\nu=0}^{\infty} a_\nu$ sind, oder $\sum_{\nu=0}^{\infty} a_\nu x^\nu = (1-x) \sum_{\nu=0}^{\infty} s_\nu x^\nu$.

Ist $f(y) = \sum_{\nu=0}^{\infty} a_\nu y^\nu$ konvergent für $|y| < r$ und $y = g(x) = \sum_{\nu=0}^{\infty} b_\nu\, x^\nu$, so ist die durch gliedweises Einsetzen entstehende Reihe $\sum_{n=0}^{\infty} a_n (\sum_{\nu=0}^{\infty} b_\nu x^\nu)^n = \sum_{\nu=0}^{\infty} c_\nu x^\nu$ konvergent und $= f(g(x))$, wenn $\sum_{\nu=0}^{\infty} |b_\nu x^\nu|$ konvergent und $< r$ ist.

Der reziproke Wert einer Potenzreihe $\sum_{\nu=0}^{\infty} a_\nu x^\nu$ mit $a_0 \neq 0$ läßt sich auf zwei Arten berechnen; entweder mittels des vorigen Satzes auf dem Umweg über die geometrische Reihe:

$$\frac{a_0}{a_0 + a_1 x + a_2 x^2 + \cdots} = \frac{1}{1 - (a_1' x + a_2' x^2 + \cdots)} = \frac{1}{1-y} = 1 + y + y^2 + \cdots =$$
$$= 1 + (a_1' x + a_2' x^2 + \cdots) + (a_1' x + a_2' x^2 + \cdots)^2 + \cdots ,$$

wobei $a_\nu' = -\frac{a_\nu}{a_0}$ gesetzt ist, oder mittels des Äquivalenzsatzes. Man setzt mit unbestimmten Koeffizienten b_ν an:

$$\frac{1}{\sum_{\nu=0}^{\infty} a_\nu x^\nu} = \sum_{\nu=0}^{\infty} b_\nu x^\nu ,$$

also

$$1 = \sum_{\nu=0}^{\infty} a_\nu x^\nu \cdot \sum_{\nu=0}^{\infty} b_\nu x^\nu = \sum_{\nu=0}^{\infty} c_\nu x^\nu ,$$

so daß $c_0 = 1$, $c_1 = c_2 = \cdots = 0$ ist. Aus diesen Gleichungen lassen sich dann die Koeffizienten $b_0, b_1, b_2, \ldots$ der Reihe nach berechnen.

Ist $f(x) = \sum_{\nu=0}^{\infty} a_\nu x^\nu$ konvergent für $|x| < r$, so ist die durch diese Reihe definierte Funktion y unter der alleinigen Voraussetzung $a_0 \neq 0$ umkehrbar, d. h. es existiert die inverse Funktion $x = g(y)$, die durch eine in einem gewissen Intervall konvergente Reihe $x = \sum_{\nu=0}^{\infty} b_\nu y^\nu$ darstellbar ist und die der Identität $y = f\big(g(y)\big)$ genügt.

Setzen wir $\sum\limits_{n=0}^{\infty} a_n \left(\sum\limits_{\nu=0}^{\infty} b_\nu y^\nu\right)^n = \sum\limits_{\nu=0}^{\infty} c_\nu y^\nu$, so muß daher $c_0 = 0$, $c_1 = 1$, $c_2 = c_3 = \dots = 0$ sein; mittels dieser Gleichungen lassen sich die Koeffizienten der Reihe für $g(y)$ aus denen der Reihe für $f(x)$ berechnen und umgekehrt.

33. Spezielle Potenzreihen (k. = konvergent, b. k. = beständig konvergent).

$(1 + x)^\alpha = \sum\limits_{\nu=0}^{\infty} \binom{\alpha}{\nu} x^\nu$, α beliebig reell, k. für $|x| < 1$ (Binomische Reihe).

$$e^x = \sum_{\nu=0}^{\infty} \frac{x^\nu}{\nu!} = 1 + \frac{x}{1!} + \frac{x^2}{2!} + \frac{x^3}{3!} + \frac{x^4}{4!} + \cdots, \text{ b. k.}$$

$$\frac{x}{e^x - 1} = \sum_{\nu=0}^{\infty} \frac{B_\nu x^\nu}{\nu!}, \text{ k. für } |x| < 2\pi.$$

Die B_ν sind die Bernoullischen Zahlen; durch Division von x durch die Reihe für $e^x - 1$ ergibt sich für sie die Rekursionsformel

$$\binom{n}{0} B_0 + \binom{n}{1} B_1 + \binom{n}{2} B_2 + \cdots + \binom{n}{n-1} B_{n-1} = 0$$

oder in einfacher, mnemotechnisch günstiger Symbolik $(1 + B)^n = B_n$, wo $B^i = B_i$ zu setzen ist. Im einzelnen folgt:

$$B_0 = 1,\quad B_1 = -\frac{1}{2},\quad B_2 = \frac{1}{6},\quad B_4 = -\frac{1}{30},\quad B_6 = \frac{1}{42},\quad B_8 = -\frac{1}{30},\quad B_{10} = \frac{5}{66},$$
$$B_{12} = -\frac{691}{2730},\quad B_{14} = \frac{7}{6}, \dots,\quad B_3 = B_5 = \cdots = B_{2k+1} = \cdots = 0.$$

$$\cos x = \sum_{\nu=0}^{\infty} (-1)^\nu \frac{x^{2\nu}}{(2\nu)!} = 1 - \frac{x^2}{2!} + \frac{x^4}{4!} - \frac{x^6}{6!} + - \cdots, \text{ b. k.}$$

$$\sin x = \sum_{\nu=0}^{\infty} (-1)^\nu \frac{x^{2\nu+1}}{(2\nu+1)!} = x - \frac{x^3}{3!} + \frac{x^5}{5!} - \frac{x^7}{7!} + - \cdots, \text{ b. k.}$$

$$\operatorname{tg} x = \sum_{\nu=1}^{\infty} (-1)^{\nu-1} \frac{2^{2\nu}(2^{2\nu} - 1) B_{2\nu}}{(2\nu)!} x^{2\nu-1} =$$
$$= x + \frac{x^3}{3} + \frac{2}{15} x^5 + \frac{17}{315} x^7 + \cdots, \text{ k. für } |x| < \frac{\pi}{2}.$$

$$x \cdot \operatorname{ctg} x = \sum_{\nu=0}^{\infty} (-1)^\nu \frac{2^{2\nu} B_{2\nu}}{(2\nu)!} x^{2\nu} =$$
$$= 1 - \frac{1}{3} x^2 - \frac{1}{45} x^4 - \frac{2}{945} x^6 - \frac{1}{4725} x^8 - \cdots, \text{ k. für } |x| < \pi.$$

$$\ln(1 + x) = \sum_{\nu=1}^{\infty} \frac{(-1)^{\nu+1}}{\nu} x^\nu = x - \frac{x^2}{2} + \frac{x^3}{3} - \frac{x^4}{4} + - \cdots, \text{ k. für } |x| < 1.$$

$$\ln \frac{1}{1 - x} = \sum_{\nu=1}^{\infty} \frac{x^\nu}{\nu} = x + \frac{x^2}{2} + \frac{x^3}{3} + \frac{x^4}{4} + \cdots, \text{ k. für } |x| < 1.$$

$$\ln \frac{1 + x}{1 - x} = 2 \sum_{\nu=0}^{\infty} \frac{x^{2\nu+1}}{2\nu + 1} = 2\left(x + \frac{x^3}{3} + \frac{x^5}{5} + \dots\right), \text{ k. für } |x| < 1.$$

$$\arcsin x = x + \frac{1}{2} \frac{x^3}{3} + \frac{1 \cdot 3}{2 \cdot 4} \frac{x^5}{5} + \frac{1 \cdot 3 \cdot 5}{2 \cdot 4 \cdot 6} \frac{x^7}{7} + \cdots, \text{ k. für } |x| \leq 1.$$

$$\operatorname{arc\,tg} x = x - \frac{x^3}{3} + \frac{x^5}{5} - \frac{x^7}{7} + \frac{x^9}{9} - + \cdots, \text{ k. für } |x| \leq 1.$$

34. Unendliche Produkte. Sei $a_1, a_2, \ldots, a_\nu, \ldots$ eine Folge reeller Zahlen oder Funktionen und $P_\nu = a_1 \cdot a_2 \ldots a_\nu$ $(\nu = 1, 2, 3, \ldots)$. Existiert der Grenzwert $\lim\limits_{\nu\to\infty} P_\nu = P \neq 0$, so heißt das unendliche Produkt $a_1 \cdot a_2 \cdot a_3 \ldots a_\nu \ldots = \prod\limits_{\nu=1}^{\infty} a_\nu$ konvergent und P sein Wert; in allen anderen Fällen heißt $\prod\limits_{\nu=1}^{\infty} a_\nu$ divergent. Durch die Festsetzung, daß $\lim\limits_{\nu\to\infty} P_\nu \neq 0$ sein muß, erreicht man, daß ein unendliches Produkt nur verschwindet, wenn einer seiner Faktoren Null ist. Für die Konvergenz ist notwendig und hinreichend, daß $|a_\nu \cdot a_{\nu+1} \ldots a_{\nu+p} - 1| < \varepsilon$ ist, wenn nur ν hinreichend groß ist; dabei bedeutet ε eine beliebige positive Zahl und p eine beliebige natürliche Zahl. Eine notwendige Bedingung ist $\lim\limits_{\nu\to\infty} a_\nu = 1$; man setzt daher meist $a_\nu = 1 + u_\nu$, so daß dann $\lim\limits_{\nu\to\infty} u_\nu = 0$ wird. Die Begriffe absolute, bedingte und gleichmäßige Konvergenz übertragen sich unmittelbar von den Reihen her, zu denen man auch direkt geführt wird, wenn man an Stelle des Produktes seinen Logarithmus betrachtet, es ist ja

$$\ln\left(\prod_{\nu=1}^{\infty} a_\nu\right) = \sum_{\nu=1}^{\infty} (\ln a_\nu).$$

Von Bedeutung sind die Produktentwicklungen

$$\sin \pi x = \pi x \prod_{\nu=1}^{\infty}\left(1 - \frac{x^2}{\nu^2}\right) \quad \text{und} \quad \cos \pi x = \prod_{\nu=1}^{\infty}\left(1 - \frac{x^2}{(\nu - \frac{1}{2})^2}\right),$$

die beide für alle x konvergieren. Für $x = \frac{1}{2}$ liefert die erste Formel

$$\frac{2}{\pi} = \prod_{\nu=1}^{\infty}\left(1 - \frac{1}{(2\nu)^2}\right) \quad \text{oder} \quad \frac{\pi}{2} = \frac{2}{1}\cdot\frac{2}{3}\cdot\frac{4}{3}\cdot\frac{4}{5}\cdot\frac{6}{5}\cdot\frac{6}{7}\cdot\frac{8}{7}\cdot\frac{8}{9}\cdots$$

IV. Extrema.

35. Extrema von Funktionen einer Veränderlichen. Ist $f(x)$ genügend oft differenzierbar, so ergeben sich mittels des Taylorschen Satzes folgende notwendige und hinreichende Bedingungen für ein Maximum oder Minimum an der Stelle x_0 (vgl. auch Kap. 4, Ziff. 4):

1. $f'(x_0) = 0$ (notwendige Bedingung für ein Extrem).

2. Ist $f^{(n)}(x)$ die Ableitung niedrigster Ordnung, die für $x = x_0$ nicht verschwindet, so muß n gerade sein.

3a) Ist dann $f^{(n)}(x_0) > 0$, so hat $f(x)$ an der Stelle x_0 ein Minimum.

3b) Ist $f^{(n)}(x_0) < 0$, so hat $f(x)$ an der Stelle x_0 ein Maximum.

Im allgemeinen ist $n = 2$. Ist die an der Stelle x_0 nicht verschwindende Ableitung niedrigster Ordnung von ungerader Ordnung, so hat der Graph von $y = f(x)$ an der Stelle x_0 einen Wendepunkt mit horizontaler Tangente (Terassenpunkt).

Ist $f(x)$ in einem abgeschlossenen Intervall $[a\, b]$ definiert, so treten im allgemeinen noch sog. Randextrema auf. Die Funktion $y = f(x)$ hat an der unteren Grenze a ein Minimum (Maximum), wenn die an der Stelle a nicht verschwindende Ableitung niedrigster Ordnung positiv (negativ) ist, und umgekehrt an der oberen Grenze.

36. Extrema von Funktionen mehrerer Veränderlichen. Die Definition von Maximum und Minimum ist vollkommen analog der für eine unabhängige Veränderliche. Eine notwendige Bedingung besteht im Verschwinden aller Ableitungen erster Ordnung sowie darin, daß die an der betreffenden Stelle $x^{(0)}$ nicht verschwindenden Ableitungen niedrigster Ordnung von gerader Ordnung sind. Sind das etwa die m-ten Ableitungen, so ist die weitere Entscheidung von dem Verhalten des Ausdruckes $\left(\sum_{i=1}^{n} h_i \frac{\partial}{\partial x_i}\right)^m f(x_1^{(0)}, x_2^{(0)}, \ldots, x_n^{(0)})$ abhängig, der eine Form m-ten Grades in $h_1, h_2, \ldots, h_n$ (Ziff. 7) ist. Hinreichend für ein Extrem ist, daß diese Form definit ist, und zwar entspricht einer negativ definiten Form ein Maximum, einer positiv definiten ein Minimum. Ist die Form indefinit, so liegt sicher kein Extrem vor, ist sie semidefinit, so sind weitere Untersuchungen nötig. Im Falle $m = 2$ handelt es sich um die quadratische Form $F = \sum_{i,k=1}^{n} f_{ik} h_i h_k$. Sind die Determinanten

$$\begin{vmatrix} f_{11} f_{12} & \cdots & f_{1j} \\ f_{21} f_{22} & \cdots & f_{2j} \\ \cdot \quad \cdot & \cdot \quad \cdot & \cdot \\ f_{j1} f_{j2} & \cdots & f_{jj} \end{vmatrix}, \qquad (j = 1, 2, \ldots, n)$$

alle positiv, so ist F positiv definit, sind sie abwechselnd positiv und negativ, so ist F negativ definit. Handelt es sich schließlich um eine Funktion $f(x, y)$ von zwei Veränderlichen, so ist die Form F definit, wenn $\frac{\partial^2 f}{\partial x^2} \cdot \frac{\partial^2 f}{\partial y^2} - \left(\frac{\partial^2 f}{\partial x \partial y}\right)^2$ positiv ist, und zwar ist F positiv oder negativ definit, je nachdem $\partial^2 f / \partial x^2$ positiv oder negativ ist.

37. Extrema mit Nebenbedingungen. Sollen die Extrema einer Funktion $f(x_1, x_2, \ldots, x_n)$ bestimmt werden, wenn zwischen den Veränderlichen x noch m unabhängige (Ziff. 24) Relationen $\varphi_i(x_1, x_2, \ldots, x_n) = 0$, $(i = 1, 2, \ldots, m)$ bestehen, so bildet man den Ausdruck

$$F(x_1, x_2, \ldots, x_n, \lambda_1, \lambda_2, \ldots, \lambda_m) = f + \sum_{i=1}^{m} \lambda_i \varphi_i$$

mit willkürlichen λ. Die Aufgabe reduziert sich dann auf die Bestimmung der Extrema der Funktion F der $n + m$ Veränderlichen x und λ nach Ziff. 36. Es müssen also die $n + m$ Gleichungen

$$\frac{\partial f}{\partial x_\alpha} + \sum_{i=1}^{m} \lambda_i \frac{\partial \varphi_i}{\partial x_\alpha} = 0, \qquad \varphi_\beta = 0 \qquad (\alpha = 1, 2, \ldots, n;\ \beta = 1, 2, \ldots, m)$$

erfüllt sein. Das Verfahren führt den Namen Lagrangesche Multiplikatorenmethode.

V. Unbestimmte Integrale.

38. Begriff. Grundformeln und Rechenregeln. Unter einem unbestimmten Integral einer stetigen (vgl. Ziff. 43) Funktion $f(x)$ versteht man jede Funktion $F(x)$, die der Identität $F'(x) = f(x)$ genügt. Aus dem letzten Satz von Ziff. 16 folgt der Fundamentalsatz der Integralrechnung: Sind $F(x)$ und $G(x)$ zwei Funktionen, für die $f'(x) \equiv g'(x)$, also $f'(x) - g'(x) \equiv 0$ gilt, so ist $F(x) \equiv G(x) + C$; d. h. zwei Funktionen, deren Ableitungen identisch gleich sind, unterscheiden sich höchstens um eine Konstante. Somit ist neben $F(x)$ auch jede Funktion $F(x) + C$, wo C eine willkürliche Konstante (Integrationskonstante) bedeutet, ein Integral von $f(x)$ und umgekehrt ist jedes andere Integral $G(x)$ in der Form

$F(x) + C$ darstellbar. Geometrisch bedeutet die Integrationskonstante, daß sämtliche Integralkurven $y = F(x) + C$ aus einer von ihnen durch Parallelverschiebung längs der y-Achse hervorgehen. Man schreibt

$$F(x) = \int f(x)\,dx,$$

und für dieses Symbol gilt

$$d\int f(x)\,dx = f(x)\,dx \qquad \text{und} \qquad \int dF(x) = F(x).$$

Differentiation und Integration sind zueinander inverse Operationen; aus jeder Differentialformel läßt sich durch Umkehrung eine Integralformel gewinnen. So ist (vgl. Ziff. 14; die Integrationskonstante ist weggelassen)

$$\int x^a\,dx = \frac{x^{a+1}}{a+1}, \quad (a \neq -1), \qquad \int \frac{dx}{x} = \ln|x|, \quad (x \neq 0),$$

$$\int a^x\,dx = \frac{a^x}{\ln a}, \qquad \int e^x\,dx = e^x,$$

$$\int \sin x\,dx = -\cos x, \qquad \int \cos x\,dx = \sin x,$$

$$\int \frac{dx}{\cos^2 x} = \operatorname{tg} x, \qquad \int \frac{dx}{\sin^2 x} = -\operatorname{ctg} x,$$

$$\int \frac{dx}{x^2+1} = \operatorname{arc\,tg} x = -\operatorname{arc\,ctg} x, \qquad \int \frac{dx}{x^2-1} = \operatorname{ar\,tgh} x = \tfrac{1}{2}\ln\frac{x+1}{x-1},$$

$$\int \frac{dx}{\sqrt{x^2+1}} = \operatorname{ar\,sinh} x = \ln\left(x + \sqrt{x^2+1}\right) \quad (\text{vgl. Ziff. } 11),$$

$$\int \frac{dx}{\sqrt{x^2-1}} = \operatorname{ar\,cosh} x = \ln\left(x + \sqrt{x^2-1}\right), \qquad \int \frac{dx}{\sqrt{1-x^2}} = \arcsin x = -\arccos x.$$

Für die unbestimmten Integrale gelten folgende Regeln, die sich aus den entsprechenden Differentiationsregeln (Ziff. 13) herleiten lassen

$$\int [f(x) \pm g(x)]\,dx = \int f(x)\,dx \pm \int g(x)\,dx$$

$$\int k \cdot f(x)\,dx = k \cdot \int f(x)\,dx, \qquad \int [-f(x)]\,dx = -\int f(x)\,dx.$$

39. Integrationsmethoden. A. Transformation. Sei $f(x)$ eine in einem Intervall $\mathfrak{J}$ stetige, $x = \varphi(t)$ eine in einem Intervall $\mathfrak{J}'$ monotone Funktion, die in $\mathfrak{J}'$ eine stetige Ableitung $\varphi'(t)$ besitzt und außerdem, wenn t das Intervall $\mathfrak{J}'$ durchläuft, jeden Wert x aus $\mathfrak{J}$ einmal (und wegen der Monotonie dann auch nur einmal) annimmt. Dann heißt

$$G(t) = \int f(\varphi(t))\,\varphi'(t)\,dt = \int g(t)\,dt,$$

das durch die Substitution $x = \varphi(t)$ aus $\int f(x)\,dx$ entstandene transformierte Integral. Aus den Voraussetzungen über $x = \varphi(t)$ folgt, daß ihre Umkehrung $t = \psi(x)$ eine in $\mathfrak{J}$ eindeutige und stetige Funktion ist, die in $\mathfrak{J}$ jeden Wert t aus $\mathfrak{J}'$ einmal und nur einmal annimmt. Es ergibt sich

$$F(x) = \int f(x)\,dx = G(\psi(x)).$$

Die Methode ist dann anwendbar, wenn sich eine Funktion $\varphi(t)$ so angeben läßt, daß das transformierte Integral leichter ausgewertet werden kann als das ursprüngliche. Oft ist es leichter, auf Grund der Beschaffenheit von $f(x)$ zunächst die inverse Substitution $t = \psi(x)$ zu finden. Ein wichtiger Sonderfall ergibt sich für $g(t) = \frac{1}{t}$, es ist dann

$$\int \frac{\psi'(x)}{\psi(x)} = \ln|\psi(x)|.$$

B. Partielle Integration. Aus der Formel für die Differentiation eines Produktes folgt durch Umkehrung

$$\int f(x)\cdot g'(x)\,dx = f(x)\cdot g(x) - \int g(x)\cdot f'(x)\,dx$$

oder kurz

$$\int u\cdot dv = u\cdot v - \int v\cdot du,$$

wo $u = f(x)$ und $v = g(x)$ zwei in einem Intervall $\mathfrak{J}$ stetige Funktionen sind. Die Methode ist dann anzuwenden, wenn in $F(x)\,dx$ der Integrand $F(x)$ derart in zwei Faktoren $f(x)$ und $g'(x)$ zerlegt werden kann, daß sowohl $\int g'(x)\,dx$ als auch $\int g(x)\cdot f'(x)\,dx$ leichter als das ursprüngliche Integral ausgewertet werden können.

C. Rekursionsformeln. Hängt der Integrand außer von der Integrationsveränderlichen auch noch von einer natürlichen Zahl n ab, so ist es manchmal möglich, das Integral auf ein anderes zurückzuführen, das statt von n von einer kleineren Zahl, etwa $n-1$ oder $n-2$ abhängt. In einem konkreten Fall kommt man dann durch genügend oftmalige Anwendung des Verfahrens auf Integrale mit $n = 0$ oder 1 (Schlußintegrale), die im allgemeinen einfacher zu berechnen sind.

D. Integration durch Reihenentwicklung. Läßt sich $f(x)$ in eine Potenzreihe entwickeln, so stellt im Innern des Konvergenzintervalles die durch gliedweise Integration erhaltene Reihe das Integral $F(x) = \int f(x)\,dx$ dar (Ziff. 29).

40. Integration der rationalen Funktionen. Die rationalen Funktionen bilden die allgemeinste Klasse von Funktionen, deren Integrale mittels elementarer Methoden stets gefunden werden können; die Integrale zahlreicher irrationaler und transzendenter Funktionen werden durch geeignete Substitutionen in Integrale rationaler Funktionen verwandelt (Ziff. 41 u. 42).

Ist der Integrand $f(x) = \frac{Z(x)}{N(x)}$, [$Z(x)$ und $N(x)$ sind Polynome in x] unecht gebrochen (Ziff. 7), so existiert stets ein Polynom $P(x)$, so daß $\frac{Z(x)}{N(x)} = P(x) + \frac{M(x)}{N(x)}$ ist, wobei $\frac{M(x)}{N(x)}$ echt gebrochen ist. Man findet diese Zerlegung durch Ausdividieren; $P(x)$ kann sich dabei auch auf eine Konstante reduzieren. Wir können uns daher im folgenden auf die Integration echt gebrochener Funktionen beschränken. Den Nenner $N(x)$ zerlegen wir in seine Wurzelfaktoren, fassen dabei aber zwei zu konjugiert komplexen Wurzeln gehörige immer zu einem quadratischen Faktor zusammen (hat ein Polynom mit reellen Koeffizienten eine komplexe Wurzel $a + bi$, so ist stets auch $a - bi$ eine Wurzel; jedes derartige Polynom läßt sich also als Produkt reeller linearer und quadratischer Faktoren anschreiben). Sei demgemäß

$$N(x) = (x-a_1)^{\alpha_1}(x-a_2)^{\alpha_2}\cdots(x-a_r)^{\alpha_r}(x^2+p_1x+q_1)^{\beta_1}(x^2+p_2x+q_2)^{\beta_2}\cdots \\ \cdots(x^2+p_sx+q_s)^{\beta_s}$$

wo $p_i^2 - 4q_i < 0$ $(i = 1, 2, \ldots, s)$ ist (sonst wäre eine weitere reelle Zerlegung möglich) und $n = \sum_{i=1}^{r}\alpha_i + 2\sum_{i=1}^{s}\beta_i$ den Grad von $N(x)$ bedeutet. Die rationale Funktion $\frac{M(x)}{N(x)}$ läßt sich dann als Summe von Partialbrüchen erster und zweiter Art — das sind Ausdrücke von der Form $\frac{A}{(x-a)^{\alpha}}$, bzw. $\frac{Px+Q}{(x^2+px+q)^{\beta}}$ — folgendermaßen darstellen (Partialbruchzerlegung)

$$\begin{aligned}\frac{M(x)}{N(x)} = {} & \frac{A_{11}}{(x-a_1)^{\alpha_1}} + \frac{A_{12}}{(x-a_1)^{\alpha_1-1}} + \cdots + \frac{A_{1\alpha_1}}{x-a_1} + \\ & + \frac{A_{21}}{(x-a_2)^{\alpha_2}} + \frac{A_{22}}{(x-a_2)^{\alpha_2-1}} + \cdots + \frac{A_{2\alpha_2}}{x-a_2} + \\ & \quad \cdot\ \cdot\ \cdot\ \cdot\ \cdot\ \cdot\ \cdot\ \cdot\ \cdot\ \cdot\ \cdot\ \cdot\ \cdot \\ & + \frac{A_{r1}}{(x-a_r)^{\alpha_r}} + \frac{A_{r2}}{(x-a_r)^{\alpha_r-1}} + \cdots + \frac{A_{r\alpha_r}}{x-a_r} +\end{aligned}$$

$$+\frac{P_{11}x+Q_{11}}{(x^2+p_1x+q_1)^{\beta_1}}+\frac{P_{12}x+Q_{12}}{(x^2+p_1x+q_1)^{\beta_1-1}}+\cdots+\frac{P_{1\beta_1}x+Q_{1\beta_1}}{x^2+p_1x+q_1}+$$
$$+\frac{P_{21}x+Q_{21}}{(x^2+p_2x+q_2)^{\beta_2}}+\frac{P_{22}x+Q_{22}}{(x^2+p_2x+q_2)^{\beta_2-1}}+\cdots+\frac{P_{2\beta_2}x+Q_{2\beta_2}}{x^2+p_2x+q_2}$$
$$\cdots\cdots\cdots\cdots\cdots\cdots$$
$$+\frac{P_{s1}x+Q_{s1}}{(x^2+p_sx+q_s)^{\beta_s}}+\frac{P_{s2}x+Q_{s2}}{(x^2+p_sx+q_s)^{\beta_s-1}}+\cdots+\frac{P_{s\beta_s}x+Q_{s\beta_s}}{x^2+p_sx+q_s}.$$

Die Berechnung der Koeffizienten A_{ik}, P_{ik} und Q_{ik} geschieht so, daß man zuerst die Partialbruchzerlegung nach obigem Muster mit unbestimmten Koeffizienten ansetzt und dann mit $N(x)$ beiderseits multipliziert, so daß sich eine Identität zwischen $M(x)$ und dem Polynom $(n-1)$-ten Grades rechts ergibt, die nur bestehen kann, wenn auf beiden Seiten die Koeffizienten gleicher Potenzen von x übereinstimmen [fehlen in $M(x)$ einzelne Potenzen, so sind ihre Koeffizienten selbstverständlich $=0$ anzunehmen]; es ergeben sich dadurch gerade n Gleichungen für die n Unbekannten A_{ik}, P_{ik} und Q_{ik}, die immer eindeutig lösbar sind. Die Aufgabe ist somit auf die Integration der Partialbrüche zurückgeführt. Es wird

$$\int\frac{A}{(x-a)^\alpha}dx=-\frac{A}{(\alpha-1)(x-a)^{\alpha-1}},\ \alpha>1;\qquad \int\frac{A}{x-a}dx=A\cdot\ln|x-a|.$$

Bei den Partialbrüchen zweiter Art wird zuerst umgeformt

$$\int\frac{Px+Q}{(x^2+px+q)^\beta}dx=\frac{P}{2}\int\frac{2x+p}{(x^2+px+q)^\beta}dx+\frac{2Q-Pp}{2}\int\frac{dx}{(x^2+px+q)^\beta};$$

dann wird das erste Integral auf der rechten Seite

$$\int\frac{2x+p}{(x^2+px+q)^\beta}dx=-\frac{1}{(\beta-1)(x^2+px+q)^{\beta-1}},\ \beta>1,$$

bzw. für $\beta=1$

$$\int\frac{2x+p}{x^2+px+q}dx=\ln|x^2+px+q|.$$

Das zweite Integral geht durch die Substitution

$$x=-\frac{p}{2}+\frac{\sqrt{4q-p^2}}{2}t$$

über in

$$\left(\frac{2}{\sqrt{4q-p^2}}\right)^{2\beta-1}\int\frac{dt}{(t^2+1)^\beta};$$

für dieses Integral gilt die Rekursionsformel

$$J_\beta=\int\frac{dt}{(t^2+1)^\beta}=\frac{t}{2(\beta-1)(t^2+1)^{\beta-1}}+\frac{2\beta-3}{2\beta-2}J_{\beta-1}$$

mit dem Schlußintegral

$$J_1=\operatorname{arc\,tg} t,$$

worin dann wieder $t=\frac{2x+p}{\sqrt{4q-p^2}}$ zu setzen ist. Das Integral der rationalen Funktion $\frac{M(x)}{N(x)}$ besteht somit aus einem von den mehrfachen Nullstellen des Nenners $N(x)$ herrührenden rationalen Teil und aus einem transzendenten Teil von der Form (die C_i hängen dabei in bestimmter Weise von den P_{ik} und Q_{ik} ab)

$$\sum_{i=1}^{r}A_{i\alpha_i}\ln|x-a_i|+\sum_{i=1}^{s}\left[\frac{P_{i\beta_i}}{2}\ln|x^2+p_ix+q_i|+C_i\operatorname{arc\,tg}\frac{2x+p_i}{\sqrt{4q_i-p_i^2}}\right].$$

Bei mehrfachen Nullstellen des Nenners, insbesondere dann, wenn diese Nullstellen komplex sind, ist es zweckmäßig, von vornherein den rationalen Teil abzuspalten. Man bildet zu diesem Zweck die Polynome

$$n(x) = (x - a_1)(x - a_2) \cdots (x - a_r)(x^2 + p_1 x + q_1)(x^2 + p_2 x + q_2) \cdots (x^2 + p_s x + q_s),$$

und

$$Q(x) = \frac{N(x)}{n(x)} = (x - a_1)^{\alpha_1 - 1}(x - a_2)^{\alpha_2 - 1} \cdots (x - a_r)^{\alpha_r - 1} \cdot$$
$$\cdot (x^2 + p_1 x + q_1)^{\beta_1 - 1}(x^2 + p_2 x + q_2)^{\beta_2 - 1} \cdots (x^2 + p_s x + q_s)^{\beta_s - 1}.$$

$Q(x)$ ist der größte gemeinsame Teiler von $N(x)$ und seiner Ableitung $N'(x)$ und kann mittels des euklidischen Algorithmus rational berechnet werden (vgl. Kap. 2, Ziff. 38). Man setzt nun mit unbestimmten Koeffizienten A, B, P und Q

$$\int \frac{M(x)}{N(x)} dx = \frac{A_0 x^m + A_1 x^{m-1} + \cdots + A_m}{Q(x)} + \int \left[\sum_{i=1}^{r} \frac{B_i}{x - a_i} + \sum_{i=1}^{s} \frac{P_i x + Q_i}{x^2 + p_i x + q_i}\right] dx,$$

wo $m = n - r - 2s - 1$ um 1 kleiner als der Grad von $Q(x)$ ist. Durch Differentiation, Multiplikation mit $N(x)$ und Koeffizientenvergleichung ergeben sich n lineare Gleichungen für die $m + 1 + r + 2s = n$ Unbekannten A_i, B_i, P_i und Q_i.

Bemerkt sei, daß man bei der Integration rationaler Funktionen mit komplexen Nullstellen im Nenner die Partialbrüche zweiter Art (die bei komplexen Funktionen überhaupt sinnlos werden) auch vermeiden kann, wenn man dafür das Rechnen mit imaginären Zahlen in Kauf nehmen will; man kommt natürlich zuletzt mittels der Formeln von Kap. 6, Ziff. 16 wieder ins Reelle zurück.

41. Integration einzelner irrationaler Funktionen. Es handelt sich im folgenden durchwegs um Abelsche Integrale vom Geschlecht Null.

A. Quadratische Irrationalität. Sei ein Integral von der Form $\int R(x, y)\,dx$ vorgelegt, wo $y^2 = ax^2 + bx + c$, $a \neq 0$, $b^2 - 4ac \neq 0$ ist und $R(x, y)$ eine rationale Funktion von x und y bedeutet. Die Gleichung $y^2 = ax^2 + bx + c$ stellt unter den angegebenen Voraussetzungen einen zur x-Achse symmetrischen Mittelpunktskegelschnitt $\mathfrak{C}$ in der Ebene der Veränderlichen x und y dar. Jeder Kegelschnitt ist eine rationale Kurve, d. h. $\mathfrak{C}$ besitzt eine Parameterdarstellung $x = x(t)$, $y = y(t)$, wo $x(t)$ und $y(t)$ rationale Funktionen sind. Durch die Substitution $x = x(t)$ geht $R(x, y)$ über in das Integral $\int R(x(t), y(t))\,x'(t)\,dt = \int \overline{R}(t)\,dt$ einer rationalen Funktion $\overline{R}(t)$, das nach Ziff. 40 stets ausgewertet werden kann. Eine rationale Parameterdarstellung von $\mathfrak{C}$ findet man, wenn man durch einen beliebigen Punkt (x_0, y_0) von $\mathfrak{C}$ ein Strahlenbüschel $y - y_0 = t(x - x_0)$ legt (t ist dabei veränderlich; jedem Wert von t entspricht ein Strahl des Büschels). Jeder Strahl des Büschels schneidet $\mathfrak{C}$ außer in (x_0, y_0) in einem weiteren Punkt, dessen Koordinaten rationale Funktionen von t sind. Bei der praktischen Durchführung wird man den Punkt (x_0, y_0) so wählen, daß die Gleichung des Strahlenbüschels möglichst einfach wird; also etwa in einen der (reellen) Schnittpunkte mit den Koordinatenachsen legen oder man kann im Falle, daß $\mathfrak{C}$ eine Hyperbel ist ($a > 0$), das Strahlenbüschel in ein Parallelstrahlenbüschel ausarten lassen, dessen Strahlen zu einer der Asymptoten der Hyperbel parallel sind.

Im folgenden sind die möglichen Fälle samt den dazugehörigen Substitutionen zusammengestellt.

a) $a > 0$, $b^2 - 4ac \neq 0$; $\mathfrak{C}$ ist eine Hyperbel, deren reelle Achse in die x-Achse fällt oder parallel zur y-Achse ist, je nachdem $b^2 - 4ac > 0$ oder < 0 ist. Man setzt $y = \sqrt{a}\,x + t$ (Parallelstrahlenbüschel, in jedem Fall möglich) oder

$y = tx + \sqrt{c}$ (nur möglich, wenn $c > 0$ ist) oder schließlich $y = t(x - x_0)$, wo x_0 die Abszisse eines Schnittpunktes von $\mathfrak{C}$ mit der x-Achse ist (nur möglich, wenn $b^2 - 4ac > 0$ ist).

b) $a < 0$, $b^2 - 4ac > 0$ (der Fall $b^2 - 4ac < 0$ führt auf eine nullteilige Kurve); $\mathfrak{C}$ ist eine Ellipse, deren Schnittpunkte x_1 und x_2 mit der x-Achse immer reell sind. Man setzt $y = t(x - x_1)$ oder, wenn $c > 0$ ist, $y = tx + \sqrt{c}$.

Die bei a) und b) angegebenen Ausdrücke für y setzt man in der Gleichung $y^2 = ax^2 + bx + c$ ein, die dadurch immer zu einer in x linearen Beziehung zwischen x und t wird; durch Auflösen dieser Beziehung nach x ergibt sich erst die eigentliche Substitution $x = \varphi(t)$.

Die obige allgemeine Methode hat in erster Linie den Vorteil, auch bei noch so komplizierter Bauart von $R(x, y)$ die Rationalisierung des Integranden auf Grund einer einfachen Überlegung möglich zu machen; in gewissen Fällen lassen sich derartige Integrale jedoch einfacher berechnen:

1. Die Integrale $\int \frac{dx}{\sqrt{ax^2 + bx + c}}$ lassen sich (ausgenommen der Fall $a < 0$, $b^2 - 4ac < 0$; vgl. oben b) stets auf eine der Formen $\int \frac{dt}{\sqrt{1 - t^2}}$, $\int \frac{dt}{\sqrt{t^2 + 1}}$ oder $\int \frac{dt}{\sqrt{t^2 - 1}}$ bringen, indem man in $ax^2 + bx + c$ die ersten zwei Glieder auf ein vollständiges Quadrat ergänzt: $ax^2 + bx + c = \frac{1}{4a}\left[(2ax + b)^2 - (b^2 - 4ac)\right]$ und dann $\frac{2ax + b}{\sqrt{b^2 - 4ac}} = t$ oder $\frac{2ax + b}{\sqrt{4ac - b^2}} = t$ setzt, je nachdem der erste oder zweite Ausdruck reell ist (vgl. Ziff. 38 und 42, letzte Formel).

2. Bei Integralen von der Form $\int \frac{P(x)\,dx}{\sqrt{ax^2 + bx + c}}$, wo $P(x)$ ein Polynom vom Grad n ist, macht man mit unbestimmten Koeffizienten A_i und B den Ansatz

$$\int \frac{P(x)\,dx}{\sqrt{ax^2 + bx + c}} = (A_0 x^{n-1} + \cdots + A_{n-1})\sqrt{ax^2 + bx + c} + B\int \frac{dx}{\sqrt{ax^2 + bx + c}},$$

wodurch das Integral in einen algebraischen und einen transzendenten Teil zerlegt wird. Die Integrale $\int P(x)\sqrt{ax^2 + bx + c}\,dx = \int \frac{P(x)\cdot(ax^2 + bx + c)}{\sqrt{ax^2 + bx + c}}\,dx$ gehören ebenfalls hierher.

3. Die Integrale $\int \frac{dx}{(x - p)^n \sqrt{ax^2 + bx + c}}$ gehen durch die Substitution $x - p = \frac{1}{t}$ in solche vom Typus 2. über.

4. Bei Integralen $\int \frac{R(x)\,dx}{\sqrt{ax^2 + bx + c}}$, wo $R(x)$ eine rationale Funktion ist, zerlegt man $R(x)$ nach Ziff. 40 in Partialbrüche; doch ist dieses Verfahren nur dann zu empfehlen, wenn der Nenner von $R(x)$ nur reelle Wurzeln hat. Man kommt dann auf Integrale vom Typus 3. zurück.

B. Die linear gebrochene, binomische und monomische Irrationalität. Es handelt sich hier um Integrale von der Form $\int R(x, y_1, y_2, \ldots, y_n)\,dx$, wo $R(x, y_1, y_2, \ldots, y_n)$ eine rationale Funktion ihrer Argumente und $y_i = \left(\frac{ax + b}{cx + d}\right)^{k_i}$ ist mit rationalen $k_i = \frac{p_i}{q_i}$ $(i = 1, 2, \ldots, n)$. Die Determinante $ad - bc$ sei $\neq 0$ angenommen, da sich sonst alle y_i auf Konstante reduzieren würden.

Man spricht von einer linear gebrochenen Irrationalität, wenn $c \neq 0$ ist, von einer binomischen, wenn $c = 0$ ist und von einer monomischen Irrationalität, wenn $b = c = 0$ ist.

Ist s das kleinste gemeinsame Vielfache der Zahlen $q_1, q_2, \ldots, q_n$, so führt die Substitution $\frac{ax+b}{cx+d} = t^s$ das gegebene Integral in allen Fällen über in das Integral einer rationalen Funktion von t.

C. Binomische Integrale (nicht zu verwechseln mit den obigen Integralen mit binomischer Irrationalität). Man versteht darunter Integrale von der Form $\int x^p (ax^q + b)^r dx$ mit rationalem p, q und r. Sie sind in drei Fällen elementar auswertbar, nämlich wenn eine der drei Zahlen r, $\frac{p+1}{q}$, $\frac{p+1}{q} + r$ ganz ist. Ist r ganz, so handelt es sich um eine monomische Irrationalität. Ist $\frac{p+1}{q}$ ganz, so führt die Substitution $x^q = y$ auf das Integral einer binomischen Irrationalität und somit die Substitution $ax^q + b = t^s$, wo s der Nenner des auf reduzierte Form gebrachten Bruches r ist, auf das Integral einer rationalen Funktion von t. Ist schließlich $\frac{p+1}{q} + r$ ganz, so führt $x^q = y$ auf eine linear gebrochene Irrationalität und $a + bx^{-q} = t^s$ auf das Integral einer rationalen Funktion von t.

42. Beispiele und Formeln. Es bedeutet im folgenden S: Substitution, PI: Partielle Integration, U: Umformung (des Integranden), $P_n(x)$ ein Polynom n-ten Grades, $R(x)$ oder $\overline{R}(x)$ eine rationale Funktion von x (vgl. auch Ziff. 38).

1) $$\int f(ax+b)\,dx = \frac{1}{a}\int f(t)\,dt \qquad (S: ax+b=t),$$

2) $$\int f(x) f'(x)\,dx = \frac{1}{2}[f(x)]^2 \qquad (S: f(x)=t),$$

3) $$\int f(e^{ax})\,dx = \frac{1}{a}\int f(t)\frac{dt}{t} \qquad (S: e^{ax}=t),$$

4) $$\int P_n(x)\,e^{ax}\,dx = (A_0 x^n + A_1 x^{n-1} + \cdots + A_n)\cdot e^{ax},$$
(Ansatz mit unbestimmten Koeffizienten A_i)

5) $$\int x^a \ln x\,dx = \frac{x^{a+1}}{a+1}\left(\ln x - \frac{1}{a+1}\right) \qquad (PI: u = \ln x,\ dv = x^a dx),$$

6) $$\int \frac{\ln x}{x}\,dx = \frac{1}{2}(\ln x)^2 \qquad \text{(Beispiel 2)},$$

7) $$\int (\ln x)^n dx = x(\ln x)^n - n\int (\ln x)^{n-1} dx,\ n \text{ ganz und} > 0$$
$$(PI: u = (\ln x)^n,\ dv = dx),$$

8) $$\int R(\sin x, \cos x)\,dx = \int \overline{R}(t)\,dt \qquad \left(S: \operatorname{tg}\frac{x}{2} = t,\ \text{vgl. Ziff. 9, Schluß}\right).$$

9) $$\int P_n(x)\sin x\,dx = (A_0 x^n + A_1 x^{n-1} + \cdots + A_n)\cos x + $$
$$+ (B_1 x^{n-1} + B_2 x^{n-2} + \cdots + B_n)\sin x,$$
(Ansatz mit unbestimmten Koeffizienten A_i)

10) $$\int P_n(x)\cos x\,dx = (A_0 x^n + A_1 x^{n-1} + \cdots + A_n)\sin x + $$
$$+ (B_1 x^{n-1} + B_2 x^{n-2} + \cdots + B_n)\cos x \qquad \text{(wie 9)},$$

11) $$\int \sin^n x\,dx = -\frac{\sin^{n-1}x\cdot\cos x}{n} + \frac{n-1}{n}\int \sin^{n-2} x\,dx$$
$$(PI: u = \sin^{n-1}x,\ dv = \sin x\,dx),$$

12) $\int \cos^n x\,dx = \frac{\sin x \cdot \cos^{n-1} x}{n} + \frac{n-1}{n}\int \cos^{n-2} x\,dx$

$(PI\colon u = \cos^{n-1} x,\; dv = \cos x\,dx)$,

13) $\int \operatorname{tg}^n x\,dx = \frac{\operatorname{tg}^{n-1} x}{n-1} - \int \operatorname{tg}^{n-2} x\,dx$

$(U\colon \operatorname{tg}^n x\,dx = \operatorname{tg}^{n-2} x\,d(\operatorname{tg} x) - \operatorname{tg}^{n-2} x\,dx)$,

14) $\int \operatorname{ctg}^n x\,dx = -\frac{\operatorname{ctg}^{n-1} x}{n-1} - \int \operatorname{ctg}^{n-2} x\,dx$ (U analog 13),

15) $\int \operatorname{tg} x\,dx = -\ln\cos x$ ($S\colon \cos x = t$, vgl. Ziff. 39, A),

16) $\int \operatorname{ctg} x\,dx = \ln\sin x$ ($S\colon \sin x = t$, vgl. Ziff. 39, A),

17) $\int \frac{dx}{\sin^n x} = -\frac{1}{n-1}\,\frac{\cos x}{\sin^{n-1} x} + \frac{n-2}{n-1}\int \frac{dx}{\sin^{n-2} x}$ (PI oder aus 11),

18) $\int \frac{dx}{\cos^n x} = \frac{1}{n-1}\,\frac{\sin x}{\cos^{n-1} x} + \frac{n-2}{n-1}\int \frac{dx}{\cos^{n-2} x}$ (PI oder aus 12),

19) $\int \frac{dx}{\sin x} = \ln \operatorname{tg}\frac{x}{2}$ $\left(S\colon \operatorname{tg}\frac{x}{2} = t\right)$,

20) $\int \frac{dx}{\cos x} = \ln \operatorname{tg}\left(\frac{x}{2} + \frac{\pi}{4}\right)$ $\left[U\colon \cos x = \sin\left(x + \frac{\pi}{2}\right)\text{, dann wie 19)}\right]$,

21) $\int \sin^m x \cos^n x\,dx$

$$= \frac{\sin^{m+1} x \cos^{n-1} x}{m+1} + \frac{n-1}{m+1}\int \sin^{m+2} x \cos^{n-2} x\,dx, \quad m \neq -1,$$

$$= -\frac{\sin^{m-1} x \cos^{n+1} x}{n+1} + \frac{m-1}{n+1}\int \sin^{m-2} x \cos^{n+2} x\,dx, \quad n \neq -1,$$

$$= \frac{\sin^{m+1} x \cos^{n-1} x}{m+n} + \frac{n-1}{m+n}\int \sin^{m} x \cos^{n-2} x, \quad m+n \neq 0,$$

$$= -\frac{\sin^{m-1} x \cos^{n+1} x}{m+n} + \frac{m-1}{m+n}\int \sin^{m-2} x \cos^{n} x\,dx, \quad m+n \neq 0,$$

$$= \frac{\sin^{m+1} x \cos^{n+1} x}{m+1} + \frac{m+n+2}{m+1}\int \sin^{m+2} x \cos^{n} x\,dx, \quad m \neq -1,$$

$$= -\frac{\sin^{m+1} x \cos^{n+1} x}{n+1} + \frac{m+n+2}{n+1}\int \sin^{m} x \cos^{n+2} x\,dx, \quad n \neq -1.$$

In diesen Formeln sind m und n beliebige ganze, nur den angegebenen Einschränkungen unterworfene Zahlen (PI).

22) $\int e^{ax} \cos bx\,dx = \frac{e^{ax}(a\cos bx + b\sin bx)}{a^2+b^2}$

23) $\int e^{ax} \sin bx\,dx = \frac{e^{ax}(a\sin bx - b\cos bx)}{a^2+b^2}$,

(22 und 23 gleichzeitig durch PI).

24) $\int \arcsin x\,dx = x \cdot \arcsin x + \sqrt{1-x^2}$ (PI),

25) $\int \operatorname{arc}\cos x\,dx = x\cdot\operatorname{arc}\cos x - \sqrt{1-x^2}$ (PI),

26) $\int \operatorname{arc}\operatorname{tg} x\,dx = x\cdot\operatorname{arc}\operatorname{tg} x - \frac{1}{2}\ln(1+x^2)$ (PI),

27) $\int \operatorname{arc}\operatorname{ctg} x\,dx = x\cdot\operatorname{arc}\operatorname{ctg} x + \frac{1}{2}\ln(1+x^2)$ (PI),

28) $$I_1 = \int \cos ax \cos bx\,dx = \frac{1}{2}\left(\frac{\sin(a-b)x}{a-b} + \frac{\sin(a+b)x}{a+b}\right),$$
$$I_2 = \int \sin ax \sin bx\,dx = \frac{1}{2}\left(\frac{\sin(a-b)x}{a-b} - \frac{\sin(a+b)x}{a+b}\right),$$
$$I_3 = \int \sin ax \cos bx\,dx = -\frac{1}{2}\left(\frac{\cos(a-b)x}{a-b} + \frac{\cos(a+b)x}{a+b}\right),$$
$$I_4 = \int \cos ax \sin bx\,dx = \frac{1}{2}\left(\frac{\cos(a-b)x}{a-b} - \frac{\cos(a+b)x}{a+b}\right),$$

$a-b\neq 0$, $a+b\neq 0$ (Man bilde die leicht zu berechnenden Integrale $I_1 + I_2 = \frac{1}{a-b}\sin(a-b)x$ und $I_1 - I_2 = \frac{1}{a+b}\sin(a+b)x$, sowie $I_3 + I_4 = -\frac{1}{a+b}\cos(a+b)x$ und $I_3 - I_4 = -\frac{1}{a-b}\cos(a-b)x$, woraus dann I_1, I_2, I_3 und I_4 berechnet werden können).

29) $$I_1 = \int \frac{\sin x\,dx}{a\sin x + b\cos x} = \frac{ax - b\ln(a\sin x + b\cos x)}{a^2+b^2},$$
$$I_2 = \int \frac{\cos x\,dx}{a\sin x + b\cos x} = \frac{bx + a\ln(a\sin x + b\cos x)}{a^2+b^2}$$

(Man bilde $aI_1 \pm bI_2$ analog wie in Beispiel 28).

30) $$\int \frac{dx}{a\sin x + b\cos x} = \frac{1}{\sqrt{a^2+b^2}}\cdot\ln\operatorname{tg}\frac{1}{2}\left(x + \operatorname{arc}\operatorname{tg}\frac{b}{a}\right)$$

(Man setze vorübergehend $a = r\sin\varphi$, $b = r\cos\varphi$, was natürlich keine Substitution ist).

31) $$\int \frac{dx}{\sqrt{ax^2+bx+c}} = \frac{1}{\sqrt{a}}\ln\left(ax + \frac{b}{2} + \sqrt{a(ax^2+bx+c)}\right) \quad (a>0)$$
$$= \frac{1}{\sqrt{-a}}\arcsin\frac{2ax+b}{\sqrt{b^2-4ac}} \quad (a<0,\ b^2-4ac>0).$$

VI. Bestimmte Integrale.

43. Der Riemannsche Integralbegriff. Sei $f(x)$ eine in einem abgeschlossenen Intervall $[ab]$ definierte, eindeutige und beschränkte Funktion. Wir teilen $[ab]$ durch $n-1$ Punkte $x_1, x_2, \ldots, x_{n-1}$, für die $a = x_0 < x_1 < x_2 < \cdots < x_{n-1} < x_n = b$ ist, in n Teilintervalle, deren Längen $\Delta x_i = x_i - x_{i-1}$ $(i = 1, 2, \ldots, n)$ sind. Ferner sei g_i die untere, G_i die obere Grenze und σ_i die Schwankung von $f(x)$ im i-ten Teilintervall $[x_{i-1}x_i]$. Die Ausdrücke

$$S = \sum_{i=1}^{n} G_i\,\Delta x_i \quad \text{und} \quad s = \sum_{i=1}^{n} g_i\,\Delta x_i$$

heißen bzw. obere und untere Summe von $f(x)$; ihre Werte hängen nicht allein von der Beschaffenheit von $f(x)$, sondern auch von der Wahl und Anzahl der Teilungspunkte x_i ab.

Wir betrachten nun eine Folge $\mathfrak{Z}_1, \mathfrak{Z}_2, \ldots, \mathfrak{Z}_\nu, \ldots$ von derartigen Zerlegungen des Intervalles $[ab]$. Sei n_ν die Anzahl der Teilintervalle von $\mathfrak{Z}_\nu$ und l_ν die Länge des (oder der) größten von ihnen. Eine solche Zerlegungsfolge heißt ausgezeichnet, wenn $\lim\limits_{\nu\to\infty} l_\nu = 0$ und somit $\lim\limits_{\nu\to\infty} n_\nu = \infty$ ist. Zu jeder Zerlegung einer solchen ausgezeichneten Zerlegungsfolge bilden wir die obere Summe S_ν und die untere Summe s_ν; unter den angegebenen Voraussetzungen existieren immer die beiden Grenzwerte

$$\lim_{\nu\to\infty} S_\nu = \int_a^{\bar{b}} f(x)\,dx \quad \text{und} \quad \lim_{\nu\to\infty} s_\nu = \int_{\underline{a}}^{b} f(x)\,dx,$$

(oberes und unteres Integral von $f(x)$ im Intervall $[ab]$), und zwar sind sie unabhängig von der besonderen Wahl der ausgezeichneten Zerlegungsfolge. Es gilt stets $\int_a^{\bar{b}} f(x)\,dx \geq \int_{\underline{a}}^{b} f(x)\,dx$; ist $\int_a^{\bar{b}} f(x)\,dx = \int_{\underline{a}}^{b} f(x)\,dx$, so heißt $f(x)$ integrierbar in $[ab]$; der gemeinsame Wert von oberem und unterem Integral wird mit

$$\int_a^b f(x)\,dx$$

bezeichnet und heißt bestimmtes (Riemannsches) Integral von $f(x)$ in $[ab]$.

Notwendig und hinreichend für die Integrierbarkeit von $f(x)$ in $[ab]$ ist, daß die zu einer Zerlegung $\mathfrak{Z}$ gehörige Summe $\sum \sigma_i \Delta x_i$ nach Null konvergiert, wenn $\mathfrak{Z}$ eine ausgezeichnete Zerlegungsfolge durchläuft, oder mit anderen Worten, daß die Summe der Längen aller jener Teilintervalle, in denen die Schwankung größer ist als irgendeine vorgegebene Zahl, beliebig klein gemacht werden kann. Mittels des Satzes von der gleichmäßigen Stetigkeit (Ziff. 5) folgt daraus, daß alle stetigen Funktionen integrierbar sind. Beschränkte Funktionen mit höchstens endlich vielen Unstetigkeitsstellen in $[ab]$ sind integrierbar. Unter gewissen Voraussetzungen, auf die nicht näher eingegangen werden kann, sind auch Funktionen mit unendlich vielen Unstetigkeitsstellen in $[ab]$ integrierbar.

Ferner sind alle in einem Intervall $[ab]$ monotonen Funktionen in $[ab]$ auch integrierbar.

Ist durch die Punkte $x_1, x_2, \cdots, x_{n-1}$ eine Zerlegung $\mathfrak{Z}$ von $[ab]$ gegeben, so heißt der nicht negative Ausdruck $V = |f(a) - f(x_1)| + |f(x_1) - f x_2)| + \cdots + |f(x_{n-1}) - f(b)|$ die zu $\mathfrak{Z}$ gehörige Variation von $f(x)$. Ist die Menge der zu allen möglichen Zerlegungen von $[ab]$ gehörigen Variationen auch rechtsseitig beschränkt, so heißt $f(x)$ in $[ab]$ von beschränkter Variation. Die obere Grenze der Menge aller Variationen von $f(x)$ in $[ab]$ heißt totale Variation von $f(x)$ in $[ab]$. Es gilt der Satz: Ist $f(x)$ in $[ab]$ von beschränkter Variation, so ist $f(x)$ in $[ab]$ integrierbar.

Wählt man in jedem Teilintervall $[x_{i-1} x_i]$ einer Zerlegung $\mathfrak{Z}$ einen Wert ξ_i und bildet die Riemannsche Summe

$$\sum_{i=1}^{n} f(\xi_i)\Delta x_i, \quad (x_{i-1} \leq \xi_i \leq x_i, \; i = 1, 2, \ldots, n),$$

so konvergiert diese Summe, wenn $\mathfrak{Z}$ eine ausgezeichnete Zerlegungsfolge durchläuft und $f(x)$ integrierbar ist, stets nach dem bestimmten Integral, d. h. es ist

$$\lim \sum_{i=1}^{n} f(\xi_i)\,\Delta x_i = \int_a^b f(x)\,dx.$$

Geometrisch bedeutet $\int_a^b f(x)\,dx$ den Flächeninhalt jenes Bereiches der (xy)-Ebene, der durch den Graph von $y = f(x)$, durch die Parallelen zur y-Achse in den Endpunkten von ab und durch die x-Achse begrenzt wird. Derartige Bereiche heißen ebene Normalbereiche.

44. Sätze über bestimmte Integrale. Definiert man $(a < b)$

$$\int_b^a f(x)\,dx = -\int_a^b f(x)\,dx,$$

so wird

$$\int_a^a f(x)\,dx = 0, \qquad \int_a^b f(x)\,dx + \int_b^c f(x)\,dx + \int_c^a f(x)\,dx = 0$$

bei beliebiger Lage der Punkte a, b und c.

Summe, Differenz, Produkt und Quotient (dieser nur, solange der Nenner nicht verschwindet) integrierbarer Funktionen sind ebenfalls integrierbar. Dagegen ist die aus zwei integrierbaren Funktionen zusammengesetzte Funktion nicht notwendig integrierbar. Der absolute Betrag einer integrierbaren Funktion ist integrierbar, aber nicht umgekehrt.

Ist $F(x) = \int f(x)\,dx$ ein unbestimmtes Integral von $f(x)$, so ist

$$\int_a^b f(x)\,dx = [F(x)]_a^b = F(b) - F(a),$$

ferner

$$\text{(A)} \qquad \int_a^x f(x)\,dx = F(x) - F(a), \qquad \frac{d}{dx}\int_a^x f(x)\,dx = f(x),$$

d. h. jedes bestimmte Integral mit veränderlicher oberer Grenze ist (als Funktion der oberen Grenze) auch ein unbestimmtes Integral. Man beachte, daß ein bestimmtes Integral von der Integrationsveränderlichen nicht abhängt, wie aus der Definition hervorgeht; es ist also $\int_a^b f(x)\,dx = \int_a^b f(t)\,dt = \cdots = \int_a^b f(\xi)\,d\xi$. In den Formeln (A) bedeuten also links die obere Grenze und rechts das Argument x dieselbe Veränderliche, die mit der Integrationsveränderlichen nichts zu tun hat, wenn sie auch mit demselben Buchstaben bezeichnet ist. Auf Grund obiger Formeln übertragen sich also alle Sätze über unbestimmte Integrale auf bestimmte.

Für die Transformation des bestimmten Integrales gilt

$$\int_a^b f(x)\,dx = \int_\alpha^\beta f[\varphi(t)]\,\varphi'(t)\,dt,$$

wo die neuen Grenzen α und β so zu bestimmen sind, daß $\varphi(\alpha) = a$ und $\varphi(\beta) = b$ ist. Für $\varphi(t)$ genügt die Voraussetzung der Differenzierbarkeit, während die Monotonie nicht erforderlich ist (vgl. dagegen Ziff. 39A).

Die Formel für partielle Integration (Ziff. 39B) wird

$$\int_a^b u \cdot dv = [u \cdot v]_a^b - \int_a^b v \cdot du.$$

Ist $f(x) \geqq 0$ in $[ab]$, so ist $\int_a^b f(x)\,dx \geqq 0$ und nur dann $= 0$, wenn $f(x) \equiv 0$ in $[ab]$ ist.

45. Mittelwertsätze. Sei $f(x)$ eine in $[ab]$ beschränkte Funktion mit der oberen Grenze G und der unteren Grenze g; ferner $\varphi(x)$ eine in $[ab]$ integrierbare Funktion, die in $[ab]$ entweder nicht negativ oder nicht positiv ist, und schließlich sei das Produkt $f(x)\varphi(x)$ in $[ab]$ integrierbar. Dann gibt es eine Zahl M, so daß

$$\int_a^b f(x)\varphi(x)\,dx = M\cdot\int_a^b \varphi(x)\,dx, \qquad g\leq M\leq G$$

ist (erster Mittelwertsatz). Für $\varphi(x)=1$ folgt daraus wegen $\int_a^b dx = b-a$

$$\int_a^b f(x)\,dx = M(b-a).$$

Ist $f(x)$ stetig in $[ab]$, so gibt es mindestens eine Stelle ξ in $[ab]$, so daß $f(\xi)=M$ ist. Es folgt

$$\int_a^b f(x)\varphi(x)\,dx = f(\xi)\cdot\int_a^b \varphi(x)\,dx, \qquad a\leq\xi\leq b.$$

Ist auch $\varphi(x)$ stetig in $[ab]$, so liegt ξ in (ab) und die Ungleichung wird zu $a<\xi<b$. Für $\varphi(x)=1$ folgt

$$\int_a^b f(x)\,dx = f(\xi)(b-a);$$

in dieser Form läßt sich der Satz direkt aus dem Mittelwertsatz der Differentialrechnung (Ziff. 16) ableiten, wenn man diesen auf die Funktion $\int_a^x f(x)\,dx$ anwendet.

Ist $f(x)$ integrierbar und $\varphi(x)$ monoton in $[ab]$, so gibt es mindestens eine Stelle ξ in $[ab]$, so daß

$$\int_a^b f(x)\varphi(x)\,dx = \varphi(a)\int_a^\xi f(x)\,dx + \varphi(b)\int_\xi^b f(x)\,dx, \qquad a\leq\xi\leq b$$

ist (zweiter Mittelwertsatz).

46. Uneigentliche Integrale mit nicht beschränktem Integranden. Sei $f(x)$ eine Funktion, welche in $[ab]$ nicht, jedoch in jedem Teilintervall $[ax]$ von $[ab]$ integrierbar ist, wo $a\leq x<b$ ist. Eine solche Funktion kann, wie leicht zu zeigen ist, in $[ab]$ nicht beschränkt sein, d. h. es ist $\lim\limits_{x\to b-0} f(x)=\pm\infty$. Existiert jedoch ein eigentlicher (linksseitiger) Grenzwert $\lim\limits_{x\to b-0} F(x) = \lim\limits_{x\to b-0}\int_a^x f(x)\,dx$, so bezeichnet man diesen mit $\int_a^b f(x)\,dx$ und spricht von einem konvergenten uneigentlichen Integral. Ist dagegen auch $\lim\limits_{x\to b-0} F(x)=\pm\infty$, so heißt $\int_a^b f(x)\,dx$ divergent.

Ist

$$\int_a^b |f(x)|\,dx = \lim_{x\to b-0}\int_a^x |f(x)|\,dx$$

konvergent, so muß auch $\int_a^b f(x)\,dx$ konvergieren und heißt dann absolut konvergent.

Entsprechendes gilt, wenn $f(x)$ nicht an der oberen, sondern an der unteren Grenze unendlich wird. Ist $\lim\limits_{x\to c}|f(x)|=+\infty$ und $a<c<b$, so setzt man

$$\int_a^b f(x)\,dx = \lim_{x_1\to c-0}\int_a^{x_1} f(x)\,dx + \lim_{x_2\to c+0}\int_{x_2}^b f(x)\,dx.$$

In den meisten Fällen reicht zur Beurteilung der Konvergenz folgendes Kriterium aus: Ist $f(x)$ in $[ax]$, $a \leq x < b$, aber nicht in $[ab]$ integrierbar und gibt es eine Zahl p zwischen 0 und 1, so daß die Funktion $\varphi(x) \equiv (x - b)^p f(x$ in $[ab]$ beschränkt ist, so ist $\int\limits_a^b f(x)\,dx$ absolut konvergent. Hat dagegen $\varphi(x)$ mit $p \geq 1$ in $[ab]$ entweder eine positive untere oder eine negative obere Schranke, so ist $\int\limits_a^b f(x)\,dx$ sicher divergent.

Weniger scharf läßt sich dieses Kriterium so formulieren: $\int\limits_a^b f(x)\,dx$ ist absolut konvergent, wenn $f(x)$ in $[ab]$ nicht von erster oder höherer Ordnung unendlich wird (Ziff. 4).

$\int\limits_a^b \frac{dx}{(b-x)^p}$, $(p > 0)$ ist konvergent, wenn $p < 1$ und divergent, wenn $p \geq 1$ ist.

47. Uneigentliche Integrale mit nicht beschränktem Integrationsbereich. Ist $f(x)$ integrierbar in jedem Intervall $[ax]$, für das $x \geq a$ ist, so setzt man

$$\lim_{x \to +\infty} \int\limits_a^x f(x)\,dx = \int\limits_a^{+\infty} f(x)\,dx$$

und spricht auch in diesem Fall von einem uneigentlichen Integral. Dasselbe heißt konvergent, wenn der Grenzwert links ein eigentlicher ist und anderenfalls divergent.

Ist $\int\limits_a^{+\infty} |f(x)|\,dx$ konvergent, so konvergiert auch $\int\limits_a^{+\infty} f(x)\,dx$ und heißt dann absolut konvergent.

Ganz analog sind die uneigentlichen Integrale $\int\limits_{-\infty}^b f(x)\,dx$ und $\int\limits_{-\infty}^{+\infty} f(x)\,dx = \int\limits_{-\infty}^c f(x)\,dx + \int\limits_c^{+\infty} f(x)\,dx$ definiert; c bedeutet dabei eine beliebige reelle Zahl.

Ist $f(x)$ integrierbar in jedem Intervall $[ax]$, $x \geq a$, und gibt es eine Zahl $p > 1$, so daß $\varphi(x) = x^p f(x)$ für alle $x \geq a$ beschränkt bleibt, so ist $\int\limits_a^{+\infty} f(x)\,dx$ absolut konvergent. Hat dagegen $\varphi(x)$ mit $p \leq 1$ für $x \geq a$ entweder eine positive untere oder eine negative obere Schranke, so ist $\int\limits_a^{+\infty} f(x)\,dx$ sicher divergent. Oder weniger scharf:

$\int\limits_a^{+\infty} f(x)\,dx$ konvergiert absolut, wenn $f(x)$ von höherer als erster Ordnung Null wird (Ziff. 4), sobald x gegen unendlich divergiert.

$\int\limits_a^{+\infty} \frac{dx}{x^p}$, $(a > 0)$ konvergiert, wenn $p > 1$, und divergiert, wenn $p \leq 1$ ist.

48. Differentiation und Integration unter dem Integralzeichen. Es handelt sich hier um Aussagen über Funktionen von der Form $F(x, y) = \int\limits_a^x f(x, y)\,dx$, wo also der Integrand eines bestimmten Integrals mit veränderlicher oberer

Grenze x auch noch von einem Parameter y abhängt. Über solche Funktionen gelten folgende Sätze:

Ist $f(x, y)$ stetig in einem abgeschlossenen zweidimensionalen Intervall $\mathfrak{J}$, so ist auch $F(x, y)$ in $\mathfrak{J}$ stetig.

Ist neben $f(x, y)$ auch $\frac{\partial f(x, y)}{\partial y}$ in $\mathfrak{J}$ vorhanden und stetig, so ist $F(x, y)$ nach y differenzierbar, und es ist

$$\frac{\partial F(x, y)}{\partial y} = \int_a^x \frac{\partial f(x, y)}{\partial y} dx$$

(selbstverständlich existiert auch $\frac{\partial F(x, y)}{\partial x} = f(x, y)$ nach Ziff. 44). Sind die Grenzen a und x Funktionen von y, so wird

$$\frac{dF}{dy} = \frac{\partial F}{\partial y} + \frac{\partial F}{\partial x}\frac{dx}{dy} + \frac{\partial F}{\partial a}\frac{da}{dy} = \int_a^x \frac{\partial f(x, y)}{\partial y} dx + f(x, y)\frac{dx}{dy} - f(a, y)\frac{da}{dy}.$$

Setzt man $G(x, y) = \int_b^y f(x, y) dy$, so sind nach dem ersten Satz $F(x, y)$ und $G(x, y)$ zugleich mit $f(x, y)$ stetig in $\mathfrak{J}$. Dann gilt

$$\int_b^y F(x, y) dy = \int_a^x G(x, y) dx$$

oder

$$\int_b^y \left[\int_a^x f(x, y) dx\right] dy = \int_a^x \left[\int_b^y f(x, y) dy\right] dx.$$

Man schreibt deshalb auch kurz

$$\int_b^y F(x, y) dy = \int_a^x G(x, y) dx = \int_a^x \int_b^y f(x, y) dx dy$$

(Doppelintegral über einen rechteckigen Bereich; vgl. Ziff. 52). Es darf also die Reihenfolge der Integrationen vertauscht werden oder, anders ausgedrückt, unter dem Integralzeichen integriert werden.

Die beiden letzten Sätze sind wichtige Hilfsmittel bei der Berechnung bestimmter Integrale. Auf konvergente uneigentliche Integrale lassen sie sich ohne weiteres übertragen.

49. Formeln. Die folgende Zusammenstellung enthält nur die allerwichtigsten Integrale[1]; solche, die sich unmittelbar aus elementar auswertbaren unbestimmten Integralen ergeben, sind bis auf wenige Ausnahmen weggelassen, ebenso solche, die auf höhere transzendente Funktionen führen und in Kap. 6 und 7 behandelt werden (a, b sind beliebige, m, n ganze Zahlen).

$$\int_0^\infty \frac{x\,dx}{e^x - 1} = \int_0^1 \frac{\ln x}{x - 1} dx = \frac{\pi^2}{6}; \qquad \int_0^\infty \frac{x\,dx}{e^x + 1} = -\int_0^1 \frac{\ln x}{x + 1} dx = \frac{\pi^2}{12};$$

$$\int_0^\infty \frac{x\,dx}{e^x - e^{-x}} = \int_0^1 \frac{\ln x}{x^2 - 1} dx = \frac{\pi^2}{8}; \qquad \int_0^1 \frac{x^b - x^a}{\ln x} dx = \ln\frac{b + 1}{a + 1};$$

[1] Eine sehr reichhaltige Zusammenstellung bestimmter Integrale gibt BIERENS DE HAAN, Tables d'intégrales définies, Amsterdam 1858, und desselben Nouvelles tables d'intégrales définies, Leiden 1867.

$$\int_0^{\pi/2} \frac{dx}{a^2\cos^2 x + b^2\sin^2 x} = \frac{\pi}{2ab}; \qquad \int_0^{\pi/2} \frac{dx}{(a^2\cos^2 x + b^2\sin^2 x)^2} = \frac{\pi}{4ab}\left(\frac{1}{a^2} + \frac{1}{b^2}\right);$$

$$\int_0^{\pi/2} \frac{dx}{a + b\cos x} = \frac{1}{\sqrt{a^2 - b^2}} \arccos\frac{b}{a}, \qquad \text{wenn} \qquad a^2 > b^2,$$

$$= \frac{1}{\sqrt{b^2 - a^2}} \ln\frac{b + \sqrt{b^2 - a^2}}{a}, \qquad \text{wenn} \qquad a^2 < b^2,$$

$$= \frac{1}{a}, \qquad \text{wenn} \qquad a = b;$$

$$\int_0^{\pi} \cos mx \cos nx\, dx = \int_0^{\pi} \sin mx \sin nx\, dx = \frac{\pi}{2}\cdot\delta_{mn}, \qquad (m > 0,\ n > 0),$$

wo $\delta_{mn} = 0$ oder $= 1$ ist, je nachdem $m \neq n$ oder $m = n$ ist;

$$\int_0^{\pi/2} \sin^{2n} x\, dx = \int_0^{\pi/2} \cos^{2n} x\, dx = \frac{1\cdot 3\cdot 5 \ldots (2n-1)}{2\cdot 4\cdot 6 \ldots 2n}\,\frac{\pi}{2}, \qquad n > 0;$$

$$\int_0^{\pi/2} \sin^{2n+1} x\, dx = \int_0^{\pi/2} \cos^{2n+1} x\, dx = \frac{2\cdot 4\cdot 6 \ldots 2n}{3\cdot 5\cdot 7 \ldots (2n+1)}, \qquad n \geq 0;$$

$$\int_0^{\pi/2} \sin^{2m} x \cos^{2n} x\, dx = \frac{1\cdot 3\cdot 5 \ldots (2m-1)\cdot 1\cdot 3\cdot 5 \ldots (2n-1)}{2\cdot 4\cdot 6 \ldots (2m+2n)}\,\frac{\pi}{2}, \qquad m > 0,\ n > 0;$$

$$\int_0^{\pi/2} \sin^{2m} x \cos^{2n+1} x\, dx = \frac{2\cdot 4\cdot 6 \ldots 2n}{(2m+1)(2m+3)\ldots(2m+2n+1)}, \qquad m > 0, \quad x \geq 0;$$

$$\int_0^{\pi/2} \sin^{2m+1} x \cos^{2n} x\, dx = \frac{2\cdot 4\cdot 6 \ldots 2m}{(2n+1)(2n+3)\ldots(2n+2m+1)}, \qquad m \geq 0, \quad n > 0;$$

$$\int_0^{\pi/2} \sin^{2m+1} x \cos^{2n+1} x\, dx = \frac{m!\,n!}{2\cdot(m+n+1)!}, \qquad m \geq 0, \quad n \geq 0;$$

$$a\int_0^{\infty} \frac{\cos bx\, dx}{a^2 + x^2} = \operatorname{sign} a\cdot\frac{\pi}{2}\,e^{-|ab|}; \qquad \int_0^{\infty} \frac{x\cdot\sin bx}{a^2 + x^2}\,dx = \operatorname{sign} b\cdot\frac{\pi}{2}\,e^{-|ab|};$$

$$\int_{-\infty}^{+\infty} \cos(x^2)\, dx = \int_{-\infty}^{+\infty} \sin(x^2)\, dx = \int_0^{\infty} \frac{\cos x}{\sqrt{x}}\, dx = \int_0^{\infty} \frac{\sin x}{\sqrt{x}}\, dx = \sqrt{\frac{\pi}{2}},$$

$$\int_0^{\infty} \frac{\operatorname{tg} x}{x}\, dx = \frac{\pi}{2}; \qquad \int_0^{\infty} \frac{\sin ax}{x}\, dx = \operatorname{sign} a\cdot\frac{\pi}{2};$$

$$\int_0^{\infty} \frac{\sin ax \cos bx}{x}\, dx = 0,\ |a| < |b|, \qquad = \frac{\pi}{4},\ |a| = |b|, \qquad = \frac{\pi}{2},\ |a| > |b|;$$

$$\int_0^{\pi} \frac{\cos nx\, dx}{1 - 2a\cdot\cos x + a^2} = \frac{\pi a^n}{1 - a^2}, \quad |a| < 1, \qquad = \frac{\pi a^{-n}}{a^2 - 1}, \quad |a| > 1; \qquad n > 0$$

$$\int_0^\infty e^{-a^2x^2}\,dx = \frac{1}{2a}\sqrt{\pi}\,; \qquad \int_{-\infty}^{+\infty} e^{-ax^2+bx}\,dx = \sqrt{\frac{\pi}{a}}\,e^{\frac{b^2}{4a}}, \quad a>0;$$

$$\int_{-\infty}^{+\infty} e^{-ax^2-\frac{b}{x^2}}\,dx = \sqrt{\frac{\pi}{a}}\,e^{-2\sqrt{ab}}, \quad a>0, \quad b>0;$$

$$\int_0^\infty e^{-ax}\cos bx\,dx = \frac{a}{a^2+b^2}, \quad a>0; \qquad \int_0^\infty e^{-ax}\sin bx\,dx = \frac{b}{a^2+b^2}, \quad a>0;$$

$$\int_0^\infty \frac{e^{-ax}\sin bx}{x}\,dx = \operatorname{arc\,tg}\frac{b}{a}, \quad a>0; \qquad \int_{-\infty}^{+\infty} e^{-ax^2}\cos bx\,dx = \sqrt{\frac{\pi}{a}}\,e^{-\frac{b^2}{4a}}, \quad a>0;$$

$$\int_0^\pi \ln(1-2a\cos x+a^2)\,dx = 0, \qquad \text{wenn } |a|\leq 1,$$
$$= 2\cdot\ln|a|, \qquad \text{wenn } |a|\geq 1;$$

$$\int_0^{\pi/2} \ln\sin x\,dx = \int_0^{\pi/2} \ln\cos x\,dx = -\frac{\pi}{2}\cdot\ln 2.$$

50. Rektifikation von Kurven. Sei durch $x=\varphi(t)$ und $y=\psi(t)$, wo φ und ψ eindeutig und stetig sind in einem abgeschlossenen Intervall $[\alpha\beta]$, eine Parameterdarstellung eines zwischen den Punkten $A=[\varphi(\alpha),\ \psi(\alpha)]$ und $B=[\varphi(\beta),\ \psi(\beta)]$ verlaufenden Kurvenstückes $\mathfrak{C}$ gegeben. Die den Parameterwerten $\alpha=t_0, t_1, t_2, \ldots, t_{n-1}, t_n=\beta\ (t_{i-1}<t_i)$, welche also eine Zerlegung $\mathfrak{Z}$ von $[\alpha\beta]$ bilden, entsprechenden Punkte $A=P_0, P_1, P_2, \ldots, P_{n-1}, P_n=B$ von $\mathfrak{C}$ sind die Ecken eines $\mathfrak{C}$ eingeschriebenen Polygons, dessen Länge

$$\Lambda = \sum_{i=1}^{n} \overline{P_{i-1}P_i} = \sum_{i=1}^{n} \sqrt{(x_i-x_{i-1})^2+(y_i-y_{i-1})^2}$$

ist. Die Menge $\mathfrak{L}$ aller Zahlen Λ, die zu allen möglichen Zerlegungen $\mathfrak{Z}$ von $[\alpha\beta]$ gehören, ist wegen $\Lambda>0$ sicher linksseitig beschränkt; ist $\mathfrak{L}$ auch rechtsseitig beschränkt, so heißt $\mathfrak{C}$ rektifizierbar (zwischen A und B) und die obere Grenze von $\mathfrak{L}$ Länge von $\mathfrak{C}$. Notwendig und hinreichend für die Rektifizierbarkeit von $\mathfrak{C}$ ist, daß $\varphi(t)$ und $\psi(t)$ in $[\alpha\beta]$ von beschränkter Variation (Ziff. 43) sind. Haben $\varphi(t)$ und $\psi(t)$ in $[\alpha\beta]$ stetige Ableitungen und durchläuft $\mathfrak{Z}$ eine ausgezeichnete Zerlegungsfolge (Ziff. 43), so konvergiert die Summe Λ nach dem Grenzwert

$$L = \int_\alpha^\beta \sqrt{\varphi'(t)^2+\psi'(t)^2}\,dt\,.$$

Die in $[\alpha\beta]$ definierte Funktion (Bogenlänge)

$$s(t) = \int_{t_0}^{t} \sqrt{\varphi'(t)^2+\psi'(t)^2}\,dt$$

hat das Differential

$$ds = \sqrt{\varphi'(t)^2+\psi'(t)^2}\,dt = \sqrt{dx^2+dy^2}$$

welches Bogenelement oder Bogendifferential von $\mathfrak{C}$ heißt. Ist $\mathfrak{C}$ gegeben durch $y = f(x)$, so wird

$$s(x) = \int_{x_0}^{x} \sqrt{1 + y'^2}\, dx \quad \text{und} \quad ds = \sqrt{1 + y'^2}\, dx\,.$$

Ist durch die Gleichungen

$$x_i = \varphi_i(t)\,, \quad (i = 1, 2, \ldots, n)$$

eine Kurve des R_n gegeben, so nennt man analog

$$s(t) = \int_{t_0}^{t} \sqrt{\sum_{i=1}^{n} \varphi_i'(t)^2}\, dt \quad \text{und} \quad ds = \sqrt{\sum_{i=1}^{n} \varphi_i'(t)^2}\, dt$$

bzw. Bogenlänge und Bogendifferential.

51. Kurvenintegrale. Sei $\mathfrak{C}$ ein durch $x = \varphi(t)$, $y = \psi(t)$ gegebenes, in $[\alpha\beta]$ rektifizierbares Kurvenstück (Ziff. 50); die Funktionen $\varphi(t)$ und $\psi(t)$ mögen in $[\alpha\beta]$ stetige Ableitungen haben. Ferner sei $f(x, y)$ eine Funktion, die in einem $\mathfrak{C}$ ganz enthaltenden ebenen Bereich $\mathfrak{M}$ stetig ist. In jedem Teilintervall $[t_{i-1} t_i]$ einer Zerlegung $\mathfrak{Z}$ von $[\alpha\beta]$ wählen wir einen Punkt τ_i und bilden die Summe

$$\sum_{i=1}^{n} f(\xi_i, \eta_i) \sqrt{(x_i - x_{i-1})^2 + (y_i - y_{i-1})^2}\,,$$

wo $\xi_i = \varphi(\tau_i)$ und $\eta_i = \psi(\tau_i)$ gesetzt ist. Durchläuft $\mathfrak{Z}$ eine ausgezeichnete Zerlegungsfolge (Ziff. 43), so konvergiert diese Summe nach einem Grenzwert, den man mit

$$I = \int_{\mathfrak{C}} f(x, y)\, ds \quad \text{oder} \quad I = \int_{A}^{B} f(x, y)\, ds$$

bezeichnet und das über $\mathfrak{C}$ erstreckte Kurvenintegral von $f(x, y)$ nennt. Führt man t als Integrationsveränderliche ein, so folgt

$$I = \int_{\alpha}^{\beta} f[\varphi(t), \psi(t)] \sqrt{\varphi'(t)^2 + \psi'(t)^2}\, dt\,,$$

also ein gewöhnliches Riemannsches Integral.

Ändert man den Durchlaufungssinn von $\mathfrak{C}$, so ändert das Integral sein Vorzeichen, d. h. es ist

$$\int_{A}^{B} f\, ds = -\int_{B}^{A} f\, ds\,.$$

Sind P_1, P_2, ..., P_m Punkte von $\mathfrak{C}$, so ist

$$\int_{A}^{B} f\, ds = \int_{A}^{P_1} f\, ds + \int_{P_1}^{P_2} f\, ds + \cdots + \int_{P_m}^{B} f\, ds\,,$$

und zwar unabhängig von der Anordnung der Punkte auf $\mathfrak{C}$.

Ein wichtiger Sonderfall ist der, daß der Integrand ein Produkt von zwei Faktoren ist, von denen der eine der Richtungskosinus a der positiven Tangentenrichtung von $\mathfrak{C}$ ist; wegen $a = \frac{dx}{ds}$ schreibt man einfacher

$$\int_{\mathfrak{C}} f(x, y)\, a\, ds = \int_{\mathfrak{C}} f(x, y) \frac{dx}{ds}\, ds = \int_{\mathfrak{C}} f(x, y)\, dx = \int_{\alpha}^{\beta} f[\varphi(t), \psi(t)]\, \varphi'(t)\, dt\,.$$

Man kann dieses Integral auch unabhängig von der ersten Art als Grenzwert der Summe $\sum_{i=1}^{n} f(\xi_i, \eta_i)(x_i - x_{i-1})$ definieren. Analog ist

$$\int_{\mathfrak{C}} f(x, y)\, dy = \int_{\alpha}^{\beta} f[\varphi(t), \psi(t)]\, \psi'(t)\, dt$$

zu verstehen.

Ist $F(x, y)$ nebst den beiden Ableitungen $\frac{\partial F}{\partial x}$ und $\frac{\partial F}{\partial y}$ in $\mathfrak{M}$ eindeutig und stetig, so ist

$$\int_{\mathfrak{C}} dF = \int_{\mathfrak{C}} \left(\frac{\partial F}{\partial x} dx + \frac{\partial F}{\partial y} dy\right) = F[\varphi(\beta), \psi(\beta)] - F[\varphi(\alpha), \psi(\alpha)]$$

nur von den Endpunkten von $\mathfrak{C}$, nicht von der Wahl von $\mathfrak{C}$ selbst abhängig oder, wie man kurz sagt, vom Integrationsweg unabhängig. Ist insbesondere $\mathfrak{C}$ eine geschlossene Kurve, die ganz in $\mathfrak{M}$ verläuft, so wird $\int_{\mathfrak{C}} dF = 0$. Integrale über geschlossene Kurven werden häufig mit $\oint$ bezeichnet.

Sind $f(x, y)$ und $g(x, y)$ sowie $\frac{\partial f}{\partial y}$ und $\frac{\partial g}{\partial x}$ in $\mathfrak{M}$ eindeutig und stetig, so ist notwendig und hinreichend, damit $\int_{\mathfrak{C}} (f dx + g dy)$ vom Weg nicht abhängt bzw. $\oint (f dx + g dy) = 0$ ist, daß $\frac{\partial f}{\partial y} = \frac{\partial g}{\partial x}$ ist und umgekehrt.

Der Begriff des Kurvenintegrals läßt sich ohne weiteres auf Kurven eines R_n übertragen.

52. Doppelintegrale. Sei $\mathfrak{M}$ ein Bereich der (x, y)-Ebene, der durch eine geschlossene, sich selbst nicht durchsetzende Kurve begrenzt ist, die von jeder Parallelen zur x- oder y-Achse in höchstens zwei Punkten getroffen wird. (Ist letzteres nicht der Fall, so kann $\mathfrak{M}$ stets in Teilbereiche zerlegt werden, die dieser Bedingung genügen.) Ist etwa $\Phi(x, y) = 0$ die Gleichung der Randkurve von $\mathfrak{M}$, so können die Punkte von $\mathfrak{M}$ stets durch die Ungleichung $\Phi(x, y) \geq 0$ bestimmt werden. Den Bereich $\mathfrak{M}$ zerlegen wir durch eine Anzahl von Parallelen zur x- und y-Achse in Teilbereiche, welche bis auf die am Rand von $\mathfrak{M}$ gelegenen durchaus Rechtecke sind, deren Seitenlängen etwa Δx_i und Δy_k $(i, k = 1, 2, \ldots)$ sein mögen. Eine Folge $\mathfrak{Z}_1, \mathfrak{Z}_2, \ldots, \mathfrak{Z}_\nu, \ldots$ solcher Zerlegungen von $\mathfrak{M}$ heißt ausgezeichnet, wenn die Länge l_ν der größten Diagonale aller Teilrechtecke von $\mathfrak{Z}_\nu$ den Grenzwert $\lim_{\nu \to \infty} l_\nu = 0$ hat (vgl. die analoge Festsetzung in Ziff. 43). Ist dann $f(x, y)$ eine in $\mathfrak{M}$ beschränkte Funktion, so wählen wir in jedem Teilrechteck von $\mathfrak{Z}$ mit den Seiten Δx_i und Δy_k, das mit $\mathfrak{M}$ mindestens einen Punkt gemeinsam hat, einen beliebigen Punkt (ξ_i, η_k) und bilden die Summe $\sum_{i,k} f(\xi_i, \eta_k)\, \Delta x_i\, \Delta y_k$, die über alle Teilrechtecke zu erstrecken ist, die mit $\mathfrak{M}$ einen Punkt gemeinsam haben. Nähert sich diese Summe einem Grenzwert, wenn $\mathfrak{Z}$ eine ausgezeichnete Zerlegungsfolge durchläuft, so ist dieser Grenzwert von der besonderen Wahl der Zerlegungsfolge unabhängig und wird mit

$$\iint_{\mathfrak{M}} f(x, y)\, dx\, dy$$

bezeichnet und das über $\mathfrak{M}$ erstreckte (Doppel-) Integral von $f(x, y)$ genannt.

Unter den obigen Voraussetzungen über die Randkurve $\Phi(x, y) = 0$ von $\mathfrak{M}$ existieren zwei Funktionen $y = f_1(x)$ und $y = f_2(x)$, welche beide im Intervall $[a b]$ definiert und eindeutig sind (Abb. 5) und bzw. die Kurvenstücke ACB und ADB

darstellen. Ebenso existieren zwei Funktionen $x = g_1(y)$ und $x = g_2(y)$, die in $[cd]$ definiert sind und bzw. die Kurvenstücke CAD und CBD darstellen. Sind die Funktionen f_1 und f_2 oder g_1 und g_2 in ihren Definitionsbereichen stetig, so läßt sich das Doppelintegral auf zwei nacheinander auszuführende einfache Integrationen zurückführen; es wird

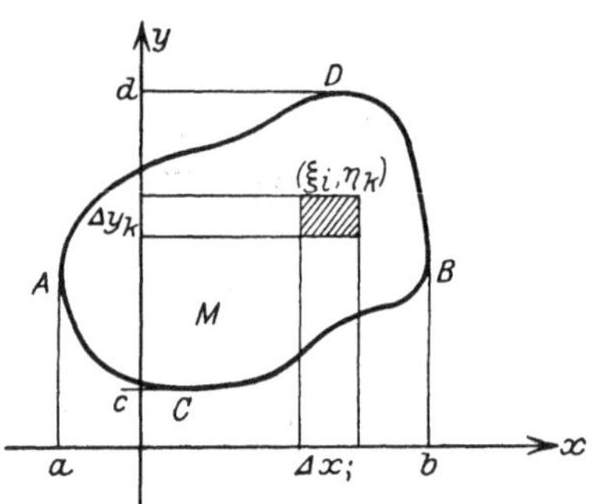

Abb. 5. Zur Zurückführung eines Doppelintegrals auf zwei einfache Integrationen.

$$\iint\limits_{\mathfrak{M}} f(x, y)\, dx\, dy = \int\limits_a^b dx \int\limits_{f_1(x)}^{f_2(x)} f(x, y)\, dy = \int\limits_c^d dy \int\limits_{g_1(y)}^{g_2(y)} f(x, y)\, dx.$$

Man gelangt etwa zur ersten Darstellung, wenn man in der Summe $\sum\limits_{i,k} f(\xi_i, \eta_k) \Delta x_i \Delta y_k$ zuerst die Rechtecke zusammenfaßt, die in einem zur y-Achse parallelen Streifen liegen und dann diese Streifen summiert. Bei der Berechnung von $\int\limits_{f_1(x)}^{f_2(x)} f(x, y)\, dy$ ist selbstverständlich x als konstant anzusehen.

Ist $\mathfrak{M}$ ein Rechteck, dessen Seiten zu den Koordinatenachsen parallel sind, so geht der zweite und dritte Teil der obigen Gleichung über in den Satz von der Vertauschbarkeit der Integrationen in Ziff. 48.

Geometrisch bedeutet das Doppelintegral $\iint\limits_{\mathfrak{M}} f(x, y)\, dx\, dy$ das Volumen jenes dreidimensionalen Bereiches, der durch die Fläche $z = f(x, y)$, den über $\mathfrak{M}$ errichteten Zylinder $\Phi(x, y) = 0$, dessen Erzeugende zur z-Achse parallel sind, und die (xy)-Ebene begrenzt wird (räumlicher Normalbereich).

Das Doppelintegral läßt sich im allgemeinen nicht als Umkehrung eines Differentiationsprozesses auffassen; nur wenn $\mathfrak{M}$ ein Rechteck und $F(x, y) = \int\limits_a^x \int\limits_b^y f(xy)\, dx\, dy$ ist, wird $\frac{\partial^2 F(x, y)}{\partial x\, \partial y} = f(x, y)$. Der Begriff des uneigentlichen Integrales beider Arten läßt sich auf Doppelintegrale unmittelbar übertragen.

53. Transformation eines Doppelintegrales. Werden durch die Substitution $x = \varphi(u, v)$, $y = \psi(u, v)$, wo φ und ψ unabhängige Funktionen mit stetiger Ableitung sind, so daß $\frac{\partial(\varphi, \psi)}{\partial(u, v)} \neq 0$ ist, neue Veränderliche eingeführt, so geht das Doppelintegral $\iint\limits_{\mathfrak{M}} f(x, y)\, dx\, dy$ über in $\iint\limits_{\mathfrak{N}} f[\varphi(u, v), \psi(u, v)] \left| \frac{\partial(\varphi, \psi)}{\partial(u, v)} \right| du\, dv$, wobei $\mathfrak{N}$ jener Bereich der (uv)-Ebene ist, in welchen $\mathfrak{M}$ bei der durch die beiden Gleichungen $x = \varphi(u, v)$ und $y = \psi(u, v)$ gegebenen Abbildung der (xy)-Ebene auf die (uv)-Ebene übergeht. Die Funktionaldeterminante tritt hier auf, weil sie das Maß für den Grenzwert des Verhältnisses der Flächeninhalte zweier kleiner, einander in der Abbildung entsprechender Bereiche ist.

54. Flächeninhalt ebener Bereiche. Der Flächeninhalt eines ebenen Bereiches $\mathfrak{M}$ von der in Ziff. 52 angegebenen Art ist gegeben durch das Doppelintegral $\iint\limits_{\mathfrak{M}} dx\, dy$ oder durch das über die Berandung von $\mathfrak{M}$ erstreckte Kurvenintegral $\oint x\, dy - y\, dx$; im letzteren Fall kann $\mathfrak{M}$ ein beliebiger Bereich der (xy)-Ebene sein. Handelt es sich um einen ebenen Normalbereich (Ziff. 43, Schluß), der durch die Kurve $y = f(x)$, die Geraden $x = a$, $x = b$ und die x-Achse begrenzt ist, so wird $\iint\limits_{\mathfrak{M}} dx\, dy = \int\limits_a^b dx \int\limits_0^{f(x)} dy = \int\limits_a^b f(x)\, dx$.

Versteht man unter einem Normalbereich $\mathfrak{N}$ in Polarkoordinaten r, φ den Sektor, der durch die Geraden $\varphi = \alpha$, $\varphi = \beta$ und die Kurve $r = r(\varphi)$ begrenzt ist, so wird der Flächeninhalt eines solchen Normalbereiches

$$\iint\limits_{\mathfrak{N}} dx\,dy = \iint\limits_{\mathfrak{N}} r\,dr\,d\varphi = \int\limits_{\alpha}^{\beta} d\varphi \int\limits_{0}^{r(\varphi)} r\,dr = \tfrac{1}{2}\int\limits_{\alpha}^{\beta} r^2\,d\varphi\,.$$

55. Komplanation krummer Flächenstücke. Seien die Koordinaten eines Punktes des Raumes Funktionen zweier unabhängig veränderlicher Parameter: $x = x(u, v)$, $y = y(u, v)$, $z = z(u, v)$. Diese drei Funktionen seien in einem den Voraussetzungen von Ziff. 52 genügenden Bereich $\mathfrak{M}$ der (uv)-Ebene eindeutig, stetig und stetig differenzierbar; die drei Determinanten $A = \frac{\partial(y, z)}{\partial(u, v)}$, $B = \frac{\partial(z, x)}{\partial(u, v)}$, $C = \frac{\partial(x, y)}{\partial(u, v)}$ sollen schließlich in $\mathfrak{M}$ nirgends gleichzeitig verschwinden. Jedem Punkt von $\mathfrak{M}$ entspricht ein Punkt P des Raumes, und der Ort aller Punkte P ist ein Flächenstück $\mathfrak{F}$. Ist dann ω eine beliebige, zwischen 0 und $\pi/3$ gelegene Zahl und $\mathfrak{B}$ ein in $\mathfrak{M}$ ganz enthaltener Bereich derselben Art, so betrachten wir eine Zerlegung von $\mathfrak{M}$ in Dreiecke von der Art, daß kein Dreieck einen Winkel $> \pi - \omega$ besitzt und jedes Dreieck, das einen Punkt von $\mathfrak{B}$ enthält, mindestens ganz in $\mathfrak{M}$ liegt. Zu jeder solchen Zerlegung $\mathfrak{Z}$ von $\mathfrak{M}$ konstruieren wir unter Weglassung aller Dreiecke, die mit $\mathfrak{B}$ keinen Punkt gemeinsam haben, ein der Fläche $\mathfrak{F}$ eingeschriebenes Polyeder G, dessen Ecken den Ecken der Teildreiecke von $\mathfrak{Z}$ entsprechen. Versteht man dann unter einer ausgezeichneten Folge $\mathfrak{Z}_1, \mathfrak{Z}_2, \ldots, \mathfrak{Z}_\nu, \ldots$ derartiger Zerlegungen von $\mathfrak{M}$ eine solche, bei der die Länge l_ν der größten aller vorkommenden Dreiecksseiten den Grenzwert $\lim\limits_{\nu\to\infty} l_\nu = 0$ hat, so konvergiert die Oberfläche des der Zerlegung $\mathfrak{Z}_\nu$ entsprechenden Polyeders G_ν nach einem Grenzwert, der von der speziellen Wahl der ausgezeichneten Zerlegungsfolge unabhängig ist und als Flächeninhalt o des dem Bereich $\mathfrak{B}$ entsprechenden Teiles von $\mathfrak{F}$ bezeichnet wird. Es ist

$$o = \iint\limits_{\mathfrak{B}} \sqrt{A^2 + B^2 + C^2}\,du\,dv\,.$$

Setzt man

$$E = \left(\frac{\partial x}{\partial u}\right)^2 + \left(\frac{\partial y}{\partial u}\right)^2 + \left(\frac{\partial z}{\partial u}\right)^2, \qquad F = \frac{\partial x}{\partial u}\cdot\frac{\partial x}{\partial v} + \frac{\partial y}{\partial u}\cdot\frac{\partial y}{\partial v} + \frac{\partial z}{\partial u}\cdot\frac{\partial z}{\partial v},$$

$$G = \left(\frac{\partial x}{\partial v}\right)^2 + \left(\frac{\partial y}{\partial v}\right)^2 + \left(\frac{\partial z}{\partial v}\right)^2,$$

so wird

$$o = \iint\limits_{\mathfrak{B}} \sqrt{EG - F^2}\,du\,dv\,;$$

den Ausdruck

$$do = \sqrt{EG - F^2}\,du\,dv$$

nennt man Flächenelement von $\mathfrak{F}$. Ist $\mathfrak{F}$ gegeben durch $z = f(x, y)$, so wird

$$o = \iint\limits_{\mathfrak{B}'} \sqrt{1 + p^2 + q^2}\,dx\,dy\,,$$

wo $p = \frac{\partial z}{\partial x}$ und $q = \frac{\partial z}{\partial y}$ gesetzt ist und $\mathfrak{B}'$ den zugrunde gelegten Bereich der (x, y)-Ebene bedeutet.

Der Inhalt einer Drehfläche $\mathfrak{F}$ läßt sich durch ein einfaches Integral ausdrücken. Entsteht $\mathfrak{F}$ etwa durch Drehung des zwischen $x = a$ und $x = b$

gelegenen Kurvenstückes $y = f(x) \geq 0$ um die x-Achse [die Gleichung von $\mathfrak{F}$ ist dann $\sqrt{y^2 + z^2} - f(x) = 0$], so wird

$$o = 2\pi \int_a^b y\sqrt{1 + y'^2}\, dx.$$

Ist η die Ordinate des Schwerpunktes und L die Länge des rotierenden Kurvenstückes, so ist

$$o = 2\pi\eta L$$

(erste Guldinsche Regel).

56. Flächenintegrale. Sei $f(x, y, z)$ eine Funktion, die eindeutig und stetig ist in einem Bereich, der das Flächenstück $\mathfrak{F}$ (Ziff. 55) ganz enthält. Ist dann Δ ein Teildreieck der Zerlegung $\mathfrak{Z}$ von $\mathfrak{M}$, δ der Inhalt des entsprechenden Dreieckes des Polyeders G und (ξ, η, ζ) ein beliebiger Punkt des dem Dreieck Δ entsprechenden Teiles von $\mathfrak{F}$, so konvergiert die Summe $\sum f(\xi, \eta, \zeta) \cdot \delta$, (erstreckt über alle Dreiecke Δ, die mit $\mathfrak{B}$ mindestens einen Punkt gemeinsam haben), sobald $\mathfrak{Z}$ eine ausgezeichnete Zerlegungsfolge durchläuft, nach dem Integral

$$\iint_{\mathfrak{F}'} f(x, y, z)\, do = \iint_{\mathfrak{B}} f[x(u, v), y(u, v), z(u, v)] \cdot \sqrt{EG - F^2}\, du\, dv,$$

welches als das über den $\mathfrak{B}$ entsprechenden Teil $\mathfrak{F}'$ von $\mathfrak{F}$ erstreckte Flächenintegral der Funktion $f(x, y, z)$ bezeichnet wird.

Sind a, b, c die Richtungskosinus der orientierten (d. h. in einer bestimmten Richtung genommenen) Normalen von $\mathfrak{F}$ im Punkte (x, y, z) und $P(x, y, z)$, $Q(x, y, z)$, $R(x, y, z)$ drei denselben Voraussetzungen wie $f(x, y, z)$ genügende Funktionen, so wird wegen $a = \frac{A}{D}$, $b = \frac{B}{D}$, $c = \frac{C}{D}$, wo A, B, C dieselbe Bedeutung haben wie in Ziff. 55 und $D = \sqrt{EG - F^2}$ gesetzt ist

$$\iint_{\mathfrak{F}'} (Pa + Qb + Rc)\, do = \iint_{\mathfrak{B}'} (P\, dy\, dz + Q\, dz\, dx + R\, dx\, dy);$$

dieses Integral hängt nur von der Begrenzung von $\mathfrak{F}'$ ab, wenn $\frac{\partial P}{\partial x} + \frac{\partial Q}{\partial y} + \frac{\partial R}{\partial z} = 0$ ist.

57. n-fache Integrale. Sei $\mathfrak{M}$ ein Bereich des n-dimensionalen Raumes R_n, der durch eine Ungleichung $\Phi(x_1, x_2, \ldots, x_n) \geq 0$ gegeben ist, wobei Φ eine stetige Funktion ist. Die (geschlossene) Hyperfläche $\Phi = 0$, welche die Begrenzung von $\mathfrak{M}$ bildet, soll außerdem die Eigenschaft haben, daß sie von jeder achsenparallelen Geraden $x_1 = a_1, \ldots, x_{i-1} = a_{i-1}, x_{i+1} = a_{i+1}, \ldots, x_n = a_n$ $(i = 1, 2, \ldots, n)$ in höchstens zwei Punkten getroffen wird. Ferner sei $\mathfrak{Z}$ eine Zerlegung von $\mathfrak{M}$ in n-dimensionale Parallelepipede mit achsenparallelen Kanten, deren Längen mit Δx_i bezeichnet werden mögen. Eine Folge $\mathfrak{Z}_1, \mathfrak{Z}_2, \ldots, \mathfrak{Z}_\nu, \ldots$ von solchen Zerlegungen soll ausgezeichnet heißen, wenn die Länge l_ν der größten Diagonale aller Parallelepipede von $\mathfrak{Z}_\nu$ den Grenzwert $\lim_{\nu \to \infty} l_\nu = 0$ hat. Dabei ist die Länge der Diagonale eines Parallelepipeds mit den Kanten Δx_i erklärt durch $\sqrt{\sum_{i=1}^{n} \Delta x_i^2}$. Ist dann $f(x_1, x_2, \ldots, x_n)$ in $\mathfrak{M}$ stetig, und durchläuft $\mathfrak{Z}$ eine ausgezeichnete Zerlegungsfolge, so konvergiert die über alle Teilparallelepipede von $\mathfrak{Z}$ erstreckte Summe $\sum_k f\left(\xi_1^{(k)}, \xi_2^{(k)}, \ldots, \xi_n^{(k)}\right) \Delta x_1^{(k)} \Delta x_2^{(k)} \ldots \Delta x_n^{(k)}$, wo $\left(\xi_1^{(k)}, \xi_2^{(k)}, \ldots, \xi_n^{(k)}\right)$ ein beliebiger Punkt des k-ten Teilparallelepipeds von $\mathfrak{Z}$ mit den Kanten $\Delta x_i^{(k)}$ ist, nach einem von der besonderen Wahl der ausgezeichneten

Zerlegungsfolge unabhängigen Grenzwert, der mit

$$\int_{\mathfrak{M}} \cdots \int f(x_1, x_2, \ldots, x_n)\, dx_1\, dx_2 \ldots dx_n$$

bezeichnet und das über $\mathfrak{M}$ erstreckte n-fache Integral von f genannt wird. Unter den angegebenen Voraussetzungen über den Integrationsbereich $\mathfrak{M}$ läßt sich ein derartiges Integral stets in n nacheinander auszuführende einfache Integrationen auflösen. Das dabei einzuschlagende Verfahren wollen wir für den Fall $n = 3$ kurz auseinandersetzen. Sei zunächst $\varphi(x, y) = 0$ die Gleichung des Zylinders, dessen Erzeugende parallel zur z-Achse sind und der den Bereich $\mathfrak{M}$ gerade umschließt. Die Fläche $\Phi(x, y, z) = 0$ hat mit diesem Zylinder eine Kurve $\mathfrak{C}$ oder evtl. ganze Flächenstücke $\mathfrak{F}$ gemeinsam (Abb. 6); wenn $\Phi = 0$ in allen Punkten von $\mathfrak{C}$ Tangentialebenen besitzt, so berührt der Zylinder $\varphi = 0$ die Fläche $\Phi = 0$ längs $\mathfrak{C}$.

Durch die Kurve $\mathfrak{C}$ und die Flächenstücke $\mathfrak{F}$ wird nun die Fläche $\Phi = 0$ in zwei Teile (von $\mathfrak{F}$ abgesehen) zerlegt, die ganz innerhalb des Zylinders $\varphi = 0$ liegen und durch zwei Gleichungen $z = \varphi_1(x, y)$ und $z = \varphi_2(x, y)$ dargestellt werden können, wo φ_1 und φ_2 eindeutig und stetig sind und immer $\varphi_1 \leq \varphi_2$ ist. Die durch $\varphi(x, y) = 0$ gegebene Kurve behandelt man so weiter wie die Kurve $\Phi(x, y) = 0$ in Ziff. 52. Es folgt

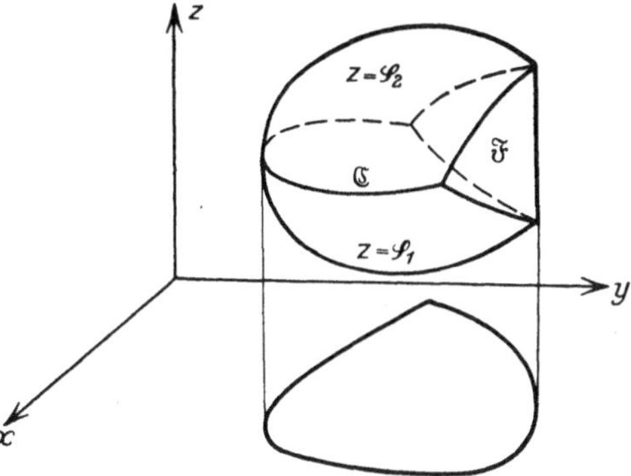

Abb. 6. Zur Auflösung eines dreifachen Integrals.

$$\iiint_{\mathfrak{M}} f(x, y, z)\, dx\, dy\, dz = \int_a^b dx \int_{f_1(x)}^{f_2(x)} dy \int_{\varphi_1(x,y)}^{\varphi_2(x,y)} f(x, y, z)\, dz.$$

Führt man durch die Gleichungen

$$x_i = \varphi_i(y_1, y_2, \ldots, y_n), \qquad (i = 1, 2, \ldots, n)$$

wo die φ_i unabhängige und stetige Funktionen mit stetigen Ableitungen sind, neue Veränderliche ein, so transformiert sich ein n-faches Integral nach der Formel

$$\begin{aligned} &\int_{\mathfrak{M}} f(x_1, x_2, \ldots, x_n)\, dx_1\, dx_2 \ldots dx_n \\ &= \int_{\mathfrak{N}} f(\varphi_1, \varphi_2, \ldots, \varphi_n) \left| \frac{\partial(x_1, x_2, \ldots, x_n)}{\partial(y_1, y_2, \ldots, y_n)} \right| dy_1\, dy_2, \ldots, dy_n. \end{aligned}$$

Dabei ist $\mathfrak{N}$ jener Bereich, in welchen $\mathfrak{M}$ bei der Transformation übergeht.

58. Kubatur von Körpern. Das Volumen eines dreidimensionalen Bereiches $\mathfrak{M}$, der den Voraussetzungen von Ziff. 57 genügt, ist gegeben durch das dreifache Integral $\iiint_{\mathfrak{M}} dx\, dy\, dz$. Ist $\mathfrak{M}$ ein Normalbereich (Ziff. 52), der durch die Fläche $z = f(x, y)$, den Zylinder $\varphi(x, y) = 0$ und die (x, y)-Ebene begrenzt ist, so wird $\iiint_{\mathfrak{M}} dx\, dy\, dz = \iint_{\mathfrak{N}} f(x, y)\, dx\, dy$, wobei $\mathfrak{N}$ der durch $\varphi = 0$ begrenzte Bereich der (x, y)-Ebene ist.

Das Volumen eines Drehkörpers $\mathfrak{K}$ läßt sich durch ein einfaches Integral ausdrücken. Entsteht $\mathfrak{K}$ dadurch, daß sich ein Normalbereich der (x, y)-Ebene, der durch die Kurve $y = f(x)$ und die Geraden $x = a$, $x = b$ und $y = 0$ begrenzt wird, um die x-Achse dreht, so ist das Volumen von $\mathfrak{K}$ gegeben durch das Integral $\pi \int\limits_a^b y^2 \, dx$. Ist η die Ordinate des Schwerpunktes und F der Inhalt eines beliebigen, ganz oberhalb der x-Achse gelegenen Flächenstückes $\mathfrak{F}$, so ist das Volumen des durch Drehung von $\mathfrak{F}$ um die x-Achse entstehenden Drehkörpers gleich $2\pi\eta F$ (zweite Guldinsche Regel; vgl. Ziff. 55).

59. Stieltjessche Integrale. Sei $f(x)$ stetig und $g(x)$ beschränkt in $[a b]$; ferner sei $\mathfrak{Z}$ eine Zerlegung von $[a b]$ mit den Teilungspunkten $x_1, x_2, \ldots, x_{n-1}$. Wir setzen $a = x_0$, $b = x_n$ und wählen in jedem Teilintervall $[x_{i-1} x_i]$ von $\mathfrak{Z}$ einen Wert ξ_i. Durchläuft $\mathfrak{Z}$ eine ausgezeichnete Zerlegungsfolge (Ziff. 43), so konvergiert die Summe

$$\sum_{i=1}^{n} f(\xi_i) \, [g(x_i) - g(x_{i-1})]$$

nach einem Grenzwert, den man mit

$$\int\limits_a^b f(x) \, dg(x) \qquad \text{oder} \qquad \mathsf{S} f(x) \, dg(x)$$

bezeichnet (Integralbegriff von STIELTJES). Hat $g(x)$ in $[a b]$ eine stetige Ableitung, so geht das Stieltjessche Integral in ein Riemannsches über.

Beispiel: $f(x) = x^2$, $g(x) = [x]$ (Ziff. 5, Beispiel 2). Es ist

$$\int\limits_0^3 x^2 \, d[x] = 1^2 \cdot 1 + 2^2 \cdot 1 + 3^2 \cdot 1 = 14.$$

Bei hinreichend enger Teilung werden ja alle Differenzen $g(x_i) - g(x_{i-1}) = 0$, außer wenn in $[x_{i-1} x_i]$ ein Punkt mit ganzzahliger Abszisse liegt, in welchem Falle $g(x_i) - g(x_{i-1}) = 1$ ist.

Literatur (Auswahl): BIEBERBACH, Differential- und Integralrechnung, 2 Bde. (2. Aufl. Leipzig 1922/23); COURANT, Vorlesungen über Differential- und Integralrechnung (Berlin 1927); CZUBER, Vorlesungen über Differential- und Integralrechnung, 2 Bde. (5. bzw. 6. Aufl. Leipzig 1922/24); DINGELDEY, Sammlung von Aufgaben zur Anwendung der Differential- und Integralrechnung, 2 Bde. (2. bzw. 3. Aufl. Leipzig 1921/23); GOURSAT, Cours d'analyse mathematique, Bd. 1 (4. Aufl. Paris 1925); KNOPP, Theorie und Anwendung der unendlichen Reihen (2. Aufl. Berlin 1924); KOWALEWSKI, Grundzüge der Differential- und Integralrechnung (3. Aufl. Leipzig 1923); MANGOLDT, Einführung in die höhere Mathematik, 3 Bde. (4. bzw. 3. Aufl. Leipzig 1921/23); NERNST-SCHÖNFLIES, Einführung in die mathematische Behandlung der Naturwissenschaften (10. Aufl. München 1923); H. ROTHE, Vorlesungen über höhere Mathematik (2. Aufl. Wien 1921); R. ROTHE, Höhere Mathematik (Bd. 1, 2. Aufl. Leipzig 1927, Bd. 2 u. 3 noch nicht erschienen). SCHLÖMLICH, Übungsbuch zum Studium der höheren Analysis, 2 Bde. (5. Aufl. Leipzig 1904 u. 1921); SCHRUTKA, Elemente der höheren Mathematik (3. u. 4. Aufl. Leipzig 1924); SERRET-SCHEFFERS, Lehrbuch der Differential- und Integralrechnung, 3 Bde. (6. bis 8. Aufl. Leipzig 1921/24); DE LA VALLEE-POUSSIN, Cours d'analyse infinitésimale, 2 Bde. (6. bzw. 5. Aufl. Paris 1926).

Kapitel 2.

Algebra.

Von

A. Duschek, Wien.

Mit 7 Abbildungen.

I. Kombinatorik und Arithmetische Reihen.

1. Permutationen. Unter einer Permutation von n Dingen, die man sich durch die natürlichen Zahlen 1, 2, ..., n gegeben denken kann, versteht man entweder irgendeine andere Anordnung $i_1, i_2, \ldots, i_n$ derselben Dinge oder aber die Operation, welche die natürliche Anordnung 1, 2, ..., n in die Anordnung $i_1, i_2, \ldots, i_n$ überführt. Die Anzahl aller möglichen Permutationen von n Dingen ist $1.2 \ldots n = n!$ Man schreibt die Permutationen mit Hinblick auf die zweite Interpretation $\begin{pmatrix} 1 & 2 & \ldots & n \\ i_1 & i_2 & \ldots & i_n \end{pmatrix}$, d. h. 1 geht in i_1 über, 2 in i_2 usw. Ist $k_1, k_2, \ldots, k_n$ eine andere Anordnung, so ist offenbar $\begin{pmatrix} 1 & 2 & \ldots & n \\ k_1 & k_2 & \ldots & k_n \end{pmatrix} = \begin{pmatrix} i_1 & i_2 & \ldots & i_n \\ k_{i_1} & k_{i_2} & \ldots & k_{i_n} \end{pmatrix}$. Führt man die beiden Permutationen $\begin{pmatrix} 1 & 2 & \ldots & n \\ i_1 & i_2 & \ldots & i_n \end{pmatrix}$ und $\begin{pmatrix} 1 & 2 & \ldots & n \\ k_1 & k_2 & \ldots & k_n \end{pmatrix}$ in dieser Reihenfolge nacheinander aus, so ist das Resultat, das als Produkt der beiden Permutationen bezeichnet wird, wieder eine Permutation, und zwar ist

$$\begin{pmatrix} 1 & 2 & \ldots & n \\ i_1 & i_2 & \ldots & i_n \end{pmatrix} \cdot \begin{pmatrix} 1 & 2 & \ldots & n \\ k_1 & k_2 & \ldots & k_n \end{pmatrix} = \begin{pmatrix} 1 & 2 & \ldots & n \\ k_{i_1} & k_{i_2} & \ldots & k_{i_n} \end{pmatrix}.$$

Dieses Produkt genügt dem kommutativen Gesetz im allgemeinen nicht, denn es ist offenbar

$$\begin{pmatrix} 1 & 2 & \ldots & n \\ k_1 & k_2 & \ldots & k_n \end{pmatrix} \cdot \begin{pmatrix} 1 & 2 & \ldots & n \\ i_1 & i_2 & \ldots & i_n \end{pmatrix} = \begin{pmatrix} 1 & 2 & \ldots & n \\ i_{k_1} & i_{k_2} & \ldots & i_{k_n} \end{pmatrix}.$$

Eine Permutation heißt zyklisch oder ein Zyklus, wenn sie von der Form $\begin{pmatrix} 1 & 2 & \ldots & m-1 & m & m+1 & \ldots & n \\ 2 & 3 & \ldots & m & 1 & m+1 & \ldots & n \end{pmatrix}$ ist. Man schreibt dafür kurz $(1\ 2\ \ldots\ m)$, d. h. 1 geht in 2 über, 2 in 3, usw., schließlich m wieder in 1. Eingliedrige Zyklen werden nicht angeschrieben. Es gilt der wichtige Satz: Jede (nicht schon von vornherein zyklische) Permutation läßt sich als Produkt von Zyklen darstellen, wobei die einzelnen Zyklen elementfremd sind, d. h. es kann kein Element gleichzeitig in zwei Zyklen vorkommen.

So ist z. B. $\begin{pmatrix} 1 & 2 & 3 & 4 & 5 & 6 & 7 \\ 6 & 5 & 2 & 4 & 7 & 1 & 3 \end{pmatrix} = (16)\,(2573)$, $\begin{pmatrix} 1 & 2 & 3 & 4 & 5 & 6 & 7 & 8 & 9 \\ 7 & 5 & 6 & 3 & 4 & 8 & 2 & 9 & 1 \end{pmatrix} = (172543689)$, also zyklisch.

Man spricht von einer Inversion oder einem Fehlstand in einer gegebenen Permutation, wenn zwei Zahlen derselben in der umgekehrten als natürlichen Anordnung stehen, d. h. wenn die später kommende Zahl kleiner ist als die frühere. Eine Permutation heißt gerade oder ungerade, je nachdem die Anzahl ihrer Fehlstände gerade oder ungerade ist. Versteht man unter einer Transposition die Vertauschung zweier Zahlen, also einen zweigliedrigen Zyklus, so kann eine gerade (ungerade) Permutation stets durch eine gerade (ungerade) Anzahl von Transpositionen in die natürliche Anordnung übergeführt werden. Es gibt $\frac{n!}{2}$ gerade und ebenso viele ungerade Permutationen von n Zahlen.

Die Anzahl der Permutationen von n Dingen, unter denen p einander gleich sind, ist $\frac{n!}{p!}$.

2. Kombinationen und Variationen. Die Anzahl der verschiedenen Möglichkeiten, auf die man aus n gegebenen Dingen k Dinge ohne Rücksicht auf die Anordnung auswählen kann, oder die Anzahl der Kombinationen von n Dingen zur k-ten Klasse ohne Wiederholung ist $K = \binom{n}{k} = \frac{n!}{k!\,(n-k)!} = \binom{n}{n-k}$. Kann in jeder Kombination jedes Ding beliebig oft vorkommen, so spricht man von Kombinationen mit Wiederholung, ihre Anzahl ist $K_w = \binom{n+k-1}{k}$.

Berücksichtigt man auch die Anordnung der Dinge in den Kombinationen, so kommt man zu den Variationen der n Dinge zur k-ten Klasse ohne und mit Wiederholung; ihre Anzahl ist $V = \binom{n}{k} k!$ bzw. $V_w = n^k$.

Beispiel: $n = 4$, $k = 2$.

Komb. o. W.: 12, 13, 14, 23, 24, 34; $K = \binom{4}{2} = 6$.

Komb. m. W.: zu den obigen kommt noch hinzu 11, 22, 33, 44. $K_w = \binom{5}{2} = 10$.

Var. o. W.: 12, 21, 13, 31, 14, 41, 23, 32, 24, 42, 34, 43. $V = \binom{4}{2} 2! = 12$.

Var. m. W.: zu den vorigen kommen noch hinzu 11, 22, 33, 44; $V_w = 4^2 = 16$.

3. Sätze über Binominalkoeffizienten. In $\binom{n}{k}$ ist k stets eine natürliche Zahl oder Null, wobei $\binom{n}{0} = 1$ gesetzt wird. Die Basis n kann eine beliebige (auch komplexe) Zahl sein. Unter dem Additionstheorem der Binomialkoeffizienten versteht man die Formel

$$\binom{n+m}{k} = \binom{n}{k}\binom{m}{0} + \binom{n}{k-1}\binom{m}{1} + \binom{n}{k-2}\binom{m}{2} + \cdots + \binom{n}{0}\binom{m}{k}. \tag{A}$$

Für $m = 1$ folgt daraus
$$\binom{n+1}{k} = \binom{n}{k} + \binom{n}{k-1},$$
die grundlegende Eigenschaft des Pascalschen Dreiecks

```
          1
        1   1
      1   2   1
    1   3   3   1
  1   4   6   4   1
1   5  10  10   5   1
.   .   .   .   .   .
```

Die Zahlen dieses Schemas sind jeweils die Summen der beiden unmittelbar darüberstehenden; die Zahlen der $(n+1)$-ten Zeile sind die Binomialkoeffizienten der Entwicklung von $(a+b)^n$.

Aus (A) folgt für $m = -1$

$$\binom{n-1}{k} = \binom{n}{k} - \binom{n}{k-1} + \binom{n}{k-2} - + \cdots + (-1)^k \binom{n}{0},$$

für $m = n = k$ (positiv ganz)

$$\binom{2n}{n} = 1 + \binom{n}{1}^2 + \binom{n}{2}^2 + \binom{n}{3}^2 + \cdots + \binom{n}{n}^2.$$

Setzt man in der Entwicklung von $(a + b)^n$ nachträglich $a = b = 1$, so folgt

$$2^n = 1 + \binom{n}{1} + \binom{n}{2} + \cdots + \binom{n}{n}.$$

Einige weitere spezielle Formeln (n ganz)

$$\binom{-n}{k} = (-1)^k \binom{n+k-1}{k}, \qquad \binom{-1}{k} = (-1)^k$$

$$\binom{n}{k}\binom{k}{k} - \binom{n}{k+1}\binom{k+1}{k} + \binom{n}{k+2}\binom{k+2}{k} - + \cdots + (-1)^{n-k}\binom{n}{n}\binom{n}{k} = 0.$$

$$1 - \binom{n}{1}^2 + \binom{n}{2}^2 - \binom{n}{3}^2 + \cdots + (-1)^n \binom{n}{n}^2 = (-1)^{\frac{n}{2}} \binom{n}{\frac{n}{2}} \text{ oder } = 0,$$

je nachdem n gerade oder ungerade ist.

$$\binom{-\frac{1}{2}}{k} = (-1)^k \frac{1 \cdot 3 \cdot 5 \ldots (2k-1)}{2 \cdot 4 \cdot 6 \ldots 2k}, \qquad \binom{-\frac{1}{2}}{1} = -\frac{1}{2}.$$

4. Arithmetische Folgen. Sei $u_1, u_2, \ldots, u_n$ eine beliebige (endliche) Zahlenfolge. Dann versteht man unter der (ersten) Differenzenfolge die Folge

$$\Delta u_1 = u_2 - u_1, \ \Delta u_2 = u_3 - u_2, \ \ldots, \ \Delta u_{n-1} = u_n - u_{n-1},$$

unter der zweiten Differenzenfolge

$$\Delta^2 u_1 = \Delta u_2 - \Delta u_1, \ \Delta^2 u_2 = \Delta u_3 - \Delta u_2, \ \ldots, \ \Delta^2 u_{n-2} = \Delta u_{n-1} - \Delta u_{n-2}$$

usw.; allgemein sind die k-ten Differenzen auf die $(k-1)$-ten zurückgeführt durch

$$\Delta^k u_1 = \Delta^{k-1} u_2 - \Delta^{k-1} u_1, \ \ldots, \ \Delta^k u_{n-k} = \Delta^{k-1} u_{n-k+1} - \Delta^{k-1} u_{n-k}.$$

Eine Folge $u_1, u_2, \ldots, u_n$ heißt arithmetische Folge k-ter Ordnung, wenn ihre k-ten Differenzen alle einander gleich und von Null verschieden sind. Irgendwelche gegebene n Zahlen lassen sich immer als aufeinanderfolgende Glieder einer arithmetischen Folge von höchstens $(n-1)$-ter Ordnung ansehen.

Das allgemeine Glied u_ν einer arithmetischen Folge k-ter Ordnung ist ein Polynom in ν, und umgekehrt ist jede Folge mit dem allgemeinen Glied $u_\nu = a_0 + a_1\nu + a_2\nu^2 + \cdots + a_k\nu^k$ $(a_k \neq 0)$ eine arithmetische Folge k-ter Ordnung.

Das allgemeine Glied u_ν einer arithmetischen Folge k-ter Ordnung läßt sich stets in der Form

$$u_\nu = d_0 + d_1\binom{\nu}{1} + d_2\binom{\nu}{2} + \cdots + d_k\binom{\nu}{k}$$

darstellen; dabei sind die Zahlen $d_0, d_1, \ldots, d_k$ die Anfangsglieder der 0-ten, 1-ten, ..., k-ten Differenzenfolge (die nullte Differenzenfolge ist natürlich die Folge $u_1, u_2, \ldots$ selbst). Es folgt daraus, daß eine arithmetische Folge k-ter Ordnung durch diese Anfangsglieder $d_0, d_1, \ldots, d_k$ vollständig bestimmt ist.

Die Summe der n ersten Glieder einer arithmetischen Folge k-ter Ordnung ist

$$u_1 + u_2 + \cdots + u_n = \binom{n}{1}d_0 + \binom{n}{2}d_1 + \binom{n}{3}d_2 + \cdots + \binom{n}{k+1}d_k.$$

Die Folge mit dem allgemeinen Glied $u_\nu = \nu^k$ ist eine arithmetische Folge k-ter Ordnung; für die Summe (Potenzsumme) $s_k(n)$ der ersten n Glieder dieser Folge gelten die Rekursionsformeln

$$1 + \binom{k+1}{1} s_k(n) + \binom{k+1}{2} s_{k-1}(n) + \cdots + \binom{k+1}{k} s_1(n) + s_0(n) = (n+1)^{k+1}$$

$$\binom{k+1}{1} s_k(n) - \binom{k+1}{2} s_{k-1}(n) + \cdots + (-1)^k s_0(n) = n^{k+1},$$

Mittels der Bernoullischen Zahlen (Kap. 1, Ziff. 33) läßt sich die Potenzsumme $s_k(n)$ folgendermaßen darstellen

$$s_k(n) = \frac{n^{k+1}}{k+1} + B_1 n^k + \frac{1}{2} B_2 \binom{k}{1} n^{k-1} + \frac{1}{4} B_4 \binom{k}{3} n^{k-3} + \frac{1}{6} B_6 \binom{k}{5} n^{k-5} + \cdots$$

oder symbolisch

$$s_k(n) = \frac{(n+B)^{k+1} - B^{k+1}}{k+1}.$$

Die niedrigsten Werte sind

$$s_0(n) = n, \quad s_1(n) = \frac{1}{2} n(n+1),$$

$$s_2(n) = \frac{1}{6} n(n+1)(2n+1), \quad s_3(n) = \frac{1}{4} n^2 (n+1)^2 = s_1(n)^2,$$

$$s_4(n) = \frac{1}{30} n(n+1)(2n+1)(3n^2+3n-1),$$

$$s_5(n) = \frac{1}{12} n^2 (n+1)^2 (2n^2+2n-1).$$

Wir erwähnen noch die Summen

$$1 + 3 + 5 + \cdots + (2n-1) = n^2,$$

$$1^2 + 3^2 + 5^2 + \cdots + (2n-1)^2 = \frac{1}{3} n(2n+1)(2n-1) = \binom{2n+1}{3},$$

$$1^3 + 3^3 + 5^3 + \cdots + (2n-1)^3 = n^2(2n^2-1),$$

allgemein

$$1^k + 3^k + 5^k + \cdots + (2n-1)^k = s_k(2n) - 2^k s_k(n)$$

sowie

$$1 + 3 + 6 + 10 + 15 + \cdots + \frac{1}{2} n(n+1) = \sum_{\nu=2}^{n+1} \binom{\nu}{2}$$

$$= \frac{1}{6} n(n+1)(n+2) = \binom{n+2}{3},$$

deren Glieder ebenfalls arithmetische Folgen bilden.

II. Matrizen und Determinanten.

5. Begriff der Matrix und Determinante. Ein System von $m \cdot n$ Größen, in einem Rechteck von m Zeilen und n Spalten (Kolonnen)

$$\begin{pmatrix} a_{11} a_{12} \cdots a_{1n} \\ a_{21} a_{22} \cdots a_{2n} \\ \cdots\cdots\cdots\cdots \\ a_{m1} a_{m2} \cdots a_{mn} \end{pmatrix}$$

angeordnet, heißt eine (rechteckige) Matrix. Zeilen und Spalten werden mit dem gemeinsamen Namen Reihen bezeichnet, die Größen a_{ik} heißen Elemente der Matrix. Von den beiden Indizes gibt der erste die Zeile, der zweite die Spalte der Matrix an, in welcher das betreffende Element steht. Ist $m = n$, so spricht man von einer quadratischen Matrix. Die Elemente $a_{11}, a_{22}, \ldots, a_{nn}$ einer solchen heißen Hauptelemente und bilden die Hauptdiagonale; je zwei bezüglich der Hauptdiagonale symmetrisch stehende Elemente a_{ik} und a_{ki} heißen konjugierte Elemente.

Eine quadratische Matrix heißt symmetrisch, wenn je zwei konjugierte Elemente einander gleich sind, also $a_{ik} = a_{ki}$ ist. Ist $a_{ik} = -a_{ki}$ für $i \neq k$, so heißt die Matrix schief; ist $a_{ik} = -a_{ki}$ für alle i und k, so verschwinden alle Elemente a_{ii} der Hauptdiagonale, und die Matrix wird als schiefsymmetrisch oder alternierend bezeichnet.

Unter einer n-reihigen Determinante oder Determinante n-ter Ordnung versteht man die ganze rationale und homogene Funktion (Form) n-ten Grades der n^2 Elemente einer quadratischen Matrix, die durch

$$D = \sum (-1)^{J(i_1 i_2 \ldots i_n)} a_{1 i_1} a_{2 i_2} \ldots a_{n i_n}$$

definiert ist, wobei die Summe über alle $n!$ Permutationen $i_1 i_2 \ldots i_n$ der Zahlen $1, 2, \ldots, n$ zu erstrecken ist und $J(i_1 i_2 \ldots i_n)$ die Anzahl der Fehlstände (Ziff. 1) der Permutation $i_1 i_2 \ldots i_n$ bedeutet. Man bezeichnet diese Funktion durch das Symbol

$$D = \begin{vmatrix} a_{11} & a_{12} & \ldots & a_{1n} \\ a_{21} & a_{22} & \ldots & a_{2n} \\ \ldots & \ldots & \ldots & \ldots \\ a_{n1} & a_{n2} & \ldots & a_{nn} \end{vmatrix},$$

oder kürzer

$$D = \sum \pm a_{11} a_{22} \ldots a_{nn},$$

oder schließlich

$$D = |a_{ik}|.$$

Die beiden letzten Schreibweisen sind natürlich in konkreten Fällen, wo etwa die Elemente numerisch gegeben sind, unbrauchbar.

Die oben für quadratische Matrizen gegebenen Definitionen gelten unverändert auch für Determinanten. Erwähnt sei noch, daß die Determinante D durch die drei folgenden Eigenschaften eindeutig definiert ist: D ist eine lineare Form in den Elementen jeder Zeile (Spalte); D geht in $-D$ über, wenn man zwei beliebige Zeilen (Spalten) miteinander vertauscht; es ist $D = 1$, wenn $a_{11} = a_{22} = \cdots = a_{nn} = 1$ und alle anderen Elemente gleich Null gesetzt werden.

6. Sätze über Determinanten. Eine Determinante

ändert ihr Vorzeichen, wenn man zwei parallele Reihen miteinander vertauscht;

verschwindet, wenn alle Elemente einer Reihe Null sind;

behält ihren Wert, wenn man zu den Elementen einer Reihe die mit einem beliebigen gemeinsamen Faktor multiplizierten entsprechenden Elemente einer parallelen Reihe addiert;

verschwindet, wenn die entsprechenden Elemente von zwei parallelen Reihen einander proportional (oder insbesondere einander gleich) sind, oder wenn allgemeiner die Elemente einer Reihe lineare Kombinationen der entsprechenden Elemente einer beliebigen Anzahl paralleler Reihen sind;

behält ihren Wert, wenn man sie stürzt, d. h. Zeilen und Spalten vertauscht (man spricht auch von einer Umklappung der Determinante um die Hauptdiagonale);

wird mit einer Größe z multipliziert, indem man alle Elemente einer Reihe mit z multipliziert, und umgekehrt kann man einen gemeinsamen Faktor aller Elemente einer Reihe als Faktor vor die Determinante setzen;

behält ihren Wert, wenn man jedes Element a_{ik} mit z^{i-k} multipliziert, wobei $z \neq 0$ beliebig ist;

in welcher die Glieder einer Reihe m-gliedrige Summen sind, ist gleich einer Summe von m Determinanten, die sich von der ursprünglichen nur dadurch unterscheiden, daß in der betreffenden Reihe die einzelnen Summanden stehen; so ist z. B. ($m = 2$)

$$|a_{k1} + a'_{k1} a_{k2} \dots a_{kn}| = |a_{k1} a_{k2} \dots a_{kn}| + |a'_{k1} a_{k2} \dots a_{kn}|,$$

wo der Einfachheit halber nur die k-te Zeile angeschrieben ist.

Das Produkt zweier Determinanten $A = |a_{ik}|$ und $B = |b_{ik}|$ gleicher Reihenzahl n ist wieder eine n-reihige Determinante $|c_{ik}|$, deren Elemente sich auf vier Arten berechnen lassen, nämlich

$$1.\ c_{ik} = \sum_{\sigma=1}^{n} a_{i\sigma} b_{k\sigma} = a_{i1} b_{k1} + a_{i2} b_{k2} + \cdots + a_{in} b_{kn},$$

$$2.\ c_{ik} = \sum_{\sigma=1}^{n} a_{i\sigma} b_{\sigma k} = a_{i1} b_{1k} + a_{i2} b_{2k} + \cdots + a_{in} b_{nk},$$

$$3.\ c_{ik} = \sum_{\sigma=1}^{n} a_{\sigma i} b_{k\sigma} = a_{1i} b_{k1} + a_{2i} b_{k2} + \cdots + a_{ni} b_{kn},$$

$$4.\ c_{ik} = \sum_{\sigma=1}^{n} a_{\sigma i} b_{\sigma k} = a_{1i} b_{1k} + a_{2i} b_{2k} + \cdots + a_{ni} b_{nk}.$$

Faßt man die Elemente je einer Reihe von A und B als Komponenten eines Vektors eines n-dimensionalen Raumes auf, so sind die Elemente der Produktdeterminante die inneren Produkte aus je einem Vektor von A mit einem Vektor von B. Man gelangt zu den vier obigen Darstellungen, je nachdem man Zeilen oder Spalten zu einem Vektor zusammenfaßt.

Für die Multiplikation von Determinanten ungleichen Grades ist es wichtig, daß man durch Hinzufügen von Zeilen und Spalten den Grad einer Determinante erhöhen kann, ohne ihren Wert zu ändern, indem man in die Verlängerung der Hauptdiagonale lauter Einser und in die freien Plätze auf der einen Seite lauter Nullen, auf der anderen Seite beliebige Größen schreibt (rändern, vgl. Ziff. 7).

Die Ableitung einer n-reihigen Determinante, deren Elemente Funktionen einer Veränderlichen sind, ist eine Summe von n-Determinanten, die sich von der gegebenen dadurch unterscheiden, daß die Elemente je einer Reihe durch ihre Ableitungen ersetzt sind.

7. Unterdeterminanten. Der Zerlegungssatz von LAPLACE. Streicht man in einer n-reihigen quadratischen Matrix mit der Determinante D irgendwelche k Zeilen und k Spalten weg, so bleibt eine $(n - k)$-reihige quadratische Matrix übrig; die Determinante U dieser Matrix heißt Minor oder Unterdeterminante von D. Sind die Hauptelemente von D auch Hauptelemente von U, so heißt U Hauptminor oder Hauptunterdeterminante von D. Es gibt $\binom{n}{k}^2$ Unterdeterminanten $(n - k)$-ter und ebenso viele k-ter Ordnung; unter ihnen sind $\binom{n}{k}$ Hauptunterdeterminanten.

Sei U jene m-reihige Unterdeterminante, deren Elemente im Schnitt der Zeilen $i_1, i_2, \dots, i_m$ mit den Spalten $j_1, j_2, \dots, j_m$ $(i_1 < i_2 < \cdots < i_m; j_1 < j_2 < \cdots < j_m)$ von D stehen, so daß $U = \sum \pm a_{i_1 j_1} a_{i_2 j_2} \dots a_{i_m j_m}$ ist. Dann heißt die Zahl $I = i_1 + i_2 + \cdots + i_m + j_1 + j_2 + \cdots + j_m$ Index von U. Die $(n - m)$-reihige Unterdeterminante U', deren Elemente im Schnitt der in U nicht vorkommenden Zeilen und Spalten von D stehen, heißt die zu U adjungierte oder komplementäre Unterdeterminante von D. Dagegen versteht man unter dem algebraischen Komplement U_1 von U die mit dem positiven oder negativen Vorzeichen versehene Unterdeterminante U', je nachdem der Index von U gerade oder ungerade ist. U_1 ist somit der Faktor von $a_{i_1 j_1} a_{i_2 j_2} \dots a_{i_m j_m}$ in der Entwicklung von D, also $U_1 = \dfrac{\partial^m D}{\partial a_{i_1 j_1} \partial a_{i_2 j_2} \dots \partial a_{i_m j_m}}$.

Erhöht man den Grad einer Determinante $D = \sum \pm a_{11} a_{22} \ldots a_{nn}$ durch Hinzufügen je einer Zeile und Spalte mit beliebigen Elementen b, so erhält man eine neue Determinante

$$B = \begin{vmatrix} a_{11} & a_{12} & \ldots & a_{1n} & b_{1q} \\ a_{21} & a_{22} & \ldots & a_{2n} & b_{2q} \\ \ldots & \ldots & \ldots & \ldots & \ldots \\ a_{n1} & a_{n2} & \ldots & a_{nn} & a_{nq} \\ b_{p1} & b_{p2} & \ldots & b_{pn} & b_{pq} \end{vmatrix},$$

die als geränderte Determinante bezeichnet wird und den Wert

$$B = b_{pq} D - \sum_{i,k=1}^{n} A_{ik} b_{iq} b_{pk}$$

hat, wo $A_{ik} = \frac{\partial D}{\partial a_{ik}}$ das algebraische Komplement von a_{ik} in D ist. Daraus folgt insbesondere die oft verwendete Formel

$$\begin{vmatrix} a_{11} & a_{12} & \ldots & a_{1n} & u_1 \\ a_{21} & a_{22} & \ldots & a_{2n} & u_2 \\ \ldots & \ldots & \ldots & \ldots & \ldots \\ a_{n1} & a_{n2} & \ldots & a_{nn} & u_n \\ v_1 & v_2 & \ldots & v_n & 0 \end{vmatrix} = -\sum_{i,k=1}^{n} A_{ik} u_i v_k .$$

Bildet man die Summe der $\binom{n}{m}$ Produkte aller m-reihigen Unterdeterminanten, die sich aus den Elementen von m Reihen einer Determinante D bilden lassen, mit ihren algebraischen Komplementen, so ist der Wert dieser Summe gleich dem Wert der Determinante D (Laplacescher Zerlegungssatz).

Aus diesem Satz ergeben sich unmittelbar eine Reihe wichtiger Folgerungen:

Verschwinden alle Elemente einer Determinante D, die im Schnitt von m Zeilen mit $n - m$ Spalten stehen, so ist D das Produkt je einer m-reihigen und $(n - m)$-reihigen Determinante.

Verschwinden alle Elemente einer Determinante, die im Schnitt von m Zeilen mit mehr als $(n - m)$ Spalten stehen, so hat die Determinante den Wert Null.

Die Summe der Produkte der in m Reihen einer Determinante $D = |a_{ik}|$ enthaltenen Unterdeterminanten von D mit den algebraischen Komplementen der entsprechenden, in m anderen parallelen Reihen enthaltenen Unterdeterminanten von D ist stets Null. Für $m = 1$ folgt daraus, wenn man mit A_{ik} das algebraische Komplement von a_{ik} bezeichnet,

$$\begin{aligned} a_{1i} A_{1k} + a_{2i} A_{2k} + \cdots + a_{ni} A_{nk} &= \delta_{ik} D \\ a_{i1} A_{k1} + a_{i2} A_{k2} + \cdots + a_{in} A_{kn} &= \delta_{ik} D \end{aligned} \qquad (i, k = 1, 2, \ldots, n)$$

wo $\delta_{ik} = 0$ oder $= 1$ ist, je nachdem $i \neq k$ oder $i = k$ ist.

8. Adjungierte Determinanten. Bildet man aus den algebraischen Komplementen A_{ik} der Elemente a_{ik} einer Determinante D eine neue Determinante D', die sog. adjungierte Determinante oder Adjunkte von D, so gilt

$$D' = D^{n-1}.$$

Die adjungierte Determinante eines Produktes zweier Determinanten A und B ist das nach demselben Verfahren (Ziff. 6) ermittelte Produkt der adjungierten Determinanten von A und B.

Ist D' wieder die adjungierte Determinante von D, D_1' eine Unterdeterminante m-ten Grades von D' und $\overline{D}_1$ das algebraische Komplement der entsprechenden, d. h. aus denselben Zeilen und Spalten wie D_1' gebildeten Unterdeterminante von D, so ist

$$D_1' = D^{m-1} \cdot \overline{D}_1$$

oder ausführlicher

$$\sum \pm A_{i_1 j_1} A_{i_2 j_2} \dots A_{i_m j_m} = D^{m-1} \frac{\partial^m D}{\partial a_{i_1 j_1} \partial a_{i_2 j_2} \dots \partial a_{i_m j_m}}$$

(Formel von JACOBI). Für $m = 2$ folgt

$$\begin{vmatrix} A_{i_1 j_1} A_{i_1 j_2} \\ A_{i_2 j_1} A_{i_2 j_2} \end{vmatrix} = D \frac{\partial^2 D}{\partial a_{i_1 j_1} \partial a_{i_2 j_2}}$$

und für $m = n - 1$

$$\frac{\partial D'}{\partial A_{ik}} = D^{n-2} \cdot a_{ik},$$

eine bequeme Formel für die algebraischen Komplemente der Elemente A_{ik} von D'.

9. Spezielle Determinanten. A. Symmetrische Determinanten. Verschwinden alle Hauptunterdeterminanten m-ten und $(m + 1)$-ten Grades einer symmetrischen Determinante, so verschwinden alle Unterdeterminanten m-ten und höheren Grades.

Die adjungierte Determinante einer symmetrischen Determinante ist ebenfalls symmetrisch.

Das Quadrat jeder Determinante kann als symmetrische Determinante dargestellt werden.

B. Schiefe Determinanten. Eine schiefsymmetrische Determinante ungeraden Grades verschwindet; ihre adjungierte Determinante ist symmetrisch.

Eine schiefsymmetrische Determinante geraden Grades ist das vollständige Quadrat eines Polynoms in ihren Elementen, der sog. Pfaffschen Funktion; ihre adjungierte Determinante ist ebenfalls schiefsymmetrisch.

C. Hermitesche Determinanten. Man versteht darunter Determinanten, bei der konjugierte Elemente konjugiert komplex (die Hauptelemente also reell) sind. Die adjungierte Determinante einer Hermiteschen Determinante ist ebenfalls eine Hermitesche Determinante. Zu den Hermiteschen Determinanten sind als Sonderfälle auch die symmetrischen und schiefsymmetrischen Determinanten zu rechnen; die ersteren ergeben sich bei reellen, die letzteren bei rein imaginären Elementen (nach Unterdrückung des Faktors i).

Die Gleichung

$$\begin{vmatrix} a_{11} - x & a_{12} & \dots & a_{1n} \\ a_{21} & a_{22} - x & \dots & a_{2n} \\ \dots & \dots & \dots & \dots \\ a_{n1} & a_{n2} & \dots & a_{nn} - x \end{vmatrix} = 0$$

hat lauter reelle Wurzeln, wenn die Determinante $|a_{ik}|$ eine Hermitesche ist. Im Sonderfall einer symmetrischen Determinante ergibt sich die Säkulargleichung (Ziff. 33).

D. Vandermondesche Determinanten. Diese sind von der Form

$$D(a_1, a_2, \dots, a_n) = \begin{vmatrix} 1 & 1 & \dots & 1 \\ a_1 & a_2 & \dots & a_n \\ a_1^2 & a_2^2 & \dots & a_n^2 \\ \dots & \dots & \dots & \dots \\ a_1^{n-1} & a_2^{n-1} & \dots & a_n^{n-1} \end{vmatrix}$$

D ist eine alternierende Funktion der Größen a_i, d. h. sie ändert bei jeder

Vertauschung derselben höchstens ihr Vorzeichen und stimmt mit dem Differenzenprodukt $\prod_{i,k}(a_i - a_k)$, $(i > k)$ überein. Für das Quadrat von D ergibt sich

$$D^2 = \begin{vmatrix} s_0 & s_1 & s_2 & \dots & s_{n-1} \\ s_1 & s_2 & s_3 & \dots & s_n \\ s_2 & s_3 & s_4 & \dots & s_{n+1} \\ \dots & \dots & \dots & \dots & \dots \\ s_{n-1} & s_n & s_{n+1} & \dots & s_{2n-2} \end{vmatrix},$$

wo $s_i = a_1^i + a_2^i + \cdots + a_n^i$ ist, eine sog. rekurrierende Determinante.

E. Zyklische Determinanten. Diese sind von der Form

$$A = \begin{vmatrix} a_1 & a_2 & \dots & a_{n-1} & a_n \\ a_2 & a_3 & \dots & a_n & a_1 \\ \dots & \dots & \dots & \dots & \dots \\ a_n & a_1 & \dots & a_{n-2} & a_{n-1} \end{vmatrix},$$

also ein Sonderfall der eben erwähnten rekurrierenden Determinanten. Es ist

$$A = (-1)^{\frac{1}{2}(n-1)(n-2)} f(\xi_1) f(\xi_2) \dots f(\xi_n),$$

wo $f(x) = a_1 + a_2 x + a_3 x^2 + \cdots + a_n x^{n-1}$ und die ξ_i die n-ten Einheitswurzeln (Ziff. 42) sind.

Die aus A durch Zeilenvertauschung hervorgehende Determinante, in deren erster Spalte die Elemente $a_1, a_n, a_{n-1}, \dots, a_2$ stehen, heißt Zirkulante; sie ist symmetrisch bezüglich der Nebendiagonale und unterscheidet sich von A nur durch den Faktor $(-1)^{\frac{1}{2}(n-1)(n-2)}$.

F. Die Wronskische Determinante. Sind $y_1, y_2, \dots, y_n$ n-mal stetig differenzierbare Funktionen der einen Veränderlichen x, so ist

$$W = \begin{vmatrix} y_1 & y_2 & \dots & y_n \\ y_1' & y_2' & \dots & y_n' \\ y_1'' & y_2'' & \dots & y_n'' \\ \dots & \dots & \dots & \dots \\ y_1^{(n-1)} & y_2^{(n-1)} & \dots & y_n^{(n-1)} \end{vmatrix}$$

die Wronskische Determinante der Funktionen y. Die Gleichung $W = 0$ stellt die notwendige und (bei analytischen Funktionen auch) hinreichende Bedingung für lineare Abhängigkeit (Ziff. 11) der n Funktionen y dar; d. h. es gibt dann mindestens eine homogene lineare Beziehung von der Form

$$c_1 y_1 + c_2 y_2 + \cdots + c_n y_n = 0$$

mit nicht durchwegs verschwindenden Koeffizienten c.

Die Ableitung W' einer Wronskischen Determinante erhält man, indem man in der n-ten Zeile von W die $y^{(n-1)}$ durch die n-ten Ableitungen $y^{(n)}$ ersetzt, alle übrigen Zeilen aber ungeändert läßt.

G. Über Jacobische oder Funktionaldeterminanten vgl. Kap. 1, Ziff. 24 und 26.

H. Die Hessesche Determinante

$$H = \left| \frac{\partial^2 f}{\partial x_i \partial x_k} \right|,$$

deren Elemente die zweiten Ableitungen einer Funktion $f(x_1, x_2, \dots, x_n)$ sind, ist die Jacobische Determinante der ersten Ableitungen. Ist f eine Form in

$x_1, x_2, \ldots, x_n$, so stellt die Gleichung $H = 0$ eine notwendige Bedingung dafür dar, daß f sich durch eine nicht singuläre homogene lineare Transformation in eine Form von weniger als n Veränderlichen transformieren läßt. Hinreichend ist die Bedingung nur in den Fällen $n = 2, 3$ oder 4 sowie allgemein bei quadratischen Formen.

10. Numerische Berechnung von Determinanten. Die in Ziff. 5 als Definition gegebene Entwicklung einer n-reihigen Determinante eignet sich zur numerischen Berechnung höchstens in den Fällen $n = 2$ und $n = 3$; in letzterem führt sie auf die Regel von SARRUS: Man schreibt die ersten zwei Spalten in folgender Weise nochmals neben das Elementenschema der Determinante

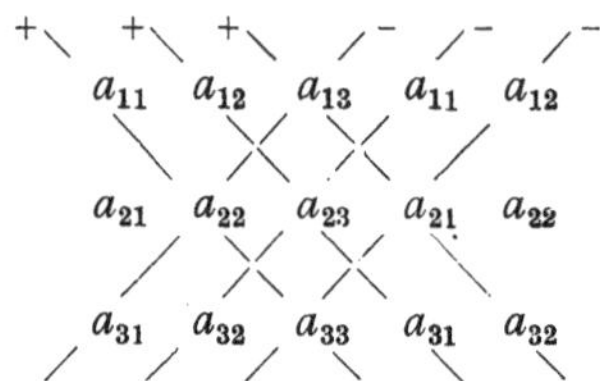

faßt je drei der auf demselben schrägen Strich befindlichen Glieder zu einem Produkt zusammen, versieht es mit dem angedeuteten Vorzeichen und addiert die sich so ergebenden sechs Produkte.

In allen anderen Fällen wird man trachten, durch Umformungen nach Ziff. 6 und 7 den Grad der Determinante zu erniedrigen, was man am besten dadurch erreicht, daß man durch sukzessive Addition der mit einem geeigneten Faktor multiplizierten Elemente einer Zeile (Spalte) zu einer anderen Zeile (Spalte) alle Elemente einer Spalte (Zeile) bis auf eines zum Verschwinden bringt. Die Determinante ist dann das Produkt dieses Elementes mit seinem algebraischen Komplement. Immer zum Ziel führt die folgende, dem Gaußschen Eliminationsverfahren bei linearen Gleichungen (Ziff. 14) nachgebildete Methode: Ist $|a_{ik}|$ die gegebene Determinante, so multipliziere man die Elemente der ersten Zeile mit $-a_{i1}/a_{11}$ und addiere sie zur i-ten Zeile ($i = 2, 3, \ldots, n$), welche dadurch die Elemente

$$0,\ a'_{i2},\ a'_{i3},\ \ldots,\ a'_{in} \left(a'_{ik} = a_{ik} - \frac{a_{i1}}{a_{11}} a_{1k}\right)$$

bekommt. Dann ist

$$|a_{ik}| = a_{11} \cdot \sum \pm a'_{22} a'_{33} \ldots a'_{nn}.$$

Mit dieser Determinante ist dann ebenso zu verfahren usw.

11. Rang einer Matrix. Sei $\mathfrak{A} = (a_{ik})$ $(i = 1, 2, \ldots, m; k = 1, 2, \ldots, n; n \geq m)$ eine beliebige Matrix. Unter einer Determinante von $\mathfrak{A}$ versteht man eine der $\binom{n}{m}$ m-reihigen Determinanten, die sich aus dem Elementenschema von $\mathfrak{A}$ bilden lassen, und unter einer Unterdeterminante von $\mathfrak{A}$ eine Unterdeterminante einer der eben genannten m-reihigen Determinanten.

Unter dem Rang einer Matrix $\mathfrak{A}$ versteht man den Grad der nicht verschwindenden Unterdeterminante höchsten Grades von $\mathfrak{A}$.

Zur Feststellung, daß eine vorgelegte Matrix $\mathfrak{A}$ den Rang r hat, genügt es zu zeigen, daß alle $(r + 1)$-reihigen Unterdeterminanten von $\mathfrak{A}$ verschwinden und eine r-reihige von Null verschieden ist. Einfacher gestaltet sich der Nachweis in der Regel, wenn man sich der sog. rangerhaltenden Umformungen bedient; diese sind:

1. Die Vertauschung zweier paralleler Reihen;
2. Multiplikation aller Elemente einer Reihe mit demselben, von Null verschiedenen Faktor;
3. Addition einer mit einem beliebigen Faktor multiplizierten Reihe zu einer parallelen Reihe.

Man beachte, daß der Wert der Determinanten von $\mathfrak{A}$ durch die Umformungen 1. und 2. im allgemeinen geändert wird. Diese drei Umformungen gestatten die Durchführung des in Ziff. 10 geschilderten Verfahrens, natürlich mit Ausnahme der Graderniedrigung; man kann durch wiederholte Anwendung desselben die Matrix so umformen, daß $a_{11} = a_{22} = \cdots = a_{rr} = 1$ wird, während alle übrigen Elemente verschwinden.

Zwei Matrizen heißen **äquivalent**, wenn sie durch rangerhaltende Umformungen ineinander übergeführt werden können; äquivalente Matrizen haben somit gleichen Rang.

Ist $\mathfrak{A}$ eine symmetrische quadratische Matrix und verschwinden alle $(p+1)$- und $(p+2)$-reihigen Hauptunterdeterminanten, so ist der Rang nicht größer als p.

Der Rang einer schiefsymmetrischen Matrix ist stets eine gerade Zahl.

Die m Systeme von je n Zahlen

$$a_1^{(i)},\quad a_2^{(i)},\ldots,\quad a_n^{(i)}\quad (i = 1, 2, \ldots, m) \tag{A}$$

heißen voneinander **linear abhängig**, wenn es m Zahlen c_i gibt, die nicht alle gleich Null sind und die die Gleichungen

$$c_1 a_k^{(1)} + c_2 a_k^{(2)} + \cdots + c_m a_k^{(m)} = 0 \quad (k = 1, 2, \ldots, n)$$

erfüllen. Im anderen Fall heißen die Systeme (A) **linear unabhängig**. Besteht eines der Systeme (A) aus lauter Nullen, so sind sie linear abhängig.

Notwendig und hinreichend für lineare Abhängigkeit der Systeme (A) ist im Fall $m \leq n$, daß der Rang der Matrix $(a_k^{(i)})$ kleiner als m ist; im Fall $m > n$ sind die Systeme (A) somit stets linear abhängig.

12. Algebra der Matrizen. Eine n-reihige quadratische Matrix $\mathfrak{A} = (a_{ik})$ ist ein System von n^2 Zahlen. Man kann aber das Symbol $\mathfrak{A}$ selbst als Größe ansehen (**allgemeine** oder **höhere komplexe Größe**) und für solche Größen Rechenregeln aufstellen. Die Voraussetzung, daß alle im folgenden betrachteten Matrizen quadratisch und von gleicher Reihenzahl sein sollen, bedeutet keine Einschränkung der Allgemeinheit, da rechteckige Matrizen oder solche geringerer Reihenzahl stets durch Hinzufügen von Reihen mit lauter Nullen in n-reihige quadratische Matrizen umgeformt werden können, wenn nur n genügend groß ist.

Eine Matrix ist Null, wenn alle ihre Elemente Null sind.

Zwei Matrizen $\mathfrak{A}$ und $\mathfrak{B}$ heißen einander gleich, wenn ihre entsprechenden Elemente übereinstimmen.

Die Summe (Differenz) zweier Matrizen $\mathfrak{A}$ und $\mathfrak{B}$ ist wieder eine Matrix, deren Elemente die Summen der entsprechenden Elemente von $\mathfrak{A}$ und $\mathfrak{B}$ sind.

Eine Matrix $\mathfrak{A}$ wird mit einer (reellen oder gemeinen komplexen) Zahl a multipliziert, indem man alle Elemente von $\mathfrak{A}$ mit a multipliziert.

Die formalen Gesetze der elementaren Algebra gelten unverändert für diese drei Operationen.

Das Produkt zweier Matrizen $\mathfrak{A}$ und $\mathfrak{B} = (b_{ik})$ ist wieder eine Matrix $\mathfrak{C} = \mathfrak{A}\mathfrak{B}$, deren Elemente c_{ik} nach der Vorschrift 2. von Ziff. 6 gebildet sind (Zeilen von $\mathfrak{A}$ mit Spalten von $\mathfrak{B}$). Das Produkt ist also im allgemeinen nicht kommutativ, dagegen assoziativ und distributiv. Über den Grund, weshalb das Produkt gerade so definiert wird, vgl. Ziff. 29.

Die Determinante des Produktes zweier Matrizen ist gleich dem Produkt der Determinanten der beiden Faktoren. Für Summe und Differenz, sowie für das Produkt einer Matrix mit einer Zahl gelten die analogen Sätze nicht.

Der Rang r der Summe zweier Matrizen vom Rang r_1 und r_2 genügt der Ungleichung $r \leq r_1 + r_2$; der Rang R des Produktes den Ungleichungen $R \geq r_1 + r_2 - n$, $R \leq r_1$ und $R \leq r_2$. Ist die eine Matrix nichtsingulär, d. h. vom Range $r_2 = n$, so hat das Produkt den Rang r_1.

Die Matrix

$$\mathfrak{T} = \begin{pmatrix} t & 0 & \dots & 0 \\ 0 & t & \dots & 0 \\ \dots & \dots & \dots & \dots \\ 0 & 0 & \dots & t \end{pmatrix}$$

heißt skalare oder Diagonalmatrix. Ist $\mathfrak{A}$ eine beliebige Matrix, so ist stets $\mathfrak{T}\mathfrak{A} = \mathfrak{A}\mathfrak{T} = t\mathfrak{A}$. Für $t = 1$ erhält man die Einheitsmatrix $\mathfrak{E}$. Für $\mathfrak{T}$ ergibt sich $\mathfrak{T} = t \cdot \mathfrak{E}$.

Versteht man unter der transponierten Matrix einer Matrix $\mathfrak{A} = (a_{ik})$ die Matrix $\mathfrak{A}' = (a_{ki})$, die aus $\mathfrak{A}$ durch Vertauschen von Zeilen und Spalten entsteht, so gilt $(\mathfrak{A}')' = \mathfrak{A}$, $(\mathfrak{A}^{-1})' = (\mathfrak{A}')^{-1}$ und $(\mathfrak{A}\mathfrak{B})' = \mathfrak{B}'\mathfrak{A}'$, d. h. die Transponierte eines Produktes ist gleich dem in umgekehrter Reihenfolge genommenen Produkt der Transponierten der einzelnen Faktoren.

Ist $\mathfrak{A} = (a_{ik})$ eine nichtsinguläre Matrix, so heißt die Matrix $\mathfrak{A}^{-1} = \left(\frac{A_{ki}}{A}\right)$, wo A_{ik} das algebraische Komplement von a_{ik} in der Determinante A von $\mathfrak{A}$ ist, die zu $\mathfrak{A}$ inverse Matrix oder kurz die Inverse von $\mathfrak{A}$. Der Grund für diese Bezeichnung liegt in der leicht nachweisbaren Beziehung $\mathfrak{A}\mathfrak{A}^{-1} = \mathfrak{A}^{-1}\mathfrak{A} = \mathfrak{E}$.

Definiert man $\mathfrak{A}^p = \mathfrak{A} \cdot \mathfrak{A}^{p-1}$, $\mathfrak{A}^0 = \mathfrak{E}$ und $\mathfrak{A}^{-p} = (\mathfrak{A}^{-1})^p$, so gelten die Potenzgesetze $\mathfrak{A}^p\mathfrak{A}^q = \mathfrak{A}^{p+q}$ und $(\mathfrak{A}^p)^q = \mathfrak{A}^{pq}$ bei ganzzahligem p und q für nichtsinguläre, bei positivem ganzen p und q auch für beliebige Matrizen.

Unter der Adjungierten $\overline{\mathfrak{A}}$ einer beliebigen Matrix $\mathfrak{A} = (a_{ik})$ versteht man die Matrix $\overline{\mathfrak{A}} = (A_{ki})$. Ist $\mathfrak{A}$ nicht singulär, so ist $\overline{\mathfrak{A}} = A \cdot \mathfrak{A}^{-1}$. Daraus folgt $\overline{\mathfrak{A}} \cdot \mathfrak{A} = \mathfrak{A} \cdot \overline{\mathfrak{A}} = A \cdot \mathfrak{E}$, eine Beziehung, die auch für singuläre Matrizen richtig bleibt.

Ist $\mathfrak{A}$ eine beliebige und $\mathfrak{B}$ eine nichtsinguläre Matrix, so sind die Gleichungen $\mathfrak{A} = \mathfrak{B} \cdot \mathfrak{X}$ und $\mathfrak{A} = \mathfrak{Y} \cdot \mathfrak{B}$ stets eindeutig lösbar, und zwar ist $\mathfrak{X} = \mathfrak{B}^{-1}\mathfrak{A}$ und $\mathfrak{Y} = \mathfrak{A}\mathfrak{B}^{-1}$.

13. Unendliche Determinanten und Matrizen. Sei

$$A_1 = a_{11}, \quad A_2 = \begin{vmatrix} a_{11} & a_{12} \\ a_{21} & a_{22} \end{vmatrix}, \quad \dots, \quad A_n = \begin{vmatrix} a_{11} & a_{12} & \dots & a_{1n} \\ a_{21} & a_{22} & \dots & a_{2n} \\ \dots & \dots & \dots & \dots \\ a_{n1} & a_{n2} & \dots & a_{nn} \end{vmatrix}, \quad \dots$$

eine Folge von Determinanten. Existiert der Grenzwert $\lim\limits_{n\to\infty} A_n = A$, so nennt man

$$A = \begin{vmatrix} a_{11} & a_{12} & \dots \\ a_{21} & a_{22} & \dots \\ \dots & \dots & \dots \end{vmatrix}$$

eine konvergente unendliche Determinante. Die Sätze von Ziff. 6 mit Ausnahme der drei letzten gelten unverändert auch für unendliche Determinanten.

Ist die unendliche Reihe $\sum\limits_{i,k=1}^{\infty} a_{ik}$, $(i \neq k)$ der nicht in der Hauptdiagonale stehenden Glieder und das unendliche Produkt $\prod\limits_{i=1}^{\infty} a_{ii}$ der Diagonalglieder absolut konvergent, so ist auch die unendliche Determinante A konvergent und wird nach H. v. KOCH als Normaldeterminante bezeichnet. Für solche Normaldeterminanten gilt unverändert die Produktregel (Ziff. 6), ebenso läßt sich der Begriff der Unterdeterminanten, sowie der Laplacesche Zerlegungssatz (Ziff. 7) ohne weiteres übertragen.

Das Schema der Elemente einer unendlichen Determinante (Normaldeterminante) heißt unendliche Matrix (Normalmatrix). Eine Unterdeterminante A_p einer Normaldeterminante oder Normalmatrix heißt p-te Unterdeterminante, wenn sie durch Streichung von p Zeilen und p Spalten aus der ursprünglichen Determinante oder Matrix entsteht.

Eine Normaldeterminante oder Normalmatrix hat den Rang p, wenn eine p-te Unterdeterminante von Null verschieden ist, aber alle $p-1$-ten Unterdeterminanten verschwinden (genauer gesprochen genügt es bereits, daß alle jene $p-1$-ten Unterdeterminanten verschwinden, die die von Null verschiedene Unterdeterminante enthalten).

III. Lineare Gleichungen.

14. Nicht homogene lineare Gleichungen. Sei das System der m linearen Gleichungen in n Veränderlichen x_i vorgelegt:

$$\sum_{k=1}^{n} a_{ik} x_k = b_i \, (i = 1, 2, \ldots, m). \tag{A}$$

Ist dann r der Rang der Koeffizientenmatrix

$$\mathfrak{A} = \begin{pmatrix} a_{11} & a_{12} & \ldots & a_{1n} \\ a_{21} & a_{22} & \ldots & a_{2n} \\ \ldots & \ldots & \ldots & \ldots \\ a_{m1} & a_{m2} & \ldots & a_{mn} \end{pmatrix}$$

und r' der Rang der erweiterten Matrix

$$\mathfrak{A}_1 = \begin{pmatrix} a_{11} & a_{12} & \ldots & a_{1n} & b_1 \\ a_{21} & a_{22} & \ldots & a_{2n} & b_2 \\ \ldots & \ldots & \ldots & \ldots & \ldots \\ a_{m1} & a_{m2} & \ldots & a_{mn} & b_n \end{pmatrix}$$

so ist das System (A) dann und nur dann lösbar, wenn $r = r'$ ist, während im anderen Fall $r < r'$ das System unverträglich ist, d. h. einen Widerspruch enthält, wie z. B. die Gleichungen $x + 3y + 2z = 5$, $2x + 6y + 4z = 7$. Im Fall $r = r'$ kann man die Werte von $n - r$ Unbekannten x_i willkürlich wählen, nur mit der Einschränkung, daß die Koeffizientenmatrix der übrigbleibenden Unbekannten den Rang r erhält. Die übrigen r Unbekannten sind dann eindeutig bestimmt durch ein System von r Gleichungen mit nicht verschwindender Determinante (vgl. den nächsten Absatz).

Ist $r = m = n$, so ist auch $r' = n$ und die Determinante $A = |a_{ik}| \neq 0$. Die Lösungen ergeben sich nach der Cramerschen Regel

$$x_i = \frac{A_i}{A},$$

wo A_i jene n-reihige Determinante bedeutet, die sich aus A ergibt, wenn man darin die Elemente der i-ten Spalte durch die Zahlen $b_1, b_2, \ldots, b_n$ ersetzt.

Zur numerischen Berechnung eignet sich diese Regel nur im Fall $n = 2$; in anderen Fällen wird man sich entweder eines Näherungsverfahrens bedienen oder das Gaußsche Eliminationsverfahren anwenden: Man multipliziere die erste Gleichung von (A) mit $-\frac{a_{i1}}{a_{11}}$ und addiere sie zur i-ten $(i = 2, 3, \ldots, n)$, welche dadurch das Aussehen $a'_{i2} x_2 + a'_{i3} x_3 + \cdots$

$+ a'_{in} x_n = b'_i$ erhält. Mit dem System dieser $n-1$ Gleichungen verfährt man ebenso usw. Das ganze Gleichungssystem hat dann die Gestalt

$$\begin{aligned} a_{11} x_1 + a_{12} x_2 + a_{13} x_3 + \cdots + a_{1n} x_n &= b_1 \\ a'_{22} x_2 + a'_{23} x_3 + \cdots + a'_{2n} x_n &= b'_2 \\ a''_{33} x_3 + \cdots + a''_{3n} x_n &= b''_3 \\ \cdots\cdots\cdots\cdots \\ a^{(n-1)}_{nn} x_n &= b^{(n-1)}_n \end{aligned}$$

und daraus lassen sich ohne sonderliche Schwierigkeit der Reihe nach die Unbekannten $x_n, x_{n-1}, \ldots, x_2, x_1$ berechnen. Das Verfahren läßt sich bei geringen Ansprüchen hinsichtlich der Genauigkeit recht bequem mit dem Rechenschieber durchführen.

Für ein System von unendlich vielen linearen Gleichungen

$$\sum_{k=1}^{\infty} a_{ik} x_k = b_i, \qquad (i = 1, 2, \ldots, \ldots) \tag{B}$$

mit unendlich vielen Unbekannten x_k gilt die Cramersche Regel, wenn die Gleichungsdeterminante eine von Null verschiedene Normaldeterminante (Ziff. 13) ist und die b_i beschränkt sind. Die Lösungen x_k sind dann ebenfalls beschränkt.

Hat die Gleichungsdeterminante hingegen den Rang $r > 0$, so kann man durch eventuelle Umordnung der Gleichungen und Unbekannten erreichen, daß die durch Streichung der ersten r Zeilen und Spalten sich ergebende Hauptunterdeterminante von Null verschieden ist. Notwendig und hinreichend für die Lösbarkeit von (B) ist das Bestehen der Gleichungen[1]):

$$\begin{vmatrix} b_\varrho & a_{\varrho, r+1} & a_{\varrho, r+2} & \cdots \\ b_{r+1} & a_{r+1, r+1} & a_{r+1, r+2} & \cdots \\ b_{r+2} & a_{r+2, r+1} & a_{r+2, r+2} & \cdots \\ \cdots & \cdots & \cdots & \cdots \end{vmatrix} = 0 \qquad (\varrho = 1, 2, \ldots, r). \tag{C}$$

15. Homogene lineare Gleichungen. Das Gleichungssystem (A), Ziff. 14, heißt homogen, wenn alle $b_i = 0$ sind. Es folgt unmittelbar, daß ein solches System stets Lösungen besitzt. Ist der Rang r der Gleichungsmatrix $r = n$, so gibt es ein einziges, das sog. triviale Lösungssystem $x_i = 0$; sollen noch andere Lösungen existieren, so muß der Rang $r < n$ sein.

Das System $x_1^{(i)}, x_2^{(i)}, \ldots, x_n^{(i)}$ $(i = 1, 2, \ldots, p)$ von p Lösungen der Gleichungen

$$\sum_{k=1}^{n} a_{ik} x_k = 0 \quad (i = 1, 2, \ldots, m)$$

heißt fundamentales Lösungssystem, wenn einerseits seine p Lösungen linear unabhängig sind, andrerseits aber jede Lösung von diesen linear abhängig ist. Jede andere Lösung unserer Gleichungen hat dann die Gestalt

$$x_k = \sum_{i=1}^{p} c_i x_k^{(i)},$$

und der Rang r der Gleichungsmatrix ist $r = n - p$.

Ein solches Fundamentalsystem erhält man dadurch, daß man (nötigenfalls) zunächst das Gleichungssystem so umordnet, daß die Determinante $\sum \pm a_{11} a_{22} \ldots a_{rr} \neq 0$ ist. Dann wählt man irgendwie $np = n(n-r)$ Größen $b_{\alpha\beta}$ $(\alpha = r+1,$

[1]) Über die Untersuchungen von HILBERT und SCHMIDT vgl. KOWALEWSKI, Determinantentheorie, Leipzig 1909 und HILBERT, Grundzüge e. allg. Theorie d. linearen Integralgleichungen, 4. und 5. Mitteilung, Göttinger Nachrichten 1906.

$r+2, \cdots, n; \beta = 1, 2, \cdots, n)$, die nur der Bedingung zu genügen haben, daß die Determinante

$$D = \begin{vmatrix} a_{11} & a_{12} & \cdots & a_{1n} \\ \cdots & \cdots & \cdots & \cdots \\ a_{r1} & a_{r2} & \cdots & a_{rn} \\ b_{r+1,1} & b_{r+1,2} & \cdots & b_{r+1,n} \\ \cdots & \cdots & \cdots & \cdots \\ b_{n1} & b_{n2} & \cdots & b_{nn} \end{vmatrix}$$

nicht verschwindet. Man kann am einfachsten $b_{\alpha\alpha} = 1$ $(\alpha = r+1, r+2, \ldots, n)$ alle übrigen $= 0$ annehmen. Dann bilden die np Elemente der letzten p Zeilen der adjungierten Determinante von D gerade ein fundamentales Lösungssystem.

n Gleichungen mit n Unbekannten haben dann und nur dann eine von der trivialen verschiedene Lösung, wenn die Determinante $|a_{ik}| = 0$ ist. Ist der Rang $r = n - 1$, so kann man eine (von den übrigen linear abhängige) Gleichung weglassen. Ist $\mathfrak{A}$ die Matrix des übrigbleibenden Gleichungssystems, so ist

$$x_1 : x_2 : \ldots : x_n = A_1 : A_2 : \ldots : A_n,$$

wo A_i die Determinante der sich aus $\mathfrak{A}$ durch Streichung der i-ten Spalte ergebenden Matrix ist, versehen mit dem Faktor $(-1)^{i+1}$.

Ein System von unendlich vielen homogenen Gleichungen mit unendlich vielen Unbekannten (Ziff. 14, (B) für $b_i = 0$), dessen Gleichungsdeterminante eine Normaldeterminante ist, besitzt dann und nur dann eine von der trivalen verschiedene Lösung, wenn die Gleichungsdeterminante einen Rang $r > 0$ hat (die Bedingungen (C) von Ziff. 14 sind im Fall eines homogenen Systems ja sicher erfüllt). Es gibt auch hier dann genau r unabhängige Lösungen, aus denen sich alle anderen linear zusammensetzen lassen.

IV. Gruppentheorie.

16. Definitionen. Eine Menge von Elementen bildet eine Gruppe, wenn folgende Postulate erfüllt sind:

1. (Gruppengesetz.) Es ist eine Verknüpfungsvorschrift gegeben, die je zwei Elementen A und B der Menge ein drittes Element C zuordnet, das wieder der Menge angehört. C heißt das Produkt von A und B, und man schreibt $AB = C$.

2. (Assoziatives Gesetz.) Es ist stets $A(BC) = (AB)C$; d. h. das Produkt ist stets eindeutig bestimmt, solange die Reihenfolge der Faktoren ungeändert bleibt. Das kommutative Gesetz gilt im allgemeinen nicht.

3. (Einheitselement.) Es gibt ein Element E, so daß $AE = EA = A$ ist für jedes Element A der Menge.

4. (Inverses Element.) Zu jedem Element A der Menge gibt es ein Element B, so daß $AB = BA = E$ ist. Man schreibt $B = A^{-1}$.

Ist die Verknüpfung für alle Elemente einer Gruppe kommutativ, so heißt die Gruppe selbst kommutativ oder Abelsche Gruppe.

Nach der Anzahl der Elemente teilt man die Gruppen ein in endliche und unendliche; bei ersteren nennt man die Anzahl der Elemente Ordnung der Gruppe.

Beispiele (vgl. auch Ziff. 20): Die positiven rationalen Zahlen mit der Multiplikation als Verknüpfung; die ganzen Zahlen mit der Addition als Verknüpfung (Einheitselement ist die 0). Beides sind unendliche Abelsche Gruppen.

Bemerkt sei, daß die vier Postulate, insbesondere bei endlichen Gruppen, voneinander nicht unabhängig sind. Bei endlichen Gruppen muß in der Folge A, A^2, A^3, ... wieder einmal das Element A vorkommen; ist allgemein n die kleinste Zahl, für die die Gleichung $A^n = E$ richtig ist, so heißt n Ordnung des Elementes A. Gruppen, deren sämtliche Elemente Potenzen eines einzigen sind, heißen zyklisch und sind stets auch Abelsche Gruppen.

Beispiele: Die n-ten Einheitswurzeln (Ziff. 42) mit der Multiplikation als Verknüpfung bilden eine zyklische Gruppe n-ter Ordnung; die sämtlichen ganzzahligen Potenzen einer Zahl a eine unendliche zyklische Gruppe, z. B. ($a = 2$) ..., $\frac{1}{8}$, $\frac{1}{4}$, $\frac{1}{2}$, 1, 2, 4, 8, ...

17. Untergruppen. Eine Teilmenge $\mathfrak{H}$ einer Gruppe $\mathfrak{G}$, die bereits für sich den vier Gruppenpostulaten genügt, heißt Untergruppe der ursprünglichen Gruppe. Ist $\mathfrak{H}$ weder mit $\mathfrak{G}$ identisch noch E ihr einziges Element, so ist $\mathfrak{H}$ eine echte oder eigentliche Untergruppe, sonst eine unechte oder uneigentliche. Das wichtigste Problem bei der Untersuchung einer vorgelegten Gruppe ist die Bestimmung ihrer sämtlichen echten Untergruppen.

Sei $\mathfrak{H}$ eine Untergruppe von $\mathfrak{G}$, A ein Element von $\mathfrak{G}$ außerhalb $\mathfrak{H}$. Setzt man für X der Reihe nach alle Elemente von $\mathfrak{H}$ ein, so beschreibt XA eine Teilmenge von $\mathfrak{G}$, die Nebengruppe von $\mathfrak{H}$ genannt und mit $\mathfrak{H}A$ bezeichnet wird. Kein Element von $\mathfrak{H}A$ kann zugleich Element von $\mathfrak{H}$ sein; wäre nämlich $XA = X'$ ein Element von $\mathfrak{H}$, so wäre $X^{-1}XA = A = X^{-1}X'$, also A gegen die Annahme ein Element von $\mathfrak{H}$. Eine Nebengruppe ist natürlich durchaus keine „Gruppe“ in unserem Sinn. Umfassen $\mathfrak{H}$ und $\mathfrak{H}A$ noch nicht alle Elemente von $\mathfrak{G}$, so kann man mittels eines weiteren Elementes B eine neue Nebengruppe $\mathfrak{H}B$ bilden usf., bis alle Elemente von $\mathfrak{G}$ erschöpft sind. Die Anzahl der sich so ergebenden Nebengruppen heißt Index von $\mathfrak{H}$. Man schreibt $\mathfrak{G} = \mathfrak{H} + \mathfrak{H}A + \mathfrak{H}B + \dots$ Bei unendlichen Gruppen sind natürlich auch Untergruppen von unendlichem Index möglich.

Für endliche Gruppen folgt daraus, daß kein Element in zwei Nebengruppen vorkommen kann, der wichtige Satz, daß die Ordnung einer Untergruppe stets ein Teiler der Ordnung der Gesamtgruppe sein muß; dasselbe gilt für die Ordnung eines beliebigen Elementes, das ja mit seinen Potenzen stets eine zyklische Untergruppe erzeugt. Der Index einer Untergruppe ist der Quotient der Ordnungen von Gesamt- und Untergruppe.

Eine Teilmenge einer endlichen Gruppe ist bereits dann als Untergruppe gekennzeichnet, wenn für die Teilmenge das Gruppengesetz gilt. Die zwei Untergruppen gemeinsamen Elemente einer Gruppe bilden wieder eine Untergruppe, welche Durchschnitt der beiden ersten Untergruppen genannt wird.

Unter erzeugenden Elementen einer endlichen Gruppe versteht man ein System voneinander unabhängiger Elemente, aus welchen sich alle übrigen durch Verknüpfung herstellen lassen. Mittels der erzeugenden Elemente läßt sich die abstrakte Gruppe vollständig beschreiben, wenn man noch geeignete Beziehungen, sog. definierende Relationen zwischen ihnen angibt.

So ist A erzeugendes Element und $A^n = E$ definierende Relation der zyklischen Gruppe n-ter Ordnung. Weitere Beispiele finden sich in Ziff. 21 bis 26.

Gilt für zwei Elemente A und B einer beliebigen Gruppe $\mathfrak{G}$ eine Beziehung von der Form $B = X^{-1}AX$, wo X ebenfalls zu $\mathfrak{G}$ gehört, so sagt man, B entstehe aus A durch Transformation mit X. Die Elemente A und B heißen konjugiert. Besteht eine Untergruppe $\mathfrak{H}$ von $\mathfrak{G}$ aus den Elementen E, A, B, ..., so bilden die transformierten Elemente $X^{-1}EX = E$, $X^{-1}AX$, $X^{-1}BX$, ... ebenfalls eine Untergruppe, die man symbolisch mit $X^{-1}\mathfrak{H}X$ bezeichnet. $\mathfrak{H}$ und $X^{-1}\mathfrak{H}X$ heißen konjugierte Untergruppen.

Eine Untergruppe, die mit allen konjugierten identisch ist, heißt invariante oder ausgezeichnete Untergruppe oder Normalteiler. Der Durchschnitt zweier Normalteiler ist wieder ein Normalteiler. Die beiden unechten Untergruppen einer Gruppe sind (unechte) Normalteiler. Eine Gruppe, die außer ihren beiden unechten keinen Normalteiler besitzt, heißt einfach.

Ein Normalteiler $\mathfrak{N}$ einer Gruppe $\mathfrak{G}$ und seine Nebengruppen bilden zusammen die Elemente einer neuen Gruppe, die Faktorgruppe von $\mathfrak{G}$ heißt und mit $\mathfrak{G}/\mathfrak{N}$ bezeichnet wird.

18. Isomorphismus. Läßt sich jedem Element einer Gruppe $\mathfrak{G}$ ein und nur ein Element einer anderen Gruppe $\mathfrak{G}'$ und jedem Element von $\mathfrak{G}'$ mindestens ein Element von $\mathfrak{G}$ zuordnen, und zwar so, daß dem Produkt zweier Elemente von $\mathfrak{G}$ das Produkt der zugeordneten Elemente von $\mathfrak{G}'$ entspricht, so heißt $\mathfrak{G}'$ isomorph mit $\mathfrak{G}$. Ist die Beziehung zwischen den Elementen von $\mathfrak{G}$ und $\mathfrak{G}'$ ein-eindeutig, so heißen die beiden Gruppen einstufig isomorph oder homomorph, andernfalls mehrstufig isomorph. Mehrstufiger Isomorphismus besteht z. B. zwischen der Faktorgruppe $\mathfrak{G}/\mathfrak{N}$ (Ziff. 17) einer nicht einfachen Gruppe $\mathfrak{G}$ und $\mathfrak{G}$ selbst; das Einheitselement von $\mathfrak{G}/\mathfrak{N}$ ist ja offenbar der Normalteiler $\mathfrak{N}$ von $\mathfrak{G}$.

Ein Isomorphismus einer Gruppe $\mathfrak{G}$ mit sich selbst heißt Automorphismus. Ist S irgendein Element von $\mathfrak{G}$, so erhält man durch Transformation aller Elemente von $\mathfrak{G}$ mit S einen Automorphismus (sog. innerer Automorphismus). Ist nämlich $AB = C$, so ist $S^{-1}AS \cdot S^{-1}BS = S^{-1}CS$. Neben den inneren Automorphismen gibt es in vielen Fällen noch andere, sog. äußere Automorphismen. Die sämtlichen Automorphismen von $\mathfrak{G}$ bilden wieder eine Gruppe $\mathfrak{A}$; die inneren Automorphismen bilden einen Normalteiler von $\mathfrak{A}$.

19. Permutationsgruppen. Ihre große Bedeutung beruht auf dem Satz von Cayley: Jede endliche Gruppe ist homomorph mit einer Permutationsgruppe, ja läßt sich geradezu als Permutationsgruppe ihrer Elemente darstellen. Sind nämlich $E, A, B, C, \ldots$ die Elemente von $\mathfrak{G}$, so stellt $\begin{pmatrix} E & A & B & C & \ldots \\ EX & AX & BX & CX & \ldots \end{pmatrix}$, wo X ein beliebiges Element von $\mathfrak{G}$ ist, eine Permutation der Elemente von $\mathfrak{G}$ dar, die wir dem Element X zuordnen. Man überzeugt sich leicht, daß die vier Gruppenpostulate sowie die Bedingungen für den Homomorphismus erfüllt sind.

Über Permutationen selbst ist in Ziff. 1 alles Nötige gesagt. Hinsichtlich der Verknüpfung von Permutationen, die durch Zyklen dargestellt sind, ist zu bemerken, daß das Produkt erst dann in richtiger Form vorliegt, wenn alle vorkommenden Zyklen elementfremd sind. So ist z. B. $(1324) \cdot (415) = (132)\,(45)$; sowohl links wie rechts steht ein Produkt, aber nur rechts sind die Zyklen elementfremd.

Eine Gruppe, deren Elemente Permutationen von n Elementen sind, heißt Permutationsgruppe n-ten Grades.

Die sämtlichen Permutationen von n Dingen bilden eine Gruppe von der Ordnung $n!$, die sog. symmetrische Gruppe n-ten Grades.

Die sämtlichen geraden Permutationen von n Dingen bilden ebenfalls eine Gruppe, die sog. alternierende Gruppe n-ten Grades. Sie hat die Ordnung $n!/2$, ist eine Untergruppe der symmetrischen Gruppe vom Index 2 und einfach, wenn $n \neq 4$ ist.

20. Transformationsgruppen. Es sei ein endliches oder unendliches System von Punkttransformationen vorgelegt, welches den vier Postulaten von Ziff. 16 genügt, wenn man als Verknüpfung AB die Ausführung der Transformationen B nnd A nacheinander, und zwar in dieser Reihenfolge, nimmt. Dabei versteht man unter einer Punkttransformation im R_n ein System von Gleichungen $x_i = \varphi_i(y_k)$, $(i, k = 1, 2, \ldots, n)$, in denen die x_i und y_k aber im Gegensatz zu der

Koordinatentransformation (Kap. 1, Ziff. 26) nicht als Koordinaten eines Punktes in zwei verschiedenen Bezugssystemen gedeutet werden, sondern als Koordinaten zweier, im allgemeinen verschiedener Punkte, bezogen auf ein und dasselbe Koordinatensystem (vgl. die Beispiele am Schluß der Ziffer). Zwei nacheinander ausgeführte Transformationen ergeben zusammengesetzt offenbar immer wieder eine Transformation. Die Festsetzung über die Reihenfolge ist darin begründet, daß man für ein Gebilde (a'), welches aus einem anderen (a) durch die Transformation B hervorgegangen ist, $(a') = B(a)$ zu schreiben pflegt; ist dann $(a'') = A(a')$, so kommt man ganz zwangläufig zur Schreibweise $(a'') = AB(a)$, wenn man (a') durch seinen Ausdruck $B(a)$ ersetzt.

Zwei Gebilde, die auseinander durch Transformationen der Gruppe hervorgehen, heißen äquivalent. Wir betrachten nun die Menge $\mathfrak{M}$ der zu einem beliebigen Punkt p äquivalenten Punkte. Ist $\mathfrak{M}$ (Kap. 1, Ziff. 2) perfekt, so heißt die Gruppe kontinuierlich, sonst diskontinuierlich oder diskret, und zwar eigentlich oder uneigentlich diskontinuierlich, je nachdem $\mathfrak{M}$ isoliert ist oder nicht. Kontinuierliche Transformationsgruppen sind immer unendliche Gruppen im Sinn von Ziff. 16, doch werden die Bezeichnungen „endlich" und „unendlich" hier in der Regel in einer anderen Bedeutung gebraucht; man spricht dann von endlichen Transformationsgruppen, wenn eine Transformation der Gruppe durch Angabe einer endlichen Anzahl von Bestimmungsstücken (Parametern) festgelegt wird, und nur sonst von einer unendlichen Gruppe. Hängt eine endliche Transformationsgruppe insbesondere von r Parametern ab, so spricht man von einer r-gliedrigen Gruppe[1]).

Beispiele: Die Gruppe der Translationen (Parallelverschiebungen) des Raumes $x'_i = x_i + a_i$ $(i = 1, 2, 3)$ bilden eine dreigliedrige Abelsche Gruppe; sie ist ein Normalteiler der sechsgliedrigen Gruppe sämtlicher Bewegungen des Raumes (vgl. Kap. 3, wo sich auch andere geometrische Beispiele finden).

Eine unendliche kontinuierliche Gruppe wird von der Gesamtheit aller stetigen Transformationen des Raumes mit nicht verschwindender Funktionaldeterminante gebildet.

Diskontinuierlich ist die durch eine Drehung des Raumes um eine feste Gerade erzeugte zyklische Gruppe; sie ist eigentlich oder uneigentlich diskontinuierlich, je nachdem der Winkel der erzeugenden Drehung zum vollen Winkel in einem rationalen Verhältnis steht oder nicht. Die Gruppe ist im ersten Fall endlich, im zweiten unendlich im Sinn von Ziff. 16. Weitere Beispiele endlicher eigentlich diskontinuierlicher Gruppen finden sich in Ziff. 21 bis 26; eine unendliche derartige Gruppe wird z. B. durch die Translationen $x'_i = x_i + k_i a_i$ $(i = 1, 2, 3)$ des Raumes gebildet, wenn die a_i fest und die k_i beliebige ganze Zahlen sind; die zu einem Punkt äquivalenten Punkte bilden dabei ein räumliches Gitter.

21. Die Gruppen der regulären Körper. Wir suchen nun alle endlichen Gruppen $\mathfrak{G}$ von Drehungen der Einheitskugel aufzustellen. Zu diesem Zweck lassen wir den Mittelpunkt der Kugel mit dem Punkt $z = 0$ der Ebene π der komplexen Zahlen z zusammenfallen. Sind N und S die Endpunkte des zu π senkrechten Kugeldurchmessers, so daß N oberhalb und S unterhalb von π liegt, so ergibt sich durch Projektion aus N eine ein-eindeutige Zuordnung zwischen den Punkten der Kugel und den Punkten von π, wobei N dem Punkt $z = \infty$ und S dem Punkt $z = 0$ entspricht (stereographische Projektion). Es läßt sich dann leicht zeigen, daß sich jede Drehung der Kugel durch eine linear

[1]) Näheres hierzu findet sich in Kap. 10, VIII. Ausführliche Darstellungen sind LIE-ENGEL, Theorie der Transformationsgruppen, 3 Bde., Leipzig 1888—1893; LIE-ENGEL, Vorlesungen über kontinuierliche Gruppen, Leipzig 1893; und BIANCHI, Lezioni sulla teoria dei gruppi continui, Milano 1918. Mehr referierend, aber glänzend geschrieben ist die auch diskontinuierliche Gruppen umfassende Darstellung im zweiten Band von KLEINS Vorlesungen über höhere Geometrie, 2. Aufl., Leipzig 1907 (autographiert). Den besten Zugang zur Theorie bilden wohl LIES eigene Arbeiten, insbesondere im 5. Bd. der von ENGEL herausgegebenen und (was stellenweise sehr nötig ist) kommentierten Gesammelten Abhandlungen (Christiania und Leipzig 1924).

gebrochene Transformation $z' = \frac{az+b}{cz+d}$ der Ebene π darstellen läßt. Sind ξ, η, ζ die Richtungskosinus der Drehachse, ν der Drehwinkel und setzt man

$$\alpha = \cos\frac{\nu}{2}, \qquad \beta = -\zeta\sin\frac{\nu}{2}, \qquad \gamma = \eta\sin\frac{\nu}{2}, \qquad \delta = \xi\sin\frac{\nu}{2},$$

so erhält man für die Koeffizienten der Transformation $(i^2 = -1)$

$$a = \alpha + \beta i, \quad b = \gamma + \delta i, \quad c = -\bar{b} = -\gamma + \delta i, \quad d = \bar{a} = \alpha - \beta i;$$

ihre Determinante wird

$$a d - b c = \alpha^2 + \beta^2 + \gamma^2 + \delta^2 = 1.$$

Jede von der Identität $(a = d = 1, b = c = 0)$ verschiedene derartige Transformation hat zwei Fixpunkte oder Pole, die sich aus der Gleichung $z' = z$, d. h. aus $cz^2 + (d - a)z - b = 0$ ergeben, wobei, wenn $c = 0$ ist, die Wurzel $z = \infty$ mitzuzählen ist. Fallen die Pole zusammen, so spricht man von parabolischen Transformationen. Jede linear gebrochene Transformation ist winkeltreu oder konform (vgl. Kap. 6, Ziff. 22) und kreistreu, d. h. sie führt Kreise wieder in Kreise über, wobei aber Gerade als Grenzfälle von Kreisen mit unendlich großem Radius anzusehen sind.

Die Gruppe $\mathfrak{G}$ ist somit homomorph mit einer Gruppe $\mathfrak{G}'$ linear gebrochener Transformationen der komplexen Ebene. In $\mathfrak{G}'$ können offenbar keine parabolischen Transformationen vorkommen; eine solche ist ja, wenn man die Pole in $z = \infty$ zusammenfallen läßt, stets eine Parallelverschiebung der Ebene und kann somit nur einer unendlichen Gruppe angehören. Die ausdrückliche Unterscheidung zwischen $\mathfrak{G}$ und $\mathfrak{G}'$ ist unnötig; wir bezeichnen im folgenden beide Gruppen mit $\mathfrak{G}$.

Sei nun p ein Pol einer Transformation S von $\mathfrak{G}$. Alle Transformationen von $\mathfrak{G}$, die p fest lassen, bilden eine zyklische Untergruppe $\mathfrak{C}$ von $\mathfrak{G}$ und lassen außerdem noch einen zweiten Pol fest; diese beiden Pole sind nichts anderes als die Projektionen der Schnittpunkte der Drehachse mit der Kugel auf π. Hat $\mathfrak{G}$ die Ordnung n, $\mathfrak{C}$ die Ordnung k (der Pol p heißt dann k-zählig) und den Index j $(kj = n)$, so ist (Ziff. 17) $\mathfrak{G} = \mathfrak{C} + T_2\mathfrak{C} + T_3\mathfrak{C} + \cdots T_j\mathfrak{C}$. Der Pol p und die aus ihm durch die Transformationen $T_2, T_3, \ldots, T_j$ hervorgehenden Pole $T_2(p)$, $T_3(p), \ldots, T_j(p)$ bilden ein sog. System konjugierter Pole. Es ist zunächst zu zeigen, daß $T_i(p)$ in der Tat ein Pol einer Transformation von $\mathfrak{G}$ ist. Ist nämlich S' irgendeine Transformation mit dem Pol $T_i(p)$, so ist p Pol von $T_i S' T_i^{-1}$, also $T_i S' T_i^{-1} = S^p$ und $S' = T_i^{-1} S^p T_i$ eine Transformation von $\mathfrak{G}$. Alle Pole des Systems sind somit k-zählig. Sind A und B zwei Transformationen von $\mathfrak{G}$, so daß $A(p) = B(p)$ ist, so muß $AB^{-1}(p) = p$, also $AB^{-1} = S^f$ oder $A = S^f B$ sein. Wären nicht alle Pole unseres Systems verschieden, etwa $T_a(p) = T_b(p)$, so wäre also $T_a = T_b S^f$ und $T_a\mathfrak{C} = T_b S^f \mathfrak{C} = T_b\mathfrak{C}$ in Widerspruch dazu, daß die Nebengruppen voneinander verschieden sind. Ist schließlich U ein beliebiges Element von $\mathfrak{G}$, so ist $U(p)$, $T_2 U(p)$, $T_3 U(p), \ldots, T_j U(p)$ dasselbe System konjugierter Pole wie oben, höchstens in anderer Reihenfolge. Denn da $T_i U$ in einer der Nebengruppen enthalten sein muß, ist $T_i U = T_k S^g$ oder $T_i U(p) = T_k S^g(p) = T_k(p)$; wäre andrerseits $T_i U(p) = T_k U(p)$, so wäre wegen $T_i U = T_k S^g U$ auch $T_i = T_k S^g$, was denselben Widerspruch wie oben ergeben würde. Das System konjugierter Pole enthält daher alle Pole, die aus einem von ihnen durch Ausführung aller Transformationen der Gruppe hervorgehen.

Zählt man jeden Pol so oft, als er bei Transformationen der Gruppe (mit Ausnahme der Identität) vorkommt, so erhält man $2n - 2$ Pole. Andrerseits kann man die Pole in Systeme konjugierter Pole ordnen. Es möge sich dabei ein System von j_1 k_1-zähligen, eines von j_2 k_2-zähligen Polen usw., schließlich ein System von j_r k_r-zähligen Polen ergeben. Dabei ist immer $k_i j_i = n$. Da ein k_i-zähliger Pol

bei $k_i - 1$ von der Identität verschiedenen Transformationen vorkommt, muß
$$(k_1 - 1) j_1 + (k_2 - 1) j_2 + \cdots + (k_r - 1) j_r = n r - (j_1 + j_2 + \cdots + j_r) = 2n - 2$$
oder, nach Division durch n
$$\frac{1}{k_1} + \frac{1}{k_2} + \frac{1}{k_3} + \cdots + \frac{1}{k_r} = r - 2 + \frac{2}{n}$$
sein[1]; wegen $2 \leq k_i \leq n$ $(i = 1, 2, \ldots, r)$ folgt daraus $r \leq 4 - \frac{4}{n}$, und somit kann r nur eine der Zahlen 2 oder 3 sein. Es ergeben sich schließlich, wie man leicht überlegt, folgende mögliche Fälle:

1. $r = 2$; es muß $k_1 = k_2 = n$ und $j_1 = j_2 = 1$ sein. $\mathfrak{G}$ ist zyklisch.
2. $r = 3$; eine der drei Zahlen k_i, etwa k_1, muß $= 2$ sein.

A. $k_1 = k_2 = 2$, $k_3 = \frac{n}{2} = k$ (n also gerade). Diedergruppe.

B. $k_1 = 2$, $k_2 = 3$, $k_3 = \frac{6n}{n + 12} = 6 - \frac{72}{n + 12} < 6$.

a) $k_1 = 2$, $k_2 = k_3 = 3$; $n = 12$. Tetraedergruppe.

b) $k_1 = 2$, $k_2 = 3$, $k_3 = 4$; $n = 24$. Oktaedergruppe.

c) $k_1 = 2$, $k_2 = 3$, $k_3 = 5$; $n = 60$. Ikosaedergruppe.

Die Bezeichnungen der drei letzten Gruppen kommen daher, daß sie mit den Drehungsgruppen des Raumes übereinstimmen, die diese regulären Körper in sich überführen. Ähnliches gilt von der Diedergruppe, wenn man sich unter einem Dieder ein in ein reguläres n-Eck ausgeartetes Polyeder vom Volumen 0 vorstellt und Ober- und Unterseite dieses n-Ecks als die beiden Flächen des Polyeders ansieht. Die Ordnungen der unter 2. aufgezählten Gruppen stimmen jeweils mit den verdoppelten Kantenzahlen der betreffenden Polyeder überein.

Neben den in 2 B. genannten Körpern führen die betreffenden Gruppen auch die sog. Polarkörper in sich über. Dabei kommt man von einem Polyeder zum polaren, indem man die Mittelpunkte seiner Begrenzungsflächen aus dem Mittelpunkt der umschriebenen Kugel auf dieselbe projiziert; die sich so ergebenden Punkte sind die Ecken des Polarkörpers. So sind die Polarkörper der obigen der Reihe nach das (um NS durch $\pi/2$ verdrehte, Abb. 3) Gegentetraeder, der Würfel und das Pentagondodekaeder.

Erwähnt sei noch der zur Veranschaulichung eigentlich diskontinuierlicher Gruppen der Ebene (oder Kugel) wichtige Begriff des Fundamental- oder Diskontinuitätsbereiches. Man versteht darunter ein Gebiet der Ebene, in welchem zwar keine zwei äquivalenten Punkte liegen, jedoch jeder Punkt der Ebene einen äquivalenten hat. Wendet man auf einen Diskontinuitätsbereich sämtliche Transformationen der Gruppe an, so erhält man äquivalente Bereiche, die die Ebene einfach und lückenlos überdecken. Der Begriff des Diskontinuitätsbereiches läßt sich mittels der stereographischen Projektion ohne weiteres auf die Kugel übertragen. Die Begrenzung der Diskontinuitätsbereiche ist im wesentlichen willkürlich wählbar; im folgenden ist bei der Festlegung derselben die durch Projektion der Kanten des betreffenden regulären Körpers sich ergebende Einteilung der Kugelfläche zugrunde gelegt bzw. bei den zyklischen Gruppen die Einteilung durch Meridiankreise. Außerdem sind die Symmetrien der sich so ergebenden Diskontinuitätsbereiche dadurch kenntlich gemacht, daß jeder solche Bereich in je ein weißes und ein schraffiertes Zwei- oder Dreieck zerlegt ist, die zueinander spiegelbildlich sind. Die Diskontinuitätsbereiche der erweiterten Gruppen (Ziff. 26) sind dann unmittelbar durch diese Zwei- oder Dreiecke gegeben.

[1] Über eine andere Herleitung dieser Formel vgl. Kap. 3, Ziff. 40.

22. Zyklische und Diedergruppen. Die ersteren werden durch die Drehung um *NS* durch den Winkel $2\pi/n$ erzeugt. Definierende Relation der abstrakten Gruppe ist $S^n = E$. Die Diskontinuitätsbereiche sind in Abb. 1 dargestellt. Alle Untergruppen sind wieder zyklisch, ihre Ordnungen Teiler von n. Ist n eine Primzahl, so existieren keine Untergruppen. Die Gruppe ist homomorph mit der zyklischen Permutationsgruppe von n Dingen.

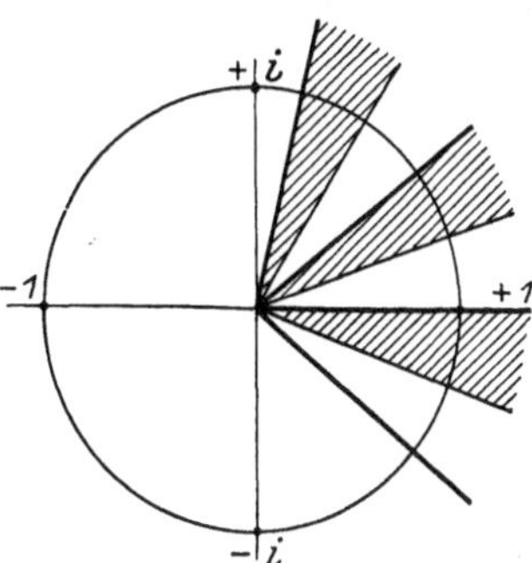

Abb. 1. Diskontinuitätsbereiche der zyklischen Gruppe n-ter Ordnung.

Als erzeugende Elemente der Diedergruppe von der Ordnung $n = 2k$ kann man die Umklappung U um die reelle Achse (das Dieder liegt dabei so in der Ebene, daß eine Ecke in den Punkt $z = 1$ fällt und der umschriebene Kreis der Einheitskreis ist) und die Drehung D um *NS* durch den Winkel $2\pi/k$ nehmen. Definierende Relationen der abstrakten Gruppe sind $D^k = E$, $U^2 = E$ und $DU = UD^{-1}$. Auf den Nachweis der Vollständigkeit kann nicht eingegangen werden. Für $k = 2$ ergibt sich eine Abelsche Gruppe, die sog. Vierergruppe. Das Dieder artet in diesem Fall in eine doppelt zählende Gerade aus. Nicht zyklische Untergruppen sind nur vorhanden, wenn k keine Primzahl ist; sie sind dann wieder vom Diedertypus und ihre Ordnungen immer das Doppelte eines Teilers von k. Die zweizähligen Achsen liegen alle in der Ebene des Dieders und verbinden bei geradem k entweder zwei Ecken oder zwei Seitenmitten miteinander, bei ungeradem k eine Ecke mit der gegenüberliegenden Seitenmitte; sie sind immer Symmetralen des Dieders.

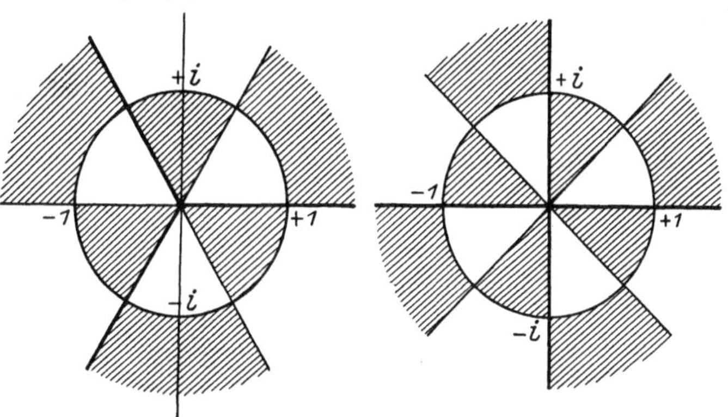

Abb. 2. Diskontinuitätsbereiche der Diedergruppen von den Ordnungen 6 und 8.

Die Diedergruppe ist mit der durch

$$D = (1, 2, 3, \ldots, k)$$

und

$$U = (1, k - 1)(2, k - 2) \ldots \left(\frac{k}{2}, \frac{k}{2}\right)$$

bei geradem, bzw.

$$U = (1, k - 1)(2, k - 2) \ldots \left(\frac{k - 1}{2}, \frac{k + 1}{2}\right)$$

bei ungeradem n gegebenen Permutationsgruppe isomorph.

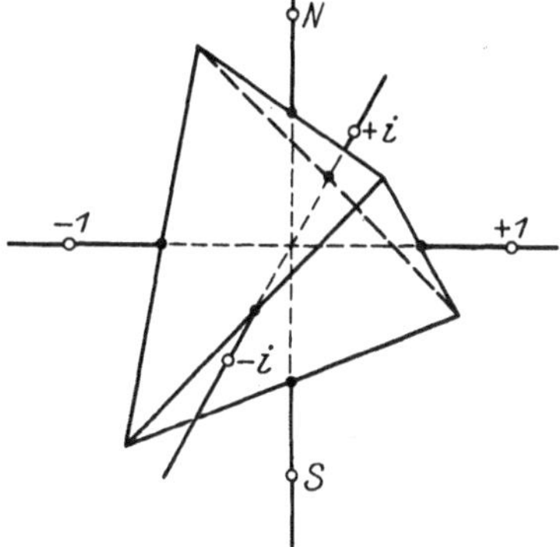

Abb. 3. Tetraeder.

23. Die Tetraedergruppe. Über die gebräuchliche Aufstellung des Tetraeders gibt Abb. 3 Aufschluß. Das Gegentetraeder ergibt sich durch Drehung um *NS* durch $\pi/2$.

Als erzeugende Elemente kann man die Umklappung U um NS und die Drehung D durch $2\pi/3$ um eine der dreizähligen Achsen wählen, welche eine Ecke mit der Mitte der gegenüberliegenden Seite verbinden. Definierende Relationen sind $D^3 = U^2 = (DU)^3 = (UD^{-1}UD)^2 = E$.

Projiziert man das Tetraeder aus dem Mittelpunkt auf die Einheitskugel, so wird diese in vier sphärische Dreiecke geteilt; je zwei Sechstel eines solchen bilden einen Diskontinuitätsbereich; in Abb. 4 besteht ein solcher also immer aus je einem leeren und schraffierten Dreieck. Durch die Drehungen der Gruppe werden nur gleichartige Dreiecke ineinander übergeführt.

Da die Ordnung einer Untergruppe ein Teiler von 12 sein muß, kommen hierfür nur die Zahlen 2, 3, 4 und 6 in Betracht. Die beiden ersten entsprechen den durch die zwei- und dreizähligen Achsen gegebenen zyklischen Untergruppen, die dritte der aus E und den drei Umklappungen bestehenden Vierergruppe, die zugleich Normalteiler ist; eine Untergruppe sechster Ordnung existiert nicht.

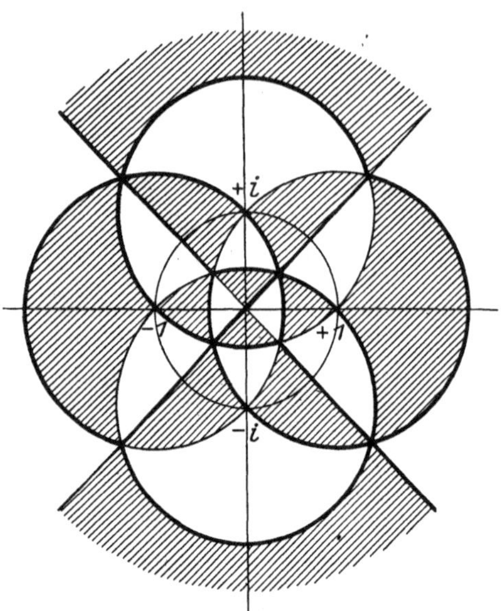

Abb. 4. Diskontinuitätsbereiche der Tetraedergruppe.

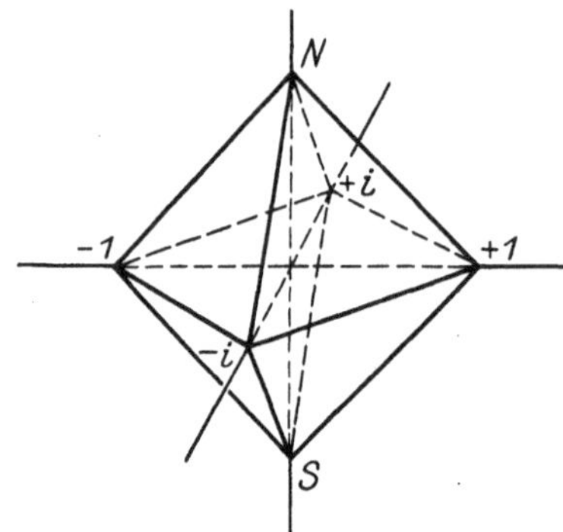

Abb. 5. Oktaeder.

Die Gruppe ist homomorph mit der alternierenden Permutationsgruppe von 4 Dingen; es ist dabei $D = (234)$, $U = (12)(34)$.

24. Die Oktaedergruppe. Wegen der Aufstellung vgl. Abb. 5.

Erzeugende Elemente: Die Drehung D_4 um NS durch $\pi/2$ und die Drehung D_3 durch $2\pi/3$ um die Verbindungsgerade der Mitten zweier gegenüberliegender Seiten. Die Umklappung U um die Verbindungsgerade der Mitten zweier gegenüberliegender Kanten ist durch diese bereits gegeben; es ist nämlich $U = D_3 D_4$. Definierende Relationen sind: $D_3^3 = D_4^4 = (D_3 D_4)^2 = E$ (Abb. 6).

An Untergruppen sind außer den zyklischen drei Gruppen achter Ordnung vom Diedertypus vorhanden, ferner vier Vierergruppen (von welchen die durch die drei Hauptachsen des Oktaeders gegebene Normalteiler ist) und eine mit der Tetraedergruppe homomorphe Untergruppe (ebenfalls Normalteiler). Die Existenz dieser Untergruppen ist an der Figur des Oktaeders leicht nachzuweisen.

Die Gruppe ist homomorph mit der symmetrischen Permutationsgruppe von vier Elementen; man setzt $D_4 = (1234)$, $D_3 = (324)$, dann wird $U = D_3 D_4 = (14)$. Wegen der Reihenfolge der Faktoren vgl. Ziff. 20.

25. Die Ikosaedergruppe (Abb. 7). Erzeugende Elemente sind: Die Drehung D_5 durch $2\pi/5$ um eine Achse durch zwei gegenüberliegende Ecken, z. B. NS und die Umklappung U um eine zwei gegenüberliegende Kantenmitten verbindende Achse. Die Drehung D_3 um eine zwei gegenüberliegende Flächenmitten verbindende Achse ist aus diesen in der Form $D_3 = UD_5$ zusammengesetzt. Definierende Relationen sind:

$$D_5^5 = U^2 = (UD_5)^3 = E.$$

Abb. 6. Diskontinuitätsbereiche der Oktaedergruppe.

Die Ikosaedergruppe besitzt im ganzen 57 Untergruppen, jedoch keinen Normalteiler[1]). Sie ist homomorph mit der alternierenden Permutationsgruppe von 5 Elementen; man setzt $D_5 = (12345)$ und $U = (23)\,(45)$, dann wird $D_3 = UD_5 = (135)$.

26. Kristallsysteme und Kristallklassen. Unter diesen Gruppen müssen sich offenbar auch alle möglichen Gruppen von Drehungen um den Ursprung O befinden, die ein Raumgitter (Ziff. 20, letztes Beispiel), in sich überführen. Zunächst stellen wir fest, daß jede Ebene ε, die einen Gitterpunkt enthält und zur Drehachse senkrecht ist, eine Gitterebene sein (d. h. ein ebenes Gitter enthalten) muß, da durch die Drehung mindestens ein weiterer Gitterpunkt in ε entsteht. Soll nun eine Drehung um O zu $\mathfrak{G}$ gehören, so muß sie jedes zur Drehachse senkrechte ebene Gitter in sich überführen. Jedes ebene Gitter gestattet aber Drehungen durch π, so daß zunächst nur gerade Ordnungen in Betracht kommen. Weiter sind aber Drehungen durch weniger als $\pi/6$ unmöglich. Angenommen, es gäbe eine Drehung achter Ordnung; ist dann P_1 der O zunächst gelegene Punkt, so entstehen aus P_1 durch die Drehungen sieben weitere Punkte $P_2, P_3, \ldots, P_8$. Setzt man dann den Vektor P_1P_2 an O oder, falls dieser kein Gitterpunkt ist, an P_7 an, so kommt man zu einem Gitterpunkt, der gegen Vor-

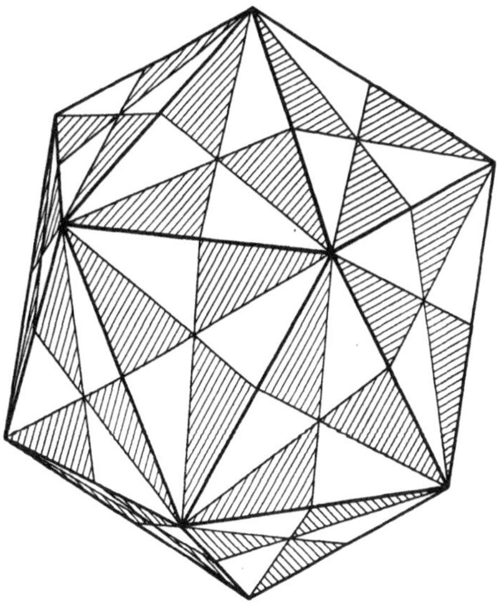

Abb. 7. Ikosaeder.

[1]) Vgl. KLEIN, Vorlesungen über das Isokaeder, Leipzig 1884.

aussetzung näher bei O liegt als P_1. Bei den kristallographischen Gruppen können also 2-, 4- oder 6-zählige Achsen vorkommen; außerdem sind noch 3-zählige Achsen möglich (Untergruppe $\mathfrak{C}_3$ der zu einer 6-zähligen Achse gehörigen $\mathfrak{C}_6$). Die Ikosaedergruppe ist daher auszuschließen; ihr Auftreten würde übrigens auch einen Widerspruch mit dem „Gesetz der rationalen Indizes" bedeuten.

Neben dieser Einschränkung ergibt sich aber auch eine Erweiterung aus der Bemerkung, daß ein Raumgitter im allgemeinen symmetrisch zum Ursprung O ist, also durch eine Inversion (Spiegelung an O) in sich übergeführt wird. Bei der Darstellung durch Gruppen linear gebrochener Transformationen läuft das auf eine Erweiterung mittels der sog. Transformationen zweiter Art hinaus, die sich jedoch sämtlich aus den bisher betrachteten und der Transformation $z' = \bar{z}$ zusammensetzen lassen, wobei $\bar{z}$ die zu z konjugiert komplexe Zahl bedeutet. Bemerkt sei, daß die Begrenzungen der Diskontinuitätsbereiche eindeutig bestimmt sind, wenn die betreffende Gruppe Transformationen zweiter Art enthält.

Wollen wir also alle möglichen Symmetrien von Raumgittern und damit alle möglichen Typen von solchen aufstellen, so haben wir die noch in Betracht kommenden Gruppen durch Transformationen zweiter Art, die O fest lassen, zu erweitern; es sind das (auf der Kugel) die Inversion I, die Symmetrie S an einer Ebene und die Drehspiegelung $\overline{D}$, worunter die aus einer Drehung und darauffolgender Spiegelung an einer zur Drehachse senkrechten Ebene zusammengesetzte Operation zu verstehen ist; die Ordnung von $\overline{D}$ muß immer gerade sein. Wir bezeichnen mit $\mathfrak{C}_n$ die zyklische Gruppe n-ter Ordnung, mit $\overline{\mathfrak{C}}_k$ die allein von einer Drehspiegelung erzeugte zyklische Gruppe von der Ordnung $2k$, mit $\mathfrak{D}_k$ die Diedergruppe von der Ordnung $2k$ und mit $\mathfrak{T}$ und $\mathfrak{O}$ Tetraeder- und Oktaedergruppe.

Es ergeben sich folgende 32 Gruppen:

a) aus der Identität: 1) E allein, 2) E und I, 3) E und S;

b) aus den zyklischen Gruppen (es bedeutet h die Spiegelung an der horizontalen, v die an einer vertikalen Ebene): 4) $\mathfrak{C}_2$, 5) $\mathfrak{C}_2^h$, 6) $\mathfrak{C}_2^v$, 7) $\overline{\mathfrak{C}}_2$, 8) $\mathfrak{C}_3$, 9) $\mathfrak{C}_3^h$, 10) $\mathfrak{C}_3^v$, 11) $\overline{\mathfrak{C}}_3$, 12) $\mathfrak{C}_4$, 13) $\mathfrak{C}_4^h$, 14) $\mathfrak{C}_4^v$, 15) $\mathfrak{C}_6$, 16) $\mathfrak{C}_6^h$, 17) $\mathfrak{C}_6^v$;

c) aus den Diedergruppen: 18) $\mathfrak{D}_2$, 19) $\mathfrak{D}_2^h$, 20) $\mathfrak{D}_2^v$, 21) $\mathfrak{D}_3$, 22) $\mathfrak{D}_3^h$, 23) $\mathfrak{D}_3^v$, 24) $\mathfrak{D}_4$, 25) $\mathfrak{D}_4^h$, 26) $\mathfrak{D}_6$, 27) $\mathfrak{D}_6^h$;

d) aus der Tetraedergruppe: 28) $\mathfrak{T}$, 29) $\mathfrak{T}^h$, 30) $\mathfrak{T}^v$;

e) aus der Oktaedergruppe: 31) $\mathfrak{O}$, 32) $\mathfrak{O}^h$.

In der Kristallographie erfolgt die Einteilung nach anderen Gesichtspunkten. Es werden zunächst folgende Systeme aufgestellt:

I. Gitter ohne besondere Symmetrien: triklin;

II. Gitter mit einer zweizähligen Achse (Digyre): monoklin;

III. Gitter mit einer dreizähligen Achse (Trigyre): rhomboedrisch (wird manchmal zum System V. gezählt);

IV. Gitter mit einer vierzähligen Achse (Tetragyre): tetragonal;

V. Gitter mit einer sechszähligen Achse (Hexagyre): hexagonal;

VI. Gitter mit drei aufeinander senkrechten Digyren: rhombisch;

VII. Gitter mit drei aufeinander senkrechten Tetragyren: kubisch, regulär oder tesseral.

Die volle Gruppe jedes Systems entsteht aus der Erweiterung der zugehörigen Drehungsgruppe mit einer Transformation zweiter Art und heißt Holoedrie; die oben angegebenen Achsen müssen nur bei den Holoedrien vorhanden sein, nicht aber bei den Untergruppen. Untergruppen vom Index 2 heißen im allgemeinen Hemiedrien, solche vom Index 4 Tetartoedrien.

Jeder der 32 obigen Gruppen entspricht eine Kristallklasse; diese verteilen sich folgendermaßen auf die 7 Systeme:

I. Triklines System:
1. Holoedrie $E + I$, (2),
2. Hemiedrie E allein, (1);

II. Monoklines System:
1. Holoedrie $\mathfrak{C}_2^h$, (5),
2. Hemiedrie $E + S$, (3),
3. Hemimorphie $\mathfrak{C}_2$, (4);

III. Rhomboedrisches System:
1. Holoedrie $\mathfrak{D}_3^v$, (23),
2. Pyramidale Hemiedrie oder Paramorphie $\overline{\mathfrak{C}}_3$, (11),
3. Hemimorphie $\mathfrak{C}_3^v$, (10),
4. Enantiomorphie oder trapezoedrische Hemiedrie $\mathfrak{D}_3$, (21),
5. Tetartoedrie $\mathfrak{C}_3$, (8);

IV. Tetragonales System:
1. Holoedrie $\mathfrak{D}_4^h$, (25),
2. Pyramidale Hemiedrie oder Paramorphie $\mathfrak{C}_4^h$, (13),
3. Hemimorphie $\mathfrak{C}_4^v$, (14),
4. Trapezoedrische Hemiedrie oder Enantiomorphie $\mathfrak{D}_4$, (24),
5. Hemiedrie zweiter Art oder sphenoidische Hemiedrie $\mathfrak{D}_2^v$, (20),
6. Tetartoedrie $\mathfrak{C}_4$, (12),
7. Tetartoedrie zweiter Art oder sphenoidische Tetartoedrie $\overline{\mathfrak{C}}_2$, (7);

V. Hexagonales System:
1. Holoedrie $\mathfrak{D}_6^h$, (27),
2. Pyramidale Hemiedrie oder Paramorphie $\mathfrak{C}_6^h$, (16),
3. Hemimorphie $\mathfrak{C}_6^v$, (17),
4. Trapezoedrische Hemimorphie oder Enantiomorphie $\mathfrak{D}_6$, (26),
5. Hemiedrie zweiter Art oder trigonale Holoedrie $\mathfrak{D}_3^h$, (22),
6. Tetartoedrie $\mathfrak{C}_6$, (15),
7. Tetartoedrie zweiter Art oder trigonale Paramorphie $\mathfrak{C}_3^h$, (9);

VI. Rhombisches System:
1. Holoedrie $\mathfrak{D}_2^h$, (19),
2. Hemiedrie $\mathfrak{D}_2$, (18),
3. Hemimorphie $\mathfrak{C}_2^v$, (6);

VII. Kubisches System:
1. Holoedrie $\mathfrak{O}^h$, (32),
2. Pentagonale Hemiedrie $\mathfrak{T}^h$, (29),
3. Tetraedrische Hemiedrie $\mathfrak{T}^v$, (30),
4. Plagiedrische Hemiedrie $\mathfrak{O}$, (31),
5. Tetartoedrie $\mathfrak{T}$, (28).

Bemerkt sei, daß V, 5 und 7 mitunter zu III gezählt werden, doch wären diese Gruppen dann dort die einzigen mit horizontalen Symmetrieebenen.

27. Die Raumgruppen. Es sind damit alle eigentlich diskontinuierlichen Gruppen des Raumes aufgestellt, die einen Punkt fest lassen. Man kann nun noch einen Schritt weiter gehen und die letzte Einschränkung fallen lassen, d. h. sich die Frage nach allen eigentlich diskontinuierlichen Transformationsgruppen überhaupt, den sog. Raumgruppen, stellen. Wir müssen uns hier mit der Bemerkung begnügen, daß jede solche Gruppe die Abelsche Gruppe aller Translationen des betreffenden Gitters als Untergruppe enthalten muß. Die Aufgabe, alle diese Gruppen aufzustellen, wurde von FEDOROW und unabhängig von diesem von SCHÖNFLIES[1]) gelöst. Es gibt im ganzen 230 Raumgruppen, wovon 65 von erster und 165 von zweiter Art sind; sie umfassen die sämtlichen möglichen Strukturformen der Materie, doch sei bemerkt, daß — wenigstens derzeit — durchaus nicht jede der 230 Typen auch in der Natur realisiert vorgefunden wurde.

V. Lineare Transformationen, Invarianten und quadratische Formen.

28. Der allgemeine Invariantenbegriff. Ist $\mathfrak{G}$ irgendeine beliebige Transformationsgruppe, so heißt jede Größe I eine Invariante von $\mathfrak{G}$ oder genauer eine Invariante gegenüber den Transformationen von $\mathfrak{G}$, wenn für die sich durch Ausführung einer beliebigen Transformation T von $\mathfrak{G}$ sich ergebende Größe I' eine Beziehung von der Form $I' = \Phi \cdot I$ gilt, wo Φ ausschließlich von den die Transformation T bestimmenden Größen abhängt. Insbesondere spricht man in dem wichtigen Fall $\Phi = 1$ von einer absoluten, sonst von einer relativen Invariante. So ist z. B. der Grad einer Form (Kap. 1, Ziff. 7) eine Invariante gegenüber der Gruppe aller linearen homogenen Transformationen der Veränderlichen; man spricht hier von einer arithmetischen Invariante. Dasselbe gilt vom Geschlecht einer Riemannschen Fläche, welches eine arithmetische Invariante aller stetigen Transformationen des Raumes mit nicht verschwindender Funktionaldeterminante ist. Der Wert einer beliebigen Funktion f ist eine Invariante gegenüber allen Transformationen der Veränderlichen, der Abstand zweier Punkte eine Invariante gegenüber allen Transformationen, die Bewegungen des Raumes darstellen usw. Um auch noch ein Beispiel einer relativen Invariante zu geben, sei die Diskriminante $D = a_{12}^2 - a_{11}a_{22}$ der binären quadratischen Form $a_{11}x_1^2 + 2a_{12}x_1x_2 + a_{22}x_2^2$ erwähnt; durch die Transformation $x_i = c_{i1}x_1' + c_{i2}x_2'$ $(i = 1, 2)$ erhält man eine neue quadratische Form, deren Diskriminante $D' = \Delta^2 D$ ist, wo Δ die Determinante $|c_{ik}|$ bedeutet.

29. Lineare Transformationen. Im Vordergrund vieler Teile der Algebra und Geometrie stehen die Invarianten der Gruppe der homogenen linearen Transformationen

$$y_i = \sum_{k=1}^{n} a_{ik} x_k \qquad (i = 1, 2, \ldots, n) \tag{1}$$

mit der Matrix $\mathfrak{A} = (a_{ik})$ und der Determinante $A = |a_{ik}|$. Man schreibt für (1) abgekürzt auch $y = \mathfrak{A}x$. Ist dann $x = \mathfrak{B}w$ eine zweite homogene lineare Transformation, so gibt die Zusammensetzung $y = \mathfrak{C}w$, wo $\mathfrak{C} = \mathfrak{A}\mathfrak{B}$ das Produkt der Matrizen $\mathfrak{A}$ und $\mathfrak{B}$ in dieser Reihenfolge ist (vgl. Ziff. 12). Hat $\mathfrak{A}$ den Rang n, ist also $A \neq 0$, so lassen sich die Gleichungen (1) nach den x auflösen; man erhält $x = \mathfrak{A}^{-1}y$, wo $\mathfrak{A}^{-1}$ die zu $\mathfrak{A}$ inverse Matrix ist. Transformationen mit $A \neq 0$ heißen nichtsingulär, solche mit $A = 0$ singulär.

Die Gleichungen (1) lassen sich in zweierlei Arten geometrisch deuten. Zunächst kann man die x und y als homogene Koordinaten in zwei R_{n-1} auffassen; (1) ist dann eine projektive Transformation oder Kollineation der beiden R_{n-1}, die wieder singulär heißt oder nicht, je nachdem $A = 0$ oder $A \neq 0$ ist. Sind die x und y Koordinaten im selben R_{n-1}, so spricht man von einer Kollineation des R_{n-1} in sich. Die Gruppe der Transformationen (1) wird demgemäß bei homogenen Veränderlichen als projektive Gruppe des R_{n-1} bezeichnet.

[1]) Kristallsysteme und Kristallstruktur, Leipzig 1891. Eine besonders gründliche, bis ins kleinste Detail gehende Untersuchung gab NIGGLI, Geometrische Kristallographie des Diskontinuums, Leipzig 1919.

Sind die x und y jedoch inhomogene Koordinaten zweier R_n, so ist (1) eine spezielle affine Transformation, die den Ursprung des einen R_n auf den Ursprung im anderen abbildet oder, wenn x und y Koordinaten im selben R_n sind, eine affine Transformation, die den Ursprung fest läßt. Die allgemeine affine Transformation ergibt sich aus der ersten Interpretation, wenn man zunächst zu inhomogenen Koordinaten $\frac{x_i}{x_n} = X_i$, $\frac{y_i}{y_n} = Y_i$ $(i = 1, 2, \ldots, n-1)$ übergeht, wodurch (1) die Gestalt

$$Y_i = \frac{a_{i1} X_1 + a_{i2} X_2 + \cdots + a_{i\,n-1} X_{n-1} + a_{in}}{a_{n1} X_1 + a_{n2} X_2 + \cdots + a_{n\,n-1} X_{n-1} + a_{nn}} \qquad (i = 1, 2, \ldots n-1)$$

annehmen und dann den Sonderfall $a_{n1} = a_{n2} = \cdots = a_{n\,n-1} = 0$, $a_{nn} \neq 0$ herausgreift. Man erkennt, daß dadurch der R_{n-2} (Hyperebene des R_{n-1}) $x_n = 0$ ausgezeichnet wird (unendlich ferne Hyperebene des R_{n-1}) und bei allen affinen Transformationen fest (invariant) bleibt. Die affinen Transformationen bilden somit eine Untergruppe der projektiven Gruppe, die affine Gruppe des R_{n-1}. Die Beschränkung auf homogene lineare Transformationen ist offenbar keine Einschränkung der Allgemeinheit. Über die Deutung von (1) als Koordinatentransformation (bei $A \neq 0$) vgl. die Bemerkung in Kap. 1, Ziff. 26.

Faßt man die inhomogenen Veränderlichen $x_1, x_2, \ldots, x_n$ als Komponenten eines Vektors x auf, so kann man den sich aus (1) ergebenden Vektor y mit den Komponenten $y_1, y_2, \ldots, y_n$ als das Produkt $y = \mathfrak{A} \cdot x$ der Matrix (Tensor oder Affinor) $\mathfrak{A}$ mit dem Vektor x ansehen. Diese Deutung ist selbstverständlich nur innerhalb der affinen Gruppe möglich.

Zwei Reihen von Veränderlichen x_i und y_i heißen kogredient, wenn bei Ausführung einer Transformation einer Reihe dieselbe Transformation auch auf die andere Reihe auszuüben ist; die x_i und y_i sind dann Punktkoordinaten im selben R_{n-1}.

Die Transformation $y_i = \sum_{k=1}^{n} a_{ki} x_k$ mit der Matrix $\mathfrak{A}' = (a_{ki})$ heißt zu (1) transponiert oder konjugiert.

Zwei Reihen von Veränderlichen x_i und u_i heißen kontragredient, wenn bei Ausführung der Transformation $x_i = \mathfrak{A} x'$ die u_i der kontragredienten Transformation $u = (\mathfrak{A}')^{-1} u'$, also der transponierten reziproken Transformation unterliegen und umgekehrt. Deutet man etwa die x_i als Punktkoordinaten in einem R_{n-1}, so sind die u Hyperebenenkoordinaten im selben R_{n-1}. Sind $x = \mathfrak{A} x'$ und $u = \mathfrak{B} u'$ kontragrediente Transformationen, so ist $\sum_{i=1}^{n} u_i x_i = \sum_{i=1}^{n} u'_i x'_i$ eine absolute Invariante (Zwischenform, Ziff. 31) und umgekehrt.

30. Orthogonale Transformationen. Die Transformation (1) von Ziff. 29 heißt orthogonal, wenn die $\frac{1}{2} n (n+1)$ Relationen

$$\sum_{j=1}^{n} a_{ij} a_{kj} = \delta_{ik} \qquad (i, k = 1, 2, \ldots, n) \tag{A}$$

bestehen, wo $\delta_{ik} = 0$ oder $= 1$ ist, je nachdem $i \neq k$ oder $i = k$ ist. Die Relationen (A) sind gleichwertig mit $\sum_{j=1}^{n} a_{ji} a_{jk} = \delta_{ik}$, aber auch mit den symbolischen Gleichungen $\mathfrak{A}\mathfrak{A}' = \mathfrak{E}$ oder $\mathfrak{A}'\mathfrak{A} = \mathfrak{E}$. Die Determinante einer orthogonalen Transformation hat entweder den Wert $+1$ (eigentlich orthogonale Transformation oder den Wert -1 (uneigentlich orthogonale Transformation). Die orthogonalen Transformationen bilden eine Untergruppe der affinen Gruppe des R_n mit festem Anfangspunkt, die eigentlich orthogonalen Transformationen (nicht aber die uneigentlichen!) wieder eine Untergruppe dieser. Deutet man die Veränderlichen als rechtwinklige Koordinaten, so stellen die eigentlich orthogonalen Transformationen Drehungen um den Ursprung dar, während sich die uneigentlichen aus einer solchen Drehung und aus einer Spiegelung an einer Ebene durch den Ursprung zusammensetzen lassen (Transformationen zweiter Art, vgl. Ziff. 26).

Aus $\mathfrak{A}'\mathfrak{A} = \mathfrak{E}$ folgt, daß jede orthogonale Transformation die quadratische Form $\sum_{i=1}^{n} x_i^2$ oder allgemeiner den Ausdruck $\sum_{i=1}^{n} (x_i^{(1)} - x_i^{(2)})^2$, also das Quadrat des Abstandes der Punkte $x^{(1)}$ und $x^{(2)}$ ungeändert läßt.

31. Projektive Invarianten. Sei $x = \mathfrak{C}x'$ eine beliebige homogene lineare Transformation, deren Matrix $\mathfrak{C} = (c_{ik})$ den Rang n hat, und $F(x_1, x_2, \ldots, x_n, a_1, a_2, \ldots, a_p) = F(x, a)$ eine Form in den Veränderlichen x mit den Koeffizienten a. Eine ganze rationale Funktion $J(a)$ dieser Koeffizienten ist dann eine Invariante von F, wenn der aus den Koeffizienten der transformierten Form $F'(x', a')$ gebildete Ausdruck $J(a')$ der Beziehung $J(a') = C^g J(a)$ genügt, wo $C = |c_{ik}|$ die Transformationsdeterminante ist. Es läßt sich unschwer zeigen, daß der in Ziff. 28 mit Φ bezeichnete Faktor rechts hier immer eine Potenz von C ist. Der stets positive Exponent g heißt Gewicht der Invariante. Jede Invariante ist homogen, also eine Form in den a. Hängt J von den Koeffizienten mehrerer Formen $F(x, a)$, $G(x, b)$, ... ab, so spricht man von einer simultanen Invariante der Formen F, G, ... So ist z. B. die Determinante $|a_{ik}|$ eine simultane Invariante vom Gewicht 1 der n Linearformen $\sum_{k=1}^{n} a_{ik} x_k$ $(i = 1, 2, \ldots, n)$; sie wird auch als Resultante dieser Formen bezeichnet. Das Verschwinden einer Invariante hat immer eine geometrische Bedeutung, wenn man die x etwa als homogene Koordinaten in einem R_{n-1} deutet; man nennt $J = 0$ eine invariante Gleichung. So bedeutet das Verschwinden der obigen Resultante, daß die n Hyperebenen $\sum_{k=1}^{n} a_{ik} x_k = 0$, $(i = 1, 2, \ldots, n)$ durch einen Punkt gehen.

Eine ganze rationale Funktion $K(a, b, \ldots, y, z, \ldots)$, für die wieder $K(a', b', \ldots, y', z', \ldots) = C^g K(a, b, \ldots, y, z, \ldots)$ ist, heißt (relative) Kovariante, wenn alle Variablenreihen y, z, ... sich kogredient mit den x transformieren, hingegen Kontravariante, wenn die y, z, ... sich kontragredient zu den x transformieren, oder aber Zwischenform, wenn unter den y, z, ... beide Arten von Variablen vorkommen. g wird auch hier als Gewicht bezeichnet, muß aber nicht positiv (wohl aber ganz) sein. Invarianten, Kovarianten, Kontravarianten und Zwischenformen werden mitunter gemeinsam als Konkomitanten, häufig auch als Invarianten schlechthin bezeichnet (vgl. Ziff. 28). Sie sind immer homogen in jeder Reihe von Koeffizienten a, b, ... und Veränderlichen y, z, ... Die einfachste (absolute) Kovariante einer Form $F(x, a)$ ist F selbst. Sind $x_i^{(k)}$ $(k = 1, 2, \ldots, n)$ kogrediente Veränderliche, so ist die Determinante $|x_i^{(k)}|$ eine Kovariante vom Gewicht -1.

Aus zwei ganzen rationalen Invarianten J_1 und J_2 mit den Gewichten g_1 und g_2 läßt sich immer eine absolute herleiten, nämlich $J_1^{g_2} : J_2^{g_1}$.

32. Bilineare und quadratische Formen. Unter einer Bilinearform versteht man einen Ausdruck von der Gestalt $f(x, y) = \sum_{i,k=1}^{n} a_{ik} x_i y_k$, der also in jeder der beiden Variablenreihen x und y homogen und linear ist. Die Matrix $\mathfrak{A} = (a_{ik})$ heißt Matrix von $f(x, y)$. Die Begriffe symmetrisch, schief, Rang, singulär, transponiert, invers, adjungiert, Summe und Produkt übertragen sich von den Matrizen her unmittelbar auf Bilinearformen. Das Produkt zweier Bilinearformen erhält man also nicht durch Ausmultiplizieren, sondern es ist wieder eine Bilinearform, deren Matrix das Produkt der Matrizen der ursprünglichen Bilinearformen ist. Unterwirft man die Veränderlichen den Transformationen $x = \mathfrak{B}x'$, $y = \mathfrak{C}y'$, so ergibt sich aus $f(x, y)$ eine Bilinearform mit der Matrix $\mathfrak{B}'\mathfrak{A}\mathfrak{C}$. Eine symmetrische Bilinearform bleibt symmetrisch, wenn x und y kogredient transformiert werden.

Von der symmetrischen Bilinearform $f(x, y)$ kommt man unmittelbar zu der quadratischen Form $f(x, x) = \sum_{i,k=1}^{n} a_{ik} x_i x_k$ $(a_{ik} = a_{ki})$, wenn man die beiden Variablenreihen einander gleichsetzt. Die Bilinearform $f(x, y)$ heißt Polarform von $f(x, x)$; es ist $f(x, y) = \frac{1}{2} \sum_{i=1}^{n} \frac{\partial f(x, x)}{\partial x_i} y_i$.

Die symmetrische Determinante $A = |a_{ik}|$ heißt Diskriminante der quadratischen Form $f(x, x)$; sie ist eine relative Invariante vom Gewicht 2 und stimmt bis auf den Faktor $\frac{1}{2}$ mit der Hesseschen Determinante von $f(x, x)$ überein.

Fundamental für die Theorie der quadratischen Formen ist das Problem der Transformation auf eine Summe von Quadraten. Es gilt der Satz: Jede quadratische Form vom Rang r läßt sich mit Hilfe einer nichtsingulären projektiven Transformation in die kanonische Form $x_1^2 + x_2^2 + \cdots + x_r^2$ überführen. Ausdrücklich bemerkt sei, daß die Transformation nicht reell sein muß, auch wenn $f(x, x)$ reell ist. Sei a_{ii} ein von Null verschiedener Koeffizient der Hauptdiagonale von

$$f(x_1, x_2, \ldots, x_n) = \sum_{i,k=1}^{n} a_{ik} x_i x_k .$$

Wir setzen

$$f = \frac{1}{a_{ii}} \left(\sum_{k=1}^{n} a_{ik} x_k \right)^2 + f_1,$$

wo f_1 von x_i unabhängig ist. Die Transformation

$$x_1' = \sum_{k=1}^{n} a_{ik} x_k, \quad x_j' = x_j \; (j = 2, \ldots, i-1, i+1, \ldots n), \quad x_i' = x_1$$

(letzteres fällt bei $i = 1$ fort) führt dann f über in

$$\frac{1}{a_{ii}} x_1'^2 + f_1(x_2', x_3', \ldots, x_n').$$

Wiederholt man das Verfahren an f_1 usw., so gelangt man nach r Schritten zu einem Ausdruck von der Form

$$c_1 x_1^2 + c_2 x_2^2 + \cdots + c_r x_r^2 + f_r;$$

die quadratische Form f_r muß aber verschwinden, da f voraussetzungsgemäß den Rang r hat. Das Verfahren versagt nur, wenn in f oder in einer der folgenden Formen $f_1, \ldots$ alle Glieder der Hauptdiagonale verschwinden. Ist das etwa bei f der Fall, jedoch $a_{12} \neq 0$, so setzt man

$$f = \frac{2}{a_{12}} (a_{12} x_2 + a_{13} x_3 + \cdots + a_{1n} x_n)(a_{21} x_1 + a_{23} x_3 + \cdots + a_{2n} x_n) + f_1,$$

wo f_1 von x_1 und x_2 nicht mehr abhängt. Die Transformation

$$x_1' = a_{12} x_2 + a_{13} x_3 + \cdots + a_{1n} x_n, \quad x_2' = a_{21} x_1 + a_{23} x_3 + \cdots + a_{2n} x_n,$$

$$x_j' = x_j \quad (j = 3, 4, \ldots, n)$$

führt dann f über in
$$\frac{2}{a_{12}} x_1' x_2' + f_1(x_3', \ldots, x_n'),$$
woraus durch die zweite Transformation
$$x_1'' = x_1' + x_2', \; x_2'' = x_1' - x_2', \; x_j'' = x_j' \; (j = 3, \ldots, n)$$
schließlich
$$\frac{2}{a_{12}} x_1''^2 - \frac{2}{a_{12}} x_2''^2 + f_1(x_3'', \ldots, x_n'')$$
folgt. Zum Schluß ist noch die Transformation
$$x_i' = \sqrt{c_i}\, x_i \; (i = 1, \ldots, r), \; x_k' = x_k \;\; (k = r + 1, \ldots, n)$$
auszuführen.

Ist f reell, so sind alle obigen Transformationen bis auf die letzte ebenfalls reell. Will man also nur reelle Transformationen zulassen und ist die Numerierung so gewählt, daß $c_1, c_2, \ldots, c_s$ positiv, $c_{s+1}, c_{s+2}, \ldots, c_r$ negativ sind, so ist die letzte Transformation zu ersetzen durch
$$x_i' = \sqrt{c_i}\, x_i \quad (i = 1, 2, \ldots, s), \quad x_k' = \sqrt{-c_i}\, x_k \quad (k = s + 1, s + 2, \ldots, r).$$
Man erhält die Normalform
$$x_1^2 + x_2^2 + \cdots + x_s^2 - x_{s+1}^2 - x_{s+2}^2 - \cdots - x_r^2.$$
Die Differenz der Anzahlen der positiven und negativen Quadrate $2s - r$ pflegt man Signatur der quadratischen Form zu nennen. Sie ist neben dem Rang r eine arithmetische Invariante reeller quadratischer Formen gegenüber reellen linearen Transformationen. Diese Tatsache findet ihren Ausdruck in dem sog. Trägheitsgesetz der quadratischen Formen: Wie immer man auch eine reelle quadratische Form durch eine reelle Transformation auf die Normalform $\sum\limits_{i=1}^{r} c_i x_i^2$ bringt, die Anzahl der positiven und negativen Koeffizienten c_i ist stets dieselbe.

Über die aus diesem Satz sich ergebende Klassifikation der reellen Kurven und Flächen zweiten Grades vgl. Kap. 3, IV.

Über die Invarianten einer quadratischen Form gilt der Satz: Jede ganze rationale Invariante unterscheidet sich höchstens durch einen konstanten Faktor von einer Potenz der Diskriminante.

Eine quadratische Form heißt reduzibel, wenn sie in ein Produkt zweier Linearformen zerfällt; sie hat dann den Rang 0, 1 oder 2, und umgekehrt ist eine quadratische Form vom Rang 0, 1 oder 2 stets reduzibel.

Die Form
$$\varphi(u, u) = \begin{vmatrix} a_{11} & a_{12} & \ldots & a_{1n} & u_1 \\ a_{21} & a_{22} & \ldots & a_{2n} & u_2 \\ \ldots & \ldots & \ldots & \ldots & \ldots \\ a_{n1} & a_{n2} & \ldots & a_{nn} & u_n \\ u_1 & u_2 & \ldots & u_n & 0 \end{vmatrix} = -\sum_{i,k=1}^{n} A_{ik} u_i u_k$$
(Ziff. 7) heißt adjungierte Form von $f(x, x) = \sum\limits_{i,k=1}^{n} a_{ik} x_i x_k$. Sie ist eine simultane Invariante vom Gewicht 2 der quadratischen Form $f(x, x)$ und der Linearform $\sum\limits_{i=1}^{n} u_i x_i$. Sind die u kontragrediente Veränderliche, so ist $\varphi(u, u)$ eine Kontravariante von $f(x, x)$.

33. Hauptachsentransformation reeller quadratischer Formen. In Ziff. 32 wurde gezeigt, daß zwei quadratische Formen dann und nur dann äquivalent sind, d. h. durch eine nicht singuläre Transformation ineinander übergeführt werden können, wenn sie denselben Rang haben. Wir stellen nun die Frage, ob es möglich ist, eine reelle quadratische Form $f(x, x) = \sum_{i,k=1}^{n} a_{ik} x_i x_k$ durch eine orthogonale Transformation in die kanonische Gestalt $\sum_{i=1}^{n} \lambda_i x_i^2$ zu bringen. Man erkennt leicht, daß es sich hier um einen Sonderfall des Äquivalenzproblems zweier Paare quadratischer Formen handelt: wann lassen sich die zwei Formen $f_1(x, x)$ und $g_1(x, x)$ durch eine lineare Transformation in zwei andere Formen $f_2(x, x)$ und $g_2(x, x)$ überführen[1]? (vgl. auch Ziff. 34). In unserem Fall ist $f_1(x, x) = f(x, x)$, $f_2(x, x) = \sum_{i=1}^{n} \lambda_i x_i^2$ und $g_1(x, x) = g_2(x, x) = \sum_{i=1}^{n} x_i^2$ (Bedingung für die Orthogonalität der Transformation).

Wir betrachten die charakteristische oder Säkulargleichung

$$S(\lambda) = |a_{ik} - \lambda \delta_{ik}| = 0,$$

die, wie bereits erwähnt (Ziff. 9, C), lauter reelle Wurzeln hat. Die Größen δ_{ik} sind wieder $=1$ oder $=0$, je nachdem $i = k$ oder $i \neq k$ ist. Ist λ' eine p-fache Wurzel von $S(\lambda) = 0$, so hat die Matrix $\mathfrak{S}(\lambda') = (a_{ik} - \lambda' \delta_{ik})$ den Rang $n - p$ und die Gleichungen

$$\sum_{k=1}^{n} (a_{ik} - \lambda' \delta_{ik}) x_k = 0 \qquad (i = 1, 2, \ldots, n) \tag{1}$$

genau p linear unabhängige Lösungen (Ziff. 14). Jede Lösung λ' von $S(\lambda) = 0$ heißt charakteristische Zahl, der reziproke Wert $\varkappa' = \frac{1}{\lambda'}$ Eigenwert (manchmal werden auch die λ' so bezeichnet), und die sich aus (1) für diesen Wert von λ ergebenden Lösungen nennt man (zum Eigenwert $\varkappa'$ gehörige) Eigensysteme von $f(x, x)$. Im ganzen erhält man n Eigensysteme, die aber als Lösungen homogener Gleichungen nur bis auf irgendwelche Proportionalitätsfaktoren bestimmt sind und die also noch gewissen Bedingungen unterworfen oder, wie man zu sagen pflegt, in geeigneter Weise normiert werden können. Wir bezeichnen ein Eigensystem $x_1', x_2', \ldots, x_n'$ zur Abkürzung mit x' und setzen $\sum_{i=1}^{n} x_i' x_i'' = (x' x'')$ (inneres Produkt der Vektoren x' und x''). Man zeigt leicht, daß zwei Eigensysteme x' und x'', die zu verschiedenen Eigenwerten gehören, orthogonal sind, d. h. daß $(x' x'') = 0$ ist. Gehören x' und x'' zum selben Eigenwert und ist $(x'x'') \neq 0$, so können wir eine Zahl ϱ angeben, daß $(x', x'' + \varrho x') = 0$ ist. Es folgt ja $(x'x'') + \varrho(x'x') = 0$, also, da $(x' x') = x'^2 = \sum_{i=1}^{n} x_i'^2 > 0$ ist, $\varrho = -\frac{(x'x'')}{x'^2}$. Wir setzen $x'' + \varrho x' = y'$. Ist x''' ein drittes, zum selben Eigenwert gehöriges Eigensystem, so lassen sich σ und τ so angeben, daß sowohl $(x', x''' + \sigma x' + \tau y') =$ $= 0$ als auch $(y', x''' + \sigma x' + \tau y') = 0$ wird. Es folgt $(x'x''') + \sigma x'^2 = 0$, $(y'x''') + \tau y'^2 = 0$. Wir setzen $x''' + \sigma x' + \tau y' = z'$. Setzt man das Verfahren fort, so kann man erreichen, daß alle n Eigensysteme $x', y', z', \ldots$ orthogonal werden.

[1] Die Erledigung dieses Problems geschieht mittels der im wesentlichen von Weierstrass herrührenden Theorie der Elementarteiler; vgl. die ausgezeichnete Darstellung in Bôcher, Einführung in die höhere Algebra. Leipzig 1910.

Ist w' ein beliebiges von ihnen, so kann man schließlich noch eine Zahl χ so bestimmen, daß $(\chi w')^2 = 1$ wird, indem man $\chi = \frac{1}{\sqrt{w'^2}}$ setzt. $\chi w'$ nimmt man dann als neues Eigensystem an Stelle von w'. Auf diese Weise erhält man also n Eigensysteme $p_i = (p_{i1}, p_{i2}, \ldots, p_{in})$, die den Orthogonalitätsrelationen $\sum_{j=1}^{n} p_{ij} p_{kj} = \delta_{ik}$ (Ziff. 30) genügen. Die zugehörigen charakteristischen Zahlen seien $\lambda_1, \lambda_2, \ldots, \lambda_n$; von ihnen können natürlich auch einige einander gleich sein oder auch verschwinden. Ferner sei die Determinante $|p_{ik}| = 1$, was man durch passende Normierung ebenfalls leicht erreichen kann. Die Transformation $x = \mathfrak{P} y$, wo $\mathfrak{P}$ die Matrix (p_{ik}) bedeutet, ist dann eine eigentlich orthogonale. Führt man diese Transformation aus, so ergibt sich aus der quadratischen Form $f(x, x) = \sum_{i,k=1}^{n} a_{ik} x_i x_k$ eine neue $g(y, y) = \sum_{i,k=1}^{n} b_{ik} y_i y_k$, deren Matrix $\mathfrak{B} = (b_{ik})$ nach Ziff. 32 gleich $\mathfrak{P}'\mathfrak{A}\mathfrak{P}$ wird. Rechnet man das aus, so folgt $b_{ik} = \delta_{ik}\lambda_i$, d. h. es ist $g(y, y) = \sum_{i=1}^{n} \lambda_i y_i^2$. Damit ist nicht nur die Existenz einer orthogonalen Transformation der verlangten Art nachgewiesen, sondern auch ein Verfahren zu ihrer Bestimmung angegeben[1]). Hat die Matrix $\mathfrak{A}$ den Rang r, so muß die äquivalente Matrix $(\delta_{ik}\lambda_i)$ denselben Rang haben, d. h. aber, daß $n - r$ von den λ gleich Null sein müssen. Sind das etwa $\lambda_{r+1}, \lambda_{r+2}, \ldots, \lambda_n$, so hat $g(y, y)$ die Gestalt $\sum_{i=1}^{r} \lambda_i y_i^2$. Die Eigenwerte $\varkappa_i$ bedeuten im Fall $n = r = 3$ die Quadrate der Längen der Hauptachsen der Mittelpunktsfläche zweiten Grades $f(x, x) = 1$.

Ein wichtiges Ergebnis ist noch: Zwei reelle quadratische Formen $\sum_{i,k=1}^{n} a_{ik} x_i x_k$ und $\sum_{i,k=1}^{n} b_{ik} x_i x_k$ lassen sich dann und nur dann mittels einer orthogonalen Transformation ineinander überführen, wenn sie dieselben Eigenwerte haben.

34. Paare quadratischer Formen. Das zu Beginn von Ziff. 33 erwähnte allgemeine Problem der simultanen Transformation zweier quadratischer Formen $f(x, x) = \sum a_{ik} x_i x_k$ und $g(x, x) = \sum b_{ik} x_i x_k$ auf die Normalform läßt sich in dem Fall, wo beide Formen reell und eine, etwa g, positiv definit und somit auch nicht singulär ist, leicht erledigen. Ist λ_1 eine Wurzel der Gleichung $|a_{ik} - \lambda b_{ik}| = 0$, die unter den angegebenen Voraussetzungen ebenfalls nur reelle Wurzeln hat, so ist $f - \lambda_1 g$ singulär und kann daher durch eine reelle lineare Transformation auf eine Form in höchstens $n - 1$ Veränderlichen gebracht werden. Setzt man demgemäß

$$f - \lambda g = f - \lambda_1 g + (\lambda_1 - \lambda) g = f'(y_2, \ldots, y_n) + (\lambda_1 - \lambda) g'(y_1, y_2, \ldots, y_n),$$

so ist g' ebenfalls positiv definit und somit der Koeffizient von y_1^2 von Null verschieden, da sonst g' für $y_1 = 1$, $y_2 = \cdots = y_n = 0$ verschwände, also nicht definit wäre. Durch Anwendung des in Ziff. 32 geschilderten Verfahrens kann man demnach f in die Gestalt $\lambda_1 c_1 z_1^2 + f_1(z_2, \ldots, z_n)$ und g in die Gestalt $c_1 z_1^2 + g_1(z_2, \ldots, z_n)$ überführen, wo g_1 eine positiv definite Form in $z_2, \ldots, z_n$ und $c_1 > 0$ ist. Durch wiederholte Anwendung des Verfahrens, zunächst auf f_1 und g_1, erhält man schließlich $f = \sum \lambda_i c_i z_i^2$ und $g = \sum c_i z_i^2$ und daraus durch die (reelle) Transformation $x_i = \sqrt{c_i} z_i$ $(i = 1, 2, \ldots n)$

$$f = \lambda_1 x_1^2 + \lambda_2 x_2^2 + \cdots + \lambda_n x_n^2 \qquad \text{und} \qquad g = x_1^2 + x_2^2 + \cdots + x_n^2.$$

[1]) Ein anderes Verfahren zur Bestimmung von $\mathfrak{P}$ auf Grund eines Maximumprinzips findet sich bei COURANT-HILBERT, Die Methoden der mathematischen Physik, Bd. I, S. 11, Berlin 1924.

35. Hermitesche Formen. Unter einer Hermiteschen Form versteht man eine Bilinearform
$$\sum a_{ik} x_i \bar{x}_k \tag{1}$$
mit $a_{ik} = \bar{a}_{ik}$, wo a und $\bar{a}$, x und $\bar{x}$ konjugiert komplex sind. Für reelle Koeffizienten und Veränderliche erhält man als Sonderfall die reellen quadratischen Formen (vgl. Ziff. 9, C). Eine Reihe von Eigenschaften der letzteren besitzen auch die allgemeinen Hermiteschen Formen, insbesondere läßt sich auch das in Ziff. 33 gegebene Verfahren der Hauptachsentransformation übertragen. Die Sätze über die charakteristische Gleichung und über die Eigensysteme gelten unverändert weiter. Die Eigensysteme lassen sich so normieren, daß jedes Eigensystem $x = (x_1, x_2, \ldots, x_n)$ der Relation $(x\bar{x}) = 1$ und je zwei Eigensysteme x und y der Relation $(x y) = 0$ genügen. Diese Normierung läßt sich nach dem a. a. O. angegebenen Verfahren durchführen. Die mit den n sich so ergebenden linear unabhängigen und in der obigen Weise normierten Eigensystemen als Koeffizienten gebildete lineare Transformation, die wegen der obigen Relationen auch hier als orthogonal bezeichnet wird, führt die Form (1) über in $\sum \lambda_i x_i \bar{x}_i$, wo die λ_i die stets reellen Eigenwerte von (1) sind (Hauptachsentransformation Hermitescher Formen). Aus diesem Grund kann man auch von einer Signatur und von einem Trägheitsgesetz Hermitescher Formen sprechen, in durchaus analoger Bedeutung wie in Ziff. 32.

Eine Hermitesche Form nimmt, wie leicht einzusehen ist, nur reelle Werte an. Man kann also auch hier positiv oder negativ definite, semidefinite und indefinite Formen unterscheiden.

VI. Polynome (ganze rationale Funktionen).

36. Allgemeine Sätze über Polynome in mehreren Veränderlichen. Über den Begriff des Polynoms oder der ganzen rationalen Funktion vgl. Kap. 1, Ziff. 7.

Ein Polynom f_1 heißt Teiler oder Faktor eines Polynoms f in beliebig vielen Veränderlichen, wenn eine Identität $f = f_1 \cdot f_2$ besteht, wo f_2 ebenfalls ein Polynom ist. Eine Konstante (Polynom vom Grad 0) ist Teiler jedes Polynoms.

Ein Polynom heißt reduzibel, wenn es dem Produkt zweier Polynome, von höherem als nulltem Grad identisch gleich ist. Es ist manchmal zweckmäßig, den Begriff der Reduzibilität einzuschränken, indem man von den Koeffizienten der beiden Faktoren verlangt, daß sie einer gewissen Teilmenge der Menge der gemeinen komplexen Zahlen, um die es sich zunächst handelt, angehören: z. B. der Menge der reellen Zahlen. Unter einem Rationalitätsbereich oder Körper versteht man eine Zahlenmenge mit der Eigenschaft, daß zugleich mit zwei Zahlen a und b immer auch die Zahlen $a + b$, $a - b$, $a \cdot b$ und, wenn $b \neq 0$ ist, auch a/b der Menge angehören. Der einfachste (natürliche) Rationalitätsbereich besteht aus der Menge der rationalen Zahlen. Gehören die Koeffizienten eines Polynoms f alle einem Rationalitätsbereich $\mathfrak{R}$ an, so heißt f reduzibel in $\mathfrak{R}$, wenn es dem Produkt zweier Polynome identisch gleich ist, deren Koeffizienten ebenfalls dem Bereich $\mathfrak{R}$ angehören und von denen sich keines auf eine Konstante reduziert. Bezeichnet man mit $\mathfrak{R}(a_1, a_2, \ldots, a_n)$ den Rationalitätsbereich, der durch rationale Operationen aus den Zahlen $a_1, a_2, \ldots, a_n$ hervorgeht, so ist der natürliche Rationalitätsbereich etwa durch $\mathfrak{R}(1)$ gekennzeichnet. Das Polynom $x^2 + 1$ ist reduzibel in $\mathfrak{R}(i)$, $(i^2 = -1)$, aber irreduzibel im reellen Bereich; $x^2 - 1$ reduzibel in $\mathfrak{R}(1)$. Die Determinante $|a_{ik}|$ ist im allgemeinen ein irreduzibles Polynom in den n^2 Veränderlichen a_{ik}.

Zwei Polynome heißen teilerfremd oder relativ prim, wenn sie, von Konstanten abgesehen, keinen gemeinsamen Teiler besitzen.

37. Der Fundamentalsatz der Algebra. Der Satz lautet: Jedes Polynom $f(x)$ in einer Veränderlichen x, das keine Konstante ist, besitzt mindestens eine (reelle oder imaginäre) Nullstelle. Ist diese x_1, also $f(x_1) = 0$, so ist $f(x)$ teilbar durch den Wurzelfaktor $x - x_1$, d. h. $f(x) \equiv (x - x_1) g(x)$, wo der Grad von $g(x)$ um 1 kleiner ist als der Grad von $f(x)$. Hat $f(x)$ den Grad n, so folgt, daß $f(x) \equiv a_0 x^n + a_1 x^{n-1} + \cdots + a_{n-1} x + a_n$ $(a_0 \neq 0)$ in der Form

$$f(x) \equiv a_0 (x - x_1)(x - x_2) \ldots (x - x_n)$$

dargestellt werden kann, wobei die Nullstellen x_i nicht notwendig alle voneinander verschieden sind. Sind k Nullstellen einander gleich, etwa gleich x_1, so heißt x_1 eine k-fache Nullstelle; $f(x)$ ist dann durch $(x - x_1)^k$ teilbar. Den Fundamentalsatz kann man demgemäß auch so formulieren: Jedes Polynom in einer Veränderlichen, das weder eine Konstante noch linear ist, ist reduzibel im Bereich der gemeinen komplexen Zahlen.

Ist $f(x)$ reell, d. h. sind alle Koeffizienten $a_0, a_1, \ldots, a_n$ reelle Zahlen, und ist $a + bi$ eine k-fache Nullstelle, so ist die konjugiert komplexe Zahl $a - bi$ ebenfalls eine k-fache Nullstelle von $f(x)$. Da das Produkt der zugehörigen Wurzelfaktoren ein reelles quadratisches Polynom ist, folgt, daß jedes reelle Polynom sich als Produkt reeller linearer und quadratischer Faktoren darstellen läßt. Daraus folgt auch, daß jedes reelle Polynom ungeraden Grades mindestens eine reelle Nullstelle besitzt.

38. Größter gemeinsamer Teiler. Der größte gemeinsame Teiler zweier Polynome $f(x) = a_0 x^n + a_1 x^{n-1} + \cdots + a_n$ und $g(x) = b_0 x^m + b_1 x^{m-1} + \cdots + b_m$ $(a_0 \neq 0, b_0 \neq 0, n > m)$, d. h. das Polynom höchsten Grades, welches sowohl Teiler von $f(x)$ als auch von $g(x)$ ist, wird am einfachsten nach dem euklidischen Algorithmus bestimmt. Bei der Division von $f(x)$ durch $g(x)$ erhalte man den Quotienten $q_0(x)$ und den Rest $r_1(x)$. Dann ist $f(x) = q_0(x) \cdot g(x) + r_1(x)$ und der Grad von $r_1(x)$ kleiner als der Grad von $g(x)$. Dividiert man dann $g(x)$ durch $r_1(x)$ usw., so erhält man schließlich ein System von Identitäten

$$\begin{aligned} f(x) &= q_0(x) \cdot g(x) + r_1(x), \\ g(x) &= q_1(x) \cdot r_1(x) + r_2(x), \\ r_1(x) &= q_2(x) \cdot r_2(x) + r_3(x), \\ &\cdots\cdots\cdots \\ r_{k-1}(x) &= q_k(x) \cdot r_k(x) + r_{k+1}(x). \end{aligned}$$

Da der Grad der Polynome $r_1(x), r_2(x), \ldots, r_{k+1}(x)$ beständig abnimmt, muß schließlich eines eine Konstante sein; es sei das r_{k+1}. Man überlegt leicht, daß ein gemeinsamer Teiler von f und g auch Teiler aller r ist und daß umgekehrt jeder Teiler zweier aufeinanderfolgender r auch gemeinsamer Teiler von f und g sein muß. Haben daher f und g einen gemeinsamen Teiler, so ist dieser auch Teiler von r_{k+1}, d. h. es muß $r_{k+1} = 0$ sein. Umgekehrt folgt aber aus $r_{k+1} = 0$, daß r_k gemeinsamer Teiler von f und g sein muß.

Ist also im euklidischen Algorithmus $r_{k+1} = 0$, so ist r_k der größte gemeinsame Teiler von f und g; ist dagegen $r_{k+1} \neq 0$, so sind f und g teilerfremd (Ziff. 36).

39. Symmetrische Polynome. Ein Polynom $F(x_1, x_2, \ldots, x_n)$ in n Veränderlichen heißt symmetrisch, wenn es bei allen möglichen Vertauschungen der Veränderlichen ungeändert bleibt. Man überlegt leicht, daß die Koeffizienten $a_0, a_1, a_2, \ldots, a_n$ eines Polynoms $f(x) = a_0 x^n + a_1 x^{n-1} + \cdots + a_n$, von einem gemeinsamen Faktor abgesehen, symmetrische Polynome in den Nullstellen $x_1, x_2, \ldots, x_n$ sind. Man erhält

$$p_1 = \sum x_1 = x_1 + x_2 + \cdots + x_n = -\frac{a_1}{a_0},$$
$$p_2 = \sum x_1 x_2 = +\frac{a_2}{a_0},$$
$$p_3 = \sum x_1 x_2 x_3 = -\frac{a_3}{a_0},$$
$$\cdots\cdots\cdots$$
$$p_n = x_1 x_2 \ldots x_n = (-1)^n \frac{a_n}{a_0},$$

wo in p_i die Summe über alle $\binom{n}{i}$ Kombinationen von 1, 2, ..., n zur i-ten Klasse ohne Wiederholung zu erstrecken ist. Die Polynome p werden als symmetrische Grundfunktionen oder als elementare symmetrische Funktionen bezeichnet. Jedes symmetrische Polynom $F(x_1, x_2, \ldots, x_n)$ läßt sich als Polynom in den p bzw. in den Koeffizienten a darstellen.

Ein weiterer wichtiger Sonderfall symmetrischer Funktionen sind die Potenzsummen $s_k = \sum_{i=1}^{n} x_i^k$ $(k = 0, 1, 2, \ldots)$; sie lassen sich aus den Koeffizienten a rekurrierend berechnen mittels der Newtonschen Formeln

$$\begin{aligned} a_0 s_1 + a_1 &= 0, \\ a_0 s_2 + a_1 s_1 + 2a_2 &= 0, \\ a_0 s_3 + a_1 s_2 + a_2 s_1 + 3a_3 &= 0, \\ &\cdots\cdots \\ a_0 s_{n-1} + a_1 s_{n-2} + a_2 s_{n-3} + \cdots + (n-1)\, a_{n-1} &= 0, \\ a_0 s_{n+k} + a_1 s_{n+k-1} + a_2 s_{n+k-2} + \cdots + a_n s_k &= 0 \qquad (k = 0, 1, 2, \ldots). \end{aligned}$$

40. Resultante und Diskriminante. Die notwendige und hinreichende Bedingung dafür, daß zwei Polynome $f(x) = a_0 x^n + a_1 x^{n-1} + \cdots + a_n$, $g(x) = b_0 x^m + b_1 x^{m-1} + \cdots + b_m$ eine gemeinsame Nullstelle haben oder, was auf dasselbe herauskommt, nicht teilerfremd sind, läßt sich durch das Verschwinden einer relativen Simultaninvariante vom Gewicht mn, der sog. Resultante R_{fg}, ausdrücken. Man erhält R_{fg} am einfachsten nach der von SYLVESTER herrührenden dialytischen Methode, die aus der Elimination von $1, x, x^2, \ldots, x^{m+n-1}$ aus den Gleichungen

$$f(x) = 0,\ x f(x) = 0,\ x^2 f(x) = 0, \ldots, x^{m-1} f(x) = 0,\ g(x) = 0,\ x g(x) = 0, \ldots, x^{n-1} g(x) = 0$$

besteht; es ergibt sich

$$R_{fg} = \begin{vmatrix} a_0 & a_1 & a_2 \ldots a_n & 0 & 0 \ldots 0 \\ 0 & a_0 & a_1 \ldots a_{n-1} & a_n & 0 \ldots 0 \\ 0 & 0 & a_0 \ldots a_{n-2} & a_{n-1} & a_n \ldots 0 \\ \cdots & \cdots & \cdots & \cdots & \cdots \\ 0 & 0 & \ldots a_0 & a_1 & \ldots\ldots a_n \\ b_0 & b_1 & b_2 \ldots b_m & 0 & 0 \ldots 0 \\ 0 & b_0 & b_1 \ldots b_{m-1} & b_m & \ldots\ldots 0 \\ \cdots & \cdots & \cdots & \cdots & \cdots \\ 0 & 0 & 0 \ldots b_0 & b_1 & \ldots\ldots b_m \end{vmatrix} \begin{matrix} \left.\vphantom{\begin{matrix}a\\a\\a\\a\\a\end{matrix}}\right\} m \text{ Zeilen} \\ \left.\vphantom{\begin{matrix}a\\a\\a\\a\end{matrix}}\right\} n \text{ Zeilen.} \end{matrix}$$

Eine andere Darstellung der Resultante mittels der Nullstellen $x_1, x_2, \ldots, x_n$ von $f(x)$ bzw. $x'_1, x'_2, \ldots, x'_m$ von $g(x)$ ist

$$\begin{aligned} R_{fg} &= a_0^m b_0^n \prod_{i,k} (x_i - x'_k) = \\ &= a_0^m b_0^n (x_1 - x'_1)(x_1 - x'_2) \ldots (x_1 - x'_m) \\ &\quad \cdot (x_2 - x'_1)(x_2 - x'_2) \ldots (x_2 - x'_m) \\ &\quad \ldots\ldots\ldots\ldots\ldots\ldots\ldots\ldots \\ &\quad \cdot (x_n - x'_1)(x_n - x'_2) \ldots (x_n - x'_m). \end{aligned}$$

Daraus läßt sich unmittelbar eine notwendige und hinreichende Bedingung dafür ableiten, daß das Polynom $f(x)$ eine (mindestens) zweifache Nullstelle hat, wenn man bedenkt, daß jede solche Nullstelle auch eine (mindestens einfache) Nullstelle der ersten Ableitung $f'(x)$ ist. Die gesuchte Bedingung besteht somit im Verschwinden der Resultante $R_{ff'}$ von $f(x)$ und $f'(x)$. Der Ausdruck $D = \frac{1}{a_0} (-1)^{\frac{1}{2}n(n-1)} R_{ff'}$ heißt Diskriminante von $f(x)$ und ist eine relative Invariante vom Gewicht $n(n-1)$ und vom Grad $2n-2$ in den Koeffizienten a. Andere Darstellungen für D sind

$$\begin{aligned} D &= (-1)^{\frac{1}{2}n(n-1)} a_0^{2n-2} f'(x_1) f'(x_2) \ldots f'(x_n) = \\ &= a_0^{2n-2} \begin{vmatrix} 1 & 1 & \ldots & 1 \\ x_1 & x_2 & \ldots & x_n \\ x_1^2 & x_2^2 & \ldots & x_n^2 \\ \ldots & \ldots & \ldots & \ldots \\ x_1^{n-1} & x_2^{n-1} & \ldots & x_n^{n-1} \end{vmatrix}^2, \end{aligned}$$

d. h. D stimmt bis auf den Faktor a_0^{2n-2} mit dem Quadrat der Vandermondeschen Determinante der Nullstellen $x_1, x_2, \ldots, x_n$ (Ziff. 9) überein. Daraus folgt dann unmittelbar noch $D = a_0^{2n-2} \prod_{i,k=1}^{n} (x_i - x_k)^2$, $(i > k)$ sowie die Darstellung von D durch eine rekurrierende Determinante, deren Elemente die Potenzsummen s_k sind.

VII. Algebraische Gleichungen.

41. Allgemeines. Unter einer algebraischen Gleichung mit der Unbekannten x versteht man eine Gleichung von der Form $f(x) = 0$, wo $f(x) = a_0 x^n + a_1 x^{n-1} + \cdots + a_n$ ein Polynom in x ist. Ist, was immer angenommen sein soll, $a_0 \neq 0$, so kann durch a_0 dividiert werden und man kann ohne Einschränkung der Allgemeinheit sich auf die Untersuchung von Gleichungen von der Gestalt

$$x^n + b_1 x^{n-1} + \cdots + b_n = 0$$

beschränken. Durch die Transformation $x = z - \frac{b_1}{n}$ kann man noch erreichen, daß in der neuen Gleichung für z die zweithöchste Potenz fehlt.

Die eben erwähnte Transformation ist ein Spezialfall der sog. Tschirnhausenschen Transformation, die in ihrer allgemeinen Form auch noch die Wegschaffung einer weiteren Potenz von z gestattet. Die sich so ergebende vereinfachte Gleichung wird als Tschirnhausensche Resolvente bezeichnet. Man erkennt leicht, daß man dadurch bei Gleichungen dritten und vierten Grades zu einer Lösung kommen kann, da die Tschirnhausenschen Resolventen sich hier in die Form $z^3 + b_3 = 0$ (reine Gleichung, Ziff. 42) bzw. $z^4 + b_2 z^2 + b_4 = 0$ (durch Quadratwurzeln lösbar) bringen lassen. Die rechnerische Durchführung der Transformation ist umständlicher als die unten gegebenen Verfahren und soll daher übergangen werden.

Bei Gleichungen höheren als vierten Grades kann die Tschirnhausensche Transformation im allgemeinen keine Methode zur Auflösung mehr liefern. Es gilt hier der fundamentale, von ABEL zuerst bewiesene Satz, daß solche Gleichungen im allgemeinen, d. h. von gewissen Sonderfällen abgesehen (vgl. Ziff. 42 u. 45), nicht mit Hilfe von Wurzelzeichen lösbar sind.

42. Reine Gleichungen. Kreisteilung. Gleichungen von der Form

$$x^n = a \tag{1}$$

heißen reine Gleichungen. Wir setzen

$$a = |a|[\cos(\alpha + 2k\pi) + i\sin(\alpha + 2k\pi)] \quad (k \text{ ganz}),$$
$$x = |x|(\cos\varphi + i\sin\varphi).$$

Dann ist nach der Formel von MOIVRE (vgl. Kap. 6, Ziff. 16)

$$|x| = \sqrt[n]{|a|}, \quad \varphi = \frac{\alpha + 2k\pi}{n} \quad (k = 0, 1, \ldots, n-1);$$

es ergeben sich somit genau n Wurzeln $x_1, x_2, \ldots, x_n$, die den Werten $k = 0, 1, \ldots, n-1$ entsprechen (für $k = n$ erhält man wieder x_1 usw.). Ist $a = |a| = 1$, so ist $\alpha = 0$ und die Wurzeln der Gleichung (Kreisteilungsgleichung)

$$x^n = 1, \tag{2}$$

nämlich

$$\xi_{k+1} = \cos\frac{2k\pi}{n} + i\sin\frac{2k\pi}{n} \quad (k = 0, 1, \ldots, n-1),$$

werden als n-te Einheitswurzeln bezeichnet. In der Gaußschen Zahlenebene liegen die ξ auf einem Kreis vom Radius 1 und bilden die Ecken eines diesem Kreis eingeschriebenen regulären n-Ecks, das eine Ecke im Punkt 1 hat. Die Wurzeln von (1) sind ebenfalls die Ecken eines regulären n-Ecks, das sich aus dem letztgenannten durch die Transformation $x' = |a| e^{i\frac{\alpha}{n}} \cdot x$, d. h. durch eine Drehung durch den Winkel α/n bei gleichzeitiger Streckung um $|a|$ ergibt.

Eine n-te Einheitswurzel ξ heißt primitiv, wenn sie keiner Gleichung $x^m = 1$, wo $m < n$ ist, genügt.

Ist ξ irgendeine primitive n-te Einheitswurzel, so sind ihre Potenzen $\xi, \xi^2, \xi^3, \ldots, \xi^n = \xi^0 = 1$ alle verschieden und ergeben sämtliche n-te Einheitswurzeln. Durch Potenzieren einer nichtprimitiven n-ten Einheitswurzel erhält man niemals sämtliche n-te Einheitswurzeln. Ist n eine Primzahl, so ist jede n-te Einheitswurzel, von 1 abgesehen, primitiv.

43. Die kubische Gleichung. Die Gleichung $x^3 + b_1 x^2 + b_2 x + b_3 = 0$ sei durch die Transformation $x = z - \frac{b_1}{3}$ (Ziff. 41) auf die Form

$$z^3 + pz + q = 0 \tag{1}$$

gebracht. Setzt man (Verfahren von HUDDE) $z = u + v$, so ergibt sich $u^3 + v^3 = -q$, wenn u und v so bestimmt sind, daß $3uv + p = 0$, d. h. $u^3 v^3 = -\frac{p^3}{27}$ ist. Somit sind u^3 und v^3 die Wurzeln einer quadratischen

Gleichung, der sog. quadratischen Resolvente, nämlich

$$t^2 + q t - \frac{p^3}{27} = 0.$$

Nimmt man für u einen der drei Werte (Ziff. 42) von $\sqrt[3]{-\frac{q}{2} + \sqrt{\frac{q^2}{4} + \frac{p^3}{27}}}$, so wird $v = \sqrt[3]{-\frac{q}{2} - \sqrt{\frac{q^2}{4} + \frac{p^3}{27}}}$; doch ist der Wert dieser Wurzel nicht mehr willkürlich, sondern an die Bedingung $v = -\frac{p}{3u}$ gebunden. Die drei Lösungen von (1) sind dann

$$z_1 = u + v, \quad z_2 = \xi u + \xi^2 v, \quad z_3 = \xi^2 u + \xi v,$$

wo ξ eine beliebige der beiden primitiven dritten Einheitswurzeln ist. Die Formel

$$z_1 = \sqrt[3]{-\frac{q}{2} + \sqrt{\frac{q^2}{4} + \frac{p^3}{27}}} + \sqrt[3]{-\frac{q}{2} - \sqrt{\frac{q^2}{4} + \frac{p^3}{27}}}$$

heißt Cardanische Formel.

Ist die Diskriminante $D = 27q^2 + 4p^3$ von (1) gleich Null, so ist $z_1 = 2\sqrt[3]{-\frac{1}{2}q}$, $z_2 = z_3 = -\sqrt[3]{-\frac{1}{2}q}$.

Sind p und q reell, so hat (1) im Fall

a) $D > 0$ eine reelle und zwei konjugiert komplexe Wurzeln. Wählt man u reell, so ist auch v und damit auch z_1 reell.

b) $D = 0$ eine einfache und eine doppelte Wurzel, die beide reell sind. Alle drei Wurzeln können nur zusammenfallen, wenn $p = q = 0$ ist.

c) $D < 0$ drei reelle Wurzeln, die durch die obigen Formeln in imaginärer Gestalt geliefert werden. Der Fall wird aus diesem Grund von alters her als Casus irreducibilis bezeichnet, was natürlich nichts mit irreduzibel im Sinn von Ziff. 36 zu tun hat, höchstens insofern, als sich zeigen läßt, daß es überhaupt keine Lösungsform mittels reeller Wurzelzeichen geben kann.

Durchaus im Reellen läßt sich der Fall $D < 0$ mittels trigonometrischer Funktionen erledigen. Man setzt $u^3 = r(\cos\varphi + i\sin\varphi)$; dann erhält man $r = \sqrt{-\frac{p^3}{27}}$ und $\cos\varphi = \frac{-q}{2r}$, wobei $0 < \varphi < \pi$ zu nehmen ist. Daraus folgt

$$z_1 = 2\sqrt{-\frac{p}{3}}\cos\frac{\varphi}{3}, \quad z_2 = 2\sqrt{-\frac{p}{3}}\cos\left(\frac{\varphi}{3} + \frac{2\pi}{3}\right), \quad z_3 = 2\sqrt{-\frac{p}{3}}\cos\left(\frac{\varphi}{3} + \frac{4\pi}{3}\right).$$

44. Die biquadratische Gleichung. Die Gleichung $x^4 + a_1 x^3 + a_2 x^2 + a_3 x + a_4 = 0$ sei durch die Transformation $x = z - \frac{a_1}{4}$ auf die Form

$$z^4 + a z^2 + b z + c = 0 \tag{1}$$

gebracht. Setzt man $z = \frac{1}{2}(u + v + w)$ und bestimmt man u, v, w so, daß

$$u^2 + v^2 + w^2 = -2a \qquad \text{und} \qquad u v w = -b$$

wird, so folgt aus (1) noch

$$v^2 w^2 + w^2 u^2 + u^2 v^2 = a^2 - 4c.$$

Somit sind u^2, v^2, w^2 die Wurzeln der kubischen Resolvente

$$t^3 + 2a t^2 + (a^2 - 4c)\,t - b^2 = 0. \tag{2}$$

Sind t_1, t_2, t_3 die Wurzeln von (2), so wird $u = \sqrt{t_1}$, $v = \sqrt{t_2}$, $w = \sqrt{t_3}$, wobei aber die Vorzeichen dieser drei Quadratwurzeln nicht willkürlich wählbar, sondern an die Bedingung $uvw = -b$ geknüpft sind, so daß durch Wahl der Vorzeichen von zweien das der dritten Wurzel eindeutig bestimmt ist. Sind u, v, w drei dieser Bedingung genügende Werte, so sind die Wurzeln von (1)

$$x_1=\tfrac{1}{2}(u+v+w),\quad x_2=\tfrac{1}{2}(u-v-w),\quad x_3=\tfrac{1}{2}(-u+v-w),\quad x_4=\tfrac{1}{2}(-u-v+w).$$

Die Diskriminante von (1) ist

$$D = 16a^4c - 4a^3b^2 - 128a^2c^2 + 144ab^2c + 256c^3 - 27b^4$$

und stimmt mit der Diskriminante der kubischen Resolvente überein.

Sind die Koeffizienten von (1) reell, so folgt daraus, daß (1) im Fall $D < 0$ zwei reelle und zwei konjugiert komplexe Wurzeln hat. Ist $D > 0$, so hat (1) entweder vier reelle oder zwei Paare konjugiert komplexer Wurzeln, und zwar tritt der erste Fall ein, wenn $a < 0$ und $a^2 - 4c > 0$ ist, der zweite, wenn entweder $a \leq 0$ oder $a^2 - 4c > 0$ ist.

Ist schließlich $D = 0$, so hat (1) (mindestens) eine Doppelwurzel; ist die Doppelwurzel von (2) positiv (negativ), so sind die beiden anderen Wurzeln reell (konjugiert imaginär). Ist $t_1 = t_2 = t_3 > 0$ (der Fall $t_1 = t_2 = t_3 < 0$ kann wegen $t_1 t_2 t_3 = b^2$ nicht eintreten), so hat (1) eine dreifache (reelle) Wurzel. Verschwinden zwei Wurzeln von (2), so hat (1) zwei Doppelwurzeln; die Bedingung dafür ist $b = 0$, $a^2 - 4c = 0$. Verschwinden schließlich alle drei Wurzeln von (2), so hat (1) die vierfache Wurzel Null.

45. Reziproke Gleichungen. Man versteht darunter Gleichungen mit der Eigenschaft, daß immer zugleich mit w auch $1/w$ eine Wurzel ist. Die Koeffizienten einer reziproken Gleichung $a_0x^n + a_1x^{n-1} + \cdots + a_n = 0$ genügen den Relationen

$$a_i = a_{n-i} \quad \text{oder} \quad a_i = -a_{n-i}$$
$$(i = 0, 1, 2, \cdots).$$

Ist n ungerade, so hat die Gleichung mindestens eine Wurzel $x = 1$ oder $x = -1$; nach Division durch sämtliche vorhandene Faktoren $(x \pm 1)$ hat die Gleichung stets die Form

$$b_0x^{2k} + b_1x^{2k-1} + \cdots + b_{k-1}x^{k+1} + b_kx^k + b_{k-1}x^{k-1} + \cdots + b_1x + b_0 = 0.$$

Durch die Substitution $x + \frac{1}{x} = z$ erhält man daraus eine Gleichung $g(z) = 0$ vom Grad k; aus jeder Wurzel z_i von $g(z) = 0$ erhält man zwei Wurzeln der ursprünglichen Gleichung aus $x^2 - z_i x + 1 = 0$. Bei der rechnerischen Durchführung der obigen Substitution wird man sich mit Vorteil der Relation $x^{i+1} + \frac{1}{x^{i+1}} = z\left(x^i + \frac{1}{x^i}\right) - \left(x^{i-1} + \frac{1}{x^{i-1}}\right)$ bedienen.

46. Gleichungen, deren Wurzeln alle negativen Realteil haben. Sei $a_0x^n + a_1x^{n-1} + \cdots + a_n = 0$ eine reelle Gleichung und $a_0 > 0$ (evtl. Multiplikation mit -1). Dann haben alle Wurzeln unserer Gleichung negativen Realteil (d. h. sie liegen in der Gaußschen Zahlenebene links von der imaginären Achse), wenn die n Determinanten

$$D_1 = a_1,\quad D_2 = \begin{vmatrix} a_1 & a_0 \\ a_3 & a_2 \end{vmatrix},\quad D_3 = \begin{vmatrix} a_1 & a_0 & 0 \\ a_3 & a_2 & a_1 \\ a_5 & a_4 & a_3 \end{vmatrix},\ \ldots,$$

$$D_n = \begin{vmatrix} a_1 & a_0 & 0 & 0 & 0 \ldots 0 \\ a_3 & a_2 & a_1 & a_0 & 0 \ldots 0 \\ \cdots & \cdots & \cdots & \cdots & \cdots \\ a_{2n-1} & a_{2n-2} & \cdots & \cdots & a_n \end{vmatrix}$$

alle positiv sind. Dabei ist $a_k = 0$ zu setzen, sobald $k > n$ ist.

VIII. Numerische Auflösung.

47. Allgemeines. Die oben für die Fälle $n = 3$ und $n = 4$ geschilderten, für größeres n kaum angedeuteten Verfahren zur Auflösung einer algebraischen Gleichung eignen sich — höchstens vom Fall $n = 3$ noch abgesehen — nicht für die praktische Berechnung, für die man sich weit vorteilhafter der unten beschriebenen Näherungsverfahren bedienen wird, die die Berechnung der Wurzeln mit beliebiger Genauigkeit gestatten.

Es ist im folgenden stets vorausgesetzt, daß es sich um eine Gleichung $f(x) = 0$ mit reellen Koeffizienten handelt. Aus $f(x) = 0$ kann man durch Division von $f(x)$ durch den rational (Ziff. 38) berechenbaren größten gemeinsamen Teiler von $f(x)$ und $f'(x)$ ohne Schwierigkeit eine Gleichung $g(x) = 0$ herleiten, die alle Wurzeln von $f(x)$, aber nur einfach, besitzt.

Zur Bestimmung der reellen Wurzeln von $f(x) = 0$ wird man sich zunächst Aufschluß über ihre Verteilung zu verschaffen trachten (Trennung oder Separation der Wurzeln, Ziff. 48 bis 50) und erst dann zur genaueren Bestimmung (Approximation, Ziff. 51 bis 53) der Wurzeln übergehen. Hat die Gleichung rationale Koeffizienten, so wird man zunächst die evtl. vorhandenen rationalen Wurzeln bestimmen (Ziff. 49) und abspalten, um die weitere Rechnung möglichst einfach zu gestalten. Vgl. hierzu auch Kap. 15, I.

48. Existenz von Wurzeln in einem Intervall. Der Sturmsche Satz. Die Gleichung $f(x) = a_0 x^n + a_1 x^{n-1} + \cdots + a_n = 0$ hat im Intervall $[ab]$ eine gerade (einschließlich 0) oder ungerade Anzahl von Wurzeln, je nachdem $f(a)$ und $f(b)$ gleich oder entgegengesetzt bezeichnet sind.

Eine Gleichung ungeraden Grades hat stets eine ungerade Anzahl reeller Wurzeln. Haben a_0 und a_n verschiedenes Vorzeichen, so hat $f(x) = 0$ wenigstens eine positive Wurzel und, wenn n gerade ist, außerdem noch mindestens eine negative Wurzel.

Zwischen zwei Wurzeln von $f(x) = 0$ liegt mindestens eine Wurzel von $f'(x) = 0$ (Satz von ROLLE, vgl. Kap. 1, Ziff. 16). Wichtiger ist die Folgerung, daß zwischen zwei aufeinanderfolgenden Wurzeln von $f'(x) = 0$ höchstens eine Wurzel von $f(x) = 0$ liegen kann.

Die genaue Bestimmung der Anzahl der verschiedenen reellen Wurzeln von $f(x) = 0$ in einem Intervall $[ab]$ geschieht mittels des (rechnerisch allerdings recht umständlichen) Sturmschen Satzes. Man bilde zunächst wie in Ziff. 38 den größten gemeinsamen Teiler von $f(x)$ und $f'(x)$, nehme aber die Reste mit entgegengesetztem Vorzeichen:

$$\begin{aligned} f(x) &= q_0(x) f'(x) - f_2(x) \\ f'(x) &= q_1(x) f_2(x) - f_3(x), \\ &\cdots\cdots\cdots\cdots \\ f_{m-2}(x) &= q_{m-2}(x) f_{m-1}(x) - f_m(x). \end{aligned}$$

Setzen wir zunächst voraus, daß $f(x) = 0$ keine mehrfachen Wurzeln hat, so ist der letzte Rest $-f_m(x)$ eine von Null verschiedene Konstante. Die Polynome $f(x), f'(x), f_2(x), \ldots, f_m(x)$ bilden dann eine sog. Sturmsche Kette besonders einfacher Art. Der Sturmsche Satz lautet dann: Die reelle Gleichung $f(x) = 0$ hat im Intervall $[ab]$, wo weder a noch b eine Wurzel von $f(x) = 0$ ist, genau so viele reelle Wurzeln, als die Differenz der Vorzeichenwechsel in den Folgen

$$f(a), f'(a), f_2(a), \ldots, f_m(a)$$

und

$$f(b), f'(b), f_2(b), \ldots, f_m(b)$$

beträgt. Dabei sagt man, daß zwei aufeinanderfolgende reelle Größen einen Vorzeichenwechsel oder eine Vorzeichenfolge besitzen, je nachdem sie verschiedene oder gleiche Vorzeichen haben. Läßt man a nach $-\infty$ und b nach $+\infty$ divergieren, so liefert der Sturmsche Satz die genaue Anzahl der reellen Wurzeln von $f(x)$ überhaupt. Enthält die obige Sturmsche Kette $n+1$ Polynome $(m = n)$, wo n der Grad von $f(x)$ ist, und haben die Koeffizienten der höchsten Potenzen von x in allen Polynomen der Kette dasselbe Vorzeichen, so hat $f(x) = 0$ lauter (verschiedene) reelle Wurzeln. Bei Gleichungen mit mehrfachen Wurzeln liefert der Satz, wenn man das verschwindende $f_m(x)$ wegläßt, die Anzahl der verschiedenen Wurzeln, d. h. jede mehrfache Wurzel als einfache gezählt.

Wegen der bedeutend einfacheren Handhabung wird man sich vielfach mit dem Aufschluß über die Anzahl der Wurzeln einer Gleichung begnügen, den man aus der kartesischen Zeichenregel (von R. DESCARTES) erhält, die folgendermaßen lautet:

Die Anzahl der positiven Wurzeln einer Gleichung $f(x) = a_0 x^n + a_1 x^{n-1} + \cdots + a_n = 0$ stimmt mit der Anzahl der Zeichenwechsel in der Koeffizientenfolge $a_0, a_1, \ldots, a_n$ überein oder ist um eine gerade Zahl kleiner. Ersetzt man x durch $-x$, so folgt, daß die Anzahl der negativen Wurzeln von $f(x) = 0$ mit der Anzahl der Zeichenwechsel in $a_0, -a_1, a_2, \ldots, (-1)^n a_n$ übereinstimmt oder um eine gerade Anzahl kleiner ist.

Von größerer Bedeutung für die praktische Auflösung als die obigen Sätze ist die Angabe von Schranken für die Wurzeln einer Gleichung $f(x) = 0$, d. h. die Angabe eines (möglichst engen) Intervalles, in dem alle Wurzeln liegen müssen. Ein solches Intervall ließe sich etwa auf Grund des Sturmschen Satzes bestimmen; doch ist im allgemeinen die Anwendung der folgenden Regel der größeren Einfachheit halber mehr zu empfehlen. Sei in $f(x) = a_0 x^n + a_1 x^{n-1} + \cdots + a_n = 0$ der Koeffizient $a_0 > 0$ (evtl. Multiplikation mit -1), der erste negative Koeffizient a_m und A der größte unter den absoluten Beträgen aller negativer Koeffizienten. Dann ist $1 + \sqrt[m]{\frac{A}{a_0}}$ eine obere Schranke für die Wurzeln; eine untere Schranke erhält man durch Anwendung der Regel auf die Gleichung $f(-x) = 0$ (vgl. den vorigen Absatz).

Zur Feststellung, ob eine Zahl a Wurzel einer Gleichung $f(x) = 0$ ist, verwendet man das Hornersche Verfahren. Sei $f(x) \equiv (x - a)\, q(x) + R$ und $f(x) = a_0 x^n + a_1 x^{n-1} + \cdots + a_n$, $q(x) = b_0 x^{n-1} + b_1 x^{n-2} + \cdots + b_{n-1}$. Dann ist $b_i = b_{i-1} a + a_i$ $(i = 1, 2, \ldots, n-1)$; $b_0 = a_0$ und $R = f(a) = b_{n-1} a + a_n$. Man schreibe die Koeffizienten a_i der Reihe nach an, die Zahl a eine Zeile tiefer und etwas weiter nach links; $b_1, b_2, \ldots, b_{n-1}$, R ergeben sich dann, indem man das jeweils vorhergehende, also links davon stehende mit a multipliziert und das über dem gerade zu besetzenden Platz stehende a_k addiert:

$$\begin{array}{c|ccccc} & a_0 & a_1 & a_2 \ldots & a_{n-1} & a_n \\ \hline a & b_0 & b_1 & b_2 \ldots & b_{n-1} & \underline{\underline{R}} \end{array}$$

Ist $R = 0$, also a eine Wurzel von $f(x) = 0$, und sind noch andere Zahlen a', a'', ... zu untersuchen, so wird man natürlich mit dem Quotienten $q(x)$ weiterrechnen.

49. Rationale Wurzeln. Zur Bestimmung der möglicherweise vorhandenen rationalen Wurzeln einer Gleichung $f(x) = a_0 x^n + a_1 x^{n-1} + \cdots + a_n = 0$ mit rationalen Koeffizienten transformiere man die Gleichung zunächst in eine ganzzahlige Gleichung, d. h. in eine Gleichung, in der der Koeffizient der höchsten Potenz der Unbekannten den Wert 1 hat, während alle übrigen ganze Zahlen sind. Man dividiert zu diesem Zweck $f(x)$ durch a_0 und führt dann die Transformation

$x = \frac{z}{v}$ durch, wo v das kleinste gemeinsame Vielfache der Nenner der rationalen Zahlen $\frac{a_i}{a_0} (i = 1, 2, \ldots, n)$ ist. Sei $g(z) = z^n + b_1 z^{n-1} + \cdots + b_n = 0$ die sich so ergebende ganzzahlige Gleichung. Nun überlegt man leicht, daß jede rationale Wurzel von $g(z) = 0$ ganzzahlig sein muß. Diese ganzzahligen Wurzeln müssen aber nach Ziff. 39 Teiler von b_n sein. Man zerlege also b_n in seine ganzzahligen Faktoren $h_j (j = 1, 2, \ldots, k)$ und versuche von jeder Zahl $\pm h_j$ (es kann natürlich sowohl $+h_j$ wie $-h_j$ eine Wurzel sein), ob sie der Gleichung genügt. Hat man nach Ziff. 48 (vorletzter Absatz) Schranken für die Wurzeln von $g(z) = 0$ bestimmt, so kann man natürlich alle jene Zahlen $\pm h_j$ von vornherein ausscheiden, die außerhalb dieser Schranken liegen. Ist ferner h_r ein Teiler von b_n, für den $f(h_r) \neq 0$ bereits festgestellt ist, so kommen von den übrigen h_j nur jene in Betracht, für die die Differenz $h_r - h_j$ Teiler von $f(h_r)$ ist.

50. Trennung der Wurzeln. Damit ist hier (in etwas engerem Sinn wie in Ziff. 47) die Aufstellung von Intervallen gemeint, in denen nur je eine Wurzel von $f(x) = 0$ liegt. Man macht dabei am besten von dem Satz Gebrauch, daß die Funktionswerte eines Polynoms n-ten Grades an äquidistanten Stellen (am einfachsten $x = \pm 1, \pm 2, \ldots$) eine arithmetische Reihe n-ter Ordnung (Ziff. 4) bilden. Man wird also zunächst die Funktionswerte von $f(x)$ zunächst an $n + 1$ Stellen $x = 0, \pm 1, \pm 2, \ldots$ berechnen, daraus die n-te Differenzenfolge und schließlich die Funktionswerte an allen ganzzahligen Stellen bestimmen, die innerhalb der auf Grund von Ziff. 48 (vorletzter Absatz) errechneten Schranken für die Wurzeln liegen.

Ist die Trennung der Wurzeln dadurch noch nicht vollzogen, so muß man die äquidistanten Stellen näher aneinander wählen oder mittels der Sätze von Ziff. 48 (3. Absatz) Intervalle zu gewinnen trachten.

51. Die Regula falsi. Erst nachdem die Trennung der Wurzeln vollzogen ist, kann die eigentliche Approximation derselben einsetzen. Die Regula falsi (Regel des falschen Ansatzes) beruht auf der linearen Interpolation. Ist nämlich $[ab]$ ein (etwa nach Ziff. 50 bestimmtes) Intervall, in dem eine Wurzel α von $f(x) = 0$ liegt, so sind $f(a)$ und $f(b)$ ungleich bezeichnet. Legt man also durch die Punkte $[a, f(a)]$ und $[b, f(b)]$ eine Gerade, so schneidet diese die Abszissenachse in einem Punkt mit der Abszisse

$$a' = a + \frac{(b-a)\,|f(a)|}{|f(a)| + |f(b)|} = b - \frac{(b-a)\,|f(b)|}{|f(a)| + |f(b)|}$$

und diesen Wert a' nimmt man als Näherungswert für die gesuchte Wurzel. Sind nun etwa $f(a')$ und $f(b)$ ungleich bezeichnet, so wiederholt man das Verfahren für das Intervall $[a' b]$ usw., bis der gewünschte Genauigkeitsgrad erreicht ist.

Zur Abschätzung des Fehlers, den man begeht, wenn man die gesuchte Wurzel α durch den obigen Näherungswert a' ersetzt, kann man sich folgender Beziehung bedienen: die Wurzel α liegt sicher im Intervall $(a' - \varepsilon, a' + \varepsilon)$, wo $\varepsilon = \frac{|b-a|^3}{8} \cdot \frac{M}{|f(b) - f(a)|}$ ist und M das Maximum des absoluten Betrages $|f''(x)|$ der zweiten Ableitung von $f(x)$ im Intervall $[ab]$ bedeutet.

52. Die Newtonsche Näherungsmethode. Dieselbe beruht ebenso wie die Regula falsi auf einer linearen Interpolation, nur wird $f(x)$ nicht durch eine Sehne, sondern durch eine Tangente ersetzt. Sei $[ab]$ wieder ein (etwa nach Ziff. 50 bestimmtes) Intervall, in dem die gesuchte Wurzel α liegt, so daß $f(a) \cdot f(b) < 0$ ist. Außerdem soll aber jetzt die zweite Ableitung $f''(x)$ in $[ab]$ nirgends verschwinden. Sei c diejenige der beiden Zahlen a und b, für die $f(c)$ und $f''(c)$ gleich bezeichnet sind. Dann ist $c' = c - \frac{f(c)}{f'(c)}$ ein Näherungswert für α. Daß man von jener Intervallgrenze ausgeht, an der f und f'' gleich bezeichnet sind, ist deshalb nötig, weil anderenfalls der Wert c' außerhalb des Intervalles $[ab]$ liegen würde, wie man sich geometrisch leicht deutlich macht.

Bildet man also der Reihe nach die Zahlen

$$c' = c - \frac{f(c)}{f'(c)}, \quad c'' = c' - \frac{f(c')}{f'(c')}, \quad \ldots, \quad c^{(k+1)} = c^{(k)} - \frac{f(c^{(k)})}{f'(c^{(k)})}, \ldots$$

so liegt $c^{(k+1)}$ stets zwischen $c^{(k)}$ und α und die Folge $c, c', c'', \ldots, c^{(k)}, \ldots$ konvergiert nach α. Zur Abschätzung bilde man $\varepsilon = \frac{|c^{(k)} - d|^2}{2} \cdot \frac{M}{f'(c^{(k)})}$, wo M das Maximum des absoluten Betrages $|f''(x)|$ der zweiten Ableitung von $f(x)$ in $[ab]$ und d die von c verschiedene der beiden Zahlen a und b ist. Dann liegt α sicher im Intervall $(c^{(k)} - \varepsilon, c^{(k)} + \varepsilon)$.

53. Das Graeffesche Verfahren. Wesentlich verschieden von den in den vorhergehenden Ziffern beschriebenen Verfahren ist die folgende Methode, die insbesondere dann zweckmäßig ist, wenn sämtliche Wurzeln einer Gleichung

$$f(x) = a_0 x^n + a_1 x^{n-1} + \cdots + a_{n-1} x + a_n = 0$$

gleichzeitig berechnet werden sollen. Ein besonderer Vorteil ist ferner darin zu sehen, daß keinerlei Untersuchung der Gleichung voranzugehen hat. Wir beschränken uns zunächst auf Gleichungen mit lauter reellen und verschiedenen Wurzeln. Der Grundgedanke des Verfahrens ist folgender: Aus der Gleichung $f(x) = 0$ wird eine andere $g(z) = 0$ hergeleitet, deren Wurzeln zu denen von $f(x) = 0$ in einfacher Beziehung stehen, aber dem absoluten Betrag nach möglichst weit auseinanderliegen. Ist

$$g(z) = b_0 z^n + b_1 z^{n-1} + \cdots + b_{n-1} z + b_n,$$

so ist näherungsweise

$$z_1 = -b_1/b_0, \; z_2 = -b_2/b_1, \; \ldots, \; z_n = -b_n/b_{n-1},$$

d. h. die Wurzeln von $g(z) = 0$ bestimmen sich aus den n linearen Gleichungen:

$$b_0 z + b_1 = 0, \; b_1 z + b_2 = 0, \; \ldots, \; b_{n-1} z + b_n = 0.$$

Zur Herleitung von $g(z)$ multipliziert man $f(x)$ mit $(-1)^n f(-x)$ und erhält so ein Polynom mit nur quadratischen Gliedern; setzt man $x^2 = z$ und $(-1)^n f(x) f(-x) = f_1(z)$, so sind die Wurzeln von $f_1(z) = 0$ die Quadrate der Wurzeln von $f(x) = 0$. Die Berechnung der Koeffizienten von $f_1(z)$ geschieht am besten nach dem Schema:

a_0	a_1	a_2	a_3	...
a_0	$-a_1$	a_2	$-a_3$	...
$+a_0^2$	$-a_1^2$	$+a_2^2$	$-a_3^2$	...
	$+2a_0a_2$	$-2a_1a_3$	$+2a_2a_4$	...
		$+2a_0a_4$	$-2a_1a_5$	...
			$+2a_0a_6$	...
b_0	b_1	b_2	b_3	...

Wiederholt man das Verfahren an $f_1(z)$, so gelangt man zu einer Gleichung, deren Wurzeln die vierten Potenzen der Wurzeln von $f(x) = 0$ sind usw. Die Vorzeichen der Wurzeln von $f(x) = 0$ gehen bei dem Verfahren verloren und sind nachträglich durch Probieren (kartesische Zeichenregel) zu bestimmen. Die Koeffizienten der Gleichungen werden bald sehr groß, man wird daher stets nur die ersten Stellen berechnen. Mit der Aufstellung neuer Gleichungen hört man auf, sobald die gemischten Produkte der Koeffizienten ohne Einfluß auf die Quadrate sind; die Gleichung ist dann die gesuchte $g(z) = 0$ und zerfällt in lauter lineare Gleichungen, die, wenn das Verfahren etwa r-mal wiederholt wurde, die $2r$-ten Potenzen der Wurzeln von $f(x) = 0$ liefern. Da man die Wurzeln selbst logarithmisch berechnen wird, hat es keinen Sinn, mehr Stellen zu berechnen als die benützte Tafel enthält.

Hat die vorgelegte Gleichung mehrfache und komplexe Wurzeln (die dann, da wir die Koeffizienten stets reell voraussetzen, als konjugiert komplexe Wurzelpaare auftreten), so wird es nicht mehr möglich sein, alle Wurzeln auseinanderzuziehen. Dagegen führt das Verfahren bei genügend oftmaliger Wiederholung auf eine Gleichung, die sich ähnlich wie oben in so viele Gleichungen zerspalten läßt als die vorgelegte Gleichung Wurzeln mit verschiedenen absoluten Beträgen hat. Man wird also das geschilderte Verfahren der Wurzelquadrierung so oft wiederholen, bis sich beim Weiterrechnen zeigt, daß die gemischten Produkte auf einen oder mehrere Koeffizienten ohne Einfluß sind; ist etwa b_k ein solcher, so läßt sich die Gleichung

$$b_0 z^n + b_1 z^{n-1} + \cdots + b_n = 0,$$

zerspalten in

$$b_0 z^k + b_1 z^{k-1} + \cdots + b_k = 0 \quad \text{und} \quad b_k z^{n-k} + b_{k+1} z^{n-k-1} + \cdots + b_n = 0,$$

mit denen dann getrennt weitergearbeitet werden kann. Die Behandlung des Falles komplexer Wurzeln läßt sich am besten an einem Beispiel[1]) erläutern.

Sei $f(x) = x^4 - 3x^3 + 8x^2 - 5 = 0$ vorgelegt. Die Koeffizienten der Gleichungen für die Wurzelpotenzen sind dann entsprechend dem obigen Schema:

1. Potenz	$+1$	-3	$+8$	0	-5
	$+1$	$+3$	$+8$	0	-5
	$+1$	-9	$+6{,}4 \cdot 10$	0	$+2{,}5 \cdot 10$
		$+16$	0	$-8{,}0 \cdot 10$	
			$-1{,}0 \cdot 10$		
2. Potenz	$+1$	$+7$	$+5{,}4 \cdot 10$	$-8{,}0 \cdot 10$	$+2{,}5 \cdot 10$
	$+1$	-7	$+5{,}4 \cdot 10$	$+8{,}0 \cdot 10$	$+2{,}5 \cdot 10$
	$+1$	$-4{,}9 \cdot 10$	$+2{,}916 \cdot 10^3$	$-6{,}4 \cdot 10^3$	$+6{,}25 \cdot 10^2$
		$+10{,}8 \cdot 10$	$+1\,120 \cdot 10^3$	$+2{,}7 \cdot 10^3$	
			$+0{,}050 \cdot 10^3$		
4. Potenz	$+1$	$+5{,}9 \cdot 10$	$+4{,}086 \cdot 10^3$	$-3{,}7 \cdot 10^3$	$+6{,}25 \cdot 10^2$
	$+1$	$-5{,}9 \cdot 10$	$+4{,}086 \cdot 10^3$	$+3{,}7 \cdot 10^3$	$+6{,}25 \cdot 10^2$
	$+1$	$-3{,}481 \cdot 10^3$	$+1{,}66954 \cdot 10^7$	$-1{,}36900 \cdot 10^7$	$+3{,}90625 \cdot 10^5$
		$+8{,}172 \cdot 10^3$	$+0{,}04366 \cdot 10^7$	$+0{,}51075 \cdot 10^7$	
			$+0{,}00012 \cdot 10^7$		
8. Potenz	$+1$	$+4{,}691 \cdot 10^3$	$+1{,}71332 \cdot 10^7$	$-0{,}85825 \cdot 10^7$	$+3{,}90625 \cdot 10^5$
	$+1$	$-4{,}691 \cdot 10^3$	$+1{,}71332 \cdot 10^7$	$+0{,}85825 \cdot 10^7$	$+3{,}90625 \cdot 10^5$
	$+1$	$-2{,}20055 \cdot 10^7$	$+2{,}93547 \cdot 10^{14}$	$-7{,}36593 \cdot 10^{13}$	$+1{,}52588 \cdot 10^{11}$
		$+3{,}42664 \cdot 10^7$	$+0{,}00081 \cdot 10^{14}$	$+1{,}33853 \cdot 10^{14}$	
			$+0{,}00000 \cdot 10^{14}$		
16. Potenz	$+1$	$+1{,}22609 \cdot 10^7$	$+2{,}93628 \cdot 10^{14}$	$-6{,}02740 \cdot 10^{13}$	$+1{,}52588 \cdot 10^{11}$

Hier spaltet sich die ursprüngliche Gleichung in zwei Gleichungen zweiten Grades, denn das Quadrat von $2{,}93628 \cdot 10^{14}$ wird durch die doppelten Produkte nicht mehr beeinflußt. Die Wurzeln der ersten quadratischen Gleichung

$$x^2 + 1{,}22609 \cdot 10^7 x + 2{,}93628 \cdot 10^{14} = 0$$

[1]) Entnommen aus RUNGE-KÖNIG, Vorlesungen über numerisches Rechnen, Berlin: Julius Springer 1924, S. 170.

sind offenbar komplex, während sich die Wurzeln der zweiten quadratischen Gleichung

$$2{,}93628 \cdot 10^{14} x^2 - 6{,}02740 \cdot 10^{13} x + 1{,}52588 \cdot 10^{11} = 0$$

trennen lassen, wenn man noch zwei Schritte weitergeht:

16. Potenz	$+2{,}93628 \cdot 10^{14}$	$-6{,}02740 \cdot 10^{13}$	$+1{,}52588 \cdot 10^{11}$
	$+2{,}93628 \cdot 10^{14}$	$+6{,}02740 \cdot 10^{13}$	$+1{,}52588 \cdot 10^{11}$
	$+8{,}62174 \cdot 10^{28}$	$-3{,}63296 \cdot 10^{27}$	$+2{,}32831 \cdot 10^{22}$
		$+0{,}08961 \cdot 10^{27}$	
32. Potenz	$+8{,}62174 \cdot 10^{28}$	$-3{,}54335 \cdot 10^{27}$	$+2{,}32831 \cdot 10^{22}$
	$+8{,}62174 \cdot 10^{28}$	$+3{,}54335 \cdot 10^{27}$	$+2{,}32831 \cdot 10^{22}$
	$+7{,}43344 \cdot 10^{57}$	$-1{,}25553 \cdot 10^{55}$	$+5{,}42103 \cdot 10^{44}$
		$+0{,}00040 \cdot 10^{55}$	
64. Potenz	$+7{,}43344 \cdot 10^{57}$	$-1{,}25513 \cdot 10^{55}$	$+5{,}42103 \cdot 10^{44}$

Die beiden reellen Wurzeln ergeben sich ihrem absoluten Betrage nach durch Ausziehen der 64. Wurzeln aus den Quotienten der Koeffizienten:

Log. d. Koeff.	Differenz	$\log \lvert x \rvert$	$\lvert x \rvert$
57,871 190 55,098 689 44,734 082	61,227 499 − 64 53,635 393 − 64	0,956 679 7 − 1 0,838 053 0 − 1	0,905 065 0,688 736

Durch Probieren findet man, daß die erste Wurzel positiv ist; da die Gleichung andererseits nach der kartesischen Zeichenregel eine negative Wurzel haben muß, so sind die beiden reellen Wurzeln

$$x_1 = +0{,}905\,065, \quad x_2 = -0{,}688\,736.$$

Bei der ersten quadratischen Gleichung hat es keinen Sinn, weiter zu rechnen. Da ihre Wurzeln komplex sind, kann man niemals zu einer Zerlegung in reelle lineare Gleichungen gelangen. Das Produkt der beiden Wurzeln $u \pm vi$ ist gleich dem Quadrat ihres absoluten Betrages, das man somit als 16. Wurzel aus dem Quotienten des dritten und ersten Gliedes erhält:

$$u^2 + v^2 = \sqrt[16]{2{,}93628 \cdot 10^{14}} = 8{,}021\,163\,.$$

Den reellen und imaginären Teil kann man mittels der Relation $\sum_{i=1}^{4} x_i = -a_1/a_0 = 3$ bestimmen; man erhält zunächst $u = 1{,}391\,836$ und dann aus $u^2 + v^2$ schließlich $v = 2{,}466\,568$, so daß

$$x_3 = 1{,}391\,836 + 2{,}466\,568 i, \quad x_4 = 1{,}391\,836 - 2{,}466\,568 i$$

ist. Zur Kontrolle kann man das Wurzelprodukt bilden (man erhält $x_1 x_2 (u^2 + v^2) = -4{,}999\,999$ statt -5), sowie die Summe der reziproken Werte der Wurzel, die gleich $-a_{n-1}/a_n$ sein muß (in unserem Fall erhält man $-0{,}000\,001$ statt 0).

Besitzt eine Gleichung zwei Paare komplexer Wurzeln, so kann man neben der Wurzelsumme noch die oben als Kontrolle verwendete Summe der reziproken Wurzeln zur Berechnung heranziehen. Das Graeffesche Verfahren selbst liefert immer nur die absoluten Beträge. Sind mehr als zwei Paare komplexer Wurzeln vorhanden, so bestimmt man zunächst ihre absoluten Beträge, setzt dann in die gegebene Gleichung $x = y + p$ ein, wo p eine beliebige reelle Zahl ist, ordnet nach Potenzen von y und bestimmt durch nochmalige Durchführung des Verfahrens die absoluten Beträge von $y = x - p$. Das läuft geometrisch darauf hinaus, die komplexen Wurzeln in der Zahlenebene als Schnittpunkte von Kreisen um den Ursprung und um den Punkt p zu bestimmen. Das Verfahren ist nicht eindeutig, doch kann man, da die Summe der Wurzeln bekannt ist, sowie aus geometrischen Überlegungen leicht die richtige Auswahl treffen.

Literatur (Auswahl): BAUMGARTNER, Gruppentheorie (Leipzig 1921); BOCHER, Einführung in die höhere Algebra (2. Aufl. Leipzig 1925); COURANT-HILBERT, Die Methoden der mathematischen Physik, Bd. 1 (Berlin 1924); HASSE, Höhere Algebra, 2 Bde. (Leipzig 1926/27); KLEIN, Elementarmathematik vom höheren Standpunkte aus, Bd. 1 (3. Aufl. Berlin 1924); KOWALEWSKI, Einführung in die Determinatentheorie (2. Aufl. Leipzig 1925); PERRON, Algebra, 2 Bde. (Berlin 1927); RUNGE, Praxis der Gleichungen (2. Aufl. Leipzig 1921); RUNGE-KÖNIG, Vorlesungen über numerisches Rechnen (Berlin 1924); SCHRUTKA, Elemente der höheren Mathematik (3. u. 4. Aufl. Leipzig 1924); SPEISER, Die Theorie der Gruppen von endlicher Ordnung (Berlin 1923); WEBER-EPSTEIN, Enzyklopädie der Elementarmathematik Bd. 1 (4. Aufl. Leipzig 1922).

Kapitel 3.

Geometrie.

Von

A. Duschek, Wien.

Mit 16 Abbildungen.

I. Trigonometrie.

1. Das ebene Dreieck. Die Grundlage aller trigonometrischen Rechnungen bilden die in Kap. 1, Ziff. 9 zusammengestellten Formeln. Für die praktische Durchführung der Rechnungen ist zu bemerken, daß man hier die Winkel mit Rücksicht auf den Gebrauch der Tabellen im Gradmaß messen wird. Zur Erreichung möglichster Schärfe der Rechnung beachte man, daß bei Winkeln in der Nähe von 0° und 180° der Kosinus, bei Winkeln in der Nähe von 90° der Sinus praktisch unbrauchbare Resultate liefert, so daß in diesen Fällen für eine entsprechende Auswahl der Formeln Sorge zu tragen ist.

Für die Sonderfälle des rechtwinkligen und gleichschenkligen Dreieckes sind im folgenden keine eigenen Formeln angegeben. Bezeichnet sind die Ecken im positiven Umlaufungssinn mit A, B, C, die zugehörigen Winkel mit α, β, γ, die ihnen gegenüberliegenden Seiten mit a, b, c, der halbe Umfang mit $s = \frac{1}{2}(a + b + c)$, der Radius des Umkreises mit r, der Radius des Inkreises mit ϱ, die Radien der Ankreise mit r_a, r_b, r_c, die Höhen mit h_a, h_b, h_c und schließlich mit J der Flächeninhalt des Dreieckes. Ein unmittelbar hinter einer Formel gesetztes $((Z))$ bedeutet, daß sich aus ihr durch zyklische Vertauschung von a, b, c bzw. α, β, γ zwei weitere Formeln herleiten lassen.

Projektionssatz: $a = b\cos\gamma + c\cos\beta \quad ((Z))$.

Kosinussatz: $a^2 = b^2 + c^2 - 2bc\cos\alpha \quad ((Z))$.

Sinussatz: $a:b:c = \sin\alpha:\sin\beta:\sin\gamma$

oder
$$\frac{a}{\sin\alpha} = \frac{b}{\sin\beta} = \frac{c}{\sin\gamma} = 2r$$
oder schließlich $a = 2r\sin\alpha \quad ((Z))$.

Tangentensatz (Nepersche Gleichungen):
$$\frac{a+b}{a-b} = \frac{\operatorname{tg}\frac{\alpha+\beta}{2}}{\operatorname{tg}\frac{\alpha-\beta}{2}} \quad ((Z)).$$

Mollweidesche Gleichungen:
$$\frac{a+b}{c} = \frac{\cos\frac{\alpha-\beta}{2}}{\sin\frac{\gamma}{2}}, \qquad \frac{a-b}{c} = \frac{\sin\frac{\alpha-\beta}{2}}{\cos\frac{\gamma}{2}} \quad ((Z)).$$

Formeln für die Winkel:

$$\sin\alpha = \frac{2}{bc}\sqrt{s(s-a)(s-b)(s-c)} \quad ((Z)),$$

$$\sin\frac{\alpha}{2} = \sqrt{\frac{(s-b)(s-c)}{bc}} \quad ((Z)), \qquad \cos\frac{\alpha}{2} = \sqrt{\frac{s(s-a)}{bc}} \quad ((Z)),$$

$$\operatorname{tg}\frac{\alpha}{2} = \sqrt{\frac{(s-b)(s-c)}{s(s-a)}} = \frac{\varrho}{s-a} = \frac{r_a}{s} = \frac{s-b}{r_c} = \frac{s-c}{r_b}$$

$$= \frac{J}{s(s-a)} = \frac{(s-b)(s-c)}{J}, \quad \text{sämtliche } ((Z)).$$

Höhen:
$$h_a = b\sin\gamma = c\sin\beta = 2r\sin\beta\sin\gamma \quad ((Z)).$$

Inhalt:
$$J = \tfrac{1}{2}bc\sin\alpha \quad ((Z)), \qquad J = r_a(s-a) \quad ((Z)),$$

$$J = \frac{abc}{4r} = \sqrt{s(s-a)(s-b)(s-c)} = \varrho s = \sqrt{\varrho r_a r_b r_c}.$$

Verschiedenes:

$$s = 4r\cos\frac{\alpha}{2}\cos\frac{\beta}{2}\cos\frac{\gamma}{2},$$

$$s-a = 4r\cos\frac{\alpha}{2}\sin\frac{\beta}{2}\sin\frac{\gamma}{2} \quad ((Z)),$$

$$\varrho = 4r\sin\frac{\alpha}{2}\sin\frac{\beta}{2}\sin\frac{\gamma}{2} = \sqrt{\frac{(s-a)(s-b)(s-c)}{s}} = s\operatorname{tg}\frac{\alpha}{2}\operatorname{tg}\frac{\beta}{2}\operatorname{tg}\frac{\gamma}{2},$$

$$\varrho = (s-a)\operatorname{tg}\frac{\alpha}{2} \quad ((Z)),$$

$$r_a = s\operatorname{tg}\frac{\alpha}{2} = 4r\sin\frac{\alpha}{2}\cos\frac{\beta}{2}\cos\frac{\gamma}{2}, \quad \text{beide } ((Z)).$$

2. Allgemeines über sphärische Dreiecke. Ähnlich wie ein ebenes Dreieck die durch drei Punkte und ihre drei geradlinigen Verbindungsstrecken gebildete ebene Figur ist, versteht man unter einem sphärischen Dreieck drei Punkte A, B, C auf der Kugel vom Radius 1 (Einheitskugel), von denen keine zwei einander diametral gegenüberliegen, sowie die zwischen 0° und 180° gelegenen, durch je zwei der drei Punkte bestimmten Hauptkreisbogen a, b, c der Einheitskugel. A, B, C sind die Ecken, a, b, c die Seiten des sphärischen Dreiecks. Die Benennung und die Bezeichnung der übrigen Stücke des sphärischen Dreieckes stimmt mit der beim ebenen Dreieck verwendeten überein (Ziff. 1); hinzu tritt noch die halbe Winkelsumme $\sigma = \frac{1}{2}(\alpha+\beta+\gamma)$. Die Winkel des sphärischen Dreiecks liegen ebenfalls zwischen 0° und 180°.

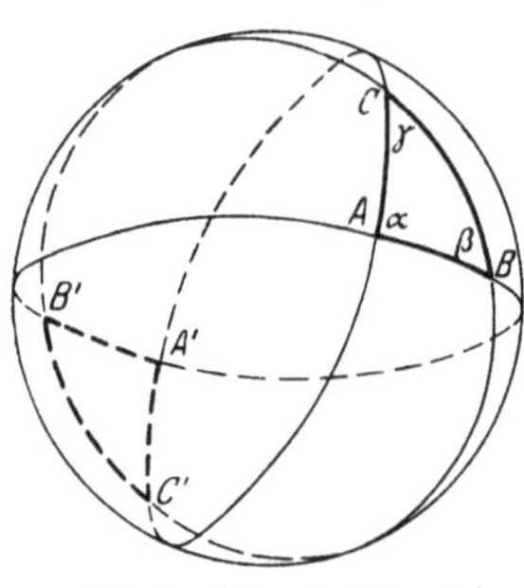

Abb. 1. Nebendreiecke und Scheiteldreieck.

Projiziert man ein sphärisches Dreieck aus dem Kugelmittelpunkt, so erhält man das projizierende Dreikant; es gilt: Die Seiten und Winkel eines sphärischen Dreiecks sind bzw. die Kanten- und Flächenwinkel des projizierenden Dreikants. Daraus folgt: Die Seitensumme eines sphärischen Dreiecks liegt zwischen 0° und 360°, die Winkelsumme zwischen 180° und 360°. Dem größeren Winkel liegt die größere Seite gegenüber, gleichen Winkeln liegen auch gleiche Seiten gegenüber.

Denkt man sich die Hauptkreise, denen die Seiten eines Dreiecks ABC angehören, vollständig ausgezogen, so zerlegen sie die Kugelfläche in acht Dreiecke (Abb. 1), von denen drei, die Nebendreiecke, mit ABC je eine Seite gemeinsam haben und in dem dieser Seite gegenüberliegenden Winkel übereinstimmen, während die übrigen vier Stücke die Supplemente der entsprechenden Stücke von ABC sind. Das Dreieck $A'B'C'$, welches mit ABC keine Ecke gemeinsam hat, heißt Scheiteldreieck von ABC; es ist diesem spiegelbildlich gleich. Die übrigen drei Dreiecke sind die Scheiteldreiecke der Nebendreiecke von ABC und tragen keine besondere Benennung. Sind J, J_a, J_b, J_c der Reihe nach die Inhalte von ABC, $A'BC$, $AB'C$, ABC', so ergibt sich für den Inhalt des Zweiecks $ABA'CA$

$$J + J_a = \frac{\pi\alpha}{90^\circ}; \tag{A}$$

ferner ist $J + J_a + J_b + J_c = 2\pi$, wie man leicht aus der Flächengleichheit der Scheiteldreiecke $A'BC'$ und $AB'C$ schließen kann. Addiert man zu (A) die beiden sich aus (A) durch zyklische Vertauschung ergebenden Formeln und subtrahiert man von dieser Summe die letztgenannte, so erhält man

$$J = \frac{\pi\varepsilon}{180^\circ}, \tag{B}$$

wo

$$\varepsilon = \alpha + \beta + \gamma - 180^\circ$$

der sog. sphärische Exzeß des Dreiecks ABC ist. Die Winkelsumme im sphärischen Dreieck wächst also mit seinem Inhalt und ist immer größer als 180°; der Inhalt selbst ist dem sphärischen Exzeß direkt proportional. Dieser Satz ist einer der wichtigsten der ganzen Kugelgeometrie; über den Zusammenhang mit der nichteuklidischen Geometrie vgl. VI, insbes. Ziff. 32.

Ist P ein Punkt der Einheitskugel und H der Hauptkreis, dessen Ebene auf dem von P ausgehenden Kugeldurchmesser senkrecht steht, so heißt H die Polare von P, und umgekehrt wird P als Pol von H bezeichnet. Neben P ist auch der diametral gegenüberliegende Punkt P' Pol von H. Ist auf H ein Umlaufsinn festgelegt, so wird jener Pol als positiver bezeichnet, von dem aus gesehen der Umlaufsinn von H positiv ist, also dem Uhrzeiger entgegenläuft. Auf der Kugelfläche selbst sei ferner jener Drehungssinn als positiver bezeichnet, der — von außen gesehen — dem Uhrzeiger entgegenläuft. Sind die Ecken A, B, C eines sphärischen Dreiecks so bezeichnet, daß der Durchlaufungssinn ABC positiv ist, so ist damit auf jedem der durch BC, CA und AB bestimmten Hauptkreise ein positiver Durchlaufungssinn festgelegt. Die positiven Pole A', B', C' dieser drei Hauptkreise bilden ein Dreieck, das als Polardreieck von ABC bezeichnet wird (mitunter wird auch das Scheiteldreieck von $A'B'C'$ so bezeichnet). Das Polardreieck von $A'B'C'$ ist wieder das ursprüngliche Dreieck ABC. Zwischen Seiten und Winkeln zweier Polardreiecke bestehen die leicht nachweisbaren Beziehungen

$$a' = 180^\circ - \alpha,\quad b' = 180^\circ - \beta,\quad c' = 180^\circ - \gamma,$$

$$\alpha' = 180^\circ - a,\quad \beta' = 180^\circ - b,\quad \gamma' = 180^\circ - c.$$

Der sphärische Exzeß ε' von $A'B'C'$ ist somit

$$\varepsilon' = 360^\circ - (a + b + c);$$

er wird auch als sphärischer Defekt des ursprünglichen Dreiecks ABC bezeichnet.

Hinsichtlich der Schärfe trigonometrischer Rechnungen vgl. die Bemerkungen zu Beginn von Ziff. 1.

3. Das rechtwinklige sphärische Dreieck. Formeln ($\gamma = 90°$):

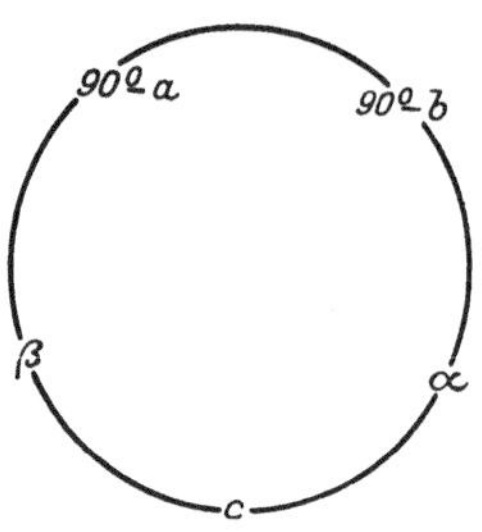

Abb. 2. Nepersche Regel.

$$\cos c = \cos a \cos b, \tag{1}$$

$$\cos c = \operatorname{ctg}\alpha \operatorname{ctg}\beta, \tag{2}$$

$$\cos a = \frac{\cos\alpha}{\sin\beta}, \qquad \cos b = \frac{\cos\beta}{\sin\alpha}, \tag{3}$$

$$\sin\alpha = \frac{\sin a}{\sin c}, \qquad \sin\beta = \frac{\sin b}{\sin c}, \tag{4}$$

$$\cos\alpha = \frac{\operatorname{tg} b}{\operatorname{tg} c}, \qquad \cos\beta = \frac{\operatorname{tg} a}{\operatorname{tg} c}, \tag{5}$$

$$\operatorname{tg}\alpha = \frac{\operatorname{tg} a}{\sin b}, \qquad \operatorname{tg}\beta = \frac{\operatorname{tg} b}{\sin a}. \tag{6}$$

Nepersche Regel: Der Kosinus jedes der in Abb. 2 angegebenen Stücke ist gleich dem Produkt der Kotangenten der benachbarten und gleich dem Produkt der Sinus der entfernteren Stücke.

Auflösungstabelle (RB = Realitätsbedingung; $\gamma = 90°$).

Nr.	Gegeben	Gesucht	Anmerkung
1	a, b	α und β aus (6) c aus (1) oder (5)	
2	a, c	b aus (1), α aus (4), β aus (5)	RB: $\cos c < \cos a$.
3	a, α	b aus (6), c aus (4), β aus (3)	RB: $\sin a \leq \sin\alpha$, $\operatorname{tg} a$ und $\operatorname{tg}\alpha$ zugleich positiv oder negativ. Die Lösung ist im allgemeinen zweideutig und gibt zwei Nebendreiecke, für $a = \alpha$ jedoch eindeutig ein zweirechtwinkliges Dreieck.
4	a, β	b aus (6), c aus (5), α aus (3) oder (4)	
5	c, α	a aus (4) oder als letztes aus (5) oder (1), b aus (5), β aus (2)	
6	α, β	a und b aus (3) c aus (2)	RB: $-1 \leq \dfrac{\cos\alpha}{\sin\beta} \leq +1$.

4. Formeln für das schiefwinklige sphärische Dreieck. Folgende Abkürzungen werden benutzt

$$s_0 = 180° - \tfrac{1}{2}(a + b + c), \qquad \sigma_0 = 180° - \tfrac{1}{2}(\alpha + \beta + \gamma),$$
$$s_1 = \tfrac{1}{2}(-a + b + c), \qquad \sigma_1 = \tfrac{1}{2}(-\alpha + \beta + \gamma),$$
$$s_2 = \tfrac{1}{2}(a - b + c), \qquad \sigma_2 = \tfrac{1}{2}(\alpha - \beta + \gamma),$$
$$s_3 = \tfrac{1}{2}(a + b - c), \qquad \sigma_3 = \tfrac{1}{2}(\alpha + \beta - \gamma).$$

$$D = \sin b \sin c \sin\alpha = \sin c \sin a \sin\beta = \sin a \sin b \sin\gamma = \sqrt{4 \sin s_0 \sin s_1 \sin s_2 \sin s_3},$$

$$\Delta = \sin\beta \sin\gamma \sin a = \sin\gamma \sin\alpha \sin b = \sin\alpha \sin\beta \sin c = \sqrt{4 \sin\sigma_0 \sin\sigma_1 \sin\sigma_2 \sin\sigma_3}.$$

$$k = \sqrt{\frac{\sin s_1 \sin s_2 \sin s_3}{\sin s_0}}, \qquad \varkappa = \sqrt{\frac{\sin\sigma_1 \sin\sigma_2 \sin\sigma_3}{\sin\sigma_0}},$$

wobei hier und auch im folgenden alle Wurzeln positiv zu nehmen sind. Über die Bedeutung von $((Z))$ vgl. Ziff. 1. Man beachte, daß bei zyklischer Vertauschung s_0 und σ_0 in sich übergehen, während s_1, s_2, s_3 (und ebenso σ_1, σ_2, σ_3) permutiert werden. Zu jeder Formel ergibt sich durch Anwendung auf das Polardreieck eine zweite Formel; je zwei solche Polarformeln stehen im folgenden nebeneinander. Eine Ausnahme bilden nur (1), (10), (11) und (15) bis (18); (1) (10), und (11) gehen durch Polarisation in sich über, während (17) und (18) ein Ersatz für die unhandlichen Polarformeln von (15) und (16) sind.

Sinussatz:

$$\frac{\sin a}{\sin\alpha}=\frac{\sin b}{\sin\beta}=\frac{\sin c}{\sin\gamma}=\frac{D}{\Delta}. \tag{1}$$

Kosinussätze und Folgerungen:

$$\cos a=\cos b\cos c+\sin b\sin c\cos\alpha\ ((Z)),\quad \cos\alpha=-\cos\beta\cos\gamma+\sin\beta\sin\gamma\cos a\ ((Z)). \tag{2}$$

$$\left.\begin{aligned}\sin a\cos\beta &= \cos b\sin c\\ &\quad -\sin b\cos c\cos\alpha\ ((Z)),\end{aligned}\quad \begin{aligned}\sin\alpha\cos b &= \cos\beta\sin\gamma\\ &\quad -\sin\beta\cos\gamma\cos a\ ((Z)).\end{aligned}\right\} \tag{3}$$

$$\left.\begin{aligned}\sin a\cos\gamma &= \cos c\sin b\\ &\quad -\sin c\cos b\cos\alpha\ ((Z)),\end{aligned}\quad \begin{aligned}\sin\alpha\cos c &= \cos\gamma\sin\beta\\ &\quad -\sin\gamma\cos\beta\cos a\ ((Z)).\end{aligned}\right\} \tag{4}$$

$$\sin a\,\mathrm{ctg}\,b=\mathrm{ctg}\,\beta\sin\gamma+\cos\gamma\cos a\ ((Z)),\quad \sin\alpha\,\mathrm{ctg}\,\beta=\mathrm{ctg}\,b\sin c-\cos c\cos\alpha\ ((Z)). \tag{5}$$

$$\sin a\,\mathrm{ctg}\,c=\mathrm{ctg}\,\gamma\sin\beta+\cos\beta\cos a\ ((Z)),\quad \sin\alpha\,\mathrm{ctg}\,\gamma=\mathrm{ctg}\,c\sin b-\cos b\cos\alpha\ ((Z)). \tag{6}$$

Nepersche Analogien:

$$\frac{\mathrm{tg}\frac{b+c}{2}}{\mathrm{tg}\frac{a}{2}}=\frac{\cos\frac{\beta-\gamma}{2}}{\cos\frac{\beta+\gamma}{2}}\ ((Z)),\qquad \frac{\mathrm{tg}\frac{\beta+\gamma}{2}}{\mathrm{ctg}\frac{\alpha}{2}}=\frac{\cos\frac{b-c}{2}}{\cos\frac{b+c}{2}}\ ((Z)). \tag{7}$$

$$\frac{\mathrm{tg}\frac{b-c}{2}}{\mathrm{tg}\frac{a}{2}}=\frac{\sin\frac{\beta-\gamma}{2}}{\sin\frac{\beta+\gamma}{2}}\ ((Z)),\qquad \frac{\mathrm{tg}\frac{\beta-\gamma}{2}}{\mathrm{ctg}\frac{\alpha}{2}}=\frac{\sin\frac{b-c}{2}}{\sin\frac{b+c}{2}}\ ((Z)). \tag{8}$$

Delambresche Formeln und Folgerungen:

$$\frac{\sin\frac{b+c}{2}}{\sin\frac{a}{2}}=\frac{\cos\frac{\beta-\gamma}{2}}{\sin\frac{\alpha}{2}}\ ((Z)),\qquad \frac{\sin\frac{\beta+\gamma}{2}}{\cos\frac{\alpha}{2}}=\frac{\cos\frac{b-c}{2}}{\cos\frac{a}{2}}\ ((Z)). \tag{9}$$

$$\frac{\sin\frac{b-c}{2}}{\sin\frac{a}{2}}=\frac{\sin\frac{\beta-\gamma}{2}}{\cos\frac{\alpha}{2}}\ ((Z)). \tag{10}$$

$$\frac{\cos\frac{b+c}{2}}{\cos\frac{a}{2}}=\frac{\cos\frac{\beta+\gamma}{2}}{\sin\frac{\alpha}{2}}\ ((Z)). \tag{11}$$

$$\sin\frac{a}{2}=\sqrt{\frac{-\cos\sigma_0\cos\sigma_1}{\sin\beta\sin\gamma}}\ ((Z)),\qquad \cos\frac{\alpha}{2}=\sqrt{\frac{\sin s_0\sin s_1}{\sin b\sin c}}\ ((Z)). \tag{12}$$

$$\cos\frac{a}{2}=\sqrt{\frac{\cos\sigma_2\cos\sigma_3}{\sin\beta\sin\gamma}}\ ((Z)),\qquad \sin\frac{\alpha}{2}=\sqrt{\frac{\sin s_2\sin s_3}{\sin b\sin c}}\ ((Z)). \tag{13}$$

$$\mathrm{tg}\frac{a}{2}=\frac{\cos\sigma_1}{\varkappa}\ ((Z)),\qquad \mathrm{tg}\frac{\alpha}{2}=\frac{k}{\sin s_1}\ ((Z)). \tag{14}$$

L'Huiliersche Formel:

$$\operatorname{tg}\frac{\varepsilon}{4} = \sqrt{\operatorname{tg}\frac{s_0}{2}\operatorname{tg}\frac{s_1}{2}\operatorname{tg}\frac{s_2}{2}\operatorname{tg}\frac{s_3}{2}}\,. \tag{15}$$

Serretsche Formeln:

$$\operatorname{tg}\left(\frac{\alpha}{2}-\frac{\varepsilon}{4}\right) = \sqrt{\frac{\operatorname{tg}\frac{s_2}{2}\operatorname{tg}\frac{s_3}{2}}{\operatorname{tg}\frac{s_0}{2}\operatorname{tg}\frac{s_1}{2}}} \quad ((Z)) \tag{16}$$

$$\operatorname{tg}\frac{s_0}{2} = \sqrt{\frac{\operatorname{tg}\frac{\varepsilon}{4}}{\operatorname{tg}\left(\frac{\alpha}{2}-\frac{\varepsilon}{4}\right)\operatorname{tg}\left(\frac{\beta}{2}-\frac{\varepsilon}{4}\right)\operatorname{tg}\left(\frac{\gamma}{2}-\frac{\varepsilon}{4}\right)}}\,. \tag{17}$$

$$\operatorname{tg}\frac{s_1}{2} = \sqrt{\frac{\operatorname{tg}\frac{\varepsilon}{4}\operatorname{tg}\left(\frac{\beta}{2}-\frac{\varepsilon}{4}\right)\operatorname{tg}\left(\frac{\gamma}{2}-\frac{\varepsilon}{4}\right)}{\operatorname{tg}\left(\frac{\alpha}{2}-\frac{\varepsilon}{4}\right)}} \quad ((Z))\,. \tag{18}$$

Inkreisradius:

$$\operatorname{tg}\varrho = k\,, \qquad \operatorname{ctg}\varrho = \frac{4}{\Delta}\cos\frac{\alpha}{2}\cos\frac{\beta}{2}\cos\frac{\gamma}{2}\,.$$

Radien der Ankreise:

$$\operatorname{tg}r_1 = \sin s_0 \operatorname{tg}\frac{\alpha}{2} = \sqrt{\frac{\sin s_0 \sin s_2 \sin s_3}{\sin s_1}} \quad ((Z))\,,$$

$$\operatorname{ctg}r_1 = \frac{4}{\Delta}\cos\frac{\alpha}{2}\sin\frac{\beta}{2}\sin\frac{\gamma}{2} \quad ((Z))\,,$$

$$\operatorname{tg}r_2\operatorname{tg}r_3 = \sin s_0 \sin s_1 \quad ((Z))\,.$$

Umkreisradius:

$$\operatorname{ctg}r = \varkappa\,, \qquad \operatorname{tg}r = \frac{4}{D}\sin\frac{a}{2}\sin\frac{b}{2}\sin\frac{c}{2}\,.$$

Der Dreiecksinhalt ist gleich dem im Bogenmaß gemessenen sphärischen Exzeß (15). Ist der Kugelradius nicht 1, sondern R, so ist

$$J = \frac{\varepsilon\pi}{180^\circ}R^2.$$

Auflösungstabelle.

Von den sechs Fällen sind je zwei zueinander polar, so daß sich eine gesonderte Behandlung erübrigt. Die Angaben für die Polarfälle ergeben sich jeweils durch Vertauschung der lateinischen und griechischen Buchstaben.

Nr.	Gegeben	Gesucht	Anmerkung
1	a, β, γ	b und c zugleich aus (7) und (8) oder, wenn α schon gerechnet, aus (1); α aus (2) oder, wenn b und c schon gerechnet, aus (9), (10) oder (11).	Der Fall läßt sich bequem auch dadurch erledigen, daß man das Dreieck durch eine Höhe in zwei rechtwinklige Dreiecke zerlegt und diese mittels der Formeln von Ziff. 3 auflöst.
2	a, b, c	α, β, γ aus (2), (12), (13) oder (14) oder auch durch Kombination von (15) und (16) [im Polarfall (17) und (18)].	Das zuletzt angegebene Verfahren ist wegen der Möglichkeit scharfer Rechnungsproben besonders empfehlenswert: $\frac{\varepsilon}{4}+\left(\frac{\alpha}{2}-\frac{\varepsilon}{4}\right)+\left(\frac{\beta}{2}+\frac{\varepsilon}{4}\right)+\left(\frac{\gamma}{2}-\frac{\varepsilon}{4}\right)=90^\circ$ bzw. $-s_0+s_1+s_2+s_3=0$ im Polarfall.

Auflösungstabelle. (Fortsetzung.)

Nr.	Gegeben	Gesucht	Anmerkung
3	b, c, β	γ aus (1), a und α aus (7) oder (8). Ersetzt man in (2) ($\cos b = \cos c \cos a + \sin c \sin a \cos\beta$) $\sin a$ durch $\sqrt{1-\cos^2 a}$, so erhält man eine quadratische Gleichung für $\cos a$	3 Hauptfälle, je nachdem $\frac{\sin c \sin\beta}{\sin b} > 1$, $= 1$ oder < 1 ist. Im ersten Fall existiert keine, im zweiten eine reelle Lösung mit $\gamma = 90°$. Im dritten Fall ergeben sich zunächst zwei Werte für γ, doch ist zu beachten, daß (für reelle Lösungen) $b - c$ und $\beta - \gamma$ gleiches Vorzeichen haben und $b + c$ und $\beta + \gamma$ zugleich spitz oder stumpf sein müssen. Im Fall $b = c$ ist auch $\beta = \gamma$; es müssen b und β entweder beide spitz oder beide stumpf sein. Wegen einer weiteren Auflösungsmethode vgl. die Anmerkung zu Fall 1.

II. Projektive, affine und metrische Geometrie.

5. Grundbegriffe der projektiven Geometrie. Dualität. Die Sätze der Elementargeometrie lassen sich in zwei Klassen teilen: solche, die Aussagen über Maßverhältnisse enthalten, wie z. B. der Satz, daß die Winkelsumme im ebenen Dreieck 180° beträgt, und in Sätze über Lagenbeziehungen, wie z. B.: Zwei Punkte bestimmen eine Gerade, zwei (nicht parallele) Ebenen schneiden sich in einer Geraden. Die Sätze der zweiten Art bilden den Inhalt der Geometrie der Lage oder projektiven Geometrie. Der letztere Name hat seinen Grund darin, daß z. B. eine Aussage über Lagenbeziehungen an einer ebenen Figur F für jede Figur richtig bleibt, die entsteht, wenn man F aus einem (nicht in der Ebene von F gelegenen) Punkt auf eine andere Ebene projiziert.

Der systematische Aufbau der projektiven Geometrie gestaltet sich nun so, daß von den einfachsten Grundgebilden: Punkt, (unbegrenzte) Gerade, (unbegrenzte) Ebene ausgegangen wird; es ist aber nicht möglich, allgemeine explizite Definitionen (wegen einer speziellen vgl. Ziff. 6) dieser Grundgebilde zu geben, sondern man muß sich begnügen, eine Reihe von charakteristischen Eigenschaften (Anordnungs- und Stetigkeitsaxiome) und gegenseitigen Beziehungen (Verknüpfungsaxiome) von vornherein festzulegen, und zwar so, daß diese Axiome erstens widerspruchsfrei sind und daß zweitens aus ihnen im Wege reiner logischer Deduktion die ganze Geometrie lückenlos aufgebaut werden kann (implizite Definition). Die wichtigsten der zuletzt genannten Verknüpfungsaxiome sind:

Zwei Punkte bestimmen eine Gerade.	Zwei Ebenen bestimmen eine Gerade.
Drei nicht in einer Geraden liegende Punkte bestimmen eine Ebene.	Drei nicht durch eine Gerade gehende Ebenen bestimmen einen Punkt.

Nennt man zwei Grundgebilde inzident, wenn sie ein Grundgebilde gemeinsam haben, dessen Dimension (mindestens) um 1 höher ist als im allgemeinen Fall (Punkt und Gerade sind inzident, wenn der Punkt auf der Geraden liegt; zwei Ebenen, wenn sie zusammenfallen usw.), so lauten die beiden letzten Sätze:

Drei nicht mit einer Geraden inzidente Punkte bestimmen eine Ebene.	Drei nicht mit einer Geraden inzidente Ebenen bestimmen einen Punkt.

Zu bemerken ist, daß die Sätze rechter Hand in der projektiven Geometrie durchaus allgemein gelten, da von einer Ausnahmestellung der sog. uneigentlichen oder unendlichfernen Elemente keine Rede sein kann (vgl. Ziff. 9). Z. B. hat ja die Aussage „Zwei Ebenen sind parallel" keinen projektiven Charakter.

Für den weiteren Aufbau ist die Tatsache von fundamentaler Bedeutung, daß sich gleichberechtigt neben jeden Satz der projektiven Geometrie (des Raumes) ein zweiter stellen läßt, in dem die Worte Punkt und Ebene, verbinden und schneiden miteinander vertauscht werden. Diese Tatsache, die in der obigen Schreibweise der Verknüpfungssätze hervorgehoben erscheint, wird als Dualitätsgesetz bezeichnet.

Im Raum stehen einander dual gegenüber: Punktreihe — Ebenenbüschel, Geradenbüschel — Geradenbüschel, Punktfeld — Ebenenbündel, Geradenfeld — Geradenbündel, Punktraum — Ebenenraum; in der Ebene: Punktreihe — Strahlenbüschel und schließlich im Bündel: Ebenenbüschel — Geradenbüschel.

Ein Beispiel für duale Übertragung findet sich in Kap. 4, Ziff. 15[1]).

6. Projektive Koordinaten. Der oben skizzierte rein synthetische Aufbau der projektiven Geometrie aus den Axiomen wird in seiner weiteren Durchführung bald recht umständlich und abstrakt, insbesondere bei der Einführung der doch nicht zu umgehenden imaginären Elemente. Man kann diese Schwierigkeiten, die selbstverständlich durchaus nicht prinzipieller Natur sind, vermeiden, wenn man für die Grundgebilde (unter denen man sich zunächst noch alles mögliche oder, wenn man will, gar nichts vorstellen kann) im Wege einer expliziten Definition spezielle Dinge substituiert, die dann natürlich ebenfalls den Axiomen zu genügen haben. Der bekannteste und für die Anwendungen, bei denen es sich in der Regel um die geometrische Deutung von Sätzen der Algebra oder Analysis handelt, zweckmäßigste Weg ist der schon in Kap. 1, Ziff. 2 angedeutete Weg einer völligen Arithmetisierung der Geometrie. Man definiert: Der Punkt (des Raumes) ist ein Tripel von Zahlen x, y, z. Dabei ist es durchaus nicht nötig, sich auf reelle Zahlen zu beschränken; man kann von vornherein den ganzen Bereich der komplexen Zahlen zulassen. Die Ebene ist dann die lineare Gleichung

$$u x + v y + w z + 1 = 0 \tag{1}$$

und ist bestimmt, wenn die Koeffizienten u, v, w bekannt sind, die bei dieser Schreibweise ganz symmetrisch mit den Punktkoordinaten auftreten. Es liegt nun nahe, diese Koeffizienten als Koordinaten der Ebene gleichberechtigt neben die Punktkoordinaten x, y, z zu stellen und sie gegebenenfalls statt dieser als veränderlich anzusehen; die Gleichung stellt dann die Bedingung dar, daß eine veränderliche Ebene durch den Punkt x, y, z geht: sie ist die Gleichung dieses Punktes in Ebenenkoordinaten (Gesamtheit aller Ebenen durch einen Punkt oder Ebenenbündel, dual zur Gesamtheit aller Punkte in eine Ebene oder Punktfeld). Wird keines der beiden Gebilde vor dem anderen bevorzugt, so stellt die Gleichung die Inzidenzbedingung von Punkt und Ebene dar. Das Dualitätsgesetz (Ziff. 5) findet seinen Ausdruck in der Symmetrie dieser Gleichung in Punkt- und Ebenenkoordinaten. Analoges gilt in der ebenen Geometrie; an Stelle der obigen Gleichung tritt $u x + v y + 1 = 0$, dem Punkt steht dual die Gerade gegenüber.

Die Gerade kann man dann entweder als Schnitt zweier Ebenen oder dual als Verbindung zweier Punkte definieren (vgl. Ziff. 28). Der Nachweis, daß die so definierten Grundgebilde tatsächlich den in Ziff. 5 erwähnten Axiomen genügen, bietet keine sonderliche Schwierigkeit.

Es erweist sich zweckmäßig, an Stelle der obigen inhomogenen Punkt- und Ebenenkoordinaten sog. homogene einzuführen, nämlich 4 Zahlen x_1, x_2, x_3, x_4

---

[1]) Zu den obigen Ausführungen vgl. F. KLEIN, Elementarmathematik Bd. II, 3. Aufl. Berlin 1925; sowie insbesondere F. ENRIQUES, Vorlesungen über projektive Geometrie 2. Aufl. Leipzig 1915.

bzw. u_1, u_2, u_3, u_4, die nicht alle gleich Null sein dürfen und nicht an sich, sondern bloß hinsichtlich ihrer Verhältnisse betrachtet werden, d. h.: die Zahlen x_1, x_2, x_3, x_4 und $\lambda x_1, \lambda x_2, \lambda x_3, \lambda x_4$ $(\lambda \neq 0)$ sind derselbe Punkt. An Stelle der Gleichung (1) tritt

$$u_1 x_1 + u_2 x_2 + u_3 x_3 + u_4 x_4 = 0. \tag{2}$$

Durch die Einführung der homogenen Koordinaten wird erreicht, daß alle gleichartigen Elemente des Raumes, insbesondere auch die in Ziff. 5 erwähnten uneigentlichen Elemente untereinander völlig gleichberechtigt werden. Die vier Punkte (1, 0, 0, 0), (0, 1, 0, 0), (0, 0, 1, 0) und (0, 0, 0, 1) bilden die Ecken des Fundamentaltetraeders, dessen Seiten die Ebenen $x_1 = 0$, $x_2 = 0$, $x_3 = 0$ und $x_4 = 0$ sind; sie haben also die homogenen Ebenenkoordinaten (1, 0, 0, 0), (0, 1, 0, 0), (0, 0, 1, 0) und (0, 0, 0, 1). Der Punkt (1, 1, 1, 1) heißt Einheitspunkt, die Ebene (1, 1, 1, 1) Einheitsebene. Solange über die gegenseitige Lage der Fundamentalpunkte und des Einheitspunktes keine speziellen Annahmen getroffen sind, werden die eben eingeführten Koordinaten als (allgemeine) homogene projektive Koordinaten bezeichnet; zu inhomogenen projektiven Koordinaten kommt man, indem man z. B. $\frac{x_1}{x_4} = x$, $\frac{x_2}{x_4} = y$, $\frac{x_3}{x_4} = z$, setzt. Eine geometrische Interpretation der projektiven Koordinaten findet sich in Ziff. 7.

Was hier für den Raum gesagt wurde, läßt sich auf die übrigen Grundgebilde (Ebene, Bündel usw.) ohne weiteres übertragen.

7. Das Doppelverhältnis. Unter dem Doppelverhältnis oder Wurf von vier Zahlen a, b, c, d (in dieser Reihenfolge) versteht man den Ausdruck

$$D = (a b c d) = \frac{a-c}{b-c} : \frac{a-d}{b-d}.$$

Die Zahl D bleibt ungeändert, wenn man zugleich zwei der vier Zahlen und zugleich auch die beiden anderen miteinander vertauscht; dagegen geht D über in $1/D$, wenn man nur die beiden ersten oder nur die beiden letzten miteinander vertauscht, und in $1 - D$, wenn man entweder die beiden mittleren oder die beiden äußeren Zahlen miteinander vertauscht. Zu allen 24 Permutationen der vier Zahlen a, b, c, d gehören also im ganzen nur sechs Werte des Doppelverhältnisses, nämlich

$$D, \quad \frac{1}{D}, \quad 1 - D, \quad \frac{1}{1-D}, \quad \frac{D-1}{D}, \quad \frac{D}{D-1}.$$

Ist $(abcd) = -1$, so bilden die vier Zahlen a, b, c, d eine harmonische Gruppe. Sie teilen sich dann in zwei Paare a, b; c, d, so daß sich durch Vertauschung der beiden Paare und der beiden Zahlen jedes Paares die anderen sieben Permutationen der vier Zahlen ergeben, die ebenfalls harmonische Gruppen bilden; die übrigen Permutationen liefern je achtmal die Werte $\frac{1}{2}$ und 2. Die Zahlen a, b heißen konjugiert bezüglich der Zahlen c, d und umgekehrt.

Sind a, b, c, d vier Werte eines veränderlichen Parameters t, so ist $(abcd) = (a'b'c'd')$, wenn a', b', c', d' die vier entsprechenden Werte eines aus t durch eine lineare Transformation $t' = \frac{\alpha t + \beta}{\gamma t + \delta}$ mit $\alpha\delta - \beta\gamma \neq 0$ hervorgegangenen Parameters t' sind, d. h. das Doppelverhältnis ist eine Invariante gegenüber linearen Transformationen.

Es seien nun zunächst x_1, x_2 homogene projektive Koordinaten in einem Grundgebilde erster Stufe, z. B. auf einer Geraden. Wir markieren die drei

Punkte (1,0), (0,1) und (1,1), die hier, den Werten des inhomogenen Parameters $x = \frac{x_1}{x_2}$ entsprechend, als Unendlichkeits-, Null- und Einheitspunkt bezeichnet werden. Die Koordinate x eines beliebigen Punktes der Geraden ist aber dann das Doppelverhältnis dieses Punktes und der drei obigen

$$(\infty\, 0\, 1\, x) = x\,.$$

Damit ist aber die Invarianz der projektiven Koordinaten gegenüber linearen Transformationen nachgewiesen, und zwar zunächst für die Gebilde erster Stufe; man überzeugt sich aber leicht, daß auch in den höheren Gebilden Ähnliches gilt. So ist z. B. im Raum (unter Hervorkehrung der Dualität),

wenn $x_1^{(0)}, x_2^{(0)}, x_3^{(0)}, x_4^{(0)}$ die Koordinaten eines beliebigen Punktes sind, das Doppelverhältnis der vier Ebenen

$$x_4 = 0\,,\ x_1 = 0\,,\ x_1 - x_4 = 0$$

und

$$x_4^{(0)} x_1 - x_1^{(0)} x_4 = 0$$

(als Ebenen des Büschels $x_1 - \lambda x_4 = 0$) gleich $\left(\infty\, 0\, 1\, \frac{x_1^{(0)}}{x_4^{(0)}}\right) = \frac{x_1^{(0)}}{x_4^{(0)}}$.

wenn $u_1^{(0)}, u_2^{(0)}, u_3^{(9)}, u_4^{(0)}$ die Koordinaten einer beliebigen Ebene sind, das Doppelverhältnis der vier Punkte

$$u_4 = 0,\ u_1 = 0,\ u_1 - u_4 = 0$$

und

$$u_4^{(0)} u_1 - u_1^{(0)} u_4 = 0$$

(als Punkte der Geraden $u_1 - \lambda u_4 = 0$) gleich $\left(\infty\, 0\, 1\, \frac{u_1^{(0)}}{u_4^{(0)}}\right) = \frac{u_1^{(0)}}{u_4^{(0)}}$.

8. Projektive Verwandtschaften (Transformationen). Wir knüpfen an die Auseinandersetzungen von Ziff. 5 an und betrachten, um einen bestimmten Fall vor Augen zu haben, zwei ebene Figuren, die auseinander durch eine oder mehrere aufeinanderfolgende Zentralprojektionen hervorgegangen sind, die also, wie man zu sagen pflegt, projektiv verwandt sind. Es ist nun die Frage, wie sich diese projektive Verwandtschaft analytisch, d. h. koordinatenmäßig darstellt. Diese Verwandtschaft ist offenbar umkehrbar eindeutig und hat die Eigenschaft, daß jeder Geraden der einen Figur wieder eine Gerade der anderen Figur entspricht. Daraus kann man schließen, daß zwischen den homogenen Koordinaten x_1, x_2, x_3 und x'_1, x'_2, x'_3 entsprechender Punkte der beiden Ebenen die Gleichungen einer homogenen linearen Transformation mit nicht verschwindender Determinante (Kap. 2, Ziff. 29) bestehen müssen, und daß die Geradenkoordinaten u_1, u_2, u_3 wegen der notwendigen Invarianz der Inzidenzbedingung

$$u_1 x_1 + u_2 x_2 + u_3 x_3 = u'_1 x'_1 + u'_2 x'_2 + u'_3 x'_3 = 0$$

der kontragredienten Transformation unterliegen. Entsprechendes gilt im Raum: Zwischen den Koordinaten entsprechender Punkte bestehen die Relationen der linearen Transformation

$$\varrho x'_i = a_{i1} x_1 + a_{i2} x_2 + a_{i3} x_3 + a_{i4} x_4\,,\ (i = 1, 2, 3, 4) \tag{1}$$

($\varrho \neq 0$ ist ein Proportionalitätsfaktor), zwischen den Koordinaten entsprechender, Ebenen die Relationen der kontragredienten Transformation. Sind u'_1, u'_2, u'_3, u'_4 die Koordinaten einer beliebigen, mit dem Punkt x'_1, x'_2, x'_3, x'_4 inzidenten Ebene so folgt aus (1) durch Multiplikation mit den u' und Addition

$$\sum_{i,k=1}^{4} a_{ik} u'_i x_k = 0\,, \tag{2}$$

d. h. die projektive Verwandtschaft (1) läßt sich auch darstellen durch das Verschwinden einer Bilinearform in kontragredienten Variablenreihen. Deutet man in (2) die u' aber nicht als Ebenen, sondern als Punktkoordinaten, und schreibt dementsprechend dafür lieber die x', so ist

$$\sum_{i,k=1}^{4} a_{ik} x'_i x_k = 0 \tag{2'}$$

oder, was dasselbe ist,

$$\varrho u'_i = a_{i1} x_1 + a_{i2} x_2 + a_{i3} x_3 + a_{i4} x_4 \quad (i = 1, 2, 3, 4) \tag{1'}$$

ebenfalls eine projektive Verwandtschaft, bei der aber den Punkten der einen Figur Ebenen der anderen zugeordnet sind und umgekehrt. Man nennt Verwandtschaften vom Typus (1) und (2) Kollineationen oder Homographien, solche vom Typus (1′) und (2′) Korrelationen. Spezielle Fälle von Korrelationen sind die Polarität (bezüglich einer Fläche zweiten Grades, Ziff. 18) und das Nullsystem (Ziff. 29); und zwar sind das gerade die symmetrischen und schiefsymmetrischen Korrelationen. Die Unterscheidung zwischen Korrelation und Kollineation ist unwesentlich, solange nicht die Frage nach Doppelelementen gestellt wird, das sind Elemente (Punkte, Gerade, Ebenen), die mit ihren entsprechenden inzident sind; d. h. solange man die beiden projektiv aufeinander bezogenen Räume als verschieden ansieht, da man ja dann von der Kollineation zur Korrelation und umgekehrt durch bloße Vertauschung der Bezeichnungen Punkt und Ebene in einem der beiden Räume kommt. Das ist jedoch nicht mehr möglich, wenn die beiden Räume zusammenfallen (man spricht dann auch von einer Projektivität eines Raumes in sich).

Von unserem Standpunkte aus erscheint die projektive Geometrie des Raumes nun einfach als die Invariantentheorie der 15gliedrigen Gruppe der quaternären linearen Transformationen (Kap. 2, Ziff. 20 und Ziff. 29) von der Form (1), die projektive Geometrie der Ebene (ebenso die des Bündels) als Invariantentheorie der 8gliedrigen Gruppe der linearen ternären Transformationen und schließlich die Geometrie in Gebilden erster Stufe als Invariantentheorie der 3gliedrigen Gruppe der binären linearen Transformationen. Denn offenbar muß ja jede projektive Eigenschaft einer geometrischen Figur erhalten bleiben (oder, bei einer Korrelation, in die duale übergehen), wenn man eine lineare Transformation ausübt; d. h. aber, daß der diese Eigenschaft wiederspiegelnde analytische Ausdruck eine Invariante der Transformation sein muß und umgekehrt. Aus der obigen Bemerkung folgt insbesondere noch, daß eine Projektivität durch Angabe von 15 bzw. 8 oder 3 Paaren entsprechender Elemente bestimmt ist.

Sei in inhomogener Schreibweise

$$a x x' + b x + c x' + d = 0 \tag{3}$$

eine nichtsinguläre Projektivität zwischen zwei übereinandergelagerten Gebilden erster Stufe, z. B. Punktreihen. Die Koordinaten x und x' entsprechender Punkte seien auf dieselben Fundamentalpunkte und denselben Einheitspunkt bezogen. Die Antwort auf die Frage nach den Doppelpunkten erhält man, indem man in (3) $x = x'$ setzt: Es gibt im allgemeinen zwei Doppelpunkte. Hat eine Projektivität eines einstufigen Gebildes in sich drei Doppelpunkte, so ist sie die Identität, d. h. es fällt dann jeder Punkt mit seinem entsprechenden zusammen (Fundamentalsatz der projektiven Geometrie). Sind zwei Doppelpunkte vorhanden, so kann man diese als Fundamentalpunkte wählen und erhält die kanonische Form $x' = kx$; das von den Doppelpunkten und einem Paar entsprechender Punkte gebildete Doppelverhältnis hat den festen Wert k, der eine absolute Invariante der Projektivität ist. Ist nur ein Doppelpunkt vorhanden (d. h. fallen die beiden Doppelpunkte in einen einzigen zusammen) und macht man diesen zum Unendlichkeitspunkt, so ergibt sich die kanonische Form $x' = x + k$.

Soll die Projektivität die Eigenschaft haben, daß einem Punkt jedesmal derselbe Punkt entspricht, einerlei, ob man ihn zum ersten oder zweiten der beiden übereinandergelagerten Punktreihen zählt, so muß (3) bei einer Vertauschung von x und x' ungeändert bleiben, d. h. in x und x' symmetrisch sein. Die Bedingung dafür ist $b = c$. Derartige Projektivitäten werden als Involutionen bezeichnet; sie besitzen immer zwei verschiedene Doppelpunkte. Die absolute Invariante hat den Wert $k = -1$ und daraus folgt, daß jedes Paar entsprechender Punkte von den Doppelpunkten harmonisch getrennt wird.

Projektivitäten zwischen verschiedenen Grundgebilden gleicher Stufe haben keine absoluten Invarianten.

9. Affine Geometrie. Läßt man die Gleichberechtigung der uneigentlichen Elemente (Ziff. 5) fallen und beschränkt sich demgemäß auf solche Transformationen, die diese ungeändert (invariant) lassen, so kommt man zu einer etwas spezielleren Geometrie, als es die projektive ist, in der zwar im wesentlichen noch immer keinerlei Maßverhältnisse, wohl aber die Begriffe des Parallelismus sowie der Begriff des Mittelpunktes einer Strecke eine Rolle spielen. Man nennt diesen Zweig affine Geometrie. Daß der Mittelpunkt M einer Strecke AB affine Bedeutung hat, folgt daraus, daß M der zum unendlichfernen Punkt bezüglich AB konjugierte Punkt ist (Ziff. 7). Damit ist auf der Geraden (aber nur auf dieser) eine Metrik gegeben: Wählt man für die Koordinate x zwei beliebige Punkte A, B als Null- und Einheitspunkt, den unendlich fernen Punkt als Punkt $x = \infty$, so ist x nichts anderes als der mit der Einheit $\overline{AB}$ gemessene Abstand des betreffenden Punktes vom Nullpunkt.

Macht man die unendlichferne Ebene des Raumes zur Ebene $x_4 = 0$, so hat man, um die Invarianz dieser Ebene zu erreichen, in den Formeln (1) von Ziff. 8 $a_{41} = a_{42} = a_{43} = 0$ zu setzen und kann noch $a_{44} = 1$ nehmen. In inhomogenen Koordinaten x, y, z erhält diese Transformation dann die Gestalt

$$\left.\begin{aligned} x' &= a_{11}x + a_{12}y + a_{13}z + a_{14}, \\ y' &= a_{21}x + a_{22}y + a_{23}z + a_{24}, \\ z' &= a_{31}x + a_{32}y + a_{33}z + a_{34}, \end{aligned}\right\} \qquad (1)$$

d. h. wir kommen zu dem Resultat (vgl. Ziff. 8): Die affine Geometrie ist die Invariantentheorie der (nicht homogenen) linearen Transformationen oder der (für den Raum) quaternären homogenen linearen Transformationen unter Adjunktion einer invarianten Linearform (der uneigentlichen Ebene); d. h. die Eigenschaften einer geometrischen Figur finden ihren analytischen Ausdruck in den projektiven Simultaninvarianten der Figur und der ausgezeichneten Linearform. Da die 12gliedrige Gruppe der Transformationen (1), die allgemeine affine Gruppe, eine Untergruppe (Kap. 2, Ziff. 29) der 15gliedrigen projektiven Gruppe ist, erscheint somit die affine Geometrie geradezu als Spezialfall der projektiven; alle affinen Eigenschaften einer Figur sind projektive Eigenschaften der Figur oder projektive Beziehungen der Figur zur unendlichfernen Ebene (z. B. projektive Eigenschaften des Schnittes der Figur mit der unendlich fernen Ebene (vgl. Ziff. 21 und 22).

An Stelle des Doppelverhältnisses tritt als fundamentale absolute Invariante das Teilverhältnis dreier Zahlen (Punkte) a, b, c; man versteht darunter den Ausdruck $T = (a\,b\,c) = \frac{a-c}{b-c}$, der mit dem Doppelverhältnis $(a\,b\,c\,\infty)$ übereinstimmt.

Die oben eingeführten Koordinaten x, y, z werden als (inhomogene) affine Koordinaten bezeichnet. Die drei Ebenen $x = 0$, $y = 0$ und $z = 0$ bilden ein Dreikant (das natürlich durchaus nicht rechtwinklig sein muß; dieser Begriff ist ja in der affinen Geometrie vollkommen ohne Bedeutung), dessen Kanten mit den Doppelgleichungen $y = z = 0$, $z = x = 0$ und $x = y = 0$ die Koordinatenachsen sind. Ihr Schnittpunkt $O = (0, 0, 0)$ ist der Nullpunkt der Maßbestimmung auf allen drei Achsen; bezeichnet man (Abb. 3) ihre Einheitspunkte mit $E_1 = (1, 0, 0)$, $E_2 = (0, 1, 0)$, $E_3 = (0, 0, 1)$, so sind die Koordinaten x_0, y_0, z_0 eines beliebigen Punktes P des Raumes die in den Einheitsstrecken $\overline{OE_1}$, $\overline{OE_2}$, $\overline{OE_3}$ auf den betreffenden Achsen gemessenen Abstände $\overline{OP_1}$, $\overline{OP_2}$, $\overline{OP_3}$, wobei die Punkte $P_1 = (x_0, 0, 0)$, $P_2 = (0, y_0, 0)$, $P_3 = (0, 0, z_0)$ die bzw. parallel zu den Ebenen $x = 0$, $y = 0$, $z = 0$ genommenen Projektionen von P auf die Koordinatenachsen sind (d. h. die Schnittpunkte der Ebenen $x = x_0$, $y = y_0$, $z = z_0$ mit den Koordinatenachsen).

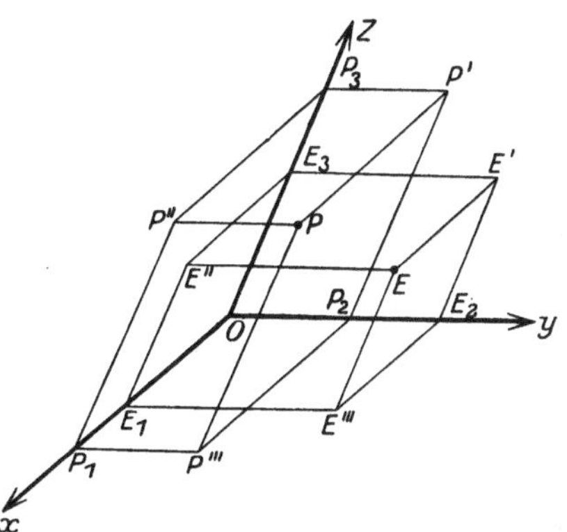

Abb. 3. Affine Koordinaten.

10. Äquiforme und metrische Geometrie. So wie man durch die Forderung der Invarianz der Parallelität von der projektiven zur affinen Geometrie kommt, so gelangt man durch die Forderung der Invarianz der Orthogonalität (und damit der Invarianz aller Winkel) von der affinen weiter zur sog. äquiformen Geometrie, deren Gegenstand alle jene Eigenschaften geometrischer Figuren sind, die durch äquiforme oder Ähnlichkeitstransformationen nicht zerstört werden. Diese Transformationen des Raumes bilden eine 7gliedrige Untergruppe (Hauptgruppe nach F. KLEIN) der affinen und somit auch der allgemeinen projektiven Gruppe. Zur metrischen Geometrie im engeren Sinne (meist wird auch schon die allgemeinere äquiforme Geometrie so bezeichnet) kommt man dann durch die Forderung der Invarianz des Abstandes zweier Punkte; die zugehörigen Transformationen sind die Bewegungen (Drehungen und Parallelverschiebungen) des Raumes und bilden eine 6gliedrige Untergruppe (Bewegungsgruppe) der obigen Gruppen.

Es liegt nun die Frage nahe, ob es nicht möglich ist, auch diese Gruppe durch Auszeichnung gewisser geometrischer Gebilde festzulegen, so wie es beim Übergang von der projektiven zur affinen Geometrie durch Auszeichnung der uneigentlichen Elemente geschah. Das ist in der Tat der Fall, wie zunächst für die ebene Geometrie gezeigt werden soll. Ordnet man jeder Geraden eines Büschels die zu ihr senkrechte Gerade desselben Büschels zu, so ergibt sich offenbar eine Involution (die sog. Rechtwinkelinvolution), deren Doppelstrahlen die beiden durch den Scheitel des Büschels gehenden isotropen Geraden (Ziff. 13) der Ebene sind. Sämtliche isotropen Geraden der Ebene schneiden die unendlichferne Gerade aber in zwei (imaginären) Punkten, dem absoluten Punktepaar. Die Transformationen, die das absolute Punktepaar in sich überführen, müssen also die Ähnlichkeitstransformationen sein; denn durch das absolute Punktepaar sind umgekehrt in jedem Punkt P der Ebene die isotropen Geraden bestimmt; die Involution, die diese zu Doppelgeraden hat, ist aber die Rechtwinkelinvolution und somit läßt sich zu jeder durch P gehenden Geraden g die zu g senkrechte Gerade durch P angeben, nämlich die zu g bezüglich der isotropen Geraden durch P konjugierte. Es seien in homogenen Koordinaten $u_1 x_1 + u_2 x_2 + u_3 x_3 = 0$, $v_1 x_1 + v_2 x_2 + v_3 x_3 = 0$ zwei Gerade, bezogen auf ein normales kartesisches System (Ziff. 12). Die beiden Geraden stehen aufeinander senkrecht, wenn $u_1 v_1 + u_2 v_2 = 0$ ist. Der Kreis mit dem Mittelpunkt $(a_1, a_2, 1)$

und dem Radius $\sqrt{a}$, nämlich $x_1^2 + x_2^2 - 2(a_1 x_1 + a_2 x_2) x_3 - a x_3^2 = 0$ schneidet die unendlichferne Gerade $x_3 = 0$ im absoluten Punktepaar $x_1^2 + x_2^2 = 0$, $x_3 = 0$, deren Gleichung in Linienkoordinaten $u_1^2 + u_2^2 = 0$ ist (zerfallende Kurve zweiter Klasse, vgl. Ziff. 19); durch diese Bedingung sind die isotropen Geraden der Ebene charakterisiert und die obige Orthogonalitätsbedingung ist nichts anderes als die Bedingung dafür, daß die beiden Geraden konjugiert sind bezüglich der isotropen Geraden x durch ihren Schnittpunkt.

Ähnlich liegt die Sache im Raum. Alle Kugeln schneiden die unendlichferne Ebene $x_4 = 0$ (wir legen wieder ein normales kartesisches System zugrunde) im absoluten Kegelschnitt $x_1^2 + x_2^2 + x_3^2 = 0$, $x_4 = 0$. Seine Gleichung in Ebenenkoordinaten ist $u_1^2 + u_2^2 + u_3^2 = 0$ und die Polarität bezüglich dieser ausgearteten Fläche zweiter Klasse (Ziff. 19) ist gegeben durch $u_1 v_1 + u_2 v_2 + u_3 v_3 = 0$; das ist aber gerade die Bedingung dafür, daß die Ebenen $u_1 x_1 + u_2 x_2 + u_3 x_3 + u_4 x_4 = 0$ und $v_1 x_1 + v_2 x_2 + v_3 x_3 + v_4 x_4 = 0$ aufeinander senkrecht stehen (Ziff. 16). Der (imaginäre) Kegel, der den absoluten Kegelschnitt aus einem eigentlichen Punkt des Raumes projiziert und dessen Gleichung die Form $(x_1 - a_1 x_4)^2 + (x_2 - a_2 x_4)^2 + (x_3 - a_3 x_4)^2 = 0$ hat, wird als absoluter Kegel des Punktes $(a_1, a_2, a_3, 1)$ bezeichnet; er vertritt im Raum die isotropen Geraden der Ebene. Die Tangentenebenen des absoluten Kegels sind die ∞^1 isotropen Ebenen durch den Punkt $(a_1, a_2, a_3, 1)$.

Zusammenfassend läßt sich also sagen, daß die äquiforme Geometrie aus der affinen durch weitere Adjunktion des absoluten Gebildes entsteht.

11. Das Erlanger Programm. Unsere obigen Überlegungen haben ein für die Geometrie in doppelter Hinsicht fundamentales Ergebnis gezeitigt. Zunächst einmal rückt die Stellung der projektiven Geometrie ins rechte Licht: während sie von vornherein nur als ein dürftiger Ausschnitt aus dem fruchtbaren Gebiet der metrischen erscheint, ist die Sache in Wirklichkeit gerade umgekehrt: die affine und metrische Geometrie erscheinen als Sonderfälle der projektiven, jeder Satz der metrischen Geometrie erscheint als Aussage über projektive Beziehungen des betrachteten Gebildes zum absoluten. Diese Tatsache wurde zum erstenmal von dem englischen Geometer CAYLEY klar erkannt: „projective geometry is all geometry." So besteht z. B. die ganze, weitausgebaute Dreiecksgeometrie aus Sätzen über projektive Beziehungen zwischen 5 Punkten, von denen nur zwei als absolutes Punktepaar sprachlich ausgezeichnet sind. Das zweite Ergebnis besteht in dem Heranziehen der Gruppentheorie. Jede Geometrie erscheint als Invariantentheorie einer gewissen kontinuierlichen Transformationsgruppe. Damit erscheint in der ungeheueren Mannigfaltigkeit geometrischer Sätze erst das ordnende Prinzip, dem nicht nur die drei obigen Geometrien, sondern auch alle anderen unterliegen, wie z. B. die Kugelgeometrie und die Geometrie der reziproken Radien, deren Gruppe dadurch entsteht, daß man zu den Transformationen der Bewegungsgruppe noch die Transformation durch reziproke Radien hinzufügt, die in der Funktionentheorie eine Rolle spielt, sowie die nichteuklidischen Maßgeometrien (VI) und die Topologie (VII), die allgemeinste Geometrie, deren Gruppe durch die umkehrbar eindeutigen und stetigen Punkttransformationen gebildet wird usw. Mit einem Wort, der obige Satz ist umkehrbar: zu jeder Transformationsgruppe gehört eine bestimmte Geometrie. Diese Gedanken hat F. KLEIN gelegentlich seines Amtsantrittes an der Universität Erlangen zum erstenmal veröffentlicht, daher der Name „Erlanger Programm"[1]).

[1]) „Vergleichende Betrachtungen über neuere geometrische Forschungen", Erlangen 1872. Wiederabdruck in Math. Annalen Bd. 43. 1893 und Gesammelte math. Abhandlungen Bd. I, S. 460. Berlin 1921. Vgl. auch das Zitat auf S. 108.

12. Koordinatensysteme. Je nachdem ob man projektive, affine oder metrische Eigenschaften eines geometrischen Gebildes studieren will, wird man der analytischen Untersuchung projektive, affine oder metrische Koordinaten zugrunde legen. Das allgemeine projektive Koordinatensystem wurde in Ziff. 6 besprochen, das affine Koordinatensystem, das sich aus dem projektiven dadurch ergibt, daß man die drei Fundamentalpunkte (1, 0, 0, 0), (0, 1, 0, 0) und (0, 0, 1, 0) in die uneigentliche Ebene $x_4 = 0$ legt, in Ziff. 9. Dieses affine Koordinatensystem ist zugleich das allgemeinste schiefwinklige kartesische Koordinatensystem. Die spezielleren kartesischen Systeme gehören bereits der metrischen Geometrie an: das schiefwinklige System mit gleichen Einheitsstrecken auf den drei Achsen, und das rechtwinklige System, bei dem die uneigentlichen Punkte der Achsen ein Polardreieck des absoluten Kegelschnittes bilden und bei dem die Einheitsstrecken auf den drei Achsen entweder beliebig oder gleich (normales kartesisches System) sind. In der metrischen Geometrie ist noch die Unterscheidung zwischen Rechtssystem und Linkssystem wichtig (Abb. 4). Bekanntlich gibt es zu jeder räumlichen Figur eine spiegelbildlich kongruente, die mit ihr nicht durch Bewegungen zur Deckung gebracht werden kann; dasselbe gilt auch von diesen beiden Typen normaler kartesischer Systeme. Daumen, Zeige- und Mittelfinger der rechten Hand bilden, wenn sie ungefähr rechtwinklig zueinander gehalten werden, der Reihe nach x-, y- und z-Achsen eines Rechtssystems, die der linken Hand in derselben Reihenfolge die Achsen eines Linkssystems. Oder: dreht man in einem Rechtssystem (Linkssystem) die positive x-Achse durch den kleineren Winkel ($\pi/2$) in die positive y-Achse und geht man dabei in der Richtung der positiven z-Achse ein Stück weiter, so führt man die Bewegung einer Rechtsschraube (Linksschraube) aus. Die erwähnte Drehung geschieht, von der positiven z-Achse aus betrachtet, dabei im positiven (negativen) Drehungssinn. Ähnlich gibt es auch in der Ebene zwei Systeme, die nicht durch eine ganz in der Ebene verlaufende Bewegung zur Deckung gebracht werden können (wohl aber durch eine räumliche Bewegung).

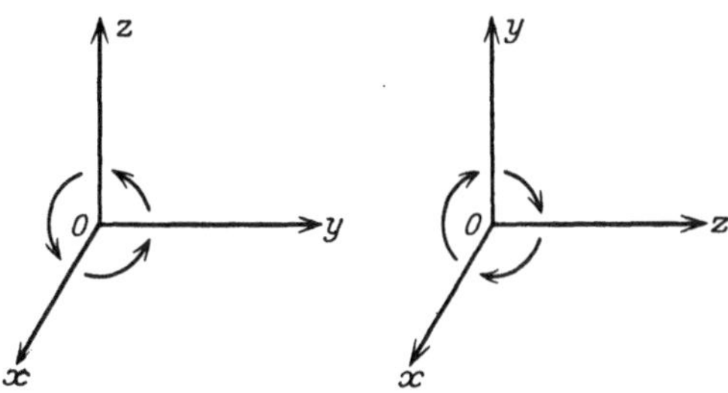

Abb. 4. Rechtssystem und Linkssystem.

Bemerkt sei, daß die Unterscheidung zwischen homogenen und inhomogenen Koordinaten in erster Linie formaler Natur ist; erstere sind in der projektiven Geometrie immer, in der affinen und metrischen Geometrie nur dann zweckmäßig, wenn es sich um Aussagen über unendlichferne Gebilde handelt (z. B. in Ziff. 10).

Wir erwähnen noch einige spezielle metrische Koordinatensysteme:

1. Die ebenen Polarkoordinaten. Man wählt in der Ebene einen festen Punkt O und legt durch ihn eine orientierte, d. h. mit Durchlaufungssinn versehene Gerade, die Polarachse. Die Polarkoordinaten eines Punktes P der Ebene sind dann der Abstand $r = \overline{OP}$ vom Ursprung sowie der Winkel φ, den diese Strecke mit der Polarachse bildet. Zu jedem Punkt gehören unendlich viele Polarkoordinaten, nämlich $(r, \varphi + 2k\pi)$ und $(-r, \varphi + \overline{2k+1}\pi)$. Man legt den Polarkoordinaten daher manchmal die Einschränkung $r \geq 0$, $0 \leq \varphi < 2\pi$ auf. Zwischen Polarkoordinaten und rechtwinkligen kartesischen Koordinaten x, y bestehen die Transformationsformeln

$$x = r\cos\varphi, \qquad y = r\sin\varphi$$

bzw.

$$r = \sqrt{x^2 + y^2}, \qquad \varphi = \operatorname{arc\,tg}\frac{y}{x}.$$

2. Polarkoordinaten im Raum (Abb. 5). Man wählt einen festen Punkt O, legt durch ihn eine orientierte, d. h. mit Drehungssinn versehene Ebene π sowie eine orientierte Gerade g, die auf O senkrecht steht. In π legt man noch eine orientierte Gerade h durch O. Den Durchlaufungssinn auf g wählt man zweckmäßig so, daß er zusammen mit dem Drehungssinn in π eine Rechtsschraube bildet. Die Polarkoordinaten eines Punktes P sind dann: der Abstand $r = \overline{OP}$ vom Ursprung, der Winkel φ, den die senkrechte Projektion P' von P auf π mit der Geraden h einschließt und schließlich der Winkel ϑ zwischen der Strecke $\overline{OP}$ und g. Man bekommt alle Punkte des Raumes gerade einmal, wenn man die Polarkoordinaten den Einschränkungen $r \geq 0$, $0 \leq \varphi < 2\pi$ und $0 \leq \vartheta \leq \pi$ unterwirft. Die Flächen $r =$ konst. (Kugeln vom Radius r mit dem Mittelpunkt O), $\varphi =$ konst. (Ebenen durch g) und $\vartheta =$ konst. (gerade Kreiskegel mit der Achse g und dem Öffnungswinkel 2ϑ) bilden ein dreifaches Orthogonalsystem (Kap. 4, Ziff. 28). Der Zusammenhang mit rechtwinkligen kartesischen Koordinaten ist gegeben durch die Transformationsformeln

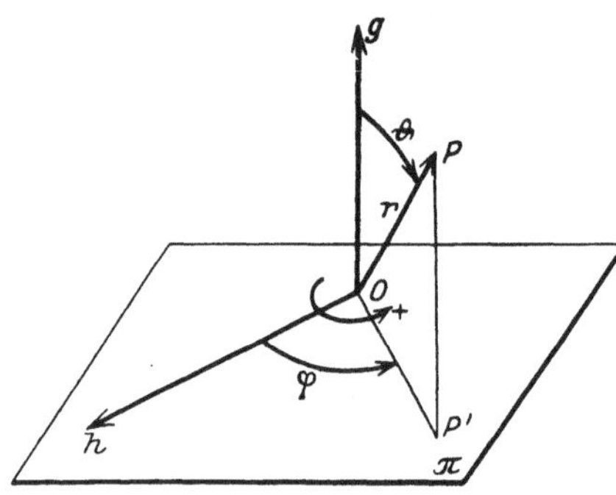

Abb. 5. Räumliche Polarkoordinaten.

$$x = r \sin\vartheta \cos\varphi, \qquad y = r \sin\vartheta \sin\varphi, \qquad z = r \cos\vartheta$$

und

$$r = \sqrt{x^2 + y^2 + z^2}, \qquad \vartheta = \operatorname{arc\,tg} \frac{\sqrt{x^2 + y^2}}{z}, \qquad \varphi = \operatorname{arc\,tg} \frac{y}{x}.$$

3. Zylinderkoordinaten im Raum. Diese sind ein Mittelding zwischen kartesischen und Polarkoordinaten und entstehen, indem man bloß in der xy-Ebene Polarkoordinaten einführt, die z-Koordinate jedoch ungeändert läßt. Die Flächen $r =$ konst. (gerade Kreiszylinder mit der z-Achse als Achse), $\varphi =$ konst. (Ebenen durch die z-Achse) und $z =$ konst. (Ebenen senkrecht zur z-Achse) bilden ebenfalls ein dreifach orthogonales System.

Über elliptische Koordinaten vgl. Ziff. 26.

III. Punkt, Gerade und Ebene im Raum.

13. Allgemeines. Wir legen der folgenden Darstellung, die im wesentlichen eine Formelsammlung ist, ein normales kartesisches Rechtssystem zugrunde, auch dort, wo es sich um Sätze der projektiven Geometrie handelt. Homogene Koordinaten sind mit x, y, z, t, inhomogene mit x, y, z bezeichnet, so daß sich die letzteren aus den ersteren für $t = 1$ ergeben. Dort, wo es zweckmäßig ist, sind die Formeln in vektorieller Schreibweise gegeben.

Eine Gleichung $F(x, y, z) = 0$ stellt eine Fläche dar. Ist F linear, so ist diese Fläche eine Ebene $Ax + By + Cz + D = 0$. Eine besondere Ausnahmsstellung nehmen hier die isotropen Ebenen (auch Minimalebenen genannt) ein. Bei ihnen ist $A^2 + B^2 + C^2 = 0$, sie sind also imaginär, sofern nicht $A = B = C = 0$ ist (unendlichferne Ebene $t = 0$). Die nicht isotropen Ebenen werden als euklidische Ebenen bezeichnet. Jede euklidische Ebene schneidet den absoluten Kegelschnitt (Ziff. 10) in zwei Punkten, dem absoluten Punktepaar der Ebene. Die Verbindungsgeraden eines Punktes der Ebene mit dem absoluten Punktepaar sind die beiden isotropen Geraden (oder Minimalgeraden) durch den Punkt. Die isotropen Ebenen berühren den absoluten Kegelschnitt, durch jeden Punkt einer isotropen Ebene geht also nur eine einzige isotrope Gerade. Durch jede euklidische (nicht isotrope) Gerade gehen zwei isotrope Ebenen, durch jede isotrope Gerade nur eine. Vgl. hierzu auch Kap. 4, Ziff. 15.

Eine Gleichung zwischen zwei der drei Veränderlichen x, y, z, etwa zwischen x, y ist im Raum ebenfalls eine Fläche, und zwar ein Zylinder, dessen Erzeugende zur z-Achse parallel sind.

Zwei Gleichungen $F(x, y, z)$ und $G(x, y, z)$, deren Funktionalmatrix den Rang zwei hat (Kap. 1, Ziff. 25) stellen eine Kurve dar. Sind beide Gleichungen linear, so ist die Kurve eine Gerade.

Über Parameterdarstellungen vgl. Kap. 1, Ziff. 26.

Eine Ebene heißt orientiert, wenn in ihr ein Drehungssinn als positiv festgelegt ist. Dadurch ist dann auch ein positiver Sinn auf der Normalen bestimmt, und zwar jener, der zusammen mit dem positiven Drehungssinn der Ebene eine Rechtsschraube bildet. Eine Gerade heißt orientiert, wenn auf ihr ein bestimmter positiver Durchlaufungssinn gegeben ist.

14. Gleichungsformen der Ebene. Ist $\mathfrak{n}$ ein beliebiger Vektor der Normalenrichtung, $\mathfrak{p}$ und $\mathfrak{p}_0$ die Ortsvektoren zweier Punkte der Ebene, von denen der erste veränderlich, der zweite fest ist, so ist

$$(\mathfrak{p} - \mathfrak{p}_0)\,\mathfrak{n} = 0. \tag{1}$$

Bezeichnet man die Einheitsvektoren in den Koordinatenachsen mit $\mathfrak{i}$, $\mathfrak{j}$, $\mathfrak{k}$ und setzt $\mathfrak{p} = x\mathfrak{i} + y\mathfrak{j} + z\mathfrak{k}$, $\mathfrak{n} = A\mathfrak{i} + B\mathfrak{j} + C\mathfrak{k}$ und $\mathfrak{p}_0\mathfrak{n} = -D$, so geht (1) über in die allgemeine Ebenengleichung

$$Ax + By + Cz + D = 0, \tag{2}$$

in der somit A, B, C Richtungsparameter der Normalen (Stellungsparameter der Ebene) sind; sind α, β, γ die Winkel der Normalen mit den Koordinatenachsen, so ist also

$$A : B : C = \cos\alpha : \cos\beta : \cos\gamma$$

Ist $\mathfrak{n}$ Einheitsvektor, die Ebene also orientiert, so ist $\mathfrak{p}_0\mathfrak{n} = p$ der Abstand der Ebene vom Ursprung und statt (2) ergibt sich

$$x\cos\alpha + y\cos\beta + z\cos\gamma - p = 0 \tag{3}$$

die Hessesche Normalform der Ebenengleichung; der Abstand p ist dabei positiv oder negativ zu nehmen, je nachdem der Ursprung auf der negativen oder positiven Seite der Ebene liegt. Aus den Koeffizienten von (2) ergibt sich p bis aufs Vorzeichen aus

$$p = \frac{-D}{\sqrt{A^2 + B^2 + C^2}}.$$

Die Ebene (2) geht durch den Ursprung, wenn $D = 0$ ist; ist das nicht der Fall, so kann man ihre Gleichung nach Division durch $-D$ in die Form

$$\frac{x}{a} + \frac{y}{b} + \frac{z}{c} - 1 = 0 \tag{4}$$

bringen (Abschnittsgleichung), wo $a = -\frac{D}{A}$, $b = -\frac{D}{B}$, $c = -\frac{D}{C}$ die vom Ursprung aus gemessenen Längen der Strecken sind, die die Ebene auf den Koordinatenachsen abschneidet.

Die Gleichung der Ebene durch drei Punkte (x_1, y_1, z_1), (x_2, y_2, z_2) und (x_3, y_3, z_3) ist

$$\begin{vmatrix} x & y & z & 1 \\ x_1 & y_1 & z_1 & 1 \\ x_2 & y_2 & z_2 & 1 \\ x_3 & y_3 & z_3 & 1 \end{vmatrix} = 0,$$

es ist das die Bedingung dafür, daß die 4 Punkte, deren Koordinaten in den einzelnen Zeilen stehen, in einer Ebene liegen.

15. Gleichungsformen der Geraden. Die Gerade durch zwei Punkte mit den Ortsvektoren $\mathfrak{p}_1 = x_1\mathfrak{i} + y_1\mathfrak{j} + z_1\mathfrak{k}$ und $\mathfrak{p}_2 = x_2\mathfrak{i} + y_2\mathfrak{j} + z_2\mathfrak{k}$ ist in Parameterdarstellung

$$\mathfrak{p} = \mathfrak{p}_1 + t(\mathfrak{p}_2 - \mathfrak{p}_1)\,. \tag{1}$$

Durch Elimination von t folgt in Koordinaten die Doppelgleichung

$$\frac{x - x_1}{x_1 - x_2} = \frac{y - y_1}{y_1 - y_2} = \frac{z - z_1}{z_1 - z_2}\,. \tag{2}$$

Setzt man $\mathfrak{p}_2 - \mathfrak{p}_1 = \mathfrak{q}$, so erhält man die Gerade durch $\mathfrak{p}_1$ mit der gegebenen Richtung $\mathfrak{q} = a\mathfrak{i} + b\mathfrak{j} + c\mathfrak{k}$

$$\mathfrak{p} = \mathfrak{p}_1 + t\mathfrak{q} \tag{3}$$

oder

$$\frac{x - x_1}{a} = \frac{y - y_1}{b} = \frac{z - z_1}{c} \tag{4}$$

deren Richtungsparameter a, b, c sind. Ist $\mathfrak{q}$ Einheitsvektor, so ist die Gerade orientiert und es wird $a = \cos\lambda$, $b = \cos\mu$, $c = \cos\nu$, wo λ, μ, ν die Winkel der Geraden mit den Koordinatenachsen sind. Eine parameterfreie Gestalt von (3) ist

$$[\mathfrak{p} - \mathfrak{p}_1, \mathfrak{q}] = 0 \tag{5}$$

oder

$$[\mathfrak{p}\,\mathfrak{q}] = \mathfrak{m}\,, \tag{6}$$

dabei ist $\mathfrak{m}$ das Drehmoment der in der Geraden wirkenden Kraft $\mathfrak{q}$ bezüglich des Ursprungs. Ist wieder $\mathfrak{q} = \mathfrak{p}_2 - \mathfrak{p}_1$, so sind die Komponenten von $\mathfrak{q}$ und $\mathfrak{m}$

$$x_2 - x_1\,,\quad y_2 - y_1\,,\quad z_2 - z_1\,,\quad y_1 z_2 - y_2 z_1\,,\quad z_1 x_2 - z_2 x_1\,,\quad x_1 y_2 - x_2 y_1\,.$$

Diese sechs Größen werden als Plückersche Koordinaten der Geraden bezeichnet. Sie sind nicht unabhängig voneinander (vgl. V, insbesondere Ziff. 28).

16. Beziehungen zwischen den Grundgebilden. Vier Ebenen $A_i x + B_i y + C_i z + D_i = 0$ $(i = 1, 2, 3, 4)$ gehen durch einen Punkt, wenn

$$\begin{vmatrix} A_1 & B_1 & C_1 & D_1 \\ A_2 & B_2 & C_2 & D_2 \\ A_3 & B_3 & C_3 & D_3 \\ A_4 & B_4 & C_4 & D_4 \end{vmatrix} = 0$$

ist. Drei Ebenen gehen durch eine Gerade, wenn die vier dreireihigen Determinanten der Matrix

$$\begin{pmatrix} A_1 & B_1 & C_1 & D_1 \\ A_2 & B_2 & C_2 & D_2 \\ A_3 & B_3 & C_3 & D_3 \end{pmatrix}$$

verschwinden.

Der Winkel zweier Ebenen $(\mathfrak{p} - \mathfrak{p}_1)\,\mathfrak{n}_1 = 0$ und $(\mathfrak{p} - \mathfrak{p}_2)\,\mathfrak{n}_2 = 0$, ist

$$\cos\vartheta = \frac{\mathfrak{n}_1\mathfrak{n}_2}{\sqrt{\mathfrak{n}_1^2 \cdot \mathfrak{n}_2^2}} = \frac{A_1 A_2 + B_1 B_2 + C_1 C_2}{\sqrt{A_1^2 + B_1^2 + C_1^2}\,\sqrt{A_2^2 + B_2^2 + C_2^2}}\,;$$

sie stehen aufeinander senkrecht, wenn

$$\mathfrak{n}_1\mathfrak{n}_2 = A_1 A_2 + B_1 B_2 + C_1 C_2 = 0$$

ist. Eine isotrope Ebene steht daher auf sich selbst senkrecht (vgl. Ziff. 10). Zwei Ebenen sind parallel, wenn $[\mathfrak{n}_1\mathfrak{n}_2] = 0$ oder

$$A_1 : B_1 : C_1 = A_2 : B_2 : C_2$$

ist; ihr Abstand ist dann

$$d = p_2 - p_1 = (\mathfrak{p}_2 - \mathfrak{p}_1)\,\frac{\mathfrak{n}_1}{\sqrt{\mathfrak{n}_1^2}}$$

(p_1 und p_2 sind die absoluten Glieder der Hesseschen Normalformen).

Der Abstand eines Punktes $\mathfrak{p}_0 = x_0\mathfrak{i} + y_0\mathfrak{j} + z_0\mathfrak{k}$ von einer Ebene $(\mathfrak{p} - \mathfrak{p}_1)\mathfrak{n} = 0$ ist

$$d = \frac{(\mathfrak{p}_0 - \mathfrak{p}_1)\mathfrak{n}}{\sqrt{\mathfrak{n}^2}} = x_0 \cos\alpha + y_0 \cos\beta + z_0 \cos\gamma - p;$$

ist die Ebene also in der Hesseschen Normalform gegeben, so erhält man den Abstand durch Einsetzen der Koordinaten des Punktes $\mathfrak{p}_0$ in die linke Seite der Ebenengleichung. Er wird positiv oder negativ, je nachdem der Punkt $\mathfrak{p}_0$ und der Ursprung auf verschiedener oder auf derselben Seite der Ebene liegen.

Zwei Gerade $\mathfrak{p}_1 + t\mathfrak{q}_1$ und $\mathfrak{p}_2 + t\mathfrak{q}_2$ haben den Abstand

$$\frac{(\mathfrak{p}_2 - \mathfrak{p}_1, \mathfrak{q}_1, \mathfrak{q}_2)}{[\mathfrak{q}_1\mathfrak{q}_2]^2}[\mathfrak{q}_1\mathfrak{q}_2]$$

von der Länge

$$\frac{(\mathfrak{p}_2 - \mathfrak{p}_1, \mathfrak{q}_1, \mathfrak{q}_2)}{\sqrt{[\mathfrak{q}_1\mathfrak{q}_2]^2}};$$

sie schneiden einander also, wenn

$$(\mathfrak{p}_2 - \mathfrak{p}_1, \mathfrak{q}_1, \mathfrak{q}_2) = 0$$

und sind insbesondere parallel, wenn

$$[\mathfrak{q}_1\mathfrak{q}_2] = 0$$

ist. Die Bedingung für die Orthogonalität ist

$$\mathfrak{q}_1\mathfrak{q}_2 = 0.$$

Die Gerade $\mathfrak{p}_1 + t\mathfrak{q}$ ist zur Ebene $(\mathfrak{p} - \mathfrak{p}_0)\mathfrak{n} = 0$ senkrecht, wenn

$$[\mathfrak{n}\mathfrak{q}] = 0$$

und parallel, wenn

$$\mathfrak{n}\mathfrak{q} = 0$$

ist.

17. Mehrdimensionale Räume. Der Begriff des n-dimensionalen Raumes R_n wurde bereits in Kap. 1, Ziff. 2 formuliert.

k Punkte $x^{(j)}$ $(j = 1, 2, \ldots, k)$ des R_n heißen linear abhängig oder unabhängig, je nachdem der Rang r ihrer Koordinatenmatrix

$$\begin{pmatrix} x_1^{(1)} & x_2^{(1)} & \ldots & x_n^{(1)} & 1 \\ x_1^{(2)} & x_2^{(2)} & \ldots & x_n^{(2)} & 1 \\ \cdots & \cdots & \cdots & \cdots & \cdots \\ x_{(1)}^{(k)} & x_2^{(k)} & \ldots & x_n^{(k)} & 1 \end{pmatrix} \tag{1}$$

kleiner als k oder gleich ist. Im R_n gibt es somit höchstens $n + 1$ linear unabhängige Punkte.

Die k Punkte $x^{(j)}$ bestimmen, wenn sie unabhängig sind, einen Unterraum R_{k-1} des R_n (Verbindungs- oder Zugehörigkeitsraum der Punkte), der in Parameterdarstellung durch

$$x_i = \frac{\lambda_1 x_i^{(1)} + \lambda_2 x_i^{(2)} + \cdots \lambda_k x_i^{(k)}}{\lambda_1 + \lambda_2 + \cdots + \lambda_k},$$

oder in parameterfreier Form durch ein System linearer Gleichungen gegeben ist, welches man durch Nullsetzen der $k + 1$-reihigen Determinanten einer Matrix erhält, die wie (1) aus den Koordinaten der k Punkte $x^{(j)}$ und aus denen des laufenden Punktes x gebildet ist, also $k + 1$ Zeilen enthält. Allgemein versteht man unter Zugehörigkeitsraum einer Anzahl von Räumen oder Mannigfaltigkeiten den Raum kleinster Dimension, der sie alle enthält; von einem Verbindungsraum pflegt man nur bei linearen Räumen zu sprechen, ebenso von einem Schnittraum (Raum größter Dimension, der in allen gegebenen Räumen enthalten ist).

Haben zwei Räume R_p und R_q einen R_v zum Verbindungsraum und einen R_s zum Schnittraum, so ist stets

$$p + q = v + s,$$

wobei $s = -1$ zu setzen ist, wenn der R_p überhaupt keinen Punkt mit dem R_q gemeinsam hat.

m Räume $R_{k_1}, R_{k_2}, \ldots, R_{k_m}$ heißen linear unabhängig, wenn die Dimension d ihres Zugehörigkeitsraumes den Wert

$$k_1 + k_2 + \cdots + k_m + m - 1$$

hat, ist d kleiner als diese Zahl, so heißen die Räume linear abhängig.

Der Abstand D zweier Punkte x und y und der Winkel ϑ zweier Hyperebenen $\sum_{i=1}^{n} u_i x_i + 1 = 0$ und $\sum_{i=1}^{n} v_i x_i + 1 = 0$ sind in rechtwinkligen Koordinaten

$$D = \sqrt{\sum_{i=1}^{n}(x_i - y_i)^2} \quad \text{bzw.} \quad \cos\vartheta = \frac{\sum_{i=1}^{n} u_i v_i}{\sqrt{\sum_{i=1}^{n} u_i^2 \sum_{i=1}^{n} v_i^2}}.$$

Im R_n ist dual zu einem R_k ein R_{n-k-1}, zum Punkt R_0 insbesondere die Hyperfläche R_{n-1}.

Die Gesamtheit der Räume von $n-k$, $n-k+1, \ldots, n-1$ Dimensionen, die im R_n durch einen R_{n-k-1} hindurchgehen, heißt Bund oder Stern, der R_{n-k-1} sein Kern. Ein solcher Bund ist wieder ein k-dimensionaler Raum S_k, dessen Punkte und Hyperebenen bzw. die R_{n-k} und R_{n-1} (oder umgekehrt) sind.

IV. Kurven und Flächen zweiten Grades.

18. Allgemeines. Polarentheorie. Sei eine Gleichung

$$f(x,x) = \sum_{i,k=1}^{4} a_{ik} x_i x_k = 0, \quad a_{ik} = a_{ki}. \tag{1}$$

gegeben, deren linke Seite eine quadratische Form in den Veränderlichen x_1, x_2, x_3, x_4 ist. Deutet man die Veränderlichen x als homogene projektive Koordinaten eines Punktes, so wird das durch (1) definierte geometrische Gebilde als Fläche zweiter Ordnung bezeichnet. Sind hingegen in

$$g(u,u) = \sum_{i,k=1}^{4} b_{ik} u_i u_k = 0, \quad b_{ik} = b_{ki} \tag{2}$$

die u homogene projektive Ebenenkoordinaten, so heißt die Gesamtheit der ∞^2 Ebenen, die mit ihren Koordinaten der Gleichung (2) genügen, Fläche zweiter Klasse; sie ist das zur Fläche zweiter Ordnung duale Gebilde. Beide werden mit gemeinsamen Namen als Flächen zweiten Grades bezeichnet. Sie sind geometrisch nicht wesentlich verschieden; jede Fläche zweiter Klasse ist die Gesamtheit der ∞^2 Tangentenebenen (s. unten) einer bestimmten Fläche zweiter Ordnung und umgekehrt ist jede Fläche zweiter Ordnung die Einhüllende der ∞^2 Ebenen einer bestimmten Fläche zweiter Klasse; man spricht in diesen Fällen von einer einzigen Fläche zweiten Grades, die einmal als Punktgebilde, einmal als Ebenengebilde aufgefaßt wird.

Sind y und z zwei Punkte, so sind die Punkte ihrer Verbindungsgeraden G gegeben durch $x = \lambda y + \mu z$ oder in Koordinaten

$$x_i = \lambda y_i + \mu z_i, \quad (i = 1, 2, 3, 4). \tag{3}$$

(Vgl. über die Bezeichnung Kap. 1, Ziff. 2.) Die Größen λ und μ sind dann homogene Koordinaten auf G. Für die Schnittpunkte von G mit (1) ergibt sich durch Einsetzen von (3) in (1)

$$\lambda^2 f(y,y) + 2\lambda\mu f(y,z) + \mu^2 f(z,z) = 0, \tag{4}$$

wo

$$f(y,z) = \sum_{i,k=1}^{4} a_{ik} y_i z_k = \frac{1}{2}\sum_{k=1}^{4} \frac{\partial f(y,y)}{\partial y_k} z_k = \frac{1}{2}\sum_{i=1}^{4} \frac{\partial f(z,z)}{\partial z_i} y_i$$

bedeutet. Ist

$$f(y,z) = 0,$$

so werden die Punkte y und z, die auf G die Koordinaten (1,0) und (0,1) haben, von den Schnittpunkten, deren Koordinaten entgegengesetzt gleich sind, harmonisch getrennt. Es ist ja das Doppelverhältnis $(\infty\, 0\, k\; -k) = -1$ (Ziff. 7). Ist das der Fall, so heißen die Punkte y und z **konjugiert** bezüglich (1). Ist y ein fester, z ein veränderlicher Punkt, so zeigt die in z lineare Relation

$$f(y,z) = \sum_{i,k=1}^{4} a_{ik} y_i z_k = 0, \tag{5}$$

daß der Ort aller zu y konjugierten Punkte eine Ebene v ist, deren Koordinaten wegen (5)

$$v_k = \sum_{i=1}^{4} a_{ik} y_i \quad (k = 1, 2, 3, 4) \tag{5'}$$

sind. Die Ebene v heißt **Polarebene** von y und umgekehrt y **Pol** von v. Diese durch (5) oder (5′) bestimmte Korrelation (Ziff. 8), die wegen $a_{ik} = a_{ki}$ symmetrisch ist, wird als **Polarität** bezüglich der Fläche (1) bezeichnet. Man überlegt leicht die Richtigkeit der Sätze:

Dreht sich eine Ebene um einen Punkt x, so bewegt sich ihr Pol in der Polarebene von x.

Dreht sich eine Ebene um eine Gerade G, so bewegt sich ihr Pol auf einer Geraden G'; G und G' werden als **reziproke Polaren** bezeichnet.

Liegt y auf der Fläche (1), so wird in (4) auch $f(y, y) = 0$, und für die konjugierten Punkte z folgt $\mu^2 = 0$, d. h. die Verbindungsgerade G von y und z schneidet die Fläche (1) in zwei, in y zusammenfallenden Punkten. Jede solche Gerade heißt **Tangente** von (1) in y; die sämtlichen Tangenten von (1) in y erfüllen eine Ebene, die **Tangentenebene**

$$f(y,z) = 0$$

von (1) in y (z ist laufender Punkt in der Tangentenebene). Daraus folgt, daß eine Ebene u dann und nur dann Tangentenebene von (1) in einem Punkt x ist, wenn die Gleichungen

$$\left.\begin{aligned}
\tfrac{1}{2} f_1(x,x) &= a_{11}x_1 + a_{12}x_2 + a_{13}x_3 + a_{14}x_4 = u_1\\
\tfrac{1}{2} f_2(x,x) &= a_{21}x_1 + a_{22}x_2 + a_{23}x_3 + a_{24}x_4 = u_2\\
\tfrac{1}{2} f_3(x,x) &= a_{31}x_1 + a_{32}x_2 + a_{33}x_3 + a_{34}x_4 = u_3\\
\tfrac{1}{2} f_4(x,x) &= a_{41}x_1 + a_{42}x_2 + a_{43}x_3 + a_{44}x_4 = u_4\\
& \quad u_1x_1 + u_2x_2 + u_3x_3 + u_4x_4 = 0
\end{aligned}\right\} \tag{6}$$

bestehen. Dabei bedeutet $f_i(x, x)$ die partielle Ableitung von $f(x, x)$ nach x_i. Es folgt durch Elimination von $x_1, x_2, x_3, x_4, -1$

$$\begin{vmatrix}
a_{11} & a_{12} & a_{13} & a_{14} & u_1\\
a_{21} & a_{22} & a_{23} & a_{24} & u_2\\
a_{31} & a_{32} & a_{33} & a_{34} & u_3\\
a_{41} & a_{42} & a_{43} & a_{44} & u_4\\
u_1 & u_2 & u_3 & u_4 & 0
\end{vmatrix} = 0 \tag{7}$$

die Gleichung von (1) in Ebenenkoordinaten (vgl. Kap. 2, Ziff. 32). Über die nähere Diskussion von (7), die durch den Rang der Matrix (a_{ik}) bedingt ist, vgl. die folgende Ziff. 19.

Die Polarebene eines Punktes y schneidet die Fläche (1) in einer Kurve zweiter Ordnung. Die Tangentenebenen von (1) in den Punkten dieser Kurve gehen alle durch y hindurch und umhüllen einen Kegel, dessen Scheitel der Punkt y ist und der als Tangentenkegel von y bezeichnet wird. Dieser Tangentialkegel ist das zur obigen Schnittkurve duale Gebilde.

Die Übertragung der vorstehenden Sätze auf (ebene) Kurven zweiten Grades macht keine Schwierigkeit. Geometrisch kann man sich die Verhältnisse durch Schnitt einer Fläche zweiten Grades mit einer Ebene veranschaulichen. An Stelle der Polarebene tritt die Polare, an Stelle der Tangentenebene die Tangente. Der Begriff der reziproken Polaren fällt weg. Statt des Tangentenkegels erhält man das System der beiden Tangenten, die sich aus einem Punkt an eine Kurve zweiter Ordnung legen lassen; ihnen entsprechen dual ihre beiden Berührungspunkte.

19. Projektive Klassifikation. Soll die Polarebene u eines Punktes x bezüglich der Fläche $f(x, x) = 0$ unbestimmt sein, so müssen die Gleichungen [vgl. Ziff. 18 (6)]

$$\tfrac{1}{2}f_1(x,x) = 0, \quad \tfrac{1}{2}f_2(x,x) = 0, \quad \tfrac{1}{2}f_3(x,x) = 0, \quad \tfrac{1}{2}f_4(x,x) = 0 \qquad (1)$$

eine von der trivialen verschiedene Lösung haben. Die Bedingung dafür ist nach Kap. 2, Ziff. 15, daß die Matrix (a_{ik}) der Koeffizienten von $f(x, x)$ einen Rang $r < 4$ hat. Nach dem Eulerschen Satz (Kap. 1, Ziff. 3) ist aber für jede Lösung von (1) auch

$$f(x, x) = \tfrac{1}{2}[f_1(x, x) \cdot x_1 + f_2(x, x) \cdot x_2 + f_3(x, x) \cdot x_3 + f_4(x, x) \cdot x_4] = 0.$$

Punkte mit unbestimmter Polarebene liegen stets auf der Fläche und sind singuläre Punkte derselben. Je nachdem nun die Matrix (a_{ik}) den Rang 3, 2 oder 1 hat, gibt es einen einzigen singulären Punkt, eine Gerade von singulären Punkten (singuläre Punktreihe) oder eine Ebene von singulären Punkten (singuläres Punktfeld). Die Fläche selbst heißt in allen diesen Fällen singulär oder ausgeartet. Die Flächen vom Rang 3 sind die Kegel, die Flächen vom Rang 2 zerfallen in zwei Ebenen, deren Schnittgerade die singuläre Gerade ist; die quadratische Form $f(x, x)$ zerfällt in diesem Fall in ein Produkt von zwei Linearformen. Die Flächen vom Rang 1 bestehen aus einer einzigen, doppelt zählenden Ebene; die quadratische Form $f(x, x)$ ist das vollständige Quadrat einer Linearform (vgl. hierzu Kap. 2, Ziff. 32, vorletzter Absatz). Die Polarebene eines beliebigen Punktes enthält immer das singuläre Gebilde.

Die entsprechenden Sätze für Flächen zweiter Klasse ergeben sich durch Dualisierung. Die Fläche zweiter Klasse vom Rang 3 besteht aus den sämtlichen Ebenen, die eine Kurve zweiter Ordnung berühren; die Ebene dieser Kurve ist die singuläre Ebene, in der die Pole aller Ebenen des Raumes liegen. Die Fläche zweiter Klasse vom Rang 2 zerfällt in zwei Ebenenbündel, die ihnen gemeinsamen Ebenen bilden ein Büschel, dessen Achse die Verbindungslinie der Scheitel der beiden Bündel ist; auf ihr liegen die Pole aller Ebenen des Raumes. Die Fläche zweiter Klasse vom Rang 1 ist ein einziges, doppelt zählendes Ebenenbündel, dessen Scheitel der Pol aller Ebenen des Raumes ist.

In der Ebene zerfallen alle singulären Kurven zweiten Grades; man erhält folgende Fälle:

	Kurven zweiter Ordnung	Kurven zweiter Klasse
Rang 2	Zwei Gerade (Punktreihen)	Zwei Punkte (Geradenbüschel)
Rang 1	Eine doppelt zählende Gerade (Punktreihe)	Ein doppelt zählender Punkt (Geradenbüschel)

Unter einem Polartetraeder einer Fläche zweiten Grades versteht man ein Tetraeder mit der Eigenschaft, daß die jedem seiner Eckpunkte gegenüberliegende Seite (Seitenebene) zugleich seine Polarebene bezüglich der Fläche ist. Zu seiner Konstruktion kann man so verfahren, daß man einen beliebigen Punkt $x^{(1)}$ wählt, in der Polarebene von $x^{(1)}$ einen beliebigen Punkt $x^{(2)}$, im Schnitt der Polarebenen von $x^{(1)}$ und $x^{(2)}$, also auf der reziproken Polaren der Verbindungsgeraden von $x^{(1)}$ und $x^{(2)}$ einen beliebigen Punkt $x^{(3)}$. Diese drei Punkte bilden zusammen mit dem Pol $x^{(4)}$ der Ebene durch $x^{(1)}$, $x^{(2)}$ und $x^{(3)}$ die Ecken eines Polartetraeders. Daraus folgt, daß jede (nicht singuläre) Fläche zweiten Grades $\infty^3 \cdot \infty^2 \cdot \infty^1 = \infty^6$ Polartetraeder besitzt (bei singulären Flächen ist diese Anzahl größer). Macht man nun die Ecken eines solchen Polartetraeders zu Fundamentalpunkten eines neuen Koordinatensystems, so nimmt die Gleichung einer Fläche zweiter Ordnung die Form

$$f(x, x) = a_1 x_1^2 + a_2 x_2^2 + a_3 x_3^2 + a_4 x_4^2 = 0 \tag{1}$$

an (analoges gilt für die Flächen zweiter Klasse). Die Polarebene des Punktes $x^{(1)} = (1, 0, 0, 0)$ muß ja dann die gegenüberliegende Ebene $x_1 = 0$ sein, woraus man [erste Gleichung (6) in Ziff. 18] folgert, daß $a_{12} = a_{13} = a_{14} = 0$ sein muß usw. (vgl. Kap. 2, Ziff. 32, das dort geschilderte Verfahren kommt für $n = 4$ auf die Bestimmung eines Polartetraeders hinaus). Durch geeignete Wahl des Einheitspunktes kann man (1) noch in die Form bringen

$$f(x, x) = x_1^2 + \cdots + x_r^2, \tag{2}$$

wo r der Rang der Fläche, also gleich 1, 2, 3 oder 4 ist. Daraus folgt, daß der Rang die einzige projektive Invariante einer Fläche zweiten Grades ist, da man ja alle Flächen zweiten Grades durch projektive Transformationen auf die Form (2) bringen kann. Bemerkt sei jedoch, daß das nur gilt, wenn man sich nicht auf reelle Transformationen beschränkt. Diese Einschränkung ist natürlich nur dann am Platze, wenn die vorgelegte Fläche selbst reell ist, d. h. wenn die Koeffizienten a_{ik} reell sind (eine solche Fläche muß aber durchaus nicht reelle Punkte haben). Ist das der Fall, so tritt als Invariante gegenüber reellen linearen Transformationen auch noch die Signatur der quadratischen Form $f(x, x)$ auf (Kap. 2, Ziff. 32). Man versteht darunter die Differenz der Anzahlen der positiven und negativen Koeffizienten in (1), die immer reell sind, da sich zu einer reellen Fläche immer auch reelle Polartetraeder angeben lassen. Berücksichtigt man noch, daß bei Multiplikation der Gleichung mit irgendeinem von Null verschiedenen Faktor die Fläche oder Kurve ungeändert bleibt, so ergeben sich zunächst in der Ebene, also für Kurven zweiter Ordnung, folgende Fälle (Rang r, Signatur s):

$x_1^2 + x_2^2 + x_3^2 = 0, r = 3, s = 3$. Nullteiliger Kegelschnitt (keine reellen Punkte).

$x_1^2 + x_2^2 - x_3^2 = 0,\ r = 3,\ s = 1$. Einteiliger Kegelschnitt (∞^1 reelle Punkte).

$x_1^2 + x_2^2 = 0,\ r = 2,\ s = 2$. Geradenpaar (Schnittpunkt reell, alle anderen Punkte imaginär).

$x_1^2 - x_2^2 = 0,\ r = 2,\ s = 0$. Geradenpaar ($\infty^1$ reelle Punkte).

$x_1^2 = 0,\ r = 1,\ s = 1$. Doppelgerade.

Entsprechend ergibt sich für Flächen zweiter Ordnung:

$x_1^2 + x_2^2 + x_3^2 + x_4^2 = 0,\ r = 4,\ s = 4$. Nullteilige Fläche.

$x_1^2 + x_2^2 + x_3^2 - x_4^2 = 0,\ r = 4,\ s = 2$. Einteilige Fläche mit imaginären Erzeugenden (Ziff. 20).

$x_1^2 + x_2^2 - x_3^2 - x_4^2 = 0, r = 4, s = 0$. Einteilige Fläche mit reellen Erzeugenden.

$x_1^2 + x_2^2 + x_3^2 = 0$, $r = 3$, $s = 3$. Nullteiliger Kegel (Scheitel reell).

$x_1^2 + x_2^2 - x_3^2 = 0$, $r = 3$, $s = 1$. Einteiliger Kegel.

$x_1^2 + x_2^2 = 0$, $r = 2$, $s = 2$. Ebenenpaar (alle Punkte bis auf die der Schnittgeraden imaginär.

$x_1^2 - x_2^2 = 0$, $r = 2$, $s = 0$. Ebenenpaar (∞^2 reelle Punkte).

$x_1^2 = 0$, $r = 1$, $s = 1$. Doppelebene.

20. Erzeugende einer Fläche zweiten Grades. Die Tangentenebene schneidet eine nicht singuläre Fläche zweiten Grades in einem Kegelschnitt, der, wie man leicht überlegt, im Berührungspunkt einen Doppelpunkt hat, also in ein Geradenpaar zerfällt. Läßt man den Berührungspunkt auf einer dieser Geraden G wandern, so dreht sich die zugehörige Tangentenebene um G und schneidet die Fläche in jeder Lage in einer zweiten Geraden G'. Man erkennt so die Existenz von zwei Scharen von Geraden auf der Fläche, die als Erzeugende bezeichnet werden und folgende Eigenschaften haben: Je zwei Erzeugende derselben Schar sind windschief, und je zwei Erzeugende verschiedener Scharen schneiden sich in einem Punkt. Jede Ebene durch zwei Erzeugende aus verschiedenen Scharen ist Tangentenebene der Fläche und berührt sie im Schnittpunkt der beiden Erzeugenden.

Macht man zwei Erzeugende einer Schar zu Achsen von Ebenenbüscheln und läßt man zwei Ebenen einander entsprechen, wenn sie durch dieselbe Erzeugende der anderen Schar gehen, so besteht zwischen den beiden Büscheln eine Projektivität (Ziff. 8). Die Fläche zweiten Grades ist also, wenn man die beiden Büschel als das ursprünglich Gegebene ansieht, als Erzeugnis der zwischen ihnen bestehenden Projektivität anzusehen d. h. die Geraden, in welchen sich entsprechende Ebenen zweier projektiver Büschel (mit windschiefen Achsen) schneiden, bilden eine Schar von Erzeugenden einer Fläche zweiten Grades. Die zweite Schar, der die beiden Büschel angehören, ist durch drei Erzeugende der ersten Schar bestimmt und besteht aus allen Geraden, die diese drei Erzeugenden schneiden. Die Erzeugenden einer Schar werden also durch die Erzeugenden der anderen Schar projektiv aufeinander bezogen. Noch anschaulicher ist die sich durch Dualisierung ergebende Erzeugung der Flächen zweiten Grades durch projektive Punktreihen; die Verbindungsgeraden entsprechender Punkte bilden die eine Schar der Erzeugenden.

Auf Kegeln existiert nur eine einzige Schar von Erzeugenden, jede Tangentenebene berührt in allen Punkten einer Erzeugenden. Als Erzeugnis projektiver Ebenenbüschel ergibt sich ein Kegel, wenn die Büschelachsen einander schneiden; fallen sie ganz zusammen, so ergibt sich die nächste Stufe der Ausartung, nämlich das Ebenenpaar als das Paar der Doppelebenen der Projektivität.

Ganz ähnlich ergibt sich in der Ebene, daß die Kegelschnitte Erzeugnisse projektiver Geradenbüschel oder Punktreihen sind; man erhält sie im ersten Fall als Kurven zweiter Ordnung (System der Schnittpunkte entsprechender Geraden), im zweiten Fall als Kurven zweiter Klasse (System der Verbindungsgeraden entsprechender Punkte).

21. Affine Geometrie der Kegelschnitte. Je nach der Art des Schnittes mit der ausgezeichneten unendlichfernen Geraden g_∞ sind zwei Fälle nicht ausgearteter ($A = |a_{ik}| \neq 0$) Kegelschnitte zu unterscheiden: solche, die g_∞ in zwei verschiedenen Punkten schneiden ($A_{33} = a_{11} a_{12} - a_{12} a_{21} \neq 0$) und solche, die g_∞ zur Tangente haben (Parabeln, $A_{33} = 0$). Die reellen Kegelschnitte der ersten Art sind die Ellipsen und nullteiligen Kegelschnitte ($A_{33} > 0$), die g_∞ in imaginären und die Hyperbeln ($A_{33} < 0$), die g_∞ in reellen Punkten schneiden.

Bei zerfallenden Kegelschnitten ($A = 0$) treten als neue Sonderfälle auf: Das Parallelgeradenpaar, das g_∞ in zwei zusammenfallenden Punkten trifft, ferner das Geradenpaar, dessen eine Gerade g_∞ selbst ist, und schließlich g_∞ als Doppelgerade.

Unter den Asymptoten eines nicht ausgearteten Kegelschnittes versteht man seine Tangenten in den unendlichfernen Punkten; sie sind also bei Ellipsen imaginär, bei Hyperbeln reell und fallen bei Parabeln in g_∞ zusammen. Der Schnittpunkt M der Asymptoten wird als Mittelpunkt des Kegelschnittes bezeichnet; er ist zugleich der Pol von g_∞ und somit bei reellen Kegelschnitten immer reell. Jede Gerade durch M ist ein Durchmesser des Kegelschnittes; die durch ihre Schnittpunkte bestimmte Sehne (mitunter wird diese als Durchmesser bezeichnet) wird vom Punkt M halbiert. Bei Parabeln fällt der Mittelpunkt mit dem uneigentlichen Punkt zusammen (Kegelschnitte mit uneigentlichem Mittelpunkt). Ellipsen und Hyperbeln werden auch als Zentral- oder Mittelpunktskegelschnitte bezeichnet.

Die Polarität bezüglich eines Kegelschnittes mit eigentlichem Mittelpunkt M bestimmt eine Involution auf g_∞, indem jedem Punkt P (von g_∞) der unendlichferne Punkt der Polaren von P zugeordnet wird. Projiziert man entsprechende Punkte dieser Involution aus M, so ergibt sich eine Involution im Büschel mit dem Scheitel M, in der zwei entsprechende Gerade als konjungierte Durchmesser bezeichnet werden. Die Tangenten in den Schnittpunkten eines Durchmessers mit dem Kegelschnitt sind zueinander und zum konjugierten Durchmesser parallel, wie sich auf Grund der einfachsten Polarensätze (Ziff. 18) leicht nachweisen läßt. Die Doppelgeraden der Involution der konjugierten Durchmesser sind die Asymptoten.

Wählt man ein Paar konjugierter Durchmesser als Achsen eines affinen Koordinatensystems (Ziff. 9), so läßt sich die Gleichung eines Mittelpunktskegelschnittes durch geeignete Wahl der Einheitspunkte stets in eine der folgenden affinen Normalformen (Mittelpunktsgleichungen) bringen:

$$-x^2 - y^2 = 1 \quad \text{(nullteiliger Kegelschnitt)};$$
$$x^2 + y^2 = 1 \quad \text{(Ellipse)};$$
$$-x^2 + y^2 = 1 \quad \text{oder} \quad x^2 - y^2 = 1 \quad \text{(Hyperbel)}.$$

Kegelschnitte, deren Gleichungen sich nur durch das Vorzeichen des konstanten Gliedes unterscheiden, werden als konjugierte Kegelschnitte bezeichnet. Zu einer Ellipse ist also immer ein nullteiliger Kegelschnitt, zu einer Hyperbel wieder eine Hyperbel konjugiert und umgekehrt. Zwei konjugierte Kegelschnitte haben stets gemeinsame Asymptoten. Macht man die Asymptoten zu Koordinatenachsen, so kann die Gleichung einer reellen Hyperbel auf die Form

$$x y = \pm 1$$

gebracht werden.

Bei Parabeln bilden die Durchmesser ein Parallelbüschel. Zu jedem Durchmesser gehört eine bestimmte, bezüglich der Parabel polare Richtung (die Polaren der Punkte eines Durchmessers sind alle parallel), zur unendlichfernen Geraden insbesondere die Richtung der eigentlichen Durchmesser. Jeder eigentliche Durchmesser halbiert die Sehnen von konjugierter Richtung.

Wählt man ein affines Koordinatensystem so, daß die x-Achse ein Durchmesser und die y-Achse Tangente der Parabel ist, so nimmt bei geeigneter Wahl der Einheitspunkte die Gleichung einer reellen Parabel die Gestalt

$$y^2 \pm 2x = 0$$

an (affine Normalform der Parabelgleichung).

22. Affine Geometrie der Flächen zweiten Grades. Ausschlaggebend für die Klassifikation ist wieder das Verhalten des Schnittes C_∞ mit der uneigentlichen Ebene ε_∞.

Man erhält folgende Fälle (r_0 und s_0 sind Rang und Signatur von C_∞):

Rang 4. C_∞ ist vom Rang $r_0 = 3$ oder 2; Flächen der letzteren Art sind die ε_∞ berührenden Paraboloide. Bei reellen Flächen hat man:

a) $r_0 = 3$, $s_0 = 3$: Ellipsoide und nullteilige Flächen;

b) $r_0 = 3$, $s_0 = 1$: Hyperboloide mit zwei Unterfällen: elliptische oder zweischalige Hyperboloide mit imaginären Erzeugenden und hyperbolische oder einschalige Hyperboloide mit reellen Erzeugenden (Signatur 2, bzw. 0).

c) $r_0 = 2$, $s_0 = 2$: Elliptische Paraboloide mit imaginären Erzeugenden.

d) $r_0 = 2$, $s_0 = 0$: Hyperbolische Paraboloide mit reellen Erzeugenden.

Rang 3. C_∞ ist vom Rang $r_0 = 3$, 2 oder 1. Der erste Fall gibt die eigentlichen Kegel, die beiden letzten Fälle geben die uneigentlichen Kegel oder Zylinder. Bei reellen Flächen hat man:

a) $r_0 = 3$, $s_0 = 3$: Nullteiliger Kegel.

b) $r_0 = 3$, $s_0 = 1$: Einteiliger Kegel.

c) $r_0 = 2$, $s_0 = 2$: Elliptischer Zylinder.

d) $r_0 = 2$, $s_0 = 0$: Hyperbolischer Zylinder.

e) $r_0 = 1$: Parabolischer Zylinder.

Die Diskussion der zerfallenden Flächen vom Rang 2 und 1 bietet keinerlei Schwierigkeiten.

Der Pol M von ε_∞ bezüglich einer nicht ausgearteten Fläche heißt wieder Mittelpunkt; er ist bei Paraboloiden ein Punkt von ε_∞ selbst (Flächen mit uneigentlichem Mittelpunkt). Die Ellipsoide und Hyperboloide (Flächen mit eigentlichem Mittelpunkt) werden auch als Zentral- oder Mittelpunktsflächen bezeichnet. Die Polarität bezüglich der Fläche bestimmt eine Polarität in ε_∞ (Polarität bezüglich C_∞) und im Bündel M; letztere entsteht durch Projektion entsprechender Punkte und Geraden von C_∞ und bestimmt als Ort inzidenter Elemente (Geraden und Ebenen) einen Kegel mit dem Scheitel M (Projektion von C_∞ aus M), den Asymptotenkegel. Seine Erzeugenden heißen Asymptoten, seine (Tangenten-) Ebenen Asymptotenebenen der Fläche. Gerade und Ebenen durch M heißen Durchmesser und Durchmesserebenen (Diametralebenen) der Fläche; entsprechen sie einander in der Polarität des Bündels M, so spricht man von konjungierten Durchmessern und Durchmesserebenen. Der Punkt M ist der Mittelpunkt der von den Schnittpunkten eines Durchmessers mit der Fläche bestimmten Strecke und der Mittelpunkt des Schnittes einer Durchmesserebene. Die Tangentenebenen der Fläche in den Punkten eines solchen Schnittes umhüllen einen Zylinder, dessen Erzeugende zum konjugierten Durchmesser parallel sind.

Eine reelle Ebene schneidet eine reelle Mittelpunktsfläche in einer Ellipse, Hyperbel oder Parabel, je nachdem sie zu keiner, zu zwei verschiedenen oder zu zwei zusammenfallenden reellen Asymptoten parallel ist.

Wählt man ein Tripel konjugierter Durchmesser als Achsen eines affinen Koordinatensystems (Ziff. 9), so läßt sich durch geeignete Wahl der Einheitspunkte die Gleichung einer Mittelpunktsfläche stets in eine der folgenden affinen Normalformen (Mittelpunktsgleichungen) bringen:

$$-x^2 - y^2 - z^2 = 1 \quad \text{(nullteiliges Ellipsoid);}$$
$$x^2 + y^2 + z^2 = 1 \quad \text{(einteiliges Ellipsoid);}$$
$$x^2 + y^2 - z^2 = 1 \quad \text{(hyperbolisches Hyperboloid);}$$
$$x^2 - y^2 - z^2 = 1 \quad \text{(elliptisches Hyperboloid)}$$

(in den beiden letzten Gleichungen können links die Minuszeichen natürlich auch in anderer Anordnung vorkommen, sofern nur die Anzahl ungeändert bleibt). Flächen, deren Gleichungen sich nur durch das Vorzeichen des konstanten Gliedes unterscheiden, werden als konjugierte Flächen zweiten Grades bezeichnet. Zu einem Ellipsoid ist also immer eine nullteilige Fläche, zu einem hyperbolischen Hyperboloid ein elliptisches konjugiert und umgekehrt. Zwei konjugierte Flächen haben stets den Asymptotenkegel gemeinsam.

Bezogen auf ein Koordinatensystem, dessen Achsen (reelle) Asymptoten sind, nimmt die Gleichung eines reellen Hyperboloides die Form

$$\varepsilon_1 yz + \varepsilon_2 zx + \varepsilon_3 xy = 1, \qquad \varepsilon_i = \pm 1$$

an; und zwar ist bei einem hyperbolischen Hyperboloid $\varepsilon_1\varepsilon_2\varepsilon_3 = -1$, bei einem elliptischen $\varepsilon_1\varepsilon_2\varepsilon_3 = +1$.

Bei Paraboloiden artet der Asymptotenkegel aus und fällt mit ε_∞ zusammen. Durchmesser und Durchmesserebenen bilden Parallelbündel. Jede eigentliche Durchmesserebene (ε_∞ ist auch Durchmesserebene!) schneidet die Fläche in einer Parabel, jede andere Ebene das elliptische Paraboloid in einer Ellipse, das hyperbolische in einer Hyperbel. Die Polarität bezüglich der Fläche ruft eine Involution in dem in ε_∞ gelegenen Geradenbüschel M hervor; zwei Durchmesserebenen heißen konjugiert, wenn ihre uneigentlichen Geraden einander in dieser Involution entsprechen. Zu jeder Durchmesserebene gehört eine bestimmte bezüglich der Fläche polare (konjugierte) Richtung, zu ε_∞ insbesondere die Richtung der Durchmesser. Jede eigentliche Durchmesserebene halbiert die Sehnen der Fläche von konjugierter Richtung, ihre Schnittparabel ist Berührungslinie eines Tangentenzylinders. Zu jedem Durchmesser gehört eine bestimmte, bezüglich der Fläche polare Ebenenstellung, zu einem uneigentlichen Durchmesser insbesondere die Stellung der konjugierten Durchmesserebenen. Jeder eigentliche Durchmesser schneidet jede konjugierte Ebene im Mittelpunkt des Kegelschnittes, in dem sie die Fläche schneidet.

Wählt man ein affines Koordinatensystem so, daß die z-Achse ein Durchmesser, die xy-Ebene Tangentenebene und die xz- und yz-Ebene konjugierte Durchmesserebenen sind, so nimmt — bei geeigneter Wahl der Einheitspunkte — die Gleichung eines reellen Paraboloides die Gestalt

$$\varepsilon_1 x^2 + \varepsilon_2 y^2 = 2z, \qquad \varepsilon_i = \pm 1$$

an (affine Normalform der Paraboloidgleichung), und zwar ist bei elliptischen Paraboloiden $\varepsilon_1\varepsilon_2 = +1$, bei hyperbolischen $\varepsilon_1\varepsilon_2 = -1$.

23. Metrische Geometrie der Kegelschnitte. Wir beschränken uns im folgenden durchaus auf reelle Kegelschnitte (Gleichung mit lauter reellen Koeffizienten). Die metrischen Spezialfälle ergeben sich leicht als jene, deren uneigentliches Punktepaar eine besondere Lage zum absoluten Punktepaar (Ziff. 10 u. 13) hat. Man erhält folgende neue Fälle nicht zerfallender Kegelschnitte.

1. Die nullteiligen und einteiligen Kreise, d. s. jene Kegelschnitte, die g_∞ im absoluten Punktepaar schneiden.

2. Die gleichseitigen Hyperbeln, deren uneigentliche Punkte das absolute Punktepaar harmonisch trennen, so daß ihre Asymptoten aufeinander senkrecht stehen.

Die metrischen Spezialfälle der zerfallenden Kegelschnitte sind ohne besondere Bedeutung. Bei Parabeln tritt kein neuer Fall auf, da der eine (reelle!) uneigentliche Punkt keinerlei besondere Lage zum uneigentlichen Punktepaar haben kann.

Beim Kreis stehen konjugierte Durchmesser aufeinander senkrecht, bei der gleichseitigen Hyperbel werden die von zwei konjugierten Durchmessern gebildeten Winkel von den Asymptoten halbiert, und umgekehrt gilt, daß zwei senkrechte Kreisdurchmesser oder zwei Durchmesser einer gleichseitigen Hyperbel, deren Winkel von den Asymptoten halbiert werden, konjugiert sind.

Eine Involution in einem (Geraden- oder Ebenen-) Büschel besitzt stets ein Paar orthogonaler Elemente und nur eines, sofern die Involution nicht überhaupt die Rechtwinkelinvolution (Ziff. 10) ist. Das Paar orthogonaler Durchmesser der Involution konjugierter Durchmesser eines beliebigen Mittelpunktskegelschnittes ist das (nur beim Kreis unbestimmte) Paar der Hauptachsen. Die Schnittpunkte der Hauptachsen mit dem Kegelschnitt werden als Scheitel (vgl. Kap. 4, Ziff. 6) desselben bezeichnet, die Tangenten in diesen als Scheiteltangenten. Bei der Parabel fällt die eine Hauptachse mit der unendlichfernen Geraden zusammen, während die andere die sämtlichen auf der Durchmesserrichtung (Ziff. 21) senkrechten Sehnen halbiert.

Macht man die Hauptachsen zu Koordinatenachsen, so nimmt die Gleichung eines Mittelpunktskegelschnittes stets eine der metrischen Normalformen

$$-\frac{x^2}{a^2}-\frac{y^2}{b^2}=1, \qquad \frac{x^2}{a^2}+\frac{y^2}{b^2}=1, \qquad \frac{x^2}{a^2}-\frac{y^2}{b^2}=1, \qquad -\frac{x^2}{a^2}+\frac{y^2}{b^2}=1$$

an (nullteiliger Kegelschnitt, Ellipse, Hyperbel). Die Zahlen a und b sind die halben Längen der Hauptachsen, d. h. die Abstände der Scheitel vom Mittelpunkt bzw. bei imaginären Scheiteln die absoluten Beträge dieser Abstände. Um eine metrische Normalform der Parabelgleichung zu erhalten, macht man die (eigentliche) Hauptachse und die Scheiteltangente bzw. zur x- und y-Achse und erhält (Ziff. 21)

$$y^2 = 2px.$$

Über die Bedeutung von p vgl. Ziff. 24.

Die Diskussion und die Hauptachsentransformation einer in inhomogenen rechtwinkligen Koordinaten gegebenen beliebigen Kegelschnittgleichung $f(x, y) = 0$ wird man zweckmäßig folgendermaßen ausführen: Man untersucht zunächst, ob die Determinante A von Null verschieden ist oder nicht und bestimmt das Vorzeichen von A_{33}. Handelt es sich um einen Mittelpunktskegelschnitt ($A \neq 0$, $A_{33} \neq 0$), so berechnet man aus $f_x = f_y = 0$ den Mittelpunkt M. Die Gleichung hat, wenn man M durch eine Parallelverschiebung zum Ursprung gemacht hat, die Form $Ax^2 + 2Bxy + Cy^2 = k$; auf die binäre quadratische Form linkerhand wendet man das in Kap. 2, Ziff. 32, angegebene Verfahren an oder man setzt die Drehungsformeln

$$x = x' \cos\varphi - y' \sin\varphi,$$
$$y = x' \sin\varphi + y' \cos\varphi$$

mit unbestimmtem φ in die obige Gleichung ein und bestimmt dann φ so, daß der Koeffizient des Gliedes mit $x'y'$ in der transformierten Gleichung verschwindet. (Es ist $\operatorname{tg} 2\varphi = \frac{2B}{A-C}$; man erhält immer zwei, um $\pi/2$ verschiedene Werte!) Bei einer Parabel macht man am einfachsten von der Tatsache Gebrauch, daß die Glieder zweiten Grades in $f(x, y) = 0$ ein vollständiges Quadrat $(px + qy)^2$ bilden. Setzt man also $wx' = px - qy$, $wy' = px + qy$, wo $w = \sqrt{p^2 + q^2}$ ist, so erhält man eine Gleichung der Form $Ay'^2 + 2Bx' + 2Cy' + D = 0$, in welcher die x'-Achse bereits die Hauptachse ist. Durch die Parallelverschiebung $y = y' + \frac{C}{A}$, $x = x' + \frac{AD - C^2}{2AB}$ ergibt sich dann unmittelbar die Normalform. Bei zerfallenden Kegelschnitten ($A = 0$) bestimmt man, wenn $A_{33} \neq 0$ ist, aus $f_x = f_y = 0$ den Doppelpunkt und macht ihn durch eine Parallelverschiebung zum Ursprung; ist $A_{33} = 0$ (Parallelgeradenpaar oder Doppelgerade), so bestimmt man den unendlichfernen Punkt (Nullsetzen der Glieder zweiten Grades von $f(x, y) = 0$!) und dreht das Koordinatensystem so, daß die so erhaltene Richtung die Richtung einer Koordinatenachse ist.

24. Fokaleigenschaften der Kegelschnitte. Aus den beiden absoluten Punkten lassen sich an einen nicht ausgearteten Kegelschnitt im allgemeinen vier (imaginäre) Tangenten legen, die sich in vier Punkten schneiden, von denen zwei reell und zwei imaginär sind und die als Brennpunkte F (Abb. 6—8) des Kegelschnittes bezeichnet werden. Bei der Parabel fällt einer der beiden reellen Brennpunkte in den uneigentlichen Punkt, die imaginären sind mit den absoluten Punkten identisch. Beim Kreis fallen beide Brennpunktepaare in den Mittelpunkt. Die Polarität bezüglich des Kegelschnittes bestimmt in jedem Punkt (d. h. Geradenbüschel) eine Involution; diese Involution ist in den Brennpunkten, und nur in diesen, eine Rechtwinkelinvolution.

Die Koordinaten der Brennpunkte des Mittelpunktskegelschnittes

$$\varepsilon_1 \frac{x^2}{a^2} + \varepsilon_2 \frac{y^2}{b^2} = 1 \qquad (\varepsilon_1 = \pm 1,\ \varepsilon_2 = \pm 1)$$

sind

$$x = 0, \qquad y = \pm\sqrt{\varepsilon_2 b^2 - \varepsilon_1 a^2}$$

und

$$x = \pm\sqrt{\varepsilon_1 a^2 - \varepsilon_2 b^2}, \qquad y = 0.$$

Jedes Brennpunktepaar liegt also auf einer Hauptachse, und zwar die reellen bei der Ellipse auf der großen, beim nullteiligen Kegelschnitt auf der kleinen und bei der Hyperbel auf der reellen (inneren) Hauptachse. Der Abstand e der reellen Brennpunkte vom Mittelpunkt heißt lineare Exzentrizität, der Quotient aus dieser und der halben Länge der Hauptachse, auf der die reellen Brennpunkte liegen, numerische Exzentrizität (im folgenden mit ε bezeichnet).

Die Koordinaten des eigentlichen Brennpunktes der Parabel $y^2 = 2px$ sind $x = \frac{1}{2}p$, $y = 0$; daraus ergibt sich eine geometrische Deutung von p; es ist das der doppelte Abstand des Brennpunktes vom Scheitel und zugleich die halbe Länge der auf der Achse senkrechten und durch den Brennpunkt gehenden Sehne; die letztere Zahl wird auch bei Mittelpunktskegelschnitten als „Parameter" eingeführt und in der Regel mit p bezeichnet.

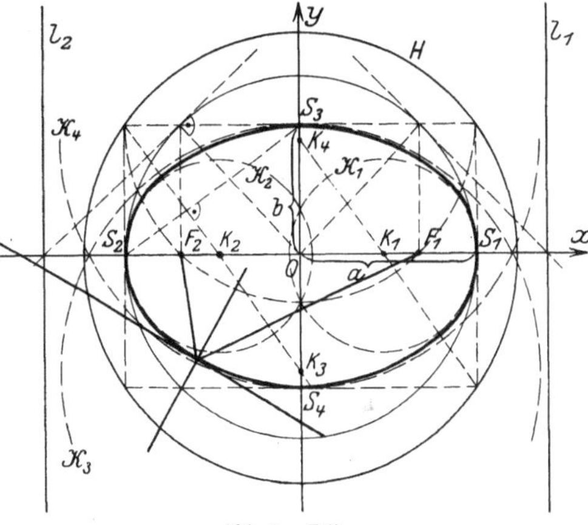

Abb. 6. Ellipse.

Die Ellipse (Hyperbel) ist der geometrische Ort der Punkte, für die die Summe (Differenz) der Abstände von zwei festen Punkten, den Brennpunkten, konstant ist.

Die Polaren der Brennpunkte sind die Leitlinien l des Kegelschnittes; versteht man unter den Brennstrahlen eines Punktes eines Kegelschnittes die absoluten Beträge seiner Abstände von den Brennpunkten, so gilt: Das Verhältnis jedes Brennstrahles eines Kurvenpunktes zu seinem Abstand von der zugehörigen Leitlinie ist gleich der numerischen Exzentrizität. Die Mittelpunktskegelschnitte besitzen zwei, die Parabel eine und der Kreis keine eigentliche reelle Leitlinie. Es folgt:

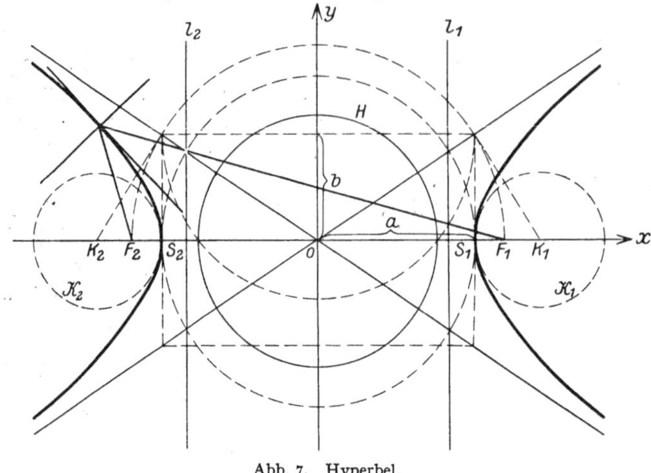

Abb. 7. Hyperbel.

Die Parabel ist der geometrische Ort der Punkte, die von einem festen Punkt (dem Brennpunkt) und von einer festen Geraden gleichen Abstand haben.

Die Winkel der Brennstrahlen eines Kegelschnittpunktes P werden von Tangente und Normale in P halbiert. Dieser Tatsache verdanken die Brennpunkte ihren Namen; denkt man sich in einem Brennpunkt eine Lichtquelle angebracht, deren Strahlen am Kegelschnitt (d. h. an seinen Tangenten) reflektiert werden, so schneiden sich die reflektierten Strahlen im anderen Brennpunkt (sind alle parallel zur Hauptachsenrichtung bei einer Parabel).

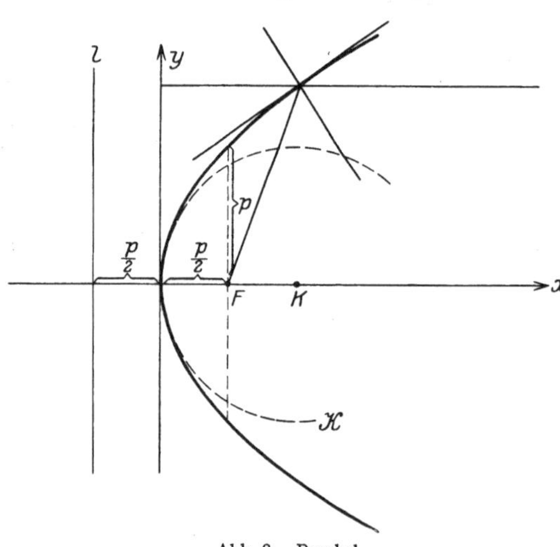

Abb. 8. Parabel.

Der Ort der Punkte, von denen aus sich ein Paar orthogonaler Tangenten an den Kegelschnitt legen läßt, ist ein Kreis, der als Haupt- oder Direktorkreis H des Kegelschnittes bezeichnet wird. Der Hauptkreis artet bei der gleichseitigen Hyperbel in das Paar der isotropen Geraden durch den Mittelpunkt und bei der Parabel in die beiden Leitlinien aus. Die Gleichung des Hauptkreises des Mittelpunktskegelschnittes (1) ist

$$x^2 + y^2 = \varepsilon_1 a^2 + \varepsilon_2 b^2.$$

In Abb. 6 bis 8 sind neben Brennpunkten, Leitlinien und Hauptkreisen auch die Krümmungsmittelpunkte K und Krümmungskreise $\mathcal{K}$ in den Scheiteln S angegeben. Die Konstruktionen aller dieser Punkte und Linien sind in den Abbildungen durch gestrichelte Linien angedeutet und daraus ohne Schwierigkeit zu entnehmen (in Abb. 8 ist die Strecke $\overline{FK} = p/2$).

Macht man einen (reellen) Brennpunkt zum Pol, die Richtung zum zweiten Brennpunkt zur Achse eines Polarkoordinatensystems, so ist

$$r = \frac{p}{1 + \varepsilon \cos\varphi}$$

die Gleichung des Kegelschnittes; dabei ist p der Parameter und ε die numerische Exzentrizität; die Gleichung umfaßt also alle Fälle nichtausgearteter Kegelschnitte und zwar ergibt sich für $\varepsilon = 0$ der Kreis vom Radius p, für $0 < \varepsilon < 1$ eine Ellipse, für $\varepsilon = 1$ eine Parabel und für $\varepsilon > 1$ eine Hyperbel.

25. Metrische Geometrie der Flächen zweiter Ordnung. Wir beschränken uns auf reelle, nicht ausgeartete Flächen, und zwar auf die wichtigsten Fälle. Von den metrisch ausgezeichneten Flächen erwähnen wir nur die einteilige und nullteilige Kugel sowie die verschiedenen Arten von Drehflächen zweiten Grades, die alle durch Rotation eines bestimmten Kegelschnittes um eine Hauptachse entstehen und deren uneigentlicher Kegelschnitt den absoluten Kegelschnitt berührt.

Wir betrachten zunächst die Mittelpunktsflächen. Es gibt (mindestens) ein Tripel konjugierter und zugleich orthogonaler Durchmesser (bei Drehflächen gibt es ∞^1, bei der Kugel ∞^2 derartige Tripel), die Hauptachsen der Fläche. Macht man diese (in geeigneter Reihenfolge) zu Koordinatenachsen, so nimmt die Flächengleichung eine der metrischen Normalformen

$$\left.\begin{aligned}
-\frac{x^2}{a^2} - \frac{y^2}{b^2} - \frac{z^2}{c^2} &= 1 \quad \text{(nullteilige Fläche)},\\
\frac{x^2}{a^2} + \frac{y^2}{b^2} + \frac{z^2}{c^2} &= 1 \quad \text{(Ellipsoid)},\\
\frac{x^2}{a^2} + \frac{y^2}{b^2} - \frac{z^2}{c^2} &= 1 \quad \text{(einschaliges Hyperboloid)},\\
-\frac{x^2}{a^2} - \frac{y^2}{b^2} + \frac{z^2}{c^2} &= 1 \quad \text{(zweischaliges Hyperboloid)}
\end{aligned}\right\} \tag{1}$$

an; a, b, c sind die wie in Ziff. 23 zu verstehenden halben Längen der Hauptachsen. Bei Drehflächen sind zwei derselben einander gleich. Der Asymptotenkegel der beiden ersten Flächen ist

$$\frac{x^2}{a^2} + \frac{y^2}{b^2} + \frac{z^2}{c^2} = 0,$$

der der beiden letzten

$$\frac{x^2}{a^2} + \frac{y^2}{b^2} - \frac{z^2}{c^2} = 0.$$

Die Überführung einer vorgelegten Fläche $f(x, y, z) = 0$, von der nach Ziff. 22 festgestellt ist, daß sie eine Mittelpunktsfläche ist, in eine der Formen (1) geschieht so, daß man zunächst aus $f_x = f_y = f_z = 0$ den Mittelpunkt bestimmt, diesen durch eine Parallelverschiebung zum Ursprung macht und dann mittels des in Kap. 2, Ziff. 33 angegebenen Verfahrens die Drehung des Koordinatensystems bestimmt, welche die Hauptachsen zu Koordinatenachsen macht. Mehrfache Wurzeln der Säkulargleichung treten offenbar bei Drehflächen (und nur bei solchen) auf.

Ist die Fläche $f(x, y, z) = 0$ ein Paraboloid, so bestimme man zunächst das uneigentliche Geradenpaar $\bar{f}(x, y, z) = 0$, wo $\bar{f}$ die aus den Gliedern zweiten Grades von f allein bestehende homogene quadratische Form ist, die wegen $A_{44} = 0$ (Ziff. 22) den Rang 2 hat. Bringt man $\bar{f}$ durch eine orthogonale Transformation auf eine Quadratsumme, so enthält diese nur zwei Glieder, etwa $Ax^2 + By^2$. Die Gleichung $f = 0$ geht vermöge dieser Transformation über in eine Gleichung von der Form

$$Ax^2 + By^2 + 2Cx + 2Dy + 2Ez + F = 0,$$

und diese läßt sich ohne Schwierigkeit mittels einer Parallelverschiebung in eine der Normalformen

$$\frac{x^2}{a^2} + \frac{y^2}{b^2} = \pm 2z \quad \text{(elliptisches Paraboloid)},$$

$$\frac{x^2}{a^2} - \frac{y^2}{b^2} = \pm 2z \quad \text{(hyperbolisches Paraboloid)}$$

überführen. Hier ist die z-Achse jener Durchmesser, der auf der polaren Ebenenstellung (Ziff. 22) senkrecht steht und die einzige eigentliche Hauptachse des Paraboloides ist. Die Ebenen $z =$ konst. schneiden die Paraboloide in Ellipsen oder Hyperbeln, deren Hauptachsen zur x- und y-Achse des Koordinatensystems parallel sind.

Im Fall eines Kegels (mit eigentlichem Doppelpunkt) verfährt man wie bei den Mittelpunktsflächen: Bringt man den Doppelpunkt durch eine Parallelverschiebung in den Ursprung, so hat die Kegelgleichung die Form $g(x, y, z) = 0$, wo g eine homogene quadratische Form ist, die man durch eine orthogonale Transformation in eine Quadratsumme überführt. Zylinder sind wie Paraboloide zu behandeln; ähnlich die zwei- und dreifach ausgearteten Flächen.

26. Fokaleigenschaften der Flächen zweiter Ordnung. Wir gehen hier aus mehreren Gründen (vor allem wegen des Zusammenhanges mit den elliptischen Koordinaten) von anderen Gesichtspunkten aus wie in Ziff. 24, bemerken jedoch, daß die folgende Darstellungsart sich ohne Schwierigkeit auch in der Ebene durchführen läßt.

Sind $f(x, x) = 0$ und $g(x, x) = 0$ zwei Flächen zweiter Ordnung in beliebigen (projektiven oder spezielleren) homogenen Koordinaten, so nennt man die ∞^1 Flächen, die durch

$$f(x, x) - \lambda g(x, x) = 0$$

für die verschiedenen Werte von λ dargestellt werden, ein Büschel von Flächen zweiter Ordnung, während man dual von einer durch zwei Flächen zweiter Klasse $F(u, u) = 0$ und $G(u, u) = 0$ bestimmten Schar von Flächen zweiter Klasse spricht.

Wir betrachten die Flächenschar

$$F(u, u) - \lambda(u_1^2 + u_2^2 + u_3^2) = 0, \tag{1}$$

die — in homogenen rechtwinkligen Koordinaten — durch eine beliebige nicht entartete Fläche zweiter Klasse $F(u, u) = 0$ und den absoluten Kegelschnitt $u_1^2 + u_2^2 + u_3^2 = 0$ gegeben ist, und die als konfokale Schar bezeichnet wird. Alle Flächen der Schar haben gemeinsame Hauptachsen. Ist $F(u, u) = \sum_{i,k=1}^{4} A_{ik} u_i u_k$, so ist eine Fläche (1) in einen Kegelschnitt entartet, wenn λ eine Wurzel der charakteristischen Gleichung

$$\begin{vmatrix} A_{11} - \lambda & A_{12} & A_{13} & A_{14} \\ A_{21} & A_{22} - \lambda & A_{23} & A_{24} \\ A_{31} & A_{32} & A_{33} - \lambda & A_{34} \\ A_{41} & A_{42} & A_{43} & A_{44} \end{vmatrix} = 0 \tag{2}$$

der Schar (1) ist. Zu den Wurzeln von (2) ist auch $\lambda = \infty$ zu zählen (der absolute Kegelschnitt). Die zu den anderen Wurzeln von (2) gehörigen Kegelschnitte heißen Fokalkegelschnitte aller Flächen (1). Die Geraden, durch welche sich an jede Fläche (1) isotrope Tangentenebenen legen lassen, werden als Fokalgerade bezeichnet. Es gibt ∞^2 reelle Fokalgerade. Sie sind mit den Erzeugenden der Flächen (1) identisch. Ähnlich wie die Fokalgeraden (als Träger eines Paares isotroper Tangentenebenen) definiert man die Fokalpunkte und Fokalebenen als Träger eines Paares isotroper Tangenten von (1). Jeder Fokalpunkt ist also mit einer Fokalebene inzident. Die Fokalpunkte sind mit den Punkten, die Fokalebenen mit den Normalebenen der Fokalkegelschnitte identisch. Die Normale einer eigentlichen Fokalebene in ihrem Fokalpunkt ist zu ihr bezüglich aller Flächen (1) konjugiert. Man bezeichnet diese Normalen als Fokalachsen; alle Fokalachsen sind auch Fokalgerade, aber nicht umgekehrt.

Sei nun

$$\frac{x^2}{\alpha} + \frac{y^2}{\beta} + \frac{z^2}{\gamma} = 1 \quad (\alpha > \beta > \gamma)$$

bzw. in Ebenenkoordinaten (Ziff. 18)

$$\alpha u^2 + \beta v^2 + \gamma w^2 = 1$$

die Gleichung einer beliebigen Mittelpunktsfläche in inhomogenen rechtwinkligen Koordinaten. Die konfokale Schar ist dann

$$(\alpha - \lambda) u^2 + (\beta - \lambda) v^2 + (\gamma - \lambda) w^2 = 1$$

bzw.

$$\frac{x^2}{\alpha - \lambda} + \frac{y^2}{\beta - \lambda} + \frac{z^2}{\gamma - \lambda} = 1. \tag{1}$$

Diese Gleichungen stellen je nach den Werten des Parameters verschiedene Mittelpunktsflächen dar, und zwar für

$-\infty < \lambda < \gamma$:	Ellipsoide
$\gamma < \lambda < \beta$:	einschalige Hyperboloide
$\beta < \lambda < \alpha$:	zweischalige Hyperboloide
$\alpha < \lambda < +\infty$:	nullteilige Flächen.

Für die dazwischenliegenden Werte von λ entartet die Fläche, und zwar für $\lambda = \alpha$ in den nullteiligen Fokalkegelschnitt

$$(\beta - \alpha) v^2 + (\gamma - \alpha) w^2 = 1 \quad \text{oder} \quad \frac{y^2}{\beta - \alpha} + \frac{z^2}{\gamma - \alpha} = 1, \quad x = 0,$$

für $\lambda = \beta$ in die Fokalhyperbel

$$(\alpha - \beta) u^2 + (\gamma - \beta) w^2 = 1 \quad \text{oder} \quad \frac{x^2}{\alpha - \beta} + \frac{z^2}{\gamma - \beta} = 1, \quad y = 0,$$

für $\lambda = \gamma$ in die Fokalellipse

$$(\alpha - \gamma) u^2 + (\beta - \gamma) v^2 = 1 \quad \text{oder} \quad \frac{x^2}{\alpha - \gamma} + \frac{y^2}{\beta - \gamma} = 1, \quad z = 0$$

und für $\lambda = \pm\infty$ in den absoluten Kegelschnitt.

Die Brennpunktepaare eines Fokalkegelschnittes sind Scheitel der beiden anderen Fokalkegelschnitte. Die Tangentenkegel von einem beliebigen Fokalpunkt F (und nur von einem solchen) an die Flächen der Schar sind koaxiale Drehkegel, deren Drehachse die Tangente des betreffenden Fokalkegelschnittes in F ist. Insbesondere wird ein Fokalkegelschnitt von jedem Punkt eines anderen Fokalkegelschnittes aus durch einen Drehkegel projiziert.

Die drei Fokalkegelschnitte schneiden jede Fläche der Schar in zwölf Punkten, den sog. Nabelpunkten der Fläche (vgl. Kap. 4, Ziff. 19). Von ihnen sind beim Ellipsoid und zweischaligen Hyperboloid vier reell und acht imaginär, beim einschaligen Hyperboloid und bei der nullteiligen Fläche alle imaginär. Die Nabelpunkte sind Fokalpunkte; ihre Fokalebenen sind die Tangentenebenen der Fläche in den Nabelpunkten und schneiden die Fläche in isotropen Erzeugenden. Die Tangentenebenen in diametral gegenüberliegenden Nabelpunkten sind parallel; alle zu ihnen parallelen Ebenen schneiden die Fläche in Kreisen (Dupinsche Indikatrix, Kap. 4, Ziff. 19). Aus diesem Grunde werden die Nabelpunkte häufig als Kreispunkte bezeichnet, doch ist diese Bezeichnung nicht zweckmäßig, da sie sehr oft für die absoluten Punkte der Ebene verwendet wird.

Wir besprechen noch kurz die analogen Sätze über Paraboloide. Sei

$$\frac{x^2}{\alpha} + \frac{y^2}{\beta} - 2z = 0 \quad \text{oder} \quad \alpha u^2 + \beta v^2 - 2w = 0 \quad (\alpha \geqq \beta)$$

die Gleichung eines Paraboloides (elliptisch für $\alpha\beta > 0$, hyperbolisch für $\alpha\beta < 0$). Die konfokale Schar ist $(\alpha - \lambda) u^2 + (\beta - \lambda) v^2 - \lambda w^2 - 2w = 0$ oder

$$\frac{x^2}{\alpha - \lambda} + \frac{y^2}{\beta - \lambda} - 2z + \lambda = 0. \tag{2}$$

Man erhält für

$-\infty < \lambda < \beta$: positive (d. h. nach der positiven z-Richtung offene) elliptische Paraboloide,

$\beta < \lambda < \alpha$: hyperbolische Paraboloide

$\alpha < \lambda < +\infty$: negative (d. h. nach der negativen z-Richtung offene) elliptische Paraboloide.

Dazwischen liegen der absolute Kegelschnitt ($\lambda = \infty$) und die beiden Fokalparabeln, nämlich

$$(\alpha - \beta) u^2 - \beta w^2 - 2w = 0 \quad \text{oder} \quad \frac{x^2}{\alpha - \beta} - 2z + \beta = 0, \quad y = 0$$

und

$$(\beta - \alpha) v^2 - \alpha w^2 - 2w = 0 \quad \text{oder} \quad \frac{y^2}{\beta - \alpha} - 2z + \alpha = 0, \quad x = 0.$$

Ihre Scheitel werden als Hauptfokalpunkte bezeichnet. Die Tangentenkegel von einem beliebigen Fokalpunkt F (und nur von einem solchen) an die Flächen der Schar sind koaxiale Drehkegel, deren Drehachse die Tangente (Fokalachse) der Fokalparabel in F ist. Insbesondere wird jede Fokalparabel aus jedem Punkt der anderen Fokalparabel durch einen Drehkegel projiziert.

Die vier eigentlichen Schnittpunkte der Fokalparabeln mit einer Fläche der konfokalen Schar sind wieder Nabelpunkte, von ihnen sind nur beim elliptischen Paraboloid zwei reell; sie fallen bei einem Drehparaboloid im Scheitel zusammen. Die Tangentenebene in einem Nabelpunkt ist Fokalebene und schneidet die Fläche in isotropen Erzeugenden; alle zu ihr parallelen Ebenen, und nur solche, schneiden die Fläche in Kreisen.

Sind x, y, z die Koordinaten eines Punktes, so geben die in λ kubischen Gleichungen (1) und (2) je drei stets reelle Lösungen $\lambda_1, \lambda_2, \lambda_3$, die im Fall (1) als elliptische oder Lamésche, im Fall (2) als parabolische Koordinaten des Punktes bezeichnet werden. Umgekehrt erhält man die rechtwinkligen Koordinaten eines Punktes aus den elliptischen durch die Formeln

$$x^2 = \frac{(\alpha - \lambda_1)(\alpha - \lambda_2)(\alpha - \lambda_3)}{(\alpha - \beta)(\alpha - \gamma)},$$

$$y^2 = \frac{(\beta - \lambda_1)(\beta - \lambda_2)(\beta - \lambda_3)}{(\beta - \gamma)(\beta - \alpha)},$$

$$z^2 = \frac{(\gamma - \lambda_1)(\gamma - \lambda_2)(\gamma - \lambda_3)}{(\gamma - \alpha)(\gamma - \beta)};$$

es ergeben sich also acht Punkte (Schnitt je eines Ellipsoides, einschaligen und zweischaligen Hyperboloides), deren rechtwinklige Koordinaten sich aber nur durch Vorzeichen unterscheiden. Die parabolischen Koordinaten sind vierdeutig.

Über weitere Eigenschaften der konfokalen Flächen zweiten Grades, die ein dreifach orthogonales System bilden, vgl. Kap. 4, Ziff. 28.

27. Quadratische Mannigfaltigkeiten im R_n. Eine V_{n-1}^2[1]) des R_n ist durch eine Gleichung

$$f(x, x) = \sum_{i,k=0}^{n} a_{ik} x_i x_k = 0$$

gegeben. Die Theorie dieser quadratischen Hyperflächen ist zum größten Teil eine unmittelbare Verallgemeinerung der Sätze über Kegelschnitte (V_1^2 des R_2) und Flächen zweiten Grades (V_2^2 des R_3). Wir erwähnen nur die Begriffe der Hyperflächen zweiter Ordnung und zweiter Klasse und die Polarität bezüglich einer V_{n-1}^2, in der einem R_k ein R_{n-k-1} zugeordnet ist. Die projektive Klassifikation der V_{n-1}^2 geschieht nach dem Rang r der Koeffizientenmatrix (a_{ik}); eine V_{n-1}^2 heißt p-fach ausgeartet oder singulär, wenn $r = n - p + 1$ ist; sie besitzt dann einen singulären R_{p-1}, dessen Punkte dadurch ausgezeichnet sind, daß ihre Polarhyperebenen unbestimmt sind. Ist $r = 2$ oder $= 1$, so ist die V_{n-1}^2 reduzibel (Kap. 2, Ziff. 32); und besteht bzw. aus einem Paar verschiedener oder zusammenfallender Hyperebenen, eine V_{n-1}^2 vom Rang 0 besteht aus allen Punkten des R_n, da alle $a_{ik} = 0$ sind. Der Rang r ist die einzige Invariante einer V_{n-1}^2 gegenüber beliebigen (reellen oder imaginären) projektiven Transformationen; ist die V_{n-1}^2 reell und betrachtet man nur reelle projektive Transformationen, so tritt als zweite Invariante noch die Signatur der quadratischen Form $f(x, x)$ hinzu. Eine genauere Betrachtung der ausgearteten V_{n-1}^2 erübrigt sich, da diese nichtausgeartete quadratische Mannigfaltigkeiten des Bundes (Ziff. 17) sind, dessen Kern der singuläre R_{p-1} ist (die Kegel sind nichtausgeartete Gebilde zweiten Grades im Bündel).

Von einiger Bedeutung und nicht unmittelbar aus den Verhältnissen im R_3 zu erschließen sind die Sätze über die in einer nichtausgearteten V_{n-1}^2 enthaltenen linearen Räume größter Dimension. Es sind hier zunächst die beiden Fälle n gerade und n ungerade zu unterscheiden. Es gilt: Auf einer nichtsingulären V_{2k-1}^2 eines R_{2k} gibt es $\infty^{\frac{1}{2}k(k+1)}$ lineare Räume R_{k-1} von größter Dimension $k-1$, die ein einziges System bilden (wie die Punkte eines Kegelschnittes), d. h. man kann durch eine stetige Bewegung auf der V_{2k-1}^2 jeden R_{k-1} in jeden beliebigen anderen R_{k-1} verschieben. Dagegen gibt es auf einer nichtsingulären V_{2k}^2 eines R_{2k+1} $\infty^{\frac{1}{2}k(k+1)}$ lineare Räume R_k von größter Dimension k, die sich in zwei durchaus verschiedene Systeme verteilen (so wie die Erzeugenden einer Fläche zweiten Grades). Über das Verhalten der R_k im zweiten Fall gibt folgender Satz weiteren Aufschluß:

Auf einer nichtsingulären V_{2k}^2 eines R_{2k+1} schneiden sich zwei $R_k \begin{Bmatrix} \text{desselben Systems} \\ \text{verschiedener Systeme} \end{Bmatrix}$, wenn $k \begin{Bmatrix} \text{gerade} \\ \text{ungerade} \end{Bmatrix}$ ist, in einem Raum von gerader Dimension $\left(R_0, R_2, \ldots, \begin{Bmatrix} R_k \\ R_{k-1} \end{Bmatrix}\right)$ und zwei $R_k \begin{Bmatrix} \text{verschiedener Systeme} \\ \text{desselben Systems} \end{Bmatrix}$ schneiden sich, wenn $k \begin{Bmatrix} \text{gerade} \\ \text{ungerade} \end{Bmatrix}$ ist, in einem Raum von ungerader Dimension $\left(R_{-1}, R_1, R_3, \ldots, \begin{Bmatrix} R_{k-1} \\ R_k \end{Bmatrix}\right)$.

[1]) Über den allgemeinen Begriff der k-dimensionalen Mannigfaltigkeit V_k vgl. Kap. 1, Ziff. 25 u. 26. Eine V_k heißt algebraisch, wenn sie durch ein System algebraischer Gleichungen (deren linke Seite also Formen in den homogenen Koordinaten eines Punktes sind) dargestellt ist, und insbesondere von der Ordnung m, wenn sie von jedem R_{n-k} in m (evtl. auch zusammenfallenden) Punkten getroffen wird; man bezeichnet sie dann mit V_k^m. Eine algebraische V_k^m gehört stets einem Raum von höchstens $m + k - 1$ Dimensionen zu, d. h. der Zugehörigkeitsraum einer V_k^m ist höchstens eine R_{m+k-1}. Eine quadratische Mannigfaltigkeit V_k^2 ist also stets eine Hyperfläche (Kap. 1, Ziff. 25) eines R_{k+1}.

Die jeweils an erster Stelle angegebenen Schnitträume R_0 und R_{-1} (nichtschneiden) entsprechen dem allgemeinen Fall, d. h. zwei allgemein angenommene R_k schneiden sich, wenn k gerade ist, in einem Punkt oder überhaupt nicht, je nachdem sie aus demselben System sind oder nicht und umgekehrt, wenn k ungerade ist. Auf den ziemlich umständlichen Beweis kann nicht eingegangen werden[1]); bemerkt sei nur, daß sich eine obere Grenze für die Dimension a der linearen Räume einer V_{n-1}^2 daraus ergibt, daß jeder R_a der V_{n-1}^2 auch in seinem Polarraum R_{n-a-1} enthalten sein muß, woraus $a \leq n - a - 1$ und $a \leq \frac{1}{2}(n-2)$ oder $a \leq \frac{1}{2}(n-1)$ folgt, je nachdem n gerade oder ungerade ist.

V. Liniengeometrie.

28. Linienkoordinaten. Genau so wie die Punkte und Ebenen kann man die Geraden einem Aufbau der Raumgeometrie als ursprüngliche Elemente zugrunde legen. Dieser zuerst von PLÜCKER ausgesprochene und durchgeführte Gedanke hat zu dem als Liniengeometrie (Linie = gerade Linie) bezeichneten Zweig der Geometrie geführt. Da es (vgl. unten) im Raum ∞^4 Gerade gibt, wird diese Geometrie ganz wesentlich verschieden von jener sein, die von Punkten und Ebenen ausgeht, zumal die Gerade im Raum außerdem zu sich selbst dual ist (vgl. hierzu auch Ziff. 31).

Wir definieren zunächst (unter Hervorkehrung der Dualität) als allgemeine homogene projektive Koordinaten

(Strahlenkoordinaten) der Verbindungsgeraden zweier Punkte x und y	(Achsenkoordinaten) der Schnittgeraden zweier Ebenen u und v

die sechs verschiedenen Determinanten der Matrix

$\begin{pmatrix} x_1 & x_2 & x_3 & x_4 \\ y_1 & y_2 & y_3 & y_4 \end{pmatrix}$,	$\begin{pmatrix} u_1 & u_2 & u_3 & u_4 \\ v_1 & v_2 & v_3 & v_4 \end{pmatrix}$,
nämlich	nämlich
$p_{ik} = \begin{vmatrix} x_i & x_k \\ y_i & y_k \end{vmatrix}$	$q_{ik} = \begin{vmatrix} u_i & u_k \\ v_i & v_k \end{vmatrix}$
$(i \neq k, \quad p_{ik} = -p_{ki})$.	$(i \neq k, \quad q_{ik} = -q_{ki})$.

In der Regel wählt man die Kombinationen $ik = 12, 13, 14, 34, 42, 23$. Summationen über diese 6 Kombinationen sind im folgenden mit $\sum_{ik}$, Summationen, in denen i und k unabhängig voneinander von 1 bis 4 laufen, wie gewöhnlich mit $\sum_{i,k=1}^{4}$ bezeichnet.

Diese Linienkoordinaten genügen den Relationen

$$P = p_{12}p_{34} + p_{13}p_{42} + p_{14}p_{23} = 0, \quad Q = q_{12}q_{34} + q_{13}q_{42} + q_{14}q_{23} = 0, \tag{1}$$

die sich durch Entwicklung der Determinanten

$$\begin{vmatrix} x_1 & x_2 & x_3 & x_4 \\ y_1 & y_2 & y_3 & y_4 \\ x_1 & x_2 & x_3 & x_4 \\ y_1 & y_2 & y_3 & y_4 \end{vmatrix} = 0, \qquad \begin{vmatrix} u_1 & u_2 & u_3 & u_4 \\ v_1 & v_2 & v_3 & v_4 \\ u_1 & u_2 & u_3 & u_4 \\ v_1 & v_2 & v_3 & v_4 \end{vmatrix} = 0,$$

nach den Unterdeterminanten der beiden ersten Zeilen (Kap. 2, Ziff. 7) ergeben. Daraus folgt sofort die Existenz von ∞^4 Geraden im Raum.

[1]) Vgl. E. BERTINI, Projektive Geometrie mehrdimensionaler Räume, Wien 1924, S. 139f.

Sind die p_{ik} und q_{ik} Koordinaten derselben Geraden, so ist

$$\varrho\, p_{ik} = \frac{\partial Q}{\partial q_{ik}} \qquad \text{und} \qquad q_{ik} = \varrho \frac{\partial P}{\partial p_{ik}}, \tag{2}$$

wo $\varrho \neq 0$ ein Proportionalitätsfaktor ist.

Zwei Gerade G und G' schneiden sich, wenn

$$\sum_{ik} p_{ik} q'_{ik} = 0 \qquad \text{oder} \qquad \sum_{ik} p'_{ik} q_{ik} = 0 \tag{3}$$

ist.

Für metrische Untersuchungen wird man zweckmäßig von inhomogenen rechtwinkligen Punkt- oder Ebenenkoordinaten ausgehen. Man erhält dann z. B. für die Verbindungsgerade zweier Punkte (x_1, y_1, z_1) und (x_2, y_2, z_2) die schon in Ziff. 15 (Schluß) angegebenen Ausdrücke für die p_{ik}.

29. Der lineare Komplex und das Nullsystem. Eine Gleichung zwischen den Linienkoordinaten stellt eine Gesamtheit von ∞^3 Geraden dar, die als Komplex bezeichnet wird. Wir betrachten im folgenden nur den einfachsten Fall einer linearen Gleichung mit reellen Koeffizienten

$$\sum_{ik} a_{ik} p_{ik} = 0 \qquad \Big| \qquad \sum_{ik} b_{ik} q_{ik} = 0,$$

den linearen Komplex. Ist

$$A = a_{12} a_{34} + a_{13} a_{42} + a_{14} a_{23} = 0 \qquad \Big| \qquad B = b_{12} b_{34} + b_{13} b_{42} + b_{14} b_{23} = 0,$$

so sind die a_{ik} bzw. b_{ik} Achsen- (bzw. Strahlen-) Koordinaten einer festen Geraden G, und der lineare Komplex besteht nach Ziff. 28 (3) aus allen Geraden, die G treffen; man spricht in diesem Fall von einem speziellen linearen Komplex. Der Ausdruck A (bzw. B) ist also eine Invariante des linearen Komplexes.

Führt man in $\sum_{ik} a_{ik} p_{ik} = 0$ für die p_{ik} die Ausdrücke von Ziff. 28 ein, so folgt

$$\sum_{ik} a_{ik} p_{ik} = \sum_{ik} a_{ik} (x_i y_k - x_k y_i) = \sum_{i,k=1}^{4} a_{ik} x_i y_k = 0,$$

wo in der letzten Summe $a_{ik} = -a_{ki}$ und somit $a_{ii} = 0$ zu setzen ist. Die letzte Gleichung stellt aber eine schiefsymmetrische Korrelation, ein Nullsystem dar (Ziff. 8), und der lineare Komplex besteht aus den Nullgeraden, d. h. aus den Verbindungsgeraden entsprechender (konjugierter) Punkte des Nullsystems. Man bestätigt leicht die Richtigkeit folgender Sätze:

Jedem Punkt P entspricht im Nullsystem eine Ebene durch P, die Nullebene des Poles P (das Nullsystem ist die einzige Korrelation eines Raumes in sich, in der jeder Punkt mit seiner entsprechenden Ebene inzident ist). Sämtliche Nullgeraden eines linearen Komplexes, die durch einen Punkt gehen (in einer Ebene ε liegen), liegen in der Nullebene von P (gehen durch den Pol von ε). Bewegt sich ein Punkt P auf einer Geraden G, so dreht sich die Nullebene von P um eine zweite Gerade G'; G und G' heißen auch hier reziproke oder konjugierte Polaren. Liegt der Punkt P in der Nullebene des Punktes Q, so liegt auch Q in der Nullebene von P.

Die Determinante des Nullsystems hat den Wert $A^2 = (a_{12} a_{34} + a_{13} a_{42} + a_{14} a_{23})^2$; bei einem speziellen linearen Komplex artet das Nullsystem aus und wird zu einer Involution im Ebenenbüschel, dessen Achse die Koordinaten a_{ik} hat. In der ebenen Geometrie gibt es kein Analogon zum Nullsystem, da alle schiefsymmetrischen Determinanten ungerader Ordnung verschwinden (Kap. 2, Ziff. 9 B).

Wir wenden uns zur Besprechung einiger metrischer Eigenschaften des linearen Komplexes und Nullsystems. Wir bestimmen die Richtung zum (unendlich fernen)

Pol P_∞ der unendlich fernen Ebene und das Büschel der zu dieser Richtung senkrechten, also untereinander parallelen Ebenen. Die Pole dieser Ebenen liegen auf einer Geraden G, die durch P_∞ hindurchgeht und die die reziproke Polare der unendlich fernen Achse des Parallelebenenbüschels ist. Die Gerade G heißt Achse des linearen Komplexes (oder Nullsystems). Macht man G zur z-Achse eines rechtwinkligen Koordinatensystems, so muß die Gleichung des Nullsystems

$$a_{12}(x_1 y_2 - y_1 x_2) + a_{13}(x_1 z_2 - z_1 x_2) + a_{14}(x_1 - x_2) + a_{34}(z_1 - z_2) + a_{24}(y_1 - y_2) + \\ + a_{23}(y_1 z_2 - z_1 y_2) = 0$$

(es ist immer $a_{ik} = -a_{ki}$!), wenn wir $x_2 = y_2 = 0$ setzen (Punkte der z-Achse), zur xy-Ebene parallele Ebenen liefern, d. h. es muß $a_{13} = a_{14} = a_{23} = a_{24} = 0$ sein; setzt man noch $k = -\frac{a_{34}}{a_{12}}$, so nimmt das Nullsystem die einfache Gestalt

$$x_1 y_2 - y_1 x_2 - k(z_1 - z_2) = 0 \qquad \text{oder} \qquad p_{12} - k p_{34} = 0 \tag{1}$$

an. Die Größe k, der Parameter des Nullsystems oder Komplexes berechnet sich bei allgemeiner Lage aus den Gleichungskoeffizienten durch die Formel

$$k = -\frac{a_{12}a_{34} + a_{13}a_{42} + a_{14}a_{23}}{a_{23}^2 + a_{31}^2 + a_{12}^2}.$$

Für $k = 0$ und $k = \infty$ ergeben sich spezielle lineare Komplexe, deren Achsen bzw. die z-Achse und die zu ihr senkrechte unendlich ferne Gerade sind. Die Nullebene eines Punktes $(x_1, 0, 0)$ der x-Achse hat nach (1) die Gleichung $z_2 : y_2 = -x_1 : k$, d. h. sie geht durch die x-Achse und schließt mit der xy-Ebene den Winkel $\varphi = -\operatorname{arctg}\frac{x_1}{k}$ ein; für $x = 0$ wird $\varphi = 0$ und für $x = \pm\infty$ wird $\varphi = \mp\frac{\pi}{2}\cdot\operatorname{sign} k$; durchläuft also unser Punkt die x-Achse in positivem Sinn, so dreht sich seine Nullebene um dieselbe, und zwar ist der Drehungssinn positiv oder negativ, je nachdem der Parameter k negativ oder positiv ist. Da man durch eine Drehung um die z-Achse und eine Parallelverschiebung in ihrer Richtung jeden Punkt zu einem Punkt der x-Achse machen kann, gilt allgemein: Die Nullebene eines beliebigen Punktes P enthält das von P auf die Achse des Nullsystems gefällte Lot. Die Normale der Nullebene schließt mit der Achse dabei den Winkel $\varphi = -\operatorname{arctg}\frac{r}{k}$ ein, wo r der Abstand des Punktes P von der Achse und k der Parameter des Nullsystems ist.

30. Nullsystem und infinitesimale Schraubung. Eine Schraubenbewegung oder kurz Schraubung mit der Ganghöhe h um die z-Achse eines rechtwinkligen Koordinatensystems läßt sich in der Form

$$x' = x\cos\varphi - y\sin\varphi, \qquad y' = y\cos\varphi + x\sin\varphi, \qquad z' = z + \frac{h\varphi}{2\pi}$$

darstellen. Ist der Drehungswinkel φ sehr klein, so ist in erster Annäherung ($dx = x' - x$, $dy = y' - y$, $dz = z' - z$; $\cos\varphi \doteq 1$, $\sin\varphi \doteq \varphi$)

$$dx : dy : dz = -y : x : \frac{h}{2\pi}$$

(infinitesimale Schraubung). Bestimmt man nun nach Ziff. 29 (1) die Nullebene eines Punktes (x_1, y_1, z_1) und geht senkrecht zu dieser Ebene zum Nachbarpunkt $(x_1 + dx, y_1 + dy, z_1 + dz)$, so gilt

$$dx : dy : dz = -y_1 : x_1 : k.$$

Daraus folgt: Ist ein Nullsystem (1), Ziff. 29, vorgelegt, so erhält man die einem beliebigen Punkt P zugeordnete Nullebene, wenn man eine infinitesimale Schraubung von der Ganghöhe $2k\pi$ um die Achse des Nullsystems ausführt und dann in P die Normalebene der von P beschriebenen Schraubenlinie errichtet. Die Schraubung ist rechts- oder linksgewunden, je nachdem k positiv oder negativ ist. Auf diesem Satz beruht die Bedeutung des Nullsystems für die Kinematik, da jede infinitesimale Bewegung eines starren Körpers eine infinitesimale Schraubung ist.

31. Lineare Kongruenzen. Die Gesamtheit der ∞^2 Geraden, die zwei linearen Gleichungen

$$\sum_{ik} a_{ik} p_{ik} = 0 \qquad \text{und} \qquad \sum_{ik} a'_{ik} p_{ik} = 0 \tag{1}$$

genügen, also zwei linearen Komplexen gemeinsam sind, bilden eine lineare Kongruenz oder Strahlsystem. Einem beliebigen Raumpunkt entspricht in jedem der beiden Nullsysteme (1) eine Nullebene; die Schnittgerade dieser beiden Ebenen ist die einzige Gerade der Kongruenz, die durch P hindurchgeht. Dual gilt, daß in jeder Ebene ebenfalls eine einzige Gerade der Kongruenz liegt. Die Geraden der Kongruenz sind allen ∞^1 Komplexen des Büschels

$$\sum_{ik} (a_{ik} + \lambda a'_{ik}) p_{ik} = 0$$

gemeinsam. Ein solches Komplexbüschel enthält im allgemeinen zwei spezielle Komplexe, wie sich aus der in λ quadratischen Bedingungsgleichung

$$(a_{12} + \lambda a'_{12})(a_{34} + \lambda a'_{34}) + (a_{13} + \lambda a'_{13})(a_{42} + \lambda a'_{42}) + (a_{14} + \lambda a'_{14})(a_{23} + \lambda a'_{23}) = 0 \tag{2}$$

ergibt. Es können folgende Fälle eintreten:

1. (2) hat zwei verschiedene Wurzeln; die Kongruenz (1) heißt hyperbolisch oder elliptisch, je nachdem die beiden Wurzeln von (2) reell oder konjugiert imaginär sind. Sie besteht aus allen Geraden, welche die Achsen der beiden speziellen Komplexe, die Leitgeraden oder Brennlinien der Kongruenz treffen.

2. (2) hat eine Doppelwurzel; die Kongruenz (1) heißt parabolisch. Ihre Leitgeraden fallen in eine einzige Gerade G zusammen. Zwischen den Punkten von G und den Ebenen durch G besteht eine Projektivität; die Geraden der Kongruenz verteilen sich in die ∞^1 Strahlenbüschel, deren Zentren die Punkte von G sind und die in den entsprechenden Ebenen durch G liegen.

3. (2) ist identisch erfüllt; die Kongruenz heißt singulär. Alle Komplexe des Büschels sind speziell. Als Bedingung ergeben sich drei Gleichungen

$$a_{12}a_{34} + a_{13}a_{42} + a_{14}a_{23} = 0, \quad a'_{12}a'_{34} + a'_{13}a'_{42} + a'_{14}a'_{23} = 0, \quad \sum_{ik} a_{ik} a'_{ik} = 0. \tag{3}$$

Zufolge der beiden ersten Gleichungen sind die beiden Komplexe (1) speziell; wegen der dritten schneiden sich ihre Achsen in einem bestimmten Punkt P und liegen somit in einer bestimmten Ebene ε. Die Kongruenz zerfällt in das Geradenbündel P und in das Geradenfeld ε, d. h. sie besteht aus allen Geraden, die entweder durch P gehen oder in ε liegen.

Genügen die beiden Komplexe (1) der dritten Gleichung (3) allein, so spricht man von involutorischer Lage. Jeder Ebene entspricht vermöge des ersten Komplexes ein Punkt P_1, vermöge des zweiten ein Punkt P_2. Die Verbindungsgerade P_1P_2 gehört der durch die beiden Komplexe bestimmten Kongruenz an, wird also von den Leitlinien derselben in zwei Punkten A und A' geschnitten. Liegen die beiden Komplexe involutorisch, so unterscheiden sich die beiden Wurzeln von (2) nur durch das Vorzeichen und für das Doppelverhältnis der vier Punkte P_1P_2AA' erhält man den Wert -1, d. h. die Punkte P_1 und P_2 werden von den Punkten A und A' harmonisch getrennt. Die linke Seite der dritten Gleichung (3) ist eine projektive Simultaninvariante der beiden Komplexe.

Die Achsen aller Komplexe des Büschels bilden eine Regelfläche, die Achsenfläche. Sie ist im allgemeinen Fall eine Fläche dritter Ordnung (Zylindroid); ihre Gleichung kann in rechtwinkligen Koordinaten auf die Form

$$\mathfrak{p} = u(\cos v\,\mathfrak{i} + \sin v\,\mathfrak{j}) + a\sin 2v\,\mathfrak{k}$$

oder

$$z(x^2 + y^2) = 2axy$$

gebracht werden. Aus der Parameterdarstellung gewinnt man leicht Aufschluß über ihre Gestalt. Die Fläche spielt bei gewissen Anwendungen in der Mechanik eine Rolle.

VI. Nichteuklidische Geometrie.

32. Das Parallelenaxiom. In EUKLIDS Elementen, der ältesten systematischen Darstellung der Geometrie, lautet das fünfte Axiom: „Zwei Gerade einer Ebene schneiden sich, wenn sie mit einer dritten Geraden, und zwar auf derselben Seite von dieser, Winkel bilden, deren Summe kleiner als zwei Rechte ist.“ Daraus folgt unmittelbar, daß zu einer gegebenen Geraden durch einen außerhalb gelegenen Punkt eine einzige nichtschneidende, d. h. parallele Gerade geht. Durch rund 2000 Jahre hat man sich vergeblich bemüht, das Parallelenaxiom mit Hilfe der vorhergehenden zu beweisen; alle diese Beweise benutzen aber mehr oder weniger versteckt ein anderes, im wesentlichen gleichwertiges Axiom. So geht z. B. der Araber NASIR-EDDIN (1201—1274) von einem Dreieck aus, dessen Winkelsumme zwei Rechte ist. Nimmt man den letzteren Satz als Axiom, so läßt sich das Parallelenaxiom beweisen. Dieser Gedanke wurde von dem Mönch GIROLAMO SACCHERI (1667—1733) und von J. H. LAMBERT (1728 bis 1777) weiter ausgeführt; ihre Ergebnisse lassen sich in dem später und unabhängig von ihnen von LEGENDRE aufgestellten Satz zusammenfassen: Wenn in einem einzigen Dreieck die Winkelsumme größer, gleich oder kleiner als zwei Rechte ist, so gilt dasselbe entsprechend auch für jedes andere Dreieck. Bemerkenswert ist, daß schon LAMBERT erkennt, daß die erste Annahme auf der Kugel, die zweite auf einer Kugel mit imaginärem Radius erfüllt ist (vgl. Kap. 4, Ziff. 24). Trotzdem war GAUSS zweifellos der erste, der die Unbeweisbarkeit des Parallelenaxioms und damit zugleich die Möglichkeit einer von diesem Axiom unabhängigen allgemeinen oder, wie man meist sagt, „nichteuklidischen“ Geometrie klar erkannte. (Streng genommen ist unter nichteuklidischer Geometrie jene zu verstehen, die aus der Negation des Parallelenaxioms entsteht und nicht die beide Fälle, auch den euklidischen umfassende Geometrie, die damit in der Regel gemeint ist.) GAUSS wagte es nicht, mit seinen Resultaten vor die Öffentlichkeit zu treten; die ersten Publikationen über den Gegenstand stammen von N. LOBATSGHEWSKIJ (1829) und J. BOLYAI (1832). Beide halten an der Unendlichkeit der Geraden fest und behandeln also bloß den Fall, wo sich durch einen Punkt P zwei Parallele zu einer gegebenen Geraden g legen lassen und die Winkelsumme im Dreieck kleiner als zwei Rechte ist. Der zweite Typus nichteuklidischer Geometrie wurde erst von RIEMANN entdeckt; bei ihm ist die Gerade eine geschlossene Linie von endlicher Länge, durch P geht keine Parallele zu g, die Winkelsumme im Dreieck ist größer als zwei Rechte.

Die drei Typen von Geometrien, die auf den Annahmen von LOBATSCHEWSKIJ-BOLYAI, EUKLID und RIEMANN beruhen, werden als hyperbolische, parabolische und elliptische Geometrie bezeichnet.

Bemerkt sei, daß der Begriff des Parallelismus und der affinen Geometrie, wie er in Ziff. 9 gegeben wurde, von der Annahme ausgeht, daß die uneigentlichen Punkte eine Ebene erfüllen, eine Annahme, die vom Standpunkt der allgemeinen (nichteuklidischen) Geometrie aus nur im euklidischen Fall erfüllt ist (vgl. unten Ziff. 34 u. 35). Man bezeichnet daher den Parallelismus von Ziff. 9 als euklidischen Parallelismus und spricht mitunter auch von einer euklidisch-affinen Geometrie.

Für die Veranschaulichung der nichteuklidischen Geometrien bieten sich zwei Möglichkeiten. Die erste ist durch die Flächen konstanter Krümmung gegeben (Kap. 4, Ziff. 24). Je nachdem das Krümmungsmaß der Fläche positiv, null oder negativ ist, fällt die Geometrie auf der Fläche mit der elliptischen, parabolischen oder hyperbolischen Geometrie zusammen. Ein Nachteil dieser Interpretation ist, daß eine solche Fläche niemals auf die ganze Ebene, sondern immer nur auf ein Stück derselben abgebildet werden kann. Auch bei der einzigen unberandeten und singularitätenfreien Fläche konstanter Krümmung, der Kugel, kommt man zu Unstimmigkeiten, wenn man die ganze Fläche betrachtet; zwei Hauptkreise („Gerade") schneiden sich doch in zwei Punkten und das Postulat „Zwei Punkte bestimmen eine Gerade", würde eine Ausnahme erleiden. Die Sache ist die, daß die Geometrie der vollständigen elliptischen Ebene nicht auf der Kugel, sondern im Bündel dargestellt wird, d. h. wenn man die Geraden und Ebenen des Bündels bzw. „Punkte" und „Gerade" nennt, so stimmt die Geometrie der elliptischen Ebene vollständig mit der Geometrie im Bündel überein; man sieht unmittelbar, daß hier von Parallelen keine Rede sein kann, und daß die Winkelsumme in einem Dreieck (d. h. die Summe der Flächenwinkel eines Dreiflachs) größer als zwei Rechte ist. Die Kugelgeometrie (Ziff. 2) selbst bezeichnet man daher in der Regel nicht als elliptische, sondern als sphärische Geometrie.

Wegen einer entsprechenden Deutung für den drei- und mehrdimensionalen Raum vgl. Kap. 5, Ziff. 23.

Als wesentlich besser erweist sich der von KLEIN beschrittene und der folgenden Darstellung zugrunde liegende Weg, der kaum mehr eine Interpretation oder Veranschaulichung genannt werden kann, da er geradezu zur nichteuklidischen Geometrie selbst führt. Der Grundgedanke dabei ist folgender: Die euklidische Geometrie einer Figur ist die projektive Geometrie der Figur und eines bestimmten absoluten Gebildes (Ziff. 10 u. 13); dabei ist das absolute Gebilde in der Ebene eine ausgeartete Kurve, im Raum eine ausgeartete Fläche zweiter Klasse. Es lag nahe, die metrischen Verhältnisse unter Zugrundelegung einer beliebigen Kurve bzw. Fläche zweiten Grades zu untersuchen (Cayleysche Maßbestimmung). KLEIN gelang der Nachweis, daß sich auf diese Art ein Zugang (und wohl der bequemste) zu den nichteuklidischen Geometrien eröffnet.

Eine weitere Frage ist, ob neben der rein logischen auch eine physische Realisierungsmöglichkeit besteht. Tatsache ist, daß es in Anbetracht der Unmöglichkeit absolut genauer Messungen nie möglich sein wird, die Gültigkeit der euklidischen Geometrie, die doch nur ein Grenzfall ist, streng zu beweisen. Die Möglichkeit, daß der Raum unserer Außenwelt nichteuklidisch ist, besteht sicherlich. Aber die Frage, welche Metrik ihm aufgeprägt ist, wird sich kaum jemals in aller Strenge entscheiden lassen.

33. Die Cayleysche Maßbestimmung in einstufigen Gebilden. Sind x_1, x_2 (ebenso y_1, y_2 oder z_1, z_2) homogene projektive Koordinaten in einem Gebilde erster Stufe (Punktreihe, Geraden- oder Ebenenbüschel), so definiert man nach KLEIN zunächst zwei absolute Elemente $x^{(1)}$ und $x^{(2)}$ durch die Gleichung

$$f(x, x) = a_{11} x_1^2 + 2 a_{12} x_1 x_2 + a_{22} x_2^2 = 0 .$$

Die Diskrimante $a_{11} a_{22} - a_{12}^2$ der quadratischen Form $f(x, x)$ bezeichnen wir mit A. Unter dem Intervall (Abstand oder Winkel) zweier beliebiger Elemente

$y = (y_1, y_2)$ und $z = (z_1, z_2)$ versteht man den Wert

$$\overline{yz} = k \lg D(y, z, x^{(1)}, x^{(2)}) = k \ln \frac{f(y,z) + \sqrt{f(y,z)^2 - f(y,y) f(z,z)}}{f(y,z) - \sqrt{f(y,z)^2 - f(y,y) f(z,z)}},$$

wo $D(y, z, x^{(1)}, x^{(2)})$ das Doppelverhältnis der vier Elemente y, z, $x^{(1)}$ und $x^{(2)}$, $f(y, z) = a_{11} y_1 z_1 + a_{12}(y_1 z_2 + y_2 z_1) + a_{22} y_2 z_2$ die Polarform von $f(x, x)$ und k einen konstanten Faktor bedeutet.

Ist $A > 0$, so spricht man von einer elliptischen Maßbestimmung. Der Faktor k wird in der Regel rein imaginär genommen, so daß das Intervall $\overline{yz}$ stets reell wird. Die absoluten Elemente sind natürlich imaginär. Setzt man insbesondere $k = \frac{1}{2i}$, so wird

$$\overline{yz} = \arccos \frac{f(y,z)}{\sqrt{f(y,y) f(z,z)}}$$

d. h. die Metrik stimmt mit der gewöhnlichen Metrik im Büschel überein. Das ganze Gebilde hat eine endliche „Länge", die im Fall $k = \frac{1}{2i}$ (natürliche Maßeinheit) den Wert 2π hat. Die Maßbestimmung hat die reelle (da k rein imaginär ist) Periode $2k\pi i$.

Ist $A < 0$ (hyperbolische Maßbestimmung), so nimmt man k reell; das Intervall ist aber nur dann reell, wenn die beiden Elemente y und z das absolute Paar nicht trennen. Das Intervall zwischen einem absoluten und einem beliebigen anderen (reellen) Element ist stets unendlich, das Gebilde besitzt also zwei unendlichferne Elemente. Aus den beiden letztangeführten Gründen betrachtet man nur die Elemente eines der beiden durch die absoluten Elemente bestimmten Segmente des Gebildes und sieht von den „idealen" Elementen des anderen Segmentes vollständig ab. Die Maßbestimmung hat die rein imaginäre Periode $2k\pi i$.

Ist schließlich $A = 0$ (parabolische Maßbestimmung), so fallen die beiden Fundamentalpunkte zusammen und die obige Formel für das Intervall zweier Elemente versagt. Setzt man jedoch zunächst bei $A \neq 0$ die Konstante $k = c\frac{1}{\sqrt{A}}$ und läßt dann A nach Null konvergieren, d. h. die absoluten Elemente zusammenrücken, so gelangt man zur euklidischen Maßbestimmung in der Punktreihe, wobei die unbestimmte Konstante c die Willkürlichkeit in der Wahl der Maßeinheit zum Ausdruck bringt

34. Die Cayleysche Maßbestimmung in der Ebene. Wir gehen ganz analog vor wie in Ziff. 33. Der Maßbestimmung zugrunde gelegt wird ein Kegelschnitt $\mathfrak{C}$, dessen Gleichung in Punktkoordinaten $f(x, x) = 0$, in Linienkoordinaten $g(u, u) = 0$ sein möge. Dann ist die Entfernung zweier Punkte x und y gegeben durch

$$D_{xy} = k \ln \frac{f(x,y) + \sqrt{f(x,y)^2 - f(x,x) f(y,y)}}{f(x,y) - \sqrt{f(x,y)^2 - f(x,x) f(y,y)}}$$

und der Winkel zweier Geraden u und v durch

$$A_{uv} = k' \ln \frac{g(u,v) + \sqrt{g(u,v)^2 - g(u,u) g(v,v)}}{g(u,v) - \sqrt{g(u,v)^2 - g(u,u) g(v,v)}}.$$

Man setzt fest, daß die Maßbestimmung im Büschel stets elliptisch ist, wählt also k' rein imaginär. Es bleiben dann drei Fälle zu betrachten:

1. $\mathfrak{C}$ ist ein nullteiliger Kegelschnitt (elliptischer Fall), k ist rein imaginär. Die Geraden sind geschlossen und haben endliche Länge; die elliptische Ebene hat einen endlichen Inhalt und ist, was besonders bemerkenswert ist, einseitig,

d. h. es gibt auf ihr keine Unterscheidung zwischen zwei Drehungssinnen um einen Punkt, die nicht ineinander überführbar sind, wie man sich z. B. an der in Ziff. 32 erwähnten Veranschaulichung im Bündel leicht deutlich machen kann (vgl. hierzu Ziff. 38). Das Dualitätsgesetz der projektiven Geometrie bleibt voll aufrecht. Durch einen gegebenen Punkt geht keine Parallele zu einer gegebenen Geraden (das Unendlichferne ist imaginär).

2. $\mathfrak{C}$ ist ein einteiliger, nicht zerfallender Kegelschnitt (hyperbolischer Fall). Die Geraden sind offen und von unendlicher Länge. Betrachtet werden nur Punkte im Innern von $\mathfrak{C}$. Die hyperbolische Ebene ist offen (einfach zusammenhängend) und zweiseitig. Das Dualitätsgesetz läßt sich nicht mehr aufrechterhalten, denn dem Ausschluß der „idealen" äußeren Punkte von $\mathfrak{C}$ steht nicht der Ausschluß der den Kegelschnitt $\mathfrak{C}$ in reellen Punkten schneidenden Geraden gegenüber, wie es das Dualitätsgesetz verlangen würde. Jede Gerade besitzt zwei unendlichferne Punkte, ihre Schnittpunkte mit $\mathfrak{C}$; es gibt also durch einen gegebenen Punkt zwei Parallele zu einer gegebenen Geraden.

3. $\mathfrak{C}$ artet in ein imaginäres Punktepaar aus (parabolischer Fall). Die Verbindungsgerade der beiden absoluten Punkte ist die unendlichferne Gerade; man hat die euklidische Metrik. Erwähnt sei nur noch, daß das Dualitätsgesetz sich auch hier nicht ausnahmslos aufrechterhalten läßt, da der absolute Kegelschnitt als Kurve zweiter Ordnung doppelt, als Kurve zweiter Klasse einfach ausgeartet ist.

Sehr bequem gestaltet sich die Rechnung, wenn man

$$f(x, x) = x_3^2 - a(x_1^2 + x_2^2) \qquad \text{und} \qquad g(u, u) = a u_3^2 - (u_1^2 + u_2^2)$$

nimmt. Man erhält für $a < 0$ die elliptische, für $a > 0$ die hyperbolische und, wenn man $k = \frac{c}{\sqrt{a}}$ setzt, und dann a nach Null konvergieren läßt, die parabolische Geometrie.

Eine deutliche Vorstellung von den verschiedenen obenerwähnten Zusammenhangsverhältnissen erhält man, wenn man eine nichtgeradlinige Fläche zweiter Ordnung F aus einem Punkt P auf eine nicht durch P gehende Ebene π projiziert. Der aus P an F gelegte Tangentenkegel schneidet π in einem Kegelschnitt $\mathfrak{C}'$, der imaginär oder reell ist, je nachdem P im Inneren oder Äußeren von F liegt, oder schließlich in ein imaginäres Punktepaar mit reeller Verbindungslinie ausartet, wenn P auf F liegt. Nimmt man nun $\mathfrak{C}'$ als absoluten Kegelschnitt in π, so überträgt sich die sich so ergebende Maßbestimmung wieder rückwärts auf die Fläche. Als unendlichfernes Gebilde erhält man auf F die Projektion $\mathfrak{C}$ von $\mathfrak{C}'$, die in den drei erwähnten Fällen bzw. imaginär oder reell ist oder schließlich in einen einzigen Punkt, den Punkt P selbst, ausartet. Man erhält so als Bild der elliptischen Ebene ($\mathfrak{C}$ und $\mathfrak{C}'$ imaginär) die ganze Fläche F, aber nicht eindeutig, sondern zweideutig, da jeder Projektionsstrahl F in zwei reellen Punkten schneidet. Ist F die Einheitskugel und P ihr Mittelpunkt, so erhält man auf diese Weise die Maßbestimmung der sphärischen Geometrie. Als Bild der hyperbolischen Ebene ($\mathfrak{C}$ und $\mathfrak{C}'$ reell) erhält man die eine der beiden Kalotten, in die F durch $\mathfrak{C}$ zerlegt wird und als Bild der parabolischen Ebene ($\mathfrak{C}$ und $\mathfrak{C}'$ ausgeartet) ergibt sich die „punktierte" Fläche F, d. h. die ganze Fläche mit Ausnahme des einzigen Punktes P.

Der Ausdruck $-\frac{1}{4k^2}$ heißt das Krümmungsmaß der betreffenden Maßbestimmung. Die Bezeichnung ist von der Differentialgeometrie her übernommen; die Geometrie auf einer Fläche der konstanten Gaußschen Krümmung $-\frac{1}{4k^2}$

stimmt mit der Geometrie der betreffenden Ebene überein (vgl. Ziff. 32 und Kap. 4, Ziff. 24).

Die oben gegebenen Ausdrücke für Abstand und Winkel sind invariant gegenüber allen Kollineationen, die den absoluten Kegelschnitt in sich überführen. Diese Kollineationen entsprechen also den Bewegungen der euklidischen Geometrie, doch ist zu bemerken, daß gerade die parabolische Geometrie gegenüber dieser allgemeinen Definition der Bewegung insofern eine Ausnahmsstellung einnimmt, als hier unter den Kollineationen, die das absolute Punktepaar ungeändert lassen, auch die Ähnlichkeitstransformationen erscheinen, was mit dem Auftreten der willkürlichen Konstanten c beim Grenzübergang zusammenhängt. Diese Ähnlichkeitstransformationen sind also etwas spezifisch euklidisches; in der elliptischen und hyperbolischen Geometrie existiert nichts Entsprechendes. Es läßt sich zeigen, daß die Annahme der Existenz zweier ähnlicher, aber nicht kongruenter Dreiecke der Annahme des Parallelenaxioms gleichwertig ist, also mit Notwendigkeit auf die euklidische Geometrie führt.

Da die Kollineationen eine achtgliedrige Gruppe bilden und ein Kegelschnitt von fünf Parametern abhängt, ist die Bewegungsgruppe eine dreigliedrige Gruppe.

35. Die Cayleysche Maßbestimmung im R_n. Fixiert man eine V_{n-1}^2

$$f(x, x) = \sum_{i,k=0}^{n} a_{ik} x_i x_k = 0$$

als absolutes Gebilde, so ist der Abstand zweier Punkte und der Winkel zweier Hyperebenen auch hier durch die beiden Formeln aus Ziff. 34 zu definieren, wobei wir uns wieder auf reelles beschränken. Die Forderung, daß die Maßbestimmung im Büschel (∞^1 R_{n-1} durch einen R_{n-2}) elliptisch ist, führt auch hier auf drei Fälle; und zwar auf die elliptische Maßbestimmung, wo $f(x, x)$ definit, die absolute V_{n-1}^2 also nullteilig ist, ferner auf die hyperbolische, wo $f(x, x)$ die Signatur $n-1$ hat und schließlich auf die parabolische oder euklidische, wo die absolute V_{n-1}^2 (als Hyperfläche zweiter Klasse) in eine nullteilige V_{n-2}^2 eines R_{n-1} ausartet, der dann die uneigentliche Hyperebene des R_n ist.

Die Polarität bezüglich der absoluten V_{n-1}^2 heißt Orthogonalität; zwei Punkte heißen orthogonal, wenn sie bezüglich der V_{n-1}^2 konjugiert sind. Zwei Räume R_h und R_k ($h \geqq k$) heißen $(p+1)$-fach orthogonal, wenn es im R_h einen R_p von Punkten gibt, die zu allen Punkten des R_k orthogonal sind. Ist $p = k$, so heißen die beiden Räume vollständig orthogonal. Eine Gerade ist orthogonal zum R_h, wenn sie seinen Polarraum R_{n-h-1} bezüglich der absoluten V_{n-1}^2 schneidet, nur wenn sie außerdem den R_h selbst trifft, sagt man, sie steht auf dem R_h senkrecht oder normal. Im parabolischen Fall sind diese Definitionen auf die uneigentlichen Räume von R_h und R_k anzuwenden; orthogonale Punkte gibt es hier natürlich nicht.

VII. Topologie.

36. Begriff der Topologie. Unter Topologie oder Analysis situs versteht man im Sinn von Ziff. 11 die Invariantentheorie der allgemeinsten ein-eindeutigen und stetigen Punkttransformationen (Kap. 2, Ziff. 20) im R_n

$$x'_i = f_i(x_1, x_2, \ldots, x_n) \quad (i = 1, 2, \ldots, n) \tag{1}$$

bzw.

$$x_k = g_k(x'_1, x'_2, \ldots, x'_n) \quad (k = 1, 2, \ldots, n) \tag{1'}$$

wo die f und g stetig differenzierbare Funktionen mit nirgends verschwindender Funktionaldeterminante sind (vgl. auch Kap. 1, Ziff. 24). Sämtliche Veränderliche und Funktionen sind als reell vorausgesetzt. Eine Eigenschaft eines geometrischen Gebildes, d. h. einer oder mehrerer Mannigfaltigkeiten V wird dann als topologische zu bezeichnen sein, wenn sie bei allen Transformationen (1) und (1') ungeändert bleibt. Man sieht leicht, daß diese Transformationen, bildlich gesprochen, ein recht weitmaschiges Sieb bilden, in dem nur mehr wenig hängen bleibt; dieses Wenige ist aber von um so größerer Wichtigkeit.

Das Hauptproblem der Topologie ist das Problem der Homöomorphie zweier Gebilde; dabei heißen zwei Gebilde homöomorph, wenn sie durch eine Transformation (1) oder (1'), d. h. durch stetige Deformationen ineinander übergeführt werden können. Dieses Problem ist bisher nur für Flächen V_2 gelöst (Ziff. 39).

Die Probleme der Topologie können nach verschiedenen Methoden behandelt werden, ähnlich wie es in der projektiven und metrischen Geometrie eine analytische und eine synthetische Methode gibt. In diesem Sinn könnte man die kombinatorischen und mengentheoretischen Methoden[1]) als synthetische, die im Anschluß an POINCARÉ[2]) hier im wesentlichen befolgte als analytische bezeichnen.

37. Allgemeines über Mannigfaltigkeiten im R_n. Eine Mannigfaltigkeit im R_n läßt sich auf zweierlei Arten analytisch definieren. Es seien $p \leq n$ Gleichungen

$$F_i(x_1, x_2, \ldots, x_n) = 0 \quad (i = 1, 2, \ldots, p) \tag{2}$$

und q Ungleichungen

$$G_j(x_1, x_2, \ldots, x_n) > 0 \quad (j = 1, 2, \ldots, q) \tag{3}$$

vorgelegt. Von den F ist vorausgesetzt, daß sie in dem durch die Ungleichungen (3) bestimmten Bereich stetig differenzierbare Funktionen der x sind, und daß ihre Funktionalmatrix

$$\left(\frac{\partial F_i}{\partial x_k}\right)$$

den Rang p hat. Die sämtlichen Punkte des R_n, die (2) und (3) genügen, erfüllen dann eine $(n-p)$-dimensionale Mannigfaltigkeit V_{n-p} des R_n. (Ist $p = 0$, so bestimmen die Ungleichungen (3) eine V_n, die nichts anderes ist als ein Bereich im R_n.) Seien x' und x'' zwei beliebige Punkte der V_{n-p}. Ist es möglich, diese beiden Punkte (wo immer sie auf der V_{n-p} angenommen sind) durch eine ganz auf der V_{n-p} verlaufende Kurve zu verbinden, so heißt die V_{n-p} zusammenhängend. Das kommt analytisch darauf hinaus, daß man stetige Funktionen $x_i = x_i(t)$ so bestimmen kann, daß $x_i(t_0) = x_i'$, $x_i(t_1) = x_i''$ wird, und daß für alle t des Intervalls $[t_0, t_1]$ (2) und (3) erfüllt sind. Eine Mannigfaltigkeit heißt endlich, wenn ihre Punkte einer Ungleichung

$$x_1^2 + x_2^2 + \cdots + x_n^2 < A^2$$

genügen, also im Inneren einer Hypersphäre des R_n vom Radius A [$(n-1)$-dimensionale Kugel] liegen. Ersetzt man in einer der Ungleichungen (3) das Ungleichheitszeichen durch ein Gleichheitszeichen, so definieren diese Relationen zusammen mit (2) im allgemeinen eine V_{n-p-1}, die zusammenhängend sein kann oder nicht. Es kann natürlich auch der Fall eintreten, daß dann überhaupt kein (reeller) Punkt bestimmt ist, oder daß zwar solche Punkte existieren, aber eine

---

[1]) Bezüglich der ersteren vgl. das Referat von DEHN u. HEEGARD im dritten Band der Enzyklopädie der mathematischen Wissenschaften, bezüglich der letzteren vor allem das Buch von KERÉKJÁRTÓ, Vorlesungen über Topologie, Berlin, Julius Springer 1923 (bi jetzt nur der erste Band erschienen).

[2]) Insbesondere „Analysis situs" (Journ. de l'école polytechn. (2) Bd. 1. 1895) und „Complèment à l'analysis situs" (Rend. del circolo matem. di Palermo Bd. 13. 1899).

Mannigfaltigkeit von weniger als $n-p-1$ Dimensionen erfüllen. Die Gesamtheit der Punkte, die einem der q Systeme

$$\left.\begin{array}{lll} F_i=0\,(i=1,2,\ldots,p), & G_1=0, & G_j>0\,(j>1), \\ F_i=0\,(i=1,2,\ldots,p), & G_2=0, & G_j>0\,(j\neq 2), \\ \cdots & \cdots & \cdots \\ F_i=0\,(i=1,2,\ldots,p), & G_q=0, & G_j>0\,(j<q) \end{array}\right\} \tag{4}$$

genügen, bilden den (vollständigen) Rand der durch (2) und (3) definierten V_{n-p}. In der Regel zählt man nur die durch (4) definierten V_{n-p-1} zum Rand der V_{n-p}. Ist durch (4) überhaupt keine V_{n-p-1} definiert, so heißt die V_{n-p} unberandet, im anderen Fall berandet. Eine V_{n-p}, die zusammenhängend, endlich und unberandet ist, wird als geschlossen bezeichnet.

So ist z. B. die Cassinische Kurve (Kap. 4, Ziff. 8) für $c^2<a^2$ eine nicht zusammenhängende V_1 des R_2. Nimmt man zu ihrer Gleichung jedoch einmal die Ungleichung $x>0$, einmal $x<0$ hinzu, so erhält man jedesmal eine geschlossene V_1. Die durch $x^2+y^2=a^2$, $x^2+y^2+z^2<4\,a^2$ definierte V_2 des R_3 besteht aus jenem Teil des Kreiszylinders vom Radius a und der z-Achse als Achse, der innerhalb der Kugel vom Radius $2\,a$ liegt; ihr Rand ist die durch $x^2+y^2=a^2$, $z=\pm a\sqrt{3}$ definierte (nicht zusammenhängende) V_1.

Eine zweite Möglichkeit einer Darstellung einer V_m ist die durch unbestimmte Parameter $y_1, y_2, \ldots, y_m$, nämlich

$$x_i=\varphi_i(y_1, y_2, \ldots, y_m)\ (i=1,2,\ldots,n) \tag{5}$$

vgl. hierzu, insbesondere über die Äquivalenz mit der ersten Darstellungsart (Kap. 1, Ziff. 26). Zu den Gleichungen (5) treten im allgemeinen noch eine Anzahl von Ungleichungen

$$h(y_1, y_2, \ldots, y_m)>0, \tag{6}$$

die den Variabilitätsbereich der y einschränken. Die Funktionen φ_i seien in dem durch (6) definierten Bereich als analytisch (d. h. in Potenzreihen entwickelbar) vorausgesetzt; ihre Funktionalmatrix habe den Rang m. Dann definieren (5) und (6) eine V_m des R_n. Es sei V'_m eine zweite, durch

$$x_i=\varphi'_i(y'_1, y'_2, \ldots, y'_m) \quad (i=1, 2, \ldots n)$$

und irgendwelche Ungleichungen definierte Mannigfaltigkeit von ebenfalls m Dimensionen. Haben V_m und V'_m eine V''_m gemeinsam, d. h. gehört jeder Punkt von V''_m sowohl zu V_m als auch zu V'_m, so lassen sich im Inneren von V''_m die y' als analytische Funktionen der y darstellen; von V_m und V'_m sagt man dann, daß die eine eine analytische Fortsetzung der anderen sei (vgl. Kap. 6, Ziff. 10). Ist eine Folge von Mannigfaltigkeiten $V'_m, V''_m, \ldots, V^{(p)}_m$ gleicher Dimension gegeben, deren jede analytische Fortsetzung der vorausgehenden ist, so spricht man von einer (zusammenhängenden) Kette, die als geschlossen bezeichnet wird, wenn die $V^{(p)}_m$ analytische Fortsetzung der V'_m ist. Ist in einer Gruppe von Mannigfaltigkeiten gleicher Dimension jede gleichzeitig analytische Fortsetzung von mehreren anderen, so spricht man von einem (zusammenhängenden) Netz. Man kann nun die Gesamtheit der Mannigfaltigkeiten einer Kette oder eines Netzes als eine einzige Mannigfaltigkeit ansehen und hat so eine umfassende Definition dieses Begriffes (es ist z. B. nicht möglich, die ganze Kugelfläche im R_3 mittels analytischer Funktionen zweier Parameter eindeutig darzustellen). Man überzeugt sich leicht, daß alle hier aufgestellten Begriffe topologischen Charakter haben.

38. Einseitige und zweiseitige Mannigfaltigkeiten. Sei V_m eine Mannigfaltigkeit, die in der am Schluß von Ziff. 37 angegebenen Art definiert ist, also aus einer Kette oder aus einem Netze von Teilmannigfaltigkeiten $V_m^{(1)}, V_m^{(2)}, \ldots, V_m^{(p)}$ besteht. Die Darstellung von $V_m^{(j)}$ sei

$$x_i = \varphi_i^{(j)}(y_1^{(j)}, y_2^{(j)}, \ldots, y_m^{(j)}) \quad (i = 1, 2, \ldots, n;\ j = 1, 2, \ldots, p)$$

zusammen mit irgendwelchen Ungleichungen für die $y^{(j)}$. Die $V_m^{(j)}$ und $V_m^{(j+1)}$ gemeinsame Mannigfaltigkeit sei $V_m^{(j,j+1)}$. Wir betrachten zunächst den Fall $p = 2$. Im Innern von $V_m^{(1,2)}$ kann die Funktionaldeterminante $\Delta_{1,2} = \frac{\partial(y_k^{(1)})}{\partial(y_h^{(2)})}$ ihr Zeichen nicht ändern; andernfalls müßte sie in $V_m^{(1,2)}$ entweder Null oder unendlich werden. Nun ist aber (Kap. 1, Ziff. 26)

$$\Delta_{1,2} = \frac{\partial(x_{a_1}, x_{a_2}, \ldots, x_{a_n})}{\partial(y_1^{(2)}, y_2^{(2)}, \ldots, y_m^{(2)})} : \frac{\partial(x_{a_1}, x_{a_2}, \ldots, x_{a_n})}{\partial(y_1^{(1)}, y_2^{(1)}, \ldots, y_m^{(1)})},$$

wo $a_1, a_2, \ldots, a_m$ irgendwelche m (verschiedene) der Zahlen $1, 2, \ldots, n$ sind; es müßte also entweder $\frac{\partial(x_{a_1}, x_{a_2}, \ldots, x_{a_n})}{\partial(y_1^{(2)}, y_2^{(2)}, \ldots, y_m^{(2)})} = 0$ oder $\frac{\partial(x_{a_1}, x_{a_2}, \ldots, x_{a_n})}{\partial(y_1^{(1)}, y_2^{(1)}, \ldots, y_m^{(1)})} = 0$ sein für beliebige Wahl der $a_1, a_2, \ldots, a_m$ und der Rang der betreffenden Matrizen wäre gegen die Voraussetzung kleiner als m. Ist nun $V_m^{(1,2)}$ zusammenhängend, so kann man evtl. durch eine Vertauschung zweier $y^{(2)}$ erreichen, daß $\Delta_{1,2} > 0$ ist. Ist aber $V_m^{(1,2)}$ nicht zusammenhängend, besteht sie also aus mehreren Mannigfaltigkeiten $V_m', V_m'', \ldots$, so kann der Fall eintreten, daß $\Delta_{1,2}$ nicht in allen Mannigfaltigkeiten $V_m', V_m'', \ldots$ dasselbe Vorzeichen besitzt. In diesem Fall heißt die gegebene V_m einseitig. Wir nehmen nun an, daß das nicht der Fall sei, d. h. daß $V_m^{(1,2)}$ zusammenhängend ist und betrachten die Kette $V_m^{(1)}, V_m^{(2)}, \ldots, V_m^{(p)}$, die wir als geschlossen voraussetzen; die Mannigfaltigkeiten $V_m^{(1,2)}, V_m^{(2,3)}, \ldots, V_m^{(p-1,p)}, V_m^{(p,1)}$ seien alle zusammenhängend. Wir bilden nun die p Funktionaldeterminanten $\Delta_{j,j+1} = \frac{\partial(y_k^{(j)})}{\partial(y_h^{(j+1)})}$ $(j = 1, 2, \ldots, p-1)$ und $\Delta_{p,1} = \frac{\partial(y_k^{(p)})}{\partial(y_h^{(1)})}$. Das Vorzeichen von $\Delta_{j,j+1}$ läßt sich evtl. durch Vertauschung zweier $y^{(j+1)}$ sicher positiv machen; wir denken uns das für die $p-1$ ersten Δ durchgeführt. Das Vorzeichen von $\Delta_{p,1}$ ist dadurch aber eindeutig festgelegt, denn würden wir zwei $y^{(1)}$ oder zwei $y^{(p)}$ vertauschen, so würde sich entweder das Vorzeichen von $\Delta_{1,2}$ oder das von $\Delta_{p-1,p}$ ebenfalls ändern. Je nachdem also $\Delta_{p,1} < 0$ oder $\Delta_{p,1} > 0$ gilt, nennen wir die Kette einseitig oder zweiseitig und definieren allgemein: Eine beliebige V_m heißt einseitig oder zweiseitig, je nachdem sich auf ihr eine (geschlossene) einseitige Kette bilden läßt oder nicht.

Geometrisch läßt sich die Sache so formulieren: In jedem Punkt P einer V_m gibt es ein durch m linear unabhängige Richtungen oder Vektoren (z. B. durch die Tangentenvektoren der Parameterkurven durch P, vgl. für $m = 2$ die Vektoren $\mathfrak{x}_u$ und $\mathfrak{x}_v$ in Kap. 4, Ziff. 17) bestimmtes m-Bein. Hält man die Reihenfolge der m Vektoren fest, so spricht man von einer Indikatrix des Punktes P. Zwei Indikatrizes eines Punktes P heißen gleich oder entgegengesetzt orientiert, je nachdem sie durch eine in den Vektorkomponenten homogene affine Transformation von positiver oder negativer Determinante ineinander übergeführt werden können; oder, wenn sich die Vektoren der beiden Indikatrizes nur durch die Reihenfolge unterscheiden, je nachdem diese Permutation eine gerade oder ungerade (Kap. 2, Ziff. 1) ist. Gibt es nun auf der V_m geschlossene Kurven V_1 von der Art, daß sich die Orientierung der Indikatrix eines Punktes P umkehrt, wenn P die Kurve einmal durchläuft, so ist die V_m einseitig, im anderen Fall, d. h. wenn es keine derartigen Kurven gibt, zweiseitig. Das hat zur Folge, daß sich im Fall $m = 2$, also auf einseitigen Flächen, kein bestimmter Drehungssinn, im Fall $m = 3$ kein bestimmter Schraubungssinn auszeichnen läßt.

Aus diesem Grunde werden einseitige V_m auch als nichtorientierbar, zweiseitige als orientierbar bezeichnet. Ein sehr bekanntes Beispiel einer einseitigen Fläche V_2 ist das Möbiussche Band (Abb. 9; man beachte das Verhalten der in mehreren Lagen gezeichneten Indikatrix beim Durchlaufen der Mittellinie des Bandes! Der projektive Raum R_n ist einseitig oder zweiseitig, je nachdem n gerade oder ungerade ist; eine Tatsache, die im Fall einer elliptischen Maßbestimmung (Ziff. 35) erhalten bleibt, während alle hyperbolischen oder parabolischen Räume, bei denen reelle unendlichferne Elemente aus dem projektiven Raum ausgeschieden werden, zweiseitig sind.

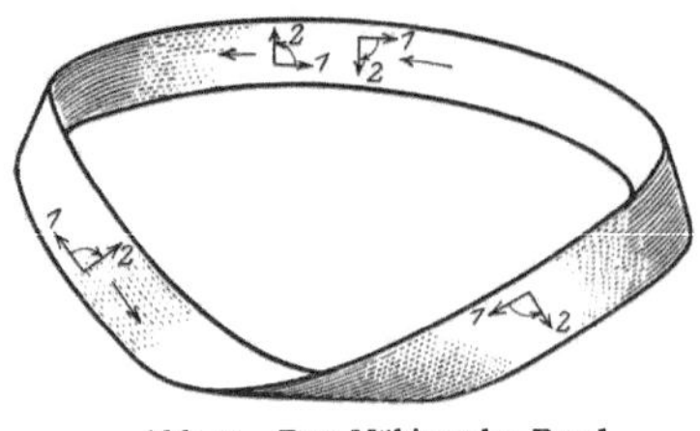

Abb. 9. Das Möbiussche Band.

39. Zusammenhang und Geschlecht zweiseitiger Flächen. Wir müssen uns hier der Kürze halber auf endliche zweiseitige Flächen beschränken, die übrigens in der Funktionen- und Potentialtheorie allein von Bedeutung sind. Hinsichtlich der einseitigen Flächen sei nur bemerkt, daß sich die folgenden Überlegungen ohne sonderliche Schwierigkeit übertragen lassen.

Wir definieren zunächst: Ein Rückkehrschnitt ist eine ganz im Inneren der Fläche verlaufende, geschlossene und sich selbst nicht durchsetzende Kurve. Ein Querschnitt ist ein am Rand der Fläche beginnender und wieder am Rand endender Kurvenbogen. Wird eine Fläche längs eines Rückkehrschnittes aufgeschnitten, so erhöht sich die Zahl ihrer Randkurven um 2; zerschneidet man eine Fläche längs eines Querschnittes, so erhöht oder vermindert sich die Anzahl der Randkurven um 1, je nachdem die Endpunkte des Querschnittes auf derselben oder auf verschiedenen Randkurven der Fläche liegen. Man spricht von einer Punktierung einer Fläche, wenn man in ihrem Inneren ein kleines, nadelstichartiges Loch anbringt, das natürlich nachher im Wege einer stetigen Deformation beliebig vergrößert werden kann. Die Punktierung erhöht die Anzahl der Randkurven um 1. Eine Fläche, die eine einzige Randkurve besitzt und durch jeden Querschnitt in zwei getrennte Stücke zerfällt, wird als einfach zusammenhängend bezeichnet. Zerfällt eine Fläche durch q Querschnitte in a einfach zusammenhängende Flächenstücke, so wird ihr die Zusammenhangszahl

$$N = q - a + 2 \tag{1}$$

zugeordnet; man spricht von einer N-fach zusammenhängenden Fläche. Für $a = 1$ folgt

$$N = q + 1 . \tag{1'}$$

Die Zusammenhangszahl bleibt bei Ausführung eines Rückkehrschnittes ungeändert; sie erhöht sich durch jede Punktierung um 1 und erniedrigt sich durch jeden Querschnitt um 1. Auf eine geschlossene Fläche läßt sich (1) nicht unmittelbar anwenden, sondern erst nach Anbringung eines Rückkehrschnittes oder einer Punktierung. So erhält man z. B. für die Kugel die Zusammenhangszahl $N = 0$, da die punktierte Kugel durch jeden Querschnitt in zwei getrennte Stücke zerfällt, also einfach zusammenhängend ist.

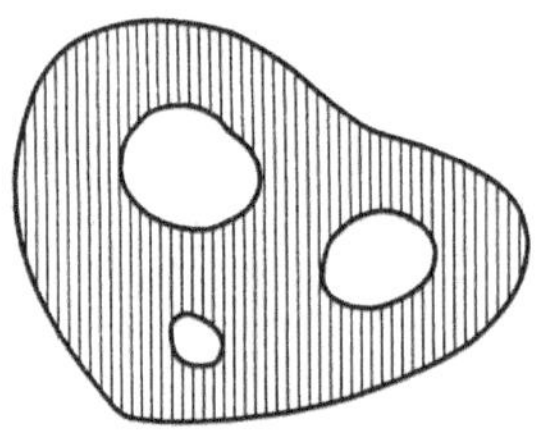

Abb. 10. Schlichtartige Fläche mit $N = 4$.

Eine Fläche heißt schlichtartig, wenn sie durch jeden Rückkehrschnitt in getrennte Teile zerfällt. Eine schlichtartige Fläche ist stets homöomorph mit einem durch mehrere Kreise begrenzten ebenen Bereich (Abb. 10). Die maximale Anzahl p der Rückkehrschnitte, die sich auf einer Fläche anbringen lassen, ohne sie zu zerstückeln, wird als Geschlecht der Fläche bezeichnet. Zwischen der Anzahl R der Randkurven, der Zusammenhangszahl N und dem Geschlecht p einer Fläche besteht die leicht nachweisbare Relation

$$N = R + 2p. \tag{2}$$

Es gilt der Satz: Zwei zweiseitige Flächen sind homöomorph, wenn sie in zwei der drei Zahlen R, N und p übereinstimmen. Es lassen sich leicht Normalformen für die Flächen mit R Randkurven und dem Geschlecht p angeben; die ge-

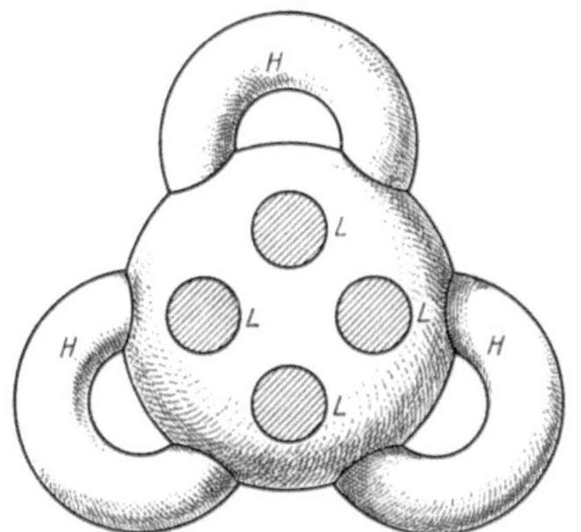

Abb. 11. Erste Normalform.

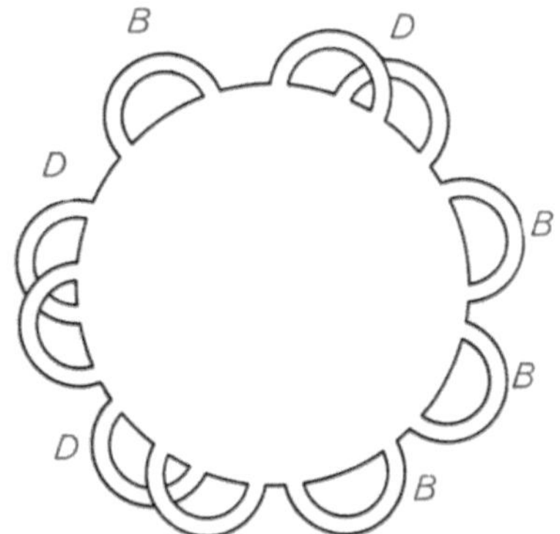

Abb. 12. Zweite Normalform.

bräuchlichsten sind erstens die Kugel mit p Henkeln H und R Löchern L (Abb. 11, $p = 3$, $R = 4$) und zweitens die Kreisscheibe mit $R - 1$ einfachen Brücken B und p Doppelbrücken D (Abb. 12, $p = 3$, $R = 5$). Diese Flächen lassen sich auf unbegrenzt viele Arten so zerschneiden, daß sich ein einfach zusammenhängendes Flächenstück ergibt; wir erwähnen nur als einfachste und übersichtlichste die sog. kanonische Zerschneidung der ersten Normalform (Abb. 13). Von einem auf der Kugel willkürlich gewählten Punkt O legen wir das Paar der Schnitte S_i' und S_i'', von denen der erste entlang des i-ten Henkels H_i und der zweite um diesen herum läuft, und führen das für alle p Henkel ($i = 1, 2, \ldots, p$) aus. Von diesen $2p$ Schnitten ist der zuerst ausgeführte offenbar ein Rückkehrschnitt, alle folgenden sind aber Querschnitte, da für sie O ein Randpunkt der Fläche ist. Ferner ziehen wir von O aus die R Querschnitte C_k zu den Löchern L_k ($k = 1, 2, \ldots, R$). Man sieht ohne Schwierigkeit, daß nach Ausführung dieser $2p + R$ Schnitte die Fläche einfach zusammenhängend ist; da unter ihnen $2p - 1 + R$ Querschnitte sind, folgt aus (1')

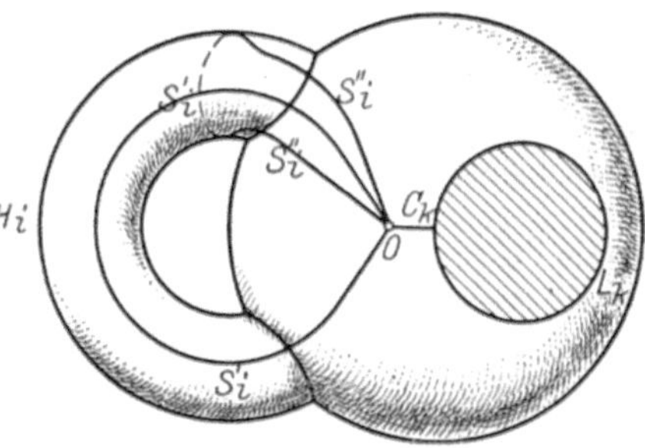

Abb. 13. Kanonische Zerschneidung.

$$N = 2p - 1 + R + 1 = R + 2p,$$

also gerade die Formel (2). Bei einer geschlossenen Fläche ($R = O$) ist somit N stets gerade.

40. Überlagerungsflächen. Wir betrachten zwei Flächen F und F', zwischen deren Punkten eine Zuordnung oder Korrespondenz (n, 1) besteht, d. h. daß jedem Punkt P' von F' ein bestimmter Punkt P von F entspricht, aber umgekehrt jedem Punkt P von F genau n Punkte P' von F' zugeordnet sind. Der bequemeren Veranschaulichung halber kann man F in der ersten Normalform von Ziff. 39 annehmen und sich vorstellen, daß F' aus n Blättern bestehe, die dicht über F ausgebreitet sind, und daß entsprechende Punkte durch die gemeinsamen Flächennormalen bestimmt sind. Die Fläche F' heißt n-blättrige Überlagerungsfläche von F. Sei P_0 ein Punkt von F; P_1', P_2', ..., P_n' die darüberliegenden entsprechenden Punkte von F'. Beschreibt ein Punkt P auf F einen von P_0 ausgehenden geschlossenen Weg $\mathfrak{C}$, so beschreibt einer der entsprechenden Punkte P' einen Weg, der in einem der Punkte P_i', etwa in P_1', beginnt und entweder in P_1' oder in einem anderen Punkt, etwa in P_2', endigt. Sei ν die kleinste Anzahl der Umläufe des Punktes P, nach deren Ausführung der Punkt P' zum erstenmal wieder mit P_1' zusammenfällt ($1 \leq \nu \leq n$). Dann gibt es im Inneren von $\mathfrak{C}$ einen Punkt A, von dessen n entsprechenden Punkten ν in einem Punkt A' zusammenfallen; in A' hängen dann ν Blätter von F' zusammen (Abb. 14, $\nu = 2$). Der Punkt A' wird als Verzweigungspunkt $(\nu - 1)$-ter Ordnung der Fläche F' bezeichnet. Ist für alle Punkte von F' die Verzweigungsordnung $\nu - 1 = 0$, so heißt F' unverzweigt. Die Summe $w = \sum_i (\nu_i - 1)$ der Ordnungen aller Verzweigungspunkte von F' heißt Verzweigungszahl dieser Fläche. Auf F denken wir uns q Querschnitte ausgeführt, durch die F in a einfach zusammenhängende Flächenstücke zerfällt, und zwar so, daß in jedem dieser Flächenstücke höchstens ein Punkt liegt, der einem Verzweigungspunkt von F' entspricht. Führen wir diese Querschnitte auch durch alle n Blätter von F' hindurch, so gibt das auf F' genau nq Querschnitte, die F' in na einfach zusammenhängende Flächenstücke zerlegen würden, wenn nicht in jedem Verzweigungspunkt eine gewisse Anzahl der Blätter zusammenhinge. Gibt es auf F' r Verzweigungspunkte mit den Ordnungen $\nu_i - 1$ ($i = 1, 2, \ldots, r$), so zerfällt F' durch die nq Querschnitte in $na - w$ einfach zusammenhängende Flächenstücke; ist $N = q - a + 2$ der Zusammenhang von F, $N' = n(q - a) + w + 2$ der von F', so erhält man die Hurwitzsche Formel

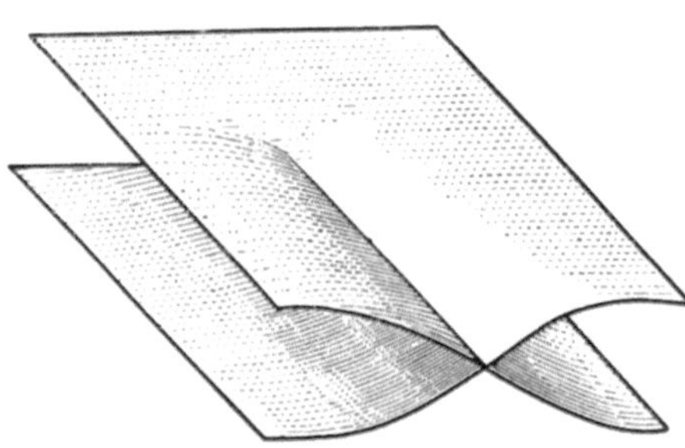

Abb. 14. Verzweigungspunkt erster Ordnung.

$$N' - 2 = n(N - 2) + w.$$

Daraus folgt unmittelbar, daß die unverzweigten Überlagerungsflächen eines einfach zusammenhängenden Flächenstückes oder die der Kugel stets einblättrig sein müssen. Ist F die Kugelfläche, so wird die Überlagerungsfläche F' als Riemannsche Fläche bezeichnet; wegen $N = 0$ wird $N' = 2 - 2n + w$; die Verzweigungszahl der Riemannschen Flächen ist also stets gerade. (Das gilt allgemein, wenn F geschlossen ist; da dann offenbar auch F' geschlossen sein muß, sind N und N' und somit auch w gerade.) Für das Geschlecht $p' = \frac{1}{2}N'$ der Riemannschen Fläche folgt

$$p' = \tfrac{1}{2}w - n + 1.$$

Als Beispiel betrachten wir die zweiblättrige (hyperelliptische) Riemannsche Fläche mit $2p + 2$ Verzweigungspunkten erster Ordnung. Wir denken uns die $2p + 2$ Verzweigungspunkte auf einem Hauptkreise der doppelt belegten Kugel angeordnet, die beiden Blätter längs der $p + 1$ Hauptkreisbogen, die je zwei Verzweigungspunkte verbinden, aufgeschnitten und die Ränder kreuzweise wieder verbunden (vgl. Abb. 14) und erhalten dadurch ein recht anschauliches Bild der Fläche. Spiegeln wir nun etwa das innere Blatt (Kugel) an dem Hauptkreis, so erhalten wir an Stelle der obigen Verzweigungsschnitte $p + 1$

zylindrische Löcher, die das äußere mit dem inneren Blatt verbinden (Abb. 15, wo ein Schnitt durch die Fläche, der einen der Verzweigungsschnitte senkrecht trifft, vor und nach der Spiegelung dargestellt ist). Erweitert man eines dieser Löcher immer mehr und breitet man das Ganze schließlich in die Ebene aus, so erhält man das schraffierte Gebilde von Abb. 10 ($p = 3$), das man sich aber jetzt als aus zwei Blättern bestehend denken muß, die längs des äußeren Randes (der aus dem erweiterten Loch der Kugelfläche entstanden ist) und längs der Ränder der p Löcher zusammenhängen. Daß diese Gebilde schließlich durch eine stetige Deformation in die Normalform der Kugel mit p Henkeln übergeführt werden kann, ist wohl unmittelbar einzusehen. Für $p = 1$ erhält man den Torus (Ringfläche, Abb. 16), der durch die angedeutete kanonische Zerschneidung sich in ein einfach zusammenhängendes Flächenstück (das Periodenparallelogramm der elliptischen Funktionen) überführen läßt.

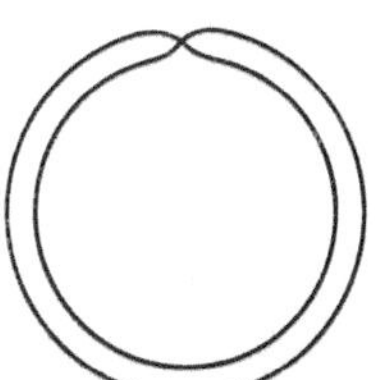

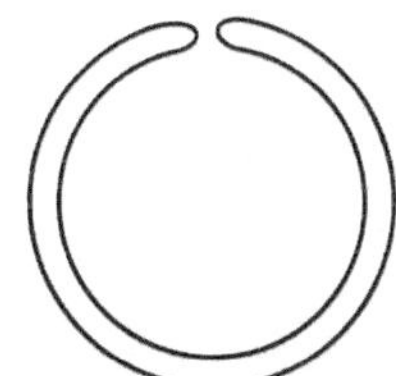

Abb. 15. Zur Überführung der zweiblättrigen Riemannschen Fläche in die Normalform.

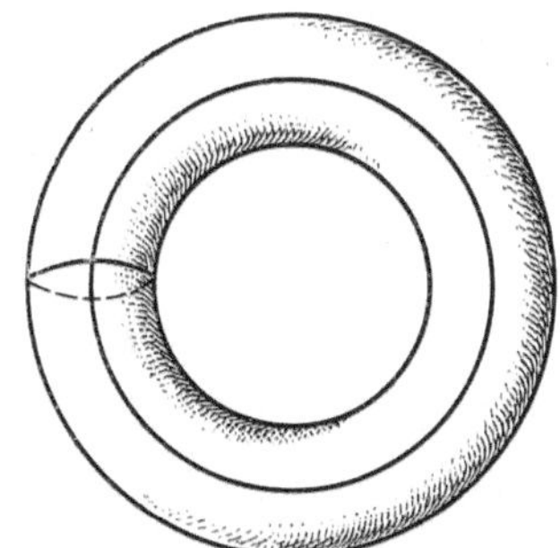

Abb. 16. Die Riemannsche Fläche der elliptischen Funktionen.

Es sei F' eine Überlagerungsfläche einer geschlossenen Fläche F und $\mathfrak{C}$ eine geschlossene Kurve auf F. Wir betrachten alle Kurven $\mathfrak{C}'$, $\mathfrak{C}''$, ... auf F', deren gemeinsames Bild $\mathfrak{C}$ ist und deren Punkte den Punkten von $\mathfrak{C}$ in einer bestimmten Korrespondenz (α, β) entsprechen, d. h. daß jedem Punkt von $\mathfrak{C}$ je α Punkte von $\mathfrak{C}'$, $\mathfrak{C}''$ ..., jedem Punkt von $\mathfrak{C}'$ oder $\mathfrak{C}''$ usw. β Punkte von $\mathfrak{C}$ zugeordnet sind. Sind dann alle Kurven $\mathfrak{C}'$, $\mathfrak{C}''$ ... gleichzeitig entweder geschlossen oder ungeschlossen, so heißt die Überlagerungsfläche F' von F regulär. Man erkennt leicht, daß bei einer regulären Überlagerungsfläche alle übereinander liegenden Punkte dieselbe Verzweigungsordnung $\nu - 1$ haben, so daß ν ein Teiler von n sein muß. Eine solche reguläre (mehrblättrige) Überlagerungsfläche besitzt stets eine Gruppe von Decktransformationen, d. h. von solchen stetigen Transformationen von F' in sich, bei denen jeder Punkt P' von F' in einen Punkt P'' übergeht, der auf F demselben Punkt P entspricht wie P'. Die Ordnung dieser Gruppe stimmt stets mit der Blätterzahl n überein. Ist r die Anzahl der nicht übereinanderliegenden Verzweigungspunkte von F' und sind $\nu_i - 1$ $(i = 1, 2, \ldots, r)$ ihre Ordnungen, so ergibt sich für die Verzweigungszahl einer regulären Überlagerungsfläche nach einer eben gemachten Bemerkung $w = \sum_{i=1}^{r} \frac{n}{\nu_i}(\nu_i - 1)$ und die Hurwitzsche Formel liefert, wenn p das Geschecht von F ist,

$$p' - 1 = n\left[p - 1 + \tfrac{1}{2}\sum_{i=1}^{r} \frac{1}{\nu_i}(\nu_i - 1)\right].$$

Der kleinste Wert des Ausdruckes in der Klammer rechts ist $\frac{1}{84}$ $(p = 0, r = 3, \nu_1 = 2, \nu_2 = 3, \nu_3 = 7)$; für $p' > 1$ ist also

$$n \leq 84(p' - 1).$$

Für $p = p' = 0$ erhält man $\sum_{i=1}^{r} \frac{1}{\nu_i}(\nu_i - 1) = 2 - \frac{2}{n}$ oder $\sum_{i=1}^{r} \frac{1}{\nu_i} = r - 2 + \frac{2}{n}$;

das ist aber dieselbe Gleichung, die in Kap. 2, Ziff. 21 (an Stelle von ν_i steht dort k_i) ausführlich diskutiert ist und die auf die Drehungsgruppen der regulären Körper führt, mit denen die Gruppen der Decktransformationen der Riemannschen Flächen vom Geschlecht Null homomorph sind. Über die funktionentheoretischen Zusammenhänge vgl. die a. a. O. (S. 77) erwähnten „Vorlesungen über das Ikosaeder" von KLEIN.

41. Die Eulersche Polyederformel. Zwischen der Anzahl a_0 der Ecken, der Anzahl a_1 der Kanten und der Anzahl a_2 der Flächen eines geschlossenen konvexen Polyeders besteht die Relation

$$a_0 - a_1 + a_2 = 2$$

(Eulersche Polyederformel). Diese Relation hat dadurch topologische Bedeutung, daß sie bei stetiger Deformation des Polyeders in eine Aussage über Einteilungen von geschlossenen Flächen vom Zusammenhang 0 in (krummlinige) Polygone darstellt. Allgemein gilt für eine zweiseitige Fläche vom Geschlecht p, die R Randkurven besitzt,

$$a_0 - a_1 + a_2 = 2 - R - 2p$$

(verallgemeinerte Eulersche Formel.) Der Gedankengang des Beweises sei im folgenden in aller Kürze angedeutet. Zunächst stellen wir fest, daß wir uns auf Dreiecksteilungen einer Fläche beschränken können. Verbinden wir nämlich einen Punkt im Inneren eines n-Eckes der Polygonteilung mit den Ecken, so erhöht sich a_0 um 1, a_1 um n, a_2 um $n - 1$ (n neue Flächen statt einer), so daß die Formel ungeändert bleibt. Wir nehmen zuerst den Fall $R = 1$, $p = 0$, also ein einfach zusammenhängendes Flächenstück F. Für den Rand $\mathfrak{C}$ von F gilt die Formel ($a_0 = a_1$, $a_2 = 1$). Wir denken uns zunächst nur eins der Dreiecke gezeichnet, die mit $\mathfrak{C}$ eine Kante gemeinsam haben. Wie man leicht überlegt, erhöhen sich dabei je nach der Wahl des dritten Eckpunktes die drei Zahlen a_0, a_1, a_2 bzw. entweder um 1, 2, 1 oder um 1, 3, 2 oder um 0, 2, 2 oder schließlich um 0, 1, 1. Die Formel bleibt also richtig und ebenso, wenn weitere Dreiecke gezeichnet werden. Sei nun R beliebig, $p = 0$. Die Fläche F sei also ein schlichtartiger Bereich wie in Abb. 10 mit dem äußeren Rand $\mathfrak{C}_1$ und den inneren Rändern $\mathfrak{C}_2, \mathfrak{C}_3, \ldots, \mathfrak{C}_R$. Füllen wir die von den letzteren begrenzten Löcher durch einfach zusammenhängende Flächenstücke aus, so daß wir zum Fall mit einer Randkurve zurückkommen, so erhöht sich a_2 um $R - 1$, während a_0 und a_1 ungeändert bleiben. Also ist $a_0 - a_1 + (a_2 + R - 1) = 1$ oder $a_0 - a_1 + a_2 = 2 - R$, was mit unserer Formel für $p = 0$ übereinstimmt. Ist nun schließlich auch p beliebig, so ziehen wir p Rückkehrschnitte so, daß sie die Fläche nicht zerstückeln, ganz aus Kanten der Dreieckseinteilung bestehen und einander nirgends treffen. Da auf jedem solchen Rückkehrschnitt die Anzahl der Ecken und Kanten übereinstimmen, bleibt die Differenz $a_0 - a_1$ ungeändert, ebenso die Anzahl a_2 der Flächen, während sich die Zahl der Randkurven um $2p$ erhöht. Durch die p Rückkehrschnitte verwandelt sich die Fläche aber in eine schlichtartige; aus dem für solche eben bewiesenen Satz folgt aber sofort die allgemeine Formel.

Literatur (Auswahl): BECK, Koordinatengeometrie (Berlin 1919); BERTINI, Einführung in die projektive Geometrie mehrdimensionaler Räume (Wien 1924); HEFFTER-KOEHLER, Lehrbuch der analytischen Geometrie, 2 Bde. (Leipzig 1905/23); KEREKJARTO, Vorlesungen über Topologie (Berlin 1923); KLEIN, Elementarmathematik vom höheren Standpunkte aus, Bd. 2 (3. Aufl. Berlin 1925); KLEIN, Vorlesungen über höhere Geometrie (3. Aufl. Berlin 1926); KOWALEWSKI, Einführung in die analytische Geometrie (2. Aufl. Leipzig 1923); LIEBMANN, Nichteuklidische Geometrie (3. Aufl. Leipzig 1923); SALMON-FIEDLER, Analytische Geometrie der Kegelschnitte, 2 Bde. (9. bzw. 7. Aufl. Leipzig 1922 u. 1918); SALMON-FIEDLER-KOMMERELL, Analytische Geometrie des Raumes (5. Aufl. Leipzig 1923); SCHOENFLIES, Einführung in die analytische Geometrie der Ebene und des Raumes (Berlin 1925); ZINDLER, Liniengeometrie, 2 Bde. (Leipzig 1902/06).

Kapitel 4

Differentialgeometrie.

Von

A. Duschek, Wien.

Mit 15 Abbildungen.

I. Ebene Kurven.

1. Allgemeine Bemerkungen zur Kurvendiskussion. Wir beschränken uns im folgenden auf die Angabe einiger Definitionen und der einfachsten Regeln, nach welchen man über die Gestalt einer ebenen Kurve Aufschluß erhält, die in einer der Formen $y = f(x)$, $F(x, y) = 0$ oder $x = x(t)$, $x = y(t)$ analytisch gegeben ist. Von den vorkommenden Funktionen ist stets vorausgesetzt, daß sie samt ihren Ableitungen beliebiger Ordnung stückweise stetig sind. Die Formeln sind meist nur für die explizite Darstellungsart angegeben; für die beiden anderen ergeben sie sich leicht nach Kap. 1, Ziff. 13, 15 und 23. Mit x, y sind stets rechtwinklige, mit r, φ Polarkoordinaten bezeichnet.

Im konkreten Fall suche man in erster Linie festzustellen, in welchen Gebieten der Ebene die gegebene Kurve ausschließlich liegen kann (Definitions- und Realitätsbereiche, Symmetrieverhältnisse), dann bestimme man die evtl. vorhandenen Asymptoten, singulären Punkte, Wendepunkte und Extrema. Erst wenn dadurch die Gestalt der Kurve noch nicht mit genügender Genauigkeit bekannt ist, berechnet man einzelne Punkte mit den zugehörigen Tangentenrichtungen und Krümmungskreisen.

2. Tangente, Normale und Berührungsgrößen. Die Gleichung der Tangente im Punkt $(x, y = f(x))$ ist in laufenden Koordinaten ξ, η

$$\eta - y = y'(\xi - x)$$

und die Gleichung der Normalen

$$\eta - y = -\frac{1}{y'}(\xi - x).$$

Bei Polarkoordinaten verwendet man zur Festlegung der Tangente in einem Punkt (r, φ) den Winkel ϑ zwischen Radiusvektor und Tangente (vgl. Abb. 2). Es ist (Kap. 1, Ziff. 26, Beispiel)

$$\operatorname{tg}(\varphi + \vartheta) = y' = \frac{r' \sin\varphi + r\cos\varphi}{r'\cos\varphi - r\sin\varphi},$$

also

$$\operatorname{tg}\vartheta = \frac{r}{r'}.$$

Unter Berührungsgrößen versteht man in rechtwinkligen Koordinaten (Abb. 1) die Strecken

$$\overline{PQ} = T = \frac{y}{y'}\sqrt{1+y'^2} \text{ (Tangente)}, \qquad \overline{PR} = N = y\sqrt{1+y'^2} \text{ (Normale)},$$

$$\overline{QP'} = T' = \frac{y}{y'} \text{ (Subtangente)}, \qquad \overline{P'R} = N' = yy' \text{ (Subnormale)}$$

und in Polarkoordinaten (Abb. 2)

$$\overline{PQ} = T = \frac{r}{r'}\sqrt{r^2+r'^2} \text{ (Polartangente)}, \qquad \overline{PR} = N = \sqrt{r^2+r'^2} \text{ (Polarnormale)},$$

$$\overline{QO} = T' = \frac{r^2}{r'} \text{ (Polarsubtangente)}, \qquad \overline{OR} = N' = r' \text{ (Polarsubnormale)}.$$

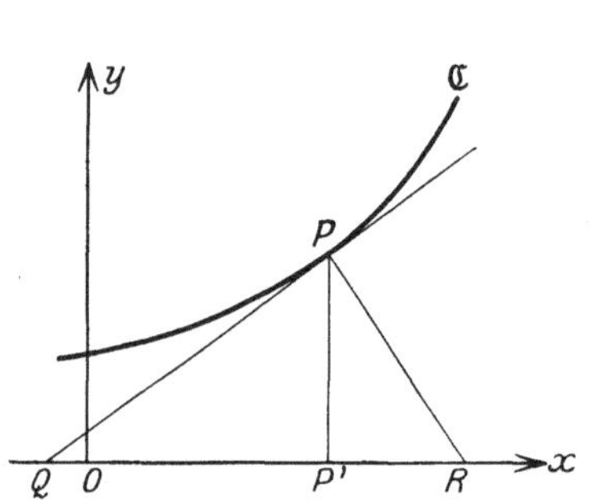

Abb. 1. Berührungsgrößen in rechtwinkligen Koordinaten.

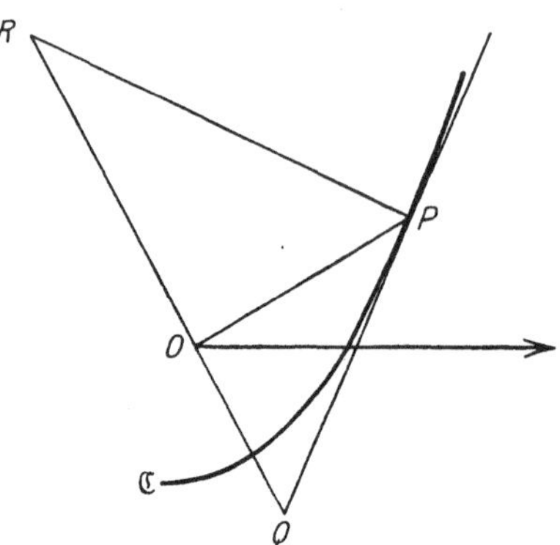

Abb. 2. Berührungsgrößen in Polarkoordinaten.

Während T und N in beiden Fällen stets ≥ 0 sind, haben T' und N' ein durch die Definition festgelegtes Vorzeichen (in Abb. 2 ist auf der zu $\overline{OP}$ senkrechten Geraden jene Richtung positiv, die durch Drehung von $\overline{OP}$ um $\frac{\pi}{2}$ in positivem Sinn entsteht).

3. Asymptoten. Asymptoten sind die Tangenten in den uneigentlichen Punkten einer Kurve.

A. Rechtwinklige Koordinaten. Man bestimme stets zuerst die zur y-Achse parallelen Asymptoten! Ist $x = a$ eine solche, so ist $\lim\limits_{x\to a} |y| = +\infty$ oder

$$a = \lim_{y\to\infty} x;$$

ist $y = f(x)$ die Gleichung und $f(x)$ ein Quotient, so gilt diese Beziehung für alle Nullstellen des Nenners!

Ist $y = px + q$ die Gleichung einer anderen Asymptote, so ist

$$p = \lim_{x\to\infty} y' = \lim_{x\to\infty} \frac{y}{x} \qquad \text{und} \qquad q = \lim_{x\to\infty} (y - px).$$

Zur x-Achse parallele Asymptoten ergeben sich einfacher aus $\lim\limits_{x\to\infty} y$; ist $f(x)$ eindeutig, so kann höchstens eine solche existieren.

Bei einer algebraischen Kurve n-ter Ordnung $F(x, y) = 0$ empfiehlt sich ein anderes Verfahren, das auf der Überlegung beruht, daß von den n Schnittpunkten einer Geraden $Ax + By + C = 0$ mit der Kurve mindestens zwei ins Unendliche fallen müssen, wenn die Gerade Asymptote, also Tangente in einem unendlich fernen Punkt sein soll. Bemerkt sei, daß eine Kurve n-ter Ordnung höchstens n verschiedene reelle Asymptoten hat.

Um zunächst die zur y-Achse parallelen Asymptoten zu finden, ordnet man $F(x, y)$ nach Potenzen von y und setzt den Koeffizienten $\varphi(x)$ der höchsten vorkommenden Potenz von y gleich Null. Sind a_i die Wurzeln der so entstehenden Gleichung $\varphi(x) = 0$, so ist jede Gerade $x = a_i$ Asymptote der Kurve. Analog bestimmt man die zur x-Achse parallelen Asymptoten, die sich übrigens auch aus dem folgenden Verfahren als Sonderfälle $p = 0$ ergeben.

Zur Bestimmung der geneigten Asymptoten $y = px + q$ setzt man die Koeffizienten der beiden höchsten Potenzen von x in der Gleichung $F(x, px + q) = 0$ gleich Null; es ergeben sich zwei Gleichungen zur Bestimmung von p und q, von denen die erste nur p enthält, während die zweite p und q, und zwar letzteres linear enthält, so daß zu jeder Wurzel p_i der ersten Gleichung eindeutig eine Wurzel q_i der zweiten gehört. Jede Gerade $y = p_i x + q_i$ ist dann Asymptote.

B. Polarkoordinaten. Man begnügt sich hier mit der Angabe des Neigungswinkels α zur Polarachse und des orientierten Abstandes p vom Ursprung. Es ist $\alpha = \lim_{r \to \infty} \varphi$ (d. h. es muß $\lim_{\varphi \to \alpha} r = \infty$ sein), $p = \lim_{\varphi \to \alpha} T' = \lim_{\varphi \to \alpha} \frac{2}{r'}$ (Grenzwert der Polarsubtangente, Ziff. 2. Achtung auf das Vorzeichen!).

Ist $\lim_{\varphi \to \infty} r = a$, so ist $r = a$ ein asymptotischer Kreis, der sich im Fall $a = 0$ auf einen Punkt reduziert.

4. Verhalten einer Kurve in der Umgebung eines ihrer Punkte. Sei $P_0 = (x_0, y_0)$ ein Punkt einer Kurve $y = f(x)$. Hinsichtlich der Lage der Kurve bezüglich ihrer Tangente in P_0 innerhalb einer genügend kleinen Umgebung dieses Punktes sind drei Fälle möglich:

1. Die Kurve liegt ganz oberhalb der Tangente, sie ist konkav nach oben (konvex nach unten); Abb. 3a.

2. Die Kurve liegt ganz unterhalb der Tangente, sie ist konvex nach oben (konkav nach unten); Abb. 3b.

3. Die Kurve durchsetzt in P_0 ihre Tangente, sie hat in P_0 einen Wendepunkt (Abb. 3c u. 3d).

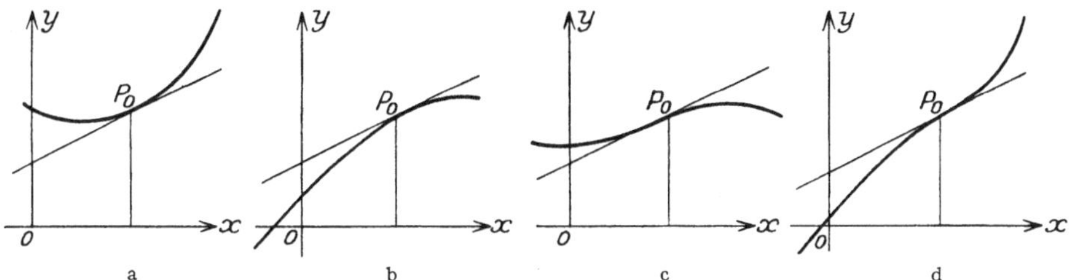

Abb. 3. Verhalten einer Kurve in der Umgebung eines ihrer Punkte.

Welcher der drei Fälle eintritt, hängt von dem Verhalten der zweiten und höheren Ableitungen von $f(x)$ an der Stelle x_0 ab. Sei $f^{(n)}(x_0)$, $n \geqq 2$ die Ableitung niedrigster Ordnung [von $f'(x_0)$ abgesehen], die an der Stelle x_0 nicht verschwindet. Es gilt dann (vgl. auch Kap. 1, Ziff. 35):

1. Ist n gerade und $f^{(n)}(x_0) > 0$, so ist die Kurve in P_0 konkav nach oben.

2. Ist n gerade und $f^{(n)}(x_0) < 0$, so ist die Kurve in P_0 konvex nach oben.

3. Ist n ungerade, so ist P_0 ein Wendepunkt [je nach dem Vorzeichen von $f^{(n)}(x_0)$ ergibt sich der eine oder andere der in Abb. 3c und 3d angedeuteten Fälle].

5. Berührung zweier Kurven. Haben zwei Kurven $y = f(x)$ und $y = g(x)$ in einem gemeinsamen Punkt $P_0 = (x_0, y_0)$ auch dieselbe Tangente, so berühren sie einander in P_0. Die Bedingung dafür ist offenbar, daß neben $f(x_0) = g(x_0)$

auch $f'(x_0) = g'(x_0)$ ist. Stimmen in P_0 auch noch weitere Ableitungen überein, so spricht man von einer Berührung höherer Ordnung, und zwar genauer von einer Berührung n-ter Ordnung, wenn alle Ableitungen bis einschließlich der n-ten, aber nicht mehr die $(n+1)$-ten Ableitungen in P_0 übereinstimmen. Man spricht in diesem Fall auch von einer $(n+1)$-punktigen Berührung, da von den Schnittpunkten der beiden Kurven $n+1$ in P_0 zusammenfallen.

Enthält die Kurve $y = g(x)$ etwa p willkürliche Parameter $a_1, a_2, \ldots, a_p$, so kann man verlangen, daß sie eine gegebene Kurve $y = f(x)$ in einem gegebenen Punkt $P_0 = (x_0, y_0 = f(x_0))$ von $(p-1)$-ter Ordnung oder p-punktig berührt, da sich dann gerade p Gleichungen $g(x_0) = f(x_0)$, $g'(x_0) = f'(x_0), \ldots, g^{(n-1)}(x_0) = f^{(n-1)}(x_0)$ zur Bestimmung der Parameter a_i ergeben. Die Kurve $y = g(x)$ „oskuliert“ dann die Kurve $y = f(x)$ in P_0. Sind die obigen Gleichungen erfüllt und stimmen dann von selbst noch weitere Ableitungen in P_0 überein, so daß die beiden Kurven einander von höherer als $(p-1)$-ter Ordnung berühren, so spricht man von Superoskulation.

So gibt es im allgemeinen in jedem Punkt einer Kurve $y = f(x)$ eine zweipunktig oskulierende Gerade (Tangente), einen dreipunktig oskulierenden Kreis (Krümmungskreis, Ziff. 6), eine vierpunktig oskulierende Parabel, eine fünfpunktig oskulierende Ellipse oder Hyperbel usw.

6. Krümmung. Sind (Abb. 4) P und Q zwei Punkte einer Kurve $\mathfrak{C}$ mit der Gleichung $y = f(x)$, deren Abszissen x und $x + \Delta x$ seien, so nennt man den Quotienten $k_m = \frac{\Delta\tau}{\Delta s}$ die mittlere Krümmung des Kurvenstückes PQ. Dabei ist $\Delta\tau$ der Winkel zwischen den Tangenten in P und Q und Δs die Länge des Kurvenstückes PQ. Der Grenzwert

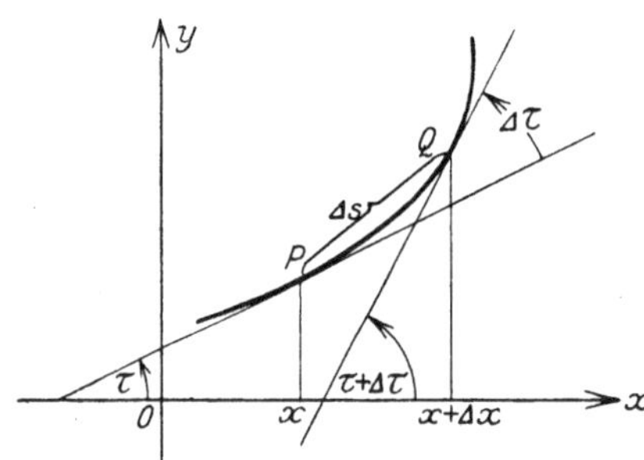

Abb. 4. Mittlere Krümmung eines Kurvenstückes.

$$k = \lim_{Q \to P} k_m = \lim_{\Delta x \to 0} \frac{\Delta\tau}{\Delta s} = \frac{y''}{\sqrt{(1+y'^2)^3}}$$

heißt Krümmung von $\mathfrak{C}$ in P.

Ist $k = 0$, so hat $\mathfrak{C}$ in P einen Wendepunkt oder die Tangente superoskuliert (Ziff. 5); ist $k \neq 0$, so oskuliert der Kreis $\mathfrak{K}$ mit dem Radius $\varrho = 1/k$, welcher $\mathfrak{C}$ in P berührt und auf derselben Seite der Tangente liegt; $\mathfrak{K}$ heißt Krümmungskreis und ϱ Krümmungsradius. Der Mittelpunkt von $\mathfrak{K}$, der Krümmungsmittelpunkt $M = (\xi, \eta)$ ergibt sich auch als Grenzlage des Schnittpunktes der Normalen von $\mathfrak{C}$ in P und Q. Es ist

$$\xi = x - \frac{(1+y'^2)y'}{y''}, \qquad \eta = y + \frac{1+y'^2}{y''}.$$

Bei impliziter Darstellung $F(x, y) = 0$ wird

$$k = -\frac{F_{xx}F_y^2 - 2F_{xy}F_xF_y + F_{yy}F_x^2}{\sqrt{(F_x^2+F_y^2)^3}},$$

$$\xi = x - \frac{(F_x^2+F_y^2)F_x}{F_{xx}F_y^2 - 2F_{xy}F_xF_y + F_{yy}F_x^2}, \quad \eta = y + \frac{(F_x^2+F_y^2)F_y}{F_{xx}F_y^2 - 2F_{xy}F_xF_y + F_{yy}F_x^2};$$

bei Parameterdarstellung $x = x(t)$, $y = y(t)$ ist

$$k = \frac{x'y'' - x''y'}{\sqrt{(x'^2+y'^2)^3}}, \quad \xi = x - \frac{(x'^2+y'^2)y'}{x'y''-x''y'}, \quad \eta = y + \frac{(x'^2+y'^2)x'}{x'y''-x''y'};$$

und schließlich ist in Polarkoordinaten für $r = f(\varphi)$ die Krümmung

$$k = \frac{r^2 + 2r'^2 - rr''}{\sqrt{(r^2 + r'^2)^3}},$$

während die Polarkoordinaten R, Φ von M sich aus den folgenden Gleichungen berechnen lassen:

$$R\cos(\Phi - \varphi) = \frac{(r'^2 - rr'')r}{r^2 + 2r'^2 - rr''}, \qquad R\sin(\Phi - \varphi) = \frac{(r^2 + r'^2)r'}{r^2 + 2r'^2 - rr''}.$$

In Punkten, wo die Krümmung von $\mathfrak{C}$ extreme Werte hat, findet Superoskulation des Krümmungskreises statt; ist die Ordnung dieser Superoskulation ungerade, so heißt der betreffende Punkt Scheitel von $\mathfrak{C}$; der Krümmungskreis durchsetzt dann $\mathfrak{C}$ nicht (Beispiel: die vier Scheitel einer Ellipse, vgl. Kap. 3, Abb. 6, S. 129).

Der Ort der Krümmungsmittelpunkte einer Kurve $\mathfrak{C}$ heißt Evolute $\mathfrak{C}'$ von $\mathfrak{C}$; sie ist zugleich Einhüllende (vgl. Kap. 9, Ziff. 6) der Normalen von $\mathfrak{C}$. Umgekehrt heißt $\mathfrak{C}$ Evolvente von $\mathfrak{C}'$. Die Länge eines Bogenstückes M_1M_2 von $\mathfrak{C}'$ ist stets gleich der Differenz der in M_1 und M_2 endenden Krümmungsradien von $\mathfrak{C}$. Legt man daher einen nicht dehnbaren Faden um $\mathfrak{C}'$, so beschreibt jeder Punkt des Fadens, wenn man ihn unter Spannung von $\mathfrak{C}'$ abwickelt, eine Evolvente. Die Normale in einem Wendepunkt von $\mathfrak{C}$ ist Asymptote von $\mathfrak{C}'$, die Normale in einem Scheitelpunkt von $\mathfrak{C}$ ist Tangente in einer Spitze von $\mathfrak{C}'$.

7. Singuläre Punkte algebraischer Kurven. Sei in der Gleichung $F(x, y) = 0$ von $\mathfrak{C}$ das irreduzible reelle Polynom $F(x, y)$ in y vom Grad m. Dann folgt aus dem Fundamentalsatz der Algebra die Existenz von m eindeutigen Funktionen $y = f_i(x)$, $(i = 1, 2, \ldots, m)$, für die $F(x, f_i(x)) = 0$ ist und die reell oder konjugiert imaginär sein können und im allgemeinen höchstens in einzelnen Punkten zusammenfallen. Die durch die einzelnen Funktionen $y = f_i(x)$ dargestellten Kurven heißen Zweige von $\mathfrak{C}$. Alle Punkte von $\mathfrak{C}$, in welchen zwei oder mehrere Zweige zusammentreffen, heißen singuläre Punkte von $\mathfrak{C}$ (mit einer Ausnahme, vgl. unten). Schneiden sich zwei Zweige in einem Punkt P, so heißt P Doppelpunkt (allgemein: mehrfacher Punkt, wenn sich mehrere

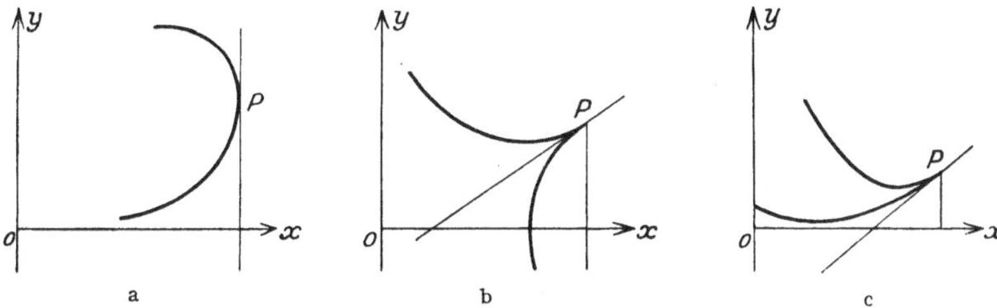

Abb. 5. Übergang eines Zweiges von reellen zu imaginären Werten.

Zweige in P schneiden), berühren sich zwei Zweige in P, so ist P ein Selbstberührungspunkt. Schneiden sich insbesondere zwei konjugiert imaginäre Zweige in einem reellen Punkt, so heißt der so entstehende Doppelpunkt isolierter Punkt; die Tangenten sind konjugiert imaginär oder fallen in eine reelle zusammen. Geht ein Zweig in einem Punkt P von reellen zu imaginären Werten über, so gibt es stets einen zweiten, der dasselbe Verhalten zeigt (der konjugiert imaginäre Zweig); die Tangente in P ist stets reell und für beide Zweige gemeinsam. Es können hier zwei Fälle eintreten: entweder ist P ein gewöhnlicher Punkt und die Tangente zur y-Achse parallel (Abb. 5a) oder P ist eine Spitze (Rückkehrpunkt) von $\mathfrak{C}$ (Abb. 5b u. 5c). Man unterscheidet Spitzen erster

Art (Abb. 5b) und Spitzen zweiter Art (Schnabelspitzen, Abb. 5c), je nachdem in der Umgebung von P die Kurve $\mathfrak{C}$ auf verschiedenen oder derselben Seite der Tangente liegt.

Ist $P_0 = (x_0, y_0)$ ein singulärer Punkt von $\mathfrak{C}$, so müssen die drei Gleichungen

$$F(x_0, y_0) = 0, \quad F_x(x_0, y_0) = 0, \quad F_y(x_0, y_0) = 0$$

erfüllt sein. Zur weiteren Untersuchung des singulären Punktes ist es zweckmäßig, diesen durch die Parallelverschiebung $\xi = x - x_0$, $\eta = y - y_0$ in den Ursprung des Koordinatensystems zu verlegen. Ordnet man dann nach homogenen Gliedergruppen:

$$f(\xi, \eta) = u_n(\xi, \eta) + u_{n-1}(\xi, \eta) + \dots + u_k(\xi, \eta) = 0,$$

wo die $u_i(\xi, \eta)$ homogene Polynome i-ten Grades sind, so gibt der Grad k der homogenen Gliedergruppe niedrigsten Grades $u_k(\xi, \eta)$, die in $f(\xi, \eta)$ vorkommt, sofort die Anzahl der durch (0, 0) hindurchgehenden Zweige von $\mathfrak{C}$ an. Die Gleichungen der Tangenten der einzelnen Zweige bekommt man, wenn man $u_k(\xi, \eta)$ in seine Linearfaktoren zerlegt, und diese gleich Null setzt[1]).

Beispiele (das angeschriebene $u_k(x, y)$ ist stets die Gliedergruppe niedrigsten Grades):

1. $(y - x^2)^2 - x^5 = 0$; $u_2(x, y) = y^2$, die x-Achse ist also doppelt zählende Tangente. Aus der Auflösung $y = x^2(1 \pm \sqrt{x})$ erkennt man, daß (0, 0) eine Schnabelspitze ist.

2. $y^2 + x^2(x^2 - y^2) = 0$; $u_2(x, y) = y^2$, der Ursprung ist isolierter Punkt mit der x-Achse als (reeller) Tangente.

8. Besondere Kurvenklassen[2]). A. Fußpunktkurven. Der Ort $\mathfrak{C}'$ der Punkte P, in welchen die aus einem festen Punkt O auf die Tangenten einer Kurve $\mathfrak{C}$ gefällten Lote diese Tangenten schneiden, heißt Fußpunktkurve von $\mathfrak{C}$ bezüglich des Poles O. Macht man O zum Ursprung eines rechtwinkligen Koordinatensystems und ist $f(x, y) = 0$ die Gleichung und M ein Punkt von $\mathfrak{C}$, so kann $\mathfrak{C}'$ als Ort des Punktes P aufgefaßt werden, in welchem der über OM als Durchmesser errichtete Kreis die in M an $\mathfrak{C}$ gelegte Tangente t schneidet (Abb. 6). Die Gleichung von $\mathfrak{C}'$ ergibt sich somit durch Elimination von x und y aus

$$f(x, y) = 0,$$
$$\xi^2 + \eta^2 - x\xi - y\eta = 0,$$
$$f_y\xi - f_x\eta = 0.$$

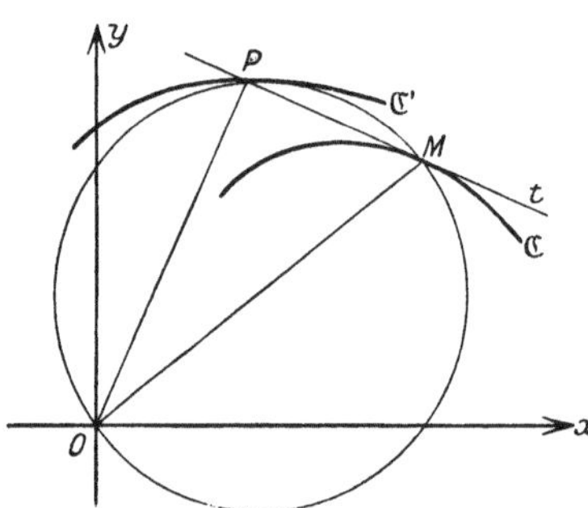

Abb. 6. Konstruktion der Fußpunktkurve $\mathfrak{C}'$ von $\mathfrak{C}$.

Die Normale von $\mathfrak{C}$ in M und die Normale von $\mathfrak{C}'$ in P schneiden sich in einem Punkt Q des Hilfskreises; dabei ist $\overline{PQ}$ ein Durchmesser des Hilfskreises.

B. Zissoiden. Sind zwei Kurven $\mathfrak{C}_1$ und $\mathfrak{C}_2$ und ein Punkt O gegeben, so heißt die durch Addition der gleichgerichteten, aber mit beliebigem Vorzeichen zu nehmenden, von O nach $\mathfrak{C}_1$ und $\mathfrak{C}_2$ führenden Vektoren die Zissoide der beiden Kurven in bezug auf den Pol O.

Ist $\mathfrak{C}_1$ der Kreis $x^2 - 2ax + y^2 = 0$, $\mathfrak{C}_2$ die Gerade $x = 2a$ und $O = (0,0)$, so heißt die durch Bildung der Differenz der beiden Vektoren entstehende Kurve

---

[1]) Eine ausführlichere Behandlung der Singularitäten algebraischer Kurven findet man in Brill, Algebraische Funktionen und Kurven. Braunschweig 1925.

[2]) Die nachfolgende Zusammenstellung kann natürlich keinen Anspruch auf Vollständigkeit machen. Weiteres Material findet man bei Loria, Spezielle algebraische und transzendente ebene Kurven, 2. Aufl., 2 Bde. Leipzig 1910/11.

Zissoide des DIOKLES (Abb. 7). Ihre Gleichung ist in Polarkoordinaten $r\cos\varphi = 2a\sin^2\varphi$, in rechtwinkligen Koordinaten $x^3 + y^2(x - 2a) = 0$. Sie ist zugleich die Fußpunktkurve der Parabel $y^2 + 8ax = 0$ in bezug auf $O = (0, 0)$.

Die Zissoiden, bei denen $\mathfrak{C}_1$ ein Kreis und O der Mittelpunkt von $\mathfrak{C}_1$ ist, heißen Konchoiden. Sie lassen sich auch kinematisch erzeugen: Jeder Punkt einer Geraden, die sich so bewegt, daß sie stets durch O geht, und daß außerdem ein auf ihr festgehaltener Punkt auf $\mathfrak{C}_2$ gleitet, beschreibt eine Konchoide von $\mathfrak{C}_2$. Ist $O = (0, 0)$, a der Radius von $\mathfrak{C}_1$ und $\mathfrak{C}_2$ die Gerade $x = b$, so ergibt sich die Konchoide des NIKOMEDES mit der Gleichung $r\cos\varphi = b \pm a\cos\varphi$ bzw. $(x^2 + y^2)(x - b)^2 - a^2x^2 = 0$. Der Ursprung O ist isoliert, Spitze oder Knoten, je nachdem $a < b$, $a = b$ oder $a > b$ ist.

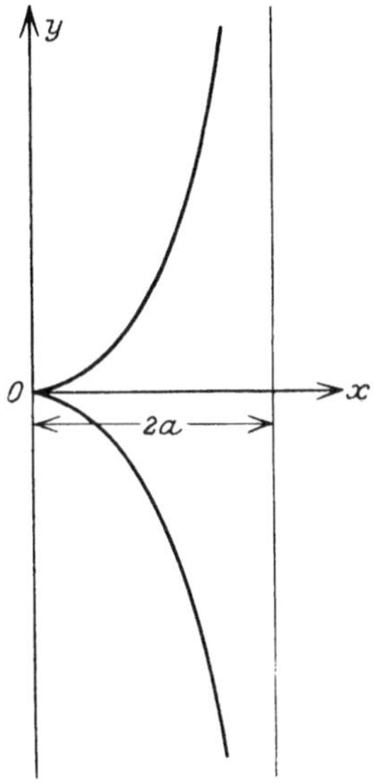

Ist wieder $O = (0, 0)$, a der Radius von $\mathfrak{C}_1$, aber $\mathfrak{C}_2$ der Kreis $x^2 - 2bx + y^2 = 0$, so ergeben sich die Pascalschen Schnecken $r = 2b\cos\varphi \pm a$ oder

$$(x^2 + y^2 - 2bx)^2 - a^2(x^2 + y^2) = 0.$$

Der Ursprung ist isoliert, Spitze oder Knoten, je nachdem $a > 2b$, $a = 2b$ oder $a < 2b$ ist (Abb. 8). Die Kurve mit einer Spitze ($a = 2b$) wird auch als Kardioide bezeichnet.

Abb. 7. Zissoide des DIOKLES.

C. Cassinische Kurven. Diese sind definiert als der Ort der Punkte, für die das Produkt der Abstände von zwei festen Punkten, den Brennpunkten F_1 und F_2 konstant, etwa $= c^2$ ist (Abb. 9). Nimmt man $F_1 = (0, -a)$, $F_2 = (0, a)$, so wird ihre Gleichung $(x^2 + y^2)^2 - 2a^2(x^2 - y^2) + a^4 - c^4 = 0$. Für $a = c$ ergibt sich die Bernoullische Lemniskate. Die Extrema liegen für $c^2 \leq 2a^2$ auf

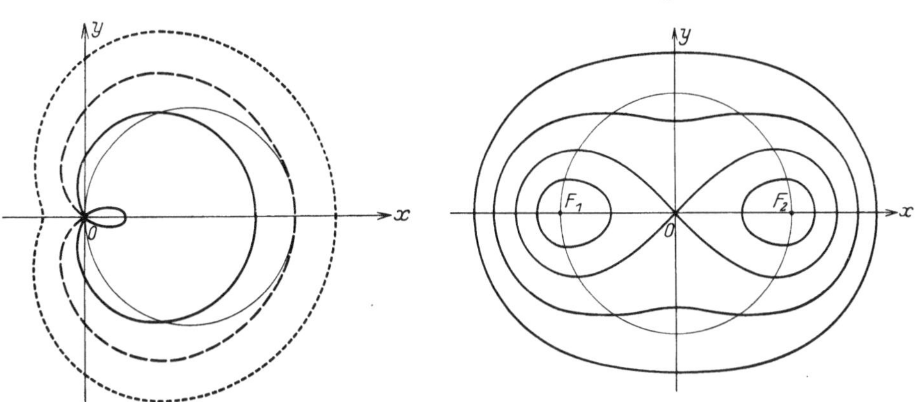

Abb. 8. Pascalsche Schnecken. Abb. 9. Cassinische Kurven.

dem Kreis $x^2 + y^2 - a^2 = 0$, für $c^2 > a^2$ auf der y-Achse. Ist $a^2 < c^2 < 2a^2$, so hat die Kurve je drei Maxima und Minima und vier Wendepunkte.

D. Kaustiken. Ist eine Kurve $\mathfrak{C}$ gegeben, die als Grenzkurve zweier optischer Medien angesehen werde, und konstruiert man zu jedem durch einen festen (auch unendlichfernen) Punkt P gehenden Strahl den an $\mathfrak{C}$ gebrochenen oder reflektierten Strahl, so hüllen diese Strahlen eine Kurve ein, die im allgemeinen Kaustik, im Fall der Brechung insbesondere Diakaustik und im Fall der Reflexion Katakaustik heißt. Abgesehen von dem Satz, daß jede Katakaustik zugleich Evolute einer algebraischen Kurve ist, die dann Antikaustik heißt, ist diese Kurvenklasse durch keine besonderen geometrischen Eigenschaften allgemeiner Natur gekennzeichnet.

E. Rollkurven. Als Rollkurve bezeichnet man den Ort $\mathfrak{C}$ eines beliebigen Punktes P einer mit einer Kurve $\mathfrak{C}_1$ (bewegliche Polbahn) fest verbundenen Ebene bei Abrollen (nicht Gleiten) von $\mathfrak{C}_1$ auf einer anderen Kurve $\mathfrak{C}_2$ (der festen Polbahn). Da im allgemeinen jede Kurve auf diese Art erzeugt werden kann (sogar dann noch, wenn eine Polbahn gegeben ist), bezeichnet man als Rollkurven nur solche mit besonders einfachen Polbahnen. Eine für alle Rollkurven, bei welchen P ein Punkt von $\mathfrak{C}_1$ ist, gültige Tangentenkonstruktion ergibt sich aus der Bemerkung, daß die Normale von $\mathfrak{C}$ in P durch das Momentanzentrum, d. h. den jeweiligen Berührungspunkt von $\mathfrak{C}_1$ und $\mathfrak{C}_2$, hindurchgeht.

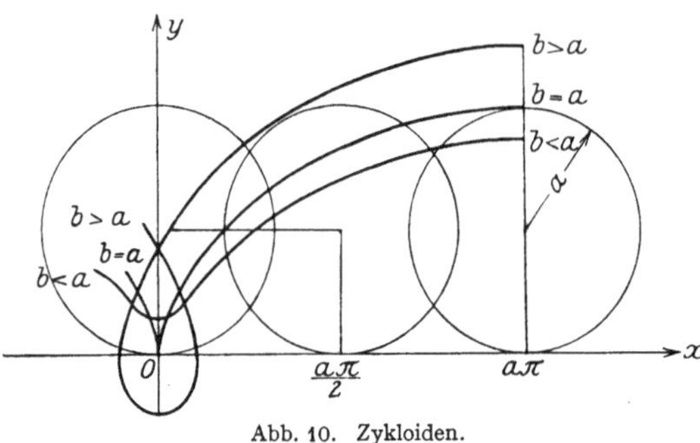

Abb. 10. Zykloiden.

Ist $\mathfrak{C}_1$ ein Kreis vom Radius a, $\mathfrak{C}_2$ eine Gerade (x-Achse) und hat P vom Mittelpunkt M von $\mathfrak{C}_1$ den Abstand b, so ergibt sich eine Zykloide, und zwar insbesondere eine verschlungene, gemeine oder verkürzte, je nachdem $a < b$, $a = b$ oder $a > b$ gilt (Abb. 10). Ihre Gleichung ist

$$x = a t - b \sin t,$$

$$y = a - b \cos t,$$

dabei bedeutet der Parameter t den Wälzungswinkel, d. h. den Winkel, um den sich $\mathfrak{C}_1$ seit Verlassen der Ausgangslage $t = 0$ gedreht hat. Verschlungene und verkürzte Zykloiden werden auch als Trochoiden bezeichnet. Die Kurven sind symmetrisch zu jeder Geraden $x = a k \pi$ (k ganz).

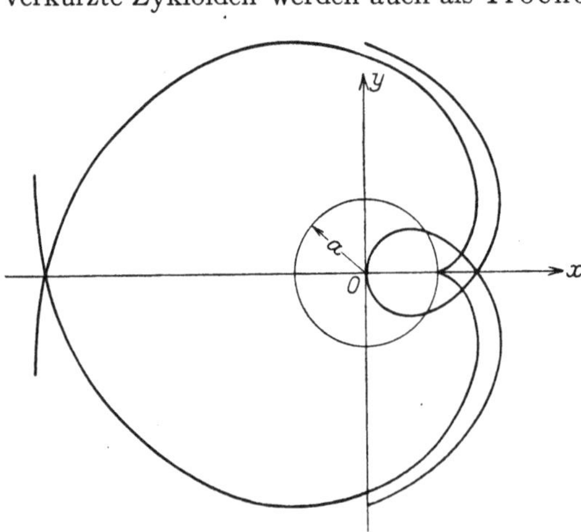

Abb. 11. Kreisevolvente und Archimedische Spirale.

Ist $\mathfrak{C}_1$ eine Gerade, $\mathfrak{C}_2$ der Kreis $x^2 + y^2 = a^2$ und hat P von $\mathfrak{C}_1$ den Abstand b, so ergibt sich die allgemeine Kreisevolvente mit der Gleichung

$$x = (a + b) \cos t + a t \sin t,$$

$$y = (a + b) \sin t - a t \cos t.$$

Für $b = 0$ hat man die gewöhnliche Kreisevolvente (Abb. 11) mit einer Spitze in $(a, 0)$, für $b = -a$ die Spirale des ARCHIMEDES mit der Polargleichung $r = a\varphi$ ($\varphi = t$). Der Parameter t bedeutet in allen Fällen den Winkel zwischen der x-Achse und der Verbindungsgeraden des Ursprunges mit dem Momentanzentrum.

Sind $\mathfrak{C}_1$ und $\mathfrak{C}_2$ Kreise mit den Radien b und a und hat P vom Mittelpunkt von $\mathfrak{C}_1$ den Abstand c, so ergeben sich zyklische Kurven, und zwar insbesondere die Epizykloiden

$$x = (a + b) \cos t - c \cos \frac{a + b}{b} t, \qquad y = (a + b) \sin t - c \sin \frac{a + b}{b} t,$$

wobei $\mathfrak{C}_1$ und $\mathfrak{C}_2$ einander von außen berühren, und die Hypozykloiden

$$x = (a - b)\cos t + c\cos\frac{a-b}{b}t, \quad y = (a - b)\sin t - c\sin\frac{a-b}{b}t,$$

bei welchen der rollende Kreis den festen von innen berührt. Der Parameter t ist der Winkel zwischen der x-Achse und der Verbindungsgeraden des Ursprunges mit dem Momentanzentrum. Für $a = b$ werden die Epizykloiden zu Pascalschen Schnecken; für $a=b=c$ ergibt sich die Kardioide. Für $b = \frac{1}{2}a$ werden die Hypozykloiden zu Ellipsen. Weitere spezielle (algebraische) Hypozykloiden sind die Astroide $\left(\text{Abb. 12, } c = b = \frac{a}{4}\right)$ mit der Gleichung $x^{\frac{2}{3}} + y^{\frac{2}{3}} = a^{\frac{2}{3}}$ oder $(x^2+y^2-a^2)^3+27a^2x^2y^2=0$, deren Tangenten von den Koordinatenachsen in Punkten mit dem festen Abstand a geschnitten werden, sowie die Steinersche Hypozykloide $\left(\text{Abb. 13, } c=b=\frac{a}{3}\right)$ mit der Gleichung

$$3(x^2+y^2+4ax+a^2)^2 - 4a(2x+a)^3 = 0.$$

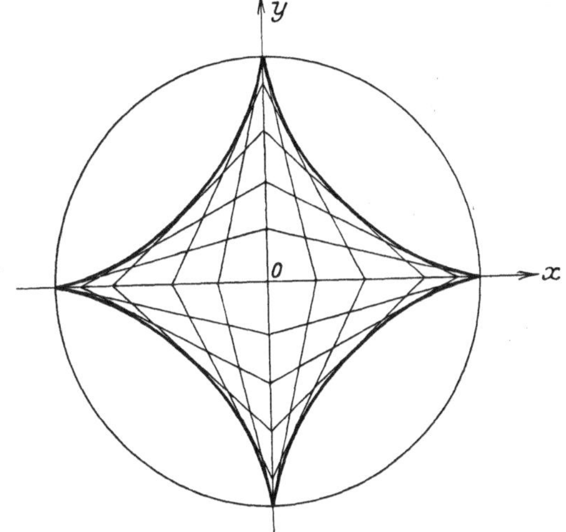

Abb. 12. Astroide.

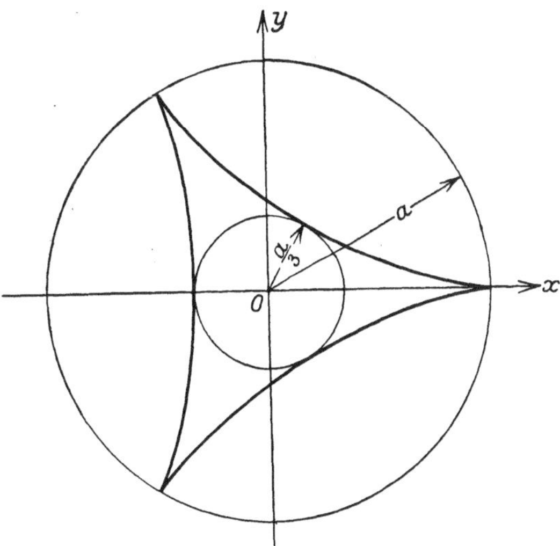

Abb. 13. Die Steinersche Hypozykloide.

Rollt eine Parabel mit dem Parameter p auf der x-Achse, so beschreibt der Brennpunkt die Kettenlinie $y = p \cdot \cosh\frac{x}{p}$, deren vom Scheitel ausgehende Evolvente die Traktrix (Abb. 14) ist, d. h. jene Kurve, die ein schwerer Punkt beschreibt, der an einem Faden von der Länge p gezogen wird, dessen anderes Ende auf einer festen Geraden g bleibt. Ist g die x-Achse und t der Winkel des Fadens mit g, so ist die Gleichung der Traktrix

$$x = p\left(\ln \operatorname{tg}\frac{t}{2} - \cos t\right),$$
$$y = p\sin t.$$

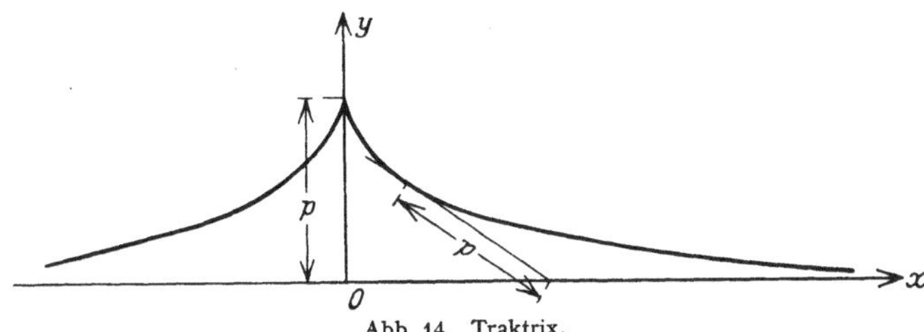

Abb. 14. Traktrix.

II. Raumkurven und Torsen.

9. Darstellung. Das begleitende Dreibein. Sind x, y, z rechtwinklige Koordinaten eines Punktes in bezug auf ein Rechtssystem (Kap. 3, Ziff. 12), so ist eine Raumkurve $\mathfrak{C}$ in Parameterdarstellung durch

$$x = x(t), \quad y = y(t), \quad z = z(t) \tag{1}$$

gegeben. Die drei Funktionen sollen den in Ziff. 1 angegebenen Voraussetzungen genügen. Ist $\mathfrak{p}$ der Ortsvektor eines Punktes P von $\mathfrak{C}$, so kann man die drei Gleichungen (1) in eine einzige vektorielle Gleichung $\mathfrak{p} = \mathfrak{p}(t)$ zusammenfassen; die Komponenten von $\mathfrak{p}$ sind dann die Koordinaten von P. Das Bogenelement (Kap. 1, Ziff. 50) wird

$$ds = \sqrt{\dot{\mathfrak{p}}^2}\, dt$$

und die Länge von $\mathfrak{C}$ zwischen zwei Punkten t_0 und t

$$s = \int_{t_0}^{t} \sqrt{\dot{\mathfrak{p}}^2}\, dt, \tag{2}$$

wobei, wie auch im folgenden, Ableitungen nach t durch Punkte angedeutet sind. Der Vektor $\dot{\mathfrak{p}}$ fällt in die Tangente in $\mathfrak{p}$; der mit $\dot{\mathfrak{p}}$ der Richtung nach übereinstimmende Einheitsvektor heißt Tangentenvektor. Deutet man $\mathfrak{C}$ als Bahnkurve eines Punktes P und t als Zeit, so ist $\dot{\mathfrak{p}}$ der Geschwindigkeitsvektor von P. Die auf $\dot{\mathfrak{p}}$ senkrechte Ebene

$$(\mathfrak{q} - \mathfrak{p})\, \dot{\mathfrak{p}} = 0,$$

wo $\mathfrak{q}$ Ortsvektor eines Punktes der Ebene ist, heißt Normalebene von $\mathfrak{C}$. Legt man durch drei Punkte mit den Parameterwerten $t,\ t + h,\ t + k$ von $\mathfrak{C}$ eine Ebene und läßt dann h und k unabhängig voneinander nach Null konvergieren, so nähert sich die Ebene einer Grenzlage

$$(\mathfrak{q} - \mathfrak{p}, \dot{\mathfrak{p}}, \ddot{\mathfrak{p}}) = 0,$$

welche Schmiegebene heißt. Der Vektor $\ddot{\mathfrak{p}}$ bedeutet kinematisch die Beschleunigung des Punktes P.

Ist $[\dot{\mathfrak{p}}\ddot{\mathfrak{p}}] = 0$ längs $\mathfrak{C}$, so ist $\mathfrak{C}$ eine Gerade. Daß dann die Schmiegebene nicht bestimmt ist, ist anschaulich evident.

Führen wir an Stelle von t als neuen Parameter die durch (2) definierte Bogenlänge s ein, und kennzeichnen wir Ableitungen nach s durch Striche, so wird der Tangentenvektor $\mathfrak{t} = \mathfrak{p}'$ ein Einheitsvektor, da $\mathfrak{t}^2 = \mathfrak{p}'^2 = 1$ ist; durch Differentiation dieser (längs $\mathfrak{C}$ identischen) Gleichung folgt $\mathfrak{p}'\mathfrak{p}'' = 0$, d. h. $\mathfrak{p}''$ steht auf $\mathfrak{p}'$ senkrecht. Der Einheitsvektor $\mathfrak{h}$ in der Richtung von $\mathfrak{p}''$ heißt Hauptnormalenvektor und der auf $\mathfrak{t}$ und $\mathfrak{h}$ senkrechte Einheitsvektor $\mathfrak{b} = [\mathfrak{t}\mathfrak{h}]$ Binormalenvektor. Unter Tangente, Haupt- und Binormale von $\mathfrak{C}$ im Punkt $P = \mathfrak{x}$ versteht man die unbegrenzten Geraden, die durch P hindurchgehen und bzw. die Richtungen $\mathfrak{t}$, $\mathfrak{h}$ und $\mathfrak{b}$ haben. Die drei paarweise senkrechten Vektoren $\mathfrak{t}$, $\mathfrak{h}$ und $\mathfrak{b}$ folgen aufeinander so wie die positiven Richtungen der Koordinatenachsen und bilden das begleitende Dreibein oder Dreikant von $\mathfrak{C}$; die Ebenen durch $\mathfrak{h}$ und $\mathfrak{b}$ bzw. $\mathfrak{t}$ und $\mathfrak{h}$ sind, wie erwähnt, Normal- und Schmiegebene, die Ebene durch $\mathfrak{t}$ und $\mathfrak{b}$ heißt rektifizierende Ebene.

10. Die Frenetschen Formeln. Es muß sich offenbar jeder beliebige Vektor mittels passender Skalarfaktoren (Komponenten) aus den drei unabhängigen Vektoren $\mathfrak{t}$, $\mathfrak{h}$ und $\mathfrak{b}$ zusammensetzen lassen. Das gilt insbesondere auch für die

Ableitungen dieser drei Vektoren nach der Bogenlänge s; die entsprechenden Formeln

$$\begin{aligned} \mathfrak{t}' &= \qquad \varkappa\mathfrak{h} \\ \mathfrak{h}' &= -\varkappa\mathfrak{t} \qquad + \tau\mathfrak{b} \\ \mathfrak{b}' &= \qquad -\tau\mathfrak{h} \end{aligned}$$

heißen Frenetsche Formeln und sind fundamental für die ganze Theorie der Raumkurven. Dabei ist $\varkappa = \varkappa(s)$ die Krümmung oder Biegung, $\tau = \tau(s)$ die Windung, Torsion oder zweite Krümmung (weshalb man mitunter statt Raumkurve auch „Kurve doppelter Krümmung" sagt) von $\mathfrak{p} = \mathfrak{p}(s)$ (vgl. die folgende Ziff. 11). Als Sonderfälle ergeben sich für $\tau = 0$ aus der dritten Formel die ebenen Kurven und für $\varkappa = 0$ aus der ersten Formel die Geraden.

Aus $\mathfrak{p}' = \mathfrak{t}$ folgt $\mathfrak{p}'' = \mathfrak{t}' = \varkappa\mathfrak{h}$ und $\mathfrak{p}''' = -\varkappa^2\mathfrak{t} + \varkappa'\mathfrak{h} + \varkappa\tau\mathfrak{b}$. Setzt man diese Ausdrücke in die Reihenentwicklung

$$\mathfrak{p}(s) = \mathfrak{p}(0) + \mathfrak{p}'(0)s + \tfrac{1}{2}\mathfrak{p}''(0)s^2 + \tfrac{1}{6}\mathfrak{p}'''(0)s^3 + \cdots$$

ein und macht noch das Dreibein im Punkt $s = 0$ zum Koordinatenkreuz, so ergibt sich die sog. kanonische Darstellung von $\mathfrak{C}$ in der Umgebung von $s = 0$

$$\begin{aligned} x &= s \qquad\qquad - \tfrac{1}{6}\varkappa_0^2 s^3 \quad + \cdots, \\ y &= \quad + \tfrac{1}{2}\varkappa_0 s^2 + \tfrac{1}{6}\varkappa_0' s^3 \quad + \cdots, \\ z &= \qquad\qquad + \tfrac{1}{6}\varkappa_0\tau_0 s^3 + \cdots, \end{aligned}$$

wo $\varkappa_0 = \varkappa(0)$ und $\tau_0 = \tau(0)$ gesetzt ist. Die Projektionen von $\mathfrak{C}$ auf die Ebenen des Dreibeins erhalten in erster Annäherung (bei Berücksichtigung der ersten Glieder der obigen Reihenentwicklungen) das in Abb. 15 dargestellte Aussehen.

Beim Durchlaufen von $\mathfrak{C}$ erfährt das begleitende Dreibein gewisse Drehungen; der bezügliche Drehvektor $\mathfrak{d}$ (dessen Richtung, Länge und Sinn bzw. durch die Drehachse, die Winkelgeschwindigkeit und die Festsetzung gegeben sind, daß die positive Drehung nach links erfolgt) hat die Gestalt $\mathfrak{d} = \tau\mathfrak{t} + \varkappa\mathfrak{b}$, d. h. seine Komponenten in die Richtungen von $\mathfrak{t}$, $\mathfrak{h}$ und $\mathfrak{b}$ sind bzw. gleich τ, 0 und $\varkappa$.

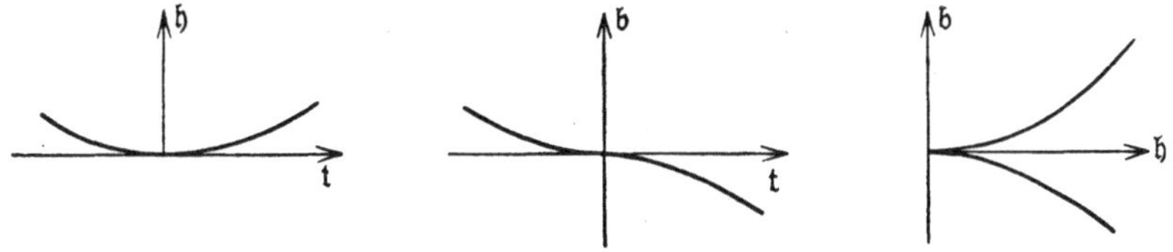

Abb. 15. Projektionen einer Raumkurve auf die Ebenen des begleitenden Dreibeins.

11. Die sphärischen Bilder. Krümmung und Windung. Verlegt man die Anfangspunkte der drei Vektoren $\mathfrak{t}$, $\mathfrak{h}$ und $\mathfrak{b}$ in den Ursprung, so beschreiben ihre Endpunkte Kurven auf der Einheitskugel $x^2 + y^2 + z^2 = 1$, die bzw. Tangenten, Haupt- und Binormalenbild von $\mathfrak{C}$ heißen. Zwischen ihren Bogenelementen ds_1, ds_2 und ds_3 besteht die Lancretsche Relation $ds_2^2 = ds_1^2 + ds_3^2$. Für Krümmung und Windung von $\mathfrak{C}$ gilt

$$\varkappa = \frac{ds_1}{ds} = \sqrt{\mathfrak{p}''^2}, \qquad \tau = \frac{ds_3}{ds} = \sqrt{\mathfrak{b}'^2} = \frac{(\mathfrak{p}', \mathfrak{p}'', \mathfrak{p}''')}{\mathfrak{p}''^2}.$$

Ist $\mathfrak{C}$ auf einen beliebigen Parameter t bezogen, so ist

$$\varkappa^2 = \frac{[\dot{\mathfrak{p}}\,\ddot{\mathfrak{p}}]^2}{(\dot{\mathfrak{p}}^2)^3}, \qquad \tau = \frac{(\dot{\mathfrak{p}}, \ddot{\mathfrak{p}}, \dddot{\mathfrak{p}})}{[\dot{\mathfrak{p}}\,\ddot{\mathfrak{p}}]^2}.$$

Die erste Formel geht für ebene Kurven ($z = 0$) über in die entsprechende Formel Ziff. 6.

Während das Vorzeichen der Krümmung willkürlich ist, ist das der Windung durch die obigen Formeln in einem bestimmten Sinn festgelegt. Seine Bedeutung macht man sich am besten an der gemeinen Schraubenlinie

$$x = a \cos t, \quad y = a \sin t, \quad z = b t$$

klar. Es wird hier $\varkappa = \pm \frac{a}{a^2 + b^2}$, $\tau = \frac{b}{a^2 + b^2}$. Das Vorzeichen von τ stimmt somit mit dem von b (der Ganghöhe) überein, Rechtsschrauben haben also positive, Linksschrauben negative Windung. Die (ganz analoge) Bedeutung des Vorzeichens von τ bei einer beliebigen Kurve kann man sich mittels der kanonischen Darstellung oder an Abb. 15 deutlich machen.

12. Krümmungsmittelpunkt und Schmiegkugel. Legt man durch drei Kurvenpunkte mit den Parameterwerten t, $t + h$ und $t + k$ einen Kreis, so nähert sich dieser, wenn h und k nach Null konvergieren, einer bestimmten Grenzlage, dem Krümmungskreis, der ganz in der Schmiegebene liegt und den Radius $\varrho = \frac{1}{\varkappa}$ hat, wobei $\varkappa$ jetzt positiv zu nehmen ist; sein Mittelpunkt M heißt Krümmungsmittelpunkt, liegt auf der Hauptnormalen und hat den Ortsvektor $\mathfrak{q} = \mathfrak{p} + \varrho \mathfrak{h}$.

Analog wie in Ziff. 5 definieren wir: Die Raumkurve $\mathfrak{x} = \mathfrak{x}(t)$ wird von der Fläche $F(x, y, z) = 0$ im Punkt $t = t_0$ von k-ter Ordnung oder $(k + 1)$-punktig berührt, wenn die Reihenentwicklung der zusammengesetzten Funktion $G(t) = F[x(t), y(t), z(t)]$ nach Potenzen von $t - t_0$ erst mit Gliedern $(k + 1)$-ter Ordnung beginnt, d. h. wenn $G(t_0) = G'(t_0) = G''(t_0) = \cdots = G^{(k)}(t_0) = 0$, aber $G^{(k+1)}(t_0) \neq 0$ ist.

Die Mittelpunkte aller die Kurve $\mathfrak{C}$ in einem Punkt dreipunktig berührenden Kugeln liegen auf einer Geraden, der Krümmungsachse, die durch den Krümmungsmittelpunkt geht und zur Schmiegebene senkrecht ist; sie ergibt sich auch als Grenzlage der Schnittgeraden der Normalebenen in den Kurvenpunkten t und $t + h$, wenn h nach Null konvergiert. Unter diesen Kugeln gibt es eine, die $\mathfrak{C}$ vierpunktig berührt, und als Schmiegkugel von $\mathfrak{C}$ bezeichnet wird. Für den Ortsvektor $\mathfrak{r}$ ihres Mittelpunktes folgt $\mathfrak{r} = \mathfrak{p} + \varrho \mathfrak{h} + \frac{\varrho'}{\tau} \mathfrak{b}$. Die Kurve $\mathfrak{r} = \mathfrak{r}(t)$ heißt Polarkurve von $\mathfrak{C}$ (Ziff. 14). Ist $\mathfrak{r}$ konstant, also $\mathfrak{r}' = 0$, so ist $\mathfrak{C}$ eine sphärische Kurve, d. h. eine Kurve, die ganz auf einer Kugel (der Schmiegkugel) liegt. Diese Kurven genügen der Differentialgleichung

$$\varrho \tau + \frac{d}{ds}\left(\frac{\varrho'}{\tau}\right) = 0.$$

13. Isotrope Kurven. Die Überlegungen von Ziff. 9 bis 12 gelten im wesentlichen unverändert auch für imaginäre Kurven $\mathfrak{p} = \mathfrak{p}(t)$, wo die Koordinaten analytische Funktionen der komplexen Veränderlichen t sind. Es gibt jedoch eine wichtige Klasse imaginärer Kurven, die durch besonders merkwürdige Eigenschaften ausgezeichnet sind und in der Theorie der Minimalflächen (Ziff. 27) eine große Rolle spielen. Es sind dies die durch verschwindende Bogenlänge gekennzeichneten isotropen oder Minimalkurven. Für sie ist also $\dot{\mathfrak{p}}^2 = 0$ (eine reelle Kurve mit dieser Eigenschaft muß sich auf einen Punkt reduzieren), ferner ist $(\dot{\mathfrak{p}}, \ddot{\mathfrak{p}}, \dddot{\mathfrak{p}})^2 = -(\ddot{\mathfrak{p}}^2)^3$ und $(\dot{\mathfrak{p}}, \ddot{\mathfrak{p}}, \mathfrak{q})^2 = -\ddot{\mathfrak{p}}^2 (\dot{\mathfrak{p}} \mathfrak{q})^2$ für einen beliebigen Vektor $\mathfrak{q}$. Somit verschwindet $(\dot{\mathfrak{p}}, \ddot{\mathfrak{p}}, \dddot{\mathfrak{p}})$ nur, wenn $[\dot{\mathfrak{p}} \ddot{\mathfrak{p}}] = 0$ ist, d. h. für (isotrope) Gerade.

Durch Lösung der Differentialgleichung $\dot{\mathfrak{p}}^2 = 0$ ergibt sich eine wichtige Parameterdarstellung der isotropen Kurven. Aus $\dot{x}^2 + \dot{y}^2 + \dot{z}^2 = 0$ oder $\dot{x}^2 + \dot{y}^2 = (\dot{x} + i\dot{y})(\dot{x} - i\dot{y}) = -\dot{z}^2$ folgt $\frac{\dot{x} + i\dot{y}}{\dot{z}} = \frac{-\dot{z}}{\dot{x} - i\dot{y}}$; bezeichnen wir den gemeinsamen Wert dieser Ausdrücke mit u, so können wir mittels eines zweiten Proportionalitätsfaktors v setzen: $\dot{x} + i\dot{y} = u^2 v$, $\dot{x} - i\dot{y} = -v$, $\dot{z} = uv$. Daraus folgt

$$x = \frac{1}{2}\int (u^2 - 1) v\,dt, \qquad y = \frac{1}{2i}\int (u^2 + 1)\, v\,dt, \qquad z = \int u v\,dt.$$

Führt man u als neuen Parameter ein und setzt $v\frac{dt}{du} = F(u)$, so wird

$$x = \tfrac{1}{2}\int (u^2 - 1)\, F(u)\, du,$$
$$y = \frac{1}{2i}\int (u^2 + 1)\, F(u)\, du,$$
$$z = \int u\, F(u)\, du.$$

Setzt man hier $F(u) = f'''(u)$, so ergibt sich schließlich durch Integration

$$x = \tfrac{1}{2}(u^2 - 1) f'' - u f' + f,$$
$$y = -i[\tfrac{1}{2}(u^2 + 1) f'' - u f' + f],$$
$$z = u f'' - f'.$$

14. Torsen (abwickelbare Flächen). Torsen oder abwickelbare Flächen sind Hüllflächen einer einparametrigen, stetigen Schar von Ebenen. Die Schnittgerade zweier Ebenen E_1 und E_2 der Schar nähert sich, wenn E_2 gegen E_1 rückt, einer Grenzlage, die ganz in der Torse liegt; die Torsen sind somit ein Sonderfall der geradlinigen oder Regelflächen (Ziff. 26). Ein Beispiel einer Torse ist die Tangentenfläche einer Raumkurve; es gilt aber der allgemeine Satz, daß jede Torse entweder Tangentenfläche einer Raumkurve oder ein Kegel ist, wobei die Zylinder als Kegel mit unendlich fernem Scheitel anzusehen sind.

Die Grenzlage des Schnittpunktes dreier Ebenen der Torse, die einander unbegrenzt naherücken, ist entweder ein Punkt der Kurve, deren Tangentenfläche die Torse ist (Gratlinie) oder der Scheitel des Kegels. Zwischen Raumkurve und Torse, letztere als Ebenenschar aufgefaßt, besteht vollständige Dualität, wie aus der folgenden Zusammenstellung ersichtlich ist:

∞^1 Punkte = Raumkurve; Tangente (Grenzlage der Verbindungsgeraden zweier Punkte).	∞^1 Ebenen = Torse; Erzeugende (Grenzlage der Schnittgeraden zweier Ebenen).
Schmiegebene (Grenzlage der Ebene durch drei Punkte der Kurve).	Punkt der Gratlinie (Grenzlage des Schnittpunktes dreier Ebenen der Torse).
Tangentenfläche	Hüllfläche
∞^1 Schmiegebenen = Torse.	∞^1 Punkte der Gratlinie = Raumkurve.
∞^1 Punkte einer Ebene = ebene Kurve.	∞^1 Ebenen durch einen Punkt = Kegel.

Zu jeder Raumkurve $\mathfrak{C}$ gehören drei ausgezeichnete Torsen:

1. Die Tangentenfläche (Hüllfläche der Schmiegebenen); ihre Gratlinie ist $\mathfrak{C}$ selbst.

2. Die Polarfläche (Hüllfläche der Normalebenen von $\mathfrak{C}$); ihre Gratlinie, die Polarkurve, ist der Ort der Mittelpunkte der Schmiegkugeln von $\mathfrak{C}$; ihre Tangenten sind zu den Binormalen, ihre Hauptnormalen zu den Hauptnormalen von $\mathfrak{C}$ parallel.

3. Die rektifizierende Fläche (Hüllfläche der rektifizierenden Ebenen). Sie hat die besondere Eigenschaft, daß auf ihr $\mathfrak{C}$ eine geodätische Linie (Ziff. 23) ist, woraus sich auch ihr Name erklärt (bei der Abwicklung einer Torse geht die

geodätische Linie in eine Gerade über, so daß dann die Länge von $\mathfrak{C}$ direkt gemessen werden kann; vgl. auch Ziff. 22).

Die von den Haupt- und Binormalen von $\mathfrak{C}$ beschriebenen Regelflächen sind dann und nur dann Torsen, wenn $\mathfrak{C}$ eben ist; sie sind dann bzw. die Ebene von $\mathfrak{C}$ selbst und der über $\mathfrak{C}$ senkrecht zu ihrer Ebene errichtete Zylinder.

15. Einteilung der analytischen Kurven. A. Reguläre Kurven: $[\dot{\mathfrak{p}}\,\ddot{\mathfrak{p}}]^2 \neq 0$.

1. Raumkurven: $(\dot{\mathfrak{p}}, \ddot{\mathfrak{p}}, \dddot{\mathfrak{p}}) \neq 0$.
2. Kurven in euklidischen Ebenen: $(\dot{\mathfrak{p}}, \ddot{\mathfrak{p}}, \dddot{\mathfrak{p}}) = 0$.

B. Singuläre Kurven: $[\dot{\mathfrak{p}}\,\ddot{\mathfrak{p}}]^2 = 0$.

1. Kurven in isotropen Ebenen: $(\dot{\mathfrak{p}}, \ddot{\mathfrak{p}}, \dddot{\mathfrak{p}}) = 0$, $ds^2 \neq 0$.
2. Isotrope (Raum-) Kurven: $(\dot{\mathfrak{p}}, \ddot{\mathfrak{p}}, \dddot{\mathfrak{p}}) \neq 0$, $ds^2 = 0$.
3. Euklidische Geraden: $[\dot{\mathfrak{p}}\,\ddot{\mathfrak{p}}] = 0$, $ds^2 \neq 0$.
4. Isotrope Geraden: $[\dot{\mathfrak{p}}\,\ddot{\mathfrak{p}}] = 0$, $ds^2 = 0$.

16. Besondere Kurvenklassen. A. Evoluten und Evolventen. Legt man um eine Raumkurve $\mathfrak{C}$ einen nicht dehnbaren Faden, so beschreibt jeder Punkt des Fadens, wenn man ihn unter Spannung von $\mathfrak{C}$ abwickelt, eine Filarevolvente $\mathfrak{C}'$ von $\mathfrak{C}$. Es gibt ∞^1 Filarevolventen; sie liegen alle auf der Tangentenfläche von $\mathfrak{C}$ und sind die orthogonalen Trajektorien der Tangenten. Die Tangenten von $\mathfrak{C}'$ sind parallel zu den entsprechenden Hauptnormalen von $\mathfrak{C}$, die Normalebenen von $\mathfrak{C}'$ sind die rektifizierenden Ebenen von $\mathfrak{C}$. Umgekehrt heißt $\mathfrak{C}$ Filarevolute von $\mathfrak{C}'$; jede Raumkurve $\mathfrak{C}'$ besitzt ∞^1 Filarevoluten, die geodätische Linien (Ziff. 23) auf der Polarfläche von $\mathfrak{C}'$ sind.

Denkt man sich in jeder Lage eines eine Raumkurve $\mathfrak{C}$ durchlaufenden Punktes die Schmiegebene errichtet, so beschreibt ein mit dieser fest verbundener Punkt eine Planevolvente von $\mathfrak{C}$. Jede Raumkurve $\mathfrak{C}$ besitzt ∞^2 Planevolventen $\mathfrak{C}'$; sie sind die orthogonalen Trajektorien der Schmiegebenen von $\mathfrak{C}$, die zugleich die Normalebenen aller $\mathfrak{C}'$ sind. Jede Raumkurve $\mathfrak{C}$ kann als Planevolvente ihrer Polarkurve angesehen werden, die daher auch als Planevolute von $\mathfrak{C}$ bezeichnet wird.

B. Bertrandsche Kurven. Man versteht darunter Kurvenpaare $\mathfrak{C}_1$, $\mathfrak{C}_2$ mit gemeinsamen Hauptnormalen. Zwischen Krümmung und Windung einer jeden von ihnen muß dann eine lineare Relation $a\varkappa + b\tau = 1$ bestehen. Entsprechende Punkte der beiden Kurven haben den festen Abstand a; ihre Tangenten schneiden sich unter dem konstanten Winkel $\alpha = \operatorname{arc\,ctg} \frac{b}{a}$. Für ebene Kurven ist $\alpha = 0$.

Ist $b = 0$, so ist für beide Kurven $\varkappa = \frac{1}{a}$ (Kurven konstanter Krümmung); jede ist Polarkurve der anderen, da der Mittelpunkt der Schmiegkugel in den zugehörigen Krümmungsmittelpunkt fällt (Ziff. 12). Entsprechende Tangenten schneiden sich rechtwinklig.

Für $a = 0$ fallen beide Kurven zusammen, und es wird $\tau = \frac{1}{b}$ (Kurven konstanter Torsion).

C. Böschungslinien sind Kurven, deren Tangenten mit einer festen Richtung $\mathfrak{e}$ einen festen Winkel ϑ bilden. Sie sind dadurch charakterisiert, daß das Verhältnis $\varkappa:\tau$ einen festen Wert hat. Es ist $\frac{\varkappa}{\tau} = \operatorname{tg}\vartheta$ und

$$\mathfrak{e} = \mathfrak{t}\cos\vartheta + \mathfrak{b}\sin\vartheta.$$

III. Flächentheorie.

17. Darstellung. Die beiden Grundformen. Als zweckmäßigste Darstellung einer Fläche benützen wir die Parameterdarstellung

$$x = x(u, v), \quad y = y(u, v), \quad z = z(u, v) \tag{1}$$

oder in vektorieller Schreibweise

$$\mathfrak{p} = \mathfrak{p}(u, v).$$

Dabei sollen (1) beliebig oft stetig differenzierbare Funktionen sein, deren Funktionalmatrix den Rang 2 hat. Ist nämlich der Rang 1, so lassen sich (Kap. 1, Ziff. 24) etwa y und z als Funktionen $y = f(x)$, $z = g(x)$ von x ansehen, d. h. die Fläche reduziert sich auf eine Kurve.

Wir bezeichnen die Fläche selbst mit $(\mathfrak{p})$ und einen beliebigen Punkt auf ihr durch seinen Ortsvektor $\mathfrak{p}$.

Sei durch $u = u(t)$, $v = v(t)$ eine Kurve $\mathfrak{C}$ auf $(\mathfrak{p})$ gegeben. Der Tangentenvektor von $\mathfrak{C}$ wird $\dot{\mathfrak{p}} = \mathfrak{p}_u \dot{u} + \mathfrak{p}_v \dot{v}$, wo die Punkte Ableitungen nach t bedeuten und $\mathfrak{p}_u = \frac{\partial \mathfrak{p}}{\partial u}$, $\mathfrak{p}_v = \frac{\partial \mathfrak{p}}{\partial v}$ die Tangentenvektoren der Parameterlinien $v =$ konst. und $u =$ konst. sind. Die Tangentenvektoren aller Flächenkurven durch $\mathfrak{p}$ erfüllen somit eine Ebene, die Tangentenebene von $(\mathfrak{p})$ im Punkt $\mathfrak{p}$.

Die Tangentenebene ist unbestimmt, wenn $\mathfrak{p}_u$ und $\mathfrak{p}_v$ linear abhängig sind, also $[\mathfrak{p}_u \mathfrak{p}_v] = 0$ ist. Das ist nicht nur in singulären Punkten der Fläche der Fall, sondern auch in Punkten, wo das Netz der Parameterlinien gewisse Singularitäten aufweist [z. B. bei der Kugel $x = a \sin u \cos v$, $y = a \sin u \sin v$, $z = a \cos u$ die Punkte $(0, 0, \pm a)$].

Im folgenden ist $[\mathfrak{p}_u \mathfrak{p}_v] \neq 0$ angenommen.

Das (quadrierte) Bogenelement einer Flächenkurve $\mathfrak{C}$ wird $ds^2 = \dot{\mathfrak{p}}^2 dt^2 = (\mathfrak{p}_u du + \mathfrak{p}_v dv)^2$; setzt man (vgl. Kap. 1, Ziff. 55)

$$E = \mathfrak{p}_u^2, \quad F = \mathfrak{p}_u \mathfrak{p}_v, \quad G = \mathfrak{p}_v^2,$$

so wird

$$ds^2 = E du^2 + 2F du dv + G dv^2.$$

Die quadratische Differentialform rechts heißt erste Grundform von $(\mathfrak{p})$.

Der zur Tangentenebene senkrechte Einheitsvektor $\mathfrak{n}$ $(\mathfrak{n}^2 = 1)$ heißt Normalenvektor oder Flächennormale von $(\mathfrak{p})$. Es ist

$$\mathfrak{n} = \frac{[\mathfrak{p}_u \mathfrak{p}_v]}{\sqrt{[\mathfrak{p}_u \mathfrak{p}_v]^2}} = \frac{[\mathfrak{p}_u \mathfrak{p}_v]}{\sqrt{EG - F^2}}.$$

Unter dem Flächenelement do von $(\mathfrak{p})$ versteht man den Ausdruck (vgl. Kap. 1, Ziff. 55)

$$do = \sqrt{EG - F^2}\, du\, dv.$$

Die Parameterlinien schneiden sich im Punkt $\mathfrak{p}$ unter einem Winkel ω, der durch

$$\cos\omega = \frac{F}{\sqrt{EG}}, \qquad \sin\omega = \frac{\sqrt{EG - F^2}}{\sqrt{EG}}$$

gegeben ist; sie sind insbesondere orthogonal, wenn $F = 0$ ist.

Die Tangentenrichtung einer Flächenkurve ist durch das Verhältnis $du:dv$ gegeben; sind $du:dv$ und $\delta u:\delta v$ zwei Kurvenrichtungen in $\mathfrak{p}$, so ist der von ihnen eingeschlossene Winkel ε gegeben durch

$$\cos\varepsilon = \frac{E du \delta u + F(du \delta v + dv \delta u) + G dv \delta v}{ds\, \delta s}, \quad \sin\varepsilon = \sqrt{EG - F^2}\, \frac{du \delta v - dv \delta u}{ds\, \delta s},$$

wo $ds^2 = E du^2 + 2F du dv + G dv^2$ und $\delta s^2 = E \delta u^2 + 2F \delta u \delta v + G \delta v^2$ ist. Sind die beiden Flächenkurven gegeben durch $\varphi(u, v) = 0$ und $\psi(u, v) = 0$, so wird

$$\cos\varepsilon = \frac{-\nabla(\varphi, \psi)}{\sqrt{\nabla\varphi}\sqrt{\nabla\psi}}, \qquad \sin\varepsilon = \frac{1}{\sqrt{EG - F^2}} \cdot \frac{\varphi_u \psi_v - \varphi_v \psi_u}{\sqrt{\nabla\varphi}\sqrt{\nabla\psi}}$$

und die Orthogonalitätsbedingung

$$\nabla(\varphi, \psi) = 0.$$

Dabei ist $\nabla(\varphi, \psi)$ der erste Beltramische Differentiator (vgl. Kap. 5, Ziff. 18)

$$\nabla(\varphi, \psi) = \frac{E\varphi_v\psi_v - F(\varphi_v\psi_u - \varphi_u\psi_v) + G\varphi_u\psi_v}{EG - F^2},$$

$$\nabla\varphi = \nabla(\varphi, \varphi) = \frac{E\varphi_v^2 - 2F\varphi_u\varphi_v + G\varphi_u^2}{EG - F^2}.$$

Führt man durch $\bar{u} = \bar{u}(u, v)$, $\bar{v} = \bar{v}(u, v)$ neue krummlinige Koordinaten auf $(\mathfrak{p})$ ein, so wird $ds^2 = \bar{E}d\bar{u}^2 + 2\bar{F}d\bar{u}d\bar{v} + \bar{G}d\bar{v}^2$; dabei ist

$$\bar{E} = \frac{\nabla\bar{v}}{\nabla\bar{u}\,\nabla\bar{v} - \nabla(\bar{u}, \bar{v})^2}, \qquad \bar{F} = \frac{-\nabla(\bar{u}, \bar{v})}{\nabla\bar{u}\,\nabla\bar{v} - \nabla(\bar{u}, \bar{v})^2}, \qquad \bar{G} = \frac{\nabla\bar{u}}{\nabla\bar{u}\,\nabla\bar{v} - \nabla(\bar{u}, \bar{v})^2}.$$

Die quadratische Differentialform

$$-d\mathfrak{p}\,d\mathfrak{n} = -(\mathfrak{p}_u du + \mathfrak{p}_v dv)(\mathfrak{n}_u du + \mathfrak{n}_v dv) = L du^2 + 2M du\, dv + N dv^2$$

heißt **zweite Grundform** von $(\mathfrak{p})$; für ihre Koeffizienten ergibt sich

$$L = -\mathfrak{p}_u\mathfrak{n}_u = \mathfrak{p}_{uu}\mathfrak{n} = \frac{(\mathfrak{p}_{uu}\,\mathfrak{p}_u\,\mathfrak{p}_v)}{\sqrt{EG - F^2}},$$

$$M = -\mathfrak{p}_u\mathfrak{n}_v = -\mathfrak{p}_v\mathfrak{n}_u = \mathfrak{p}_{uv}\mathfrak{n} = \frac{(\mathfrak{p}_{uv}\,\mathfrak{p}_u\,\mathfrak{p}_v)}{\sqrt{EG - F^2}}, \quad N = -\mathfrak{p}_v\mathfrak{n}_v = \mathfrak{p}_{vv}\mathfrak{n} = \frac{(\mathfrak{p}_{vv}\,\mathfrak{p}_u\,\mathfrak{p}_v)}{\sqrt{EG - F^2}}.$$

Die Flächentheorie ist identisch mit der Theorie der Invarianten der beiden Grundformen.

Ist die Fläche in der Form $z = z(x, y)$ gegeben, so erhält man ohne weiteres den Anschluß an die obigen und folgenden Formeln, wenn man $x = u$, $y = v$, $z = z(u, v)$ setzt. Insbesondere ist

$$E = 1 + z_x^2, \quad F = z_x z_y, \quad G = 1 + z_y^2, \quad EG - F^2 = W^2 = 1 + z_x^2 + z_y^2,$$

$$L = \frac{z_{xx}}{W}, \quad M = \frac{z_{xy}}{W}, \quad N = \frac{z_{yy}}{W},$$

und der Normalenvektor wird, wenn $\mathfrak{i}$, $\mathfrak{j}$ und $\mathfrak{k}$ die Einheitsvektoren der positiven Koordinatenachsen sind,

$$\mathfrak{n} = \frac{1}{W}(-z_x\mathfrak{i} - z_y\mathfrak{j} + \mathfrak{k}).$$

18. Die Krümmung einer Fläche. Längs einer Flächenkurve $u = u(s)$, $v = v(s)$ ist $\mathfrak{p}'\mathfrak{n} = 0$, wo der Strich die Ableitung nach s andeutet. Durch Differentiation ergibt sich ($\mathfrak{p}'' = \varkappa\mathfrak{h}$, vgl. Ziff. 10)

$$\frac{1}{\varrho}\mathfrak{h}\mathfrak{n} = -\mathfrak{p}'\mathfrak{n}' = \frac{L du^2 + 2M du dv + N dv^2}{E du^2 + 2F du\, dv + G dv^2}.$$

Daraus folgt, daß alle Flächenkurven, die durch einen Punkt $\mathfrak{p}$ gehen und in $\mathfrak{p}$ dieselbe Schmiegebene haben, in $\mathfrak{p}$ auch dieselbe Krümmung $\varkappa = \frac{1}{\varrho}$ besitzen. Da es sich im folgenden um Aussagen über die Krümmungen der Flächenkurven in $\mathfrak{p}$ handelt, können wir uns auf ebene Schnitte der Fläche beschränken. Wir betrachten sämtliche ebene Schnitte durch $\mathfrak{p}$, für die $du:dv$ fest ist, d. h. die in $\mathfrak{p}$ eine gemeinsame Tangente haben. Ist ϑ der Winkel der Schnittebene mit der Flächennormalen, so wird wegen $\mathfrak{h}\mathfrak{n} = \cos\vartheta$

$$\frac{\cos\vartheta}{\varrho} = \frac{1}{R} \qquad \text{oder} \qquad \varrho = R\cos\vartheta,$$

wo $1:R$ die Krümmung des Normalschnittes bedeutet. Somit gilt: Die Krümmungskreise aller ebenen Schnitte mit gemeinsamem Linienelement liegen auf einer Kugel mit dem Radius R (Satz von MEUSNIER). Für die Krümmungen $1:R$ der Normalschnitte in $\mathfrak{p}$ folgt

$$\frac{1}{R} = \frac{L\,du^2 + 2M\,du\,dv + N\,dv^2}{E\,du^2 + 2F\,du\,dv + G\,dv^2};$$

ist R gegeben, so berechnen sich die zugehörigen Fortschreitungsrichtungen aus

$$(RL - E)\,du^2 + 2\,(RM - F)\,du\,dv + (RN - G)\,dv^2 = 0.$$

Die extremen Werte von $1:R$, für die die obige Gleichung eine Doppelwurzel $du:dv$ hat, heißen Hauptkrümmungen der Fläche in $\mathfrak{p}$, sie ergeben sich aus

$$(EG - F^2) - (EN - 2FM + GL)\,R + (LN - M^2)\,R^2 = 0.$$

Die symmetrischen Funktionen der Hauptkrümmungen sind

$$K = \frac{1}{R_1}\frac{1}{R_2} = \frac{LN - M^2}{EG - F^2}, \qquad 2H = \frac{1}{R_1} + \frac{1}{R_2} = \frac{EN - 2FM + GL}{EG - F^2}.$$

Man nennt K das Gaußsche Krümmungsmaß und H die mittlere Krümmung der Fläche. Während das Vorzeichen von H von dem der Irrationalität $W = \sqrt{EG - F^2}$ abhängt, ist dies bei K nicht der Fall. Man spricht von elliptischen, parabolischen oder hyperbolischen Flächenpunkten, je nachdem $K > 0$, $K = 0$ oder $K < 0$ ist. Legt man zur Tangentenebene ε in $\mathfrak{p}$ eine Parallelebene, deren Abstand von ε sehr klein ist, so ist ihr Schnitt mit der Fläche, die sog. Dupinsche Indikatrix bei $K > 0$ eine reelle oder imaginäre (je nachdem, auf welcher Seite der Tangentenebene die Parallelebene gelegt ist) Ellipse, bei $K < 0$ eine Hyperbel. Die Achsen dieser Kegelschnitte sind proportional zu den Wurzeln aus den Hauptkrümmungsradien. Im Fall eines parabolischen Punktes ist die Indikatrix im allgemeinen eine semikubische Parabel ($u^2 = \xi^3$) mit einer Spitze in $\mathfrak{p}$. Die einzigen Flächen mit lauter parabolischen Punkten sind die Torsen. Ist $K \neq 0$, so ergibt sich die Normalkrümmung $\frac{1}{R}$ in einer Ebene, die mit der zur Hauptkrümmung $1:R_1$ gehörigen Ebene den Winkel ϑ einschließt, aus der Eulerschen Formel

$$\frac{1}{R} = \frac{\cos^2\vartheta}{R_1} + \frac{\sin^2\vartheta}{R_2}.$$

Das Krümmungsmaß K läßt sich rational durch die Koeffizienten der ersten Grundform und ihre Ableitungen allein ausdrücken (Theorema egregium von GAUSS). Es ist

$$K = \frac{1}{(EG - F^2)^2}\left\{\begin{vmatrix} (-\frac{1}{2}G_{uu} + F_{uv} - \frac{1}{2}E_{vv}) & \frac{1}{2}E_u & (F_u - \frac{1}{2}E_v) \\ F_v - \frac{1}{2}G_u & E & F \\ \frac{1}{2}G_v & F & G \end{vmatrix} - \begin{vmatrix} 0 & \frac{1}{2}E_v & \frac{1}{2}G_u \\ \frac{1}{2}E_v & E & F \\ \frac{1}{2}G_u & F & G \end{vmatrix}\right\}.$$

Denkt man sich den Normalenvektor $\mathfrak{n}$ vom Ursprung aus aufgetragen, so beschreibt sein Endpunkt die Einheitskugel, auf die die Fläche ($\mathfrak{p}$) somit durch parallele Normalen oder parallele Tangentenebenen abgebildet ist [sphärisches Bild von ($\mathfrak{p}$) nach GAUSS]. Ist $do = \sqrt{EG - F^2}\,du\,dv = (\mathfrak{n}\,\mathfrak{p}_u\,\mathfrak{p}_v)\,du\,dv$ das Flächenelement von ($\mathfrak{p}$), so ist $d\bar{o} = (\mathfrak{n}\,\mathfrak{n}_u\,\mathfrak{n}_v)\,du\,dv$ das entsprechende Flächenelement des sphärischen Bildes ($\mathfrak{n}$) und $\frac{d\bar{o}}{do} = \frac{(\mathfrak{n}\,\mathfrak{n}_u\,\mathfrak{n}_v)}{(\mathfrak{n}\,\mathfrak{p}_u\,\mathfrak{p}_v)} = K$.

Flächenpunkte, in denen alle Normalkrümmungen übereinstimmen, heißen Nabelpunkte; die Differentialgleichung der Krümmungslinien (Ziff. 19, C) ist in solchen Punkten identisch erfüllt; die Dupinsche Indikatrix artet in einen Kreis aus, es ist also $R_1 = R_2$. Notwendig und hinreichend ist $L:M:N = E:F:G$ oder $L = M = N = 0$. Die einzigen Flächen mit lauter Nabelpunkten sind die Kugeln und Ebenen. Über Nabelpunkte der Flächen zweiten Grades vgl. Kap. 3, Ziff. 26.

Zwei Flächen, deren Gleichungen wir für den Augenblick in der Form $z = f(x, y)$ und $z = g(x, y)$ annehmen, berühren einander in einem gemeinsamen Punkt P von n-ter Ordnung, wenn in P alle Ableitungen der beiden Funktionen f und g bis einschließlich der n-ten Ordnung, aber nicht mehr die Ableitungen $(n + 1)$-ter Ordnung übereinstimmen, was für die beiden Funktionen insgesamt $\frac{(n+1)(n+2)}{2}$ Bedingungsgleichungen gibt. Der Begriff der oskulierenden Flächen ist ganz analog zu formulieren wie in Ziff. 5.

Es gibt ∞^1 Kugeln, die eine Fläche $(\mathfrak{p})$ in einem Punkt $\mathfrak{p}$ (von erster Ordnung) berühren; ihre Mittelpunkte liegen alle auf der Flächennormalen in $\mathfrak{p}$. Unter diesen Kugeln gibt es zwei, die dadurch ausgezeichnet sind, daß es auf ihnen je einen Hauptkreis durch $\mathfrak{p}$ gibt, welcher die Fläche von höherer als erster Ordnung berührt (vgl. Ziff. 12). Die Radien dieser beiden Kugeln stimmen mit den Hauptkrümmungsradien von $(\mathfrak{p})$ überein, die Ebenen der beiden erwähnten Hauptkreise stehen aufeinander senkrecht und enthalten die Achsen der Dupinschen Indikatrix des Punktes $\mathfrak{p}$. Die Mittelpunkte der beiden Kugeln bezeichnet man als die Krümmungsmittelpunkte der Fläche $(\mathfrak{p})$ im Punkt $\mathfrak{p}$. Unter den Zentraflächen oder Evolutenflächen von $(\mathfrak{p})$ versteht man die Örter der beiden Krümmungsmittelpunkte (vgl. auch Ziff. 19, C).

19. Besondere Kurvensysteme auf einer Fläche. A. Unter den Asymptoten- oder Haupttangentenlinien versteht man das Netz der Integralkurven der Differentialgleichung $L du^2 + 2M du\, dv + N dv^2 = 0$. Sie sind reell, wenn das Krümmungsmaß $K < 0$ ist. Ihre Tangenten fallen in die Asymptotenrichtungen der Dupinschen Indikatrix, ihre Schmiegebenen in die Tangentenebenen der Fläche. Sie sind daher invariant gegenüber projektiven Transformationen. Macht man die Asymptotenlinien zu Parameterlinien $u =$ konst., $v =$ konst., so wird $L = N = 0$.

B. Konjugierte Kurvennetze. Die längs einer Flächenkurve $\mathfrak{C}$ errichteten Tangentenebenen hüllen eine Torse ein; durch jeden Punkt P von $\mathfrak{C}$ geht eine Erzeugende dieser Torse, deren Richtung zur Tangentenrichtung von $\mathfrak{C}$ in P bezüglich der Dupinschen Indikatrix von P konjugiert ist. Zwei konjugierte Richtungen $du : dv$ und $\delta u : \delta v$ werden also durch die Asymptotenrichtungen harmonisch getrennt und genügen daher der durch Polarenbildung aus der zweiten Grundform entstehenden bilinearen Gleichung

$$L du \delta u + M(du \delta v + dv \delta u) + N dv \delta v = 0.$$

Zu jeder Kurvenschar auf der Fläche $(\mathfrak{p})$ läßt sich eine konjugierte konstruieren; zwei solche Kurvenscharen bilden dann ein konjugiertes Netz.

Die Parameterlinien bilden ein konjugiertes Netz, wenn $M = 0$ ist.

C. Krümmungslinien. Diese bilden ein Kurvennetz auf der Fläche $(\mathfrak{p})$, welches sich auf drei Arten definieren läßt:

1. Das Netz der Krümmungslinien ist zugleich konjugiert und orthogonal.
2. Die Fortschreitungsrichtungen des Netzes in einem Punkt P sind gegeben durch die Achsenrichtungen der Dupinschen Indikatrix.
3. Die Flächennormalen längs einer Krümmungslinie bilden eine Torse.

Ihre Differentialgleichung ist

$$(EM - FL) du^2 + (EN - GL) du\, dv + (FN - GM) dv^2 = 0,$$

wie sich aus jeder der drei Definitionen durch einfache Rechnung ergibt.

Auf der Kugel und der Ebene ist jedes orthogonale Netz ein Netz von Krümmungslinien, auf jeder anderen (reellen) Fläche sind die Krümmungslinien eindeutig bestimmt (und reell).

Die Bedingung, daß die von den Flächennormalen längs einer Krümmungslinie gebildete Regelfläche eine Torse ist (vgl. Ziff. 14), führt auf die wichtige Formel von RODRIGUES

$$d\mathfrak{p} + R\,d\mathfrak{n} = 0.$$

Die Gratlinien der Torsen, die von den Flächennormalen längs der Krümmungslinien einer Schar gebildet werden, liegen auf einer Zentrafläche und sind geodätische Linien (Ziff. 23) derselben.

Aus der dritten Definition ergibt sich, daß die Krümmungslinien einer Drehfläche die Meridiane und Parallelkreise sind, da die Flächennormalen längs dieser Kurven Torsen bilden. Von den beiden Krümmungsmittelpunkten ist der eine der Krümmungsmittelpunkt des zugehörigen Meridians, der andere liegt auf der Drehachse.

Sind die Parameterlinien Krümmungslinien, so ist zugleich $F = 0$ und $M = 0$.

D. Isotrope Kurven (vgl. Ziff. 13). Ihre Differentialgleichung ist $E\,du^2 + 2F\,du\,dv + G\,dv^2 = 0$; durch jeden Punkt P der Fläche gehen zwei isotrope Kurven, deren Tangenten die beiden isotropen Geraden der Tangentenebene in P sind. Sind die Parameterlinien isotrop, so ist $E = G = 0$, d. h. $ds^2 = 2F\,du\,dv$. Das Gaußsche Krümmungsmaß nimmt die besonders einfache Form

$$K = -\frac{1}{F}\frac{\partial^2 \ln F}{\partial u\,\partial v}$$

an.

E. Isothermensysteme. Wird bei Einführung neuer Parameter $p = p(u,v)$ $q = q(u,v)$ das Bogenelement von $(\mathfrak{p})$

$$ds^2 = \lambda(p, q)\,(dp^2 + dq^2),$$

so heißen $p =$ konst. und $q =$ konst. isotherme Parameter. Sie genügen der Differentialgleichung (verallgemeinerte Laplacesche Differentialgleichung) $\Delta p = \Delta q = 0$, wo Δ den zweiten Beltramischen Differentiator (Kap. 5, Ziff. 18)

$$\Delta\varphi = \frac{1}{\sqrt{EG-F^2}}\left(\frac{\partial}{\partial v}\frac{E\varphi_v - F\varphi_u}{\sqrt{EG-F^2}} + \frac{\partial}{\partial u}\frac{G\varphi_u - F\varphi_v}{\sqrt{EG-F^2}}\right)$$

bedeutet.

Ferner ergibt sich $\frac{1}{\lambda(p,q)} = \nabla p = \nabla q$. Zwischen den Funktionen p und q bestehen die Differentialgleichungen

$$p_u = +\frac{Eq_v - Fq_u}{\sqrt{EG-F^2}}, \qquad q_u = -\frac{Gq_u - Fq_v}{\sqrt{EG-F^2}}, \tag{A}$$

die als Verallgemeinerung der Cauchy-Riemannschen Differentialgleichungen $p_u = +q_v$, $p_v = -q_u$ der Funktionentheorie angesehen werden können; sind nämlich u und v bereits isotherm, so gehen die Gleichungen (A) in die Cauchy-Riemannschen über.

Hat man eine Lösung der Differentialgleichung $\Delta p = 0$, so ergibt sich q aus

$$q = \int\left(-\frac{Ep_v - Fp_u}{\sqrt{EG-F^2}}\,du + \frac{Gp_u - Fp_v}{\sqrt{EG-F^2}}\,dv\right).$$

Der Integrand ist wegen $\Delta p = 0$ ein vollständiges Differential. Ist ein Isothermensystem p, q bekannt, so ergibt sich jedes andere $\bar p, \bar q$, wenn man $\bar p + i\bar q = f(p + iq)$ setzt, wo f eine willkürliche analytische Funktion der komplexen Veränderlichen $z = p + iq$ bedeutet.

Auf Flächen mit positivem Krümmungsmaß, wo die Asymptotenlinien imaginär sind, existieren unendlich viele Kurvensysteme, für die die zweite

Grundform eine isotherme Gestalt annimmt, also $L = N$ und $M = 0$ wird. Diese Systeme sind konjugiert und werden als isotherm konjugierte Systeme bezeichnet.

20. Die Ableitungsformeln. Die drei Vektoren $\mathfrak{p}_u$, $\mathfrak{p}_v$ und $\mathfrak{n}$ bilden, analog wie $\mathfrak{t}$, $\mathfrak{h}$ und $\mathfrak{b}$ bei einer Raumkurve (Ziff. 9), ein begleitendes Dreibein der Fläche ($\mathfrak{p}$). Die Ableitungen $\mathfrak{p}_{uu}$, $\mathfrak{p}_{uv}$, $\mathfrak{p}_{vv}$, $\mathfrak{n}_u$, $\mathfrak{n}_v$ müssen sich daher als lineare Kombinationen von $\mathfrak{p}_u$, $\mathfrak{p}_v$, $\mathfrak{n}$ darstellen lassen; die bezüglichen Formeln sind das flächentheoretische Analogon der Frenetschen Formeln der Kurventheorie. Für die Ableitungen von $\mathfrak{n}$ gelten die Weingartenschen Formeln

$$W^2 \mathfrak{n}_u = (FM - GL)\,\mathfrak{p}_u + (FL - EM)\,\mathfrak{p}_v,$$
$$W^2 \mathfrak{n}_v = (FN - GM)\,\mathfrak{p}_u + (FM - EN)\,\mathfrak{p}_v,$$

wo $W^2 = EG - F^2$ ist, für die zweiten Ableitungen des Ortsvektors $\mathfrak{p}(u, v)$ die Gaußschen Formeln

$$\mathfrak{p}_{uu} = \begin{Bmatrix} 1\;1 \\ 1 \end{Bmatrix} \mathfrak{p}_u + \begin{Bmatrix} 1\;1 \\ 2 \end{Bmatrix} \mathfrak{p}_v + L\mathfrak{n},$$

$$\mathfrak{p}_{uv} = \begin{Bmatrix} 1\;2 \\ 1 \end{Bmatrix} \mathfrak{p}_u + \begin{Bmatrix} 1\;2 \\ 2 \end{Bmatrix} \mathfrak{p}_v + M\mathfrak{n},$$

$$\mathfrak{p}_{vv} = \begin{Bmatrix} 2\;2 \\ 1 \end{Bmatrix} \mathfrak{p}_u + \begin{Bmatrix} 2\;2 \\ 2 \end{Bmatrix} \mathfrak{p}_v + N\mathfrak{n},$$

wobei die Christoffelschen Dreiindizessymbole zweiter Art $\begin{Bmatrix} i\;j \\ k \end{Bmatrix}$ folgendermaßen erklärt sind:

$$\begin{Bmatrix} 1\;1 \\ 1 \end{Bmatrix} = \frac{+GE_u - 2FF_u + FE_v}{2W^2}, \qquad \begin{Bmatrix} 1\;1 \\ 2 \end{Bmatrix} = \frac{-FE_u + 2EF_u - EE_v}{2W^2},$$

$$\begin{Bmatrix} 1\;2 \\ 1 \end{Bmatrix} = \frac{GE_v - FG_u}{2W^2}, \qquad \begin{Bmatrix} 1\;2 \\ 2 \end{Bmatrix} = \frac{EG_u - FE_v}{2W^2},$$

$$\begin{Bmatrix} 2\;2 \\ 1 \end{Bmatrix} = \frac{-FG_v + 2GF_v - GG_u}{2W^2}, \qquad \begin{Bmatrix} 2\;2 \\ 2 \end{Bmatrix} = \frac{+EG_v - 2FF_v + FG_u}{2W^2}.$$

Sind die sechs Koeffizienten der beiden Grundformen gegeben, so ist dadurch auf Grund der Gaußschen Formeln eine Fläche ($\mathfrak{p}$) bis auf Bewegungen im Raume eindeutig bestimmt (Satz von BONNET). Dazu müssen aber gewisse Integrabilitätsbedingungen erfüllt sein, die sich durch Berechnung von $\mathfrak{p}_{uuv}$ und $\mathfrak{p}_{uvv}$ ergeben. Als erste Bedingung ergibt sich GAUSS' Theorema egregium (Ziff. 18), wo nur $K = \frac{LN - M^2}{EG - F^2}$ zu setzen ist; die beiden anderen sind

$$L_v + \begin{Bmatrix} 1\;1 \\ 1 \end{Bmatrix} M + \begin{Bmatrix} 1\;1 \\ 2 \end{Bmatrix} N = M_u + \begin{Bmatrix} 1\;2 \\ 1 \end{Bmatrix} L + \begin{Bmatrix} 1\;2 \\ 2 \end{Bmatrix} M,$$

$$M_v + \begin{Bmatrix} 1\;2 \\ 1 \end{Bmatrix} M + \begin{Bmatrix} 1\;2 \\ 2 \end{Bmatrix} N = N_u + \begin{Bmatrix} 2\;2 \\ 1 \end{Bmatrix} L + \begin{Bmatrix} 2\;2 \\ 2 \end{Bmatrix} M$$

(Formeln von MAINARDI und CODAZZI). Die Koeffizienten der beiden Grundformen sind somit nicht unabhängig voneinander.

21. Verbiegung von Flächen. Denkt man sich eine Fläche aus biegsamem, aber nicht dehnbaren Material, etwa aus dünnem Blech, hergestellt, so wird eine solche Fläche neben den Bewegungen im Raum im allgemeinen noch gewisse Verbiegungen gestatten, wobei wegen der Undehnbarkeit die Bogenlängen von Flächenkurven erhalten bleiben. Zwischen den Punkten der verbogenen und unverbogenen Fläche besteht also eine eineindeutige Beziehung, die man als längentreue oder isometrische Abbildung bezeichnet. Es ist aber umgekehrt nicht immer möglich, zwei längentreu aufeinander abgebildete Flächen durch eine stetige Biegung wirklich ineinander überzuführen; trotzdem behält man auch dann meist die Bezeichnung Biegung bei, oder man sagt, die beiden Flächen seien aufeinander abwickelbar. (Unter abwickelbaren Flächen schlechthin versteht man solche, die auf die Ebene abwickelbar sind; vgl. Ziff. 14.) Zwei Flächen $\mathfrak{p} = \mathfrak{p}(u, v)$ und $\mathfrak{q} = \mathfrak{q}(p, q)$ können dann und nur dann längentreu aufeinander abgebildet werden, wenn ihre beiden ersten Grundformen äquivalent sind, d. h. durch eine geeignete Substitution $p = p(u, v)$, $q = q(u, v)$ ineinander übergeführt werden können.

Dieser Satz gilt für Flächen in ihrer Gesamtausdehnung im allgemeinen nicht, sondern nur für genügend klein gewählte Flächenstücke; das Wort „Fläche" ist hier wie überhaupt in der Differentialgeometrie in diesem Sinn zu verstehen (vgl. den letzten Absatz dieser Ziffer).

Die wichtigste Biegungsinvariante ist das Gaußsche Krümmungsmaß K, dessen Invarianz wegen der Gaußschen Formel (Theorema egregium, Ziff. 18) unmittelbar aus der Invarianz der ersten Grundform folgt.

Soll bei einer stetigen Verbiegung einer Fläche eine Kurve auf derselben starr bleiben, so ist das nur möglich, wenn die Kurve eine Asymptotenlinie ist.

Es ist stets möglich, eine Fläche so zu verbiegen, daß eine vorgegebene Kurve Krümmungslinie der verbogenen Fläche wird.

Eine Eifläche, d. i. eine geschlossene, überall positiv gekrümmte Fläche, kann als Ganzes nicht verbogen werden (Satz von LIEBMANN). Als Sonderfall ist darin der Satz von der Starrheit der Kugel enthalten; dagegen ist jeder Teil der Kugelfläche verbiegbar.

22. Geodätische Krümmung. Neben dem Gaußschen Krümmungsmaß ist die geodätische Krümmung oder Abwickelkrümmung einer Flächenkurve $\mathfrak{C}$ die wichtigste Biegungsinvariante. Dieser Begriff ist eine unmittelbare Verallgemeinerung des Begriffes der Krümmung einer ebenen Kurve; ist $\mathfrak{C}$ eine Kurve auf einer Torse, so stimmt die geodätische Krümmung von $\mathfrak{C}$ mit der (gewöhnlichen) Krümmung jener ebenen Kurve $\mathfrak{C}$ überein, in die $\mathfrak{C}'$ bei der Abwicklung der Torse auf die Ebene von $\mathfrak{C}'$ übergeht. Liegt $\mathfrak{C}$ auf einer beliebigen Fläche $(\mathfrak{p})$, so ist die geodätische Krümmung von $\mathfrak{C}$ die (gewöhnliche) Krümmung jener ebenen Kurve $\mathfrak{C}'$, die man aus $\mathfrak{C}$ durch Abwicklung der der Fläche $(\mathfrak{p})$ längs $\mathfrak{C}$ umschriebenen Torse auf eine Ebene erhält. Dabei versteht man unter der einer Fläche $(\mathfrak{p})$ längs einer Kurve $\mathfrak{C}$ umschriebenen Torse die Hüllfläche der Tangentenebenen von $(\mathfrak{p})$ in den Punkten von $\mathfrak{C}$. Ist $\mathfrak{C}$ durch $u = u(s)$, $v = v(s)$ gegeben und s die Bogenlänge von $\mathfrak{C}$, so folgt aus dieser Definition für die geodätische Krümmung $\varkappa_g$ von $\mathfrak{C}$

$$\varkappa_g = (\mathfrak{p}_s\, \mathfrak{p}_{ss}\, \mathfrak{n}), \tag{1}$$

wo $\mathfrak{n}$ wieder der Einheitsvektor der Flächennormalen ist. Zwischen $\varkappa_g$ und der Krümmung $\varkappa$ von $\mathfrak{C}'$ besteht der Zusammenhang

$$\varkappa\, \mathfrak{b}\, \mathfrak{n} = \varkappa_g, \tag{2}$$

wo $\mathfrak{b}$ die Binormale von $\mathfrak{C}$ ist. Aus (1) oder (2) folgt:

Berühren sich zwei Flächen längs einer Kurve $\mathfrak{C}$, so hat $\mathfrak{C}$ auf beiden Flächen dieselbe geodätische Krümmung.

Legt man durch eine Flächenkurve $\mathfrak{C}$ den zur Tangentenebene in einem Punkt von $\mathfrak{C}$ senkrechten Zylinder und wendet man auf diesen den Satz von MEUSNIER (Ziff. 18) an, so ergibt sich: Die geodätische Krümmung von $\mathfrak{C}$ in P ist gleich der gewöhnlichen Krümmung der senkrechten Projektion von $\mathfrak{C}$ auf die Tangentenebene in P. Die geodätische Krümmung wird daher oft auch als Tangentialkrümmung bezeichnet.

Wir erwähnen noch einige andere Formeln für die geodätische Krümmung $\varkappa_g$ einer Flächenkurve $\mathfrak{C}$. Ist $\mathfrak{C}$ gegeben durch $\varphi(u, v) = 0$, so wird

$$\varkappa_g = -\frac{\Delta\varphi}{\sqrt{\nabla\varphi}} - \nabla\left(\varphi, \frac{1}{\sqrt{\nabla\varphi}}\right) =$$

$$= \frac{1}{W}\left[\frac{\partial}{\partial u}\left(\frac{F\varphi_v - G\varphi_u}{\sqrt{E\varphi_v^2 - 2F\varphi_u\varphi_v + G\varphi_u^2}}\right) + \frac{\partial}{\partial v}\left(\frac{F\varphi_u - E\varphi_v}{\sqrt{E\varphi_v^2 - 2F\varphi_u\varphi_v + G\varphi_u^2}}\right)\right].$$

Ist $\mathfrak{C}$ gegeben durch $u = u(t)$, $v = v(t)$, so ist

$$\varkappa_g = \frac{1}{W} \cdot \frac{\Gamma}{(E\dot{u}^2 + 2F\dot{u}\dot{v} + G\dot{v}^2)^{3/2}},$$

wo

$$\Gamma = W^2(\dot{u}\ddot{v} - \ddot{u}\dot{v}) + (E\dot{u} + F\dot{v})[(F_u - \tfrac{1}{2}E_v)\dot{u}^2 + G_u\dot{u}\dot{v} + \tfrac{1}{2}G_v\dot{v}^2] +$$
$$+ (F\dot{u} + G\dot{v})[\tfrac{1}{2}E_u\dot{u}^2 + E_v\dot{u}\dot{v} + (F_v - \tfrac{1}{2}G_u)\dot{v}^2]$$

ist und die Punkte Ableitungen nach t bedeuten.

Sei $\mathfrak{C}$ eine auf einer Fläche $(\mathfrak{p})$ gezogene geschlossene doppelpunktfreie Kurve, die sich außerdem durch den von ihr eingeschlossenen Bereich $\mathfrak{B}$ von $(\mathfrak{p})$ hindurch stetig auf einen Punkt zusammenziehen lassen möge; der Bereich $\mathfrak{B}$ ist dann einfach zusammenhängend (Kap. 3, Ziff. 39). Das Flächenintegral $\int_{\mathfrak{B}} K\,do$ heißt dann nach GAUSS Gesamtkrümmung des Bereiches $\mathfrak{B}$ und steht in einem bemerkenswerten Zusammenhang mit der geodätischen Krümmung der Randkurve $\mathfrak{C}$; es ist nämlich

$$\int_{\mathfrak{B}} K\,do + \int_{\mathfrak{C}} \varkappa_g\,ds = 2\pi$$

(Gauß-Bonnetsche Formel), wobei das Randintegral über $\mathfrak{C}$ in dem Sinn zu erstrecken ist, daß der umschlossene Bereich zur Linken bleibt. Für eine geschlossene Fläche $\mathfrak{F}$ vom Geschlecht p (Kap. 3, Ziff. 39) folgt daraus mittels der kanonischen Zerschneidung, da die Randintegrale sich gegenseitig wegheben,

$$\int_{\mathfrak{F}} K\,do = 4\pi(1 - p);$$

insbesondere ist für eine Fläche vom Zusammenhang der Kugel $\int_{\mathfrak{F}} K\,do = 4\pi$.

23. Geodätische Linien. Man versteht darunter die Flächenkurven mit $\varkappa_g = 0$. Wie man aus den folgenden Sätzen entnimmt, übernehmen sie auf der Fläche die Rolle der Geraden in der Ebene. Wegen $(\mathfrak{p}_s\mathfrak{p}_{ss}\mathfrak{n}) = 0$ lassen sie sich geometrisch dadurch kennzeichnen, daß ihre Schmiegebenen die Flächennormale $\mathfrak{n}$ enthalten; durch jeden Punkt geht daher ein Büschel geodätischer Linien. Enthält eine Fläche gerade Linien, so sind diese wegen $[\mathfrak{p}_s\mathfrak{p}_{ss}] = 0$ sicher geodätische Linien.

Die Extremalen des Variationsproblems der Bogenlänge einer Flächenkurve $u = u(t)$, $v = v(t)$:

$$\delta\int_{t_0}^{t_1} ds = \delta\int_{t_0}^{t_1}\sqrt{E\dot{u}^2 + 2F\dot{u}\dot{v} + G\dot{v}^2}\,dt = 0$$

(vgl. Kap. 11) fallen mit den geodätischen Linien zusammen. Versteht man unter einem Feld eine einparametrige Schar geodätischer Linien, die ein Flächenstück schlicht überdecken, so daß durch jeden Punkt des Flächenstückes eine einzige Kurve der Schar hindurchgeht, so gilt: Läßt sich ein Stück einer geodätischen Linie in ein Feld einbetten, so stellt dieselbe die kürzeste Verbindung zwischen zweien ihrer Punkte dar[1]).

Die orthogonalen Trajektorien der geodätischen Linien eines Feldes nennt man geodätische Parallele; sie schneiden auf den geodätischen Linien des Feldes Kurvenstücke gleicher Länge ab. Nimmt man als Parameterkurven die geodätischen Linien und Parallelen (und zwar bzw. als Kurven $v =$ konst. und $u =$ konst.), so wird für diese sog. geodätischen Parallelkoordinaten $ds^2 = du^2 + G dv^2$, wenn u die Bogenlänge der geodätischen Linien ist; für das Gaußsche Krümmungsmaß ergibt sich $K = -\frac{1}{\sqrt{G}} \frac{\partial^2 \sqrt{G}}{\partial u^2}$. Gehen die geodätischen Linien $v =$ konst. insbesondere durch einen Punkt, so spricht man von geodätischen Polarkoordinaten. Die Kurven $u =$ konst. sind dann sog. geodätische Kreise oder genauer geodätische Mittelpunktskreise, nämlich Kurven, deren Punkte von einem festen Punkt, dem Mittelpunkt, konstanten Abstand haben. Diese Mittelpunktskreise sind immer geschlossene Kurven. Eine andere Art geodätischer Kreise sind die Kurven konstanter geodätischer Krümmung, die nicht notwendig geschlossen sind und als Krümmungskreise bezeichnet werden. Auf Flächen konstanter Krümmung fallen die beiden Arten geodätischer Kreise zusammen.

Aus der Gauß-Bonnetschen Formel (Ziff. 22) folgt, daß der (verallgemeinerte) sphärische Exzeß eines geodätischen Dreieckes (dessen Seiten geodätische Linien sind) mit den Winkeln α_i gleich seiner Gesamtkrümmung ist; d. h.

$$\int K do = \alpha_1 + \alpha_2 + \alpha_3 - \pi .$$

24. Flächen konstanter Krümmung. Es sind drei Fälle zu unterscheiden:

1. $K > 0$, sphärische Flächen, $ds^2 = du^2 + \cos^2(\sqrt{K} u)\, dv^2$.

2. $K = 0$, Torsen und Ebenen, $ds^2 = du^2 + dv^2$.

3. $K < 0$, pseudosphärische Flächen, $ds^2 = du^2 + \cosh^2(\sqrt{-K} u)\, dv^2$.

Die angegebenen Normalformen für ds^2 beziehen sich auf geeignet gewählte geodätische Parallelkoordinaten. In Übereinstimmung mit Ziff. 21 folgt: Hinreichend kleine Stücke von Flächen mit demselben konstanten K sind aufeinander abwickelbar. Die Geometrie auf den Flächen mit $K > 0$, $K = 0$ und $K < 0$ stimmt bzw. mit der elliptischen, euklidischen und hyperbolischen Geometrie überein (Kap. 3, Ziff. 34); aus der letzten Formel von Ziff. 23 folgt ja, wenn F der Flächeninhalt eines geodätischen Dreieckes mit den Winkeln α_i ist,

$$K F = \alpha_1 + \alpha_2 + \alpha_3 - \pi .$$

Von den Drehflächen konstanter Krümmung sei neben der Kugel ($K > 0$, elliptische Geometrie) noch die Pseudosphäre ($K < 0$, hyperbolische Geometrie) erwähnt, die durch Drehung der Traktrix (Ziff. 8, E) um die x-Achse entsteht.

Alle Flächen konstanter negativer Krümmung sind mit singulären Linien behaftet; nach einem Satz von HILBERT gibt es keine unberandete und singularitätenfreie derartige Fläche.

25. Konforme Abbildung. Zwei Flächen sind konform aufeinander abgebildet, wenn entsprechende Bogenelemente einander proportional sind oder,

[1]) Auf der Kugel sind z. B. die Hauptkreise die geodätischen Linien und die kürzeste Verbindung zwischen zwei Punkten, die nicht die Endpunkte eines Durchmessers sind, ist ein Stück eines Hauptkreises. Das andere Stück desselben Hauptkreises ist keine kürzeste Verbindung der zwei gegebenen Punkte und läßt sich auch nicht in ein Feld einbetten, da durch irgend zwei diametral gegenüberliegende Punkte dieses Stückes unendlich viele Hauptkreise hindurchgehen.

was auf dasselbe hinauskommt, wenn die isotropen Kurven der beiden Flächen einander entsprechen. Da zwei Flächen, die auf eine dritte konform abgebildet sind, auch aufeinander konform bezogen sind, genügt es, die konformen Abbildungen einer Fläche auf die Ebene zu kennen. Man führt zu diesem Zweck auf der Fläche isotherme Parameter p, q ein (Ziff. 19, E), so daß das Bogenelement die Form $ds^2 = \lambda(dp^2 + dq^2)$ bekommt. Deutet man dann p und q als rechtwinklige Koordinaten in der Ebene, so hat man eine konforme Abbildung der Fläche auf die (pq)-Ebene. Die allgemeinste konforme Abbildung erhält man dann durch $w = f(z)$, wo $f(z)$ eine beliebige analytische Funktion der komplexen Veränderlichen $z = p + iq$ ist (vgl. Kap. 6). Den meisten Landkartensystemen liegt eine konforme Abbildung der Kugel auf die Ebene zugrunde; eine längentreue Abbildung, die für die Praxis günstiger wäre, ist ja nach den Auseinandersetzungen von Ziff. 21 nicht möglich.

26. Regelflächen. Eine Fläche $\mathfrak{p} = \mathfrak{p}(u, v)$ heißt geradlinig oder Regelfläche, wenn sie sich in der Form

$$\mathfrak{p} = \mathfrak{q}(v) + u \cdot \mathfrak{r}(v)$$

darstellen läßt; die Linien $v =$ konst. sind Gerade und heißen Erzeugende, die Linie $u = 0$ nennt man Leitlinie; als solche kann jede Flächenkurve genommen werden, die sämtliche Erzeugende schneidet. Die eine Schar der Asymptotenlinien einer Regelfläche ist die Schar der Erzeugenden.

Ist $\mathfrak{r}^2 = 0$, so sind die Erzeugenden isotrop; derartige Regelflächen haben dann die leicht nachweisbare charakteristische Eigenschaft, neben einer einzigen Schar von Krümmungslinien, die mit den Erzeugenden zusammenfallen, noch eine isolierte, d. h. nicht in dieser Schar enthaltene Krümmungslinie zu besitzen (Mongesche Flächen). Beschränkt man sich, was wir im folgenden tun wollen, auf Reelles, so ist $\mathfrak{r}^2 \neq 0$, und man kann u so bestimmen, daß $\mathfrak{r}$ ein Einheitsvektor wird; u ist dann der Abstand des Flächenpunktes (u, v) vom Schnittpunkt der durch ihn gehenden Erzeugenden mit der Leitkurve $u = 0$. Wählt man für v außerdem die Bogenlänge auf der Leitkurve, so wird $\mathfrak{q}'^2 = 1$.

Ist α der Winkel und p der kürzeste Abstand zweier Erzeugenden, so ist

$$d\alpha^2 = d\mathfrak{r}^2 = \mathfrak{r}'^2 dv^2 \text{ und } dp = \frac{(d\mathfrak{q}\,\mathfrak{r}\,d\mathfrak{r})}{\sqrt{d\mathfrak{r}^2}}.$$

Man nennt $d\alpha$ den Winkel und dp den kürzesten Abstand „benachbarter" Erzeugenden v und $v + dv$. Fällt man von der Erzeugenden v das Lot auf die Erzeugende $v + h$, so nähert sich der Fußpunkt dieses Lotes, wenn h nach Null konvergiert, einer gewissen Grenzlage, die man als Mittel-, Haupt- oder Kehlpunkt bezeichnet. Für den Parameterwert $u = t$ des Kehlpunktes erhält man

$$t = -\frac{\mathfrak{q}'\mathfrak{r}'}{\mathfrak{r}'^2}.$$

Der Ausdruck

$$D = \frac{dp}{d\alpha} = \frac{(\mathfrak{q}'\mathfrak{r}\mathfrak{r}')}{\mathfrak{r}'^2}$$

ist eine Invariante der Regelfläche und wird als Drall oder Verteilungsparameter derselben bezeichnet. Sein Verschwinden ist für die Torsen kennzeichnend. Kehlpunkt und Drall verlieren ihre Bedeutung, wenn $\mathfrak{r}' = 0$ ist; dann ist $\mathfrak{r}$ konstant und die Fläche ein Zylinder.

Der Ort der Kehlpunkte heißt Kehl- oder Striktionslinie der Fläche.

Hat eine Flächenkurve zwei der drei Eigenschaften: a) Striktionslinie, b) geodätische Linie zu sein oder c) die Erzeugenden unter festem Winkel zu schneiden, so besitzt sie auch die dritte (Satz von BONNET).

Die Leitkurve schließt mit den Erzeugenden den Winkel ϑ ein, der durch

$$\cos\vartheta = \mathfrak{q}'\mathfrak{r}.$$

Die Koeffizienten der ersten Grundform sind:

$$E = 1\,,\qquad F = \cos\vartheta = \mathfrak{q}'\mathfrak{r}\,,\qquad G = \mathfrak{r}'^2 u^2 + 2\mathfrak{q}'\mathfrak{r}' u + 1\,,$$

die der zweiten

$$L = 0\,,\qquad M = \frac{(\mathfrak{q}'\mathfrak{r}\mathfrak{r}')}{k}\,,\qquad N = \frac{(\mathfrak{q}'' + u\mathfrak{r}'',\ \mathfrak{w},\ \mathfrak{q}' + u\mathfrak{r}')}{k}\,,$$

wo $k = \mathfrak{r}'^2 u^2 + 2\mathfrak{q}'\mathfrak{r}' u + \sin^2\vartheta$ ist. Die Asymptotenlinien der ersten Schar sind, wie schon erwähnt, die Erzeugenden, die der zweiten Schar ergeben sich aus der Riccatischen Gleichung $2M\,du + N\,dv = 0$.

27. Minimalflächen. Als solche bezeichnet man die Extremalen des Variationsproblems der Oberfläche; unter ihnen sind die Lösungen des Plateauschen Problems zu suchen, nämlich die Fläche kleinsten Inhaltes durch eine vorgegebene Randkurve zu legen. Sie sind charakterisiert durch identisch verschwindende mittlere Krümmung (vgl. hierzu Kap. 11).

Die Bestimmung der Minimalflächen läßt sich auf die in Ziff. 13 durchgeführte Bestimmung der isotropen Kurven zurückführen. Führt man auf einer Fläche die beiden Scharen isotroper Kurven als Parameterlinien ein, so wird (Ziff. 18 und 19, D) $H = M/F$. Aus $H = 0$ folgt also $M = \mathfrak{n}\,\mathfrak{p}_{uv} = 0$ und aus $E = \mathfrak{p}_u^2 = 0$, $G = \mathfrak{p}_v^2 = 0$ ergibt sich durch Differentiation $\mathfrak{p}_u\mathfrak{p}_{uv} = \mathfrak{p}_v\mathfrak{p}_{uv} = 0$. Da $\mathfrak{p}_u, \mathfrak{p}_v$ und $\mathfrak{n}$ unabhängig sind, muß $\mathfrak{p}_{uv}$ identisch verschwinden, die Fläche sich also in der Form $\mathfrak{p}(u, v) = \mathfrak{q}(u) + \mathfrak{r}(v)$ darstellen lassen.

Versteht man unter einer Schiebfläche eine Fläche, die durch Parallelverschiebung einer Kurve $\mathfrak{q} = \mathfrak{q}(u)$ längs einer Kurve $\mathfrak{r} = \mathfrak{r}(v)$ entsteht, so erkennt man unmittelbar, daß jede Schiebfläche sich in der Form $\mathfrak{p}(u, v) = \mathfrak{q}(u) + \mathfrak{r}(v)$ darstellen läßt.

Unser obiges Ergebnis über Minimalflächen läßt sich demgemäß so formulieren: Jede Minimalfläche ist eine Schiebfläche isotroper Kurven.

Bei einer reellen Minimalfläche müssen die beiden Scharen isotroper Kurven konjugiert imaginär sein, d. h. es muß $\mathfrak{r} = \bar{\mathfrak{q}}$, $v = \bar{u}$ sein. Daraus folgt $\mathfrak{p} = \mathfrak{q} + \bar{\mathfrak{q}} = 2\Re\,\mathfrak{q}$, wo $\Re$ den reellen Teil des dahinterstehenden Ausdruckes bedeutet. Führt man für $\mathfrak{q}$ die Parameterdarstellung der isotropen Kurven von Ziff. 13 ein, so erhält man für die Minimalfläche folgende Darstellungen

$$x = \Re\int (u^2 - 1)\,F(u)\,du\,,$$
$$y = \Im\int (u^2 + 1)\,F(u)\,du\,,$$
$$z = \Re\int 2u\,F(u)\,du$$

oder

$$x = \Re\,[(u^2 - 1)\,f'' - 2uf' + 2f]\,,$$
$$y = \Im\,[(u^2 + 1)\,f'' - 2uf' + 2f]\,,$$
$$z = 2\Re\,[uf'' - f']\,.$$

Da f eine beliebige analytische Funktion ist, stellen diese Gleichungen einen bemerkenswerten Zusammenhang zwischen der Funktionentheorie und der Theorie der Minimalflächen her; zu jeder analytischen Funktion gehört eine bestimmte Minimalfläche und umgekehrt. Die obigen Gleichungen hängen natürlich, da $u = p + iq$ komplex ist, von zwei reellen Parametern p und q ab und stellen also wirklich eine reelle Fläche dar.

Durch eine (nicht isotrope) Kurve geht eine einzige Minimalfläche, die längs dieser Kurve vorgegebene Tangentenebenen hat (Satz von BJÖRLING). Daraus folgt:

Enthält eine Minimalfläche eine (nicht isotrope) Gerade, so führt die Umklappung (Drehung durch 180 Grad) die Fläche in sich über.

Enthält eine Minimalfläche eine ebene geodätische Linie, so ist sie symmetrisch zur Ebene derselben.

Die Oberfläche einer Minimalfläche läßt sich durch das über die Randkurve erstreckte Integral

$$O = \tfrac{1}{2} \oint (\mathfrak{p}\, d\, \mathfrak{p}\mathfrak{n})$$

ausdrücken. Daraus kann man eine weitere, für Minimalflächen kennzeichnende Beziehung ableiten: Es ist $\oint \mathfrak{n}\, d\mathfrak{p} = -\oint \mathfrak{p}\, d\mathfrak{n} = 0$, erstreckt über eine beliebige, einen einfach zusammenhängenden Bereich umschließende geschlossene Kurve.

Zum Schluß seien noch einige spezielle Minimalflächen aufgezählt:

1. Das Katenoid $x^2 + y^2 = k^2 \cosh^2 \frac{z}{k}$ entsteht durch Drehung der Kettenlinie (Ziff. 8, E) und ist die einzige reelle Minimaldrehfläche.

2. Die Scherksche Minimalfläche $\cos y = e^z \cos x$, sie kann auf unendlich viele Arten als Schiebfläche erzeugt werden.

3. Die Wendelfläche $\frac{y}{x} = \operatorname{tg} \frac{z}{x}$ ist die einzige reelle geradlinige Minimalfläche.

4. Die Schwarzsche Minimalfläche; sie ergibt sich aus der obigen Integraldarstellung für $F(t) = \frac{1}{\sqrt{1 - 14u^4 + u^8}}$ und löst das Plateausche Problem für eine aus vier Kanten eines regelmäßigen Tetraeders bestehende Randkurve.

5. Die Ennepersche Minimalfläche

$$x = p(p^2 - 3q^2 - 3), \qquad y = q(3p^2 - q^2 + 3), \qquad z = 3(p^2 - q^2).$$

Sie ergibt sich aus der erwähnten Darstellung für $F(u) = 3$. Ihre Krümmungslinien sind durchweg ebene Kurven dritter Ordnung, ihre Asymptotenlinien kubische Raumkurven.

28. Dreifach orthogonale Flächensysteme. Seien durch die Gleichungen

$$x_1 = x_1(x, y, z), \qquad x_2 = x_2(x, y, z), \qquad x_3 = x_3(x, y, z) \tag{A}$$

krummlinige Koordinaten im Raum eingeführt (vgl. Kap. 1, Ziff. 26; die Funktionen x_i sollen den dort angeführten Voraussetzungen genügen). Jede der drei Gleichungen (A) stellt, x_i als veränderlichen Parameter aufgefaßt, eine Flächenschar dar. Unter den angegebenen Voraussetzungen geht durch jeden Punkt gerade eine Fläche jeder Schar; die zugehörigen Parameterwerte x_i sind dann die neuen Koordinaten des Punktes. Für das Linienelement ds einer Kurve $\mathfrak{p} = \mathfrak{p}(t)$ erhält man in den neuen Koordinaten

$$ds^2 = \sum_{i,k=1}^{3} a_{ik}\, dx_i\, dx_k,$$

wobei

$$a_{ik} = \frac{\partial \mathfrak{p}}{\partial x_i} \frac{\partial \mathfrak{p}}{\partial x_k}$$

gesetzt ist. Daraus erhält man unmittelbar die notwendige und hinreichende Bedingung, daß die Flächenscharen (A) ein dreifach orthogonales System bilden, d. h. daß jede Fläche einer Schar alle Flächen der beiden anderen Scharen rechtwinklig schneidet, nämlich

$$a_{23} = a_{31} = a_{12} = 0.$$

Für diese Systeme gilt der wichtige Satz von DUPIN: In jedem dreifach orthogonalen System schneiden je zwei Flächen, die nicht derselben Schar angehören, einander in einer Kurve (Parameterkurve), die für beide Flächen Krümmungslinie ist. Dieser Satz wurde von DARBOUX folgendermaßen verschärft: Soll zwei zueinander orthogonale Flächenscharen eine dritte, zu beiden orthogonale zugeordnet werden können, so müssen die beiden ersten Scharen einander in Krümmungslinien schneiden.

Man überlegt leicht, daß eine willkürlich vorgegebene Flächenschar $x_1(x, y, z)$ im allgemeinen keinem dreifach orthogonalen System angehören kann. Soll das der Fall sein, so muß es offenbar zu der Schar der ∞^2 Krümmungslinien $\mathfrak{C}$ der Flächen $x_1 =$ konst. eine Schar von Orthogonalflächen geben; ist $\mathfrak{t} = \mathfrak{t}(x, y, z)$ der Tangentenvektor der Kurven $\mathfrak{C}$, so ergibt sich daraus die totale Differentialgleichung $\mathfrak{t} \cdot d\mathfrak{p} = 0$ mit der Integrabilitätsbedingung $\mathfrak{t} \cdot \mathrm{rot}\ \mathfrak{t} = 0$. Da sich $\mathfrak{t}$ durch die ersten und zweiten Ableitungen der Funktion $x_1 = x_1(x, y, z)$ ausdrücken läßt, ist $\mathfrak{t} \cdot \mathrm{rot}\, t = 0$ eine Differentialgleichung dritter Ordnung für x_1. Aus der Tatsache, daß auf Kugeln und Ebenen jedes orthogonale Netz ein Netz von Krümmungslinien ist, folgt, daß jede Schar von Ebenen oder Kugeln einem dreifachen Orthogonalsystem angehören kann. Dasselbe gilt von den Scharen von Parallelflächen P; die Flächen der beiden anderen Scharen werden hier von den Torsen der längs der Krümmungslinien von P errichteten Flächennormalen gebildet.

Über das besonders wichtige dreifach orthogonale System konfokaler Flächen zweiter Ordnung vgl. Kap. 3, Ziff. 26.

IV. Strahlenkongruenzen.

29. Darstellung. Die beiden Grundformen. Unter einer Strahlenkongruenz oder kurz Kongruenz versteht man ein System von ∞^2 Geraden, die im Raum so verteilt sind, daß durch jeden Punkt eines gewissen Bereiches eine und nur eine Gerade des Systems hindurchgeht. Zur analytischen Darstellung schneidet man die Kongruenz mit einer geeigneten Fläche $\mathfrak{p} = \mathfrak{p}(u, v)$; da dann durch jeden Punkt $\mathfrak{p}$ dieser Fläche, der sog. Leitfläche, eine Gerade der Kongruenz hindurchgeht, kann man die ganze Kongruenz dadurch bestimmen, daß man den Richtungsvektor dieser Geraden als Funktion von u, v ansetzt: $\mathfrak{q} = \mathfrak{q}(u, v)$. Dieser Vektor sei ein Einheitsvektor, also $\mathfrak{q}^2 = 1$. Denkt man sich $\mathfrak{q}$ vom Ursprung aus aufgetragen, so beschreibt sein Endpunkt die Einheitskugel; ähnlich wie in der Flächentheorie nennt man $\mathfrak{q}$ dann das sphärische Bild der Kongruenz. Die beiden Vektoren $\mathfrak{p}$ und $\mathfrak{q}$ bestimmen die Kongruenz vollständig; zur Darstellung derselben verwendet man meist den Vektor $\mathfrak{x} = \mathfrak{p} + t\mathfrak{q}$, obwohl dieser einen fremden Parameter t, den Abstand des Punktes $\mathfrak{x}$ vom Punkt $\mathfrak{p}$, enthält.

Das Bogenelement ds_1 des sphärischen Bildes ist

$$ds_1^2 = d\mathfrak{q}^2 = E\,du^2 + 2F\,du\,dv + G\,dv^2, \tag{I}$$

wo

$$E = \mathfrak{q}_u^2, \quad F = \mathfrak{q}_u \mathfrak{q}_v, \quad G = \mathfrak{q}_v^2$$

ist. Die Form (I) heißt erste Grundform der Kongruenz. Die zweite Grundform ist

$$-d\mathfrak{p}\,d\mathfrak{q} = L\,du^2 + (M_1 + M_2)\,du\,dv + N\,dv^2,$$

wo

$$L = -\mathfrak{q}_u \mathfrak{p}_u, \quad M_1 = -\mathfrak{q}_u \mathfrak{p}_v, \quad M_2 = -\mathfrak{q}_v \mathfrak{p}_u, \quad N = -\mathfrak{q}_v \mathfrak{p}_v$$

ist. Kongruenzen, für die $EG - F^2 = 0$ ist und deren Strahlen einer Schar von ∞^1 Zylindern angehören oder alle untereinander parallel sind, seien im folgenden ausgeschlossen.

Für die allgemeine Theorie ist die Darstellung der Kongruenzen zweckmäßiger, in welcher die Plückerschen Linienkoordinaten (Kap. 3, Ziff. 15 und 28) als Funktionen zweier Parameter angenommen werden. Dagegen eignet sich die obige, auf KUMMER zurückgehende Darstellung im allgemeinen besser für die verschiedenen Anwendungen[1]).

30. Grenzpunkte. Die Formel von HAMILTON. Der Einheitsvektor $\mathfrak{s}$ in der Richtung des gemeinsamen Lotes zweier benachbarter Strahlen (u, v) und $(u + du, v + dv)$ ist $\mathfrak{s} = \frac{[\mathfrak{q}\, d\mathfrak{q}]}{ds_1}$ und daher der Abstand der Strahlen

$$dp = \frac{(\mathfrak{q}\, d\mathfrak{q}\, d\mathfrak{p})}{ds_1} = \frac{1}{ds_1\sqrt{EG - F^2}} \begin{vmatrix} E\,du + F\,dv & F\,du + G\,dv \\ L\,du + M_1\,dv & M_2\,du + N\,dv \end{vmatrix}.$$

Der Parameter t hat im Fußpunkt von $\mathfrak{s}$ den Wert

$$r = -\frac{d\mathfrak{p}\, d\mathfrak{q}}{ds^2} = \frac{L\,du^2 + (M_1 + M_2)\,du\,dv + N\,dv^2}{E\,du^2 + 2F\,du\,dv + G\,dv^2}.$$

In einem festen Punkt (u, v) hängt r offenbar noch von der Fortschreitungsrichtung $du : dv$ auf der Fläche $(\mathfrak{p})$ ab; die extremen Werte von r bestimmen sich aus

$$(EG - F^2)\,r^2 - [GL - F(M_1 + M_2) + EN]\,r + LN - \tfrac{1}{4}(M_1 + M_2)^2 = 0.$$

Die beiden stets reellen Punkte des Strahles (u, v), die den Wurzeln r_1 und r_2 dieser Gleichung entsprechen, heißen Grenzpunkte. Für die beiden zugehörigen Vektoren $\mathfrak{s}_1$ und $\mathfrak{s}_2$ gilt $\mathfrak{s}_1\mathfrak{s}_2 = 0$, d. h. sie stehen aufeinander senkrecht. Die zu $\mathfrak{s}_1$ und $\mathfrak{s}_2$ senkrechten Ebenen durch den Strahl (u, v) werden als Hauptebenen bezeichnet.

Ist α der Winkel, den der einem beliebigen Wert von r entsprechende Vektor $\mathfrak{s}$ mit $\mathfrak{s}_1$ einschließt, so ist

$$r = r_1(\mathfrak{s}_1\mathfrak{s})^2 + r_2(\mathfrak{s}_2\mathfrak{s})^2 = r_1\cos^2\alpha + r_2\sin^2\alpha.$$

(Formel von HAMILTON).

Man beachte die Analogie dieser Formeln mit den Formeln für die Krümmung von Flächen (Ziff. 18); die Hamiltonsche Formel ist in diesem Sinn das Analogon zur Eulerschen Formel.

Ist $E : F : G = L : \frac{1}{2}(M_1 + M_2) : N$, so wird $r_1 = r_2 = \frac{L}{E}$ und die Kongruenz heißt isotrop.

Eine Gleichung zwischen u und v liefert eine Regelfläche, deren Erzeugende der Kongruenz angehören. Führt man die Kurven auf $(\mathfrak{p})$, die durch die den Vektoren $\mathfrak{s}_1$ und $\mathfrak{s}_2$ entsprechenden Fortschreitungsrichtungen gegeben sind, als neue Parameterlinien u, v ein, so wird $F = M_1 + M_2 = 0$. Die durch die Kongruenzstrahlen längs dieser Parameterlinien gebildeten Regelflächen, die sog. Hauptflächen, sind dadurch gekennzeichnet, daß ihre Kehllinien mit dem Ort der Grenzpunkte ihrer Strahlen zusammenfallen. Bei isotropen Kongruenzen muß diese Eigenschaft für alle Regelflächen gelten.

Unter der Mittelfläche einer Kongruenz versteht man den Ort der Mittelpunkte der Grenzpunkte; sie fällt bei einer isotropen Kongruenz mit dem Ort der Grenzpunkte zusammen.

31. Torsen und Brennpunkte einer Kongruenz. Sollen in einer Kongruenz Torsen enthalten sein, so muß für sie offenbar $dp = 0$ sein, d. h.

$$(M_2E - LF)\,du^2 + [NE + (M_2 - M_1)F - LG]\,du\,dv + (NF - M_1G)\,dv^2 = 0.$$

---

[1]) Die Grundformeln für die Darstellung in Plückerschen Koordinaten finden sich bei ZINDLER, Liniengeometrie II (Leipzig 1906).

Es gibt also zwei Scharen von Torsen. Die beiden Tangentenebenen durch den Strahl (u, v) an die Torsen, die diesen Strahl enthalten, heißen Brennebenen. Ist diese Gleichung identisch erfüllt, so artet die Kongruenz in ein Strahlenbündel aus. Ist f der Wert von t, der dem Schnittpunkt der Strahlen (u, v) und $(u + du, v + dv)$ entspricht, so ist

$$(EG - F^2) f^2 - [NE - (M_1 + M_2) F + LG] f + LN - M_1 M_2 = 0,$$

d. h. es gibt auf jedem Strahl zwei Punkte, für die $dp = 0$ wird und die als Brennpunkte bezeichnet werden. Der Ort der Brennpunkte wird von den beiden sog. Brennflächen gebildet; dieselben arten dann und nur dann in zwei Kurven $\mathfrak{C}$ und $\mathfrak{C}'$ aus, wenn die Kongruenz aus sämtlichen Geraden besteht, die sowohl $\mathfrak{C}$ wie $\mathfrak{C}'$ schneiden. Fallen die beiden Brennflächen zusammen, so besteht die Kongruenz aus den Tangenten an die Asymptotenlinien der einen Schar der Brennfläche.

Die Brennpunkte liegen, wenn sie reell sind, stets zwischen den Grenzpunkten; ihr Mittelpunkt fällt mit dem Mittelpunkt der letzteren zusammen.

Die Gratlinien $\mathfrak{C}$ einer Torsenschar der Kongruenz liegen auf einer Brennfläche, die von der anderen Torsenschar in den zur Schar $\mathfrak{C}$ konjugierten Kurven berührt wird.

32. Normalenkongruenzen. Satz von Malus-Dupin. Unter einer Normalenkongruenz versteht man die von den sämtlichen Normalen einer Fläche $\mathfrak{p} = \mathfrak{p}(u, v)$ gebildete Kongruenz. Wählt man $\mathfrak{p}$ als Leitfläche, so wird offenbar $M_1 = M_2$ und die zweiten Grundformen der Fläche $(\mathfrak{p})$ und der Kongruenz $\mathfrak{z} = \mathfrak{p}(u, v) + t\mathfrak{q}(u, v)$, wo $\mathfrak{q} = \mathfrak{n}$ nach der Bezeichnungsweise von Ziff. 17 ist, stimmen überein. Die Bedingung $M_1 = M_2$ ist aber auch hinreichend dafür, daß eine vorgelegte Kongruenz die Normalenkongruenz einer Fläche (die nicht von vornherein mit der Leitfläche übereinstimmen muß) ist. Aus $M_1 = M_2$ folgt, daß die Brennpunkte mit den Grenzpunkten zusammenfallen oder, was dasselbe ist, daß die Brennebenen aufeinander senkrecht stehen. Die Brennflächen fallen natürlich mit den Zentraflächen zusammen.

Für verschiedene Anwendungen in der Optik ist der Satz von Malus-Dupin von Bedeutung: Wird eine Normalenkongruenz an einer beliebigen Fläche gebrochen oder reflektiert, so bleibt sie immer eine Normalenkongruenz.

Erwähnt sei ferner der von Darboux herrührende Satz (Stachelschweinsatz): Denkt man sich die von einer beliebigen Fläche $\mathfrak{F}$ ausgehenden Strahlen einer Normalenkongruenz von einer Orthogonalfläche begrenzt, so bleibt der Ort der Endpunkte der Strahlen bei jeder Verbiegung der Fläche $\mathfrak{F}$ eine zu den Strahlen orthogonale Fläche.

Literatur (Auswahl). Bianchi, Vorlesungen über Differentialgeometrie (2. Aufl. Leipzig 1910. — Blaschke, Vorlesungen über Differentialgeometrie Bd. 1 (2. Aufl., Berlin 1924). — Darboux, Leçons sur la théorie générale des surfaces et applications géométriques de calcul infinitésimal. 4 Bde. (Paris 1894/1925). — Knoblauch, Grundlagen der Differentialgeometrie. (Leipzig 1913). — Kommerell, Allgemeine Theorie der Raumkurven und Flächen. 2 Bde. (3. Aufl. Leipzig 1921.) — Kommerell, Spezielle Flächen und Strahlensysteme. (Leipzig 1911.) — Lilienthal, Vorlesungen über Differentialgeometrie. 2 Bde. (Leipzig 1908/13.) — Scheffers, Anwendung der Differential- und Integralrechnung auf Geometrie. 2 Bde. (3. Aufl. Leipzig 1923).

Kapitel 5.

Vektor- und Tensorrechnung, Riemannsche Geometrie.

Mit 1 Abbildung.

Von TH. RADAKOVIC, Wien, und J. LENSE, München[1]).

I. Tensoralgebra.

1. Allgemeines. Kontravariante und kovariante Vektoren. Geometrische und physikalische Eigenschaften sind unabhängig von der Art der Beschreibung, geometrische Sätze und physikalische Gesetze müssen in einer Form dargestellt werden können, die invariant ist gegenüber Koordinatentransformationen. (Dabei kann es natürlich Inhalt einer naturwissenschaftlichen Theorie sein, zu entscheiden, was zur Beschreibung gehört.) Es sei gleich allgemein eine n-dimensionale Mannigfaltigkeit gegeben, in der jeder einzelne Punkt bestimmt werden kann durch die Angabe von n Zahlenwerten $a^1, a^2, \ldots, a^n$, die den innerhalb gewisser Grenzen stetig veränderlichen Koordinaten oder Urvariabeln $x^1, x^2, \ldots, x^n$ beigelegt werden. Hier und im folgenden mögen die Indizes der Urvariabeln immer oben geschrieben werden.

Von den zugelassenen Transformationen der Urvariabeln

$$x^i = f_i(\overline{x^1}, \overline{x^2}, \ldots, \overline{x^n}) \tag{1}$$

möge nur verlangt werden, daß die Funktionen f_i stetig und hinreichend oft differenzierbar sind, sowie daß ihre Funktionaldeterminante im allgemeinen $\neq 0$ ist.

Dann ist

$$d x^i = \frac{\partial x^i}{\partial \overline{x^1}} d \overline{x^1} + \frac{\partial x^i}{\partial \overline{x^2}} d \overline{x^2} + \cdots + \frac{\partial x^i}{\partial \overline{x^n}} d \overline{x^n} = \sum_{k=1}^{n} Q^i_{\cdot k} d \overline{x^k}; \quad Q^i_{\cdot k} = \frac{\partial x^i}{\partial \overline{x^k}}, \tag{2}$$

und umgekehrt als Auflösung der linearen Gleichungen (2)

$$d \overline{x^i} = \sum_{k=1}^{n} P^i_{\cdot k} d x^k.$$

Die Koordinatendifferentiale transformieren sich also linear und homogen, und dies gibt die Veranlassung, sich besonders mit den linearen Transformationen zu beschäftigen. Im folgenden möge das Summenzeichen immer weggelassen und dafür die Verabredung getroffen werden, über einen Index, der gerade zweimal in einem Ausdruck vorkommt, immer zu summieren, falls nichts Besonderes bemerkt wird.

---

[1]) Die Abschnitte I—III wurden von TH. RADAKOVIC, Abschnitt IV wurde von J. LENSE bearbeitet.

Es werde nun allgemein eine Größe mit n Bestimmungszahlen, $v^1, v^2, \ldots, v^n$, die sich wie die Koordinatendifferentiale transformieren, als kontravarianter Vektor bezeichnet

$$\overline{v^i} = P^i_{\cdot k} v^k; \quad v^i = Q^i_{\cdot k} \overline{v^k}; \quad P^i_{\cdot k} = \frac{\partial \overline{x^i}}{\partial x^k}, \tag{3}$$

$$P^i_{\cdot k} Q^k_{\cdot l} = P^k_{\cdot i} Q^l_{\cdot k} = \begin{Bmatrix} 1 \text{ für } i = l \\ 0 \text{ für } i \neq l, \end{Bmatrix} \tag{3a}$$

wobei im ersten Falle nicht über i zu summieren ist. Die Indizes der kontravarianten Vektoren mögen immer oben geschrieben werden.

Dabei ist zu beachten, daß ein kontravarianter Vektor im allgemeinen eine ortsgebundene Größe ist, da die $P^i_{\cdot k}$, $Q^i_{\cdot k}$ Funktionen der Koordinaten und also die linearen Transformationen von Punkt zu Punkt verschieden sind.

Als ein kovarianter Vektor (mit unten geschriebenen Indizes) wird eine Größe mit n Bestimmungszahlen $w_1, w_2, \ldots, w_n$ bezeichnet, die sich folgendermaßen transformieren

$$\overline{w_i} = Q^k_{\cdot i} w_k; \quad w_i = P^k_{\cdot i} \overline{w_k}$$

(also kontragredient zur Transformation der v^i). Dann ist für zwei beliebige kontravariante und kovariante Vektoren v^i, w_i der Ausdruck $v^i w_i$ zufolge (3a) eine Invariante

$$\overline{v^i}\, \overline{w_i} = v^i w_i. \tag{4}$$

Größen, die bei den Koordinatentransformationen invariant bleiben, heißen Skalare. Umgekehrt: falls die v^i Bestimmungszahlen eines kontravarianten Vektors sind und $v^i w_i$ eine Invariante ist, so sind die w_i Bestimmungszahlen eines kovarianten Vektors. Die partiellen Differentialquotienten einer skalaren Funktion $\varphi(x^i)$ bilden einen kovarianten Vektor, denn es ist

$$d\varphi = \frac{\partial \varphi}{\partial x^i} d x^i = \frac{\partial \varphi}{\partial \overline{x^i}} d \overline{x^i}. \tag{5}$$

Dieser kovariante Vektor mit den Bestimmungszahlen $\frac{\partial \varphi}{\partial x^i}$ heißt der Gradientvektor des Feldes φ. Kovariante Vektoren sind ebenso wie kontravariante im allgemeinen ortsgebundene Größen.

Dabei sprechen wir von einem Skalar- oder Vektorfelde (später auch von einem Tensorfeld), wenn jedem einzelnen Punkte der Mannigfaltigkeit ein Skalar oder Vektor als Funktion des Ortes zugeordnet ist. Der Begriff des Feldvektors als einer Ortsfunktion ist wohl zu unterscheiden von dem Begriff des ortsgebundenen Vektors[1]).

In jeden Punkt einer n-dimensionalen Mannigfaltigkeit kann bei festgewähltem Koordinatensystem ein System von n kontravarianten Maßvektoren $\underset{1}{e}^i, \underset{2}{e}^i, \ldots, \underset{n}{e}^i$ gelegt werden[2]). Ihre Bestimmungszahlen in diesem Koordinatensystem sind gegeben durch die Gleichungen

$$\underset{k}{e}^i = \begin{Bmatrix} 1 \text{ für } i = k \text{ (nicht über } i \text{ summieren!)} \\ 0 \text{ für } i \neq k. \end{Bmatrix} \tag{6}$$

---

[1]) So sind z. B. im gewöhnlichen euklidischen Raume die Vektoren nicht ortsgebunden, sondern frei verschiebbar (im Gegensatz zum allgemeinen Falle). Trotzdem können wir natürlich auch im euklidischen Raume von Vektorfeldern und Feldvektoren sprechen.

[2]) Durch den unten angeschriebenen Index k soll der k-te Maßvektor $\underset{k}{e}^i$ individualisiert werden. Die Maßvektoren sind also nicht zu verwechseln mit den in der nächsten Ziffer zu besprechenden Tensoren mit rechts unten angeschriebenen kovarianten Indizes. Im dreidimensionalen euklidischen Raum entsprechen den Maßvektoren die drei Grundvektoren $\mathfrak{i}, \mathfrak{j}, \mathfrak{k}$.

Die Gleichungen
$$v^i = v^k \underset{k}{e^i} \tag{7}$$
stellen die Zerlegung eines kontravarianten Vektors in seine Komponenten dar.

Ebenso kann ein System von n kovarianten Maßvektoren $\overset{1}{e_i}, \overset{2}{e_i}, \ldots, \overset{n}{e_i}$ eingeführt werden, mit den Gleichungen
$$\overset{k}{e_i} = \begin{cases} 1 \text{ für } i = k \text{ (nicht über } i \text{ summieren!)} \\ 0 \text{ für } i \neq k, \end{cases} \tag{6a}$$
die die Komponentenzerlegung des kovarianten Vektors w_i:
$$w_i = w_k \overset{k}{e_i} \tag{7a}$$
ergeben.

2. Tensoren. Werden aus p linear unabhängigen kontravarianten Vektoren $\underset{1}{v^i}, \underset{2}{v^i}, \ldots, \underset{p}{v^i}$ in bestimmter Reihenfolge die n^p Produkte
$$v^{i_1 i_2 \ldots i_p} = \underset{1}{v^{i_1}} \underset{2}{v^{i_2}} \ldots \underset{p}{v^{i_p}}$$
gebildet, so transformieren sich diese in bestimmter Weise linear homogen. Jede Größe mit n^p Bestimmungszahlen, die sich ebenso transformieren wie diese Produkte, heißt ein kontravarianter Tensor p-ter Stufe oder p-ten Grades. Lassen sich p kontravariante Vektoren $\underset{1}{v^i}, \underset{2}{v^i}, \ldots, \underset{p}{v^i}$ so finden, daß für alle Bestimmungszahlen
$$v^{i_1 i_2 \ldots i_p} = \underset{1}{v^{i_1}} \underset{2}{v^{i_2}} \ldots \underset{p}{v^{i_p}}$$
ist, so heißt der Tensor das allgemeine Produkt dieser Vektoren, sonst kann er während der Rechnung als Produkt von p idealen, durch die obige Gleichung definierten Vektoren aufgefaßt werden.

Analog werden die kovarianten und gemischten Tensoren eingeführt. So transformieren sich z. B. die Bestimmungszahlen eines gemischten Tensors dritter Stufe $a_{i\cdot\cdot}^{\cdot kl}$ so, wie die n^3 Produkte der Bestimmungszahlen eines kovarianten und zweier kontravarianter Vektoren $u_i\, v^k\, w^l$. Die Bestimmungszahlen eines kontravarianten Tensors zweiter Stufe a^{ik} transformieren sich folgendermaßen
$$\bar{a}^{lm} = P^l_{\cdot i}\, P^m_{\cdot k}\, a^{ik} \tag{8}$$
und die eines kovarianten Tensors zweiter Stufe b_{ik} nach den Gleichungen
$$\bar{b}_{lm} = Q^i_{\cdot l}\, Q^k_{\cdot m}\, b_{ik}. \tag{8a}$$
Umgekehrt kann ein Tensor, z. B. ein kontravarianter Tensor zweiter Stufe, auch definiert werden als eine Größe mit n^2 Bestimmungszahlen, die sich nach den oben angeschriebenen Gleichungen transformieren[1]).

Sei z. B. $a_{i\cdot\cdot m}^{\cdot kl}$ ein Tensor vierter Stufe, so muß der Ausdruck
$$a_{i\cdot\cdot m}^{\cdot kl}\, u^i\, v_k\, w_l\, z^m$$
eine Invariante sein, d. h. es muß die Gleichung
$$\bar{a}_{i\cdot\cdot m}^{\cdot kl}\, \bar{u}^i\, \bar{v}_k\, \bar{w}_l\, \bar{z}^m = a_{i\cdot\cdot m}^{\cdot kl}\, u^i\, v_k\, w_l\, z^m \text{ [2])}.$$

[1]) Der Name Tensor stammt aus der Elastizitätstheorie, wo die Spannungstensoren zuerst betrachtet wurden.

[2]) Dabei soll durch die Punkte in der Schreibweise $a_{i\cdot\cdot m}^{\cdot kl}$ die Reihenfolge der (realen oder idealen) Vektoren, als deren Produkt der Tensor $a_{i\cdot\cdot m}^{\cdot kl}$ aufgefaßt werden kann, angedeutet werden. Wegen des später einzuführenden Prozesses des Herauf- oder Herunterziehens der Indizes ist auch auf die Reihenfolge der kontravarianten und kovarianten Indizes gegeneinander zu achten.

bei beliebiger Wahl der kontravarianten Vektoren u, z und der kovarianten Vektoren v, w bestehen.

Von besonderer Wichtigkeit ist der gemischte Tensor δ_k^i mit den Bestimmungszahlen

$$\delta_k^i = \begin{cases} 1 \text{ für } i = k \text{ (nicht über } i \text{ summieren!)} \\ 0 \text{ für } i \neq k, \end{cases} \tag{9}$$

der in jedem Koordinatensystem die gleichen Bestimmungszahlen besitzt, wie man sich an Hand der Gleichungen (3a) leicht überzeugt.

Im allgemeinen ist also bei einem Tensor auf die Reihenfolge der (realen oder idealen) Vektoren genau zu achten. Ändert sich ein Tensor nicht, wenn zwei (reale oder ideale) Vektoren vertauscht werden, so heißt er in den, diesen Vektoren entsprechenden, Indizes symmetrisch. Es ist also z. B. der Tensor a^{ik} symmetrisch, wenn $a^{ik} = a^{ki}$ ist. Ändert ein Tensor bei Vertauschung zweier Vektoren sein Vorzeichen, so heißt er in den entsprechenden Indizes schiefsymmetrisch (antisymmetrisch). Ist also z. B. $b_{ik} = -b_{ki}$, so ist der Tensor b_{ik} ein schiefsymmetrischer Tensor zweiter Stufe (Flächentensor erster Stufe bei WEYL, kovarianter Bivektor bei SCHOUTEN).

Bezeichnungen. Bei SCHOUTEN (Ricci-Kalkül) wird der Tensor als Affinor bezeichnet, während der Ausdruck Tensor für einen in allen Indizes symmetrischen Tensor reserviert bleibt. Ein in zwei Indizes schiefsymmetrischer Tensor heißt ein in diesen Indizes alternierender Affinor. Die Vektoren sind in der oben verwendeten Bezeichnungsweise als Tensoren erster Stufe aufzufassen.

3. Addition, Multiplikation, Verjüngung. Aus dem Vorhergesagten folgen die Operationen der Addition, Multiplikation und Verjüngung. Durch Addition zweier gleichartiger Tensoren entsteht wieder ein gleichartiger Tensor

$$a_{ik} + b_{ik} = c_{ik}. \tag{10}$$

Durch Multiplikation z. B. eines Tensors zweiter Stufe a_{ik} mit einem Tensor dritter Stufe $b_{l\,\cdot\,\cdot}^{\,\cdot\, mn}$ entsteht ein Tensor fünfter Stufe

$$a_{ik} b_{l\,\cdot\,\cdot}^{\,\cdot\, mn} = c_{ikl\,\cdot\,\cdot}^{\,\cdot\,\cdot\,\cdot\, mn}. \tag{11}$$

So kann aus zwei kontravarianten Vektoren a^i und b^i ein schiefsymmetrischer Tensor zweiter Stufe gebildet werden

$$a^i b^k - a^k b^i = c^{ik}, \tag{12}$$

wobei

$$c^{ik} = -c^{ki}.$$

Ist $a_{i\,\cdot}^{\,\cdot k}$ ein gemischter Tensor zweiter Stufe, so ist $a_{i\,\cdot}^{\,\cdot i}$ eine Invariante. Denn ebenso wie $a_{i\,\cdot}^{\,\cdot k} v^i w_k$ ist auch

$$a_{i\,\cdot}^{\,\cdot k} \delta_k^i = a_{i\,\cdot}^{\,\cdot i} \tag{13}$$

eine Invariante. Daraus folgt die Operation der Verjüngung. Läßt man in einem gemischten Tensor einen bestimmten oberen (kontravarianten) Index mit einem bestimmten unteren (kovarianten) Index zusammenfallen und summiert nach diesem, so entsteht ein Tensor von einer um zwei geringeren Stufenzahl. So entsteht z. B. aus dem Tensor $a_{ikl}^{\,\cdot\,\cdot\,\cdot\, m}$ durch Verjüngung der Tensor

$$a_{ikl}^{\,\cdot\,\cdot\,\cdot\, l} = b_{ik}. \tag{14}$$

Im besonderen erhält man aus einem gemischten Tensor zweiter Stufe durch Verjüngung einen Tensor nullter Stufe (einen Skalar).

4. Fundamentalform. Herauf- und Herunterziehen der Indizes. In eine n-dimensionale Mannigfaltigkeit möge durch einen kovarianten symmetrischen Fundamentaltensor zweiter Stufe $g_{ik}(x)$ mit einer Matrix vom Range n eine Metrik eingeführt werden, d. h. es möge die Länge des Linienelements dx^i gemessen werden durch den Ausdruck

$$ds = \sqrt{g_{ik}\,dx^i\,dx^k} \tag{15}$$

und allgemein die Länge eines kontravarianten Vektors v^i durch

$$v = \sqrt{g_{ik}\,v^i v^k}. \tag{15a}$$

Durch die Gleichungen

$$g^{kl} g_{li} = \delta_i^k \tag{16}$$

werde dann der zugehörige kontravariante, symmetrische Fundamentaltensor g^{kl} eingeführt[1]), und es möge die Länge eines kovarianten Vektors w^i gemessen werden durch den Ausdruck

$$w = \sqrt{g^{ik}\,w_i w_k}. \tag{17}$$

Der Winkel zweier kontravarianten Vektoren v^i, w^i wird gegeben durch den Ausdruck

$$\cos(v, w) = \frac{g_{ik}\,v^i w^k}{v \cdot w}. \tag{18}$$

Eine Mannigfaltigkeit, in der eine solche Metrik eingeführt ist, heißt dann eine RIEMANNsche Mannigfaltigkeit (vgl. darüber auch den Artikel über RIEMANNsche Geometrie).

Setzen wir $g_{ik} v^i = v_k$, so ist

$$g_{ik}\,v^i v^k = v_k v^k, \tag{19}$$

und es können bei fest gegebener quadratischer Fundamentalform die v_i und v^i aufgefaßt werden als die kovarianten und kontravarianten Komponenten eines und desselben Vektors. Dann ist natürlich auch

$$g^{ik} v_i = v^k \qquad \text{und} \qquad g^{ik} v_i v_k = v^k v_k. \tag{20}$$

Analog kann man dann auch bei Tensoren höherer Stufenzahl von kontravarianten zu kovarianten Komponenten übergehen und umgekehrt, z. B.

$$a^{ik} g_{il} g_{km} = a_{lm}. \tag{21}$$

Dies ist der Prozeß des Herauf- und Herunterziehens der Indizes.

Die gemischten Komponenten des Fundamentaltensors lauten

$$g_i^k = \delta_i^k. \tag{22}$$

Aus dem Vorhergehenden ergibt sich auch die Invarianz der Ausdrücke

$$a_{ik} a^{ik}, \quad b_{ikl} b^{ikl}, \ \ldots$$

die aus den Tensoren a_{ik}, b_{ikl}, ... gebildet werden können.

II. Vektoren im dreidimensionalen euklidischen Raum.

5. Allgemeines. Kovariante und kontravariante Vektoren in einer n-dimensionalen Mannigfaltigkeit sind im allgemeinen ortsgebundene Größen. Um z. B. zwei kontravariante Vektoren in verschiedenen Punkten miteinander vergleichen zu können, bedarf es erst der Einführung eines Übertragungsprinzips, durch das jedem kontravarianten Vektor im Punkte P ein übertragener Vektor

---

[1]) Die Bestimmungsstrahlen g^{ik} sind den algebraischen Komplementen der g_{ik}, dividiert durch die Determinante $g = |g_{ik}|$ der g_{ik}, gleich.

im Nachbarpunkte Q zugeordnet wird. Wir werden uns weiterhin im nächsten Abschnitt mit Übertragungen zu beschäftigen haben, die dem Vektor v^i im Punkte x^i den Vektor $v^i + dv^i$ im Punkte $x^i + dx^i$ als übertragenen Vektor zuordnen, wobei die dv^i durch die Gleichungen

$$d v^i = -\Gamma^i_{kl} v^k dx^l \tag{23}$$

gegeben werden. Dabei sind die Γ^i_{kl} Funktionen des Ortes in der Mannigfaltigkeit und transformieren sich in bestimmter Weise (übrigens nicht wie ein Tensor dritter Stufe). Läßt sich nun in einer Mannigfaltigkeit ein Koordinatensystem derart einführen, daß in diesem Koordinatensystem alle Γ^i_{kl} in allen Punkten gleich Null werden, d. h. daß in diesem System die übertragenen Vektoren $v^i + dv^i$ im Punkte $x^i + dx^i$ dieselben Bestimmungszahlen besitzen wie die ursprünglichen Vektoren v^i im Punkte x^i, so heißt die Mannigfaltigkeit eine euklidisch-affine und das Koordinatensystem ein kartesisches (vgl. darüber Abschn. IV dieses Kapitels). Jedes aus einem kartesischen System x^i durch lineare Transformation mit konstanten Koeffizienten

$$\bar{x}^i = \alpha_{ik} x^k + \beta_i \tag{24}$$

hervorgehende System ist wieder ein kartesisches.

Offenbar wird dadurch die euklidisch-affine Mannigfaltigkeit als eine Mannigfaltigkeit definiert, in der die Vektoren ohne Änderung der Komponenten frei verschiebbar sind (im Einklang mit der elementaren Anschauung).

Beschränken wir uns nun auf euklidisch-affine Mannigfaltigkeiten, bezogen auf kartesische Koordinatensysteme und schränken dementsprechend die Koordinatentransformationen auf die Gruppe aller linearen Transformationen mit konstanten Koeffizienten (die affine Gruppe) ein. In einer solchen Mannigfaltigkeit sind, wie gesagt, die Vektoren nicht mehr ortsgebunden. und ein kontravarianter Vektor kann repräsentiert werden durch die Figur zweier durch einen Pfeil verbundener Punkte, da sich seine Bestimmungszahlen so transformieren wie die Koordinatendifferenzen zweier Punkte. Analog kann ein kovarianter Vektor w_i repräsentiert werden durch die Figur zweier paralleler, durch einen Pfeil verbundener Hyperebenen die aus den Koordinatenachsen Stücke von der Länge $1/w_i$ (gemessen mit den kontravarianten Maßvektoren) ausschneiden. (Der Begriff des Parallelismus ist durch die Übertragung definiert: Vektoren, die durch Übertragung auseinander hervorgehen, sind parallel.) Durch eine quadratische Fundamentalform $g_{ik} v^i v^k$ mit konstanten Koeffizienten g_{ik} wird in diese Mannigfaltigkeit die euklidische Metrik eingeführt.

Beschränken wir uns weiter auf die Dimensionszahl $n = 3$ und schränken die Koordinatentransformationen auf die affin-inhaltstreue Gruppe (mit der Transformationsdeterminante $|\alpha_{ik}| = +1$) ein. Es werde inbesondere der von zwei kontravarianten Vektoren a^i, b^i gebildete schiefsymmetrische Tensor

$$c^{ik} = a^i b^k - a^k b^i, \qquad c^{ik} = -c^{ki} \tag{25}$$

betrachtet. Er hat dieselbe Anzahl (von Null und untereinander verschiedener) Bestimmungszahlen und transformiert sich wie ein kovarianter Vektor. Letzteres ergibt sich am einfachsten aus der Tatsache, daß die Determinante der drei Vektoren a^i, b^i und des willkürlichen Vektors f^i, nämlich

$$\Delta = \begin{vmatrix} a^1 & a^2 & a^3 \\ b^1 & b^2 & b^3 \\ f^1 & f^2 & f^3 \end{vmatrix} = f^1 c^{23} + f^2 c^{31} + f^3 c^{12},$$

zufolge des Multiplikationstheorems für Determinanten invariant ist gegenüber affin-inhaltstreuen Transformationen. Wird ein bestimmter Schraubsinn ausgezeichnet (z. B. durch die Forderung, die drei Koordinatenachsen sollen ein rechtshändiges System bilden, welche Eigenschaft bei der jetzt verwendeten Gruppe erhalten bleibt), so kann also dieser Tensor auch aufgefaßt werden als ein kovarianter Vektor mit den Komponenten

$$d_1 = c^{23}, \quad d_2 = c^{31}, \quad d_3 = c^{12}. \tag{26}$$

Verwenden wir insbesondere als kontravariante Maßvektoren ein System paarweise aufeinander senkrecht stehender Einheitsvektoren und lassen demzufolge nur eigentlich-orthogonale Koordinatentransformationen zu

$$\alpha_{li}\alpha_{lk} = \begin{cases} 1 \text{ für } i = k \text{ (nicht über } i \text{ summieren!)} \\ 0 \text{ für } i \neq k \end{cases} \tag{27}$$

$$|\alpha_{ik}| = +1,$$

so wird die quadratische Fundamentalform

$$ds^2 = dx^2 + dy^2 + dz^2$$

bzw.

$$g_{ik}v^i v^k = (v^1)^2 + (v^2)^2 + (v^3)^2 \tag{28}$$

und die kovarianten und kontravarianten Vektoren transformieren sich in gleicher Weise. Denn jedes Element einer eigentlich orthogonalen Determinante ist gleich seinem algebraischen Komplement. Dann kann der Tensor c^{ik} schlechthin als Vektor aufgefaßt werden, und dieser Vektor wird bezeichnet als das Vektorprodukt der beiden Vektoren a^i und b^i. Man nennt ein solches Vektorprodukt einen axialen Vektor, weil seine Komponenten sich bei der Koordinatentransformation mit der Determinante -1

$$\overline{x^1} = -x^1, \quad \overline{x^2} = -x^2, \quad \overline{x^3} = -x^3$$

nicht ändern, während die Komponenten eines polaren Vektors dabei mit -1 multipliziert werden. Beschränkt man sich aber auf eigentlich-orthogonale Transformationen mit der Determinante $+1$, so besteht kein Unterschied zwischen polaren und axialen Vektoren.

6. Vektoralgebra. Es sei in einem dreidimensionalen euklidischen Raum ein rechtshändiges Orthogonalsystem von Koordinaten eingeführt, mit den Achsen x^1, x^2, x^3, die der Reihe nach mit x, y, z bezeichnet werden mögen. Der Vektor mit den Komponenten a_x, a_y, a_z möge durch das zusammenfassende Symbol $\mathfrak{a}$ und die drei Maß- oder Grundvektoren der Reihe nach mit $\mathfrak{i}$, $\mathfrak{j}$, $\mathfrak{k}$ bezeichnet werden. Als Summe zweier Vektoren $\mathfrak{a} + \mathfrak{b}$ bezeichnet man den Vektor mit den Komponenten $a_x + b_x$, $a_y + b_y$, $a_z + b_z$. Er wird dargestellt durch die Diagonale des von den beiden Vektoren aufgespannten Parallelogramms. Dann kann auch geschrieben werden:

$$\mathfrak{a} = a_x\mathfrak{i} + a_y\mathfrak{j} + a_z\mathfrak{k}. \tag{29}$$

Die Länge des Vektors $\mathfrak{a}$ ist

$$|\mathfrak{a}| = a = \sqrt{a_x^2 + a_y^2 + a_z^2}. \tag{30}$$

Der Invariante $a_i b^i$ entspricht das skalare Produkt zweier Vektoren

$$\mathfrak{a}\cdot\mathfrak{b} = \mathfrak{b}\cdot\mathfrak{a} = a_x b_x + a_y b_y + a_z b_z. \tag{31}$$

Für das skalare Produkt wird auch die Bezeichnung $(\mathfrak{a}\mathfrak{b})$ verwendet. Es ist

$$\mathfrak{a}\cdot\mathfrak{b} = a\cdot b\cos(\mathfrak{a}, \mathfrak{b}).$$

Das Vektorprodukt zweier Vektoren wird durch $[\mathfrak{a}\mathfrak{b}]$ bezeichnet und ist ein Vektor, der auf den beiden Vektoren $\mathfrak{a}$ und $\mathfrak{b}$ senkrecht steht, so daß die drei Vektoren $\mathfrak{a}$, $\mathfrak{b}$, $[\mathfrak{a}\mathfrak{b}]$ der Reihe nach ein Rechtssystem bilden. Seine Länge ist gleich dem Flächeninhalt des von $\mathfrak{a}$, $\mathfrak{b}$ aufgespannten Parallelogramms

$$|[\mathfrak{a}\mathfrak{b}]| = \mathfrak{a}\,\mathfrak{b}\sin(\mathfrak{a},\mathfrak{b})\,. \tag{32}$$

Es ist

$$[\mathfrak{a}\mathfrak{b}] = -[\mathfrak{b}\mathfrak{a}] = \begin{vmatrix} \mathfrak{i} & \mathfrak{j} & \mathfrak{k} \\ a_x & a_y & a_z \\ b_x & b_y & b_z \end{vmatrix}. \tag{33}$$

Für die Grundvektoren gelten die Formeln

$$\begin{aligned} (\mathfrak{i}\,\mathfrak{i}) &= (\mathfrak{j}\,\mathfrak{j}) = (\mathfrak{k}\,\mathfrak{k}) = 1\,, \\ (\mathfrak{i}\,\mathfrak{j}) &= (\mathfrak{j}\,\mathfrak{k}) = (\mathfrak{k}\,\mathfrak{i}) = 0\,, \end{aligned} \tag{34}$$

$$\begin{aligned} [\mathfrak{i}\,\mathfrak{i}] &= [\mathfrak{j}\,\mathfrak{j}] = [\mathfrak{k}\,\mathfrak{k}] = 0\,, \\ [\mathfrak{i}\,\mathfrak{j}] &= \mathfrak{k}\,, \quad [\mathfrak{j}\,\mathfrak{k}] = \mathfrak{i}\,, \quad [\mathfrak{k}\,\mathfrak{i}] = \mathfrak{j}\,. \end{aligned} \tag{35}$$

Für das skalare wie für das Vektorprodukt gilt das distributive Gesetz. Das skalare Produkt eines Vektors mit einem Vektorprodukt

$$(\mathfrak{a}[\mathfrak{b}\,\mathfrak{c}])$$

ist gleich der Determinante

$$(\mathfrak{a}\,\mathfrak{b}\,\mathfrak{c}) = \begin{vmatrix} a_x & a_y & a_z \\ b_x & b_y & b_z \\ c_x & c_y & c_z \end{vmatrix} = 6V. \tag{36}$$

V ist dabei das Volumen des von den Vektoren $\mathfrak{a}$, $\mathfrak{b}$ und $\mathfrak{c}$ aufgespannten Tetraeders. Aus (36) folgt

$$(\mathfrak{a}[\mathfrak{b}\,\mathfrak{c}]) = (\mathfrak{b}[\mathfrak{c}\,\mathfrak{a}]) = (\mathfrak{c}[\mathfrak{a}\,\mathfrak{b}])\,. \tag{37}$$

Das Vektorprodukt eines Vektors mit einem Vektorprodukt ist

$$[\mathfrak{a}[\mathfrak{b}\,\mathfrak{c}]] = \mathfrak{b}(\mathfrak{a}\,\mathfrak{c}) - \mathfrak{c}(\mathfrak{a}\,\mathfrak{b})\,. \tag{38}$$

Das skalare Produkt zweier Vektorprodukte ist

$$([\mathfrak{a}\,\mathfrak{b}][\mathfrak{c}\,\mathfrak{d}]) = (\mathfrak{a}\,\mathfrak{c})(\mathfrak{b}\,\mathfrak{d}) - (\mathfrak{b}\,\mathfrak{c})(\mathfrak{a}\,\mathfrak{d})\,. \tag{39}$$

Die Formeln (38), (39) bestätigt man am einfachsten durch Ausrechnen einer, z. B. der x-Komponente. Für das Vektorprodukt $[\mathfrak{a}\mathfrak{b}]$ wird auch oft die Bezeichnung $\mathfrak{a}\times\mathfrak{b}$ gebraucht.

7. Vektoranalysis. Gradient, Divergenz, Rotation. Ist jedem Punkt des Raumes ein Vektor oder Tensor als Funktion des Ortes zugeordnet, so spricht man von einem Vektor- oder Tensorfeld. Benutzen wir für einen Augenblick die alte Bezeichnungsweise unter Beibehaltung der einschränkenden Voraussetzungen, so sehen wir: ist z. B. a_{ik} ein Tensor zweiter Stufe, so ist

$$a_{ik}\,v^i\,w^k$$

eine Invariante. Dabei mögen die Vektoren v^i, w^i als konstant angenommen werden, was ja hier einen invarianten Sinn hat. Dann ist aber auch

$$\frac{\partial a_{ik}}{\partial x^l}\,v^i\,w^k\,d\,x^l$$

eine Invariante und $\frac{\partial a_{ik}}{\partial x^l} = b_{ikl}$ sind die Bestimmungszahlen eines Tensors dritter Stufe[1]). Insbesondere liefert die Differentiation eines Skalars φ einen Vektor $\frac{\partial \varphi}{\partial x^i} = b_i$, den Gradienten von φ. Die Differentiation eines Vektors $a_i = a^i$ liefert einen Tensor zweiter Stufe

$$\frac{\partial a_i}{\partial x^k} = b_{ik} = b^i_k .$$

Verjüngung ergibt die Invariante b^i_i, die Divergenz des Vektors a_i. Der schiefsymmetrische Tensor zweiter Stufe

$$b_{ik} = -b_{ki}$$

kann auch als Vektor aufgefaßt werden, als die Rotation des Vektors a_i.

Es ist also der Gradient einer skalaren Funktion φ ein Vektor

$$\operatorname{grad}\varphi = \mathfrak{i}\frac{\partial \varphi}{\partial x} + \mathfrak{j}\frac{\partial \varphi}{\partial y} = \mathfrak{k}\frac{\partial \varphi}{\partial z} = \nabla\varphi, \tag{40}$$

wenn mit ∇ (Nabla) der symbolische Vektor

$$\nabla = \mathfrak{i}\frac{\partial}{\partial x} + \mathfrak{j}\frac{\partial}{\partial y} + \mathfrak{k}\frac{\partial}{\partial z} \tag{41}$$

bezeichnet wird. Der Betrag von $\operatorname{grad}\varphi$ ist gleich dem Maximum des Anstiegs $d\varphi/ds$ und seine Richtung zeigt die Richtung des größten Anstiegs (senkrecht zur Äquiskalarfläche $\varphi = \text{const}$) an.

Die Divergenz schreibt sich als Produkt der Vektoren ∇ und $\mathfrak{a}$

$$\operatorname{div}\mathfrak{a} = \frac{\partial a_x}{\partial x} + \frac{\partial a_y}{\partial y} + \frac{\partial a_z}{\partial z} = \nabla\mathfrak{a} \tag{42}$$

und ist ein Skalar.

Der Vektor der Rotation ist

$$\operatorname{rot}\mathfrak{a} = \begin{vmatrix} \mathfrak{i} & \mathfrak{j} & \mathfrak{k} \\ \frac{\partial}{\partial x} & \frac{\partial}{\partial y} & \frac{\partial}{\partial z} \\ a_x & a_y & a_z \end{vmatrix} = [\nabla\mathfrak{a}], \tag{43}$$

$$\text{also } \operatorname{rot}\mathfrak{a} = \left(\frac{\partial a_z}{\partial y} - \frac{\partial a_y}{\partial z}\right)\mathfrak{i} + \left(\frac{\partial a_x}{\partial z} - \frac{\partial a_z}{\partial x}\right)\mathfrak{j} + \left(\frac{\partial a_y}{\partial x} - \frac{\partial a_x}{\partial y}\right)\mathfrak{k}.$$

Statt $\operatorname{rot}\mathfrak{a}$ wird auch oft $\operatorname{curl}\mathfrak{a}$ geschrieben.

Für die kombinierten Operationen ergibt sich

$$\operatorname{grad}\operatorname{div}\mathfrak{a} = \mathfrak{i}\frac{\partial}{\partial x}(\operatorname{div}\mathfrak{a}) + \mathfrak{j}\frac{\partial}{\partial y}(\operatorname{div}\mathfrak{a}) + \mathfrak{k}\frac{\partial}{\partial z}(\operatorname{div}\mathfrak{a}) . \tag{44}$$

$$\operatorname{div}\operatorname{grad}\varphi = \frac{\partial^2\varphi}{\partial x^2} + \frac{\partial^2\varphi}{\partial y^2} + \frac{\partial^2\varphi}{\partial z^2} = \Delta\varphi ,$$

wenn mit Δ der Laplacesche Operator

$$\Delta = \nabla^2 = \frac{\partial^2}{\partial x^2} + \frac{\partial^2}{\partial y^2} + \frac{\partial^2}{\partial z^2} \tag{45}$$

bezeichnet wird. Unter $\Delta\mathfrak{a}$ versteht man dann den Ausdruck

$$\Delta\mathfrak{a} = \mathfrak{i}\,\Delta a_x + \mathfrak{j}\,\Delta a_y + \mathfrak{k}\,\Delta a_z .$$

---

[1]) Daß durch Differentiation eines Tensors n-ter Stufe ein Tensor $(n+1)$-ter Stufe gewonnen wird, ist unabhängig von der Dimensionszahl $n = 3$ und gilt z. B. im vierdimensionalen euklidischen Raum ebenso wie im dreidimensionalen.

Weiter ist

$$\left.\begin{aligned} \operatorname{rot}\operatorname{grad}\varphi = 0\,, \quad \operatorname{div}\operatorname{rot}\mathfrak{a} = 0\,, \quad \operatorname{rot}\operatorname{rot}\mathfrak{a} &= \operatorname{grad}\operatorname{div}\mathfrak{a} - \Delta\mathfrak{a}\,. \\ \operatorname{div}[\mathfrak{a}\,\mathfrak{b}] = \mathfrak{b}\operatorname{rot}\mathfrak{a} - \mathfrak{a}\operatorname{rot}\mathfrak{b}\,, \quad \operatorname{div}(\varphi\,\mathfrak{a}) &= \varphi\operatorname{div}\mathfrak{a} + (\mathfrak{a}\operatorname{grad}\varphi)\,. \\ \operatorname{rot}[\mathfrak{a}\,\mathfrak{b}] = (\mathfrak{b}\operatorname{grad})\,\mathfrak{a} - (\mathfrak{a}\operatorname{grad})\,\mathfrak{b} &+ \mathfrak{a}\operatorname{div}\mathfrak{b} - \mathfrak{b}\operatorname{div}\mathfrak{a}\,, \\ \operatorname{grad}(\mathfrak{a}\,\mathfrak{b}) = (\mathfrak{a}\operatorname{grad})\,\mathfrak{b} + (\mathfrak{b}\operatorname{grad})\,\mathfrak{a} &+ [\mathfrak{a}\operatorname{rot}\mathfrak{b}] + [\mathfrak{b}\operatorname{rot}\mathfrak{a}]\,. \end{aligned}\right\} \tag{44}$$

Dabei ist

$$(\mathfrak{a}\operatorname{grad})\,b_x = a_x\frac{\partial b_x}{\partial x} + a_y\frac{\partial b_x}{\partial y} + a_z\frac{\partial b_x}{\partial z}\,, \qquad (\mathfrak{a}\operatorname{grad})\,b_y = a_x\frac{\partial b_y}{\partial x} + a_y\frac{\partial b_y}{\partial y} + a_z\frac{\partial b_y}{\partial z}$$

usw.

Transformation von $\Delta\varphi$. Werden im dreidimensionalen Euklidischen Raum neue Koordinaten eingeführt durch die Gleichungen

$$x = x(\xi_1, \xi_2, \xi_3)\,, \qquad y = y(\xi_1, \xi_2, \xi_3)\,, \qquad z = z(\xi_1, \xi_2, \xi_3)$$

$$g_{ik} = \frac{\partial x}{\partial \xi_i}\cdot\frac{\partial x}{\partial \xi_k} + \frac{\partial y}{\partial \xi_i}\frac{\partial y}{\partial \xi_k} + \frac{\partial z}{\partial \xi_i}\frac{\partial z}{\partial \xi_k}\,, \qquad g = |g_{ik}|$$

$$g^{ik} = \frac{\partial \xi_i}{\partial x}\frac{\partial \xi_k}{\partial x} + \frac{\partial \xi_i}{\partial y}\frac{\partial \xi_k}{\partial y} + \frac{\partial \xi_i}{\partial z}\frac{\partial \xi}{\partial z_k}\,, \qquad \sum_i g_{ik}g^{il} = \begin{cases} 0 \text{ für } k \neq l \\ 1 \text{ für } k = l\,, \end{cases}$$

so transformiert sich der Ausdruck

$$\Delta\varphi = \frac{\partial^2\varphi}{\partial x^2} + \frac{\partial^2\varphi}{\partial y^2} + \frac{\partial^2\varphi}{\partial z^2}$$

in folgender Weise

$$\Delta\varphi = \frac{1}{\sqrt{g}}\sum_i \frac{\partial}{\partial \xi_i}\left(\sqrt{g}\sum_k g^{ik}\frac{\partial\varphi}{\partial \xi_k}\right). \tag{46}$$

Ist speziell das neue Koordinatensystem ebenfalls rechtwinklig: $g_{12} = g_{13} = g_{23} = 0$, so ergibt sich

$$\Delta\varphi = \frac{1}{\sqrt{g_{11}\,g_{22}\,g_{33}}}\left\{\frac{\partial}{\partial \xi_1}\left(\frac{\partial\varphi}{\partial \xi_1}\sqrt{\frac{g_{22}\,g_{33}}{g_{11}}}\right) + \frac{\partial}{\partial \xi_2}\left(\frac{\partial\varphi}{\partial \xi_2}\sqrt{\frac{g_{11}\,g_{33}}{g_{22}}}\right) + \frac{\partial}{\partial \xi_3}\left(\frac{\partial\varphi}{\partial \xi_3}\sqrt{\frac{g_{11}\,g_{22}}{g_{33}}}\right)\right\}. \tag{46a}$$

Anschließend seien noch die Ausdrücke für die Vektoroperationen in zwei speziellen Fällen angegeben, in denen wir es mit krummlinigen Koordinatensystemen zu tun haben, und zwar mit dreifachen Orthogonalsystemen, (vgl. Kap. 4, Ziff. 29), bei denen die durch einen Punkt gehenden Schnittkurven der drei Koordinatenflächen dort paarweise aufeinander senkrecht stehen. Seien $\mathfrak{i}_1$, $\mathfrak{i}_2$, $\mathfrak{i}_3$ die drei in diesem Punkte in den Richtungen der drei Schnittkurven gelegenen Einheitsvektoren und a_1, a_2, a_3 die Komponenten des Feldvektors nach diesen drei Richtungen, so gelten für Zylinderkoordinaten r, φ, z

$$x = r\cos\varphi\,, \qquad y = r\sin\varphi\,, \qquad z = z\,[1]$$

[1]) Hier sind die Zylinder $x^2 + y^2 = r^2$ und die Ebenen $y = x\operatorname{tg}\varphi$ und $z =$ konst. die Koordinatenflächen.

die Formeln

$$\operatorname{grad} f = \frac{\partial f}{\partial r}\mathfrak{i}_1 + \frac{\partial f}{r\,\partial\varphi}\mathfrak{i}_2 + \frac{\partial f}{\partial z}\mathfrak{i}_3, \qquad \operatorname{div}\mathfrak{a} = \frac{1}{r}\frac{\partial}{\partial r}(r a_1) + \frac{\partial a_2}{r\,\partial\varphi} + \frac{\partial a_3}{\partial z}$$

$$\operatorname{rot}\mathfrak{a} = \left[\frac{\partial a_3}{r\,\partial\varphi} - \frac{\partial a_2}{\partial z}\right]\mathfrak{i}_1 + \left[\frac{\partial a_1}{\partial z} - \frac{\partial a_3}{\partial r}\right]\mathfrak{i}_2 + \left[\frac{1}{r}\frac{\partial}{\partial r}(r a_2) - \frac{\partial a_1}{r\,\partial\varphi}\right]\mathfrak{i}_3$$

$$\Delta f = \frac{1}{r}\frac{\partial}{\partial r}\left(r\frac{\partial f}{\partial r}\right) + \frac{\partial^2 f}{r^2\,\partial\varphi^2} + \frac{\partial^2 f}{\partial z^2}.$$

Für Kugelkoordinaten r, φ, ϑ

$$x = r\sin\vartheta\cos\varphi, \quad y = r\sin\vartheta\sin\varphi, \quad z = r\cos\vartheta\ ^{1)}$$

gelten die Formeln

$$\operatorname{grad} f = \frac{\partial f}{\partial r}\mathfrak{i}_1 + \frac{1}{r\sin\vartheta}\frac{\partial f}{\partial\varphi}\mathfrak{i}_2 + \frac{\partial f}{r\,\partial\vartheta}\mathfrak{i}_3$$

$$\operatorname{div}\mathfrak{a} = \frac{1}{r^2}\frac{\partial}{\partial r}(r^2 a_1) + \frac{1}{r\sin\vartheta}\frac{\partial a_2}{\partial\varphi} + \frac{1}{r\sin\vartheta}\cdot\frac{\partial(\sin\vartheta\, a_3)}{\partial\vartheta}$$

$$\operatorname{rot}\mathfrak{a} = \left[\frac{1}{r\sin\vartheta}\cdot\frac{\partial a_3}{\partial\varphi} - \frac{1}{r\sin\vartheta}\frac{\partial(\sin\vartheta\, a_2)}{\partial\vartheta}\right]\mathfrak{i}_1 +$$

$$+\left[\frac{\partial a_1}{r\,\partial\vartheta} - \frac{1}{r}\frac{\partial(r a_3)}{\partial r}\right]\mathfrak{i}_2 + \left[\frac{1}{r}\frac{\partial(r a_2)}{\partial r} - \frac{1}{r\sin\vartheta}\cdot\frac{\partial a_1}{\partial\varphi}\right]\mathfrak{i}_3$$

$$\Delta f = \frac{1}{r^2}\frac{\partial}{\partial r}\left(r^2\frac{\partial f}{\partial r}\right) + \frac{1}{r^2\sin^2\vartheta}\cdot\frac{\partial^2 f}{\partial\varphi^2} + \frac{1}{r^2\sin\vartheta}\cdot\frac{\partial}{\partial\vartheta}\left(\sin\vartheta\frac{\partial f}{\partial\vartheta}\right).$$

Ortsvektor. Sei $\mathfrak{r}$ der Vektor vom Ursprung zum Punkte x, y, z

$$\mathfrak{r} = x\mathfrak{i} + y\mathfrak{j} + z\mathfrak{k}, \tag{47}$$

dann ist

$$\operatorname{div}\mathfrak{r} = 3, \quad \operatorname{rot}\mathfrak{r} = 0. \tag{47a}$$

Durchläuft $\mathfrak{r} = \mathfrak{r}(s)$ die Punkte einer Raumkurve (wo s ihre Bogenlänge ist), so ist

$$\frac{d\mathfrak{r}}{ds} = \mathfrak{t} \tag{48}$$

ein Einheitsvektor (Vektor vom absoluten Betrag eins) in Richtung der Tangente. Weiter ist

$$\frac{d^2\mathfrak{r}}{ds^2} = \frac{\mathfrak{R}}{R^2}, \tag{48a}$$

wo $\mathfrak{R}$ ein Vektor von der Richtung und Länge des Krümmungsradius ist.

8. Die Integralsätze von GAUSS, STOKES und GREEN. Unter dem Linienintegral eines Vektors entlang einer Kurve versteht man den Ausdruck

$$\int \mathfrak{a}\,d\mathfrak{s} = \int a_{\mathfrak{s}}\,ds = \int (\mathfrak{a}\mathfrak{s}_0)\,ds, \tag{49}$$

wobei $\mathfrak{s}_0$ der Einheitsvektor in Richtung der Kurventangente ist.

Unter dem Flächenintegral eines Vektors über eine Fläche versteht man den Ausdruck

$$\int \mathfrak{a}\,d\mathfrak{f} = \int a_{\mathfrak{n}}\,df = \int (\mathfrak{a}\mathfrak{n}_0)\,df, \tag{50}$$

wobei $\mathfrak{n}_0$ der Einheitsvektor in Richtung der Flächennormalen ist.

Dann gilt zunächst der Satz von GAUSS

$$\int \mathfrak{a}\,d\mathfrak{f} = \int \operatorname{div}\mathfrak{a}\,dv, \tag{51}$$

[1]) Hier sind die Kugeln $x^2 + y^2 + z^2 = r^2$, die Ebenen $y = x\operatorname{tg}\varphi$ und die Kegel $x^2 + y^2 = z^2\operatorname{tg}^2\vartheta$ die Koordinatenflächen.

wobei das Volumintegral über das von der Fläche umschlossene Volumen zu erstrecken ist und der Vektor der Flächennormale nach außen weist.

Dies ergibt für die Divergenz den Ausdruck

$$\operatorname{div}\mathfrak{a} = \lim_{dv=0} \frac{\int \mathfrak{a}\, d\mathfrak{f}}{dv}. \tag{51a}$$

Der Satz von STOKES lautet

$$\int \mathfrak{a}\, d\mathfrak{s} = \int \operatorname{rot}\mathfrak{a}\, d\mathfrak{f}, \tag{52}$$

wobei das Flächenintegral über irgendein durch die geschlossene Kurve gelegtes Flächenstück zu erstrecken ist und die Normale so gerichtet sein muß, daß, von ihrer Spitze aus gesehen, der Umlaufssinn der Kurve positiv ist.

Für die Komponente der Rotation in Richtung der Flächennormale gibt das den Ausdruck

$$\operatorname{rot}_{\mathfrak{n}}\mathfrak{a} = \lim_{d\mathfrak{f}=0} \frac{\int \mathfrak{a}\, d\mathfrak{s}}{d\mathfrak{f}}. \tag{52a}$$

Anwendung des Gaußschen Satzes auf den Vektor $\psi \operatorname{grad}\varphi$ liefert den Satz von GREEN

$$\int \psi \operatorname{grad}\varphi\, d\mathfrak{f} = \int \psi \Delta\varphi\, dv + \int (\operatorname{grad}\psi \cdot \operatorname{grad}\varphi)\, dv, \tag{53}$$

und daraus weiter den Satz

$$\int (\psi \operatorname{grad}\varphi - \varphi \operatorname{grad}\psi)\, d\mathfrak{f} = \int (\psi \Delta\varphi - \varphi \Delta\psi)\, dv. \tag{53a}$$

9. Besondere Vektorfelder. Stellt man sich die Vektoren eines Feldes als Geschwindigkeitsvektoren einer Flüssigkeitsströmung vor, so kann man jeden Punkt, in dem $\operatorname{div}\mathfrak{a} \neq 0$ ist, als Quellpunkt bezeichnen. Als die auf die Volumeneinheit bezogene Ergiebigkeit einer Quelle wird dann der Ausdruck

$$\varrho = \frac{1}{4\pi} \operatorname{div}\mathfrak{a} \tag{54}$$

bezeichnet. Quellpunkte von negativer Ergiebigkeit werden auch Senkpunkte genannt.

Ist an einer Stelle des Feldes $\operatorname{rot}\mathfrak{a} \neq 0$, so spricht man von einem Wirbel und bezeichnet als Wirbelstärke den absoluten Betrag von $\operatorname{rot}\mathfrak{a}$.

Aus der Gleichung $\operatorname{rot}\operatorname{grad}\varphi = 0$ folgt: das Feld eines Gradienten ist wirbelfrei, das Integral $\int \mathfrak{a}\, d\mathfrak{s}$ verschwindet über jede geschlossene Kurve des Feldes.

Es sei nun ein stetiges und wirbelfreies Vektorfeld $\mathfrak{a}$ gegeben mit stetig verteilten Quellen von der Ergiebigkeit

$$\varrho = \frac{1}{4\pi} \operatorname{div}\mathfrak{a}.$$

Wir wollen von ihm voraussetzen, daß sein Quellensystem von einer Fläche umschlossen werden kann. Dann ist der Vektor $\mathfrak{a}$ darstellbar als negativer Gradient eines Potentals

$$\mathfrak{a} = -\operatorname{grad}\varphi, \tag{55}$$

und es ist

$$\varphi = \int \frac{dv \cdot \varrho}{r} \tag{55a}$$

in jedem beliebigen Punkt P des Feldes, wobei r die Entfernung vom betreffenden Quellpunkt zum Aufpunkt P ist und die Integration über den Bereich der Quellpunkte zu erfolgen hat.

Ist das wirbelfreie Vektorfeld an einer Unstetigkeitsfläche f_{12} nicht stetig, das Potential jedoch dort stetig, so ist

$$\varphi = \int \frac{dv \cdot \varrho}{r} + \int \frac{df_{12}\,\omega}{r}. \tag{56}$$

Dabei ist

$$\omega = -\frac{1}{4\pi}(\mathfrak{a}_{\mathfrak{n}_1} + \mathfrak{a}_{\mathfrak{n}_2}). \tag{56a}$$

$\mathfrak{a}_{\mathfrak{n}_1}$ und $\mathfrak{a}_{\mathfrak{n}_2}$ sind die Komponenten des Vektors $\mathfrak{a}$ in Richtung der Flächennormalen, wobei die Flächennormale auf beiden Seiten der Fläche zur Fläche hin gerichtet ist. Der Ausdruck $4\pi\omega$ heißt dann die Flächendivergenz des Vektorfeldes, und ω bedeutet die auf die Flächeneinheit bezogene Ergiebigkeit der über die Fläche verteilten Quellen.

Erleidet endlich auch das Potential an der Unstetigkeitsfläche f_{12} einen Sprung vom Werte φ_1 auf den Wert φ_2, so wird

$$\varphi = \int \frac{dv \cdot \varrho}{r} + \int \frac{df_{12} \cdot \omega}{r} - \int df_{12}\left(\tau\,\mathfrak{n}\,\mathrm{grad}_a \frac{1}{r}\right). \tag{57}$$

Dabei ist

$$\tau = \frac{1}{4\pi}(\varphi_1 - \varphi_2). \tag{57a}$$

$\mathfrak{n}$ ist der Einheitsvektor der Flächennormale von 2 nach 1 gezogen. Durch $\mathrm{grad}_a 1/r$ wird angedeutet, daß der Ausdruck $1/r$ nach den Koordinaten des Aufpunkts P zu differenzieren ist. Wird er nach den Koordinaten des Quellpunkts differenziert, so schreibt man $\mathrm{grad}_q 1/r$, und es ist

$$\mathrm{grad}_a \frac{1}{r} = -\mathrm{grad}_q \frac{1}{r}. \tag{58}$$

Man spricht hier von einer Doppelschicht, die mit Doppelquellen belegt ist, wobei man unter einer Doppelquelle das durch das Zusammenrücken eines Quellpunktes und eines Senkpunktes von entgegengesetzt gleicher Ergiebigkeit ϱ, entlang der Verbindungsgeraden entstandene Gebilde versteht, wenn dabei das Produkt ϱl (l = Entfernung vom Senkpunkt zum Quellpunkt) endlich bleibt. Als das Moment einer Doppelquelle wird ein Vektor $\mathfrak{m}$ vom Senkpunkt zum Quellpunkt gerichtet und vom absoluten Betrage des Grenzwertes von ϱl bezeichnet. Das Potential der Doppelquelle ist gegeben durch den Ausdruck

$$\varphi = -\left(\mathfrak{m}\,\mathrm{grad}_a \frac{1}{r}\right). \tag{59}$$

Es ist auch

$$-df_{12}\left(\tau\,\mathfrak{n} \cdot \mathrm{grad}_a \frac{1}{r}\right) = \pm d\Omega\,|\tau|, \tag{60}$$

wenn $d\Omega$ der körperliche Winkel ist, unter dem das Flächenelement df_{12} vom Aufpunkt P gesehen wird, und das Plus- oder Minuszeichen gesetzt wird, je nachdem ob der Vektor vom Quellpunkt zum Aufpunkt mit dem Vektor $\tau\,\mathfrak{n}\,df_{12}$ einen spitzen oder stumpfen Winkel einschließt.

Aus der Gleichung

$$\mathrm{div\,rot}\,\mathfrak{a} = 0$$

folgt, daß das Feld eines Rotationsvektors quellenfrei ist. Ist $\mathfrak{a}$ ein stetiges, quellenfreies Vektorfeld

$$\mathrm{div}\,\mathfrak{a} = 0, \tag{61}$$

dessen Wirbel in einem endlichen Bereich liegen und gegeben sind durch

$$\mathrm{rot}\,\mathfrak{a} = 4\pi\mathfrak{c}, \tag{62}$$

so kann $\mathfrak{a}$ als die Rotation eines quellenfreien Vektors $\mathfrak{A}$ dargestellt werden

$$\mathfrak{a} = \operatorname{rot}\mathfrak{A}, \qquad \operatorname{div}\mathfrak{A} = 0. \tag{63}$$

Der Vektor $\mathfrak{A}$ heißt Vektorpotential, und es ist

$$\mathfrak{A} = \int \frac{dv \cdot \mathfrak{c}}{r}. \tag{64}$$

Ist der quellenfreie Vektor $\mathfrak{a}$ endlich, jedoch an einer Fläche f_{12} unstetig (wobei wegen der Quellenfreiheit von $\mathfrak{a}$ seine Normalkomponenten die Fläche stetig durchsetzen müssen), so ist

$$\mathfrak{A} = \int \frac{dv \cdot \mathfrak{c}}{r} + \int df_{12} \frac{\mathfrak{g}}{r}. \tag{65}$$

Dabei gilt für den Flächenwirbel $4\pi\mathfrak{g}$ die Gleichung

$$4\pi\mathfrak{g} = [\mathfrak{n}, \mathfrak{a}_1 - \mathfrak{a}_2]. \tag{65a}$$

Ein beliebiges Vektorfeld $\mathfrak{a}$ eines stets endlichen Vektors, das mit Ausnahme gewisser Unstetigkeitsflächen f_{12} stetig ist und dessen Quellen und Wirbel in einem endlichen Bereich liegen, läßt sich darstellen als Superposition eines wirbelfreien und eines quellenfreien Feldes

$$\mathfrak{a} = \mathfrak{a}' + \mathfrak{a}'', \tag{66}$$

$$\operatorname{rot}\mathfrak{a}' = 0, \qquad \operatorname{div}\mathfrak{a}'' = 0,$$

$$\mathfrak{a}' = -\operatorname{grad}\varphi, \qquad \mathfrak{a}'' = \operatorname{rot}\mathfrak{A}, \tag{66a}$$

$$\left.\begin{aligned} \varphi &= \int \frac{dv \cdot \varrho}{r} + \int \frac{df_{12} \cdot \omega}{r}, \\ \mathfrak{A} &= \int \frac{dv \cdot \mathfrak{c}}{r} + \int \frac{df_{12} \cdot \mathfrak{g}}{r}, \end{aligned}\right\} \tag{66b}$$

wobei ϱ, ω, $\mathfrak{c}$ und $\mathfrak{g}$ die oben definierte Bedeutung haben.

Sei in einem quellenfreien Vektorfelde $\mathfrak{a}$ auch $\operatorname{rot}\mathfrak{a} = 0$ außer auf einer Linie (Wirbellinie). Die Wirbellinie kann im Endlichen weder beginnen noch enden. Es ist

$$\int \mathfrak{a}\, d\mathfrak{s} = \int \operatorname{rot}\mathfrak{a}\, d\mathfrak{f} = \text{konst.} = 4\pi\tau \tag{67}$$

für jede die Wirbellinie einmal umschließende Kurve. $4\pi\tau$ heißt das Moment der Wirbellinie. Das Vektorpotential der Wirbellinie ist wegen $dv = ds \cdot df$ und (64)

$$\mathfrak{A} = \tau \int \frac{d\mathfrak{s}}{r}, \tag{68}$$

wobei das Integral über die Wirbellinie zu erstrecken ist. Daraus folgt

$$\left.\begin{aligned} \mathfrak{a} = \operatorname{rot}\mathfrak{A}\,\mathfrak{a} &= \tau \int \frac{[d\mathfrak{s}, \mathfrak{r}]}{r^3}, \\ d\mathfrak{a} &= \frac{\tau}{r^3}[d\mathfrak{s}, \mathfrak{r}]. \end{aligned}\right\} \tag{69}$$

Die Vektoren $d\mathfrak{s}$, $\mathfrak{r}$ und $d\mathfrak{a}$ sind orientiert wie ein rechtshändiges Koordinatensystem (Ampèresche Schwimmregel). Das Vektorfeld einer Wirbellinie ist identisch mit dem Feld einer homogenen Doppelschicht von dem konstanten

Moment τ, die durch irgendeine von der Wirbellinie umrandete Fläche f_{12} gelegt ist. Das Potential der homogenen Doppelschicht ist

$$\varphi = \pm|\tau|\Omega \tag{70}$$

und erleidet an der Fläche f_{12} den Sprung

$$\varphi_1 - \varphi_2 = 4\pi\tau. \tag{71}$$

10. Lineare Vektorfunktionen. Sind die Komponenten eines Vektors $\mathfrak{a}$ als homogene lineare Funktionen der Komponenten eines Vektors $\mathfrak{b}$ gegeben

$$\left.\begin{aligned} a_x &= q_{xx} b_x + q_{xy} b_y + q_{xz} b_z \\ a_y &= q_{yx} b_x + q_{yy} b_y + q_{yz} b_z \\ a_z &= q_{zx} b_x + q_{zy} b_y + q_{zz} b_z \end{aligned}\right\} \tag{72}$$

so sagt man: $\mathfrak{a}$ ist eine homogene, lineare Vektorfunktion von $\mathfrak{b}$. Die q sind dann die Komponenten eines Tensors zweiter Stufe. Eine solche Vektorfunktion läßt sich in einen symmetrischen und einen antisymmetrischen Teil zerlegen

$$\left.\begin{aligned} s_x &= q_{xx} b_x + \frac{q_{xy} + q_{yx}}{2} b_y + \frac{q_{xz} + q_{zx}}{2} b_z \\ s_y &= \frac{q_{xy} + q_{yx}}{2} b_x + q_{yy} b_y + \frac{q_{yz} + q_{zy}}{2} b_z \\ s_z &= \frac{q_{xz} + q_{zx}}{2} b_x + \frac{q_{yz} + q_{zy}}{2} b_y + q_{zz} b_z \end{aligned}\right\} \tag{73}$$

und

$$\left.\begin{aligned} t_x &= \tfrac{1}{2}(q_{xy} - q_{yx}) b_y - \tfrac{1}{2}(q_{zx} - q_{xz}) b_z \\ t_y &= \tfrac{1}{2}(q_{yz} - q_{zy}) b_z - \tfrac{1}{2}(q_{xy} - q_{yx}) b_x \\ t_z &= \tfrac{1}{2}(q_{zx} - q_{xz}) b_x - \tfrac{1}{2}(q_{yz} - q_{zy}) b_z, \end{aligned}\right\} \tag{73a}$$

so daß

$$\mathfrak{a} = \mathfrak{s} + \mathfrak{t} \tag{76b}$$

wird.

Die Komponenten des symmetrischen Teiles speziell mögen mit $s_{xx}, s_{yy}, s_{zz}, s_{xy}, s_{yz}, s_{zx}$ bezeichnet $\left(\text{z. B. } s_{xy} = \frac{q_{xy} + q_{yx}}{2}\right)$. Sie sind die Komponenten eines symmetrischen Tensors zweiter Stufe. s_{xx}, s_{yy}, s_{zz} heißen die Tensorkomponenten erster Art, s_{xy}, s_{yz}, s_{zx} die zweiter Art. Für die Invariante

$$\frac{\mathfrak{s}\mathfrak{b}}{\mathfrak{b}^2} = k \tag{74}$$

ergibt sich

$$k = \alpha^2 s_{xx} + \beta^2 s_{yy} + \gamma^2 s_{zz} + 2\alpha\beta s_{xy} + 2\beta\gamma s_{yz} + 2\alpha\gamma s_{zx}. \tag{74a}$$

α, β, γ sind dabei die Richtungskosinus von $\mathfrak{b}$ mit den Koordinatenachsen z. B. $\alpha = \frac{\mathfrak{b}_x}{|\mathfrak{b}|}$. Setzen wir $\xi = \frac{\alpha}{\sqrt{k}}$ usw., so erhalten wir

$$1 = \xi^2 s_{xx} + \eta^2 s_{yy} + \zeta^2 s_{zz} + 2\xi\eta s_{xy} + 2\eta\zeta s_{yz} + 2\xi\zeta s_{xz}$$

als Gleichung einer Fläche zweiten Grades, die gebildet wird von den Endpunkten der im Ursprung aufgetragenen Vektoren von der Länge $\frac{1}{\sqrt{k}}$, wobei k der laut (74a) zur Richtung α, β, γ gehörige Wert ist (Trägheitsellipsoid, Tensorellipsoid).

Transformation auf die Hauptachsen (vgl. dazu den Abschnitt über Algebra, Kap. 2, Ziff. 33) gibt

$$s_1 = s_{11} b_1, \qquad s_2 = s_{22} b_2, \qquad s_3 = s_{33} b_3, \tag{75}$$

und zugleich ist

$$s_{xx} + s_{yy} + s_{zz} = s_{11} + s_{22} + s_{33} \tag{75a}$$

zufolge der Überlegungen von Ziffer 6.

11. Differentiation von Vektoren nach der Zeit. Die Komponenten eines Vektors können außer von den Raumkoordinaten auch noch von einem Parameter, z. B. der Zeit, abhängen. Für die Differentiation eines Vektors nach diesem Parameter, z. B. der Zeit t, gelten die Regeln

$$\frac{d(\mathfrak{a}+\mathfrak{b})}{dt} = \frac{d\mathfrak{a}}{dt} + \frac{d\mathfrak{b}}{dt}, \tag{76}$$

$$\frac{d(\varphi\mathfrak{a})}{dt} = \mathfrak{a}\frac{d\varphi}{dt} + \varphi\frac{d\mathfrak{a}}{dt}, \tag{76a}$$

$$\frac{d(\mathfrak{a}\mathfrak{b})}{dt} = \frac{d\mathfrak{a}}{dt}\mathfrak{b} + \frac{d\mathfrak{b}}{dt}\mathfrak{a}, \tag{76b}$$

$$\frac{d[\mathfrak{a}\mathfrak{b}]}{dt} = \left[\frac{d\mathfrak{a}}{dt}\mathfrak{b}\right] + \left[\mathfrak{a}\frac{d\mathfrak{b}}{dt}\right]. \tag{76c}$$

Ist insbesondere $\mathfrak{r}$ der Vektor vom Ursprung zum Punkt P, so ist

$$\frac{d\mathfrak{r}}{dt} = \mathfrak{v}$$

der Geschwindigkeitsvektor des Punktes P.

Wird die zeitliche Änderung eines Vektorfeldes von einem mit der Geschwindigkeit $\mathfrak{v}$ geradlinig fortschreitenden System

$$\mathfrak{r}' = \mathfrak{r} - \mathfrak{v}t \tag{77}$$

aus beurteilt, so ist

$$\frac{d\mathfrak{a}'}{dt} = \frac{d\mathfrak{a}}{dt} + (\mathfrak{v}\,\mathrm{grad})\,\mathfrak{a}, \tag{77a}$$

wobei $d\mathfrak{a}/dt$ die zeitliche Änderung in dem als fest betrachteten System darstellt.

Die zeitliche Änderung eines Vektorfeldes werde andererseits von einem mit der Winkelgeschwindigkeit $d\omega/dt$ rotierenden Bezugssystem aus beurteilt. Dann legt man in die Rotationsachse den Vektor der Rotationsgeschwindigkeit $\mathfrak{u}$ vom Betrage $d\omega/dt$ derart, daß, von seiner Spitze aus gesehen, die Rotation in positivem Sinne erfolgt. Dann ist

$$\frac{d\mathfrak{a}'}{dt} = \frac{d\mathfrak{a}}{dt} + [\mathfrak{a}\mathfrak{u}]. \tag{78}$$

III. Tensoranalysis.

12. Allgemeine lineare Übertragungen. Kovariante Differentiation. Übertragungen von Wirtinger. Kehren wir zum allgemeinen Fall einer n-dimensionalen Mannigfaltigkeit zurück. Die Gesamtheit der Linienelemente in einem Punkte mit den aus ihnen zu bildenden Figuren ist eine infinitesimale euklidisch-affine Mannigfaltigkeit E_n, aber die E_n in verschiedenen Punkten werden bei einer allgemeinen Koordinatentransformation in verschiedener Weise linear transformiert und stehen zunächst in keiner Verbindung miteinander, sie sind ortsgebunden. Sei ein Feld kontravarianter Vektoren längs einer Kurve gegeben, so kann der Vektor v^i im Punkte P mit dem Vektor $v^i + dv^i$ im Nachbarpunkte Q zunächst nur in einer euklidisch-affinen, auf kartesische Koordinaten bezogenen

Mannigfaltigkeit verglichen werden; in einer allgemeinen Mannigfaltigkeit, in der alle Koordinatensysteme gleichberechtigt sind, hat der Ausdruck dv^i zunächst keinen geometrischen Sinn, da durch spezielle Wahl des Koordinatensystems sämtliche dv^i zu Null gemacht werden können. Das kommt daher, daß zwei Vektoren in verschiedenen Punkten verglichen werden. Erst wenn eine Übertragungsvorschrift gegeben ist, durch die dem Vektor v^i im Punkte P der Vektor $v^i + d_p v^i$ im Nachbarpunkte Q zugeordnet wird, können zwei Vektoren im gleichen Punkte verglichen werden, und es wird dann der Ausdruck

$$\delta v^i = (v^i + dv^i) - (v^i + d_p v^i)$$

als das kovariante Differential des Vektors v^i bezeichnet. Es definiert also jede irgendwie gegebene Übertragung eine kovarianteDifferentiation, und umgekehrt definiert jede irgendwie gegebene kovariante Differentiation eine Übertragung, deren Differentialgleichungen man erhält, indem man das kovariante Differential δv^i in der gewählten Richtung Null setzt[1]).

Man kann nun nach dem Vorgang von SCHOUTEN (vgl. SCHOUTEN, Der Ricci-Kalkül) durch eine Reihe von Forderungen an die kovariante Differentiation aus der Gesamtheit der Übertragungen die linearen Übertragungen herausgreifen. Diese Forderungen sind folgende: Sei Φ ein (ohne Indizes geschriebener) kontravarianter, kovarianter oder gemischter Tensor beliebiger Stufe, so möge das kovariante Differential $\delta\Phi$ folgenden fünf Bedingungen genügen:

I. $\delta\Phi$ und Φ sind Größen gleicher Art. $\delta\Phi$ hat dieselbe Anzahl von Bestimmungszahlen wie Φ und sie transformieren sich in gleicher Weise.

II. $\delta\Phi$ ist eine lineare Funktion des Linienelements

$$\delta\Phi = (\nabla_i \Phi)\, dx^i. \tag{79}$$

III. Regel zur Differentiation einer Summe

$$\delta(\Phi + \Psi) = \delta\Phi + \delta\Psi. \tag{80}$$

IV. Regel zur Differentiation eines allgemeinen Produkts

$$\delta(\Phi\Psi) = \Psi\delta\Phi + \Phi\delta\Psi. \tag{81}$$

V. Regel zur Differentiation eines Skalars: das Differential eines Skalars ist dem gewöhnlichen Differential gleich

$$\delta f = df; \qquad \nabla_i f = \frac{\partial f}{\partial x^i}. \tag{82}$$

Dann ergibt sich für das Differential eines kontravarianten oder kovarianten Maßvektors

$$\left.\begin{aligned} \delta \underset{k}{e}^i &= \Gamma^m_{kl}\, \underset{m}{e}^i\, dx^l, \\ \delta \overset{i}{e}_k &= -\Gamma'^{\,i}_{ml}\, \overset{m}{e}_k\, dx^l. \end{aligned}\right\} \tag{83}$$

Γ^m_{kl}, $\Gamma'^{\,i}_{ml}$ sind dabei $2n^3$ voneinander vollkommen unabhängige, beliebig wählbare Parameter. Für das kovariante Differential eines kontravarianten oder kovarianten Vektors ergeben sich aus der Zerlegung in Komponenten

$$v^i = v^k \underset{k}{e}^i; \qquad w_k = w_i \overset{i}{e}_k$$

---

[1]) Wir haben uns hier der Veranschaulichung halber des Begriffes Nachbarpunkt bedient, statt direkt an dem Ausdruck $\frac{dv^i}{dt} - \frac{d_p v^i}{dt}$ zu argumentieren.

die Formeln

$$\delta v^i = d v^k \underset{k}{e^i} + v^k \delta \underset{k}{e^i} = d v^i + \Gamma^m_{kl} \underset{m}{e^i} v^k dx^l = dv^i + \Gamma^i_{kl} v^k dx^l. \tag{84}$$

$$\delta w_k = d w_k - \Gamma'^i_{kl} w_i dx^l.$$

$$\nabla_l v^i = \frac{\partial v^i}{\partial x^l} + \Gamma^i_{kl} v^k. \tag{84a}$$

$$\nabla_l w_k = \frac{\partial w_k}{\partial x^l} - \Gamma'^i_{kl} w_i. \tag{85a}$$

$\nabla_l v^i$ und $\nabla_l w_k$ sind Größen, die einen kovarianten Index mehr besitzen als v^i und w_k und die kovarianten Differentiale von v^i, w_k genannt werden.

Für die Differentialgleichungen der Übertragung ergibt sich dann

$$dv^i = -\Gamma^i_{kl} v^k dx^l, \tag{84b}$$

$$dw_k = \Gamma'^i_{kl} w_i dx^l. \tag{85b}$$

Die kovariante Differentiation eines Tensors höherer Stufe ergibt sich aus seiner Zerlegung in (reale oder ideale) Vektoren und Differentiation nach der Produktregel

$$\left.\begin{aligned} \delta(a_{ik}) &= \delta(\overset{1}{a}_i \overset{2}{a}_k) = d(\overset{1}{a}_i \overset{2}{a}_k) - \Gamma'^r_{il} \overset{1}{a}_r \overset{2}{a}_k dx^l - \Gamma'^r_{kl} \overset{1}{a}_i \overset{2}{a}_r dx^l \\ &= d(a_{ik}) - \Gamma'^r_{il} a_{rk} dx^l - \Gamma'^r_{kl} a_{ir} dx^l, \end{aligned}\right\} \tag{86}$$

$$\nabla_l a_{ik} = b_{ikl} = \frac{\partial a_{ik}}{\partial x^l} - \Gamma'^r_{il} a_{rk} - \Gamma'^r_{kl} a_{ir} \tag{87}$$

oder

$$\nabla_l a^i_{\cdot k} = b^i_{\cdot kl} = \frac{\partial a^i_{\cdot k}}{\partial x^l} + \Gamma^i_{rl} a^r_{\cdot k} - \Gamma'^r_{kl} a^i_{\cdot r} \tag{87a}$$

usw.

Damit sich die ∂v^i, ∂w_k ebenso transformieren wie v^i, w_k, müssen sich die Γ^m_{kl} in folgender Weise transformieren

$$\bar{\Gamma}^r_{st} = Q^k_{\cdot s} Q^l_{\cdot t} P^r_{\cdot m} \Gamma^m_{kl} + \frac{\partial Q^m_{\cdot s}}{\partial x^l} Q^l_{\cdot t} P^r_{\cdot m} \tag{88}$$

und dieselben Transformationsgleichungen ergeben sich für Γ'^m_{kl}. Die Γ, Γ' sind also keine Tensorkomponenten.

Man kann, wieder nach dem Vorgang von SCHOUTEN, zu einer invarianten Charakterisierung der vorliegenden Übertragung kommen, indem man die Γ, Γ' durch Tensoren ausdrückt. Setzt man

$$C^{\cdot\cdot l}_{ik} = \Gamma^l_{ki} - \Gamma'^l_{ki} = \nabla_i \delta^l_k, \tag{89}$$

$$S^{\cdot\cdot l}_{ki} = \tfrac{1}{2}(\Gamma^l_{ki} - \Gamma^l_{ik}), \tag{90a}$$

$$S'^{\cdot\cdot l}_{ki} = \tfrac{1}{2}(\Gamma'^l_{ki} - \Gamma'^l_{ik}), \tag{90b}$$

$$S^{\cdot\cdot l}_{ki} = S'^{\cdot\cdot l}_{ki} + \tfrac{1}{2}(C^{\cdot\cdot l}_{ik} - C^{\cdot\cdot l}_{ki}), \tag{90c}$$

so sind $C^{\cdot\cdot l}_{ik}$, $S^{\cdot\cdot l}_{ki}$, $S'^{\cdot\cdot l}_{ki}$ Bestimmungszahlen von Tensoren dritter Stufe. Wird endlich noch die kovariante Ableitung eines symmetrischen Tensors zweiter Stufe g^{ik} vom Range n (der zunächst nichts mit der Metrik zu tun haben muß) vorgeschrieben

$$\nabla_l g^{ik} = Q^{\cdot ik}_l \tag{91}$$

und damit auch die kovariante Ableitung des zugehörigen kovarianten Tensors g_{ik}

$$g_{ik}g^{km} = \delta_i^m, \qquad C_{li}^{\cdot\cdot m} = (\nabla_l g_{ik})g^{km} + g_{ik}Q_l^{\cdot km} - C_{li}^{\cdot\cdot s}g_{is}g^{tm}$$[1],

$$\nabla_l g_{ir} = Q'_{lir} = -g_{is}g_{rt}Q_l^{\cdot st} + C_{li}^{\cdot\cdot s}g_{rs} + C_{lr}^{\cdot\cdot s}g_{is}, \tag{91a}$$

so sind damit Γ, Γ' gegeben, da in den $C_{ik}^{\cdot\cdot l}$, $S_{ik}^{\cdot\cdot l}$, $Q_l^{\cdot ik}$ zusammen

$$n^3 + \frac{n^2(n-1)}{2} + \frac{n^2(n+1)}{2} = 2n^3$$

Bestimmungsgrößen zur Verfügung stehen. Denn $S_{ki}^{\cdot\cdot l}$ ist in den Indizes i und k schiefsymmetrisch und $Q_l^{\cdot ik}$ in denselben Indizes symmetrisch. Nach den Regeln für die kovariante Ableitung ist nämlich

$$Q_l^{\cdot ik} = \nabla_l g^{ik} = \frac{\partial g^{ik}}{\partial x^l} + g^{ri}\Gamma_{rl}^k + g^{rk}\Gamma_{rl}^i.$$

Hieraus erhält man durch Multiplikation mit $g_{ti}\,g_{sk}$ und Verjüngung

$$g_{ti}\Gamma_{sl}^i + g_{si}\Gamma_{tl}^i = -g_{ti}g_{sk}\frac{\partial g^{ik}}{\partial x^l} + g_{ti}g_{sk}Q_l^{\cdot ik}.$$

Wegen

$$0 = \frac{\partial}{\partial x^l}g^{si}g_{ti} = g_{ti}\frac{\partial g^{si}}{\partial x^l} + g^{si}\frac{\partial g_{ti}}{\partial x^l}$$

kann dies auch so geschrieben werden

$$g_{ti}\Gamma_{sl}^i + g_{si}\Gamma_{tl}^i = \frac{\partial g_{ts}}{\partial x^l} + g_{ti}g_{sk}Q_l^{\cdot ik}.$$

Durch zyklische Indizesvertauschung ($t \to s \to l$ und $t \to l \to s$) gehen daraus die zwei weiteren Formeln hervor

$$g_{si}\Gamma_{lt}^i + g_{li}\Gamma_{st}^i = \frac{\partial g_{sl}}{\partial x^t} + g_{si}g_{lk}Q_t^{\cdot ik}; \qquad -g_{li}\Gamma_{ts}^i - g_{ti}\Gamma_{ls}^i = -\frac{\partial g_{lt}}{\partial x^s} - g_{li}g_{tk}Q_s^{\cdot ik}$$

Addition dieser drei Formeln gibt bei Berücksichtigung von (90a)

$$2g_{si}\Gamma_{tl}^i = \left(\frac{\partial g_{ts}}{\partial x^l} + \frac{\partial g_{sl}}{\partial x^t} - \frac{\partial g_{lt}}{\partial x^s}\right) + g_{ti}g_{sk}Q_l^{\cdot ik} + g_{si}g_{lk}Q_t^{\cdot ik} - g_{li}g_{tk}Q_s^{\cdot ik}$$
$$- 2g_{ti}S_{sl}^{\cdot\cdot i} - 2g_{li}S_{st}^{\cdot\cdot i} + 2g_{si}S_{tl}^{\cdot\cdot i}$$

und daraus folgt

$$\Gamma_{tl}^r = \frac{1}{2}g^{ri}\left(\frac{\partial g_{ti}}{\partial x^l} + \frac{\partial g_{il}}{\partial x^t} - \frac{\partial g_{lt}}{\partial x^i}\right) + \frac{1}{2}\left(g_{ti}Q_l^{\cdot ir} + g_{li}Q_t^{\cdot ri} - g^{sr}g_{li}g_{tk}Q_s^{\cdot ik}\right)$$
$$+ S_{tl}^{\cdot\cdot r} - g^{rk}\left(g_{ti}S_{kl}^{\cdot\cdot i} + g_{li}S_{kt}^{\cdot\cdot i}\right).$$

Führen wir die Christoffelschen Symbole erster Art durch die Gleichungen

$$\begin{bmatrix} i\,k \\ r \end{bmatrix} = \frac{1}{2}\left(\frac{\partial g_{ir}}{\partial x^k} + \frac{\partial g_{kr}}{\partial x^i} - \frac{\partial g_{ik}}{\partial x^r}\right) \tag{92}$$

ein und ebenso die Christoffelschen Symbole zweiter Art

$$\begin{Bmatrix} i\,k \\ l \end{Bmatrix} = g^{lr}\begin{bmatrix} i\,k \\ r \end{bmatrix}, \tag{92a}$$

so erhalten wir bei geeigneter Indizesvertauschung und Einführung des Tensors $T_{ik}^{\cdot\cdot l}$

$$\left.\begin{aligned} \Gamma_{ik}^l = \begin{Bmatrix} i\,k \\ l \end{Bmatrix} + \frac{1}{2}\left(g_{is}Q_k^{\cdot sl} + g_{ks}Q_i^{\cdot ls} - g^{lt}g_{ks}g_{ir}Q_t^{\cdot sr}\right) + S_{ik}^{\cdot\cdot l} \\ - g^{ls}\left(g_{ir}S_{sk}^{\cdot\cdot r} + g_{kr}S_{si}^{\cdot\cdot r}\right) = \begin{Bmatrix} i\,k \\ l \end{Bmatrix} + T_{ik}^{\cdot\cdot l}. \end{aligned}\right\} \tag{93}$$

[1]) Vgl. unten Formel (94). Verjüngung der obenstehenden Formel mit g_{mr} gibt (91a).

Aus (89) ergibt sich dann

$$\Gamma'^{l}_{ik} = \left\{ {ik \atop l} \right\} + T'^{\cdot\cdot l}_{ik}, \tag{93a}$$

$$T'^{\cdot\cdot l}_{ik} = T^{\cdot\cdot l}_{ik} - C^{\cdot\cdot l}_{ki}. \tag{92b}$$

Es seien noch die Formeln angegeben

$$\delta(w_i v^i) = d(w_i v^i) = w_i dv^i + v^i dw_i = v^i \delta w_i + w_i \delta v^i - C^{\cdot\cdot k}_{li} v^i w_k dx^l, \tag{94}$$

$$\delta(v^{ik} w_{ik}) = v^{ik} \delta w_{ik} + w_{ik} \delta v^{ik} - C^{\cdot\cdot s}_{li} v^{ik} w_{sk} dx^l - C^{\cdot\cdot s}_{lk} v^{ik} w_{is} dx^l, \tag{94a}$$

die aus (84), (85) und (89) abgeleitet werden können. Der der Rotation entsprechende Ausdruck lautet

$$\frac{1}{2}(\nabla_l v_k - \nabla_k v_l) = \frac{1}{2}\left(\frac{\partial v_k}{\partial x^l} - \frac{\partial v_l}{\partial x^k}\right) - S'^{\cdot\cdot s}_{kl} v_s. \tag{95}$$

Ist $C^{\cdot\cdot k}_{li} = C_l \delta^k_i$, so nennt man nach SCHOUTEN die Übertragung inzidenzinvariant, weil die Inzidenz eines kontravarianten und eines kovarianten Vektors $w_i v^i = 0$ laut (94) bei der Übertragung erhalten bleibt. Sind alle $C^{\cdot\cdot k}_{li} = 0$, so heißt die Übertragung überschiebungsinvariant[1]). Ist $S'^{\cdot\cdot k}_{li} = \frac{1}{2}(S'_l \delta^k_i - S'_i \delta^k_l)$, so heißt die Übertragung kovariant halbsymmetrisch; sind alle $S'^{\cdot\cdot k}_{li} = 0$, so heißt sie kovariant symmetrisch.

Übertragungen von WIRTINGER. Man kann auch von anderen Forderungen an die Übertragung ausgehen. Stellt man z. B. die Forderung, die Übertragung möge inzidenzinvariant sein, linear in den dx^l und eine Berührungstransformation in den kovarianten und kontravarianten Vektoren, so gelangt man zu den Übertragungen von WIRTINGER[2])

$$\delta v^i = dv^i + \left(\frac{\partial \varphi_s}{\partial w^i} - r_s v^i\right) dx^s \tag{96a}$$

$$\delta w_k = dw_k - \left(\frac{\partial \varphi_s}{\partial v^k} - t_s w_k\right) dx^s. \tag{96b}$$

Dabei sind die φ_l homogen von erster Ordnung, die r_l, t_l homogen von nullter Ordnung in den v^i, w_k und außerdem Funktionen der x. Setzt man $\delta v^i = \delta w_k = 0$, so kommt man zu den Wirtingerschen Formeln.

13. Affine, Weylsche, Riemannsche Übertragung. Sind bei einer Übertragung alle $C^{\cdot\cdot l}_{ik} = 0$, $S'^{\cdot\cdot l}_{ik} = 0$ und also auch alle $S^{\cdot\cdot l}_{ik} = 0$, so spricht man von einer affinen Übertragung[3]). Gelten für eine affine Übertragung die Formeln

$$Q^{\cdot kl}_i = Q_i g^{kl}, \tag{97}$$

so heißt sie eine Weylsche Übertragung. Eine Weylsche Übertragung ist konform: die mit den Tensoren g_{ik} und g^{ik} gemessenen Winkel der kontravarianten und kovarianten Vektoren bleiben bei der Übertragung erhalten.

[1]) Bei SCHOUTEN heißen die Ausdrücke $w_i v^i$, $v^{ik} w_{ik}$ usw. Überschiebungen.

[2]) Vgl. WIRTINGER, On a general infinitesimal geometry, in reference to the theory of relativity. Transact. Cambridge Phil. Soc. Bd. 22, S. 439—448. 1922.

[3]) Eine affine Übertragung ist dadurch charakterisiert, daß sich in einem beliebigen Punkte P durch geeignete Transformation der Urvariabeln alle Γ^l_{ik} auf Null transformieren lassen, so daß dann die Übertragung in diesem Punkte ohne Änderung der Bestimmungszahlen vor sich geht.

Sind alle $Q_i' = 0$, so heißt die Übertragung eine Riemannsche (Parallelverschiebung von LEVI CIVITA). Bei ihr bleiben wegen (94a) und (91) die Längen der kontravarianten und kovarianten Vektoren

$$g_{ik} v^i v^k\,; \qquad g^{ik} w_i w_k$$

ungeändert (vgl. darüber den Abschn. IV über RIEMANNsche Geometrie).

WEYL gelangt zu seiner Übertragung auf folgendem Wege: er geht zunächst von der Riemannschen Übertragung aus. Diese ist insofern eine Verallgemeinerung der Euklidischen Geometrie, als es bei ihr keinen Fernvergleich der Richtungen gibt. Dies ist ja gerade der Sinn der Nichtintegrabilität der Richtungsübertragung (vgl. Ziff. 16 dieses Abschnitts und den Abschnitt über Riemannsche Geometrie). Überträgt man einen Vektor auf zwei verschiedenen Wegen von P nach Q, so fallen die nach Q übertragenen Vektoren im allgemeinen nicht zusammen, es ist also dem Vektor im Punkte P nicht mehr eindeutig ein Vektor im Punkte Q zugeordnet. Nur die infinitesimale Richtungsübertragung vom Punkte P in den Nachbarpunkt P' ist eindeutig. Dagegen gestattet die Riemannsche Übertragung einen Fernvergleich der Längen; der Länge des Vektors im Punkte P ist eindeutig eine Länge im Punkte Q zugeordnet, die allen Übertragungen dieses Vektors von P nach Q zukommt. Um auch dieses ferngeometrische Element zu beseitigen, geht WEYL folgendermaßen vor: In einer affin zusammenhängenden Mannigfaltigkeit sei durch eine metrische Fundamentalform $g_{ik}\xi^i\xi^k$ festgelegt, wann zwei Vektoren ξ^i und η^i im selben Punkte die gleiche Länge haben. Durch diese Forderung ist die Fundamentalform selber nur bis auf einen Faktor, das Eichverhältnis, bestimmt. Durch Wahl dieses Faktors wird die Maßzahl l der Länge eines Vektors ξ^i bestimmt; wir nennen sie die Maßzahl der Strecke ξ. Der metrische Zusammenhang eines Punktes P mit seiner Umgebung sei dadurch gegeben, daß von jeder Strecke im Punkte P eindeutig feststehe, in welche Strecke im unendlich benachbarten P' sie durch eine kongruente Verpflanzung übergeführt werde. Von dieser kongruenten Verpflanzung werde weiterhin verlangt: die Mannigfaltigkeit soll sich im Punkte P so umeichen lassen, daß die kongruente Verpflanzung in den Nachbarpunkt P' ohne Änderung der Maßzahl l der Strecke ξ vor sich gehe. Aus diesen Forderungen folgt für die Änderung der Maßzahl der Strecke l:

$$dl = -l\,d\varphi\,, \tag{98}$$

wobei

$$d\varphi = \varphi_i\,dx^i \tag{99}$$

eine lineare Differentialform in den dx^i ist. Dadurch ist dann der affine Zusammenhang eindeutig bestimmt:

$$\Gamma_{ik}^l = \begin{Bmatrix} i\,k \\ l \end{Bmatrix} + \frac{1}{2}\left(\delta_i^l \varphi_k + \delta_k^l \varphi_i - g^{tl} g_{ik} \varphi_t\right), \tag{100}$$

also genau dasselbe, was wir erhalten, wenn wir in die allgemeine Formel (93) für Γ_{ik}^l die Bedingungen einsetzen:

$$C_{ik}^{\cdot\cdot l} = 0; \qquad S'^{\cdot\cdot l}_{ik} = 0; \qquad Q_i^{\cdot kl} = Q_i g^{kl} = \varphi_i g^{kl}. \tag{101}$$

In den folgenden Nummern wollen wir uns auf die Riemannsche Übertragung beschränken.

14. Formeln für die Riemannsche Übertragung. Die Formeln für die Riemannsche Übertragung ergeben sich aus den allgemeinen durch Spezialisierung

$$C_{ik}^{\cdot\cdot l} = 0; \qquad S_{ik}^{\cdot\cdot l} = 0; \qquad S'^{\cdot\cdot l}_{ik} = 0; \qquad Q_i^{\cdot kl} = 0; \qquad Q'_{ikl} = 0; \tag{102}$$

$$\Gamma^i_{kl} = \begin{Bmatrix} kl \\ i \end{Bmatrix}; \qquad \Gamma'^i_{kl} = \begin{Bmatrix} kl \\ i \end{Bmatrix}. \tag{103}$$

Dabei ist

$$\left.\begin{aligned}
\begin{Bmatrix} kl \\ i \end{Bmatrix} &= \frac{1}{2} g^{is} \left(\frac{\partial g_{sk}}{\partial x^l} + \frac{\partial g_{sl}}{\partial x^k} - \frac{\partial g_{kl}}{\partial x^s} \right), \\
\begin{bmatrix} kl \\ i \end{bmatrix} &= \frac{1}{2} \left(\frac{\partial g_{ik}}{\partial x^l} + \frac{\partial g_{il}}{\partial x^k} - \frac{\partial g_{kl}}{\partial x^i} \right), \\
\begin{bmatrix} kl \\ i \end{bmatrix} + \begin{bmatrix} il \\ k \end{bmatrix} &= \frac{\partial g_{ik}}{\partial x^l}, \\
\begin{bmatrix} kl \\ i \end{bmatrix} &= \begin{bmatrix} lk \\ i \end{bmatrix}, \\
\begin{Bmatrix} kl \\ i \end{Bmatrix} &= \begin{Bmatrix} lk \\ i \end{Bmatrix}.
\end{aligned}\right\} \tag{104}$$

Außerdem gilt noch

$$\frac{1}{2} \frac{\partial \log g}{\partial x^l} = \frac{1}{\sqrt{g}} \cdot \frac{\partial \sqrt{g}}{\partial x^l} = \begin{Bmatrix} il \\ i \end{Bmatrix}, \tag{105}$$

wobei mit g die Determinante der g_{ik} bezeichnet ist[1]).

Es gelten also die Formeln

$$\nabla_l v^i = \frac{\partial v^i}{\partial x^l} + \begin{Bmatrix} sl \\ i \end{Bmatrix} v^s, \tag{106}$$

$$\nabla_l w_k = \frac{\partial w_k}{\partial x^l} - \begin{Bmatrix} kl \\ s \end{Bmatrix} w_s, \tag{106a}$$

$$\left.\begin{aligned}
\nabla_l a_{ik} &= b_{ikl} = \frac{\partial a_{ik}}{\partial x^l} - \begin{Bmatrix} il \\ r \end{Bmatrix} a_{rk} - \begin{Bmatrix} kl \\ r \end{Bmatrix} a_{ir}, \\
\nabla_l a^i_{\cdot k} &= b^i_{\cdot kl} = \frac{\partial a^i_{\cdot k}}{\partial x^l} + \begin{Bmatrix} rl \\ i \end{Bmatrix} a^r_{\cdot k} - \begin{Bmatrix} kl \\ r \end{Bmatrix} a^i_{\cdot r}, \\
\nabla_l a^{ik} &= b^{ik}_{\cdot\cdot l} = \frac{\partial a^{ik}}{\partial x^l} + \begin{Bmatrix} rl \\ i \end{Bmatrix} a^{rk} + \begin{Bmatrix} rl \\ k \end{Bmatrix} a^{ir}
\end{aligned}\right\} \tag{107}$$

usw. [vgl. oben (87)].

Daraus durch Verjüngung der beiden letzten Formeln nach i und l und Vertauschung des Indizes i und k

$$\left.\begin{aligned}
c_i &= \frac{\partial a^k_{\cdot i}}{\partial x^k} + \begin{Bmatrix} rk \\ k \end{Bmatrix} a^r_{\cdot i} - \begin{Bmatrix} ik \\ r \end{Bmatrix} a^k_{\cdot r}, \\
c^i &= \frac{\partial a^{ki}}{\partial x^k} + \begin{Bmatrix} rk \\ k \end{Bmatrix} a^{ri} + \begin{Bmatrix} rk \\ i \end{Bmatrix} a^{kr}.
\end{aligned}\right\} \tag{108}$$

Der Rotation entspricht der schiefsymmetrische Tensor

$$\nabla_k w_i - \nabla_i w_k = \frac{\partial w_i}{\partial x^k} - \frac{\partial w_k}{\partial x^i}. \tag{109}$$

---

[1]) Denn es ist $\frac{\partial g}{\partial g_{ik}} = g^{ik} g$, da g^{ik} die adjungierte Unterdeterminante von g_{ik} ist. Daraus ergibt sich

$$\frac{1}{g} \frac{\partial g}{\partial x^l} = \frac{\partial \log g}{\partial x^l} = g^{ik} \frac{\partial g_{ik}}{\partial x^l} = g^{ik} \left(\begin{bmatrix} kl \\ i \end{bmatrix} + \begin{bmatrix} il \\ k \end{bmatrix} \right) = 2 \begin{Bmatrix} il \\ i \end{Bmatrix}.$$

Der Divergenz entspricht zufolge (105), (106) der Skalar

$$\nabla_i a^i \frac{\partial a^i}{\partial x^i} + \begin{Bmatrix} r\,i \\ i \end{Bmatrix} a^r = \frac{1}{\sqrt{g}} \cdot \frac{\partial(\sqrt{g}\, a^i)}{\partial x^i}. \tag{110}$$

Die Rotation eines Gradienten $w_i = \frac{\partial f}{\partial x^i}$ ist Null.

Für den metrischen Fundamentaltensor gilt nach (102)

$$\nabla_l g^{ik} = \nabla_l g_{ik} = 0. \tag{111}$$

Das liefert nach (107) und für die letzte Formel nach (108) und (105) für $a^{ik} = g^{ik}$ usw. die Gleichungen

$$\left.\begin{aligned} \frac{\partial g^{ik}}{\partial x^l} + \begin{Bmatrix} l\,r \\ i \end{Bmatrix} g^{rk} + \begin{Bmatrix} l\,r \\ k \end{Bmatrix} g^{ir} &= 0, \\ \frac{\partial g_{ik}}{\partial x^l} - \begin{Bmatrix} l\,k \\ r \end{Bmatrix} g_{ir} - \begin{Bmatrix} l\,i \\ r \end{Bmatrix} g_{rk} &= 0, \\ \frac{1}{\sqrt{g}} \frac{\partial(\sqrt{g}\, g^{ik})}{\partial x^k} + \begin{Bmatrix} r\,s \\ i \end{Bmatrix} g^{rs} &= 0. \end{aligned}\right\} \tag{112}$$

Die Prozesse des Herauf- und Herunterziehens der Indizes und der kovarianten Differentiation sind zufolge (111) vertauschbar.

$$g_{kl} \nabla_m a_i^{\cdot k} = \nabla_m a_{il}. \tag{113}$$

15. Äquivalenz zweier quadratischer Differentialformen. Zwei quadratische Differentialformen

$$g_{ik}\, dx^i\, dx^k \qquad \text{und} \qquad \overline{g_{ik}}\, d\overline{x^i}\, d\overline{x^k} \tag{114}$$

werden äquivalent genannt, wenn es eine Transformation

$$x^i = x^i(\overline{x^1}, \overline{x^2}, \ldots \overline{x^n}) \tag{115}$$

gibt, durch die die eine aus der anderen hervorgeht. Ist dies der Fall, so gelten die Transformationsformeln

$$\overline{g_{rs}} = Q^i_{\cdot r} Q^k_{\cdot s} g_{ik}, \tag{116}$$

und für die Christoffelschen Dreiindizessymbole zweiter Art bestehen nach (103) und (88) die Beziehungen

$$\overline{\begin{Bmatrix} r\,s \\ t \end{Bmatrix}} = Q^i_{\cdot r} Q^k_{\cdot s} P^t_{\cdot n} \begin{Bmatrix} i\,k \\ n \end{Bmatrix} + \frac{\partial Q^n_{\cdot r}}{\partial \overline{x^k}} Q^k_{\cdot s} P^t_{\cdot n}. \tag{117}$$

Multiplikation dieser letzteren Beziehungen mit $Q^l_{\cdot t}$ und Summierung über t liefert

$$\overline{\begin{Bmatrix} r\,s \\ t \end{Bmatrix}} Q^l_{\cdot t} = Q^i_{\cdot r} Q^k_{\cdot s} \begin{Bmatrix} i\,k \\ l \end{Bmatrix} + \frac{\partial Q^l_{\cdot r}}{\partial \overline{x^k}} Q^k_{\cdot s}. \tag{118}$$

Setzt man hierin für die Q gemäß ihrer Bedeutung

$$Q^i_{\cdot r} = \frac{\partial x^i}{\partial \overline{x^r}},$$

so kommt

$$\overline{\begin{Bmatrix} r\,s \\ t \end{Bmatrix}} \frac{\partial x^l}{\partial \overline{x^t}} = \frac{\partial x^i}{\partial \overline{x^r}} \frac{\partial x^k}{\partial \overline{x^s}} \begin{Bmatrix} i\,k \\ l \end{Bmatrix} + \frac{\partial}{\partial x^k} \left(\frac{\partial x^l}{\partial \overline{x^r}} \right) \frac{\partial x^k}{\partial \overline{x^s}} \tag{119}$$

und schließlich

$$\frac{\partial^2 x^l}{\partial \overline{x^r}\, \partial \overline{x^s}} + \frac{\partial x^i}{\partial \overline{x^r}} \frac{\partial x^k}{\partial \overline{x^s}} \begin{Bmatrix} i\,k \\ l \end{Bmatrix} = \frac{\partial x^l}{\partial \overline{x^t}} \overline{\begin{Bmatrix} r\,s \\ t \end{Bmatrix}} \tag{120}$$

als partielle Differentialgleichungen zweiter Ordnung für die Funktionen

$$x^i = x^i(\overline{x}).$$

16. Der Krümmungstensor und seine Relationen. Die Integrabilitätsbedingungen für die Differentialgleichungen der Parallelverschiebung eines kontravarianten Vektors

$$\frac{\partial v^i}{\partial x^k} = -\begin{Bmatrix} j\,k \\ i \end{Bmatrix} v^j$$

lauten

$$\left(\frac{\partial}{\partial x^k}\begin{Bmatrix} j\,h \\ i \end{Bmatrix} - \frac{\partial}{\partial x^h}\begin{Bmatrix} j\,k \\ i \end{Bmatrix}\right) v^j + \begin{Bmatrix} r\,h \\ i \end{Bmatrix}\frac{\partial v^r}{\partial x^k} - \begin{Bmatrix} r\,k \\ i \end{Bmatrix}\frac{\partial v^r}{\partial x^h} = 0\,. \tag{121}$$

Dies führt auf einen Tensor vierter Stufe

$$R_{hkj}^{\cdot\cdot\cdot i} = \frac{\partial}{\partial x^k}\begin{Bmatrix} j\,h \\ i \end{Bmatrix} - \frac{\partial}{\partial x^h}\begin{Bmatrix} j\,k \\ i \end{Bmatrix} - \begin{Bmatrix} r\,h \\ i \end{Bmatrix}\begin{Bmatrix} j\,k \\ r \end{Bmatrix} + \begin{Bmatrix} r\,k \\ i \end{Bmatrix}\begin{Bmatrix} j\,h \\ r \end{Bmatrix}, \tag{122}$$

den Riemannschen Krümmungstensor[1]).

Setzt man $g_{il} R_{hkj}^{\cdot\cdot\cdot i} = R_{hkjl}$, so gelten für den Krümmungstensor folgende Relationen

$$\left.\begin{aligned} R_{hkjl} + R_{khjl} &= 0\,, \\ R_{hkjl} + R_{hklj} &= 0\,, \\ R_{hkjl} - R_{jlhk} &= 0\,, \\ R_{hkjl} + R_{kjhl} + R_{jhkl} &= 0\,. \end{aligned}\right\} \tag{123}$$

Durch Verjüngung entsteht aus $R_{hkj}^{\cdot\cdot\cdot i}$ ein Tensor zweiter Stufe

$$R_{ik} = R_{rki}^{\cdot\cdot\cdot r} = \frac{\partial}{\partial x^k}\begin{Bmatrix} i\,r \\ r \end{Bmatrix} - \frac{\partial}{\partial x^r}\begin{Bmatrix} i\,k \\ r \end{Bmatrix} - \begin{Bmatrix} s\,r \\ r \end{Bmatrix}\begin{Bmatrix} i\,k \\ s \end{Bmatrix} + \begin{Bmatrix} s\,k \\ r \end{Bmatrix}\begin{Bmatrix} i\,r \\ s \end{Bmatrix} \tag{124}$$

und daraus wieder durch Verjüngung ein Skalar

$$R = g^{ik} R_{ik}\,, \tag{125}$$

die invariante Krümmung.

17. Flächen- und Raumtensoren einer vierdimensionalen Mannigfaltigkeit. Skalare und Tensordichte. Verallgemeinerung der Sätze von Gauss und Stokes. Im besonderen spielen in einer vierdimensionalen Mannigfaltigkeit eine wichtige Rolle der Flächentensor

$$\xi^{ik} = x^i y^k - x^k y^i, \tag{126}$$

der Raumtensor

$$\xi^{ikl} = \begin{vmatrix} x^i, & y^i, & z^i \\ x^k, & y^k, & z^k \\ x^l, & y^l, & z^l \end{vmatrix} \tag{127}$$

[1]) Über die geometrische Bedeutung des Riemannschen Krümmungstensors vgl. das Kapitel über Riemannsche Geometrie. Will man nicht auf seine geometrische Bedeutung zurückgreifen, so kann man seine Tensoreigenschaft auch auf folgendem Wege einsehen. Man schreibe Formel (120) zuerst für $\frac{\partial^2 x^l}{\partial \bar{x}^r \partial \bar{x}^s}$ und dann für $\frac{\partial^2 x^l}{\partial \bar{x}^r \partial \bar{x}^u}$ auf. Hierauf differenziere man die erste Formel nach $\bar{x}^u$ und die zweite nach $\bar{x}^s$, wobei man auf der linken Seite $\frac{\partial f}{\partial \bar{x}^u} = \frac{\partial f}{\partial x^v} \cdot \frac{\partial x^v}{\partial \bar{x}^u}$ zu setzen hat. Subtrahiert man die zweite Formel von der ersten, so erhält man $R_{khi}^{\cdot\cdot\cdot l} \frac{\partial x^i}{\partial x^h} \frac{\partial x^k}{\partial \bar{x}^s} \frac{\partial x^h}{\partial x^u} = \bar{R}_{sur}^{\cdot\cdot\cdot m} \frac{\partial x^l}{\partial \bar{x}^m}$ oder auch $R_{khi}^{\cdot\cdot\cdot l} Q^i_{\cdot r} Q^k_{\cdot s} Q^h_{\cdot u} = \bar{R}_{sur}^{\cdot\cdot\cdot m} Q^l_{\cdot m}$. Multiplikation mit $P^t_{\cdot l}$ und Summation über l gibt dann $R_{khi}^{\cdot\cdot\cdot l} Q^i_{\cdot r} Q^k_{\cdot s} Q^h_{\cdot u} P^t_{\cdot l} = \bar{R}_{sur}^{\cdot\cdot\cdot t}$

und der Welttensor

$$\xi^{iklm} = \begin{vmatrix} x^i, & y^i, & z^i, & w^i \\ x^k, & y^k, & z^k, & w^k \\ x^l, & y^l, & z^l, & w^l \\ x^m, & y^m, & z^m, & w^m \end{vmatrix}, \tag{128}$$

die alle in je zwei Indizes schiefsymmetrisch sind. Die 256 Bestimmungszahlen des Tensors ξ^{iklm} sind daher nur der drei Werte $+\xi$, 0, $-\xi$ fähig. Allgemeiner bezeichnet man als Flächen- bzw. Raumtensor jeden in je zwei Indizes schiefsymmetrischen Tensor η^{ik} bzw. η^{ikl}. Diese allgemeine Definition fällt für η^{ikl} mit der oben gegebenen engeren zusammen; ein jeder allgemeine Flächentensor η^{ik} läßt sich hingegen als Summe von zwei einfachen Flächentensoren ξ^{ik}, ζ^{ik} darstellen. Als Beispiele mögen dienen das Flächenelement

$$d\sigma^{ik} = d_1 x^i d_2 x^k - d_1 x^k d_2 x^i, \tag{129}$$

das Raumelement

$$dS^{ikl} = \begin{vmatrix} d_1 x^i, & d_2 x^i, & d_3 x^i \\ d_1 x^k, & d_2 x^k, & d_3 x^k \\ d_1 x^l, & d_2 x^l, & d_3 x^l \end{vmatrix} \tag{130}$$

und das Weltelement

$$dV^{iklm} = \begin{vmatrix} d_1 x^i, & d_2 x^i, & d_3 x^i, & d_4 x^i \\ d_1 x^k, & d_2 x^k, & d_3 x^k, & d_4 x^k \\ d_1 x^l, & d_2 x^l, & d_3 x^l, & d_4 x^l \\ d_1 x^m, & d_2 x^m, & d_3 x^m, & d_4 x^m \end{vmatrix}, \tag{131}$$

dessen 256 Komponenten wiederum nur der drei Werte $+dV$, 0, $-dV$ fähig sind. Fallen die Linienelemente in die Parameterlinien, so erhält man

$$\left.\begin{aligned} d\sigma^{ik} &= d_1 x^i d_2 x^k, \\ dS^{ikl} &= d_1 x^i d_2 x^k d_3 x^l, \\ dV^{iklm} &= d_1 x^i d_2 x^k d_3 x^l d_4 x^m. \end{aligned}\right\} \tag{132}$$

Der Ausdruck

$$\sqrt{g}\, dV \tag{133}$$

ist eine Invariante[1]) und das Volumintegral

$$\int \sqrt{g}\, dV \tag{133a}$$

ist also ebenfalls eine Invariante, durch die das Volumen gemessen wird.

Ist nun T ein Skalar, so ist auch

$$\int T \sqrt{g}\, dV$$

eine Invariante und man nennt

$$T\sqrt{g} = \mathfrak{T} \tag{134}$$

eine skalare Dichte. Entsprechend nennt man z. B.

$$\sqrt{g}\, T^{ik} = \mathfrak{T}^{ik} \tag{135}$$

eine Tensordichte, wenn T^{ik} ein Tensor ist.

Als das zu $d\sigma^{ik}$ duale Flächenelement $d\sigma^{*ik}$ bezeichnet man ein Flächenelement von gleichem Betrage, dessen sämtliche Vektoren normal auf den Vektoren von $d\sigma^{ik}$ stehen. Aus

$$d\sigma^{*ik} = d_1 x^{*i} d_2 x^{*k} - d_1 x^{*k} d_2 x^{*i}$$

und $\quad d_1 x_i^* d_1 x^i = 0, \quad d_1 x_i^* d_2 x^i = 0, \quad d_2 x_i^* d_1 x^i = 0, \quad d_2 x_i^* d_2 x^i = 0,$

[1]) Denn es ist $\bar{g} = \left|\frac{\partial x^i}{\partial \bar{x}^k}\right|^2 g$ und $d\bar{V} = \left|\frac{\partial \bar{x}^i}{\partial x^k}\right| dV$.

erhält man

$$\left.\begin{aligned} d\sigma^{*14} &= \frac{1}{\sqrt{g}} d\sigma_{23}, & d\sigma^{*24} &= \frac{1}{\sqrt{g}} d\sigma_{31}, & d\sigma^{*34} &= \frac{1}{\sqrt{g}} d\sigma_{12}, \\ d\sigma^{*23} &= \frac{1}{\sqrt{g}} d\sigma_{14}, & d\sigma^{*31} &= \frac{1}{\sqrt{g}} d\sigma_{24}, & d\sigma^{*12} &= \frac{1}{\sqrt{g}} d\sigma_{34}. \end{aligned}\right\} \tag{136}$$

Als das zu dS^{ikl} duale Linienelement dx^{*i} bezeichnet man ein Linienelement, dessen Betrag gleich ist dem Volumen des Raumelement dS^{ikl} und das auf allen Vektoren von dS^{ikl} senkrecht steht. Man erhält für jede gerade Permutation $(iklm)$

$$dx^{*m} = \frac{1}{\sqrt{g}} dS_{ikl}, \qquad dx_m^* = \sqrt{g}\, dS^{ikl}. \tag{137}$$

Verallgemeinerung der Integralsätze von GAUSS und STOKES[1]). Sind f^i, F^{ik}, A^{ikl} die Bestimmungszahlen eines Linien-, Flächen- und Raumtensors, so sind ihre Projektionen auf dx^i, $d\sigma^{ik}$, dS^{ikl}, multipliziert mit dem Betrage der letzteren Tensoren invariante Bildungen

$$\left.\begin{aligned} f_s\, ds &= f_i\, dx^i, \\ F_\sigma\, d\sigma &= F_{ik}\, d\sigma^{ik}, \\ A_S\, dS &= A_{ikl}\, dS^{ikl}. \end{aligned}\right\} \tag{138}$$

Ebenso sind ihre Projektionen auf die dualen Ergänzungen dS^{*i}, $d\sigma^{*ik}$, ds^{*ikl} invariant

$$\left.\begin{aligned} f_n\, dS &= f^i\, dS_i^* = \sum_{(iklm)} \sqrt{g}\, f^i\, dS^{klm} = \sum_{(iklm)} \mathfrak{f}^i\, dS^{klm}, \\ F_n\, d\sigma &= F^{ik}\, d\sigma_{ik}^* = \sum_{(iklm)} \sqrt{g}\, F^{ik}\, d\sigma^{lm} = \sum_{(iklm)} \mathfrak{F}^{ik}\, d\sigma^{lm}, \\ A_n\, ds &= A^{ikl}\, ds_{ikl}^* = \sum_{(iklm)} \sqrt{g}\, A^{ikl}\, dx^m = \sum_{(iklm)} \mathfrak{A}^{ikl}\, dx^m, \end{aligned}\right\} \tag{139}$$

Dabei sind die Summen $\sum\limits_{(iklm)}$ über alle geraden Permutationen $(iklm)$ zu erstrecken, $\mathfrak{f}$, $\mathfrak{F}$, $\mathfrak{A}$ sind die Tensordichten von f, F, A. Integration dieser Formeln, und zwar jeweils der beiden ersten, über geschlossene Kurven-, Flächen- und Raumstücke, liefert die Verallgemeinerungen der Sätze von GAUSS und STOKES; wenn die Integrale in Integrale über das eingeschlossene Flächen-, Raum- und Weltgebiet verwandelt werden

$$\left.\begin{aligned} \int f_s\, ds &= \int \mathrm{Rot}_n f\, d\sigma = \int \mathrm{Rot}_{ik} f\, d\sigma^{ik}, \\ \int F_\sigma\, ds &= \int \mathrm{Rot}_n F\, dS = \int \mathrm{Rot}_{ikl} F\, dS^{ikl}, \\ \int f_n\, dS &= \int \mathrm{Div} f\, dV = \int \mathfrak{Div} f\, dx, \\ \int F_n\, d\sigma &= \int \mathrm{Div}_n F\, dS = \int \sum_{(iklm)} \mathfrak{Div}^i F\, dS^{klm}. \end{aligned}\right\} \tag{140}$$

Dabei ist

$$\left.\begin{aligned} \mathrm{Rot}_{ik} f &= \frac{\partial f_k}{\partial x^i} - \frac{\partial f_i}{\partial x^k}, \\ \mathrm{Rot}_{ikl} F &= \frac{\partial F_{ik}}{\partial x^l} + \frac{\partial F_{li}}{\partial x^k} + \frac{\partial F_{kl}}{\partial x^i}, \\ \mathfrak{Div} f &= \frac{\partial \mathfrak{f}^i}{\partial x^i}, \qquad \mathrm{Div} f = \frac{1}{\sqrt{g}} \frac{\partial \sqrt{g}\, f^i}{\partial x^i}, \\ \mathfrak{Div}^i F &= \frac{\partial \mathfrak{F}^{ik}}{\partial x^k}, \qquad \mathrm{Div}^i F = \frac{1}{\sqrt{g}} \frac{\partial \sqrt{g}\, F^{ik}}{\partial x^k}. \end{aligned}\right\} \tag{141}$$

[1]) Vgl. den Enzyklopädieartikel von W. PAULI, S. 605f.

$\mathrm{Rot}_{ik} f$ ist ein Flächentensor, $\mathrm{Rot}_{ikl} F$ ein Raumtensor, $\mathfrak{Div} f$ eine skalare und $\mathfrak{Div}^i F$ eine Vektordichte. Für die kombinierten Operationen gelten die Formeln

$$\mathrm{Rot}\,\mathrm{grad}\,\varphi = \mathfrak{Div}\,\mathfrak{Div}\,F = \mathrm{Rot}\,\mathrm{Rot}\,f = 0. \tag{142}$$

18. Differentialparameter von BELTRAMI. Als einen Differentialparameter der Funktionen $\varphi, \psi, \ldots$ bezeichnet man einen Ausdruck

$$U\left(g_{ik}, \frac{\partial g_{ik}}{\partial x^l}, \ldots \varphi, \psi, \frac{\partial \varphi}{\partial x^s} \ldots\right),$$

der bei Transformation

$$x^i = x^i(\bar{x})$$

in einen gleich gebauten Ausdruck

$$U\left(\overline{g_{ik}}, \frac{\partial \overline{g_{ik}}}{\partial \bar{x}^l}, \ldots \bar{\varphi}, \bar{\psi}, \frac{\partial \bar{\varphi}}{\partial \bar{x}^s}, \ldots\right)$$

übergeht.

Werden die ersten kovarianten Differentialquotienten von $\varphi, \psi, \ldots$ mit

$$\varphi_i = \frac{\partial \varphi}{\partial x^i}, \qquad \psi_i = \frac{\partial \psi}{\partial x^i}, \ldots \tag{143}$$

und die zweiten kovarianten Differentialquotienten mit

$$\varphi_{ik} = \frac{\partial \varphi_i}{\partial x^k} - \begin{Bmatrix} i\,k \\ s \end{Bmatrix} \varphi_s \tag{144}$$

bezeichnet, so heißen der Reihe nach

$$\nabla \varphi = g^{ik} \varphi_i \varphi_k \tag{145}$$

der erste Differentialparameter von BELTRAMI,

$$\nabla(\varphi, \psi) = g^{ik} \varphi_i \psi_k \tag{146}$$

der Zwischenparameter von φ und ψ und

$$\Delta \varphi = g^{ik} \varphi_{ik} \tag{147}$$

der zweite Differentialparameter von BELTRAMI. Für das Bogenelement der elementaren Flächentheorie

$$E\,du^2 + 2F\,du\,dv + G\,dv^2 \tag{148}$$

lauten sie ausgeschrieben

$$\left.\begin{aligned} \nabla \varphi &= \frac{E\varphi_v^2 - 2F\varphi_u\varphi_v + G\varphi_u^2}{EG - F^2}, \\ \nabla(\varphi, \psi) &= \frac{E\varphi_v\psi_v - F(\varphi_u\psi_v + \varphi_v\psi_u) + G\varphi_u\psi_u}{EG - F^2} \\ \Delta \varphi &= \frac{1}{\sqrt{EG - F_2}}\left\{\left(\frac{E\varphi_v - F\varphi_u}{\sqrt{EG - F^2}}\right)_v + \left(\frac{G\varphi_u - F\varphi_v}{\sqrt{EG - F^2}}\right)_u\right\}. \end{aligned}\right\} \tag{149}$$

IV. Riemannsche Geometrie.

19. Länge und Winkel. In einer n-dimensionalen Mannigfaltigkeit V_n ist ein Punkt durch ein System von n Zahlen in bestimmter Reihenfolge (Koordinaten) $x^1, x^2, \ldots, x^n$ gegeben, eine Mannigfaltigkeit V_p von der Dimension p durch $n - p$ nicht widersprechende unabhängige Gleichungen

$$f_\nu(x^1, x^2, \ldots, x^n) = 0 \quad (\nu = 1, 2, \ldots, n - p) \tag{150}$$

(Funktionalmatrix der f bez. der x daher vom Rang p), oder in Parameterdarstellung

$$x^i = x^i(\sigma_1, \sigma_2, \ldots, \sigma_p) \quad (i = 1, 2, \ldots, n) \tag{151}$$

(Funktionalmatrix der x bez. der σ vom Rang p). Sämtliche auftretenden Funktionen sollen entsprechend oft differenzierbar bzw. analytisch sein. Eine V_1 heißt eine Kurve, eine V_2 Fläche, eine V_{n-1} Hyperfläche.

Die Bogenlänge s einer Kurve zwischen zwei Punkten P_1 und P_2, entsprechend den Parameterwerten $\sigma_1 = a$ und $\sigma_1 = b$, wird gegeben durch

$$s = \int_a^b \sqrt{g_{\alpha\beta} \frac{d x^\alpha}{d\sigma_1} \frac{d x^\beta}{d\sigma_1}}\, d\sigma_1 . \tag{152}$$

$$d s^2 = g_{\alpha\beta}\, d x^\alpha\, d x^\beta \tag{153}$$

heißt das quadrierte Bogendifferential. Die $g_{\alpha\beta}$ sind $\frac{n(n+1)}{2}$ in den Indizes symmetrische Funktionen von $x^1, x^2, \ldots, x^n$ ($g_{\alpha\beta} = g_{\beta\alpha}$), die von vornherein gegeben sind und die Maßbestimmung in der ganzen V_n festlegen. Ihre Determinante g wird von Null verschieden vorausgesetzt. Sie sind die Komponenten eines symmetrischen Tensors zweiter Stufe, wenn man ds^2 seiner Definition gemäß als Invariante gegenüber der unendlichen Gruppe G aller eindeutig umkehrbaren Koordinatentransformationen ansieht. Eine solche V_n heißt eine Riemannsche Mannigfaltigkeit, wenn die quadratische Differentialform (153) im Reellen positiv definit ist (vgl. Kap. 1, Ziff. 7). Die Richtung einer Kurve oder ihrer Tangente in einem Punkte wird festgelegt durch die Differentiale dx^i in diesem Punkte, also durch einen kontravarianten Vektor. Der Winkel ω zwischen zwei Richtungen dx^i und δx^i wird definiert durch

$$\cos\omega = \frac{g_{\alpha\beta}\, d x^\alpha\, \delta x^\beta}{d s\, \delta s} . \tag{154}$$

Dabei ist δs das zu den δx^i gehörige Bogenelement. $\cos\omega$ ist ebenfalls eine Invariante, wie aus (154) unmittelbar hervorgeht.

Das Volumen eines Raumteiles der V_n wird definiert durch das über den Raumteil erstreckte n-fache Integral

$$v = \int \ldots \overset{(n)}{\int} \sqrt{g}\, d x_1 \ldots d x_n . \tag{155}$$

Es ist eine Integralinvariante (vgl. Kap. 10, Ziff. 51) gegenüber der Gruppe G.

20. Geodätische Linien und Parallelverschiebung. Die geodätischen Linien sind jene Kurven, für welche das Integral (152) ein Extremum wird, also die Extremalen des Variationsproblems $\delta \int d s = 0$[1]; sie ergeben sich als Lösungen der Differentialgleichungen

$$\frac{d^2 x^i}{d s^2} + \Gamma^i_{\alpha\beta} \frac{d x^\alpha}{d s} \frac{d x^\beta}{d s} = 0 , \tag{156}$$

$\Gamma^i_{\alpha\beta}$ sind die aus der Fundamentalform (153) gebildeten Christoffelschen Dreiindizessymbole zweiter Art [vgl. Gleichung (103, 104)]. Durch einen gegebenen Punkt geht in einer vorgegebenen Richtung nur eine geodätische Linie. Ein kontravarianter Vektor ξ^i wird vom Punkt x^i in den Punkt $x^i + dx^i$ parallel verschoben, wenn dabei seine Komponenten die Änderungen

$$d\xi^i = -\Gamma^i_{\alpha\beta}\, \xi^\alpha\, d x^\beta \tag{157}$$

erfahren. Wir haben es hier mit einem Spezialfall einer affinen Übertragung (Ziff. 13) zu tun. Die Parallelverschiebung ist eine kongruente Abbildung, d. h.

[1]) Ausgeschlossen sind dabei Linien mit $ds = 0$; vgl. Ziff. 24.

die Länge $\sqrt{g_{\alpha\beta}\,\xi^\alpha\,\xi^\beta}$ eines Vektors ξ^i und der von zwei Vektoren eingeschlossene Winkel wird bei Parallelverschiebung nicht geändert. Eine Kurve ist also nach (156) dann und nur dann geodätisch, wenn ihre Tangenten bei Parallelverschiebung längs der Kurve wieder in Kurventangenten übergehen. Verschiebt man in einer euklidischen V_n, d. h. einer solchen, bei welcher der Krümmungstensor (vgl. Ziff. 16) identisch verschwindet, den Vektor ξ^i parallel längs irgendeiner geschlossenen Kurve, bis man wieder in den Ausgangspunkt zurückkehrt, so decken sich Anfangs- und Endlage des Vektors. In einer nichteuklidischen Mannigfaltigkeit ist dies nicht der Fall.

Im Fall $n = 2$ läßt sich die Parallelverschiebung in folgender Weise geometrisch veranschaulichen: Die Mannigfaltigkeit V_2 kann man sich als Fläche im dreidimensionalen euklidischen Raum denken (vgl. Ziff. 24). Im Punkt x^i sei ein in der Tangentialebene von x^i gelegener Vektor ξ^i gegeben. Wir verschieben ihn im Raume parallel zu sich selbst von x^i in den Nachbarpunkt $x^i + dx^i$ und projizieren ihn dort in die Tangentialebene dieses Nachbarpunktes. Dies ist die geometrische Bedeutung der Formeln (157) für $n = 2$[1]).

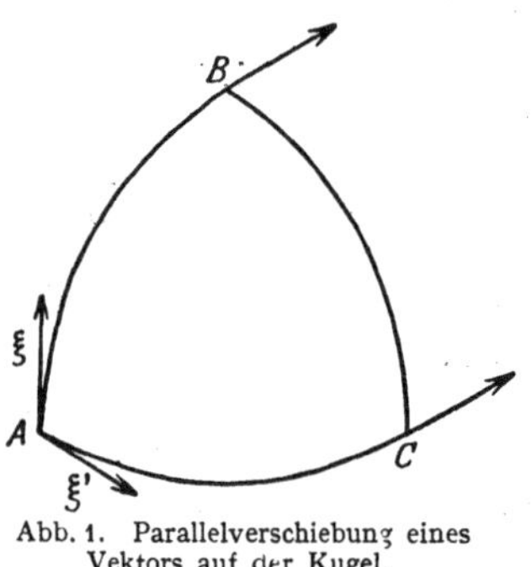

Abb. 1. Parallelverschiebung eines Vektors auf der Kugel.

Als Beispiele für euklidische und nichteuklidische V_2 seien Ebene und Kugel angeführt. Verschiebt man einen Vektor in einer Ebene parallel längs einer beliebigen geschlossenen Kurve, bis er in seinen Ausgangspunkt zurückkehrt, so decken sich Anfangs- und Endlage, auf einer Kugel dagegen nicht. Verschiebt man z. B. längs des Umfangs eines Kugeloktanten (s. Abb. 1) den Vektor ξ von A über B und C nach A, so kehrt er in der Lage ξ' nach A zurück, also um 90° gedreht.

21. Krümmung. Auch für den Krümmungstensor, der für $n = 2$ bis auf einen Faktor mit der Gaußschen Flächenkrümmung K zusammenfällt (vgl. Kap. 4, Ziff. 19), läßt sich in diesem Fall nach H. WEYL eine anschauliche geometrische Deutung geben. Wir denken uns ein Gebiet G der Fläche, begrenzt von einer sich nicht schneidenden geschlossenen Kurve C, die sich stetig auf einen Punkt zusammenziehen läßt. Wir umfahren die Berandung C von G, indem wir den Vektor längs C parallel verschieben. Bei seiner Rückkehr in den Ausgangspunkt möge er sich um den Winkel ω gedreht haben. Läßt man das Gebiet G gegen Null konvergieren, so ist

$$K = \lim_{G \to 0} \frac{\omega}{G}.$$

Bei einer euklidischen V_n läßt sich durch Einführung passender Variablen das quadrierte Bogenelement auf die Form $dx_1^2 + dx_2^2 + \cdots + dx_n^2$ bringen. Man bezeichnet die euklidische V_n mit R_n.

Dieser Satz ist ein spezieller Fall folgenden allgemeinen Satzes: Es seien zwei Riemannsche Mannigfaltigkeiten V_n und V_n' gegeben. Alle auf V_n' bezüglichen Größen seien mit Akzenten bezeichnet. Die beiden Mannigfaltigkeiten heißen l ä n g e n t r e u a u f e i n a n d e r a b b i l d b a r, wenn in allen Punkten $ds = ds'$ ist. Es müssen sich also die x' so als Funktionen der x mit nicht verschwindender Funktionaldeterminante bestimmen lassen, daß dabei der

---

[1]) Eine derartige kinematische Betrachtung findet sich schon bei THOMSON und TAIT, Treatise on Natural Philosophy. Tl. I, Abschn. 135—137, S. 105—109. Cambridge: Ausgabe 1912.

Tensor ds'^2 in den Tensor ds^2 transformiert wird. Man erhält sonach die x' aus dem System partieller Differentialgleichungen:

$$g'_{\alpha\beta}(x^{1'}, x^{2'}, \ldots x^{n'}) \frac{\partial x^{\alpha'}}{\partial x^i} \frac{\partial x^{\beta'}}{\partial x^k} = g_{ik}(x^1, x^2, \ldots x^n). \tag{158}$$

Faßt man die Transformationsgleichungen (158) als algebraische Gleichungen für die Unbekannten $x^{i'}$ und $p_{ik} = \frac{\partial x^{i'}}{\partial x^k}$ auf und fügt zu ihnen noch die entsprechenden Transformationsgleichungen des Krümmungstensors und seiner kovarianten Ableitungen, so entsteht ein System A von unendlich vielen algebraischen Gleichungen für die Unbekannten $x^{i'}$ und p_{ik}. Die Lösung von A ist äquivalent mit der Lösung von (158) (Reduktionssatz), d. h. hat man die $x^{i'}$ und p_{ik} aus A bestimmt, so sind die p_{ik} wirklich die Differentialquotienten $\partial x^{i'}/\partial x^k$. Die Lösbarkeit von A läßt sich nach CHRISTOFFEL durch Betrachtung einer endlichen Anzahl von Gleichungen entscheiden.

Die beiden Mannigfaltigkeiten sind konform oder winkeltreu aufeinander abgebildet, wenn die Bogenelemente bis auf einen Faktor übereinstimmen, der eine Funktion des Ortes ist [ergibt sich unmittelbar aus (154)].

22. Geodätische Koordinaten. Riemannsche Normalkoordinaten. Wir versuchen statt der Variablen x derart neue Veränderliche x' einzuführen, daß an einer bestimmten Stelle P die g_{ik} stationär werden, d. h. ihre ersten Ableitungen verschwinden. Solche Koordinaten oder Variablen heißen geodätisch in P. Die Forderung ist äquivalent damit, daß die Dreiindizessymbole verschwinden (vgl. Ziff. 14). Denkt man sich die x' in der Umgebung der betreffenden Stelle nach Potenzen der x entwickelt, so sind die Koeffizienten bis auf bekannte Zahlenfaktoren (Taylorsche Entwicklung, vgl. Kap. 1, Ziff. 22, 31) die Ableitungen der x' nach den x, genommen an der betreffenden Stelle. Nun ergeben sich aus den Gleichungen (158) durch Differentiation und Auflösung nach den zweiten Differentialquotienten der x' die Formeln:

$$\frac{\partial^2 x^{\nu'}}{\partial x^i \partial x^k} = \Gamma^{\alpha}_{ik} \frac{\partial x^{\nu'}}{\partial x^{\alpha}} - \Gamma'^{\nu'}_{\alpha\beta} \frac{\partial x^{\alpha'}}{\partial x^i} \frac{\partial x^{\beta'}}{\partial x^k}. \tag{159}$$

Die Γ' bedeuten dabei die Dreiindizessymbole, gebildet für das quadrierte Bogenelement in den Variablen x'. Ihr Verschwinden ist notwendig und hinreichend dafür, daß die x' geodätische Koordinaten in P sind. Bestimmt man die x' so, daß ihre zweiten Ableitungen in P aus (159) mit $\Gamma' = 0$ berechnet werden, so sind sie geodätische Koordinaten in P. In diesem Koordinatensystem ändern sich die Komponenten eines in P aufsitzenden Vektors ξ^i gemäß (157) nicht.

Ein Beispiel für ein geodätisches Koordinatensystem sind RIEMANNS Normalkoordinaten. Sie sind folgendermaßen definiert: Wir ziehen von einem Punkt P_0 aus alle geodätischen Linien. Durch einen bestimmten Punkt P in der Umgebung von P_0 geht nur eine geodätische Linie, die gleichzeitig durch P_0 geht. Sei s der Bogen P_0P, $(dx^i/ds)_0$ der Tangentenvektor von P_0P im Punkte P_0. Dann kann der Punkt P in eineindeutiger Weise durch die Koordinaten

$$y^i = \left(\frac{dx^i}{ds}\right)_0 \cdot s \tag{160}$$

charakterisiert werden. Sie sind die Riemannschen Normalkoordinaten. Sie transformieren sich linear homogen bei einer beliebigen Transformation der x. Da gemäß (160) alle von P_0 ausgehenden geodätischen Linien lineare Gleichungen haben, verschwinden nach (156) die $\Gamma^i_{\alpha\beta}$ im Punkte P_0, d. h. die Riemannschen Normalkoordinaten sind in P_0 geodätisch. Im Punkte P gilt

$$\Gamma^i_{\alpha\beta}(y)\, y^{\alpha} y^{\beta} = 0. \tag{161}$$

Die Gleichungen (161) sind zusammen mit dem Verschwinden der $\Gamma^i_{\alpha\beta}$ in P_0 für RIEMANNS Normalkoordinaten charakteristisch. Das quadrierte Bogenelement nimmt in RIEMANNS Koordinaten die Gestalt an:

$$ds^2 = \overset{0}{g}_{\alpha\beta}\, dy^\alpha\, dy^\beta + \sum_{(\alpha\beta)(\gamma\delta)} p_{\alpha\beta\gamma\delta}(y)\,(y^\alpha\, dy^\beta - y^\beta\, dy^\alpha)\cdot(y^\gamma\, dy^\delta - y^\delta\, dy^\gamma). \quad (162)$$

$\overset{0}{g}_{\alpha\beta}$ bedeutet die Werte der $g_{\alpha\beta}$ im Punkte P_0; in der Summe durchlaufen die Indexpaare $(\alpha\beta)$ und $(\gamma\delta)$ unabhängig voneinander alle $\binom{n}{2}$ möglichen Kombinationen. Auch (162) ist für die Riemannschen Normalkoordinaten charakteristisch. Im Punkte P_0 ist der Krümmungstensor gegeben durch

$$R_{\alpha\beta\gamma\delta} = 3\, p_{\alpha\beta\gamma\delta}. \quad (163)$$

23. Mannigfaltigkeiten konstanter Krümmung. Mit Hilfe von (162) kann man nach RIEMANN den Begriff der Krümmung der V_n auf den der Gaußschen Flächenkrümmung zurückführen:

Wir legen durch P_0 eine Ebene, charakterisiert durch zwei in ihr liegende Vektoren ξ^i und η^i. Ihre Flächenrichtung ist gegeben durch

$$\xi^{ik} = \xi^i\eta^k - \xi^k\eta^i. \quad (164)$$

Wir konstruieren sämtliche ∞^1 geodätischen Linien, die in P_0 diese Ebene berühren. Sie erzeugen eine Fläche (V_2), deren Gaußsches Krümmungsmaß durch die Formel

$$-K = \frac{\sum\limits_{(\alpha\beta)(\gamma\delta)} R_{\alpha\beta\gamma\delta}\,\xi^{\alpha\beta}\,\xi^{\gamma\delta}}{\sum\limits_{(\alpha\beta)(\gamma\delta)} (g_{\alpha\gamma}\, g_{\beta\delta} - g_{\alpha\delta}\, g_{\beta\gamma})\,\xi^{\alpha\beta}\,\xi^{\gamma\delta}} \quad (165)$$

gegeben ist. RIEMANN nannte K das Krümmungsmaß der V_n in der Flächenrichtung ξ^{ik}. Es hängt vom absoluten Betrag des Tensors ξ^{ik} nicht ab. Mannigfaltigkeiten V_n, deren Krümmungsmaß von der Flächenrichtung und vom Ort unabhängig ist, heißen Mannigfaltigkeiten konstanter Krümmung. Für sie gilt nach (165)

$$R_{\alpha\beta\gamma\delta} + c\,(g_{\alpha\gamma}\, g_{\beta\delta} - g_{\alpha\delta}\, g_{\beta\gamma}) = 0 \quad (c = \text{const.})\,, \quad (166)$$

daher wegen

$$R_{ik} = g^{\alpha\beta} R_{\alpha i\beta k} = g^{\alpha\beta} R_{i\alpha k\beta},$$

$$R_{ik} + (n-1)\, c\, g_{ik} = 0. \quad (167)$$

Infolgedessen wird die Krümmungsinvariante $R = g^{\alpha\beta} R_{\alpha\beta}$

$$R = -n(n-1)\, c. \quad (168)$$

Der in der allgemeinen Relativitätstheorie viel verwendete Tensor

$$G_{ik} = R_{ik} - \tfrac{1}{2} R\, g_{ik}$$

wird hier

$$G_{ik} = \tfrac{1}{2}(n-1)(n-2)\, c\, g_{ik}. \quad (169)$$

$c = 0$ liefert eine euklidische V_n (vgl. Ziff. 20). Ein Beispiel für eine V_n mit konstanter Krümmung ist eine im euklidischen R_{n+1} eingebettete n-dimensionale Kugel. Ihre Gleichung lautet in rechtwinkligen Koordinaten $x^1, x^2, \ldots, x^n$ des R_{n+1}:

$$\sum_{\alpha=1}^{n+1} (x^\alpha)^2 = a^2 \quad (a = \text{Radius}). \quad (170)$$

Ihr quadriertes Bogenelement läßt sich in verschiedenen Formen schreiben:

$$\left.\begin{aligned}
d s^2 &= \sum_{\alpha=1}^{n} (d x^\alpha)^2 + \frac{(x^\alpha d x^\alpha)^2}{a^2 - r^2}, \qquad r^2 = \sum_{\alpha=1}^{n} (x^\alpha)^2 \\
d s^2 &= \frac{a^2}{(a^2 + r^2)^2}\left\{(a^2 + r^2) \sum_{\alpha=1}^{n} (d x^\alpha)^2 - (x^\alpha d x^\alpha)^2\right\} \\
d s^2 &= \frac{\sum\limits_{\alpha=1}^{n} (d x^\alpha)^2}{\left(1 + \frac{r^2}{4 a^2}\right)^2} \\
d s^2 &= \sum_{\alpha=1}^{n} (d y^\alpha)^2 - \frac{1}{\varrho^2}\left(1 - \frac{a^2}{\varrho^2} \sin^2 \frac{\varrho}{a}\right) \sum_{(\alpha\beta)} (y^\alpha d y^\beta - y^\beta d y^\alpha)^2, \quad \varrho^2 = \sum_{\alpha=1}^{n} (y^\alpha)^2.
\end{aligned}\right\} \tag{171}$$

In der letzten Form sind die y Riemannsche Normalkoordinaten. Das Krümmungsmaß ist

$$c = \frac{1}{a^2}.$$

Eine V_n hat dann und nur dann konstantes Krümmungsmaß, wenn sich in einer gewissen Umgebung eines jeden Punktes ein Koordinatensystem so bestimmen läßt, daß das Linienelement eine der vier Formen (171) annimmt. Ferner sind die V_n konstanter Krümmung durch die Existenz einer Bewegungsgruppe $G_{\frac{n(n+1)}{2}}$ charakterisiert, welche einen vorgegebenen Punkt und ein zugehöriges n-Bein von n Richtungen gleichzeitig in irgendeinen anderen Punkt und ein anderes n-Bein überführt, wobei die Längen aller Kurven bei der Bewegung ungeändert bleiben (freie Beweglichkeit starrer Punktsysteme, Kongruenztransformation). Bezüglich der Zusammenhangsverhältnisse im Großen ergeben sich nach F. KLEIN für die V_n mit positiver konstanter Krümmung folgende zwei Möglichkeiten:

Entweder entsprechen im System der Variablen in der ersten Formel von (171) jedem Wertsystem der x zwei Punkte der V_n oder nur einer. Im ersten Fall heißt die V_n ein sphärischer Raum, im zweiten ein elliptischer Raum. Beide Räume sind unbegrenzt, aber endlich; das Gesamtvolumen ist endlich, ebenso die Länge der (geschlossenen) geodätischen Linien. Bei den V_n mit konstanter negativer Krümmung gibt es eine größere Zahl von Möglichkeiten (vgl. hierzu Kap. 3, Ziff. 35, Kap. 4, Ziff. 25).

24. Einbettungssatz. Ametrische Mannigfaltigkeiten. Man kann versuchen $n + m$ Funktionen

$$\xi_\nu = \xi_\nu(x^1, x^2, \ldots, x^n) \qquad (\nu = 1, 2, \ldots, n + m) \tag{172}$$

zu bestimmen, so daß

$$d s^2 = d\xi_1^2 + d\xi_2^2 + \cdots + d\xi_{n+m}^2, \tag{173}$$

$d s^2$ kann dann zufolge (172) und (173) als Bogenelement einer V_n aufgefaßt werden, die in einem euklidischen R_{n+m} liegt. Man sagt, man hat die V_n in einen R_{n+m} eingebettet. Die Funktionen (172) bestimmen sich gemäß (173) aus den $\frac{n(n+1)}{2}$ Differentialgleichungen

$$\sum_{\alpha=1}^{n+m} \frac{\partial \xi_\alpha}{\partial x^i} \frac{\partial \xi_\alpha}{\partial x^k} = g_{ik} \quad (i, k = 1, 2, \ldots n). \tag{174}$$

Die Integrabilitätsbedingungen dieses Systems sind bis jetzt noch nicht genauer untersucht; jedenfalls ist eine notwendige Bedingung für die Lösbarkeit von (174) bei allgemeinen g_{ik} nach Kap. 10, Ziff. 2 $n+m=\frac{n(n+1)}{2}$, d. h. man kann eine allgemeine Riemannsche V_n, wenn überhaupt, erst in einen $R_{\frac{n(n+1)}{2}}$ einbetten. Für $n=2$ wurde von DARBOUX der Satz bewiesen: Jede Riemannsche V_2 läßt sich in einen R_3 einbetten. Die kleinste Zahl $n+m$, für die das System (174) lösbar wird, heißt die Einbettungszahl der Form (153). Die euklidischen V_n haben also die Einbettungszahl n. Niedrigere Einbettungszahlen können nur auftreten, wenn g identisch verschwindet.

Die Integralmannigfaltigkeiten der Gleichung $ds^2=0$ heißen ametrische Mannigfaltigkeiten. In dem für die Relativitätstheorie wichtigen Fall $n=4$ gibt es im allgemeinen nur solche von den Dimensionen 1 und 2.

Die ametrischen Kurven nennt man gewöhnlich Nullinien, isotrope oder Minimalkurven[1]). Diejenigen von ihnen, welche den Differentialgleichungen

$$\frac{d^2 x^i}{d\sigma^2}+\Gamma^i_{\alpha\beta}\frac{dx^\alpha}{d\sigma}\frac{dx^\beta}{d\sigma}=0 \tag{175}$$

genügen, heißen geodätische Nullinien. σ bedeutet den Kurvenparameter, für den man hier natürlich nicht die Bogenlänge s wählen kann, weil $s=0$ ist. Die Gleichungen (175) haben das Integral

$$g_{\alpha\beta}\frac{dx^\alpha}{d\sigma}\frac{dx^\beta}{d\sigma}=C, \tag{176}$$

wobei die Konstante durch die Anfangswerte der x^i und $dx^i/d\sigma$ bestimmt ist. Ist $C\neq 0$, so folgt aus (176)

$$\frac{ds}{d\sigma}=\sqrt{C}, \qquad \sigma=\frac{s}{\sqrt{C}}+C_1, \tag{177}$$

die Kurve ist keine Nullinie. Geht man mit C zur Grenze 0 über, so wird auch gleichzeitig $s=0$, man erhält eine geodätische Nullinie. Die Nullinien berühren in jedem Punkte den Elementarkegel der Mongeschen Gleichung:

$$g_{\alpha\beta}\,dx^\alpha dx^\beta=0 \tag{178}$$

(vgl. Kap. 10, Ziff. 9).

Literatur: Ohne Anspruch auf Vollständigkeit seien folgende Werke angegeben: M. ABRAHAM u. A. FÖPPL, Die Theorie der Elektrizität und des Magnetismus. 4. Aufl. Leipzig u. Berlin: B. G. Teubner 1912; R. GANS, Einführung in die Vektoranalysis. 5. Aufl. Leipzig u. Berlin: B. G. Teubner 1924; W. v. IGNATOWSKY, Die Vektoranalysis und ihre Anwendung in der theoretischen Physik. 3. Aufl. Leipzig u. Berlin: B. G. Teubner 1926; R. MEHMKE, Vorlesungen über Vektoren- und Punktrechnung. Leipzig u. Berlin: B. G. Teubner 1913; W. PAULI, Artikel über Relativitätstheorie, Enzyklopädie der mathematischen Wissenschaften, V 2; ROTHE, Einführung in die Tensorrechnung. Wien: Seidel 1924; C. RUNGE, Vektoranalysis. Leipzig: S. Hirzel 1919; J. A. SCHOUTEN, Grundlagen der Vektor- und Affinoranalysis. Leipzig u. Berlin: B. G. Teubner 1914; S. VALENTINER, Vektoranalysis. Sammlung Göschen; A. S. EDDINGTON, Relativitätstheorie in mathematischer Behandlung. Berlin: Julius Springer 1925; LEVI-CIVITA, Absoluter Differentialkalkul. Berlin: Julius Springer 1928; J. A. SCHOUTEN, Der Ricci-Kalkül. Berlin: Julius Springer 1924; D. J. STRUIK, Grundzüge der mehrdimensionalen Differentialgeometrie. Berlin: Julius Springer 1922; H. WEYL, Raum, Zeit, Materie. 5. Aufl. Berlin: Julius Springer 1923.

[1]) Vgl. Kap. 4, Ziff. 14.

Kapitel 6.

Funktionentheorie.

Von

J. LENSE, München, und TH. RADAKOVIC, Wien[1]).

Mit 13 Abbildungen.

I. Analytische Funktionen einer komplexen Veränderlichen.

a) Komplexe Zahlen.

1. Definition. Rechenregeln. Unter einer komplexen Zahl verstehen wir den Ausdruck

$$a + b i,$$

wobei a und b reelle Zahlen sind, während i die imaginäre Einheit bedeutet:

$$i = \sqrt{-1}; \qquad i^2 = -1. \tag{1}$$

Für die einfachsten Verknüpfungen komplexer Zahlen bestehen folgende Regeln:

Addition: Die Summe zweier komplexer Zahlen $c = a + b i$ und $c' = a' + b' i$ ist gegeben durch den Ausdruck

$$c + c' = (a + a') + (b + b') i. \tag{2}$$

Subtraktion:

$$c - c' = (a - a') + (b - b') i. \tag{3}$$

Multiplikation:

$$c \cdot c' = (a a' - b b') + (a b' + b a') i. \tag{4}$$

Division:

$$\frac{c}{c'} = \frac{a a' + b b'}{a'^2 + b'^2} + \frac{b a' - a b'}{a'^2 + b'^2} i. \tag{5}$$

Für die Addition und Multiplikation gelten das assoziative und kommutative und endlich auch das distributive Gesetz:

$$c(c' + c'') = c c' + c c''.$$

Während Addition, Subtraktion und Multiplikation immer ausführbar sind, ist die Division c/c' nur ausführbar, wenn $c' \neq 0$, also nicht zugleich $a' = b' = 0$ ist.

Unter der zu $c = a + b i$ konjugiert komplexen Zahl verstehen wir die komplexe Zahl

$$\bar{c} = a - b i. \tag{6}$$

Das Produkt einer komplexen Zahl mit ihrer konjugiert komplexen gibt das Quadrat ihres absoluten Betrages:

$$c \cdot \bar{c} = a^2 + b^2 = |c|^2. \tag{7}$$

---

[1]) Ziff. 1—16, 22—32 von TH. RADAKOVIC; Ziff. 17—21, 33—50 von J. LENSE.

Eine komplexe Zahl kann auch aufgefaßt werden als ein geordnetes Paar reeller Zahlen (a, b), wobei für die rationalen Verknüpfungen zweier solcher Paare die oben angegebenen Regeln und Gesetze gelten. Aus ihnen ergibt sich dann

$$(0,1) \cdot (0,1) = (-1,0).$$

2. Geometrische Darstellung komplexer Zahlen. Zur geometrischen Darstellung einer komplexen Zahl $z = x + yi$ gelangen wir, wenn wir in die Ebene ein rechtwinkliges Koordinatenkreuz legen und den reellen Bestandteil $R(z)$ auf der x-Achse, den imaginären Bestandteil $J(z)$ auf der y-Achse auftragen. Dann wird die komplexe Zahl $z = x + yi$ repräsentiert durch den Punkt z mit den Koordinaten x und y oder auch durch den Vektor, der den Koordinatenursprung mit dem Punkt z verbindet. Die Länge r dieses Vektors ist gleich dem absoluten Betrag der Zahl z

$$r = \sqrt{x^2 + y^2} = |z|, \tag{8}$$

und alle komplexen Zahlen, deren repräsentierende Punkte auf einem Kreis mit dem Zentrum im Ursprung des Koordinatensystems liegen, haben gleichen absoluten Betrag. Der spiegelbildlich zur x-Achse gelegene Punkt $\bar{z}$ repräsentiert die konjugiert komplexe Zahl

$$\bar{z} = x - yi. \tag{9}$$

Der Winkel φ zwischen der positiven x-Achse und dem Vektor vom Ursprung zum Punkte z heißt die Amplitude oder der Winkel der Zahl z

$$\varphi = \operatorname{arctg} \frac{y}{x}. \tag{10}$$

Da $x = r\cos\varphi$ und $y = r\sin\varphi$ ist, erhalten wir also

$$z = r(\cos\varphi + i\sin\varphi) = r e^{i\varphi}\,{}^{1)}, \tag{11}$$

$$\bar{z} = r e^{-i\varphi}. \tag{11a}$$

Der die Summe $z + z'$ zweier komplexer Zahlen repräsentierende Punkt wird erhalten durch vektorielle Addition der Vektoren zu den Punkten z und z'.

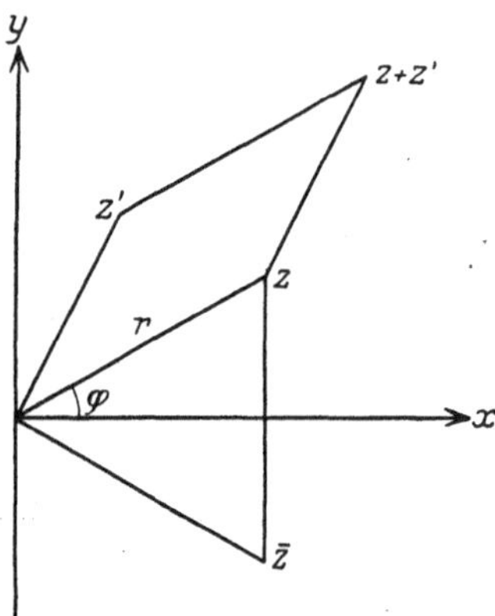

Abb. 1. Vektoraddition in der komplexen Zahlenebene.

Eine andere Art der Darstellung als diese in der Zahlenebene wird durch die stereographische Projektion geliefert. Zu ihr gelangen wir am einfachsten auf folgende Weise: die Transformation

$$\left.\begin{aligned} \bar{\xi} &= \frac{\xi}{\xi^2 + \eta^2 + \zeta^2}; \qquad \bar{\eta} = \frac{\eta}{\xi^2 + \eta^2 + \zeta^2}; \\ \bar{\zeta} &= \frac{\zeta}{\xi^2 + \eta^2 + \zeta^2} \end{aligned}\right\} \tag{12}$$

ordnet jeden Punkt P im dreidimensionalen Raume einen auf der Geraden durch den Koordinatenursprung und diesen Punkt P gelegenen Punkt $\bar{P}$ zu, undzwar derart, daß das Produkt der Abstände beider Punkte vom Ursprung gleich 1 ist

$$r \cdot \bar{r} = 1. \tag{13}$$

Da diese Transformation die Gleichung

$$A(\bar{\xi}^2 + \bar{\eta}^2 + \bar{\zeta}^2) + B\bar{\xi} + C\bar{\eta} + D\bar{\zeta} + E = 0$$

---

[1]) Die Formel $\cos\varphi + i\sin\varphi = e^{i\varphi}$ ergibt sich aus der Potenzreihenentwicklung von $\sin\varphi$, $\cos\varphi$, e^{φ} (vgl. Kap. 1, Ziff. 33 und Kap. 6, Ziff. 16).

in eine Gleichung derselben Art überführt, führt sie Kugeln in Kugeln über, wobei wir die Ebenen als Kugeln von unendlich großem Radius mit zu den Kugeln rechnen. Insbesondere wird durch diese Transformation die Ebene $\bar{\zeta} = 1$ in die durch den Ursprung gehende Kugel

$$\xi^2 + \eta^2 + (\zeta - \tfrac{1}{2})^2 = (\tfrac{1}{2})^2 \tag{14}$$

transformiert. Diese spezielle Zuordnung zwischen Kugel und Ebene heißt die stereographische Projektion der Kugel. Sie führt Kreise in Kreise über, wobei wir wieder die Geraden als Kreise von unendlich großem Radius ansehen müssen, und ist wegen

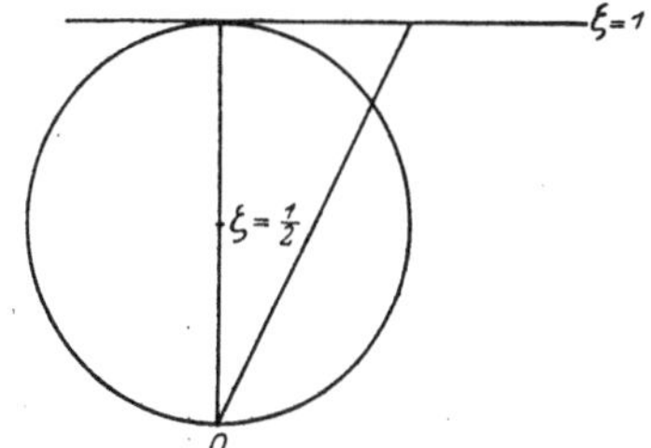

Abb. 2. Stereographische Projektion.

$$d\bar{s}^2 = \frac{d s^2}{(\zeta^2 + \eta^2 + \zeta^2)^2},$$

konform oder winkeltreu. Denn es ist $d\bar{s}^2$ proportional zu ds^2, und der Proportionalitätsfaktor ist nicht abhängig von der Richtung der einander zugeordneten Linienelemente in $\bar{P}$ und P, sondern nur abhängig von der Lage des Punktes $\bar{P}$ (vgl. dazu auch den Artikel über Differentialgeometrie Kap. 4, Ziff. 26).

Legen wir die komplexe Zahlenebene in die Ebene $\bar{\zeta} = 1$, so wird durch die stereographische Projektion jedem Punkte der Zahlenebene der auf der Geraden durch den Ursprung und diesen Punkt gelegene Punkt der Kugel (14) zugeordnet, weswegen diese Kugel auch Riemannsche Zahlenkugel genannt wird. Dem auf der Kugel gelegenen Ursprung des Koordinatentrieders entspricht dabei das unendlich Ferne der Ebene, und dadurch wird man dazu geführt, in der Funktionentheorie von einem unendlich fernen Punkt in der Zahlenebene

$$z = \infty$$

zu sprechen, zum Unterschied von der unendlich fernen Geraden der projektiven Ebene.

b) Reihen komplexer Zahlen.

3. Definition der Konvergenz, unbedingte absolute Konvergenz. Eine Reihe komplexer Zahlen

$$c_1 + c_2 + \cdots + c_n + \cdots \tag{15}$$

$$c_n = a_n + b_n i$$

wird konvergent genannt, wenn die Folge ihrer Partialsummen

$$s_n = c_1 + c_2 + \cdots + c_n \tag{16}$$

gegen einen Grenzwert s konvergiert

$$\lim_{n=\infty} s_n = s. \tag{17}$$

Die notwendige und hinreichende Bedingung für diese Konvergenz besteht wie bei reellen Zahlen darin, daß sich zu jedem beliebigen positiven ε eine Zahl n_0 angeben läßt, so daß

$$|c_n + c_{n+1} + \cdots + c_{n+k}| < \varepsilon \tag{18}$$

ist für $n > n_0$ und $k > 0$. Eine Reihe $c_1 + c_2 + \cdots + c_n + \cdots$ wird unbedingt konvergent genannt, wenn sie bei jeder beliebigen Umordnung ihrer Glieder konvergiert, und zwar stets gegen denselben Grenzwert. Die notwendige und hinreichende Bedingung für die unbedingte Konvergenz einer Reihe besteht in ihrer absoluten Konvergenz, d. h. in der Konvergenz der Reihe der absoluten Beträge

$$|c_1| + |c_2| + \cdots + |c_n| + \cdots, \tag{19}$$

und dies ist wieder gleichbedeutend damit, daß die beiden Reihen der absoluten Beträge der reellen sowie der rein imaginären Teile

$$|a_1| + |a_2| + \cdots + |a_n| + \cdots$$

und

$$|b_1| + |b_2| + \cdots + |b_n| + \cdots,$$

jede für sich, konvergieren.

Das Produkt zweier absolut konvergenten Reihen konvergiert wieder absolut, und zwar konvergiert es gegen das Produkt der beiden Grenzwerte

$$s = \lim_{n=\infty} (c_1 + c_2 + \cdots + c_n); \qquad s' = \lim_{n=\infty} (c'_1 + c'_2 + \cdots + c'_n)$$

$$s \cdot s' = \lim_{n=\infty} [c_1 c'_1 + (c_1 c'_2 + c_2 c'_1) + \cdots + (c_1 c'_n + c_2 c'_{n-1} + \cdots + c_n c'_1)].$$

Allgemeiner gilt der Satz: Wird aus einer absolut konvergenten Reihe in irgendeiner Weise eine unendliche Folge unendlicher Reihen gebildet, derart, daß jedes Glied der alten Reihe in einer und nur einer der Teilreihen auftritt, so konvergiert jede der Teilreihen absolut, und die Reihe ihrer Summen konvergiert gegen die Summe der alten Reihe. Die Konvergenz ist ebenfalls absolut.

Beide Sätze folgen aus der unbedingten Konvergenz.

4. Gleichmäßige Konvergenz. Es sei eine Reihe von Funktionen der komplexen Variabeln z gegeben

$$f_1(z) + f_2(z) + \cdots + f_n(z) + \cdots, \tag{20}$$

und alle diese Funktionen mögen einen gemeinsamen Definitionsbereich $\mathfrak{B}$ in der Zahlenebene der z haben. Läßt sich dann zu einem beliebigen positiven ε für alle z des Definitionsbereichs $\mathfrak{B}$ ein und derselbe Index n_0 angeben, so daß

$$|f_n(z) + f_{n+1}(z) + \cdots + f_{n+k}(z)| < \varepsilon \tag{21}$$

für $n > n_0$ und $k > 0$, so heißt diese Reihe gleichmäßig konvergent im Bereiche $\mathfrak{B}$.

Ebenso wie im Reellen gilt auch hier der Satz: Sind alle Glieder einer gleichmäßig konvergenten Reihe stetige Funktionen im Bereiche $\mathfrak{B}$ (d. h. läßt sich zu jedem positiven ε ein positives δ angeben, so daß $|f_n(z') - f_n(z)| < \varepsilon$ für $|z' - z| < \delta$ ist), dann ist auch ihre Summe eine auf $\mathfrak{B}$ stetige Funktion.

5. Potenzreihen. Eines der einfachsten und wichtigsten Beispiele für Reihen komplexer Funktionen wird geliefert durch die Potenzreihen. Sei die Potenzreihe

$$\mathfrak{P}(z) = a_0 + a_1 z + a_2 z^2 + \cdots + a_n z^n + \cdots \tag{22}$$

gegeben, so gelten für das Konvergenzgebiet dieser Potenzreihe folgende drei Sätze:

Satz 1: Konvergiert die Potenzreihe $\mathfrak{P}(z)$ für $z = z_0$, so konvergiert sie absolut und gleichmäßig im Innern und auf der Peripherie eines jeden Kreises in der Zahlenebene mit dem Zentrum im Ursprung, dessen Radius $r < |z_0|$ ist.

Denn wegen der Konvergenz von $\mathfrak{P}(z_0)$ ist $\lim_{n=\infty} a_n z_0^n = 0$, also $|a_n z_0^n| < G$ für alle n; weiter ist für jedes z dieses Kreises

$$\frac{|z|}{|z_0|} \leq \frac{r}{|z_0|} = k < 1.$$

Es läßt sich also für alle z des Kreises dieselbe geometrische Reihe $G(1+k+k^2+\cdots)$ als absolut konvergente Majorante für $\mathfrak{P}(z)$ angeben.

Satz 2 (Cauchy-Hadamardscher Satz): Ist $l = \limsup_{n=\infty} \sqrt[n]{|a_n|}$, so konvergiert $\mathfrak{P}(z)$ für alle $|z| < \frac{1}{l}$ und divergiert für alle $|z| > \frac{1}{l}$. Ist speziell $\lim_{n=\infty} \sqrt[n]{|a_n|} = 0$, so konvergiert $\mathfrak{P}(z)$ für jedes endliche z, ist die Folge $\sqrt[n]{|a_n|}$ nicht beschränkt, so divergiert $\mathfrak{P}(z)$ für jedes $z \neq 0$. Der Beweis dieses Satzes beruht wieder darauf, daß sich für jedes $|z| < \frac{1}{l}$ eine geometrische Reihe als konvergente Majorante und für jedes $|z| > \frac{1}{l}$ eine geometrische Reihe als divergente Minorante angeben läßt. Aus diesen Sätzen folgt endlich

Satz 3: Die Potenzreihe

$$\mathfrak{P}(z) = a_0 + a_1 z + a_2 z^2 + \cdots$$

konvergiert im Innern eines Kreises in der Zahlenebene mit dem Zentrum im Nullpunkt und dem Konvergenzradius

$$r = \frac{1}{\limsup_{n=\infty} \sqrt[n]{|a_n|}}, \tag{23}$$

des Konvergenzkreises und divergiert außerhalb dieses Kreises. In jedem kleineren konzentrischen Kreise ist die Konvergenz absolut und gleichmäßig. Das Verhalten am Rande des Konvergenzkreises ist von Fall zu Fall verschieden.

Derselbe Satz gilt natürlich auch für die Potenzreihe

$$\mathfrak{P}(z/a) = a_0 + a_1(z-a) + a_2(z-a)^2 + \cdots,$$

deren Konvergenzkreis das Zentrum im Punkte a und den Konvergenzradius

$$r = \frac{1}{\limsup_{n=\infty} \sqrt[n]{|a_n|}}$$

hat.

Umbildungen einer Potenzreihe. Es sei b ein Punkt im Innern des Konvergenzkreises der Potenzreihe $\mathfrak{P}(z/a)$; setzen wir $z-a = (b-a) + (z-b)$, so können wir $\mathfrak{P}(z/a)$ nach Potenzen von $(z-b)$ jedenfalls dann umordnen, wenn absolute Konvergenz von $a_0 + a_1\{(b-a) + (z-b)\} + \cdots$ besteht, d. h. wenn

$$|b-a| + |z-b| < r \qquad \text{oder} \qquad |z-b| < r - |b-a|$$

ist, wobei r wieder den Konvergenzradius von $\mathfrak{P}(z/a)$ bedeutet. Nennen wir die nach Potenzen von $(z-b)$ angeordnete Reihe

$$\mathfrak{P}(z/b) = b_0 + b_1(z-b) + b_2(z-b)^2 + \cdots \tag{24}$$

die Umbildung von $\mathfrak{P}(z/a)$, so erhalten wir den Satz:

Die Umbildung $\mathfrak{P}(z/b)$ von $\mathfrak{P}(z/a)$ (wobei b im Innern des Konvergenzkreises von $\mathfrak{P}(z/a)$ liegt), besitzt einen Konvergenzkreis, der mindestens so groß ist wie derjenige Kreis mit b als Zentrum, der den Konvergenzkreis von $\mathfrak{P}(z/a)$ von innen berührt.

Ableitung einer Potenzreihe. Der Koeffizient der ersten Potenz der Umbildung $\mathfrak{P}(z/b)$ von $\mathfrak{P}(z/a)$ wird dargestellt durch die Reihe

$$a_1 + 2a_2(b-a) + 3a_3(b-a)^2 + \cdots, \tag{25}$$

die konvergiert, solange b im Innern des Konvergenzkreises von $\mathfrak{P}(z/a)$ liegt. Also ist der Konvergenzradius der Reihe

$$a_1 + 2a_2(z-a) + \cdots + n a_n (z-a)^{n-1} + \cdots \tag{25a}$$

mindestens so groß wie der Konvergenzradius der Reihe $\mathfrak{P}(z/a)$, und wegen $|a_n| \leqq |n a_n|$ ist er zufolge des Cauchy-Hadamardschen Satzes nicht größer. Nennen wir die Reihe

$$\mathfrak{P}'(z/a) = a_1 + 2a_2(z-a) + \cdots + n a_n (z-a)^{n-1} + \cdots \tag{25b}$$

die Ableitung der Reihe $\mathfrak{P}(z/a)$, so erhalten wir den Satz:

Der Konvergenzradius der Ableitung einer Potenzreihe ist ebenso groß wie der Konvergenzradius der Potenzreihe selber.

c) Komplexe Integration.

6. Kurvenintegrale, Gaußscher Integralsatz. Zum Unterschied vom Vorhergehenden und Folgenden wollen wir uns für diese Ziffer auf das Reelle beschränken. Sei in der xy-Ebene eine Kurve C durch die Parameterdarstellung

$$x = \varphi(t), \qquad y = \psi(t) \tag{26}$$

gegeben. Die Funktionen $\varphi(t)$ und $\psi(t)$ mögen eine stetige Kurve mit einer sich stetig drehenden Tangente darstellen oder aber die Kurve möge aus endlich vielen derartigen Stücken bestehen. Dann definieren wir für zwei stetige Funktionen u und v von x und y das Kurvenintegral

$$\int_C u(x,y)\,dx + v(x,y)\,dy \tag{27}$$

als das bestimmte Integral

$$\int_{t_1}^{t_2} \{u[\varphi(t), \psi(t)]\,\varphi'(t) + v[\varphi(t), \psi(t)]\,\psi'(t)\}\,dt. \tag{27a}$$

Sei jetzt C eine einfach geschlossene Kurve von den obenerwähnten Eigenschaften, die von jeder Parallelen zur x- und y-Achse in höchstens endlich vielen Punkten getroffen wird, so ist, vorausgesetzt, daß u und v stetige partielle Ableitungen erster Ordnung im Innern und auf der Kurve C haben,

$$\oint_C u\,dx + v\,dy = \iint_{\mathfrak{B}} \left(\frac{\partial v}{\partial x} - \frac{\partial u}{\partial y}\right) dx\,dy\,, \tag{28}$$

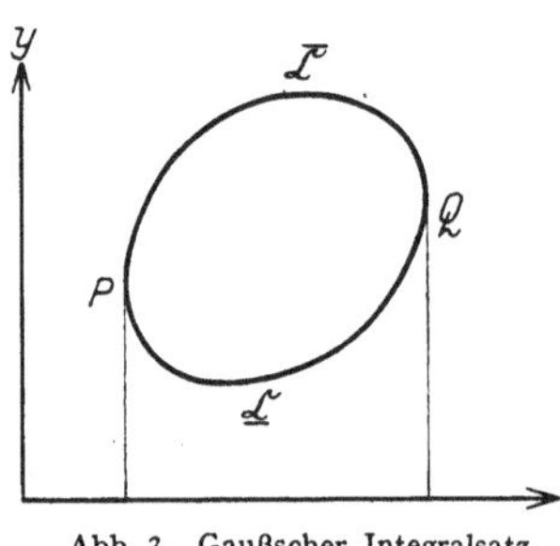

Abb. 3. Gaußscher Integralsatz.

wobei $\mathfrak{B}$ den von der Kurve C umschlossenen Bereich bedeutet (Gaußscher Integralsatz). Dabei werde die Kurve in positivem Umlaufssinn durchlaufen, so daß das Innere zur Linken bleibt.

Die Verallgemeinerung dieses Satzes ist offenbar der in Kap. 5, Ziff. 8 erwähnte Stokessche Satz. Unser Satz, der auch zum Beweise des Stokesschen Satzes verwendet werden kann, geht aus diesem hervor, wenn man sich beschränkt auf ein in der xy-Ebene gelegenes Flächenstück $\mathfrak{B}$ und auf einen Vektor mit verschwindender z-Komponente

$$u(x,y)\,\mathfrak{i} + v(x,y)\,\mathfrak{j}\,.$$

7. Integration im komplexen Gebiet. Unter Verwendung der Ergebnisse der vorigen Ziffer läßt sich jetzt das Integral einer Funktion einer komplexen Variabeln, erstreckt über eine Kurve in der komplexen Zahlenebene,

$$\int_C f(z)\,dz$$

definieren. Setzen wir $z = x + iy$ und $f(z) = u(x, y) + i\,v(x, y)$ und stellen die Kurve C durch $x = \varphi(t)$, $y = \psi(t)$ dar, so verstehen wir unter obigem Integral den Ausdruck

$$\left.\begin{aligned}&\int_{t_1}^{t_2}\{u[\varphi(t), \psi(t)] + iv[\varphi(t), \psi(t)]\}\{\varphi'(t) + i\psi'(t)\}dt\\ &\qquad = \int_{t_1}^{t_2} u\varphi' dt - \int_{t_1}^{t_2} v\psi' dt + i\int_{t_2}^{t_2} u\psi' dt + i\int_{t_1}^{t_2} v\varphi' dt\\ &\qquad = \int_C u\,dx - \int_C v\,dy + i\int_C u\,dy + i\int_C v\,dx,\end{aligned}\right\} \tag{29}$$

wobei also unter u und v immer $u[\varphi(t), \psi(t)]$ und $v[\varphi(t), \psi(t)]$ zu verstehen ist. Für dieses Integral läßt sich sofort folgende Abschätzungsformel angeben: Ist $|f(z)| \leqq M$ längs der Kurve C und ist l die Länge von C, so ist

$$\left|\oint_C f(z)\,dz\right| \leqq M \cdot l. \tag{30}$$

Aus der Abschätzungsformel folgt sofort: Eine gleichmäßig konvergente Reihe stetiger Funktionen kann gliedweise integriert werden:

$$\int_C \sum_{n=0}^{\infty} f_n(z)\,dz = \sum_{n=0}^{\infty}\int_C f_n(z)\,dz.$$

Als Beispiel möge die Funktion $f(z) = (z - z_0)^m$ (m ein ganzzahliger Wert) über einen Kreis K mit z_0 als Mittelpunkt, durchlaufen in positivem Sinne, integriert werden. Setzen wir

$$z = z_0 + r(\cos t + i \sin t),$$

so erhalten wir[1])

$$\begin{aligned}\oint_K (z-z_0)^m dz &= \int_0^{2\pi}[r(\cos t + i\sin t)]^m \cdot [r(-\sin t + i\cos t)]dt = i\int_0^{2\pi} r^{m+1}(\cos t + i\sin t)^{m+1} dt\\ &= i r^{m+1}\int_0^{2\pi}[\cos(m+1)t + i\sin(m+1)f]\,dt\end{aligned}$$

und also

$$\oint_K (z - z_0)^m dz = 0 \quad \text{für} \quad m \neq -1,$$

$$\oint_K \frac{dz}{z - z_0} = 2\pi i. \tag{31}$$

d) Analytische Funktionen.

8. Definition der analytischen Funktionen, Cauchy-Riemannsche Differentialgleichungen. Nennen wir einen nur aus inneren Punkten bestehenden und zusammenhängenden Bereich in der komplexen Zahlenebene ein Gebiet, so bezeichnen wir als eine in diesem Gebiete reguläre analytische Funktion

---

[1]) Zufolge $\cos m\varphi + i\sin m\varphi = e^{im\varphi}$ ist $(\cos\varphi + i\sin\varphi)^m = \cos m\varphi + i\sin m\varphi$ (Moivresche Formel).

eine solche Funktion $f(z)$, die dort überall differenzierbar ist. Es muß sich also für jedes z des Gebietes eine Zahl $f'(z)$ angeben lassen, so daß

$$\lim_{h=0} \frac{f(z+h)-f(z)}{h} = f'(z) \tag{32}$$

ist für jede Art der Annäherung an den Punkt z. Ist eine Funktion $f(z)$ in einem Gebiete differenzierbar, so ist sie dort auch stetig.

Das Studium der analytischen Funktionen bildet den wesentlichen Inhalt der Funktionentheorie. Zunächst mögen notwendige Bedingungen für die Differenzierbarkeit einer Funktion aufgestellt werden. Setzen wir wieder $f(z) = u + iv$, $z = x + iy$, so muß ein Grenzwert für den Ausdruck

$$\frac{u(x+\Delta x, y+\Delta y) + iv(x+\Delta x, y+\Delta y) - u(x,y) - iv(x,y)}{\Delta x + i\Delta y}$$

vorhanden sein, wenn wir uns entlang einer Parallelen zur x-Achse ($\Delta y = 0$), und wenn wir uns entlang einer Parallelen zur y-Achse ($\Delta x = 0$) dem Punkte $x + iy$ nähern, und dieser Grenzwert muß für beide Arten der Annäherung derselbe sein. Daraus folgt aber

$$\frac{\partial u}{\partial x} + i\frac{\partial v}{\partial x} = \frac{1}{i}\left(\frac{\partial u}{\partial y} + i\frac{\partial v}{\partial y}\right),$$

und das ergibt die Cauchy-Riemannschen Differentialgleichungen

$$\frac{\partial u}{\partial x} = \frac{\partial v}{\partial y}; \qquad \frac{\partial u}{\partial y} = -\frac{\partial v}{\partial x}. \tag{33}$$

Umgekehrt gilt der Satz: Genügen zwei Funktionen u und v mit stetigen partiellen Ableitungen erster Ordnung nach x und y den Cauchy-Riemannschen Differentialgleichungen, so ist

$$f(z) = u + iv$$

eine analytische Funktion von z. Durch partielle Ableitung der Cauchy-Riemannschen Differentialgleichungen folgt weiter: Die beiden Funktionen u und v genügen der Laplaceschen Differentialgleichung

$$\frac{\partial^2\varphi}{\partial x^2} + \frac{\partial^2\varphi}{\partial y^2} = 0. \tag{34}$$

9. Cauchyscher Integralsatz, Cauchysche Integralformel. Sei $\mathfrak{B}$ ein einfach zusammenhängendes Gebiet, in dem die Funktion $f(z)$ analytisch (regulär) ist, und sei C eine geschlossene, in $\mathfrak{B}$ liegende Kurve, so ist

$$\oint_C f(z)\,dz = 0 \tag{35}$$

(Cauchyscher Integralsatz). D. h. sind z_0 und z_1 zwei Punkte des Gebietes $\mathfrak{B}$, so hat

$$\int_{z_0}^{z_1} f(z)\,dz$$

denselben Wert längs jedes ganz in $\mathfrak{B}$ liegenden Weges von z_0 nach z_1.

Der Beweis ergibt sich aus der Umformung des Integrals $\int_C f(z)\,dz$ mittels des Gaußschen Integralsatzes in

$$\oint_C (u\,dx - v\,dy) + i\oint_C (v\,dx + u\,dy) = -\iint_{\mathfrak{B}} \left(\frac{\partial v}{\partial x} + \frac{\partial u}{\partial y}\right) dx\,dy + i\iint_{\mathfrak{B}} \left(\frac{\partial u}{\partial x} - \frac{\partial v}{\partial y}\right) dx\,dy$$

und aus den Cauchy-Riemannschen Differentialgleichungen.

Umgekehrt: Ist $f(z)$ im einfach zusammenhängenden Gebiet $\mathfrak{B}$ stetig und ist längs jedes geschlossenen, ganz in $\mathfrak{B}$ liegenden Weges C

$$\oint_C f(z)\,dz = 0,$$

so ist $f(z)$ in G regulär.

Seien C_1 und C_2 zwei geschlossene Kurven in der Zahlenebene und C_2 liege ganz im Innern von C_1. Ist $f(z)$ in einem (nicht notwendig einfach zusammenhängenden) Gebiet, dem C_1 und C_2, sowie das Gebiet zwischen diesen Kurven angehören, eindeutig und regulär, so ist

$$\oint_{C_1} f(z)\,dz = \oint_{C_2} f(z)\,dz,$$

wenn beide Kurven in positivem Sinne durchlaufen werden. Denn wird das Integral $\int f(z)\,dz$ in positivem Sinne um die Begrenzung des Gebietes zwischen C_1 und C_2 erstreckt, so ist auch für diesen Integrationsweg

$$\int f(z)\,dz = 0.$$

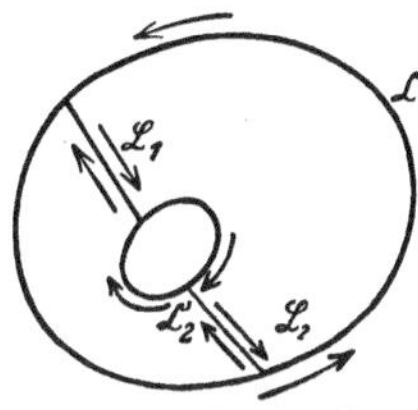

Abb. 4. Cauchyscher Integralsatz.

Die Integrale über die Stücke L_1 und L_2 heben sich aber weg, und die beiden Kurven C_1 und C_2 werden dabei in entgegengesetztem Sinne durchlaufen. Dieser Satz läßt sich auch ausdehnen auf mehrere geschlossene, einander ganz ausschließende Kurven $C_2, C_3 \ldots, C_n$ im Innern von C_1. Daraus aber ergibt sich die Cauchysche Integralformel. Ist C eine geschlossene Kurve im einfach zusammenhängenden Regularitätsgebiet G von $f(z)$ und z_0 ein Punkt im Innern dieser Kurve, so ist, wenn C in positivem Sinne durchlaufen wird,

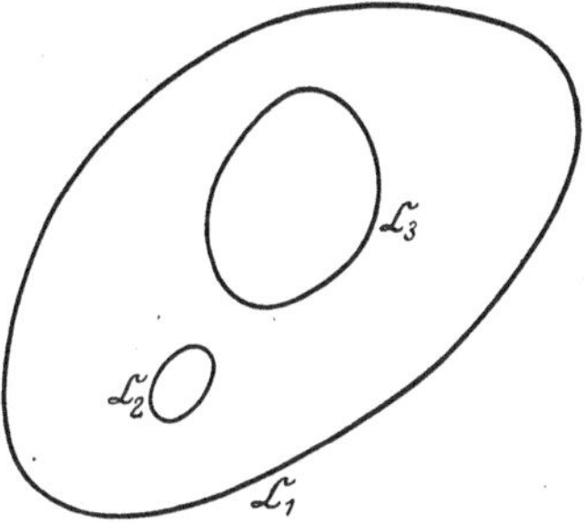

Abb. 5. Cauchyscher Integralsatz.

$$f(z_0) = \frac{1}{2\pi i}\oint_C \frac{f(z)}{z - z_0}\,dz, \tag{36}$$

Denn die Funktion $\frac{f(z)}{z - z_0}$ hat als einzigen Irregularitätspunkt in $\mathfrak{B}$ den Punkt z_0 und die Voraussetzungen für die Anwendung des vorigen Satzes sind erfüllt. Also kann statt über C auch über einen beliebig kleinen Kreis K um z_0 mit den Radius r integriert werden. Für diesen Kreis aber ist

$$\frac{1}{2\pi i}\oint_C \frac{f(z)}{z - z_0}\,dz = \frac{1}{2\pi i}\oint_K \frac{f(z_0)}{z - z_0}\,dz + \frac{1}{2\pi i}\oint_K \frac{f(z) - f(z_0)}{z - z_0}\,dz.$$

Das erste Integral gibt $f(z_0)$ und das zweite wird zufolge der Abschätzungsformel für komplexe Integrale absolut $\leqq \frac{\varepsilon}{2\pi r}\cdot 2\pi r = \varepsilon$, wenn r so klein gewählt wird, daß $|f(z) - f(z_0)| < \varepsilon$ ist, ist also $= 0$.

Ähnlich zu beweisen ist der Satz: Eine in G reguläre Funktion besitzt Ableitungen beliebig hoher Ordnung und diese sind gegeben durch die Formeln

$$f^{(n)}(z_0) = \frac{n!}{2\pi i}\oint_C \frac{f(z)}{(z - z_0)^{n+1}}\,dz. \tag{37}$$

10. Taylorsche Entwicklung, analytische Fortsetzung, singuläre Stellen, ganze Funktionen. Eine der wichtigsten Anwendungen der Cauchyschen Integralformel ist die Potenzreihenentwicklung einer analytischen Funktion. Sei unter den Gültigkeitsvoraussetzungen dieser Formel K ein Kreis im Innern von C mit dem Zentrum in z_0. Bezeichnen wir dann die Punkte auf C mit t, die im Kreise K mit z, so wird wegen

$$\left|\frac{z-z_0}{t-z_0}\right| < k < 1$$

die geometrische Reihe

$$\frac{1}{t-z} = \frac{1}{t-z_0}\cdot\frac{1}{1-\dfrac{z-z_0}{t-z_0}} = \frac{1}{t-z_0} + \frac{z-z_0}{(t-z_0)^2} + \frac{(z-z_0)^2}{(t-z_0)^3} + \cdots$$

gleichmäßig für alle t auf C konvergieren und es kann daher auch die den Ausdruck

$$\frac{f(t)}{t-z}$$

darstellende Reihe gliedweise nach t integriert werden. Aus der Cauchyschen Integralformel angewendet auf C und den im Kreise K gelegenen Punkt z ergibt sich dann nach (37) die Taylorsche Entwicklung

$$\begin{aligned} f(z) &= f(z_0) + \frac{1}{1!}f'(z_0)(z-z_0) + \frac{1}{2!}f''(z_0)(z-z_0)^2 + \cdots \\ &= a_0 + a_1(z-z_0) + a_2(z-z_0)^2 + \cdots = \mathfrak{P}(z/z_0). \end{aligned} \tag{38}$$

Diese Taylorsche Reihe ist eindeutig gegeben durch die Werte von $f(z)$ in einer beliebig kleinen Umgebung des Regularitätspunktes z_0 und konvergiert in dem größten Kreise um z_0, dessen Inneres ganz dem Regularitätsgebiet von $f(z)$ angehört. Ist z_1 ein Punkt im Innern des Konvergenzkreises von $\mathfrak{P}(z/z_0)$, so kann $\mathfrak{P}(z/z_0)$ in eine Potenzreihenentwicklung

$$\mathfrak{P}(z/z_1) = b_0 + b_1(z-z_1) + b_2(z-z_1)^2 + \cdots$$

umgebildet werden, die ebenfalls die Funktion $f(z)$ darstellt. Sie konvergiert ebenfalls im größten Kreise um z_1, dessen Inneres dem Regularitätsgebiet von $f(z)$ angehört, ihr Konvergenzkreis ist also sicherlich nicht kleiner als der Kreis um z_1, der den Konvergenzkreis von $\mathfrak{P}(z/z_0)$ von innen berührt, kann aber größer sein. In diesem Falle ist also die Potenzreihendarstellung von $f(z)$ über den Konvergenzkreis von z_0 hinaus fortgesetzt. Ebenso kann $f(z)$ im Konvergenzgebiet von $\mathfrak{P}(z/z_1)$ in eine Reihe $\mathfrak{P}(z/z_2)$ umgebildet werden, deren Konvergenzgebiet wiederum über das alte hinausreichen kann. Dies ist der Prozeß der analytischen Fortsetzung.

Auch der Punkt $z = \infty$ kann in diese Betrachtungen eingezogen werden. Durch die Substitution

$$\zeta = \frac{1}{z} \tag{39}$$

geht $f(z)$ in $\varphi(\zeta)$ über und diese Funktion $\varphi(\zeta)$ läßt eine Potenzreihenentwicklung um den Punkt $\zeta = 0$ zu, falls sie dort, also $f(z)$ für $z = \infty$ regulär ist. Die Potenzreihenentwicklung von $f(z)$

$$\mathfrak{P}(z/\infty) = C_0 + \frac{C_1}{z} + \frac{C_2}{z^2} + \cdots \tag{40}$$

konvergiert dann außerhalb eines bestimmten Kreises um den Nullpunkt.

Diese ganzen Betrachtungen führen zu einer neuen Definition der analytischen Funktionen und zwar durch das (monogene) System von Potenzreihen, zu dem man durch analytische Fortsetzung von irgendeiner Potenzreihe des Systems aus gelangt. Jede einzelne dieser Potenzreihen heißt dann ein Funktionselement.

Diejenigen Punkte, die auf keinerlei Weise in das Innere des Konvergenzkreises eines Funktionselementes einbezogen werden können, heißen singuläre Punkte der Funktion.

Auf dem Rande eines Konvergenzkreises liegt mindestens ein singulärer Punkt, wie sich aus dieser Definition leicht folgern läßt.

Kommt man bei analytischer Fortsetzung von z_0 aus wieder in den ursprünglichen Konvergenzkreis hinein, so sind zwei Fälle möglich: Entweder stimmen die neuen Funktionswerte unter allen Umständen mit den alten überein oder aber man gelangt auf diese Weise zu verschiedenen Werten. Im ersten Falle spricht man von einer eindeutigen, im zweiten von einer mehrdeutigen Funktion. Gelangt man z. B. mit der Funktion

$$\log z = \int_1^z \frac{dz}{z} \tag{41}$$

den Nullpunkt n-mal umkreisend wieder zum Punkte $z = 1$ zurück, so erhält man den Wert $2ni\pi$, wie sich aus dem über den Einheitskreis erstreckten Integral $\int \frac{dz}{z} = 2i\pi$ ergibt. Der Logarithmus ist also eine unendlich vieldeutige Funktion. Für den Rest von Abschnitt I wollen wir uns auf eindeutige Funktionen beschränken.

Eine (notwendigerweise eindeutige) Funktion, deren Potenzreihen in jedem endlichen Punkte konvergieren, heißt eine ganze Funktion. Es gilt der Satz: Der absolute Betrag einer ganzen Funktion, die keine Konstante ist, ist außerhalb jedes Kreises um den Nullpunkt beliebig großer Werte fähig.

Denn wäre $|f(z)| < M$ für $|z| > R$, so würde aus

$$f(z) = a_0 + a_1 z + a_2 z^2 + \cdots$$

und

$$a_n = \frac{1}{n!} f^{(n)}(0) = \frac{1}{2\pi i} \oint \frac{f(z)}{z^{n+1}} dz$$

mit Hilfe der Abschätzungsformel folgen

$$|a_n| \leqq \frac{M}{\varrho^n},$$

wenn über einen Kreis um den Nullpunkt mit dem Radius $\varrho > R$ integriert wird. Also müßte sein: $a_n = 0$ für $n \neq 0$.

Liegen die singulären Stellen überall dicht auf dem Rande des Konvergenzkreises, so ist keine analytische Fortsetzung über ihn hinaus möglich, er bildet eine natürliche Grenze für die Funktion. So ist der Einheitskreis natürliche Grenze für die Funktion

$$f(z) = z + z^2 + z^6 + \cdots + z^{n!} + \cdots,$$

denn alle Punkte $e^{2\pi i \cdot \frac{p}{q}}$ (p, q ganze Zahlen) sind singuläre Stellen von $f(z)$.

11. Laurentsche Reihe, Verhalten in der Umgebung eines Poles und einer wesentlich singulären Stelle, rationale Funktionen. Um das Verhalten einer Funktion in der Umgebung singulärer Stellen zu behandeln, dient die Entwicklung in eine Laurentsche Reihe. Sei die (eindeutige) Funktion $f(z)$ im Innern eines konzentrischen Kreisrings C_1 und C_2 ($r_1 > r_2$) um z_0 regulär. K_1 und K_2 seien zwei weitere Kreise um z_0 mit den Radien ζ_1 und ζ_2, derart, daß

$$r_1 > \zeta_1 > \zeta_2 > r_2$$

ist. Die Punkte auf K_1 und K_2 seien mit t, die zwischen von K_1 und K_2 mit z bezeichnet. Dann ist für irgendeines dieser z

$$f(z) = \frac{1}{2\pi i}\oint_{K_1} \frac{f(t)}{t-z}\,dt - \frac{1}{2\pi i}\oint_{K_2} \frac{f(t)}{t-z}\,dt, \tag{42}$$

wenn beide Kurven in positivem Sinne durchlaufen werden. Liegt t auf K_1, so ist wegen

$$\left|\frac{z-z_0}{t-z_0}\right| < k_1 < 1$$

die Reihe

$$\frac{f(t)}{t-z} = f(t)\left(\frac{1}{t-z_0} + \frac{z-z_0}{(t-z_0)^2} + \frac{(z-z_0)^2}{(t-z_0)^3} + \cdots\right)$$

gleichmäßig konvergent für alle t auf K_1, und liegt t auf K_2, so ist wegen $\left|\frac{t-z_0}{z-z_0}\right| < k_2 < 1$ die Reihe

$$\frac{f(t)}{t-z} = -\frac{f(t)}{z-z_0}\cdot\frac{1}{1-\dfrac{t-z_0}{z-z_0}} = -f(t)\left(\frac{1}{z-z_0} + \frac{t-z_0}{(z-z_0)^2} + \frac{(t-z_0)^2}{(z-z_0)^3} + \cdots\right)$$

gleichmäßig konvergent für alle t auf K_2. Gliedweise Integration beider Reihen gibt

$$f(z) = \sum_{n=0}^{\infty} a_n (z-z_0)^n + \sum_{n=1}^{\infty} a_{-n}(z-z_0)^{-n}, \tag{43}$$

$$a_n = \frac{1}{2\pi i}\oint_{K_1} \frac{f(t)}{(t-z_0)^{n+1}}\,dt, \quad n = 0, 1, 2, \tag{43a}$$

$$a_{-n} = \frac{1}{2\pi i}\oint_{K_2} f(t)(t-z_0)^{n-1}\,dt, \quad n = 1, 2, \ldots \tag{43b}$$

Diese Reihe, die Laurentsche Reihe, konvergiert im Innern des Ringgebiets zwischen C_1 und C_2, und zwar die Reihe der positiven Potenzen innerhalb C_1, die der negativen Potenzen außerhalb C_2. Die Entwicklung einer Funktion in eine Laurentsche Reihe ist eindeutig bestimmt.

Diese Reihe gibt nun die Möglichkeit, das Verhalten der Funktion in der Umgebung einer isolierten singulären Stelle, d. h. einer solchen, die nicht Häufungspunkt singulärer Stellen ist, zu untersuchen, da dann $r_2 \neq 0$ beliebig klein genommen werden kann. Auch der Punkt $z = \infty$ kann wieder durch die Substitution $\zeta = \frac{1}{z}$ in diese Betrachtungen eingezogen werden.

Ist eine in der Umgebung von z_0 eindeutige reguläre Funktion dort von beschränktem absoluten Betrage, so ist z_0 ein regulärer Punkt der Funktion.

Denn ist $|f(z)| \leqq M$ in der Umgebung von z_0, so folgt aus der Abschätzungsformel

$$|a_{-n}| \leqq M r_2^n \quad (n = 1, 2, \ldots)$$

und, da r_2 beliebig klein genommen werden kann, $a_{-n} = 0$.

Eine singuläre Stelle z_0 von $f(z)$, für die $1/f(z)$ regulär ist, heißt ein Pol. Ein Pol ist eine isolierte singuläre Stelle. Ist die Potenzreihenentwicklung von $1/f(z)$

$$\frac{1}{f(z)} = b_k(z-z_0)^k + \cdots = (z-z_0)^k g(z),$$

wobei k der erste nichtverschwindende Index ist, so ist $g(z_0) \neq 0$ und $1/g(z)$ ebenfalls nach Potenzen von $z - z_0$ zu entwickeln. Also ist

$$f(z) = \frac{a_0}{(z - z_0)^k} + \frac{a_1}{(z - z_0)^{k-1}} + \cdots + \frac{a_{k-1}}{z - z_0} + a_k + a_{k+1}(z - z_0) + \cdots \tag{44}$$

die Laurentsche Entwicklung für einen Pol hat nur endlich viele Glieder mit negativen Exponenten. k heißt die Ordnung des Pols und

$$\frac{a_0}{(z - z_0)^k} + \cdots + \frac{a_{k-1}}{z - z_0} \tag{44a}$$

sein Hauptteil. Aus der Betrachtung des Hauptteils ergibt sich: Bei Annäherung an einen Pol wird die Funktion bestimmt unendlich, $|f(z)| > M$ für $|z - z_0| < \varepsilon$.

Die anderen singulären Punkte heißen wesentlich singuläre Stellen. Bei Annäherung an eine isolierte wesentlich singuläre Stelle z_0 kommt eine Funktion in jeder Nähe von z_0 jedem beliebigen Werte c beliebig nahe (Satz von Casorati-Weierstrass).

Denn sonst wäre

$$\left|\frac{1}{f(z) - c}\right| \leq M \text{ in der Umgebung von } z_0,$$

$\frac{1}{f(z) - c}$ wäre dort regulär und also z_0 eine reguläre Stelle oder ein Pol für $f(z) - c$.

Die ganzen Funktionen haben als einzige singuläre Stelle den Punkt $z = \infty$. Ist er ein wesentlich singulärer Punkt, so spricht man von ganzen transzendenten Funktionen. Eine ganze transzendente Funktion kommt also außerhalb jedes Kreises jedem beliebigen Werte c beliebig nahe. Weiter reichend ist der Satz von Picard: Eine ganze transzendente Funktion nimmt alle Werte mit höchstens einer Ausnahme an.

Ist der Punkt $z = \infty$ Pol einer ganzen Funktion, so nennt man sie eine ganze rationale Funktion

$$f(z) = a_0 + a_1 z + \cdots + a_n z^n. \tag{45}$$

Für sie gilt

$$|f(z)| > M \text{ für } |z| > R. \tag{45a}$$

Hat eine Funktion in der ganzen Ebene (einschließlich $z = \infty$) keine anderen Singularitäten als Pole, so ist sie eine rationale Funktion, und die rationalen Funktionen sind dadurch charakterisiert.

12. Residuen, Null- und Unendlichkeitsstellen, Fundamentalsatz der Algebra. Der Koeffizient a_{-1} der Laurentschen Entwicklung an einer isolierten singulären Stelle heißt das Residuum dieser Stelle z_0

$$a_{-1} = \frac{1}{2\pi i} \oint_C f(z)\, dz = r(z_0). \tag{46}$$

Aus dem Cauchyschen Integralsatz folgt der Residuensatz: Liegen im Innern der geschlossenen Kurve C, die im Regularitätsgebiet von $f(z)$ liegt, endlich viele singuläre Stellen $z_0, z_1, \ldots z_k$, so ist

$$\frac{1}{2\pi i} \oint_C f(z)\, dz = r(z_0) + r(z_1) + \cdots + r(z_k). \tag{47}$$

Aus dem Cauchyschen Satz und dem Residuensatz lassen sich Methoden zur Berechnung reeller bestimmter Integrale gewinnen, indem man das Stück der reellen Achse, über das integriert werden soll, durch geeignete Kurven im Komplexen zu einem geschlossenen Integrationsweg ergänzt. Lassen sich die

Integrale über die komplexen Kurven berechnen, so kann man das reelle Integral aus den Residuen im Innern des Integrationsweges entnehmen.

Hat $f(z)$ in z_0 eine Nullstelle k-ter Ordnung, d. h. ist dort

$$f(z) = a_k(z - z_0)^k + \cdots,$$

so hat

$$\frac{f'(z)}{f(z)} = \frac{k}{z - z_0} + \cdots$$

dort einen Pol erster Ordnung mit dem Residuum k. Hat andrerseits $f(z)$ in z_0 einen Pol K-ter Ordnung, so hat

$$\frac{f'(z)}{f(z)} = \frac{-K}{z - z_0} + \cdots$$

dort einen Pol erster Ordnung mit dem Residium $-K$. Daraus folgt: Liegt die geschlossene Kurve C im Regularitätsgebiet von $f(z)$ und hat $f(z)$ im Innern von C nur endlich viele Pole als Singularitäten, so ist

$$\frac{1}{2\pi i}\oint_C \frac{f'(z)}{f(z)}\, dz = N - P, \tag{48}$$

gleich der Anzahl der Nullstellen N weniger der Anzahl der Pole P im Innern von C, jede in ihrer Ordnung gezählt. (Dabei ist natürlich $f \neq 0$ auf C vorausgesetzt.)

Sei die ganze rationale Funktion

$$f(z) = a_0 + a_1 z + \cdots + a_n z^n$$

außerhalb eines Kreises K mit dem Radius R von Null verschieden, so gibt

$$N = \frac{1}{2\pi i}\int_K \frac{f'(z)}{f(z)}\, dz \tag{49}$$

die Anzahl der Nullstellen von $f(z)$ an und diese ist, wegen der für $|z| > R$ gültigen Laurentschen Entwicklung

$$\frac{f'(z)}{f(z)} = \frac{n}{z} + \frac{C_2}{z_2} + \cdots$$

gleich n (Fundamentalsatz der Algebra).

Das Residuum einer Funktion im Punkte $z = \infty$ ist gleich

$$\frac{1}{2\pi i}\oint_C f(z)\, dz,$$

erstreckt im negativen Sinne über eine im Regularitätsgebiet von $f(z)$ liegende Kurve, in deren Äußerem, ausgenommen $z = \infty$, die Funktion regulär ist.

13. Meromorphe Funktionen, Mittag-Lefflersche Partialbruchdarstellung. Als eine meromorphe Funktion wird eine Funktion bezeichnet, die im Endlichen keine wesentlichen Singularitäten besitzt sondern höchstens Pole. Seien $z_0, z_1, \ldots z_n, \ldots$ die Pole dieser Funktion. Sie mögen nach wachsendem absoluten Betrag angeordnet werden: $|z_0| \leqq |z_1| \leqq |z_2| \leqq \ldots$, so daß also sicher $z_n \neq 0$ für $n \neq 0$. Im Endlichen können diese Pole keine Häufungsstelle besitzen, denn diese wäre eine wesentlich singuläre Stelle der Funktion. Der zu jedem Pol gehörige Hauptteil sei

$$g_n\left(\frac{1}{z - z_n}\right) = \frac{a_{-k_n}^{(n)}}{(z - z_n)^{k_n}} + \cdots + \frac{a_{-1}^{(n)}}{z - z_n}. \tag{50}$$

Die Differenz zweier meromorpher Funktionen mit denselben Polen und Hauptteilen ist eine ganze Funktion. Sei B ein endlicher den Nullpunkt einschließender Bereich. Dann liegen für $n > n_0$ alle z_n außerhalb dieses Bereiches, so daß in B $g_n\left(\frac{1}{z-z_n}\right)$ nach Potenzen von z entwickelt werden kann. Es muß also sein

$$\left| g_n\left(\frac{1}{z-z_n}\right) - h_n(z) \right| < \varepsilon_n, \tag{51}$$

für $n > n_0$ und alle z des Bereiches. Dabei ist $h_n(z)$ eine ganze rationale Funktion bestehend aus den Anfangsgliedern der Entwicklung von $g_n\left(\frac{1}{z-z_n}\right)$ nach Potenzen von z

$$h_n(z) = c_0^{(n)} + c_1^{(n)} z + \cdots + c_{p_n-1}^{(n)} z^{p_n-1} \tag{51a}$$

bis zu einem passend gewählten Index p_n. Werden nun die ε_n so gewählt, daß die Reihe

$$\varepsilon_1 + \varepsilon_3 + \cdots + \varepsilon_n + \cdots$$

konvergiert, so muß also die Reihe

$$g_0\left(\frac{1}{z-z_0}\right) + \left\{g_1\left(\frac{1}{z-z_1}\right) - h_1(z)\right\} + \left\{g_2\left(\frac{1}{z-z_2}\right) - h_2(z)\right\} + \cdots \tag{52}$$

in jedem endlichen Bereich der Ebene nach Abtrennung endlich vieler Glieder absolut und gleichmäßig konvergieren (Mittag-Lefflerscher Satz).

Dies liefert sofort die Partialbruchdarstellung durch rationale Funktionen einer meromorphen Funktion $f(z)$ mit den Polen z_n und den Hauptteilen $g_n\left(\frac{1}{z-z_n}\right)$:

$$f(z) = G(z) + g_0\left(\frac{1}{z-z_0}\right) + \sum_{n=1}^{\infty}\left\{g_n\left(\frac{1}{z-z_n}\right) - h_n(z)\right\}, \tag{53}$$

wobei $G(z)$ eine ganze Funktion bedeutet. Denn die Differenz der meromorphen Funktionen $f(z)$ und (52) ist eine ganze Funktion $G(z)$.

Hat eine meromorphe Funktion im besonderen nur Pole erster Ordnung mit den zugehörigen Hauptteilen $\frac{a_n}{z-z_n}$, so ist sie wegen

$$\frac{a_n}{z-z_n} = -\frac{a_n}{z_n}\cdot\frac{1}{1-\frac{z}{z_n}} = -\frac{a_n}{z_n}\left(1 + \frac{z}{z_n} + \frac{z^2}{z_2^n} + \cdots\right)$$

in der Form

$$f(z) = G(z) + \frac{a_0}{z-z_0} + \sum_{n=1}^{\infty}\left\{\frac{a_n}{z-z_n} + \frac{a_n}{z_n} + \frac{a_n}{z_n^2} z \cdots + \frac{a_n}{z_n^{p_n}} z^{p_n-1}\right\} \tag{54}$$

darstellbar. Für alle diese p_n kann eine Zahl p genommen werden, falls

$$\sum_{n=1}^{\infty} \frac{|a_n|}{|z_n|^{p+1}}$$

konvergiert.

14. Weierstraßsche Produktdarstellung ganzer Funktionen. Es sei eine ganze Funktion $H(z)$ mit den Nullstellen $z_1, z_2, \ldots z_n, \ldots$ gegeben. Alle z_n seien einfache Nullstellen und von Null verschieden. Dann ist

$$\frac{H'(z)}{H(z)}$$

eine meromorphe Funktion mit Polen erster Ordnung in den z_n und zugehörigen Hauptteilen $1/z - z_n$. Also besitzt sie eine Partialbruchdarstellung

$$\frac{H'(z)}{H(z)} = G(z) + \sum_{n=1}^{\infty} \left\{ \frac{1}{z - z_n} + \frac{1}{z_n} + \frac{z}{z_n^2} + \cdots + \frac{z^{p_n - 1}}{z_n^{p_n}} \right\}. \tag{55}$$

Gliedweise Integration von 0 bis z gibt

$$\log H(z) = G_1(z) + \sum_{n=1}^{\infty} \left\{ \log \frac{z - z_n}{- z_n} + \frac{z}{z_n} + \frac{1}{2}\left(\frac{z}{z_n}\right)^2 + \cdots + \frac{1}{p_n}\left(\frac{z}{z_n}\right)^{p_n} \right\}$$

und daraus folgt

$$H(z) = e^{G_1(z)} \prod_{n=1}^{\infty} \left\{ \left(1 - \frac{z}{z_n}\right) \cdot e^{\frac{z}{z_n} + \frac{1}{2}\left(\frac{z}{z_n}\right)^2 + \cdots + \frac{1}{p_n}\left(\frac{z}{z_n}\right)^{p_n}} \right\} \tag{56}$$

Produktdarstellung von WEIERSTRASS). $G_1(z)$ ist ebenso wie $G(z)$ eine ganze Funktion.

Hat die ganze Funktion $H(z)$ Nullstellen höherer als erster Ordnung, so kommt der jeder Nullstelle in der obigen Darstellung entsprechende Faktor so oft vor, als die Ordnung angibt. Ist der Punkt $z = 0$ eine Nullstelle k-ter Ordnung, so kommt der Faktor z^k vor das Produkt. Auf diese Weise ist jede ganze Funktion mit vorgegebenen Nullstellen durch ein konvergentes Produkt der Wurzelfaktoren darzustellen.

Alle ganzen Funktionen ohne Nullstellen sind von der Form

$$H(z) = e^{G(z)},$$

wobei $G(z)$ wieder eine ganze Funktion ist.

Jede meromorphe Funktion kann als Quotient zweier ganzer Funktionen

$$f(z) = \frac{H(z)}{G(z)}$$

dargestellt werden. Die Nullstellen von $H(z)$ sind dabei die Nullstellen von $f(z)$, die Nullstellen von $G(z)$ sind die Pole von $f(z)$, jede in der zugehörigen Ordnung.

15. Trigonometrische Funktionen. Die Funktionen $\sin z$ und $\cos z$ sind ganze transzendente Funktionen und ihre für alle endlichen z konvergenten Taylorschen Reihen lauten

$$\sin z = z - \frac{z^3}{3!} + \frac{z^5}{5!} - + \cdots, \tag{57}$$

$$\cos z = 1 - \frac{z^2}{2!} + \frac{z^4}{4!} - + \cdots. \tag{58}$$

Es gelten die Additionstheoreme

$$\left.\begin{aligned} \sin(z_1 + z_2) &= \sin z_1 \cos z_2 + \cos z_1 \sin z_2, \\ \cos(z_1 + z_2) &= \cos z_1 \cos z_2 - \sin z_1 \sin z_2. \end{aligned}\right\} \tag{59}$$

Weiter gelten die Formeln

$$\sin z = \frac{e^{iz} - e^{-iz}}{2i}; \qquad \cos z = \frac{e^{iz} + e^{-iz}}{2}. \tag{60}$$

$\sin z$ besitzt in den Punkten $0, \pm \pi, \pm 2\pi, \ldots$ Nullstellen erster Ordnung und die Weierstraßsche Produktdarstellung lautet

$$\sin \pi z = \pi z \prod_{n=1}^{\infty} \left\{ \left(1 - \frac{z}{n}\right) e^{\frac{z}{n}} \right\} \cdot \left\{ \left(1 + \frac{z}{n}\right) e^{-\frac{z}{n}} \right\} = \pi z \prod_{n=1}^{\infty} \left(1 - \frac{z^2}{n^2}\right). \tag{61}$$

$\sin z$ und $\cos z$ sind periodisch mit der Periode 2π, also: $\sin(z + 2\pi) = \sin z$; $\cos(z + 2\pi) = \cos z$. $\operatorname{tg} z$ und $\operatorname{cotg} z$ sind meromorphe Funktionen, die an den Nullstellen von $\cos z$ bzw. $\sin z$ Pole erster Ordnung besitzen. Ihre Partialbruchzerlegungen lauten

$$\pi \operatorname{tg} \pi z = -\sum_{n=-\infty}^{+\infty} \left(\frac{1}{z - \frac{2n-1}{2}} + \frac{1}{\frac{2n-1}{2}} \right) \tag{62}$$

$$\pi \operatorname{cotg} \pi z = \frac{1}{z} + \sum_{n=1}^{\infty} \left(\frac{1}{z-n} + \frac{1}{z+n} \right). \tag{62a}$$

16. Exponentialfunktion und Logarithmus. Die Exponentialfunktion e^z ist eine ganze transzendente Funktion, die niemals Null wird. Ihre für alle endlichen z konvergente Taylorsche Reihe ist

$$e^z = 1 + \frac{z}{1!} + \frac{z^2}{2!} + \cdots + \frac{z^n}{n!} + \cdots \tag{63}$$

Das Additionstheorem lautet

$$e^{z_1+z_2} = e^{z_1} \cdot e^{z_2}. \tag{64}$$

Es ist $e^{iz} = \cos z + i \sin z$ (Eulersche Formel). Daraus folgt

$$\sin z = \frac{e^{iz} - e^{-iz}}{2i}; \qquad \cos z = \frac{e^{iz} + e^{-iz}}{2}.$$

e^z ist periodisch mit der Periode $2\pi i$:

$$e^{z+2\pi i} = e^z. \tag{65}$$

Die Umkehrung der Exponentialfunktion ist der Logarithmus

$$e^w = z; \qquad w = \log z = \int_1^z \frac{dz}{z}. \tag{66}$$

Setzen wir $z = r e^{i\varphi}$ $(-\pi < \varphi < +\pi)$, so ist $\log z = \ln r + i\varphi + 2ni\pi$, wobei unter $\ln r$ die einzige reelle Auflösung der Gleichung $e^w = r$ zu verstehen ist. Der Logarithmus ist eine unendlich vieldeutige Funktion, die im Nullpunkt eine Verzweigungsstelle unendlich hoher Ordnung besitzt. Der Ausdruck $\ln r + i\varphi$, $(-\pi < \varphi \leqq +\pi)$ wird als der Hauptwert des Logarithmus bezeichnet. Entsprechend wird $z^m = e^{m \log z}$ als der Hauptwert der Potenz bezeichnet, wenn im Exponenten der Hauptwert des Logarithmus steht.

Es ist

$$\log z_1 + \log z_2 = \log(z_1 \cdot z_2). \tag{67}$$

Die Reihenentwicklung $\ln(1+z) = \frac{z}{1} - \frac{z^2}{2} + \frac{z^3}{3} - + \cdots$ konvergiert für $|z| < 1$.

Anschließend an die Eulersche Formel seien noch einige weitere Formeln über den Zusammenhang zwischen Exponential-, Kreis- und Hyperbelfunktionen angegeben.

Die Hyperbelfunktionen können folgendermaßen eingeführt werden

$$\left.\begin{aligned} \sin h z &= \frac{e^z - e^{-z}}{2} = \frac{z}{1!} + \frac{z^3}{3!} + \frac{z^5}{5!} + \cdots, \\ \cos h z &= \frac{e^z + e^{-z}}{2} = 1 + \frac{z^2}{2!} + \frac{z^4}{4!} + \cdots, \\ \operatorname{tg} h z &= \frac{e^z - e^{-z}}{e^z + e^{-z}}; \qquad \operatorname{cotg} h z = \frac{e^z + e^{-z}}{e^z - e^{-z}} \;{}^{1)} \end{aligned}\right\} \tag{68}$$

[1]) Die Hyperbelfunktionen werden auch oft mit $\mathfrak{Sin}\, z$ oder $\mathfrak{Cos}\, z$ bezeichnet.

oder auch

$$\left.\begin{aligned} \sin iz &= i\sinh z; \quad \cos iz = \cosh z; \quad \operatorname{tg} iz = i \operatorname{tgh} z; \\ \sinh iz &= i\sin z; \quad \cosh iz = \cos z; \quad \operatorname{tgh} iz = i\operatorname{tg} z. \end{aligned}\right\} \tag{69}$$

Dann gelten folgende Gleichungen

$$\left.\begin{aligned} &\cosh^2 z - \sinh^2 z = 1, \\ &\sinh(x \pm y) = \sinh x \cosh y \pm \sinh y \cosh x, \\ &\cosh(x \pm y) = \cosh x \cosh y \pm \sinh x \sinh y, \\ &\arcsin z = \frac{1}{i}\log\left(iz + \sqrt{1 - z^2}\right), \\ &\operatorname{ar}\sinh z = \log\left(z + \sqrt{1 + z^2}\right), \\ &\arccos z = \frac{1}{i}\log\left(z + i\sqrt{1 - z^2}\right), \\ &\operatorname{ar}\cosh z = \log\left(z + \sqrt{z^2 - 1}\right), \\ &\operatorname{arc}\operatorname{tg} z = -\frac{i}{2}\log\frac{i - z}{i + z}, \\ &\operatorname{ar}\operatorname{tgh} z = \frac{1}{2}\log\frac{1 + z}{1 - z}, \end{aligned}\right\} \tag{70}$$

$$\begin{aligned} \arcsin(iz) &= i \operatorname{ar}\sinh z; & \operatorname{ar}\sinh(iz) &= i\arcsin z; \\ \arccos(iz) &= i\operatorname{ar}\cosh(iz); & \operatorname{ar}\cosh(iz) &= -\arccos(iz); \\ \operatorname{arc}\operatorname{tg}(iz) &= i\operatorname{ar}\operatorname{tgh} z; & \operatorname{ar}\operatorname{tgh}(iz) &= i\operatorname{arc}\operatorname{tg} z. \end{aligned}$$

II. Gammafunktion.

17. Bernoullische Funktionen. Sie werden nach WIRTINGER durch folgende Formeln definiert:

$$\left.\begin{aligned} P_1(x) &= [x] - x + \tfrac{1}{2}\,^{1)}, \\ P_k(x) &= (-1)^k \frac{dP_{k+1}(x)}{dx} \qquad (k = 1, 2, 3, \ldots \text{ in inf.}). \end{aligned}\right\} \tag{71}$$

Die Funktionen sind also rekursiv als unbestimmte Integrale definiert; die Integrationskonstante soll durch die Bedingung

$$\int_0^1 P_k(x)\,dx = 0 \tag{72}$$

bestimmt werden. (72) gilt auch für $k = 1$. Die Funktionen sind periodische Funktionen von x mit Periode 1. Sie sind rationale Funktionen von x im Intervall $0 \leqq x < 1$. Es ist z. B. in diesem Intervall

$$\left.\begin{aligned} P_1(x) &= -x + \tfrac{1}{2}, \\ P_2(x) &= \tfrac{1}{2}x(x-1) + \tfrac{1}{12}, \\ P_3(x) &= \tfrac{1}{6}x(x-1)\left(x - \tfrac{1}{2}\right). \end{aligned}\right\} \tag{73}$$

Ihre Werte für $x = 0$ sind daher rationale Zahlen.

---

[1]) x bedeutet eine reelle Veränderliche, $[x]$ die größte ganze Zahl $\leqq x$.

Man erhält folgende Entwicklungen der P-Funktionen in Fouriersche Reihen:

$$\left.\begin{aligned} P_{2k}(x) &= \sum_{n=1}^{\infty} \frac{\cos 2n\pi x}{2^{2k-1} n^{2k} \pi^{2k}} \qquad (k = 1, 2, \ldots), \\ P_{2k+1}(x) &= \sum_{n=1}^{\infty} \frac{\sin 2n\pi x}{2^{2k} n^{2k+1} \pi^{2k+1}} \qquad (k = 0, 1, 2, \ldots). \end{aligned}\right\} \tag{74}$$

Die Reihen konvergieren absolut und gleichmäßig mit Ausnahme der Reihe für P_1; diese konvergiert nur bedingt und liefert an den Sprungstellen $x = 0$, ± 1, ± 2, ... den Wert Null, d. h. das arithmetische Mittel der Grenzwerte der Funktionswerte, wie es nach der Theorie der Fourierschen Reihen sein muß (vgl. Kap. 7, Ziff. 4). Die P mit geradem Stellenzeiger sind im Intervall $(0, 1)$ symmetrisch bezüglich der Geraden $x = \frac{1}{2}$, die mit ungeradem Stellenzeiger bezüglich des Punktes $(\frac{1}{2}, 0)$ (siehe Abb. 6). In der Abbildung sind die Kurven $y = P_1(x)$, $y = P_2(x)$ und $y = P_3(x)$ gezeichnet. Alle sind mit Ausnahme von P_1 stetig, P_1 ist überall stetig mit Ausnahme der Sprungstellen $x = 0$, ± 1, ± 2 ... und springt dort von $+\frac{1}{2}$ auf $-\frac{1}{2}$. An diesen Stellen verschwinden alle P_{2k+1}, während alle P_{2k} dort ihre Maxima haben, nämlich

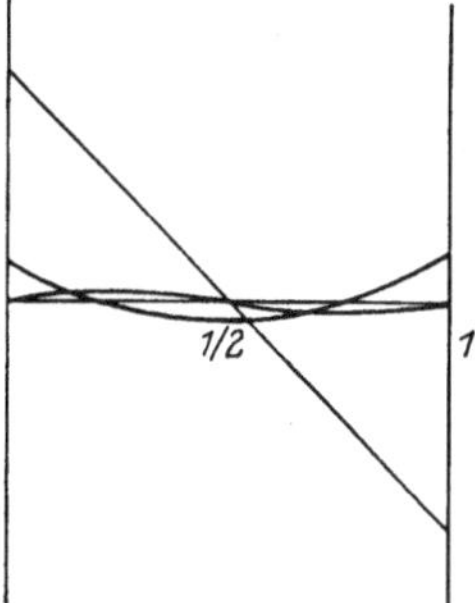

Abb. 6. Bernoullischen Kurven.

$$P_{2k}(0) = \frac{1}{2^{2k-1}\pi^{2k}} \sum_{n=1}^{\infty} \frac{1}{n^{2k}}, \tag{75}$$

sie sind rationale Zahlen. Wir setzen zur Abkürzung

$$s_k = \sum_{n=1}^{\infty} \frac{1}{n^k} \qquad (k = 2, 3, \ldots \text{ in inf.}), \tag{76}$$

$$B_k = (2k)!\,P_{2k}(0) \qquad (k = 1, 2, 3, \ldots \text{ in inf.}). \tag{77}$$

Die B_k nennt man die Bernoullischen Zahlen. Sie sind rational. Die ersten zehn lauten:

$$\frac{1}{6},\quad \frac{1}{30},\quad \frac{1}{42},\quad \frac{1}{30},\quad \frac{5}{66},\quad \frac{691}{2730},\quad \frac{7}{6},\quad \frac{3617}{510},\quad \frac{43867}{798},\quad \frac{174611}{330}.$$

Es ist $\lim\limits_{k \to \infty} B_k = \infty$. Aus (76) und (77) folgt

$$s_{2k} = B_k \frac{2^{2k-1}\pi^{2k}}{(2k)!}. \tag{78}$$

$P_1(x)$ genügt der Funktionalgleichung (k positiv ganz)

$$P_1(x) + P_1\left(x + \frac{1}{k}\right) + \cdots + P_1\left(x + \frac{k-1}{k}\right) = P_1(kx).$$

18. Eulersche Summenformel. Halbkonvergente Reihen. $f(x)$ habe eine integrierbare Ableitung. Dann gilt die sog. Eulersche Summenformel, die den Zusammenhang zwischen einer Summe und einem bestimmten Integral herstellt:

$$\sum_{k=0}^{n} f(k) = \int_0^n f(x)\,dx + \frac{1}{2}[f(n) + f(0)] - \int_0^n P_1(x)\,f'(x)\,dx. \tag{79}$$

Setzt man $f(x) = \frac{1}{1+x}$, so erhält man für $\lim n = \infty$

$$\lim_{n\to\infty}\left\{1 + \frac{1}{2} + \frac{1}{3} + \cdots + \frac{1}{n+1} - \ln(n+1)\right\} = \frac{1}{2} + \int_0^\infty \frac{P_1(x)}{(1+x)^2}\,dx. \tag{80}$$

Diesen Grenzwert bezeichnet man mit C und nennt ihn die Eulersche Konstante. Sie ergibt sich auf 10 Dezimalstellen zu:

$$C = 0{,}5772156649.$$

Wendet man auf das letzte Integral in (79) teilweise Integration an, so ergibt sich folgende allgemeinere Gestalt der Eulerschen Summenformel, wenn $f(x)$ eine $(2k+1)$-te integrierbare Ableitung hat:

$$\left.\begin{aligned}\sum_{k=0}^{n} f(k) &= \int_0^n f(x)\,dx + \tfrac{1}{2}[f(n) + f(0)]\\ &+ P_2(0)[f'(n) - f'(0)] - P_4(0)[f'''(n) - f'''(0)]\\ &+ P_6(0)[f^{V}(n) - f^{V}(0)] - \cdots + (-1)^{k-1} P_{2k}(0)[f^{(2k-1)}(n) - f^{(2k-1)}(0)]\\ &+ (-1)^{k-1}\int_0^n P_{2k+1}(x)\, f^{(2k+1)}(x)\,dx.\end{aligned}\right\} \tag{81}$$

(81) ist eine sog. halbkonvergente Reihe, d. h. das Restglied konvergiert nicht mit wachsendem k gegen Null. Die halbkonvergenten, auch semikonvergent oder asymptotisch genannten Reihen spielen eine große Rolle bei numerischen Berechnungen, darum sei auf sie etwas genauer hingewiesen.

Es gestatte $f(x)$ die Darstellung

$$f(x) = \sum_{k=0}^{n-1} u_k(x) + r_n(x). \tag{82}$$

Ist für alle x des betrachteten Intervalls bei festem x

$$\lim_{n\to\infty} r_n(x) = 0, \tag{83}$$

so sagt man, die Reihe $\sum_{k=0}^{\infty} u_k(x)$ konvergiert nach $f(x)$. Ist dagegen die Reihe halbkonvergent, so gilt (83) nicht, wohl aber gibt es für ein gegebenes x ein günstigstes n, so daß $|r_n(x)|$ ein Minimum wird, das allerdings nicht beliebig klein gemacht werden kann. Dagegen existiert ein von der Funktion abhängiger Grenzwert a, so daß bei festem passend gewähltem n

$$\lim_{x\to a} r_n(x) = 0. \tag{84}$$

Wir werden später in der Stirlingschen Formel ein Beispiel für eine halbkonvergente Reihe kennenlernen.

19. Gammafunktion. In dieser Ziffer soll k immer eine positive ganze Zahl bedeuten. Die Gammafunktion ist definiert durch

$$\Gamma(z) = \int_0^\infty e^{-x} x^{z-1}\,dx. \tag{85}$$

Dabei ist vorausgesetzt $\Re(z) > 0$[1]. Von GAUSS stammt die Bezeichnung

[1]) z ist eine komplexe Variable, $\Re(z)$ ihr reeller Teil.

$\Gamma(z) = \Pi(z-1)$. Die Gammafunktion genügt folgenden drei Funktionalgleichungen:

$$\Gamma(z+1) = z\,\Gamma(z), \tag{86}$$

$$\Gamma(z)\,\Gamma(1-z) = \frac{\pi}{\sin \pi z} \tag{87}$$

$$\Gamma(z)\,\Gamma\left(z+\frac{1}{k}\right)\cdots\Gamma\left(z+\frac{k-1}{k}\right) = k^{-kz+\frac{1}{2}}\,(2\pi)^{\frac{k-1}{2}}\,\Gamma(kz). \tag{88}$$

Aus (86) folgt sofort für positives, ganzes n

$$\Gamma(n) = (n-1)! \tag{89}$$

Die Gammafunktion stellt für positive ganzzahlige Werte ihres Argumentes die Faktorielle dar, woraus sich die Gaußsche Bezeichnung $\Gamma(n) = \Pi\,(n-1)$ erklärt. Ferner gilt

$$\Gamma(z) = \frac{\Gamma(z+k+1)}{z(z+1)\cdots-(z+k)}. \tag{90}$$

Diese Formel dient zur Definition von $\Gamma(z)$ für z-Werte mit beliebigem Realteil, ausgenommen

$$z = 0\,,\ -1\,,\ -2\,,\ \cdots\ -k\,,\ \cdots \text{ usf.} \tag{91}$$

Die Gammafunktion ist eine meromorphe Funktion (siehe Ziff. 13) ohne Nullstellen mit den einfachen Polen $0, -1, -2, -3, \cdots -k, \cdots$ und den Residuen

$$1\,,\ -1\,,\ +\frac{1}{2!}\,,\ -\frac{1}{3!}\,,\ \cdots\ \frac{(-1)^k}{k!}\,,\ \cdots;$$

ihr reziproker Wert ist daher eine ganze transzendente Funktion, welche die Werte (91) zu Nullstellen hat. Für alle von (91) verschiedenen Werte von z gilt die Gaußsche Produktdarstellung

$$\Gamma(z) = \lim_{n\to\infty} \frac{n^z\,n!}{z(z+1)\cdots(z+n)}. \tag{92}$$

Darstellung der Gammafunktion durch Kurvenintegrale[1]):

1.
$$\frac{1}{\Gamma(z)} = \frac{1}{2\pi i}\int e^x\,x^{-z}\,dx. \tag{93}$$

Für die Potenz x^{-z} ist jener Zweig zu nehmen, der für $x = 1$ den Wert 1 hat (Hauptwert, vgl. Ziff. 16). Das Integral ist längs des in Abb. 7a gezeichneten Weges zu erstrecken. Es ist eine ganze transzendente Funktion von z mit den Werten (91) als Nullstellen. Der Weg darf nicht über die negative reelle Achse gezogen werden.

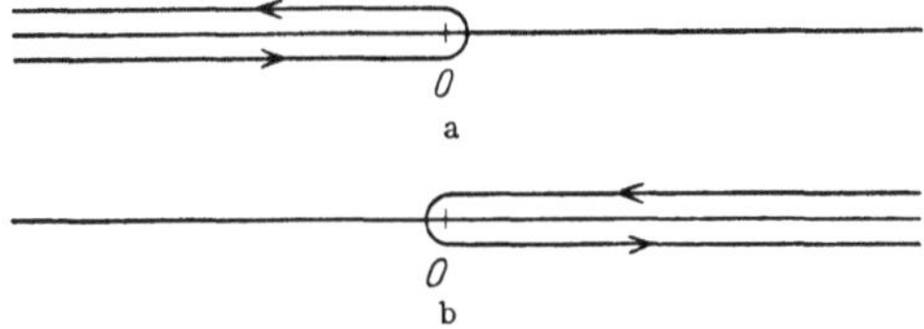

Abb. 7. Integrationswege bei der Gammafunktion. (Die gerade Linie durch 0 ist die reelle Achse.)

2.
$$\Gamma(z) = -\frac{i e^{-\pi i z}}{2\sin \pi z}\int e^{-x}\,x^{z-1}\,dx. \tag{94}$$

Für die Potenz x^{z-1} ist oberhalb der reellen Achse der Hauptwert zu nehmen. Das Integral ist längs des in Abb. 7b gezeichneten Weges zu erstrecken. Es ist eine ganze transzendente Funktion von z, welche für $z = 0, 1, 2, 3, \cdots k, \cdots$ verschwindet. Der Weg darf nicht über die positive reelle Achse gezogen werden.

[1]) Vgl. Ziff. 7, 9.

20. Auswertung bestimmter Integrale mittels der Gammafunktion.

$$\int_0^\infty e^{-x^2}\,dx = \frac{1}{2}\Gamma\left(\frac{1}{2}\right) = \frac{1}{2}\sqrt{\pi}, \tag{95}$$

$$\int_0^\infty e^{-x^2} x^{2k}\,dx = \frac{1}{2}\Gamma\left(\frac{2k+1}{2}\right) = \frac{1,3,5\cdots(2k-1)}{2^{k+1}}\sqrt{\pi}, \tag{96}$$

$$\int_0^1 \ln\sin\pi x\,dx = -\ln 2, \tag{97}$$

$$\left.\begin{aligned}\int_0^1 \ln\Gamma(z+x)\,dx = \tfrac{1}{2}\ln 2\pi + z\ln z - z \qquad (\text{RAABE})\\ (\text{Hauptwert des Logarithmus})^{1)},\end{aligned}\right\} \tag{98}$$

$$\int_0^\infty {\cos \atop \sin} x\cdot x^{z-1}\,dx = \Gamma(x)\,{\cos \atop \sin}\frac{\pi}{2}z \qquad (0 < \Re(z) < 1), \tag{99}$$

$$\int_0^\infty {\cos \atop \sin}(x^2)\,dx = \frac{1}{2}\sqrt{\frac{\pi}{2}} \qquad (\text{FRESNEL}). \tag{100}$$

Dabei wird von den Formeln

$$\prod_{h=1}^{k} \sin\frac{\pi h}{k} = \frac{k}{2^{k-1}} \qquad (k \text{ positiv ganz}) \tag{101}$$

und

$$1 + \sum_{k=1}^{\infty} \frac{s_{2k}}{2k+1} = \ln 2\pi \tag{102}$$

Gebrauch gemacht.

Die sog. Betafunktion ist definiert durch

$$B(p,q) = \int_0^1 x^{p-1}(1-x)^{q-1}\,dx = \frac{\Gamma(p)\,\Gamma(q)}{\Gamma(p+q)}. \tag{103}$$

Sie läßt sich durch folgendes Kurvenintegral darstellen:

$$B(p,q) = \frac{e^{\pi i(p+q)}}{4\sin\pi p\sin\pi q}\int x^{p-1}(1-x)^{q-1}\,dx. \tag{104}$$

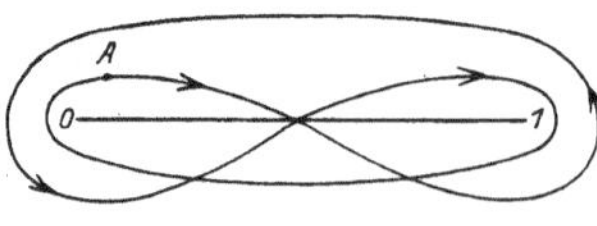

Abb. 8. Doppelumlauf.

Das Integral ist über den in Abb. 8 gezeichneten Weg zu erstrecken (sog. Doppelumlauf um die Punkte 0 und 1). Es verschwindet für positive ganze p und q. Der Integrationsweg kann beliebig deformiert werden, nur darf er nicht über die singulären Punkte 0 oder 1 darübergezogen werden. Für die Potenzen im Integranden sind an der Stelle A ihre Hauptwerte zu nehmen (vgl. Ziff. 16).

[1]) Vgl. Ziff. 16.

21. Stirlingsche Formel. Für alle z mit Ausnahme der negativen reellen Werte gilt die sog. Stirlingsche Formel:

$$\ln\Gamma(1+z)=\left(z+\frac{1}{2}\right)\ln z-z+\frac{1}{2}\ln 2\pi+\frac{1}{12z}-\int_0^\infty\frac{P_2(x)}{(z+x)^2}dx^{1)}. \quad (105)$$

Für den Logarithmus ist der Hauptwert zu nehmen[2]). Für positive reelle z folgt aus (105)

$$\Gamma(1+z)=\sqrt{2\pi}\,z^{z+\frac{1}{2}}e^{-z+\frac{1}{12z}-\frac{\vartheta}{z^3}} \qquad (0<\vartheta<1) \quad (106)$$

und daraus die Näherungsformel für große n

$$n!\backsim\sqrt{2\pi n}\,n^n\,e^{-n}. \quad (107)$$

Das Zeichen $\backsim$ bedeutet asymptotisch gleich, d. h. der Grenzwert des Quotienten aus der linken und rechten Seite von (107) für $\lim n=\infty$ ist 1. Der Fehler wird also nur prozentuell klein und wächst selbst mit n ins Unendliche.

Die Stirlingsche Formel erhält man aus der Eulerschen Summenformel (79) für $f(x)=\ln x$. Wendet man auf das Integral in (105) teilweise Integration an, so folgt für das Restglied der Stirlingschen Formel:

$$R(z)=\frac{1}{12z}-\int_0^\infty\frac{P_2(x)}{(z+x)^2}dx=\frac{P_2(0)}{z}-\frac{2!\,P_4(0)}{z^3}+\frac{4!\,P_6(0)}{z^5}-\cdots+$$

$$+(-1)^{k-1}\frac{(2k-2)!\,P_{2k}(0)}{z^{2k-1}}+(-1)^{k+1}(2k)!\int_0^\infty\frac{P_{2k+1}(x)}{(z+x)^{2k+1}}dx. \quad (108)$$

(108) ist eine halbkonvergente Reihe. Ihr letztes Glied, der Fehler ist

$(-1)^{k+1}\frac{(2k-1)!\,s_{2k+1}}{2^{2k}\pi^{2k+1}}\frac{\vartheta}{z^{2k}}$, wo $0<\vartheta<1$. Es wird kleiner, solange $k<[\pi z+\frac{1}{2}]$[3]).

$k=[\pi z+\frac{1}{2}]$ liefert also das Minimum des Fehlers. Er ist z. B. $5,28\cdot10^{-29}$ für $z=10$. Hat man $\ln\Gamma(z)$ für kleine z zu berechnen, so berechne man mit Hilfe der Stirlingschen Formel $\ln\Gamma(z+k)$ mit entsprechend großem k und dann $\ln\Gamma(z)$ aus (90).

Ist $z=\alpha+i\beta$ und wächst β bei festem α über alle Grenzen, so gilt

$$\Gamma(1+z)\backsim\sqrt{2\pi}\,\beta^{\alpha+\frac{1}{2}}\,e^{-\frac{\beta\pi}{2}-\alpha+i\left[\beta\ln\beta-\beta+\left(\alpha+\frac{1}{2}\right)\frac{\pi}{2}\right]}. \quad (109)$$

Genaueres über die Gammafunktion sehe man nach bei

CH. DE LA VALLÉE-POUSSIN, Cours d'analyse infinitésimale, Bd. II, 4. Aufl., S. 63—90, 335—351, Gauthier-Villars, Paris 1922,

L. BIEBERBACH, Lehrbuch der Funktionentheorie, Bd. I, S. 297—312, B. G. Teubner, Leipzig u. Berlin 1921[4]).

---

1) Vgl. Ziff. 17. 2) Vgl. Ziff. 16.

3) Vgl. Ziff. 17, Fußnote 1.

4) Die Betrachtungen von II. schließen sich an Seminarvorlesungen von W. WIRTINGER an.

III. Konforme Abbildung[1]).

22. Allgemeines. Zu den wichtigsten Eigenschaften einer analytischen Funktion

$$w = f(z)$$

gehört es, daß sie eine winkeltreue oder konforme Abbildung der z-Ebene auf die w-Ebene vermittelt. Spaltet man die Gleichung $u + iv = f(x + iy)$ in ihren reellen und rein imaginären Teil, so ordnen die beiden Gleichungen

$$u = u(x, y), \qquad v = v(x, y)$$

den Punkten der xy-Ebene Punkte der uv-Ebene zu. Für die eindeutige Auflösbarkeit dieser Gleichungen in der Umgebung eines Punktes x_0, y_0 ist hinreichend, daß die Funktionaldeterminante

$$\varDelta = \frac{\partial u}{\partial x}\frac{\partial v}{\partial y} - \frac{\partial v}{\partial x}\frac{\partial u}{\partial y} \neq 0$$

im Punkte x_0, y_0 ist und dies ist wegen der Cauchy-Riemannschen Differentialgleichungen gleichbedeutend mit

$$\varDelta = |f'(z_0)|^2 \neq 0,$$

also damit, daß die Ableitung $f'(z)$ in z_0 existiert und $\neq 0$ ist. Dann ist die Abbildung konform, da

$$\left(\frac{dw}{dz}\right)_{z=z_0} = f'(z_0)$$

ist, unabhängig von der Art der Annäherung an den Punkt z_0. Es ist also der Winkel zweier sich in w_0 schneidenden Kurven gleich dem Winkel der entsprechenden Kurven in z_0, und zwar unter Erhaltung des Drehsinnes der Winkel. Denn seien C_1 und C_2 zwei Kurven in der z-Ebene, die sich in z_0 unter dem Winkel δ schneiden. $z_0 + h_1$ sei ein Punkt auf C_1, der gegen z_0 rückt, und $z_0 + h_2$ ein Punkt auf C_2, der gegen z_0 rückt; h_1 und h_2 seien von gleichem absoluten Betrage

$$h_1 = r e^{i\varphi_1}; \qquad h_2 = r e^{i\varphi_2}$$

und daher

$$\lim_{r\to 0}\frac{h_1}{h_2} = e^{i\delta}.$$

Ist nun $f'(z_0) \neq 0$, so ist

$$\lim_{r\to 0}\frac{f(z_0+h_1)-f(z_0)}{h_1} = \lim_{r\to 0}\frac{f(z_0+h_2)-f(z_0)}{h_2} = f'(z_0)$$

und daher

$$\lim_{r\to 0}\frac{f(z_0+h_1)-f(z_0)}{f(z_0+h_2)-f(z_0)} = \lim_{r\to 0}\frac{h_2}{h_1} = e^{i\delta}$$

Also schneiden sich die Bildkurven in der w-Ebene im Punkte $w_0 = f(z_0)$ ebenfalls unter dem Winkel δ. Umgekehrt wird jede konforme Abbildung mit Erhaltung des Drehsinnes $u = u(x, y)$; $v = v(x, y)$ bei Stetigkeit der Ableitungen von u und v durch eine analytische Funktion $f = u + iv$ vermittelt.

Die Abbildung

$$\overline{w} = u - iv = f(x + iy) \tag{110}$$

geht aus der vorigen durch Spiegelung an der reellen Achse hervor, ist also eine konforme Abbildung mit Umlegung der Winkel.

---

[1]) Man vergleiche die Darstellung der geometrischen Funktionentheorie von COURANT in HURWITZ-COURANT, Funktionentheorie. 2. Aufl. Berlin: Julius Springer 1925.

An den Punkten, in denen $f'(z_0) = 0$ ist, wird die Winkeltreue der Abbildung gestört und zwar geht dort jeder Winkel im Punkte z_0 über in den $(n+1)$-fachen Winkel im entsprechenden Punkte w_0, falls die Ableitung $f'(z)$ in z_0 eine n-fache Nullstelle besitzt (n-facher Kreuzungspunkt).

Bei einer konformen Abbildung entsprechen den Parallelen zur reellen und imaginären Achse in der w-Ebene die Kurven $u(x, y) = c$, $v(x, y) = c$ in der z-Ebene, die sich ebenfalls unter rechtem Winkel schneiden und diese Ebene in unendlich kleine Quadrate einteilen. Kurvenetze, die diese Eigenschaft besitzen, werden Isothermennetze genannt. (Der Name rührt von LAMÉ her und stammt aus der Theorie der Wärmeleitung.) Es läßt sich umgekehrt zeigen, daß alle Isothermennetze in der Ebene auf diesem Wege erhalten werden können. So sind z. B. für die konforme Abbildung

$$w = \frac{1}{z}$$

die Kurven

$$u = \frac{x}{x^2 + y^2} = c$$

Kreise, die die y-Achse im Ursprung berühren und die Kurven

$$v = -\frac{y}{x^2 + y^2} = c$$

Kreise, die die x-Achse im Ursprung berühren. Der Ursprung selber ist singulärer Punkt.

Sei in der z-Ebene eine stationäre ebene Strömung gegeben durch den Strömungsvektor $\mathfrak{a}$ mit den Komponenten a_x, a_y, so ist die Wirbelstärke einer einfach geschlossenen Kurve C gegeben durch

$$\oint_C \mathfrak{a}_s\, ds = \int (a_x\, dx + a_y\, dy) \tag{111}$$

und die in der Zeiteinheit austretende Flüssigkeitsmenge proportional zu

$$\oint_C \mathfrak{a}_n\, ds = \int (a_y\, dx - a_x\, dy)\,. \tag{112}$$

Die Bedingung dafür, daß die Strömung wirbelfrei ist, lautet zufolge Ziff. 6 (28):

$$\frac{\partial a_x}{\partial y} = \frac{\partial a_y}{\partial x}\,.$$

Es muß demzufolge eine Funktion $u\ (x, y)$ existieren, so daß

$$a_x = \frac{\partial u}{\partial x}; \qquad a_y = \frac{\partial u}{\partial y}\,.$$

Die Bedingung für die Quellenfreiheit der Strömung lautet:

$$\frac{\partial a_x}{\partial x} = -\frac{\partial a_y}{\partial y}\,.$$

Die Strömung ist also zugleich quellen- und wirbelfrei, wenn $u(x, y)$ der Differentialgleichung genügt:

$$\Delta u = \frac{\partial^2 u}{\partial x^2} + \frac{\partial^2 u}{\partial y^2} = 0\,. \tag{113}$$

Eine Funktion, die dieser Bedingung genügt, heißt eine harmonische oder Potentialfunktion. Zufolge Formel (34), Ziff. 8 sind sowohl der Realteil u, wie der Imaginärteil v einer analytischen Funktion Potentialfunktionen; sie werden als konjugierte Potentialfunktionen bezeichnet. Werden die Kurven $u = c$ als Äquipotential- oder Niveaulinien gedeutet, so stellen die zu ihnen senkrechten Kurven $v = c$ die Stromlinien dar. Die zu gegebenem u konjugierte Potentialfunktion v ist aus den Cauchy-Riemannschen Differentialgleichungen [vgl. Ziff. 8, Formel (33)] bis auf eine additive Konstante bestimmbar und $f = u + iv$ ist eine analytische Funktion, so daß also die Theorie der Potentialfunktionen für den zweidimensionalen Fall in der Theorie der analytischen Funktionen enthalten ist.

Die Quellenfreiheit einer Strömung wird gestört durch das Auftreten singulärer Stellen. So hat bei $w = \log z = \log r + i\varphi$ der Nullpunkt logarithmische Singularität. Die Niveaulinien $u = c$ sind die Kreise $x^2 + y^2 = c^2$, die Stromlinien $v = c$ sind die Geraden $y = cx$. Die Strömung erfolgt entlang dieser Geraden mit der Geschwindigkeit $-\frac{1}{r}$. Da das entlang eines Kreises um den Nullpunkt erstreckte Integral

$$\int_K \mathfrak{a}_n \, ds = -2\pi \tag{114}$$

ist, stellt der Nullpunkt eine Senke von der Stärke -2π dar. Ebenso stellt der Punkt $z = \infty$ eine Quelle dar, von der alle Strömungslinien ausgehen.

Der Pol erster Ordnung der Funktion $w = \frac{1}{z}$ kann aufgefaßt werden als Doppelquelle, als Vereinigung einer Quelle und einer Senke von entgegengesetzt gleicher unendlich großer Stärke. Ein Pol n-ter Ordnung kann als die Vereinigung von n-Doppelquellen aufgefaßt werden.

23. Lineare Funktionen. Denken wir uns die w-Werte ebenfalls in der z-Ebene aufgetragen, so bewirkt die Funktion $w = z + b$ eine Translation der Ebene in der Richtung und um den Betrag des Vektors b. Entsprechend bewirkt die Funktion $w = e^{i\varphi} \cdot z$ eine Drehung der Ebene um den Winkel φ und $w = c \cdot z = r \cdot e^{i\varphi} \cdot z$ eine Drehstreckung.

Die Funktion $w = \frac{1}{z}$ vermittelt die Abbildung

$$u = \frac{x}{x^2 + y^2}, \quad v = \frac{-y}{x^2 + y^2}. \tag{115}$$

Ihre konjugiert komplexe

$$\overline{w} = \frac{1}{z}, \quad u = \frac{x}{x^2 + y^2}, \quad v = \frac{y}{x^2 + y^2} \tag{116}$$

ist die Spiegelung am Einheitskreis und ordnet jedem Punkt A einen auf der Geraden durch den Nullpunkt und A gelegenen Punkt B zu, derart, daß das Produkt ihrer Abstände vom Nullpunkt gleich dem Quadrat des Radius, also hier gleich eins ist. Sie ist eine konforme Abbildung mit Umlegung der Winkel, die Kreise in Kreise überführt, wobei die Geraden als Kreise von unendlich großem Radius angesehen werden müssen (vgl. auch Ziff. 2). Daher führt auch die durch $w = \frac{1}{z}$ vermittelte konforme Abbildung mit Erhaltung des Drehsinns Kreise in Kreise über, sie ist eine Kreisverwandtschaft. Der Nullpunkt wird in den Punkt $z = \infty$ transformiert.

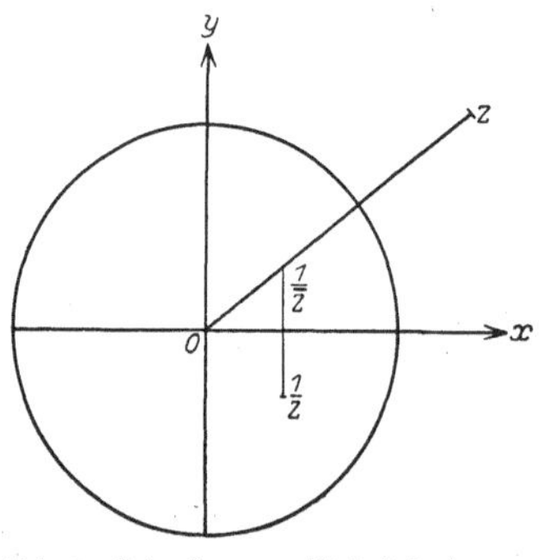

Abb. 9. Spiegelung am Einheitskreis.

Ebenso ist auch die aus den vorhergehenden Funktionen zusammensetzbare allgemeine lineare Funktion

$$w = \frac{az + b}{cz + d}, \quad ad - bc \neq 0 \tag{117}$$

eine Kreisverwandtschaft[1]). Sie hat drei wesentliche Konstante und im allgemeinen zwei Fixpunkte z_1 und z_2, die durch $z = \frac{az+b}{cz+d}$ gegeben sind. Im besonderen können beide Fixpunkte zusammenfallen oder es kann einer oder beide ins Unendliche fallen. Im allgemeinen Falle wird das Büschel der durch die beiden Fixpunkte gehenden Kreise in sich transformiert und ebenso wird die Gesamtheit der zu ihnen orthogonalen Kreise in sich transformiert. Geht jeder einzelne Kreis durch z_1 und z_2 in sich über, so spricht man von einer hyperbolischen Transformation; sie ist darstellbar durch

$$\frac{z-z_1}{z-z_2} = a\frac{w-z_1}{w-z_2}, \quad a \text{ reell.} \tag{118}$$

Geht jeder einzelne der orthogonalen Kreise in sich über, so spricht man von einer elliptischen Substitution und diese ist darstellbar durch

$$\frac{z-z_1}{z-z_2} = e^{i\varphi}\frac{w-z_1}{w-z_2}, \quad \varphi \text{ reell.} \tag{119}$$

Sonst spricht man von einer loxodromischen Substitution.

Bei einer Abbildung $w = \frac{az+b}{cz+d}$ bleibt das Doppelverhältnis von vier Punkten unverändert

$$\frac{z_3-z_1}{z_3-z_2} : \frac{z_4-z_1}{z_4-z_2} = \frac{w_3-w_1}{w_3-w_2} : \frac{w_4-w_1}{w_4-w_2}, \tag{120}$$

wie man unmittelbar bestätigt.

Aus der elementargeometrisch zu bestätigenden Tatsache, daß alle Kreise durch zwei Spiegelpunkte in bezug auf einen Kreis K diesen Kreis orthogonal schneiden, und daß umgekehrt zwei Punkte spiegelbildlich in bezug auf einen Kreis K liegen, wenn alle Kreise ihres Büschels den Kreis K orthogonal schneiden, folgt der Satz: zwei Spiegelpunkte in bezug auf einen Kreis K werden bei linearer Transformation wieder in Spiegelpunkte in bezug auf den Bildkreis übergeführt.

Es sei noch die Transformation

$$w = e^{i\varphi}\cdot\frac{z-a}{z-\bar{a}}, \quad a \text{ nicht reell}, \quad J(a) > 0, \quad \varphi \text{ reell} \tag{121}$$

als der allgemeine Typus derjenigen linearen Transformationen erwähnt, die die obere Halbebene auf das Innere des Einheitskreises abbilden.

24. Schwarzsches Lemma. Das Schwarzsche Lemma sagt folgendes aus: Ist

$$f(z) = a_1 z + a_2 z^2 + \cdots$$

für $|z| < 1$ konvergent und $|f(z)| \leqq 1$ für $|z| < 1$, dann ist $|f(z)| \leqq |z|$ für alle $|z| < 1$.

Ist in einem Punkte $a \neq 0$ von $|z| < 1$

$$f(a) = a,$$

so hat $f(z)$ die Form $f(z) = e^{i\alpha}z$.

Sei $w = f(z)$ eine Funktion, die den Einheitskreis umkehrbar eindeutig und konform in sich überführt und dabei den Nullpunkt unverändert läßt, so ist zufolge dem eben bewiesenen Satze

$$\left|\frac{w}{z}\right| \leqq 1 \text{ für } |z| < 1$$

[1]) Denn es ist $\frac{az+b}{cz+d} = \frac{a}{c} + \frac{bc-ad}{c}\cdot\frac{1}{cz+d}$.

und ebenso für die Umkehrfunktion

$$\left|\frac{z}{w}\right| \leqq 1 \text{ für } |z| < 1 .$$

Also ist

$$\left|\frac{f(z)}{z}\right| = 1$$

und $f(z)$ hat die Form: $f(z) = e^{i\alpha} z$.

Alle umkehrbar eindeutigen konformen Transformationen $f(z)$ des Einheitskreises in sich lassen sich aber durch lineare Transformationen in ebensolche umkehrbar eindeutige Transformationen des Einheitskreises in sich überführen, die den Nullpunkt unverändert lassen. Und zwar kann dies geschehen durch eine darauf folgende hyperbolische Substitution $g(z)$, die die Endpunkte desjenigen Durchmessers des Einheitskreises, auf dem der Punkt $f(0)$ liegt, unverändert läßt und den Punkt $f(0)$ in den Nullpunkt überführt. Also ist $g[f(z)] = h(z)$ eine lineare Funktion und ebenso ist $k[h(z)] = f(z)$ eine lineare Funktion, wenn $k(z)$ die inverse Funktion von $g(z)$ bedeutet. Man kann daher sagen: Alle umkehrbar eindeutigen und konformen Transformationen des Einheitskreises in sich werden durch lineare Funktionen vermittelt.

25. Schwarzsches Spiegelungsprinzip. Ist $w = f(z)$ im Innern und auf dem Rande einer doppelpunktlosen geschlossenen Kurve C regulär und nimmt auf C keinen Wert mehr als einmal an, so wird die Kurve C auf eine gleichartige Kurve $\overline{C}$ abgebildet und das Innere G von C umkehrbar eindeutig auf das Innere Γ von $\overline{C}$. Denn ist a ein Punkt im Innern von $\overline{C}$, so wird sich der Ausdruck

$$\frac{1}{2\pi i}\log(w-a) = \frac{1}{2\pi i}\oint_{\overline{C}}\frac{d(w-a)}{w-a} = \frac{1}{2\pi i}\oint_{C}\frac{f'(z)}{f(z)-a}\,dz$$

um eins vermehren, so daß jeder Wert im Innern von $\overline{C}$ von $f(z)$ genau einmal angenommen wird.

Ist im besonderen ein Stück l der Kurve C geradlinig und geht bei der Abbildung in ein geradliniges Stück λ der Kurve $\overline{C}$ über, so geht durch analytische Fortsetzung von $f(z)$ das Spiegelbild von G bezüglich l in das Spiegelbild von Γ bezüglich λ über. Denn die Funktion, die die Abbildung der beiden Spiegelbilder vermittelt, ist ebenfalls analytisch und ist analytische Fortsetzung von $f(z)$, da sie mit $f(z)$ längs l übereinstimmt.

Dieser Satz gilt allgemeiner auch dann, wenn an die Stelle der geradlinigen Stücke l und λ Kreisbogen treten, da durch eine lineare Transformation Kreisbogen in Geradenstücke übergeführt werden können und dabei Spiegelpunkte am Kreise in Spiegelpunkte an der Geraden übergehen.

26. Verzweigungspunkte und Riemannsche Flächen. Bei der Abbildung $w = z^2$ entsprechen die Parallelen zur u- und v-Achse in der w-Ebene den Hyperbeln $x^2 - y^2 = c$ und $2xy = c$ in der z-Ebene, die sich unter rechtem Winkel schneiden, außer im Nullpunkt, wo sie sich unter $45°$ schneiden, da dort $w'(0)$ von der ersten Ordnung Null wird. Durchläuft z einen Kreis um den Nullpunkt, so durchläuft w einen entsprechenden Kreis zweimal, und zwar entspricht dem Halbkreis in der oberen und dem in der unteren z-Ebene derselbe volle Kreis in der w-Ebene. Die Umkehrung $z = \sqrt{w}$ ist also eine zweiwertige Funktion in der w-Ebene. Legen wir zwei Exemplare der w-Ebene übereinander, durchschneiden beide längs irgendeiner Kurve von 0 nach ∞ (z. B. längs der negativen reellen Achse) und heften die vier Schnitte unter Selbstdurchdringung kreuzweise aneinander, so ist auf der nun entstandenen Riemannschen Fläche die Funktion $z = \sqrt{w}$ eindeutig. Die Punkte $w = 0$ und $w = \infty$ sind Verzweigungspunkte erster Ordnung der Riemannschen Fläche.

Ebenso kann die Funktion $z = \sqrt[p]{w}$ (p ganz und positiv) eindeutig dargestellt werden, indem man p Blätter einer Riemannschen Fläche längs eines Verzweigungsschnittes von 0 nach ∞ passend aneinander heftet.

Allgemeiner: Ist die Funktion $w = f(z)$ in einer Umgebung des Punktes z_0 (einschließlich z_0) regulär und hat $f'(z)$ in z_0 eine Nullstelle $(p-1)$-ter Ordnung, so ist umgekehrt z nach Potenzen von $(w - w_0)^{1/p}$ entwickelbar und hat in w_0 einen Verzweigungspunkt $(p-1)$-ter Ordnung.

Eine Stelle z_0, in deren Umgebung $w = f(z)$ regulär ist und dort eine Laurentsche Entwicklung $\sum a_n \left(\sqrt[p]{z - z_0}\right)^n$ mit nur endlich vielen negativen Potenzen gestattet, heißt eine algebraische Stelle von $f(z)$.

n-deutige analytische Funktionen, die in der ganzen Ebene nur endlich viele Pole und algebraische Stellen haben, heißen algebraische Funktionen und genügen einer Gleichung

$$w^n + r_1(z)\, w^{n-1} + \cdots + r_n(z) = 0\,, \tag{122}$$

wobei $r_1(z), \ldots r_n(z)$ rationale Funktionen von z sind. Denn die elementarsymmetrischen Funktionen der n Funktionszweige $w_1, w_2, \ldots w_n$ sind eindeutige Funktionen von z und besitzen nur endlich viele Pole, sind also rationale Funktionen.

27. Die Abbildung $w = \log z$. Merkatorprojektion. Bei der Abbildung $w = \log z = \log r + i\varphi$ entsprechen den Kreisen um den Nullpunkt der z-Ebene Parallele zur v-Achse $u =$ konst., den Geraden durch den Nullpunkt Parallele zur u-Achse $v =$ konst. Die ganze z-Ebene wird auf den Parallelstreifen $-\pi \leqq v < +\pi$ der w-Ebene abgebildet und ebenso wegen der Vieldeutigkeit des Logarithmus auf jeden weiteren Parallelstreifen $n\pi \leqq v < (n+2)\pi$ der w-Ebene. Um die Abbildung eindeutig zu machen, legt man unendlich viele Blätter der z-Ebene übereinander, schneidet sie längs der negativen reellen Achse auf und verbindet immer das obere Schnittufer eines Blattes mit dem unteren des darüberliegenden; wird dies von $n = -\infty$ bis $n = +\infty$ ausgeführt, so ist auf der nun entstandenen unendlich-vielblättrigen Riemannschen Fläche die Funktion $\log z$ eindeutig, jedes Blatt wird auf einen Parallelstreifen der w-Ebene abgebildet. Der Punkt $z = 0$ ist ein Verzweigungspunkt unendlich hoher Ordnung der Riemannschen Fläche.

Wird die Kugel von einem Pole stereographisch auf die z-Ebene projiziert[1]) und diese vermittels $w = \log z$ auf die w-Ebene abgebildet, so entsteht die von den Landkarten bekannte Merkatorprojektion, bei der Längen- und Breitenkreise in zwei Scharen sich orthogonal schneidender Geraden übergehen und bei der wegen der Winkeltreue der Abbildung allen Kurven auf der Kugel, die die Längen- und Breitenkreise unter konstantem Winkel schneiden, Gerade in der w-Ebene entsprechen.

28. Abbildung eines Rechtecks auf die Halbebene. Das elliptische Integral erster Gattung

$$w = \int\limits_0^z \frac{dt}{\sqrt{(1-t^2)(1-k^2t^2)}}\,, \quad k \text{ reell}, \quad 0 < k < 1 \tag{123}$$

vermittelt die Abbildung der oberen Halbebene auf das Innere eines Rechtecks. Geben wir der Quadratwurzel im Punkte 0 den positiven Wert und integrieren

[1]) Wobei den Längen- und Breitenkreisen die Geraden durch den Nullpunkt und die Kreise um den Nullpunkt entsprechen.

längs der reellen Achse. Die singulären Punkte des Integranden ± 1, $\pm 1/k$ mögen durch Halbkreise in der oberen Ebene umgangen werden, deren Radius gegen Null zusammengezogen werden kann, da der Integrand von der Ordnung $1/2$ unendlich wird. Läuft der Punkt z von 0 bis 1, so läuft der Punkt w auf der reellen Achse von 0 bis zum Punkte

$$\int_0^1 \frac{dt}{\sqrt{(1-t^2)(1-k^2t^2)}} = \frac{\omega_1}{2}.$$

Bei Umgehung von 1 vermindert sich die Amplitude von $1-t$ um π, die der Wurzel um $\pi/2$. Läuft also z von 1 bis $1/k$, so läuft

$$w = \frac{\omega_1}{2} + i\int_1^z \frac{dt}{\sqrt{(t^2-1)(1-k^2t^2)}}$$

auf der Parallelen zur imaginären Achse $u = \omega_1/2$ von $\omega_1/2$ bis zum Punkte

$$\frac{\omega_1}{2} + i\int_1^{1/k} \frac{dt}{\sqrt{(t^2-1)(1-k^2t^2)}} = \frac{\omega_1}{2} + i\,\omega_2.$$

Bei Umgehung des Punktes $1/k$ ändert sich wieder die Amplitude der Wurzel um $\pi/2$; läuft z von $1/k$ bis ∞, so läuft w auf der Parallelen zur reellen Achse $v = i\,\omega_2$ von $\omega_1/2 + i\,\omega_2$ bis

$$\frac{\omega_1}{2} + i\,\omega_2 - \int_{1/k}^{\infty} \frac{dt}{\sqrt{(t^2-1)(k^2t^2-1)}} = i\,\omega_2.$$

Denn es ist $\displaystyle\int_{\frac{1}{k}}^{\infty} \frac{dt}{\sqrt{(t^2-1)(k^2t^2-1)}} = \int_0^1 \frac{d\tau}{\sqrt{(1-\tau^2)(1-k^2\tau^2)}}$, wenn wir $t = \frac{1}{k\tau}$ setzen.

Die Fortsetzung der Betrachtung für die negative reelle Achse ergibt: die reelle Achse der z-Ebene wird ein-eindeutig auf den Rand des Rechteckes $\omega_1/2$, $\omega_1/2 + i\,\omega_2$, $-\omega_1/2 + i\,\omega_2$, $-\omega_1/2$ abgebildet und die obere Halbebene ein-eindeutig und konform auf das Innere des Rechtecks.

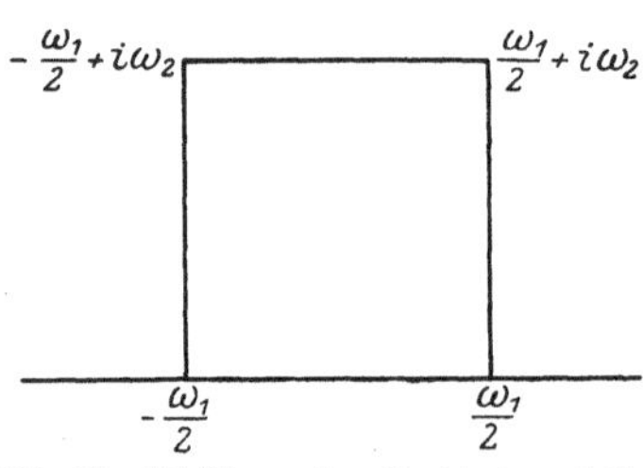

Abb. 10. Abbildung eines Rechtecks auf die Halbebene.

Die Fortsetzung der Abbildung ergibt sich durch das Spiegelungsprinzip. Spiegelt man das Rechteck an einer seiner Seiten, so wird das Spiegelbild auf die untere Halbebene abgebildet; das aus zweimaliger Spiegelung in derselben Richtung sich ergebende Rechteck wird wieder auf die obere Halbebene abgebildet usw. Also ist die Funktion

$$w = \int_1^z \frac{dt}{\sqrt{(1-t^2)(1-k^2t^2)}}$$

unendlich vieldeutig; ihre Umkehrfunktion $z = z(w)$ ist eindeutig und besitzt wegen

$$z(w) = z(w + 2\,\omega_1) = z(w + 2i\,\omega_2)$$

die zwei Perioden $2\,\omega_1$ und $2i\,\omega_2$.

29. Abbildung eines Polygons auf die Halbebene. Fundamentalsatz der konformen Abbildung. Allgemein wird die Abbildung eines sich nicht selbst überdeckenden Polygons in der w-Ebene mit den Ecken $A_1, A_2, \ldots, A_n$ und den Winkeln $\alpha_1 \pi, \alpha_2 \pi, \ldots, \alpha_n \pi$ auf die obere Halbebene der z, wobei den Punkten $A_1, A_2, \ldots A_n$ der Reihe nach die Punkte $a_1, a_2, \ldots, a_n$ auf der reellen Achse entsprechen, gegeben durch die Funktion

$$w = \text{konst.} \int_0^z (t - a_1)^{\alpha_1 - 1} (t - a_2)^{\alpha_2 - 1} \ldots (t - a_n)^{\alpha_n - 1} \, dt. \tag{124}$$

Daß eine solche Abbildung immer möglich ist, läßt sich aus dem Fundamentalsatz der konformen Abbildung ersehen, wonach das Innere des Einheitskreises der w-Ebene umkehrbar eindeutig und konform auf das Innere eines beliebigen, einfach zusammenhängenden Gebietes mit mindestens zwei Randpunkten abgebildet werden kann. Werden ein Punkt und eine durch ihn gehende Richtung in beiden Gebieten als einander entsprechend willkürlich gewählt, so ist die Abbildung eindeutig vorgegeben.

Der Beweis dieses Fundamentalsatzes kann geführt werden mittels des Dirichletschen Prinzips (vgl. Kap. 11, Ziff. 6) oder auf funktionentheoretischem Wege mittels des Schwarzschen Lemmas und der Koebeschen Sätze.

Schon in Ziff. 22 ist auf den engen Zusammenhang der Potentialtheorie mit der Funktionentheorie hingewiesen worden, der daraus hervorgeht, daß man jede Potentialfunktion als Realteil einer analytischen Funktion ansehen kann. Es möge hier noch besonders auf die Beziehungen zur ersten Randwertaufgabe aufmerksam gemacht werden. Die erste Randwertaufgabe besteht darin, eine in einem Bereiche $\mathfrak{B}$ der xy-Ebene reguläre Potentialfunktion zu konstruieren, die am Rande C des Bereiches vorgeschriebene, stetig veränderliche Werte annimmt. Durch die Cauchysche Integralformel

$$f(z') = \frac{1}{2\pi i} \oint \frac{f(z)}{z - z'} \, dz$$

(vgl. Ziff. 9, Formel (36)) sind die Werte $f(z')$ einer analytischen Funktion im Innern eines Bereiches mit ihren Randwerten verbunden. Man kann aus der Cauchyschen Integralformel tatsächlich die Lösung der ersten Randwertaufgabe für den Kreis mit dem Radius R und dem Mittelpunkt im Ursprung erhalten:

$$u(x', y') = u(r\cos\varphi, r\sin\varphi) = \frac{1}{2\pi} \int_0^{2\pi} \frac{R^2 - r^2}{R^2 + r^2 - 2Rr\cos(\varphi - \vartheta)} \, \overline{u}(\vartheta) \, d\vartheta \tag{125}$$

(Poissonsche Formel). Dabei sind $\overline{u}(\vartheta)$ die vorgeschriebenen Randwerte, während durch $x' = r\cos\varphi$: $y' = r\sin\varphi$ Polarkoordinaten eingeführt sind. Allgemein kann man die Lösbarkeit der ersten Randwertaufgabe für einen einfach zusammenhängenden, von einer oder mehreren analytischen Randkurven begrenzten Bereich in der $\xi\eta$-Ebene in folgender Weise einsehen. Sei $x + iy = f(\xi + i\eta)$ die analytische Funktion, welche die eineindeutige und konforme Abbildung dieses Bereiches auf den Einheitskreis in der xy-Ebene vermittelt. (Eine solche Abbildung muß nach dem Fundamentalsatz der konformen Abbildung möglich sein.) Dann kann die erste Randwertaufgabe für den Kreis mit den übertragenen Randwerten durch das Poissonsche Integral gelöst werden. Die durch die Substitution von ξ und η in diese Potentialfunktion mittels der Abbildungsfunktion daraus hervorgehende Funktion $u(\xi, \eta)$ ist aber wieder eine Potentialfunktion.

Die Lösung der ersten Randwertaufgabe wird durch folgende Formel gegeben:

$$u(x', y') = -\frac{1}{2\pi}\oint\limits_C \bar{u}\frac{\partial G}{\partial n}\,ds. \tag{126}$$

Dabei sind $\bar{u}$ die vorgeschriebenen Randwerte, $\frac{\partial}{\partial n}$ bedeutet die Ableitung nach der äußeren Normalen am Rande C, über den das Integral zu erstrecken ist. x', y' ist ein Punkt im Innern des Bereiches. $G(x', y', x, y)$ ist die zum Aufpunkt x', y' gehörende Greensche Funktion des Bereiches und ist eine im Innern des Bereichs mit Ausnahme von $x = x'$, $y = y'$ reguläre, am Rande verschwindende Potentialfunktion, die für $x \to x'$, $y \to y'$ unendlich wird wie $\log\frac{1}{r}$ (wobei r die Entfernung der Punkte x, y und x', y' ist). Die zum Aufpunkte x', y' gehörige Greensche Funktion kann nun in folgender Weise bestimmt werden. Ist

$$\varphi(z', z) = a_1(z - z') + a_2(z - z')^2 + \cdots$$

diejenige analytische Funktion, die eine umkehrbar eindeutige und konforme Abbildung des Bereiches auf den Einheitskreis vermittelt und dabei den Punkt $z' = x' + iy'$ in den Ursprung überführt (sie ist bis auf einen Faktor $e^{i\alpha}$ (α reell) bestimmt), so ist

$$G(x', y', x, y) = \log\left|\frac{1}{\varphi(z', z)}\right|.$$

Umgekehrt: ist die zum Aufpunkt x', y' gehörige Greensche Funktion des Bereichs bekannt und ist H ihre bis auf eine additive Konstante aus den Cauchy-Riemannschen Differentialgleichungen bestimmbare Konjugierte, so vermittelt

$$\varphi(z', z) = e^{-G-iH}$$

eine konforme Abbildung des Bereichs $\mathfrak{B}$ auf den Einheitskreis, wobei der Punkt z' in den Ursprung übergeht.

IV. Elliptische Funktionen.

30. Allgemeines über periodische Funktionen. Gilt für jeden regulären Punkt z von $f(z)$ die Gleichung $f(z+\omega) = f(z)$, so nennt man $f(z)$ eine periodische Funktion mit der Periode ω. Dabei ist ω als eine komplexe Zahl $\neq 0$ angenommen. Im besonderen werden die eindeutigen, nicht konstanten Funktionen mit dieser Eigenschaft betrachtet, die nur isolierte singuläre Stellen besitzen. Dann gilt zunächst der Satz, daß eine solche Funktion nicht beliebig kleine Perioden haben kann. Denn sonst gäbe es in jeder (beliebig kleinen) Umgebung eines Regularitätspunktes z_0 Punkte z, so daß $f(z) = f(z_0)$, was der Entwicklung von $f(z)$ in eine Potenzreihe $\mathfrak{P}(z/z_0)$ widerspricht.

Zugleich mit ω sind auch die Zahlen $n\omega$ (n eine ganze Zahl oder Null) Perioden von $f(z)$: $f(z + n\omega) = f(z)$, und ebenso sind auch Summe und Differenz zweier Perioden ω_1, ω_2 wieder Perioden: $f(z \pm \omega_1 \pm \omega_2) = f(z)$.

Ist ω die absolut kleinste Periode auf einer Geraden durch 0 und ω, so wird ω eine primitive Periode genannt. Ist dies der Fall, so sind sämtliche Perioden auf dieser Geraden von der Form $n\omega$. Denn wäre auch $n\omega + \vartheta\omega$ ($0 < \vartheta < 1$) eine Periode, so wäre auch $\vartheta\omega$ Periode, entgegen der Voraussetzung.

Seien jetzt ω_1 und ω_2 zwei primitive Perioden, derart, daß im Innern des Dreiecks $0, \omega_1, \omega_2$ keine weitere Periode von $f(z)$ liegt, dann sind sämtliche Perioden von $f(z)$ in der Form $n_1\omega_1 + n_2\omega_2$ darstellbar. Denn wäre wieder $(n_1 + \vartheta_1)\omega_1 + (n_2 + \vartheta_2)\omega_2$ $(0 \leqq \vartheta_1 \leqq 1, 0 \leqq \vartheta_2 \leqq 1)$, ϑ_1 und ϑ_2 nicht gleichzeitig 0 oder 1) Periode von $f(z)$, so wäre auch $\vartheta_1\omega_1 + \vartheta_2\omega_2$ Periode entgegen der Voraussetzung.

Also kann es nur einfach- oder doppeltperiodische analytische Funktionen einer komplexen Veränderlichen geben.

31. Einfach-periodische Funktionen. Sei $f(z)$ eine Funktion mit nur einer primitiven Periode ω, eine einfach-periodische Funktion, dann liegen sämtliche Perioden von $f(z)$ auf einer Geraden durch 0 und ω und sind von der Form $n\omega$. Durch parallele Gerade, die die Gerade durch 0 und ω in den Punkten $n\omega$ schneiden, kann die Ebene in parallele Streifen eingeteilt werden. In jedem dieser Periodenstreifen nimmt die Funktion alle ihre Werte an und in kongruenten Punkten z_1, z_2 in zwei verschiedenen Streifen $(z_1 - z_2 = n\omega)$ nimmt sie denselben Wert an.

Setzt man $z = \frac{\omega}{2\pi i}\log\zeta$, $\zeta = e^{\frac{2\pi i}{\omega}\cdot z}$, so wird $f(z) = \varphi(\zeta)$ und der Vieldeutigkeit des Logarithmus entsprechen kongruente Werte von z:

$$z = \frac{\omega}{2\pi i}(\log\zeta + 2\pi i \cdot n) = \frac{\omega}{2\pi i}\log\zeta + n\omega,$$

so daß $\varphi(\zeta)$ eine eindeutige Funktion ist. Die Singularitäten von $\log\zeta$ sind 0 und ∞, im übrigen faßt $\varphi(\zeta)$ alle kongruenten Singularitäten von $f(z)$ in eine zusammen. Entwicklung von $\varphi(\zeta)$ in eine Laurentsche Reihe um den Punkt 0 gibt

$$\varphi(\zeta) = \sum_{n=-\infty}^{+\infty} a_n \zeta^n = \sum_{n=-\infty}^{+\infty} a_n e^{\frac{2\pi i z}{\omega} n}, \tag{127}$$

deren Konvergenzgebiet durch die singulären Stellen bestimmt ist.

Ist speziell $f(z)$ eine rationale Funktion von $e^{\frac{2\pi i z}{\omega}}$,

$$f(z) = R(\zeta),$$

so gelten folgende Sätze:

Die Funktionen $f(z) = R(\zeta)$ besitzen ein algebraisches Additionstheorem: $f(z_1 + z_2)$ läßt sich algebraisch durch $f(z_1)$ und $f(z_2)$ ausdrücken.

Zwischen je zwei Funktionen $f(z) = R(\zeta)$ mit derselben Periode ω besteht eine algebraische Gleichung mit konstanten Koeffizienten.

Sei die eine dieser Funktionen der Differentialquotient der anderen, so ergibt sich: Jede Funktion $f(z) = R(\zeta)$ genügt einer algebraischen Differentialgleichung.

32. Doppelt-periodische Funktionen. Die Perioden einer doppeltperiodischen Funktion lassen sich alle in der Form $n_1\omega_1 + n_2\omega_2$ darstellen, wobei die nicht auf einer Geraden durch den Nullpunkt gelegenen Punkte ω_1 und ω_2 ein primitives Periodenpaar bilden. Eine doppeltperiodische Funktion nimmt alle ihre Werte in einem Periodenparallelogramm an, das von den Punkten $z_0, z_0 + \omega_1, z_0 + \omega_2, z_0 + \omega_1 + \omega_2$ gebildet wird, und es kann die ganze Ebene mit Parallelogrammen überdeckt werden, die aus einem durch Parallelverschiebung um $n_1\omega_1 + n_2\omega_2$ hervorgehen. In kongruenten Punkten z_1 und z_2 $(z_2 = z_1 + n_1\omega_1 + n_2\omega_2)$ ist $f(z_2) = f(z_1)$.

Eine ganze Funktion kann nicht doppeltperiodisch sein. Denn als ganze doppeltperiodische Funktion bliebe sie in einem Periodenparallelogramm unter einer endlichen Schranke und wäre also auch in der ganzen Ebene nicht beliebig großer Werte fähig, entgegen den Eigenschaften einer ganzen Funktion.

Also muß eine doppeltperiodische Funktion im Periodenparallelogramm Singularitäten besitzen. Besitzt sie dort nur Pole (und zwar kann sie dann in jedem Periodenparallelogramm nur endlich viele Pole besitzen), so ist sie eine meromorphe Funktion. Eine doppeltperiodische meromorphe Funktion heißt eine elliptische Funktion.

Können sämtliche Zahlen der Form

$$m_1\omega_1 + m_2\omega_2 \quad (m_1,\ m_2 \text{ ganz}) \tag{128}$$

auch in der Form

$$m_1'\omega_1' + m_2'\omega_2' \quad (m_1',\ m_2' \text{ ganz}) \tag{129}$$

dargestellt werden und umgekehrt, so heißen die beiden Größenpaare ω_1, ω_2 und ω_1', ω_2' äquivalent. Die notwendige Bedingung für diese Äquivalenz ist aber das Bestehen des Gleichungssystems

$$\begin{gathered}\omega_1' = \alpha\omega_1 + \beta\omega_2,\\ \omega_2' = \gamma\omega_1 + \delta\omega_2,\\ (\alpha,\ \beta,\ \gamma,\ \delta \text{ ganze Zahlen})\end{gathered}$$

einerseits und

$$\begin{gathered}\omega_1 = \alpha'\omega_1' + \beta'\omega_2',\\ \omega_2 = \gamma'\omega_1' + \delta'\omega_2',\\ (\alpha',\ \beta',\ \gamma',\ \delta' \text{ ganze Zahlen})\end{gathered}$$

andererseits. Es folgt durch Einsetzen des ersten Systems in das zweite

$$\begin{aligned}\omega_1 &= (\alpha'\alpha + \beta'\gamma)\,\omega_1 + (\alpha'\beta + \beta'\delta)\,\omega_2,\\ \omega_2 &= (\gamma'\alpha + \delta'\gamma)\,\omega_1 + (\gamma'\beta + \delta'\delta)\,\omega_2,\end{aligned}$$

also

$$\begin{aligned}\alpha'\alpha + \beta'\gamma &= 1, &\quad \alpha'\beta + \beta'\delta &= 0,\\ \gamma'\alpha + \delta'\gamma &= 0, &\quad \gamma'\beta + \delta'\delta &= 1,\end{aligned}$$

da ω_2/ω_1 nicht rational ist. Das heißt aber nach dem Multiplikationstheorem für Determinanten

$$\begin{vmatrix}\alpha & \beta\\ \gamma & \delta\end{vmatrix}\cdot\begin{vmatrix}\alpha' & \beta'\\ \gamma' & \delta'\end{vmatrix} = 1,$$

und daraus folgt

$$\alpha\delta - \beta\gamma = \pm 1. \tag{130}$$

Umgekehrt folgt aus dem Bestehen des ersten Gleichungssystems mit ganzen Zahlen α, β, γ, δ und $\alpha\delta - \beta\gamma = \pm 1$ die Äquivalenz der Größenpaare ω_1, ω_2 und ω_1', ω_2'. Denn die Auflösung dieses Systems liefert

$$\omega_1 = \pm(\delta\omega_1' - \beta\omega_2'), \qquad \omega_2 = \pm(-\gamma\omega_1' + \alpha\omega_2'),$$

und daher ist jede Zahl der Form

$$m_1\omega_1 + m_2\omega_2 \quad (m_1,\ m_2 \text{ ganze Zahlen})$$

auch in der Form

$$m_1'\omega_1' + m_2'\omega_2' \quad (m_1',\ m_2' \text{ ganze Zahlen}) \text{ darstellbar}.$$

Für die Äquivalenz der Größenpaare ω_1, ω_2 und ω_1', ω_2' ist also notwendig und hinreichend das Bestehen der Gleichungen

$$\omega_1' = \alpha\,\omega_1 + \beta\,\omega_2,$$
$$\omega_2' = \gamma\,\omega_1 + \delta\,\omega_2,$$

wobei α, β, γ, δ ganze Zahlen sind und ihre Determinante

$$\alpha\delta - \beta\gamma = \pm 1$$

ist.

33. Allgemeines über elliptische Funktionen. Gemäß Ziff. 32 wird eine doppeltperiodische meromorphe Funktion als elliptische Funktion bezeichnet. Seien ω_1 und ω_2 zwei Perioden, deren Quotient nicht reell ist. Alle elliptischen Funktionen $f(u)$ mit diesen beiden Perioden bilden einen Funktionenkörper K, d. h. gleichzeitig mit zwei solchen elliptischen Funktionen gehört auch ihre Summe, Differenz, Produkt und Quotient (mit nicht verschwindendem Nenner) zu K; ebenso gehört die Ableitung $f'(u)$ zu K.

Wir wollen in diesem Abschnitt über elliptische Funktionen unter w immer den Ausdruck $m_1\,\omega_1 + m_2\,\omega_2$ verstehen, die m dabei als ganze Zahlen vorausgesetzt. Ist $a' \equiv a(\omega_1, \omega_2)$, d. h. $a' = a + w$ [1], und a ein Pol von $f(u)$ mit dem zugehörigen Hauptteil $g\left(\frac{1}{u-a}\right)$ [2], so ist auch a' ein Pol von $f(u)$ und $g\left(\frac{1}{u-a'}\right)$ der zu a' gehörige Hauptteil. In jedem Periodenparallelogramm hat eine elliptische Funktion nur endlich viele Pole. Zählt man jeden Pol so oft als seine Vielfachheit beträgt, so nennt man die Zahl r der so erhaltenen Pole $a_1, a_2 \ldots, a_r$ eines Periodenparallelogramms den Grad von $f(u)$. Verstehen wir unter dem System $[a]$ alle Zahlen $a + w$, so stellen $[a_1], [a_2], \ldots, [a_r]$ alle Pole der Funktion dar. Greifen wir aus jedem dieser Systeme eine Zahl heraus, so erhalten wir r Zahlen, die man ein vollständiges System von Polen der Funktion nennt.

Liouvillesche Sätze:

1. Eine elliptische Funktion ohne Pole ist eine Konstante.
2. Die Summe der Residuen der einem Periodenparallelogramm angehörenden verschiedenen Pole einer elliptischen Funktion ist Null. Es gibt also keine elliptische Funktion vom Grad Eins.
3. Eine elliptische Funktion vom Grade r nimmt in jedem Periodenparallelogramme jeden Wert gerade r mal an.
4. In einem Periodenparallelogramm ist die Summe der Nullstellen einer elliptischen Funktion kongruent der Summe ihrer Pole.

34. Weierstraßsche Funktionen. Wir konstruieren aus den Perioden ω_1 und ω_2 das Gitter der Punkte $w = m_1\,\omega_1 + m_2\,\omega_2$ und suchen eine ganze Funktion, welche diese Gitterpunkte zu einfachen Nullstellen hat. Man findet dafür nach der Weierstraßschen Produktentwicklung (s. Ziff. 14), abgesehen von einem nicht verschwindenden Faktor:

$$\sigma(u) = u\,\Pi'\left\{\left(1 - \frac{u}{w}\right) e^{\frac{u}{w} + \frac{1}{2}\left(\frac{u}{w}\right)^2}\right\}. \tag{131}$$

Das Produkt ist über sämtliche w zu erstrecken, ausgenommen $w = 0$, was durch den Strich angedeutet wird. Wir definieren weiter die meromorphen Funktionen:

$$\zeta(u) = \frac{\sigma'(u)}{\sigma(u)}, \tag{132}$$

$$\wp(u) = -\zeta'(u) = \frac{\sigma'(u)^2 - \sigma(u)\,\sigma''(u)}{\sigma(u)^2}. \tag{133}$$

Die Funktionen $\sigma(u)$, $\zeta(u)$, $\wp(u)$ wurden von K. WEIERSTRASS eingeführt. Mit ihren Eigenschaften haben wir uns näher zu beschäftigen [3].

---

[1] Man sagt, a' ist kongruent a nach ω_1, ω_2. [2] Vgl. Ziff. 11.

[3] Über ihren Zusammenhang mit den elliptischen Integralen s. Ziff. 45.

35. $\wp$-Funktion. Wir beginnen mit der $\wp$-Funktion. Man findet für sie die Mittag-Lefflersche Entwicklung[1]):

$$\wp(u) = \frac{1}{u^2} + \sum{}'\left[\frac{1}{(u-w)^2} - \frac{1}{w^2}\right]. \tag{134}$$

Die Summe ist über sämtliche Werte von w zu erstrecken, ausgenommen $w = 0$ (Strich!). $\wp(u)$ hat also die Gitterpunkte w zu zweifachen Polen. Es besitzt ferner die primitiven[2]) Perioden ω_1 und ω_2, ist also eine elliptische Funktion vom Grade 2. Die Gleichung $\wp(u) = c$ hat zwei Lösungssysteme $[u']$ und $[u'']$ (Ziff. 33), wobei $u' + u'' \equiv 0\ (\omega_1, \omega_2)$. Die beiden Lösungssysteme fallen dann und nur dann zusammen, wenn

$$u \equiv 0,\quad \frac{\omega_1}{2},\quad \frac{\omega_1+\omega_2}{2},\quad \frac{\omega_2}{2}.$$

Für $u = 0$ ist $c = \infty$, die den drei anderen Punkten entsprechenden Funktionswerte bezeichnet man mit

$$\wp\left(\frac{\omega_1}{2}\right) = e_1,\quad \wp\left(\frac{\omega_1+\omega_2}{2}\right) = e_2,\quad \wp\left(\frac{\omega_2}{2}\right) = e_3.$$

An diesen und ihren kongruenten Stellen ist $\wp'(u) = 0$. Die e sind voneinander verschieden. Die $\wp$-Funktion befriedigt die Differentialgleichung

$$\wp'(u)^2 = 4[\wp(u) - e_1][\wp(u) - e_2][\wp(u) - e_3] \tag{135}$$

oder ausgerechnet

$$\wp'(u)^2 = 4\wp(u)^3 - g_2\wp(u) - g_3, \tag{136}$$

wo

$$g_2 = 60\sum{}'\frac{1}{w^4},\quad g_3 = 140\sum{}'\frac{1}{w^6}. \tag{137}$$

Es ist nämlich

$$e_1 + e_2 + e_3 = 0,\ e_2e_3 + e_3e_1 + e_1e_2 = -\tfrac{1}{4}g_2,\ e_1e_2e_3 = \tfrac{1}{4}g_3. \tag{138}$$

Die Diskriminante der rechten Seite von (135) oder (136) ist

$$\varDelta = 16(e_2 - e_3)^2(e_3 - e_1)^2(e_1 - e_2)^2 = g_2^3 - 27g_3^2. \tag{139}$$

g_2 und g_3 nennt man die Invarianten von $\wp(u)$. Die Größe $J = \frac{g_2^3}{\varDelta}$ bezeichnet man als absolute Invariante; sie hängt nur vom Verhältnis der Perioden ab. Die Laurentsche Reihenentwicklung[3]) von $\wp(u)$ im Nullpunkt lautet

$$\left.\begin{aligned} \wp(u) &= \frac{1}{u^2} + c_2u^2 + c_3u^4 + \cdots + c_nu^{2n-2} + \cdots, \\ \text{wobei}\quad c_n &= (2n-1)\sum{}'\frac{1}{w^{2n}} = \frac{3}{(2n+1)(n-3)}\sum_{\nu=2}^{n-2}c_\nu c_{n-\nu}. \end{aligned}\right\} \tag{140}$$

Die Koeffizienten c_2 sind ganze rationale Funktionen der Invarianten g_2 und g_3 mit rationalen, positiven Zahlenkoeffizienten. Es ist z. B. $c_2 = \frac{1}{20}g_2$, $c_3 = \frac{1}{28}g_3$. Nach (140) ist $\wp(u)$ eine gerade, daher $\wp'(u)$ eine ungerade Funktion.

Die Funktion $\wp(u)$ besitzt ein algebraisches Additionstheorem, d. h. zwischen $\wp(u_1 + u_2)$, $\wp(u_1)$ und $\wp(u_2)$ besteht eine algebraische Gleichung mit Koeffizienten, die von u_1 und u_2 nicht abhängen. Es kann in der Form geschrieben werden:

$$\wp(u_1 + u_2) + \wp(u_1) + \wp(u_2) = \frac{1}{4}\left[\frac{\wp'(u_1) - \wp'(u_2)}{\wp(u_1) - \wp(u_2)}\right]^2. \tag{141}$$

---

1) Vgl. Ziff. 13. 2) Vgl. Ziff. 30. 3) Vgl. Ziff. 11.

Jede elliptische Funktion $f(u)$ mit den Perioden ω_1 und ω_2 läßt sich in der Form

$$f(u) = R[\wp(u)] + \wp'(u) R_1[\wp(u)] \tag{142}$$

als rationale Funktion von $\wp(u)$ und $\wp'(u)$ darstellen. R und R_1 bedeuten rationale Funktionen. Z. B. ist

$$\wp''(u) = 6\wp(u)^2 - \tfrac{1}{2}g_2. \tag{143}$$

Speziell ist $\wp(nu)$ als rationale Funktion von $\wp(u)$ darstellbar, wenn n eine ganze Zahl bedeutet (Multiplikationstheorem der $\wp$-Funktion). Aus diesen Eigenschaften fließen folgende Sätze:

1. Zwischen zwei elliptischen Funktionen mit denselben Perioden besteht eine algebraische Gleichung mit konstanten Koeffizienten.

2. Jede elliptische Funktion $f(u)$ befriedigt eine algebraische Differentialgleichung $G[f(u), f'(u)] = 0$, deren linke Seite ein Polynom mit konstanten Koeffizienten ist.

3. Jede elliptische Funktion besitzt ein algebraisches Additionstheorem.

Von WEIERSTRASS rührt folgender Satz her: Alle eindeutigen transzendenten analytischen Funktionen mit algebraischem Additionstheorem sind entweder rationale Funktionen einer Exponentialfunktion $e^{\frac{2\pi i u}{\omega}}$ oder elliptische Funktionen.

36. ζ-Funktion. Für sie gilt folgende Mittag-Lefflersche Entwicklung[1]):

$$\zeta(u) = \frac{1}{u} + \sum{}' \left[\frac{1}{u-w} + \frac{1}{w} + \frac{u}{w^2}\right]. \tag{144}$$

Die Summe ist wieder über alle w-Werte zu erstrecken, ausgenommen $w = 0$. Die Gitterpunkte w sind also einfache Pole von $\zeta(u)$. Im Nullpunkt gilt folgende Laurentsche Reihe[2])

$$\zeta(u) = \frac{1}{u} - c_2\frac{u^3}{3} - c_3\frac{u^5}{5} - \cdots - c_n\frac{u^{2n-1}}{2n-1} - \cdots, \tag{145}$$

wo die c_n durch (140) gegeben sind. $\zeta(u)$ ist also eine ungerade Funktion. Ferner gilt

$$\left.\begin{aligned} &\zeta(u+w) = \zeta(u) + \eta, \\ \text{wo}\quad &w = m_1\omega_1 + m_2\omega_2, \quad \eta = m_1\eta_1 + m_2\eta_2, \\ &\eta_1 = 2\zeta\left(\frac{\omega_2}{2}\right), \quad \eta_2 = 2\zeta\left(\frac{\omega_2}{2}\right), \quad \eta_1\omega_2 - \eta_2\omega_1 = 2\pi i. \end{aligned}\right\} \tag{146}$$

Es bestehen ferner die Beziehungen

$$\zeta(u+v) + \zeta(u-v) - 2\zeta(u) = \frac{\wp'(u)}{\wp(u) - \wp(v)} \tag{147}$$

und

$$\zeta(u+v) - \zeta(u) - \zeta(v) = \frac{1}{2}\,\frac{\wp'(u) - \wp'(v)}{\wp(u) - \wp(v)} \tag{148}$$

(Additionstheorem der ζ-Funktion).

Eine beliebige elliptische Funktion $f(u)$ läßt sich darstellen in der Form

$$f(u) = C + \sum_a \{A\zeta(u-a) + A'\zeta'(u-a) + A''\zeta''(u-a) + \cdots + A^{(k-1)}\zeta^{(k-1)}(u-a)\}, \tag{149}$$

wobei die Summe zu erstrecken ist über die verschiedenen in einem Periodenparallelogramm befindlichen Pole a von $f(u)$. Die dem einzelnen Pol entsprechenden Koeffizienten $A, A', \ldots, A^{(k-1)}$ sind dem in der Form

$$\frac{A}{u-a} - \frac{A'}{(u-a)^2} + \frac{2!\,A''}{(u-a)^3} - \cdots + (-1)^{k-1}\frac{(k-1)!\,A^{(k-1)}}{(u-a)^k}$$

[1]) Vgl. Ziff. 13. [2]) Vgl. Ziff. 11.

angesetzten Hauptteil von $f(u)$ zu entnehmen; C ist eine Konstante. (149) entspricht der Partialbruchzerlegung einer rationalen Funktion und ist die Mittag-Lefflersche Entwicklung von $f(u)$.

37. σ-Funktion. Sie besitzt im Nullpunkt folgende Potenzreihenentwicklung:

$$\sigma(u) = u + k_2 u^5 + k_3 u^7 + \cdots + k_n u^{2n+1} + \cdots, \tag{150}$$

wobei die Koeffizienten k_n ganze rationale Funktionen von g_2 und g_3 mit rationalen Zahlenkoeffizienten sind. Z. B. ist

$$k_2 = -\frac{g_2}{240}, \quad k_3 = -\frac{g_3}{840}.$$

$\sigma(u)$ ist eine ungerade Funktion. Es gilt

$$\sigma(u + w) = \varepsilon e^{\eta\left(u + \frac{w}{2}\right)} \sigma(u), \tag{151}$$

wo η und w durch (146) gegeben sind und $\varepsilon = +1$, sobald m_1 und m_2 beide gerade sind, und sonst $\varepsilon = -1$.

Jede elliptische Funktion $f(u)$ läßt sich darstellen in der Form

$$f(u) = C \frac{\sigma(u - b_1)\,\sigma(u - b_2)\,\ldots\,\sigma(u - b_r)}{\sigma(u - a_1)\,\sigma(u - a_2)\,\ldots\,\sigma(u - a_r)}, \tag{152}$$

wobei C eine Konstante, $b_1, b_2, \ldots, b_r$ ein vollständiges System von Nullstellen, $a_1, a_2, \ldots, a_r$ ein vollständiges System von Polen der Funktion $f(u)$ bezeichnen, die so gewählt sind, daß

$$b_1 + b_2 + \cdots + b_r = a_1 + a_2 + \cdots + a_r$$

(vgl. Ziff. 33). Z. B. gilt

$$\wp(u) - \wp(v) = -\frac{\sigma(u + v)\,\sigma(u - v)}{\sigma(u)^2\,\sigma(v)^2}. \tag{153}$$

Neben der σ-Funktion hat WEIERSTRASS noch drei weitere Funktionen $\sigma_1(u)$, $\sigma_2(u)$, $\sigma_3(u)$ eingeführt. Sie sind definiert durch die Gleichungen:

$$\left.\begin{aligned} \sigma_1(u) &= e^{\frac{\eta_1 u}{2}} \frac{\sigma\left(\frac{\omega_1}{2} - u\right)}{\sigma\left(\frac{\omega_1}{2}\right)}, \quad \sigma_2(u) = e^{\frac{(\eta_1+\eta_2) u}{2}} \frac{\sigma\left(\frac{\omega_1 + \omega_2}{2} - u\right)}{\sigma\left(\frac{\omega_1 + \omega_2}{2}\right)}, \\ \sigma_3(u) &= e^{\frac{\eta_2 u}{2}} \frac{\sigma\left(\frac{\omega_2}{2} - u\right)}{\sigma\left(\frac{\omega_2}{2}\right)}. \end{aligned}\right\} \tag{154}$$

Dann gilt

$$\sqrt{\wp(u) - e_1} = \frac{\sigma_1(u)}{\sigma(u)}, \quad \sqrt{\wp(u) - e_2} = \frac{\sigma_2(u)}{\sigma(u)}, \quad \sqrt{\wp(u) - e_3} = \frac{\sigma_3(u)}{\sigma(u)}, \tag{155}$$

und zwar sind durch diese Gleichungen die Quadratwurzeln samt ihrem Zeichen festgelegt. Die Funktionen $\sigma_1(u)$, $\sigma_2(u)$, $\sigma_3(u)$ sind ganze, gerade Funktionen von u, die für $u = 0$ den Wert 1 annehmen. Ferner wird

$$\wp'(u) = -2\frac{\sigma_1(u)\,\sigma_2(u)\,\sigma_3(u)}{\sigma(u)^3}. \tag{156}$$

38. Thetafunktionen. Wir führen ein für allemal folgende klassischen Bezeichnungen ein:

$$\left.\begin{aligned} \omega_1 &= 2\omega, \quad \omega_2 = 2\omega', \quad \tau = \frac{\omega_2}{\omega_1} = \frac{\omega'}{\omega}, \quad q = e^{i\pi\tau}, \\ \eta_1 &= 2\eta, \quad \eta_2 = 2\eta', \quad v = \frac{u}{2\omega}, \quad z = e^{i\pi v} = e^{\frac{i\pi u}{2\omega}}. \end{aligned}\right\} \tag{157}$$

Die Reihenfolge der Eckpunkte $0, \omega_1, \omega_1+\omega_2, \omega_2$ soll den positiven Umlaufsinn des Periodenparallelogramms angeben, so daß also

$$\mathfrak{J}(\tau) > 0\,^{1)} \quad \text{und} \quad |q| = e^{-\pi\mathfrak{J}(\tau)} < 1 .$$

Ferner sei

$$q^{\alpha} = e^{i\pi\tau\alpha} \quad \text{und} \quad z^{\alpha} = e^{i\pi v\alpha}.$$

Wir definieren nun die Thetafunktionen durch folgende Gleichungen:

$$\left.\begin{aligned}
\vartheta_1(v) &= i\sum_{n=-\infty}^{+\infty}(-1)^n q^{(n-\frac{1}{2})^2} z^{2n-1},\\
\vartheta_2(v) &= \sum_{n=-\infty}^{+\infty} q^{(n-\frac{1}{2})^2} z^{2n-1},\\
\vartheta_3(v) &= \sum_{n=-\infty}^{+\infty} q^{n^2} z^{2n},\\
\vartheta_0(v) &= \sum_{n=-\infty}^{+\infty}(-1)^n q^{n^2} z^{2n}.
\end{aligned}\right\} \tag{158}$$

Sie sind ganze Funktionen[2]) von v; ϑ_1 ist ungerade, die übrigen sind gerade. Führen wir die Bezeichnungen (157) ein, so ergeben sich ihre Darstellungen als Fouriersche Reihen:

$$\left.\begin{aligned}
\vartheta_1(v) &= 2q^{\frac{1}{4}}\sin\pi v - 2q^{\frac{9}{4}}\sin 3\pi v + 2q^{\frac{25}{4}}\sin 5\pi v - \cdots,\\
\vartheta_2(v) &= 2q^{\frac{1}{4}}\cos\pi v + 2q^{\frac{9}{4}}\cos 3\pi v + 2q^{\frac{25}{4}}\cos 5\pi v + \cdots,\\
\vartheta_3(v) &= 1 + 2q\cos 2\pi v + 2q^4\cos 4\pi v + 2q^9\cos 6\pi v + \cdots,\\
\vartheta_0(v) &= 1 - 2q\cos 2\pi v + 2q^4\cos 4\pi v - 2q^9\cos 6\pi v + \cdots.
\end{aligned}\right\} \tag{159}$$

Diese Reihen, die sog. Thetareihen, konvergieren für jeden Wert von v. Ihre Einführung gewährt den Vorteil, die elliptischen Funktionen als Quotienten je zweier dieser außerordentlich stark konvergierenden Reihen darstellen zu können. Man erhält nämlich:

$$\left.\begin{aligned}
\sigma(u) &= \frac{2\omega}{\vartheta_1'(0)}\, e^{\frac{\eta u^2}{2\omega}}\,\vartheta_1(v),\\
\sigma_k(u) &= \frac{1}{\vartheta_{k+1}(0)}\, e^{\frac{\eta u^2}{2\omega}}\,\vartheta_{k+1}(v) \qquad (k = 1, 2, 3),\\
\sqrt{\wp(u) - e_k} &= \frac{1}{2\omega}\,\frac{\vartheta_1'(0)}{\vartheta_{k+1}(0)}\,\frac{\vartheta_{k+1}(v)}{\vartheta_1(v)} \qquad (k = 1, 2, 3).
\end{aligned}\right\} \tag{160}$$

Dabei bedeutet der Strich die Ableitung nach v, ϑ_4 ist durch ϑ_0 zu ersetzen. Für $v = 0$ erhalten wir

$$\left.\begin{aligned}
\vartheta_1'(0) &= 2\pi\left(q^{\frac{1}{4}} - 3q^{\frac{9}{4}} + 5q^{\frac{25}{4}} - 7q^{\frac{49}{4}} + \cdots\right),\\
\vartheta_2(0) &= 2q^{\frac{1}{4}} + 2q^{\frac{9}{4}} + 2q^{\frac{25}{4}} + 2q^{\frac{49}{4}} + \cdots,\\
\vartheta_3(0) &= 1 + 2q + 2q^4 + 2q^9 + \cdots,\\
\vartheta_0(0) &= 1 - 2q + 2q^4 - 2q^9 + \cdots,
\end{aligned}\right\} \tag{161}$$

Die Thetafunktionen sind als Funktionen von τ reguläre Funktionen von τ in der oberen Halbebene, d. h. für $\mathfrak{J}(\tau) > 0$. Sie genügen der partiellen Differentialgleichung:

$$\frac{\partial^2\vartheta(v,\tau)}{\partial v^2} = 4i\pi\frac{\partial\vartheta(v,\tau)}{\partial\tau}. \tag{162}$$

---

[1]) $\mathfrak{J}(\tau) = \tau_2$, wenn $\tau = \tau_1 + i\tau_2$. [2]) Vgl. Ziff. 11.

39. Verwandlungsformeln und Nullstellen der Thetafunktionen. Ferner befriedigen sie eine Reihe von Funktionalgleichungen, die man erhält, wenn man u um die Halbperioden ω und ω' vermehrt. Sie sind nach A. HURWITZ in folgender Verwandlungstabelle zusammengestellt:

Verwandlungstabelle der ϑ-Funktionen.

	$v+\frac{1}{2}$	$v+\frac{\tau}{2}$	$v+\frac{1}{2}+\frac{\tau}{2}$	$v+1$	$v+\tau$	$v+1+\tau$
ϑ_1	ϑ_2	$im\vartheta_0$	$m\vartheta_3$	$-\vartheta_1$	$-k\vartheta_1$	$k\vartheta_1$
ϑ_2	$-\vartheta_1$	$m\vartheta_3$	$-im\vartheta_0$	$-\vartheta_2$	$k\vartheta_2$	$-k\vartheta_2$
ϑ_3	ϑ_0	$m\vartheta_2$	$im\vartheta_1$	ϑ_3	$k\vartheta_3$	$k\vartheta_3$
ϑ_0	ϑ_3	$im\vartheta_1$	$m\vartheta_2$	ϑ_0	$-k\vartheta_0$	$-k\vartheta_0$

(163)

Dabei bedeutet

$$m = q^{-\frac{1}{4}} z^{-1} = e^{-\left(\frac{i\pi\tau}{4}+i\pi v\right)}, \quad k = q^{-1} z^{-2} = e^{-(i\pi\tau+2i\pi v)}.$$

Die Tabelle ist so zu gebrauchen: Wollen wir

$$\vartheta_\alpha\left(v+\frac{\nu}{2}+\frac{\mu\tau}{2}\right) \qquad (\mu,\nu=0,1,2; \quad \alpha=0,1,2,3)$$

bestimmen, so nehmen wir die Horizontalreihe, vor welcher ϑ_α steht, und die Vertikalreihe, welche mit $v+\frac{\nu}{2}+\frac{\mu\tau}{2}$ überschrieben ist, und finden dort den gesuchten Wert. Z. B.:

$$\vartheta_2\left(v+\frac{1}{2}+\frac{\tau}{2}\right) = -im\vartheta_0 = -ie^{-\left(\frac{i\pi\tau}{4}+i\pi v\right)}\vartheta_0(v).$$

Die folgende Tabelle gibt die Nullstellen der ϑ-Funktionen und die zugehörigen Werte von $z^2 = e^{2i\pi v}$.

Tabelle der Nullstellen der ϑ-Funktionen.

	v	$z^2 = e^{2i\pi v}$
ϑ_1	$n+n'\tau$	$q^{2n'}$
ϑ_2	$n+n'\tau+\frac{1}{2}$	$-q^{2n'}$
ϑ_3	$n+n'\tau+\frac{1}{2}+\frac{\tau}{2}$	$-q^{2n'+1}$
ϑ_0	$n+n'\tau+\frac{\tau}{2}$	$q^{2n'+1}$

(164)

n und n' durchlaufen alle ganzen Zahlen von $-\infty$ bis $+\infty$.

Die Größen $e_1, e_2, e_3, \varDelta$ (Ziff. 35) stellen sich in folgender Weise durch die ϑ-Funktionen mit dem Argument $v=0$ dar:

$$\left.\begin{aligned} \sqrt{e_1-e_2} &= \frac{\pi}{2\omega}\vartheta_0(0)^2, \quad \sqrt{e_1-e_3} = \frac{\pi}{2\omega}\vartheta_3(0)^2, \\ \sqrt{e_2-e_3} &= \frac{\pi}{2\omega}\vartheta_2(0)^2, \quad \sqrt[4]{\varDelta} = \frac{\pi}{4\omega^3}\vartheta_1'(0)^2. \end{aligned}\right\} \tag{165}$$

Ferner gelten die Relationen:

$$\vartheta_1'(0) = \pi\vartheta_2(0)\vartheta_3(0)\vartheta_0(0), \quad \vartheta_0(0)^4+\vartheta_2(0)^4 = \vartheta_3(0)^4. \tag{166}$$

Endlich erwähnen wir noch die Darstellungen der Thetafunktionen als unendliche Produkte. Es gelten die Formeln:

$$\left.\begin{aligned}
\vartheta_1(v) &= 2q^{\frac{1}{4}}\sin\pi v\prod_{n=1}^{\infty}(1-q^{2n})(1-q^{2n}z^2)(1-q^{2n}z^{-2})\\
\vartheta_2(v) &= 2q^{\frac{1}{4}}\cos\pi v\prod_{n=1}^{\infty}(1-q^{2n})(1+q^{2n}z^2)(1+q^{2n}z^{-2})\\
\vartheta_3(v) &= \prod_{n=1}^{\infty}(1-q^{2n})(1+q^{2n-1}z^2)(1+q^{2n-1}z^{-2})\\
\vartheta_0(v) &= \prod_{n=1}^{\infty}(1-q^{2n})(1-q^{2n-1}z^2)(1-q^{2n-1}z^{-2})
\end{aligned}\right\} \tag{167}$$

und für $v = 0$

$$\left.\begin{aligned}
\vartheta_1'(0) &= 2\pi q^{\frac{1}{4}}\prod_{n=1}^{\infty}(1-q^{2n})^3\\
\vartheta_2(0) &= 2\pi q^{\frac{1}{4}}\prod_{n=1}^{\infty}(1+q^{2n})^2(1-q^{2n})\\
\vartheta_3(0) &= \prod_{n=1}^{\infty}(1+q^{2n-1})^2(1-q^{2n})\\
\vartheta_0(0) &= \prod_{n=1}^{\infty}(1-q^{2n-1})^2(1-q^{2n})
\end{aligned}\right\} \tag{168}$$

daher

$$\Delta = \left(\frac{\pi}{\omega}\right)^{12} q^2 \prod_{n=1}^{\infty}(1-q^{2n})^{24} \tag{169}$$

Aus (132), (169) und (167) ergibt sich für $\zeta(u)$ die Partialbruchzerlegung

$$\zeta(u) = \frac{\eta u}{\omega} + \frac{\pi}{2\omega}\operatorname{ctg}\pi v + \frac{i\pi}{\omega}\sum_{n=1}^{\infty}\left(\frac{q^{2n}z^{-2}}{1-q^{2n}z^{-2}} - \frac{q^{2n}z^2}{1-q^{2n}z^2}\right) \tag{170}$$

als Funktion von $z^2 = e^{\frac{i\pi u}{\omega}}$. Die beiden auf der rechten Seite auftretenden Summen konvergieren absolut und gleichmäßig in jedem Bereich der z^2-Ebene, in welchem kein Glied der Summe einen verschwindenden Nenner hat. Aus (170) folgt

$$\zeta(2\omega v) = 2\eta v + \frac{\pi}{2\omega}\operatorname{ctg}\pi v + \frac{2\pi}{\omega}\sum_{n=1}^{\infty}\frac{q^{2n}}{1-q^{2n}}\sin(2n\pi v)\,. \tag{171}$$

Die Entwicklung gilt für den Parallelstreifen der v-Ebene, welcher von den Parallelen zur reellen Achse durch den Punkt τ und seinen konjugierten $\bar{\tau}$ begrenzt wird. Weiters gilt

$$\left.\begin{aligned}
\eta &= \frac{\pi^2}{\omega}\left(\frac{1}{12} - 2\sum_{n=1}^{\infty}\frac{nq^{2n}}{1-q^{2n}}\right)\\
g_2 &= \left(\frac{\pi}{\omega}\right)^4\left(\frac{1}{12} + 20\sum_{n=1}^{\infty}\frac{n^3q^{2n}}{1-q^{2n}}\right)\\
g_3 &= \left(\frac{\pi}{\omega}\right)^6\left(\frac{1}{216} - \frac{7}{3}\sum_{n=1}^{\infty}\frac{n^5q^{2n}}{1-q^{2n}}\right).
\end{aligned}\right\} \tag{172}$$

40. Die Jacobischen Funktionen. In vielen Fällen ist es zweckmäßiger, sich statt der Weierstraßschen Funktion $\wp(u)$ der von JACOBI eingeführten Funktionen sin am u, cos am u, $\triangle$ am u (Sinus amplitudinis, Cosinus amplitudinis, Delta amplitudinis) zu bedienen. Wir wollen im folgenden statt der Jacobischen Bezeichnungen die von GUDERMANN gebrauchten verwenden, nämlich $sn\,u, cn\,u, dn\,u$[1]).

Es sei $\mathfrak{J}(\tau) > 0$, $q = e^{i\pi\tau}$. Wir definieren die Jacobischen Funktionen durch die Gleichungen:

$$\left.\begin{aligned} sn\,u &= \pi\vartheta_3(0)^2 \frac{\vartheta_0(0)}{\vartheta_1'(0)} \frac{\vartheta_1(v)}{\vartheta_0(v)}, \\ cn\,u &= \frac{\vartheta_0(0)}{\vartheta_2(0)} \frac{\vartheta_2(v)}{\vartheta_0(v)}, \\ dn\,u &= \frac{\vartheta_0(0)}{\vartheta_3(0)} \frac{\vartheta_3(v)}{\vartheta_0(v)}, \end{aligned}\right\} \tag{173}$$

wo

$$v = \frac{u}{\pi\vartheta_3(0)^2}. \tag{174}$$

Es gelten folgende Beziehungen:

$$sn^2 u + cn^2 u = 1, \qquad dn^2 u + k^2 sn^2 u = 1, \qquad \text{wenn} \qquad k = \frac{\vartheta_2(0)^2}{\vartheta_3(0)^2}, \tag{175}$$

k heißt der Modul dieser Funktionen,

$$k' = \frac{\vartheta_0(0)^2}{\vartheta_3(0)^2} \tag{176}$$

das Komplement des Moduls. Zwischen k und k' besteht die Beziehung

$$k^2 + k'^2 = 1. \tag{177}$$

Nach JACOBI setzt man gewöhnlich

$$K = \frac{\pi}{2}\vartheta_3(0)^2, \qquad iK' = K\tau = \frac{\pi}{2}\vartheta_3(0)^2\tau. \tag{178}$$

Wir verstehen unter $\sqrt{k}$, $\sqrt{k'}$, $\sqrt{\frac{k'}{k}}$ stets die Werte

$$\sqrt{k} = \frac{\vartheta_2(0)}{\vartheta_3(0)}, \qquad \sqrt{k'} = \frac{\vartheta_0(0)}{\vartheta_3(0)}, \qquad \sqrt{\frac{k'}{k}} = \frac{\vartheta_0(0)}{\vartheta_2(0)} \tag{179}$$

und können dann statt (173) setzen:

$$sn\,u = \frac{1}{\sqrt{k}} \frac{\vartheta_1(v)}{\vartheta_0(v)}, \qquad cn\,u = \sqrt{\frac{k'}{k}} \frac{\vartheta_2(v)}{\vartheta_0(v)}, \qquad dn\,u = \sqrt{k'} \frac{\vartheta_3(v)}{\vartheta_0(v)}. \tag{180}$$

Die Verwandlungstabelle (163) der ϑ-Funktionen überträgt sich ohne weiters auf die Jacobischen Funktionen. Man erhält:

Verwandlungstabelle der Jacobischen Funktionen. (181)

	$u+K$	$u+iK'$	$u+K+iK'$	$u+2K$	$u+2iK'$	$u+2K+2iK'$
sn	$\frac{cn\,u}{dn\,u}$	$\frac{1}{k}\frac{1}{sn\,u}$	$\frac{1}{k}\frac{dn\,u}{cn\,u}$	$-sn\,u$	$sn\,u$	$-sn\,u$
cn	$-k'\frac{sn\,u}{dn\,u}$	$-\frac{i}{k}\frac{dn\,u}{sn\,u}$	$-i\frac{k'}{k}\frac{1}{cn\,u}$	$-cn\,u$	$-cn\,u$	$cn\,u$
dn	$k'\frac{1}{dn\,u}$	$-i\frac{cn\,u}{sn\,u}$	$ik'\frac{sn\,u}{cn\,u}$	$dn\,u$	$-dn\,u$	$-dn\,u$

[1]) Über die Namen Sinus amplitudinis usw. und über die Bedeutung der Jacobischen Funktionen als Umkehrfunktionen elliptischer Integrale s. Ziff. 47.

$sn\,u$ ist also eine ungerade elliptische Funktion mit den Perioden $4K$, $2iK'$, $cn\,u$ eine gerade elliptische Funktion mit den Perioden $4K$, $2K + 2iK'$ und $dn\,u$ eine gerade elliptische Funktion mit den Perioden $2K$, $4iK'$. Die Potenzreihenentwicklung von $sn\,u$ nach Potenzen von u beginnt mit dem Gliede u, $cn(0) = dn(0) = 1$.

Nullstellen, Pole und Perioden der Jacobischen Funktionen. (182)

	Nullstellen	Pole	Primitive Perioden.	
$sn\,u$	$2nK + 2n'iK'$	$2nK + (2n'+1)iK'$	$4K$,	$2iK'$
$cn\,u$	$(2n+1)K + 2n'iK'$	$2nK + (2n'+1)iK'$	$4K$,	$2K + 2iK'$
$dn\,u$	$(2n+1)K + (2n'+1)iK'$	$2nK + (2n'+1)iK'$	$2K$,	$4iK'$

n und n' durchlaufen alle ganzen Zahlen von $-\infty$ bis $+\infty$.

Die Jacobischen Funktionen sind elliptische Funktionen zweiten Grades, die angegebenen Perioden primitive Perioden.

41. Differentialgleichungen und Additionstheoreme der Jacobischen Funktionen. Die Jacobischen Funktionen genügen den Differentialgleichungen:

$$\left.\begin{aligned} \left(\frac{d\,sn\,u}{du}\right)^2 &= (1 - sn^2 u)(1 - k^2 sn^2 u) & & & \frac{d\,sn\,u}{du} &= cn\,u\,dn\,u \\ \left(\frac{d\,cn\,u}{du}\right)^2 &= (1 - cn^2 u)(k'^2 + k^2 cn^2 u) & &\text{oder} & \frac{d\,cn\,u}{du} &= -\,sn\,u\,dn\,u \\ \left(\frac{d\,dn\,u}{du}\right)^2 &= -\,(1 - dn^2 u)(k'^2 - dn^2 u) & & & \frac{d\,dn\,u}{du} &= -\,k^2 sn\,u\,cn\,u \end{aligned}\right\} \tag{183}$$

Ihre Additionstheoreme lauten:

$$\left.\begin{aligned} sn(u+v) &= \frac{sn\,u\,cn\,v\,dn\,v + sn\,v\,cn\,u\,dn\,u}{1 - k^2 sn^2 u\,sn^2 v} \\ cn(u+v) &= \frac{cn\,u\,cn\,v - sn\,u\,dn\,u\,sn\,v\,dn\,v}{1 - k^2 sn^2 u\,sn^2 v} \\ dn(u+v) &= \frac{dn\,u\,dn\,v - k^2 sn\,u\,cn\,u\,sn\,v\,cn\,v}{1 - k^2 sn^2 u\,sn^2 v} \end{aligned}\right\} \tag{184}$$

Für $\lim \mathfrak{J}(\tau) = +\infty$ bei festem $\mathfrak{R}(\tau)$ wird $\lim q = 0$, $\lim k = 0$, $\lim 2K = \pi$, $2iK'$ rückt ins Unendliche, $\lim sn\,u = \sin u$, $\lim cn\,u = \cos u$, $\lim dn\,u = 1$. (Zusammenhang mit den goniometrischen Funktionen.)

Nach (165) und (178) ist

$$\begin{aligned} 2K &= \pi\vartheta_3(0)^2 = 2\omega\sqrt{e_1 - e_3} \\ 2iK' &= 2K\tau = 2\omega'\sqrt{e_1 - e_3} \end{aligned} \qquad k^2 = \frac{e_2 - e_3}{e_1 - e_3}, \qquad k'^2 = \frac{e_1 - e_2}{e_1 - e_3}. \tag{185}$$

Daraus ergibt sich folgender Zusammenhang zwischen den Weierstraßschen und Jacobischen elliptischen Funktionen:

(186)

	u	$u+\omega$	$u+\omega+\omega'$	$u+\omega'$
$\wp - e_1$	$(e_1 - e_3)\dfrac{cn^2}{sn^2}$	$(e_1 - e_2)\dfrac{sn^2}{cn^2}$	$(e_2 - e_1)\dfrac{1}{dn^2}$	$(e_3 - e_1)\,dn^2$
$\wp - e_2$	$(e_1 - e_3)\dfrac{dn^2}{sn^2}$	$(e_1 - e_2)\dfrac{1}{cn^2}$	$\dfrac{(e_1 - e_2)(e_3 - e_2)}{e_1 - e_3}\dfrac{sn^2}{dn^2}$	$(e_3 - e_2)\,cn^2$
$\wp - e_3$	$(e_1 - e_3)\dfrac{1}{sn^2}$	$(e_1 - e_3)\dfrac{dn^2}{cn^2}$	$(e_2 - e_3)\dfrac{cn^2}{dn^2}$	$(e_2 - e_3)\,sn^2$

Die Überschriften in der ersten horizontalen Zeile bedeuten die Argumente von $\wp$ in $\wp - e_1$, $\wp - e_2$, $\wp - e_3$; das gemeinsame Argument von sn, cn, dn ist $u\sqrt{e_1 - e_3}$. Z. B. ist

$$\wp(u + \omega + \omega') - e_2 = \frac{(e_1 - e_2)(e_3 - e_2)}{e_1 - e_3} \frac{sn(u\sqrt{e_1 - e_3})^2}{dn(u\sqrt{e_1 - e_3})^2}.$$

42. Bestimmung der Perioden aus den Invarianten und dem Modul. Für verschiedene Zwecke ist es notwendig, aus den Invarianten g_2 und g_3 die Perioden ω_1 und ω_2 zu bestimmen (vgl. z. B. Ziff. 43). Es seien also g_2 und g_3 gegeben, so daß die Diskriminante der Gleichung

$$4x^3 - g_2 x - g_3 = 0, \tag{187}$$

also die Größe (139) $\Delta = g_2^3 - 27g_3^2$ von Null verschieden ist. Nach Gleichung (135) und (136) sind e_1, e_2, e_3 die Wurzeln von (187). Ihre Reihenfolge sei so gewählt, daß e_2 zwischen e_1 und e_3 liegt, falls die drei Punkte e_1, e_2, e_3 in einer Geraden liegen. Aus Gleichung (185) ergeben sich die Moduln k^2 und k'^2 und zwar so, daß keiner einen negativen reellen Wert hat und ebenso keinen positiven rellen Wert, der $\geqq 1$ ist. k und k' seien jene Werte der Quadratwurzeln aus k^2 und k'^2, deren reelle Bestandteile positiv sind. Die Größen K und K' ergeben sich aus den Formeln (vgl. Ziff. 47):

$$K = \int_0^1 \frac{dx}{\sqrt{1 - x^2}\sqrt{1 - k^2 x^2}}, \qquad K' = \int_0^1 \frac{dx}{\sqrt{1 - x^2}\sqrt{1 - k'^2 x^2}} \tag{188}$$

Den Quadratwurzeln in den Nennern sind jene Werte beizulegen, deren reelle Bestandteile positiv sind. Die Integrale sind direkt als Grenzwerte von Summen nach der Definition zu berechnen (mechanische Quadratur). Tafeln dafür findet man für reelle Moduln in dem in Ziff. 50 zitierten Werke von LEGENDRE. Die Gleichungen

$$\omega = \frac{K}{\sqrt{e_1 - e_3}}, \qquad \omega' = \frac{iK'}{\sqrt{e_1 - e_3}}, \qquad \tau = \frac{\omega'}{\omega} \tag{189}$$

[vgl. Gleichung (185)] liefern jetzt ein Paar primitiver Halbperioden ω und ω' der zu g_2 und g_3 gehörigen $\wp$-Funktion. Die reellen Bestandteile von K, K', $\frac{k'}{k}$, $\frac{K'}{K}$ ergeben sich als positiv. Der Wert der Quadratwurzel in (189) kann beliebig fixiert werden.

Spezielle Fälle:

1. $g_2 = 0$ liefert $J = 0$, $\quad k^2 = e^{\frac{\pi i}{3}}$, $\quad \tau = e^{\frac{2\pi i}{3}}$.
2. $g_3 = 0$ liefert $J = 1$, $\quad k^2 = -1$, $\quad \tau = i$.

Weil im Falle 1. die 4 Punkte e_1, e_2, e_3, ∞ ein äquianharmonisches und im Fall 2. ein harmonisches Doppelverhältnis[1]) haben, nennt man den ersten Fall den äquianharmonischen und den zweiten den harmonischen.

43. Elliptische Gebilde. Die in dieser Ziffer behandelte Transformation elliptischer Gebilde wird verwendet bei der Reduktion der elliptischen Integrale (Ziff. 45). Unter einem elliptischen Grundgebilde verstehen wir die Gesamtheit aller Wertepaare (x, y), welche der Gleichung

$$y^2 = a_0 x^4 + a_1 x^3 + a_2 x^2 + a_3 x + a_4 \equiv G(x) \tag{190}$$

[1]) Vgl. Kap. 3, Ziff. 7, k^2 ist gemäß (185) das Doppelverhältnis dieser vier Punkte.

genügen. Die Gleichung $G(x) = 0$ soll lauter verschiedene Wurzeln haben, also dürfen a_0 und a_1 nicht gleichzeitig verschwinden, sonst wäre nämlich die Doppelwurzel ∞ vorhanden. c sei eine Wurzel von $G(x) = 0$, also ist $G'(c) \neq 0$. Wir setzen

$$\varphi(u) = \frac{G'(c)}{4\wp(u) - \frac{1}{6}G''(c)} + c. \tag{191}$$

Dann lassen sich die Punkte des elliptischen Gebildes (190) darstellen in der Form

$$x = \varphi(u), \qquad y = \varphi'(u). \tag{192}$$

Durch die Substitution

$$x = \frac{G'(c)}{4\xi - \frac{1}{6}G''(c)} + c, \qquad y = -\frac{4G'(c)\eta}{[4\xi - \frac{1}{6}G''(c)]^2} \tag{193}$$

geht nämlich (190) über in

$$\eta^2 = 4\xi^3 - g_2\xi - g_3. \tag{194}$$

Die Funktion $\wp(u)$ in (191) ist zu bilden aus den Invarianten g_2 und g_3, die durch die Formeln

$$\left.\begin{aligned} g_2 &= \frac{1}{24}[G''(c) + G'(c)G'''(c)] \\ g_3 &= \frac{1}{12^3}[3G'(c)G''(c)G'''(c) - G''(c)^3] - \frac{1}{12\cdot 32}G'(c)^2 G^{\mathrm{IV}}(c) \end{aligned}\right\} \tag{195}$$

gegeben sind[1]). Diese Invarianten treten dann als Koeffizienten g_2 und g_3 in (194) auf. (194) nennt man das Weierstraßsche Gebilde. Es wird befriedigt durch

$$\xi = \wp(u), \qquad \eta = \wp'(u). \tag{196}$$

Ist (190) speziell als sog. Legendresches Gebilde gegeben, nämlich in der Form

$$y^2 = (1 - x^2)(1 - k^2x^2), \tag{197}$$

wo k^2 von 0 und 1 verschieden ist, so bestimme man ein zu k^2 gehöriges τ nach Ziff. 42 und bilde die zu diesem τ gehörige Funktion $sn\,u$ nach Ziff. 40. Dann wird (197) befriedigt durch

$$x = sn\,u, \; y = \frac{d\,sn\,u}{du}. \tag{198}$$

Durch die Gleichungen (192) sind die Stellen des Gebildes und die Punkte eines Periodenparallelogrammes von $\wp(u)$ umkehrbar eindeutig aufeinander bezogen, wenn man die Stelle $x = \infty$, $y = \infty$ zum Gebilde rechnet. Analoges gilt für die speziellen Fälle (194), (196) und (197), (198).

44. Riemannsche Fläche des elliptischen Gebildes. Da wir vom Rand des Periodenparallelogrammes $ABCD$ (s. Abb. 11) nur die Strecken AB und AD mit Ausschluß der Punkte B und D zum Parallelogramm rechnen dürfen, wenn wir ein eindeutiges Entsprechen haben wollen, so nehmen wir folgende Deformation vor: Wir denken uns das Parallelogramm aus einem biegsamen, ausdehnbaren, aber nicht zerreißbaren Stoff, rollen es zu einer Röhre zusammen und heften den Rand AB auf DC; hierauf biegen wir die Röhre zu einem Ring zusammen und heften den jetzt geschlossenen einen Rand AD der Röhre auf den anderen

Abb. 11. Periodenparallelogramm.

[1]) Geschieht nach dem Verfahren von Ziff. 42, indem man die zugehörigen Perioden und aus ihnen die $\wp$-Funktion bildet. Die durchgeführte, in x und ξ linear gebrochene Substitution (193) bringt die Wurzeln der Gleichung $G(x) = 0$ nach e_1, e_2, e_3, ∞, ihr Doppelverhältnis, der Modul, bleibt dabei ungeändert.

BC. Jeder Punkt des so entstandenen Torus ist eindeutig umkehrbar auf eine Stelle des Gebildes bezogen. Die Stelle $x = \infty, y = \infty$ müssen wir dabei zweimal zählen. Einer stetigen Lagenänderung des Punktes entspricht eine stetige des Wertepaares (x, y). Die zusammengehefteten Ränder bilden einen Meridian C und Parallelkreis C' des Torus [siehe (Abb. 12) C, C']. Der Torus ist in der Abbildung längs der Kurve C aufgeschnitten. Der Torus ist die Hauptform der Riemannschen Fläche des Gebildes.

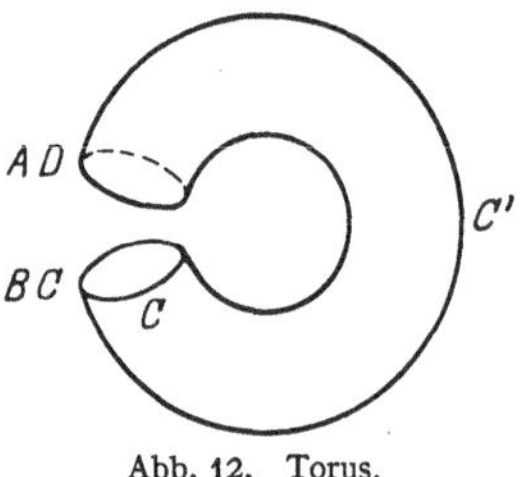

Abb. 12. Torus.

Eine zweite Form erhalten wir in folgender Weise: Wir bezeichnen die Wurzeln der Gleichung $G(x) = 0$ mit c_1, c_2, c_3, c_4 und nennen sie die Verzweigungspunkte des Gebildes. An einer davon verschiedenen Stelle gibt es wegen $y = \pm\sqrt{G(x)}$ zwei zugehörige Werte von y, nämlich $+\sqrt{G(x)}$ und $-\sqrt{G(x)}$. Beim Durchlaufen einer geschlossenen Linie, die sich selbst nicht schneidet, geht y in seinen ursprünglichen Wert oder in $-y$ über, je nachdem die Linie eine gerade oder ungerade Anzahl der Verzweigungspunkte einschließt (vgl. Ziff. 26). Ist $a_0 = 0$, so muß $c_4 = \infty$ gesetzt werden. Wir schneiden die x-Ebene durch eine sich selbst nicht schneidende Linie von c_1 nach c_2 und ebenso von c_3 nach c_4, so daß sich die beiden Linien nicht treffen. Wir markieren bei jedem x-Wert einen der zugehörigen y-Werte und den andern in einem zweiten Exemplar der x-Ebene, das so auf dem ersten liegt, daß zwei denselben y-Wert repräsentierende Punkte übereinander liegen. Jeder der Schnitte hat in beiden Ebenen zwei Ufer, ein positives und ein negatives. Wir heften das positive Ufer in der ersten Ebene an das negative in der zweiten und umgekehrt, das negative Ufer in der ersten an das positive in der zweiten und zwar bei beiden Schnitten. So entsteht die zweite Form der Riemannschen Fläche. Sie läßt sich stetig in die Hauptform deformieren. Auf der Riemannschen Fläche sind x und y und daher jede rationale Funktion $R(x, y)$ eindeutige Funktionen des Ortes.

45. Elliptische Integrale und ihre Reduktion auf die Normalform. Wir denken uns zwei Punkte p_1 und p_2 der Riemannschen Fläche und verbinden sie durch eine Linie L. Dann nennen wir das längs L von p_1 bis p_2 erstreckte Integral

$$J = \int_L R(x, y)\, dx = \int_{p_1}^{p_2} R(x, y)\, dx \tag{199}$$

ein bestimmtes elliptisches Integral. Ist der Endpunkt p_2 variabel und fügen wir noch eine willkürliche Konstante hinzu, so erhalten wir eine Funktion der x-Koordinate von p_2,

$$J = \int R(x, y)\, dx \tag{200}$$

für welche $\frac{dJ}{dx} = R(x, y)$ ist, ein sog. unbestimmtes elliptisches Integral.

Durch die Substitution (193) geht J über in $J = \int P(\xi, \eta)\, d\xi$, wo P eine rationale Funktion von ξ und η ist. (200) liefert dann

$$J = \int P[\wp(u), \wp'(u)]\, \wp'(u)\, du = \int F(u)\, du,$$

wo $F(u)$ eine elliptische Funktion von u ist. $F(u)$ läßt sich in der Gestalt (149) darstellen, woraus durch Integration folgt:

$$J = C_1 + Cu + \sum A \ln \sigma(u - a) + \sum A' \zeta(u - a)$$
$$- \sum [A'' \wp(u - a) + \cdots + A^{(k-1)} \wp^{(k-3)}(u - a)]$$

Die letzte Summe ist eine elliptische Funktion, daher rational in $\wp(u)$ und $\wp'(u)$, also auch in x und y, daher gleich $R_1(x, y)$. Ferner ist

$$\sum A'\zeta(u-a) = \zeta(u)\sum A' + \sum A'[\zeta(u-a) - \zeta(u)],$$

die letzte Summe ist wieder eine elliptische Funktion und kann daher in $R_1(x, y)$ aufgenommen werden. Nach dem zweiten Liouvilleschen Satze (Ziff. 33) ist $\sum A = 0$, also

$$\sum A \ln\sigma(u-a) = \sum A \ln\sigma(u-a) - \ln\sigma(u)\sum A$$
$$= \sum A\left\{\ln\frac{\sigma(a-u)}{\sigma(u)\sigma(a)} + \frac{\sigma'(a)}{\sigma(a)}u\right\} + \alpha + \beta u$$

(ein $a = 0$ entsprechendes Glied ist in der Summe zu unterdrücken), daher

$$J = c + c_1 u + c_2\zeta(u) + \sum A\left\{\ln\frac{\sigma(a-u)}{\sigma(u)\sigma(a)} + \zeta(a)u\right\} + R_1(x, y). \tag{201}$$

Die einzelnen Glieder haben in ξ und η folgende Gestalt:

1. $u = \int du = \int\frac{d\wp(u)}{\wp'(u)} = \int\frac{d\xi}{\eta}$

(elliptisches Normalintegral erster Gattung),

2. $\zeta(u) = -\int\wp(u)\,du = -\int\frac{\xi\,d\xi}{\eta}$

(elliptisches Normalintegral zweiter Gattung),

3. $\ln\frac{\sigma(a-u)}{\sigma(u)\sigma(a)} + \zeta(a)u = \ln\sigma(u-a) - \ln\sigma(u) + \zeta(a)u - \ln\sigma(a),$

$= \int\zeta(u-a)\,du - \int\zeta(u)\,du + \int\zeta(a)\,du = \int\frac{1}{2}\frac{\wp'(u)+\wp'(a)}{\wp(u)-\wp(a)}du,$

$= \int\frac{1}{2}\frac{\eta+\eta_0}{\xi-\xi_0}\frac{d\xi}{\eta}$ für $\xi_0 = \wp(a)$, $\eta_0 = \wp'(a)$ nach (148).

(elliptisches Normalintegral dritter Gattung)

46. Eigenschaften der elliptischen Normalintegrale. Wir betrachten die torusförmige Hauptform der Riemannschen Fläche des elliptischen Gebildes (Ziff. 44; Abb. 12). Dem Überschreiten der Kurve C entspricht eine Änderung von u um ω_1, weil dabei u vom Rand AB zum Rand CD gelangt; analog bei der Kurve C' eine Änderung um ω_2. Daraus folgt für das bestimmte elliptische Normalintegral erster Gattung, wenn wir x, y statt ξ, η schreiben, wo also $y^2 = 4x^3 - g_2 x - g_3$:

$$J_1 = \int_{p_1}^{p_2}\frac{dx}{y} = u(p_2) - u(p_1) + m_1\omega_1 + m_2\omega_2, \tag{202}$$

wo m_1 angibt, um wieviel häufiger der Integrationsweg die Linie C von der negativen zur positiven Seite als in umgekehrter Richtung durchkreuzt, und m_2 dieselbe Bedeutung für C' hat. Die positive Seite von C ist die aus AD, die negative die aus BC entstandene; bei C' ist AB die positive, CD die negative Seite. Insbesondere ist der Wert des über eine geschlossene Kurve erstreckten elliptischen Integrals gleich einer Periode. Die Perioden kommen also dadurch zustande, daß es geschlossene Wege auf der Riemannschen Fläche gibt, die sich nicht auf einen Punkt zusammenziehen lassen, nämlich die Parallelkreis- und meridianartigen Querschnitte des Torus. Über eine geschlossene Kurve erstreckt, die sich auf einen Punkt zusammenziehen läßt, ist das Integral nach dem Cauchyschen Satze (vgl. Ziff. 9) Null. Das Integral erster Gattung ist also eine auf der Riemannschen Fläche überall endliche, unendlich-vieldeutige Funktion; seine Umkehrungsfunktion, $x = \wp(u)$, eine eindeutige, doppeltperiodische Funktion.

Analog ergibt sich für das bestimmte elliptische Normalintegral zweiter Gattung:

$$J_2 = \int_{p_1}^{p_2} \frac{x\,dx}{y} = \zeta[u(p_1)] - \zeta[u(p_2)] - m_1\eta_1 - m_2\eta_2, \tag{203}$$

wo m_1, m_2 durch (202) und η_1, η_2 durch (146) definiert sind. η_1, η_2 heißen die Perioden des Integrals zweiter Gattung. Es ist eine unendlich-vieldeutige Funktion mit einem Pol erster Ordnung[1]) in $u = 0\,(x,\ y = \infty)$.

Betreffs der bestimmten elliptischen Normalintegrale dritter Gattung erhalten wir folgende Resultate: Wir können annehmen, daß die Punkte $u = 0$ und $u = a$ im Innern des Periodenparallelogrammes liegen, und verbinden sie durch eine Kurve C'' (Abb. 13). Ferner verbinden wir p_1 und p_2 durch eine Kurve, die C, C', C'' nicht trifft, und nennen das entsprechende Integral dritter Gattung $\overline{J_3}$. Dann gilt für einen beliebigen Weg von p_1 nach p_2:

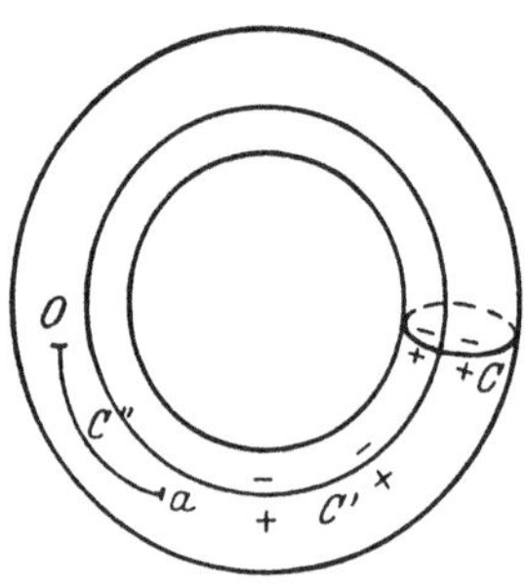

Abb. 13. Torus.

$$J_3 = \int_{p_1}^{p_2} \frac{1}{2}\,\frac{y + y_0}{x - x_0}\,\frac{dx}{y} = \overline{J_3} + 2m\pi i + m_1\Omega_1 + m_2\Omega_2. \tag{204}$$

Dabei sind m_1 und m_2 durch (202) definiert, die Perioden Ω_1 und Ω_2 des Integrals dritter Gattung durch

$$\begin{aligned} \Omega_1 &= -a\eta_1 + \zeta(a)\,\omega_1 + 2n_1\pi i, \\ \Omega_2 &= -a\eta_2 + \zeta(a)\,\omega_2 + 2n_2\pi i, \end{aligned} \qquad (n_1,\ n_2 \text{ sind bestimmte ganze Zahlen})$$

und m gibt an, um wieviel häufiger der Integrationsweg p_1p_2 die Linie C'' von der negativen zur positiven Seite überschreitet als in umgekehrter Richtung. J_3 wird an den Stellen $u = 0\,(x = y = \infty)$ und $u = a\ (x = x_0,\ y = y_0)$ logarithmisch unendlich.

47. Legendresche Normalintegrale. Gemäß Gleichung (198) ist wegen $\operatorname{sn} 0 = 0$ die Funktion $\operatorname{sn} u$ die Umkehrungsfunktion des elliptischen Integrals erster Gattung in der Legendreschen Normalform

$$F = \int_0^x \frac{dx}{\sqrt{(1 - x^2)(1 - k^2x^2)}}, \tag{205}$$

also $x = \operatorname{sn} F$[2]). Setzt man $x = \sin\varphi$, so wird (205)

$$F(k, \varphi) = \int_0^\varphi \frac{d\varphi}{\sqrt{1 - k^2\sin^2\varphi}}, \tag{206}$$

also $\sin\varphi = \operatorname{sn} F$. Man hat φ als Amplitude (vgl. Beispiel 1 in Ziff. 50) von F bezeichnet und geschrieben

$$\varphi = \operatorname{am} F, \tag{207}$$

daraus ergab sich $x = \sin\varphi = \sin\operatorname{am} F$, daher die Namen Sinus amplitudinis usw. Nach (206) und (207) ist

$$\frac{dF}{d\varphi} = \frac{1}{\sqrt{1 - k^2\sin^2\varphi}},$$

[1]) Vgl. Ziff. 11. [2]) Auf das Vorzeichen der Quadratwurzel ist zu achten.

also nach (175)

$$\frac{d\,\mathrm{am}\,F}{dF} = \mathrm{dn}\,F\,. \tag{208}$$

Ferner ergibt sich aus (207) unter Berücksichtigung von (186) und (202) eine Darstellung von u als Funktion von $\wp(u)$, nämlich

$$u = \frac{1}{\sqrt{e_1 - e_3}} F\left[k,\ \arcsin\sqrt{\frac{e_1 - e_3}{\wp(u) - e_1}}\right], \tag{209}$$

wobei natürlich auf die Mehrdeutigkeit der Quadratwurzeln und des Arcussinus gebührend Rücksicht genommen werden muß. Die Gleichung (209) ist gleichbedeutend mit

$$\frac{1}{\sqrt{e_1 - e_3}} \int\limits_0^{\arcsin\sqrt{\frac{e_1 - e_3}{x - e_3}}} \frac{dx}{\sqrt{1 - k^2 \sin^2 x}} = \int\limits_\infty^x \frac{dx}{\sqrt{4x^3 - g_2 x - g_3}}, \tag{210}$$

liefert also die Transformation des Integrals erster Gattung von der Weierstraßschen Normalform in die Legendresche. Eine solche Transformation erhält man auch, wenn man im Weierstraßschen Integral die Substitution

$$x = (e_2 - e_1) t^2 + e_1 \tag{211}$$

ausführt. Dabei geht das Weierstraßsche Integral

$$\int \frac{dx}{\sqrt{4x^3 - g_2 x - g_3}}$$

in

$$\frac{1}{\sqrt{e_3 - e_1}} \int \frac{dt}{\sqrt{(1 - t^2)(1 - k'^2 t^2)}}$$

über (vgl. Ziff. 35, 41).

Wegen $\mathrm{sn}\,K = 1$ (vgl. Ziff. 40) ist $F\left(k, \frac{\pi}{2}\right) = K$. $F\left(k, \frac{\pi}{2}\right)$ heißt das vollständige Legendresche Normalintegral erster Gattung. Es gilt für $|k| < 1$:

$$F\left(k, \frac{\pi}{2}\right) = \frac{\pi}{2}\left\{1 + \sum_{n=1}^{\infty} \left[\frac{1 \cdot 3 \cdots (2n-1)}{2 \cdot 4 \cdots 2n}\right]^2 k^{2n}\right\}. \tag{212}$$

Die in Ziff. 50 angeführten Tafeln von LEGENDRE enthalten neben dem Integral F noch das sog. Legendresche Normalintegral zweiter Gattung, das durch die Formel

$$E(k, \varphi) = \int\limits_0^\varphi \sqrt{1 - k^2 \sin^2 \varphi}\, d\varphi = \int\limits_0^x \frac{\sqrt{1 - k^2 x^2}}{\sqrt{1 - x^2}}\, dx \qquad (x = \sin\varphi) \tag{213}$$

definiert ist. Es ist tatsächlich ein elliptisches Integral zweiter Gattung (s. Ziff. 45, 46), weil es im Unendlichen einen Pol erster Ordnung hat (vgl. Ziff. 11).

48. Lineare Transformationen der elliptischen Funktionen. Unter einer linearen Transformation der Perioden versteht man folgende Substitution:

$$\left.\begin{array}{c} \omega_2 = \alpha\omega_2 + \beta\omega_1, \qquad \omega_1 = \gamma\omega_2 + \delta\omega_1, \qquad \alpha\delta - \beta\gamma = 1 \\ (\alpha, \beta, \gamma, \delta \text{ ganze Zahlen}). \end{array}\right\} \tag{214}$$

Die Funktionen $\wp(u)$, $\zeta(u)$, $\sigma(u)$ ändern sich dabei nicht, die Größen η_1 und η_2 erleiden dieselbe Substitution wie ω_1 und ω_2; e_1, e_2, e_3 werden vertauscht. Die Größen

g_2, g_3, Δ bleiben ungeändert, daher der Name Invarianten für g_2 und g_3. Das Periodenverhältnis $\tau = \frac{\omega_2}{\omega_1}$ erleidet die Substitution $\tau' = \frac{\alpha\tau+\beta}{\gamma\tau+\delta}$ [vgl. Gleichung (214)] die nur von τ abhängige absolute Invariante J [Ziff. (35)] ändert sich nicht (daher der Name). Der ebenfalls nur von τ abhängige Modul k^2, das Doppelverhältnis[1]) der vier Wurzeln der Gleichung $G(x) = 0$ (vgl. Ziff. 43), bleibt dabei entweder ungeändert oder nimmt einen der Werte $\frac{1}{k^2}$, $1-k^2$, $\frac{1}{1-k^2}$, $\frac{k^2}{k^2-1}$, $\frac{k^2-1}{k^2}$ an. Diese Werte, zusammen mit k^2, sind die sechs Werte, die das Doppelverhältnis annimmt, wenn man die vier Wurzeln auf alle möglichen Arten permutiert. Es gibt 24 Permutationen, und für je 4 tritt der gleiche Wert des Doppelverhältnisses auf. Bezüglich der Thetafunktionen gilt

$$\vartheta_1\left(\frac{v}{\gamma\tau+\delta}\,\middle|\,\frac{\alpha\tau+\beta}{\gamma\tau+\delta}\right) = \frac{1}{\gamma\tau+\delta}\,\frac{q'^{\frac{1}{4}}\prod\limits_{n=1}^{\infty}(1-q'^{2n})^3}{q^{\frac{1}{4}}\prod\limits_{n=1}^{\infty}(1-q^{2n})^3}\,e^{\frac{i\pi\gamma}{\gamma\tau+\delta}v^2}\,\vartheta_1(v\,|\,\tau), \tag{215}$$

wobei

$$q' = e^{i\pi\frac{\alpha\tau+\beta}{\gamma\tau+\delta}},$$

$\vartheta_1(v\,|\,\tau)$ bedeutet die mit dem Argument v und dem Periodenverhältnis τ gebildete Thetafunktion (158). Speziell wird:

$$\left.\begin{aligned}
\vartheta_1(v\,|\,\tau+1) &= e^{\frac{i\pi}{4}}\vartheta_1(v\,|\,\tau), & \vartheta_1\left(\frac{v}{\tau}\,\middle|\,-\frac{1}{\tau}\right) &= \frac{1}{i}\sqrt{\frac{\tau}{i}}\,e^{\frac{i\pi}{\tau}v^2}\,\vartheta_1(v\,|\,\tau),\\
\vartheta_2(v\,|\,\tau+1) &= e^{\frac{i\pi}{4}}\vartheta_2(v\,|\,\tau), & \vartheta_2\left(\frac{v}{\tau}\,\middle|\,-\frac{1}{\tau}\right) &= \sqrt{\frac{\tau}{i}}\,e^{\frac{i\pi}{\tau}v^2}\,\vartheta_0(v\,|\,\tau),\\
\vartheta_3(v\,|\,\tau+1) &= \vartheta_0(v\,|\,\tau), & \vartheta_3\left(\frac{v}{\tau}\,\middle|\,-\frac{1}{\tau}\right) &= \sqrt{\frac{\tau}{i}}\,e^{\frac{i\pi}{\tau}v^2}\,\vartheta_3(v\,|\,\tau),\\
\vartheta_0(v\,|\,\tau+1) &= \vartheta_3(v\,|\,\tau), & \vartheta_0\left(\frac{v}{\tau}\,\middle|\,-\frac{1}{\tau}\right) &= \sqrt{\frac{\tau}{i}}\,e^{\frac{i\pi}{\tau}v^2}\,\vartheta_2(v\,|\,\tau).
\end{aligned}\right\} \tag{216}$$

Dabei hat man für $\sqrt{\frac{\tau}{i}}$ in der oberen Halbebene jenen Wert der Quadratwurzel zu nehmen, der sich für $\tau = i$ auf $+1$ reduziert. Man verwendet diese Formeln zweckmäßig bei numerischen Rechnungen. Es läßt sich nämlich oft mit Hilfe einer linearen Transformation erreichen, daß das mit dem neuen τ' gebildete q' absolut kleiner wird als das ursprüngliche q, so daß die betreffenden Thetareihen noch rascher konvergieren.

Ist z. B.

$$\tau = r + is, \quad \text{so ist } \tau' = -\frac{1}{\tau} = \frac{-r+is}{r^2+s^2},$$

daher

$$|q| = |e^{i\pi\tau}| = e^{-\pi s}, \quad |q'| = \left|e^{-\frac{i\pi}{\tau}}\right| = e^{-\frac{s}{r^2+s^2}},$$

also $|q'| < |q|$, wenn $|\tau| < 1$. Im allgemeinen suche man die Substitution $\tau' = \frac{\alpha\tau+\beta}{\gamma\tau+\delta}$ so einzurichten, daß $-\frac{1}{2} \leqq \Re(\tau') < \frac{1}{2}$ und $|\tau'| \geqq 1$. Dies läßt

[1]) Vgl. Kap. 3, Ziff. 7.

sich immer erreichen. Der für die Konvergenz schlechteste Fall tritt ein, wenn $\tau' = e^{\frac{2i\pi}{3}}$. In diesem Fall ist $|q'| = e^{-\pi\frac{\sqrt{3}}{2}}$, also allgemein $|q'| \leq e^{-\frac{\pi}{2}\sqrt{3}} = 0{,}0658$.

49. Landensche Transformation. Bedeuten $\operatorname{sn}(u, k)$, $\operatorname{cn}(u, k)$, $\operatorname{dn}(u, k)$ die zum Modul k gehörigen Jacobischen Funktionen, so gilt die sog. Landensche Transformation:

$$\operatorname{sn}\left((1+k')\,u, \frac{1-k'}{1+k'}\right) = (1+k')\,\frac{\operatorname{sn}(u,k)\operatorname{cn}(u,k)}{dn(u,k)}. \tag{217}$$

Sie gestattet eine einfache Berechnung des Legendreschen Integrals $F\left(k, \frac{\pi}{2}\right)$ (s. Ziff. 47),

Man erhält nämlich folgende Regel: Bildet man aus zwei positiven Zahlen a und b ihr arithmetisches und geometrisches Mittel $\frac{a+b}{2}$ und $\sqrt{a\,b}$, aus diesen Mitteln wieder die beiden Mittel usf., so erhält man zwei Zahlenfolgen, die einen gemeinsamen Grenzwert haben, das sog. arithmetisch-geometrische Mittel $M(a, b)$ von a und b. Es gilt nun für $0 < k < 1$ und $k' = +\sqrt{1-k^2}$

$$K = \frac{\pi}{2}\,\frac{1}{M(1,k')} \qquad \text{und} \qquad K' = \frac{\pi}{2}\,\frac{1}{M(1,k)}. \tag{218}$$

50. Beispiele. 1. Ebenes mathematisches Pendel. Länge l, Masse m, Elongation ϑ, Zeit t. Differentialgleichung der Bewegung:

$$\frac{d^2\vartheta}{dt^2} + \frac{g}{l}\sin\vartheta = 0. \tag{219}$$

Das Pendel werde in der Elongation $\vartheta_0 < \frac{\pi}{2}$ mit der Anfangsgeschwindigkeit 0 losgelassen. Es fällt von der Elongation ϑ bis zur tiefsten Lage $(\vartheta = 0)$ in der Zeit

$$t = \sqrt{\frac{l}{g}}\,F(k, \varphi), \tag{220}$$

wenn

$$k = \sin\frac{\vartheta_0}{2}, \qquad k\sin\varphi = \sin\frac{\vartheta}{2} \tag{221}$$

gesetzt wird [ergibt sich durch Integration von (219)]. (220) liefert für $\vartheta = \vartheta_0$ die halbe Schwingungsdauer $\frac{1}{2}T$, also

$$T = 2\sqrt{\frac{l}{g}}\,F\left(k, \frac{\pi}{2}\right). \tag{222}$$

Ferner folgt aus (220)

$$\varphi = \operatorname{am}\sqrt{\frac{g}{l}}\,t, \quad \vartheta = 2\arcsin\left(\sin\frac{\vartheta_0}{2}\operatorname{sn}\sqrt{\frac{g}{l}}\,t\right), \tag{223}$$

$$\frac{d\vartheta}{dt} = 2\sin\frac{\vartheta_0}{2}\operatorname{cn}\sqrt{\frac{g}{l}}\,t.$$

Wird das Pendel nicht mit der Anfangsgeschwindigkeit 0, sondern mit einer derartigen Geschwindigkeit in Bewegung gesetzt, daß seine Energie $E > mgl$, so überschlägt es sich. Man erhält dann für die Fallzeit

$$t = \frac{k}{2}\sqrt{\frac{l}{g}}\int\limits_0^{\vartheta}\frac{d\vartheta}{\sqrt{1-k^2\sin^2\frac{\vartheta}{2}}} = k\sqrt{\frac{l}{g}}\,F\left(k, \frac{\vartheta}{2}\right), \tag{224}$$

wo

$$k = \sqrt{\frac{2mgl}{E+mgl}} \tag{225}$$

ist, also

$$\vartheta = 2\,\mathrm{am}\left(\frac{1}{k}\sqrt{\frac{g}{l}}\,t\right). \tag{226}$$

Die halbe Schwingungsdauer ($\vartheta = \pi$) wird in diesem Fall

$$\tfrac{1}{2}T = k\sqrt{\frac{l}{g}}\,F\left(k, \frac{\pi}{2}\right),$$

also die zum vollen Umkreis benötigte Zeit.

$$T = 2k\sqrt{\frac{l}{g}}\,F\left(k, \frac{\pi}{2}\right). \tag{227}$$

2. Rotation eines starren Körpers um einen fixen Punkt ohne Einwirkung äußerer Kräfte.

Komponenten der Winkelgeschwindigkeit: p, q, r;

Hauptträgheitsmomente: A, B, C.

Eulersche Differentialgleichungen der Bewegung:

$$\left.\begin{aligned} A\frac{dp}{dt} &= (B-C)\,q\,r,\\ B\frac{dq}{dt} &= (C-A)\,r\,p,\\ C\frac{dr}{dt} &= (A-B)\,p\,q. \end{aligned}\right\} \tag{228}$$

Mit Rücksicht auf die Gleichungen (183) wird das System (228) nach KIRCHHOFF integriert durch den Ansatz:

$$p = -p_0\,\mathrm{cn}\,\nu(t-t_0), \qquad q = q_0\,\mathrm{sn}\,\nu(t-t_0), \qquad r = r_0\,\mathrm{dn}\,\nu(t-t_0). \tag{229}$$

Die Konstanten p_0, q_0, r_0, ν bestimmen sich mit Berücksichtigung des Energie- und Flächensatzes

$$\left.\begin{aligned} A p^2 + B q^2 + C r^2 &= D\mu^2\\ A^2p^2 + B^2q^2 + C^2r^2 &= D^2\mu^2 \end{aligned}\right\} \quad (D,\ \mu = \text{konst.}) \tag{230}$$

aus

$$p_0 = \mu\sqrt{\frac{D(D-C)}{A(A-C)}}, \quad q_0 = \mu\sqrt{\frac{D(D-C)}{B(B-C)}}, \quad r_0 = \mu\sqrt{\frac{D(A-D)}{C(A-C)}}, \tag{231}$$

$$\nu = \mu\sqrt{\frac{D(A-D)(B-C)}{ABC}}.$$

D, μ, t_0 sind die Integrationskonstanten[1]).

Die hier gegebene Darstellung der Theorie der elliptischen Funktionen schließt sich eng an das Lehrbuch von A. HURWITZ u. R. COURANT, Funktionentheorie, 2. Aufl. Berlin: J. Springer 1925 an, das dem Leser bestens empfohlen sei. Als ausführliche Formelsammlung kommt in Betracht K. WEIERSTRASS u. H. A. SCHWARTZ, Formeln und Lehrsätze zum Gebrauche der elliptischen Funktionen, 2. Aufl. Berlin: J. Springer 1893; als größeres Tafelwerk: LEGENDRE, Traité des fonctions elliptiques, Bd. II, S. 221—363. Paris: Huzard-Courcier 1826.

Literatur: L. BIEBERBACH, Lehrbuch der Funktionentheorie, 2. Bde. Leipzig u. Berlin: B. G. Teubner 1921, 1926; H. BURKHARDT, Funktionentheoretische Vorlesungen, 3 Bde. 3. Aufl., bearbeitet von G. FABER, Berlin u. Leipzig: Walter de Gruyter 1920—1921; H. DURÈGE, Elemente der Theorie der Funktionen einer komplexen veränderlichen Größe, 5. Aufl., bearbeitet von L. MAURER. Leipzig: B. G. Teubner 1906; H. DURÈGE, Theorie der elliptischen Funktionen, 5. Aufl., bearbeitet von L. MAURER, Leipzig: B. G. Teubner 1908; A. HURWITZ u. R. COURANT, Funktionentheorie, Bd. III der Grundlehren der mathematischen Wissenschaften, 2. Aufl., Berlin: Julius Springer 1925; E. JAHNKE u. F. EMDE, Funktionentafeln mit Formeln und Kurven. Leipzig u. Berlin: B. G. Teubner 1909; G. KOWALEWSKI, Die komplexen Veränderlichen und ihre Funktionen. Leipzig u. Berlin: B. G. Teubner 1911.

[1]) Vgl. zu diesen Beispielen F. KLEIN u. A. SOMMERFELD, Über die Theorie des Kreisels. Leipzig u. Berlin: B. G. Teubner 1914; K. WEIERSTRASS, Mathematische Werke Bd. VI, Berlin: Mayer & Müller 1915.

Kapitel 7.

Reihenentwicklungen der mathematischen Physik.

Von

JOSEF LENSE, München.

Mit 2 Abbildungen.

I. Orthogonale Funktionensysteme.

1. Definitionen. Die in diesem Abschnitt über orthogonale Funktionensysteme betrachteten reellen Funktionen reeller Veränderlichen sollen in einem Grundgebiet G definiert und dort stückweise stetig sein. Das Grundgebiet G sei für Funktionen einer Veränderlichen ein Intervall der X-Achse, für solche zweier Veränderlichen soll es von einer stückweise glatten (vgl. Kap. 1, Ziff. 12) Kurve begrenzt sein. Manchmal wird es notwendig sein, auch stückweise stetige erste Ableitungen der Funktionen (also sog. stückweise glatte Funktionen) vorauszusetzen. Wir definieren das innere Produkt (f, g) zweier Funktionen $f(x)$ und $g(x)$ durch

$$(f, g) = \int f g \, dx, \tag{1}$$

wo das Integral über das Grundgebiet G erstreckt ist. Es genügt der Schwarzschen Ungleichung

$$(f, g)^2 \leqq (f, f)(g, g); \tag{2}$$

das Gleichheitszeichen gilt nur, wenn f und g einander proportional sind.

Die Funktionen heißen orthogonal, wenn $(f, g) = 0$ ist. Unter der Norm einer Funktion f verstehen wir

$$Nf = (f, f) = \int f^2 dx; \tag{3}$$

ist $Nf = 1$, so heißt f normiert.

Aus einem System von unendlichen vielen Funktionen $v_1, v_2, \ldots$, unter denen für jedes beliebige r je r linear unabhängig sind, kann man ein System von normierten, orthogonalen Funktionen $\varphi_1, \varphi_2, \ldots$ bilden, indem man für φ_n eine geeignete lineare Kombination von $v_1, v_2, \ldots, v_n$ wählt. Dies geschieht durch die Rekursionsformel (Orthogonalisierungsprozeß)

$$\varphi_k = \frac{1}{\sqrt{N v_k - \sum\limits_{\nu=1}^{k-1} (\varphi_\nu, v_k)^2}} \left[v_k - \sum_{\nu=1}^{k-1} \varphi_\nu (\varphi_\nu, v_k) \right],$$

wo

$$\varphi_1 = \frac{v_1}{\sqrt{N v_1}} \quad \text{und} \quad k = 2, 3, \ldots, n.$$

2. Konvergenz im Mittel. $\varphi_1, \varphi_2, \ldots$ sei ein normiertes Orthogonalsystem. Die Zahlen

$$c_\nu = (f, \varphi_\nu) \quad (\nu = 1, 2, \ldots) \tag{4}$$

heißen die Entwicklungskoeffizienten, Komponenten oder Fourierschen Koeffizienten von f in bezug auf das gegebene Orthogonalsystem. Sie ergeben sich als Lösung der Aufgabe, die Funktion f durch eine Linearkombination $\sum_{\nu=1}^{n} \gamma_\nu \varphi_\nu$ im Sinne der Methode der kleinsten Quadrate so zu approximieren, daß das mittlere Fehlerquadrat

$$\int \left(f - \sum_{\nu=1}^{n} \gamma_\nu \varphi_\nu\right)^2 dx \tag{5}$$

ein Minimum wird. Man erhält gerade $\gamma_\nu = c_\nu$. Sie erfüllen die sog. Besselsche Ungleichung:

$$\sum_{\nu=1}^{\infty} c_\nu^2 \leqq N f. \tag{6}$$

Wenn es möglich ist, das Integral (5) für jede Funktion f durch passende Wahl von n beliebig klein zu machen, so heißt das System der φ vollständig; in diesem Falle und nur dann ist in (6) das Gleichheitszeichen zu setzen. Es gilt dann also

$$\lim_{n \to \infty} \int \left(f - \sum_{\nu=1}^{n} c_\nu \varphi_\nu\right)^2 dx = 0, \tag{7}$$

man sagt, die Funktion $\sum_{\nu=1}^{n} c_\nu \varphi_\nu$ konvergiert im Mittel gegen f; jedoch muß keineswegs auch die Gleichung

$$f = \sum_{\nu=1}^{\infty} c_\nu \varphi_\nu \tag{8}$$

bestehen. Funktionen mit denselben Entwicklungskoeffizienten sind identisch.

Die erwähnten Begriffe und Tatsachen lassen sich ohne weiteres auch auf Funktionen mehrerer Veränderlicher übertragen; ferner darf das Grundgebiet oder die Funktion f auch unendlich werden, wenn nur sämtliche Funktionen samt ihren Quadraten integrierbar bleiben.

Das orthogonale normierte Funktionensystem ist ein transzendentes Analogon im Raum von abzählbar unendlich vielen Dimensionen zu den aufeinander senkrecht stehenden Einheitsvektoren des euklidischen R_n (vgl. Kap. 5, Ziff. 20), die Komponenten c_ν der Funktion f entsprechen den rechtwinkligen Koordinaten.

Beispiele für derartige vollständige orthogonale Funktionensysteme sind die im folgenden behandelten Funktionen (Sinus und Kosinus der vielfachen Winkel bei den Fourierschen Reihen, Kugelfunktionen, Besselsche und Lamesche Funktionen).

II. Fouriersche Reihen.

3. Allgemeines. Man sagt, eine reelle Funktion $f(x)$ einer reellen Veränderlichen x mit der Periode 2π läßt sich in eine Fouriersche Reihe entwickeln, wenn die Darstellung gilt:

$$f(x) = \tfrac{1}{2} a_0 + \sum_{k=1}^{\infty} (a_k \cos k x + b_k \sin k x). \tag{9}$$

Derartige Entwicklungen spielen in der Physik eine große Rolle. Sie zerlegen den durch die Funktion $f(x)$ charakterisierten periodischen Vorgang in unendlich viele reine Sinusschwingungen, entsprechend den unendlich vielen Gliedern der Reihe. Man denke z. B. an die Zerlegung eines Klanges in den Grundton und seine Obertöne. Daher rührt auch der Name: Harmonische Analyse der Funktion $f(x)$.

Die Funktionen $\sin kx$ und $\cos kx$, nach denen entwickelt wird, gehören zu den sog. Orthogonalfunktionen, d. h. das Produkt irgend zweier von ihnen, integriert über ein Intervall von der Länge 2π gibt Null, ausgenommen den Fall, daß die beiden Faktoren des Produktes gleich sind. In Gleichungen:

$$\left.\begin{aligned} &\int_{-\pi}^{+\pi} \sin kx \sin k'x\,dx = \begin{cases} 0 & \text{für } k \neq k' \\ \pi & \text{,, } k = k', \end{cases} \\ &\int_{-\pi}^{+\pi} \cos kx \cos k'x\,dx = \begin{cases} 0 & \text{,, } k \neq k' \\ \pi & \text{,, } k = k', \end{cases} \\ &\int_{-\pi}^{+\pi} \sin kx \cos k'x\,dx = 0. \end{aligned}\right\} \tag{10}$$

Diese Tatsache liefert eine einfache Methode zur Bestimmung der Koeffizienten: Man multipliziert Gleichung (9) mit $\sin kx$ bzw. $\cos kx$ und integriert von $-\pi$ bis $+\pi$. Man erhält so als Koeffizienten:

$$a_0 = \frac{1}{\pi}\int_{-\pi}^{+\pi} f(\xi)\,d\xi, \quad a_k = \frac{1}{\pi}\int_{-\pi}^{+\pi} f(\xi)\cos k\xi\,d\xi, \quad b_k = \frac{1}{\pi}\int_{-\pi}^{+\pi} f(\xi)\sin k\xi\,d\xi. \tag{11}$$

Diese Koeffizienten nennt man die Fourierschen Konstanten von $f(x)$. Bei einer geraden Funktion verschwinden alle b, bei einer ungeraden alle a. Statt des Intervalls $(-\pi, +\pi)$ kann auch irgendein anderes Intervall von der Länge 2π genommen werden. Ist die Periode von $f(x)$ nicht 2π, sondern allgemein $2l$, so führe man statt der Variablen x die Variable y durch die Gleichung

$$\frac{\pi x}{l} = y \tag{12}$$

ein, dann hat die Funktion in y die Periode 2π.

4. Bedingungen für die Entwickelbarkeit. Die rechte Seite der mit den Koeffizienten (11) gebildeten Gleichung (9) heißt die zu $f(x)$ gehörige Fouriersche Reihe. Hinreichende Bedingungen für die Konvergenz dieser Reihe sind folgende (sie gehen im wesentlichen auf DIRICHLET zurück): $f(x)$ soll stückweise glatt, d. h. selbst stückweise stetig sein und eine stückweise stetige Ableitung haben (vgl. Kap. 1, Ziff. 12). Die Reihe stellt dann an einer Stetigkeitsstelle von $f(x)$ die Funktion selbst, an einer Unstetigkeitsstelle x_0 das arithmetische Mittel aus den in diesem Falle immer existierenden rechts- und linksseitigen Grenzwerten von $f(x)$ dar, nämlich

$$\tfrac{1}{2}[f(x_0 + 0) + f(x_0 - 0)]. \tag{13}$$

Die Funktion darf auch eine endliche Anzahl von Unendlichkeitsstellen haben, wenn sie nur absolut integrierbar bleibt. Ist die Funktion in einem die x-Achse enthaltenden Streifen außerdem noch analytisch, so konvergiert die Reihe gleichmäßig für alle x und läßt sich beliebig oft gliedweise differenzieren und integrieren, wobei auch die neuen Reihen für alle Werte von x gleichmäßig konvergieren und überall die entsprechenden Funktionen darstellen.

Es werde darauf aufmerksam gemacht, daß die Stetigkeit von $f(x)$ allein für die Entwickelbarkeit nicht hinreicht, d. h. die Teilsummen der Fourierschen Reihe brauchen nicht gegen $f(x)$ zu konvergieren, wenn $f(x)$ außer der Stetigkeit keine anderen Bedingungen erfüllt. Wohl aber konvergieren immer die arithmetischen Mittel der Teilsummen, die sog. Fejérschen Mittel, gegen die nur als stetig vorausgesetzte Funktion $f(x)$, d. h. bedeutet

$$\left.\begin{aligned} s_1(x) &= \frac{a_0}{2}, \quad s_n(x) = \frac{a_0}{2} + \sum_{k=1}^{n-1} (a_k \cos kx + b_k \sin kx), \\ \sigma_n(x) &= \frac{1}{n} \sum_{\nu=1}^{n} s_\nu(x) \quad (n = 1, 2, 3, \ldots), \end{aligned}\right\} \tag{14}$$

so ist

$$\lim_{n\to\infty} \sigma_n(x) = f(x).$$

Es läßt sich also jede stetige Funktion durch trigonometrische Polynome, d. h. durch die $\sigma_n(x)$ approximieren. Approximiert man in den $\sigma_n(x)$ die Sinus und Kosinus durch die Teilsummen ihrer Potenzreihenentwicklungen, also durch Polynome in x, so erhält man den auf WEIERSTRASS zurückgehenden Satz: Jede in einem abgeschlossenen Intervall stetige Funktion $f(x)$ läßt sich im ganzen Intervall gleichmäßig durch Polynome in x approximieren. Dieser Satz gilt auch für stetige Funktionen von mehreren Veränderlichen. Ferner gilt

$$\lim_{n\to\infty} \int_{-\pi}^{+\pi} [f(x) - s_n(x)]^2 \, dx = 0,$$

d. h. jede stetige Funktion wird im Mittel durch ihre Fouriersche Reihe approximiert.

5. Gibbssches Phänomen. Die Fouriersche Reihe stellt eine Übereinanderlagerung von einfachen Sinusschwingungen mit immer kleinerer Amplitude und immer größerer Frequenz dar. Bricht man die Entwicklung mit einer gewissen Anzahl von Gliedern ab, so erhält man einen Wellenzug, der sich an die vorgelegte Funktion anschmiegt. Nimmt man mehr Glieder, so erhält man einen neuen Wellenzug, der sich noch besser anschmiegt, usf. Dabei ist folgende Erscheinung von Interesse. Sei z. B. die gegebene Funktion der aus den einzelnen geradlinigen Stücken bestehende Zug (Abb. 1), also $f(x) = x$ für $-\pi < x < +\pi$, $f(x + 2\pi) = f(x)$. Hier ist $f(n\pi - 0) = \pi$, $f(n\pi + 0) = -\pi$, für alle ganzzahligen n. Als Fouriersche Reihe erhält man

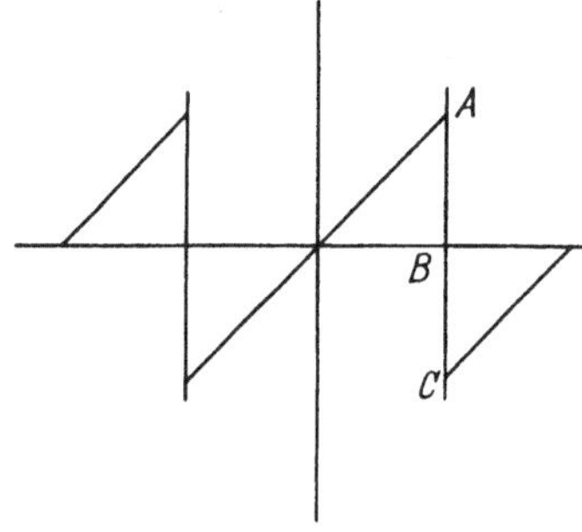

Abb. 1. Gibbssches Phänomen.

$$S(x) = 2\left(\frac{\sin x}{1} - \frac{\sin 2x}{2} + \frac{\sin 3x}{3} - \frac{\sin 4x}{4} + \cdots\right).$$

In jedem Stetigkeitspunkte ist $f(x) = S(x)$. Unstetigkeitspunkte sind

$$x = n\pi \quad (n = 0, \pm 1, \pm 2, \ldots \text{ in inf.}).$$

Dabei ist $S(n\pi) = 0$, also wie es sein muß

$$S(n\pi) = \tfrac{1}{2}[f(n\pi - 0) + f(n\pi + 0)].$$

$S_n(x)$ sei die aus den ersten n Gliedern von $S(x)$ bestehende Teilsumme. Die einzelnen Teilsummen $S_n(x)$ ($n = 1, 2, 3, \ldots$ usf.) stellen Wellenzüge dar, die sich an die geradlinigen Stücke anschmiegen, aber knapp vor dem Punkte A steil abfallen, alle durch den Punkt B gehen und sich knapp hinter dem Punkte C wieder an das nächste geradlinige Stück anschmiegen. Man sollte nun meinen, daß sich in der Grenze, d. h. wenn man n bei variablem x ins Unendliche wachsen läßt, die Werte $S_n(x)$ gegen den zickzackartigen Streckenzug häufen. Das ist jedoch nicht der Fall, sondern es geht das vertikale Stück AC der Grenzkurve stets noch um ein endliches Stück über die Punkte A und C hinaus (Abb. 1). Diese Erscheinung heißt das Gibbssche Phänomen. Sie zeigt sich bei allen Funktionen mit derartigen Unstetigkeitsstellen. Bedeutet D die Größe des Sprunges, also in unserem Beispiel die Strecke AC, so ist die aufgesetzte Verlängerung ungefähr $0{,}09\,D$.

Die vorangehenden Erörterungen beziehen sich auf die theoretische Entwicklung einer durch irgendein Gesetz gegebenen Funktion $f(x)$, also auf die Darstellung $f(x) = \lim\limits_{n\to\infty} s_n(x)$. Für die Praxis kommen selbstverständlich nur Annäherungen durch eine endliche Anzahl von Gliedern in Betracht, um so mehr, wenn die Funktion, wie in der Praxis oft, graphisch durch eine gezeichnete Kurve oder numerisch durch Näherungswerte für bestimmte x-Werte gegeben ist. Die in solchen Fällen anzuwendenden Methoden möge man im Kap. 13, Abschn. III nachlesen.

6. Fouriersches Integral. Ist $f(x)$ im Intervall $[-l, +l]$ stückweise glatt, so gilt in diesem Intervall die Darstellung:

$$\left.\begin{aligned} \tfrac{1}{2}[f(x+0)+f(x-0)] &= \frac{1}{2l}\int_{-l}^{+l} f(\xi)\,d\xi \\ &+ \frac{1}{l}\sum_{k=1}^{\infty}\left[\cos\frac{k\pi x}{l}\int_{-l}^{+l} f(\xi)\cos\frac{k\pi\xi}{l}\,d\xi + \sin\frac{k\pi x}{l}\int_{-l}^{+l} f(\xi)\sin\frac{k\pi\xi}{l}\,d\xi\right]\end{aligned}\right\} \qquad (15)$$

Ist $f(x)$ derart im Intervall $[-\infty, +\infty]$ gegeben, so erhält man durch den Grenzübergang $l \to \infty$ das sog. Fouriersche Integral:

$$\tfrac{1}{2}[f(x)+0)+f(x-0)] = \frac{1}{\pi}\int_0^{\infty} du \int_{-\infty}^{+\infty} f(\xi)\cos u(x-\xi)\,d\xi. \qquad (16)$$

Die Formel (16) gilt z. B. unter folgenden hinreichenden Bedingungen: Die Funktion soll in jedem endlichen Intervall stückweise glatt (vgl. Kap. 1, Ziff. 12) und ins Unendliche absolut integrierbar sein, d. h. es soll $\int_{+\infty}^{-\infty} |f(x)|\,dx$ existieren.

Die Bedeutung des Fourierschen Integrals ist folgende: Während bei der Fourierschen Reihe die Funktion durch Übereinanderlagerung von unendlich vielen Sinusschwingungen erzeugt wird, deren Frequenz alle ganzzahligen Vielfachen der Grundfrequenz sind, wird beim Fourierschen Integral die Funktion in eine kontinuierliche Reihe von solchen Schwingungen zerlegt; im ersten Falle haben wir ein diskontinuierliches, im zweiten ein kontinuierliches Spektrum. Beim Integral durchläuft die Frequenz der einzelnen Schwingungen alle Werte von 0 bis ∞[1]).

[1]) Die sogenannten Reziprozitätsformeln siehe Kap. 8, Ziff. 5.

7. Funktionen von mehreren Veränderlichen. Hat man eine Funktion von n Veränderlichen $f(x_1, x_2, \ldots x_n)$ mit den Perioden $2l_1, 2l_2, \ldots 2l_n$ in eine Fouriersche Reihe zu entwickeln, so macht man am besten den Ansatz:

$$f(x_1, x_2, \ldots x_n) = \sum_{k_1=-\infty}^{+\infty} \cdots \sum_{k_n=-\infty}^{+\infty} A_{k_1, k_2, \ldots k_n} e^{i\pi\left(\frac{k_1 x_1}{l_1} + \cdots + \frac{k_n x_n}{l_n}\right)}. \tag{17}$$

Dabei ist

$$A_{k_1, k_2, \ldots k_n} = \frac{1}{2^n l_1 \ldots l_n} \int_{-l_1}^{+l_1} \cdots \int_{-l_n}^{+l_n} f(\xi_1, \ldots \xi_n)\, e^{-i\pi\left(\frac{k_1 \xi_1}{l_1} + \cdots + \frac{k_n \xi_n}{l_n}\right)} d\xi_1 \ldots d\xi_n. \tag{18}$$

Geht man mit den l zur Grenze ∞ über, so erhält man das entsprechende Fouriersche Integral

$$f(x_1, \ldots x_n) = \int_{-\infty}^{+\infty} \cdots \int_{-\infty}^{+\infty} A(u_1, \ldots u_n)\, e^{i\pi(u_1 x_1 + \cdots + u_n x_n)} du_1, \ldots du_n, \tag{19}$$

mit

$$A(u_1, \ldots u_n) = \frac{1}{2^n} \int_{-\infty}^{+\infty} \cdots \int_{-\infty}^{+\infty} f(\xi_1, \ldots \xi_n)\, e^{-i\pi(u_1 \xi_1 + \cdots + u_n \xi_n)} d\xi_1 \ldots d\xi_n. \tag{20}$$

Es soll hier davon abgesehen werden, genauere hinreichende Bedingungen für die Möglichkeit solcher Darstellungen anzugeben.

III. Kugelfunktionen.

8. Definitionen. Auch hier sollen im Hinblick auf die physikalischen Anwendungen nur reelle Argumente in Rücksicht gezogen werden. Unter einer räumlichen Kugelfunktion $n$ter Ordnung (solid harmonic) versteht man eine homogene Funktion $n$ten Grades U_n der rechtwinkligen Koordinaten x, y, z, die der Laplaceschen Gleichung

$$\Delta f \equiv \frac{\partial^2 f}{\partial x^2} + \frac{\partial^2 f}{\partial y^2} + \frac{\partial^2 f}{\partial z^2} = 0 \tag{21}$$

genügt, für die also $\Delta U_n = 0$ ist.

U_n läßt sich bei Einführung von Polarkoordinaten r, ϑ, φ in der Form schreiben

$$U_n = r^n S_n(\vartheta, \varphi), \tag{22}$$

wo S_n der Differentialgleichung

$$n(n+1) f + \frac{1}{\sin\vartheta} \frac{\partial}{\partial\vartheta}\left(\sin\vartheta \frac{\partial f}{\partial\vartheta}\right) + \frac{1}{\sin^2\vartheta} \frac{\partial^2 f}{\partial\varphi^2} = 0 \tag{23}$$

genügt[1]). S_n heißt eine Kugelflächenfunktion (spherical surface harmonic) oder allgemeine Kugelfunktion oder Laplacesche Funktion.

Gleichung (21) hat außer (22) noch die mit demselben $S_n(\vartheta, \varphi)$ gebildete Lösung

$$U_{-n-1} = r^{-n-1} S_n(\vartheta, \varphi). \tag{24}$$

Zu jeder Lösung $S_n(\vartheta, \varphi)$ von (23) gehören also zwei homogene Lösungen (22) und (24) von (21).

---

[1]) Vgl. Kap. 5, Ziff. 7.

$S_n(\vartheta, \varphi)$ ist als Funktion von ϑ und φ auf der Einheitskugel definiert und enthält $2n + 1$ Konstante. Dementsprechend gibt es $2n + 1$ linear unabhängige Funktionen $S_n(\vartheta, \varphi)$ bei festem n. Jene speziellen Lösungen der Differentialgleichung, die von φ nicht abhängen, pflegt man mit P_n zu bezeichnen und ihnen den Namen einer zonalen Kugel(flächen)funktion (zonal harmonic) zu geben. Andere Bezeichnungen für P_n sind einfache Kugelfunktion oder Legendresches Polynom. P_n genügt der Differentialgleichung

$$n(n+1)f + \frac{1}{\sin\vartheta}\frac{d}{d\vartheta}\left(\sin\vartheta\frac{df}{d\vartheta}\right) = 0 \tag{25}$$

oder bei Einführung von $\xi = \cos\vartheta$

$$(1-\xi^2)\frac{d^2f}{d\xi^2} - 2\xi\frac{df}{d\xi} + n(n+1)f = 0. \tag{26}$$

9. Zonale Kugelfunktionen. Die eben definierten zonalen Kugelfunktionen P_n treten auf bei der Entwicklung der reziproken Distanz zweier Punkte A und B (Abb. 2). Sei $\overline{AC} = R$, $\overline{BC} = \varrho$, $\alpha = \frac{\varrho}{R}$.

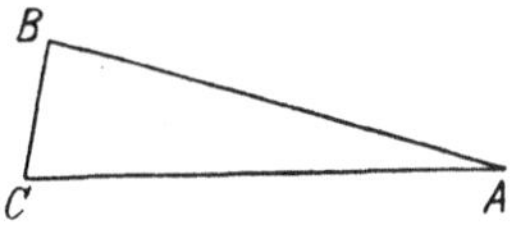

Abb. 2. Entwicklung der Distanz nach Kugelfunktionen.

Es wird ($\xi = \cos\vartheta$):

$$\frac{1}{\overline{AB}} = \frac{1}{\sqrt{1-2\alpha\xi+\alpha^2}} = \sum_{\nu=0}^{\infty}\alpha^\nu P_\nu(\xi) \qquad (P_0(\xi) = 1). \tag{27}$$

Diese Reihe konvergiert für $|\alpha| < 1$. Die P_n genügen der Rekursionsformel

$$(n+1)P_{n+1}(\xi) + nP_{n-1}(\xi) - \xi(2n+1)P_n(\xi) = 0. \tag{28}$$

Daraus ergibt sich für $P_n(\xi)$ die Entwicklung nach Potenzen von ξ:

$$\left.\begin{aligned} P_n(\xi) = \frac{1\cdot3\cdot5\ldots(2n-1)}{n!}\Big[\xi^n - \frac{n(n-1)}{2(2n-1)}\xi^{n-2} \\ + \frac{n(n-1)n-2)(n-3)}{2\cdot4\cdot(2n-1)(2n-3)}\xi^{n-4} - \ldots \\ + (-1)^\nu\frac{n(n-1)\ldots(n-2\nu+1)}{2\cdot4\ldots2\nu(2n-1)(2n-3)\ldots(2n-2\nu+1)}\xi^{n-2\nu} + \ldots\Big]. \end{aligned}\right\} \tag{29}$$

Die Reihe (29) ist so lange fortzusetzen, bis sie von selbst abbricht, d. h. Potenzen von ξ mit negativen Exponenten sind wegzulassen; $P_n(\xi)$ ist ein Polynom $n$ten Grades in ξ. Mit Hilfe der Gaußschen Bezeichnungsweise für die hypergeometrische Reihe (vgl. Kap. 9, Ziff. 18) ergibt sich

$$\left.\begin{aligned} P_{2n}(\xi) &= (-1)^n\frac{1\cdot3\ldots(2n-1)}{2\cdot4\ldots2n}F(-n, n+\tfrac{1}{2}, \tfrac{1}{2}, \xi^2), \\ P_{2n+1}(\xi) &= (-1)^n\frac{3\cdot5\ldots(2n+1)}{2\cdot4\ldots2n}\xi F(-n, n+\tfrac{3}{2}, \tfrac{3}{2}, \xi^2). \end{aligned}\right\} \tag{30}$$

Andere Darstellungen der zonalen Kugelfunktion sind folgende:

als Fouriersche Reihe:

$$\left.\begin{aligned} P_n(\cos\vartheta) = \frac{1\cdot3\ldots(2n-1)}{2\cdot2\ldots2n}\Big\{\cos n\vartheta + \frac{1\cdot n}{1\cdot(2n-1)}\cos(n-2)\vartheta \\ + \frac{1\cdot3\cdot n(n-1)}{1\cdot2\cdot(2n-1)(2n-3)}\cos(n-4)\vartheta + \cdots\Big\} \end{aligned}\right\} \tag{31}$$

(die Reihe ist bis zum konstanten Glied oder bis $\cos\vartheta$ fortzusetzen; geht zurück auf Legendre und Laplace);

als Differentialquotient:

$$P_n(\xi) = \frac{1}{(2n)!} \frac{d^n(\xi^2-1)^n}{d\xi^n} \tag{32}$$

oder

$$P_n(\cos\vartheta) = (-1)^n \frac{r^{n+1}}{n!} \frac{\partial^n \frac{1}{r}}{\partial z^n} \quad \left(\begin{matrix} x, y, z \text{ rechtwinklige Koordinaten,} \\ r, \vartheta, \varphi \text{ zugehörige Polarkoordinaten} \end{matrix}\right);$$

als bestimmtes Integral:

$$P_n(\xi) = \frac{1}{\pi}\int_0^\pi (\xi + \cos\varphi\sqrt{\xi^2-1})^n\, d\varphi \qquad (\text{LAPLACE}). \tag{33}$$

Es ist immer $|P_n(\xi)| \leqq 1$, $P_n(1) = 1$. Die Wurzeln der Gleichung $P_n(x) = 0$ sind sämtlich reell, verschieden und zwischen $+1$ und -1 gelegen. Sie sind paarweise von gleichem absoluten Betrage, aber entgegengesetztem Vorzeichen. Bei ungeradem n tritt noch die Wurzel 0 hinzu. $P_n(\xi)$ ist eine gerade Funktion bei geradem n, eine ungerade bei ungeradem n. Die zonalen Kugelfunktionen sind Orthogonalfunktionen, d. h. es gilt

$$\left.\begin{aligned} &\int_{-1}^{+1} P_n(\xi)\,P_m(\xi)\,d\xi = 0, \quad \text{falls } m \neq n \\ \text{und} \quad &\int_{-1}^{+1} P_n(\xi)^2\,d\xi = \frac{2}{2n+1}. \end{aligned}\right\} \tag{34}$$

Daraus folgt: Läßt sich $f(x)$ in eine Reihe von der Form $f(x) = \sum_{n=0}^{\infty} A_n P_n(x)$ entwickeln, so ist

$$A_n = \frac{2n+1}{2}\int_{-1}^{+1} f(\xi)\,P_n(\xi)\,d\xi. \tag{35}$$

Die Entwicklung ist bei stückweise glatten[1]) Funktionen möglich und stellt an den Sprungstellen das arithmetische Mittel des rechten und linken Grenzwertes dar[2]).

Beispiel: $f(x) = x^m$ (m positiv ganz).

$$\left.\begin{aligned} x^m = \frac{m!}{1\cdot 3\ldots(2m+1)}\Big\{&(2m+1)\,P_m(x) + (2m-3)\,\frac{2m+1}{2}\,P_{m-2}(x) \\ &+ (2m-7)\,\frac{(2m+1)(2m-1)}{2\cdot 4}\,P_{m-4}(x) + \cdots \\ &+ (2m-4\nu+1)\,\frac{(2m+1)(2m-1)\ldots(2m-2\nu+3)}{2\cdot 4\ldots 2\nu}\,P_{m-2\nu}(x) + \cdots\Big\} \end{aligned}\right\} \tag{36}$$

(bis die Reihe von selbst abbricht).

Eine Nebenbemerkung: Wegen $\xi = \cos\vartheta$ ist $P_n(\xi)$ bei reellem ϑ nur im Intervall $-1 \leqq \xi \leqq +1$ als Funktion von ξ definiert. Von einer Erweiterung dieser Definition soll hier abgesehen werden.

10. Kugelflächenfunktionen. Die allgemeinste Kugelflächenfunktion hat folgende Gestalt:

$$S_n(\vartheta,\varphi) = A_0 P_n(\cos\vartheta) + \sum_{\nu=1}^{n} (A_\nu \cos\nu\varphi + B_\nu \sin\nu\varphi)\,P_{n,\nu}(\cos\vartheta). \tag{37}$$

Dabei bedeutet

$$P_{n,\nu}(\cos\vartheta) = \sin^\nu\vartheta\,P_n^{(\nu)}(\cos\vartheta), \qquad P_n^{(\nu)}(\xi) = \frac{d^\nu P_n(\xi)}{d\xi^\nu}. \tag{38}$$

---

[1]) Vgl. Kap. 1, Ziff. 12. [2]) Vgl. Kap. 13, Abschn. III.

Die $P_{n,\nu}$ nennt man die zugeordneten Kugelfunktionen. Sie sind also nichts anderes als die mit der νten Potenz von $\sin\vartheta$ multiplizierten νten Ableitungen der zonalen Kugelfunktionen. Für sie gelten die Formeln:

$$\left.\begin{aligned} &\int_{-1}^{+1} P_{n,\nu}(\xi)\, P_{m,\nu}(\xi)\, d\xi = 0 \quad \text{für} \quad m \neq n \\ \text{und} \qquad &\int_{-1}^{+1} P_{n,\nu}(\xi)^2\, d\xi = \frac{2}{2n+1}\,\frac{(n+\nu)!}{(n-\nu)!}\,. \end{aligned}\right\} \tag{39}$$

Die einzelnen, linear unabhängigen Glieder einer Kugelflächenfunktion haben also die Gestalt

$$\frac{\cos}{\sin}\,\nu\,\varphi\,\sin^\nu\vartheta\, P_n^{(\nu)}(\cos\vartheta)\,. \tag{40}$$

Wir können drei Fälle unterscheiden:

1. Wenn ν von 0 und n verschieden ist, liegen die Nullstellen von (40) auf den Parallelkreisen $\vartheta =$ konst. und Meridianen $\varphi =$ konst. der Einheitskugel; (40) verschwindet also in einem von zwei Parallelkreisen und zwei Meridianen begrenzten Viereck der Einheitskugel nicht und heißt daher tesserale Kugelfunktion.

2. Für $\nu = n$ wird (40) bis auf einen konstanten Faktor $\frac{\cos}{\sin}\, n\varphi\, \sin^n\vartheta$, die Nullstellen liegen auf den Meridianen, das Viereck wird ein von zwei Meridianen begrenzter Kugelsektor, daher der Name sektorielle Kugelfunktion.

3. $\nu = 0$ liefert die zonale Kugelfunktion $P_n(\cos\vartheta)$, die Nullstellen liegen auf den Parallelkreisen, das Viereck wird eine Kugelzone, daher der Name zonal.

Auch die allgemeinen Kugelflächenfunktionen sind Orthogonalfunktionen. Bedeutet nämlich S_n eine Kugelflächenfunktion mit den Konstanten A, B und S'_m eine solche mit den Konstanten A', B', so kommt bei der Integration über die Einheitskugel, falls $m \neq n$ ist,

$$\int_0^\pi d\vartheta \int_0^{2\pi} d\varphi\, \sin\vartheta\, S_n(\vartheta,\varphi)\, S'_m(\vartheta,\varphi) = 0\,. \tag{41}$$

Bedeutet γ den Winkel zwischen den Richtungen (ϑ, φ) und (ϑ_1, φ_1), ist also

$$\cos\gamma_1 = \cos\vartheta\cos\vartheta_1 + \sin\vartheta\sin\vartheta_1\cos(\varphi - \varphi_1)\,,$$

so gilt

$$\int_0^\pi d\vartheta \int_0^{2\pi} d\varphi\, \sin\vartheta\, S_n(\vartheta,\varphi)\, P_n(\cos\gamma_1) = \frac{4\pi}{2n+1}\, S_n(\vartheta_1, \varphi_1)\,. \tag{42}$$

Bezeichnet analog γ_2 den Winkel zwischen den Richtungen (ϑ, φ) und (ϑ_2, φ_2), und γ den Winkel zwischen den Richtungen (ϑ_1, φ_1) und (ϑ_2, φ_2), so gilt

$$\int_0^\pi d\vartheta \int_0^{2\pi} d\varphi\, \sin\vartheta\, P_n(\cos\gamma_1)\, P_n(\cos\gamma_2) = \frac{4\pi}{2n+1}\, P_n(\cos\gamma)\,. \tag{43}$$

11. Entwicklung einer Funktion nach Kugelfunktionen. Aus den Formeln (34), (39), (43) findet man für eine auf der Einheitskugel definierte Funktion

$f(\vartheta, \varphi)$, die gewissen Bedingungen genügt, folgende Entwicklung nach Kugelfunktionen:

$$\left.\begin{aligned} f(\vartheta,\varphi) &= \sum_{n=0}^{\infty}\left[a_{n,0}P_n(\cos\vartheta) + \sum_{\nu=1}^{n}(a_{n,\nu}\cos\nu\varphi + b_{n,\nu}\sin\nu\varphi)\,P_{n,\nu}(\cos\vartheta)\right], \\ &\text{wo} \\ a_{n,0} &= \frac{2n+1}{4\pi}\int_0^{\pi}\int_0^{2\pi} f(\vartheta,\varphi)\,P_n(\cos\vartheta)\sin\vartheta\,d\vartheta\,d\varphi, \\ \left.\begin{matrix} a_{n,\nu} \\ b_{n,\nu}\end{matrix}\right\} &= \frac{2n+1}{4\pi}\,\frac{(n-\nu)!}{(n+\nu)!}\int_0^{\pi}\int_0^{2\pi} f(\vartheta,\varphi)\,P_{n,\nu}(\cos\vartheta)\,{\cos \atop \sin}\,\nu\varphi\sin\vartheta\,d\vartheta\,d\varphi. \end{aligned}\right\} \quad (44)$$

Hinreichende Bedingungen für die Entwickelbarkeit sind folgende (sie gehen im wesentlichen auf C. NEUMANN zurück): Die Oberfläche der Einheitskugel soll durch ein Netz von stückweise glatten Kurven in eine endliche Anzahl von Bereichen zerlegbar sein, so daß in jedem solchen Bereich $f(\vartheta, \varphi)$ stetig ist und stetige erste Ableitungen hat. Dann gilt in jedem Stetigkeitspunkt die Formel (44).

12. Kugelfunktionen zweiter Art. Die Differentialgleichung (26) hat außer dem partikulären Integral $P_n(\xi)$ noch ein zweites, davon unabhängiges partikuläres Integral (vgl. Kap. 9, Ziff. 17):

$$Q_n(\xi) = P_n(\xi)\int_{\xi}^{\infty}\frac{d\xi}{(\xi^2-1)\,P_n(\xi)^2}\,.$$

$P_n(\xi)$ bezeichnet man daher auch manchmal als Kugelfunktion erster Art, $Q_n(\xi)$ als Kugelfunktion zweiter Art. $P_n(\xi)$ bleibt für alle endlichen Werte von ξ endlich und stetig, $\lim\limits_{\xi\to\infty} P_n(\xi) = \infty$; $Q_n(\xi)$ wird dagegen für $\xi = \pm 1$ logarithmisch unendlich und verschwindet im Unendlichen. Da die Kugelfunktion zweiter Art in physikalischen Anwendungen selten auftritt, soll von einer weiteren Besprechung abgesehen werden[1]).

IV. Besselsche Funktionen.

13. Definitionen. Man definiert die Besselsche oder Zylinderfunktion erster Art der Ordnung n als dasjenige partikuläre Integral der Differentialgleichung

$$\frac{d^2y}{dx^2} + \frac{1}{x}\frac{dy}{dx} + \left(1 - \frac{n^2}{x^2}\right)y = 0, \quad (45)$$

das für $x = 0$ endlich bleibt und bezeichnet es mit $J_n(x)$. Für positives n erhält man die für alle x konvergente Reihe

$$\left.\begin{aligned} J_n(x) = \frac{x^n}{2^n\Gamma(n+1)}\Big\{1 &- \frac{x^2}{2\cdot(2n+2)} + \frac{x^4}{2\cdot 4\cdot(2n+2)(2n+4)} - \cdots \\ &+ (-1)^{\nu}\frac{x^{2\nu}}{2\cdot 4\cdots 2\nu\,(2n+2)(2n+4)\cdots(2n+2\nu)}\Big\} \end{aligned}\right\} \quad (46)$$

(über $\Gamma(n+1)$ s. Kap. 6, Ziff. 19) oder die Integraldarstellung

$$J_n(x) = \frac{1}{\sqrt{\pi}}\,\frac{x^n}{2^n\Gamma(n+\frac{1}{2})}\int_0^{\pi}\cos(x\cos\varphi)\sin^{2n}\varphi\,d\varphi\,. \quad (47)$$

---

[1]) Die Ausführungen von III beruhen auf Vorlesungen von F. HASENÖHRL über Elektrizität.

Ferner gilt

$$\lim_{x\to\infty} J_n(x) = 0\,. \tag{48}$$

Für positives ganzes n oder $n = 0$ hat man

$$J_n(x) = \frac{1}{\pi}\int_0^\pi \cos(n\varphi - x\sin\varphi)\,d\varphi\,. \tag{49}$$

Ist n ein ungerades Vielfaches von $\frac{1}{2}$, so läßt sich die Reihe (46) summieren; es ist z. B.

$$J_{\frac{1}{2}}(x) = \sqrt{\frac{2}{\pi x}}\sin x\,, \qquad J_{\frac{3}{2}}(x) = \sqrt{\frac{2}{\pi x}}\left(\frac{\sin x}{x} - \cos x\right). \tag{50}$$

Als Besselsche Funktion zweiter Art pflegt man dasjenige Integral der Differentialgleichung (45) zu bezeichnen, das für $x = 0$ unendlich wird (vgl. Kap. 9, Ziff. 16). Ist n keine ganze Zahl, so erhält man dieses Integral, indem man in der Reihe (46) n mit $-n$ vertauscht. Für ganzzahliges n ergibt sich für das zweite partikuläre Integral:

$$Y_n(x) = \frac{\partial J_n(x)}{\partial n} - (-1)^n \frac{\partial J_{-n}(x)}{\partial n}\,. \tag{51}$$

Die Besselschen Funktionen lassen sich auch durch Kurvenintegrale im komplexen Gebiet ausdrücken. Es sei L_1 folgender Integrationsweg: Von $-i\infty$ nach 0 längs der negativen imaginären Achse, von 0 bis $-\pi$ längs der negativen reellen Achse, dann parallel der positiven imaginären Achse nach $-\pi + i\infty$; L_2 bedeute das Spiegelbild von L_1 bezüglich der imaginären Achse, aber entgegengesetzt durchlaufen. Man definiert nun als Hankelsche Funktionen:

$$H^1_\lambda(x) = -\frac{1}{\pi}\int_{L_1} e^{-ix\sin\tau + i\lambda\tau}\,d\tau\,,$$

$$H^2_\lambda(x) = -\frac{1}{\pi}\int_{L_2} e^{-ix\sin\tau + i\lambda\tau}\,d\tau\,.$$

Die Integrale sind längs der Wege L_1 und L_2 zu erstrecken. Diese Funktionen sind bei reellem λ und x konjugiert komplex zueinander, und zwar ist ihr reeller Teil gerade die Besselsche Funktion $J_\lambda(x)$. Wir setzen also

$$H^1_\lambda(x) = J_\lambda(x) + iN_\lambda(x)\,,$$

$$H^2_\lambda(x) = J_\lambda(x) - iN_\lambda(x)\,.$$

Der imaginäre Teil $N_\lambda(x)$ wird als Neumannsche Funktion bezeichnet. Für ganzes λ ergibt sich:

$$N_{-\lambda}(x) = (-1)^\lambda N_\lambda(x)$$

und

$$Y_\lambda(x) = \pi N_\lambda(x)\,.$$

14. Eigenschaften. Rekursionsformeln:

$$\left.\begin{aligned} 2\frac{dJ_n(x)}{dx} &= J_{n-1}(x) - J_{n+1}(x)\,, \\ J_{n-1}(x) + J_{n+1}(x) &= \frac{2n}{x} J_n(x)\,. \end{aligned}\right\} \tag{52}$$

Bei negativem, ganzzahligen n ist in diesen Formeln $J_{-n}(x) = (-1)^n J_n(x)$ zu setzen. Die Gleichung $\frac{1}{x^n} J_n(x) = 0$, d. h. der gleich Null gesetzte Klammerausdruck von (46), hat für ganzes, nicht negatives n unendlich viele, voneinander verschiedene, reelle Wurzeln. Dasselbe gilt von den Gleichungen

$$\frac{dJ_n(x)}{dx} = 0 \quad \text{und} \quad aJ_n(x) + bx\frac{dJ_n(x)}{dx} = 0,$$

wo a und b beliebige Konstante sind. Die Besselschen Funktionen treten auf bei der Entwicklung von $e^{\frac{1}{2}z\left(y-\frac{1}{y}\right)}$ nach Potenzen von y, es ist nämlich

$$e^{\frac{1}{2}z\left(y-\frac{1}{y}\right)} = \sum_{n=-\infty}^{+\infty} J_n(z)\,y^n. \tag{53}$$

Sie sind Orthogonalfunktionen, d. h.: Sind ν und ν_1 zwei verschiedene Wurzeln einer der drei eben erwähnten Gleichungen

$$J_n(x) = 0, \quad \text{oder} \quad \frac{dJ_n(x)}{dx} = 0, \quad \text{oder} \quad aJ_n(x) + bx\frac{dJ_n(x)}{dx} = 0, \tag{54}$$

so gilt

$$\left.\begin{aligned} \int_0^1 J_n(\nu x)\,J_n(\nu_1 x)\,x\,dx &= 0 \\ 2\int_0^1 J_n(\nu x)^2\,x\,dx &= J_n'(\nu)^2 + \left(1 - \frac{n^2}{\nu^2}\right)J_n(\nu)^2, \end{aligned}\right\} \tag{55}$$

Mit Hilfe dieser beiden Integralbeziehungen lassen sich die Koeffizienten A_ν bestimmen, wenn eine Funktion $f(x)$ in eine Reihe von der Gestalt

$$f(x) = \sum A_\nu J_n(\nu x) \tag{56}$$

zu entwickeln ist, wo die Summe über sämtliche Wurzeln einer der drei Gleichungen (54) zu erstrecken ist. Man multipliziert einfach mit $J_n(\nu, x)$ und integriert von 0 bis 1.

Die Entwicklung (56) ist für stückweise glatte Funktionen (vgl. Kap. 1, Ziff. 12) möglich und stellt an den Sprungstellen das arithmetische Mittel des rechten und linken Grenzwertes dar.

Die Besselschen Funktionen ergeben sich als Grenzfall der Kugelfunktionen durch die Formel

$$J_n(x) = \lim_{m\to\infty} \frac{2^m(m-n)!\,(-1)^{-\frac{1}{2}n}}{\sqrt{m\pi}\,1\cdot 3\ldots(2m-1)}\,P_{m,n}\left(\cos\frac{x}{m}\right). \tag{57}$$

Der Name Zylinderfunktionen rührt von ihrer Verwendung bei Randwertproblemen für den Kreiszylinder her.

V. Lamésche Funktionen.

15. Elliptische Koordinaten. Sind x, y, z rechtwinklige Koordinaten, a, b, c reelle Konstanten, so stellt die Gleichung

$$\frac{x^2}{\varrho^2 - a^2} + \frac{y^2}{\varrho^2 - b^2} + \frac{z^2}{\varrho^2 - c^2} = 1 \tag{58}$$

bei variablem ϱ eine Schar konfokaler Mittelpunktsflächen zweiter Ordnung dar, deren Hauptachsenrichtungen mit den Koordinatenachsen zusammenfallen (vgl. Kap. 3, Ziff. 26). Durch jeden Punkt gehen drei solche Flächen, d. h. die Gleichung (58) hat bei festen x, y, z drei reelle Wurzeln in ϱ^2. Sie seien λ^2, μ^2, ν^2.

Man nennt sie die elliptischen Koordinaten des Punktes x, y, z. Durch Wahl der Bezeichnung läßt sich erreichen, daß

$$\lambda > c > \mu > b > \nu > a. \tag{59}$$

Der Wurzel λ entspricht ein Ellipsoid, den Wurzeln μ und ν das ein- und zweischalige Hyperboloid. Der Zusammenhang zwischen den rechtwinkligen und elliptischen Koordinaten wird durch die Formeln (60) geliefert:

$$\left.\begin{aligned} x^2 &= \frac{(\lambda^2 - a^2)(\mu^2 - a^2)(\nu^2 - a^2)}{(b^2 - a^2)(c^2 - a^2)}, \\ y^2 &= \frac{(\lambda^2 - b^2)(\mu^2 - b^2)(\nu^2 - b^2)}{(a^2 - b^2)(c^2 - b^2)}, \\ z^2 &= \frac{(\lambda^2 - c^2)(\mu^2 - c^2)(\nu^2 - c^2)}{(a^2 - c^2)(b^2 - c^2)}, \end{aligned}\right\} \tag{60}$$

Für das folgende seien noch die Abkürzungen (61) eingeführt:

$$\left.\begin{aligned} A^2 &= \frac{1}{\lambda^2}(\lambda^2 - a^2)(\lambda^2 - b^2)(\lambda^2 - c^2), \\ B^2 &= \frac{1}{\mu^2}(\mu^2 - a^2)(\mu^2 - b^2)(\mu^2 - c^2), \\ C^2 &= \frac{1}{\nu^2}(\nu^2 - a^2)(\nu^2 - b^2)(\nu^2 - c^2), \\ \text{ferner}\quad F_1^2 &= \frac{1}{A^2}(\lambda^2 - \mu^2)(\lambda^2 - \nu^2), \\ F_2^2 &= \frac{1}{B^2}(\mu^2 - \nu^2)(\mu^2 - \lambda^2), \\ F_3^2 &= \frac{1}{C^2}(\nu^2 - \lambda^2)(\nu^2 - \mu^2). \end{aligned}\right\} \tag{61}$$

Dann lautet das Bogenelement in elliptischen Koordinaten

$$ds^2 = dx^2 + dy^2 + dz^2 = F_1^2 d\lambda^2 + F_2^2 d\mu^2 + F_3^2 d\nu^2 \tag{62}$$

und die Laplacesche Differentialgleichung $\triangle V = 0$ (vgl. Kap. 5, Ziff. 7):

$$(\mu^2 - \nu^2) A \frac{\partial}{\partial\lambda}\left(A \frac{\partial V}{\partial\lambda}\right) + (\nu^2 - \lambda^2) B \frac{\partial}{\partial\mu}\left(B \frac{\partial V}{\partial\mu}\right) + (\lambda^2 - \mu^2) C \frac{\partial}{\partial\nu}\left(C \frac{\partial V}{\partial\nu}\right) = 0. \tag{63}$$

Wegen der Gleichungen

$$\left.\begin{aligned} (\mu^2 - \nu^2) + (\nu^2 - \lambda^2) + (\lambda^2 - \mu^2) &= 0 \\ \text{und}\quad \lambda^2(\mu^2 - \nu^2) + \mu^2(\nu^2 - \lambda^2) + \nu^2(\lambda^2 - \mu^2) &= 0 \end{aligned}\right\} \tag{64}$$

läßt sich (63) unter Verwendung zweier reellen Konstanten s und S auch schreiben:

$$\left.\begin{aligned} &(\mu^2 - \nu^2)\left\{A \frac{\partial}{\partial\lambda}\left(A \frac{\partial V}{\partial\lambda}\right) + (s\lambda^2 + S) V\right\} \\ &+ (\nu^2 - \lambda^2)\left\{B \frac{\partial}{\partial\mu}\left(B \frac{\partial V}{\partial\mu}\right) + (s\mu^2 + S) V\right\} \\ &+ (\lambda^2 - \mu^2)\left\{C \frac{\partial}{\partial\nu}\left(C \frac{\partial V}{\partial\nu}\right) + (s\nu^2 + S) V\right\} \end{aligned}\right\} = 0. \tag{65}$$

Es sei nun L eine Funktion von λ allein, M dieselbe Funktion in μ und N dieselbe Funktion in ν. Dann machen wir für V den Ansatz

$$V = LMN; \tag{66}$$

(65) wird sicher befriedigt, wenn L der gewöhnlichen Differentialgleichung zweiter Ordnung

$$A\frac{d}{d\lambda}\left(A\frac{dL}{d\lambda}\right)+(s\lambda^2+S)L=0 \tag{67}$$

und M und N den beiden analogen Gleichungen in μ und ν genügen.

16. Eigenschaften der Laméschen Funktionen. Ist L, eine Lösung von (67), ein Polynom in λ^2 oder ein solches Polynom, multipliziert mit einem oder mehreren der Faktoren $\sqrt{\lambda^2-a^2}$, $\sqrt{\lambda^2-b^2}$, $\sqrt{\lambda^2-c^2}$, so nennt man es eine Lamésche Funktion und zwar von der Ordnung n, wenn L in λ vom Grade n ist. s und S können tatsächlich so gewählt werden, daß sich die Lösungen von (67) in dieser Weise darstellen lassen. Es wird $s=-n(n+1)$ und S eine bestimmte Funktion von a, b, c. LMN ist dann ein Polygnom in x^2, y^2, z^2, gegebenenfalls noch multipliziert mit einem oder mehreren der Faktoren x, y, z. Die Wurzeln der gleich Null gesetzten Laméschen Funktionen sind reell.

Führt man statt λ die durch die Differentialgleichung

$$A=\frac{d\lambda}{du} \tag{68}$$

definierte Variable u ein, so verwandelt sich Gleichung (67) in

$$\frac{d^2L}{du^2}+(s\lambda^2+S)L=0, \tag{69}$$

L wird eine doppeltperiodische (elliptische) Funktion von u. (61) und (68) liefern nämlich (vgl. Kap. 6, Ziff. 35):

$$\left.\begin{aligned}\lambda^2&=\wp(u)+h, & a^2&=e_1+h,\\ h&=\frac{a^2+b^2+c^2}{3}, & b^2&=e_2+h,\\ && c^2&=e_3+h.\end{aligned}\right\} \tag{70}$$

Als zweites partikuläres Integral (vgl. Kap. 9, Ziff. 16, 17) von (69) erhält man für $s=-n(n+1)$ bei passender Normierung

$$K(u)=(2n+1)L(u)\int\limits_0^u\frac{du}{L(u)^2}. \tag{71}$$

Für sehr großes λ geht L gegen λ^n, K gegen $\frac{1}{\lambda^{n+1}}$.

Die Laméschen Funktionen sind Orthogonalfunktionen. Sind L_i und L_k linear unabhängige Lamésche Funktionen, M_i, M_k, N_i, N_k dieselben Funktionen mit den Argumenten μ und ν, so gilt, wenn man mit LIOUVILLE

$$\frac{1}{l^2}=(\lambda^2-\mu^2)(\lambda^2-\nu^2) \tag{72}$$

einführt und $d\sigma$ das Oberflächenelement des der Wurzel λ entsprechenden Ellipsoids bedeutet:

$$\int M_iN_iM_kN_k\,l\,d\sigma=0. \tag{73}$$

Eine zweite Integraleigenschaft der Laméschen Funktionen ist folgende: D sei die Entfernung der Punkte mit den elliptischen Koordinaten $(\lambda_0, \mu_0, \nu_0)$ und $(\lambda_1, \mu_1, \nu_1)$. Dann gilt

$$\left.\begin{aligned}&\int\frac{M(\mu_0)N(\nu_0)}{D}\,l(\lambda_0, \mu_0, \nu_0)\,d\sigma\\ &=\frac{4\pi}{2n+1}L(\lambda_0)K(\lambda_1)M(\mu_1)N(\nu_1)\quad\text{für }\lambda_1>\lambda_0,\\ &=\frac{4\pi}{2n+1}L(\lambda_1)K(\lambda_0)M(\mu_1)N(\nu_1)\quad\text{für }\lambda_1<\lambda_0,\end{aligned}\right\} \tag{74}$$

Das Integral ist über das der Wurzel λ_0 entsprechende Ellipsoid zu erstrecken; λ_0 ist also konstant, μ_0 und ν_0 sind Integrationsvariable und ändern sich von Punkt zu Punkt, der Punkt $(\lambda_1, \mu_1, \nu_1)$ ist fest.

17. Spezielle Lamésche Funktionen.

Ordnung 0 $(s=0)$: $L_0 = M_0 = N_0 = 1, \quad S_0 = 0,$

Ordnung 1 $(s=-2)$:

$$L_1 = \sqrt{\lambda^2 - a^2}, \quad M_1 = \sqrt{\mu^2 - a^2}, \quad N_1 = \sqrt{\nu^2 - a^2},$$
$$L_2 = \sqrt{\lambda^2 - b^2}, \quad M_2 = \sqrt{\mu^2 - b^2}, \quad N_2 = \sqrt{\nu^2 - b^2},$$
$$L_3 = \sqrt{\lambda^2 - c^2}, \quad M_3 = \sqrt{\mu^2 - c^2}, \quad N_3 = \sqrt{\nu^2 - c^2},$$
$$L_1 M_1 N_1 = x\sqrt{(b^2-a^2)(c^2-a^2)}, \quad S_1 = b^2 + c^2,$$
$$L_2 M_2 N_2 = y\sqrt{(a^2-b^2)(c^2-b^2)}, \quad S_2 = c^2 + a^2,$$
$$L_3 M_3 N_3 = z\sqrt{(a^2-c^2)(b^2-c^2)}, \quad S_3 = a^2 + b^2.$$

Ordnung 2 (von nun an sollen M und N nicht mehr angeführt werden) $(s=-6)$:

$$L_4 = \sqrt{(\lambda^2-a^2)(\lambda^2-b^2)}, \quad S_4 = a^2 + b^2 + 4c^2,$$
$$L_5 = \sqrt{(\lambda^2-b^2)(\lambda^2-c^2)}. \quad S_5 = 4a^2 + b^2 + c^2,$$
$$L_6 = \sqrt{(\lambda^2-c^2)(\lambda^2-a^2)}, \quad S_6 = a^2 + 4b^2 + c^2.$$
$$L_4 M_4 N_4 = xy(a^2-b^2)\sqrt{(a^2-c^2)(c^2-b^2)},$$
$$L_5 M_5 N_5 = yz(b^2-c^2)\sqrt{(b^2-a^2)(a^2-c^2)},$$
$$L_6 M_6 N_6 = zx(c^2-a^2)\sqrt{(c^2-b^2)(b^2-a^2)}.$$
$$L_7 = \lambda^2 - h_1^2,$$
$$L_8 = \lambda^2 - h_2^2,$$

h_1^2 und h_2^2 sind die Wurzeln der Gleichung:

$$\frac{1}{h^2-a^2} + \frac{1}{h^2-b^2} + \frac{1}{h^2-c^2} = 0.$$

Es ist $a^2 < h_1^2 < b^2 < h_2^2 < c^2$.

$$S_7 = 4(a^2+b^2+c^2) - 6h_1^2, \quad S_8 = 4(a^2+b^2+c^2) - 6h_2^2.$$
$$L_7 M_7 N_7 = (h_1^2-a^2)(h_1^2-b^2)(h_1^2-c^2)\left(\frac{x^2}{h_1^2-a^2} + \frac{y^2}{h_1^2-b^2} + \frac{z^2}{h_1^2-c^2} - 1\right).$$

$L_8 M_8 N_8$ ist der analoge Ausdruck mit h_2.

Ordnung 3 $(s=-12)$:

$$L_9 = \sqrt{\lambda^2-a^2}\,(\lambda^2-h_3^2), \qquad h_3^2 \text{ und } h_4^2 \text{ Wurzeln von}$$
$$L_{10} = \sqrt{\lambda^2-a^2}\,(\lambda^2-h_4^2), \qquad \frac{3}{h^2-a^2} + \frac{1}{h^2-b^2} + \frac{1}{h^2-c^2} = 0,$$
$$S_{\substack{9\\10}} = 4a^2 + 9b^2 + 9c^2 - 10h^2_{\substack{3\\4}}$$

$$L_{11} = \sqrt{\lambda^2-b^2}\,(\lambda^2-h_5^2), \qquad h_5^2 \text{ und } h_6^2 \text{ Wurzeln von}$$
$$L_{12} = \sqrt{\lambda^2-b^2}\,(\lambda^2-h_6^2), \qquad \frac{1}{h^2-a^2} + \frac{3}{h^2-b^2} + \frac{1}{h^2-c^2} = 0,$$
$$S_{\substack{11\\12}} = 9a^2 + 4b^2 + 9c^2 = 10h^2_{\substack{5\\6}}.$$

$$L_{13} = \sqrt{\lambda^2 - c^2}\,(\lambda^2 - h_7^2)\,, \qquad h_7^2 \text{ und } h_8^2 \text{ Wurzeln von}$$

$$L_{14} = \sqrt{\lambda^2 - c^2}\,(\lambda^2 - h_8^2)\,, \qquad \frac{1}{h^2 - a^2} + \frac{1}{h^2 - b^2} + \frac{3}{h^2 - c^2} = 0\,,$$

$$S_{\substack{13\\14}} = 9a^2 + 9b^2 + 4c^2 - 10h_{\substack{7\\8}}^2$$

$$L_{15} = \sqrt{(\lambda^2 - a^2)(\lambda^2 - b^2)(\lambda^2 - c^2)}\,, \qquad S_{15} = 4\,(a^2 + b^2 + c^2)\,,$$

z. B. ist $L_9 M_9 N_9 = \text{konst.}\; x\left(\frac{x^2}{h_1^2 - a^2} + \frac{y^2}{h_1^2 - b^2} + \frac{z^2}{h_1^2 - c^2} - 1\right)$ usw.

18. Entwicklung nach Laméschen Funktionen. Aus den Orthogonalitätseigenschaften der Laméschen Funktionen lassen sich die Entwicklungskoeffizienten einer auf einem Ellipsoid ($\lambda = \text{konst.}$) definierten Funktion Φ berechnen. Gilt nämlich

$$\Phi = \sum A_k M_k N_k\,, \tag{75}$$

so ist

$$A_k = \frac{\int \Phi M_k N_k\, l\, d\sigma}{\int M_k^2 N_k^2\, l\, d\sigma}\,.$$

Beispiele:

$$\frac{1}{l^2} = L_7 L_8 + \frac{L_8}{h_1^2 - h_2^2} M_7 N_7 - \frac{L_7}{h_1^2 - h_2^2} M_8 N_8\,, \tag{76}$$

$$\frac{3x^2}{\lambda^2 - a^2} = 1 - \frac{M_7 N_7}{(h_1^2 - h_2^2)(h_1^2 - a^2)} + \frac{M_8 N_8}{(h_1^2 - h_2^2)(h_2^2 - a^2)}\,.$$

und zwei analoge Gleichungen durch gleichzeitige zyklische Vertauschung von x, y, z und a, b, c[1]).

Literatur: R. COURANT u. D. HILBERT, Methoden der mathematischen Physik Bd. I. Berlin: J. Springer 1924; R. v. MISES, Die Differential- und Integralgleichungen der Mechanik und Physik, I. Teil. Braunschweig: F. Vieweg 1925; E. JAHNKE und F. EMDE. Funktionentafeln mit Formeln und Kurven. Leipzig u. Berlin: B. G. Teubner 1909; speziell für die Laméschen Funktionen: H. POINCARÉ, Figures d'équilibre d'une masse fluide, S. 113 bis 135, Paris: Gauthier-Villars 1902.

[1]) Die vorangehenden Ausführungen sind einer Vorlesung von S. OPPENHEIM über die Theorie der Gleichgewichtsfiguren entnommen.

Kapitel 8.

Lineare Integralgleichungen.

Von

JOSEF LENSE, München.

1. Die drei Fredholmschen Sätze. Unter einer linearen Integralgleichung zweiter Art (Fredholmschen Integralgleichung) versteht man eine Funktionalgleichung von der Gestalt

$$f(x) = \varphi(x) - \lambda \int_a^b K(x, \xi)\, \varphi(\xi)\, d\xi. \tag{1}$$

Dabei bedeuten $f(x)$ und $K(x, \xi)$ stetige Funktionen im abgeschlossenen Bereich $a \leqq x \leqq b$, $a \leqq \xi \leqq b$, λ ist eine Konstante und $\varphi(x)$ die zu suchende Funktion. $K(x, \xi)$ wird als der Kern der Integralgleichung bezeichnet. Die Zuordnung von $\varphi(x)$ zu $f(x)$ ist eine lineare, d. h. ist φ_1 eine zu f_1, φ_2 eine zu f_2 gehörige Lösung der Gleichung, so ist die Lösung $c_1\varphi_1 + c_2\varphi_2$ der Funktion $c_1 f_1 + c_2 f_2$ zugeordnet, die c natürlich als konstant vorausgesetzt. Die rechte Seite von (1) ist also ein sog. linearer Operator.

Ist $f(x) = 0$, so heißt die Gleichung homogen. Sie kann dann neben der trivialen Lösung $\varphi = 0$ noch andere $\varphi_1, \varphi_2, \ldots$ besitzen. Dann sind auch zugleich alle linearen Kombinationen $c_1\varphi_1 + c_2\varphi_2 + \cdots$ Lösungen. Mehrere voneinander linear unabhängige Lösungen kann man daher immer als normiert und zueinander orthogonal voraussetzen, indem man sie dem Orthogonalisierungsprozeß von Kap. 7, Ziff. 1 unterwirft. Ein Wert λ, für den die homogene Gleichung von Null verschiedene Lösungen besitzt, heißt ein Eigenwert des Kernes, die zugehörigen orthogonalen Lösungen $\varphi_1, \varphi_2, \ldots$ Eigenfunktionen des Kernes für den Eigenwert λ. Ihre Anzahl ist beschränkt, d. h. zu jedem Eigenwert gehört eine endliche Anzahl von linear unabhängigen Lösungen, er ist, wie man sagt, von endlicher Vielfachheit.

Die sog. Fredholmschen Sätze lauten:

1. Die Gleichung (1) hat eine und nur eine stetige Lösung $\varphi(x)$, wenn λ kein Eigenwert des Kernes ist; ebenso hat in diesem Fall die sog. transponierte Gleichung

$$g(x) = \varphi(x) - \lambda \int_a^b K(\xi, x)\, \varphi(\xi)\, d\xi, \tag{2}$$

wobei $g(x)$ ebenfalls eine im gleichen Intervall stetige vorgegebene Funktion ist, eine eindeutig bestimmte stetige Lösung.

2. Ist λ ein Eigenwert, so hat die homogene Gleichung (1) eine endliche Anzahl r voneinander linear unabhängiger Lösungen $\psi_1, \psi_2, \ldots, \psi_r$, ebenso die homogene transponierte Gleichung (2) r voneinander linear unabhängige Lösungen $\chi_1, \chi_2, \ldots, \chi_r$.

3. Ist λ ein Eigenwert, so ist die unhomogene Gleichung (1) dann und nur dann lösbar, wenn f zu sämtlichen χ orthogonal ist. Die allgemeine Lösung φ ist dann nur bis auf eine willkürliche additive Linearkombination $c_1\psi_1 + \cdots + c_r\psi_r$ bestimmt, die man durch die Forderung der Orthogonalität zu allen ψ eindeutig festlegen kann.

2. Der lösende Kern. Die Lösung ergibt sich im Fall 1. durch die sog. reziproke Integralgleichung

$$\varphi(x) = f(x) + \lambda\int_a^b \mathfrak{K}(x, \xi_1; \lambda)\, f(\xi)\, d\xi. \tag{3}$$

Dabei ist der sog. lösende Kern oder die Resolvente die in λ meromorphe Funktion (vgl. Kap. 6, Ziff. 13)

$$\mathfrak{K}(x, \xi; \lambda) = \frac{D(x, \xi; \lambda)}{D(\lambda)}, \tag{4}$$

wobei

$$\left.\begin{aligned} D(\lambda) &= 1 + d_1\lambda + d_2\lambda^2 + d_3\lambda^3 + \cdots \\ D(x, \xi; \lambda) &= K(x, \xi) + d_1(x, \xi)\lambda + d_2(x, \xi)\lambda^2 + \cdots \end{aligned}\right\} \tag{5}$$

ganze Funktionen von λ sind (vgl. Kap. 6, Ziff. 11).

Ihre Koeffizienten berechnen sich aus den Rekursionsformeln:

$$d_m = -\frac{1}{m}\int_a^b d_{m-1}(\xi, \xi)\, d\xi, \quad d_0(\xi, \xi) = K(\xi, \xi), \tag{6}$$

$$d_m(x, \xi) = K(x, \xi)\, d_m + \int_a^b K(x, t)\, d_{m-1}(t, \xi)\, dt, \quad d_0(x, \xi) = K(x, \xi).$$

Der lösende Kern der transponierten Integralgleichung (2) ist natürlich $\mathfrak{K}(\xi, x; \lambda)$. Der lösende Kern genügt den für ihn charakteristischen Funktionalgleichungen:

$$\mathfrak{K}(x, \xi; \lambda) = K(x, \xi) + \lambda\int_a^b K(x, t)\, \mathfrak{K}(t, \xi; \lambda)\, dt, \tag{7}$$

$$\mathfrak{K}(x, \xi; \lambda) = K(x, \xi) + \lambda\int_a^b K(t, x)\, \mathfrak{K}(\xi, t; \lambda)\, dt.$$

Es besteht daher folgende Reziprozität: $\mathfrak{K}$ ist der lösende Kern von K und K ist der lösende Kern von $\mathfrak{K}$. Die Nullstellen von $D(\lambda)$ sind Pole (vgl. Kap. 6, Ziff. 11) des lösenden Kerns und gerade die Eigenwerte des Kerns. Ist λ_1 eine k-fache Nullstelle von $D(\lambda)$, so ist die Vielfachheit dieses Eigenwertes $r \leq k$. Ist λ_1 eine k-fache Nullstelle von $D(x, \xi; \lambda)$, also

$$D(x, \xi; \lambda) = (\lambda - \lambda_1)^k d_k'(x, \xi) + (\lambda - \lambda_1)^{k+1} d_{k+1}'(x, \xi) + \cdots,$$

so hat $D(\lambda)$ dort mindestens eine $(k+1)$-fache Nullstelle, und $d_k'(x, \xi)$ ist für alle ξ eine zugehörige Lösung der homogenen Gleichung. Entwickelt man (4) nach Potenzen von λ, so erhält man die sog. Neumannsche Reihe:

$$\mathfrak{K}(x, \xi; \lambda) = K(x, \xi) + \sum_{n=1}^{\infty} \lambda^n K^{(n+1)}(x, \xi). \tag{8}$$

Dabei sind die Koeffizienten der Potenzen von λ, die iterierten Kerne, durch die Rekursionsformel

$$K^{(n+1)}(x,\xi) = \int_a^b K(x,t)\,K^{(n)}(t,\xi)\,dt\,, \quad K^{(1)}(x,\xi) = K(x,\xi) \tag{9}$$

gegeben. Allgemein ist daher

$$K^{(m+n)}(x,\xi) = \int_a^b K^{(m)}(x,t)\,K^{(n)}(t,\xi)\,dt\,. \tag{10}$$

3. Ausgeartete Kerne. Darunter versteht man einen Kern von der Form

$$A(x,\xi) = \sum_{i=1}^{p} \alpha_i(x)\,\beta_i(\xi). \tag{11}$$

Man kann annehmen, daß die Funktionen $\alpha_i(x)$ und die Funktionen $\beta_i(\xi)$ je voneinander linear unabhängig sind; denn sonst könnte man eine dieser Funktionen durch die anderen linear ausdrücken und dann in (11) einsetzen, wodurch die Gliederzahl p verringert würde. Die Integralgleichung (1) wird für diesen Kern

$$f(x) = \varphi(x) - \lambda \sum_{i=1}^{p} \alpha_i(x) \int_a^b \beta_i(\xi)\,\varphi(\xi)\,d\xi \tag{12}$$

oder wenn wir

$$x_i = (\beta_i, \varphi), \quad f_i = (\beta_i, f), \quad c_{ik} = (\alpha_i, \beta_k) \qquad (i, k = 1, 2, \ldots p) \tag{13}$$

setzen (vgl. Kap. 7, Ziff. 1), (12) mit $\beta_k(x)$ multiplizieren und nach ξ integrieren:

$$f_k = x_k - \lambda \sum_{i=1}^{p} c_{ki}\,x_i \qquad (k = 1, 2, \ldots p). \tag{14}$$

Damit ist die Integralgleichung auf ein System von p linearen Gleichungen mit den p Unbekannten x_i zurückgeführt. Hat man dieses aufgelöst, so erfolgt die Lösung von (12) durch

$$\varphi(x) = f(x) + \lambda \sum_{i=1}^{p} x_i\,\alpha_i(x)\,. \tag{15}$$

Da nun jedes Polynom in x und ξ ein ausgearteter Kern und jede stetige Funktion sich nach dem Weierstraßschen Approximationssatz (vgl. Kap. 7, Ziff. 4) durch eine Folge von Polynomen gleichmäßig approximieren läßt, so kann man eine Folge von ausgearteten Kernen $A_n(x, \xi)$ $(n = 1, 2, \ldots)$ angeben, so daß

$$\lim_{n\to\infty} A_n(x,\xi) = K(x,\xi)\,. \tag{16}$$

Wir lösen nun nach dem eben geschilderten Verfahren die Integralgleichung mit dem Kern $A_n(x, \xi)$, die Lösung sei $\varrho_n(x)$. Bleibt dann für unendlich viele n[1]) die Norm $N\varrho_n = a_n^2$ (vgl. Kap. 7, Ziff. 1) unter einer festen Schranke, so ist auch die Norm von $\varrho_n - \varrho_m = \zeta_{nm}$ beschränkt. Konvergiert nun ζ_{nm} gegen Null, so konvergieren die ϱ_n gegen die einzige Lösung $\varphi(x)$ von (1). Ist dies nicht der Fall, so besitzt die Doppelfolge ζ_{mn} als Grenzschar gerade die r zu λ gehörigen Eigenfunktionen $\psi_1(x), \ldots, \psi_r(x)$. Die Funktionen

$$\eta_n(x) = \varrho_n(x) + \sum_{\nu=1}^{r} b_\nu\,\psi_\nu(x)\,, \tag{17}$$

[1]) Durch Weglassen bestimmter n kann man dies für alle n erreichen.

die als orthogonal zu allen ψ_ν bestimmt sind, konvergieren gegen eine zu den ψ_ν orthogonale Lösung der unhomogenen Gleichung.

Ist dagegen $\lim\limits_{n\to\infty} a_n^2 = \infty$, so liefert die Folge $\frac{\varrho_n(x)}{a_n}$ als Grenzgebilde die Eigenfunktionen ψ_ν. Dasselbe gilt für die Folge $\sigma_n(x)$, wenn die homogene Gleichung mit dem Kern $A_n(x, \xi)$ für unendlich viele (alle) n die Lösung $\sigma_n(x)$ hat.

Man erhält also durch diese von COURANT stammende Methode mit beliebiger Genauigkeit eine Lösung der unhomogenen bzw. homogenen Gleichung durch Auflösung einer approximierenden Integralgleichung mit dem Kern $A_n(x, \xi)$.

4. Symmetrische Kerne. Ein Kern $K(x, \xi)$ heißt symmetrisch, wenn

$$K(x, \xi) = K(\xi, x). \tag{18}$$

Dann sind auch alle iterierten Kerne symmetrisch. Jeder symmetrische, nicht identisch verschwindende Kern besitzt Eigenwerte und Eigenfunktionen; sie sind dann und nur dann in unendlicher, und zwar abzählbarer (vgl. Kap. 1, Ziff. 1) Anzahl vorhanden, wenn der Kern nicht ausgeartet ist. Alle Eigenwerte eines reellen symmetrischen Kerns sind reell. Die Summe der reziproken Quadrate der Eigenwerte konvergiert; die Eigenwerte haben also im Endlichen keine Häufungsstelle (vgl. Kap. 1, Ziff. 2). Der Kern heißt positiv bzw. negativ definit, wenn die quadratische Integralform

$$J(\varphi, \varphi) = \int_a^b\int_a^b K(x, \xi)\,\varphi(x)\,\varphi(\xi)\,dx\,d\xi \tag{19}$$

für alle stückweise stetigen φ nur positive bzw. nur negative Werte annimmt; sonst heißt er indefinit. Ein Kern ist dann und nur dann positiv definit, wenn alle seine Eigenwerte positiv sind. Die Eigenwerte eines symmetrischen Kerns lassen sich durch folgende Maximum-Minimum-Eigenschaft rekursiv definieren: Der $n$te positive Eigenwert von $K(x, \xi)$ ist der kleinste Wert, welchen die obere Grenze (Maximum) (vgl. Kap. 1, Ziff. 2) von $J(\varphi, \varphi)$ annehmen kann, wenn die Funktion $\varphi(x)$ den Bedingungen

$$(\varphi, \varphi) = 1, \qquad (\varphi, v_i) = 0 \qquad (i = 1, 2, \ldots, n-1)$$

(vgl. Kap. 7, Ziff. 1) unterworfen und dieses Maximum als Funktion der v_i betrachtet wird. Die v_i sind irgendwelche stetigen Funktionen. Das Minimum dieses Maximums wird angenommen für $v_i = \psi_i$ $(i = 1, 2, \ldots, n-1)$, $\varphi = \psi_n$, wobei die ψ die zu den n Eigenwerten gehörigen Eigenfunktionen sind. Dabei wird ein Eigenwert von der Vielfachheit r (ein r-facher) auch $r$mal aufgeschrieben. Analog werden die negativen Eigenwerte durch das Maximum des Minimums von $J(\varphi, \varphi)$ unter den entsprechenden Bedingungen definiert. Wir bezeichnen die Eigenwerte mit λ_i; die zugehörigen normierten Eigenfunktionen mit φ_i; unter den λ_i kommen also auch r gleiche vor, wenn der betreffende Eigenwert r-fach ist. Die λ_i seien nach ihrer absoluten Größe geordnet. Für jede stetige Funktion von der Gestalt

$$g(x) = \int_a^b K(x, \xi)\,h(\xi)\,d\xi, \tag{20}$$

wo $h(\xi)$ stückweise stetig ist, gilt die gleichmäßig und absolut konvergente Reihenentwicklung:

$$g(x) = \sum_{i=1}^{\infty} g_i\varphi_i(x), \quad \text{wo} \quad g_i = (g, \varphi_i) = (h, \varphi_i)\,\frac{1}{\lambda_i}. \tag{21}$$

Speziell erhält man für die Lösung der unhomogenen Gleichung (1) mit symmetrischem Kern

$$\varphi(x) = f(x) + \lambda \sum_{i=1}^{\infty} \frac{f_i}{\lambda_i - \lambda} \varphi_i(x), \quad f_i = (f, \varphi_i), \tag{22}$$

für die iterierten Kerne

$$K^{(n)}(x, \xi) = \sum_{i=1}^{\infty} \frac{\varphi_i(x)\,\varphi_i(\xi)}{\lambda_i^n} \qquad (n = 2, 3, \ldots). \tag{23}$$

Die Formel (23) gilt auch für $n = 1$, wenn der Kern beschränkte Differenzenquotienten hat (HAMMERSTEIN) oder stetig und definit ist oder nur endlich viele Eigenwerte von einem der beiden Vorzeichen hat (MERCER).

5. Unstetige Kerne. Alle bisherigen Überlegungen gelten auch bei Integralgleichungen für Funktionen von mehreren unabhängigen Veränderlichen, ferner auch für stückweise stetige Kerne (abgesehen vom Mercerschen Satz), weil man jede stückweise stetige Funktion im Mittel mit beliebiger Genauigkeit durch eine stetige approximieren kann. Schließlich dürfen auch Unendlichkeitsstellen beim Kern auftreten, wenn nur die Integrale $\iint K(x, \xi)^2 dx\,d\xi$, $\int K(x, \xi)^2 dx$, $\int K(x, \xi)^2 d\xi$ existieren und unter einer festen Schranke liegen. Dies ist z. B. der Fall bei Kernen, die für $x = \xi$ von niedrigerer als $\frac{1}{2}$ter Ordnung unendlich werden, bei zwei unabhängigen Veränderlichen bei Kernen $K(x, y;\ \xi, \eta)$, die für $x = \xi$, $y = \eta$ von niedrigerer als erster Ordnung unendlich werden.

Hierher gehören auch die Kerne der sog. Volterraschen Integralgleichungen, für die $K(x, \xi) = 0$ für $x < \xi$. Sie haben keine Eigenwerte. Auf eine solche Gleichung führt die allgemeine Abelsche Gleichung

$$\int_0^x \frac{G(x, \xi)}{(x - \xi)^\alpha} \varphi(\xi)\, d(\xi) = f(x), \tag{24}$$

wo $G(x, \xi)$ stetig ist und für $x = \xi$ nicht identisch verschwindet und $0 < \alpha < 1$ ist. Ihre Lösung für $G = 1$ ist

$$\varphi(x) = \frac{\sin \alpha \pi}{\pi} \left[\frac{f(0)}{x^{1-\alpha}} + \int_0^x \frac{f'(\xi)\, d\xi}{(x - \xi)^{1-\alpha}} \right]. \tag{25}$$

Der Fall $\alpha = \frac{1}{2}$ tritt beim Problem der Tautochrone auf.

Die lineare Integralgleichung zweiter Art läßt sich in folgender Art auf ein System von unendlich vielen Gleichungen mit unendlich vielen Unbekannten zurückführen:

Sei $\omega_1(x)$, $\omega_2(x)$, ... ein vollständiges Orthogonalsystem für das Grundgebiet G (vgl. Kap. 7, Ziff. 2). Wir setzen

$$x_i = (\varphi, \omega_i), \quad f_i = (f, \omega_i), \quad c_{ik} = \iint K(x, \xi)\, \omega_i(x)\, \omega_k(\xi)\, dx\, d\xi.$$

Dann geht die Integralgleichung (1) über in das System:

$$f_i = x_i - \lambda \sum_{k=1}^{\infty} c_{ik} x_k \qquad (i = 1, 2, 3, \ldots). \tag{26}$$

Da wegen der Besselschen Ungleichung (vgl. Kap. 7, Ziff. 2) die Summen

$$\sum_{i=1}^{\infty} x_i^2, \quad \sum_{i=1}^{\infty} f_i^2, \quad \sum_{i,k=1}^{\infty} c_{ik}^2$$

konvergieren, gelten für dieses System analoge Sätze wie für ein endliches System von endlich vielen Unbekannten (vgl. Kap. 2, Ziff. 14, 15).

Während die unendlichen Systeme, wie z. B. (26), die Verallgemeinerung der endlichen Systeme auf das Abzählbar-Unendliche vorstellen, ist die Integralgleichung ihr transzendentes Analogon im Kontinuierlichen.

Unter einer linearen Integralgleichung erster Art versteht man eine Gleichung von der Form

$$f(x) = \int K(x, \xi)\, \varphi(\xi)\, d\xi. \tag{27}$$

Sie hat nicht immer eine Lösung $\varphi(x)$ bei gegebenem $f(x)$. Als Beispiele seien angeführt die einander gegenseitig bedingenden Gleichungen (Reziprozitätsformeln):

$$\left.\begin{aligned} f(x) &= \frac{1}{\sqrt{2\pi}}\int_{-\infty}^{+\infty} \varphi(\xi)\, e^{-ix\xi}\, d\xi, \\ \varphi(x) &= \frac{1}{\sqrt{2\pi}}\int_{-\infty}^{+\infty} f(\xi)\, e^{ix\xi}\, d\xi. \end{aligned}\right\} \tag{28}$$

Sie folgen aus dem Fourierschen Integraltheorem (vgl. Kap. 7, Ziff. 6).

Literatur: R. COURANT u. D. HILBERT, Methoden der mathematischen Physik. Bd. I. Berlin: Julius Springer 1924; R. v. MISES, Die Differential- und Integralgleichungen der Mechanik und Physik I. Teil. Braunschweig: F. Vieweg & Sohn 1925.

Kapitel 9.

Gewöhnliche Differentialgleichungen.

Von

THEODOR RADAKOVIC, Wien, und J. LENSE, München[1]).

Mit 4 Abbildungen.

I. Gewöhnliche Differentialgleichungen.

1. Ordnung.

1. Allgemeines. Existenztheorem. Unter einer gewöhnlichen Differentialgleichung n-ter Ordnung versteht man eine Gleichung zwischen einer unabhängigen Variablen x, einer abhängigen Variablen $y(x)$ und deren Ableitungen nach x bis einschließlich zur n-ten Ordnung

$$F\left(x, y, \frac{dy}{dx}, \frac{d^2y}{dx^2}, \ldots, \frac{d^ny}{dx^n}\right) = 0. \tag{1}$$

Im besonderen wird also unter einer gewöhnlichen Differentialgleichung erster Ordnung eine Gleichung

$$F(x, y, y') = 0 \tag{2}$$

verstanden[2]). Eine Lösung der Differentialgleichung wird jede Funktion $y(x)$ genannt, die, in die Differentialgleichung eingesetzt, diese identisch in x befriedigt. Die Lösungen können natürlich auch implizit gegeben sein; jede (stetige, differenzierbare) Funktion $\omega(x, y)$, die durch Auflösung der Gleichung $\omega(x, y) = c$ eine Lösung definiert, heißt ein Integral der Differentialgleichung. Denken wir uns die Gleichung (2) nach y' aufgelöst

$$y' = f(x, y), \tag{3}$$

wobei wir, falls die Auflösung mehrdeutig sein sollte, einen Zweig derselben wählen, so ordnet die Differentialgleichung (3) einem Punkte der Ebene im allgemeinen eine Richtung zu und bestimmt also ein Richtungsfeld in der Ebene. Es geht daher im allgemeinen durch einen Punkt eine Lösung der Differentialgleichung. Den Inbegriff eines Punktes und einer durch ihn hindurchgehenden Richtung nennt man ein Linienelement[3]). So bezeichnet man z. B. bei einer Kurve als Linienelement dieser Kurve die Figur eines Kurvenpunktes und der durch ihn hindurchgehenden Tangentenrichtung. Durch die Differentialgleichung (3) wird nun jedem Punkte ein Linienelement zugeordnet, dessen

[1]) Die Abschnitte I—III wurden von TH. RADAKOVIC, Abschnitt IV wurde von J. LENSE bearbeitet.

[2]) Man spricht von einer gewöhnlichen Differentialgleichung zum Unterschied von einer partiellen, falls nur eine unabhängige Variable in ihr vorkommt.

[3]) Es ist zu beachten, daß hier eine Äquivokation mit dem in der Differentialgeometrie gebrauchten Terminus „Linienelement" vorliegt, der dort eine ganz andere Bedeutung hat (vgl. Kap. 1, Ziff. 50).

Träger er ist. Die Aufgabe der Lösung einer Differentialgleichung besteht darin, eindimensionale Gesamtheiten dieser Linienelemente zu Kurven zusammenzufassen.

Der Existenz von Lösungen versichert uns das Existenztheorem. Sei eine Differentialgleichung

$$y' = f(x, y) \tag{3}$$

gegeben. Wir wollen annehmen, daß 1. $f(x, y)$ in einem Bereiche B stetig sei, und daß es 2. der Lipschitzbedingung genüge, d. h., daß es eine positive Konstante K gebe, derart, daß für zwei Punkte (x, y_1) und (x, y_2) des Bereiches β die Ungleichung bestehe:

$$|f(x, y_1) - f(x, y_2)| < K|y_1 - y_2|. \tag{4}$$

[Die Lipschitzbedingung ist zufolge des Mittelwertsatzes stets erfüllt, wenn $f(x, y)$ in B eine stetige partielle Ableitung nach y besitzt.] Dann geht durch einen inneren Punkt x_0, y_0 des Bereiches B genau eine Lösungskurve der Differentialgleichung.

Der Beweis für das Existenztheorem kann mittels der Methode der sukzessiven Approximationen geführt werden. Man wähle $y = y_0$, weiter die der Differentialgleichung $y' = f(x, y_0)$ genügende Funktion

$$y_1 = y_0 + \int_{x_0}^{x} f(x, y_0)\, dx$$

als erste Approximation; allgemein als n-te Approximation die der Differentialgleichung $y' = f(x, y_{n-1})$ genügende Funktion

$$y_n = y_0 + \int_{x_0}^{x} f(x, y_{n-1})\, dx. \tag{5}$$

Entweder kommt man bei diesem Verfahren nach endlich vielen Schritten zur Lösung der Differentialgleichung; wenn nicht, so konvergiert (wie sich beweisen läßt) die Folge der Approximationen $\{y_n\}$ für genügend nahe bei x_0 gelegene x gegen eine Funktion, welche die durch x_0, y_0 hindurchgehende Lösung der Differentialgleichung ist.

Eine zweite Beweismethode des Existenztheorems ist durch die Polygonmethode gegeben. Wir tragen im Punkte x_0, y_0 das durch die Differentialgleichung bestimmte Linienelement $y_0' = f(x_0, y_0)$ auf und gehen auf seiner Geraden bis zum Punkte x_1, $y_1 = y_0 + y_0'(x_1 - x_0)$. Im Punkte x_1, y_1 tragen wir wieder das durch die Differentialgleichung bestimmte Linienelement $y_1' = f(x_1, y_1)$ auf und gehen auf seiner Geraden bis zum Punkte

$$x_2,\ y_2 = y_1 + y_1'(x_2 - x_1) \quad \text{usw.}$$

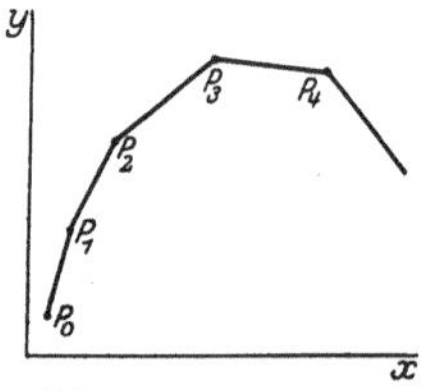

Abb. 1. Polygonmethode.

Wir gelangen auf diese Weise zu einem Polygonzug $P_0, P_1, P_2, \ldots, P_n, \ldots$ in der xy-Ebene, und es läßt sich zeigen, daß bei fortschreitend gegen Null gehender Verkleinerung der Abszissendifferenzen $x_\nu - x_{\nu-1}$ der Polygoneckpunkte die Polygonzüge in einer hinreichend kleinen Umgebung von x_0 gegen die durch x_0, y_0 hindurchgehende Lösung der Differentialgleichung konvergieren.

Es läßt sich von den so gefundenen Lösungen außer der Eindeutigkeit [daß durch den Punkt x_0, y_0 nur eine Lösung der Differentialgleichung (3) geht] weiter beweisen, daß sie als Funktionen der x_0, y_0, d. h. der Anfangsbedingungen stetig und differenzierbar sind, auch daß sie, falls die rechte Seite der Differentialgleichung eine stetige Funktion eines Parameters λ ist,

$$y' = f(x, y_1 \lambda)$$

ebenfalls stetig von diesem Parameter λ abhängen.

Im komplexen Gebiet kann das Existenztheorem folgendermaßen ausgesprochen werden: Ist $f(x, y)$ im Bereiche B eine analytische Funktion von x und y, für die $|f(x, y)| < M$ ist, so gibt es eine und nur eine analytische Funktion $y(x)$, die für $x = x_0$ den Wert y_0 annimmt und eine Lösung der Differentialgleichung ist.

Entsprechende Existenztheoreme gelten auch für Systeme von Differentialgleichungen erster Ordnung

$$y_i' = f_i(x, y_1, y_2, \ldots, y_n); \quad i = 1, 2, \ldots, n \tag{6}$$

und, da jeder Differentialgleichung n-ter Ordnung

$$y^{(n)} = f(x, y, y', y'', \ldots, y^{(n-1)}), \tag{7}$$

zufolge der Substitutionen: $y = z_1, y' = z_2, \ldots, y^{(n-1)} = z_n$ ein System von Differentialgleichungen erster Ordnung

$$z_n' = f(x, z_1, z_2, \ldots, z_n), \; z_{n-1}' = z_n, \; z_{n-2}' = z_{n-1}, \ldots, z_1' = z_2 \tag{8}$$

entspricht, auch für die Differentialgleichungen n-ter Ordnung.

2. Allgemeine und partikuläre Lösungen. Isoklinen. Durch eine Differentialgleichung erster Ordnung

$$y' = f(x, y) \tag{9}$$

wird eine eindimensionale Kurvenschar als Schar der Lösungen definiert, so daß die allgemeine Lösung von einer willkürlichen Konstanten abhängt:

$$\varphi(x, y) = c. \tag{10}$$

So ist z. B. die allgemeine Lösung der Differentialgleichung

$$y' = -\frac{x}{y}$$

gegeben durch die Kurvenschar

$$x^2 + y^2 = c^2.$$

Die durch spezielle Wahl der Konstanten aus der allgemeinen Lösung sich ergebenden einzelnen Kurven heißen partikuläre Lösungen. Im obigen Beispiel sind es die einzelnen Kreise mit dem Mittelpunkt im Ursprung.

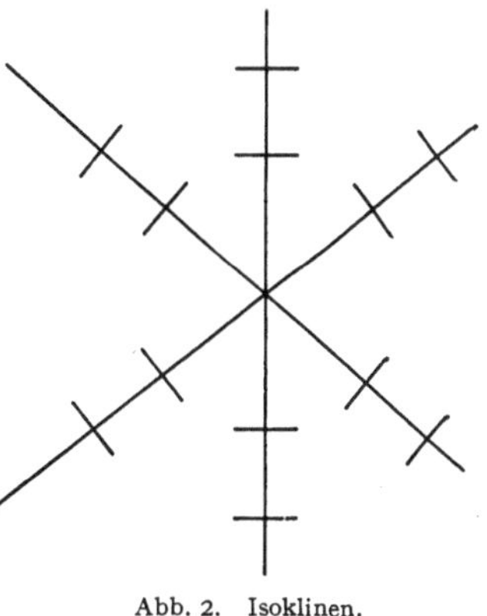

Abb. 2. Isoklinen.

Um zu einer geometrischen Veranschaulichung der Integralkurven zu kommen, geht man am besten von den Isoklinen aus. Unter den Isoklinen der Differentialgleichung

$$y' = f(x, y) \tag{11}$$

versteht man die Kurven

$$f(x, y) = c, \tag{12}$$

d. h. diejenigen Kurven, deren Punkten durch die Differentialgleichung eine und dieselbe Richtung zugeordnet wird. So werden z. B. die Isoklinen der Differentialgleichung

$$y' = -\frac{x}{y}$$

von den Geraden durch den Ursprung gebildet, und die den Punkten einer dieser Geraden zugeordnete Richtung steht senkrecht auf der Geraden.

Man zeichnet nun in der xy-Ebene ein geeignet dichtes Netz von Isoklinen und geht von einem Punkte einer Isokline in der zur Isokline gehörigen Richtung aus, bis man zur benachbarten Isokline gelangt, von wo aus man wieder in der entsprechenden Richtung weitergeht usw. Auf diese Weise gelangt man zu einem angenäherten Bild des Verlaufes der Integralkurven. Von dieser ersten Annäherung kann man dann mittels der Methode der sukzessiven Approximationen (vgl. Ziff. 1) zu weiteren Näherungen aufsteigen. Dabei kann man sich der graphischen Integration bedienen.

3. Klassische Integrationsmethoden. Im folgenden mögen einige Typen von Differentialgleichungen erster Ordnung angegeben werden, bei denen man mit einfachen Methoden zu einer geschlossenen Darstellung des allgemeinen Integrals gelangt, d. h. die Lösung auf Quadraturen zurückführen kann.

a) Getrennte Variable. Die Differentialgleichung habe die Form

$$y' = \frac{f(x)}{g(y)}, \tag{13}$$

dann ist ihr allgemeines Integral gegeben durch

$$\int g(y)\,dy - \int f(x)\,dx = C. \tag{14}$$

b) Homogene Differentialgleichungen. Es sei

$$y' = f\left(\frac{y}{x}\right), \tag{15}$$

dann können die Variablen durch die Substitution

$$\frac{y}{x} = t,\; y' = t'x + t \tag{16}$$

getrennt werden, denn die Differentialgleichung geht dann über in die Form

$$t'x + t = f(t)$$

$$t' = \frac{f(t) - t}{x} \quad \text{oder} \quad \frac{dt}{f(t) - t} = \frac{dx}{x}, \tag{17}$$

in der die Variabeln getrennt sind.

c) Differentialgleichungen von der Form

$$y' = \frac{ax + by + c}{a_1 x + b_1 y + c_1}. \tag{18}$$

Falls $ab_1 - ba_1 \neq 0$ ist, so haben die beiden Geraden

$$ax + by + c = 0 \quad \text{und} \quad a_1 x + b_1 y + c_1 = 0 \tag{19}$$

einen Schnittpunkt gemeinsam. Durch Parallelverschiebung des Koordinatensystems $x = \bar{x} + \alpha$, $y = \bar{y} + \beta$ bringe man den Koordinatenursprung in den Schnittpunkt der Geraden, dann geht die Differentialgleichung über in eine von der Form

$$\bar{y}' = \frac{\bar{a}\bar{x} + \bar{b}\bar{y}}{\bar{a}_1\bar{x} + \bar{b}_1\bar{y}}, \tag{20}$$

also in eine homogene Differentialgleichung.

Ist $ab_1 - ba_1 = 0$, so hat die Differentialgleichung die Form

$$y' = \frac{ax + by + c}{\lambda(ax + by) + c_1} = \varphi(ax + by). \tag{21}$$

Bei Differentialgleichungen von der Form

$$y' = \varphi(ax + by) \tag{22}$$

können aber die Variablen durch die Substitution $ax + by = t$, $a + by' = t'$ getrennt werden:

$$t' = a + b\varphi(t).$$

d) Lineare Differentialgleichungen. Sie sind von der Form

$$y' + p(x)y = q(x). \tag{23}$$

Man geht aus von der Lösung der zugehörigen homogenen[1]) linearen Differentialgleichung:

$$\bar{y}' + p(x)\bar{y} = 0, \tag{24}$$

$$\bar{y} = Ce^{-\int p(x)\,dx} \tag{25}$$

und setzt dann die Integrationskonstante C gleich einer unbekannten Funktion $u(x)$, die so zu bestimmen ist, daß die inhomogene Differentialgleichung befriedigt wird (Methode der Variation der Konstanten). Es ergibt sich

$$y' + p(x)y - q(x) = u'e^{-\int p\,dx} - pue^{-\int p\,dx} + pue^{-\int p\,dx} - q = u'e^{-\int p\,dx} - q = 0$$

als Differentialgleichung für $u(x)$. Man erhält also

$$u = \int q\,e^{\int p\,dx}\,dx + C_1 \tag{26}$$

und

$$y = e^{-\int p\,dx}\left\{C_1 + \int q\,e^{\int p\,dx}\,dx\right\} \tag{27}$$

als Lösung der Differentialgleichung. Bei den linearen Differentialgleichungen und nur bei diesen ist

$$y = Cf(x) + g(x) \tag{28}$$

eine ganze lineare Funktion der Integrationskonstante.

e) Bernoullische Differentialgleichungen. Sie haben die Form

$$y' + p(x)y + q(x)\,y^n = 0, \quad n \neq 1 \tag{29}$$

und können nach Division durch y^n durch die Substitution

$$z = y^{1-n}, \quad z' = (1-n)\,y^{-n}y' \tag{30}$$

auf lineare Differentialgleichungen

$$\frac{1}{1-n}z' + p(x)z + q(x) = 0 \tag{31}$$

zurückgeführt werden.

f) Riccatische Differentialgleichungen. Unter einer speziellen Riccatischen Differentialgleichung versteht man eine Differentialgleichung von der Form

$$y' + y^2 = ax^m. \tag{32}$$

Falls m die Formen

$$m = \frac{-4\varkappa}{2\varkappa + 1} \tag{33}$$

oder

$$m = \frac{-4\varkappa}{2\varkappa - 1} \tag{34}$$

[1]) Dabei ist der Ausdruck „homogen“ nicht im früheren Sinne zu verstehen, sondern es ist damit gemeint, daß das von y und y' freie Glied $q(x)$ der linearen Differentialgleichung gleich Null ist.

($\varkappa$ eine ganze positive Zahl) hat, so können die Variablen getrennt werden. Der erste Fall kann durch die Substitution

$$x = t^{\frac{1}{m+1}}; \quad y = \frac{a}{m+1} z^{-1} \tag{35}$$

auf die Form

$$z' + z^2 = \frac{a}{(m+1)^2} t^{-\frac{m}{m+1}} = \frac{a}{(m+1)^2} t^{\frac{-4\varkappa}{2\varkappa-1}}, \tag{36}$$

also auf den zweiten Fall, zurückgeführt werden. Hier kann man durch die Substitution

$$t = \frac{1}{\tau}, \quad z = \frac{1}{t} - \frac{\zeta}{t^2} \tag{37}$$

auf die Form

$$\zeta' + \zeta^2 = \frac{a}{(m+1)^2} \tau^n; \quad n = \frac{-4(\varkappa-1)}{2(\varkappa-1)+1} \tag{38}$$

kommen. Durch wiederholte Ausführung beider Substitutionen kann die Differentialgleichung also schließlich auf die Form

$$v' + v^2 = b \tag{39}$$

gebracht werden, in der die Variablen getrennt sind.

Ist die spezielle Riccatische Differentialgleichung von der Form

$$y' + y^2 = a x^{-2}, \tag{40}$$

so kann sie durch die Substitution

$$y = \frac{1}{z} \tag{41}$$

in die homogene Differentialgleichung

$$z' = 1 - a\frac{z^2}{x^2} \tag{42}$$

übergeführt werden.

Unter einer allgemeinen Riccatischen Differentialgleichung versteht man eine Differentialgleichung von der Form

$$y' = r(x) + s(x) y + t(x) y^2. \tag{43}$$

Ist ein partikuläres Integral u dieser Differentialgleichung bekannt, so kann ihre allgemeine Lösung auf die Lösung einer Bernoullischen Differentialgleichung (zurückgeführt werden, indem man

$$y = u + z \tag{44}$$

setzt und so für z die Bernoullische Differentialgleichung

$$z' = (s + 2tu) z + t z^2 \tag{45}$$

erhält, die wiederum durch die Substitution

$$z = \frac{1}{\zeta} \tag{46}$$

in eine lineare übergeführt werden kann. Die allgemeine Lösung der linearen Differentialgleichung ist von der Form

$$\zeta = C f(x) + g(x)$$

und die allgemeine Lösung der Riccatischen Differentialgleichung daher von der Form

$$y = u + \frac{1}{C f(x) + g(x)} = \frac{C\varphi_1(x) + \psi_1(x)}{C\varphi_2(x) + \psi_2(x)}, \tag{47}$$

also eine gebrochene lineare Funktion der Integrationskonstanten C. Die allgemeinen Riccatischen Differentialgleichungen sind auch die einzigen Differentialgleichungen, bei denen dies der Fall ist.

Diejenige partikuläre Lösung, die durch x_0, y_0 geht, kann bestimmt werden durch die Gleichung

$$y_0 = \frac{C\varphi_1(x_0) + \psi_1(x_0)}{C\varphi_2(x_0) + \psi_2(x_0)}, \tag{47a}$$

aus der sich C als linear gebrochene Funktion von y_0 berechnet. Einsetzen von C in die allgemeine Lösung ergibt

$$y = \frac{y_0\alpha_1(x) + \beta_1(x)}{y_0\alpha_2(x) + \beta_2(x)}, \tag{48}$$

so daß also diejenige Lösung, die durch x_0, y_0 geht, eine linear gebrochene Funktion von y_0 ist. Beachten wir die durch Ausrechnung zu bestätigende Invarianz des Doppelverhältnisses bei linearen Substitutionen:

$$y = \frac{a\bar{y} + b}{c\bar{y} + d}; \quad \frac{y_1 - y_3}{y_2 - y_3} : \frac{y_1 - y_4}{y_2 - y_4} = \frac{\bar{y}_1 - \bar{y}_3}{\bar{y}_2 - \bar{y}_3} : \frac{\bar{y}_1 - \bar{y}_4}{\bar{y}_2 - \bar{y}_4}, \tag{49}$$

so erkennen wir, daß das Doppelverhältnis der Ordinatenwerte von vier Lösungen, die zur selben Abszisse x gehören, von dem Werte der Abszisse x nicht abhängt. Schneiden wir also vier Lösungen durch eine Parallele zur y-Achse, so hat das Doppelverhältnis der vier Ordinaten denselben Wert für alle diese Parallelen.

Die allgemeine Riccatische Differentialgleichung geht durch die Substitution

$$y = -\frac{1}{t(x)}\,\frac{d\log v}{dx} \tag{50}$$

in eine homogene lineare Differentialgleichung zweiter Ordnung

$$t v'' - (t' + s t) v' + r t^2 v = 0 \tag{51}$$

über (vgl. dazu auch den Abschnitt über Variationsrechnung, Kap. 3).

g) D'Alembertsche Differentialgleichungen. Integration durch Differentiation. Unter einer d'Alembertschen Differentialgleichung[1]) versteht man eine in x und y lineare Differentialgleichung

$$F(x, y, y') = x\varphi(y') + y\psi(y') + \chi(y') = 0. \tag{52}$$

Es sei z. B. $\psi \neq 0$: man führt y' als neue Variable an Stelle von y ein durch die Gleichungen $dy - y'dx = 0$,

$$G = y + x\lambda(y') + \mu(y') = 0, \tag{52a}$$

$$\left(\lambda = \frac{\varphi}{\psi},\ u = \frac{\chi}{\psi}\right),$$

$$dG = y'dx + \lambda\,dx + (x\lambda' + \mu')dy' = 0$$

und erhält dadurch eine lineare Differentialgleichung für x als Funktion von y':

$$\frac{dx}{dy'} + \frac{x\lambda' + \mu'}{y' + \lambda} = 0. \tag{53}$$

Daraus kann x als Funktion von y' bestimmt werden und durch Einsetzen in die ursprüngliche Differentialgleichung ebenso y als Funktion von y'. Auf diese Weise erhält man eine Parameterdarstellung der Lösung mit y' als Parameter.

[1]) Sie werden auch Lagrangesche Differentialgleichungen genannt. Für $\lambda(y') = -y'$ (vgl. Gleichung 52a) erhalten wir den Spezialfall der Clairautschen Differentialgleichungen, der weiter unten in Ziff. 6 behandelt ist.

Diese Methode der Integration durch Differentiation kann immer angewendet werden, wenn in

$$F(x, y, y') = 0$$

y oder x fehlt und $F = 0$ nach x oder y auflösbar ist.

Zum Beispiel:

$$x = f(y').$$

Hier führt der Ansatz

$$dx = \frac{dy}{y'} = f'(y')\,dy'$$

zur Parameterdarstellung der Lösung

$$x = f(y');\; y + C = \int y' f'(y')\,dy'.$$

Der Fall, daß nicht die abhängige Variable y, sondern die unabhängige x fehlt:

$$y = f(y')$$

fällt unter den Typus (52a).

h) Exakte Differentialgleichungen. Eine Differentialgleichung

$$P(x, y)\,dx + Q(x, y)\,dy = 0 \tag{54}$$

heißt exakt, wenn sie der Integrabilitätsbedingung

$$\frac{\partial P}{\partial y} = \frac{\partial Q}{\partial x} \tag{55}$$

genügt. Dann gibt es eine Funktion $u(x, y)$, deren partielle Ableitungen nach x und y die Funktionen P und Q sind:

$$du = P\,dx + Q\,dy. \tag{56}$$

Man bestimme nun u aus der Bedingung

$$\frac{\partial u}{\partial x} = P,$$

also

$$u = \int P\,dx + \varphi(y) \tag{57}$$

und $\varphi(y)$ aus der Bedingung

$$\frac{\partial}{\partial y}\int P\,dx + \varphi'(y) = Q. \tag{58}$$

Durch $u(x, y) = C$ wird dann die allgemeine Lösung dargestellt.

4. Multiplikator. Unter den Voraussetzungen des Existenztheorems hat die Differentialgleichung

$$P(x, y)\,dx + Q(x, y)\,dy = 0 \tag{54}$$

eine Lösung $f(x, y) = C$, für die

$$f_x\,dx + f_y\,dy = 0$$

ist. Also gelten die Gleichungen

$$f_x : f_y = P : Q, \quad f_x = MP; \quad f_y = MQ. \tag{59}$$

Die Funktion $M(x, y)$ heißt ein Multiplikator oder integrierender Faktor; durch Multiplikation mit M wird die Differentialgleichung $P\,dx + Q\,dy = 0$ zu einer exakten. Der Multiplikator genügt der partiellen Differentialgleichung

$$\frac{\partial(MP)}{\partial y} = \frac{\partial(MQ)}{\partial x} \tag{60}$$

oder

$$P\frac{\partial M}{\partial y} - Q\frac{\partial M}{\partial x} = M\left(\frac{\partial Q}{\partial x} - \frac{\partial P}{\partial y}\right) \tag{60a}$$

oder endlich

$$P\frac{\partial \log M}{\partial y} - Q\frac{\partial \log M}{\partial x} = \frac{\partial Q}{\partial x} - \frac{\partial P}{\partial y}. \tag{60b}$$

Hat man irgendein Integral dieser partiellen Differentialgleichung gefunden, so ist dadurch die Integration der ursprünglichen Differentialgleichung auf die einer exakten Differentialgleichung zurückgeführt.

Ist M ein Multiplikator und f das allgemeine Integral der Differentialgleichung, so ist Mf wieder ein Multiplikator. Denn es ist wegen (54):

$$\frac{\partial(MfP)}{\partial y} - \frac{\partial(MfQ)}{\partial x} = MP\frac{\partial f}{\partial y} - MQ\frac{\partial f}{\partial x} = -MQ\left(\frac{\partial f}{\partial y}\frac{dy}{dx} + \frac{\partial f}{\partial x}\right) = 0.$$

Umgekehrt ist der Quotient zweier Multiplikatoren M_1 und M_2 ein allgemeines Integral. Denn es ist

$$\frac{df_1}{dx} = M_1 P + M_1 Q\frac{dy}{dx},$$

$$\frac{df_2}{dx} = M_2 P + M_2 Q\frac{dy}{dx},$$

wobei das allgemeine Integral sowohl durch $f_1 = c$ wie durch $f_2 = c$ dargestellt wird. Da f_1 und f_2 längs der Integralkurven konstant sind, ist $f_2 = \varphi(f_1)$, und wir erhalten

$$\frac{df_2}{df_1} = \frac{M_2}{M_1} = \varphi'(f_1),$$

wobei das allgemeine Integral wiederum ebenso wie durch f_1 auch durch $\varphi'(f_1)$ dargestellt wird.

Unter Umständen kann die Auffindung eines Multiplikators sich sehr einfach gestalten, so z. B. wenn die Differentialgleichung

$$P\,dx + Q\,dy = 0$$

einen Multiplikator besitzt, der nur von x abhängt, d. h. wenn [vgl. Formel (60b)]

$$\frac{1}{Q}\left(\frac{\partial P}{\partial y} - \frac{\partial Q}{\partial x}\right)$$

eine Funktion von x allein ist. Dann kann dieser Multiplikator aus der Differentialgleichung

$$\frac{1}{M}\frac{dM}{dx} = \frac{1}{Q}\left(\frac{\partial P}{\partial y} - \frac{\partial Q}{\partial x}\right)$$

durch Quadratur bestimmt werden.

Geometrische Bedeutung des Multiplikators. Denken wir uns die Integralkurven der Differentialgleichung

$$P\,dx + Q\,dy = 0$$

durch

$$f(x, y) = c,$$

$$f_x = MP, \quad f_y = MQ,$$

gegeben, so bestehen für den Winkel ν der Normalen auf die Kurve $f = c$ mit der x-Achse die Gleichungen

$$\cos\nu = \frac{f_x}{\sqrt{f_x^2 + f_y^2}}; \quad \sin\nu = \frac{f_y}{\sqrt{f_x^2 + f_y^2}},$$

wobei durch positive Wahl der Quadratwurzel eine positive Richtung der Normalen ausgezeichnet wird. Gehen wir auf der Normalen im Punkte S der Kurve $f = c$ um h weiter bis zum Punkte S_1 der Kurve $f = c + \Delta c$, so erhalten wir

$$\frac{\Delta c}{h} = \frac{f(x + h\cos\nu,\ y + h\sin\nu) - f(x, y)}{h}$$

und

$$\lim_{h=0} \frac{\Delta c}{h} = f_x \cos\nu + f_y \sin\nu = \sqrt{f_x^2 + f_y^2} = M\sqrt{P^2 + Q^2},$$

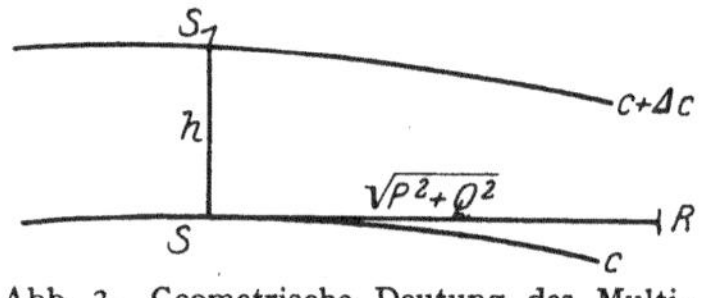

Abb. 3. Geometrische Deutung des Multiplikators.

also

$$M = \lim_{h=0} \frac{\Delta c}{h\sqrt{P^2 + Q^2}}.$$

Bezeichnen wir mit ΔR den Flächeninhalt des Rechtecks, das von der Strecke h auf der Normalen und der Strecke $\sqrt{P^2 + Q^2}$ auf der Tangente im Punkte S aufgespannt wird, so ist

$$M = \lim_{h=0} \frac{\Delta c}{\Delta R}. \tag{61}$$

5. Sätze von LIE. Die im vorhergehenden zur Lösung von Differentialgleichungen der Form

$$P(x, y)\,dx + Q(x, y)\,dy = 0 \tag{54}$$

verwendeten Methoden des Multiplikators und der Trennung der Variabeln erhalten ihre geometrische Beleuchtung durch die Liesche Theorie der Transformationsgruppen. Zwei Gleichungen der Form

$$x_1 = \varphi(x, y, a); \quad y_1 = \psi(x, y, a) \tag{62}$$

stellen eine Schar von Transformationen dar. Jedem Werte des stetig veränderlichen Parameters a entspricht eine Transformation T_a der Schar, die die Punkte x, y in die Punkte x_1, y_1 überführt. Im besonderen wird diese Schar eine eingliedrige Transformationsgruppe (eingliedrig, weil sie bloß von einem Parameter a abhängt) genannt, wenn 1. die Aufeinanderfolge zweier Transformationen T_a und T_b der Schar stets äquivalent einer dritten Transformation T_c der Schar ist, und 2. zu jeder Transformation T_a der Schar die inverse T_a^{-1} ebenfalls in der Schar vorkommt (vgl. Kap. 2, Ziff. 16).

Die Punkte x_1, y_1, in die ein Punkt x, y durch sämtliche Transformationen der Schar übergeführt wird, bilden die Bahnkurve des Punktes. Deuten wir den Parameter a als Zeit, so stellen die Größen

$$\frac{\partial x_1}{\partial a} = \frac{\partial \varphi(x, y\, a,)}{\partial a}; \quad \frac{\partial y_1}{\partial a} = \frac{\partial \psi(x, y, a)}{\partial a} \tag{63}$$

die Geschwindigkeit dar, mit der P im Augenblick a die Stelle x_1, y_1 passiert. Ersetzen wir durch Umkehrung der Transformationsformeln x, y durch x_1, y_1, so erhalten wir hierfür

$$\frac{\partial x_1}{\partial a} = \sigma(x_1, y_1, a); \quad \frac{\partial y_1}{\partial a} = \tau(x_1, y_1, a). \tag{64}$$

Liegt im besonderen eine Gruppe vor, so nehmen (wie sich zeigen läßt) diese Formeln die Gestalt an:

$$\sigma(x_1, y_1, a) = \xi(x_1, y_1) \cdot \frac{1}{w(a)}; \quad \tau(x_1, y_1, a) = \eta(x_1, y_1) \cdot \frac{1}{w(a)}. \tag{65}$$

Durch die Parametersubstitution

$$t = \int_a^{a_0} \frac{da}{w(a)}$$

kann der Faktor $\frac{1}{w(a)}$ zu Eins gemacht werden und die Gleichungen der Gruppe erhalten die Form:

$$x_1 = \Phi(x_1 y, t); \quad y_1 = \Psi(x, y, t).$$

$$\left.\begin{aligned} \xi(x_1, y_1) &= \frac{\partial \varphi(x, y, a)}{\partial a} \cdot \frac{\partial a}{\partial t} = \frac{\partial \Phi(x, y, t)}{\partial t}, \\ \eta(x_1, y_1) &= \frac{\partial \psi(x, y, a)}{\partial a} \cdot \frac{\partial a}{\partial t} = \frac{\partial \Psi(x, y, t)}{\partial t}. \end{aligned}\right\} \tag{66}$$

Man bezeichnet nun

$$\delta x = \xi(x, y)\, \delta t; \quad \delta y = \eta(x, y)\, \delta t \tag{67}$$

als die infinitesimale Transformation der Gruppe. Sie kann anschaulich aufgefaßt werden als eine Transformation der Gruppe, bei der alle Punkte in unendlich benachbarte Punkte transformiert werden.

Eine Kurvenschar $f(x, y) = c$ heißt invariant gegenüber den Transformationen der Gruppe, wenn sie durch alle diese Transformationen in sich übergeführt wird. So ist im besonderen die Schar der Bahnkurven in trivialer Weise invariant: jede einzelne Bahnkurve wird durch die Transformationen der Gruppe in sich übergeführt. Man spricht weiter von nicht trivialer Invarianz einer Kurvenschar, wenn jede Kurve der Schar durch eine Transformation der Gruppe in eine andere Kurve der Schar übergeführt wird. So sind gegenüber der Gruppe der Streckungen vom Ursprung

$$x_1 = x e^t; \quad y_1 = y e^t; \quad \delta x = x \delta t; \quad \delta y = y \delta t$$

die Geraden durch den Ursprung in trivialer Weise invariant (sie stellen die Bahnkurven der Gruppe dar), die Schar der Kreise mit dem Mittelpunkt im Ursprung ist in nicht trivialer Weise invariant.

Die Bedingung für die Invarianz der Kurvenschar $f(x, y) = c$ gegenüber der Gruppe mit der infinitesimalen Transformation $\delta x = \xi \delta t$; $\delta y = \eta \delta t$ ist, daß

$$\frac{\partial f}{\partial x} \xi(x, y) + \frac{\partial f}{\partial y} \eta(x, y) = g(f)$$

eine Funktion von f allein ist. Im Falle der Bahnkurven ist $g(f) \equiv 0$.

Sind nun die Lösungskurven der Differentialgleichung

$$P(x, y)\, dx + Q(x, y)\, dy = 0 \tag{54}$$

in nicht trivialer Weise invariant gegenüber der Gruppe mit der infinitesimalen Transformation

$$\delta x = \xi(x, y) \delta t; \quad \delta y = \eta(x, y) \delta t, \tag{67}$$

so ist nach einem Satze von LIE der Ausdruck

$$M = \frac{1}{P \xi + Q \eta} \tag{68}$$

ein Multiplikator der Differentialgleichung.

Als Beispiel möge erwähnt werden, daß die Lösungskurven einer homogenen Differentialgleichung $y' = f\left(\frac{y}{x}\right)$ gegenüber der Gruppe der Streckungen vom Ursprung invariant sind.

Kennen wir nicht nur eine Transformationsgruppe, der gegenüber die Schar der Lösungskurven der Differentialgleichung invariant bleibt, sondern auch die

Schar der Bahnkurven der Gruppe $\lambda(x, y) = c$ sowie eine zweite (nicht in trivialer Weise) invariante Kurvenschar $\mu(x, y) = c$, so können nach einem weiteren Satze von LIE durch die Variabelnsubstitution

$$\bar{x} = \lambda(x, y); \quad \bar{y} = \mu(x, y) \tag{69}$$

die Variabeln getrennt werden.

So sind bei der Gruppe der Streckungen vom Ursprung die Bahnkurven durch $\frac{y}{x} = c$, sowie eine zweite invariante Kurvenschar durch $x = c$ gegeben; es können daher bei der homogenen Differentialgleichung

$$y' = f\left(\frac{y}{x}\right)$$

durch die Substitution

$$\bar{x} = \frac{y}{x}; \quad \bar{y} = x$$

die Variabeln getrennt werden.

Wegen weiterer Sätze aus diesem Gebiete sei auf die „Vorlesungen über Differentialgleichungen mit bekannten infinitesimalen Transformationen“ von LIE, herausgegeben von G. SCHEFFERS, verwiesen.

6. Singuläre Lösungen. Sei die Differentialgleichung

$$f(x, y, y') = 0$$

gegeben. f möge dabei samt seinen zwei ersten partiellen Ableitungen eindeutig und stetig sein für alle zu betrachtenden Linienelemente.

Falls in x_0, y_0 ein oder mehrere Wertetripel $x_0, y_0, y_i'^{(0)}$ der Differentialgleichung genügen und für diese

$$f_{y'}(x, y, y') \neq 0 \tag{70}$$

ist, so definiert die durch Auflösung von $f(x, y, y') = 0$ sich ergebende Differentialgleichung

$$y_i' = F_i(x, y)$$

(wobei F eine eindeutige, stetige Funktion ist) eine eindeutige Lösung

$$y_i = g_i(x),$$

die durch x_0, y_0 hindurchgeht und dort die Richtung $y_i'^{(0)}$ hat.

Sehen wir nun von der Voraussetzung

$$f_{y'}(x, y, y') \neq 0$$

ab. Ein Linienelement x, y, y', das den beiden Gleichungen

$$f(x, y, y') = 0; \quad f_y(x, y, y') = 0 \tag{71}$$

nennt man ein singuläres Linienelement. Eine aus lauter singulären Linienelementen aufgebaute Kurve heißt eine singuläre Lösung. So ist die Einhüllende[1]) einer Schar von Integralkurven eine singuläre Lösung. Denn ihre

[1]) Unter der Einhüllenden (Hüllkurve oder Enveloppe) einer von einem Parameter C abhängenden Kurvenschar $F(x, y, C) = 0$ versteht man eine Kurve, die in jedem ihrer Punkte von einer Kurve der Schar berührt (vgl. Kapitel IV, Ziff. 5) wird. So sind die Geraden $y = \pm a$ Einhüllende der Kreisschar $(x - C)^2 + y^2 - a^2 = 0$; die Evolute einer Kurve γ ist die Einhüllende der Normalen von γ (vgl. Kap. IV, Ziff. 6). Man kann die Einhüllenden auf folgendem Wege bestimmen. Bilden wir durch Elimination von C aus den beiden Gleichungen $F(x, y, C) = 0$ und $\frac{\partial F}{\partial C} = 0$ die Gleichung $g(x, y) = 0$. Die dieser Gleichung genügenden Kurven (im obigen Beispiel die beiden Geraden $y = \pm a$)

Tangenten sind gleichzeitig Tangenten an Integralkurven, sind also Linienelemente, die der Differentialgleichung genügen. Da andererseits durch jeden ihrer Punkte zwei gleichgerichtete Lösungskurven hindurchgehen, die Einhüllende und eine Integralkurve der Schar, sind ihre Tangenten singuläre Linienelemente der Differentialgleichung. Liege z. B. eine Clairautsche Differentialgleichung

$$y = xy' + f(y') \tag{72}$$

vor. Ihr allgemeines Integral lautet

$$y = cx + f(c)$$

und besteht aus einer Schar von Geraden. Die Einhüllende dieser Geradenschar, die sich aus den Gleichungen

$$y = cx + f(c); \quad x + f'(c) = 0$$

durch Elimination von c ergibt, ist eine singuläre Lösung. Es besteht also das Lösungsbild einer Clairautschen Differentialgleichung aus einer Kurve und ihren Tangenten. Es muß aber nicht jede singuläre Lösung eine Einhüllende sein.

Die Kurve, die sich durch Elimination von λ aus den beiden Gleichungen

$$f(x, y, \lambda) = 0, \quad f_\lambda(x, y, \lambda) = 0 \tag{73}$$

ergibt und auf der die singulären Linienelemente gelegen sind, nennt man die Diskriminantenkurve der Differentialgleichung $f(x, y, y') = 0$. Es ist wohl zu beachten, daß die Diskriminantenkurve keineswegs immer eine singuläre Lösung ist.

Als Beispiel hierfür diene die Differentialgleichung

$$f(x, y, y') = 4y'^2 - 9x = 0.$$

Sie gibt:

$$y' = \pm \tfrac{3}{2}\sqrt{x}$$

und

$$y = x\sqrt{x} + C$$

als allgemeines Integral. Aus

$$\frac{\partial f}{\partial y'} = 8y'$$

folgt, daß die Diskriminantenkurve aus der y-Achse ($x = 0$) besteht. Sie ist aber keine singuläre Lösung: die Linienelemente in den Punkten der y-Achse sind parallel der x-Achse gerichtet. In diesem Falle ist die Diskriminantenkurve der Ort der Spitzen der partikulären Lösungen.

Die Bedeutung des Auftretens singulärer Lösungen in der Mechanik möge an folgendem Beispiel[1]) erörtert werden. Ein Massenpunkt bewege sich unter dem Einfluß einer Widerstandskraft, die der Quadratwurzel aus der Geschwindigkeit proportional ist. Dann lautet seine Bewegungsgleichung $\frac{dv}{dt} = -a\sqrt{v}$. Integrieren wir die Differentialgleichung $v'^2 = a^2 v$, so lautet ihr allgemeines Integral $v = (c - \frac{1}{2} a t)^2$; es besteht aus Parabeln in der tv-Ebene, die im Scheitel

---

werden in jedem ihrer Punkte von einer Kurve der Schar $F(x, y, C) = 0$ berührt, falls dieser Punkt nicht ein singulärer Punkt der betreffenden Scharkurve ist (d. h. falls dort nicht zugleich $\frac{\partial F}{\partial x} = 0$ und $\frac{\partial F}{\partial y} = 0$ ist). Auf diesem Wege erhält man auch alle Einhüllenden der Kurvenschar $F(x, y, C) = 0$; es sind die der Gleichung $g(x, y) = 0$ genügenden Kurven, auf denen nicht zugleich $\frac{\partial F}{\partial x} = 0$ und $\frac{\partial F}{\partial y} = 0$ ist.

[1]) Vgl. E. T. Whittaker, Analytische Dynamik, S. 243.

die Achse $v = 0$ berühren. Diese Achse ist daher ein singuläres Integral der Differentialgleichung. Der zur Anfangsgeschwindigkeit $v_0 = c^2$ gehörige Geschwindigkeitsverlauf wird für $t \leqq \frac{2c}{a}$ durch das zur Konstanten c gehörige partikuläre Integral, für $t \geqq \frac{2c}{a}$ durch das singuläre Integral dargestellt. Dies rührt daher, daß die Bewegungsgleichung $v' = -a\sqrt{v}$ durch Wurzelziehen aus der Differentialgleichung $v'^2 = a^2 v$ entsteht, wobei wir uns dem mechanischen Problem entsprechend auf das negative Vorzeichen der Wurzel beschränkt haben. Dadurch wurden aber die rechts von der Parabelachse liegenden Teile der Parabeln, deren Richtungskoeffizienten positiv sind, aus der Lösung ausgeschieden.

II. Systeme von Differentialgleichungen erster Ordnung.

7. Systeme in der Normalform. Sind n Differentialgleichungen erster Ordnung vorgelegt, durch die die Differentialquotienten von n Funktionen $y_1, y_2, \ldots, y_n$ einer Veränderlichen x gegeben werden, so spricht man von einem System erster Ordnung von gewöhnlichen Differentialgleichungen. Im besonderen mögen zunächst die Systeme erster Ordnung in der Normalform betrachtet werden, d. h. Systeme von folgender Form:

$$\frac{dy_i}{dx} = f_i(x, y_1, y_2 \ldots, y_n), \qquad i = 1, 2, \ldots, n. \tag{74}$$

(Zufolge Ziff. 1 genügt es, Systeme erster Ordnung zu betrachten.) Nehmen wir die Voraussetzungen des Existenztheorems in dem betrachteten Bereiche als erfüllt an, so wird durch dies System jedem Punkte P

$$x = a\,; \quad y_i = b_i$$

des $n + 1$-dimensionalen Bereichs ein durch ihn hindurchgehendes Linienelement zugeordnet, und es geht durch ihn genau eine partikuläre Lösung des Systems:

$$y_i = \varphi_i(x, a, b_1, b_2, \ldots, b_n), \tag{75}$$

wobei a und die b_i durch die Wahl des Punktes festgelegt sind. Zur Bestimmung dieser partikulären Lösung sind aber nicht $n + 1$ Konstante wesentlich, sondern genau n Konstante, deren Werte dadurch zu bestimmen sind, daß die durch den Punkt P gehende Lösung des Systems, die wir jetzt in der Form

$$y_i = \psi_i(x, C_1, C_2, \ldots, C_n), \qquad i = 1, 2, \ldots, n, \tag{76}$$

schreiben wollen, den Bedingungen

$$\psi_i(a, C_1, C_2, \ldots, C_n) = b_i, \qquad i = 1, 2, \ldots, n,$$

genügt. Es wird also die allgemeine Lösung des Systems

$$y_i = \psi_i(x, C_1, C_2, \ldots, C_n)$$

von n willkürlichen Konstanten abhängen. Jede (stetige, differenzierbare) Funktion

$$\Omega(x, y_1, y_2, \ldots, y_n), \tag{77}$$

die durch Einsetzen der allgemeinen Lösung für $y_1, y_2, \ldots, y_n$ eine Funktion der

n Konstanten $C_1, C_2, \ldots, C_n$ allein wird, heißt ein Integral des Systems. Für ein Integral muß also nach Einsetzen der allgemeinen Lösung

$$\frac{d\Omega}{dx} = 0$$

sein, und dies führt auf die partielle Differentialgleichung

$$\frac{\partial\Omega}{\partial x} + f_1 \frac{\partial\Omega}{\partial y_1} + \cdots + f_n \frac{\partial\Omega}{\partial y_n} = 0, \tag{78}$$

der jedes Integral genügen muß. Es läßt sich zeigen, daß diese Bedingung nicht nur notwendig, sondern auch hinreichend ist: jede (stetige, differenzierbare) Funktion Ω, die der linearen partiellen Differentialgleichung (78) genügt, ist ein Integral des Systems gewöhnlicher Differentialgleichungen.

Weiter kann gezeigt werden: Es gibt Systeme von je n unabhängigen Integralen $\omega_1, \omega_2, \ldots, \omega_n$ der partiellen Differentialgleichung (78), derart, daß

$$\frac{\partial(\omega_1, \omega_2, \ldots, \omega_n)}{\partial(y_1, y_2, \ldots, y_n)}$$

nicht identisch Null ist. Jedes weitere Integral von (78) ist eine Funktion von $\omega_1, \omega_2, \ldots, \omega_n$, und jede (stetige, differenzierbare) Funktion von $\omega_1, \omega_2, \ldots, \omega_n$ ist ein Integral von (78). Durch die Funktionen $\omega_1, \omega_2, \ldots, \omega_n$ werden implizite die Lösungskurven des Systems gewöhnlicher Differentialgleichungen gegeben, und zwar als Schnittkurven der n Scharen von Integralhyperflächen

$$\omega_1 = c_1, \quad \omega_2 = c_2, \ldots, \omega_n = c_n.$$

Im folgenden möge das System gewöhnlicher Differentialgleichungen in der Form

$$\frac{dy_i}{dx} = \frac{Y_i(x, y_1, y_2, \ldots, y_n)}{X(x, y_1, y_2, \ldots, y_n)}, \tag{79}$$

$$i = 1, 2, \ldots n$$

oder auch in der symmetrischen Form

$$\frac{dx}{X} = \frac{dy_1}{Y_1} = \cdots = \frac{dy_n}{Y_n} \tag{80}$$

geschrieben werden.

Die zugehörige partielle Differentialgleichung lautet dann

$$X\frac{\partial\Omega}{\partial x} + Y_1 \frac{\partial\Omega}{\partial y_1} + \cdots + Y_n \frac{\partial\Omega}{\partial y_n} = 0. \tag{81}$$

In Verallgemeinerung der bei einer Differentialgleichung erster Ordnung

$$\frac{dx}{X} = \frac{dy}{Y}$$

gebräuchlichen Terminologie nennt man einen letzten Multiplikator des Systems (80) eine Funktion $M(x, y_1, y_2, \ldots, y_n)$, die der partiellen Differentialgleichung

$$\frac{\partial}{\partial x}(MX) + \frac{\partial}{\partial y_1}(MY_1) + \cdots + \frac{\partial}{\partial y_n}(MY_n) = 0 \tag{82}$$

genügt. Der Quotient zweier letzter Multiplikatoren M und N ist ein Integral des Systems. Denn M genügt der Bedingung

$$X\frac{\partial \log M}{\partial x} + Y_1 \frac{\partial \log M}{\partial y_1} + \cdots + Y_n \frac{\partial \log M}{\partial y_n} + \frac{\partial X}{\partial x} + \frac{\partial Y_1}{\partial y_1} + \cdots + \frac{\partial Y_n}{\partial y_n} = 0$$

und ebenso N. Durch Subtraktion der Beziehungen für M und N ergibt sich

$$\left(X\frac{\partial}{\partial x} + Y_1 \frac{\partial}{\partial y_1} + \cdots + Y_n \frac{\partial}{\partial y_n}\right) \log \frac{M}{N} = 0.$$

Eine Veranschaulichung des Multiplikators kann man auf folgende Weise erhalten. Sei eine stationäre Flüssigkeitsbewegung mit den Komponenten der Geschwindigkeit $X(x, y, z)$, $Y(x, y, z)$, $Z(x, y, z)$ gegeben, die dem System von Differentialgleichungen erster Ordnung

$$\frac{dx}{X} = \frac{dy}{Y} = \frac{dz}{Z}$$

genügen. Die Bedingung für den letzten Multiplikator M

$$\frac{\partial(MX)}{\partial x} + \frac{\partial(MY)}{\partial y} + \frac{\partial(MZ)}{\partial z} = 0$$

können wir dann als Kontinuitätsgleichung auffassen, wenn wir den Multiplikator als Dichte der Flüssigkeit im Punkte x, y, z deuten.

Wird eine Variablentransformation

$$\bar{x} = \bar{x}(x, y_1, y_2, \ldots, y_n); \quad \bar{y}_i = \bar{y}_i(x, y_1, y_2, \ldots, y_n); \quad i = 1, 2, \ldots n), \tag{82}$$

durchgeführt, so ist zwar nicht der transformierte Multiplikator, wohl aber die Funktion

$$\frac{M}{\dfrac{\partial(\bar{x}, \bar{y}_1, \ldots, \bar{y}_n)}{\partial(x, y_1, \ldots, y_n)}} \tag{83}$$

ein Multiplikator des transformierten Systems. Dabei sind natürlich die alten Variabeln x, y_i durch die neuen $\bar{x}, \bar{y}_i$ zu ersetzen.

Daraus ergibt sich: kennt man $n-1$ unabhängige Integrale des Systems (79) und einen letzten Multiplikator, so kann man ein $n$tes Integral lediglich durch Quadraturen bestimmen. Denn seien $\omega_1 = c_1, \ldots, \omega_{n-1} = c_{n-1}$ die bereits gefundenen $n-1$ Integrale. Dann führt die Transformation

$$\bar{X} = x; \quad \bar{Y}_1 = \omega_1; \quad \ldots; \quad \bar{Y}_{n-1} = \omega_{n-1}; \quad Y_n = y_n \tag{84}$$

zu der Differenti algleichung

$$\frac{dx}{X'} = \frac{dy_n}{Y'_n}, \tag{85}$$

wobei durch X', Y'_n angedeutet ist, daß in X, Y_n die Veränderlichen $y_1, y_2, \ldots, y_{n-1}$ aus den Gleichungen $\omega_1 = c_1, \ldots, \omega_{n-1} = c_{n-1}$ durch $c_1, c_2, \ldots, c_{n-1}, x, y_n$ zu ersetzen sind. Dann aber ist

$$\frac{M'}{\dfrac{\partial(\omega_1 \omega_2 \ldots \omega_{n-1})}{\partial(y_1 y_2 \ldots y_{n-1})}} \tag{86}$$

ein Multiplikator der Differentialgleichung

$$Y'_n\, dx - X'\, dy_n = 0.$$

8. Hamiltonsche Systeme. Es sei nun insbesondere das betrachtete System gewöhnlicher Differentialgleichungen ein Hamiltonsches. Gehen wir von den mechanischen Grundgleichungen eines holonomen Systems in der Lagrangeschen Form aus

$$\frac{d}{dt}\left(\frac{\partial L}{\partial \dot{q}_i}\right) - \frac{\partial L}{\partial q_i} = 0, \quad i = 1, 2, \ldots, n, \tag{87}$$

wo $L(q_i, \dot{q}_i, t)$ das kinetische Potential (Differenz von kinetischer und potentieller Energie) ist. Durch $\dot{q}_i$ werde die Ableitung nach der Zeit dq_i/dt bezeichnet. Setzt man

$$\frac{\partial L}{\partial \dot{q}_i} = p_i, \tag{88}$$

so ist zufolge der obigen Gleichungen

$$\dot{p}_i = \frac{\partial L}{\partial q_i}, \tag{88a}$$

wo ebenso wie oben $\dot{p}_i = \frac{d p_i}{d t}$ geschrieben ist. Daraus folgt für kleine Änderungen der q_i, $\dot{q}_i$

$$\delta L = \sum_{i=1}^{n} (\dot{p}_i \delta q_i + p_i \delta \dot{q}_i) = \delta \sum_{i=1}^{n} p_i \dot{q}_i + \sum_{i=1}^{n} (\dot{p}_i \delta q_i - \dot{q}_i \delta p_i). \tag{88b}$$

Bezeichnen wir

$$\sum_{i=1}^{n} p_i \dot{q}_i - L = H, \tag{89}$$

[wobei H nach Elimination aus (88) als Funktion der p_i und q_i aufgefaßt wird], so kann (88b) auch so geschrieben werden:

$$\delta H = \sum_{i=1}^{n} (\dot{q}_i \, \delta p_i - \dot{p}_i \, \delta q_i).$$

Daraus erhält man:

$$\frac{d q_i}{d t} = \frac{\partial H}{\partial p_i}; \quad \frac{d p_i}{d t} = -\frac{\partial H}{\partial q_i}. \tag{90}$$
$$i = 1, 2, \ldots, n.$$

Ein solches Gleichungssystem erster Ordnung wird ein kanonisches oder Hamiltonsches System genannt.

Die Lagrangeschen Gleichungen (87) können in bekannter Weise als die Differentialgleichungen des Variationsproblems

$$\int_{t_1}^{t_2} L \, d t = \text{Extr.}$$

aufgefaßt werden. (Das Integral ist zwischen den festen Grenzen $q_i^{(1)}$, t_1 und $q_i^{(2)}$, t_2 zu erstrecken.)

Enthält L die Zeit nicht explizit, so gilt dasselbe für H. Dann aber ist $H =$ konst. ein Integral des Hamiltonschen Systems

$$\frac{d q_1}{\frac{\partial H}{\partial p_1}} = \cdots = \frac{d p_1}{-\frac{\partial H}{\partial q_1}} = \cdots = d t, \tag{91}$$

da H der partiellen Differentialgleichung

$$\sum_{i=1}^{n} \frac{\partial H}{\partial p_i} \cdot \frac{\partial H}{\partial q_i} - \sum_{i=1}^{n} \frac{\partial H}{\partial q_i} \cdot \frac{\partial H}{\partial p_i} = 0 \tag{92}$$

genügt (vgl. Gleichung [81]). $H = c$ ist das Energieintegral des Systems.

Im allgemeinen muß jedes Integral Ω eines kanonischen Systems der partiellen Differentialgleichung

$$\frac{\partial \Omega}{\partial t} + (H, \Omega) = 0 \tag{93}$$

genügen. Dabei wird durch (H, Ω) der Poissonsche Klammerausdruck

$$(H, \Omega) = \sum_{i=1}^{n} \left(\frac{\partial H}{\partial p_i} \cdot \frac{\partial \Omega}{\partial q_i} - \frac{\partial H}{\partial q_i} \cdot \frac{\partial \Omega}{\partial p_i} \right) \tag{94}$$

bezeichnet.

Auch wenn H die Zeit explizit enthält, gilt der Satz: Die Einheit ist ein letzter Multiplikator eines Hamiltonschen Systems. Denn setzen wir $M = 1$, so geht die Differentialgleichung für den letzten Multiplikator (82) für ein Hamiltonsches System in die Form über:

$$\sum_{i=1}^{n} \frac{\partial^2 H}{\partial p_i \partial q_i} - \sum_{i=1}^{n} \frac{\partial^2 H}{\partial q_i \partial p_i} = 0. \tag{95}$$

Von besonderer Bedeutung für die Integration Hamiltonscher Systeme sind diejenigen Variabelntransformationen

$$\left.\begin{aligned} q_i &= q_i(Q_1, \ldots, Q_n, P_1, \ldots, P_n, t), \\ p_i &= p_i(Q_1, \ldots, Q_n, P_1, \ldots, P_n, t), \\ & i = 1, 2, \ldots, n, \end{aligned}\right\} \tag{96}$$

die Hamiltonsche Systeme wieder in Hamiltonsche Systeme überführen.

Verlangen wir also von den Transformationen (96), daß sie das Variationsprinzip

$$\int L\,dt = \int\left(\sum_{i=1}^{n} p_i \dot{q}_i - H\right) dt = \text{Extr.}$$

in

$$\int\left(\sum_{i=1}^{n} P_i \dot{Q}_i - \overline{H}\right) dt = \text{Extr.}$$

überführen. Dann muß

$$\sum_{i=1}^{n} p_i \dot{q}_i - H = \sum_{i=1}^{n} P_i \dot{Q}_i - \overline{H} + \frac{dV}{dt} \tag{97}$$

sein, da V an den Grenzen feste Werte hat. V ist dabei eine beliebige Funktion von n der alten, n der neuen Variabeln und der Zeit t: z. B. $V = V(q_1, \ldots, q_n, P_1, \ldots, P_n, t)$. Von solchen durch die Bedingung (97) definierten Transformationen, den kanonischen Transformationen[1]), gilt umgekehrt, daß sie Hamiltonsche Systeme in Hamiltonsche Systeme überführen.

Schreiben wir (vgl. zum folgenden z. B. BORN, Atommechanik)

$$\sum_{i=1}^{n} p_i \dot{q}_i - H = \sum_{i=1}^{n} P_i \dot{Q}_i - \overline{H} + \frac{d}{dt}\left(V - \sum_{i=1}^{n} P_i Q_i\right) = -\sum_{i=1}^{n} Q_i \dot{P}_i - \overline{H} + \frac{dV}{dt}$$

(wir haben dabei statt V den Ausdruck $V - \sum_{i=1}^{n} P_i Q_i$ gewählt), so erhalten wir bei Vergleich der Koeffizienten von $\dot{q}_i$, $\dot{P}_i$:

$$\left.\begin{aligned} p_i &= \frac{\partial V}{\partial q_i}, \\ Q_i &= \frac{\partial V}{\partial P_i}, \qquad i = 1.2. \ldots, n. \\ H &= \overline{H} - \frac{\partial V}{\partial t}, \end{aligned}\right\} \tag{98}$$

Durch diese Gleichungen können wir uns ebenfalls eine kanonische Transformation definiert denken. (Denn man kann ja durch Auflösung von $Q_i = \frac{\partial V}{\partial p_i}$ rückwärts q_i als Funktion von Q_k, P_k, t ausdrücken und infolgedessen auch p_i.) Die P_i und Q_i mit gleichem Index i heißen kanonisch-konjugierte Variable.

[1]) Für den Zusammenhang dieser Transformationen mit den Berührungstransformationen vgl. z. B. SOMMERFELD, Atombau und Spektrallinien, 3. Aufl., S. 664.

Eine Koordinate q_i, z. B. q_1, die in der Hamiltonschen Funktion H des Systems nicht vorkommt:

$$H = H(q_2, \ldots, q_n, p_1, p_2, \ldots, p_n, t)$$

heißt eine zyklische Koordinate. Für diese ist

$$\frac{dp_1}{dt} = -\frac{\partial H}{\partial q_1} = 0; \quad p_1 = \text{konst.}$$

Die Integration eines Hamiltonschen Systems wird nun ermöglicht durch kanonische Transformationen, die sämtliche Koordinaten q_i des Systems in zyklische Koordinaten Q_i überführen.

Es sei die Hamiltonsche Funktion H des Systems nicht explizit von t abhängig. Wir suchen eine (ebenfalls nicht explizit von t abhängende) Funktion V, die uns eine kanonische Transformation (98), (96) definiert, durch die H in eine lediglich von $P_1, \ldots P_n$ abhängige Funktion übergeführt wird:

$$\overline{H} = E(P_1, \ldots, P_n) \tag{99}$$

Es muß dann zufolge

$$p_k = \frac{\partial V}{\partial q_k}$$

unsere Funktion V der partiellen Differentialgleichung

$$H\left(q_1, \ldots, q_n, \frac{\partial V}{\partial q_1}, \ldots, \frac{\partial V}{\partial q_n}\right) = E(P_1, P_2, \ldots, P_n) \tag{100}$$

genügen. Haben wir aber ein vollständiges Integral V dieser partiellen Differentialgleichung gefunden, das außer von n Variabeln $q_1, \ldots, q_n$ noch von den n Parametern $P_1, \ldots, P_n$ abhängt, so definiert V eine kanonische Transformation der p_i, q_i in die P_i, Q_i. Das Hamiltonsche System der transformierten Variabeln ist dann unmittelbar zu integrieren. Denn es ist:

$$\left.\begin{aligned} \frac{dP_i}{dt} &= -\frac{\partial E}{\partial Q_i} = 0; \quad & P_i &= \alpha_i, \\ \frac{dQ_i}{dt} &= \frac{\partial E}{\partial \alpha_i} = \omega_i; \quad & Q_i &= \omega_i t + \beta_i, \end{aligned}\right\} \tag{101}$$

wobei also die α_i, ω_i, β_i Konstante sind.

Die Angabe einer kanonischen Transformation, die sämtliche Koordinaten in zyklische verwandelt, erfordert die Kenntnis eines vollständigen Integrals der Hamilton-Jacobischen partiellen Differentialgleichung (100). Die Auffindung eines vollständigen Integrals der Hamilton-Jacobischen partiellen Differentialgleichung und die Auflösung des Hamiltonschen Systems gewöhnlicher Differentialgleichungen sind daher äquivalente Aufgaben.

9. Separation der Variabeln. Läßt sich jedes p_i als Funktion der kanonisch-konjugierten Koordinate q_i und der n Parameter $P_1, \ldots, P_n$ darstellen

$$p_i = p_i(q_i, P_1, P_2, \ldots, P_n), \tag{102}$$

so daß $H(q_1, \ldots, q_n, p_1, \ldots, p_n)$ zufolge (102) in eine Funktion

$$E(P_1, \ldots, P_n) \tag{103}$$

übergeht, daß also alle q_i aus H herausfallen, so läßt sich sogleich ein vollständiges Integral der Hamilton-Jacobischen partiellen Differentialgleichung angeben. Es ist dann $\sum_{i=1}^{n} p_i\,dq_i$ ein vollständiges Differential dV:

$$p_i = \frac{\partial V}{\partial q_i}, \tag{104}$$

und der Ausdruck

$$V(q_1, \ldots, q_n, P_1, \ldots, P_n) = \sum_{i=1}^{n} V_i(q_i, P_1, \ldots, P_n) \tag{105}$$

mit
$$V_i = \int p_i(q_i, P_1, \ldots, P_n)\, dq_i \tag{106}$$
stellt ein Integral der Hamilton-Jacobischen partiellen Differentialgleichung dar. In diesem Falle kann also die partielle Differentialgleichung durch den Ansatz
$$V = \sum_{i=1}^{n} V_i(q_i, P_1, \ldots, P_n) \tag{105}$$
in eine Reihe gewöhnlicher Differentialgleichungen zerspalten und die Relation
$$H(q_1, \ldots, q_n, p_1, \ldots, p_n) = E(P_1, \ldots, P_n) \tag{99}$$
durch den Ansatz
$$p_i = p_i(q_i, P_1, \ldots, P_n) \tag{102}$$
identisch in den P_i erfüllt werden.

Separation ist z. B. dann möglich, wenn alle Variabeln q_i bis auf eine (z. B. q_1) zyklisch sind:
$$H = H(q_1, p_1, \ldots, p_n). \tag{107}$$
In diesem Falle geht die Hamilton-Jacobische partielle Differentialgleichung durch den Ansatz
$$V = V_1(q_1, P_1, \ldots, P_n) + P_2 q_2 + \cdots + P_n q_n \tag{108}$$
in die gewöhnliche Differentialgleichung
$$H\left(q_1, \frac{\partial V_1}{\partial q_1}, \ldots, \frac{\partial V_n}{\partial q_n}\right) = H\left(q_1, \frac{\partial V_1}{\partial q_1}, P_2, \ldots, P_n\right) = E(P_1, \ldots, P_n) \tag{109}$$
über. Auch wenn H die Form hat:
$$H = W(g_1(q_1, p_1), \ldots g_n(q_n p_n)) \tag{110}$$
ist offenbar die Separation der Variabeln möglich, und zwar genügt es, hier:
$$g_i(q_i, p_i) = P_i \tag{110a}$$
zu setzen.

Die Anwendbarkeit der Separationsmethode hängt von der Form der Hamiltonschen Funktion H ab, und zwar ist diese Methode dann und nur dann anwendbar, wenn H der Relation
$$\frac{\partial^2 H}{\partial q_i \partial q_j} \cdot \frac{\partial H}{\partial p_i} \cdot \frac{\partial H}{\partial p_j} - \frac{\partial^2 H}{\partial q_i \partial p_j} \frac{\partial H}{\partial q_j} \frac{\partial H}{\partial p_i} - \frac{\partial^2 H}{\partial q_j \partial p_i} \cdot \frac{\partial H}{\partial q_i} \cdot \frac{\partial H}{\partial p_j} + \frac{\partial^2 H}{\partial p_i \partial p_j} \cdot \frac{\partial H}{\partial q_i} \cdot \frac{\partial H}{\partial q_j} = 0 \qquad i \neq j \tag{111}$$
genügt[1]). Hat z. B. H die Gestalt
$$H = \tfrac{1}{2} \sum_{i=1}^{n} A_i P_i^2 + V(q_1, \ldots, q_n) \tag{112}$$
(wobei die A_i ebenfalls Funktionen der $q_1, \ldots, q_n$ sind), so ergeben sich durch Einsetzen von H in die obige Gleichung die Bedingungen für A_i und V.

10. Mehrfach periodische Systeme, Winkelvariable[2]). Es sei die Hamiltonsche Funktion unseres Systems nicht von der Zeit t abhängig, und es sei möglich, die q_i, p_i durch eine kanonische Transformation in Variable w_i, J_i überzuführen:
$$p_i = \frac{\partial V}{\partial q_i}; \quad w_i = \frac{\partial V}{\partial J_i}, \tag{113}$$
für die folgende drei Bedingungen erfüllt sind:

---

[1]) Vgl. z. B. RIEMANN-WEBER, Partielle Differentialgleichungen Bd. II, 7. Aufl., Braunschweig 1927, Kap. I, § 5.

[2]) Vgl. z. B. M. BORN, Atommechanik, S. 99ff.

1. Die Lage des Systems hängt periodisch mit der Periode 1 von den w_i ab. Sind also die q_i durch die Lage des Systems eindeutig bestimmt, so sind sie periodische Funktionen der w_i (mit der Periode 1).

2. Die Hamiltonsche Funktion geht in eine lediglich von den J_k abhängende Funktion $E(J_1, \ldots, J_n)$ über.

3. Die Funktion $V - \sum_{i=1}^{n} w_i J_i$ hängt periodisch von den w_i ab (mit der Periode 1).

Systeme, für die diese drei Bedingungen erfüllbar sind, heißen mehrfach periodische Systeme; die w_i, J_i heißen Winkel- und Wirkungsvariable. Falls für die Frequenzen $v_i = \frac{\partial E}{\partial J_i}$ keine linearen homogenen Relationen

$$\sum_{i=1}^{n} k_i v_i = 0 \tag{114}$$

mit ganzzahligen Koeffizienten k_i bestehen, so heißt das System nicht-entartet; im anderen Falle entartet, und zwar $m$fach entartet, wenn m derartige Relationen bestehen. Die Größe $n - m$ wird als der Periodizitätsgrad des Systems bezeichnet.

Es gilt nun der Satz, daß bei einem nicht-entarteten Systeme die Wirkungsvariabeln J_i eindeutig bestimmt sind bis auf lineare homogene Transformationen mit ganzzahligen Koeffizienten und der Determinante ± 1. Im Falle eines $m$fach entarteten Systems lassen sich die Bedingungen 1. bis 3. immer so erfüllen, daß m von den Wirkungsvariabeln J_l in $E(J_1, \ldots, J_n)$ nicht vorkommen:

$$v_l = \frac{\partial E}{\partial J_l} = 0, \quad l = 1, 2, \ldots m, \tag{115}$$

und die übrigen v_k inkommensurabel sind. Dann sind die J_k bis auf ganzzahlige, lineare homogene Transformationen mit der Determinante ± 1 bestimmt.

11. Lineare Systeme. Liegt ein System von Differentialgleichungen erster Ordnung in der Form

$$y_i' = a_{i1}(x)\, y_1 + a_{i2}(x)\, y_2 + \cdots + a_{in}(x)\, y_n + b_i(x), \quad i = 1, 2, \ldots, n, \tag{117}$$

vor, so spricht man von einem linearen System. Sind insbesondere sämtliche $b_i(x)$ gleich Null, d. h. handelt es sich um die Gleichungen

$$y_i' = a_{i1}(x)\, y_1 + a_{i2}(x)\, y_2 + \cdots + a_{in}(x)\, y_n, \quad i = 1, 2, \ldots, n, \tag{118}$$

so heißt das System linear homogen. Beide Ausdrücke sind unmittelbare Verallgemeinerungen der bei linearen Differentialgleichungen (vgl. S. 293) verwendeten Terminologie, wobei der Ausdruck „homogen" im Sinne der Anmerkung [1]) von S. 293 zu verstehen ist.

Beginnen wir mit den linear homogenen Systemen. Sind

$$y_i = \psi_i(x) \quad \text{und} \quad y_i = \overline{\psi}(x) \quad i = 1, 2, \ldots, n, \tag{119}$$

zwei partikuläre Lösungen des linear homogenen Systems, so ist auch

$$y_i = \psi_i(x) + \overline{\psi}_i(x), \quad i = 1, 2, \ldots, n, \tag{120}$$

eine Lösung, wie ohne weiteres ersichtlich, und diese Eigenschaft ist wiederum für die linear homogenen Systeme charakteristisch. Ebenso ist auch

$$y_i = C\psi_i(x), \quad i = 1, 2, \ldots, n, \tag{121}$$

eine Lösung.

Sind daher n partikuläre Lösungen

$$\left.\begin{aligned} y_{1i} &= \psi_{1i}(x),\\ y_{2i} &= \psi_{2i}(x),\\ &\cdots\cdots\\ y_{ni} &= \psi_{ni}(x),\\ i &= 1, 2, \ldots, n, \end{aligned}\right\} \tag{122}$$

bekannt, so liegt der Versuch nahe, aus ihnen die allgemeine Lösung, die ja n willkürliche Konstante enthalten muß, in folgender Form aufzubauen,

$$y_i = C_1\psi_{1i}(x) + C_2\psi_{2i}(x) + \cdots + C_n\psi_{ni}(x), \quad i = 1, 2, \ldots, n. \tag{123}$$

Dies wird dann und nur dann möglich sein, wenn man zu einem beliebig vorgegebenen Werte x die n Konstanten $C_1, C_2, \ldots, C_n$ so bestimmen kann, daß man aus der allgemeinen Lösung beliebig vorgegebene Werte $y_1, y_2, \ldots, y_n$ erhält, d. h. wenn durch einen Punkt $x, y_1, y_2, \ldots, y_n$ genau eine partikuläre Lösung hindurchgeht.

Die Bedingung dafür aber ist, daß die Determinante

$$\begin{vmatrix} \psi_{11}(x), & \psi_{12}(x), & \ldots, & \psi_{1n}(x)\\ \psi_{21}(x), & \psi_{22}(x), & \ldots, & \psi_{2n}(x)\\ \cdots & \cdots & \cdots & \cdots\\ \psi_{n1}(x), & \psi_{n2}(x), & \ldots, & \psi_{nn}(x) \end{vmatrix}$$

nicht identisch Null ist. Sind also n partikuläre Lösungen

$$\begin{aligned} y_{1i} &= \psi_{1i}(x),\\ y_{2i} &= \psi_{2i}(x),\\ &\cdots\cdots\\ y_{ni} &= \psi_{ni}(x),\\ i &= 1, 2, \ldots, n, \end{aligned}$$

bekannt, deren Determinante $|\psi_{ik}(x)|$ nicht identisch Null ist, so kann die allgemeine Lösung des linear homogenen Systems in der Form

$$y_i = C_1\psi_{1i}(x) + C_2\psi_{2i}(x) + \cdots + C_n\psi_{ni}(x), \quad i = 1, 2, \ldots, n, \tag{124}$$

angeschrieben werden.

Sind zwei partikuläre Lösungen

$$y_i = \sigma_i(x) \quad \text{und} \quad y_i = \tau_i(x) \tag{125}$$

des linear inhomogenen Systems

$$y_i' = a_{i1}(x)\,y_1 + a_{i2}(x)\,y_2 + \cdots + a_{in}(x)\,y_n + b_i(x), \quad i = 1, 2, \ldots, n, \tag{119}$$

bekannt, so ist ihre Differenz

$$y_i = \sigma_i(x) - \tau_i(x), \quad i = 1, 2, \ldots, n, \tag{126}$$

eine Lösung des zugehörigen verkürzten homogenen Systems

$$y_i' = a_{i1}(x)\,y_1 + a_{i2}(x)\,y_2 + \cdots + a_{in}(x)\,y_n, \quad i = 1, 2, \ldots, n, \tag{120}$$

welches aus dem inhomogenen System hervorgeht, indem alle $b_i(x)$ gleich Null gesetzt werden. Ist umgekehrt $y_i = \sigma_i(x)$ eine partikuläre Lösung des inhomogenen und $y_i = \psi_i(x, C_1, C_2, \ldots, C_n)$ die allgemeine Lösung des zugehörigen homogenen Systems, so ist

$$y_i = \sigma_i(x) + \psi_i(x, C_1, C_2, \ldots, C_n), \quad i = 1, 2, \ldots n, \tag{127}$$

die allgemeine Lösung des inhomogenen Systems mit n willkürlichen Konstanten.

Man kann aber auch die allgemeine Lösung des inhomogenen Systems aus der allgemeinen Lösung des homogenen Systems direkt durch Quadraturen erhalten, ohne eine partikuläre Lösung des inhomogenen Systems zu kennen, und zwar mittels der Methode der Variation der Konstanten. Ist

$$\psi_i(x, C_1, C_2, \ldots, C_n) = C_1 \psi_{1i}(x) + C_2 \psi_{2i}(x) + \cdots + C_n \varphi_{ni}(x), \quad i = 1, 2, \ldots, \tag{123}$$

die aus n partikulären Lösungen zusammengesetzte allgemeine Lösung des homogenen Systems (wobei also die Determinante $|\psi_{ki}| \neq 0$ ist), so setzen wir die allgemeine Lösung des inhomogenen Systems in der Form

$$y_i = u_1(x)\psi_{1i}(x) + u_2(x)\psi_{2i}(x) + \cdots + u_n(x)\psi_{ni}(x), \quad i = 1, 2, \ldots, n, \tag{128}$$

an. Hierbei sind also die konstanten C_k durch noch zu bestimmende Funktionen $u_k(x)$ ersetzt. Zur Bestimmung der $u_k(x)$ setzen wir die y_i in das inhomogene System ein und erhalten die Gleichungen

$$\sum_{k=1}^{n} u'_k \psi_{ki} + \sum_{k=1}^{n} u_k \psi'_{ki} = \sum_{k=1}^{n} \left[\sum_{l=1}^{n} a_{il} \psi_{kl} \right] u_k + b_i, \quad i = 1, 2, \ldots, n.$$

Für die partikuläre Lösung ψ_{ki} des homogenen Systems gilt aber

$$\psi'_{ki} = \sum_{l=1}^{n} a_{il} \psi_{kl}, \quad \begin{matrix} i = 1, 2. \ldots n, \\ k = 1, 2, \ldots n. \end{matrix}$$

und daraus folgt:

$$\sum_{k=1}^{n} u'_k \psi_{ki} = b_i, \quad i = 1, 2, \ldots, n.$$

Die Determinante $|\psi_{ki}|$ dieses linear inhomogenen Gleichungssystems für die u'_k ist aber nach Voraussetzung von Null verschieden, und daher läßt sich daraus:

$$u'_k = \chi_k(x)$$

und

$$u_k = \int \chi_k(x)\, dx + c_k, \quad k = 1, 2, \ldots, n, \tag{129}$$

bestimmen. Das ergibt aber für die allgemeine Lösung des inhomogenen Systems:

$$\left.\begin{aligned} y_i = \psi_{1i}(x) \int \chi_1(x)\, dx + \psi_{2i}(x) \int \chi_2(x)\, dx + \cdots + \psi_{ni}(x) \int \chi_n(x)\, dx \\ + c_1 \psi_{1i}(x) + c_2 \psi_{2i}(x) + \cdots + c_n \psi_{ni}(x); \quad i = 1, 2, \ldots, n. \end{aligned}\right\} \tag{130}$$

12. Linear homogene Systeme mit konstanten Koeffizienten (D'Alembertsche Systeme). Ein linear homogenes System, dessen sämtliche Funktionen $a_{ik}(x)$ Konstante sind, nennt man ein d'Alembertsches System. Um nun solche Systeme

$$y'_i = a_{i1} y_1 + a_{i2} y_2 + \cdots + a_{in} y_n, \quad i = 1, 2, \ldots, n. \tag{131}$$

(alle a_{ik} sind Konstante)

zu integrieren, setzt man eine partikuläre Lösung in der Form

$$y_i = c_i e^{\lambda x}, \quad i = 1, 2, \ldots, n, \tag{132}$$

an und versucht, die Konstanten c_i und λ durch Einsetzen dieser Lösung in das System (131) zu berechnen. Dadurch erhält man die Gleichungen

$$\lambda c_i = a_{i1} c_1 + a_{i2} c_2 + \cdots + a_{in} c_n, \quad i = 1, 2, \ldots, n. \tag{133}$$

Damit nun dieses linear homogene Gleichungssystem zur Bestimmung der c_i andere Lösungen als die triviale $c_1 = c_2 = \cdots = c_n = 0$ besitze, muß seine

Determinante verschwinden, und dies führt zur charakteristischen Gleichung des Systems (131)

$$\begin{vmatrix} a_{11}-\lambda, & a_{12}, & \dots, & a_{1n} \\ a_{21}, & a_{22}-\lambda, & \dots, & a_{2n} \\ \dots & \dots & \dots & \dots \\ a_{n1}, & a_{n2}, & \dots, & a_{nn}-\lambda \end{vmatrix} = 0. \tag{134}$$

Sie ist eine Gleichung n-ten Grades zur Bestimmung von λ. Wird λ als eine Wurzel dieser Gleichung in das linear homogene Gleichungssystem (133) eingesetzt, so können daraus die Verhältnisse der c_i bestimmt werden.

Nehmen wir nun zunächst an, die charakteristische Gleichung habe lauter verschiedene Wurzeln $\lambda_1, \lambda_2, \dots, \lambda_n$. Dann gehört zu jeder der Wurzeln λ_i eine partikuläre Lösung, und es können also n partikuläre Lösungen bestimmt werden:

$$\left.\begin{aligned} y_{1i} &= c_{1i}\, e^{\lambda_1 x} \\ y_{2i} &= c_{2i}\, e^{\lambda_2 x} \\ &\dots\dots \\ y_{ni} &= c_{ni}\, e^{\lambda_n x} \\ i &= 1, 2, \dots, n. \end{aligned}\right\} \tag{135}$$

Von diesen Lösungen kann gezeigt werden, daß ihre Determinante $|y_{ki}|$ verschieden von Null ist, so daß sich aus ihnen die allgemeine Lösung des Systems (131) aufbauen läßt:

$$y_i = C_1 c_{1i} e^{\lambda_1 x} + C_2 c_{2i} e^{\lambda_2 x} + \dots + C_n c_{ni} e^{\lambda_n x}, \quad i = 1, 2, \dots, n. \tag{136}$$

Ist eine der Wurzeln, z. B. λ_1, der charakteristischen Gleichung komplex,

$$\lambda_1 = u + iv, \tag{137}$$

so ist bei reellen a_{ik} auch ihre konjugiert komplexe Zahl

$$\lambda_2 = u - iv \tag{137a}$$

Wurzel der charakteristischen Gleichung. Dann sind auch c_{1i} und c_{2i} konjugiert komplex. Nehmen wir nun auch C_1 und C_2 als konjugiert komplexe Zahlen, so ist der Ausdruck

$$C_1 c_{1i} e^{\lambda_1 x} + C_2 c_{2i} e^{\lambda_2 x} \tag{137b}$$

reell und kann in der reellen Form

$$e^{ux}(k_{1i}\cos vx + k_{2i}\sin vx) \tag{137c}$$

dargestellt werden, wobei in k_{1i} und k_{2i} zwei willkürliche Konstante stecken.

Besitzt die charakteristische Gleichung mehrfache Wurzeln, und zwar die verschiedenen Wurzeln $\lambda_1, \lambda_2, \dots, \lambda_j$ mit den Vielfachheiten $m_1, m_2, \dots, m_j$, so kann die allgemeine Lösung in der Form

$$y_i = c_{1i}(x)\, e^{\lambda_1 x} + c_{2i}(x)\, c^{\lambda_2 x} + \dots + c_{ji}(x)\, e^{\lambda_j x}, \quad i = 1, 2, \dots, n, \tag{138}$$

angesetzt werden. Dabei sind die $c_{ki}(x)$ Polynome in x, deren Grad höchstens $m_k - 1$ ist. Zur Berechnung der Koeffizienten dieser Polynome setze man die Lösung in das d'Alembertsche System (131) ein; dann erhält man ein System von n linearen Gleichungen für diese Koeffizienten, und jeder Lösung dieses Systems entspricht eine Lösung des Systems (131).

Eine weitere Vereinfachung erhält man unter anderem, wenn die Koeffizienten des Systems (131) der Symmetriebedingung genügen

$$a_{ik} = a_{ki}. \tag{139}$$

Dann ist die charakteristische Gleichung dieses Systems

$$\begin{vmatrix} a_{11} - \lambda, a_{12}, \ldots, a_{1n} \\ a_{21}, a_{22} - \lambda, \ldots, a_{2n} \\ \ldots\ldots\ldots\ldots \\ a_{n1}, a_{n2}, \ldots, a_{nn} - \lambda \end{vmatrix} = 0 \tag{140}$$

eine Säkulargleichung und hat als solche (bei reellen a_{ik}) nur relle Wurzeln. Weiter besitzt die Säkulargleichung folgende Eigenschaft: Ist λ_k eine r-fache Wurzel, so hat die Matrix der Determinante (140) nach Einsetzen von $\lambda = \lambda_k$ den Rang $n - r$. Dann besitzt aber das linear homogene Gleichungssystem (133) zur Bestimmung der c

$$\lambda c_i = a_{i1} c_1 + a_{i2} c_2 + \cdots + a_{in} c_n, \quad i = 1, 2, \ldots, n,$$

r linear unabhängige Lösungen und liefert also r linear unabhängige partikuläre Lösungen des Systems (131). Dann ist also die allgemeine Lösung des Systems (131) als lineare Kombination mit konstanten Koeffizienten von n Exponentialfunktionen $e^{\lambda_k x}$ darstellbar, wobei jede Wurzel λ_k der charakteristischen Gleichung so oft auftritt, wie ihre Vielfachheit anzeigt.

Stabile Lösungen. Besitzt die Wurzel λ der charakteristischen Gleichung negativen Realteil, so geht die ihr entsprechende partikuläre Lösung {und zwar bei reellem $\lambda : \lambda = -\sigma$

$$y_i = c_i e^{-\sigma x},$$

bei komplexem $\lambda : \lambda = -u + iv$

$$y_i = e^{-ux} (k_{1i} \cos vx + k_{2i} \sin vx)\}$$

gegen Null, wenn x gegen $+\infty$ geht:

$$\lim_{x \to \infty} y_1 = 0.$$

Solche Lösungen nennt man stabile Lösungen. Besitzt die charakteristische Gleichung lauter Wurzeln mit negativem Realteil, so sind sämtliche Lösungen des d'Alembertschen Systems (131) stabil. Dies aber kann man aus den Koeffizienten der charakteristischen Gleichung erkennen, ohne sie aufgelöst zu haben, und zwar durch die Hurwitzschen Kriterien. Über diese Kriterien für Gleichungen, deren sämtliche Wurzeln negativen Realteil haben, vergleiche man den Artikel über Algebra.

III. Differentialgleichungen zweiter und höherer Ordnung.

13. Allgemeines. Eine Differentialgleichung $n$ter Ordnung in der Form

$$y^{(n)} = f(x, y, y', \ldots, y^{(n-1)}) \tag{141}$$

geht durch die Substitutionen

$$u_1 = y'; \quad u_2 = y'', \quad \ldots, \quad u_{n-1} = y^{(n-1)}$$

in ein System von n Differentialgleichungen erster Ordnung

$$\left.\begin{aligned} y' &= u_1, \\ u_1' &= u_2, \\ &\ldots\ldots\ldots \\ u_{n-2}' &= u_{n-1}, \\ u_{n-1}' &= f(x, y, u_1, u_2, \ldots, u_{n-1}) \end{aligned}\right\} \tag{142}$$

mit den n zu bestimmenden Funktionen $y, u_1, u_2, \ldots, u_{n-1}$ über. Es ergeben sich daher nach Ziff. 6 die Definitionen und Sätze:

Die allgemeine Lösung einer Differentialgleichung $n$ter Ordnung

$$y = \varphi(x, C_1, C_2, \ldots, C_n) \tag{143}$$

hängt von n willkürlichen Konstanten ab.

Ein Integral heißt eine Funktion

$$\Omega(x, y, y', \ldots, y^{(n-1)}) \tag{144}$$

der $n+1$ Variabeln $x, y, y', \ldots, y^{(n-1)}$, die durch Einsetzen einer partikulären Lösung $y(x)$ samt ihren Ableitungen $y', y'', \ldots, y^{(n-1)}$ zu einer Konstanten wird.

Die notwendige und hinreichende Bedingung dafür, daß eine Funktion Ω ein Integral der Differentialgleichung ist, besteht darin, daß sie der partiellen Differentialgleichung

$$\frac{\partial\Omega}{\partial x} + y'\frac{\partial\Omega}{\partial y} + \cdots + y^{(n-1)}\frac{\partial\Omega}{\partial y^{(n-2)}} + f(x, y, y', \ldots, y^{(n-1)})\frac{\partial\Omega}{\partial y^{(n-1)}} = 0 \tag{145}$$

in den unabhängigen Variabeln $x, y, y', \ldots, y^{(n-1)}$ genügt.

Es gibt Systeme von n Integralen $\omega_1, \omega_2, \ldots, \omega_n$, die implizite die Lösung definieren.

Allgemein heißt jede Gleichung

$$F(x, y, y', \ldots, y^{(r)}) = 0, \qquad r < n, \tag{146}$$

deren reguläre Lösungen die ursprüngliche Differentialgleichung [die gleich in der allgemeinen Form

$$g(x, y, y', \ldots, y^{(n)}) = 0 \tag{147}$$

angenommen sei] befriedigen, ein intermediäres Integral $r$ter Ordnung.

14. Integrationsmethoden. 1. Eine Differentialgleichung der Form

$$y^{(n)} = f(x), \tag{148}$$

ist durch n Quadraturen lösbar.

2. Läßt sich die Differentialgleichung

$$g(y^{(n)}, y^{(n-1)}) = 0 \tag{149}$$

nach $y^{(n)}$ auflösen:

$$y^{(n)} = f(y^{(n-1)}), \tag{150}$$

so gibt die Substitution $y^{(n-1)} = t$:

$$\frac{dt}{f(t)} = dx; \quad x = \int\frac{dt}{f(t)} + C. \tag{151}$$

Ist diese Gleichung nach t auflösbar, so liegt Fall 1. vor, sonst kann man t als Parameter beibehalten und erhält

$$\left.\begin{aligned} dy^{(n-2)} &= t\,dx = \frac{t\,dt}{f(t)}, \\ y^{(n-2)} &= \int\frac{t\,dt}{f(t)} + C_1. \end{aligned}\right\} \tag{152}$$

Durch Fortsetzung dieses Verfahrens ergibt sich die Parameterdarstellung der Lösung

$$y = h(t, C_1, C_2, \ldots, C_{n-1}); \qquad x = \int\frac{dt}{f(t)} + C. \tag{153}$$

Ist die Differentialgleichung $g(y^{(n)}, y^{(n-1)}) = 0$ nach $y^{(n-1)}$ auflösbar:

$$y^{(n-1)} = f(y^{(n)}), \tag{154}$$

so kann man

$$y^{(n)} = t; \quad y^{(n-1)} = f(t) \tag{155}$$

substituieren. Man erhält dann aus

$$dy^{(n-1)} = t\,dx; \quad dy^{(n-2)} = y^{(n-1)}\,dx \tag{155a}$$

die Gleichungen

$$dx = \frac{dy^{(n-1)}}{t} = \frac{f'(t)\,dt}{t}, \quad dy^{(n-2)} = \frac{y^{(n-1)}\,dy^{(n-1)}}{t} = \frac{f(t)\,f'(t)\,dt}{t}. \tag{156}$$

Ihre Quadratur liefert:

$$x = \int \frac{f'\,dt}{t} + C; \quad y^{(n-2)} = \int \frac{f f'\,dt}{t} + C_1. \tag{157}$$

Aus

$$dy^{(n-3)} = y^{(n-2)}\,dx = \frac{y^{(n-2)} f'(t)\,dt}{t} \tag{158}$$

ergibt sich $y^{(n-3)}$ als Funktion von t, und durch Fortsetzung dieses Verfahrens erhält man schließlich x und y als Funktionen des Parameters t dargestellt.

3. Läßt sich die Differentialgleichung

$$g(y, y'') = 0 \tag{159}$$

nach y'' auflösen:

$$y'' = f(y), \tag{160}$$

so geht durch Multiplikation mit $2y'\,dx = 2\,dy$ und unter Berücksichtigung der Relation

$$d(y'^2) = 2y'y''\,dx = 2y''dy = 2f(y)\,dy$$

eine intermediäre Integralgleichung

$$y'^2 = \int 2f(y)\,dy + C = \varphi(y) + C \tag{161}$$

hervor, in der die Variabeln getrennt werden können.

Ist $g(y, y'') = 0$ nach y auflösbar:

$$y = f(y''), \tag{162}$$

so kann man durch die Substitution $y'' = t$ und die Relationen $d(y'^2) = 2y''dy$; $dy = f'(t)\,dt$ zu der Gleichung

$$d(y'^2) = 2tf'(t)\,dt \tag{163}$$

gelangen, deren Quadratur ergibt:

$$y'^2 = \int 2tf'\,dt + C = \varphi(t) + C. \tag{164}$$

Ebenso ist x aus der Differentialgleichung

$$dx = \frac{dy}{y'} = \frac{f'(t)\,dt}{\sqrt{\varphi(t) + C}} \tag{164a}$$

durch eine Quadratur als Funktion von t zu bestimmen.

Allgemein kann die Gleichung

$$g(y^{(n)}, y^{(n-2)}) = 0 \tag{165}$$

durch die Substitution $y^{(n-2)} = t$ in eine Differentialgleichung zweiter Ordnung

$$g(t'', t) = 0 \tag{166}$$

verwandelt werden. Nach Integration dieser Gleichung hat man dann ähnlich wie bei 2. zu verfahren.

4. Ist eine Differentialgleichung

$$g(y, y', \ldots, y^{(n)}) = 0 \tag{167}$$

gegeben, in der die unabhängige Variable x nicht vorkommt, so kann durch die Substitution

$$y' = p; \quad y'' = p\frac{dp}{dy}, \ldots \tag{168}$$

die Ordnung der Gleichung um Eins erniedrigt werden, denn es ergibt sich auch $y^{(n)}$ als Funktion von p und den Ableitungen von p nach y bis zur $(n-1)$-ten Ordnung. Hat man durch Integration dieser Gleichung p als Funktion von y bestimmt, so ergibt sich aus

$$dx = \frac{dy}{p} \tag{169}$$

durch eine nochmalige Quadratur auch x als Funktion von y.

5. Kommt in der Differentialgleichung y, allgemeiner $y, y', \ldots y^{(r)}$ nicht vor:

$$g(x, y^{(r+1)}, \ldots, y^{(n)}) = 0, \tag{170}$$

so geht durch die Substitution $y^{(r+1)} = t$ eine Differentialgleichung $(n-r-1)$-ter Ordnung in x und t hervor, nach deren Integration y durch r Quadraturen als Funktion von x zu bestimmen ist.

6. Den homogenen Differentialgleichungen erster Ordnung entsprechen die Differentialgleichungen zweiter Ordnung von der Form:

$$g\left(xy'', y', \frac{y}{x}\right) = 0. \tag{171}$$

Man substituiert zunächst $y = xt$, $y' = p = xt' + t$. Es ist dann

$$\frac{dp}{dt} = \frac{p'}{t'}. \tag{171a}$$

Berechnet man $xy'' = v$ aus der Gleichung $g(v, p, t) = 0$:

$$v = f(p, t) \tag{172}$$

und setzt dies in $xy'' = xp'$ ein, so erhält man bei Berücksichtigung von (171a)

$$\frac{dp}{dt} = \frac{f(p, t)}{p - t}. \tag{173}$$

Durch Integration dieser Differentialgleichung stellt man $p = p(t)$ als Funktion von t dar und kann nach Integration der Differentialgleichung

$$p(t) = xt' + t \tag{174}$$

t als Funktion von x darstellen. $y = xt(x)$ ist dann die Lösung der Differentialgleichung zweiter Ordnung (171).

Als Beispiel möge die Zentralbewegung betrachtet werden. Ein Punkt mit der Masse $m = 1$ bewege sich unter dem Einfluß einer Kraft, die stets nach einem Kraftzentrum gerichtet ist und deren Betrag eine Funktion $f(r)$ des Abstandes r von diesem Zentrum ist. Es ist leicht zu sehen, daß sich diese Bewegung in der durch das Kraftzentrum und die Anfangsgeschwindigkeit bestimmten Ebene vollzieht. Machen wir das Kraftzentrum zum Ursprung eines Polarkoordinatensystems r, φ, so wird die kinetische Energie des Massenpunktes gegeben durch $T = \frac{1}{2}(\dot{r}^2 + r^2\dot{\varphi}^2)$ $\left(\text{wenn wir durch den Punkt die Ableitung nach der Zeit andeuten: } \dot{r} = \frac{dr}{dt}\right)$. Die Lagrangeschen Bewegungsgleichungen $\frac{d}{dt}\left(\frac{\partial T}{\partial \dot{q}_i}\right) - \frac{\partial T}{\partial q_i} = Q_i$ lauten in diesem Falle $\ddot{r} - r\dot{\varphi}^2 = -f$ und $\frac{d}{dt}(r^2\dot{\varphi}) = 0$. Integration der zweiten Gleichung gibt $r^2\dot{\varphi} = \text{konst.}$ (Flächensatz). Bezeichnen wir diese Konstante mit k, so ergibt sich daraus für die Ableitung einer beliebigen Funktion g nach der Zeit $\frac{dg}{dt} = \frac{k}{r^2}\frac{dg}{d\varphi}$. Setzen wir dies in die erste Gleichung ein, so erhalten wir $\frac{k}{r^2}\frac{d}{d\varphi}\left(\frac{k}{r^2}\frac{dr}{d\varphi}\right) - \frac{k^2}{r^3} = -f$. Die Substitution $\frac{1}{r} = u$ ergibt dann

$$\frac{d^2 u}{d\varphi^2} + u = \frac{f}{k^2 u^2}$$

als Differentialgleichung für die Bahnkurve des Flächenpunktes. Diese Differentialgleichung kann nun nach der unter 3. beschriebenen Methode integriert werden. Wir gelangen so zum intermediären Integral

$$\left(\frac{du}{d\varphi}\right)^2 = 2\int \frac{f\left(\frac{1}{u}\right)}{k^2 u^2} du - 2\int u\,du + C = C - \frac{2}{k^2}\int f(r)\,dr - u^2$$

und durch nochmalige Integration zur Gleichung der Bahnkurve in Polarkoordinaten:

$$\varphi + C_1 = \int \frac{du}{\sqrt{C - \frac{2}{k^2}\int f(r)\,dr - u^2}} = -\int \frac{dr}{r^2\sqrt{C - \frac{2}{k^2}\int f(r)\,dr - \frac{1}{r^2}}}$$

Zur Bestimmung der Zeit führt die nochmalige Integration der den Flächensatz darstellenden Gleichung:

$$t = \frac{1}{k}\int r^2 d\varphi .$$

15. Lineare Differentialgleichungen. Eine Differentialgleichung von der Form

$$p_0(x) y^{(n)} + p_1(x) y^{(n-1)} + \cdots + p_{n-1}(x) y' + p_n(x) y = p(x) \tag{175}$$

heißt eine lineare Differentialgleichung $n$ter Ordnung, und zwar bezeichnet man sie als linear inhomogen, wenn $p(x) \doteq 0$ ist, als linear homogen, wenn $p(x) \neq 0$ ist. Dann gelten für die linear homogene Differentialgleichung

$$p_0(x) y^{(n)} + p_1(x) y^{(n-1)} + \cdots + p_{n-1}(x) y' + p_n(x) y = 0 \tag{176}$$

folgende Sätze, die analog zu beweisen sind, wie die Sätze von Ziff. 11.

Sind $y_1 = \varphi(x)$ und $y_2 = \varphi_2(x)$ zwei partikuläre Lösungen von (176), so ist auch $y_1 + y_2 = \varphi_1(x) + \varphi_2(x)$ eine partikuläre Lösung von (176), und dies ist nur bei linear homogenen Differentialgleichungen der Fall.

Ist $y_1 = \varphi_1(x)$ eine partikuläre Lösung von (176), so ist auch $y_2 = C\varphi_1(x)$ eine partikuläre Lösung von (176).

Man kann also wiederum versuchen, aus n partikulären Lösungen von (176)

$$y_1 = \varphi_1(x);\; y_2 = \varphi_2(x), \ldots, y_n = \varphi_n(x) \tag{177}$$

die allgemeine Lösung zu bilden, und dies wird dann und nur dann möglich sein, wenn ihre Wronskische Determinante

$$\begin{vmatrix} \varphi_1(x), & \varphi_2(x), \ldots\ldots, & \varphi_n(x) \\ \varphi_1'(x), & \varphi_2'(x), \ldots\ldots, & \varphi_n'(x) \\ \cdots & \cdots & \cdots \\ \varphi_1^{(n-1)}(x), & \varphi_2^{(n-1)}(x), \ldots, & \varphi_n^{(n-1)}(x) \end{vmatrix} \tag{178}$$

nicht identisch Null ist. Dann bilden die n partikulären Lösungen ein Fundamentalsystem, und die allgemeine Lösung lautet:

$$y = C_1\varphi_1(x) + C_2\varphi_2(x) + \cdots + C_n\varphi_n(x) . \tag{179}$$

Sind sämtliche Koeffizienten $p_0, p_1, \ldots, p_n$ Konstante

$$a_0 y^{(n)} + a_1 y^{(n-1)} + \cdots + a_{n-1} y' + a_n y = 0 , \tag{180}$$

$$a_0, a_1, \ldots, a_n \text{ Konstante,}$$

so setze man an:

$$y = e^{\lambda x} \tag{181}$$

und erhält dann als charakteristische Gleichung für λ:

$$a_0 \lambda^n + a_1 \lambda^{n-1} + \cdots + a_{n-1} \lambda + a_n = 0. \tag{182}$$

Sind sämtliche Wurzeln $\lambda_1, \lambda_2, \ldots, \lambda_n$ der charakteristischen Gleichung verschieden, so stimmt die Wronskische Determinante der n partikulären Lösungen

$$y_1 = e^{\lambda_1 x}; \quad y_2 = e^{\lambda_2 x}, \quad \ldots, \quad y_n = e^{\lambda_n x}, \tag{183}$$

bis auf einen von Null verschiedenen Faktor $e^{(\lambda_1 + \lambda_2 + \cdots + \lambda_n)x}$ mit der Vandermondeschen Determinante[1]) der charakteristischen Gleichung überein und ist also selber von Null verschieden. Es bilden $y_1, y_2, \ldots, y_n$ ein Fundamentalsystem von Lösungen, und die allgemeine Lösung lautet

$$y = C_1 e^{\lambda_1 x} + C_2 e^{\lambda_2 x} + \cdots + C_n e^{\lambda_n x}. \tag{184}$$

Ist eine der Wurzeln der charakteristischen Gleichung komplex

$$\lambda_1 = u + iv,$$

aber alle Koeffizienten $a_0, a_1, \ldots, a_n$ reell, so ist auch ihre konjugiert komplexe Zahl

$$\lambda_2 = u - iv \tag{185a}$$

eine Wurzel der charakteristischen Gleichung. Nimmt man dann auch C_1 und C_2 als konjugiert komplex an, so kann man den reellen Ausdruck

$$C_1 e^{\lambda_1 x} + C_2 e^{\lambda_2 x} \tag{185b}$$

auch in der reellen Form

$$e^{ux}(k_1 \cos vx + k_2 \sin vx) \quad (k_1, k_2 \text{ reell}) \tag{185c}$$

schreiben.

Ist λ_1 eine m-fache Wurzel der charakteristischen Gleichung, so sind neben $y_1 = e^{\lambda_1 x}$ auch

$$y_2 = x e^{\lambda_1 x}; \quad y_3 = x^2 e^{\lambda_1 x}, \quad \ldots, \quad y_m = x^{m-1} e^{\lambda_1 x} \tag{186}$$

partikuläre Lösungen der Differentialgleichung (180). Besitzt ihre charakteristische Gleichung allgemein die verschiedenen Wurzeln $\lambda_1, \lambda_2, \ldots, \lambda_j$ mit den Vielfachheiten $m_1, m_2, \ldots, m_j$ $(m_1 + m_2 + \ldots + m_j = n)$, so lautet die allgemeine Lösung:

$$\left.\begin{aligned} y = C_{11} e^{\lambda_1 x} + C_{12} x e^{\lambda_1 x} + \cdots + C_{1m_1} x^{m_1 - 1} e^{\lambda_1 x} + \cdots + C_{j1} e^{\lambda_j x} + C_{j2} x e^{\lambda_j x} \\ + \cdots + C_{jm_j} x^{m_j - 1} e^{\lambda_j x}. \end{aligned}\right\} \tag{187}$$

Ist die linear homogene Differentialgleichung von der Form

$$\left.\begin{aligned} a_0 x^n y^{(n)} + a_1 x^{n-1} y^{(n-1)} + \cdots + a_{n-1} x y' + a_n y = 0, \\ (a_0, a_1, \ldots, a_n \text{ Konstante}), \end{aligned}\right\} \tag{188}$$

so kann sie durch die Substitution $x = e^\xi$ in eine linear homogene Differentialgleichung mit konstanten Koeffizienten transformiert werden und demzufolge durch den Ansatz $y = x^\lambda$ integriert werden.

Die Wronskische Determinante

$$W(y_1, y_2, \ldots, y_n) = \begin{vmatrix} y_1, & y_2, & \ldots, & y_n \\ y_1', & y_2', & \ldots, & y_n' \\ \cdot & \cdot & \cdot & \cdot \\ y_1^{(n-1)}, & y_2^{(n-1)}, & \ldots, & y_n^{(n-1)} \end{vmatrix} \tag{189}$$

[1]) Vgl. Kap. 2, Ziff. 9.

eines Fundamentalsystems partikulärer Lösungen $y_1, y_2, \ldots, y_n$ der linear homogenen Differentialgleichung

$$p_0(x)\,y^{(n)} + p_1(x)\,y^{(n-1)} + \cdots + p_{n-1}(x)\,y' + p_n(x)\,y = 0\,, \tag{176}$$

kann bis auf einen konstanten Faktor bestimmt werden, ohne partikuläre Lösungen zu kennen. Denn wegen des Satzes, daß eine Determinante verschwindet, wenn zwei ihrer Kolonnen sich nur um einen konstanten Faktor unterscheiden, müssen die n Funktionen $y_1, y_2, \ldots, y_n$ ja auch der Differentialgleichung

$$\begin{vmatrix} y, & y_1, & y_2, & \ldots, & y_n \\ y', & y_1', & y_2', & \ldots, & y_n' \\ \cdot & \cdot & \cdot & \cdot & \cdot \\ y^{(n-1)}, & y_1^{(n-1)}, & y_2^{(n-1)}, & \ldots, & y_n^{(n-1)} \\ y^{(n)}, & y_1^{(n)}, & y_2^{(n)}, & \ldots, & y_n^{(n)} \end{vmatrix} = 0 \tag{190}$$

$$(-1)^{n+2}\,W(y_1, y_2, \ldots, y_n)\,y^{(n)} + (-1)^{n+1}\,W'(y_1, y_2, \ldots, y_n)\,y^{(n-1)} + \cdots = 0 \tag{191}$$

genügen, die bis auf einen konstanten Faktor mit der Differentialgleichung (176) übereinstimmt. Daraus folgt:

$$-\frac{W'(y_1, y_2, \ldots, y_n)}{W(y_1, y_2, \ldots, y_n)} = \frac{p_1(x)}{p_0(x)} \tag{192}$$

und

$$W(y_1, y_2, \ldots, y_n) = c\,e^{-\int \frac{p_1}{p_0}\,dx}\,. \tag{193}$$

Daraus folgt z. B.: Kennt man eine partikuläre Lösung y_1 einer linear homogenen Differentialgleichung zweiter Ordnung

$$p_0(x)\,y'' + p_1(x)\,y' + p_2(x)\,y = 0\,, \tag{194}$$

so kann man eine zweite von ihr linear unabhängige partikuläre Lösung y_2 (und damit auch die allgemeine Lösung) durch Integration der Differentialgleichung erster Ordnung

$$W(y_1, y_2) = y_1 y_2' - y_2 y_1' = e^{-\int \frac{p_1}{p_0}\,dx} \tag{195}$$

erhalten.

Allgemein kann man bei einer linear homogenen Differentialgleichung n-ter Ordnung die Kenntnis eines partikulären Integrals y_1 vermittels der Substitution

$$y = y_1 \int z\,dx$$

zur Reduktion der Differentialgleichung auf eine linear homogene $(n-1)$-ter Ordnung in z verwerten.

Die allgemeine Lösung $y(x)$ der linear inhomogenen Differentialgleichung

$$p_0(x)\,y^{(n)} + p_1(x)\,y^{(n-1)} + \cdots + p_{n-1}(x)\,y' + p_n(x)\,y = p(x) \tag{175}$$

setzt sich aus einer partikulären Lösung $z(x)$ dieser Differentialgleichung und aus der allgemeinen Lösung $\bar{y}(x, C_1, C_2, \ldots, C_n)$ der zugehörigen verkürzten Differentialgleichung

$$p_0(x)\,y^{(n)} + p_1(x)\,y^{(n-1)} + \cdots + p_{n-1}(x)\,y' + p_n(x)\,y = 0 \tag{176}$$

in folgender Weise zusammen:

$$y(x) = z(x) + \bar{y}\,(x, C_1, C_2, \ldots, C_n)\,. \tag{196}$$

Man kann auch ohne Kenntnis einer partikulären Lösung die allgemeine Lösung der linear inhomogenen Differentialgleichung aus der allgemeinen Lösung der zugehörigen verkürzten Gleichung erhalten, und zwar mittels der Methode der Variation der Konstanten. Sei

$$\bar{y} = C_1 \varphi_1(x) + C_2 \varphi_2(x) + \cdots + C_n \varphi_n(x) \tag{176a}$$

die allgemeine Lösung der verkürzten Gleichung, wobei also $\varphi_1, \varphi_2, \ldots, \varphi_n$ ein Fundamentalsystem partikulärer Lösungen von (176) bilden, dessen Wronskische Determinante nicht identisch Null ist. Dann setzt man die allgemeine Lösung der inhomogenen Gleichung in der Form

$$y = u_1(x)\,\varphi_1(x) + u_2(x)\,\varphi_2(x) + \cdots + u_n(x)\,\varphi_n(x) \tag{197}$$

an. Den Ableitungen der n Funktionen $u_1, u_2, \ldots. u_n$ werden dabei folgende n Bedingungen auferlegt:

$$\left.\begin{aligned}
\varphi_1 u_1' + \quad \varphi_2 u_2' + \cdots + \varphi_n u_n' \quad &= 0, \\
\varphi_1' u_1' + \quad \varphi_2' u_2' + \cdots + \varphi_n' u_n' \quad &= 0, \\
\cdots\cdots\cdots\cdots\cdots\cdots\cdots\cdots\cdots \\
\varphi_1^{(n-2)} u_1' + \varphi_2^{(n-2)} u_2' + \cdots + \varphi_n^{(n-2)} u_n' &= 0, \\
\varphi_1^{(n-1)} u_1' + \varphi_2^{(n-1)} u_2' + \cdots + \varphi_n^{(n-1)} u_n' &= \frac{p(x)}{p_0(x)}.
\end{aligned}\right\} \tag{197a}$$

Aus ihnen folgt:

$$y^{(r)} = \varphi_1^{(r)} u_1 + \varphi_2^{(r)} u_2 + \cdots + \varphi_n^{(r)} u_n, \qquad r = 1, 2, \cdots n - 1$$

und

$$y^{(n)} = \varphi_1^{(n)} u_1 + \varphi_2^{(n)} u_2 + \cdots + \varphi_n^{(n)} u_n + \frac{p(x)}{p_0(x)},$$

woraus hervorgeht, daß $y(x)$ Lösung der inhomogenen Differentialgleichung ist. Die Determinante des linearen Gleichungssystems für $u_1', u_2', \ldots, u_n'$ ist aber als Wronskische Determinante des Fundamentalsystems $\varphi_1, \varphi_2, \ldots, \varphi_n$ nicht Null; es kann daher allgemein

$$u_r' = \chi_r(x), \qquad r = 1, 2, \ldots, n,$$

aus dem System (197a) bestimmt werden. Durch Quadratur ergibt sich

$$u_r = \int \chi_r(x)\,dx + C_r = \psi_r(x) + C_r, \qquad r = 1, 2, \ldots, n, \tag{198}$$

und daraus die allgemeine Lösung der inhomogenen Differentialgleichung:

$$\left.\begin{aligned}
y(x) = \psi_1(x)\,\varphi_1(x) + \psi_2(x)\,\varphi_2(x) + \cdots + \psi_n(x)\,\varphi_n(x) \\
+ C_1 \varphi_1(x) + C_2 \varphi_2(x) + \cdots + C_n \varphi_n(x).
\end{aligned}\right\} \tag{199}$$

16. Die homogene lineare Differentialgleichung zweiter Ordnung. Es sei allgemein eine linear-homogene Differentialgleichung zweiter Ordnung vorgelegt:

$$y'' + p(x)\,y' + q(x)\,y = 0. \tag{200}$$

Wir führen die Substitution $y = vw$ in die Differentialgleichung ein. Dadurch geht sie über in

$$wv'' + (2w' + pw)\,v' + (w'' + pw'' + qw)\,v = 0.$$

Bestimmen wir w als Lösung der Differentialgleichung $2w' + pw = 0$, setzen also

$$y = v e^{-\frac{1}{2}\int p\,dx}, \tag{201}$$

so erhalten wir für v die Differentialgleichung

$$v'' + Jv = 0. \tag{202}$$

Dabei ist

$$J = q - \tfrac{1}{2}p' - \tfrac{1}{4}p^2. \tag{202a}$$

Sie wird die Normalform der Differentialgleichung zweiter Ordnung genannt; die Funktion J wird als Invariante der Koeffizienten bezeichnet, und zwar aus folgendem Grunde: Wir können durch die Substitution

$$y = z f(x) \tag{203}$$

(wo f eine gegebene Funktion von x ist) die Differentialgleichung (200) in eine Differentialgleichung für z umformen:

$$z'' + p_1 z' + q_1 z = 0 \tag{203a}$$

mit den Koeffizienten

$$p_1 = \frac{pf + 2f'}{f}; \qquad q_1 = \frac{f'' + pf' + qf}{f}. \tag{203b}$$

Führen wir diese Gleichung in ihre Normalform über:

$$z = u e^{-\frac{1}{2}\int p_1 dx}; \qquad u'' + J_1 u = 0; \tag{204}$$

so gelten, wie unmittelbar zu bestätigen ist, die Relationen

$$J_1 = q_1 - \tfrac{1}{2}p_1' - \tfrac{1}{4}p_1^2 = q - \tfrac{1}{2}p' - \tfrac{1}{4}p^2 = J \tag{205}$$

und

$$u = v. \tag{205a}$$

Umgekehrt: zwei Gleichungen (200) und (203a), die dieselbe Normalform besitzen, können durch eine Transformation (203) ineinander übergeführt werden. Es ergibt sich $f = e^{\int \frac{p_1 - p}{2} dx}$ aus der ersten Gleichung (203b) und die zweite Gleichung (203b) ist dann zufolge (205) erfüllt.

Seien y_1 und y_2 zwei partikuläre Lösungen von (200), so gilt für die entsprechenden partikulären Lösungen v_1 und v_2 der Normalform (202) zufolge (201) offenbar:

$$\frac{y_1}{y_2} = \frac{v_1}{v_2} = s. \tag{206}$$

Die Funktion s genügt einer Differentialgleichung dritter Ordnung, die sich auf folgende Weise ergibt. Substituieren wir $v_1 = s v_2$ in die Differentialgleichung $v_1'' + J v_1 = 0$, so ergibt sich unter Berücksichtigung von $v_2'' + J v_2 = 0$ die Gleichung $s'' v_2 + 2 s' v_2' = 0$ oder auch

$$\frac{s''}{s'} = -2\frac{v_2'}{v_2}, \tag{207}$$

die durch nochmalige Differentiation in die Differentialgleichung für s übergeht:

$$\frac{s'''}{s'} - \frac{3}{2}\left(\frac{s''}{s'}\right)^2 = 2J. \tag{208}$$

Die linke Seite von (208) wird Schwarzsche Derivierte genannt. Ist ein Integral von (208) bekannt, so kann man aus (207) durch Quadraturen v_2 und aus (206) v_1 bestimmen. Aus (201) ergeben sich dann y_1 und y_2.

Zum Schlusse sei noch in Umkehrung von Ziff. 3f) darauf verwiesen, daß die homogene lineare Differentialgleichung (200) durch die Substitution

$$\frac{y'}{y} = u; \qquad y' = uy; \qquad y'' = u'y + uy' = u'y + u^2 y = y(u' + u^2)$$

in die Riccatische Differentialgleichung

$$y(u' + u^2) + puy + qy = 0$$

oder

$$u' = -q - pu - u^2$$

transformiert werden kann.

17. Integration durch Reihen. Es mögen jetzt die Lösungen der homogenen linearen Differentialgleichung zweiter Ordnung

$$y'' + p(x)y + q(x) = 0 \tag{200}$$

an der Stelle $x = a$ in Reihen entwickelt werden. Dabei wollen wir annehmen (indem wir im folgenden für x und y auch komplexe Werte zulassen), die Funktion $p(x)$ habe an der Stelle $x = a$ einen Pol höchstens erster Ordnung, die Funktion $q(x)$ ebendort einen Pol höchstens zweiter Ordnung. Trifft dies im Punkte $x = a$ zu, so nennt man ihn eine Stelle der Bestimmtheit oder auch eine außerwesentlich singuläre Stelle. In diesem Falle kann die Differentialgleichung auch so geschrieben werden:

$$\left.\begin{aligned} L[y] &= (x-a)^2 y'' + (x-a)^2 p(x) y' + (x-a)^2 q(x)\, y \\ &= (x-a)^2 y'' + (x-a)\, \mathfrak{P}_1(x-a)\, y' + \mathfrak{P}_2(x-a)\, y = 0\,. \end{aligned}\right\} \tag{209}$$

Dabei sind

$$\mathfrak{P}_1(x-a) = \sum_{\nu=0}^{\infty} \alpha_\nu (x-a)^\nu; \qquad \mathfrak{P}_2(x-a) = \sum_{\nu=0}^{\infty} \beta_\nu (x-a)^\nu \tag{209a}$$

an der Stelle $x = a$ reguläre Funktionen, also dort in Potenzreihen entwickelbar. Setzen wir nun die Reihenentwicklung für y an der Stelle der Bestimmtheit $x = a$ in der Form an:

$$y = (z-a)^\varrho \sum_{\nu=0}^{\infty} c_\nu (x-a)^\nu = \sum_{\nu=0}^{\infty} c_\nu (x-a)^{\varrho+\nu}, \tag{210}$$

so können wir ϱ und c_ν durch Einsetzen in die Differentialgleichung bestimmen. Offenbar ist allgemein:

$$L[(x-a)^\sigma] = (x-a)^\sigma \sum_{\nu=0}^{\infty} f_\nu(\sigma)(x-a)^\nu \tag{211}$$

und

$$\left.\begin{aligned} f_0(\sigma) &= \sigma(\sigma-1) + \sigma\alpha_0 + \beta_0, \\ f_1(\sigma) &= \sigma\alpha_1 + \beta_1, \\ &\ldots\ldots\ldots\ldots \\ f_\nu(\sigma) &= \sigma\alpha_\nu + \beta_\nu, \\ \nu &= 1, 2, 3, \ldots \end{aligned}\right\} \tag{211a}$$

Da die Koeffizienten der Reihe für $L[y]$ einzeln verschwinden müssen (es muß ja $L[y] = 0$ identisch in x sein) erhalten wir zur Bestimmung von ϱ und c_ν die Gleichungen

$$\left.\begin{aligned} & c_0 f_0(\varrho) = 0, \\ & c_1 f_0(\varrho+1) + c_0 f_1(\varrho) = 0, \\ & c_2 f_0(\varrho+2) + c_1 f_1(\varrho+1) + c_0 f_2(\varrho) = 0, \\ & \ldots\ldots\ldots\ldots \\ & c_n f_0(\varrho+n) + c_{n-1} f_1(\varrho+n-1) + \cdots + c_0 f_n(\varrho) = 0, \\ & \ldots\ldots\ldots\ldots \\ & n = 1, 2, \ldots \end{aligned}\right\} \tag{212}$$

Die erste Gleichung

$$f_0(\varrho) = \varrho(\varrho - 1) + \varrho\alpha_0 + \beta_0 = 0 \tag{213}$$

ist eine quadratische Gleichung, die Fundamentalgleichung zur Bestimmung von ϱ. Hat man ϱ aus ihr bestimmt und c_0 willkürlich gewählt, so ergeben sich aus den übrigen Gleichungen die $c_1, c_2, \ldots c_\nu, \ldots$ und man kann nachweisen, daß die Reihe

$$\sum_{\nu=0}^{\infty} c_\nu (x-a)^\nu$$

einen von Null verschiedenen Konvergenzradius besitzt.

Falls nun die Fundamentalgleichung zur Bestimmung von ϱ weder zwei zusammenfallende, noch zwei sich um eine ganze Zahl unterscheidende Wurzeln ϱ_1 und ϱ_2 hat, so gelangt man auf diese Weise zu zwei partikulären Integralen, die ein Fundamentalsystem bilden. Im anderen Falle versagt das Verfahren zur Bestimmung der c_ν bei der Wurzel mit dem kleineren Realteil und man gelangt auf diese Weise lediglich zu einer partikulären Lösung y_1, indem man für y die Doppelwurzel oder die Wurzel mit dem größeren Realteil einsetzt. Eine zweite partikuläre Lösung kann man dann nach den in der vorigen Ziffer erwähnten Methoden durch Auflösung einer Differentialgleichung erster Ordnung erhalten, z. B. vermittels der Substitution $y = y_1 \int z\,dx$. Als Beispiel diene die Besselsche Differentialgleichung

$$y'' + \frac{1}{x} y' + \left(1 - \frac{n^2}{x^2}\right) y = 0\,, \tag{214}$$

wo n irgendeine reelle Zahl sei. Sie hat bei $x = 0$ eine Stelle der Bestimmtheit. Schreiben wir sie also in der Form

$$x^2 y'' + x y' + (x^2 - n^2) y = 0\,, \tag{214a}$$

so lautet die Fundamentalgleichung

$$\varrho(\varrho - 1) + \varrho - n^2 = 0\,. \tag{215}$$

Ihre Wurzeln sind $\varrho = +n$ und $\varrho = -n$. Wir suchen zunächst die zu $\varrho = +n > 0$ gehörige Lösung und setzen zu diesem Zwecke an:

$$y = c_0 x^n + c_1 x^{n+\nu_1} + c_2 x^{n+\nu_2} + \cdots \tag{216}$$

Die Differentialgleichung kann auch so geschrieben werden:

$$x \frac{d}{dx}\left(x \frac{dy}{dx}\right) + (x^2 - n^2) y = 0\,. \tag{214b}$$

Für die Operation $x\frac{d}{dx}$ führen wir das Zeichen ϑ ein. Dann gilt, falls $f(x)$ eine ganze rationale Funktion ist,

$$f(\vartheta)\, x^\nu = f(\nu)\, x^\nu,$$

denn es ist:

$$\vartheta(x^\nu) = \nu x^\nu; \quad \vartheta^2(x^\nu) = \vartheta(\nu x^\nu) = \nu^2 x^\nu, \text{ usw.}$$

Wir bekommen also, wenn wir die Reihe für y in die Differentialgleichung einsetzen:

$$\left.\begin{aligned} &(n^2 - n^2)\, c_0 x^n + [(n+\nu_1)^2 - n^2]\, c_1 x^{n+\nu_1} + [(n+\nu_2)^2 - n^2]\, c_2 x^{n+\nu_2} \ldots \\ &\quad + c_0 x^{n+2} + c_1 x^{n+\nu_1+2} + \cdots = 0\,. \end{aligned}\right\} \tag{217}$$

Die Exponentenvergleichung ergibt $\nu_1 = 2$, $\nu_2 = 4$, allgemein $\nu_m = 2m$. Für die Koeffizienten bestehen die Relationen

$$[(n + 2m)^2 - n^2]\, c_m + c_{m-1} = 0 \text{ oder } c_m = -\frac{c_{m-1}}{2^2 m(n+m)}\,. \tag{218}$$

Daher ist allgemein

$$c_m = \frac{(-1)^m \cdot c_0}{m!\, 2^{2m}(n+1)(n+2)\dots(n+m)}, \tag{218a}$$

und wenn wir schließlich noch

$$c_0 = \frac{1}{2^n \Gamma(n+1)} \tag{218b}$$

setzen, erhalten wir wegen $\Gamma(\nu) = (\nu - 1)\ \Gamma(\nu - 1)$ als Lösung die Besselsche Funktion n-ter Ordnung

$$y = J_n(x) = \sum_{m=0}^{\infty} \frac{(-1)^m}{\Gamma(m+1)\Gamma(m+n+1)} \left(\frac{x}{2}\right)^{n+2m}. \tag{219}$$

Ist nun n keine ganze Zahl, so wird die allgemeine Lösung der Besselschen Differentialgleichung gegeben durch

$$y = c_1 J_n(x) + c_2 J_{-n}(x)\,. \tag{220}$$

Ist hingegen n eine ganze Zahl, so erhalten wir bloß für $\varrho = +n > 0$ eine Lösung. Als zweite Lösung ergibt sich

$$\left.\begin{aligned} &J_n(x)\log x - \left[2^{n-1}(n-1)!\,x^{-n} + \frac{2^{n-3}(n-2)!\,x^{-n+2}}{1!}\right. \\ &\left. + \frac{2^{n-5}(n-3)!\,x^{-n+4}}{2!} + \dots + \frac{x^{n-2}}{2^{n-1}(n-1)!}\right] \\ &+ \sum_{\nu=1}^{\infty} \left[\frac{(-1)^{\nu-1} x^{n+2\nu}}{2^{n+2\nu}\cdot \nu!\,(n+\nu)!} \sum_{\mu=1}^{\nu} \left\{\frac{1}{2\mu} + \frac{1}{2n+2\mu}\right\}\right]. \end{aligned}\right\} \tag{221}$$

18. Hypergeometrische Differentialgleichung. Als eine Differentialgleichung der Fuchsschen Klasse bezeichnet man eine Differentialgleichung, die in der ganzen komplexen Ebene einschließlich des Punktes $x = \infty$ nur außerwesentlich singuläre Stellen besitzt. Es müssen also die Koeffizienten $p(x)$ und $q(x)$ rationale Funktionen sein (da sie bloß Pole höchstens erster bzw. zweiter Ordnung besitzen dürfen), und da auch der Punkt $x = \infty$ eine Stelle der Bestimmtheit sein soll, so müssen dort, wie sich zeigen läßt, die Grenzbeziehungen gelten:

$$\lim_{x\to\infty} p(x) = 0; \quad \lim_{x\to\infty} q(x) = 0; \quad \lim_{x\to\infty} x q(x) = 0. \tag{222}$$

Ist der Punkt $x = \infty$ ein regulärer Punkt der Differentialgleichung, so muß noch außerdem:

$$\lim_{x\to\infty} x p(x) = 2; \quad \lim_{x\to\infty} x^3 q(x) = 0 \tag{223}$$

sein. Die soeben besprochene Besselsche Differentialgleichung gehört nicht zur Fuchsschen Klasse, da der Punkt $x = \infty$ ein wesentlich singulärer Punkt der Differentialgleichung ist. Dagegen gehört die hypergeometrische Differentialgleichung

$$y'' + \frac{-\gamma + (1+\alpha+\beta)x}{x(x-1)} y' + \frac{\alpha\beta}{x(x-1)} y = 0, \tag{224}$$

mit den Konstanten α, β, γ zur Fuchsschen Klasse. Ihre singulären Stellen liegen bei 0,1 und ∞. Um die Lösungen bei $x = 0$ zu entwickeln, schreiben wir sie in der Form

$$x^2 y'' + x\mathfrak{P}_1(x) y' + \mathfrak{P}_2(x) y = 0, \tag{224a}$$

wobei

$$\mathfrak{P}_1(x) = \frac{-\gamma + (1+\alpha+\beta)x}{x-1}; \quad \mathfrak{P}_2(x) = \frac{\alpha\beta x}{x-1}, \tag{224b}$$

nach Potenzen von x zu entwickeln sind. Die Fundamentalgleichung lautet

$$\varrho(\varrho - 1) + \varrho\gamma = 0 \tag{225}$$

und besitzt die Wurzeln 0 und $1 - \gamma$. Falls also γ keine ganze Zahl ist, erhalten wir auf diese Weise zwei partikuläre Lösungen für die hypergeometrische Differentialgleichung. Um die zu $\varrho = 0$ gehörige Lösung zu finden, schreiben wir die hypergeometrische Differentialgleichung nach Multiplikation mit $x(x-1)$ in der Form

$$\left[(\vartheta + \alpha)(\vartheta + \beta) - \frac{1}{x}\vartheta(\vartheta + \gamma - 1)\right] y = 0, \tag{224c}$$

wobei wiederum unter ϑ der Operator $x\dfrac{d}{dx}$ zu verstehen ist. Setzen wir dann

$$y = \sum_{v=0}^{\infty} c_\nu x^\nu$$

in die Differentialgleichung ein. Allgemein ist

$$\left[(\vartheta + \alpha)(\vartheta + \beta) - \frac{1}{x}\vartheta(\vartheta + \gamma - 1)\right] x^\nu = (\nu + \alpha)(\nu + \beta) x^\nu - \nu(\nu + \gamma - 1) x^{\nu - 1}, \tag{226}$$

so daß wir erhalten:

$$\sum_{v=0}^{\infty} [-c_\nu \nu(\nu + \gamma - 1) + c_{\nu-1}(\alpha + \nu - 1)(\beta + \nu - 1)] x^{\nu-1} = 0. \tag{227}$$

Dabei ist $c_{-1} = 0$ zu setzen. Also ist

$$c_\nu = \frac{(\alpha + \nu - 1)(\beta + \nu - 1)}{\nu(\nu + \gamma - 1)} c_{\nu-1}, \tag{227a}$$

und

$$c_\nu = \frac{\alpha(\alpha+1)\cdots(\alpha+\nu-1)\cdot\beta(\beta+1)\cdots(\beta+\nu-1)}{\nu!\ \gamma(\gamma+1)\cdots(\gamma+\nu-1)} c_0. \tag{227b}$$

Setzen wir endlich $c_0 = 1$, so erhalten wir als Lösung die hypergeometrische Reihe

$$y = F(\alpha, \beta, \gamma, x) = 1 + \frac{\alpha\cdot\beta}{1\cdot\gamma} x + \frac{\alpha(\alpha+1)\cdot\beta(\beta+1)}{1\cdot 2\cdot\gamma\cdot(\gamma+1)} x^2 + \cdot \tag{228}$$

Sie konvergiert im Einheitskreis und geht für $\alpha = 1$, $\beta = \gamma$ in die geometrische Reihe über.

Um die zweite zu $\varrho = 1 - \gamma$ (γ keine ganze Zahl) gehörige Lösung zu erhalten, setzen wir

$$y = x^{1-\gamma} \sum_{v=0}^{\infty} d_\nu x^\nu = \sum_{v=0}^{\infty} d_\nu x^{\nu+1-\gamma}. \tag{229}$$

Wegen

$$[(\vartheta + \alpha)(\vartheta + \beta) - \frac{1}{x}\vartheta(\vartheta + \gamma - 1)] x^{\nu+1-\gamma}$$
$$= (\nu + 1 - \gamma + \alpha)(\nu + 1 - \gamma + \beta) x^{\nu+1-\gamma} - (\nu + 1 - \gamma)\cdot\nu\cdot x^{\nu-\gamma}$$

ist

$$d_\nu = \frac{(\alpha - \gamma + \nu)(\beta - \gamma + \nu)}{(1 - \gamma + \nu)\cdot\nu} d_{\nu-1}. \tag{230}$$

Setzen wir $d_0 = 1$, so ist also $\sum_{\nu=0}^{\infty} d_\nu x^\nu$ wieder eine hypergeometrische Reihe mit den Konstanten $\alpha_1 = \alpha + 1 - \gamma$, $\beta_1 = \beta + 1 - \gamma$; $\gamma_1 = 2 - \gamma$, so daß die zweite Lösung bei $x = 0$ lautet:

$$y = x^{1-\gamma} F(\alpha + 1 - \gamma, \beta + 1 - \gamma, 2 - \gamma, x). \tag{231}$$

Um die beiden Lösungen bei $x = 1$ zu finden, substituiere man $\xi = 1 - x$. Dadurch gelangt man zur Differentialgleichung für $\eta(\xi)$:

$$\eta'' - \frac{-\gamma + \alpha + \beta + 1 - (1 + \alpha + \beta)\xi}{\xi(\xi - 1)}\eta' + \frac{\alpha\beta}{\xi(\xi - 1)}\eta = 0. \tag{232}$$

Sie ist wieder eine hypergeometrische Differentialgleichung mit den Konstanten $\bar{\alpha} = \alpha$, $\bar{\beta} = \beta$, $\bar{\gamma} = 1 + \alpha + \beta - \gamma$. Ihre Lösungen bei $\xi = 0$ sind also

$$F(\bar{\alpha}, \bar{\beta}, \bar{\gamma}, \xi) \text{ und } \xi^{1-\bar{\gamma}} F(\bar{\alpha} + 1 - \bar{\gamma}, \bar{\beta} + 1 - \bar{\gamma}, 2 - \bar{\gamma}, \xi). \tag{233}$$

Wenn wir rückwärts $x = 1 - \xi$ substituieren, so erhalten wir als Lösungen der ursprünglichen Differentialgleichung bei $x = 1$ die hypergeometrischen Reihen:

$$F(\alpha, \beta, 1 + \alpha + \beta - \gamma, 1 - x) \tag{234}$$

und

$$(1 - x)^{\gamma-\alpha-\beta} F(\gamma - \beta, \gamma - \alpha, 1 - \alpha - \beta + \gamma, 1 - x). \tag{234a}$$

Ebenso gelangt man durch die Substitution $\xi = \frac{1}{x}$ zu den beiden Lösungen bei $x = \infty$:

$$\left(\frac{1}{x}\right)^{\alpha} F\left(\alpha, \alpha - \gamma + 1, 1 + \alpha - \beta, \frac{1}{x}\right), \tag{235}$$

und

$$\left(\frac{1}{x}\right)^{\beta} F\left(\beta, \beta - \gamma + 1, 1 + \beta - \alpha, \frac{1}{x}\right). \tag{235a}$$

Legendresche Differentialgleichung. Setzen wir in der hypergeometrischen Differentialgleichung

$$\alpha = n + 1, \ \beta = -1, \ \gamma = 1$$

(n eine ganze positive Zahl),

und bringen durch die Substitution

$$x = \frac{1 - t}{2}$$

die singulären Stellen von 0, 1, ∞ nach $+1$, -1, ∞, so erhalten wir die Legendresche Differentialgleichung

$$(1 - t^2)\frac{d^2y}{dt^2} - 2t\frac{dy}{dt} + n(n + 1)y = 0. \tag{236}$$

Eine Lösung dieser Differentialgleichung ist das n-te Legendresche Polynom

$$P_n(t) = F\left(n + 1, -n, 1, \frac{1 - t}{2}\right). \tag{237}$$

Zwei weitere Darstellungen des $n$ten Legendreschen Polynoms sind gegeben durch

$$P_n(t) = \frac{1}{2^n \cdot n!} \frac{d^n}{dt^n}(t^2 - 1)^n \tag{237a}$$

und

$$P_n(t) = \frac{1 \cdot 3 \cdot 5 \cdots (2n - 1)}{n!}\left[t^n - \frac{n(n - 1)}{2 \cdot (n - 1)}t^{n-2} + \frac{n(n - 1)(n - 2)(n - 3)}{2 \cdot 4 \cdot (2n - 1) \cdot (2n - 3)}t^{n-4} - + \cdots\right].$$

Der Ausdruck in der Klammer ist dabei sinngemäß über die Glieder mit t^{n-6}, t^{n-8} usw. fortzusetzen bis zum letzten Glied, das für gerades n den Wert

$$+ (-1)^{\frac{n}{2}} \frac{n!}{2 \cdot 4 \cdots n \cdot (2n - 1) \cdot (2n - 3) \cdots (n + 1)}$$

und für ungerades n den Wert

$$+ (-1)^{\frac{n}{2}} \frac{n!}{2 \cdot 4 \cdots (n - 1) \cdot (2n - 1) \cdot (2n - 3) \cdots (n + 2)} t$$

hat. Daß diese Polynome Lösungen der Legendreschen Differentialgleichung sind, kann man auch direkt durch Einsetzen in die Differentialgleichung selber bestätigen, die man zu diesem Zwecke am besten in der Form

$$\frac{d}{dt}\left[(t^2-1)\frac{dy}{dt}\right] - n(n+1)y = 0 \tag{236a}$$

schreibt. Die Legendreschen Polynome bilden ein Orthogonalsystem. Darüber, sowie über ihre Verwendung in der Potentialtheorie vgl. man Kap. 7, Ziff. 9; Kap. 10, Ziff. 37.

19. Exakte Differentialgleichung. Die Differentialgleichung

$$g(x, y, y', \ldots y^{(n)}) = 0 \tag{238}$$

wird exakt genannt, wenn $g\,dx$ das vollständige Differential einer Funktion $h(x, y, y', \ldots y^{n-1})$ ist;

$$h = \text{konst.} \tag{239}$$

ist dann ein erstes Integral.

Die Bedingung dafür, daß eine lineare Differentialgleichung

$$p_0(x)\,y^{(n)} + p_1(x)\,y^{(n-1)} + \cdots + p_{n-1}(x)\,y' + p_n(x)y = p(x) \tag{240}$$

exakt ist, läßt sich folgendermaßen aufstellen: Es ist

$$\begin{aligned}
\int p_n y\,dx &= \int p_n y\,dx,\\
\int p_{n-1} y'\,dx &= -\int p'_{n-1} y\,dx + p_{n-1} y,\\
\int p_{n-2} y''\,dx &= \int p''_{n-2} y\,dx - p'_{n-2} y + p_{n-2} y'.\\
&\ldots\ldots\ldots\ldots\ldots\ldots
\end{aligned}$$

Setzt man allgemein

$$\begin{aligned}
p_n - p'_{n-1} + p''_{n-2} - p'''_{n-3} + \cdots &= q_n,\\
p_{n-1} - p'_{n-2} + p''_{n-3} - p'''_{n-4} + \cdots &= q_{n-1},\\
&\ldots\ldots\ldots\ldots\\
p_0 &= q_0,
\end{aligned}$$

so wird

$$\int p\,dx = \int q_n y\,dx + q_{n-1} y + q_{n-2} y' + \cdots + q_0 y^{(n-1)}.$$

Die Bedingung dafür, daß die Differentialgleichung (240) exakt ist, lautet nun:

$$q_n = p_n - \frac{d p_{n-1}}{dx} + \frac{d^2 p_{n-2}}{dx^2} - \cdots + (-1)^n \frac{d^n p_0}{dx^n} = 0. \tag{241}$$

Dann ist

$$q_{n-1} y + q_{n-2} y' + \cdots + q_0 y^{(n-1)} = \int p\,dx + \text{konst.} \tag{242}$$

ein erstes Integral.

Ist eine Differentialgleichung nicht exakt, so kann man versuchen, sie durch Multiplikation mit einem Multiplikator $M(x, y, y', \ldots y^{(n-1)})$ in eine exakte zu verwandeln. So muß z. B. ein nur von x abhängender Multiplikator z der Differentialgleichung

$$p_0(x)\,y^{(n)} + p_1(x)\,y^{(n-1)} + \cdots + p_{n-1}(x)\,y' + p_n(x)\,y = 0, \tag{176}$$

seinerseits der Differentialgleichung

$$p_n z - \frac{d}{dx}(p_{n-1} z) + \cdots + (-1)^n \frac{d^n}{dx^n}(p_0 z) = 0 \tag{243}$$

genügen. Diese Gleichung heißt die Lagrangesche Adjungierte von (176).

20. Differentialgleichung der erzwungenen Schwingung. Eine Anwendung finden die vorhin erörterten Methoden bei den Differentialgleichungen der Schwingung. Die Differentialgleichung

$$\frac{d^2 S}{d t^2} = -a^2 S, \tag{244}$$

mit der Lösung

$$S = C_1 \cos a t + C_2 \sin a t,$$

ist die Differentialgleichung einer freien ungedämpften Schwingung. Setzen wir

$$C_1 = A \sin \varepsilon; \quad C_2 = A \cos \varepsilon,$$

so ist

$$S = A \sin(a t + \varepsilon). \tag{245}$$

Die Schwingungsdauer ist

$$\tau = \frac{2\pi}{a} \tag{245a}$$

und die Frequenz

$$\nu = \frac{a}{2\pi}. \tag{245b}$$

Die Differentialgleichung

$$\frac{d^2 S}{d t^2} + k \frac{d S}{d t} + a^2 S = 0 \; (a, k \text{ Konstante}) \tag{246}$$

führt auf die charakteristische Gleichung

$$\lambda^2 + k\lambda + a^2 = 0 \tag{246a}$$

mit den Wurzeln

$$\lambda_{1,2} = -\frac{k}{2} \pm \sqrt{\frac{k^2}{4} - a^2}. \tag{246b}$$

Für $k > 0$ sind die Lösungen stabil. Ist $k \geqq 2a$, so verläuft der Vorgang aperiodisch, für $k < 2a$ erhalten wir eine gedämpfte Schwingung. Setzen wir

$$a^2 - \frac{k^2}{4} = \beta^2, \tag{247}$$

so lautet die Lösung

$$S = e^{-\frac{k}{2}t}(C_1 \cos\beta t + C_2 \sin\beta t) = e^{-\frac{k}{2}t} A \sin(\beta t + \varepsilon). \tag{248}$$

Sie hat die Schwingungsdauer

$$\tau = \frac{2\pi}{\beta}, \tag{248a}$$

die wegen $\beta < a$ größer ist als die der ungedämpften Schwingung. Die Größe $\frac{\pi k}{\beta}$ wird als das logarithmische Dekrement bezeichnet; sie ist gleich dem natürlichen Logarithmus des Verhältnisses zweier aufeinanderfolgender Amplituden.

Für die Differentialgleichung der erzwungenen Schwingung

$$\frac{d^2 S}{d t^2} + k \frac{d S}{d t} + a^2 S = P \sin\omega t \tag{249}$$

können wir die Lösung mittels Variation der Konstanten erhalten; wir können aber auch direkt eine partikuläre Lösung in der Form

$$R \sin\omega(t + \delta) \tag{250}$$

ansetzen. Setzt man dies in die Gleichung ein, so erhält man wegen

$$\sin\omega t = \sin\omega(t+\delta-\delta) = \sin\omega(t+\delta)\cos\omega\delta - \cos\omega(t+\delta)\sin\omega\delta$$

die Gleichung

$$\sin\omega(t+\delta)[-\omega^2 R + a^2 R - P\cos\omega\delta] + \cos\omega(t+\delta)[k\omega R + P\sin\omega\delta] = 0\,.$$

Nullsetzen der Koeffizienten von $\sin\omega(t+\delta)$ und $\cos\omega(t+\delta)$ liefert die Gleichungen

$$R(a^2-\omega^2) = P\cos\omega\delta\,,\quad k\omega R = -P\sin\omega\delta\,,$$

woraus sich ergibt:

$$\operatorname{tg}\omega\delta = \frac{k\omega}{\omega^2-a^2}\,,\quad R = -\frac{P}{\sqrt{(\omega^2-a^2)^2+k^2\omega^2}} \tag{251}$$

Trägt man R bei festgehaltenem P, a und k als Funktion von ω auf, so erhält man die Resonanzkurve des Systems. Ihr Maximum wird um so schärfer und rückt um so näher an die Resonanzfrequenz a des ungedämpften Systems, je kleiner der Dämpfungsfaktor k ist. Setzt man $a = 2\pi\nu_0$, $\omega = 2\pi\nu$, so kann man auch schreiben:

$$\omega\delta = \operatorname{arctg}\frac{k\nu}{2\pi(\nu^2-\nu_0^2)}\,,\qquad R = -\frac{P}{2\pi\sqrt{4\pi^2(\nu^2-\nu_0^2)^2+k^2\nu^2}}\,. \tag{251a}$$

Die allgemeine Lösung lautet:

$$S = e^{-\frac{k}{2}t} A\sin(\beta t+\varepsilon) + R\sin\omega(t+\delta)\,. \tag{251b}$$

Sei nun das Störungsglied allgemein eine periodische Funktion $K(t)$ mit der Periode $\frac{2\pi}{\omega}$, so daß die Differentialgleichung lautet:

$$\frac{d^2S}{dt^2} + k\frac{dS}{dt} + a^2 S = K(t) \tag{244}$$

Wir können dann seine Fourierentwicklung ansetzen:

$$K(t) = \sum_{n=-\infty}^{+\infty} P_n e^{ni\omega t}\,, \tag{252}$$

und ebenso die Fourierentwicklung der partikulären Lösung:

$$S(t) = \sum_{n=-\infty}^{+\infty} R_n e^{ni\omega(t+\delta_n)} \tag{253}$$

mit

$$R_n = -\frac{P_n}{\sqrt{(n^2\omega^2-a^2)^2+k^2n^2\omega^2}}\,;\qquad \operatorname{tg} n\omega\delta_n = \frac{kn\omega}{n^2\omega^2-a^2}\,. \tag{253a}$$

Dies ergibt sich genau so wie oben, wenn wir beachten, daß wir

$$P_n e^{ni\omega t} = P_n e^{ni\omega(t+\delta_n)} e^{-ni\omega\delta_n}$$

schreiben können.

Ist endlich das Störungsglied keine periodische Funktion, so können wir es unter Voraussetzung der Konvergenz durch ein Fouriersches Integral darstellen:

$$g(t) = \frac{1}{2\pi}\int_{-\infty}^{+\infty} d\omega \int_{-\infty}^{+\infty} g(u)\, e^{-i\omega(u-t)}\, du\,,\qquad \frac{d^2S}{dt^2} + k\frac{dS}{d'} + a^2 S = g(t)\,. \tag{254}$$

Dann kann (wieder unter der Voraussetzung der Konvergenz der Integrale) ein partikuläres Integral $\bar{S}$ folgendermaßen angegeben werden:

$$\bar{S} = \frac{1}{2\pi}\int\limits_{-\infty}^{+\infty} d\omega \int\limits_{-\infty}^{+\infty} g(u)\sqrt{f(\omega)}\, e^{i\omega(t-u+\delta)}\, du\,, \tag{255}$$

$$f(\omega) = \frac{1}{(a^2-\omega^2)^2 + k^2\omega^2}\,; \qquad \delta = -\frac{1}{\omega}\operatorname{arc\,tg}\frac{k\omega}{a^2-\omega^2}\,. \tag{256}$$

21. Darstellung einfacher Schwingungsvorgänge. Eine Veranschaulichung[1]) von Größen der Art $A\sin\omega\,(t+\delta)$ kann man erhalten, indem man sie dem imaginären Teil der komplexen Zahl $A\,e^{i\omega(t+\delta)}$ gleichsetzt. Man trage in der komplexen Zahlenebene vom Ursprung aus den Vektor mit dem Betrag A auf, der den Winkel $\omega\delta$ mit der positiven x-Achse einschließt: die y-Komponente dieses Vektors ist dann gleich der Zahl $A\sin\omega\delta$ (vgl. Kap. 6, Ziff. 2). Der der Zahl $A\,e^{i\omega(t+\delta)}$ zugeordnete Vektor geht aus dem Vektor $A\,e^{i\omega\delta}$ durch Rotation mit der Winkelgeschwindigkeit ω in positivem Sinne um den Nullpunkt hervor. Seine y-Komponente ist wieder gleich $A\sin\omega\,(t+\delta)$.

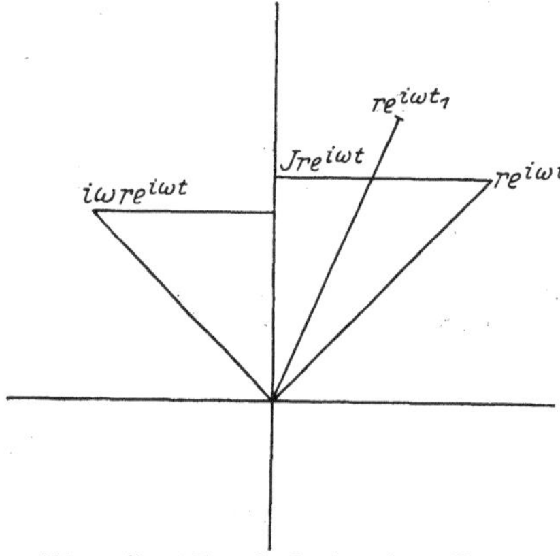

Abb. 4. Darstellung in der komplexen Ebene.

Statt des Vektors $A\,e^{i\omega\delta}$ hätten wir auch die y-Achse (und zwar im umgekehrten Sinne) um den Nullpunkt rotieren lassen können. Dann wird der Ausdruck $A\,e^{i\omega(t+\delta)}$ immer durch denselben Vektor repräsentiert. Die hier erörterte Zuordnung von Vektoren ist von besonderer Bedeutung in der Elektrotechnik, wo die Größen $A\sin\omega\,(t+\delta)$ einwellige Wechselströme darstellen.

Die Vektorsymbolik der Wechselstromtechnik operiert mit folgenden einfachen Rechenregeln: Die Summe zweier Vektoren $\mathfrak{J}_1 = J_1 e^{i\varphi_1}$ und $\mathfrak{J}_2 = J_2 e^{i\varphi_2}$ wird durch geometrische Addition gebildet. Erhält man durch Projektion des Vektors $\mathfrak{J}_1$ auf den Vektor $\mathfrak{J}_2$ den Vektor $a\mathfrak{J}_2$ und ebenso durch Projektion von $\mathfrak{J}_1$ auf den Vektor $i\mathfrak{J}_2 = J_2 e^{i\left(\varphi_2+\frac{\pi}{2}\right)}$ (der senkrecht auf $\mathfrak{J}_2$ steht) den Vektor $bi\mathfrak{J}_2$, so ergibt sich wieder durch geometrische Addition $\mathfrak{J}_1 = (a+ib)\mathfrak{J}_2$. Es ist dann die Phasenverschiebung $\operatorname{tg}(\varphi_1-\varphi_2) = \frac{b}{a}$ und das Verhältnis der Amplituden $\frac{J_1}{J_2} = \sqrt{a^2+b^2}$. Für die Differentiation des Vektors $\mathfrak{J} = J e^{i\omega(t+\delta)}$ ergibt sich $\frac{d\mathfrak{J}}{dt} = i\omega\mathfrak{J}$. Es ist dies ein Vektor, der gegen $\mathfrak{J}$ um den Winkel $\frac{\pi}{2}$ im positiven Sinne gedreht und dessen Betrag das ωfache des Betrages des Vektors $\mathfrak{J}$ ist. Analog ist $\int\mathfrak{J}\,dt = \frac{\mathfrak{J}}{i\omega} = -i\frac{\mathfrak{J}}{\omega}$ ein um $-\frac{\pi}{2}$ gegen $\mathfrak{J}$ gedrehter Vektor mit dem $\frac{1}{\omega}$fachen Betrag des Vektors J. Für das skalare Produkt der beiden Vektoren $\mathfrak{J}_1 = J_1 e^{i\varphi_1}$ und $\mathfrak{J}_2 = J_2 e^{i\varphi_2}$, also für den Ausdruck $(\mathfrak{J}_1\cdot\mathfrak{J}_2) = J_1\cdot J_2\cdot\cos(\varphi_1-\varphi_2)$ erhält man

$$(\mathfrak{J}_1\cdot\mathfrak{J}_2) = R(\mathfrak{J}_1\bar{\mathfrak{J}}_2) = R(\bar{\mathfrak{J}}_1\mathfrak{J}_2)\,.$$

[1]) Vgl. zum Folgenden Bd. XV ds. Handb., Abteilung B, Kap. 2, S. 192ff.

$R(\mathfrak{J}_1\bar{\mathfrak{J}}_2)$ ist der Realteil des gewöhnlichen Produktes der komplexen Zahlen $J_1 e^{i\varphi_1}$ und $J_2 e^{-i\varphi_2}$ (durch den Querstrich über $\mathfrak{J}_2$ soll der Übergang zur konjugiert komplexen Zahl angedeutet werden). Analog bedeutet der absolute Wert des rein imaginären Teiles der beiden Produkte den absoluten Betrag des Vektorproduktes der beiden Vektoren:

$$|[\mathfrak{J}_1\mathfrak{J}_2]| = J_1 \cdot J_2 |\sin(\varphi_1 - \varphi_2)|.$$

Beispielsweise können wir die Differentialgleichung der Stromstärke in einer Selbstinduktionsspule folgendermaßen schreiben:

$$\mathfrak{E} = \mathfrak{J} r + L\frac{d\mathfrak{J}}{dt}.$$

Dabei ist r der Ohmsche Widerstand, L die Selbstinduktion der Spule, $\mathfrak{J}$ und $\mathfrak{E}$ sind die komplexen Vektoren der Stromstärke und der Spannung. Auf Grund der obigen Überlegungen kann dies auch so geschrieben werden

$$\mathfrak{E} = (r + iL\omega)\mathfrak{J}.$$

Diese Gleichung hat die Form des Ohmschen Gesetzes; deshalb wird die komplexe Zahl $r + iL\omega$ auch Widerstandsoperator genannt.

Wie aus Abb. 5 ersichtlich, ist der Winkel φ zwischen $\mathfrak{B}$ und $\mathfrak{J}$ durch $\operatorname{tg}\varphi = \frac{L\omega}{r}$ gegeben; durch Projektion von $\mathfrak{B}$ auf die Richtung von $\mathfrak{J}$ erhalten wir den Vektor $r\mathfrak{J}$ und daraus durch Streckung den Vektor $\mathfrak{J}$. Auf diese Weise können wir auch zu einer graphischen Lösung der Aufgabe gelangen. Für weitere Beispiele aus diesem Gebiete sei auf den bereits erwähnten XV. Band ds. Handbs. sowie auf das Buch von E. ORLICH, Theorie der Wechselströme (Bd. XII der math.-phys. Schriften für Ingenieure und Studierende. Leipzig: B. G. Teubner) verwiesen.

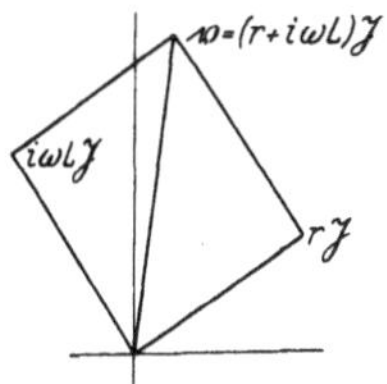

Abb. 5. Vektorsymbolische Darstellung des verallgemeinerten Ohmschen Gesetzes für Wechselströme.

22. Kleine Schwingungen eines Systems von endlich vielen Freiheitsgraden um eine Gleichgewichtslage[1]. Es sei ein System von n Freiheitsgraden mit den n Lagekoordinaten $q_1, q_2, \ldots q_n$ gegeben, das eine Gleichgewichtslage besitzen möge. Die Lagekoordinaten seien so gewählt, daß der Gleichgewichtslage die Koordinaten

$$q_1 = 0;\ q_2 = 0;\ \ldots,\ q_n = 0 \tag{257}$$

entsprechen mögen. Die kinetische und die potentielle Energie des Systems T und V sollen nicht explizit von der Zeit t abhängen. Da auch die Bindungsgleichungen des Systems nicht explizit von der Zeit t abhängen sollen, können wir die kinetische Energie T als homogene quadratische Form der $\dot{q}_i = \frac{dq_i}{dt}$ annehmen:

$$T = \tfrac{1}{2}\sum_{i,k=1}^{n} \alpha_{ik}\dot{q}_i\dot{q}_k.$$

Dabei sind die α_{ik} Funktionen der q_i. Da wir uns im folgenden auf den Fall beschränken wollen, daß die Koordinaten q_i und die Geschwindigkeiten $\dot{q}_i$ kleine Werte haben, können wir uns bei der Potenzreihenentwicklung von $\alpha_{ik}(q_1, \ldots, q_n)$ nach Potenzen von $q_1, \ldots, q_n$ auf die absoluten Glieder α_{ik} beschränken und daher näherungsweise

$$T = \tfrac{1}{2}\sum_{i,k=1}^{n} \alpha_{ik}\dot{q}_i\dot{q}_k \tag{258}$$

[1] Vgl. E. T. WHITTAKER, Analytische Dynamik, Kap. VII.

als eine homogene quadratische Funktion der $\dot{q}_i$ mit konstanten Koeffizienten α_{ik} ansetzen. Die Bewegungsgleichungen lauten:

$$\frac{d}{dt}\left(\frac{\partial L}{\partial \dot{q}_i}\right) - \frac{\partial L}{\partial q_i} = 0, \quad L = T - V, \tag{259}$$

also in unserem Falle, wo T eine Funktion der $\dot{q}_i$ allein und ebenso $V(q_1, \ldots q_n)$ eine Funktion der q_i allein ist,

$$\frac{d}{dt}\left(\frac{\partial T}{\partial \dot{q}_i}\right) + \frac{\partial V}{\partial q_i} = 0. \tag{259a}$$

Entwickeln wir nun ebenfalls $V(q_1, \ldots, q_n)$ nach Potenzen von $q_1, \ldots, q_n$, so können wir das absolute Glied fortlassen, da es in die Bewegungsgleichungen nicht eingeht. Die linearen Glieder sind in V nicht vorhanden, und zwar geht dies daraus hervor, daß für $q_1 = q_2 = \cdots = q_n = 0$ das System eine Gleichgewichtslage besitzt, daß also dort

$$\left(\frac{\partial V}{\partial q_i}\right)_0 = 0; \qquad i = 1, 2, \ldots, n$$

ist. Bei Vernachlässigung der Glieder höherer Ordnung können wir also

$$V = \tfrac{1}{2}\sum_{i,k=1}^{n} b_{ik} q_i q_k \tag{260}$$

als homogene quadratische Form in den Koordinaten q_i mit konstanten Koeffizienten b_{ik} ansetzen.

Wir machen nun von der Tatsache Gebrauch, daß T zufolge seiner Bedeutung

$$T = \tfrac{1}{2}\sum_{i=1}^{n} m_i v_i^2$$

eine positiv-definite quadratische Form ist. In diesem Falle ist es nach einem Satze der linearen Algebra (vgl. Kap. 2, Ziff. 34) immer möglich, durch eine lineare homogene Koordinatentransformation

$$q_i = \sum_{k=1}^{n} c_{ik} Q_k; \qquad i = 1, 2, \ldots, n, \tag{261}$$

zu neuen Koordinaten Q_i überzugehen, in denen die Ausdrücke für T und V die einfache Gestalt annehmen:

$$\left.\begin{aligned} T &= \tfrac{1}{2}(\dot{Q}_1^2 + \dot{Q}_2^2 + \cdots + \dot{Q}_n^2) \\ V &= \tfrac{1}{2}(\mu_1 Q_1^2 + \mu_2 Q_2^2 + \cdots + \mu_n Q_n^2) \end{aligned}\right\} \tag{262}$$

Dabei sind $\mu_1, \mu_2, \ldots, \mu_n$ die (ein- oder mehrfachen) Wurzeln der Gleichung $n$ten Grades in λ:

$$\begin{vmatrix} a_{11}\lambda - b_{11}, & a_{12}\lambda - b_{12}, & \cdots, & a_{1n}\lambda - b_{1n} \\ a_{21}\lambda - b_{21}, & a_{22}\lambda - b_{22}, & \cdots, & a_{2n}\lambda - b_{2n} \\ \cdots & \cdots & \cdots & \cdots \\ a_{n1}\lambda - b_{n1}, & a_{n2}\lambda - b_{n2}, & \cdots, & a_{nn}\lambda - b_{nn} \end{vmatrix} = 0. \tag{263}$$

$$a_{ik} = a_{ki}; \qquad b_{ik} = b_{ki}.$$

Die Wurzeln dieser Gleichung sind immer reell, wie sich zeigen läßt; also ist die Transformation in die Normalkoordinaten Q_i immer auf reelle Weise möglich. In diesen Koordinaten aber lauten die Bewegungsgleichungen:

$$\ddot{Q}_i + \mu_i Q_i = 0; \qquad i = 1, 2, \ldots, n. \tag{264}$$

Sie haben die Lösungen:

$$\left.\begin{aligned} Q_i &= A_i(\cos\sqrt{\mu_i}\,t + B_i) && \text{für } \mu_i > 0, \\ Q_i &= A_i t + B_i && \text{für } \mu_i = 0, \\ Q_i &= A_i e^{\sqrt{-\mu_i}\,t} + B e^{-\sqrt{-\mu_i}\,t} && \text{für } \mu_i < 0. \end{aligned}\right\} \tag{265}$$

Dem Falle $\mu_i > 0$ entspricht also eine unabhängige Schwingung des Systems mit der Periode $\frac{2\pi}{\sqrt{\mu_i}}$. Im Falle $\mu_i \leqq 0$ werden bei wachsendem t die höheren Potenzen von Q_i, $\dot{Q}_i$ nicht vernachlässigt werden können und daher die Voraussetzungen der bisherigen Überlegungen hinfällig.

Von besonderem Interesse ist natürlich der Fall, daß sämtliche Wurzeln u_i der Gleichung (255) positiv sind. Dies ist nur dann der Fall, wenn auch die zweite quadratische Form

$$V = \tfrac{1}{2}\sum_{i,k=1}^{n} b_{ik} q_i q_k \tag{260}$$

positiv-definit ist. In diesem Fall wird die Gleichgewichtslage $q_1 = q_2 = \cdots = q_n = 0$ als stabil bezeichnet.

IV. Randwertprobleme bei gewöhnlichen Differentialgleichungen zweiter Ordnung.

23. Die Greenschen Formeln. Der lineare Differentialausdruck $ay'' + by' + cy$, wo a, b, c, y Funktionen von x sind, hat zum adjungierten Ausdruck (vgl. Ziff. 19) $(az)'' - (bz)' + cz$; er ist daher zu sich selbst adjungiert, wenn er die Gestalt hat

$$L[y] = (py')' + qy. \tag{261}$$

Der Differentialausdruck $ay'' + by' + cy$ läßt sich auf die Form $L[z]$ bringen, wenn man die neue Veränderliche z durch die Gleichung $y = e^{\int \frac{p'-r}{p} dx}$ einführt. Sind die auftretenden Funktionen samt ihren entsprechenden Ableitungen im Intervall $x_0 \leqq x \leqq x_1$ stetig, $p > 0$, so gilt die Greensche Formel:

$$\int_{x_0}^{x_1} (zL[y] - yL[z])\,dx = p(zy' - yz')\Big|_{x_0}^{x_1}. \tag{262}$$

Die Eigenschaft, sich selbst adjungiert zu sein, ist äquivalent mit dem Bestehen der Greenschen Formel. Sich selbst adjungierte Differentialausdrücke ergeben sich bei der Variation (vgl. Kap. 11, Ziff. 6) quadratischer Differentialausdrücke von der Gestalt

$$ay'^2 + 2by'y + cy^2.$$

24. Die Greensche Funktion. Viele Probleme der mathematischen Physik führen auf die Aufgabe, eine Lösung einer linearen Differentialgleichung zweiter Ordnung zu bestimmen, die gewissen homogenen Randbedingungen genügt. Dies bedeutet: die Werte, welche die Lösung und ihre ersten Ableitungen bei Annäherung an den Rand des betrachteten Gebietes annehmen, sollen gegebene homogene lineare Bedingungsgleichungen erfüllen. Zur Lösung dieser Aufgabe benutzt man die sog. Greensche Funktion.

Als Greensche Funktion $G(x, \xi)$ des Differentialausdruckes $L[y]$ bei gegebenen homogenen Randbedingungen definiert man eine Funktion von x und ξ, welche folgenden Bedingungen genügt:

1. Sie ist eine stetige Funktion von x bei festem ξ und erfüllt die homogenen Randbedingungen.

2. Ihre erste und zweite Ableitung nach x sind überall im Intervall $[x_0 x_1]$ stetig mit Ausnahme der Stelle $x = \xi$; dort sei

$$\lim_{\varepsilon \to 0} \frac{\partial G(x, \xi)}{\partial x} \Bigg|_{x=\xi-\varepsilon}^{x=\xi+\varepsilon} = -\frac{1}{p(\xi)} \qquad (\varepsilon > 0)\,. \tag{263}$$

3. Außer an dieser Stelle $x = \xi$ genügt sie überall im Intervall der Differentialgleichung $L[G] = 0$.

Eine stetige Funktion, welche nur die Bedingungen 2. und 3. erfüllt, heißt eine Grundlösung der Differentialgleichung

$$L[y] = 0\,. \tag{264}$$

Die Greensche Funktion ist symmetrisch in Parameter und Argument, d. h. es gilt

$$G(x, \xi) = G(\xi, x)\,.$$

Ihre Anwendung beruht auf folgendem Satz: Ist $\varphi(x)$ stückweise stetig, so genügt die Funktion

$$f(x) = \int_{x_0}^{x_1} G(x, \xi)\,\varphi(\xi)\,d\xi \tag{265}$$

der Differentialgleichung

$$L[f] = -\varphi(x) \tag{266}$$

samt den Randbedingungen und umgekehrt. Daraus kann man für die Differentialgleichung vom Sturm-Liouvilleschen Typus

$$L[y] + \lambda \varrho y = g(x)\,, \tag{267}$$

wo $\varrho(x) > 0$, $g(x)$ stückweise stetig und λ ein Parameter ist, folgendes Ergebnis ablesen: Die Bestimmung einer Lösung von (267) bei den vorgegebenen Randbedingungen ist äquivalent mit der Auflösung der Integralgleichung

$$y(x) - \lambda \int_{x_0}^{x_1} G(x, \xi)\,\varrho(\xi)\,y(\xi)\,d\xi = -\int_{x_0}^{x_1} G(x, \xi)\,g(\xi)\,d\xi\,. \tag{268}$$

Sie läßt sich durch Multiplikation mit $\sqrt{\varrho(x)}$ auf eine solche mit dem symmetrischen Kern

$$K(x, \xi) = G(x, \xi)\sqrt{\varrho(x)\,\varrho(\xi)}$$

und der unbekannten Funktion $z(x) = y(x)\sqrt{\varrho(x)}$ zurückführen. Ihre Eigenfunktionen bilden ein vollständiges orthogonales Funktionensystem (vgl. Kap. 7, Ziff. 1, 2). Jede im Intervall stückweise stetige Funktion mit quadratisch integrierbarer erster Ableitung läßt sich in eine Reihe nach den Eigenfunktionen entwickeln, welche in allen von Sprungstellen freien Teilgebieten absolut und gleichmäßig konvergiert und in den Sprungstellen wie die Fouriersche Reihe das arithmetische Mittel des rechten und linken Grenzwertes darstellt (COURANT).

Bei gewissen Randbedingungen, z. B. wenn die Randbedingungen das Verschwinden der Lösung in den Endpunkten x_0 und x_1 des Intervalls fordern und außerdem $q \geqq 0$ ist, sind sämtliche Eigenwerte λ_i einfach und positiv.

Ist $\lambda_1 < \lambda_2 < \cdots$, so besitzt die zu λ_i gehörige Lösung ψ_i, die $i$te Eigenfunktion, im Intervall $x_0 \leqq x \leqq x_1$, genau $i-1$ Nullstellen außer den an den Enden gelegenen. Dies ist der Inhalt des sog. Kleinschen Oszillationstheorems.

Die Greensche Funktion wird auf folgende Weise erhalten: $y_0(x)$ sei eine Lösung von (264), die für $x = x_0$ der vorgegebenen Randbedingung genügt, $y_1(x)$ die entsprechende Lösung für $x = x_1$ und $y_0 y_1' - y_0' y_1 \neq 0$. Dann ist die Greensche Funktion gegeben durch die Formeln:

$$\left.\begin{aligned} x \leqq \xi : G(x,\xi) &= -\frac{y_0(x)\, y_1(\xi)}{p(\xi)[y_0(\xi)\, y_1'(\xi) - y_0'(\xi)\, y_1(\xi)]}, \\ x \geqq \xi : G(x,\xi) &= -\frac{y_0(\xi)\, y_1(x)}{p(\xi)[y_0(\xi)\, y_1'(\xi) - y_0'(\xi)\, y_1(\xi)]}. \end{aligned}\right\} \tag{269}$$

25. Die Greensche Funktion im erweiterten Sinn. Ist $y_0 y_1' - y_1 y_0' = 0$, so versagen diese Formeln. In diesem Fall hat die Differentialgleichung den Eigenwert $\lambda = 0$. Die zugehörige, normierte Eigenfunktion sei $\chi(x)$. Dann definieren wir die Greensche Funktion Γ im erweiterten Sinn als eine Lösung der Differentialgleichung

$$L[\Gamma] = \varrho(x)\, \chi(x)\, \chi(\xi), \tag{270}$$

die den Randbedingungen und der Sprungbedingung (263) genügt und normieren sie durch die Bedingung $\int\limits_{x_0}^{x_1} \Gamma(x,\xi)\, \varrho(\xi)\, \chi(\xi)\, d\xi = 0$. Auch Γ ist symmetrisch in Parameter und Argument. Man konstruiert die Funktion Γ wie in Ziff. 24, d. h. man greift aus der allgemeinen Lösung von (270) zwei einparametrige Scharen heraus, deren jede einer der Randbedingungen genügt. Zwei Kurven je einer der beiden Scharen fügen wir dann wie in Ziff. 24 zur Greenschen Funktion zusammen, indem wir ihre Parameter so wählen, daß der Schnittpunkt der beiden Kurven die Abszisse $x = \xi$ und die Ableitung dort den Sprung $-\frac{1}{p(\xi)}$ hat. Ist $\lambda_0 = 0$ mehrfacher Eigenwert mit den Eigenfunktionen $\chi_0(x), \chi_1(x), \ldots$, so ersetzt man die rechte Seite von (270) durch die Summe

$$\varrho(x)\,[\chi_0(x)\,\chi_0(\xi) + \chi_1(x)\,\chi_1(\xi) + \cdots].$$

Mit Hilfe der Greenschen Funktion im erweiterten Sinn läßt sich durch ähnliche Überlegungen wie in Ziff. 24 die Bestimmung einer Lösung der Sturm-Liouvilleschen Differentialgleichungen bei den vorgegebenen Randbedingungen auf die Auflösung einer entsprechenden Integralgleichung zurückführen (vgl. Hilbert, Göttinger Nachrichten 1904). Beim Entwicklungssatz hat man die zu $\lambda = 0$ gehörigen Eigenfunktionen mitzuzählen.

26. Spezielle Fälle. 1. $L[y] = y''$, $\varrho = 1$, Intervall: $-1 \leqq x \leqq +1$.

Differentialgleichung: $y'' + \lambda y = 0$.

Randbedingungen: $y(-1) = y(1)$, $y'(-1) = y'(1)$ (Periodizität)

$$\psi(x) = \frac{1}{\sqrt{2}}, \qquad \Gamma(x,\xi) = -\frac{1}{2}|x-\xi| + \frac{1}{4}(x-\xi)^2 + \frac{1}{6}$$

Eigenwerte: $\lambda_0 = 0$, $\lambda_{2n-1} = \lambda_{2n} = n^2\pi^2$ $(n = 1, 2, \ldots)$.

Eigenfunktionen: $\psi_0 = \frac{1}{\sqrt{2}}$, $\psi_{2n-1} = \cos n\pi x$, $\psi_{2n} = \sin n\pi x$

Reihenentwicklung: Fouriersche Reihe (vgl. Kap. 7, Ziff. 3, 4).

2. $L[y] = ((1 - x^2)\,y')'$, $\varrho = 1$, Intervall: $-1 \leqq x \leqq +1$.

Differentialgleichung: $(1 - x^2)y'' - 2\,x\,y' + \lambda\,y = 0$.

Randbedingungen: Endlichbleiben an beiden Endpunkten

$$\Gamma(x, \xi) = -\tfrac{1}{2}\ln[(1 - x)(1 + \xi)] + \ln 2 - \tfrac{1}{2} \quad \text{für} \quad x \leqq \xi$$
$$= -\tfrac{1}{2}\ln[(1 + x)(1 - \xi)] + \ln 2 - \tfrac{1}{2} \quad \text{für} \quad x \leqq \xi.$$

Eigenwerte: $\lambda_0 = 0$, $\lambda_n = n(n + 1)$ $(n = 1, 2, \ldots)$.

Eigenfunktionen: $\psi_0 = \dfrac{1}{\sqrt{2}}$, $\psi_n = \sqrt{n + \tfrac{1}{2}}\,P_n(x)$.

Reihenentwicklung nach zonalen Kugelfunktionen (vgl. Kap. 7, Ziff. 8, 9).

3. $L[y] = (x\,y')'$, $\varrho = x$, Intervall: $0 \leqq x \leqq 1$.

Differentialgleichung: $x\,y'' + y' + \lambda\,x\,y = 0$.

Randbedingungen: $y(0)$ endlich, $y(1) = 0$.

$$G(x, \xi) = -\ln\xi \quad \text{für} \quad x \leqq \xi$$
$$= -\ln x \quad \text{für} \quad x \geqq \xi.$$

Eigenwerte λ_n: Wurzeln der Gleichung

$$J_0\left(\sqrt{\lambda}\right) = 1 - \frac{\lambda}{2^2} + \frac{\lambda^2}{2^2 \cdot 4^2} - \frac{\lambda^3}{2^2 \cdot 4^2 \cdot 6^2} + \cdots = 0$$

Eigenfunktion: $\psi_n(x) = J_0\left(x\sqrt{\lambda_n}\right)$ (nicht normiert).

Reihenentwicklung nach Besselschen Funktionen (vgl. Kap. 7, Ziff. 13, 14).

4. $L[y] = y'' - (1 + x^2)\,y$, $\varrho = 1$,

Intervall: $-\infty < x < +\infty$.

Differentialgleichung: $y'' - (1 + x^2)\,y + \lambda\,y = 0$.

Randbedingungen: $y = 0$ für $\lim x = \pm\infty$,

$$G(x, \xi) = \frac{1}{\sqrt{\pi}}\,e^{\frac{x^2 + \xi^2}{2}} \int_{-\infty}^{x} e^{-t^2}\,dt \int_{\xi}^{\infty} e^{-t^2}\,dt \quad \text{für} \quad x \leqq \xi$$
$$= \frac{1}{\sqrt{\pi}}\,e^{\frac{x^2 + \xi^2}{2}} \int_{-\infty}^{\xi} e^{-t^2}\,dt \int_{x}^{\infty} e^{-t^2}\,dt \quad \text{für} \quad x \geqq \xi.$$

Eigenwerte: $\lambda_n = 2n + 2$ $(n = 0, 1, 2, \ldots)$.

Eigenfunktionen: $\varphi_n(x) = \dfrac{e^{-\frac{x^2}{2}}\,H_n(x)}{\sqrt{2^n\,n!\,\sqrt{\pi}}}$, $H_n(x) = (-1)^n\,e^{x^2}\,\dfrac{d^n\,e^{-x^2}}{d\,x^n}$.

Die Funktionen $H_n(x)$ heißen die Hermiteschen Polynome; sie ergeben sich als Koeffizienten von $\dfrac{t^n}{n!}$ bei der Entwicklung

$$e^{-t^2 + 2tx} = \sum_{n=0}^{\infty} \frac{H_n(x)}{n!}\,t^n.$$

Allgemein ist

$$H_n(x) = (2x)^n - \frac{n(n-1)}{1!}\,(2x)^{n-2} + \frac{n(n-1)(n-2)(n-3)}{2!}\,(2x)^{n-4} + \cdots$$

(bis zum Glied erster oder nullter Ordnung in x fortsetzen).

5. $$L[y] = (x y')' - \left(\frac{1}{2} + \frac{x}{4}\right) y, \quad \varrho = 1,$$

Intervall: $$0 \leqq x < +\infty.$$

Differentialgleichung: $$x y'' + y' - \left(\frac{1}{2} + \frac{x}{4}\right) y + \lambda y = 0,$$

Randbedingungen: regulär für $x = 0$, $y = 0$ für $\lim x = +\infty$,

$$G(x, \xi) = e^{\frac{x+\xi}{2}} \int_{\xi}^{\infty} \frac{e^{-t}}{t} dt \quad \text{für} \quad x \leqq \xi,$$

$$= e^{\frac{x+\xi}{2}} \int_{x}^{\infty} \frac{e^{-t}}{t} dt \quad \text{für} \quad x \geqq \xi.$$

Eigenwerte: $$\lambda_n = n + 1 \qquad (n = 0, 1, 2, \ldots).$$

Eigenfunktionen: $$\psi_n(x) = \frac{e^{-\frac{x}{2}} L_n(x)}{n!}, \quad L_n(x) = e^x \frac{d^n}{d x^n} (x^n e^{-x}).$$

Die Funktionen $L_n(x)$ heißen die Laguerreschen Polynome; sie ergeben sich als Koeffizienten von $\frac{t^n}{n!}$ bei der Entwicklung

$$\frac{e^{-\frac{x t}{1-t}}}{1-t} = \sum_{n=0}^{\infty} \frac{L_n(x)}{n!} t^n.$$

Allgemein ist

$$L_n(x) = (-1)^n \left[x^n - \frac{n^2}{1!} x^{n-1} + \frac{n^2 (n-1)^2}{2!} x^{n-2} + \cdots + (-1)^n n!\right].$$

Literatur: L. Bieberbach, Theorie der Differentialgleichungen. 2. Aufl. Berlin: Julius Springer 1926; A. R. Forsyth, Lehrbuch der Differentialgleichungen. 2. Aufl. Übersetzt und ergänzt von W. Jakobsthal. Braunschweig: Vieweg & Sohn 1912; J. Horn, Gewöhnliche Differentialgleichungen (Sammlung Schubert). Leipzig: Göschen 1905; J. Horn, Einführung in die Theorie der partiellen Differentialgleichungen (Sammlung Schubert). Leipzig: Göschen 1910; R. Courant u. D. Hilbert, Methoden der mathematischen Physik. Bd. I. Berlin: Julius Springer 1924; R. v. Mises u. Ph. Frank, Die Differential- und Integralgleichungen der Mechanik und Physik. 2 Bde. Braunschweig: Vieweg & Sohn 1925—1927.

Kapitel 10.

Partielle Differentialgleichungen.

Von

JOSEF LENSE, München.

Mit 4 Abbildungen.

I. Allgemeines.

1. Allgemeine Begriffe. Unter einer partiellen Differentialgleichung versteht man eine Gleichung, die außer n unabhängigen Veränderlichen $x_1, x_2, \ldots x_n$ noch m unbekannte Funktionen $z_1, z_2, \ldots z_m$ und ihre partiellen Differentialquotienten nach den x enthält. Ist p die höchste Ordnung der auftretenden Ableitungen, so heißt die Differentialgleichung von der $p$ten Ordnung. Die gesuchten Funktionen z pflegt man auch als die abhängigen Veränderlichen zu bezeichnen. Statt einer solchen Gleichung können auch mehrere gegeben sein, man spricht dann von einem System partieller Differentialgleichungen. Ein System von Funktionen z, welches den Gleichungen genügt, heißt ein Lösungssystem oder partikuläres Integral, das allgemeinste derartige Lösungssystem das allgemeine Integral. Es enthält eine bestimmte Anzahl willkürlicher Funktionen (vgl. Ziff. 4, 6, 10, 13). Ein System partieller Differentialgleichungen vollständig integrieren heißt, alle seine Lösungen aufstellen.

Man kann die willkürlichen Funktionen dazu benutzen, um zu erreichen, daß die Lösungen z und gewisse ihrer Ableitungen entweder für bestimmte Werte einiger der Veränderlichen x vorgegebene Funktionen der übrigen x werden (Anfangsproblem oder Problem von Cauchy, vgl. Ziff. 10, 13) oder auf gewissen Mannigfaltigkeiten (Berandungen von Raumteilen) vorgegebene Funktionen der x werden (Randwertproblem, vgl. Ziff. 16, 19, 21, 23, 25—29, 34, 35).

2. Integrabilitätsbedingungen. Es soll im folgenden der allgemeinste Fall eines Systems von partiellen Differentialgleichungen beliebig hoher Ordnung für mehrere unbekannte Funktionen besprochen werden. Es seien gegeben q sich nicht widersprechende, unabhängige Gleichungen zwischen den n unabhängigen Veränderlichen $x_1, x_2, \ldots x_n$, den m abhängigen Veränderlichen (den zu bestimmenden Funktionen) $z_1, z_2, \ldots z_m$ und ihren partiellen Ableitungen nach den x bis zur $p$ten Ordnung. Führt man die Ableitungen bis zur $(p-1)$ten Ordnung als neue abhängige Veränderliche u ein, so enthält das erweiterte System nur die ersten Ableitungen der z und u. Ein System mit mehr Gleichungen als Unbekannten $(q > m)$ hat im allgemeinen kein gemeinsames Lösungssystem.

Neben den Gleichungen des Systems müssen auch jene bestehen, die durch beliebig oftmalige Differentiation nach den x aus ihnen entstehen. Dabei treten immer höhere partielle Ableitungen der z auf. Wenn man genügend oft differenziert, erhält man schließlich im allgemeinen immer mehr Ableitungen (einschließlich der z selbst) als unabhängige Gleichungen. Durch Elimination dieser Ableitungen und der z würden sich also Beziehungen zwischen den x allein ergeben, gegen die Voraussetzung, daß die x unabhängige Veränderliche sind. Nur wenn diese Beziehungen identisch erfüllt sind, ist kein Widerspruch vorhanden. Die bei diesem Eliminationsverfahren sich ergebenden Gleichungen, deren Bestehen für die Existenz gemeinsamer Lösungen im allgemeinen erforderlich sind, heißen die Integrabilitätsbedingungen des Systems.

Beispiel:

$$\frac{\partial z}{\partial x} = f(x, y), \qquad \frac{\partial z}{\partial y} = g(x, y),$$

sei das gegebene System, z die abhängige, x, y die unabhängigen Veränderlichen. Hier lauten die Integrabilitätsbedingungen:

$$\frac{\partial f}{\partial y} = \frac{\partial g}{\partial x}.$$

3. Systeme in der Normalform. Darunter versteht man Systeme, die folgende Bedingungen erfüllen:

1. $q = m$.

2. Wenn das System die Ableitungen von z_1, z_2, ... z_m bzw. bis zu den Ordnungen r_1, r_2, ... r_m enthält, so soll es auflösbar sein nach

$$\frac{\partial^{r_1} z_1}{\partial x_1^{r_1}}, \ldots, \frac{\partial^{r_m} z_m}{\partial x_1^{r_m}},$$

d. h. nach den höchsten Ableitungen, genommen nach derselben Veränderlichen x. Die rechten Seiten der aufgelösten Gleichungen sollen analytische Funktionen der x, z und der auftretenden Ableitungen sein, d. h. sie sollen in der Umgebung einer bestimmten Stelle Potenzreihen in den auftretenden Veränderlichen und ihren Ableitungen sein. In diesem Falle existieren immer gemeinsame Lösungssysteme z; dies System ist, wie man sagt, integrabel. Man kann dabei als Anfangsbedingungen noch vorschreiben, daß die z samt ihren Ableitungen bis zur Ordnung $r_1 - 1$, ... $r_m - 1$ für ein bestimmtes x_1 willkürliche Funktionen der übrigen x sind. Dadurch ist das Lösungssystem dann eindeutig bestimmt. Der Satz rührt von CAUCHY her und wurde von Frau KOWALEWSKI in besonders eleganter Weise bewiesen. Die Integration erfolgt durch Potenzreihen, deren Koeffizienten nach der Methode der Koeffizientenvergleichung gefunden werden.

Wie man in Fällen, die sich nicht auf diese Normalform bringen lassen, die Integrabilitätsbedingungen in systematischer Weise aufstellen kann, soll hier nicht besprochen werden, da dies viel zu weit führen würde; ebenso die Beantwortung der Frage, welche willkürlichen Funktionen in den Lösungen auftreten, mit anderen Worten, welche Anfangsbedingungen vorgeschrieben werden können. Vgl. hierzu das in Ziff. 54 zitierte Buch von CH. RIQUIER.

II. Lineare partielle Differentialgleichungen erster Ordnung.

4. Homogene Differentialgleichungen. Unter einer homogenen linearen partiellen Differentialgleichung versteht man eine Gleichung von der Gestalt:

$$\sum_{i=1}^{n} X_i \frac{\partial z}{\partial x_i} = 0.$$

Dabei bedeuten die X_i Funktionen der unabhängigen Veränderlichen $x_1, x_2, \ldots, x_n$, die nicht gleichzeitig identisch verschwinden. Sie sollen bei reellen Veränderlichen x in einem bestimmten Bereich entsprechend oft differenzierbar, bei komplexen Veränderlichen x analytisch sein. Diese Voraussetzung über den Charakter der Funktionen soll für alle in diesem Kapitel auftretenden Funktionen festgehalten werden, solange nicht speziellere Annahmen ausdrücklich gemacht werden. Die linke Seite der Gleichung bezeichnen wir kurz mit $X(z)$. Für den Operator $X(z)$ gelten folgende Rechenregeln:

$$\begin{aligned} X(\varphi + \psi) &= X(\varphi) + X(\psi), \qquad (1)\\ X(\varphi\psi) &= \psi X(\varphi) + \varphi X(\psi), \\ X[F(\varphi, \psi, \ldots)] &= \frac{\partial F}{\partial \varphi} X(\varphi) + \frac{\partial F}{\partial \psi} X(\psi) + \cdots, \\ X(\text{konst.}) &= 0, \end{aligned}$$

worin $\varphi, \psi, \ldots,$ Funktionen von $x_1, x_2, \ldots, x_n$ sind. Die Integration von (1) vollzieht sich in folgender Weise: Man bildet das System gewöhnlicher Differentialgleichungen:

$$\frac{dx_1}{X_1} = \frac{dx_2}{X_2} = \cdots = \frac{dx_n}{X_n}. \qquad (2)$$

Seine Integralkurven heißen die Charakteristiken von (1). Es hat $n - 1$ unabhängige Integrale:

$$\varphi_1(x_1, \ldots, x_n) = c_1, \ldots, \varphi_{n-1}(x_1, \ldots, x_n) = c_{n-1}. \qquad (3)$$

Jede Funktion φ ist Lösung von (1), ein sog. partikuläres Integral.

Die allgemeinste Lösung von (1), das sog. allgemeine Integral, ist eine willkürliche Funktion von $\varphi_1, \varphi_2, \ldots, \varphi_{n-1}$, nämlich $z = \Phi(\varphi_1, \varphi_2, \ldots, \varphi_{n-1})$. Es gibt nur $n - 1$ unabhängige Integrale. Das allgemeine Integral enthält also eine willkürliche Funktion.

Beispiel: Die Differentialgleichung eines geraden Konoids mit der Leitebene $z = 0$ und der Leitgeraden $x = y = 0$ lautet: $x\frac{\partial z}{\partial x} + y\frac{\partial z}{\partial y} = 0$; die Charakteristikengleichungen $\frac{dx}{x} = \frac{dy}{y}$ haben das Integral $\frac{y}{x} = c$, daher ist $z = \Phi\left(\frac{y}{x}\right)$ die Gleichung des Konoids.

5. Jacobischer Multiplikator[1]**.** Darunter versteht man eine Funktion $M(x_1, x_2, \ldots, x_n)$, so daß

$$M X(z) = \frac{\partial(u_1, \ldots, u_{n-1}, z)}{\partial(x_1, \ldots, x_n)}, \qquad (4)$$

wobei die u Funktionen der x sind[2]. Jede Differentialgleichung (1) hat unendlich viele Multiplikatoren. Sie ergeben sich als Integrale von

$$\sum_{i=1}^{n} \frac{\partial(M X_i)}{\partial x_i} = 0. \qquad (5)$$

Aus einem Multiplikator erhält man alle anderen Multiplikatoren durch Multiplikation mit dem allgemeinen Integral der Gleichung (1). Bei Einführung neuer Veränderlicher

$$x_i = f_i(y_1, y_2, \ldots, y_n) \qquad (i = 1, 2, \ldots, n),$$

[1]) Vgl. Kap. 9, Ziff. 7.

[2]) Wir haben es hier mit einer sinngemäßen Verallgemeinerung des entsprechenden Begriffes bei gewöhnlichen Differentialgleichungen zu tun (vgl. Kap. 9, Ziff. 4).

mit einer von Null verschiedenen Funktionaldeterminante $\frac{\partial(x_1, \ldots, x_n)}{\partial(y_1, \ldots, y_n)}$ transformiert sich Gleichung (1) in

$$\sum_{i=1}^{n} X(y_i) \frac{\partial z}{\partial y_i} = 0. \tag{6}$$

$$M' = M \frac{\partial(x_1, \ldots, x_n)}{\partial(y_1, \ldots, y_n)} \tag{7}$$

ist ein Multiplikator der transformierten Gleichung (6).

Kennt man $n-2$ unabhängige Integrale $u_1, u_2, \ldots, u_{n-2}$ von (1) und einen Multiplikator, so ist damit die Integration der Differentialgleichung auf Quadraturen zurückgeführt (Prinzip des letzten Multiplikators). Wir führen nämlich $u_1, u_2, \ldots, u_{n-2}$ und dazu noch zwei willkürliche Funktionen y_1, y_2 als neue Veränderliche ein. Dann wird (6) wegen $X(u_i) = 0$

$$X(y_1) \frac{\partial z}{\partial y_1} + X(y_2) \frac{\partial z}{\partial y_2} = 0.$$

Nach (5) ist

$$\frac{\partial[M'X(y_1)]}{\partial y_1} + \frac{\partial[M'X(y_2)]}{\partial y_2} = 0,$$

daher $M'X(y_2)\,dy_1 - M'X(y_1)\,dy_2$ das vollständige Differential[1]) einer durch Quadraturen bestimmbaren Funktion u_{n-1}; damit ist das letzte Integral von (1) gefunden.

Beispiel: Die sog. Jacobische Differentialgleichung $y'' = f(x, y)$ ist äquivalent mit dem System

$$\frac{dx}{1} = \frac{dy}{y'} = \frac{dy'}{f(x, y)}.$$

Es liefert die Charakteristiken der Differentialgleichung

$$\frac{\partial z}{\partial x} + y' \frac{\partial z}{\partial y} + f(x, y) \frac{\partial z}{\partial y'} = 0.$$

Sie hat nach (5) den Multiplikator 1. Sei nun

$$\varphi(x, y, y') = C \qquad \text{oder} \qquad y' = \psi(x, y, C)$$

ein Integral des Systems. Wir führen als neue Veränderliche ein: $x = x$, $y = y$, $u_1 = \varphi(x, y, y')$. Aus der letzten Gleichung ergibt sich $y' = \psi(x, y, u_1)$, ferner ist $M' = \frac{\partial \psi}{\partial C}$; dann ist

$$\frac{\partial \psi}{\partial C}(\psi\,dx - dy) = du_2,$$

u_2 läßt sich durch Quadraturen bestimmen und ist das gesuchte zweite Integral.

6. Inhomogene Gleichungen. Eine lineare partielle Differentialgleichung erster Ordnung heißt inhomogen oder vollständig, wenn sie die Gestalt hat:

$$\sum_{i=1}^{n} X_i \frac{\partial z}{\partial x_i} = Z, \tag{8}$$

wobei die X_i und Z Funktionen von $x_1, x_2, \ldots, x_n$ und z sind. Man führt sie durch folgenden Kunstgriff auf homogene Gleichungen zurück: Wir denken uns die Lösung z von (8) implizit durch eine Gleichung

$$F(z, x_1, x_2, \ldots, x_n) = 0$$

[1]) Vgl. Ziff. 52, Beispiel und Kap. 1, Ziff. 20.

gegeben. Dann ist

$$\frac{\partial z}{\partial x_i} = -\frac{\frac{\partial F}{\partial z}}{\frac{\partial F}{\partial x_i}},$$

daher wird aus (8)

$$\sum_{i=1}^{n} X_i \frac{\partial F}{\partial x_i} + Z\frac{\partial F}{\partial z} = 0. \tag{9}$$

Das ist aber eine homogene Gleichung für die unbekannte Funktion F in den Veränderlichen $z, x_1, \ldots, x_n$. Sind daher $\varphi_1(x_1, \ldots, x_n, z) = c_1, \ldots, \varphi_n(x_1, \ldots, x_n, z) = c_n$, n unabhängige Integrale ihrer Charakteristikengleichungen

$$\frac{dx_1}{X_1} = \frac{dx_2}{X_2} = \cdots = \frac{dx_n}{X_n} = \frac{dz}{Z}, \tag{10}$$

so ist nach Ziff. 4: $F = \Phi(\varphi_1, \varphi_2, \ldots \varphi_n)$. Man erhält sonach das allgemeine Integral von (8) durch Auflösung der Gleichung

$$\Phi[\varphi_1(x_1, \ldots, x_n, z), \ldots, \varphi_n(x_1, \ldots, x_n, z)] = 0$$

nach z. Das allgemeine Integral enthält hiermit so wie bei den homogenen Gleichungen eine willkürliche Funktion. Daneben können noch sog. singuläre Integrale existieren, nämlich ev. vorhandene gemeinsame Lösungen z der Gleichungen

$$X_i(z, x_1, \ldots, x_n) = 0, \qquad (i = 1, 2, \ldots, n), \qquad Z(z, x_1, \ldots, x_n) = 0. \tag{11}$$

Beispiele: 1. Differentialgleichung eines Zylinders, dessen Achsenrichtung die Richtungsparameter (a, b, c) hat:

$$a\frac{\partial z}{\partial x} + b\frac{\partial z}{\partial y} = 1.$$

Charakteristiken: $\frac{dx}{a} = \frac{dy}{b} = \frac{dz}{1}$,

Integrale: $x - az = c_1, \quad y - bz = c_2$,

Gleichung des Zylinders: $\Phi(x - az,\ y - bz) = 0$.

2. Kegel, dessen Scheitel die Koordinaten (a, b, c) hat.

Differentialgleichung: $(x - a)\frac{\partial z}{\partial x} + (y - b)\frac{\partial z}{\partial y} = z - c$.

Charakteristiken: $\frac{dx}{x - a} = \frac{dy}{y - b} = \frac{dz}{z - c}$,

Integrale: $\frac{x - a}{z - c} = c_1, \quad \frac{y - b}{z - c} = c_2$,

Gleichung des Kegels: $\Phi\left(\frac{x - a}{z - c}, \frac{y - b}{z - c}\right) = 0$.

3. Rotationsfläche, deren Achse durch den Koordinatenanfangspunkt in der Richtung mit den Parametern (a, b, c) geht.

Differentialgleichung: $(cy - bz)\frac{\partial z}{\partial x} + (az - cx)\frac{\partial z}{\partial y} = bx - ay$,

Charakteristiken: $\frac{dx}{cy - bz} = \frac{dy}{az - cx} = \frac{dz}{bx - ay}$,

Integrale: $ax + by + cz = c_1, \quad x^2 + y^2 + z^2 = c_2$,

Gleichung der Fläche: $\Phi(ax + by + cz,\ x^2 + y^2 + z^2) = 0$.

III. Allgemeine partielle Differentialgleichungen erster Ordnung.

7. Geometrische Deutung. Elementarkegel. Die allgemeine partielle Differentialgleichung erster Ordnung hat die Gestalt

$$F(z, x_1, x_2, \ldots, x_n, p_1, p_2, \ldots, p_n) = 0. \tag{12}$$

Dabei sind $x_1, x_2, \ldots, x_n$ die unabhängigen Veränderlichen, z ist die gesuchte abhängige Veränderliche, $p_i = \frac{\partial z}{\partial x_i}$ $(i = 1, 2, \ldots, n)$. Wir deuten $z, x_1, x_2, \ldots, x_n$ als kartesische Koordinaten eines euklidischen R_{n+1} (vgl. Kap. 3, Ziff. 25 und Kap. 5, Ziff. 20). Die Gleichung einer Hyperebene durch den Punkt $(z, x_1, x_2, \ldots, x_n)$ in laufenden Koordinaten $\zeta, \xi_1, \xi_2, \ldots, \xi_n$ lautet:

$$\zeta - z = \sum_{i=1}^{n} p_i(\xi_i - x_i). \tag{13}$$

Dabei sind $p_1, p_2, \ldots, p_n, -1$ die Richtungsparameter der Normalen. Ist

$$z = f(x_1, x_2, \ldots, x_n) \tag{14}$$

eine Lösung von (12), eine sog. Integralhyperfläche und $p_i = \frac{\partial z}{\partial x_i}$, so ist (13) die Tangentialhyperebene von (14) im Punkte $(z, x_1, x_2, \ldots, x_n)$. Nach (13) wird durch das Wertesystem $(z, x_1, x_2, \ldots, x_n, p_1, p_2, \ldots, p_n)$ ein Punkt samt hindurchgehender Hyperebene, ein sog. Hyperflächenelement gegeben. Hält man den Punkt $P(z, x_1, \ldots, x_n)$ fest, so wird durch die Gleichung (12) aus allen ∞^n Hyperflächenelementen[1]), die durch P gehen, eine Schar von ∞^{n-1} herausgegriffen, die einen n-dimensionalen Kegel umhüllen, dessen Scheitel in P liegt. Er heißt der zum Punkt P gehörige Elementarkegel oder Mongesche Kegel der Gleichung (12). Bei linearen Gleichungen artet er in ein Ebenenbüschel aus.

Geometrisch bedeutet also die Integration von (12) nichts anderes als Hyperflächen zu finden, die in jedem Punkt den zugehörigen Elementarkegel berühren.

A. CAUCHY hat nun gezeigt, daß man diese Integralhyperflächen aus Kurven, den sog. Charakteristiken, aufbauen kann, die Integralkurven eines leicht anzugebenden Systems gewöhnlicher Differentialgleichungen sind.

8. Methode von CAUCHY. Charakteristiken. Man definiert die Charakteristiken als Kurven auf einer Integralhyperfläche, welche in jedem Punkt den Elementarkegel längs einer Mantellinie berühren, so zwar, daß jede Integralhyperfläche, die einen Punkt der Charakteristik enthält, die ganze Kurve enthält. Eine Mantellinie eines n-dimensionalen Kegels ist die Grenzlage des Schnittes von n benachbarten Tangentialhyperebenen. Aus dieser Definition ergibt sich mit Rücksicht auf die Tatsache, daß die Charakteristiken auf den Integralhyperflächen liegen, folgendes System gewöhnlicher Differentialgleichungen für diese Kurven:

$$\frac{dx_i}{dt} = P_i, \quad \frac{dz}{dt} = \sum_{\alpha=1}^{n} P_\alpha p_\alpha, \quad \frac{dp_i}{dt} = -(X_i + Z p_i), \quad (i = 1, 2, \ldots, n) \tag{15}$$

wobei

$$P_i = \frac{\partial F}{\partial p_i}, \qquad X_i = \frac{\partial F}{\partial x_i}, \qquad Z = \frac{\partial F}{\partial z}$$

bedeutet. t ist ein Parameter auf der Charakteristik. Durch Integration dieses Systems erhält man z, x_i, p_i als Funktionen von t, die für $t = 0$ gewisse Anfangs-

[1]) ∞^n heißt, sie hängen stetig von n unabhängigen Parametern ab.

werte annehmen. Wir bezeichnen diese Anfangswerte mit z^0, x_i^0, p_i^0. Sie müssen so gewählt werden, daß sie der Differentialgleichung (12) genügen. Ferner dürfen die rechten Seiten der Gleichungen (15) nicht gleichzeitig verschwinden, wenn man in sie die Werte z^0, x_i^0, p_i^0 einsetzt. Sonst würde sich ja als Lösung des Systems (15)

$$z = z^0, x_i = x_i^0, p_i = p_i^0$$

ergeben, d. h. die Charakteristik würde sich auf einen Punkt reduzieren. Ein solches Wertsystem, das der Gleichung (12) genügt und die rechten Seiten von (15) zu Null macht, nennt man ein singuläres Integralhyperflächenelement. Die anderen Wertsysteme, die der Gleichung (12) genügen und die rechten Seiten von (15) nicht zu Null machen, heißen nichtsinguläre Integralhyperflächenelemente.

Verwendet man ein solches nichtsinguläres Element für die Anfangswerte von z, x_i, p_i bei der Integration des Systems (15), so erhält man z, x_i, p_i als Funktionen des Parameters t, d. h. eine Schar von ∞^1 Hyperflächenelementen längs der Charakteristik, die sämtlich der Gleichung (12) genügen, also Integralhyperflächenelemente. $-1, p_1, p_2, \ldots, p_n$ sind die Richtungsparameter ihrer Normalen. In jedem Punkte der Charakteristik ist also ein Integralhyperflächenelement gegeben. Man bezeichnet dieses Gebilde, die Charakteristik samt den Integralhyperflächenelementen in jedem ihrer Punkte, als charakteristischen Streifen. Die Differentialgleichungen (15) sind also die Differentialgleichungen der charakteristischen Streifen. Eines ihrer Integrale ist $F =$ konst.

Wie es sein muß, ergeben sich aus (15) speziell für lineare Differentialgleichungen die Gleichungen (10) von Ziff. 6. Zwei Integralhyperflächen, die ein Hyperflächenelement eines charakteristischen Streifens gemeinsam haben, berühren sich längs des ganzen, durch dieses Element eindeutig bestimmten Streifens.

9. Mongesche und Hamiltonsche Gleichung. Man kann nach Ziff. 7 die Gleichung (12) als Gleichung des Elementarkegels, geschrieben in den Hyperebenenkoordinaten[1]) $p_1, p_2, \ldots p_n$, auffassen. Will man diese Gleichung in Punkt- oder homogenen Strahlenkoordinaten darstellen, so hat man so vorzugehen:

Wir suchen Kurven, die in jedem Punkte eine Mantellinie des zu ihm gehörigen Elementarkegels berühren. Bedeuten also

$$x_i = x_i(t)\,, \qquad (i = 1, 2, \ldots, n), \qquad z = z(t) \tag{16}$$

die Gleichungen einer solchen Kurve, so muß nach Ziff. 8 gelten

$$\frac{dx_i}{dt} = \frac{\partial F}{\partial p_i} (i = 1, 2, \ldots, n), \qquad \frac{dz}{dt} = \sum_{\alpha=1}^{n} p_\alpha \frac{\partial F}{\partial p_\alpha}$$

oder

$$dx_1 : dx_2 : \ldots : dx_n : dz = \frac{\partial F}{\partial p_1} : \frac{\partial F}{\partial p_2} : \ldots : \frac{\partial F}{\partial p_n} : \sum_{\alpha=1}^{n} p_\alpha \frac{\partial F}{\partial p_\alpha}.$$

Wir berechnen aus diesen Gleichungen die p_i als Funktionen der x_i, z, dx_i, dz. Sie sind homogen in den dx_i und dz. Setzt man diese Funktionen in die Gleichung (12) ein, so erhält man sie in der gewünschten Gestalt

$$\Phi(x_1, x_2, \ldots, x_n, z, dx_1, dx_2, \ldots, dx_n) = 0\,. \tag{17}$$

[1]) Siehe Kap. 3, Ziff. 5 und Kap. 1, Ziff. 25.

Sie ist homogen in den dx_i und dz und heißt die zur Gleichung (12) gehörige Mongesche Gleichung, während man die Gleichung (12) als die zu (17) gehörige Hamiltonsche Gleichung zu bezeichnen pflegt. Die Mongesche Gleichung ist hiernach nichts anderes als die Gleichung des Elementarkegels, geschrieben in den homogenen Strahlenkoordinaten $dx_1, dx_2, \ldots, dx_n, dz$ (die dx_i und dz sind ja als Richtungsparameter der Kurve (16) homogene Strahlenkoordinaten], die Hamiltonsche Gleichung die Gleichung des Elementarkegels, geschrieben in den inhomogenen Hyperebenenkoordinaten $p_1, p_2, \ldots, p_n$.

10. Allgemeines, vollständiges und singuläres Integral. Der Aufbau einer Integralhyperfläche geschieht nun in folgender Weise: Es sei eine beliebige $(n-1)$-dimensionale Mannigfaltigkeit V_{n-1} [1]) gegeben, die keine Charakteristiken enthält. Durch jeden ihrer Punkte legt man ein Hyperflächenelement, das gleichzeitig die V_{n-1} und den Elementarkegel des betreffenden Punktes berührt. Es ist durch diese Bedingungen eindeutig bestimmt. Die von jedem dieser ∞^{n-1} Hyperflächenelemente ausgehenden Streifen bilden eine Integralhyperfläche, die eindeutig bestimmt ist und allgemeines Integral heißt, weil es durch eine allgemeine V_{n-1} geht (Cauchysches Problem). Alle von einem Punkt ausgehenden charakteristischen Streifen erzeugen ebenfalls eine Integralhyperfläche. Sie hängt von $n+1$ Parametern ab, den Koordinaten des Punktes. Hält man einen davon fest, so entsteht eine Schar von ∞^n Integralhyperflächen, das sog. vollständige Integral. Bildet man diese Integralhyperflächen für alle Punkte der V_{n-1}, so werden sie von dem allgemeinen Integral eingehüllt. Zwei benachbarte schneiden sich in einer Kurve, deren Grenzlage eine Charakteristik ist [daher der Name [2])]. Falls das System der Integralhyperflächen eines vollständigen Integrals eine gemeinsame Einhüllende hat, so besteht sie aus lauter singulären Integralhyperflächenelementen und heißt singuläres Integral.

Der Name vollständiges Integral rührt daher, daß sich aus einem solchen Integral, das durch die Gleichung

$$\Phi(z, x_1, x_2, \ldots, x_n, a_1, a_2, \ldots, a_n) = 0 \tag{18}$$

(die a bedeuten n unabhängige Parameter) gegeben sei, jede Lösung z der Gleichung (12) herleiten läßt. Wir setzen nämlich ν willkürliche, unabhängige Beziehungen zwischen den a an:

$$\Psi_\beta(a_1, a_2, \ldots, a_n) = 0\,, \qquad (\beta = 1, 2, \ldots, \nu), \tag{19}$$

wo $1 \leqq \nu \leqq n$, und eliminieren die a und λ aus den Gleichungen (18), (19) und

$$\frac{\partial \Phi}{\partial a_i} = \sum_{\beta=1}^{\nu} \lambda_\beta \frac{\partial \psi_\beta}{\partial a_i}\,, \qquad (i = 1, 2, \ldots, n). \tag{20}$$

---

1) Vgl. Kap. 1, Ziff. 25.

2) Man nennt nämlich die Grenzlage der Schnittkurve zweier benachbarter Flächen eines Systems von ∞^1 Flächen nach Monge eine Charakteristik, die Grenzlage des Schnittpunktes dreier benachbarter Flächen des Systems einen Grenzpunkt. Der Grenzpunkt kann somit auch als Grenzlage des Schnittpunktes zweier benachbarter Charakteristiken aufgefaßt werden. Die Gesamtheit aller Charakteristiken heißt die einhüllende Fläche des Systems. Sie berührt jede Fläche des Systems in ihrer Charakteristik. Die Gesamtheit aller Grenzpunkte heißt die Gratlinie oder Rückkehrkurve des Systems. Sie berührt in jedem Grenzpunkt die zugehörige Charakteristik. Sind die Flächen des Systems durch $F(x, y, z, \alpha) = 0$ (α = Parameter) gegeben, so lauten die Gleichungen der Charakteristiken: $F = 0$, $\frac{\partial F}{\partial \alpha} = 0$. Die Koordinaten der Grenzpunkte erhält man aus den Gleichungen: $F = 0$, $\frac{\partial F}{\partial \alpha} = 0$, $\frac{\partial^2 F}{\partial \alpha^2} = 0$. Eliminiert man aus den beiden ersten Gleichungen den Parameter α, so bekommt man die Gleichung der Einhüllenden. Diese Betrachtungen lassen sich auf den R_n verallgemeinern. Vgl. auch Kap. 4, Ziff. 15.

Dadurch erhält man z als eine Funktion der x, die noch die ν willkürlichen Funktionen ψ enthält. Es ist die allgemeinste Lösung von (12) und heißt daher das allgemeine Integral. Für $\nu = n$ werden die a nach (19) Konstante, man erhält wieder das vollständige Integral. Die Maximalzahl der willkürlichen Funktionen ist also $n - 1$. Die Elimination der a aus den Gleichungen (18) und

$$\frac{\partial \Phi}{\partial a_i} = 0 \qquad (i = 1, 2, \ldots, n) \tag{21}$$

liefert, wenn sie überhaupt möglich ist, z als eine Funktion der x, die nichts Willkürliches mehr enthält. Diese Lösung heißt das singuläre Integral, weil sie sich nicht als spezieller Fall aus dem allgemeinen ergibt.

11. Methode von LAGRANGE. Für $n = 2$ hat LAGRANGE eine sehr einfache Methode zur Bestimmung eines vollständigen Integrals ersonnen:

Die Differentialgleichung laute

$$F(x, y, z, p, q) = 0, \qquad p = \frac{\partial z}{\partial x}, \qquad q = \frac{\partial z}{\partial y}. \tag{22}$$

Wir nehmen eine zweite Gleichung

$$\Phi(x, y, z, p, q) = a \qquad (a = \text{konst.}) \tag{23}$$

hinzu (über Φ wird später Näheres verfügt werden) und lösen (22) und (23) nach p und q auf. Die so erhaltenen Werte setzen wir in $dz = p\,dx + q\,dy$ ein und bekommen

$$dz = \varphi(x, y, z, a)\,dx + \psi(x, y, z, a)\,dy. \tag{24}$$

Φ sei nun so beschaffen, daß die rechte Seite von (24) ein totales Differential wird, daß also

$$\frac{\partial \varphi}{\partial y} + q\frac{\partial \varphi}{\partial z} = \frac{\partial \psi}{\partial x} + p\frac{\partial \psi}{\partial z}.$$

Die Integration von (24) liefert (vgl. Ziff. 52)

$$f(x, y, z, a) = b \qquad \text{oder} \qquad f(x, y, z, a, b) = 0 \qquad (b = \text{konst.}), \tag{25}$$

das gesuchte vollständige Integral. Das allgemeine Integral erhält man durch Elimination von a und b aus

$$f(x, y, z, a, b) = 0, \qquad b = g(a), \qquad \frac{\partial f}{\partial a} + \frac{\partial f}{\partial b} g'(a) = 0, \tag{26}$$

wo $g(a)$ eine willkürliche Funktion ist, das evtl. vorhandene singuläre Integral durch Elimination von a und b aus den Gleichungen:

$$f(x, y, z, a, b) = 0, \qquad \frac{\partial f}{\partial a} = 0, \qquad \frac{\partial f}{\partial b} = 0. \tag{27}$$

Beispiele. 1. $F(y, p, q) = 0$.

Wir nehmen dazu $p = a$ und erhalten $q = f(y, a)$, $dz = a\,dx + f(y, a)\,dy$, $z = ax + \int f(y, a)\,dy + b$.

2. $F(z, p, q) = 0$.

Wir nehmen dazu $q = ap$ und erhalten

$$p = f(z, a), \quad q = af(z, a), \quad dz = f(z, a)\,(dx + a\,dy), \quad \int \frac{dz}{f(z, a)} = x + ay + b.$$

3. $f(x, p) = g(y, q)$ (getrennte Veränderliche).

Wir setzen $f(x, p) = a$ und erhalten $p = \varphi(x, a)$, $q = \psi(y, a)$, $z = \int \varphi(x, a)\,dx + \int \psi(y, a)\,dy + b$.

12. Methode von JACOBI. Wir eliminieren z durch den Kunstgriff aus Ziff. 6, d. h. wir denken uns z durch die Gleichung

$$V(z, x_1, x_2, \ldots x) = 0 \tag{28}$$

definiert, haben daher

$$p_i = -\frac{\dfrac{\partial V}{\partial z}}{\dfrac{\partial V}{\partial x_i}} \qquad (i = 1, 2, \ldots n)$$

und statt (28)

$$\Phi\left((z, x_1, x_2, \ldots, x_n, \frac{\partial V}{\partial z}, \frac{\partial V}{\partial x_1}, \frac{\partial V}{\partial x_2}, \ldots, \frac{\partial V}{\partial x_n}\right) = 0. \tag{29}$$

V ist jetzt abhängige Variable, $z, x_1, x_2, \ldots x_n$ sind die unabhängigen Variablen. Aus (29) ergibt sich durch Auflösen nach $\frac{\partial V}{\partial z}$

$$\frac{\partial V}{\partial z} + H\left((z, x_1, x_2, \ldots, x_n, \frac{\partial V}{\partial x_1}, \frac{\partial V}{\partial x_2}, \ldots, \frac{\partial V}{\partial x_n}\right) = 0. \tag{30}$$

Wir ersetzen $\partial V/\partial x_i$ durch die Variable p_i $(i = 1, 2, \ldots, n)$ (nicht zu verwechseln mit den früheren p_i) und bezeichnen $H(z, x_1, x_2, \ldots, x_n, p_1, p_2, \ldots, p_n)$ kurz mit H. Die Differentialgleichungen der Charakteristiken von (30) lauten nach (15):

$$\left.\begin{aligned} &\frac{dz}{dt} = 1, \quad \frac{dx_i}{dt} = \frac{\partial H}{\partial p_i}, \quad \frac{d\left(\frac{\partial V}{\partial z}\right)}{dt} = -\frac{\partial H}{\partial z}, \quad \frac{dp_i}{dt} = -\frac{\partial H}{\partial x_i}, \\ &\frac{dV}{dt} = \sum_{\alpha=1}^{n} p_\alpha \frac{\partial H}{\partial p_\alpha} - H \qquad (i = 1, 2, \ldots, n). \end{aligned}\right\} \tag{31}$$

Wir können also $t = z$ setzen. Wir integrieren das sog. kanonische System

$$\frac{dx_i}{dt} = \frac{\partial H}{\partial p_i}, \quad \frac{dp_i}{dt} = -\frac{\partial H}{\partial x_i} \qquad (i = 1, 2, \ldots, n). \tag{32}$$

Das allgemeine Integral sei

$$\left.\begin{aligned} x_i &= f_i(t, a_1, \ldots, a_n, b_1, \ldots, b_n) \\ p_i &= \varphi_i(t, a_1, \ldots, a_n, b_1, \ldots, b_n) \end{aligned}\right\} \quad (i = 1, 2, \ldots, n), \tag{33}$$

wobei $x_i = a_i$, $p_i = b_i$ $(a_i, b_i = \text{konst.})$ für $t = t_0$.

Wir setzen diese Werte in

$$U = \sum_{\alpha=1}^{n} p_\alpha \frac{\partial H}{\partial p_\alpha} - H$$

ein, dann ist

$$V = \sum_{\alpha=1}^{n} a_\alpha b_\alpha + \int_{t_0}^{t} U\,dt + c \qquad (c = \text{konst.})$$

ein vollständiges Integral von (29) oder (30). Dabei hat man die a_i aus (33) durch t, b_i, x_i auszudrücken. Es reduziert sich für $t = t_0$ auf $b_1 x_1 + b_2 x_2 + \cdots + b_n x_n + c$.

Ist umgekehrt $V = \psi(z, x_1, x_2, \ldots, x_n, b_1, b_2, \ldots, b_n) + c$ ein vollständiges Integral von (29), so liefern die Gleichungen

$$\frac{\partial V}{\partial x_i} = p_i, \quad \frac{\partial V}{\partial b_i} = a_i \qquad (i = 1, 2, \ldots, n) \tag{34}$$

das allgemeine Integral von (32). Man hat einfach die Gleichungen $\frac{\partial V}{\partial b_i} = a_i$ nach den x_i aufzulösen und erhält die p_i aus den ersten Gleichungen (32).

Spezieller Fall (getrennte Veränderliche). H sei von der Gestalt $H = \sum_{\alpha=1}^{n} H_\alpha(x_\alpha, p_\alpha)$, wo H_α nur von x_α und p_α abhängt. Wir setzen $H_i(x_i, p_i) = b_i$ ($b_i =$ konst., $i = 1, 2, \ldots, n$) und lösen nach p_i auf: $p_i = f_i(x_i, b_i)$. Ferner sei $h = \sum_{\alpha=1}^{n} b_\alpha$, dann ist

$$V = -ht + \sum_{\alpha=1}^{n} \int f_\alpha(x_\alpha, b_\alpha)\, dx_\alpha + c$$

ein vollständiges Integral. Aus den Gleichungen

$$\frac{\partial V}{\partial b_i} = a_i \qquad (a_i = \text{konst.},\ i = 1, 2, \ldots, n)$$

erhält man die x_i.

Wählt man $h, b_1, b_2, \ldots, b_{n-1}$ an Stelle der Konstanten $b_1, b_2, \ldots, b_n$ als willkürliche Konstanten und setzt $V' = \sum_{\alpha=1}^{n} \int f_\alpha(x_\alpha, b_\alpha)\, dx_\alpha + c$, so hat man die x_i aus den Gleichungen

$$t + c = \frac{\partial V'}{\partial h}, \qquad a_i = \frac{\partial V'}{\partial b_i} \qquad (i = 1, 2, \ldots, n-1)$$

und dann die p_i aus

$$p_i = \frac{\partial V'}{\partial b_i} \qquad (i = 1, 2, \ldots, n)$$

zu berechnen. Das ist die in der Physik bei der Hamilton-Jacobischen Gleichung angewandte Methode[1]).

IV. Allgemeine partielle Differentialgleichungen zweiter Ordnung.

13. Charakteristiken zweiter Ordnung. In diesem Abschnitt sollen die partiellen Differentialgleichungen zweiter Ordnung für eine unbekannte Funktion von zwei unabhängigen Veränderlichen x und y behandelt werden. Wir führen die Eulerschen Bezeichnungen ein:

$$p = \frac{\partial z}{\partial x}, \qquad q = \frac{\partial z}{\partial y}, \qquad r = \frac{\partial^2 z}{\partial x^2}, \qquad s = \frac{\partial^2 z}{\partial x \partial y}, \qquad t = \frac{\partial^2 z}{\partial y^2}. \tag{35}$$

Die Gleichung zweiter Ordnung sei:

$$F(x, y, z, p, q, r, s, t) = 0. \tag{36}$$

Ferner setzen wir:

$$R = \frac{\partial F}{\partial r}, \qquad S = \frac{\partial F}{\partial s}, \qquad T = \frac{\partial F}{\partial t}. \tag{37}$$

Während bei einer Differentialgleichung erster Ordnung eine Integralfläche durch eine Kurve, die auf ihr liegt und keine Charakteristik ist, eindeutig bestimmt ist (Ziff. 10), kann man bei einer Gleichung zweiter Ordnung noch die Tangentialebenen der Integralfläche in den Punkten der Kurve vorschreiben. Das allgemeine Integral enthält also zwei willkürliche Funktionen. Die Kurve darf allerdings keine sog. Charakteristik zweiter Ordnung sein. Darunter versteht man folgendes: Wir bezeichnen ein System von Werten der Größen x, y, z, p, q, r, s, t als Flächenelement zweiter Ordnung. Eine einparametrige Schar von solchen Flächenelementen, welche der Gleichung

$$R\, dy^2 - S\, dx\, dy + T\, dx^2 = 0 \tag{38}$$

[1]) Vgl. hierzu Kap. 9, Ziff. 8 bis 10. Über den Zusammenhang mit der Variationsrechnung siehe ferner Kap. 11, Ziff. 5 u. 11.

genügen und auf einer Integralfläche von (36) liegen, heißt eine Charakteristik zweiter Ordnung von (36). Durch eine solche gehen unendlich viele Integralflächen, die von unendlich vielen Konstanten abhängen. Den zwei Wurzeln der in dy/dx quadratischen Gleichung (38) entsprechend, gibt es zwei Systeme von Charakteristiken zweiter Ordnung, wenn die Diskriminante von (38) nicht verschwindet. Eine Funktion $z = \Phi(x, y)$, welche der Gleichung (36) genügt und außerdem die Größen (37) zu Null macht, heißt ein singuläres Integral. Jede nichtsinguläre Integralfläche enthält unendlich viele Charakteristiken beider Systeme.

14. Differentialgleichung von MONGE und AMPÈRE. Darunter versteht man eine Differentialgleichung zweiter Ordnung, welche in r, s, t, $rt - s^2$ linear ist, also von der Gestalt

$$Hr + 2Ks + Lt + M + N(rt - s^2) = 0, \tag{39}$$

worin H, K, L, M, N nur von x, y, z, p, q abhängen. Durch einen gegebenen Streifen von Flächenelementen erster Ordnung (x, y, z, p, q) (Kurve samt Tangentialebene in jedem Punkte) geht eine und nur eine Integralfläche von (39), wenn der Streifen keine sog. Charakteristik erster Ordnung ist, in welchem Fall dann unendlich viele Integralflächen hindurchgehen, die von unendlich vielen willkürlichen Konstanten abhängen. Unter einer solchen Charakteristik versteht man einen Streifen, der den Gleichungen

$$\left.\begin{aligned} &H\,dy^2 - 2K\,dx\,dy + L\,dx^2 + N(dx\,dp + dy\,dq) = 0, \\ &H\,dp\,dy + L\,dq\,dx + M\,dx\,dy + N\,dp\,dq = 0, \\ &dz = p\,dx + q\,dy \end{aligned}\right\} \tag{40}$$

genügt. Jede Charakteristik zweiter Ordnung von (39) enthält eine solche erster Ordnung und jede erster Ordnung ist, wenn $S^2 - 4RT \neq 0$, in unendlich vielen zweiter Ordnung enthalten, welche von einer willkürlichen Konstanten abhängen. Jede Fläche, welche unendlich viele Charakteristiken zweiter Ordnung eines der beiden Systeme enthält (Ziff. 13), ist ein Integral von (39). Unter einem Zwischenintegral von (39) versteht man eine Gleichung

$$\Phi(x, y, z, p, q) = \text{konst.}, \tag{41}$$

deren sämtliche nichtsingulären Integrale der Gleichung (39) genügen.

Beispiele. 1. Abwickelbare Flächen (vgl. Kap. 4, Ziff. 19, 22).

Differentialgleichung: $rt - s^2 = 0$ (Krümmung $= 0$).

Charakteristiken erster Ordnung: $dp = 0,\quad dq = 0,\quad d(z - px - qy) = 0.$

Zwischenintegrale: $q = \varphi(p),\quad z - px - qy = \psi(p)$
(φ, ψ willkürliche Funktionen).

Die Einhüllende der Ebenenschar $z - cx - \varphi(c)y - \psi(c) = 0$ ist die gesuchte allgemeine Integralfläche.

2. Minimalflächen (mittlere Krümmung $= 0$) (vgl. Kap. 4, Ziff. 19, 28).

Differentialgleichung: $(1 + q^2)r - 2pqs + (1 + p^2)t = 0$,

allgemeines Integral (nach AMPÈRE):

$$\begin{aligned} x &= \varphi'(u) + \psi'(v), \\ y &= \varphi(u) - \alpha\varphi'(u) + \psi(v) - \beta\psi'(v), \\ z &= i\int\sqrt{u^2+1}\,\varphi''(u)\,du + i\int\sqrt{v^2+1}\,\psi''(v)\,dv \end{aligned}$$

(φ, ψ willkürliche Funktionen).

15. Lineare partielle Differentialgleichung zweiter Ordnung. Darunter versteht man eine Gleichung von der Form:

$$Ar + 2Bs + Ct + Dp + Eq + Fz = 0, \tag{42}$$

wobei die Koeffizienten A, B, C, D, E, F nur von x und y abhängen. Die Wurzeln der Gleichung

$$A\lambda^2 - 2B\lambda + C = 0 \tag{43}$$

seien λ_1 und λ_2. Wir führen eine Lösung ξ der Gleichung

$$\frac{\partial\varphi}{\partial x} + \lambda_1 \frac{\partial\varphi}{\partial y} = 0 \tag{44}$$

und eine Lösung η der Gleichung

$$\frac{\partial\varphi}{\partial x} + \lambda_2 \frac{\partial\varphi}{\partial y} = 0 \tag{45}$$

als neue Variable statt x, y ein; dann nimmt (42) die Gestalt an:

$$\frac{\partial^2 z}{\partial\xi\,\partial\eta} + a\frac{\partial z}{\partial\xi} + b\frac{\partial z}{\partial\eta} + c = 0, \tag{46}$$

wo a, b, c Funktionen von ξ und η sind[1]). Ist $\lambda_1 = \lambda_2$, so wählt man für η eine Lösung von (45), für ξ eine Funktion, welche (45) nicht befriedigt, und erhält für (42) die Form:

$$\frac{\partial^2 z}{\partial\xi^2} + a\frac{\partial z}{\partial\xi} + b\frac{\partial z}{\partial\eta} + c = 0. \tag{47}$$

Die Projektionen der Charakteristiken erster Ordnung von (42) (Ziff. 14) auf die xy-Ebene genügen der Differentialgleichung

$$A\,dy^2 - 2B\,dx\,dy + C\,dx^2 = 0 \tag{48}$$

und heißen kurz die Charakteristiken von (42). Beschränkt man sich auf das reelle Gebiet, so gelingt die Transformation auf die Gestalt (46) nur, wenn $B^2 - AC > 0$. Ist $B^2 - AC < 0$, so führt man, um im Reellen zu bleiben, den reellen und imaginären Teil von ξ und η als neue reelle Veränderliche ξ', η' ein; dann erhält man für (46) die Form

$$\frac{\partial^2 z}{\partial\xi'^2} + \frac{\partial^2 z}{\partial\eta'^2} + a'\frac{\partial z}{\partial\xi'} + b'\frac{\partial z}{\partial\eta'} + c'z = 0. \tag{49}$$

Ist $B^2 - AC = 0$, so befindet man sich im Fall (47) ($\lambda_1 = \lambda_2$). Man nennt die lineare Differentialgleichung (42) hyperbolisch, elliptisch oder parabolisch, je nachdem die Diskriminante von (43)

$$B^2 - AC \gtreqless 0.$$

Die Charakteristiken in der $\xi\eta$-Ebene bzw. $\xi'\eta'$-Ebene sind für die Gleichung (46) die Parallelen zu den Achsen, für die Gleichung (49) die Minimalgeraden $\xi' \pm i\eta' =$ konst., für die Gleichung (47) die Parallelen zur ξ-Achse.

16. Methode von RIEMANN. Sie bezieht sich auf die Integration der hyperbolischen Differentialgleichung

$$\frac{\partial^2 u}{\partial x\,\partial y} + a\frac{\partial u}{\partial x} + b\frac{\partial u}{\partial y} + cu = 0 \tag{50}$$

[1]) Die Bedeutung dieser Variablentransformation ist folgende: Die Gleichungen (44) bzw. (45) haben nach Ziff. 4 gerade dieselben Charakteristiken wie Gleichung (42). Wir führen also die Integrale der Charakteristikengleichung als neue Veränderliche ein, d. h. wir machen je eine der Charakteristiken der beiden Scharen zu Koordinatenachsen.

im reellen Gebiet (s. Abb. 1; die Kurve $\mathfrak{C}: DFEB$ soll von jeder Parallelen zu den Achsen nur in einem Punkte geschnitten werden). Im Innern und am Rande des Rechteckes $\mathfrak{R}$: $ABCD$ (Seiten parallel zu den Achsen) seien a, b, c samt ihren partiellen Ableitungen erster Ordnung stetig. Dann gelten folgende Sätze:

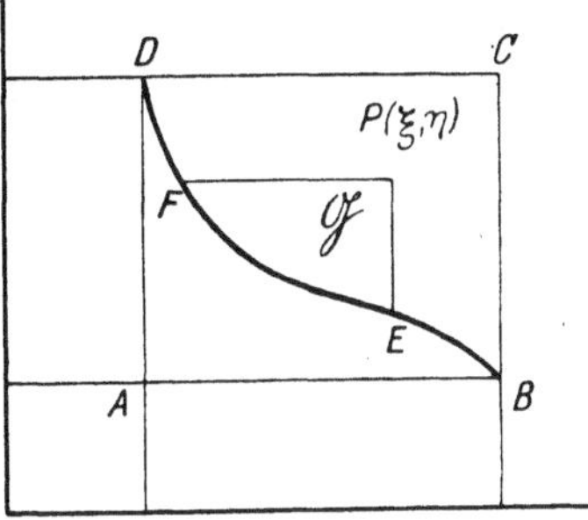

Abb. 1. Riemannsche Methode.

1. Es gibt eine und nur eine samt ihren partiellen Ableitungen erster Ordnung im Gebiet $\mathfrak{G}: FEP$ stetige Lösung v der sog. zu (50) adjungierten Differentialgleichung

$$\frac{\partial^2 v}{\partial x \partial y} - \frac{\partial (a v)}{\partial x} - \frac{\partial (b y)}{\partial y} + c v = 0\,, \qquad (51)$$

welche für $y = \eta$ den Wert $e^{\int\limits_{\xi}^{x} b\,dx}$ und für $x = \xi$ den Wert $e^{\int\limits_{\eta}^{y} a\,dy}$ annimmt; sie heißt die Riemannsche Funktion $v(x, y; \xi, \eta)$.

2. Die einzige samt ihren partiellen Ableitungen erster Ordnung im Rechteck $\mathfrak{R}$ stetige Lösung von (50), welche längs der Seiten AB und AD vorgeschriebene Werte annimmt, läßt sich mittels v in einem beliebigen Punkt P (ξ, η) von $\mathfrak{R}$ so darstellen:

$$u(\xi, \eta) = (u v)_A + \int\limits_A^E v\left(\frac{\partial u}{\partial x} + b u\right) d x + \int\limits_A^F v\left(\frac{\partial u}{\partial y} + a u\right) d y.$$

3. Die einzige nebst ihren partiellen Ableitungen erster Ordnung in $\mathfrak{R}$ stetige Lösung u von (50), welche nebst $\frac{\partial u}{\partial x}$ und $\frac{\partial u}{\partial y}$ längs der Kurve $\mathfrak{C}$ vorgeschriebene Werte annimmt, läßt sich im Punkte P (ξ, η) von $\mathfrak{R}$ folgendermaßen darstellen:

$$u(\xi, \eta) = \frac{1}{2}\left[(u v)_E + (u v)_F\right]$$
$$+ \int\limits_F^E \left\{\left[b u v + \frac{1}{2}\left(v \frac{\partial u}{\partial x} - u \frac{\partial v}{\partial x}\right)\right] d x - \left[a u v + \frac{1}{2}\left(v \frac{\partial u}{\partial x} - u \frac{\partial v}{\partial y}\right)\right] d y\right\}.$$

4. Vertauscht man in $v(x, y; \xi, \eta)$ das Paar x, y mit dem Paar ξ, η, so erhält man eine Lösung von (50) mit den analogen Eigenschaften in bezug auf (50) wie die frühere Funktion v in bezug auf die Gleichung (51).

Beispiele. 1. Die Gleichung der schwingenden Saite läßt sich auf folgende Form bringen (Ziff. 21): $\frac{\partial^2 u}{\partial x \partial y} = 0$,

adjungierte Gleichung: $\frac{\partial^2 v}{\partial x \partial y} = 0$,

Riemannsche Funktion: $v = 1$.

Die Kurve $\mathfrak{C}$ sei die Gerade $y = x$; es sei auf $\mathfrak{C}$:

$$u = f(x), \qquad \frac{\partial u}{\partial y} - \frac{\partial u}{\partial x} = \varphi(x)\,,$$

dann ist

$$u(\xi, \eta) = \tfrac{1}{2}[f(\xi) + f(\eta)] - \tfrac{1}{2}\int\limits_{\xi}^{\eta} \varphi(x)\, d x\,.$$

(Zum Problem der schwingenden Saite vgl. noch Ziff. 21 ff.)

2. Die sog. Telegraphengleichung läßt sich auf folgende Form bringen:

$$\frac{\partial^2 u}{\partial x \partial y} + cu = 0 \quad (c = \text{konst.})$$

adjungierte Gleichung: $\dfrac{\partial^2 v}{\partial x \partial y} + cv = 0$.

Wir definieren $\Phi(z)$ durch die Besselsche Funktion erster Art $J_0(z)$ (Kap. 7, Ziff. 13):

$$\Phi(z) = J_0(2\sqrt{z}) = 1 + \sum_{n=1}^{\infty} (-1)^n \frac{z^n}{(n!)^2}.$$

Riemannsche Funktion: $v(x, y; \xi, \eta) = \Phi[c(x-\xi)(y-\eta)]$.

Für $y = x$ soll

$$u = f(x), \qquad \frac{\partial u}{\partial y} - \frac{\partial u}{\partial x} = \varphi(x)$$

sein, daher Lösung

$$u(\xi, \eta) = \tfrac{1}{2}[f(\xi) + f(\eta)] - \tfrac{1}{2}\int_{\xi}^{\eta} \Phi[c(x-\xi)(y-\eta)]\,\varphi(x)\,dx$$

$$+ \tfrac{1}{2}c(\eta - \xi)\int_{\xi}^{\eta} \Phi'[c(x-\xi)(y-\eta)]\; f(x)\,dx.$$

17. Methode von LAPLACE. Die Methode von LAPLACE sucht die Gleichung (50) durch Quadraturen zu integrieren. (50) läßt sich nämlich auf die Form

$$\frac{\partial z_1}{\partial x} + b z_1 - h z = 0, \tag{52}$$

bringen, wo (53)

$$z_1 = \frac{\partial z}{\partial y} + az \quad \text{und} \quad h = \frac{\partial a}{\partial x} + ab - c$$

ist. Ist $h = 0$, so läßt sich (52) als lineare Gleichung erster Ordnung für z_1 sofort durch Quadraturen integrieren (vgl. Ziff. 6) und (53) liefert dann in analoger Weise z. Ist $h \neq 0$, so eliminiert man z aus (52) und (53) und erhält für z_1 wieder eine Gleichung vom Typus (50). Wenn in ihr $h = 0$ ist, kann sie durch Quadraturen integriert werden. Sonst wiederhole man das Verfahren solange, bis einmal das betreffende h verschwindet, was aber nicht immer eintreten muß. Einen zweiten analogen Integrationsprozeß erhält man, wenn man die Rollen von x und y vertauscht.

18. Adjungierter Differentialausdruck und Greensche Formel. Der lineare Differentialausdruck in zwei unabhängigen Veränderlichen x und y

$$A u_{xx} + 2B u_{xy} + C u_{yy} + D u_x + E u_y + F u,$$

wo A, B, C, D, E, F, u Funktionen von x und y sind, hat zum adjungierten Ausdruck

$$(Av)_{xx} + 2(Bv)_{xy} + (Cv)_{yy} - (Dv)_x - (Ev)_y + Fv;$$

er ist also sich selbst adjungiert, wenn

$$D = A_x + B_y, \qquad E = B_x + C_y.$$

Nach Ziff. 15 läßt sich daher durch Einführung zweier entsprechender Integrale der Charakteristikengleichung der allgemeinste, sich selbst adjungierte elliptische Differentialausdruck auf die Form

$$L[u] = p\Delta u + p_x u_x + p_y u_y + qu, \qquad \Delta u = u_{xx} + u_{yy} \tag{53}$$

bringen[1]). Sind die auftretenden Funktionen samt ihren entsprechenden Ab-

[1]) Mit Rücksicht auf das entsprechende Variationsproblem (vgl. Kap. 9, Ziff. 23).

leitungen in einem von stückweise glatten Kurven C begrenzten ebenen Bereich B stetig, so gilt die Greensche Formel:

$$\int\limits_{(B)} (v L[u] - u L[v])\, d\sigma = \int\limits_{(C)} p\left(v \frac{\partial u}{\partial n} - u \frac{\partial v}{\partial n}\right) ds. \tag{54}$$

Dabei bedeutet s die Bogenlänge auf C, $\partial/\partial n$ die Ableitung nach der äußeren Normalen; das Doppelintegral links ($d\sigma$ = Flächenelement) ist über den Bereich B, das Integral rechts über die Berandung C zu erstrecken.

19. Die Greensche Funktion eines elliptischen, sich selbst adjungierten Differentialausdruckes. Sie wird mit $G(x, y;\, \xi, \eta)$ bezeichnet und folgendermaßen definiert:

1. Sie ist, abgesehen vom Quellpunkt $x = \xi$, $y = \eta$, samt ihren Ableitungen erster und zweiter Ordnung stetig. In der Umgebung des Quellpunktes hat sie die Form

$$G(x, y;\, \xi, \eta) = -\frac{a(x, y;\, \xi, \eta)}{2\pi\, p(\xi, \eta)} \ln r + \gamma(x, y;\, \xi, \eta).$$

Dabei ist $r = \sqrt{(x-\xi)^2 + (y-\eta)^2}$ der Abstand der beiden Punkte (x, y) und (ξ, η), $\gamma(x, y;\, \xi, \eta)$ eine in der Umgebung des Quellpunktes samt ihren Ableitungen erster und zweiter Ordnung stetige Funktion, ebenso $a(x, y;\, \xi, \eta)$ eine mit stetigen Ableitungen bis zur zweiten Ordnung versehene Funktion, für die identisch $a(\xi, \eta;\, \xi, \eta) = 1$ ist.

2. Sie genügt den Randbedingungen.

3. Sie erfüllt die Differentialgleichung $L[G] = 0$, außer im Quellpunkt. L ist der Ausdruck (53). Eine Funktion, welche die Bedingungen 1 und 3 erfüllt, heißt eine Grundlösung der Differentialgleichung

$$L[u] = 0. \tag{55}$$

Die Greensche Funktion erfüllt die Symmetriebedingung

$$G(x, y;\, \xi, \eta) = G(\xi, \eta;\, x, y).$$

Ihre Anwendung beruht auf folgendem Satz: Sind f und φ zweimal stetig differenzierbar, so bedingen sich die Gleichungen

$$L[f] = -\varphi(x, y) \quad \text{und} \quad f(x, y) = \iint\limits_{B} G(x, y;\, \xi, \eta)\, \varphi(\xi, \eta)\, d\xi\, d\eta \tag{56}$$

wechselseitig. Daraus folgt sofort: Die Lösung der Differentialgleichung

$$L[v] + \lambda \varrho(x, y) v = g(x, y) \tag{57}$$

ist äquivalent mit der Auflösung der Integralgleichung (vgl. Kap. 8, Ziff. 1, 4, 5).

$$\left.\begin{aligned} v(x, y) = \lambda \iint\limits_{B} G(x, y;\, \xi, \eta)\, \varrho(\xi, \eta)\, v(\xi, \eta)\, d\xi\, d\eta - \iint\limits_{B} G(x, y;\, \xi, \eta)\, g(\xi, \eta)\, d\xi\, d\eta \\ (\varrho > 0). \end{aligned}\right\} \tag{58}$$

Sie läßt sich durch die Substitution

$$K = G\sqrt{\varrho(x, y)\, \varrho(\xi, \eta)}, \qquad u(x, y) = \sqrt{\varrho(x, y)}\, v(x, y)$$

auf eine solche mit dem symmetrischen Kern $K(x, y;\, \xi, \eta)$ zurückführen. Ihre Eigenfunktionen bilden ein vollständiges, orthogonales Funktionensystem. Jede den Randbedingungen genügende, zweimal stetig differenzierbare Funktion $f(x, y)$ läßt sich in eine absolut und gleichmäßig konvergente Reihe nach den Eigenfunktionen entwickeln. Ist $\lambda = 0$ Eigenwert, d. h. gibt es eine den Randbedingungen genügende Lösung von (55), so hat man die Definition der Greenschen

Funktion wie in Kap. 9, Ziff. 25. zu erweitern. Tritt an Stelle der xy-Ebene eine beliebige Fläche des Raumes mit dem Bogenelement

$$ds^2 = E\,dx^2 + 2F\,dx\,dy + G\,dy^2, \tag{59}$$

so hat man $L[u]$ zu ersetzen durch

$$L[u] = \frac{1}{\sqrt{EG-F^2}}\left\{\frac{\partial}{\partial y}\left(p\,\frac{E\frac{\partial u}{\partial y} - F\frac{\partial u}{\partial x}}{\sqrt{EG-F^2}}\right) + \frac{\partial}{\partial x}\left(p\,\frac{G\frac{\partial u}{\partial x} - F\frac{\partial u}{\partial y}}{\sqrt{EG-F^2}}\right)\right\} + qu. \tag{60}$$

Alle übrigen Überlegungen gelten auch hier.

Beispiel. Einheitskugel: $x = \vartheta$, $y = \varphi$ (Polarkoordinaten).

$$E = 1,\quad F = 0,\quad G = \sin^2\vartheta,\quad p = 1,\quad q = 0,\quad \varrho = 1.$$

Differentialgleichung: $\dfrac{1}{\sin^2\vartheta}\dfrac{\partial^2 v}{\partial\varphi^2} + \dfrac{1}{\sin\vartheta}\dfrac{\partial}{\partial\vartheta}\left(\sin^2\vartheta\,\dfrac{\partial v}{\partial\vartheta}\right) + \lambda v = 0.$

Randbedingungen: Regulär auf der ganzen Kugel außer im Quellpunkt (ϑ_1, φ_1).

α = sphärischer Abstand der Punkte (ϑ, φ) und (ϑ_1, φ_1)

$$\Gamma(\vartheta, \varphi; \vartheta_1, \varphi_1) = -\frac{1}{2\pi}\ln\left(2\sin\frac{\alpha}{2}\right).$$

Eigenwerte: $\lambda_0 = 0$, $\lambda_n = n(n+1)$ $(n = 1, 2, \ldots)$.

Eigenfunktionen: $\psi_0 = \dfrac{1}{2\sqrt{\pi}}$, $\psi_n = S_n(\vartheta, \varphi)$.

Reihenentwicklung nach Kugelflächenfunktionen (vgl. Kap. 7, Ziff. 11).

V. Partielle Differentialgleichungen der mathematischen Physik.

20. Allgemeine Methoden und Kunstgriffe. Da es keine Methode gibt, die Integration partieller Differentialgleichungen zweiter Ordnung auf Systeme gewöhnlicher Differentialgleichungen zurückzuführen, analog wie man es bei den partiellen Differentialgleichungen erster Ordnung tun kann, so seien hier zuerst einige allgemeine Methoden und Kunstgriffe zusammengestellt, mit deren Hilfe in manchen Fällen die Integration gelingt. Dann sollen einige wichtige partielle Differentialgleichungen der mathematischen Physik behandelt werden.

1. Man setzt die unbekannte Funktion als Produkt von mehreren Faktoren an, von denen jeder nur von einer Veränderlichen abhängt. Für die einzelnen Faktoren ergeben sich manchmal gewöhnliche Differentialgleichungen. So wird im Kap. 7, Ziff. 15 die Laplacesche Gleichung in elliptischen Koordinaten durch Laméscche Funktionen integriert. Die bei der Integration der entstehenden gewöhnlichen Differentialgleichungen eingeführten Konstanten können nicht willkürlich gewählt werden, sondern werden durch die Anfangs- oder Randbedingungen des betreffenden physikalischen Problems beeinflußt. Die Gleichung der schwingenden Saite wird in Ziff. 21 nach diesem Kunstgriff behandelt (Bernoullische Lösung).

2. Man setzt die unbekannte Funktion als Reihe (Potenzreihe, Fouriersche Reihe usw.) mit unbestimmten Koeffizienten an und berechnet diese aus der Differentialgleichung und den Anfangs- bzw. Randbedingungen durch Koeffizientenvergleichung (vgl. Ziff. 21, 22, 24, 26, 28).

3. Bei der Laplaceschen Gleichung in der Ebene $\dfrac{\partial^2 u}{\partial x^2} + \dfrac{\partial^2 u}{\partial y^2} = 0$ verwendet man oft mit Vorteil die konforme Abbildung. So z. B. bei ebenen Strömungsproblemen folgender Art: Es ist die stationäre, wirbellose Strömungsverteilung

in einem ebenen Bereich aufzufinden, in den an verschiedenen Stellen des Randes Flüssigkeit ein- oder ausströmt. Ist v die zu u konjugierte Funktion (vgl. Kap. 6, Ziff. 22) und deutet man u und v als Potential der Geschwindigkeit und Strömungsfunktion, so ist v an den Ein- und Austrittsstellen der Flüssigkeit, u an den übrigen Stellen des Randes konstant. Die Funktion $f(x+iy) = u + iv$ bildet also den gegebenen Bereich der xy-Ebene auf einen Bereich der uv-Ebene konform ab (vgl. Kap. 6, Ziff. 22), der von Parallelen zur u und v-Achse begrenzt ist. Ist also $f(x+iy)$ funktionentheoretisch ermittelt (vgl. Kap. 6, Ziff. 29), so liefert die Zerlegung in den reellen und imaginären Teil die gesuchten Funktionen u und v. Praktisch hat diese Methode allerdings meist in der Weise Verwendung gefunden, daß man von einer gegebenen Funktion $f(x+iy)$ ausgegangen ist und untersucht hat, zu welchen Randwerten sie eine Lösung des Strömungsproblems liefert.

4. Verwendung der Greenschen Formel und der Greenschen Funktion. (Vgl. Ziff. 36, 37). Hierher gehört die Riemannsche Integrationsmethode (vgl. Ziff. 16), die Verwendung der Integralgleichungen bei sich selbst adjungierten elliptischen Differentialgleichungen (vgl. Ziff. 18. 19).

5. Schließlich die Verwendung der Integralgleichungen zur direkten Lösung der Randwertprobleme der Potentialtheorie nach der Methode von PLEMELJ (vgl. Ziff. 35).

21. Homogene Saite[1]). Die Differentialgleichung der freien Schwingung einer homogenen Saite lautet:

$$\frac{\partial^2 u}{\partial x^2} = \mu^2 \frac{\partial^2 u}{\partial t^2}. \tag{61}$$

u bedeutet die zur Abszisse x und Zeit t gehörige Elongation, $\mu = \sqrt{\frac{\varrho}{p}}$ (ϱ = Dichte, p = der die Saite spannende Zug, $1/\mu$ = Fortpflanzungsgeschwindigkeit der Erregung). Ist die Saite eingespannt, so sind die Randbedingungen (Länge $= \pi$):

$$u(0, t) = u(\pi, t) = 0.$$

Durch passende Wahl der Zeiteinheit kann man erreichen, daß $\mu = 1$ wird.

Wir setzen gemäß Ziff. 20

$$u = f(x) g(t)$$

und erhalten dann Gleichung (61) in der Gestalt

$$\frac{f''(x)}{f(x)} = \frac{g''(t)}{g(t)}.$$

Daraus ergibt sich, daß beide Seiten derselben Konstanten $-\lambda$ gleich sein müssen, weil die eine nur von x, die andere nur von t abhängt. Aus den Randbedingungen folgt:

$$f(0) = f(\pi) = 0.$$

Aus diesen Bedingungsgleichungen ergibt sich wegen $f''(x) + \lambda f(x) = 0$.

$$f(x) = \sin n x \qquad (n = \text{ganze Zahl}, \lambda = n^2).$$

Ferner wird

$$g(t) = a_n \cos n t + b_n \sin n t \qquad (a_n, b_n \text{ willkürliche Konstante}).$$

Für jedes ganzzahlige n erhält man daher eine Lösung der Differentialgleichung (61) in der Form

$$u = \sin n x (a_n \cos n t + b_n \sin n t).$$

[1]) Vgl. Kap. 9, Ziff. 20.

Jede durch ein solches Glied dargestellte sinusförmige oder harmonische Schwingung heißt eine Eigenschwingung der Saite, die Zahl n die zugehörige Eigenfrequenz.

Als allgemeine Lösung kann man daher ansetzen:

$$u = \sum_n \sin \nu_n x (a_n \cos \nu_n t + b_n \sin \nu_n t) \quad (\nu_n = n),$$

wobei die Summe endlich oder unendlich viele Glieder besitzen darf, vorausgesetzt, daß die Reihe gleichmäßig konvergiert und entsprechend oft differenziert werden kann. Durch geeignete Wahl der Konstanten a_n, b_n läßt sich die Lösung einem willkürlich vorgegebenen Anfangszustand anpassen; man kann verlangen

$$u(x, 0) = \varphi(x), \qquad \frac{\partial u(x, 0)}{\partial t} = \psi(x),$$

wobei die Funktionen $\varphi(x)$ und $\psi(x)$ stückweise glatt[1]), sonst willkürlich sein mögen.

Ist der Anfangspunkt ($x = 0$) der Saite fest, der Endpunkt ($x = \pi$) gemäß der Gleichung

$$\frac{\partial u}{\partial x} = -hu$$

elastisch an seine Ruhelage gebunden, so ergibt sich

$$f(0) = 0, \qquad hf(\pi) = -f'(\pi).$$

Die Eigenfrequenzen ν_n sind jetzt die Lösungen der transzendenten Gleichung

$$h \operatorname{tg} \nu\pi = -\nu.$$

Für $h = 0$ (d. h. bei freiem Ende der Saite) wird speziell $\nu_n = n - \frac{1}{2}$.

Alle bisherigen Lösungen der Schwingungsgleichung lassen sich in der Form

$$u(x, t) = f(x + t) + g(x - t)$$

darstellen. Jede Lösung der Gleichung (61) muß diese Form haben; das erkennt man leicht, wenn man

$$\xi = x + t, \quad \eta = x - t$$

als neue Veränderliche einführt; Gleichung (61) wird dann

$$\frac{\partial^2 u}{\partial \xi \, \partial \eta} = 0$$

(vgl. Ziff. 6, Beispiel 1).

22. Äußere Kräfte. Wirkt auf die Saite noch eine äußere Kraft $Q(x, t)$, so lautet die Differentialgleichung der Bewegung

$$\frac{\partial^2 u}{\partial x^2} = \frac{\partial^2 u}{\partial t^2} - Q(x, t).$$

Hier kann man in folgender Weise vorgehen: Man denkt sich $Q(x, t)$ nach den Eigenfunktionen $\sin nx$ entwickelt (vgl. Kap. 7, Ziff. 3):

$$Q(x, t) = \sum_{n=1}^{\infty} Q_n(t) \sin nx, \qquad Q_n(t) = \frac{2}{\pi} \int_0^{\pi} Q(x, t) \sin nx \, dx$$

und setzt die gesuchte Lösung in der Form

$$u(x, t) = \sum_{n=1}^{\infty} q_n(t) \sin nx$$

an. Durch Vergleichung der Koeffizienten von $\sin nx$ erhält man

$$-n^2 q_n(t) = q_n''(t) - Q_n(t).$$

---

[1]) Vgl. Kap. 1, Ziff. 12.

Daraus ergibt sich (vgl. Kap. 9, Ziff. 15)

$$q_n(t) = \frac{1}{n}\int\limits_0^t \sin n(t-\tau)\,Q_n(\tau)\,d\tau + a_n\cos nt + b_n \sin nt.$$

Die Konstanten a_n, b_n sind gemäß den Anfangsbedingungen zu wählen.

23. Inhomogene Saite. Die Differentialgleichung der inhomogenen Saite lautet:

$$\frac{\partial}{\partial x}\left(p\frac{\partial u}{\partial x}\right) = \varrho\frac{\partial^2 u}{\partial t^2}.$$

Dabei bedeuten $p(x)$ den mit dem Querschnitt multiplizierten Elastizitätsmodul, $\varrho(x)$ die Masse für die Längeneinheit. Wir setzen wieder an

$$u = f(x)\,g(t)$$

und erhalten

$$\frac{[p(x)\,f'(x)]'}{f(x)\,\varrho(x)} = \frac{g''(t)}{g(t)}.$$

Diese Gleichung kann nur dann erfüllt sein, wenn jede ihrer beiden Seiten derselben Konstanten $-\lambda$ gleich ist. $f(x)$ genügt daher der Differentialgleichung

$$(pf')' + \lambda\varrho f = 0, \tag{62}$$

während $g(t)$ der Differentialgleichung

$$g'' + \lambda g = 0$$

genügen muß. Wir erhalten also für u die Gestalt ($\lambda = \nu^2$):

$$u = f(x)\,(a\cos\nu t + b\sin\nu t).$$

$f(x)$ ist aus der Gleichung (62) gemäß den Randbedingungen zu bestimmen. Als solche kommen in Betracht:

1. $f(0) = 0$ bzw. $f(\pi) = 0$ (eingespannte Saite);
2. $h_0 f(0) = f'(0)$ bzw. $-h_1 f(\pi) = f'(\pi)$ (elastisch befestigtes Ende; h_0, $h_1 > 0$, wenn die Ruhelage eine stabile Gleichgewichtslage sein soll);
3. $f'(0) = 0$ bzw. $f'(\pi) = 0$ (freies Ende);
4. $f(0) = f(\pi)$ bzw. $p(0)\,f'(0) = p(\pi)\,f'(\pi)$ (Periodizitätsbedingung).

Die Lösungen der Differentialgleichung (62), welche diesen Randbedingungen genügen und nicht identisch verschwinden, heißen ihre Eigenfunktionen (vgl. Kap. 9, Ziff. 24), die entsprechenden λ-Werte ihre Eigenwerte (sie ergeben sich als positiv).

24. Erzwungene Schwingungen. Hier kann man so vorgehen wie in Ziff. 22, oder folgenden Weg einschlagen. Die Differentialgleichung lautet:

$$\frac{\partial}{\partial x}\left(p\frac{\partial u}{\partial x}\right) = \varrho\frac{\partial^2 u}{\partial t^2} - Q(x,t).$$

Die erregende Kraft $Q(x,t)$ setzen wir zeitlich periodisch, also in der Form $\varphi(x)e^{i\omega t}$, voraus. Für u setzen wir an

$$u = f(x)\,e^{i\omega t}.$$

Dann muß f der Gleichung

$$(pf')' + \lambda\varrho f = \varphi \qquad (\lambda = \omega^2) \tag{63}$$

genügen. Wir denken uns die Lösung nach den Eigenfunktionen $f_n(x)$ des betreffenden Problems entwickelt, somit

$$f(x) = \sum_{n=1}^{\infty} a_n f_n(x),$$

ebenso

$$\frac{\varphi(x)}{\varrho(x)} = \sum_{n=1}^{\infty} c_n f_n(x), \qquad c_n = \int\limits_0^{\pi} f_n(x)\,\varphi(x)\,dx.$$

Durch Koeffizientenvergleichung erhält man aus der Differentialgleichung (63)

$$a_n = \frac{c_n}{\lambda - \lambda_n} \quad (\lambda_n \text{ bedeutet den zu } f_n \text{ gehörigen Eigenwert}).$$

Dabei wird vorausgesetzt, daß keine Resonanz eintritt, d. h. daß $\omega = \sqrt{\lambda}$ nicht gleich einer der Eigenfrequenzen $\nu_n = \sqrt{\lambda_n}$ wird.

Den Fall einer beliebigen erregenden Kraft kann man auf den eben behandelten zurückführen, indem man die Kraft durch eine Fouriersche Reihe darstellt (vgl. Kap. 7, Ziff. 3).

25. Schwingender Stab. Die Differentialgleichung des transversal schwingenden homogenen Stabes lautet:

$$\frac{\partial^4 u}{\partial x^4} + \frac{\partial^2 u}{\partial t^2} = 0.$$

Setzt man wieder

$$u = f(x) g(t),$$

so ergibt sich

$$-\frac{f^{IV}(x)}{f(x)} = \frac{g''(t)}{g(t)} = -\lambda,$$

das heißt

$$f^{IV} - \lambda f = 0, \qquad g'' + \lambda g = 0. \tag{64}$$

λ ist wieder gemäß den Randbedingungen zu bestimmen. Die Länge des Stabes sei π; das Intervall $0 \leqq x \leqq \pi$ sei die Ruhelage des Stabes. Als Randbedingungen kommen in Betracht:

1. $f''(x) = f'''(x) = 0$ für $x = 0$ bzw. $x = \pi$ (freies Ende);
2. $f(x) = f''(x) = 0$ für $x = 0$ bzw. $x = \pi$ (gestütztes Ende);
3. $f(x) = f'(x) = 0$ für $x = 0$ bzw. $x = \pi$ (eingespanntes Ende);
4. $f(0) = f(\pi)$, $f'(0) = f'(\pi)$, $f''(0) = f''(\pi)$, $f'''(0) = f'''(\pi)$ (Periodizität).

Als allgemeines Integral der ersten Differentialgleichung (64) ergibt sich, wenn $\sqrt[4]{\lambda} = \nu \; (\lambda \neq 0)$ gesetzt wird:

$$f(x) = \xi_1 \cos\nu x + \xi_2 \sin\nu x + \xi_3 \cosh\nu x + \xi_4 \sinh\nu x,$$

speziell für $\lambda = 0$:

$$f(x) = \xi_1 + \xi_2 x + \xi_3 x^2 + \xi_4 x^3.$$

Die vier homogenen Randbedingungen (zwei für jedes Ende) liefern vier homogene Gleichungen für die vier Größen ξ, deren Determinante verschwinden muß, was eine transzendente Gleichung für die Eigenwerte λ_n ergibt. Für den beiderseits freien Stab ergibt sich z. B.

$$\cosh\nu\pi \cos\nu\pi = 1$$

und zu diesem ν als Eigenfunktion

$$f(x) = (\sin\nu\pi - \sinh\nu\pi)(\cos\nu x + \cosh\nu x) - (\cos\nu\pi - \cosh\nu\pi)(\sin\nu x + \sinh\nu x);$$

für den beiderseits eingespannten Stab dieselben Eigenwerte und als Eigenfunktionen

$$f(x) = (\sin\nu\pi - \sinh\nu\pi)(-\cos\nu x + \cosh\nu x) - (\cos\nu\pi - \cosh\nu\pi)(-\sin\nu x + \sinh\nu x).$$

Beim beiderseits freien Stab tritt 0 als zweifacher Eigenwert auf mit den normierten Eigenfunktionen $f(x) = \frac{1}{\sqrt{\pi}}$ und $f(x) = x\sqrt{\frac{3}{\pi^3}}$; beim eingespannten Stab fehlen diese beiden Eigenfunktionen und der zugehörige Eigenwert.

26. Schwingende Membran. Die Membran soll das Gebiet G der xy-Ebene mit der Berandung Γ überdecken. Die Differentialgleichung für ihre Schwingungen lautet:

$$\frac{\partial^2 u}{\partial x^2} + \frac{\partial^2 u}{\partial y^2} = \frac{\partial^2 u}{\partial t^2}.$$

Die Randbedingung für die eingespannte Membran lautet: $u = 0$ auf Γ. Wir setzen

$$u(x, y, t) = v(x, y) g(t)$$

und erhalten für v und g die Gleichungen

$$\frac{\Delta v}{v} = \frac{g''(t)}{g(t)} = -\lambda, \qquad \left(\Delta v = \frac{\partial^2 v}{\partial x^2} + \frac{\partial^2 v}{\partial y^2}\right).$$

λ muß daher eine Konstante sein, die wir gleich ν^2 setzen. v muß somit der Differentialgleichung

$$\Delta v + \lambda v = 0 \tag{65}$$

genügen und am Rande verschwinden. Die λ sind positive Zahlen, wie sich aus der Greenschen Formel ergibt (vgl. Ziff. 18). Für g folgt dann aus der Differentialgleichung

$$g'' + \nu^2 g = 0,$$

$$g = a \cos \nu t + b \sin \nu t.$$

Wir erhalten eine unendliche Reihe solcher Lösungen, entsprechend den Eigenwerten ν_n und Eigenfunktionen v_n des Problems (vgl. Ziff. 21). Die Linien

$$v_n(x, y) = 0$$

bezeichnet man als Knotenlinien.

Für den Fall der rechteckigen Membran, welche das Gebiet G: $0 \leqq x \leqq a$, $0 \leqq y \leqq b$ bedeckt, ergeben sich die Zahlen

$$\lambda = \pi^2 \left(\frac{n^2}{a^2} + \frac{m^2}{b^2}\right) \qquad (n, m = 1, 2, 3, \ldots)$$

als Eigenwerte; die Produkte

$$\sin \frac{n \pi x}{a} \sin \frac{m \pi y}{b}$$

als Eigenfunktionen. Die Knotenlinien sind Parallele zu den Seiten des Rechtecks.

Bei einer frei schwingenden eingespannten Membran mit den Anfangsbedingungen

$$u(x, y, 0) = f(x, y), \qquad \frac{\partial u(x, y, 0)}{\partial t} = g(x, y)$$

denken wir uns u nach den Eigenfunktionen v_n entwickelt, also in der Gestalt:

$$u(x, y, t) = \sum_{n=1}^{\infty} v_n(x, y) (a_n \cos \nu_n t + b_n \sin \nu_n t).$$

Dabei ist

$$a_n = \iint_G f(x, y) v_n(x, y) \, dx \, dy, \qquad b_n = \frac{1}{\nu_n} \iint_G g(x, y) v_n(x, y) \, dx \, dy.$$

Ist eine elastische Bindung der Membran am Rande vorhanden, so erhält man eine Randbedingung von der Form

$$\frac{\partial u}{\partial n} = -\sigma u.$$

$-n$ bedeutet die innere Normale, σ eine positive, im allgemeinen mit dem Orte am Rande veränderliche Größe. Das Problem wird ganz analog behandelt wie im früheren Fall, die Eigenwerte ergeben sich wieder als positiv.

Ist speziell $\sigma = 0$ (freie Membran), so tritt der Eigenwert $\lambda = 0$ mit der Eigenfunktion $v_0(x, y) = $ konst. auf. Für die rechteckige Membran ergeben sich dabei dieselben Eigenwerte wie bei der eingespannten Membran, als Eigenfunktionen jedoch

$$\cos\frac{m\pi x}{a}\cos\frac{n\pi y}{b}.$$

Bei erzwungenen Schwingungen $\left(\text{Differentialgleichung: } \Delta u = \frac{\partial^2 u}{\partial t^2} - Q(x, y, t)\right)$ denkt man sich entweder die Kraft $Q(x, y, t)$ und die gesuchte Funktion $u(x, y, t)$ nach den Eigenfunktionen v_n der frei schwingenden Membran entwickelt, setzt also an

$$Q(x, y, t) = \sum_{n=1}^{\infty} q_n(t)\, v_n(x, y), \qquad u(x, y, t) = \sum_{n=1}^{\infty} u_n(t)\, v_n(x, y)$$

und bestimmt die Koeffizienten $u_n(t)$ aus den Differentialgleichungen

$$u_n'' + \lambda_n u_n = q_n,$$

oder man denke sich die äußere Kraft periodisch und entwickelt sie in eine Fouriersche Reihe (vgl. Kap. 7, Ziff. 3). Dann braucht man das Problem nur für den Fall einer rein periodischen Kraft $\varphi(x, y)e^{i\omega t}$ mit Hilfe des Ansatzes

$$u(x, y, t) = v(x, y)e^{i\omega t}$$

zu lösen. Für v ergibt sich

$$\Delta v + \lambda v = \varphi(x, y) \qquad (\lambda = \omega^2).$$

Wir setzen Entwicklungen nach den Eigenfunktionen an:

$$v(x, y) = \sum_{n=1}^{\infty} a_n v_n(x, y), \qquad \varphi(x, y) = \sum_{n=1}^{\infty} c_n v_n(x, y), \qquad c_n = \iint_G \varphi(x, y)\, v_n(x, y)\, dx\, dy$$

und erhalten

$$a_n = \frac{c_n}{\lambda - \lambda_n}.$$

27. Kreisförmige Membran. Wir führen Polarkoordinaten ein; der Radius der Membran sei 1. Die Differentialgleichung (65) lautet (vgl. Kap. 5, Ziff. 7):

$$\frac{\partial^2 v}{\partial r^2} + \frac{1}{r}\frac{\partial v}{\partial r} + \frac{1}{r^2}\frac{\partial^2 v}{\partial \vartheta^2} + \lambda v = 0.$$

Für die eingespannte Membran ergibt sich als Randbedingung

$$v(1, \vartheta) = 0.$$

Wir setzen an

$$v(r, \vartheta) = f(r)g(\vartheta)$$

und erhalten

$$\frac{r^2\left[f''(r) + \frac{1}{r}f'(r) + \lambda f(r)\right]}{f(r)} = -\frac{g''(\vartheta)}{g(\vartheta)} = \alpha = \text{konst.}$$

Da die Funktionen v und g periodische Funktionen von ϑ mit der Periode 2π sein müssen, folgt

$$\alpha = n^2 \quad (n \text{ beliebige, nicht negative ganze Zahl}),$$

ferner

$$g(\vartheta) = a\cos n\vartheta + b\sin n\vartheta$$

und

$$r^2 f''(r) + r f'(r) + (r^2\lambda - n^2)f(r) = 0.$$

Durch die Transformation

$$kr = \varrho \quad (\lambda = k^2),$$

erhält man für $f(r) = y$ die Besselsche Differentialgleichung (vgl. Kap. 7, Ziff. 13):

$$\frac{d^2 y}{d\varrho^2} + \frac{1}{\varrho}\frac{dy}{d\varrho} + \left(1 - \frac{n^2}{\varrho^2}\right) y = 0. \tag{66}$$

Es ergibt sich also die Lösung von (66) als Besselsche Funktion (vgl. Kap. 7, Ziff. 13) in der Form

$$y_n = J_n(kr),$$

wobei $J_n(k) = 0$ sein muß. Die Eigenwerte $\lambda = k^2$ sind also die Quadrate der Nullstellen der Besselschen Funktionen. Wir bezeichnen sie mit $k_{n,m}$ $(m = 1, 2, 3, \ldots)$ und erhalten somit allgemein

$$u = J_n(k_{n,m} r)\,(\alpha \cos n\vartheta + \beta \sin n\vartheta)\,(a \cos k_{n,m} t + b \sin k_{n,m} t).$$

Knotenlinien sind die Kreise $\varrho = \text{konst.}$, bzw. Radien $\vartheta = \text{konst.}$

Für eine am Rande elastisch gebundene Membran lautet die Randbedingung

$$k J_n'(k) = -\sigma J_n(k).$$

Die allgemeine inhomogene Membran wird nach denselben Methoden behandelt und auf eine Differentialgleichung von der in Ziff. 19 behandelten Art zurückgeführt.

28. Schwingende Platte. Die homogene schwingende Platte führt auf die partielle Differentialgleichung vierter Ordnung:

$$\Delta\Delta u + \frac{\partial^2 u}{\partial t^2} = 0.$$

Setzt man wieder

$$u = v(x, y)\, g(t),$$

so erhält man

$$\Delta\Delta v - \lambda v = 0 \qquad (\lambda = \nu^2), \tag{67}$$

$$g(t) = a \cos \nu t + b \sin \nu t.$$

Die Randbedingungen der eingespannten Platte lauten:

$$u = 0, \qquad \frac{\partial u}{\partial n} = 0,$$

also für v:

$$v = 0, \qquad \frac{\partial v}{\partial n} = 0.$$

Die einzige Begrenzung, für die eine Behandlung mit explizit bekannten Funktionen gelang, ist der Kreis. Wir denken uns Polarkoordinaten r, ϑ eingeführt, setzen $\lambda = k^4$ und bezeichnen den Operator

$$\frac{\partial}{\partial r^2} + \frac{1}{r}\frac{\partial}{\partial r} + \frac{1}{r^2}\frac{\partial^2}{\partial \vartheta^2}$$

kurz mit Δ. Dann lautet die Differentialgleichung (67)

$$(\Delta\Delta - k^4) v = 0 \qquad \text{oder} \qquad (\Delta - k^2)(\Delta + k^2) v = 0.$$

Wir setzen v als Fouriersche Reihe an, also

$$v = \sum_{n=-\infty}^{+\infty} y_n(r)\, e^{i n \vartheta}.$$

Jedes Glied muß für sich der Differentialgleichung genügen, daher wird y_n eine Lösung von

$$\left(\frac{d^2}{dr^2} + \frac{1}{r}\frac{d}{dr} - \frac{n^2}{r^2} - k^2\right)\left(\frac{d^2}{dr^2} + \frac{1}{r}\frac{d}{dr} - \frac{n^2}{r^2} + k^2\right) y = 0.$$

Diese Differentialgleichung hat die Lösungen $J_n(kr)$ und $J_n(ikr)$; für (67) ergibt sich somit als Lösung

$$v(r, \vartheta) = J_n(kr)\,(a_1 \cos n\vartheta + b_1 \sin n\vartheta) + J_n(ikr)\,(a_2 \cos n\vartheta + b_2 \sin n\vartheta)\,.$$

Die Randbedingungen lauten hier

$$v(1, \vartheta) = 0\,, \qquad \frac{\partial v}{\partial r}(1, \vartheta) = 0$$

und liefern sonach

$$J_n(k)\,a_1 + J_n(ik)\,a_2 = 0\,, \qquad J_n(k)\,b_1 + J_n(ik)\,b_2 = 0\,,$$

$$J_n'(k)\,a_1 + i J_n'(ik)\,a_2 = 0\,, \qquad J_n'(k)\,b_1 + i J_n'(ik)\,b_2 = 0\,,$$

also für die Eigenfrequenz k die transzendente Gleichung

$$\frac{J_n'(k)}{J_n(k)} = \frac{i J_n'(ik)}{J_n(ik)}\,.$$

29. Wärmeleitung. Die Differentialgleichung der Wärmeleitung in homogenen isotropen Körpern lautet bei passender Wahl der Zeiteinheit:

$$\frac{\partial^2 u}{\partial x^2} + \frac{\partial^2 u}{\partial y^2} + \frac{\partial^2 u}{\partial z^2} = \frac{\partial u}{\partial t}\,,$$

$u = u(x, y, z, t)$ ist die Temperatur. Die Randbedingungen für die Ausstrahlung eines homogenen Körpers G mit der Oberfläche Γ in ein unendliches Medium mit der konstanten Temperatur 0 lautet:

$$\frac{\partial u}{\partial n} + \sigma u = 0$$

für die gesamte Oberfläche Γ; σ ist eine Materialkonstante, $-n$ die innere Normale.

Wir setzen

$$u = v(x, y, z)\,g(t)$$

und erhalten, wenn wir wieder den Laplaceschen Operator mit Δ bezeichnen:

$$\frac{\Delta v}{v} = \frac{g'(t)}{g(t)} = -\lambda\,.$$

v genügt also der Differentialgleichung

$$\Delta v + \lambda v = 0\,,$$

in G mit der Randbedingung

$$\frac{\partial v}{\partial n} + \sigma v = 0$$

an der Oberfläche Γ. Für u erhalten wir

$$u = a v e^{-\lambda t}\,.$$

Wir behandeln speziell den Fall einer Kugel vom Radius 1. Bei Einführung von Polarkoordinaten (r, ϑ, φ) erhält man für die Differentialgleichung

$$\frac{1}{r^2 \sin\vartheta}\left[\frac{\partial}{\partial r}\left(r^2 \sin\vartheta\,\frac{\partial v}{\partial r}\right) + \frac{\partial}{\partial \varphi}\left(\frac{1}{\sin\vartheta}\,\frac{\partial v}{\partial \varphi}\right) + \frac{\partial}{\partial \vartheta}\left(\frac{\partial v}{\partial \vartheta}\sin\vartheta\right)\right] + \lambda v = 0\,.$$

Setzen wir

$$v = Y(\varphi, \vartheta)\,f(r)\,,$$

so ergibt sich

$$\frac{(r^2 f')' + \lambda r^2 f}{f} = -\frac{r^2 \Delta Y}{Y} = -\frac{1}{Y \sin\vartheta}\left[\frac{\partial}{\partial \varphi}\left(\frac{1}{\sin\vartheta}\,\frac{\partial Y}{\partial \varphi}\right) + \frac{\partial}{\partial \vartheta}\left(\frac{\partial Y}{\partial \vartheta}\sin\vartheta\right)\right] = k\,.$$

Die Konstante k muß so gewählt werden, daß die Differentialgleichung

$$\frac{1}{\sin\vartheta}\left[\frac{\partial}{\partial\varphi}\left(\frac{1}{\sin\vartheta}\frac{\partial Y}{\partial\varphi}\right)+\frac{\partial}{\partial\vartheta}\left(\frac{\partial Y}{\partial\vartheta}\sin\vartheta\right)\right]+kY=0,$$

eine auf der ganzen Kugeloberfläche stetige Lösung hat. Daraus ergeben sich für

$$k=n(n+1)\quad(n=0,1,2,\ldots),$$

für Y die Kugelfunktionen $S_n(\vartheta,\varphi)$ (vgl. Kap. 7, Ziff. 8). $f(r)$ muß der Differentialgleichung

$$(r^2f')'-n(n+1)f+r^2f=0$$

genügen. Sie hat nach Kap. 7, Ziff. 13 die Lösungen

$$T_n(\sqrt{\lambda}r)=\frac{J_{n+\frac{1}{2}}(\sqrt{\lambda}r)}{\sqrt{r}}\,^{1)}.$$

λ ist gemäß den Randbedingungen zu bestimmen. Sind die betreffenden Werte für ein bestimmtes n $\lambda_{n1}, \lambda_{n2}, \ldots$, so erhält man als allgemeine Lösung

$$u=S_n(\vartheta,\varphi)T_n(\sqrt{\lambda_{nh}}r)\quad(h=1,2,\ldots).$$

Für einen über dem Gebiete G der xy-Ebene errichteten Zylinder, der von den Ebenen $z=0$, $z=\pi$ begrenzt ist, kann man das Problem durch den Ansatz

$$v=f(z)v^*(x,y)$$

sofort auf das entsprechende ebene Problem zurückführen. Man erhält z. B. für die Randbedingung $u=0$:

$$-\frac{f''(t)}{f(t)}=\frac{\Delta v^*}{v^*}+\lambda=k=\text{konst.},\qquad f=\sin\sqrt{k}z,\qquad k=1^2,2^2,3^2,\ldots,$$

für v^* ergibt sich die Differentialgleichung

$$\Delta v^*+(\lambda-n^2)v^*=0.$$

Ihre Eigenwerte unterscheiden sich von denen des ebenen Gebietes nur durch den Summanden n^2 und haben dieselben Eigenschaften wie die des ebenen Gebietes.

Ist das Gebiet speziell ein Rechteck, also der Zylinder mit dem Würfel $0\leqq x, y, z\leqq\pi$ identisch, so sind die Eigenwerte $l^2+m^2+n^2$ ($l, m, n=1, 2, 3, \ldots$) und die Eigenfunktionen $\sin lx \sin my \sin nz$.

Die Darstellung der in diesem Abschnitt behandelten speziellen Differentialgleichungen der mathematischen Physik schließt sich eng an das in Ziff. 54 angeführte Buch von COURANT-HILBERT an, auf das der Leser aufs nachdrücklichste hingewiesen werde.

VI. Potentialtheorie.

30. Newtonsches Potential. Sowohl beim elektrischen oder magnetischen Elementargesetz (Coulombsches Gesetz) als auch beim Newtonschen Massenanziehungsgesetz der Gravitation läßt sich die Feldstärke als Gradient[2] eines Potentials darstellen. Der Punkt, in dem die Feldstärke bestimmt wird, heißt der Aufpunkt. Wird das elektrische (magnetische) Feld oder das Gravitationsfeld

[1]) Man setze $f=\frac{y}{\sqrt{r}}$, $r=\frac{x}{\sqrt{\lambda}}$.

[2]) Vgl. Kap. 5, Ziff. 7.

durch n diskrete Massenpunkte mit den Massen m_i und den Entfernungen r_i vom Aufpunkt erzeugt, so ist das Potential P bei geeigneter Wahl der Einheiten gegeben durch

$$P = \sum_{i=1}^{n} \frac{m_i}{r_i}. \tag{68}$$

Man bezeichnet es kurz als Newtonsches Potential, ohne Rücksicht auf die physikalische Provenienz des Feldes.

Sind die Massen über einzelne Raumteile stetig verteilt, so erhält man folgende drei Formen des Newtonschen Potentials:

$$U = \int\limits_{(L)} \frac{\mu\, d L}{r}, \quad \int\limits_{(F)} \frac{\mu\, d F}{r}, \quad \int\limits_{(V)} \frac{\mu\, d V}{r} \tag{69}$$

das Linien-, Flächen- und Körperpotential. Im ersten ist eine stetig mit Masse belegte Linie L vorausgesetzt und μ die lineare Massendichte, d. h. die Masse der Linie pro Längeneinheit; r ist der Abstand des variablen anziehenden Punktes der Linie vom festen Aufpunkt, dL das Bogenelement von L; die Integration ist über die ganze Linie zu erstrecken. Analog bedeutet μ im zweiten und dritten Integral die Flächen- bzw. Raumdichte der Massenbelegung, dF und dV Flächen- und Volumselement[1]).

Denkt man sich zwei Flächenbelegungen im Abstand ε (s. Abb. 2), so daß in übereinanderliegenden Punkten absolut gleiche, aber entgegengesetzt bezeichnete Dichte μ herrscht, und läßt man μ über alle Grenzen wachsen, während ε gegen Null konvergiert, so daß $\lim\limits_{\varepsilon \to 0} \varepsilon\mu = \nu$ endlich bleibt, so entsteht die sog. Doppelschicht mit der Belegungsdichte ν.

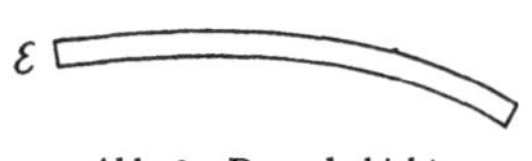

Abb. 2. Doppelschicht.

Bedeutet n die von der mit der Dichte $-\mu$ belegten (negativen) Seite zu der mit der Dichte $+\mu$ belegten (positiven) Seite weisende Normale, so ist das Potential der Doppelschicht

$$W = \int\limits_{(F)} \nu \frac{\partial}{\partial n}\left(\frac{1}{r}\right) d F = -\int \frac{\nu}{r^2} \cos(r, n)\, d F, \tag{70}$$

(r, n) ist der Winkel zwischen der positiven Normale n und dem Fahrstrahl r vom Aufpunkt zum variablen Belegungspunkt.

31. Grundeigenschaften. Das Newtonsche Potential genügt in allen vom Aufpunkt verschiedenen Punkten der Laplaceschen Differentialgleichung:

$$\Delta u = \frac{\partial^2 u}{\partial x^2} + \frac{\partial^2 u}{\partial y^2} + \frac{\partial^2 u}{\partial z^2} = 0, \tag{71}$$

(x, y, z rechtwinklige Koordinaten).

Das Körperpotential ist samt seinen ersten Ableitungen beschränkt und stetig, die zweiten Ableitungen sind beschränkt und teilweise stetig, sie erleiden nämlich einen Sprung an der Oberfläche des Körpers; es gilt die Poissonsche Gleichung:

$$\Delta U = -4\pi\mu. \tag{72}$$

Das Potential der Doppelschicht erleidet beim Durchgang durch die Belegungsfläche einen Sprung und ist sonst stetig; bedeutet W den Wert auf der Fläche, W_+ und W_- die Grenzwerte auf beiden Seiten der Fläche, so gilt

$$W_+ = W + 2\pi\nu, \quad W_- = W - 2\pi\nu. \tag{73}$$

[1]) Mit Rücksicht auf die einfachere Gestaltung der Formeln und des Textes wurde für alle drei Dichtenarten derselbe Buchstabe μ gewählt (Bezeichnung im Anschluß an das in Ziff. 54 zitierte Buch von MISES).

Die erste Ableitung von W längs der positiven Flächennormalen n bleibt stetig, die tangentielle Ableitung springt um das 4π-fache der entsprechenden Ableitung von ν, die tangentielle Ableitung in der Fläche ist wieder das arithmetische Mittel der Grenzwerte auf beiden Seiten.

Das Potential der einfachen Flächenbelegung ist stetig. Seine Ableitung nach der positiven Normalen springt beim Durchgang durch die Fläche längs der positiven Normalen um $-4\pi\mu$, die tangentiellen Ableitungen bleiben stetig. Der Wert auf der Fläche ist wieder das arithmetische Mittel der Grenzwerte auf beiden Seiten.

Im Unendlichen verschwindet das Newtonsche Potential mit der ersten, seine ersten Ableitungen mit der zweiten Potenz der reziproken Entfernung. Diese Grundeigenschaften sind für das Newtonsche Potential charakteristisch.

32. Potential der Kugel und des Ellipsoids. Das Potential einer gleichförmig mit der Masse $m = 4\pi R^2 \mu$ belegten Kugeloberfläche (Radius R) ist für einen Punkt im Innern der Kugel konstant ($= m/R$), für einen Punkt außerhalb im Abstand a vom Mittelpunkt der Kugel gleich m/a. Für eine homogene Kugel mit der Masse $m = \frac{4\pi}{3} R^3 \mu$ gilt:

für $a \geqq R$: $$U = \frac{m}{a},$$

für $a \leqq R$: $$U = 2\pi\mu\left(R^2 - \frac{a^2}{3}\right).$$

Für das homogene Ellipsoid mit der Gleichung

$$\frac{x^2}{A^2} + \frac{y^2}{B^2} + \frac{z^2}{C^2} = 1$$

gilt im Innenraum

$$U_i = \mu ABC\pi \int_0^\infty \left(1 - \frac{x^2}{A^2+t} - \frac{y^2}{B^2+t} - \frac{z^2}{C^2+t}\right) \frac{dt}{\sqrt{(A^2+t)(B^2+t)(C^2+t)}},$$

im Äußeren

$$U_a = \mu ABC\pi \int_s^\infty \left(1 - \frac{x^2}{A^2+t} - \frac{y^2}{B^2+t} - \frac{z^2}{C^2+t}\right) \frac{dt}{\sqrt{(A^2+t)(B^2+t)(C^2+t)}},$$

wo s die positive Wurzel der Gleichung

$$\frac{x^2}{A^2+s} + \frac{y^2}{B^2+s} + \frac{z^2}{C^2+s} = 1$$

ist. Mit Hilfe der Laméschen Funktionen ergibt sich, wenn λ_0 der Parameter des gegebenen und λ_1 der Parameter des durch den Aufpunkt (x, y, z) gehenden konfokalen Ellipsoids ist[1]):

$$U_i = \frac{1}{2} V\left[3K_0(\lambda_0) - x^2 \frac{K_1(\lambda_0)}{L_1(\lambda_0)} - y^2 \frac{K_2(\lambda_0)}{L_2(\lambda_0)} - z^2 \frac{K_3(\lambda_0)}{L_3(\lambda_0)}\right],$$

$$U_a = \frac{1}{2} V\left[3K_0(\lambda_1) - x^2 \frac{K_1(\lambda_1)}{L_1(\lambda_1)} - y^2 \frac{K_2(\lambda_1)}{L_2(\lambda_1)} - z^2 \frac{K_3(\lambda_1)}{L_3(\lambda_1)}\right].$$

Das Potential des mit der Flächendichte

$$\mu = \frac{2n+1}{4\pi} l(\lambda_0)\, M_k(\mu_0)\, N_k(\nu_0)$$

belegten Ellipsoids ist

$$U_i = K_k(\lambda_0)\, L_k(\lambda_1)\, M_k(\mu_1)\, N_k(\nu_1),$$

$$U_a = L_k(\lambda_0)\, K_k(\lambda_1)\, M_k(\mu_1)\, N_k(\nu_1).$$

---

[1]) Die in den folgenden Formeln gebrauchten Bezeichnungen sind dem Kap. 7, Ziff. 15, 16 entnommen. V bedeutet das Volumen des Ellipsoids.

Dabei sind $(\lambda_0, \mu_0, \nu_0)$ die elliptischen Koordinaten des variablen Punktes auf dem Ellipsoid, $(\lambda_1, \mu_1, \nu_1)$ die des Aufpunktes.

33. Logarithmisches Potential. Denken wir uns statt der Newtonschen Anziehungskraft $-m/r^2$ im Raume eine in der Ebene wirkende Anziehungskraft $-m/r$, so können wir sie als Gradienten des sog. logarithmischen Potentials $m \ln 1/r$ oder $-m \ln r$ auffassen. Wir erhalten an Stelle der Formeln (68 bis 72) die Formeln (68a bis 72a)

$$P = \sum_{i=1}^{n} m_i \ln \frac{1}{r_i}, \tag{68a}$$

$$U = \int\limits_{(L)} \mu \ln \frac{1}{r} \, dL, \qquad \int\limits_{(F)} \mu \ln \frac{1}{r} \, dF, \tag{69a}$$

$$W = \int\limits_{(L)} \nu \frac{\partial}{\partial n} \left(\ln \frac{1}{r} \right) dL = -\int\limits_{(L)} \frac{\nu}{r} \cos(r, n) \, dL, \tag{70a}$$

$$\Delta u = \frac{\partial^2 u}{\partial x^2} + \frac{\partial^2 u}{\partial y^2} = 0, \tag{71a}$$

$$\Delta U = -2\pi\mu. \tag{72a}$$

Dabei entspricht dem Newtonschen Körperpotential das logarithmische Flächenpotential, dem Newtonschen Flächenpotential das logarithmische Linienpotential.

Mit Berücksichtigung dieser Tatsache hat das logarithmische Potential die analogen charakteristischen Grundeigenschaften wie das Newtonsche; man hat nur noch überall 2π statt 4π zu setzen. Im Unendlichen wird das logarithmische Potential wie $\ln 1/R$ unendlich, die ersten Ableitungen verschwinden wie $1/R$.

34. Die drei Randwertaufgaben der Potentialtheorie. Man sucht bei diesen Aufgaben zweimal stetig differenzierbare Lösungen u der Laplaceschen Differentialgleichung (vgl. Gleichung 71, 71a), sog. Potential- oder harmonische Funktionen, die gewissen Randbedingungen genügen. Als Bereich sei ein von einer stetig gekrümmten[1]) Fläche F begrenzter, ganz im Endlichen liegender, einfach zusammenhängender Raumteil vorausgesetzt. Er heißt der Innenraum von F, der übrige Raum der Außenraum. Die positive Normale soll von innen nach außen weisen. Die am Rand vorgegebenen Funktionen seien stetig. Beim ebenen Problem tritt an Stelle der Fläche F eine Kurve L. Es gibt drei Typen von Randwertaufgaben, die getrennt für Innen- und Außenraum, bzw. Ebene und Raum betrachtet werden müssen, also sind es im ganzen zwölf Aufgaben. Die drei Typen sind:

I. Randwertaufgabe (Dirichletsches Problem): Es sind die Randwerte von u gegeben als Grenzwerte, denen sich die Funktion u bei Annäherung an den Rand nähert.

II. Randwertaufgabe (Neumannsches Problem): Es sind die Randwerte von $\partial u/\partial n$ im selben Sinn gegeben.

III. Randwertaufgabe (Problem der Wärmeleitung): Am Rand ist $hu + k\frac{\partial u}{\partial n}$ gegeben, wo h und k gegebene Ortsfunktionen sind; I und II sind also Spezialfälle von III.

Um die Probleme gleichzeitig für Innen- und Außenraum zu lösen, erweitert man sie in folgender Weise:

---

[1]) Stetig gekrümmt heißt: Ist F in rechtwinkeligen Koordinaten durch die Gaußsche Parameterdarstellung $x = x(u, v)$, $y = y(u, v)$, $z = z(u, v)$ gegeben, so sollen die zweiten partiellen Ableitungen von x, y, z nach u, v noch stetig sein.

Der Index i bzw. a soll den inneren bzw. äußeren Grenzwert der betreffenden Funktion bedeuten, dem sich die Funktion bei Annäherung an den Rand von innen bzw. außen nähert, α, β seien Konstante, f eine am Rande gegebene Ortsfunktion. Dann ersetzen wir die Randbedingungen

bei I durch $$\alpha u_a + \beta u_i = f,$$

bei II durch $$\alpha\left(\frac{\partial u}{\partial n}\right)_a + \beta\left(\frac{\partial u}{\partial n}\right)_i = f,$$

bei III durch $$\alpha\left(\frac{\partial u}{\partial n}\right)_a + \beta\left(\frac{\partial u}{\partial n}\right)_i + \frac{h}{k}u = \frac{f}{k},$$

wo wir also $k \neq 0$ voraussetzen. $\alpha = 0$, $\beta = 1$ liefert immer das innere, $\alpha = 1$, $\beta = 0$ das äußere Problem.

35. Lösung der Randwertaufgaben. Sie wird dadurch auf die Auflösung linearer Integralgleichungen zweiter Art[1]) zurückgeführt, daß man bei I u als Potential einer Doppelbelegung auf dem Rande mit der unbekannten Dichte ν, bei II und III als Potential einer einfachen Belegung mit der Dichte μ ansieht. Nach Gleichung (70) und (73) ist daher z. B. für I

$$u_a + u_i = 2\int\limits_{(F)} \nu \frac{\partial}{\partial n}\left(\frac{1}{r}\right) dF,$$

$$u_a - u_i = 4\pi\nu.$$

Berechnet man daraus u_a und u_i und setzt diese Werte in die Randbedingung ein, so ergibt sich die Gleichung

$$(\alpha + \beta)\int\limits_{(F)} \nu \frac{\partial}{\partial n}\left(\frac{1}{r}\right) dF + (\alpha - \beta)\, 2\pi\nu = f.$$

Analog geht man bei II und III vor. Man erhält so für μ und ν die Integralgleichungen:

$$\left.\begin{aligned}
&\text{für I:} && (\alpha + \beta)\int\limits_{(F)} \nu \frac{\partial}{\partial n}\left(\frac{1}{r}\right) dF + (\alpha - \beta)\, 2\pi\nu = f,\\
&\text{für II:} && (\alpha + \beta)\int\limits_{(F)} \nu \frac{\partial}{\partial n}\left(\frac{\mu}{r}\right) dF - (\alpha - \beta)\, 2\pi\mu = f,\\
&\text{für III:} && (\alpha + \beta)\int\limits_{F} \nu \frac{\partial}{\partial n}\left(\frac{\mu}{r}\right) dF + \frac{h}{k}\int\limits_{(F)} \frac{\mu}{r}\, dF - (\alpha - \beta)\, 2\pi\mu = \frac{f}{k}.
\end{aligned}\right\} \quad (74)$$

Bei I bezieht sich $\partial/\partial n$ auf den Integrationspunkt, bei II und III auf den Aufpunkt P. Die drei Gleichungen lassen sich unter Verwendung der Bezeichnungen gemäß Abb. 3 in folgender einfacheren Form schreiben $\left(\lambda = \frac{\alpha + \beta}{\alpha - \beta}\right)$:

$$\left.\begin{aligned}
&\text{für I:}\ 2\pi\nu(P) + \lambda\int\limits_{(F)} \nu(P')\frac{\cos\varphi}{r^2}\, dF = f_1(P)\\
&(\text{Innenraum: } \lambda = 1,\ f_1 = f;\\
&\text{Außenraum: } \lambda = -1,\ f_1 = -f),
\end{aligned}\right\} \quad (75)$$

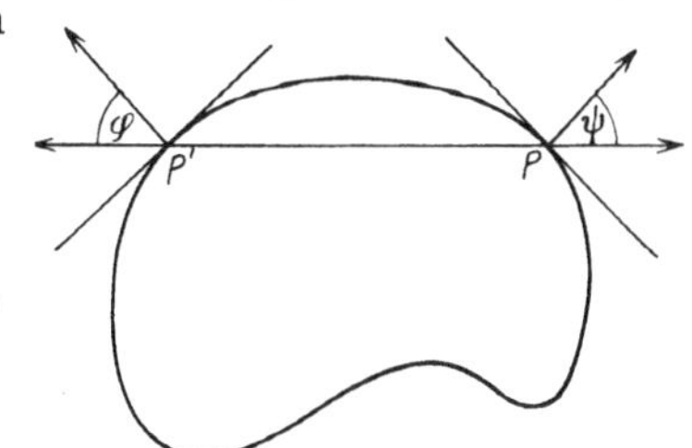

Abb. 3. Potential einer Flächenbelegung.

[1]) Vgl. Kap. 8, Ziff. 1.

$$\left.\begin{aligned} &\text{für II:} && 2\pi\mu(P) + \lambda\int\limits_{(F)}\mu(P')\frac{\cos\psi}{r^2}\,dF = f_1(P) \\ & && (\text{Innenraum: } \lambda = -1,\ f_1 = f;\ \text{Außenraum: } \lambda = 1,\ f_1 = -f)\,. \\ &\text{für III:} && 2\pi\mu(P) + \lambda\int\limits_{(F)}\mu(P')\left[\frac{\cos\psi}{r^2} - \frac{h}{k}(P)\frac{1}{r}\right]dF = f_1 \\ & && \left(\text{Innenraum: } \lambda = -1,\ f_1 = \frac{f}{k};\ \text{Außenraum: } \lambda = 1,\ f_1 = -\frac{f}{k}\right). \end{aligned}\right\} \tag{75}$$

Die gesuchte harmonische Funktion ist dann

$$\left.\begin{aligned} &\text{für I:} && u = \int\limits_{(F)} \nu\frac{\partial}{\partial n}\left(\frac{1}{r}\right)dF\,, \\ &\text{für II und III:} && u = \int\limits_{(F)}\frac{\mu}{r}\,dF. \end{aligned}\right\} \tag{76}$$

Im ebenen Problem hat man π statt 2π und r statt r^2 im Nenner in den Formeln (75), $\ln\frac{1}{r}$ statt $\frac{1}{r}$ in den Formeln (76) zu schreiben. Die Integralgleichung (75 II) ist die transponierte Integralgleichung zu (75II) (vgl. Kap. 8, Ziff. 1). Die einzigen Eigenwerte und zugehörigen Eigenfunktionen der Gleichungen (75) sind für I: $\lambda = -1$, $\nu =$ konst., für II: $\lambda = -1$, $\mu \neq$ konst. Bei III ist $\lambda = -1$ kein Eigenwert für $\frac{h}{k} > 0$, $\lambda = 1$ kein Eigenwert für $\frac{h}{k} < 0$. Die Eigenfunktionen bedeuten physikalisch bei I eine Doppelschicht konstanten Moments (etwa eine magnetische Lamelle) mit konstantem, von Null verschiedenem Potential im Innern und verschwindendem Potential im Äußeren; bei II eine Elektrizitätsverteilung auf der Oberfläche bei konstantem Potential im Inneren (Leiterpotential).

Aus diesen Tatsachen folgt nach den allgemeinen Sätzen über lineare Integralgleichungen: Die erste Randwertaufgabe ist für den Innenraum stets eindeutig lösbar; für den Außenraum dann und nur dann, wenn $\int\limits_{(F)}\mu u\,dF = 0$. Sie wird für den Außenraum vieldeutig lösbar ohne Einschränkung der Randwerte, wenn man auch Lösungen zuläßt, die im Unendlichen nicht verschwinden.

Die zweite Randwertaufgabe ist für den Innenraum dann und nur dann lösbar, wenn $\int\limits_{(F)}\frac{\partial u}{\partial n}\,dF = 0$; die Lösung ist bis auf eine additive Konstante bestimmt. Im Außenraum ist sie stets bis auf eine additive Konstante eindeutig lösbar.

Die dritte Randwertaufgabe ist stets eindeutig lösbar, wenn h und k gleiches Zeichen beim Innenproblem und entgegengesetztes Zeichen beim Außenproblem haben.

Besteht der von der Fläche F begrenzte Bereich aus n getrennten, von den einfach geschlossenen Flächen $F_1, F_2, \ldots F_n$ berandeten Gebieten, so ist die erste Randwertaufgabe stets eindeutig lösbar, wobei beim Außenproblem noch die das Potential erzeugende Gesamtmasse willkürlich ist.

Bei der zweiten Randwertaufgabe müssen beim Innenproblem die Bedingungen $\int\limits_{(F)}\frac{\partial u}{\partial n}\,dF = 0$ $(i = 1, 2, \ldots n)$ erfüllt sein; die Lösungen sind bis auf n additive Konstanten bestimmt.

36. Die Greensche Funktion der Potentialtheorie. Wir betrachten ein zusammenhängendes räumliches Gebiet V, dessen Rand F aus endlich vielen Flächenstücken mit stetigen Normalen besteht, die miteinander Kanten bilden können. Die harmonischen Funktionen u sollen auf F stetig differenzierbar sein. P sei der Aufpunkt, P' ein variabler Punkt; r die Entfernung PP', n die äußere Normale. Dann folgt aus dem Greenschen Satz (Kap. 5, Ziff. 8)

$$\left.\begin{aligned} &\int\limits_{(F)} \frac{\partial u}{\partial n}\, dF = 0\,, \\ u(P) = -\frac{1}{4\pi}&\int\limits_{(F)} \left[u(P')\frac{\partial \frac{1}{r}}{\partial n} - \frac{1}{r}\frac{\partial u(P')}{\partial n}\right] dF \ (P' \text{ soll } F \text{ durchlaufen}), \end{aligned}\right\} \tag{77}$$

also speziell für eine Kugel vom Radius R und Mittelpunkt P

$$u(P) = \frac{1}{4\pi R^2}\int\limits_{(F)} u(P')\, dF\,. \tag{78}$$

Die harmonischen Funktionen nehmen ihr Maximum und Minimum am Rande an. Unter der Greenschen Funktion des Gebietes V versteht man eine Funktion $G(P, P')$ mit folgenden Eigenschaften:

1. $G(P, P') - \frac{1}{r}$ ist regulär harmonisch in V;
2. Auf der Begrenzung F ist $G = 0$.

Man findet diese Funktion eindeutig durch die Lösung der ersten Randwertaufgabe für V mit den Randwerten $\frac{1}{r}$. Es ist $G(P, P') = G(P', P)$ und $G(P, P') > 0$ in V. Aus (78) folgt

$$u(P) = -\frac{1}{4\pi}\int u(P')\frac{\partial G(P, P')}{\partial n}\, dF\,, \tag{79}$$

wobei P' die Begrenzung F durchläuft. Die harmonischen Funktionen machen das Dirichletsche Integral $D(u) = \int\limits_{(V)} (\operatorname{grad} u)^2\, dV$ bei festgehaltenen Randwerten zu einem Minimum.

Sämtliche Betrachtungen übertragen sich sinngemäß auf die Ebene, vgl. hierzu Kap. 6, Ziff. 22.

37. Die erste Randwertaufgabe für Kreis und Kugel. Der Mittelpunkt des Kreises sei der Ursprung, der Radius R. Wir führen Polarkoordinaten r, φ ein. Dann liefert (79) das sog. Poissonsche Integral

$$u(r, \varphi) = \frac{1}{2\pi}\int\limits_0^{2\pi} \frac{R^2 - r^2}{R^2 + r^2 - 2Rr\cos(\varphi - \vartheta)}\, u(R, \vartheta)\, d\vartheta \qquad (r < R)\,. \tag{80}$$

Ferner gilt die für $r < R$ gleichmäßig konvergente Entwicklung:

$$u(r, \varphi) = \frac{a_0}{2} + \sum_{n=1}^{\infty} r^n(a_n \cos n\varphi + b_n \sin n\varphi)\,, \tag{81}$$

wo

$$\frac{a_0}{2} = u(0, 0) = \frac{1}{2\pi}\int\limits_0^{2\pi} u(R, \vartheta)\, d\vartheta\,,$$

$$a_n = \frac{1}{\pi R^n}\int\limits_0^{2\pi} u(R, \vartheta)\cos n\vartheta\, d\vartheta\,, \quad b_n = \frac{1}{\pi R^n}\int\limits_0^{2\pi} u(R, \vartheta)\sin n\vartheta\, d\vartheta \qquad (n = 1, 2, \ldots)\,.$$

Für $r > R$ hat man in (80) rechts das Integral mit dem negativen Zeichen zu nehmen. Im Raum erhält man für die Kugel vom Radius R (Mittelpunkt im Ursprung) bei Einführung von Polarkoordinaten r, ϑ, φ und

$$\cos\gamma = \cos\vartheta\cos\vartheta' + \sin\vartheta\sin\vartheta'\cos(\varphi - \varphi'),$$

$$u(r, \vartheta, \varphi) = \frac{R}{4\pi}\int_0^{2\pi}\int_0^{\pi} u(R, \vartheta', \varphi')\frac{R^2 - r^2}{(R^2 + r^2 - 2Rr\cos\gamma)^{\frac{3}{2}}}\sin\vartheta'\, d\vartheta'\, d\varphi \quad (r < R) \tag{82}$$

und

$$\left.\begin{aligned} u(r, \vartheta, \varphi) = \sum_{n=0}^{\infty}\frac{2n+1}{4\pi}\frac{r^n}{R^n}\int_0^{2\pi}\int_0^{\pi} u(R, \vartheta', \varphi')\, P_n(\cos\gamma)\sin\vartheta'\, d\vartheta'\, d\varphi' \\ \text{(konvergent für } r < R), \end{aligned}\right\} \tag{83}$$

(s. Kap. 7, Ziff. 8 bis 11) oder

$$u(r, \vartheta, \varphi) = \sum_{n=0}^{\infty} r^n \left\{a_n P_n(\cos\vartheta) + \sum_{\nu=1}^{n}[a_{n,\nu}\cos\nu\varphi + b_{n,\nu}\sin\nu\varphi]\, P_{n,\nu}(\cos\vartheta)\right\}, \tag{84}$$

wo

$$\left.\begin{matrix} a_{n,\nu} \\ b_{n,\nu} \end{matrix}\right\} = \frac{2n+1}{2\pi R^n}\frac{(n-\nu)!}{(n+\nu)!}\int_0^{2\pi}\int_0^{\pi} u(R, \vartheta', \varphi')\, P_{n,\nu}(\cos\vartheta')\begin{matrix}\cos\\ \sin\end{matrix}\,\nu\varphi'\sin\vartheta'\, d\vartheta'\, d\varphi'$$

$$(\nu = 0, 1, 2, \ldots n; \quad a_n = \tfrac{1}{2}a_{n,0}; \quad n = 1, 2, \ldots).$$

Für $r > R$ erhält man

$$u(r, \vartheta, \varphi) = \sum_{n=0}^{\infty}\frac{2n+1}{4\pi}\frac{R^{n+1}}{r^{n+1}}\int_0^{2\pi}\int_0^{\pi} u(R, \vartheta', \varphi')\, P_n(\cos\gamma)\sin\vartheta'\, d\vartheta'\, d\varphi'. \tag{85}$$

Ferner gilt der Harnacksche Satz:

Sind die Funktionen $u_1, u_2, \ldots u_n, \ldots$ im Innern einer Kugel K regulär harmonisch, auf K stetig und überall monoton wachsend ($u_1 < u_2 < \cdots < u_n < \cdots$), und konvergiert diese Folge in einem einzigen Punkt von K, so konvergiert sie im ganzen Innern von K, und zwar gleichmäßig in jeder kleineren Kugel; die Grenzfunktion ist dort eine reguläre harmonische Funktion. Ein analoger Satz gilt für den Kreis. Beide Sätze lassen sich auf allgemeine Bereiche ausdehnen.

Konvergiert nämlich eine Folge von harmonischen Funktionen am Rand eines Bereiches gleichmäßig und sind sie dort noch stetig, so konvergieren sie auch im Innern gleichmäßig gegen eine am Rande stetige, im Innern harmonische Funktion; desgleichen konvergieren die Ableitungen beliebig hoher Ordnung gegen die Ableitung der Grenzfunktion gleichmäßig in jedem abgeschlossenen Teilbereich. Die Grenze der Randwerte der Funktionen ist der Randwert der Grenzfunktion.

Die Darstellung in diesem Abschnitt schließt sich eng an das in Ziff. 54 zitierte Buch von MISES an, auf das bezüglich weiterer Einzelheiten verwiesen sei.

VII. Totale Differentialgleichungen.

38. Systeme totaler Differentialgleichungen. Ein System totaler Differentialgleichungen ist ein System von folgender Art:

$$F_i(x_1, x_2, \ldots, x_n, dx_1, dx_2, \ldots, dx_n) = 0 \quad (i = 1, 2, \ldots, m), \tag{86}$$

wobei die Funktionen F_i in den Differentialen dx_α homogen sein sollen. Die durch die unabhängigen, sich nicht widersprechenden Gleichungen

$$\varphi_\beta(x_1, x_2, \ldots, x_n) = 0 \quad (\beta = 1, 2, \ldots, \mu) \quad (1 \leqq \mu \leqq n) \tag{87}$$

definierte Mannigfaltigkeit $V_{n-\mu}$ von der Dimension $n - \mu$ heißt eine Integralmannigfaltigkeit von (86), wenn die Gleichungen (86) aus den Gleichungen (87) und

$$d\varphi_\beta = \sum_{\alpha=1}^{n} \frac{\partial \varphi_\beta}{\partial x_\alpha} dx_\alpha = 0 \tag{88}$$

allein durch Elimination und Substitution hervorgehen. Denkt man sich die Gleichungen (87) aufgelöst in der Form

$$x_\beta = \psi_\beta(x_{\mu+1}, \ldots, x_n) \quad (\beta = 1, 2, \ldots, \mu), \tag{89}$$

also

$$dx_\beta = \sum_{\gamma=\mu+1}^{n} \frac{\partial \psi_\beta}{\partial x_\gamma} dx_\gamma, \tag{90}$$

so müssen also die Gleichungen (86) nach Einsetzung von (89) und (90) identisch in den restlichen $x_{\mu+1}, \ldots, x_n$ und $dx_{\mu+1}, \ldots, dx_n$ erfüllt sein. Dies gibt ein System partieller Differentialgleichungen für die unbekannten Funktionen ψ_β (vgl. Ziff. 1 bis 3). Wenn sich die Gleichungen (86) nicht widersprechen und unabhängig sind bezüglich der dx (es muß dann $1 \leqq m \leqq n - 1$ sein), so haben sie immer Integralkurven ($\mu = n - 1$). Man füge einfach $n - m - 1$ andere derartige willkürliche Gleichungen hinzu und löse z. B. nach $\frac{dx_i}{dx_n}$ ($i = 1, 2, \ldots, n - 1$) auf. Dann erhält man ein System von $n - 1$ gewöhnlicher Differentialgleichungen für $x_1, x_2, \ldots x_{n-1}$ als Funktionen von x_n mit $n - m - 1$ willkürlichen Funktionen. Der Fall $m = n$ liefert nur die triviale Lösung $x_i =$ konst. ($i = 1, 2, \ldots, n$), ebenso wie der Fall $\mu = n$. Sind die Gleichungen (86) linear in den dx, so spricht man von einem Pfaffschen System. Den allgemeinen Fall pflegt man auch als Mongesches System zu bezeichnen. Ein Pfaffsches System hat also die Gestalt:

$$\sum_{k=1}^{n} a_{ik}\, dx_k = 0 \qquad (i = 1, 2, \ldots, m), \tag{91}$$

worin die a_{ik} Funktionen von $x_1, x_2, \ldots, x_n$ sind, deren Matrix vom Rang m ist (vgl. Kap. 2, Ziff. 5, 11).

39. Pfaffsches Problem. Unter einer Pfaffschen Form versteht man eine lineare Differentialform

$$\sum_{i=1}^{n} a_i(x_1, \ldots, x_n)\, dx_i, \tag{92}$$

unter ihrer bilinearen Kovariante (vgl. Kap. 5, Ziff. 2) die Form

$$\sum_{i,k=1}^{n} a_{ik}\, dx_i\, \delta x_k, \qquad \text{wo} \qquad a_{ik} = \frac{\partial a_k}{\partial x_i} - \frac{\partial a_i}{\partial x_k}. \tag{93}$$

Die Minimalzahl der Veränderlichen, auf die (92) bei passender Variablentransformation gebracht werden kann, heißt die Klasse der Pfaffschen Form. Es gilt der Satz von GRASSMANN: Die Klasse der Pfaffschen Form (92) ist der Rang der Matrix

$$\left\| \begin{matrix} a_1 & a_2 & \ldots & a_n \\ a_{11} & a_{12} & \ldots & a_{1n} \\ a_{21} & a_{23} & \ldots & a_{2n} \\ \cdot & \cdot & \cdot & \cdot \\ a_{n1} & a_{n2} & \ldots & a_{nn} \end{matrix} \right\|. \tag{94}$$

Ist die Form von gerader Klasse 2λ, so läßt sie sich auf die Gestalt

$$z_1 dy_1 + z_2 dy_2 + \cdots + z_\lambda dy_\lambda$$

bringen; ist sie von ungerader Klasse $2\lambda + 1$, so läßt sie sich auf die Form

$$z_1 dy_1 + z_2 dy_2 + \cdots + z_\lambda dy_\lambda + dy_{\lambda+1}$$

bringen. Dabei sind die y und z voneinander unabhängige Funktionen der x. Die Durchführung dieser Reduktion bildet den Inhalt des Pfaffschen Problems. Ist speziell die Klasse 1, so ist die Form ein vollständiges Differential (von der Gestalt df), ist die Klasse 2, so hat die Form einen Multiplikator ϱ (ist also von der Gestalt $\varrho\, df$). In diesem Fall muß nach dem Satz von GRASSMANN die bilineare Kovariante identisch verschwinden, d. h. es müssen die Gleichungen $\frac{\partial a_k}{\partial x_i} = \frac{\partial a_i}{\partial x_k}$ $(i, k = 1, 2, \ldots, n)$ erfüllt sein (vgl. Ziff. 52, Beispiel).

Beispiele. 1. Die Pfaffsche Gleichung in drei Veränderlichen

$$P dx + Q dy + R dz = 0, \tag{95}$$

wo P, Q, R Funktionen von x, y, z sind, hat im allgemeinen nur Integralkurven

$$\varphi(x, y, z) = c_1, \quad \psi(x, y, z) = c_2.$$

Integralflächen $f(x, y, z) = c$ existieren gemäß Ziff. 38 nur dann, wenn sich die linke Seite von (95) auf die Form $\varrho\, df$ bringen läßt, also von der Klasse 1 oder 2 ist. Nach dem Satz von GRASSMANN muß somit der Rang der Matrix

$$\left\| \begin{matrix} P & Q & R \\ 0 & \frac{\partial Q}{\partial x} - \frac{\partial P}{\partial y} & -\left(\frac{\partial P}{\partial z} - \frac{\partial R}{\partial x}\right) \\ -\left(\frac{\partial Q}{\partial x} - \frac{\partial P}{\partial y}\right) & 0 & \frac{\partial R}{\partial y} - \frac{\partial Q}{\partial z} \\ \frac{\partial P}{\partial z} - \frac{\partial R}{\partial x} & -\left(\frac{\partial R}{\partial y} - \frac{\partial Q}{\partial z}\right) & 0 \end{matrix} \right\|$$

kleiner als 3 sein. Dies liefert die Gleichung

$$P\left(\frac{\partial R}{\partial y} - \frac{\partial Q}{\partial z}\right) + Q\left(\frac{\partial P}{\partial z} - \frac{\partial R}{\partial x}\right) + R\left(\frac{\partial Q}{\partial x} - \frac{\partial P}{\partial y}\right) = 0,$$

(Eulersche Bedingung).

2. Wir betrachten folgende Pfaffsche Form der Variablen $q_1, \ldots q_n, p_1, \ldots p_n, t$:

$$\sum_{\alpha=1}^{n} p_\alpha dq_\alpha - H(q_1, \ldots q_n, p_1, \ldots p_n, t)\, dt.$$

Setzt man in ihrer bilinearen Kovariante die Koeffizienten von $\delta q_1, \ldots \delta q_n$, $\delta p_1, \ldots \delta p_n$, δt gleich Null, so folgen die kanonischen Gleichungen der Mechanik (vgl. Ziff. 12, 47)

$$\frac{dq_i}{dt} = \frac{\partial H}{\partial p_i}, \quad \frac{dp_i}{dt} = -\frac{\partial H}{\partial q_i} \quad (i = 1, 2 \ldots n).$$

Will man in dieses System neue Veränderliche einführen, so kann man das zufolge der Kovarianzeigenschaft der bilinearen Kovariante in folgender Art machen: Man führt die neuen Veränderlichen in die Pfaffsche Form ein, bildet ihre bilineare Kovariante und setzt die Koeffizienten der δ der neuen Veränderlichen gleich Null. Die so entstehenden Gleichungen sind dieselben, die man erhalten hätte, wenn man die neuen Veränderlichen direkt in das kanonische System eingeführt hätte.

VIII. Kontinuierliche Transformationsgruppen.

40. Punkttransformationen. Wir definieren eine Schar von Transformationen durch die Gleichungen:

$$x'_\nu = f_\nu(x_1, x_2, \dots x_n; a_1, a_2, \dots a_r) \quad (\nu = 1, 2, \dots n). \tag{96}$$

Die f_ν sollen analytische Funktionen sein, die bezüglich der x unabhängig voneinander sind; die a sind Parameter. Die Funktionen sollen sich nicht als Funktionen von weniger als r Parametern darstellen lassen, d. h. es sollen keine Beziehungen von der Form

$$\sum_{\varrho=1}^{r} A_\varrho(a_1, \dots a_r)\frac{\partial f_\nu}{\partial a_\varrho} = 0 \quad (\nu = 1, 2, \dots n) \tag{97}$$

identisch erfüllt sein. Man nennt die a in diesem Fall wesentliche Parameter. Einem bestimmten Wertsystem der Parameter entspricht dann eine Transformation des Punktes x in den Punkt x', wenn wir die x als Punktkoordinaten einer n-dimensionalen Mannigfaltigkeit deuten, eine sog. Punkttransformation, die wir kurz $x'_\nu = f_\nu(x; a)$ schreiben.

Das Koordinatensystem soll dabei nicht geändert werden. Es sind hier vielleicht ein paar Worte über die zweifache Deutung am Platz, die man den Gleichungen (96) geben kann. Sie wurden eben als Punkttransformation gedeutet, d. h. bei festem Koordinatensystem wird einem Punkt x ein bestimmter Punkt x' zugeordnet. Man kann die Gleichungen aber auch als Koordinatentransformation deuten, dann bedeuten x die Koordinaten eines Punktes, bezogen auf ein bestimmtes (im allgemeinen krummliniges) Koordinatensystem (vgl. Kap. 5, Ziff. 7), x' die Koordinaten desselben Punktes, bezogen auf ein anderes derartiges Koordinatensystem.

Da die Transformationen der Schar von r wesentlichen Parametern abhängen, enthält sie, wie man sich auszudrücken pflegt, ∞^r Transformationen. Sie sollen eine Gruppe bilden (vgl. Kap. 2, Ziff. 16), d. h. zwei Transformationen der Schar

$$x'_\nu = f_\nu(x; a) \quad \text{und} \quad x''_\nu = f_\nu(x'; b)$$

sollen, hintereinander ausgeübt, wieder eine Transformation der Schar liefern:

$$x''_\nu = f_\nu(x; c), \quad \text{wo} \quad c_\varrho = \varphi_\varrho(a; b);$$

für ein bestimmtes Wertsystem des Parameters, die Anfangswerte $a_1^0, \dots a_r^0$, soll die Identität resultieren:

$$x_\nu = f_\nu(x; a^0);$$

endlich soll zu jeder Transformation $x'_\nu = f_\nu(x; a)$ die inverse $x_\nu = f_\nu(x; \bar{a})$ existieren; es ist also

$$\varphi_\varrho(a; \bar{a}) = a_\varrho^0.$$

Eine solche Gruppe heißt eine endliche, r-gliedrige, kontinuierliche Transformationsgruppe G_r; endlich, weil ihre Transformationen eine endliche Anzahl von Parametern enthalten, r-gliedrig, weil gerade r wesentliche Parameter auftreten; kontinuierlich deswegen, weil es immer eine Transformation gibt, welche einen Punkt nur beliebig wenig verschiebt. Man braucht ja nur in der Identität die Parameterwerte a^0 beliebig wenig abzuändern. So kommt man zum Begriff der infinitesimalen Transformation.

41. Infinitesimale Transformationen. Wir denken uns die Funktionen f_ν nach dem Taylorschen Satz[1]) nach Potenzen von $a_\varrho - a_\varrho^0$ entwickelt und brechen mit der ersten Potenz ab:

$$x'_\nu = x_\nu + \sum_{\varrho=1}^{r} (a_\varrho - a_\varrho^0)\, \xi_{\varrho\nu}(x) + \cdots, \tag{98}$$

wo also

$$\xi_{\varrho\nu}(x) = \frac{\partial f_\nu}{\partial a_\varrho}\bigg|_{a=a^0}.$$

Setzen wir $a_\varrho - a_\varrho^0 = \lambda_\varrho \delta t$ und betrachten die λ als Konstante, δt als variabel, so definiert man als infinitesimale Transformation:

$$x'_\nu = x_\nu + \delta t \sum_{\varrho=1}^{r} \lambda_\varrho\, \xi_{\varrho\nu}(x). \tag{99}$$

Sie bedeutet also, anschaulich gesprochen, den Übergang vom Punkte x zu einem unendlich benachbarten Punkte in bestimmter Richtung. Indem man sie unendlich oft wiederholt, erhält man endliche Transformationen der Gruppe. Exakt geschieht dies durch Integration der Gleichungen

$$\frac{d x'_\nu}{dt} = \sum_{\varrho=1}^{r} \lambda_\varrho\, \xi_{\varrho\nu}(x') \tag{100}$$

mit den Anfangsbedingungen $x'_\nu = x_\nu$ für $t = 0$ [2]). Dadurch erhält man die r-gliedrige Gruppe in der Gestalt

$$x'_\nu = f_\nu(x_1, x_2, \ldots, x_n;\ \lambda_1 t, \lambda_2 t, \ldots, \lambda_n t). \tag{101}$$

Denkt man sich die λ konstant und t als variabel, so stellen die Gleichungen (101) eine eingliedrige Untergruppe von (96) dar. Jeder Punkt beschreibt zufolge der Transformationen dieser Untergruppe eine sog. Bahnkurve der Untergruppe, deren Gleichungen in Parameterdarstellung eben durch (101) gegeben sind; t ist der Parameter. (100) sind ihre Differentialgleichungen. Man kann also sagen, die Untergruppe wird durch die infinitesimale Transformation (99) erzeugt. Erteilt man den λ alle möglichen erlaubten Werte, so erhält man eine Schar von ∞^{r-1} solchen eingliedrigen Untergruppen, die zusammen gerade die Gruppe (96) bilden.

Für die infinitesimale Änderung einer beliebigen Funktion $F(x_1, x_2, \ldots, x_n)$ [abgekürzt $F(x)$] zufolge der Transformationen der Gruppe ergibt sich:

$$F(x') - F(x) = \delta F(x) = \delta t \sum_{\varrho=1}^{r} \sum_{\nu=1}^{n} \lambda_\varrho\, \xi_{\varrho\nu}(x) \frac{\partial F(x)}{\partial x_\nu} \tag{102}$$

oder wenn man mit LIE

$$\sum_{\nu=1}^{n} \xi_{\varrho\nu}(x) \frac{\partial F}{\partial x_\nu} = X_\varrho(F) \tag{103}$$

setzt,

$$\delta F = \delta t \cdot \sum_{\varrho=1}^{r} \lambda_\varrho X_\varrho(F). \tag{104}$$

Den Ausdruck $\sum_{\varrho=1}^{r} \lambda_\varrho X_\varrho(F)$ nennt man das Symbol der infinitesimalen Transformation (99). Im Anschluß an die eben geschilderte Erzeugung der Gruppe (96) kann man jetzt sagen: Die Gruppe wird von den infinitesimalen Transformationen $X_1(F), X_2(F), \ldots, X_r(F)$ erzeugt.

---

[1]) Vgl. Kap. 1, Ziff. 18.
[2]) Vgl. Kap. 9, Ziff. 7.

Führt man an Stelle der Variablen x und x' durch die Substitutionen

$$y_\nu = \varphi_\nu(x_1, \ldots, x_n), \qquad y'_\nu = \varphi_\nu(x'_1, \ldots, x'_n) \qquad (\nu = 1, 2, \ldots, n) \tag{105}$$

neue Variable ein, so wird die Gruppe in die sog. ähnliche Gruppe

$$y'_\nu = g_\nu(y; a) \tag{106}$$

transformiert. Ähnliche Gruppen sind vom Standpunkt der abstrakten Gruppentheorie nicht wesentlich verschieden.

Beispiele. Zum leichteren Verständnis des durch Gleichung (104) definierten Symbols einer infinitesimalen Transformation seien einige Beispiele angeführt:

1. Die infinitesimale Transformation mit dem Symbol $\partial/\partial x_1$ bedeutet eine infinitesimale Parallelverschiebung längs der x_1-Achse um δt ($x_1, \ldots, x_n$ sind in diesen Beispielen als rechtwinklige Koordinaten vorausgesetzt). Denn die Koordinaten $x_1, x_2, \ldots, x_n$ eines Punktes erfahren nach (104) die Änderungen

$$\delta x_1 = \delta t, \qquad \delta x_2 = \cdots = \delta x_n = 0;$$

die Funktion F ändert sich um

$$\delta F = \frac{\partial F}{\partial x_1} \delta t.$$

2. Die infinitesimale Transformation mit dem Symbol $x_1 \frac{\partial}{\partial x_2} - x_2 \frac{\partial}{\partial x_1}$ bedeutet eine infinitesimale Drehung in der $x_1 x_2$-Ebene um den Winkel δt. Denn $x_1, x_2, \ldots, x_n$ erfahren die Änderungen

$$\delta x_1 = -x_2 \delta t, \qquad \delta x_2 = x_1 \delta t, \qquad \delta x_3 = \cdots = \delta x_n = 0;$$

F ändert sich um

$$\delta F = \left(x_1 \frac{\partial F}{\partial x_2} - x_2 \frac{\partial F}{\partial x_1}\right) \delta t.$$

3. Die infinitesimale Transformation mit dem Symbol $\sum_{\beta=1}^{n} x_\beta \frac{\partial}{\partial x_\beta}$ bedeutet eine infinitesimale Streckung mit dem Faktor $1 + \delta t$. Denn $x_1, x_2, \ldots, x_n$ ändern sich um

$$\delta x_1 = x_1 \delta t, \ldots, \delta x_n = x_n \delta t, \qquad F \text{ um } \delta F = \sum_{\beta=1}^{n} x_\beta \frac{\partial F}{\partial x_\beta} \delta t.$$

42. Spezielle endliche kontinuierliche Gruppen. Beispiele für endliche kontinuierliche Gruppen sind die im Kap. 3, Ziff. 8—11 besprochenen Gruppen der Kollineationen, Affinitäten, Ähnlichkeitstransformationen und euklidischen Bewegungen des dreidimensionalen euklidischen Raumes R_3. Als Beispiel einer nichtprojektiven Gruppe sei die Gruppe der winkeltreuen oder konformen Transformationen des R_3 angeführt. Sie ist 10-gliedrig. Man erhält nämlich die allgemeinste winkeltreue Punkttransformation des R_3, indem man die allgemeinste Ähnlichkeitstransformation mit einer Transformation durch reziproke Radien an der Einheitskugel zusammensetzt. Liegt der Mittelpunkt der Einheitskugel im Ursprung des Koordinatensystems, so lauten die Gleichungen für die Transformation durch reziproke Radien:

$$x' = \frac{x}{x^2 + y^2 + z^2}, \qquad y' = \frac{y}{x^2 + y^2 + z^2}, \qquad z' = \frac{z}{x^2 + y^2 + z^2}.$$

Sind x, y, z bzw. x', y', z' die Koordinaten der Punkte P und P', r und r' ihre Radienvektoren, so gilt $r r' = 1$; P und P' liegen auf derselben Geraden durch den Ursprung. Die winkeltreuen Transformationen sind gleichzeitig die allgemeinsten Transformationen, welche Kugeln wieder in Kugeln überführen (Ebenen werden dabei als Kugeln mit unendlich großem Radius betrachtet).

Während sich die Verhältnisse bei der projektiven Gruppe in analoger Weise vom Raum auf die Ebene übertragen, ist dies bei der Gruppe der konformen Transformationen nicht der Fall. Es läßt wohl jede Transformation durch reziproke Radien die Winkel ungeändert (vgl. Kap. 6, Ziff. 23), ist aber nicht die allgemeinste winkeltreue oder konforme Transformation. Dies ist vielmehr eine unendliche Gruppe (vgl. Ziff. 43) und wird durch alle analytischen Funktionen samt ihren konjugierten geliefert (vgl. Kap. 6, Ziff. 22).

43. Eingliedrige Gruppen. Für $r = 1$ reduzieren sich die Gleichungen (100) bei passender Wahl des Parameters, den wir mit t bezeichnen, auf

$$\frac{dx'_\nu}{dt} = \xi_\nu(x'_1, x'_2, \ldots, x'_n) \qquad (\nu = 1, 2, \ldots, n), \tag{107}$$

die erzeugende infinitesimale Transformation ist

$$X(F) = \sum_{\nu=1}^{n} \xi_\nu \frac{\partial F}{\partial x_\nu}. \tag{108}$$

Die Gleichungen der Gruppe oder ihrer Bahnkurven ergeben sich als Lösungen von (107) mit den Anfangsbedingungen

$$x'_\nu = x_\nu \qquad \text{für} \qquad t = 0, \tag{109}$$

also

$$x'_\nu = f_\nu(x_1, x_2, \ldots, x_n; t). \tag{110}$$

Das allgemeine Integral von (107) lautet:

$$\Phi_\nu(x'_1, \ldots, x'_n, t) = c_\nu \tag{111}$$

oder, wenn man eine Gleichung nach t auflöst und in die andere einsetzt

$$\left.\begin{aligned} \Omega_1(x'_1, \ldots, x'_n) = C_1, \ldots, \Omega_{n-1}(x'_1, \ldots, x'_n) = C_{n-1}, \\ \Omega_n(x'_1, \ldots, x'_n) = t + C_n. \end{aligned}\right\} \tag{112}$$

Für die Anfangsbedingungen (109) wird

$$C_\nu = \Omega_\nu(x_1, \ldots, x_n) \quad (\nu = 1, 2, \ldots, n). \tag{113}$$

Durch die Variablentransformation

$$y_\nu = \Omega_\nu(x_1, \ldots, x), \qquad y'_\nu = \Omega_\nu(x'_1, \ldots, x'_n) \tag{114}$$

werden die Gleichungen der Gruppe

$$y'_1 = y_1, \ldots, \qquad y'_{n-1} = y_{n-1}, \qquad y'_n = y + t. \tag{115}$$

Jede eingliedrige Gruppe ist also einer Translation (Parallelverschiebung) ähnlich (Normalform der Gruppe).

Setzen wir allgemein $X^{(k)}$ für die k-fache Wiederholung des Operators X, so ergibt sich aus dem Taylorschen Satze

$$F(x'_1, \ldots, x'_n) = F(x_1), \ldots, x_n) + \sum_{k=1}^{\infty} \frac{t^k}{k!} X^{(k)}(F). \tag{116}$$

Soll F eine Invariante der Gruppe sein, so muß $F(x'_1, \ldots, x'_n) = F(x_1, \ldots, x_n)$ sein. Dazu ist nach (116) notwendig und hinreichend:

$$X(F) = 0.$$

Es sei noch kurz erwähnt, was man unter einer unendlichen kontinuierlichen Gruppe versteht. Sind die Funktionen f_ν in den Transformationsgleichungen einer kontinuierlichen Gruppe

$$x'_\nu = f_\nu(x_1, \ldots, x_n) \quad (\nu = 1, 2, \ldots, n), \tag{117}$$

solche Lösungen von partiellen Differentialgleichungen, die noch von willkürlichen Funktionen, also sozusagen von unendlich vielen Parametern abhängen, so heißt die Gruppe unendlich.

Unendliche Gruppen sind z. B. die Gruppe der konformen Transformationen der Ebene (vgl. Ziff. 42) und die Gruppe der eindeutig umkehrbaren stetigen Transformationen einer n-dimensionalen Mannigfaltigkeit (vgl. Kap. 3, Ziff. 36).

44. Differentialgleichungen mit bestimmter Gruppe. Man sagt, das System der Differentialgleichungen

$$\frac{dx_1}{X_1} = \frac{dx_2}{X_2} = \cdots = \frac{dx_n}{X_n} \tag{118}$$

gestattet die eingliedrige Transformationsgruppe (110), wenn bei ihren Transformationen die Integralkurven von (118) wieder in Integralkurven übergehen, oder, was dasselbe ist, alle Integrale der äquivalenten partiellen Differentialgleichung

$$X(z) = \sum_{\alpha=1}^{n} X_\alpha \frac{\partial z}{\partial x_\alpha} = 0 \tag{119}$$

wieder in Integrale. Dazu ist notwendig und hinreichend, daß die infinitesimale Transformation T, welche (110) erzeugt, jedes Integral z von (119) wiederum in ein Integral $T(z)$ von (119) überführt, oder daß die Beziehung gilt:

$$X(T(z)) - T(X(z)) = \varrho(x_1, \ldots, x_n)\, X(z). \tag{120}$$

Man sagt dann auch, (119) gestattet die infinitesimale Transformation T.

Ist speziell für $n = 2$

$$X(z) = P\frac{\partial z}{\partial x} + Q\frac{\partial z}{\partial y} \tag{121}$$

$$T(F) = \xi\frac{\partial F}{\partial x} + \eta\frac{\partial F}{\partial y}, \tag{122}$$

so gestattet die Differentialgleichung

$$\frac{dx}{P} = \frac{dy}{Q}, \tag{123}$$

die Transformation (122) dann und nur dann, wenn $\frac{1}{Q\xi - P\eta}$ ein integrierender Faktor von $Q\,dx - P\,dy$ ist (vgl. Kap. 9, Ziff. 4, 5). Auf diesem Satze beruhen die klassischen Integrationsmethoden[1]). So gestattet z. B. die homogene Differentialgleichung die Ähnlichkeitstransformationen, die lineare Differentialgleichung die lineare Gruppe $x' = x$, $y' = y + ty_1$, wo y_1 ein Integral der entsprechenden homogenen linearen Gleichung ist. Allgemein liefert jede eingliedrige Transformationsgruppe unendlich viele Differentialgleichungen erster Ordnung, die sich durch Quadraturen integrieren lassen. Man bringt einfach die Gruppe durch Einführung neuer Veränderlicher x', y' auf ihre Normalform (Ziff. 43) und erhält dann die Differentialgleichung in der Gestalt $\frac{dy'}{dx'} = f(x')$, die sich sofort durch eine Quadratur integrieren läßt. Eine Differentialgleichung höherer Ordnung gestattet im allgemeinen keine infinitesimalen Transformationen. Darauf soll nicht näher eingegangen werden.

[1]) Vgl. Kap. 9, Ziff. 3—5.

IX. Berührungstransformationen.

45. Poissonsche Klammern[1]. Die im folgenden in den Poissonschen Klammern auftretenden Funktionen F, φ, ψ seien Funktionen der $2n$ Veränderlichen $x_1, x_2, \ldots, x_n; p_1, p_2, \ldots, p_n$.

Unter einer Poissonschen Klammer versteht man folgende Bildung:

$$(F_i, F_k) = \sum_{\alpha=1}^{n}\left(\frac{\partial F_k}{\partial x_\alpha}\frac{\partial F_i}{\partial p_\alpha} - \frac{\partial F_k}{\partial p_\alpha}\frac{\partial F_i}{\partial x_\alpha}\right).$$

Sie genügt folgenden Rechnungsregeln:

1. $(c, \varphi) = 0$, wenn $c =$ konst.,
2. $(\psi, \varphi) = 0$, wenn φ und ψ die p_i nicht enthalten,
3. $(\varphi, \psi) = -(\psi, \varphi)$,
4. $(\varphi, \varphi) = 0$,
5. $(F(\psi_1, \psi_2, \ldots, \psi_m), \varphi) = \sum_{i=1}^{m}\frac{\partial F}{\partial \psi_i}(\psi_i, \varphi)$,
6. $((\varphi_1, \varphi_2), \varphi_3) + ((\varphi_2, \varphi_3), \varphi_1) + ((\varphi_3, \varphi_1), \varphi_2) = 0$.

Die letzte Gleichung pflegt man die Jacobische Identität zu nennen.

Es gilt der Satz von POISSON:

Wenn die Gleichung $(\psi, \varphi) = 0$ bei gegebenem ψ in φ durch φ_1 und φ_2 befriedigt wird, so ist auch $\varphi = (\varphi_1, \varphi_2)$ eine Lösung. Er folgt unmittelbar aus der Jacobischen Identität.

Wir führen eine Erweiterung der Poissonschen Klammer, die sog. eckige Klammer, ein:

$$[\varphi, \psi] = \sum_{\alpha=1}^{n}\left\{\frac{\partial \varphi}{\partial p_\alpha}\left(\frac{\partial \psi}{\partial x_\alpha} + p_\alpha\frac{\partial \psi}{\partial z}\right) - \frac{\partial \psi}{\partial p_\alpha}\left(\frac{\partial \varphi}{\partial x_\alpha} + p_\alpha\frac{\partial \varphi}{\partial z}\right)\right\}. \tag{124}$$

φ und ψ werden als Funktionen von $z, x_1, \ldots, x_n, p_1, \ldots, p_n$ vorausgesetzt. Es gelten folgende Rechenregeln:

$$[c, \varphi] = 0 \ (c = \text{konst.}), \qquad [\varphi, \varphi] = 0, \qquad [\varphi, \psi] = -[\psi, \varphi]. \tag{125}$$

Die Jacobische Identität gilt für die eckigen Klammern nicht mehr. Die Differentialgleichungen der Charakteristiken einer allgemeinen partiellen Differentialgleichung erster Ordnung (Ziff. 8)

$$F(z, x_1, \ldots, x_n, p_1, \ldots, p_n) = 0, \qquad p_i = \frac{\partial z}{\partial x_i} \quad (i = 1, 2, \ldots, n) \tag{126}$$

sind nach (124) identisch mit denen der linearen partiellen Differentialgleichung

$$[F, \varphi] = 0, \tag{127}$$

wo φ die unbekannte Funktion ist. Sind also

$$F, \varphi_1, \varphi_2, \ldots, \varphi_{2n-1} \tag{128}$$

$2n$ unabhängige Integrale von (127), so ergeben sich die ∞^{2n-1} charakteristischen Streifen von (126) aus

$$F = 0, \qquad \varphi_1 = c_1, \ldots, \varphi_{2n-1} = c_{2n-1} \quad (\text{alle } c = \text{konst.}). \tag{129}$$

[1] Vgl. Kap. 9, Ziff. 8.

46. Allgemeine Berührungstransformationen. $Z, X_1, \ldots, X_n, P_1, \ldots, P_n$ seien $2n+1$ unabhängige Funktionen der $2n+1$ Variablen $z, x_1, \ldots, x_n, p_1, \ldots, p_n$. Die Transformation

$$z' = Z, \qquad x_i' = X_i, \qquad p_i' = P_i \qquad (i = 1, 2, \ldots, n) \tag{130}$$

heißt eine Berührungstransformation, wenn die Gleichung

$$dZ - \sum_{\alpha=1}^{n} P_\alpha dX_\alpha = \varrho \left(dz - \sum_{\alpha=1}^{n} p_\alpha dx_\alpha\right) \tag{131}$$

besteht, wo ϱ ebenfalls eine Funktion der $2n+1$ Variablen z, x_i, p_i ist. Die Berührungstransformationen lassen also die Pfaffsche Gleichung (Ziff. 38)

$$dz - \sum_{\alpha=1}^{n} p_\alpha dx_\alpha = 0 \tag{132}$$

invariant. Die geometrische Bedeutung dieser Tatsache ist folgende: Das Hyperflächenelement, das durch das Wertesystem

$$z, x_1, x_2, \ldots, x_n, \quad p_1, p_2, \ldots, p_n \tag{133}$$

gegeben ist (Ziff. 7), geht durch die Transformation (130) in ein anderes über, so zwar, daß, wenn (133) ein Tangentialhyperflächenelement einer Hyperfläche

$$z = f(x_1, x_2, \ldots, x_n) \tag{134}$$

ist, (130) das Tangentialhyperflächenelement im entsprechenden Punkt $(x_1', \ldots, x_n')$ der transformierten Hyperfläche (134) $z' = f'(x_1', x_2', \ldots, x_n')$ ist. Berührung bleibt also erhalten, daher der Name. Sämtliche Berührungstransformationen bilden eine Gruppe (vgl. Kap. 2. Ziff. 16). (130) ist dann und nur dann eine Berührungstransformation, wenn die Gleichungen bestehen

$$\left.\begin{array}{lll} [X_i, X_k] = 0, & [X_i, P_k] = 0 & [P_i, P_k] = 0, \\ {[X_i, P_i]} = -\varrho, & [Z, X_i] = 0, & [Z, P_i] = -\varrho P_i, \\ & \varrho \neq 0 & \end{array}\right\} (i \neq k;\ i, k = 1, 2, \ldots, n). \tag{135}$$

Führt man die durch die Transformation (130) definierten neuen Variablen in die Funktionen φ und ψ von (124) ein, so erhält man zwei neue Funktionen φ' und ψ' der gestrichenen Variablen (130) und es gilt

$$[\varphi', \psi'] = \varrho [\varphi, \psi]. \tag{136}$$

Die Gleichung (126) geht dabei in eine allgemeine partielle Differentialgleichung erster Ordnung der Variablen (130) über

$$F'(z_1', x_1', \ldots, x_n', p_1', \ldots, p_n') = 0, \qquad p_i' = \frac{\partial z'}{\partial x_i'}. \tag{137}$$

Wegen (127) und (136) gehen dabei die charakteristischen Streifen von (126) in die von (137) über, daher auch ein Integral von (126) in ein Integral von (136).

47. Spezielle Berührungstransformationen. Wenn die Funktionen Ω, X_i, P_i $(i = 1, 2, \ldots, n)$ nur von den Variablen

$$x_1, x_2, \ldots, x_n, p_1, p_2, \ldots, p_n, \tag{138}$$

nicht aber von z abhängen und außerdem $\pm Z = z - \Omega$ und $\varrho = \pm 1$ gesetzt wird, so erhält man eine spezielle Berührungstransformation, für die Gleichung (131) übergeht in

$$d\Omega \pm \sum_{\alpha=1}^{n} P_\alpha dX_\alpha = \sum_{\alpha=1}^{n} p_\alpha dx_\alpha. \tag{139}$$

Zum Bestehen dieser Gleichung (139) ist notwendig und hinreichend, daß die Funktionen X_i, P_i die Gleichungen

$$(X_i, X_k) = 0, \qquad (X_i, P_k) = 0, \qquad (P_i, P_k) = 0, \qquad (P_i, X_i) = \pm 1 \tag{140}$$
$$(i \neq k; \quad i, k = 1, 2, \ldots, n)$$

erfüllen.

Diese speziellen Berührungstransformationen spielen bezüglich der partiellen Differentialgleichung erster Ordnung, welche z nicht enthält, und bezüglich der Poissonschen Klammern dieselbe Rolle wie die allgemeinen Berührungstransformationen bezüglich der allgemeinen, z enthaltenden Differentialgleichung und der eckigen Klammern. Es ist also z. B.

$$(\varphi', \psi') = \pm (\varphi, \psi).$$

Darauf beruht ihre Anwendung in der Theorie der kanonischen Systeme (Ziff. 12). Ein solches System geht hiernach bei Anwendung einer derartigen speziellen Berührungstransformation wieder in ein kanonisches System über.

Beispiel. Seien

$$\frac{dx_i}{dt} = \frac{\partial(H + H_1)}{\partial p_i}, \qquad \frac{dp_i}{dt} = -\frac{\partial(H + H_1)}{\partial x_i} \qquad (i = 1, 2, \ldots, n) \tag{141}$$

die kanonischen Gleichungen eines mechanischen Problems[1]; H entspreche der ungestörten Bewegung, H_1 sei die sog. Störungsfunktion. Wir nehmen an, daß man die Differentialgleichungen der ungestörten Bewegung ($H_1 = 0$) integrieren kann. Man kennt also ein vollständiges Integral

$$z = V(t, x_1, x_2, \ldots, x_n, b_1, b_2, \ldots, b_n) + c$$

der partiellen Differentialgleichung

$$\frac{\partial z}{\partial t} + H(t, x_1, x_2, \ldots, x_n, p_1, p_2, \ldots, p_n) = 0, \qquad p_i = \frac{\partial z}{\partial x_i}.$$

Das allgemeine Integral des Systems der ungestörten Bewegung lautet daher

$$\frac{\partial V}{\partial x_i} = p_i, \qquad \frac{\partial V}{\partial b_i} = a_i \qquad (i = 1, 2, \ldots, n).$$

Wir üben jetzt die spezielle Berührungstransformation

$$z = V(t, x_1, \ldots, x_n, x_1' \ldots, x_n') - z', \qquad \frac{\partial V}{\partial x_i} = p_i, \qquad \frac{\partial V}{\partial x_i'} = p_i'$$

aus, indem wir x_i' mit b_i und p_i' mit a_i identifizieren. Dadurch geht (141) über in

$$\frac{db_i}{dt} = \frac{\partial H'}{\partial a_i}, \qquad \frac{da_i}{dt} = -\frac{\partial H'}{\partial b_i} \qquad (i = 1, 2, \ldots, n). \tag{142}$$

Die Wirkung des Zusatzgliedes H_1 besteht also darin, daß die Integrationskonstanten a_i und b_i der ungestörten Bewegung bei der gestörten Bewegung variabel werden (Methode der Variation der Konstanten vgl. Kap. 9, Ziff. 11). Wenn $H_1 = 0$ ist, reduziert sich (142) auf

$$\frac{db_i}{dt} = 0, \qquad \frac{da_i}{dt} = 0.$$

Daraus folgt $H' = H_1$. Die Größen a_i und b_i nennt man die kanonischen Elemente der gestörten Bewegung. Die Gleichungen (142) liefern die durch das Hinzutreten der Störungsfunktion H_1 bewirkten Änderungen dieser Größen

[1]) Vgl. hierzu Kap. 9, Ziff. 8 bis 10.

48. Lagrangesche Klammern. Die Gleichungen (140) lassen sich noch etwas anders schreiben, wenn man die sog. Lagrangeschen Klammern einführt: $f_1, f_2 \dots, f_n; g_1, g_2, \dots, g_n$ seien $2n$ Funktionen der beiden Veränderlichen u und v. Man definiert als Lagrangesche Klammer den Ausdruck:

$$\{u, v\} = \sum_{\alpha=1}^{n} \left(\frac{\partial f_\alpha}{\partial u} \frac{\partial g_\alpha}{\partial v} - \frac{\partial g_\alpha}{\partial u} \frac{\partial f_\alpha}{\partial v} \right). \tag{143}$$

Zufolge der Berührungstransformation wurden die X, P Funktionen der x, p und umgekehrt. Die Gleichungen (140) lassen sich dann mit Hilfe von (143) auch so schreiben:

$$\{X_i, X_k\} = 0, \quad \{X_i, P_k\} = 0, \quad \{P_i, P_k\} = 0, \quad \{X_i, P_i\} = \pm 1 \tag{144}$$
$$(i \neq k; \quad i, k = 1, 2, \dots, n).$$

Für f und g sind die x und p einzusetzen, aufgefaßt als Funktionen der X und P.

Bezeichnen wir die Funktionen X und P kurz mit $u_1, u_2, \dots, u_{2n}$, so gelten die Gleichungen:

$$\sum_{\alpha=1}^{2n} (u_\alpha, u_i) \{u_\alpha, u_k\} = \begin{cases} 0 \text{ für } i \neq k \\ 1 \text{ für } i = k \end{cases} \quad (i, k = 1, 2, \dots, 2n), \tag{145}$$

Determinante der $\{u_i, u_k\}$mal Determinante der $(u_i, u_k) = 1$.

49. Spezielle infinitesimale Berührungstransformationen. Denkt man sich die Berührungstransformation derart, daß sich die Funktionen X, P von den entsprechenden x, p nur um kleine Größen $\delta x = \xi \delta t$, $\delta p = \pi \delta t$ unterscheiden, wobei höhere Potenzen von δt vernachlässigt werden, so spricht man von einer infinitesimalen Berührungstransformation im Sinne von Ziff. 41. Man hat also

$$\left. \begin{aligned} X_i &= x_i + \xi_i \delta t \\ P_i &= p_i + \pi_i \delta t \end{aligned} \right\} \quad (i = 1, 2, \dots, n). \tag{146}$$

Die Bedingungen für eine Berührungstransformation reduzieren sich in diesem Fall auf

$$\xi_i = \frac{\partial W}{\partial p_i}, \qquad \pi_i = -\frac{\partial W}{\partial x_i}, \tag{147}$$

wobei W eine beliebige Funktion der x und p bedeutet. Die Änderung einer beliebigen Funktion f der x und p bei Anwendung dieser Transformation ergibt sich zu

$$\delta f = (f, W)\delta t, \quad f(X_1, \dots, X_n, P_1, \dots, P_n) = f(x_1, \dots, x_n, p_1 \dots, p_n) + \delta f. \tag{148}$$

Nach Ziff. 41 bezeichnet man den Koeffizienten von δt in der Änderung δf einer beliebigen Funktion f als Symbol der infinitesimalen Transformation. (f, W) kann demnach als Symbol der allgemeinsten Berührungstransformation aus der unendlichen Gruppe aller Berührungstransformationen aufgefaßt werden (vgl. Ziff. 43).

Deutet man die Gleichungen eines kanonischen Systems (vgl. Ziff. 12, 47) als Bewegungsgleichungen eines dynamischen Systems, so kann der ganze Verlauf der Bewegung als ein allmähliches Entfalten einer Berührungstransformation betrachtet werden. Ist φ ein Integral des Systems (vgl. Kap. 9, Ziff. 7), so sind

$$\frac{\partial \varphi}{\partial p_i} \quad \text{und} \quad -\frac{\partial \varphi}{\partial x_i} \quad (i = 1, 2, \dots, n)$$

Lösungen seiner Variationsgleichungen (vgl. Ziff. 54). Jedes Integral φ entspricht einer infinitesimalen Berührungstransformation, deren Symbol die Poissonsche

Klammer (f, φ) ist. Denkt man sich die Lösungen des dynamischen Systems als Funktionen der Integrationskonstanten a_i, b_i und der Zeit t gegeben, so sind die aus ihnen gebildeten Lagrangeschen Klammern

$$\{a_i, a_k\}, \qquad \{a_i, b_k\}, \qquad \{b_i, b_k\} \quad (i, k = 1, 2, \ldots, n)$$

zeitlich konstant.

50. Legendresche Transformation. Wir bestimmen die Polare des Punktes (x', y') bezüglich der Parabel:

$$x^2 + 2y = 0. \tag{149}$$

Sie lautet (vgl. Kap. 3, Ziff. 18)

$$xx' + y + y' = 0. \tag{150}$$

Ihr Richtungskoeffizient ist

$$p = -x', \tag{151}$$

Gleichung (150) stellt aber auch die Polare eines auf der ursprünglichen Polaren liegenden Punktes (x, y) in den laufenden Koordinaten x', y' dar (s. Abb. 4). Ihr Richtungskoeffizient ist

$$p' = -x. \tag{152}$$

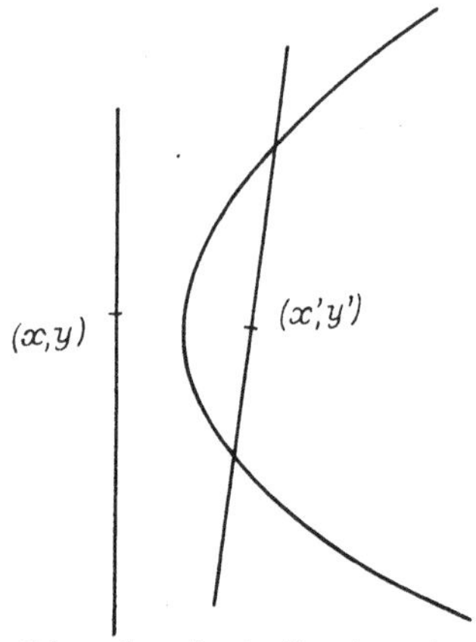

Die aus den Gleichungen (150), (151), (152) folgenden Formeln

$$\left.\begin{array}{ll} x' = -p, & x = -p', \\ y' = px - y, & y = p'x' - y', \\ p' = -x, & p = -x' \end{array}\right\} \tag{153}$$

liefern also eine umkehrbar eindeutige Zuordnung der Linienelemente (x, y, p) und (x', y', p'), wobei

$$dy' - p'dx' = dy - p\,dx, \tag{154}$$

ist; sie stellen somit eine spezielle Berührungstransformation der Ebene (Ziff. 47) dar. Sie heißt die Legendresche Transformation und läßt sich auch auf den Raum verallgemeinern.

Abb. 4. Legendresche Transformation.

Wir bestimmen einfach die Polarebene des Punktes (x', y', z') bezüglich des Paraboloides

$$x^2 + y^2 + 2z = 0. \tag{155}$$

Sie lautet (vgl. Kap. 3, Ziff. 18)

$$xx' + yy' + z + z' = 0. \tag{156}$$

Die Richtungsparameter ihrer Normalen sind

$$p = -x', \quad q = -y'. \tag{157}$$

Gleichung (156) stellt aber auch die Polarebene eines auf der ursprünglichen Polarebene liegenden Punktes (x, y, z) in den laufenden Koordinaten x', y', z' dar; die Richtungsparameter ihrer Normalen sind

$$p' = -x, \quad q' = -y. \tag{158}$$

Aus den Gleichungen (156), (157), (158) folgen die Formeln

$$\left.\begin{array}{ll} x' = -p, & x = -p', \\ y' = -q, & y = -q', \\ z' = px + qy - z, & z = p'x' + q'y' - z', \\ p' = -x, & p = -x', \\ q' = -y, & q = -y'. \end{array}\right\} \tag{159}$$

Sie liefern eine umkehrbar eindeutige Zuordnung der Flächenelemente (x, y, z, p, q) und (x', y', z', p', q') mit

$$dz' - p'dx' - q'dy' = dz - p\,dx - q\,dy, \tag{160}$$

somit eine spezielle Berührungstransformation im Raum (Ziff. 47).

Auf der Legendreschen Transformation in der Ebene beruht die Integrationsmethode der in x und y linearen gewöhnlichen Differentialgleichungen erster Ordnung, der sog. Lagrangeschen (d'Alembertschen) Differentialgleichungen (vgl. Kap. 9, Ziff. 3g). Setzt man nämlich $p = \frac{dy}{dx}$ und übt die Legendresche Transformation auf eine Lagrangesche Differentialgleichung aus, so erhält man in den gestrichenen Variablen eine lineare Differentialgleichung erster Ordnung und aus deren bekanntem Integral durch Anwendung der inversen Legendreschen Transformation die Integralkurven der ursprünglichen Differentialgleichung in Parameterdarstellung. Ein spezieller Fall der Lagrangeschen Differentialgleichung ist die Clairautsche:

$$y = px + f(p),$$

die ebenso behandelt wird.

X. Integralinvarianten und Variationsgleichungen.

51. Der Stokessche Tensor. Im euklidischen R_n sei eine zweiseitige, p-dimensionale Mannigfaltigkeit V_p in Parameterdarstellung gegeben (vgl. Kap. 1, Ziff. 26, Kap. 3, Ziff. 38):

$$x_i = x_i(\sigma_1, \sigma_2, \ldots, \sigma_p) \qquad (i = 1, 2, \ldots, n). \tag{161}$$

Sie wird durch die Gleichungen (161) auf einen Bereich des p-dimensionalen, euklidischen σ-Raumes abgebildet. Ferner seien $\binom{n}{p}$ Funktionen von $x_1, \ldots, x_n$ gegeben, $A_{\alpha_1, \alpha_2, \ldots, \alpha_p}$ (die α durchlaufen sämtliche Kombinationen $p$ter Klasse ohne Wiederholung der n Elemente $1, 2, \ldots, n$) mit folgender Eigenschaft: $A_{\alpha_1, \alpha_2, \ldots, \alpha_p}$ soll bei Vertauschung zweier Stellenzeiger sein Zeichen ändern, also bei zwei gleichen Stellenzeigern Null sein. Die Funktionen A sind daher schiefsymmetrisch. Dann definieren wir das über eine bestimmte Seite der V_p erstreckte Integral

$$I = \int \sum_{(\alpha)} A_{\alpha_1 \alpha_2 \ldots \alpha_p} dx_{\alpha_1}\, dx_{\alpha_2} \ldots dx_{\alpha_p} \tag{162}$$

(die α durchlaufen wieder dieselben Kombinationen wie oben) durch das über den Bildbereich der V_p im σ-Raum erstreckte p-fache Integral:

$$I = \overset{(p)}{\int \cdots \int} \sum_{(\alpha)} A_{\alpha_1 \alpha_2 \ldots \alpha_p} \frac{\partial(x_{\alpha_1}, \ldots, x_{\alpha_p})}{\partial(\sigma_1, \ldots, \sigma_p)} d\sigma_1 \ldots d\sigma_p. \tag{163}$$

Die Reihenfolge der Differentiale in (162) ist daher nicht gleichgültig. Vertauscht man zwei der Parameter σ, so ändert I das Zeichen; man erhält das über die andere Seite der zweiseitigen V_p erstreckte Integral. (163) läßt sich wegen der schiefen Symmetrie der A auch so schreiben:

$$I = \overset{(p)}{\int \cdots \int} \sum_{\alpha_1 = 1}^{n} \cdots \sum_{\alpha_p = 1}^{n} A_{\alpha_1 \ldots \alpha_p} \frac{\partial x_{\alpha_1}}{\partial \sigma_1} \cdots \frac{\partial x_{\alpha_p}}{\partial \sigma_p} d\sigma_1 \ldots d\sigma_p. \tag{164}$$

Bei Einführung neuer Veränderlicher y statt der x erhält man

$$I = \int\limits^{(p)} \cdots \int \sum_{\beta_1=1}^{n} \cdots \sum_{\beta_p=1}^{n} B_{\beta_1 \ldots \beta_p} \frac{\partial y_{\beta_1}}{\partial \sigma_1} \cdots \frac{\partial y_{\beta_p}}{\partial \sigma_p} d\sigma_1 \ldots d\sigma_p, \tag{165}$$

wo

$$B_{\beta_1 \ldots \beta_p} = \sum_{\alpha_1=1}^{n} \cdots \sum_{\alpha_p=1}^{n} A_{\alpha_1 \ldots \alpha_p} \frac{\partial x_{\alpha_1}}{\partial y_{\beta_1}} \cdots \frac{\partial x_{\alpha_p}}{\partial y_{\beta_p}}. \tag{166}$$

Die A sind also die Komponenten eines schiefsymmetrischen Tensors $p$ter Stufe (vgl. Kap. 5, Ziff. 2); I behält seine Gestalt, ist also eine Integralinvariante gegenüber der unendlichen Gruppe stetig differenzierbarer, eindeutig umkehrbarer Punkttransformationen $x \to y$ (vgl. Ziff. 43).

Wir definieren nun die verallgemeinerte Ableitung $\mathfrak{A}$ des Tensors A (die Operation D in der Bezeichnung von GOURSAT: $\mathfrak{A} = DA$) oder den sog. Stokesschen Tensor $\mathfrak{A}$ durch

$$\left.\begin{aligned} \mathfrak{A}_{\alpha_1 \ldots \alpha_{p+1}} = \frac{\partial A_{\alpha_2 \ldots \alpha_{p+1}}}{\partial x_{\alpha_1}} \pm \frac{\partial A_{\alpha_3 \ldots \alpha_{p+1} \alpha_1}}{\partial x_{\alpha_2}} + \frac{\partial A_{\alpha_4 \ldots \alpha_{p+1} \alpha_1 \alpha_2}}{\partial x_{\alpha_3}} \pm \cdots \\ + (-1)^p \frac{\partial A_{\alpha_1 \ldots \alpha_p}}{\partial x_{\alpha_{p+1}}}. \end{aligned}\right\} \tag{167}$$

Dabei sollen die α in natürlicher Reihenfolge genommen sein, bei geradem p lauter positive, bei ungeradem p abwechselnde Vorzeichen gesetzt werden; $\mathfrak{A}$ ist ein schiefsymmetrischer Tensor $(p + 1)$ter Stufe, die Operation D ist kovariant (vgl. Kap. 5, Ziff. 1, 2).

52. Der verallgemeinerte Satz von STOKES. Ist die V_p die geschlossene Berandung einer V_{p+1}, so gilt der verallgemeinerte Satz von STOKES:

$$\int \sum_{(\alpha)} A_{\alpha_1 \ldots \alpha_p} dx_{\alpha_1} \ldots dx_{\alpha_p} = \int \sum_{(\alpha)} \mathfrak{A}_{\alpha_1 \ldots \alpha_{p+1}} dx_{\alpha_1} \ldots dx_{\alpha_{p+1}}. \tag{168}$$

Das Integral links ist über eine beliebige Seite der V_p, das Integral rechts über eine dadurch bestimmte Seite der V_{p+1} zu erstrecken [im Sinne von (162) und (163)]. Welche Seite, d. h. welche Reihenfolge der Parameter der V_{p+1} zu nehmen ist, entscheidet man am besten durch Einsetzen eines speziellen Tensors A.

Für $n = 3$, $p = 1$ ergibt sich der gewöhnliche Satz von STOKES, für $n = 3$, $p = 2$ der Satz von GAUSS (vgl. Kap. 5, Ziff. 8). Die Operation D, auf den Tensor $\mathfrak{A}$ angewendet, liefert identisch Null. Das Integral I über eine beliebige geschlossene V_p verschwindet oder, was dasselbe ist, das Integral I über eine beliebige V_p hängt nur von der Berandung der V_p ab, wenn $DA = \mathfrak{A}$ identisch verschwindet. In diesem Fall nennt man den Integranden von I ein verallgemeinertes totales Differential. Es lassen sich dann durch Quadraturen unendlich viele schiefsymmetrische Tensoren A' bestimmen, so daß $A = DA'$. Die aus ihnen gebildeten Integranden unterscheiden sich additiv nur um verallgemeinerte totale Differentiale.

Beispiel. Für $p = 1$ wird $\mathfrak{A}_{ik} = \frac{\partial A_k}{\partial x_i} - \frac{\partial A_i}{\partial x_k}$ $(i, k = 1, 2, \ldots, n)$ die bilineare Kovariante von $\sum\limits_{i=1}^{n} A_i dx_i$ (vgl. Ziff. 39). Das Kurvenintegral $\int \sum\limits_{i=1}^{n} A_i dx_i$ ist bei festgehaltenem Anfangspunkt $(a_1, a_2, \ldots, a_n)$ nur eine Funktion des Endpunktes oder vom Weg unabhängig, wenn $\frac{\partial A_k}{\partial x_i} = \frac{\partial A_i}{\partial x_k}$ für alle i, k ist. Man kann also diese Funktion — sie werde mit $F(x_1, x_2, \ldots, x_n)$ bezeichnet — dadurch bestimmen, daß man längs eines besonders bequemen Weges integriert, z. B.

längs eines Streckenzuges, dessen Strecken je einer Koordinatenachse parallel sind. Man erhält dann

$$F(x_1, \ldots, x_n) = \int_{a_1}^{x_1} A_1(x_1, a_2, \ldots, a_n)\, dx_1 + \int_{a_2}^{x_2} A_2(x_1, x_2, a_3, \ldots, a_n)\, dx_2 + \cdots$$
$$+ \int_{a_n}^{x_n} A_n(x_1, x_2, \ldots, x_n)\, dx_n,$$

wobei

$$A_i(x_1, \ldots, x_n) = \frac{\partial F(x_1, \ldots, x_n)}{\partial x_i} \qquad (i = 1, 2, \ldots, n),$$

also ist

$$dF = \sum_{i=1}^{n} A_i\, dx_i$$

ein totales Differential. Daher stammt auch der Name im allgemeinen Fall (vgl. Kap. 1, Ziff. 20).

53. Integralinvarianten bezüglich infinitesimaler Transformationen. Es sei eine eingliedrige kontinuierliche Gruppe durch ihre infinitesimale Transformation gegeben:

$$X(F) = \sum_{\alpha=1}^{n} X_\alpha \frac{\partial F}{\partial x_\alpha}$$

oder durch die Differentialgleichungen ihrer Bahnkurven (vgl. Ziff. 41, 43):

$$\frac{dx_i}{dt} = X_i(x_1, \ldots, x_n) \qquad (i = 1, 2, \ldots, n) \tag{169}$$

mit den Anfangswerten $x_i = x_i^0$ für $t = 0$.

Die Anfangswerte sollen eine V_p erfüllen, d. h. es soll

$$x_i^0 = x_i^0(\sigma_1, \ldots, \sigma_p) \qquad (i = 1, 2, \ldots, n) \tag{170}$$

sein. Von jedem ihrer Punkte geht eine Bahnkurve aus. Deuten wir t als Zeit, so können wir sagen: Die Punkte der V_p beginnen zur Zeit $t = 0$ längs der entsprechenden Bahnkurven zu wandern und werden zur Zeit t eine andere V_p erfüllen, die durch die Gleichungen

$$x_i = x_i(t, \sigma_1, \sigma_2, \ldots, \sigma_p) \qquad (i = 1, 2, \ldots, n) \tag{171}$$

gegeben ist. Man erhält sie durch Integration von (169) mit den Anfangsbedingungen (170). Es ist also

$$x_i^0(\sigma_1, \sigma_2, \ldots, \sigma_p) = x_i(0, \sigma_1, \sigma_2, \ldots, \sigma_p) \qquad (i = 1, 2, \ldots, n). \tag{172}$$

Wir bilden nun das Integral (162) mit den Funktionen (171). Es wird also eine Funktion der Zeit $I = I(t)$. Ist für jede beliebige, durch (170) gegebene V_p $\frac{dI(t)}{dt} = 0$, so heißt I eine absolute Integralinvariante vom Grad p bezüglich der infinitesimalen Transformation (169). Man pflegt sie mit I_p zu bezeichnen. Ist dies jedoch nur bezüglich jeder beliebigen geschlossenen V_p der Fall, so heißt die Integralinvariante relativ (Bezeichnung J_p). Es gilt der Satz: Jede relative Integralinvariante läßt sich auf unendliche viele Arten als Summe einer absoluten und eines Integrals über ein verallgemeinertes totales Differential (Ziff. 52) darstellen und umgekehrt, jede solche Summe ist eine relative Integralinvariante. Durch den D-Prozeß (Ziff. 51) entsteht aus jeder absoluten oder relativen Integralinvariante vom Grad p eine absolute vom Grad $p + 1$. Man schreibt:

$$DI_p = I_{p+1}^d \qquad \text{oder} \qquad DJ_p = I_{p+1}^d. \tag{173}$$

Der Index d deutet an, daß der betreffende Integrand durch den D-Prozeß entstanden ist. Das Integral (162) ist dann und nur dann eine I_p, wenn der schiefsymmetrische Tensor $p$ten Grades K:

$$\left.\begin{aligned} K_{\alpha_1\ldots\alpha_p} = \sum_{\nu=1}^{n}\Big[\frac{\partial A_{\alpha_1\ldots\alpha_p}}{\partial x_\nu} X_\nu + A_{\nu\alpha_2\ldots\alpha_p}\frac{\partial X_\nu}{\partial x_{\alpha_1}} + A_{\alpha_1\nu\alpha_3\ldots\alpha_p}\frac{\partial X_\nu}{\partial x_{\alpha_2}} + \cdots \\ + A_{\alpha_1\ldots\alpha_{p-1}\nu}\frac{\partial X_\nu}{\partial x_{\alpha_p}}\Big] \end{aligned}\right\} \tag{174}$$

verschwindet. Es ist eine J_p, wenn $DK = 0$. Ist das System (169) auf die Normalform (Ziff. 43) gebracht, also speziell $X_n = 1$, $X_\nu = 0$ $(\nu = 1, 2, \ldots, n-1)$, so dürfen die A die Variable x_n nicht enthalten. Dann und nur dann ist (169) eine I_p.

Beispiele. 1. $\int F(x_1, \ldots, x_n)\, dx_1 \ldots dx_n$ ist dann und nur dann eine I_n, wenn nach (174)

$$\sum_{\nu=1}^{n} \frac{\partial}{\partial x_\nu}(X_\nu F) = 0,$$

d. h. F ein Multiplikator von $X(z) = 0$ ist (Ziff. 5).

2. Wenn $\int \sum_{\nu=1}^{n} A_\nu dx_\nu$ eine I_1 ist, so ist nach (174)

$$\frac{d}{dt}\left(\sum_{\nu=1}^{n} A_\nu X_\nu\right) = 0,$$

d. h. $\sum_{\nu=1}^{n} A_\nu X_\nu$ ein Integral von (169).

3. Das kanonische System (vgl. Ziff. 12, 47)

$$\frac{dq_i}{dt} = \frac{\partial H}{\partial p_i}, \quad \frac{dp_i}{dt} = -\frac{\partial H}{\partial q_i} \quad (i = 1, 2, \ldots, n), \quad H = H(q_1, \ldots, q_n, p_1, \ldots, p_n)$$

hat die I_2: $\int \sum_{\nu=1}^{n} dp_i\, dq_i$ (LIOUVILLE) (vgl. Kap. 9, Ziff. 10).

54. Variationsgleichungen. Ein Lösungssystem der Gleichungen (169) sei

$$x_i = x_i^*(t) \quad (i = 1, 2, \ldots, n). \tag{175}$$

Wir suchen eine benachbarte Lösung, setzen also

$$x_i = x_i^*(t) + \varepsilon\xi_i(t) \quad (i = 1, 2, \ldots, n), \tag{176}$$

wo ε eine kleine Konstante bedeutet, deren Quadrate und höhere Potenzen vernachlässigt werden sollen.

Man erhält aus (169) und (176)

$$\frac{dx_i}{dt} = \frac{dx_i^*}{dt} + \varepsilon\frac{d\xi_i}{dt} = X_i(x^*) + \varepsilon\sum_{\nu=1}^{n}\frac{\partial X_i(x^*)}{\partial x_\nu}\xi_\nu + \varepsilon^2(\ldots), \tag{177}$$

also für $\lim \varepsilon = 0$ exakt

$$\frac{d\xi_i}{dt} = \sum_{\nu=1}^{n}\frac{\partial X_i(x^*)}{\partial x_\nu}\xi_\nu. \tag{178}$$

Die Gleichungen (178) heißen die Variationsgleichungen des Systems (169). Sie sind linear in den Unbekannten ξ_i.

Bedeuten die

$$\xi_i^{(k)} \quad (i = 1, 2, \ldots, n;\ k = 1, 2, \ldots, p)$$

ein System von p partikulären Lösungen der Gleichungen (178) und gibt es ein Integral von (178) von der Gestalt (vgl. Kap. 9, Ziff. 7)

$$\sum_{(\alpha)} A_{\alpha_1 \ldots \alpha_p}(x^*) \begin{vmatrix} \xi_{\alpha_1}^{(1)} \ldots \xi_{\alpha_1}^{(p)} \\ \ldots\ldots\ldots \\ \xi_{\alpha_p}^{(1)} \ldots \xi_{\alpha_p}^{(1)} \end{vmatrix} = \text{konst.}, \tag{179}$$

so ist $\int \sum_{(\alpha)} A_{\alpha_1 \ldots \alpha_p}(x)\, dx_{\alpha_1} \ldots dx_{\alpha_p}$ eine Integralinvariante bezüglich des Systems (169) und umgekehrt läßt sich aus jeder solchen Integralinvariante von (169) ein derartiges Integral von (178) ableiten. Dieselben Überlegungen gelten auch, wenn die Funktionen X_i die Zeit t enthalten.

Sind die X_i in den Gleichungen (169) außerdem noch periodische Funktionen der Zeit mit der Periode T und bedeutet (175) eine periodische Lösung von (169) mit gleicher Periode, so sind auch die Koeffizienten der Variationsgleichungen periodisch in t. Ihre allgemeine Lösung lautet dann:

$$\xi_i = \sum_{k=1}^{n} c_k e^{\alpha_k t} S_{ik}(t) \quad (i = 1, 2, \ldots, n), \tag{180}$$

wo $S_{ik}(t + T) = S_{ik}(t)$.

Die c_k sind die Integrationskonstanten, die α_k die sog. charakteristischen Exponenten. Sie ergeben sich als Wurzeln der Gleichung

$$\text{Det.} \left| \frac{\partial \psi_i}{\partial \beta_k} + (1 - e^{\alpha T})\, \delta_k^i \right| = 0.$$

Darin bedeuten die β_i die Anfangswerte der ξ_i, die $\beta_i + \psi_i$ die Werte der ξ_i nach Ablauf der Periode T, ferner ist $\delta_k^i = 0$ für $i \neq k$ und $= 1$ für $i = k$. Tritt die Zeit in den X_i nicht explizit auf, so verschwindet für jede periodische Lösung ein charakteristischer Exponent, ebenso wenn (169) ein eindeutiges Integral $F(x_1, \ldots, x_n) =$ konst. besitzt. Die periodische Lösung stellt eine stabile Bahn dar, wenn sämtliche α_k rein imaginär sind.

Literatur: R. Courant u. D. Hilbert, Methoden der mathematischen Physik. Bd. I. Berlin: Julius Springer 1924; R. v. Mises u. Ph. Frank, Die Differential- und Integralgleichungen der Mechanik und Physik. 2 Bde. Braunschweig: Vieweg & Sohn 1925—1927; L. Bieberbach, Theorie der Differentialgleichungen. 2. Aufl. Berlin: Julius Springer 1926; E. T. Whittaker, Analytische Dynamik der Punkte und starren Körper. Berlin: Julius Springer 1924; S. Lie u. G. Scheffers, Vorlesungen über Differentialgleichungen mit bekannten infinitesimalen Transformationen. Leipzig: B. G. Teubner 1891; E. v. Weber, Vorlesungen über das Pfaffsche Problem und die Theorie der partiellen Differentialgleichungen erster Ordnung. Leipzig: B. G. Teubner 1900; E. Goursat, Leçons sur l'intégration des équations aux derivées partielles du premier ordre. 2. Aufl. Paris: J. Hermann 1921 (1. Auflage in deutscher Übersetzung von H. Maser bei B. G. Teubner, Leipzig 1893); E. Goursat, Leçons sur le problème de Pfaff. Paris: J. Hermann 1922; E. Goursat, Leçons sur l'intégration des équations aux derivées partielles du second ordre à deux variables indépendantes. 2 Bde. Paris: A. Hermann 1896—1898; E. Cartan, Leçons sur les invariants intégraux. Paris: J. Hermann 1922; Ch. Riquier, Les systèmes d'équations aux derivées partielles. Paris: Gauthier-Villars 1910.

Kapitel 11.

Variationsrechnung.

Von

THEODOR RADAKOVIC, Wien.

I. Klassische Methoden.

1. Einführung. Beispiele. Während in der Differentialrechnung unter anderem die Aufgabe gestellt wird, Werte der Variabeln x zu finden, für die eine gegebene Funktion $f(x)$ ein Extremum (Maximum oder Minimum) in der Umgebung dieser Werte liefert, hat die Variationsrechnung zur Aufgabe, Funktionen zu finden, die ein von diesen Funktionen und ihren Ableitungen abhängendes bestimmtes Integral zum Extremum machen. Dies möge zunächst an einigen Beispielen erläutert werden:

α) Diejenige Kurve durch zwei in der xy-Ebene gegebene Punkte zu finden, deren bei Rotation um die x-Achse gebildete Rotationsfläche die geringste Oberfläche hat. Die Aufgabe läuft darauf hinaus, diejenige Funktion $y(x)$ zu finden, die das Integral

$$2\pi\int_{x_0}^{x_1} y\sqrt{1+y'^2}\,dx$$

zu einem Extrem macht.

β) In der Ebene die kürzeste Verbindungslinie zwischen einer Kurve $y=\bar{y}(x)$ und einem Punkte x_2, y_2 zu ziehen. Es ist das Integral

$$\int_{\bar{x}_1}^{x_2}\sqrt{1+y'^2}\,dx$$

durch Wahl von $y(x)$ zu einem Extrem zu machen. Die untere Grenze des Integrals ist nicht fest, da ja der eine Endpunkt der Verbindungslinie nicht bestimmt ist, sondern nur auf der Kurve $y=\bar{y}(x)$ liegen soll.

γ) Geodätische Linien. Die kürzeste Verbindungslinie auf der Fläche $F(x,y,z)=0$ zwischen zwei gegebenen Punkten der Fläche zu finden. Es sind diejenigen Funktionen $x(t)$, $y(t)$, $z(t)$ zu finden, die das Integral

$$\int_{t_1}^{t_2}\sqrt{x'^2+y'^2+z'^2}\,dt$$

zu einem Extrem machen und dabei die Bedingung

$$F(x,y,z)=0$$

befriedigen.

Ist die Fläche in Parameterdarstellung durch Angabe des Vektors vom Ursprung zum Flächenpunkt als Funktion zweier Parameter

$$\mathfrak{x} = \mathfrak{x}(u, v)$$

gegeben und bedeuten

$$E = \mathfrak{x}_u^2; \quad F = \mathfrak{x}_u \mathfrak{x}_v; \quad G = \mathfrak{x}_v^2$$

im Sinne von Kap. 4, Ziff. 16, so ist

$$\int_{t_1}^{t_2} \sqrt{E u'^2 + 2F u' v' + G v'^2}\, dt$$

durch Wahl von $u = u(t)$, $v = v(t)$ zu einem Extrem zu machen.

δ) Brachistochrone. Die Kurve zwischen zwei Punkten P_1 und P_2 in der vertikalen Ebene zu legen, längs welcher ein Massenpunkt in einem homogenen Schwerefeld am schnellsten von P_1 nach P_2 gelangt. (Das Medium sei als reibungslos, die Geschwindigkeit in P_1 als Null angenommen.) Das Integral lautet hier:

$$\int_{u_1}^{u_2} \frac{\sqrt{x'^2 + y'^2}}{\sqrt{2g(y - y_1)}}\, du = \int_{u_1}^{u_2} \frac{ds}{v}.$$

Auf das Integral $\int \frac{ds}{v(x, y)}$ führt auch die Aufgabe, die Bahn zu bestimmen, längs welcher das Licht in einem zweidimensionalen Medium mit der Lichtgeschwindigkeitsverteilung $v(x, y)$ am schnellsten von P_1 nach P_2 gelangt.

ε) Minimalflächen. Durch eine gegebene geschlossene Kurve im Raume die Fläche kleinster Oberfläche zu legen. Es ist $z = z(x, y)$ so zu bestimmen, daß

$$\iint \sqrt{1 + p^2 + q^2}\, dx\, dy$$

zu einem Extrem wird, wo $p = \frac{\partial z}{\partial x}$, $q = \frac{\partial z}{\partial y}$ ist.

In Parameterdarstellung (vgl. Beispiel γ) lautet das Integral folgendermaßen:

$$\iint \sqrt{EG - F^2}\, du\, dv.$$

ζ) Spezielles isoperimetrisches Problem. Unter den Verbindungslinien zweier Punkte P_1 und P_2 von gegebener Länge $2l$ diejenige zu finden, die mit der Sehne P_1P_2 den größten Flächeninhalt einschließt. Wählen wir die Punkte auf der x-Achse, so ist das Integral

$$\frac{1}{2}\int_{t_1}^{t_2} (x y' - y x')\, dt$$

zu einem Extrem zu machen, wobei die Nebenbedingung

$$\int_{t_1}^{t_2} \sqrt{x'^2 + y'^2}\, dt = 2l$$

erfüllt sein muß.

η) Rotationskörper geringsten Widerstandes. Derjenige Rotationskörper ist zu bestimmen, der bei Bewegung mit konstanter Geschwindigkeit in Richtung der Rotationsachse in einem widerstehenden Medium den geringsten Widerstand erfährt. Nach dem Newtonschen Ansatz ist

$$\int_{t_1}^{t_2} \frac{y y'^3}{x'^2 + y'^2} dt$$

zu einem Extrem zu machen.

ϑ) Hamiltonsches Prinzip. Ein System materieller Punkte P_ν mit den Massen m_ν unterliege den m Bedingungen

$$\varphi_\beta(t, x_\nu, y_\nu, z_\nu) = 0,$$

$$\beta = 1, 2, \ldots, m; \quad \nu = 1, 2, \ldots, n.$$

(t = Zeit). Die Kräfte mit den Komponenten X_ν, Y_ν, Z_ν mögen ein Potential besitzen

$$V = V(t, x_\nu, y_\nu, z_\nu); \quad X_\nu = -\frac{\partial V}{\partial x_\nu};$$

die kinetische Energie werde mit

$$T = \tfrac{1}{2} \sum_{\nu=1}^{n} m_\nu (x_\nu'^2 + y_\nu'^2 + z_\nu'^2)$$

bezeichnet. Dann ist die wirkliche Bewegung unter allen mit den Bedingungen verträglichen Bewegungen, die das System aus festgegebener Anfangslage im Zeitpunkt t_1 in eine feste Endlage im Zeitpunkt t_2 überführen, dadurch ausgezeichnet, daß sie das Integral

$$\int_{t_1}^{t_2} (T - V)\, dt$$

zu einem Minimum macht. Dieses Prinzip läßt sich auch in derselben Formulierung auf kontinuierliche Systeme anwenden (vgl. dazu das folgende Beispiel.)

ι) Schwingende Saite und schwingende Membran. Die potentielle Energie eines an den Endpunkten $e = 0$ und $x = l$ befestigten homogenen Saite ist proportional der Längenänderung $\int_0^l \left(\sqrt{1 + u_x^2} - 1\right) dx$, wenn u die senkrechte Entfernung eines Punktes der Saite von der x-Achse bedeutet. Sie ist also bei Vernachlässigung von Größen höherer Ordnung proportional $\frac{1}{2}\int_0^l u_x^2\, dx$. Bezeichnen wir die konstante Saitenspannung mit u, so ist die potentielle Energie

$$V = \frac{\mu}{2} \int_0^l u_x^2\, dx.$$

Bedeutet ϱ die Massendichte pro Längeneinheit, so ist die kinetische Energie

$$T = \tfrac{1}{2} \int_0^l \varrho\, u_t^2\, dx.$$

Es ist also zufolge dem Hamiltonschen Prinzip das Integral

$$\int_{t_1}^{t_2} (T - V)\, dt = \tfrac{1}{2} \int_{t_1}^{t_2} \int_0^l (\varrho\, u_t^2 - \mu\, u_x^2)\, dx\, dt$$

zum Extrem zu machen.

Analog ist bei dem Problem einer in der xy-Ebene über dem Gebiet G eingespannten homogenen Membran das Integral

$$\frac{1}{2}\int_{t_1}^{t_2}\iint_G [\varrho u_t^2 - \mu (u_x^2 + u_y^2)]\, dx\, dy\, dt$$

zum Extrem zu machen.

2. Einfachste Form der Eulerschen Differentialgleichung. Das einfachste Problem der Variationsrechnung besteht in der Aufgabe, durch zwei Punkte P_1 und P_2 mit den Koordinaten (x_1, y_1) und (x_2, y_2) in der Ebene eine Kurve $y = y(x)$ zu legen, so daß das Integral

$$\int_{x_1}^{x_2} f(x, y, y')\, dx \tag{1}$$

ein Extrem wird. Dabei ist also f eine vorgegebene Funktion in den Variabeln x, y, y'. Nehmen wir die zur gesuchten Lösung $y = y(x)$ benachbarten Kurven[1]) in der Form an

$$Y(x) = y(x) + \varepsilon\,\eta(x),$$

wobei $\eta(x)$ eine willkürliche Funktion ist, die den Bedingungen

$$\eta(x_1) = \eta(x_2) = 0$$

genügt. ε ist ein variabler Parameter und es geht offenbar für $\varepsilon = 0$ die Funktion $y(x)$ in die Lösung $y(x)$ über. Dann lautet das Integral für diese variierten Kurven

$$J(\varepsilon) = \int_{x_1}^{x_2} f(x, y + \varepsilon\eta, y' + \varepsilon\eta')\, dx$$

und die notwendige Bedingung dafür, daß $J(0)$ ein Extrem liefert, ist

$$\left(\frac{dJ(\varepsilon)}{d\varepsilon}\right)_{\varepsilon=0} = 0.$$

Dies gibt:

$$J'(0) = \int_{x_1}^{x_2} (f_y\,\eta + f_{y'}\,\eta')\, dx = 0.$$

Partielle Integration liefert:

$$J'(0) = [\eta f_{y'}]_{x_1}^{x_2} + \int_{x_1}^{x_2} \eta\left(f_y - \frac{d}{dx} f_{y'}\right) dx = \int_{x_1}^{x_2} \eta\left(f_y - \frac{d}{dx} f_{y'}\right) dx = 0 \tag{2}$$

zufolge der Bedingungen für η. Den Ausdruck

$$\delta J = \varepsilon J'(0) = \varepsilon \int_{x_1}^{x_2} (f_y\eta + f_{y'}\eta')\, dx = \varepsilon \int_{x_1}^{x_2} \eta\left(f_y - \frac{d}{dx} f_{y'}\right) dx \tag{3}$$

nennt man die erste Variation des Integrals J. Aus (2) ergibt sich nach einer Schlußweise, die als das Fundamentallemma der Variationsrechnung bezeichnet wird und bei der aus dem Verschwinden des Integrals und der Willkürlichkeit von η auf das identische Verschwinden des anderen Faktors im Integranden geschlossen wird, die Eulersche Differentialgleichung zweiter Ordnung des Problems

$$f_y - \frac{d}{dx} f_{y'} = 0 \tag{4}$$

zur Bestimmung von $y(x)$. Die Lösungen werden Extremalen genannt und durch spezielle Wahl der Konstanten ist der P_1 mit P_2 verbindende Extremalen-

[1]) Die Funktion f werde als analytisch, die Funktionen y und η als zweimal stetig differenzierbar vorausgesetzt.

bogen zu bestimmen. Enthält f die Variable y nicht, so ist $f_{y'} = C$ ein erstes Integral; enthält f die Variable x nicht, so ist wegen $f_x \equiv 0$

$$\frac{d}{dx}(f - y' f_{y'}) = y'\left(f_y - \frac{d}{dx} f_{y'}\right); \tag{5}$$

also ist hier $f - y' f_{y'} = c$ ein erstes Integral.

Beispiel α. Hier ist
$$f = 2\pi y \sqrt{1 + y'^2}$$
und das erste Integral der Eulerschen Differentialgleichung lautet:

$$\frac{y}{\sqrt{1 + y'^2}} = c_1$$

mit der Lösung

$$y = c_1 \cosh \frac{x - c_2}{c_1} \text{ (Kettenlinie)}.$$

3. Parameterdarstellung. Sie empfiehlt sich besonders zur Behandlung geometrischer Probleme (Kurvenprobleme), deren Extremalen durch beliebige Parameter[1]) beschrieben werden können, wogegen bei Funktionenproblemen, bei denen es sich um die Auffindung von Funktionen einer bestimmten Veränderlichen (z. B. der Zeit) handelt, die vorige Methode die angebrachtere ist. Es sei also f in der Form

$$f[x(t), y(t), x'(t), y'(t)]$$

gegeben und das Integral

$$J = \int_{t_1}^{t_2} f(x, y, x', y')\, dt \tag{6}$$

durch Wahl von $x(t), y(t)$ zu einem Extrem zu machen. Von f werde ferner noch vorausgesetzt, daß es in x' und y' positiv-homogen vom ersten Grade sei, d. h. es soll sein

$$f(x, y, kx', ky') = k f(x, y, x', y',) \text{ für } k > 0.$$

So ist z. B. $\sqrt{x'^2 + y'^2}$ positiv-homogen, aber nicht allgemein homogen. Dann ist das Integral invariant gegenüber Parametersubstitutionen, die den Durchlaufungssinn nicht ändern:

$$\int_{\tau_1}^{\tau_2} f\left(x, y, \frac{dx}{d\tau}, \frac{dy}{d\tau}\right) d\tau = \int_{\tau_1}^{\tau_2} f\left(x, y, \frac{dx}{dt}\frac{dt}{d\tau}, \frac{dy}{dt}\frac{dt}{d\tau}\right) d\tau = \int_{t_1}^{t_2} f\left(x, y, \frac{dx}{dt}, \frac{dy}{dt}\right) dt.$$

Aus dieser Homogeneität von f folgt die Eulersche Homogeneitätsrelation:

$$x' f_{x'} + y' f_{y'} = f, \tag{7}$$

und daraus weiter die Relationen:

$$\left.\begin{aligned} &f_x = x' f_{x'x} + y' f_{y'x}; \quad f_y = x' f_{x'y} + y' f_{y'y} \\ &x' f_{x'x'} + y' f_{x'y'} = 0; \quad x' f_{x'y'} + y' f_{y'y'} = 0 \\ &f_{x'x'} : f_{x'y'} : f_{y'y'} = y'^2 : -x'y' : x'^2. \end{aligned}\right\} \tag{7a}$$

Den Proportionalitätsfaktor wollen wir mit f_1 bezeichnen, so daß also

$$\frac{f_{x'x'}}{y'^2} = -\frac{f_{x'y'}}{x'y'} = \frac{f_{y'y'}}{x'^2} = f_1 \tag{7b}$$

ist. Variieren wir nun das eine Mal nur x, das andere Mal nur y, so ergeben sich die beiden Eulerschen Differentialgleichungen:

$$f_x - \frac{d}{dt} f_{x'} = 0; \quad f_y - \frac{d}{dt} f_{y'} = 0. \tag{8}$$

[1]) Es möge nur angenommen werden, daß die Kurve mit wachsendem Parameter durchlaufen wird.

Sie sind nicht unabhängig voneinander, sondern lassen sich in die eine Differentialgleichung zusammenziehen:

$$T = f_{xy'} - f_{yx'} + f_1(x'y'' - x''y') = 0 \tag{9}$$

und zwar ist:

$$f_x - \frac{d}{dt} f_{x'} = y'T; \quad f_y - \frac{d}{dt} f_{y'} = -x'T.$$

Beispiel γ. Geodätische Linie. Hier ist

$$f = \sqrt{Eu'^2 + 2Fu'v' + Gv'^2}$$

und

$$f_1 = \frac{EG - F^2}{(\sqrt{Eu'^2 + 2Fu'v' + Gv'^2})^3};$$

die Differentialgleichung $T = 0$ ergibt:

$$\begin{aligned}(EG - F^2)&(u'v'' - u''v') \\ &+ (Eu' + Fv')\left[(F_u - \tfrac{1}{2}E_v)u'^2 + G_u u'v' + \tfrac{1}{2}G_v v'^2\right] \\ &- (Fu' + Gv')\left[\tfrac{1}{2}E_u u'^2 + E_v u'v' + (F_v - \tfrac{1}{2}G_u)v'^2\right] = 0\end{aligned}$$

als Differentialgleichung der geodätischen Linien.

Beispiel δ. Brachistochrone (vgl. O. Bolza, Variationsrechnung, S. 207). Es ist das Integral

$$\int_{u_1}^{u_2} \frac{\sqrt{x'^2 + y'^2}}{\sqrt{y - y_1}}\, du$$

zu einem Extrem zu machen. Als Parameter u soll der Tangentenwinkel der gesuchten Lösung mit der x-Achse gewählt werden. Aus der ersten Eulerschen Differentialgleichung folgt:

$$f_{x'} = \frac{x'}{\sqrt{x'^2 + y'^2}\sqrt{y - y_1}} = c_1$$

und, da wegen der Wahl von u

$$\frac{x'}{\sqrt{x'^2 + y'^2}} = \cos u$$

ist, folgt hieraus weiter:

$$y - y_1 = \frac{1}{2c_1^2}(1 + \cos 2u).$$

Differentiation dieser Gleichung und Einsetzen in die vorgehende liefert:

$$y' = -\frac{1}{c_1^2}\sin 2u; \quad x' = \pm\frac{2}{c_1^2}\cos^2 u.$$

Substitution $2u = \tau - \pi$ und Integration liefert:

$$x - x_1 + c_2 = \pm\frac{1}{2c_1^2}(\tau - \sin\tau),$$

$$y - y_1 = \frac{1}{2c_1^2}(1 - \cos\tau).$$

Die Extremalen sind Zykloiden.

4. Allgemeinere Probleme der Variation eines einfachen Integrals. Die Extremalen $x_i = x_i(t)$ des Integrals

$$\int_{t_1}^{t_2} f(t, x_1, x_2, \ldots, x_n, x_1', x_2', \ldots, x_n')\, dt \tag{10}$$

werden durch das System von n Differentialgleichungen

$$\frac{\partial f}{\partial x_i} - \frac{d}{dt}\frac{\partial f}{\partial x_i'}, = 0 \qquad (11)$$

$$i = 1, 2, \ldots, n,$$

gegeben.

Die Extremalen $y = y(x)$ des Integrals

$$\int_{x_1}^{x_2} f(x, y, y', y'' - \cdots y^{(n)})\, dx \qquad (12)$$

müssen der Differentialgleichung

$$\frac{\partial f}{\partial y} - \frac{d}{dx}\frac{\partial f}{\partial y'} + \frac{d^2}{dx^2}\frac{\partial f}{\partial y''} - \cdots + (-1)^n \frac{d^n}{dx^n}\frac{\partial f}{\partial y^{(n)}} = 0 \qquad (13)$$

genügen.

Geodätische Linien einer n-dimensionalen Riemannschen Mannigfaltigkeit. Sie sind die Extremalen des Integrals

$$\int_{t_1}^{t_2} \sqrt{g_{ik}(x^i)'(x^k)'}\, dt,$$

$$f = \sqrt{g_{ik}(x^i)'(x^k)'}.$$

(Um den Anschluß an die Bezeichnungen der Tensorrechnung zu gewinnen, schreiben wir bei diesem Beispiel die Indizes der Koordinaten oben und lassen die Summenzeichen fort, indem wir die Übereinkunft treffen, daß über zwei gleiche, in einem Produkt vorkommende Indizes stets zu summieren ist.) Die Differentialgleichungen lauten:

$$\frac{\partial f}{\partial x^i} - \frac{d}{dt}\frac{\partial f}{\partial (x^i)'} = 0 \qquad i = 1, 2, \ldots, n$$

oder

$$\frac{1}{2f}\frac{\partial f^2}{\partial x^i} - \frac{d}{dt}\left(\frac{1}{2f}\frac{\partial f^2}{\partial (x^i)'}\right) = 0 \qquad i = 1, 2, \ldots, n.$$

Einführung der Bogenlänge $s = s(t)$ gibt (wenn wir statt i den Index r schreiben)

$$\frac{\partial f^2}{\partial x^r} - \frac{d}{ds}\cdot\frac{\partial f^2}{\partial \dot{x}^r} = 0 \qquad r = 1, 2, \ldots, n,$$

wobei die Ableitungen nach s durch Punkte bezeichnet sind. Daraus folgen die Differentialgleichungen der geodätischen Linien in kovarianter Form[1])

$$g_{rk}\ddot{x}^k + \Gamma_{r,ik}\,\dot{x}^i\dot{x}^k = 0$$

$$\Gamma_{r,ik} = \frac{1}{2}\left(\frac{\partial g_{rk}}{\partial x^i} - \frac{\partial g_{ik}}{\partial x^r} + \frac{\partial g_{ri}}{\partial x^k}\right)$$

und in kontravarianter Form:

$$\ddot{x}^m + \Gamma_{ik}^m \dot{x}^i\dot{x}^k = 0$$

$$\Gamma_{ik}^m = g^{mr}\Gamma_{r,ik}.$$

[1]) Dabei sind die folgenden Formeln zu beachten:

$$\frac{\partial f^2}{\partial \dot{x}^r} = g_{rk}\dot{x}^k + g_{ir}\dot{x}^i = 2g_{rk}\dot{x}^k; \qquad \frac{d}{ds}\frac{\partial f^2}{\partial \dot{x}^r} = 2g_{rk}\ddot{x}^k + 2\frac{\partial g_{rk}}{\partial x^i}\dot{x}^i\dot{x}^k;$$

$$\frac{\partial f^2}{\partial x^r} = \frac{\partial g_{ik}}{\partial x^r}\dot{x}^i\dot{x}^k \qquad \text{und} \qquad \frac{\partial g_{rk}}{\partial x^i}\dot{x}^i\dot{x}^k = \frac{\partial g_{ri}}{\partial x^k}\dot{x}^i\dot{x}^k.$$

5. Hamilton-Jacobische Differentialgleichung. Es sei das Integral

$$J = \int_{t_1}^{t_2} f(t, x_1, x_2, \ldots, x_n, x_1', x_2', \ldots, x_n')\, dt \tag{14}$$

zu einem Extrem zu machen. Es sind dann die Eulerschen Differentialgleichungen

$$\frac{\partial f}{\partial x_i} - \frac{d}{dt}\frac{\partial f}{\partial x_i'} = 0; \quad i = 1, 2, \ldots, n \tag{15}$$

zu integrieren. Es werde

$$\frac{\partial f}{\partial x_i'} = y_i \tag{16}$$

gesetzt. Diese Gleichungen nach x_i' aufgelöst, ergeben

$$x_i' = \psi_i(t, x, y). \tag{17}$$

Es möge nun durch die Substitution

$$H(t, x, y) = \sum_i y_i \psi_i - f(t, x, \psi) \tag{18}$$

die Funktion H eingeführt werden. Wegen $\frac{\partial f}{\partial x_i'} = y_i$ ergibt sich dann

$$\frac{\partial H}{\partial x_i} = -\frac{\partial f}{\partial x_i}; \quad \frac{\partial H}{\partial y_i} = \psi_i. \tag{19}$$

Da zufolge der Eulerschen Differentialgleichungen $\frac{\partial f}{\partial x_i} = y_i'$ ist, so erhalten wir in

$$x_i' = \frac{\partial H}{\partial y_i}; \quad y_i' = -\frac{\partial H}{\partial x_i} \tag{20}$$

ein System von $2n$ Differentialgleichungen zur Bestimmung der Funktionen x_i und y_i. Man nennt solche Systeme kanonische Systeme (vgl. Kap. 9, Ziff. 8).

Wir können unter Regularitätsvoraussetzungen im $(n+1)$-dimensionalen Raum der t, x_i durch zwei Punkte A und P eine Extremale des Variationsproblems legen. α, β_i seien die Koordinaten von A, τ, ξ_i die von P. Ist

$$x_i = X_i(t, \alpha, \beta_i, \gamma_i); \quad y_i = J_i(t, \alpha, \beta_i, \gamma_i), \tag{21}$$

die durch den Punkt mit den Koordinaten α, β_i, γ_i im $(2n+1)$-dimensionalen Raum der t, x_i, y_i hindurchgehende Lösung des kanonischen Systems (20), so lassen sich die $\gamma_i = \Gamma_i(\alpha, \beta_i, \tau, \xi_i)$ derart bestimmen, daß die Funktionen

$$x_i = X_i(t, \alpha, \beta_i, \Gamma_i) = \bar{x}_i(t, \alpha, \beta_i, \tau, \xi_i)$$

die Extremale durch A und P darstellen. Durch Einsetzen der Werte von y_i ergibt sich dann auch

$$y_i = y_i(t, a, \beta_i, \gamma_i) = \bar{y}_i(t, a, \beta_i, \tau, \xi_i).$$

Es sei nun

$$S = \int f(t, x, x')\, dt$$

das entlang dieser Extremale von A bis P genommene Integral. Dann läßt sich zeigen[1]), daß

$$\frac{\partial S}{\partial \xi_i} = \bar{y}_i,$$

$$\frac{\partial S}{\partial \tau} = -H(\tau, \xi_i, \bar{y}_i)$$

[1]) Vgl. O. Bolza, Variationsrechnung S. 595 ff.

ist. Aus diesen beiden Gleichungen folgt aber, daß das Extremalenintegral die partielle Differentialgleichung

$$\frac{\partial S}{\partial \tau} + H\left(\tau, \xi_1, \ldots \xi_n, \frac{\partial S}{\partial \xi_1}, \ldots \frac{\partial S}{\partial \xi_n}\right) = 0 \tag{22}$$

befriedigt. Sind die kanonischen Differentialgleichungen (20) integriert, so kann man durch Quadraturen ein vollständiges Integral S der Differentialgleichung (22), die die Hamilton-Jacobische partielle Differentialgleichung genannt wird, erhalten.

Zu diesem Zweck gehe man von den Lösungen

$$x_i = X_i(t, \alpha, \beta_i, \gamma_i) : y_i = Y(t, \alpha, \beta_i, \gamma_i) \tag{21}$$

aus. Eliminiert man mittels $\frac{\partial f}{\partial x_i'} = y_i$ die x_i' aus f, so geht das Integral $\int f\,dt$ in das Integral

$$S = \int_{t_1}^{t_2} \left(\sum_{i=1}^{n} y_i H_{y_i} - H\right) dt$$

über. In dieses Integral setze man für x_i, y_i die Lösungen des kanonischen Systems ein, eliminiert man dann nach ausgeführter Quadratur die y_i, y_i aus den Gleichungen (21), so stellt das Resultat ein vollständiges Integral des Hamilton-Jacobischen partiellen Differentialgleichung dar.

Gehen wir (vgl. dazu den Artikel von CARATHEODORY in der 7. Auflage von RIEMANN-WEBERS Differentialgleichungen der Physik) von einer Hyperflächenschar $S(t, x_1, x_2, \ldots, x_n) = \lambda$ im $(n+1)$-dimensionalen Raume der x_i, t aus. Eine Kurve, die diese Flächenschar durchsetzt, sei durch $x_i = x_i(t)$ gegeben, dann ist längs dieser Kurve λ eine Funktion $\lambda(t)$ von t, die sich aus $\lambda = S(t, x_1(t), \ldots, x_n(t))$ ergibt. Und zwar können wir, indem wir die Flächenschar in geeigneter Weise analytisch darstellen, verlangen, daß λ eine monoton wachsende Funktion von t sei:

$$\frac{d\lambda}{dt} = \sum_{i=1}^{n} S_{x_i} x_i' + S_t \geqq 0 .$$

Untersuchen wir nun in einem Punkte P unserer Kurve den Differentialquotienten $\frac{dJ}{d\lambda}$ unseres Integrals

$$J = \int f(t, x_i, x_i')\,dt$$

in der Richtung unserer Kurve. Es ist

$$\frac{dJ}{d\lambda} = \frac{dJ}{dt} : \frac{d\lambda}{dt} = f : \frac{d\lambda}{dt} .$$

Es gibt nun eine ausgezeichnete Richtung im Punkte P, in der der Ausdruck $\frac{dJ}{d\lambda}$ seinen kleinsten Wert annimmt. Diese Richtung heiße die Richtung des geodätischen Gefälles der Flächenschar $S = \lambda$ im Punkte P und der Wert des Minimums heiße der Betrag des geodätischen Gefälles in diesem Punkte. Weiter möge eine Flächenschar $S = \lambda$, für die der Betrag des geodätischen Gefälles eine Funktion von λ allein ist, eine Schar geodätisch-äquidistanter Flächen genannt werden. Man kann nun zeigen (für den Beweis sei wieder auf den obenerwähnten Artikel von CARATHEODORY verwiesen), daß eine Lösung $S = \lambda$ der Hamilton-Jacobischen partiellen Differentialgleichung eine Schar geodätisch-äquidistanter Flächen $S = \lambda$ definiert, sowie daß die geodätischen Gefällskurven der Flächenschar (d. h. diejenigen Kurven, die in jedem Punkte die Richtung des geodätischen Gefälles der Schar besitzen) Extremalen des Variationsproblems

$$\int f\,dt = \text{Extr.}$$

sind. Im übrigen sei bezüglich der weiteren Zusammenhänge zwischen der Hamilton-Jacobischen partiellen Differentialgleichung und dem kanonischen System auf das bei den Kapiteln 9 und 10 Gesagte verwiesen.

6. Extreme von mehrfachen Integralen. Durch eine geschlossene Kurve L im Raume sei eine Fläche $z = z(x, y)$ derart zu legen, daß das Integral

$$\iint\limits_{\mathfrak{B}} f(x,y,z,p,q)\,dx\,dy \tag{23}$$

$$p = \frac{\partial z}{\partial x}, \quad q = \frac{\partial z}{\partial y}$$

zu einem Extrem wird. Dabei ist $\mathfrak{B}$ der Bereich, der von der Projektion C der Kurve L auf die xy-Ebene eingeschlossen wird. Ist $z(x, y)$ die gesuchte Fläche, so setzen wir die Variation in der Form

$$Z(x,y) = z(x,y) + \varepsilon\zeta(x,y)$$

an, wobei ζ entlang der Kurve $\mathfrak{K}$ verschwinden soll. Dann ist

$$J(\varepsilon) = \iint\limits_{\mathfrak{B}} f(x,y,z+\varepsilon\zeta, p+\varepsilon\zeta_x, q+\varepsilon\zeta_y)\,dx\,dy$$

und die Bedingung $J'(0) = 0$ gibt:

$$\iint\limits_{\mathfrak{B}} (f_z\zeta + f_p\zeta_x + f_q\zeta_y)\,dx\,dy = 0\,.$$

Nun ist:

$$f_p\zeta_x = \frac{\partial}{\partial x}(f_p\zeta) - \zeta\frac{\partial}{\partial x}f_p; \qquad f_q\zeta_y = \frac{\partial}{\partial y}(f_q\zeta) - \zeta\frac{\partial}{\partial x}f_q$$

und

$$\iint\limits_{\mathfrak{B}} \frac{\partial}{\partial x}(f_p\zeta)\,dx\,dy = \int\limits_{\mathfrak{K}} f_p\zeta\,dy; \qquad \iint\limits_{\mathfrak{B}} \frac{\partial}{\partial y}(f_q\zeta)\,dx\,dy = -\int\limits_{\mathfrak{K}} f_q\zeta\,dx,$$

wenn wir die Flächenintegrale in Kurvenintegrale umformen. Also erhalten wir:

$$\iint\limits_{\mathfrak{B}} \zeta\left(f_z - \frac{\partial}{\partial x}f_p - \frac{\partial}{\partial y}f_q\right)dx\,dy + \int\limits_{\mathfrak{K}} \zeta(f_p\,dy - f_q\,dx) = 0\,. \tag{24}$$

Daraus aber folgt, wegen der Randbedingungen für ζ und auf Grund einer dem Fundamentallemma ähnlichen Schlußweise die partielle Differentialgleichung zweiter Ordnung für z:

$$f_z - \frac{\partial}{\partial x}f_p - \frac{\partial}{\partial y}f_q = 0\,. \tag{25}$$

Beispiel ε. Minimalflächen. Es ist hier

$$f = \sqrt{1 + p^2 + q^2},$$

und die Differentialgleichung lautet:

$$\frac{\partial}{\partial x}\frac{p}{\sqrt{1+p^2+q^2}} + \frac{\partial}{\partial y}\frac{q}{\sqrt{1+p^2+q^2}} = 0,$$

woraus weiter folgt:

$$r(1+q^2) - 2pqs + t(1+p^2) = 0;$$

$$r = \frac{\partial^2 z}{\partial x^2}; \qquad s = \frac{\partial^2 z}{\partial x\,\partial y}; \qquad t = \frac{\partial^2 z}{\partial y^2}.$$

Nun ist die mittlere Krümmung H einer Fläche

$$H = \frac{1}{R_1} + \frac{1}{R_2} = \frac{(1+q^2)r - 2pqs + (1+p^2)t}{(\sqrt{1+p^2+q^2})^3}$$

(R_1 und R_2 sind die Hauptkrümmungsradien.) Die gesuchten Flächen haben die Eigenschaft, daß ihre mittlere Krümmung in jedem Punkte Null ist. Die Flächen, deren mittlere Krümmung $H = 0$ ist, heißen Minimalflächen, da sie die Extremalen unseres Variationsproblems sind.

Dirichletsches Prinzip. Eine Funktion $z(x, y)$ sei zu finden, die am Rande $\mathfrak{R}$ eines Bereichs $\mathfrak{B}$ vorgeschriebene Werte annimmt und das Integral

$$\iint_{\mathfrak{B}} (p^2 + q^2)\, dx\, dy$$

zu einem Minimum macht. Als Differentialgleichung ergibt sich die Laplacesche Differentialgleichung

$$\Delta z = \frac{\partial^2 z}{\partial x^2} + \frac{\partial^2 z}{\partial y^2} = 0\,.$$

Falls die Existenz eines Minimums bewiesen werden kann, so ist damit also auch die Existenz einer Potentialfunktion $z(x, y)$ bewiesen, die am Rande des Bereichs vorgeschriebene Werte annimmt (Dirichletsches Prinzip). In dem Problem diese Funktion zu bilden, besteht die erste Randwertaufgabe der Potentialtheorie.

Beispiel ι. Schwingende Saite und schwingende Membran. Das Problem der schwingenden Saite führte auf die Aufgabe, das Integral

$$\frac{1}{2}\int_{t_0}^{t_1}\int_0^l (\varrho u_t^2 - \mu u_x^2)\, dx\, dt$$

zum Extrem zu machen und dies ergibt die Differentialgleichung:

$$\varrho u_{tt} - \mu u_{xx} = 0\,.$$

Wählen wir die Zeiteinheit so, daß $\frac{\varrho}{\mu} = 1$ wird, so führt der Ansatz $u(x, t) = v(x)\, g(t)$ zur Bedingung

$$\frac{v''(x)}{v(x)} = \frac{\ddot{g}(t)}{g(t)}\,,$$

wobei durch die Striche die Ableitung nach x, durch die Punkte die nach t bezeichnet ist. Bezeichnen wir den gemeinsamen Proportionalitätsfaktor mit $-\lambda$, so erhalten wir für $v(x)$ die Differentialgleichung:

$$v''(x) + \lambda v(x) = 0\,,$$

die im Verein mit den Randbedingungen zu den Eigenschwingungen führt. Beim Problem der schwingenden Membran gelangen wir analog von der Betrachtung des Integrals

$$\frac{1}{2}\int_{t_0}^{t_1}\iint_{\mathfrak{B}} [\varrho u_t^2 - \mu(u_x^2 + u_y^2)]\, dx\, dy\, dt$$

zur Differentialgleichung

$$\varrho u_{tt} - \mu(u_{xx} + u_{yy}) = 0\,.$$

Auch hier führt (wieder bei geeigneter Wahl der Zeiteinheit) der Ansatz $u(x, y, t) = v(x, y)\, g(t)$ zur Beziehung

$$\frac{v_{xx} + v_{yy}}{v} = \frac{\ddot{g}(t)}{g(t)} = -\lambda$$

und also zur partiellen Differentialgleichung

$$v_{xx} + v_{yy} + \lambda v = \Delta v + \lambda v = 0$$

für die Funktion v. Die Eigenwerte λ_n dieser Differentialgleichung sind die Quadrate der Frequenz der betreffenden Eigenschwingung.

Selbstadjungierte Differentialgleichung. Man bestätigt, daß eine sich selbst adjungierte Differentialgleichung

$$\frac{\partial}{\partial x}\left(A\frac{\partial z}{\partial x} + B\frac{\partial z}{\partial y}\right) + \frac{\partial}{\partial y}\left(B\frac{\partial z}{\partial x} + C\frac{\partial z}{\partial y}\right) + Dz = 0 \tag{26}$$

(A, B, C, D Funktionen von x und y) zum Variationsproblem

$$\iint\limits_G \left[A\left(\frac{\partial z}{\partial x}\right)^2 + 2B\frac{\partial z}{\partial x}\frac{\partial z}{\partial y} + C\left(\frac{\partial z}{\partial y}\right)^2 - Dz^2\right] dx\,dy = \text{Extr.} \tag{27}$$

gehört.

7. Parameterdarstellung bei Doppelintegralen. Es sei das Doppelintegral in der Form

$$\iint\limits_{\mathfrak{B}} f(x, y, z, x_u, y_u, z_u, x_v, y_v, z_v)\, du\, dv \tag{28}$$

durch Wahl von

$$x = x(u, v); \qquad y = y(u, v); \qquad z = z(u, v)$$

zu einem Extrem zu machen.

Wegen der Invarianz des Integrals gegen Parametersubstitutionen muß die Funktion f die Bedingung

$$f(x, y, z, \varkappa x_u + \lambda x_v, \ldots, \mu x_u + \nu x_v, \ldots) = (\varkappa\nu - \lambda\mu)\, f(x, y, z, x_u, \ldots, x_v, \ldots)$$

erfüllen für alle $\varkappa$, λ, μ, ν, die der Ungleichung $\varkappa\nu - \lambda\mu > 0$ genügen.

Dann bestehen für die Funktionen x, y, z von u und v die drei partiellen Differentialgleichungen:

$$\left.\begin{aligned} f_x - \frac{\partial}{\partial u} f_{x_u} - \frac{\partial}{\partial v} f_{x_v} &= 0, \\ f_y - \frac{\partial}{\partial u} f_{y_u} - \frac{\partial}{\partial v} f_{y_v} &= 0, \\ f_z - \frac{\partial}{\partial u} f_{z_u} - \frac{\partial}{\partial v} f_{z_v} &= 0, \end{aligned}\right\} \tag{29}$$

die übrigens nicht unabhängig voneinander sind.

Beispiel ε. Minimalflächen. Es ist

$$f = \sqrt{EG - F^2},$$

und die drei Differentialgleichungen, zusammengefaßt in vektorieller Form lauten:

$$\frac{\partial}{\partial u}\frac{G\mathfrak{x}_u - F\mathfrak{x}_v}{\sqrt{EG - F^2}} + \frac{\partial}{\partial v}\frac{E\mathfrak{x}_v - F\mathfrak{x}_u}{\sqrt{EG - F^2}} = 0.$$

Führen wir die isotropen Kurven als Parameterlinien ein ($E = G = 0$), so gibt dies:

$$\mathfrak{x}_{uv} = 0$$

und daraus folgt einerseits:

$$M = \frac{(\mathfrak{x}_{uv}\,\mathfrak{x}_u\,\mathfrak{x}_v)}{\sqrt{EG - F^2}} = 0; \qquad H = \frac{EN - 2FM + GL}{EG - F^2} = 0$$

und andererseits:

$$\mathfrak{x} = \mathfrak{y}(u) + \mathfrak{z}(v).$$

Die Minimalflächen sind Schiebflächen mit isotropen Kurven als Erzeugenden.

8. Natürliche Randbedingungen. Transversalitätsbedingungen[1]. Wir haben bisher immer Probleme mit vorgeschriebenen Randwerten für die Extremale und die Vergleichskurven betrachtet. Sind z. B. für das Problem

$$\int_{x_0}^{x_1} f(x, y, y')\, dx \tag{30}$$

den Rändern keine Bedingungen vorgeschrieben, so schreibt sich die Variation in folgender Gestalt:

$$\delta J = \varepsilon f_{y'} \eta \Big|_{x=x_0}^{x=x_1} + \varepsilon \int_{x_0}^{x_1} \eta \left(f_y - \frac{d}{dx} f_{y'}\right) dx\,,$$

und die Extremalen müssen der Eulerschen Differentialgleichung

$$f_y - \frac{d}{dx} f_{y'} = 0$$

genügen, da sie sicherlich ein Extremum liefern müssen, wenn sie nur mit der Klasse jener Vergleichskurven verglichen werden, die am Rande dieselben Werte annehmen. Daraus ergeben sich als natürliche Randbedingungen die Bedingungen

$$f_{y'}(x_0) = 0\,, \qquad f_{y'}(x_1) = 0\,. \tag{31}$$

Analog ergeben sich für das Problem

$$\int_{t_0}^{t_1} f(t, x, y, x', y')\, dt \tag{32}$$

die natürlichen Randbedingungen

$$f_{x'}(t_0) = f_{y'}(t_0) = 0\,; \qquad f_{x'}(t_1) = f_{y'}(t_1) = 0\,, \tag{33}$$

und für die Probleme

$$\iint_{\mathfrak{B}} f(x, y, z, p, q)\, dx\, dy \tag{34}$$

und

$$\iint_{\mathfrak{B}} f(u, v, x, y, z, x_u, \ldots, x_v, \ldots)\, du\, dv \tag{35}$$

die Bedingungen

$$f_p \frac{dy}{ds} - f_q \frac{dx}{ds} = 0 \tag{36}$$

bzw.

$$\left.\begin{aligned} f_{x_u} \frac{dv}{ds} - f_{x_v} \frac{du}{ds} &= 0\,,\\ f_{y_u} \frac{dv}{ds} - f_{y_v} \frac{du}{ds} &= 0\,,\\ f_{z_u} \frac{dv}{ds} - f_{z_v} \frac{du}{ds} &= 0\,. \end{aligned}\right\} \tag{37}$$

Man kann unter Umständen statt eines Extremumproblems mit vorgegebenen Randbedingungen ein geändertes Problem mit natürlichen Randbedingungen untersuchen. Liege z. B. die Aufgabe vor, das Integral

$$D[u] = \iint_{\mathfrak{B}} \left(p\,(u_x^2 + u_y^2) + q u^2\right) dx\, dy \tag{38}$$

zum Extrem zu machen, wobei den zugelassenen Vergleichsfunktionen auf dem Rande C des Integrationsgebiets $\mathfrak{B}$ die Randbedingung

$$\frac{\partial u}{\partial u} + \sigma u = 0 \tag{39}$$

[1] Man vergleiche zum folgenden: CONRANT-HILBERT, Methoden der mathematischen Physik Bd. 1, S. 179ff.

vorgeschrieben sind. Dabei sind p und q vorgegebene Funktionen der unabhängigen Veränderlichen x und y (also hier nicht die ersten partiellen Ableitungen), ebenso σ, während u die durch die Extremumsaufgabe zu bestimmende Funktion ist. Wir können statt dessen das Variationsproblem

$$\mathfrak{D}[u] = D[u] + \oint_C p\sigma u^2 ds \tag{40}$$

ohne Randbedingungen betrachten. Denn die Variation dieses Ausdruckes ergibt:

$$\begin{aligned}\delta\mathfrak{D} &= 2\varepsilon\iint_{\mathfrak{B}} \zeta[qu - (pu_x)_x - (pu_y)_y]\,dx\,dy + \\ &+ 2\varepsilon\oint_C \zeta\left[pu_x\frac{dy}{ds} - pu_y\frac{dx}{ds} + p\sigma u\right] ds = \\ &= 2\varepsilon\iint_{\mathfrak{B}} \zeta[qu - (pu_x)_x - (pu_y)_y]\,dx\,dy + \\ &+ 2\varepsilon\oint_C \zeta p\left[\frac{\partial u}{\partial n} + \sigma u\right] ds.\end{aligned}$$

Man sieht, die Eulersche Differentialgleichung des Problems $\mathfrak{D}[u]$, nämlich

$$qu - (pu_x)_x - (pu_y)_y = 0$$

ist dieselbe, wie die des Problems $D[u]$, während wir als natürliche Randbedingung die Bedingung

$$\frac{\partial u}{\partial n} + \sigma u = 0 \tag{39}$$

erhalten. Natürlich ordnet sich die Randbedingung $\frac{\partial u}{\partial n} = 0$ als Sonderfall $\sigma = 0$ der allgemeinen Bedingung $\frac{\partial u}{\partial n} + \sigma u = 0$ unter. Dagegen ist zu beachten, daß sich die erste Randwertaufgabe, das Problem mit festen Rändern: $u = 0$, zunächst nicht als natürliche Randbedingung des Problems $\mathfrak{D}[u]$ gewinnen läßt.

Von diesen Bemerkungen wird noch gelegentlich der Besprechung der Eigenwerte partieller Differentialgleichungen sowie der direkten Methoden Gebrauch zu machen sein.

Transversalität. Ist im einfachsten Problem $\int f(x, y, y')\,dx$ der eine Rand fest (x_1, y_1), während der andere Randpunkt (x_2, y_2) nur der Bedingung unterworfen ist, auf der Kurve $y = \bar{y}(x)$ zu liegen, so tritt zu der Eulerschen Differentialgleichung des Problems noch die Transversalitätsbedingung zur Bestimmung des Punktes x_2, y_2 hinzu:

$$f(x_2, y(x_2), y'(x_2)) + (\bar{y}'(x_2) - y'(x_2))\, f_{y'}(x_2, y(x_2), y'(x_2)) = 0. \tag{41}$$

Liegt auch der andere Randpunkt auf einer Kurve, so tritt eine entsprechende zweite Gleichung hinzu. Man bestätigt, daß für $f(x, y, y') = G(x, y)\sqrt{1 + y'^2}$ die Transversalitätsbedingung mit der Orthogonalitätsbedingung

$$[1 + y'\bar{y}']_{x=x_2} = 0$$

zusammenfällt.

Für Probleme in der Parameterdarstellung $\int f(x, y, x', y')\,dt$ lautet die Transversalitätsbedingung z. B. für den Punkt x_1, y_1, der auf der Kurve $x = \bar{x}(t)$, $y = \bar{y}(t)$ liegen soll, folgendermaßen:

$$[f_{x'}\bar{x}' + f_{y'}\bar{y}']_{t=t_1} = 0. \tag{42}$$

Ist bei dem Variationsproblem für Doppelintegrale in Parameterdarstellung $\iint\limits_{\mathfrak{B}} f\,du\,dv$ die Randkurve L nicht vorgegeben, sondern bloß der Bedingung unterworfen, daß sie auf einer Fläche $\varphi(x, y, z) = 0$ liegen soll, so lautet die Transversalitätsbedingung für die Lösung:

$$\begin{vmatrix} f_{x_u} & f_{x_v} & \varphi_x \\ f_{y_u} & f_{y_v} & \varphi_y \\ f_{z_u} & f_{z_v} & \varphi_z \end{vmatrix} = 0. \tag{43}$$

9. Isoperimetrische Probleme. Es seien die Funktionen $x(t)$, $y(t)$ bei vorgegebenen Randwerten so zu bestimmen, daß sie das Integral

$$J = \int_{t_1}^{t_2} f(x, y, x', y')\,dt \tag{44}$$

zu einem Extrem machen und dabei dem Integral

$$K = \int_{t_1}^{t_2} g(x, y, x', y')\,dt \tag{45}$$

einen vorgeschriebenen Wert l erteilen[1]. Dann sind die Extremalen des Problems zugleich die Extremalen des Problems

$$\int_{t_1}^{t_2} (f + \lambda g)\,dt \tag{46}$$

(wobei λ eine Konstante ist) und müssen, wenn wir $h = f + \lambda g$ setzen, den Differentialgleichungen

$$h_x - \frac{d}{dt} h_{x'} = 0; \quad h_y - \frac{d}{dt} h_{y'} = 0 \tag{46}$$

oder der mit ihnen äquivalenten Differentialgleichung

$$T = h_{xy'} - h_{yx'} + h_1 (x'y'' - y'x'') = 0 \tag{47}$$

genügen. Dabei ist

$$h_1 = \frac{h_{x'x'}}{y'^2} = -\frac{h_{x'y'}}{x'y'} = \frac{h_{y'y'}}{x'^2} \tag{47a}$$

(vgl. Ziff. 4)[2]. Die Extremalen des Problems $J =$ Extr., $K =$ konst. sind im allgemeinen dieselben wie die Extremalen des Problems $K =$ Extr., $J =$ konst.

Sind mehreren Integralen

$$K^{(1)} = \int_{t_1}^{t_2} g_1\,dt; \quad K^{(2)} = \int_{t_1}^{t_2} g_2\,dt \tag{45a}$$

vorgeschriebene Werte l_1, l_2, ... zu erteilen, so hat man die Extremalen des Problems

$$\int_{t_1}^{t_2} (f + \lambda_1 g_1 + \lambda_2 g_2 + \cdots)\,dt \tag{46a}$$

aufzusuchen.

---

[1] Dabei ist vorausgesetzt, daß die betrachtete Extremale nicht zugleich Extremale des Problems $K = \int_{t_1}^{t_2} g(x, y, x', y')\,dt =$ Extr. sei.

[2] Die zwei Integrationskonstanten c_1 und c_2 sowie die isoperimetrische Konstante λ sind aus den beiden Randbedingungen und aus der Nebenbedingung (45)' zu bestimmen.

Beispiel ζ. Spezielles isoperimetrisches Problem. Hier ist

$$J = \frac{1}{2}\int_{t_1}^{t_2} (x y' - y x')\, dt$$

und

$$K = \int_{t_1}^{t_2} \sqrt{x'^2 + y'^2}\, dt.$$

Man erhält

$$h_1 = \frac{\lambda}{(\sqrt{x'^2 + y'^2})^3}$$

und als Differentialgleichung

$$T = 1 + h_1 (x' y'' - y' x'') = 0$$

also

$$\frac{1}{r} = \frac{x' y'' - y' x''}{(\sqrt{x'^2 + y'^2})^3} = \text{konst.}$$

(r = Krümmungsradius). Die Extremalen sind Kreisbogen.

Gleichgewichtslage eines schweren, homogenen, an seinen Endpunkten aufgehängten Fadens. Da der Schwerpunkt möglichst tief liegen muß, erhält man, wenn die y-Achse als vertikale Achse angenommen wird,

$$\frac{\int_{x_1}^{x_2} y\sqrt{1 + y'^2}\, dx}{\int_{x_1}^{x_2} \sqrt{1 + y'^2}\, dx} = \text{Extremum}$$

und als Nebenbedingung

$$\int_{x_1}^{x_2} \sqrt{1 + y'^2}\, dx = \text{konst.},$$

also

$$h = y\sqrt{1 + y'^2} + \lambda\sqrt{1 + y'^2} = (y + \lambda)\sqrt{1 + y'^2},$$

da ja die Behandlung des Problems ebenso für die Darstellung $y = y(x)$, wie für die Parameterdarstellung $x = x(t)$, $y = y(t)$ gilt. Die Extremalen sind Kettenlinien (vgl. Beispiel α, Ziff. 2).

10. Extremeigenschaften der Eigenwerte partieller Differentialgleichungen. Gewisse Variationsprobleme stehen, wie im folgenden gezeigt wird, in einem engen Zusammenhang mit der Frage nach den Eigenwerten homogener linearer partieller Differentialgleichungen.

Die Eigenwerte $\lambda_\nu (\lambda_1 \leqq \lambda_2 \leqq \lambda_3 \leqq \ldots)$, für die die Differentialgleichung

$$\Delta u + \lambda u = u_{xx} + u_{yy} + \lambda u = 0 \tag{48}$$

nicht identisch verschwindende Lösungen u_ν besitzt, die der Randbedingung $u = 0$ am Rande des betrachteten Gebietes $\mathfrak{B}$[1]) genügen, können durch folgende Extremumseigenschaft definiert werden: Das Variationsproblem

$$D[\varphi] = \iint_{\mathfrak{B}} (u_x^2 + u_y^2)\, dx\, dy = \text{Min.} \tag{49}$$

mit der Nebenbedingung

$$\iint_{\mathfrak{B}} u^2\, dx\, dy = 1 \tag{50}$$

[1]) Das Gebiet $\mathfrak{B}$ sei hier und im folgenden als ein von stückweise glatten Kurven begrenzter Bereich in der Ebene angenommen.

und der Randbedingung $u = 0$ wird, wie man zeigen kann, von der Eigenfunktion u_1 gelöst. λ_1 ist der Wert des Minimums $D[u_1]$. Allgemein wird das Variationsproblem

$$D[u] = \iint\limits_{\mathfrak{B}} (u_x^2 + u_y^2)\, dx\, dy = \text{Min}. \tag{49}$$

mit den Nebenbedingungen

$$\iint\limits_{\mathfrak{B}} u^2\, dx\, dy = 1; \quad \iint\limits_{\mathfrak{B}} u\, u_i\, dx\, dy = 0, \quad (i = 1, 2, \ldots, n-1) \tag{50a}$$

und der Randbedingung $u = 0$ von der $n$ten Eigenfunktion u_n gelöst[1]). λ_n ist wieder der Wert des Minimums $D[u_n]$. Da sich die Anzahl der Nebenbedingungen von Fall zu Fall steigert, ist offenbar

$$\lambda_1 \leqq \lambda_2 \leqq \lambda_3 \leqq \cdots.$$

Man kann nach COURANT diese Definition durch eine Definition ersetzen, die für λ_n nicht auf $\lambda_1, \lambda_2, \ldots, \lambda_{n-1}$ zurückgreift. Geht man von $n - 1$ willkürlich gewählten, in $\mathfrak{B}$ stückweise stetigen Funktionen $v_1, v_2, \ldots, v_{n-1}$ aus und betrachtet diejenigen am Rande verschwindenden Funktionen u, die den Bedingungen

$$\iint\limits_{\mathfrak{B}} u^2\, dx\, dy = 1; \quad \iint\limits_{\mathfrak{B}} v_i\, u\, dx\, dy = 0; \quad (i = 1, 2, \ldots, n-1) \tag{51}$$

genügen, so wird die untere Grenze d der Integrale

$$D[u] = \iint\limits_{\mathfrak{B}} (u_x^2 + u_y^2)\, dx\, dy \tag{49}$$

von der Wahl der Funktionen v_ν abhängen: $d = d(v_1, v_2, \ldots, v_{n-1})$. Für $v_i = u_i$ ist sie z. B. gleich λ_n. Man kann nun zeigen, daß sie nie größer ist als λ_n:

$$d(v_1, \ldots, v_{n-1}) \leqq \lambda_n \tag{52}$$

und hat damit eine unabhängige Definition des $n$ten Eigenwertes λ_n gewonnen.

Auf Grund dieser Definition kann man nun eine Reihe von Sätzen über die Eigenwerte λ_n aussprechen: So ist der $n$te Eigenwert des Gebietes $\mathfrak{B}$ kleiner als der jedes Teilgebietes $\mathfrak{B}'$. Denn die Aufgabe für $\mathfrak{B}'$ geht aus der für G durch die Zusatzbedingung für u hervor: $u = 0$ im abgeschlossenen Gebiet $G - G'$. Durch diese Zusatzbedingung wächst aber das Minimum $D[u]$, und damit der Eigenwert λ_n, wie es überhaupt beim Hinzutreten von Zwangsbedingungen nur wachsen kann. Man kann auch zeigen, daß der $n$te Eigenwert λ_n sich stetig mit dem Gebiet ändert. Ein weiterer Satz, der sich entsprechend gewinnen läßt, lehrt: Seien $\mathfrak{B}', \mathfrak{B}'', \mathfrak{B}''', \ldots$ eine Reihe von Teilgebieten von $\mathfrak{B}$ ohne gemeinsame innere Punkte, so ist der $n$te Eigenwert von $\mathfrak{B}$ nicht größer als die $n$te größte Zahl unter den Eigenwerten von $\mathfrak{B}', \mathfrak{B}'', \mathfrak{B}''', \ldots$.

Dieser Satz kann wieder zum Beweise eines Satzes über die asymptotische Verteilung der Eigenwerte benutzt werden, der sich in der Gleichung ausdrückt:

$$\lim_{n \to \infty} \frac{\lambda_n}{n} = \frac{4\pi}{f}. \tag{53}$$

Dabei ist f der Flächeninhalt des Gebietes $\mathfrak{B}$, dessen Gestalt also im Grenzwert für die asymptotische Verteilung der Eigenwerte ohne Einfluß bleibt.

[1]) Hier und im folgenden möge die Existenz der Lösungen der Minimumprobleme vorausgesetzt werden.

Betrachten wir weiterhin die selbstadjungierte partielle Differentialgleichung

$$(p u_x)_x + (p u_y)_y - q u + \lambda \varrho u = 0, \tag{54}$$

wobei $p > 0$, $\varrho > 0$ vorausgesetzt und p, q, ϱ vorgegebene Funktionen von x und y seien. Als Randbedingung sei $u = 0$ oder $\frac{\partial u}{\partial n} + \sigma u = 0$ am Rande C des Gebiets $\mathfrak{B}$ vorgegeben. σ sei eine Funktion von x und y; für $\sigma = 0$ erhalten wir die Randbedingung $\frac{\partial u}{\partial n} = 0$. Wir betrachten nun im Falle der Randbedingung $u = 0$ das Variationsproblem

$$D[u] = \iint\limits_{\mathfrak{B}} (p(u_x^2 + u_y^2) + q u^2)\, dx\, dy \tag{55}$$

mit der Randbedingung $u = 0$; für die Bedingung $\frac{\partial u}{\partial n} + \sigma u = 0$ werde das Variationsproblem

$$\mathfrak{D}[u] = D[u] + \oint\limits_C p \sigma u^2 ds \tag{56}$$

ohne Randbedingung betrachtet (vgl. dazu Ziff. 8). Auch hier können die Eigenwerte λ_n der betreffenden Randwertaufgabe durch eine Maximum-Minimum-eigenschaft in voneinander unabhängiger Weise definiert werden. Seien $n - 1$ im Bereich $\mathfrak{B}$ stückweise stetige Funktionen $v_1, v_2, \ldots, v_{n-1}$ vorgelegt. Wir bezeichnen mit $d(v_1, v_2, \ldots, v_{n-1})$ die untere Grenze des Ausdrucks $\mathfrak{D}[u]$ für solche Vergleichsfunktionen u, die der betreffenden Randbedingung sowie den Bedingungen

$$\iint\limits_{\mathfrak{B}} \varrho u^2 dx\, dy = 1; \qquad \iint\limits_{\mathfrak{B}} \varrho u v_i\, dx\, dy = 0; \qquad i = 1, 2, \ldots, n-1 \tag{57}$$

genügen. Dann besitzen die von der Wahl der Funktionen v_i abhängigen Ausdrücke $d(v_1, v_2, \ldots, v_{n-1})$ einen größten Wert, und zwar ist dieser größte Wert der $n$te Eigenwert λ_n der Randwertaufgabe. Er wird erreicht, wenn wir für $v_1, v_2, \ldots, v_{n-1}$, die $n - 1$ ersten Eigenfunktionen $u_1, u_2, \ldots, u_{n-1}$ sowie für u die $n$te Eigenfunktion u_n wählen.

Bezeichnen wir nun für ein und denselben Bereich $\mathfrak{B}$ die zur Randbedingung $u = 0$ gehörigen Eigenwerte mit λ_n, die zur Randbedingung $\frac{\partial u}{\partial n} + \sigma u = 0$ gehörigen mit μ_n und schließlich (für $\sigma = 0$) die zur Randbedingung $\frac{\partial u}{\partial n} = 0$ gehörigen Eigenwerte mit $\varkappa_n$, so gilt für die Eigenwerte λ_n wiederum der Satz: Seien $\mathfrak{B}', \mathfrak{B}'', \mathfrak{B}''', \ldots$ endlich viele Teilbereiche von $\mathfrak{B}$ ohne gemeinsame innere Punkte, so ist der $n$te Eigenwert von $\mathfrak{B}$ nicht größer als die $n$te Zahl in der monoton wachsend geordneten Reihe der Eigenwerte von $\mathfrak{B}', \mathfrak{B}'', \mathfrak{B}''', \ldots$. Jeder dieser Eigenwerte ist dabei in der richtigen Vielfachheit zu zählen. Für die Eigenwerte $\varkappa_n$ gilt der Satz: Seien $\mathfrak{B}', \mathfrak{B}'', \mathfrak{B}''', \ldots$ endlich viele Teilbereiche von $\mathfrak{B}$, die $\mathfrak{B}$ lückenlos ausfüllen, so ist $\varkappa_n$ nicht kleiner als die $n$te Zahl in der monoton wachsend geordneten Reihe der Eigenwerte von $\mathfrak{B}', \mathfrak{B}'', \mathfrak{B}''', \ldots$. Auch hier ist jeder Eigenwert in der richtigen Vielfachheit zu zählen. Für die Eigenwerte μ_n gilt schließlich die Gleichung $\mu_n \leqq \lambda_n$ und für $\sigma_n \geqq 0$ auch $\varkappa_n \leqq \mu_n$. Alle diese Sätze folgen im wesentlichen aus der Überlegung, daß bei Hinzufügung neuer Bedingungen der Wert eines Minimums wächst. Für die asymptotische Verteilung der Eigenwerte lautet die Verallgemeinerung unseres vorhergehenden

Satzes folgendermaßen: Ist $A(\lambda)$ die Anzahl der unterhalb einer Grenze λ gelegenen Eigenwerte des Bereichs $\mathfrak{B}$, so ist

$$\lim_{\lambda \to \infty} \frac{A(\lambda)}{\lambda} = \frac{1}{4\pi} \iint\limits_{\mathfrak{B}} \frac{\varrho}{p}\, dx\, dy. \tag{58}$$

Und zwar gilt dies gleichermaßen für alle drei Randwertprobleme.

Es muß bemerkt werden, daß wir bei allen bisher angestellten Überlegungen die Existenz der Eigenwerte λ_n[1]) und der Eigenfunktionen u_n vorausgesetzt haben. Um die Existenz der Eigenwerte festzustellen, können wir von dem in Kapitel 10, Ziff. 19 auseinandergesetzten Zusammenhang zwischen der Theorie der Integralgleichungen und der Randwertprobleme partieller Differentialgleichungen Gebrauch machen. Sei $G(x, y; \xi, \eta)$ die Greensche Funktion unseres Problems. Schreiben wir zur Abkürzung

$$L[u] = (p u_x)_x + (p u_y)_y - q u,$$

also unsere Differentialgleichung in der Form

$$L[u] + \lambda \varrho u = 0,$$

so ist die Greensche Funktion eine den Randbedingungen des Problems genügende, die Differentialgleichung

$$L[u] = 0$$

im ganzen Bereich außerhalb des Quellpunktes $x = \xi$, $y = \eta$ befriedigende Funktion, die im ganzen Bereich samt ihren Ableitungen erster und zweiter Ordnung stetig ist, abgesehen vom Quellpunkt $x = \xi$, $y = \eta$, in dem sie eine Singularität aufweist, und zwar von der Art, daß dort

$$\lim_{\varrho = 0} \oint_0^{2\pi\varrho} \frac{\partial G}{\partial n}\, ds = -\frac{1}{p(\xi, \eta)}$$

ist. Dabei ist das Integral über den Rand eines Kreises vom Radius ϱ mit dem Mittelpunkt im Quellpunkt ξ, η zu erstrecken. Unter den gemachten Voraussetzungen ist $G(x, y; \xi, \eta)$ auch eine symmetrische Funktion

$$G(x, y; \xi, \eta) = G(\xi, \eta; x, y).$$

Dann ist (vgl. Kap. 10, Ziff. 19)

$$u(x, y) = \lambda \iint\limits_{\mathfrak{B}} G(x, y; \xi, \eta)\, \varrho(\xi, \eta)\, u(\xi, \eta)\, d\xi\, d\eta$$

und diese Gleichung läßt sich durch Multiplikation mit $\sqrt{\varrho(x, y)}$ und Substitution

$$K(x, y; \xi, \eta) = G(x, y; \xi, \eta) \sqrt{\varrho(x, y)\, \varrho(\xi, \eta)}; \qquad u(x, y) \sqrt{\varrho(x, y)} = v(x, y)$$

in eine homogene Integralgleichung für $v(x, y)$ mit symmetrischem Kern $K(x, y; \xi, \eta)$ transformieren. Daraus folgt, wie bereits in Kapitel 8, Ziff. 4 auseinandergesetzt, die Existenz der Eigenwerte und Eigenfunktionen unseres Problems. Deren Existenz ist also bewiesen, wenn die Existenz der Greenschen Funktion für das betrachtete Problem feststeht. So hat z. B. für $L[u] = \Delta u$ und die Randbedingung $\frac{\partial u}{\partial n} + \sigma u = 0$ die Greensche Funktion die Form

$$G(x, y; \xi, \eta) = -\frac{1}{2\pi} \log r + \gamma(x, y; \xi, \eta)$$

---

[1]) Wir bezeichnen jetzt wieder mit λ_n die Eigenwerte für jedes der drei Randwertprobleme.

(vgl. Kap. 10, Ziff. 18). Dabei ist r der Abstand der Punkte x, y und ξ, η, und γ ist eine im ganzen Bereich stetige Lösung der Differentialgleichung $\Delta u = 0$, für die der Ausdruck $\frac{\partial u}{\partial n} + \sigma u$ am Rande dieselben Werte annimmt, wie für die Funktion $\frac{1}{2\pi}\log r$. Wir können uns also hier für die Existenz von γ und also auch von G auf die Sätze über die Randwertaufgaben der Potentialtheorie (vgl. Kap. 10, Abschn. VI) beziehen. Für die allgemeineren Fälle selbstadjungierter elliptischer Differentialgleichungen vergleiche man z. B. RIEMANN-WEBER, Differentialgleichungen der Physik, 7. Aufl., Bd. I, S. 465ff.

Eine zweite Möglichkeit, die Existenz der Eigenfunktionen zu beweisen, besteht darin, die Existenz der Lösung des betreffenden Minimumproblems festzustellen. Man vergleiche dazu die Arbeiten von COURANT, „Über die Lösungen der Differentialgleichungen der Physik", Math. Annalen Bd. 85 (1922) S. 280ff. und „Über die Anwendung der Variationsrechnung in der Theorie der Eigenschwingungen und über eine neue Klasse von Funktionalgleichungen", Acta mathematica Bd. 49, S. 1—68. 1926. Überhaupt sei für eine nähere Ausführung des in dieser Ziffer behandelten Gegenstandes auf die letztgenannte Arbeit von COURANT sowie auf die Darstellung in Kapitel 6 des Werkes „Methoden der mathematischen Physik" von R. COURANT und D. HILBERT verwiesen.

11. Endliche Bedingungsgleichungen; Lagrangesche Multiplikatoren. Es soll das Integral

$$\int_{t_1}^{t_2} f(t, x_1, x_2, \ldots, x_n, x_1', x_2', \ldots, x_n')\, dt \tag{59}$$

bei vorgegebenen Randwerten zu einem Extrem gemacht werden und dabei sollen die m Bedingungsgleichungen

$$\varphi_\mu(t, x_1, x_2, \ldots, x_n) = 0, \tag{60}$$

$$\mu = 1, 2, \ldots, m; \quad m < n$$

durch die Extremalen und die Vergleichskurven befriedigt werden. Dann sind zur Lösung des Problems die Extremalen von

$$\int_{t_1}^{t_2} \left(f + \sum_{\mu=1}^{m} \lambda_\mu \varphi_\mu\right) dt \tag{61}$$

aufzusuchen, und dies führt zu den Differentialgleichungen

$$\frac{\partial h}{\partial x_\nu} - \frac{d}{dt}\frac{\partial h}{\partial x_\nu'} = 0. \tag{61a}$$

Hier bedeutet

$$h = f + \sum_{\mu=1}^{m} \lambda_\mu \varphi_\mu,$$

und die λ_μ sind Funktionen von t, die noch aus (60) und (61a) zu bestimmen sind.

Beispiel γ. Geodätische Linien. Es ist das Integral

$$\int_{t_1}^{t_2} \sqrt{x'^2 + y'^2 + z'^2}\, dt$$

mit der Nebenbedingung

$$F(x, y, z) = 0$$

zu einem Extrem zu machen. Wir setzen

$$h = \sqrt{x'^2 + y'^2 + z'^2} + \lambda F(x, y, z)$$

und erhalten als Differentialgleichungen

$$\lambda F_x - \frac{d}{dt}\frac{x'}{\sqrt{x'^2 + y'^2 + z'^2}} = 0$$

mit den entsprechenden für y und z. Einführung der Bogenlänge $s = s(t)$ gibt:

$$\frac{d^2x}{ds^2} = \mu F_x; \qquad \frac{d^2y}{ds^2} = \mu F_y; \qquad \frac{d^2z}{ds^2} = \mu F_z;$$

$$\lambda = \mu \frac{ds}{dt}.$$

Die Hauptnormalen einer geodätischen Linie fallen mit den Flächennormalen zusammen.

Hamiltonsches Prinzip. Ein System materieller Punkte P_ν mit den Massen m_ν sei den kinematischen Nebenbedingungen

$$\varphi_\mu(t, x_\nu, y_\nu, z_\nu) = 0;$$

$$\mu = 1, 2, \ldots, m; \qquad \nu = 1, 2, \ldots, n$$

unterworfen. Dabei werde als Parameter t die Zeit genommen. Die Kräfte mit den Komponenten X_ν, Y_ν, Z_ν mögen ein Potential V besitzen:

$$V = V(t, x_\nu, y_\nu, z_\nu); \qquad X_\nu = -\frac{\partial V}{\partial x_\nu};$$

die kinetische Energie werde mit

$$T = \tfrac{1}{2}\sum_{\nu=1}^{n} m_\nu (x_\nu'^2 + y_\nu'^2 + z_\nu'^2)$$

bezeichnet.

Wie bereits unter Ziff. 1, Beispiel ϑ besprochen, ist das Problem

$$\int_{t_1}^{t_2} (T - V)\,dt = \text{Min}$$

zu lösen. Da die Koordinaten x_ν, y_ν, z_ν als Funktionen der Zeit zu bestimmen sind, die auch in den Bedingungsgleichungen explizit vorkommen kann, liegt ein Funktionenproblem vor. Man setzt an

$$h = T - V + \sum_\mu \lambda_\mu \varphi_\mu$$

und erhält als Differentialgleichungen:

$$m_\nu \frac{d^2 x_\nu}{dt^2} = X_\nu + \sum_\mu \lambda_\mu \frac{\partial \varphi_\mu}{\partial x_\nu},$$

$$m_\nu \frac{d^2 y_\nu}{dt^2} = Y_\nu + \sum_\mu \lambda_\mu \frac{\partial \varphi_\mu}{\partial y_\nu},$$

$$m_\nu \frac{d^2 z_\nu}{dt^2} = Z_\nu + \sum_\mu \lambda_\mu \frac{\partial \varphi_\mu}{\partial z_\nu},$$

$$\nu = 1, 2, \ldots, n$$

(Lagrangesche Bewegungsgleichungen erster Art).

Einführung generalisierter Koordinaten

$$q_1, q_2, \ldots, q_r; \ (r = 3n - m)$$

gibt die Lagrangeschen Bewegungsgleichungen zweiter Art:

$$\frac{\partial (T - V)}{\partial q_i} - \frac{d}{dt}\frac{\partial T}{\partial q_i'} = 0,$$

$$i = 1, 2, \ldots, r.$$

Prinzip von JACOBI. Kommt weder in den Bedingungsgleichungen, noch im Potential die Zeit explizit vor, so ist die wirklich durchlaufene Bahn des Systems unter allen mit den Bedingungen verträglichen Bahnen, die das System aus gegebener Anfangslage in gegebene Endlage überführen und für die die Energie $E = T + V$ einen vorgegebenen konstanten Wert besitzt, diejenige, die das Integral

$$\int\limits_{\tau_1}^{\tau_2} \sqrt{E - V} \cdot \sqrt{\sum_\nu m_\nu (x_\nu'^2 + y_\nu'^2 + z_\nu'^2)}\, d\tau = \int \sqrt{(E - V) \sum_\nu m_\nu \, d s_\nu^2}$$

zu einem Extrem macht. Dabei zeigen die Striche die Ableitungen nach dem willkürlichen Parameter τ an; es liegt ein Kurvenproblem vor. Setzt man

$$h = \sqrt{E - V} \cdot \sqrt{\sum_\nu m_\nu (x_\nu'^2 + y_\nu'^2 + z_\nu'^2)} + \sum_\mu \lambda_\mu \varphi_\mu,$$

so erhält man

$$m_\nu \frac{d}{d\tau} \frac{\sqrt{E - V}\, x_\nu'}{\sqrt{\sum_\nu m_\nu (x_\nu'^2 + y_\nu'^2 + z_\nu'^2)}} = \frac{1}{2} \frac{\sqrt{\sum_\nu m_\nu (x_\nu'^2 + y_\nu'^2 + z_\nu'^2)}}{\sqrt{E - V}} X_\nu + \sum_\mu \lambda_\mu \frac{\partial \varphi_\mu}{\partial x_\nu},$$

mit den entsprechenden Gleichungen für y_ν, z_ν. Einführung der Zeit t als Parameter durch die Zusatzgleichung

$$E - V = \frac{1}{2} \sum_\nu m_\nu \left(\left(\frac{d x_\nu}{dt}\right)^2 + \left(\frac{d y_\nu}{dt}\right)^2 + \left(\frac{d z_\nu}{dt}\right)^2 \right)$$

liefert wieder die Lagrangeschen Bewegungsgleichungen erster Art.

12. Gemischte Bedingungsgleichungen. Dieselbe Methode wie bei endlichen Bedingungsgleichungen ist anzuwenden, wenn alle oder einige der Nebenbedingungen Differentialgleichungen sind:

$$\varphi_\varrho(t, x_1, x_2, \ldots, x_n) = 0, \qquad \varrho = 1, 2, \ldots, r, \tag{62}$$

$$\varphi_\sigma(t, x_1, x_2, \ldots, x_n, x_1', x_2', \ldots, x_n') = 0, \qquad \sigma = 1, 2, \ldots, s. \tag{62a}$$

Sind die Differentialgleichungen nicht integrabel, so spricht man von nichtholonomen Nebenbedingungen.

13. Zweite Variation. Die Legendresche Bedingung. Die Eulersche Differentialgleichung stellte nur eine notwendige, nicht aber eine hinreichende Bedingung für das Eintreten eines Extremums, z. B. eines Minimums, dar. Die weitergehenden Sätze für das Bestehen notwendiger und hinreichender Bedingungen mögen im folgenden nur für das einfachste Problem angegeben werden.

Es sei $y = y(x)$ die der Eulerschen Differentialgleichung genügende und P_1 mit P_2 verbindende Extremale des Variationsproblems mit festen Rändern

$$\int\limits_{x_1}^{x_2} f(x, y, y')\, dx,$$

dann entwickeln wir $f(x, y+\varepsilon\eta, y'+\varepsilon\eta')$ nach Potenzen von ε:

$$\left.\begin{aligned} f(x, y+\varepsilon\eta, y'+\varepsilon\eta') &= f(x, y, y') + \varepsilon(f_y\eta + f_{y'}\eta') \\ &+ \frac{\varepsilon^2}{2}(f_{yy}\eta^2 + 2f_{yy'}\eta\eta' + f_{y'y'}\eta'^2) + \varepsilon^2 \end{aligned}\right\} \tag{63}$$

und erhalten also:

$$J(\varepsilon) = \int_{x_1}^{x_2} f(x, y+\varepsilon\eta, y'+\varepsilon\eta') = J(0) + \varepsilon J'(0) + \frac{\varepsilon^2}{2}J''(0) + \cdots \tag{64}$$

Zufolge der Eulerschen Differentialgleichung ist $J'(0) = 0$; eine weitere notwendige Bedingung für das Auftreten eines Minimums ist:

$$J''(0) = \int_{x_1}^{x_2} (f_{yy}\eta^2 + 2f_{yy'}\eta\eta' + f_{y'y'}\eta'^2)\,dx \geqq 0\,.$$

Addiert man zu diesem Integral das Integral

$$\int_{x_1}^{x_2} (2\eta\eta' w + \eta^2 w')\,dx = \int_{x_1}^{x_2} \frac{d}{dx}(\eta^2 w)\,dx$$

(wegen der Randbedingungen für η hat dieses Integral den Wert Null), so erhält man

$$\int_{x_1}^{x_2} [(f_{yy} + w')\eta^2 + 2(f_{yy'} + w)\eta\eta' + f_{y'y'}\eta'^2)]\,dx\,.$$

Bestimmen wir die bisher willkürlich gelassene Funktion w durch die Differentialgleichung

$$(f_{yy'} + w)^2 = f_{y'y'}(f_{yy} + w')\,, \tag{65}$$

so kommt:

$$J''(0) = \int_{x_1}^{x_2} f_{y'y'}\left(\eta' + \frac{f_{yy'} + w}{f_{y'y'}}\eta\right)^2 dx\,.$$

Durch passende Wahl der Funktion $\eta(x)$ läßt sich dann zeigen: dafür, daß $y(x)$ ein Minimum liefert, ist notwendig, daß

$$f_{y'y'}(x, y(x), y'(x)) \geqq 0 \tag{66}$$

in dem abgeschlossenen Intervall $x_1 \leqq x \leqq x_2$ ist (Legendresche Bedingung).

14. Die Jacobische Differentialgleichung; konjugierte Punkte. Die Anwendbarkeit der Legendreschen Transformation hängt davon ab, ob die Riccatische Differentialgleichung

$$(f_{yy'} + w)^2 = f_{y'y'}(f_{yy} + w') \tag{65}$$

ein im Intervall $[x_1, x_2]$ endliches und stetiges partikuläres Integral besitzt. Die Substitution

$$w = -f_{yy'} - f_{y'y'}\frac{u'}{u}$$

führt diese Differentialgleichung in eine lineare Differentialgleichung zweiter Ordnung über:

$$\left(f_{yy} - \frac{d}{dx}f_{yy'}\right)u - \frac{d}{dx}(f_{y'y'}u') = 0\,, \tag{67}$$

die Jacobische Differentialgleichung.

Für das Eintreten eines Minimums ist es dann eine notwendige Bedingung, daß alle in x_1 verschwindende Lösungen $u(x, x_1)$ der Jacobischen Differentialgleichung keine Nullstelle im offenen Intervall (x_1, x_2) besitzen:

$$u(x, x_1) \neq 0 \quad \text{für} \quad x_1 < x < x_2. \tag{68}$$

Ist x_1' die auf x_1 folgende Nullstelle von $u(x, x_1)$, so nennt man den auf der Extremale gelegenen Punkt mit den Koordinaten $x_1', y_1' = y(x_1')$ den zu P_1 konjugierten Punkt P_1'. Er kann (wie sich zeigen läßt) geometrisch charakterisiert werden als der erste Punkt, in dem die P_1 mit P_2 verbindende Extremale die Enveloppe der Extremalenschar durch den Punkt P_1 berührt[1]). Dann kann die obenstehende Bedingung (die Jacobische Bedingung) in der Form ausgedrückt werden, daß der zu P_1 konjugierte Punkt P_1' nicht in das Innere des Extremalenbogens $\widehat{P_1 P_2}$ fallen darf.

15. Hilbertsches invariantes Integral; Weierstraßsche Bedingung. Sind die Legendresche und die Jacobische Bedingung in starker Weise erfüllt:

$$f_{y'y'}(x, y(x), y'(x)) > 0 \quad \text{für} \quad [x_1 \leqq x \leqq x_2], \tag{66a}$$

$$u(x, x_1) \neq 0 \quad \text{in} \quad x_1 < x \leqq x_2, \tag{68a}$$

so ist $J''(0) > 0$ für alle zulässigen (nicht identisch verschwindenden) η, und die Extremale $y = y(x)$ liefert ein schwaches Minimum, d. h. sie erteilt dem Integral

$$\int_{x_1}^{x_2} f(x, y, y')\, dx$$

den kleinsten Wert für alle variierten $Y(x)$, die P_1 mit P_2 verbinden und für die sowohl

$$|Y(x) - y(x)| < \varepsilon,$$

als auch

$$|Y'(x) - y'(x)| < \varepsilon_1$$

ist. Dagegen ist aber $J''(0) > 0$ nicht hinreichend dafür, daß $y(x)$ dem Integral den kleinsten Wert erteile unter allen variierten Kurven $Y(x)$, die P_1 mit P_2 verbinden und für die bloß

$$|Y(x) - y(x)| < \varepsilon$$

sein muß (starkes Minimum).

Extremalenfeld. Greift man aus der zweifach unendlichen Gesamtheit von Lösungskurven der Eulerschen Differentialgleichung eine einfach unendliche Schar $\varphi(x, a)$ heraus, so heißt diese Schar in einem abgeschlossenen Bereiche $\mathfrak{B}$ ein Feld, wenn durch jeden Punkt des Bereiches genau eine Extremale der Schar hindurchgeht. Die durch den Punkt x, y des Bereiches hindurchgehende Extremale des Feldes wird durch die Funktion

$$\alpha = \alpha(x, y)$$

gegeben. Bezeichnen wir den Richtungskoeffizienten der durch x, y gehenden Extremale des Feldes im Punkte x, y mit p, so ist

$$p = p(x, y)$$

eine im Bereiche $\mathfrak{B}$ eindeutig definierte Funktion, und sie genügt, wie sich zeigen läßt, der Beltramischen partiellen Differentialgleichung

$$\frac{\partial}{\partial x} f_p(x, y, p(x, y)) = \frac{\partial}{\partial y}\{f(x, y, p(x, y)) - p(x, y) f_{y'}(x, y, p(x, y))\}. \tag{69}$$

[1]) P_1' ist der erste Punkt dieser Art, wenn wir von P_1 im Sinne wachsender Abszissen nach rechts gehen.

Hilbertsches invariantes Integral. Die Differentialgleichung (69) ist aber die Integrabilitätsbedingung für den Ausdruck

$$\{f - p f_p\} dx + f_p dy,$$

und daher ist das Integral

$$\bar{J} = \int_{x_\alpha}^{x_\beta} \{f(x, y, p(x, y)) + (\bar{y}' - p(x, y)) f_{y'}(x, y, p(x, y))\} dx \tag{70}$$

genommen längs irgendeiner im Felde verlaufenden Kurve $\bar{y}(x)$, unabhängig vom Integrationsweg. Wir wollen dieses Integral, das man das Feldintegral nennt, mit $\bar{J}$ bezeichnen (zum Unterschied vom Grundintegral J). Wird das Integral erstreckt zwischen zwei Punkten $\bar{P}_1$ und $\bar{P}_2$, die auf derselben Feldextremale $\varphi(x, \bar{\alpha})$ liegen, so ist

$$\bar{J} = J = \int_{\bar{P}_1}^{\bar{P}_2} f(x, \varphi, \varphi') dx.$$

Weierstraßsche Bedingung. Sind die Legendresche und die Jacobische Bedingung in starker Weise (vgl. die Bemerkung am Anfange dieser Ziffer) erfüllt, so bildet die Extremalenschar $\varphi(x, \alpha)$ durch den Punkt P_1 für $|\alpha - \alpha_0| < \varepsilon$ ein die Extremale $\varphi(x, \alpha_0)$ umgebendes (uneigentliches)[1]) Feld. Sei nun $y = \bar{y}(x)$ irgendeine im Bereich des Feldes verlaufende, P_1 mit P_2 verbindende Kurve $\bar{C}$ mit dem Richtungskoeffizienten $\bar{y}'$, so setzen wir

$$J_{\bar{C}} = \int_{x_1}^{x_2} f(x, \bar{y}, \bar{y}') dx,$$

$$J_E = \int_{x_1}^{x_2} f(x, y, y') dx = \bar{J}_{\bar{C}} = \int_{x_1}^{x_2} \{f(x, \bar{y}, p) + (\bar{y}' - p) f_{y'}(x, \bar{y}, p)\} dx,$$

da ja die Extremale $y(x)$ P_1 mit P_2 verbindet. Dann wird

$$J_{\bar{C}} - J_E = J_{\bar{C}} - \bar{J}_{\bar{C}} = \int_{x_1}^{x_2} \{f(x, \bar{y}, \bar{y}') - f(x, \bar{y}, p) - (\bar{y}' - p) f_{y'}(x, \bar{y}, p)\} dx,$$

und es läßt sich weiter die Notwendigkeit der Weierstraßschen Bedingung einsehen: für das Eintreten eines starken Minimums ist notwendig, daß

$$E(x, y, p, \bar{p}) = f(x, y, \bar{p}) - f(x, y, p) - (\bar{p} - p) f_{y'}(x, y, p) \geqq 0 \tag{71}$$

entlang der Extremale $y(x)$ für jeden endlichen Wert von $\bar{p}$.

Hinreichende Bedingungen. Sind die Legendresche und die Jacobische Bedingung in starker Weise erfüllt und ist

$$E(\xi, \eta, p(\xi, \eta), \bar{p}) > 0 \tag{72}$$

für alle ξ, η in einer im Felde gelegenen Umgebung der Extremale $y(x)$ und für jedes endliche $\bar{p} \neq p$, so sind diese Bedingungen hinreichend für das Eintreten eines starken Minimums.

---

[1]) Man nennt das Feld uneigentlich, weil durch den Punkt P_1 sämtliche Extremalen des Feldes hindurchgehen.

16. Zusätze. a) Zusammenhang der Legendreschen mit der Weierstraßschen Bedingung. Es ist

$$E(x, y, p, \bar{p}) = \tfrac{1}{2}(\bar{p} - p)^2 f_{y'y'}(x, y, p^*), \tag{73}$$

wo p^* ein Mittelwert zwischen p und $\bar{p}$ ist. Also ist die Legendrebedingung in der Weierstraßschen enthalten. Ist die Jacobische Bedingung in starker Weise erfüllt und ist

$$f_{y'y'}(\xi, \eta, \bar{p}) > 0$$

für alle ξ, η in einer Umgebung der Extremale $y(x)$ und für alle endlichen $\bar{p}$, so stellt dies ein System hinreichender Bedingungen für ein starkes Minimum.

b) Parameterdarstellung. Die Bedingungen sind sinngemäß zu übertragen; an Stelle von $f_{y'y'}$ tritt f_1, an Stelle von $E(x, y, p, \bar{p})$ tritt

$$E(x, y, x', y', \bar{x}', \bar{y}')$$
$$= \bar{x}'\{f_{x'}(x, y, \bar{x}', \bar{y}') - f_{x'}(x, y, x', y')\} + \bar{y}'\{f_{y'}(x, y, \bar{x}', \bar{y}') - f_{y'}(x, y, x', y')\},$$

wobei durch x', y' die Richtung der durch x, y hindurchgehenden Extremale des Feldes gegeben wird. Entsprechend gilt auch der Satz über den Zusammenhang zwischen der Legendreschen und der Weierstraßschen Bedingung.

c) Transversalen. Eine Kurve, die sämtliche Extremalen eines Feldes nach der Transversalitätsbedingung schneidet, heißt eine Transversale des Feldes. Das invariante Integral $\bar{J}$, genommen zwischen zwei Punkten derselben Transversale, ist Null. Die von zwei Transversalen auf den Extremalen des Feldes abgeschnittenen Bögen liefern für das Integral

$$J = \int f(x, y, y')\, dx$$

denselben Wert (Satz von Kneser).

d) Geodätische Linien. Für die geodätischen Linien ist Transversalität mit Orthogonalität identisch, woraus sich die Gaußschen Sätze über geodätische Polarkoordinaten ergeben.

II. Direkte Methoden.

Bestand bei den bisher besprochenen klassischen Methoden das Prinzip darin, ein Variationsproblem durch Integration seiner Differentialgleichung zu lösen, so liegt bei den von Ritz und Courant ausgebildeten Methoden der Vorgang darin, direkt zur Lösung zu gelangen. Man kann sie also umgekehrt zur Behandlung von Randwertaufgaben von Differentialgleichungen verwenden, indem man statt von der Differentialgleichung vom zugehörigen Variationsproblem ausgeht.

17. Allgemeiner Ansatz. Ritzsches Verfahren. Sei irgendein Integralausdruck $D[\varphi]$, der zum Minimum zu machen ist, gegeben (als einfaches oder mehrfaches Integral) mit den Ableitungen von φ bis zur $h$ten Ordnung. Das Integrationsgebiet sowie die Rand- und Nebenbedingungen seien vorgeschrieben. Besitzt dann das über das Integrationsgebiet erstreckte Integral $D[\varphi]$ eine untere

Grenze d[1]), so gibt es Minimalfolgen zulässiger Funktionen φ_n, d. h. solche Folgen von den Bedingungen genügenden Funktionen φ_n, daß

$$\lim_{n\to\infty} D[\varphi_n] = d. \tag{74}$$

Das Prinzip der direkten Methoden besteht nun darin, aus einer solchen Minimalfolge durch Grenzübergang zur Lösung zu gelangen.

Es sei z. B. das Variationsproblem $\int_0^1 f(x, y, y^1)\,dx =$ Extr. bei festen Rändern gegeben. (Hier und im folgenden wollen wir, wie schon oben bemerkt, voraussetzen, daß der betrachtete Ausdruck $D[\varphi]$ definiten Charakter besitze. Damit ist gemeint, $D[\varphi]$ soll für die Gesamtheit aller zulässigen Funktionen eine untere Grenze besitzen.) Wir teilen das Integrationsintervall durch die Punkte $\frac{1}{n}, \frac{2}{n}, \ldots, \frac{n-1}{n}$ in n Teile. Weiter tragen wir in jedem der Teilpunkte x_ν einen Ordinatenwert y_ν auf, wobei die Werte an den Rändern $y_0 = c_0$; $y_n = c_1$ fest gegeben seien. Zwischen den Werten y_ν möge die Funktion linear verlaufen. Auf diese Weise erhalten wir eine Polygonfunktion. Die Werte y_ν mögen nun so bestimmt werden, daß der Ausdruck $\frac{1}{n}\sum_{\nu=1}^{n} f(x_\nu, y_\nu, (y_\nu - y_{\nu-1})n)$ ein Minimum wird. Aus diesen für jedes n konstruierten Polygonfunktionen $y_n(x)$ bildet man dann eine Minimalfolge[2]). (Über die numerische Auswertung dieses Verfahrens, sowie über die Existenz der Lösungen vergleiche man die unten zitierte Arbeit von H. LEWY.)

Das Ritzsche Verfahren besteht in folgendem: Man geht bei festgegebenem Integrationsbereich von einem vollständigen Funktionssystem $\omega_1, \omega_2, \ldots, \omega_n, \ldots$ aus, derart, daß jede lineare Kombination von endlich vielen dieser Funktionen

$$\psi_n = c_1\omega_1 + c_2\omega_2 + \cdots + c_n\omega_n \tag{75}$$

eine zulässige Vergleichsfunktion bildet, und daß sich für jede zulässige Vergleichsfunktion φ eine solche lineare Kombination ψ_n bilden läßt, daß $D[\varphi]$ sich von $D[\psi_n]$ um beliebig wenig unterscheidet. Dann können also auch aus den ψ_n Minimalfolgen gebildet werden, und man wird zu einer solchen Minimalfolge gelangen, wenn man für jedes n die Parameter $c_1, c_2, \ldots, c_n$ derart bestimmt, daß $D[\psi_n]$ ein Minimum wird, also

$$\frac{\partial D[\psi_n]}{\partial c_i} = 0 \tag{76}$$

setzt. Hierin liegt ein Problem der Differentialgleichung vor. Für diese Minimalfolge wird dann sicherlich $\lim_{n\to\infty} D[\psi_n] = d$. Zwar kann von vornherein nicht behauptet werden, daß die ψ_n gegen die Lösung des Variationsproblems konvergieren[3]); doch ist auf diese Weise der Wert von d immer zu erhalten.

Das Ritzsche Verfahren kann auch aufgefaßt werden als eine Bestimmung der unendlich vielen Koeffizienten c_n der unendlichen Reihe

$$c_1\omega_1 + c_2\omega_2 + \cdots + c_n\omega_n + \cdots.$$

---

[1]) Damit ist gemeint, daß der Wert, den $D[\varphi]$ für irgend eine zulässige Funktion φ annimmt, nie kleiner als d ist.

[2]) Vgl. dazu H. LEWY, Über die Methode der Differenzengleichungen zur Lösung von Variations- und Randwertproblemen. Math. Annalen Bd. 98, S. 107ff. 1927.

[3]) Vgl. dazu Ziff. 18.

18. Beispiel[1]). Als Beispiel für die direkten Methoden der Variationsrechnung sei die Aufgabe vorgelegt, die Funktion φ zu bestimmen, die das Integral

$$D[\varphi] = \iint (\varphi_x^2 + \varphi_y^2)\,dx\,dy\,, \tag{77}$$

erstreckt über den Einheitskreis, zu einem Minimum macht und am Rande des Einheitskreises vorgegebene Werte annimmt (erste Randwertaufgabe der Potentialtheorie für den Kreis). Durch Transformation in Polarkoordinaten r, ϑ ergibt sich:

$$D[\varphi] = \int_0^{2\pi}\int_0^1 \left(\varphi_r^2 + \frac{1}{r^2}\varphi_\vartheta^2\right) r\,dr\,d\vartheta\,;$$

die Randwerte mögen durch die Fouriersche Reihe

$$f(\vartheta) = \frac{a_0}{2} + \sum_{n=1}^{\infty} (a_n \cos n\vartheta + b_n \sin n\vartheta)$$

dargestellt werden, wobei $f(\vartheta)$ eine stückweise glatte Ableitung besitzen möge. Dann setzen wir an

$$\varphi = \tfrac{1}{2} f_0(r) + \sum_{n=1}^{\infty} [f_n(r)\cos n\vartheta + g_n(r)\sin n\vartheta]\,;$$

$$f_n(1) = a_n\,; \qquad g_n(1) = b_n\,;$$

$$\left.\begin{aligned} D[\varphi] = \frac{\pi}{2}\int_0^1 f_0'(r)^2\,dr &+ \pi\sum_{n=1}^{\infty}\int_0^1 \left[f_n'(r)^2 + \frac{n^2}{r^2} f_n(r)^2\right] r\,dr \\ &+ \pi\sum_{n=1}^{\infty}\int_0^1 \left[g_n'(r)^2 + \frac{n^2}{r^2} f_n(r)^2\right] r\,dr. \end{aligned}\right\} \tag{78}$$

Für $n = 0$ ergibt sich aus $\int_0^1 f_0'^2\,dr = \text{Min.}$

$$f_0'(r) = 0\,; \qquad f_0(r) = a_0\,.$$

Für $n > 0$ muß $f_n(0) = g_n(0) = 0$ sein, da sonst das betreffende Integral in (78) wegen des Auftretens von r^2 im Nenner unendlich würde. Die Integrale

$$\int_0^1 \left[f_n'^2 + \frac{n^2}{r^2} f_n^2\right] r\,dr$$

können nun in der Form geschrieben werden:

$$\int_0^1 \left[f_n' - \frac{n}{r} f_n\right]^2 r\,dr + 2n\int_0^1 f_n' f_n\,dr$$

$$= \int_0^1 \left[f_n' - \frac{n}{r} f_n\right]^2 r\,dr + n f_n^2(1) = \int_0^1 \left[f_n' - \frac{n}{r} f_n\right]^2 r\,dr + n\,a_n^2\,.$$

Aus der Minimumbedingung $f_n' - \frac{n}{r} f_n = 0$ und der Randbedingung für f_n ergibt sich aber: $f_n = a_n r^n$, und analog ergibt sich: $g_n = b_n r^n$, so daß die Lösung lautet:

$$\varphi(r,\vartheta) = \frac{a_0}{2} + \sum_{n=1}^{\infty} r^n (a_n \cos n\vartheta + b_n \sin n\vartheta)\,. \tag{79}$$

[1]) Vgl. R. Courant u. D. Hilbert, Methoden der mathematischen Physik, Bd. 1, S. 160.

19. Konvergenz der Minimalfolgen. Es wurde bereits darauf aufmerksam gemacht, daß es zwar möglich ist, Minimalfolgen φ_n zu bilden, so daß

$$\lim_{n\to\infty} D[\varphi_n] = d \tag{80}$$

ist, daß daraus aber nicht gefolgert werden kann, daß die Funktionen φ_n selbst gegen die Lösung des Problems, falls diese existiert, konvergieren müssen. Dies möge an einem Beispiel gezeigt werden, welches ebenso wie das vorhergehende dem Buche von R. COURANT und D. HILBERT, Methoden der mathematischen Physik, S. 164, entnommen ist. Durch eine ebene Kurve sei die Fläche von kleinstem Flächeninhalt zu legen. Die Lösung der Aufgabe ist das ebene Flächenstück, das von der Kurve begrenzt ist. Aus Flächen, die bis auf einen geraden Kegel mit hinreichend schmaler Basis und der Spitze in einem festen Punkt außerhalb der Ebene mit diesem Flächenstück übereinstimmen, kann aber offenbar durch fortgesetzte Verkleinerung der Basis eine Minimalfolge gebildet werden, die nicht gegen die Lösung des Problems konvergiert. Nur im Falle einer Funktion einer unabhängigen Variabeln, von der keine Ableitungen höherer als erster Ordnung im Integranden von $D[\varphi]$ vorkommen, kann aus dem Osgoodschen Satz[1]) auf die Konvergenz der Funktionen φ_n gegen die Lösung geschlossen werden.

Man kann nun nach R. COURANT (vgl. Göttinger Nachr. 1922; Jahresb. der Deutschen Math. Ver. Bd. 34, S. 90ff.; Math. Annalen 97, 1927, S. 711ff.) von der Bemerkung ausgehen, daß der Wert eines Integralausdrucks $D[\varphi]$ von lokalen Änderungen der Funktion φ um so mehr abhängen wird, je höhere Ableitungen von φ im Integranden vorkommen. Nun enthält z. B., falls $D[\varphi]$ Ableitungen erster Ordnung von φ im Integranden besitzt, die Eulersche Differentialgleichung $L(\varphi) = 0$ des Problems Ableitungen zweiter Ordnung von φ. Geht man also (im Falle zweier unabhängiger Veränderlicher) statt von dem Problem $D[\varphi) = \text{Min}$ von dem Problem

$$D'[\varphi] = D[\varphi] + t\iint_{\mathfrak{B}} (L(\varphi))^2\, dx\, dy = \text{Min.}, \quad t > 0 \tag{81}$$

aus, so wird dadurch die Lösung des Problems nicht geändert (da ja für die Lösung $\varphi = u$ von $D[\varphi] = \text{Min.}$ auch $L(u) = 0$ und immer $D'[\varphi] \geqq D[\varphi]$ ist), dagegen wird dadurch in vielen Fällen der Verlauf der Minimalfolgen φ_n derart geglättet, daß sie nun gegen die Lösung des Problems konvergieren. So genügt z. B. für das Dirichletsche Problem

$$D[\varphi] = \iint_{\mathfrak{B}} (\varphi_x^2 + \varphi_y^2)\, dx\, dy = \text{Min.} \tag{82}$$

die Betrachtung des Problems

$$D'[\varphi] = \iint_{\mathfrak{B}} (\varphi_x^2 + \varphi_y^2 + (\Delta\varphi)^2)\, dx\, dy = \text{Min.}, \tag{83}$$

---

[1]) Der Satz von OSGOOD besagt bei Erfüllung hinreichender Bedingungen für das Eintreten eines Extrems (vgl. BOLZA, Variationsrechnung S. 281) für ein Problem mit einer unabhängigen Variabeln folgendes:

Um den P_1 mit P_2 verbindenden Extremalenbogen des Variationsproblems läßt sich eine Umgebung $\mathfrak{A}$ von folgender Eigenschaft bestimmen: zu jeder im Innern von $\mathfrak{A}$ gelegenen Umgebung $\mathfrak{B}$ unseres Extremalenbogens läßt sich eine Zahl ε angeben, so daß sich das Integral $\int f(x, y, y')\, dx$ erstreckt über eine ganz in $\mathfrak{A}$, aber nicht in $\mathfrak{B}$ gelegene, P_1 mit P_2 verbindende Kurve um mehr als ε von dem Werte des Integrals, erstreckt über den Extremalenbogen $P_1 P_2$, unterscheidet.

wobei wir von den Funktionen φ Stetigkeit der ersten und stückweise Stetigkeit der zweiten Ableitung voraussetzen. Man kann auch noch höhere Ableitungen von φ durch Hinzufügung von $(L(\varphi)_x)^2$, $(L(\varphi)_y)^2, \ldots$ in der Integranden bringen und dadurch auch die Konvergenz der Ableitungen von vorgeschriebener Ordnung der φ_n gegen die Ableitungen der Lösung erzielen.

20. Randbedingungen. Eine weitere Schwierigkeit besteht darin, die Funktionen φ_n derart auszuwählen, daß sie den Randbedingungen des Problems genügen. Dadurch tritt z. B. beim Ritzschen Verfahren eine erschwerende Einschränkung in der Wahl der „Koordinatenfunktionen" ω_ν ein. Man kann nun, wiederum nach COURANT, dieser Schwierigkeit auf dem Wege begegnen, daß man zum ursprünglichen Minimumproblem eine Reihe von Funktionen und Randintegralen hinzustoßen läßt und weiter das veränderte Problem mit freien Rändern untersucht[1]). So lautet die erste Variation des Ausdrucks

$$J = \int_{x_1}^{x_2} f(x, \varphi, \varphi')\, dx - \psi(\varphi_1) + \chi(\varphi_2) \tag{83}$$

folgendermaßen[2]):

$$\left.\begin{aligned}\delta J = \int_{x_1}^{x_2} L(\varphi)\, \delta\varphi\, dx &+ [\chi'(\varphi_2) + f_{\varphi'}(x_2, \varphi(x_2), \varphi'(x_2))]\, \delta\varphi_2 \\ &- [\psi'(\varphi_1) + f_{\varphi'}(x_1, \varphi(x_1), \varphi'(x_1))]\, \delta\varphi_1\end{aligned}\right\} \tag{83a}$$

[wobei $L(\varphi) = 0$ die Eulersche Differentialgleichung des Problems

$$\int_{x_1}^{x_2} f(x, \varphi, \varphi')\, dx = 0 \quad \text{ist}].$$

Analog ergibt sich für die erste Variation von

$$J = \iint_{\mathfrak{B}} f(x, y, \varphi, \varphi_x, \varphi_y)\, dx\, dy + \oint_C \psi(s, \varphi, \varphi_s)\, ds \tag{84}$$

$$(C = \text{Rand von } \mathfrak{B})$$

der Ausdruck

$$\delta J = \iint_{\mathfrak{B}} L(\varphi)\, \delta\varphi\, dx\, dy + \oint_C \left(f_{\varphi_x} \frac{dy}{ds} - f_{\varphi_y} \frac{dx}{ds} + \psi_\varphi - \frac{d}{ds}\psi_{\varphi_s}\right) ds. \tag{84a}$$

Daher ergibt sich für die natürlichen Randbedingungen des ersten Problems

$$f_{\varphi'}|_{x=x_1} + \psi'(\varphi_1) = 0; \qquad f_{\varphi'}|_{x=x_2} + \chi'(\varphi_2) = 0 \tag{83b}$$

und für die des zweiten Problems:

$$f_{\varphi_x} \frac{dy}{ds} - f_{\varphi_y} \frac{dx}{ds} + \psi_\varphi - \frac{d}{ds}\psi_{\varphi_s} = 0 \tag{84b}$$

auf C.

---

[1]) Vgl. dazu Ziff. 8 und 10.

[2]) Dabei verstehen wir unter φ_1 und φ_2 die Werte der Funktion φ an den Rändern $\varphi(x_1)$ und $\varphi(x_2)$.

Man hat es nun offenbar in der Hand, durch Auswahl der hinzutretenden Funktionen ψ, χ und Integrale $\oint\limits_C \psi\, ds$ die natürlichen Randbedingungen des geänderten Problems zu beeinflussen[1]). So erhält man z. B. bei dem Problem

$$\iint\limits_{\mathfrak{B}} (\varphi_x^2 + \varphi_y^2 - k\varphi)\, dx\, dy + t \oint\limits_C \varphi^2\, dx = \text{Min}, \qquad t > 0 \tag{85}$$

die Randbedingung

$$\varphi_x \frac{dy}{ds} - \varphi_y \frac{dx}{ds} + t\varphi = \frac{\partial\varphi}{\partial n} + t\varphi = 0 \tag{85a}$$

auf C.

Auch das Problem mit festen Rändern können wir durch Grenzübergang aus den natürlichen Randbedingungen eines geänderten Problems erhalten. Es sei das Problem $\int\limits_{x_1}^{x_2} f(x, \varphi, \varphi')\, dx = \text{Extr.}$ mit den Randbedingungen $\varphi(x_1) = a$, $\varphi(x_2) = b$ gegeben. Wir betrachten statt dessen das Problem

$$\int\limits_{x_1}^{x_2} f(x, \varphi, \varphi')\, dx - t(\varphi_1 - a)^2 + t(\varphi_2 - b)^2 = \text{Extr.} \tag{86}$$

mit den natürlichen Randbedingungen

$$f_{\varphi'}\big|_{x=x_1} + 2t(\varphi_1 - a) = 0\,; \qquad f_{\varphi'}\big|_{x=x_2} + 2t(\varphi_2 - b) = 0\,. \tag{86a}$$

Führen wir den Grenzübergang $t \to \infty$ aus, so erhalten wir daraus die Randbedingungen

$$\varphi_1 = a\,; \qquad \varphi_2 = b\,.$$

Literatur: O. BOLZA, Vorlesungen über Variationsrechnung; J. HADAMARD, Leçons sur le calcul des variations; A. KNESER, Lehrbuch der Variationsrechnung; L. TONELLI, Fondamenti del calcolo delle variazzioni; R. COURANT u. D. HILBERT, Methoden der mathematischen Physik (besonders auch betreffs direkter Methoden zu vergleichen).

[1]) Doch ist man in der Auswahl der Zusatzintegrale an gewisse Einschränkungen gebunden; haben wir es z. B. mit einem Doppelintegral zu tun, dessen Integrand nur Ableitungen erster Ordnung enthält, so darf nur noch ein Linienintegral hinzutreten, das keine Ableitungen von φ mehr enthält. Vgl. dazu das in der oben zitierten Abhandlung von COURANT in den Jahresberichten der D. M. V. Bd. 34 (5—8), 1925, S. 97f. Gesagte.

Kapitel 12.

Wahrscheinlichkeitsrechnung und mathematische Statistik.

Von

F. ZERNIKE, Groningen.

Mit 10 Abbildungen.

I. Grundlagen.

1. Abgrenzung des Gebiets, Literatur. Die Wahrscheinlichkeitsrechnung entstand im 17. Jahrhundert aus dem Bedürfnis, die bei Glücksspielen beobachteten statistischen Regelmäßigkeiten durch Rechnung zu verstehen bzw. vorauszusagen. Entgegen noch oft herrschenden Auffassungen sei im Anschluß an die Entstehungsweise dieser Wissenschaft hervorgehoben, daß sie „eine Naturwissenschaft gleicher Art wie die Geometrie oder die theoretische Mechanik ist" (v. MISES).

Als klassische W. r. bezeichnet man den von LAPLACE erreichten Standpunkt, der die Begriffe und mathematischen Methoden zu einem gewissen Abschluß brachte. Die neueren Entwicklungen wurden von seiten der Anwendungen nicht nur angeregt, sondern auch ausgebildet. So entstanden Sondergebiete — wie die Korrelationstheorie —, welche bis jetzt in den Lehrbüchern der W. r. so gut wie unberücksichtigt blieben. Die vorliegende Behandlung wird versuchen, auch die neueren Gebiete vom einheitlichen Standpunkt der Wahrscheinlichkeit aus zu umfassen, und ihre Bedeutung für den Physiker durch physikalische Beispiele darzutun.

Wahrscheinlichkeitsbetrachtungen werden sowohl in der theoretischen, wie in der Experimentalphysik angewendet. Die schwierige Frage nach der Berechtigung der W. r. in der theoretischen Physik, wo man doch von genau bekannten Naturgesetzen ausgeht, soll nicht hier diskutiert werden. Das Handbuch bringt in anderem Zusammenhang die dazu gehörenden Betrachtungen (Bd. 4, Kap. 3) und wieder an anderer Stelle die Ergebnisse für die Wärmelehre (Bd. 9, Kap. 3). Demnach werden auch solche Berechnungen, welche auf dem Boltzmannschen Entropieprinzip basieren, hier nicht besprochen. Es gelingt aber bisweilen, die gleichen Resultate durch rein statistische Methoden wiederzufinden (Ziff. 25, 45, 46).

Von den Anwendungen in der Experimentalphysik sei erstens die Ausgleichungsrechnung genannt. Von dieser sollen hier nur die Grundlagen, die verschiedenen Fehlergesetze, besprochen werden (vgl. für die praktischen Vorschriften Kap. 13). Weiter wird man die Methoden der W. r. überall da heranziehen, wo Schwankungen beobachtet werden. Wichtiger noch als in der Ausgleichungsrechnung, wo das Eliminieren der Abweichungen das Ziel ist, wird bei solchen Untersuchungen die Kenntnis der Wahrscheinlichkeitsgesetze der Abweichungen. Aus diesem Grunde wird die mathematische Statistik, d. h. das Sondergebiet über Verteilungsgesetze und deren Bestimmung aus Beobachtungen, hier ausführlicher besprochen werden.

Von den vielen Lehrbüchern der W. r. seien hier nur einzelne neuere unten angeführt[1]). Die klassische W. r. findet man ausführlicher dargestellt bei CZUBER, neuere Kritik mehr bei MARKOFF, POINCARÉ, LÉVY. BRUNS gibt außerdem seine Untersuchungen über Statistik („Kollektivmaßlehre"). Wegen seiner vielen anregenden kritischen Bemerkungen sei noch das ältere Buch von BERTRAND angeführt. Für die nicht in diesen Lehrbüchern zu findenden statistischen Methoden seien YULE und dessen Bearbeitung von CZUBER, sowie BOWLEY genannt, und die Monographie von TSCHUPROW über die Korrelationstheorie zweier Veränderlicher.

Die Zeitschriftenliteratur auf unserem Gebiet ist schwer zu übersehen, weil außer mathematischen und physikalischen auch astronomische, geodätische, biologische, psychologische und nationalökonomische Zeitschriften in Betracht kommen. Auf die Zeitschrift Biometrika verdient besonders hingewiesen zu werden.

2. Der Zufall. Über die Berechtigung zu einer Wahrscheinlichkeitsrechnung überhaupt, über die Möglichkeit, Gesetze des Zufalls anzugeben, wo doch Zufall anscheinend mit Gesetzlosigkeit gleichbedeutend ist, ist schon sehr viel geschrieben und diskutiert worden. Es kann hier nicht die Absicht sein, diese teilweise auch auf philosophischem und erkenntnistheoretischem Gebiet liegenden Arbeiten auch nur anzuführen. Fast in jedem Lehrbuch der W. r. findet man seit LAPLACE[2]) eine längere Einleitung über diese Fragen. Nur VON KRIES[3]), POINCARÉ[1]) und BOREL[4]) seien hier genannt. Betreffend die Anwendungen in der theoretischen Physik verweise ich auf EHRENFEST[5]) und ds. Handb., Bd. 4.

Von den Ergebnissen dieser Bemühungen seien nur folgende Punkte angegeben. Man denke sich irgendeinen einfachen bestimmten Vorgang, etwa den Wurf eines Würfels. Was bedeutet die Aussage: es hängt vom Zufall ab, welche Seite der Würfel nach oben kehrt, allgemeiner, welches von den verschiedenen möglichen Ereignissen eintritt? Offenbar heißt das, daß es unmöglich ist, aus den Anfangsbedingungen mittels der bekannten Naturgesetze den Endzustand vorauszusagen. Das hat zweierlei Ursache: erstens sind die Anfangsbedingungen niemals so genau gegeben, daß der Endzustand dadurch eindeutig bestimmt wäre. Bei Zufallsspielen werden die Bewegungen absichtlich so gemacht, daß schon ganz geringfügige Änderungen des Anfangszustandes einen ganz anderen Endzustand ergeben (Schütteln der Würfel, Drehen der Lotterietrommel usw.). Durch diese Bemerkung wird also der Zufallscharakter des

---

[1]) E. CZUBER, Wahrscheinlichkeitsrechnung und ihre Anwendung. Leipzig u. Berlin 1914; A. MARKOFF, Wahrscheinlichkeitsrechnung. Deutsch von H. LIEBMANN, Leipzig 1912; H. POINCARÉ, Calcul des probabilités. Paris 1912; P. LÉVY, Calcul des probabilités. Paris 1925; H. BRUNS, Wahrscheinlichkeitsrechnung und Kollektivmaßlehre. Leipzig u. Berlin 1906; J. BERTRAND, Calcul des probabilités. Paris 1888; J. L. COOLIDGE, Einführung in die Wahrscheinlichkeitsrechnung. Deutsch von FR. M. URBAN. Leipzig u. Berlin 1927; G. U. YULE, Statistics. London 1927; A. L. BOWLEY, Elements of Statistics. London 1926; A. A. TSCHUPROW, Grundbegriffe und Grundprobleme der Korrelationstheorie. Leipzig u. Berlin 1925.

[2]) P. S. LAPLACE, Théorie analytique des probabilités. Paris 1812. Auch besonders unter dem Titel Essai philosophique sur les probabilités. Paris 1812. Oeuvres Bd. 7. Paris 1886.

[3]) J. v. KRIES, Prinzipien der Wahrscheinlichkeitsrechnung. Freiburg 1886.

[4]) E. BOREL, Introduction géométrique à quelques théories physiques, S. 97. Paris 1914.

[5]) P. u. T. EHRENFEST, Enzyklopädie der math. Wiss. Bd. IV, 4. 1911.

Endzustandes auf die zufälligen Abweichungen des Anfangszustandes zurückgeführt. Für die weitere quantitative Behandlung ist dieser Zirkel übrigens belanglos, weil die Größe und Verteilung dieser Abweichungen ohne Einfluß sind (VON KRIES). Zweitens sind die Naturgesetze eigentlich nur streng gültig für idealisierte Vorgänge, d. h. es gibt in Wirklichkeit immer eine Anzahl störender Einwirkungen — Luftströmungen, Erschütterungen, Einwirkungen entfernter Körper —, welche unbekannte Größe haben, und in den betreffenden Fällen das Endergebnis mitbestimmen (BOREL).

3. Die klassische Definition der Wahrscheinlichkeit. In den klassischen Anwendungen der W. r. findet man immer folgenden Sachverhalt. Eine Erscheinung A kann in verschiedenen Abarten stattfinden, und es hängt vom Zufall ab, welche Abart eintritt. Es gibt im ganzen eine endliche Zahl m dieser Abarten, $A_1, A_2, \ldots, A_m$, welche einander ausschließen, anders ausgedrückt: „A findet statt" ist gleichbedeutend mit: „es findet ein Ereignis der Gruppe $A_1 \ldots A_m$ statt". Es sei weiter unter „Ereignis K" die Gruppe $A_1 \ldots A_k$ verstanden. Laut Definition soll dann die Zahl $p_k = k/m$ die Wahrscheinlichkeit von k heißen. Offenbar ist diese Definition nicht eindeutig anwendbar, solange nicht hinzugefügt wird, wie man im konkreten Fall die verschiedenen Abarten zu wählen hat. Die herkömmliche Einschränkung dieser Wahl lautet: die m Fälle müssen gleichmöglich sein.

Mit nur geringem Erfolg hat man dann weiter versucht, näher anzugeben, wie man erkennen soll, ob die gewählten Abarten gleichmöglich sind. Die Schwierigkeit wurde wohl absichtlich hervorgehoben dadurch, daß man gleichmöglich durch gleichwahrscheinlich ersetzte und sagte: bei jeder besonderen Anwendung fängt die Aufgabe der W. r. erst an, nachdem die gleich wahrscheinlichen Fälle festgestellt sind. Letzteres wäre dann Sache der Erkenntnistheorie. Das ist aber nur ein Hinausschieben der Schwierigkeit. Weshalb nehmen wir z. B. die Zahlen 1 bis 6 eines Würfels als gleichwahrscheinlich an? Von philosophischer Seite hat man gesagt: weil wir keinen Grund haben, sie als ungleich zu betrachten (Satz vom unzureichenden Grunde). Diese Aussage ist viel zu negativ, man kam dadurch sogar zur Auffassung, daß die Wahrscheinlichkeitsrechnung auf unserm Nichtwissen beruhe.

Im Gegenteil: die sechs Möglichkeiten beim Würfel werden wir deshalb gleich erachten, weil wir wissen, daß der Würfel von regelmäßiger Gestalt und aus homogenem Material hergestellt ist. Ähnliches findet sich nun bei allen einfachen Anwendungen, immer zeigt die Zufallserscheinung eine Art Symmetrie. Genauer ist damit folgendes gemeint: die Gesetzmäßigkeiten, welche wir untersuchen wollen, bleiben unverändert, wenn wir die Zahlen auf den Würfelflächen (oder die Lotteriezettel usw.) in irgendeiner Weise miteinander vertauschen [BERNSTEIN[1])]. Das ist das positive Kriterium für die gleichmöglichen Fälle, welche wir also besser als vertauschbare Fälle bezeichnen wollen. Wirft man z. B. mit zwei Würfeln, so sind die möglichen Fälle: 6 gleichzahlige Paare, 15 ungleichzahlige. Durch Vertauschung an einem Würfel sieht man aber leicht ein, daß die ungleichzahligen doppelt zu zählen sind, es gibt demnach nicht 21, sondern 36 vertauschbare Fälle[1]).

Über die Definition der W. in unsymmetrischen Fällen, wo keine Vertauschbarkeit vorliegt, vgl. Ziff. 5.

4. Die Grundoperationen. Zu einem Ereignis A besteht immer das komplementäre Ereignis $\overline{A}$, d. h. A findet nicht statt, und die vertauschbaren

[1]) Nach persönlicher Mitteilung gibt Herr F. BERNSTEIN in Göttingen diese Betrachtungsweise schon seit Jahren in seinen Vorlesungen.

Fälle zerfallen in zwei Gruppen, die zu A bzw. die zu $\bar{A}$ gehörenden. Betrachten wir ein zweites Ereignis B, sowie $\bar{B}$, so haben wir im ganzen 4 Gruppen, deren Anzahlen resp. seien

$$A \text{ und } B:\ m_1 \qquad A \text{ und } \bar{B}:\ m_2 \qquad \bar{A} \text{ und } B:\ m_3 \qquad \bar{A} \text{ und } \bar{B}:\ m_4 .$$

Man kann dann gemäß der Definition folgende W. bilden, deren Bezeichnung unmittelbar verständlich sein dürfte.

Wahrscheinlichkeit von A (ungeachtet B) $\quad p_A = \dfrac{m_1 + m_2}{m_1 + m_2 + m_3 + m_4}$,

" " B (ungeachtet A) $\quad p_B = \dfrac{m_1 + m_3}{m_1 + m_2 + m_3 + m_4}$,

" " A oder B (oder beide) $\quad p_{A+B} = \dfrac{m_1 + m_2 + m_3}{m_1 + m_2 + m_3 + m_4}$,

" " A und B $\quad p_{AB} = \dfrac{m_1}{m_1 + m_2 + m_3 + m_4}$,

" " B, wenn A eingetroffen $\quad {}_Ap_B = \dfrac{m_1}{m_1 + m_2}$,

" " A, wenn B eingetroffen $\quad {}_Bp_A = \dfrac{m_1}{m_1 + m_3}$.

Daraus ergeben sich folgende Zusammenhänge:

$$p_{A+B} = p_A + p_B - p_{AB}, \tag{1}$$

$$p_{AB} = p_A \cdot {}_Ap_B = p_B \cdot {}_Bp_A, \tag{2}$$

$${}_Bp_A = \frac{p_{AB}}{p_B} = \frac{p_A \cdot {}_Ap_B}{p_A \cdot {}_Ap_B + p_{\bar{A}} \cdot {}_{\bar{A}}p_B}. \tag{3}$$

(1) gibt für den besonderen Fall, daß A und B einander ausschließen, also $p_{AB} = 0$ ist, den gewöhnlich als Additionstheorem bezeichneten Zusammenhang:

$$p_{A+B} = p_A + p_B. \tag{1a}$$

Wir werden (1) das erweiterte Additionstheorem nennen, es wird weit weniger benutzt als (1a). (2) heißt das Theorem der zusammengesetzten Wahrscheinlichkeit. Ist B unabhängig von A, so ist ${}_Ap_B = {}_{\bar{A}}p_B = p_B$, und nach (3) auch ${}_Bp_A = p_A$, d. h. A ist auch unabhängig von B. (2) wird dann

$$p_{AB} = p_A \cdot p_B. \tag{2a}$$

Man braucht die allgemeinen Formeln (2) aber ebensooft wie (2a). Formel (3) drückt die sog. Bayessche Regel aus. Da diese Bezeichnung aber auch für gewisse einfache Annahmen über die bei der Anwendung von (3) einzuführenden p_A benutzt wird, ist es sehr zu empfehlen, die Berechnung von ${}_Bp_A$ nach (3) mit VON MISES[1]) als Wahrscheinlichkeitsteilung zu bezeichnen. Die Anwendung von (3) ist dann angezeigt, wenn das Ereignis B aus A, sowie aus $\bar{A}$ hervorgehen kann. Man nennt dann ${}_Bp_A$ die W. von A a posteriori, wenn bekannt ist, daß B eingetroffen ist. Demgegenüber heißt p_A dann die W. von A a priori. Da aber eine bestimmte Zeitfolge von A und B ebensowenig wie ein kausaler Zusammenhang für die Gültigkeit der Formeln von Bedeutung ist, so vermeidet man besser diese herkömmlichen Bezeichnungen, durch deren Gebrauch der Formel (3) leicht eine Bedeutung zugemutet wird, welche sie

[1]) R. v. MISES, Math. Zeitschrift Bd. 4, S. 1. 1919.

nicht haben kann („W. von Ursachen"). Man fasse die bedingte Wahrscheinlichkeit ${}_Bp_A$ einfach auf als die W. von A, wenn nur die Fälle, daß B eintrifft, als mögliche Fälle in Betracht kommen.

5. Axiomatische Definition der Wahrscheinlichkeit. Die klassische Definition der W. versagt, wenn die betrachtete Zufallserscheinung keine vertauschbaren Fälle aufweist. Man hat sich früher nicht um diese Schwierigkeit gekümmert, oder auch mehr oder weniger bewußt vorausgesetzt, daß durch weitgehende Zerlegung der Einzelereignisse immer solche vertauschbaren Fälle herstellbar sind. Eine genauere Durchführung dieser Zerlegung geht dann darauf hinaus, alle W. auf geometrische W. (Ziff. 27) und damit auf das Maßverhältnis eines günstigen zum möglichen Kontinuum zurückzuführen. Auf die Ausführungen von VON KRIES[1]), welche sich am ehesten hier einreihen lassen, kann hier nur hingewiesen werden.

Es entspricht nun aber ganz dem Charakter einer induktiven Erfahrungswissenschaft, wenn man in den Fällen, wo die klassische Definition versagt, ein Axiom der eindeutigen (und stetigen) Zuordnung heranzieht. D. h. man postuliert: ist bei zwei Zufallserscheinungen A und B für die Ereignisse A_1 und B_1 die Wirkung des Zufalls, das statistische Verhalten, kurz dasjenige, was uns wahrscheinlichkeitstheoretisch allein interessiert, gleich (resp. beliebig wenig verschieden), so sind auch die entsprechenden W. gleich (resp. beliebig wenig verschieden). Es ist klar, daß man so die W. von B_1 durch Vergleichung definiert hat und auch tatsächlich bestimmen kann. Man hat vorgeschlagen, zum Vergleichsobjekt immer eine Urne zu nehmen, aus welcher schwarze und weiße Kugeln gezogen werden, und spricht dann von der Zurückführung auf ein Urnenschema. Vor allem bei der subjektiven Beurteilung des Ergebnisses einer Rechnung ist es wichtig, sich vor Augen zu halten, daß die gefundene W., etwa von 0,99 oder von 10^{-6}, nichts weiter besagt als die Vergleichbarkeit mit einer Urnen- oder Lotterieziehung, für welche dieselben Zahlen gelten.

Man braucht nur noch einen Schritt weiter zu gehen, um die Axiomatisierung der W. r. vollständig zu machen. Man gibt die klassische Definition als solche ganz auf, führt zunächst willkürliche nicht negative Zahlen ein, welche W. genannt werden, und definiert sie durch ihre Eigenschaften. Dazu braucht man nur die Additivität zu postulieren (Summenaxiom), sowie daß der Gewißheit die Zahl 1 entsprechen soll[2]). Es folgt dann, wenn gleichwahrscheinliche Fälle vorliegen, unmittelbar die klassische W.-Bestimmung aus diesen Axiomen. Um allgemein das Multiplikationstheorem zu erhalten, wird man am einfachsten noch das obengenannte Axiom der eindeutigen und stetigen Zuordnung einführen [anders bei BROGGI[2])]. Es soll hier im folgenden immer von in derartig allgemeiner Weise definierten W. ausgegangen werden. Es stellt sich heraus, daß auch die kontinuierlichen (geometrischen) W. dann keine weiteren Schwierigkeiten mehr geben (Ziff. 24).

6. Statistische Definition der Wahrscheinlichkeit. Bei einem nicht ganz regelmäßigen Würfel brauchen die W. für die sechs Seiten nicht gleich zu sein, und ihre Zahlenwerte können statistisch, d. h. aus dem Ergebnis einer größeren Anzahl von Würfen empirisch bestimmt werden (Ziff. 18). Man hat wohl vorgeschlagen, diese Bestimmungsmethode sogleich zur Definition der W. zu machen, etwa so: unter Wahrscheinlichkeit eines Ereignisses versteht man den Grenzwert der relativen Häufigkeit seines Eintretens bei unbegrenzt zunehmender

[1]) J. v. KRIES, Prinzipien der Wahrscheinlichkeitsrechnung. Freiburg 1886. Naturwissensch. Bd. 7, S. 2 u. 17. 1919.

[2]) H. BROGGI, Dissert. Göttingen 1907.

Wiederholungszahl. Die Existenz des Grenzwertes muß man dabei als einen Erfahrungssatz — oder als Axiom — voraussetzen. Man wird leicht finden, daß für so definierte W. die Theoreme der Grundoperationen gelten müssen. Überhaupt ist die Vorstellung der W. als relative Häufigkeit — zumal bei Fragen über große Zahlen, wie in der Gastheorie — dem Verständnis sehr fördernd und kaum zu entbehren. Bei der gewöhnlichen Auffassung gibt das Bernoullische Theorem dazu aber ebensogut die Möglichkeit. Es ist aber sicher weit besser, dieses Theorem und seine Gültigkeitsgrenze (Ziff. 17) genau mathematisch beweisen und diskutieren zu können, als dasselbe in der Form eines Axioms voranzustellen.

Den letztgenannten Einwand gegen die statistische Definition hat VON MISES[1]) in einer beachtenswerten Arbeit beseitigen können. Er denkt sich z. B. zum oben betrachteten Würfel eine unendliche Menge von möglichen Würfen zugeordnet. Dem Werfen des Würfels entspricht dann das Herausgreifen eines Elementes aus dieser Menge. Die Struktur dieser „Zufallsmenge“ muß weiter so gewählt werden, daß die relativen Häufigkeiten in den endlichen Teilmengen Grenzwerten zustreben, welche nach Definition die W. genannt werden. Die weiteren Einzelheiten, besonders auch den in diesem Zusammenhang wieder möglichen Beweis des Bernoullischen Theorems, lassen sich nicht kurz wiedergeben.

II. Mathematische Methoden.

7. Direkte Berechnung. In diesem Abschnitt werden die Hilfsmittel, welche man zur Lösung von Wahrscheinlichkeitsproblemen oft mit Erfolg heranzieht, besprochen. Dabei sei schon hier erwähnt, daß auch die Mittelwerte als Rechenhilfsmittel oft sehr nützlich sind (vgl. Abschn. III). Durch geschickte Anwendung der in den Ziff. 7 bis 9, 12 bis 15 behandelten Methoden wird man eine vorliegende W.-Frage meistens ohne große Mühe lösen können.

Die elementarste Methode, ein W.-Problem zu lösen, welche in vielen einfachen Fällen anwendbar ist, besteht in der Auszählung der günstigen sowie der möglichen vertauschbaren Fälle. Oft würde man dazu verwickeltere kombinatorische Betrachtungen brauchen. Es ist hier wohl überflüssig, darauf näher einzugehen, zumal da auch in solchen Fällen der Gebrauch der Grundoperationen (Ziff. 4) gewöhnlich schneller zum Ziele führt[2]). In der Tat bilden die Formeln (1) bis (3) schon ein kräftiges Mittel zur Berechnung, sie machen gewissermaßen die Kombinatorik überflüssig.

Als Beispiel diene das Problem von DE MONMORT: die Zahlen 1, 2, ..., n schreibt man in willkürlicher Reihenfolge (etwa durch Ziehen von n numerierten Kugeln). Wie groß ist die W., daß mindestens eine Zahl ihre natürliche Stelle einnimmt? Die W., daß die Zahl k an k-ter Stelle kommt, ist offenbar $p_k = 1/n$, daß außerdem die Zahl l an l-ter Stelle steht, hat die W. ${}_kp_l = 1/n - 1$ usw., es wird also nach (2)

$$p_{kl} = 1/m(n-1), \qquad p_{klm} = 1/n(n-1)(n-2) \text{ usw.}$$

Andererseits gibt wiederholte Anwendung von (1), für n einander nicht ausschließender Ereignisse:

$$p_{1+2+\cdots+n} = \sum p_k - \sum\sum p_{kl} + \sum\sum\sum p_{klm} - \cdots \pm p_{123\cdots n},$$

---

[1]) R. v. MISES, Math. ZS. Bd. 5, S. 52; Bd. 6, S. 323. 1919—1920; Naturwissensch. Bd. 15, S. 497. 1927.

[2]) E. CZUBER, Wahrscheinlichkeitsrechnung. S. 28 bis 43. Leipzig 1914 führt die kombinatorische Berechnung an vielen Beispielen durch.

wo die Anzahl der Summanden in den Summen nacheinander

$$n, n(n-1)/2, \qquad n(n-1)(n-2)/3! \quad \text{usw.}$$

beträgt. Das gibt die Lösung[1]):

$$p_{1+2+\cdots+n} = 1 - \frac{1}{2!} + \frac{1}{3!} - \cdots \pm \frac{1}{n!}. \tag{4}$$

Als Beispiel einer W.-Teilung betrachte man folgende Frage: Von drei gleichaussehenden Würfeln sind zwei richtig, der dritte ist gefälscht derart, daß die W. 1/2 ist, mit ihm 6 zu werfen. Man nimmt einen dieser Würfel und wirft die Zahl 6. Wie groß ist die W., daß man den falschen gewählt hat? Ereignis A sei hier das Wählen des gefälschten Würfels, $p_A = \frac{1}{3}$, B ist das Werfen der 6, und man findet nach (3):

$$_Bp_A = \frac{\frac{1}{3}\cdot\frac{1}{2}}{\frac{1}{3}\cdot\frac{1}{2} + \frac{2}{3}\cdot\frac{1}{6}} = \frac{3}{5}.$$

Hätte man zweimal gewürfelt, und beide Male 6 bekommen, so wäre

$$_Bp_A = \frac{\frac{1}{3}\cdot\frac{1}{4}}{\frac{1}{3}\cdot\frac{1}{4} + \frac{2}{3}\cdot\frac{1}{36}} = \frac{9}{11}.$$

Wie groß ist, nachdem zweimal 6 geworfen ist, die W. auch das dritte Mal mit demselben Würfel 6 zu bekommen? Das finden wir unter Benutzung des vorigen Ergebnisses

$$_Cp_B = {_Cp_A}\cdot{_Ap_B} + {_Cp_{\bar A}}\cdot{_{\bar A}p_B} = \frac{9}{11}\cdot\frac{1}{2} + \frac{2}{11}\cdot\frac{1}{6} = \frac{29}{66}$$

oder auch direkt: die W., zweimal resp. dreimal 6 zu werfen, ist

$$p_{66} = \frac{1}{3}\cdot\left(\frac{1}{2}\right)^2 + \frac{2}{3}\cdot\left(\frac{1}{6}\right)^2 = \frac{11}{108}, \qquad p_{666} = \frac{1}{3}\cdot\left(\frac{1}{2}\right)^3 + \frac{2}{3}\left(\frac{1}{6}\right)^3 = \frac{29}{648},$$

und also nach (3)

$$_{66}p_6 = \frac{p_{666}}{p_{66}} = \frac{29}{66}.$$

Die Reihenfolge ist gleichgültig, dieselbe Zahl ist ebensogut die W., daß der erste Wurf 6 war, wenn bekannt ist, daß die zweite und dritte 6 gegeben haben.

8. Differenzengleichungen. In vielen Fällen geben die Grundoperationen, oder andere einfache Betrachtungen, eine rekurrente Beziehung, aus welcher man die gesuchte Lösung Schritt für Schritt finden kann. Man betrachte z. B. die Frage nach dem „Ruin der Spieler“: A und B wiederholen immer dasselbe Zufallsspiel, wobei A die W. p hat, zu gewinnen, für B ist sie $q = 1 - p$. Wer verliert, zahlt dem anderen eine Marke. Am Anfang hat A a Marken, B b Marken. Wie groß ist die W., daß das Spiel dadurch endet, daß A resp. B nichts mehr hat?

Es sei $y(x)$ die W. dafür, daß A schließlich gewinnen wird, also $a + b$ Marken haben wird, nachdem durch das Spielen sein Besitz schon auf x gekommen ist. Nach dem nächsten Spiel wird er dann entweder $x + 1$ oder $x - 1$ besitzen. Daraus folgt

$$y(x) = p\,y(x+1) + q\,y(x-1),$$

eine rekurrente Beziehung, welche man besser so schreibt:

$$p\,y(x+2) - y(x+1) + q\,y(x) = 0. \tag{5}$$

[1]) Die Ableitung nach Poincaré, Calcul des probabilités. Paris 1912 vgl. die kombinatorische bei Czuber, vorige Fußnote.

Definiert man die Operation Δ durch

$$\Delta y(x) = y(x+1) - y(x),$$

so kann man eine Beziehung zwischen $y(x)$, $y(x+1)$, ..., $y(x+m)$ dadurch umformen zu einer solchen zwischen $y(x)$, $\Delta y(x)$, ..., $\Delta^{(m)} y(x)$, d. h. zu einer Differenzengleichung m-ter Ordnung. Aber auch ohne diese Umformung spricht man eine Beziehung wie (5) als Differenzengleichung an. In unserem Beispiel ist sie linear und von der zweiten Ordnung, außerdem homogen und mit konstanten Koeffizienten. Nun hat allgemein die Differenzengleichung m-ter Ordnung

$$\alpha_0 y(x+m) + \alpha_1 y(x+m-1) + \cdots + \alpha_m y(x) = 0 \tag{6}$$

die allgemeine Lösung

$$y(x) = c_1 \lambda_1^x + c_2 \lambda_2^x + \cdots + c_m \lambda_m^x, \tag{7}$$

wenn $\lambda_1 \ldots \lambda_m$ die einfachen Wurzeln der algebraischen Gleichung

$$\alpha_0 \lambda^m + \alpha_1 \lambda^{m-1} + \cdots + \alpha_m = 0$$

sind. Für (5) wird $\lambda_1 = 1$, $\lambda_2 = \left(\frac{q}{p}\right)$, und wir haben weiter die beiden Konstanten in

$$y(x) = c_1 + c_2 \left(\frac{q}{p}\right)^x$$

aus zwei bekannten Anfangswerten zu bestimmen. Aus der Bedeutung der W. $y(x)$ findet man unmittelbar, daß $y(0) = 0$ und $y(a+b) = 1$ sein muß. Für die gesuchte W. $y(a)$ wird dann gefunden

$$y(a) = \frac{\left(\frac{q}{p}\right)^a - 1}{\left(\frac{q}{p}\right)^{a+b} - 1}$$

und daraus die W., daß B gewinnt durch Vertauschen von p und q sowie von a und b. Man überzeugt sich leicht, daß die Summe der beiden W. gleich 1 ist, also die W. Null ist, daß das Spiel immer weiter geht, was nicht von vornherein sicher war.

Ebenso wie in diesem Beispiel wird man auch bei vielen anderen Wahrscheinlichkeitsaufgaben die Lösung dadurch sehr erleichtern, daß man die Frage auf eine Differenzengleichung zurückführt und die weitere Erledigung nach den Regeln der Differenzenrechnung ausführt. Es soll darum hier noch einiges über die Methoden zur Lösung von Differenzengleichungen angegeben werden.

Es sei gleich vorangestellt, daß man eine Differenzengleichung einerseits als Funktionalgleichung betrachten kann, d. h. man fragt nach einer stetigen Funktion $y(x)$, welche für alle reelle x, oder nach einer analytischen Funktion, welche für alle komplexen x der Gleichung genügt. Dieses Gebiet, die funktionentheoretische Differenzenrechnung, wurde erst in den letzten Jahrzehnten weitgehend bearbeitet. Dadurch wurden die hier fast ausschließlich interessierenden Untersuchungen über die Eigenschaften der Lösungen für ganzzahlige Werte von x mehr oder weniger in den Hintergrund gedrängt, so daß man dafür oft auf ältere Bearbeitungen angewiesen ist[1]. Für neuere Fortschritte vergleiche man das Buch von WALLENBERG[2].

---

[1] Von den vielen älteren Werken seien nur genannt: G. BOOLE, The calculus of finite differences, 1860, 2. Aufl. 1872 und die betreffenden Abschnitte in LAPLACE, Théorie analytique des probabilités. 1812.

[2] G. WALLENBERG u. A. GOLDBERG, Theorie der linearen Differenzengleichungen. Leipzig 1911.

Über **Differenzenrechnung** im allgemeinen vgl. man Kap. 15. Überall in diesem Gebiet ist auf dem ersten Blick die formale Analogie mit der Differentialrechnung bzw. mit der Theorie der Differentialgleichungen auffallend, man sehe etwa die hier angeführten Beispiele. Es ist deshalb wohl überflüssig, hier die Sätze über die allgemeinen Eigenschaften der Lösungen linearer Gleichungen u. dgl. alle anzuführen. Dagegen sei auf die folgenden Unterschiede besonders hingewiesen. Dem Differentiationsoperator $\frac{d}{dx} \equiv D$ entspricht das oben schon eingeführte Δ, ebenso der Formel $D x^m = m x^{m-1}$ die andere

$$\Delta x^{(m)} = m x^{(m-1)} \qquad \text{wo} \qquad x^{(m)} = x(x-1)(x-2)\cdots(x-m+1)$$

und

$$\Delta x^{(-m)} = -m x^{(-m-1)} \qquad \text{wo} \qquad x^{(-m)} = 1/x(x+1)(x+2)\cdots(x+m-1).$$

Dementsprechend werden verschiedene Formeln der Differenzenrechnung durch Einführung der „Faktoriellen“ $x^{(m)}$ und $x^{(-m)}$ viel übersichtlicher als bei Benutzung der gewöhnlichen Potenzen. So hat man auch in neuerer Zeit die nach $x^{(-m)}$ fortschreitenden **Fakultätenreihen** zur Lösung von fundamentalen Fragen in der Theorie der Differenzengleichungen benutzt, analog wie die Potenzreihen bei den Differentialgleichungen.

Man benutzt noch ein zweites Symbol, E, definiert durch

$$E y(x) = y(x+1),$$

dessen Zusammenhang mit Δ symbolisch durch $\Delta = E - 1$ gegeben wird. Wie weit das formale Rechnen mit diesen Symbolen geht, sieht man an den folgenden Beispielen. Es ist auch bei nicht ganzzahligem ξ

$$y(x+\xi) = E^{\xi} y(x) = (1+\Delta)^{\xi} y(x) = y(x) + \xi \Delta y(x) + \tbinom{\xi}{2} \Delta^2 y(x) + \cdots$$

(Newtonsche Interpolationsformel). Schreibt man die Taylorsche Reihe

$$y(x+1) = y(x) + D y(x) + \frac{D^2 y(x)}{2!} + \cdots \text{ symbolisch } 1 + \Delta = e^D,$$

so wird durch Umkehrung:

$$D = \log(1+\Delta) = \Delta - \frac{\Delta^2}{2} + \frac{\Delta^3}{3} - \cdots \text{ d. h. } \frac{dy}{dx} = \Delta y(x) - \tfrac{1}{2}\Delta^2 y(x) + \tfrac{1}{3}\Delta^3 y(x) - \cdots$$

Als Beispiel einer Differenzengleichung mit veränderlichen Koeffizienten sei das Problem von DE MONTMORT (Ziff. 7) in dieser Weise behandelt. Dazu betrachten wir die Permutationen $P_{0,n}$, wo keine der Zahlen 1 bis n am natürlichen Platz steht. Ihre Anzahl sei $M_0(n)$, ebenso gebe es $M_1(n)$ Permutationen $P_{1,n}$, wo gerade **eine** Zahl an derselben Stelle steht, wie bei der Reihenfolge $1, 2, \ldots n$.

Nimmt man nun die Zahl $n+1$ hinzu, so kann man aus jeder $P_{0,n}$ offenbar n verschiedene $P_{0,n+1}$ machen, weiter noch aus jeder $P_{1,n}$ **eine** $P_{0,n+1}$, also

$$M_0(n+1) = n M_0(n) + M_1(n),$$

und da weiter offenbar $M_1(n) = n M_0(n-1)$ ist, so wird

$$M_0(n+1) = n M_0(n) + n M_0(n-1),$$

d. h. $M_0(x)$ genügt der Differenzengleichung

$$y(x+2) - (x+1)\, y(x+1) - (x+1)\, y(x) = 0. \tag{8}$$

Man sieht leicht, daß $x!$ eine Lösung dieser linearen Gleichung zweiter Ordnung ist. Eine zweite Lösung sei dann $x! \cdot z(x)$, einsetzen davon gibt für $z(x)$ die Gleichung

$$(x+2)z(x+2) - (x+1)z(x+1) - z(x) = 0 \tag{9}$$

oder

$$(x+2)\,\varDelta z(x+1) + \varDelta z(x) = 0,$$

d. i. eine Gleichung erster Ordnung für $\varDelta z$. Jede homogene Gleichung erster Ordnung läßt sich prinzipiell formal durch „Quadratur" lösen, d. h. durch direkte Produktbildung, in unserem Fall:

$$\varDelta z(x) = \varDelta z(0) \cdot \prod_{s=0}^{x-1} \frac{-1}{s+2} = \frac{(-1)^x}{(x+1)!}\,\varDelta z(0).$$

Daraus findet man $z(x)$ durch Summation

$$z(x) = z(0) + \sum_{s=0}^{x-1} \varDelta z(s) = z(0) + \varDelta z(0)\left(1 - \frac{1}{2!} + \frac{1}{3!} - + \frac{(-1)^{x-1}}{x!}\right).$$

Man braucht also noch zwei Anfangswerte, findet dafür direkt $z(1) = 0$ und $z(2) = 1/2$, damit aus (9) $z(0) = 1$, also $\varDelta z(0) = -1$. Einsetzen dieser Werte gibt dasselbe Ergebnis wie in Ziff. 7, Formel (4), es ist nämlich $z(n) = M_0(n)/n!$ gerade gleich der gefragten W.

Sind die Koeffizienten einer Differenzengleichung r-ter Ordnung Polynome in x, so kann man oft mit Erfolg die Laplacesche Transformation anwenden. Dazu setzt man

$$y(x) = \int_a^b t^{x-1}\,\varphi(t)\,dt \tag{10}$$

in die Differenzengleichung ein, reduziert die Faktoren x, x^2, usw. durch partielle Integration nach

$$x\,y(x) = \int_a^b \varphi(t)\,dt^x = [t^x \varphi(t)]_a^b - \int_a^b t^{x-1} \cdot t\varphi'(t)\,dt$$

und erhält so für die linke Seite der Gleichung ein Integral über φ und seine Ableitungen, und einen integrierten Teil derselben Art. Man setzt den Integrand gleich Null, und bestimmt φ aus der resultierenden Differentialgleichung, deren Ordnung offenbar dem höchsten Grad der Koeffizienten gleich ist, während ihre Koeffizienten Polynome in t höchstens vom Grade r sind. Sodann bestimmt man die Grenzen a und b derart, daß der integrierte Teil an beiden Grenzen verschwindet. Dieses Verfahren ist jedenfalls dann leicht durchführbar, wenn die Koeffizienten linear in x sind, da die Differentialgleichung in diesem Fall von der ersten Ordnung wird, und daher unmittelbar in geschlossener Form integrierbar ist.

So erhalten wir z. B. aus Gleichung (8)

$$\int_a^b \{t^2 - (x+1)t - (x+1)\}\,t^{x-1}\,\varphi(t)\,dt = -[t^x(1+t)\,\varphi(t)]_a^b +$$
$$+ \int_a^b t^{x-1}\{(t^2+t)\,\varphi'(t) + (t^2-1)\,\varphi(t)\}\,dt,$$

also wird die Differentialgleichung

$$(t^2 + t)\,\varphi'(t) + (t^2 - 1)\,\varphi(t) = 0\,,$$

und dieser genügt die Funktion

$$\varphi(t) = t e^{-t}\,,$$

für welchen Ausdruck der integrierte Teil die möglichen Grenzen $-1{,}0$ und ∞ ergibt. Wir finden dadurch die beiden unabhängigen Lösungen:

$$y_1(x) = \int_{-1}^{0} t^x e^{-t}\,dt\,, \qquad y_2(x) = \int_{0}^{\infty} t^x e^{-t}\,dt\,. \tag{11}$$

Lösungen in solcher Gestalt geben einen guten Einblick in die funktionellen Eigenschaften, weil sie auch für nicht ganzzahlige x brauchbar sind. LAPLACE benutzte sie vor allem zur Untersuchung des Verhaltens der Lösungen im Unendlichen (vgl. Ziff. 11).

9. Erzeugende Funktionen. Wenn eine Größe x bei einer Zufallserscheinung einen der Werte $x_1, x_2, \ldots, x_m$ zeigt, deren W. resp. $p_1, p_2, \ldots, p_m$ sind, so definieren wir als erzeugende Funktion für x:

$$F(t) \equiv p_1 t^{x_1} + p_2 t^{x_2} + \cdots + p_m t^{x_m}\,. \tag{12}$$

$F(t)$ ist also eine Potenzsummenfunktion einer Hilfsgröße t, wobei die einzelnen Zufallswerte x_i als Exponenten und ihre zugehörigen Wahrscheinlichkeiten als Koeffizienten auftreten. Der Zweck dieser erzeugenden Funktionen ist die Berechnung der W. kombinierter Ereignisse. Seien nämlich in einem zweiten Fall die W. für das Eintreffen der Werte $y_1, y_2, \ldots, y_n$ gegeben durch $q_1, q_2, \ldots, q_n$. Die erzeugende Funktion für die y ist dann in analoger Weise

$$G(t) \equiv q_1 t^{y_1} + q_2 t^{y_2} + \cdots + q_n t^{y_n}\,.$$

Die W. für das Eintreffen der Summe $x_i + y_j$ erhält man dann, indem man das Produkt $F(t)\,G(t)$ bildet und den Koeffizienten von $t^{x_i + y_j}$ aufsucht. $F(t)\,G(t)$ ist also die erzeugende Funktion von $x + y$.

Will man aber die eingetroffenen Zahlen x und y geschieden halten, so muß man in G eine zweite Variable s einsetzen, und es wird $F(t)\,G(s)$ die erzeugende Funktion für das Paar x, y. Wir beschränken uns im folgenden auf erzeugende Funktionen einer Hilfsvariablen und betrachten folgendes Beispiel.

Das „Trente et quarante"-Spiel wird mit mehreren, durcheinander gemischten, vollständigen Spielen von 52 Karten ausgeführt. Die Karten werden einzeln aufgeschlagen solange, bis eine 30 übersteigende Summe entstanden ist. Dabei gelten die Figuren 10, die übrigen Blätter den auf ihnen verzeichneten Wert. Welche ist die Wahrscheinlichkeit, die Zahl 31 zu erhalten? Für die erhaltene Zahl beim Aufschlagen einer Karte wird die erzeugende Funktion

$$F(t) = \frac{1}{13}t + \frac{1}{13}t^2 + \cdots + \frac{1}{13}t^9 + \frac{4}{13}t^{10} = \frac{t(4t^{10} - 3t^9 - 1)}{13(t-1)}$$

und beim Aufschlagen von m Karten daher F^m. Da m alle möglichen Werte durchläuft und das Eintreffen der Summe p mit m Karten das Eintreffen von p für jede andere Anzahl ausschließt, so erhalten wir die gesuchte W. durch Entwickeln nach Potenzen von t der Funktion

$$1 + F + F^2 + \cdots = \frac{1}{1 - F} = \frac{13(t-1)}{-4t^{11} + 3t^{10} + 14t - 13}$$

und Aufsuchen des Koeffizienten von t^{31}. Für unseren Zweck hätte man die Reihe eigentlich mit F^4 anfangen und mit F^{31} abschließen können, es ist aber offenbar viel einfacher, die unnötigen weiteren Glieder hinzuzunehmen. Wir gehen auf die weitere elementare Berechnung des Koeffizienten von t^{31} nicht ein.

Die erzeugende Funktionen sind nicht auf den Fall beschränkt, daß ihre Koeffizienten Wahrscheinlichkeiten sind. Andererseits wollen wir weiter ausdrücklich voraussetzen, daß die Exponenten x ganzzahlige sind. Man nennt dann

$$F(t) \equiv \sum y(x)\, t^x, \qquad x = \begin{Bmatrix} 0,\ 1,\ 2,\ \ldots \\ -1,\ -2\ \ldots \end{Bmatrix} \tag{13}$$

die erzeugende Funktion von $y(x)$, wobei die Grenzen der Summe beiderseits endlich oder unendlich sein können. Es ist nach dieser Definition $t^k F(t)$ offenbar die erzeugende Funktion von $y(x-k)$, weiter $tF'(t)$ von $x\,y(x)$, allgemeiner die erzeugende Funktion von $x^m y(x)$ gleich

$$\left(t\frac{d}{dt}\right)^m F(t)\,. \tag{14}$$

Durch diese Eigenschaften sind die erzeugenden Funktionen auch sehr brauchbar zur Lösung von Differenzengleichungen. Wir betrachten zuerst noch ein Beispiel, bei dem man die Differenzengleichung nicht aufzustellen braucht.

Man zählt zu verschiedenen Zeiten unter dem Mikroskop die Zahl der Emulsionsteilchen innerhalb eines sehr kleinen, lediglich optisch begrenzten Volums einer kolloiden Lösung. Die W., daß während einer Zeit τ ein Teilchen eintritt, sei $a\tau$, daß eins austritt $b\tau$. Was ist die W. dafür, daß man zur Zeit ϑ eine Anzahl x Teilchen antrifft, wenn zur Zeit 0 das Volum leer war? Nehmen wir einen Augenblick a und b konstant an, und das Intervall τ so klein, daß das Eintreten von zwei Teilchen, oder das Ein- und Austreten eines Teilchens eine zu vernachlässigende W. hat (vgl. Ziff. 15). Es sei $F(t,\vartheta)$ die erzeugende Funktion, dessen Koeffizienten, die gesuchten W., Funktionen der Zeit ϑ sind. Tritt ein Teilchen ein, so wird dadurch die erzeugende Funktion offenbar tF, bei Austritt $t^{-1}F$, und es ist also

$$F(t,\vartheta+\tau) = (1 - a\tau - b\tau)\,F(t,\vartheta) + a\tau t\,F(t,\vartheta) + b\tau t^{-1}F(t,\vartheta)\,.$$

Selbstverständlich wird aber b um so größer sein, je mehr Teilchen im betrachteten Volum anwesend sind. Schematisierend wollen wir $b = \beta x$ setzen und a konstant lassen. In obiger Gleichung muß dadurch $bF(t,\vartheta)$ durch $\beta t\,\partial F/\partial t$ ersetzt werden, und nach Umformung, Division durch τ und Grenzübergang $\tau \to 0$ erhält man

$$\frac{\partial F}{\partial \vartheta} = -a(1-t)\,F + \beta(1-t)\frac{\partial F}{\partial t}\,.$$

Diese lineare partielle Differentialgleichung läßt sich in bekannter Weise leicht lösen; die allgemeine Lösung

$$F(t,\vartheta) = e^{at/\beta}\,\varphi\{(1-t)\,e^{-\beta\vartheta}\}$$

muß durch geeignete Wahl der willkürlichen Funktion φ der Bedingung für $\vartheta = 0$ angepaßt werden, welche offenbar lautet $F(t,0) \equiv 1$. Man findet daraus unmittelbar φ und schließlich wird, wenn $a/\beta = c$,

$$F(t,\vartheta) = e^{-c(1-t)(1-e^{-\beta\vartheta})} = e^{-cT}\,e^{cTt}\,,$$

wo der nur von der Zeit abhängende Faktor abgekürzt mit $1 - e^{-\beta\vartheta} = T$ bezeichnet ist. Für die gesuchte W. p_x, daß man zur Zeit ϑ x-Teilchen antrifft, liest man dann unmittelbar ab

$$p_x(\vartheta) = \frac{(cT)^x}{x!}\,e^{-cT}\,,$$

und für den Mittelwert findet man [vgl. Formel (33)]:

$$\bar{x} = \left(\frac{\partial F}{\partial t}\right)_{t=1} = cT = c(1 - e^{-\beta\vartheta}).$$

Im stationären Zustand ist daher $\bar{x} = c$, wie man aus den Voraussetzungen des Problems auch unmittelbar entnehmen kann.

Eine lineare Differenzengleichung wird man nach den obigen Formeln (13) und (14) mittels der erzeugenden Funktion lösen können. Betrachten wir etwa die oben schon besprochene Frage nach der W. beim Trente-et-quarante die Summe 31 zu erhalten. Es sei $p(x)$ die W. für die Summe x, so folgt aus den möglichen Entstehungsweisen von x unmittelbar

$$p(x) = \frac{1}{13}[p(x-1) + p(x-2) + \cdots + p(x-9)] + \frac{4}{13}p(x-10).$$

Zur Vereinfachung subtrahieren wir von dieser Gleichung die entsprechende für $p(x-1)$ und erhalten die Differenzengleichung

$$p(x) - \frac{14}{13}p(x-1) - \frac{3}{13}p(x-10) + \frac{4}{13}p(x-11) = 0. \tag{15}$$

Setzt man nun

$$F(t) \equiv p(0) + p(1)\cdot t + p(2)\cdot t^2 + \cdots,$$

so wird die erzeugende Funktion der linken Seite von (15)

$$\left(1 - \frac{14}{13}t - \frac{3}{13}t^{10} + \frac{4}{13}t^{11}\right)F(t).$$

Dieser Ausdruck muß nun aber nicht gleich Null gesetzt werden, denn die Differenzengleichung gilt im allgemeinen nicht für die Anfangswerte von x. Im vorliegenden Fall ist es nur natürlich, $p(x) = 0$ zu nehmen für negative x, und $p(0) = 1$. Mit diesen Werten gilt (15) von $x = 2$ an, für $x = 0$ resp. 1 wird die linke Seite aber gleich 1 resp. -1, ihre erzeugende Funktion ist also $1 - t$, daher

$$F(t) = \frac{1-t}{1 - \frac{14}{13}t - \frac{3}{13}t^{10} + \frac{4}{13}t^{11}}.$$

In analoger Weise erhält man für die Lösung der Gleichung (9), Ziff. 8

$$(x+2)\,z(x+2) - (x+1)\,z(x+1) - z(x) = 0,$$

$$t^{-1}\frac{dF}{dt} - \frac{dF}{dt} - F = z(1)\,t^{-1},$$

und die allgemeine Lösung dieser Differentialgleichung gibt

$$F(t) = \{z(0) - z(1)\}\frac{e^{-t}}{1-t} + z(1)\frac{1}{1-t}.$$

Für das Montmort-Problem ist $z(1) = 0$, $z(0) = 1$, und damit die obige erzeugende Funktion $e^{-t}/(1-t)$. Multiplikation der Potenzreihen für e^{-t} und für $1/(1-t)$ gibt unmittelbar das auch in Ziff. 7 gefundene Ergebnis (4).

Die erzeugenden Funktionen sind nach den Beispielen in dieser und der vorigen Ziffer praktisch oft recht brauchbar. Vom mathematischen Standpunkt leisten sie nur die Überführung der Aufgabe in ein anderes, mehr geläufiges Gebiet. So wird man die zuletzt betrachtete Zurückführung einer Differenzengleichung mit variablen Koeffizienten auf eine ebensolche Differentialgleichung zwar auch in verwickelteren Fällen versuchen können, aber damit nicht viel weiterkommen, sobald die Differentialgleichung keine elementare Lösung besitzt.

Setzt man in solchen Fällen etwa eine Potenzreihe zur Lösung an, so kommt man für die Bestimmung ihrer Koeffizienten offenbar sofort auf die Differenzengleichung zurück.

10. Asymptotische Darstellungen. Hat man für $y(x)$ eine Differenzengleichung m-ter Ordnung gefunden, und sind m Anfangswerte, etwa $y(0)$, $y(1)$, $\ldots y(m-1)$, gegeben, so gibt die Differenzengleichung unmittelbar den Wert von $y(m)$, und daraus weiter $y(m+1)$ usw. Für kleine Werte von x braucht man daher gar nicht erst eine Lösung der Gleichung zu suchen. Umgekehrt wird man praktisch in vielen Fällen y für sehr große Werte von x kennen müssen. Auch dann ist es nicht notwendig, die genaue Lösung zu kennen, es genügt ein sog. asymptotischer Ausdruck, dessen Verhältnis zur Lösung sich um so mehr der Einheit nähert, je größer x wird. Auch bei direkter Wahrscheinlichkeitsberechnung findet man bisweilen in analoger Weise, daß einerseits eine schrittweise Berechnung für kleine Zahlen einfach möglich ist, anderseits die Lösung für sehr große Zahlen einem einfachen Verlauf zustrebt.

Der mathematische Sachverhalt sei an einem Beispiel aus anderem Gebiet erörtert. Um das Integral

$$f(x) = \int_x^\infty y^{-1} e^{-y} dy$$

für große Werte von x zu berechnen, setzt man $y = x + u$, und entwickelt nach fallenden Potenzen von x:

$$f(x) = e^{-x}\int_0^\infty \frac{e^{-u}}{x+u} du = x^{-1} e^{-x}\int_0^\infty \left(1 - \frac{u}{x} + \frac{u^2}{x^2} - \cdots\right) e^{-u} du. \tag{16}$$

Durch gliedweise Integration findet man dann

$$f(x) = x^{-1} e^{-x}\left(1 - \frac{1!}{x} + \frac{2!}{x^2} - \frac{3!}{x^3} + \cdots\right), \tag{17}$$

und diese Reihe erweist sich zunächst recht brauchbar zur numerischen Berechnung, wenn $x > 15$. Die Ableitung war aber nur eine formale, die Reihe in (16) ist nur brauchbar für $u < x$, also sicher nicht integrierbar bis $u = \infty$. Entsprechend ist die gefundene Reihe divergent für alle x. Es bedarf also einer näheren Prüfung, inwieweit ein Abschnitt der Reihe eine brauchbare Näherung für $f(x)$ geben kann. Es sei

$$f_n(x) = x^{-1} e^{-x}\left(1 - \frac{1!}{x^2} + \cdots + (-1)^n \frac{n!}{x!}\right),$$

so wird

$$f(x) - f_n(x) = x^{-1} e^{-x}\int_0^\infty \left(\frac{1}{1+u/x} - 1 + \frac{u}{x} - \cdots + (-1)^n \frac{u^n}{x^n}\right) e^{-u} du$$

$$= x^{-1} e^{-x}\int_0^\infty \frac{(-1)^{n+1} u^{n+1}/x^{n+1}}{1+u/x} e^{-u} du \text{ [1]}.$$

[1] Dasselbe findet man unmittelbar aus dem Ausgangsintegral in (16) durch wiederholte partielle Integration. Es wurde hier absichtlich die formale Reihenentwicklung gewählt, weil diese die klassischen Ableitungen der asymptotischen Wahrscheinlichkeitsformeln veranschaulicht.

Letzteres Integral ist absolut genommen jedenfalls kleiner als das entsprechende ohne den Nenner $1 + u/x$, welches gleich $(n+1)!/x^{n+1}$ ist. Daher ist

$$|f(x) - f_n(x)| < \frac{(n+1)!}{x^{n+1}} \qquad \text{und} \qquad \lim_{x \to \infty} x^n [f(x) - f_n(x)] = 0 .$$

Allgemein nennt man eine Reihe, für deren Teilsummen $\varphi_n(x)$ der Grenzwert

$$\lim_{x \to \infty} x^n [1 - \varphi_n(x)/\varphi(x)] = 0$$

ist, eine asymptotische Reihe (nach fallenden ganzen Potenzen von x) für $\varphi(x)$. Besonders hervorheben wird man diese Eigenschaft natürlich nur, wenn die Reihe divergiert. Jede Teilsumme $\varphi_n(x)$ wird ebenso ein asymptotischer Ausdruck für $\varphi(x)$ genannt. Man sagt also z. B., daß unser $f(x)$ asymptotisch gleich $x^{-1}e^{-x}$ wird, und schreibt

$$f(x) \sim x^{-1} e^{-x} .$$

Den asymptotischen Charakter der Entwicklung (17) haben wir oben bewiesen durch Berechnung eines Restgliedes. Gewöhnlich ist es recht umständlich, für die leicht erhältlichen formalen Entwicklungen ein Restglied aufzufinden. Auf die dafür benutzten Methoden kann hier nicht eingegangen werden[1]). Es seien aber einige Regeln für das Operieren mit asymptotischen Reihen angeführt:

Die asymptotische Entwicklung für eine Funktion $\varphi(x)$ ist durch diese Funktion eindeutig bestimmt, aber nicht umgekehrt. Es haben z. B. $\varphi(x)$ und $\varphi(x) + e^{-x}$ dieselbe Entwicklung.

Zwei asymptotische Reihen dürfen miteinander multipliziert werden, d. h. ihre formale Produktreihe ist die asymptotische Entwicklung des Produktes der Funktionen.

Eine asymptotische Reihe darf gliedweise integriert werden.

Solche Eigenschaften machen es plausibel, daß die formalen Rechnungen, mit welchen die klassische Wahrscheinlichkeitsrechnung sich begnügte, gewöhnlich ein richtiges, d. h. ein asymptotisch richtiges, Ergebnis geliefert haben.

Die bekannteste asymptotische Entwicklung, welche in unserem Gebiet sehr viel angewendet wird, ist die Stirlingsche Formel:

$$x! = \sqrt{2\pi}\, x^{x+\frac{1}{2}} e^{-x}\left(1 + \frac{1}{12x} + \frac{1}{288x^2} - \cdots\right). \tag{18}$$

Hier hat der Fehler die Größenordnung des ersten vernachlässigten Gliedes. Für viele Anwendungen kommt man überhaupt mit dem ersten Reihenglied aus, ja bei den sehr großen Zahlen der Molekulartheorie genügt gewöhnlich schon die Kenntnis der Größenordnung, so daß man einfach $\lg x!$ durch $x(\lg x - 1)$ ersetzt.

Die Reihe (18) divergiert, was für den praktischen Gebrauch belanglos ist. Vom funktionentheoretischen Standpunkt betrachtet liegt die Divergenz wie in ähnlichen Fällen daran, daß die darzustellende Funktion im Unendlichen eine wesentliche Singularität besitzt. Unter diesen Umständen kann eventuell eine Fakultätenreihe eine konvergente Entwicklung geben, während die Potenzreihe divergieren muß.

In vielen Wahrscheinlichkeitsfragen gelang es schon LAPLACE asymptotische Darstellungen mittels der erzeugenden Funktion aufzufinden. Es sei wie in Ziff. 9

$$F(t) \equiv \sum y(x)\, t^x \qquad x = 0, 1, 2, \ldots \quad -1, -2, \ldots \tag{19}$$

[1]) Vgl. COURANT-HILBERT, Die Methoden der mathematischen Physik. Bd I, S. 430. 1924.

die erzeugende Funktion von $y(x)$. Hat man $F(t)$ in geschlossener Form gefunden, so kann man daraus $y(x)$ statt durch Reihenentwicklung auch als Cauchysches Residuum von $t^{-x-1}F(t)$ finden, d. h. es ist

$$y(x) = \frac{1}{2\pi i}\oint z^{-x-1} F(z)\, dz\,, \tag{20}$$

wo der komplexe Integrationsweg im Konvergenzkreisring der Reihe (19) liegen muß (vgl. Kap. 6, Ziff. 12). Diese Formel wird neuerdings von DARWIN und FOWLER viel benutzt. Um daraus eine asymptotische Darstellung zu gewinnen, sucht man den Integranden derart umzuformen, daß ein Faktor entsteht, der ein scharfes und mit wachsendem x immer schärfer werdendes Maximum an einer Stelle des Integrationswegs aufweist. Für die weitere Ausführung und die Gültigkeitsbedingungen dieser Laplaceschen Methode muß auf die Literatur verwiesen werden[1]).

11. Asymptotisches Verhalten der Lösungen von Differenzengleichungen. Es sei eine lineare homogene Differenzengleichung r-ter Ordnung vorgelegt:

$$y(x+r) + a_1(x)\cdot y(x+r-1) + a_2(x)\cdot y(x+r-2) + \cdots + a_r(x)\, y(x) = 0\,. \tag{19}$$

Diese hat r linear unabhängige Lösungen $y_1(x)$, $y_2(x)$, ... $y_r(x)$. Wir fragen, ob das Verhalten dieser Lösungen für $x\to\infty$ direkt aus dem asymptotischen Verhalten der Koeffizienten $a_i(x)$ auffindbar ist. Dabei sei gleich bemerkt, daß der gesuchte Zusammenhang für eine Gleichung erster Ordnung unmittelbar deutlich ist, weil man die Lösung direkt in Form eines Produkts anschreiben kann (Ziff. 8). Ist daher das Verhältnis $y_1(x+1)/y_1(x) = \beta_1(x)$ für große x bekannt, so ist damit die Frage für das Integral y_1 als gelöst zu betrachten. Im ganzen führe man deshalb die r Koeffizienten $\beta_1 \ldots \beta_r$ der r Gleichungen erster Ordnung

$$y_1(x+1) - \beta_1(x)y_1(x) = 0\,, \quad y_2(x+1) - \beta_2(x)y_2(x) = 0 \ldots y_r(x+1) - \beta_r(x)y_r(x) = 0$$

ein. Einsetzen der Lösungen $y_1 \ldots y_r$ in der ursprünglichen Differenzengleichung (19) gibt r lineare Gleichungen, durch welche die Koeffizienten $a_1 \ldots a_r$ als Quotienten von Determinanten in den β ausgedrückt werden können. Für den besonderen Fall, daß asymptotisch

$$\beta_1 \gg \beta_2 \gg \beta_3 \cdots \gg \beta_r\,, \qquad \text{d. h. daß} \quad \lim_{x\to\infty} \frac{\beta_{i+1}}{\beta_i} = 0\,, \tag{20}$$

wird man finden, daß in den Determinanten die Diagonalterme für genügend große x überwiegen, und daß einfach wird

$$a_1(x) \sim -\beta_1(x+r-1)\,, \quad a_2(x) \sim \beta_1(x+r-1)\,\beta_2(x+r-2) \cdots a_r \sim (-1)^r \beta_1\beta_2\cdots\beta_r$$[2])

oder umgekehrt:

$$\beta_1 \sim -a_1 \qquad \beta_2 \sim -\frac{a_2}{a_1} \qquad \beta_3 \sim -\frac{a_3}{a_2} \cdots \beta_r \sim -\frac{a_r}{a_{r-1}}\,.$$

Man wird daher folgenden Satz vermuten: Sind in der Differenzengleichung (19) die Verhältnisse der Koeffizienten $a_i(x)/a_{i-1}(x)$ alle von verschiedener, der Reihe nach abnehmender Größenordnung für $x\to\infty$, so hat die Gleichung r verschiedene Integrale y_i für welche asymptotisch

$$\frac{y_i(x+1)}{y_i(x)} \sim -\frac{a_i(x)}{a_{i-1}(x)} \qquad (i = 1, 2, \ldots r, \quad a_0 = 1)\,. \tag{21}$$

[1]) G. PÓLYA und G. SZEGÖ, Aufgaben und Lehrsätze ans der Analysis I, S. 244, Berlin 1925, wo auch die Literatur angeführt wird.

[2]) Da der Unterschied der Argumente x und $x+r-1$ usw. für das Folgende ohne Belang ist, so werden die Argumente weiter unterdrückt werden.

Dieser Satz ist als Spezialfall in den allgemeineren Sätzen von PERRON und KREUSER[1]) enthalten, allerdings mit der etwas einschränkenden Bedingung, daß die Koeffizienten wie Potenzen von x nach ∞ gehen, also daß

$$a_i(x) \backsim \alpha_i x^{k_i}. \tag{22}$$

Der andere extreme Fall in der Größenordnung der Koeffizienten ist der, daß alle von derselben Ordnung sind, d. h. daß sie einem endlichen Grenzwert zustreben:

$$\lim_{x\to\infty} a_i(x) = \alpha_i \tag{23}$$

(sog. Poincarésche Differenzengleichung).

Für diesen Fall beweist man, daß die Lösungen sich asymptotisch ebenso verhalten wie die Lösungen der Differenzengleichung mit den konstanten Koeffizienten α_i (Ziff. 8). Wegen der praktischen Wichtigkeit der Gleichungen mit konstanten Koeffizienten seien diese asymptotischen Eigenschaften — welche man übrigens aus der allgemeinen Lösung fast unmittelbar ablesen kann — noch explizite hingeschrieben. Sind

$$\varrho_1 \quad \varrho_2 \quad \cdots \quad \varrho_r$$

die nach fallenden absoluten Werten geordneten Wurzeln der algebraischen Gleichung

$$t^r + \alpha_1 t^{r-1} + \cdots + \alpha_r = 0,$$

so gilt für die r-konstantige Lösung der Differenzengleichung im allgemeinen

$$\limsup_{x\to\infty} \sqrt[x]{|y_1(x)|} = |\varrho_1|;$$

bei immer mehr spezialisierter Wahl der Konstanten erhält man aber auch Lösungen, für welche dieser Grenzwert der Reihe nach gleich $|\varrho_2|$, $|\varrho_3|$ usw. wird, schließlich eine Lösung mit

$$\limsup_{x\to\infty} \sqrt[x]{|y_r(x)|} = |\varrho_r|.$$

Es ist auch für diese Lösungen

$$\lim_{x\to\infty} \frac{y_i(x+1)}{y_i(x)} = \varrho_i \qquad \text{vorausgesetzt daß} \qquad |\varrho_{i-1}| > |\varrho_i| > |\varrho_{i+1}|. \tag{24}$$

Auch für den allgemeinen Fall willkürlicher Größenordnungen der Koeffizienten $a_i(x)$ [genauer: willkürlicher endlicher k_i in den Beziehungen (22)] findet man bei PERRON und KREUSER entsprechend abgeänderte Regeln, welche hier nur dahin zusammengefaßt seien, daß auch dann asymptotisch

$$\limsup_{x\to\infty} \sqrt[x]{|y_i(x)|} \Big/ |\sigma_i(x)| = 1,$$

wo die σ die Wurzeln der „charakteristischen Gleichung"

$$t^r + a_1(x)\, t^{r-1} + \cdots + a_r(x) = 0$$

sind.

Als Beispiel sei die Differenzengleichung des Montmortproblems [Formel (8)] betrachtet:

$$y(x+2) - (x+1)\, y(x+1) - (x+1)\, y(x) = 0.$$

---

[1]) O. PERRON, Acta mathematica Bd. 34, S. 109. 1911; P. KREUSER, Dissert. Tübingen 1914. Weitere Literatur bei H. SPÄTH, Acta mathematica Bd. 51, S. 133. 1927.

Hier hat man den oben zuerst genannten Fall und es müssen gemäß Formel (21) zwei Integrale angebbar sein, für welche resp.

$$y_1(x+1)/y_1(x) \sim x+1 \qquad \text{und} \qquad y_2(x+1)/y_2(x) \sim -1\,.$$

Die beiden in Ziff. 8 angegebenen Lösungen $x!$ und $M(x)$ genügen aber der ersten asymptotischen Beziehung. Man überzeugt sich leicht, daß die lineare Kombination

$$e^{-1}\cdot x! - M(x) = (-1)^x x!\left(\frac{1}{(x+1)!} - \frac{1}{(x+2)!} + \cdots\right)$$

der obigen zweiten Bedingung genügt. Bei Lösung derselben Gleichung durch ein bestimmtes Integral [Formel (11)] erhält man diese zweite Lösung, wenn man von den möglichen Grenzen -1, 0 und ∞ die beiden ersten wählt.

III. Mittelwerte.

12. Definition und Eigenschaften. Mit der Aussage, „die Zahl x hängt vom Zufall ab", wird gemeint, daß x bei den verschiedenen, sich gegenseitig ausschließenden Realisationsmöglichkeiten $E_1, E_2, \ldots, E_m$ eines Zufallsereignisses E resp. die Werte $x_1, x_2, \ldots, x_m$ annimmt. Die entsprechenden W. $p_1, p_2, \ldots, p_m$ nennt man auch kurz die W. für die Werte $x_1, x_2, \ldots, x_m$.

Wir definieren nun als Mittelwert von x und bezeichnen mit $\bar{x}$ den Ausdruck

$$\bar{x} = p_1 x_1 + p_2 x_2 + \cdots + p_m x_m\,. \tag{25}$$

So der schon längst in der physikalischen wie auch in der statistischen Literatur eingebürgerte Terminus, statt dessen man in der älteren Wr. „espérance mathématique von x", „Erwartungswert von x" oder „wahrscheinlicher Wert von x" findet. Der Name „Mittelwert" erinnert an die wichtige Eigenschaft, daß bei N-facher Wiederholung derselben Zufallswirkung das arithmetische Mittel der N wirklich stattgefundenen Werte von x sich für $N \to \infty$ dem Grenzwert $\bar{x}$ nähert (Haupttheorem Ziff. 17), d. h. an die statistische Bestimmungsmöglichkeit dieser Zahl für den Fall, daß die W. p unbekannt sind.

Beschränkt man die Betrachtung auf einen Teil der verschiedenen Möglichkeiten, etwa $E_1, E_2, \ldots, E_\mu$, so findet man durch Anwendung der W.-Teilung für den so bedingten Mittelwert:

$$\bar{x}^\mu = \frac{p_1 x_1 + p_2 x_2 + \cdots + p_\mu x_\mu}{p_1 + p_2 + \cdots + p_\mu}\,. \tag{26}$$

Man kann ebenso den Mittelwert $\bar{x}^\nu$ für die restierende Gruppe $E_{\mu+1} \ldots E_m$ berechnen, und es wird dann

$$\bar{x} = (p_1 + p_2 + \cdots + p_\mu)\,\bar{x}^\mu + (p_{\mu+1} + \cdots + p_m)\,\bar{x}^\nu$$

und analog für eine Unterscheidung einer größeren Anzahl von Gruppen der E, in Worten: der allgemeine Mittelwert ist dem Mittelwert der bedingten Mittelwerte gleich (siehe die Anwendung Ziff. 47ff).

Ist einer zweiten — nicht notwendig von der ersten unabhängigen — Zufallserscheinung die Zahlenreihe $y_1 \ldots y_n$ zugeordnet, und werden ihre W. mit $q_1 \ldots q_n$ bezeichnet, so ist die W., daß x_i und y_j eintreten (Ziff. 4)

$$r_{ij} = p_i \cdot {}_i q_j = {}_j p_i \cdot q_j$$

und daher

$$\overline{x+y} = \sum_i \sum_j r_{ij}(x_i + y_j) = \sum_i p_i x_i \sum_j {}_i q_j + \sum_j q_j y_j \sum_i {}_j p_i = \bar{x} + \bar{y}\,, \tag{27}$$

weil die Summen über die bedingten W. überall Eins ergeben. In Worten: Bildung des Mittelwertes und Addition sind immer vertauschbar. Weiter folgt daraus die Vertauschbarkeit mit allen additiven Operationen, speziell mit Differentiation und Integration.

Durch diese Eigenschaften sind Mittelwerte viel leichter zu berechnen als Wahrscheinlichkeiten, so daß man sie auch mit Vorliebe als Zwischengrößen bei Berechnungen benutzt. Dafür sei gleich ein eklatantes Beispiel angeführt:

Beim Buffonschen Nadelproblem fragt man nach der W., daß eine Nadel der Länge l bei willkürlichem Hinwerfen auf eine Tischplatte, welche durch parallele Geraden in Streifen der Breite $a > l$ geteilt ist, eine dieser Geraden trifft. Wir betrachten nun die Anzahl n der Schnittpunkte mit den Geraden, welche nur 0 oder 1 sein kann. Nach der Definition des Mittelwertes ist in diesem Fall die gesuchte W. gleich $\bar{n}$. Dieser Mittelwert ist nach dem obigen gleich der Summe der Mittelwerte der Schnittpunktenzahlen für die Linienelemente der Nadel, und zwar ungeachtet der hier sehr starken Abhängigkeit der betreffenden W. für diese Linienelemente! Biegt man die Nadel also zu einer willkürlichen ebenen Kurve, so wird auch dadurch $\bar{n}$ nicht geändert, und es ist außerdem $\bar{n} = Cl$. Die Konstante C bestimmen wir durch Anwendung der Formel auf einen Kreis vom Durchmesser a, für welchen die Anzahl der Schnittpunkte immer 2 ist, also $2 = C \cdot \pi a$ und daher allgemein

$$n = \frac{2l}{\pi a}.$$

(Barbier 1860).

Im Gegensatz zu obigen Eigenschaften gilt die folgende allgemein nur, wenn die betreffenden Zahlen zu gegenseitig unabhängigen Zufallserscheinungen gehören. Es wird dann:

$$\overline{xy} = \sum_i \sum_j p_i q_j x_i y_j = \sum_i p_i x_i \sum_j q_j y_j = \bar{x} \cdot \bar{y}. \tag{28}$$

Es ist aber $\overline{x^2} \neq \bar{x} \cdot \bar{x}$ (Ziff. 14) und es weist $\overline{xy} \neq \bar{x} \cdot \bar{y}$ auf Abhängigkeit von x und y hin (vgl. Abschnitt VI, Korrelation).

13. Berechnung von Mittelwerten. Es sei hier ein einfaches Beispiel angeführt für die Art und Weise, wie man oft Mittelwerte durch Benutzung ihrer allgemeinen Eigenschaften aufeinander beziehen und dadurch berechnen kann.

Bei der Berechnung der Lichtzerstreuung durch optisch-anisotrope Gasmoleküle braucht man Mittelwerte von Produkten von Richtungskosinussen folgender Art. Ein bewegliches rechtwinkliges Achsenkreuz habe gegenüber einem festen die Richtungskosinusse

$$\begin{matrix} \alpha_1 & \alpha_2 & \alpha_3, \\ \beta_1 & \beta_2 & \beta_3, \\ \gamma_1 & \gamma_2 & \gamma_3. \end{matrix}$$

Die Orientierung hänge vom Zufall ab (und zwar ohne Vorzugsrichtung). Man sucht die Mittelwerte

$$\overline{\alpha_1^2}, \quad \overline{\alpha_1 \alpha_2}, \quad \overline{\alpha_1^4}, \quad \overline{\alpha_1^2 \alpha_2^2}, \quad \overline{\alpha_1 \alpha_2 \beta_1 \beta_2} \quad \text{usw.}$$

Dazu gehen wir jedesmal von einer einfachen Identität aus, z. B.

$$1 = \alpha_1^2 + \alpha_2^2 + \alpha_3^2 = \overline{\alpha_1^2 + \alpha_2^2 + \alpha_3^2} = \overline{\alpha_1^2} + \overline{\alpha_2^2} + \overline{\alpha_3^2}$$

und daraus wegen der Symmetrie

$$\overline{\alpha_1^2} = \overline{\alpha_2^2} = \overline{\alpha_3^2} = \frac{1}{3}.$$

Ebenso aus

$$\alpha_1 \alpha_2 + \beta_1 \beta_2 + \gamma_1 \gamma_2 = 0, \qquad \overline{\alpha_1 \alpha_2} = 0.$$

Für die Produkte vierter Ordnung muß man einen Wert, etwa $\overline{\alpha_1^4}$, explizite durch Integration berechnen und findet

$$\overline{\alpha_1^4} = \frac{1}{5}$$

und dann weiter

$$\frac{1}{3} = \overline{\alpha_1^2(\alpha_1^2 + \alpha_2^2 + \alpha_3^2)} = \frac{1}{5} + \overline{\alpha_1^2 \alpha_2^2} + \overline{\alpha_1^2 \alpha_3^2}$$

und wieder wegen Symmetrie

$$\overline{\alpha_1^2 \alpha_2^2} = \overline{\alpha_1^2 \alpha_3^2} = \frac{1}{15}.$$

Ferner

$$0 = \overline{\alpha_1 \alpha_2(\alpha_1 \alpha_2 + \beta_1 \beta_2 + \gamma_1 \gamma_2)} = \frac{1}{15} + \overline{\alpha_1 \alpha_2 \beta_1 \beta_2} + \overline{\alpha_1 \alpha_2 \gamma_1 \gamma_2}$$

und

$$\overline{\alpha_1 \alpha_2 \beta_1 \beta_2} = \overline{\alpha_1 \alpha_2 \gamma_1 \gamma_2} = -\frac{1}{30}.$$

Die direkte Berechnung der letzteren Mittelwerte durch Integration über alle Orientierungen wäre sehr viel umständlicher.

Man wird oft in analoger Weise vorgehen können. Es sei etwa der Mittelwert der sechsten Potenz der Totalgeschwindigkeit v eines Gasmoleküls in den Geschwindigkeitskomponenten u auszudrücken. Man schreibt

$$v^2 = u_1^2 + u_2^2 + u_3^2$$

$$v^6 = u_1^6 + \cdots + 3\,u_1^4 u_2^2 + \cdots + 6\,u_1^2 u_2^2 u_3^2$$

$$\overline{v^6} = 3\,\overline{u^6} + 18\,\overline{u_1^4 u_2^2} + 6\,\overline{u_1^2 u_2^2 u_3^2} = 3\,\overline{u^6} + 18\,\overline{u^4} \cdot \overline{u^2} + 6\left(\overline{u^2}\right)^3,$$

das letzte nur, weil eigentümlicherweise die Komponenten unabhängig sind (Ziff. 25). Weiß man außerdem aus dem Gaussischen Verteilungsgesetz für u, daß $\overline{u^6} = 15\left(\overline{u^2}\right)^3$ und $\overline{u^4} = 3\left(\overline{u^2}\right)^2$, so findet man schließlich

$$\overline{v^6} = 105\left(\overline{u^2}\right)^3 = 35\left(\overline{v^2}\right)^3.$$

In schwierigeren Fällen kann man so durch Berechnung aller Potenzmittelwerte das Verteilungsgesetz der betreffenden Größe bestimmen (Ziff. 22).

14. Die Streuung oder Standardabweichung. Um ein Maß für die Ungleichheit der Zahlen $x_1 \ldots x_m$ zu haben, betrachtet man die Abweichungen vom Mittelwert $x_i - \bar{x}$. Da der Mittelwert dieser Differenz offenbar identisch Null ist, so nimmt man am einfachsten den Mittelwert vom Quadrat dieser Differenz als Maß für die Schwankung von x (der Mittelwert von $|x - \bar{x}|$, den man bei statistischen Untersuchungen wohl auch benutzt, hat nicht die einfachen algebraischen Eigenschaften des Quadratmittels). Man zieht die Wurzel aus diesem quadratischen Mittelwert, damit eine Größe derselben Dimension wie x entstehe, die Streuung von x:

$$\sigma_x = \sqrt{\overline{(x - \bar{x})^2}}. \tag{29}$$

Nach dem Vorgange KARL PEARSONS bezeichnen wir Streuungen allgemein mit σ, PEARSON nennt σ Standardabweichung (standard deviation), welche Benennung die große Rolle gerade dieses Mittelwertes gut hervorhebt. Den althergebrachten Namen „mittlere" Abweichung (bzw. Schwankung, Fehler) mit dem Gegensatz „durchschnittliche" Abweichung usw. für $\overline{|x - \bar{x}|}$ werden wir lieber nicht benutzen, damit die Bezeichnung mittlere Zahl, Größe usw. unzweideutig den Mittelwert angebe.

Die Streuung hat, wie man leicht nachweist, folgende einfache Eigenschaften:

$$\sigma_x^2 = \overline{x^2} - \bar{x}^2\,, \tag{30}$$

$$\sigma_{x+y}^2 = \sigma_x^2 + \sigma_y^2 \qquad (x \text{ und } y \text{ unabhängig!})\,. \tag{31}$$

(Für den Fall der Abhängigkeit vgl. Ziff. 43.)

$$\sigma^2\left(\frac{x_1 + x_2 + \cdots + x_n}{n}\right) = \frac{1}{n}\sigma_x^2 \tag{32}$$

[Streuung des arithmetischen Mittels bei n-facher Wiederholung[1]]. Ist $F(t)$ die erzeugende Funktion für x, so findet man daraus Mittelwert und Streuung gemäß

$$\left.\begin{aligned} \bar{x} &= \left(\frac{\partial F}{\partial t}\right)_{t=1}, \\ \sigma_x^2 &= \left(\frac{\partial^2 F}{\partial t^2}\right)_{t=1} + \left(\frac{\partial F}{\partial t}\right)_{t=1} - \left(\frac{\partial F}{\partial t}\right)_{t=1}^2 \end{aligned}\right\} \tag{33}$$

(vgl. Ziff. 9). Die Benutzung der allgemeinen Eigenschaften für die Berechnung einer Streuung sei an folgendem Beispiel erläutert:

Eine Urne enthält W weiße und $N - W$ schwarze Kugeln. Man nimmt n Kugeln heraus und findet darunter w weiße. Wie groß ist σ_w? Man berechne die Mittelwerte von w und w^2. Es sei δ_i Null oder Eins, je nachdem die i-te herausgenommene Kugel schwarz oder weiß ist. Dann hat man:

$$\bar{w} = \overline{\sum_1^n \delta_i} = n\,\bar{\delta}_i\,, \qquad \overline{w^2} = \overline{\sum_i \sum_j \delta_i\,\delta_j} = n\,\overline{\delta_i^2} + n(n-1)\,\overline{\delta_i\delta_j}\,.$$

Die W., daß die i-te Kugel weiß ist, ist W/N, daß die i-te und j-te weiß sind,

$$\frac{W}{N}\cdot\frac{W-1}{N-1}\,,$$

daher

$$\bar{\delta}_i = \overline{\delta_i^2} = W/N\,, \qquad \overline{\delta_i\delta_j} = \frac{W}{N}\,\frac{W-1}{N-1}$$

und

$$\bar{w} = n\,W/N = n\,p\,, \qquad \sigma_w^2 = n\,\frac{W}{N}\,\frac{(N-W)\,(N-n)}{N(N-1)} = n\,p(1-p)\left(1 - \frac{n-1}{N-1}\right) \tag{34}$$

wo zur Abkürzung $W/N = p$ gesetzt wurde. Nimmt man in (34) $N = \infty$, so kommt man dadurch auf den einfacheren Fall zurück, daß die W. für eine weiße Kugel während n Versuchen immer p bleibt, und findet dann

$$\sigma_w^2 = n\,p(1 - p)\,,$$

wie es auch unmittelbar aus (30) und (32) folgt.

15. Berechnung der W. aus dem Mittelwert, Poissonsche Formel. Sind die möglichen Werte x_1, x_2 usw. von x bekannt, so genügt im allgemeinen die Kenntnis des Mittelwertes $\bar{x}$ natürlich nicht, um die entsprechenden W. $p_1, p_2 \ldots$ zurückzufinden. Beim Nadelproblem in Ziff. 13 gelang das dadurch, daß x nur 0 oder 1 sein konnte. Ist x die Anzahl Male, daß ein Ereignis unter bestimmten Umständen eintrifft, so kann man diesen einfachen Fall, x gleich 0

[1] Bei verwickelteren Ausdrücken sei es erlaubt, σ gewissermaßen als Funktionssymbol zu behandeln. Es ist dadurch unnötig, auch noch ein besonderes Symbol wie etwa disp(x) oder gar str(x) (Bruns) einzuführen.

oder 1, oft dadurch herbeiführen, daß man die W. für $x = 1$ durch Änderung der Umstände beliebig klein werden läßt. Man betrachtet z. B. die Anzahl der Zusammenstöße, welche ein Gasmolekül während des Zurücklegens einer Strecke l erfährt, oder in einem radioaktiven Präparat die Anzahl der Atome, welche in einer Zeit t sich umwandeln, und kann dadurch, daß man l oder t beliebig klein nimmt, erreichen, daß die W., daß ein Ereignis stattfindet, beliebig klein wird und die W., daß mehr als eins eintritt, verschwindet gegen die W für $x = 1$. Bei einem radioaktiven Prozeß sei etwa durch Messungen festgestellt, daß in einer längeren Zeit t sich at Atome umwandeln. Wir teilen diesen Zeitraum nun in N Stücken. Die mittlere Zahl der Umwandlungen in jedem Zeitteil ist dann at/N, und das ist sogleich auch die W., daß in einem Zeitteil eine Umwandlung stattfindet, vorausgesetzt, daß N groß genug genommen wird.

Dieser Rückschluß vom Mittelwert auf die W. ist offenbar unabhängig davon, ob die aufeinanderfolgenden Ereignisse sich gegenseitig beeinflussen oder nicht. Ob das der Fall ist, müssen wir aber für den folgenden Schritt, die Rückkehr zu dem größeren Intervall, wissen. Für unabhängige Ereignisse gilt folgendes: Die W., daß in n vorgegebenen Zeitteilen je ein Atom zerfällt, in den übrigen $N - n$ keines, ist

$$\left(\frac{at}{N}\right)^n \left(1 - \frac{at}{N}\right)^{N-n}.$$

Multiplikation mit der Anzahl Kombinationen von n aus N liefert die W. p_n, daß gerade n Atome in der Zeit t zerfallen, wenn man noch $N \to \infty$ nimmt:

$$p_n = \lim_{N\to\infty} \frac{N(N-1)\cdots(N-n+1)}{n!} \left(\frac{at}{N}\right)^n \left(1 - \frac{at}{N}\right)^{N-n} = \frac{(at)^n}{n!} e^{-at}.$$

Man verifiziert leicht, daß

$$\sum_0^\infty p_n = 1 \qquad \text{und} \qquad \bar{n} = \sum_0^\infty n\,p_n = at$$

wie es sein muß. Es ist also allgemein für unabhängige unter sich gleiche Ereignisse möglich, die W., daß n von ihnen eintreffen, aus dem bekannten Mittelwert $\bar{n}$ zu berechnen nach

$$p_n = \frac{(\bar{n})^n}{n!} e^{-\bar{n}}. \tag{35}$$

Diese schon von POISSON 1836 gefundene Formel wurde wiederholt neuentdeckt und oft diskutiert[1]). Aus der Übereinstimmung dieser Formel mit den Beobachtungen hat man auf die Unabhängigkeit des radioaktiven Zerfalls der einzelnen Atome geschlossen. Für die Buffonsche Nadel war dagegen $p_1 = \bar{n}$, es wird die Poissonsche Formel aber gelten, wenn man die Nadel in eine große Anzahl kleiner Stücke zerbricht.

16. Irrtümer bei der Rechnung mit Mittelwerten. Weglängenparadoxon. Die Eigenschaften des Mittelwertes sind gewissermaßen allzu einfach, weil man dadurch nur zu leicht dazu kommt, die Gültigkeitsgrenzen zu überschreiten. Es ist z. B. nicht $\overline{f(x)} = f(\bar{x})$, ein Fehler, welcher bei praktischen statistischen Arbeiten bisweilen unbemerkt unterläuft. Die Gleichheit besteht nur bei linearer Abhängigkeit. (Vgl. den „Zentralwert" Ziff. 32, für welchen allgemein eine solche Invarianz bei Transformationen gilt.) Noch leichter begeht man den Fehler,

[1]) H. BATEMAN, Phil. Mag. (6) Bd. 20, S. 698, Bd. 21, S. 745. 1911; L. v. BORTKIEWICZ, Das Gesetz der kleinen Zahlen. Leipzig 1907; R. v. MISES, ZS. f. angew. Math. u. Mech. Bd. 1, S. 121 u. 298. 1921.

für den Mittelwert am Ende der Rechnung eine andere Zufallserscheinung zu betrachten als am Anfang. So bei Fragen über die mittlere Weglänge eines Gasmoleküls.

Der Zickzackweg eines Gasmoleküls ist in Abb. 1 gestreckt worden, die Eckpunkte — Stoßpunkte — mögen, von einem willkürlich gewählten Ursprung O

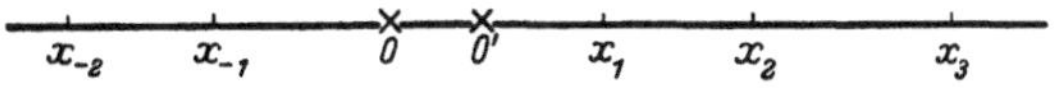

Abb. 1. Zum Weglängenparadoxon.

gemessen, die Abszissen $\ldots x_{-1}, x_1, x_2 \ldots$ haben. Während das Molekül die kleine Strecke dx zurücklegt, sei die W. für einen Zusammenstoß dx/λ. Die mittlere Zahl der Stoßpunkte auf einer Strecke x wird dann x/λ, und die W., daß x_n zwischen x und $x + dx$ liegt

$$f_n(x)\,dx = \frac{1}{(n-1)!}\left(\frac{x}{\lambda}\right)^{n-1} e^{-x/\lambda}\,dx/\lambda\,, \tag{36}$$

da die Poissonsche Formel offenbar anwendbar ist (vgl. Ziff. 15). Aus $f_n(x)$ findet man für den Mittelwert von x_n:

$$\overline{x_n} = \int\limits_0^\infty x f_n(x)\,dx = n\lambda\,.$$

Es wird daher die mittlere Entfernung zwischen zwei benachbarten Stößen $\overline{x_n - x_{n-1}} = \lambda$ gefunden, d. h. λ ist die mittlere Weglänge. Es ist aber auch $\overline{x_1} = \lambda$. Hätten wir den Ursprung in O', $OO' = a$ angenommen, so wäre $x_1' = x_1 - a$ und

$$\overline{x_1'} = \overline{x_1 - a} = \lambda - a\,,$$

während andererseits der Mittelwert des rechts von O' gelegenen Stückes ebensogut gleich λ sein sollte, weil doch die Wahl des Ursprungs willkürlich war. Man könnte hier vielleicht meinen, die Additivität der Mittelwerte gelte nicht unbedingt. Dem ist nicht so; man hebt den scheinbaren Widerspruch, wenn man schreibt

$$\overline{x_1'}^{\,O} = \lambda - a \qquad \overline{x_1'}^{\,O'} = \lambda\,,$$

d. h. für ersteren Mittelwert betrachtet man alle Fälle, wo $x_1 > 0$, für letzteren nur diejenigen, für welche $x_1' > 0$. Tatsächlich läßt sich leicht der b e d i n g t e Mittelwert

$$\overline{x_1}^{\,O'} = \int\limits_a^\infty x f_1(x)\,dx \Big/ \int\limits_a^\infty f_1(x)\,dx = \lambda + a$$

mittels (36) nachrechnen.

Geht man von 0 rückwärts, so wird analog gefunden $\overline{-x_{-1}} = \lambda$, $\overline{-x_{-2}} = 2\lambda$ usw. Also ist auch $\overline{x_{-1} - x_{-2}} = \lambda$, es wird aber $\overline{x_1 - x_{-1}} = 2\lambda$, d. h. die mittlere Entfernung der Stoßpunkte ist überall gleich λ, ausgenommen an der einen Stelle, wo O liegt! Dieses P a r a d o x o n d e r W e g l ä n g e ist fast selbstverständlich, wenn man die Wahrscheinlichkeitsaufgabe der Abb. 1 geometrisch betrachtet. Der Punkt O ist ebenso willkürlich auf die Gerade hingeworfen wie die Stoßpunkte, der Mittelwert $\overline{x_1 - x_{-1}}$ muß daher dieselbe Größe haben wie etwa $\overline{x_3 - x_1}$. Nützlicher, weil auch auf andere Fälle übertragbar, ist die Bemerkung, daß O an eine willkürliche Stelle der Geraden gelegt wurde, und d a b e i an sich die W. größer ist, eine große Strecke zu treffen als eine kleine. Die W., daß O auf eine Strecke der Länge zwischen l und $l + dl$ fällt, wird daher n i c h t $f_1(l)\,dl$ sein, sondern $C l f_1(l)\,dl$, und daraus

$$\overline{l} = \int\limits_0^\infty l^2 f_1(l)\,dl \Big/ \int\limits_0^\infty l f_1(l)\,dl = 2\lambda\,.$$

IV. Das Haupttheorem und das Momentenproblem.

a) Das Haupttheorem.

17. Verschiedene Fassungen des Theorems. Eine zentrale Bedeutung für die ganze W. r. — wie auch für ihre praktische Anwendbarkeit — kommt den Sätzen über das asymptotische Verhalten der W. bei n-facher Wiederholung zu. Man kann diese zweckmäßig unter den Namen Haupttheorem der Wahrscheinlichkeitsrechnung zusammenfassen[1]). Zur Charakterisierung der verschiedenen, teilweise unrichtigen Formulierungen sei der einfache Fall betrachtet, daß man speziell die Anzahl Male P ins Auge faßt, daß ein gewisses Ereignis in N Versuchen eintrifft, während die W. des Eintreffens bei jedem Versuch p ist.

Die einfachste Aussage lautet dann: „Der wahrscheinlichste Wert für P ist die ganze Zahl, welche Np am nächsten liegt.“ Das hat aber noch wenig Bedeutung, nicht nur weil die W. für andere Werte in der Nähe von Np fast ebenso groß ist, sondern auch, weil die maximale W. bei wachsendem N gegen Null geht. Eine andere Aussage ist: „Das Verhältnis P/N, die relative Häufigkeit, strebt mit wachsendem N gegen p.“ So formuliert hat man aber kein mathematisch beweisbares Theorem vor sich, vielmehr einen Satz, welcher evtl. aus der Erfahrung durch Induktion gewonnen werden könnte, und etwa als Naturgesetz der Zufallserscheinungen anzusprechen wäre. Offenbar hat man es in früheren Zeiten mehr oder weniger bewußt so gemacht, bis durch die Weiterbildung der Wr. das Haupttheorem dieses Gesetz ersetzen konnte (vgl. auch Ziff. 6).

Die genaue Fassung besagt: „Die W., daß P/N in einer festgehaltenen Umgebung von p liegt, geht für $N \to \infty$ gegen Eins.“ Unter Bernoullisches Theorem sollte man nur diese spezielle Formulierung verstehen. Selbstverständlich fragt man aber weiter, wie mit wachsendem N die Umgebung von p zusammenzuziehen ist, um eine W. von vorgeschriebener Größe zu erhalten, d. h. man fragt nach der asymptotischen Verteilung der W. in der Umgebung von p[2]). Diese Frage besprechen wir weiter unter Ziff. 19.

Man braucht die betreffenden Theoreme nicht zu beschränken auf eine Anzahl von Ereignissen; sie gelten allgemein für eine vom Zufall abhängige Größe x. An Stelle von P tritt dann $\sum x_i = X$, wo x_i der beim i-ten Versuch eintreffende Wert von x ist, an Stelle der relativen Häufigkeit das arithmetische Mittel:

$$\xi = \frac{x_1 + x_2 + \cdots + x_N}{N}. \tag{37}$$

Das Haupttheorem im engeren Sinne lautet dann: Die W., daß ξ zwischen $\overline{x} - \varepsilon$ und $\overline{x} + \varepsilon$ fällt, wo ε eine von N unabhängige Konstante, geht für $N \to \infty$ gegen Eins.

Der Beweis ist seit TSCHEBYSCHEFF sehr kurz und übersichtlich. Man macht:

a) die fast triviale Bemerkung, daß die W., daß eine nicht negative Größe r ihren μ-fachen Mittelwert $\mu\overline{r}$ überschreitet, kleiner als $1/\mu$ sein muß;

---

[1]) Man spricht oft vom Bernoullischen Theorem für die weiteste Fassung (was historisch nicht richtig ist) auch allgemein vom Gesetz der großen Zahlen (vgl. Ziff. 20).

[2]) Wie gebräuchlich, werden wir es immer so auffassen, daß beim Ändern der Versuchszahl von N_1 auf N_2 wieder N_2 neue Versuche angestellt werden. Der Fall, daß die ersten Versuche immer wieder mitzählen, behandelt KHINCHINE, Math. Ann. Bd. 96, S. 152. 1926.

b) berechnet die Streuung von ξ und findet nach Formel (32), Ziff. 14

$$\sigma_\xi^2 = \sigma_x^2/N,$$

c) wendet a) an für $r = (\xi - \overline{\xi})^2 = (\xi - \overline{x})^2$ und $\mu = \varepsilon^2 N/\sigma_x^2$ und findet für die W. $p_{>\varepsilon}$, daß ξ außerhalb des vorgeschriebenen Intervalls fällt:

$$p_{>\varepsilon} < \sigma_x^2/\varepsilon^2 N.$$

Dieser Beweis gilt nicht nur, wenn x eine endliche Anzahl verschiedener Werte annehmen kann, sondern auch für abzählbare und für kontinuierliche W. In letzteren Fällen aber mit der ersichtlichen Einschränkung, daß der Mittelwert σ_x^2 existiert. Bei folgendem Spiel ist das nicht der Fall:

Ein Spieler wirft mit einem Würfel solange, bis der Würfel mehr als 2 zeigt. Gelingt im das beim ersten Wurf, so erhält er eine Mark, wenn beim zweiten, zwei, wenn beim m-ten, 2^{m-1}. Der Mittelwert seines Gewinns x ist offenbar

$$\overline{x} = \frac{2}{3}\cdot 1 + \frac{2}{3}\cdot\frac{1}{3}\cdot 2 + \frac{2}{3}\cdot\frac{1}{3^2}\cdot 2^2 + \cdots = 2$$

die entsprechende Reihe für $\overline{x^2}$ aber divergiert. Nach den Untersuchungen von LÉVY kann man vermuten, daß für dieses Beispiel das Theorem seine Gültigkeit dennoch behält, da allgemein etwa die Konvergenz des Mittelwerts von $|x|^{1+\varepsilon}$ genügt (vgl. die Besprechung der Gültigkeitsgrenzen Ziff. 19).

18. Statistische Bestimmung von Wahrscheinlichkeiten. Ist die W. p eines Ereignisses E nicht a priori, etwa aus Symmetriegründen, berechenbar (vgl. Ziff. 3), so wird man ihren Wert dadurch experimentell bestimmen können, daß man die bei N-facher Wiederholung beobachtete Häufigkeit $r = P/N$ der W. gleichsetzt. Für eine einigermaßen sichere Bestimmung braucht man große Anzahlen N, denn es ist die Streuung von r (Ziff. 14)

$$\sigma_r^2 = \overline{(r - p)^2} = \frac{p(1-p)}{N} \tag{38}$$

ein Maß für die erreichbare Genauigkeit, und für eine Streuung von 0,01 muß daher bei mittleren Werten von p N etwa 1600 bis 2500 betragen. Für kleinere Werte von p, z. B. $p = 0{,}01$, wird die Genauigkeit zwar größer, die relative Genauigkeit aber geringer, und um eine W. von 0,01 auf 10% zu bestimmen, muß $N = 10000$ sein. Daß diese statistische Bestimmung der W. für Wiederholungszahlen der genannten Größenordnung recht brauchbar ist, sei an Würfelversuchen von WOLF[1]) gezeigt. 20000 Würfe mit zwei Würfeln, einem weißen und einem roten, ergaben folgende 36 Häufigkeiten:

Tabelle 1. Würfelversuche.

	Häufigkeiten P_{ij}							Abweichungen $P_{ij} - \overline{P}_{ij}$					
j \ i	1	2	3	4	5	6	Summe	1	2	3	4	5	6
1	547	587	500	462	621	690	3407	−6	−1	7	−22	1	20
2	609	655	497	535	651	684	3631	20	29	−29	19	−9	−30
3	514	540	468	438	587	629	3176	−2	−8	8	−13	10	5
4	462	507	414	413	509	611	2916	−11	−4	−8	1	−21	38
5	551	562	499	506	658	672	3448	−9	−23	0	16	31	−6
6	563	598	519	487	609	646	3422	8	8	23	1	−13	−27
Summe	3246	3449	2897	2841	3635	3932	20000	Quadratsumme 10332					

[1]) R. WOLF, Naturforsch. Ges. Zürich Bd. 26; Bd. 27, 1881–1883.

Die Summen der letzten Zeile geben die Häufigkeiten für die Augen 1, 2, ..., 6 des weißen Würfels allein in 20000 Versuchen, und daraus findet man für die W. p_i für den weißen Würfel:

W. des weißen Würfels 0,1623 0,1725 0,1448 0,1420 0,1818 0,1966.

Man kann nun weiter die einzelnen Zeilen 1 ... 6 als Häufigkeiten bei 6 unabhängigen Versuchsreihen mit dem weißen Würfel betrachten, und findet z. B. aus den Quotienten der beiden letzten Spalten die 6 Bestimmungen für p_6:

0,203 0,188 0,198 0,210 0,195 0,189

welche Zahlen überzeugend dartun, daß p_6 tatsächlich bedeutend größer als 1/6 ist. Die Quadratsumme der Abweichungen obiger Zahlen für p_6 von ihrem Mittel 0,1966 wird zu $338 \cdot 10^{-6}$ gefunden, während der Mittelwert dieser Größe mit $p_6 = 0{,}1966$ zu $237 \cdot 10^{-6}$ berechnet wird.

Berechnet man ebenso aus den Zahlen der letzten Spalten die W. für den roten Würfel q_j und bildet die 36 Produkte $p_i q_j$, so erhält man daraus durch Multiplikation mit 20000 die Mittelwerte $\overline{P_{ij}}$. Die Abweichungen der Häufigkeiten von diesen Mittelwerten sind auch in Tabelle 1 verzeichnet. Aus ihrer Quadratsumme berechnet man experimentell $\sigma = 20$, während der berechnete Mittelwert $\sigma = \sqrt{20000 \cdot 1/36 \cdot 35/36} = 23$ ist. Auch diese letzte Übereinstimmung ist ein Beleg für das Haupttheorem. Für die Streuung des experimentellen σ berechnet sich $\sigma_\sigma = 3$.

19. Die asymptotische Gestalt der Verteilungskurve. Es war JAKOB I. BERNOULLI nicht gelungen, ein genaues Maß für die Annäherung an den Mittelwert als Funktion der Zahl n der Wiederholungen zu geben. DE MOIVRE fand dann 1738 das e^{-x^2} Gesetz, welches erst durch die weiteren Arbeiten von LAPLACE allgemein bekannt wurde. Dieses „Exponentialgesetz" ist in den verschiedenen Anwendungsgebieten mit verschiedenen Namen verbunden worden, es wird nach GAUSS, QUÉTELET, MAXWELL, GALTON usw. genannt. Statt, wie es oft geschieht, auch außerhalb der Fehlertheorie vom Gaussischen Verteilungsgesetz zu sprechen, sei es hier mit den modernen Statistikern stets als normales Gesetz bezeichnet (vgl. Ziff. 28).

Ist wieder X die Summe aller in n Versuchen erreichten x-Werte, $\xi = X/n$ ihr arithmetisches Mittel, σ die Streuung von x beim Einzelversuch, so lautet das Theorem von DE MOIVRE-LAPLACE — das Haupttheorem im weiteren Sinne:

Die W., daß

$$y = \frac{\sum x - n\bar{x}}{\sigma\sqrt{n}} = \frac{X - \bar{X}}{\sigma_x} = \frac{\xi - \bar{\xi}}{\sigma_\xi} \tag{39}$$

zwischen den Grenzen y_1 und y_2 fällt, beträgt

$$\frac{1}{\sqrt{2\pi}} \int_{y_1}^{y_2} e^{-\frac{1}{2}u^2} du \tag{40}$$

oder die Wahrscheinlichkeitsdichte für y (Verteilungsgesetz von y) ist $1/\sqrt{2\pi} \cdot e^{-y^2/2}$. (Über diese Terminologie vgl. Ziff. 24.)

LAPLACE benutzte für den Beweis dieses wichtigen Theorems die erzeugende Funktion, welche bei n-facher Wiederholung zur n-ten Potenz erhoben wird (Ziff. 9), sowie seine asymptotische Berechnungsweise mit der Residuumformel (Ziff. 10). CAUCHY fand, daß dieselbe Eigenschaft der Potenzierung auch für die Fouriersche Transformierte des Verteilungsgesetzes der Einzelerscheinung gilt. Erst in der letzten Zeit hat LÉVY[1]) diese Methode von CAUCHY zum strengen Beweis des Theorems ausgebildet und dadurch viele anderweitige Versuche überholt (vgl. auch Ziff. 23).

In der folgenden kurzen Andeutung des Lévyschen Beweises sei einfachheitshalber an kontinuierliche W. für die Einzelerscheinung gedacht, deren Verteilungsgesetz $\varphi(x)$ sei. Der Beweis besteht dann aus folgenden Schritten:

a) Für die Verteilungsfunktion φ sollen konvergieren die Integrale

$$\int_{-\infty}^{+\infty} \varphi\, dx = 1\,, \qquad \int_{-\infty}^{+\infty} x\varphi\, dx = \bar{x}\,, \qquad \int_{-\infty}^{+\infty} x^2\varphi\, dx = \sigma^2 + x^2\,,$$

so daß man den Ursprung nach $\bar{x}$ verlegen kann, wodurch die entsprechenden Integrale die Werte 1, 0 und σ^2 annehmen für das geänderte $\varphi_1(x')$. Es gilt für φ_1 der Fouriersche Integralsatz, es sei die „Fouriersche Transformierte" von φ_1

$$\omega(\lambda) = \int_{-\infty}^{+\infty} \varphi_1(x')\, e^{i\lambda x'}\, dx'\,,$$

so hat diese durch obige Bedingungen die Eigenschaften:

$$\omega(0) = 1\,,\quad \omega'(0) = 0\,,\quad \omega''(0) = -\sigma^2,\quad \omega(\lambda) = 1 - \tfrac{1}{2}\sigma^2\lambda^2 + \varepsilon(\lambda)\cdot\lambda^2\,,\quad \lim_{\lambda=0}\varepsilon(\lambda) = 0\,.$$

b) Ist $\varphi_n(X')$ das Verteilungsgesetz von $X' = \sum x'$ bei n-facher Wiederholung, so ist die Fouriersche Transformierte von φ_n gleich $[\omega(\lambda)]^n$, für das Verteilungsgesetz von $y = X'/\sigma\sqrt{n}$ ist dieselbe daher $\{\omega(\lambda/\sigma\sqrt{n})\}^n = \chi_n(\lambda)$ und es wird für $n \to \infty$:

$$\lim \chi_n(\lambda) = \lim\left(1 - \frac{1}{2}\,\frac{\lambda^2}{n}\right)^n = e^{-\lambda^2/2}\,.$$

c) Streben die Fourierschen Transformierten einer Funktionenfolge zum Grenzwert $\chi(\lambda)$ und ist diese die Fouriersche Transformierte einer Funktion $f(y)$, so hat die Funktionenfolge den Grenzwert $f(y)$ [2]).

Damit ist der Beweis geliefert, denn es ist $e^{-\lambda^2/2}$ die Fouriersche Transformierte von $1/\sqrt{2\pi}\cdot e^{-y^2/2}$.

LÉVY gibt außerdem an, wie für den Fall, daß das Integral für $\overline{x^2}$ nicht konvergiert, daß aber Konvergenz stattfindet für $\overline{|x|^p}$, wenn $p < \alpha$, Divergenz wenn $p > \alpha$, das Grenzgesetz zu finden ist. So wird für $\alpha = 1$

$$f(y) = \frac{1}{\pi}\,\frac{1}{1+y^2}\,, \tag{41}$$

wo nun außerdem, statt (39), $y = X'/n$ ist, so daß in diesem Fall das Verteilungsgesetz für das arithmetische Mittel sich nicht zusammenzieht auf immer kleinere Werte, also auch die engere Fassung des Haupttheorems ungültig wird.

Über die allgemeine asymptotische Entwicklung von φ_n nach fallenden Potenzen von n, soweit diese bekannt ist, sehe man Ziff. 23, über das Grenzgesetz bei Abhängigkeit der Einzelversuche Ziff. 29.

[1]) P. LÉVY, C. R. Bd. 174, S. 855 u. 1682; Bd. 175, S. 854. Paris 1922.

[2]) Vgl. auch G. PÓLYA, Math. ZS. Bd. 18, S. 107. 1923.

20. Das Poissonsche Gesetz der großen Zahlen. Diesen Namen gab POISSON der von ihm gefundenen Verallgemeinerung des Haupttheorems auf den Fall, daß die W. bei den n Einzelversuchen nicht immer dieselben sind. Die Richtigkeit dieser bedeutenden Erweiterung des Haupttheorems wurde oft angezweifelt, und es sieht auch wirklich unmöglich aus, daß die Zusammenfassung von n unter sich ganz verschiedenen Zufallserscheinungen, zwischen denen nicht die geringste Ähnlichkeit besteht, zu einem vernünftigen Grenzgesetz führen könnte[1]). Die Richtigkeit eines mathematischen Satzes läßt sich aber nicht dadurch bestreiten, daß man ihn auf unvernünftige Fälle anwendet.

Tatsächlich läßt sich der Lévysche Beweis (Ziff. 19) unschwer auf den Poissonschen Fall anwenden. Sind die Mittelwerte bei der i-ten Erscheinung $\bar{x}_i$ bzw. σ_i^2, so findet man, daß für die Größe

$$y = \sum_1^n (x_i - \bar{x}_i) \Big/ \sqrt{\sum_1^n \sigma_i^2} \tag{42}$$

das Verteilungsgesetz wieder die oben gefundene normale Gestalt (40) hat. Unter der fast selbstverständlichen Einschränkung aber, daß keines der σ_i^2 stark überwiegt[2]).

Dieses Poissonsche Gesetz kann auch so formuliert werden: Eine Reihe von n Zufallserscheinungen gibt — unter gewissen, praktisch meist erfüllten, Bedingungen — asymptotisch dieselben W. wie die n-fache Wiederholung einer fingierten „mittleren" Erscheinung. Für die Anwendungen ist es besonders dann von Bedeutung, wenn es sich um gleichartige Erscheinungen handelt, deren W. sich langsam ändert oder unregelmäßig um einen bestimmten Wert schwankt. Erst durch diese Erweiterung des Haupttheorems wird es verständlich, daß man bei biologischen und sozialen Statistiken so oft auf das normale Verteilungsgesetz geführt wird. Leider findet man den suggestiven Namen „Gesetz der großen Zahlen" oft geradezu als Bezeichnung für die engere Fassung des Haupttheorems (Ziff. 17), auch ohne Unterschied für das Haupttheorem überhaupt, benutzt.

b) Das Momentenproblem.

21. Formulierung des Problems. Bestimmtheitsgrenzen. Bei einigermaßen verwickeltem Zusammenhang wird es gewöhnlich viel schwieriger sein, W. zu berechnen als Mittelwerte (vgl. das Beispiel für $\overline{v^6}$ in Ziff. 13). Dadurch erhebt sich die Frage, ob man allgemein die W. $p_1, p_2, \cdots p_m$ für die Werte $x_1, x_2, \cdots x_m$ finden kann, falls Mittelwerte $\overline{x^r}$ für eine genügende Anzahl ganzzahliger r bekannt sind. Man stellt sich die Frage leichter vor in der mechanischen Einkleidung: die Gesamtmasse 1 ist so über die gegebenen Punkte $x_1 \cdots x_m$ einer Geraden zu verteilen, daß ein vorgeschriebenes statisches Moment $\bar{x}$, Trägheitsmoment $\overline{x^2}$ und ebenso „höhere Momente" von gegebenem Wert resultieren. Die gegebenen Werte der Momente seien mit $\mu_1, \mu_2 \cdots$ bezeichnet.

Man sieht zunächst leicht ein, daß die m Unbekannten p_i durch die m Gleichungen

$$\begin{aligned} p_1 + p_2 + \cdots + p_m &= 1 \\ x_1 p_1 + x_2 p_2 + \cdots + x_m p_m &= \mu_1 \\ \cdots\cdots\cdots\cdots\cdots\cdots \\ \cdots\cdots\cdots\cdots\cdots\cdots \\ x_1^{m-1} p_1 + x_2^{m-1} p_2 + \cdots x_m^{m-1} p_m &= \mu_{m-1} \end{aligned}$$

jederzeit eindeutig bestimmt sind, da ihre Determinante nicht Null sein kann.

[1]) Man sehe den Spott BERTRANDS in seinem Lehrbuch l. c. S. 420, Fußnote 1.

[2]) Für die genaue Formulierung der Bedingungen sehe man P. LÉVY, Pariser C. R. Bd. 174, S. 1682. 1922.

Den Fall kontinuierlicher W., wo x alle Werte des endlichen Intervalls $a - b$ annehmen kann, so daß eine stetige Massenverteilung der Dichte $\varphi(x)$ gesucht wird, für welche

$$\int_a^b \varphi(x)\,dx = 1\,, \qquad \int_a^b x\varphi(x)\,dx = \mu_1\,, \qquad \int_a^b x^2\varphi(x)\,dx = \mu_2 \qquad \text{usw.} \tag{43}$$

wo nun eine unendliche Folge von Momenten gegeben ist, wird man in leicht ersichtlicher Weise durch den vorhergehenden Fall approximieren, und finden, daß die Lösung auch dann eindeutig durch die Zahlen μ_i festgelegt ist.

Anders wenn das Intervall einerseits oder beiderseits unendlich ist, wie es in den Anwendungen meistens vorkommt. Ohne einschränkende Bedingungen ist die Lösung in diesen Fällen immer unbestimmt. Hat man nämlich eine Lösung $\varphi_1(x)$ gefunden, so wird auch

$$\varphi_1(x) + C_1\psi_1(x) + C_2\psi_2(x) + \cdots$$

eine Lösung sein, sobald die Funktionen ψ Nullfunktionen sind, d. h. wenn alle Integrale (43) über diese Funktionen den Wert 0 haben. Beispiele solcher Nullfunktionen sind

für $0, \infty$: $e^{-a x^p}\sin(b x^p)$ und $x^{\frac{1}{2}} e^{-a x^p}\cos(b x^p)$ wo $b/a = \operatorname{tg}\pi p \quad 0 < p < \frac{1}{2}$

$$\left.\begin{aligned} &\text{für } -\infty, +\infty: && \psi_1 = e^{-a x^p}\sin(b x^p), && \psi_2 = e^{-a x^p}\cos(b x^p)\\ &\text{wo} && \psi_1(-x) = -\psi_1(x), && \psi_2(-x) = \psi_2(x)\\ & && b/a = \operatorname{tg}\tfrac{1}{2}\pi p\,, && 0 < p < 1\,, \qquad x > 0\,. \end{aligned}\right\} \tag{44}$$

Nun liegt es in der Natur der Sache, daß man die Bedingung stellen muß, die Lösung des Momentenproblems soll nirgends negativ sein. Genügt aber $\varphi_1(x)$ dieser Bedingung, so wird es die einzige derartige Lösung sein, wenn es nicht möglich ist, die Konstante C und die Nullfunktion ψ so zu wählen, daß auch $\varphi_1(x) + C\psi(x)$ nirgends negativ wird. Beim Vergleich mit den obigen Formeln für Nullfunktionen wird man daher die folgenden Eindeutigkeitsbedingungen verständlich finden.

Es gibt nur eine nicht negative Lösung $\varphi_1(x)$ des Momentenproblems für das Intervall $0, \infty$ wenn es positive Zahlen C, m und M gibt, für welche

$$\varphi_1(x) < C e^{-m\sqrt{x}} \qquad \text{für} \qquad x > M\,, \tag{45}$$

ebenso für das Intervall $-\infty, +\infty$, wenn

$$\varphi_1(x) < C e^{-m|x|} \qquad \text{für} \qquad |x| > M\,, \tag{46}$$

Für den Beweis von (45) vgl. man BOREL[1]), für (46) PÓLYA[2]). Letzterer gibt noch als entsprechende Bedingung für die Zahlen μ: die Lösung für das Intervall $-\infty, +\infty$ ist eindeutig bestimmt, wenn für alle n

$$\frac{\sqrt[2n]{\mu_{2n}}}{n} < M\,. \tag{47}$$

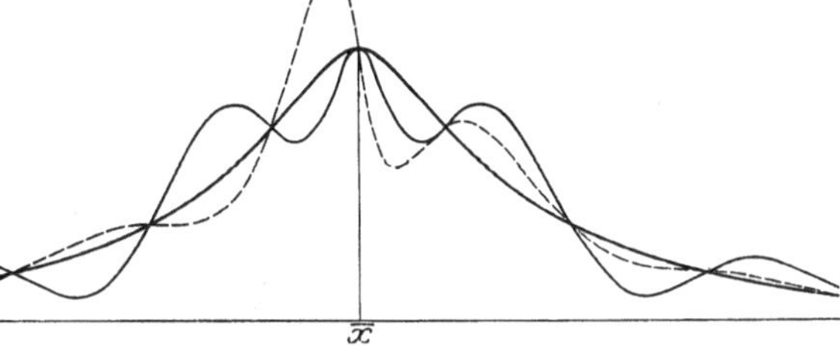

Abb. 2. Zwei symmetrische und eine schiefe Verteilungsfunktion, die alle Momente gleich haben.

Abb. 2 illustriert die Vieldeutigkeit der Lösung, in einem Falle wo die Bedingung (46) nicht erfüllt

[1]) E. BOREL, Leçons sur les séries divergentes. S. 71. Paris 1901.
[2]) G. POLYA, Astron. Nachr. Bd. 208, S. 185. 1919.

ist. Es ist dabei als Nullfunktion ψ_1 und $x\psi_2$ [Formeln (44)] benutzt mit $p = 0{,}8$.

Die praktische Verwendung der Momenten, um daraus das Verteilungsgesetz zu finden, kommt natürlich nur dann in Frage, wenn erstens alle Momente existieren, zweitens die Lösung eindeutig ist. Man sollte vielleicht meinen, daß ersteres wohl immer der Fall sein wird. Ein Beispiel für das Gegenteil gibt das von Dipolmolekülen herrührende elektrische Feld in einem Gase. Schon der Mittelwert des Quadrats der Feldstärke wird da unendlich[1]).

In anderen Fällen werden die höheren Momente zwar existieren, aber schneller zunehmen, als es die Bedingung (47) verlangt. Unter allen solchen Umständen wird man das Verteilungsgesetz auf andere Wege zu bestimmen suchen.

22. Lösung des Momentenproblems durch Hermitesche Polynome. Besonders auch durch ihren Zusammenhang mit den Verteilungen bei n-facher Wiederholung ist die im folgenden besprochene Reihenentwicklung in statistischen Fragen oft nützlich. Durch sie wird eine Funktion $\varphi(x)$ darstellbar, wenn ihre Momente $\mu_0 = 1, \mu_1, \mu_2 \ldots$ [Formel (43)] für das Intervall $-\infty, +\infty$ gegeben sind.

Man definiert durch die Entwicklung

$$e^{xt - \frac{1}{2}t^2} = \sum_0^\infty H_m(x) \cdot t^m/m! \tag{43}$$

eine Folge von Polynomen in x [Hermiteschen Polynomen][2]), welche die folgenden Eigenschaften haben:

$$\left.\begin{aligned} \frac{dH_m(x)}{dx} &= m\,H_{m-1}(x)\,, \\ \frac{d^2H_m}{dx^2} - x\frac{dH_m}{dx} + mH_m &= 0\,, \\ H_{m+1}(x) - xH_m(x) + mH_{m-1}(x) &= 0 \\ H_m(x) &= (-1)^m e^{x^2/2}\frac{d^m}{dx^m}e^{-x^2/2}\,, \end{aligned}\right\} \tag{49}$$

$$\int_{-\infty}^{+\infty} H_m(x)\,H_{m'}(x)\,e^{-x^2/2}\,dx = 0 \quad \text{für} \quad m \neq m', \qquad \int_{-\infty}^{+\infty} H_m^2(x)\,e^{-x^2/2}\,dx = m!\,\sqrt{2\pi}\,. \tag{50}$$

Für $m \to \infty$ wird asymptotisch, wenn

$$\lim |x|/\sqrt{4m+2} < 1\,,$$

$$H_m(x)\,e^{-x^2/4} \sim \frac{\sqrt{2}\cdot m^{m/2}\,e^{-m/2}}{\sqrt{\cos\varphi}}\cos\left\{\left(m+\frac{1}{2}\right)(\varphi + \sin\varphi\cos\varphi) - \frac{m\pi}{2}\right\} \tag{51}$$

wo

$$\sin\varphi = x/\sqrt{4m+2}\,.$$

$H_m(x)$ hat m Nullstellen im Intervall

$$-\sqrt{4m+2} < x < +\sqrt{4m+2}\,.$$

Es seien die Polynome bis $m = 6$ hier angeschrieben:

$$H_0 = 1\,,\quad H_1 = x\,,\quad H_2 = x^2 - 1\,,\quad H_3 = x^3 - 3x\,,$$
$$H_4 = x^4 - 6x^2 + 3\,,\quad H_5 = x^5 - 10x^3 + 15x\,,\quad H_6 = x^6 - 15x^4 + 45x^2 - 15\,.$$

---

[1]) J. HOLTSMARK, Ann. d. Phys. Bd. 58, S. 577. 1919.

[2]) Man nimmt gewöhnlich im Exponenten $2xt - t^2$, wodurch die weiteren Formeln überall mit Potenzen von 2 belastet werden. Unsere Formeln schließen sich überdies besser dem Gebrauch von σ als Parameter im normalen Gesetz an.

Die Orthogonalitätseigenschaften (50) erlauben formal die Entwicklung

$$\varphi(x) = \left\{c_0 H_0(x) + c_1 H_1(x) + \frac{c_2}{2!} H_2(x) + \cdots\right\} \frac{1}{\sqrt{2\pi}} e^{-x^2/2} \tag{52}$$

mit den Koeffizienten

$$c_m = \int_{-\infty}^{+\infty} H_m(x)\, \varphi(x)\, dx\,, \tag{53}$$

welche offenbar linear von den Momenten von φ abhängen, speziell

$$c_0 = 1\,, \qquad c_1 = \bar{x}\,, \qquad c_2 = \mu_2 - 1\,.$$

In diesen Formeln kann man durch eine lineare Transformation der x die Koeffizienten c_1 und c_2 wegschaffen. Dazu zählen wir x von $\bar{x}$ als Ursprung, und nehmen in (52) als Argument x/σ. Die Momente zu diesem Ursprung seien μ'_m, so ist

$$\mu'_0 = 1\,, \qquad \mu'_1 = 0\,, \qquad \mu'_2 = \sigma^2$$

und

$$\varphi(x) = \frac{1}{\sigma\sqrt{2\pi}} e^{-x^2/2\sigma^2} \left\{1 + \frac{\gamma_3}{3!} H_3(x/\sigma) + \frac{\gamma_4}{4!} H_4(x/\sigma) + \cdots\right\} \tag{54}$$

wo

$$\gamma_3 = \frac{\mu'_3}{\sigma^3}\,, \qquad \gamma_4 = \frac{\mu'_4}{\sigma^4} - 3\,, \qquad \gamma_5 = \frac{\mu'_5}{\sigma^5} - 10\,\frac{\mu'_3}{\sigma^3} \qquad \gamma_6 = \frac{\mu'_6}{\sigma^6} - 15\,\frac{\mu'_4}{\sigma^4} + 30\,.$$

Die γ sind dimensionslose Zahlen, welche die Abweichung der Verteilung φ von der normalen Verteilung angeben. Es verschwinden nämlich nach den Formeln (50) alle γ_m, ausgenommen γ_0, wenn man für φ das normale Gesetz $e^{-x^2/2\sigma^2}$ nimmt.

Von den mathematischen Untersuchungen über die Gültigkeitsbedingungen der Entwicklungen (52) und (54) braucht nur die umfassendste von MYLLER LEBEDEW[1]) genannt zu werden. Ihr entnehme ich, daß (54) sicher gültig ist, wenn

$$\varphi(x) < C\, e^{-k x^2/4\sigma^2} \qquad \text{für} \qquad |x| > M\,, \qquad k > 1\,. \tag{55}$$

Nimmt man in der allgemeinen Entwicklung (52) als Argument x/a, so wird man durch ein genügend großes a Konvergenz erreichen können, wenn

$$\varphi(x) < C\, e^{-m x^2} \qquad \text{für} \qquad |x| > M\,,$$

die Reihe wird dagegen immer divergieren, wenn

$$\varphi(x) > C\, e^{-m|x|^p} \qquad \text{für} \quad |x| > M\,, \quad p < 2\,,$$

wo beide Male C, m und M geeignet gewählte positive Zahlen sind.

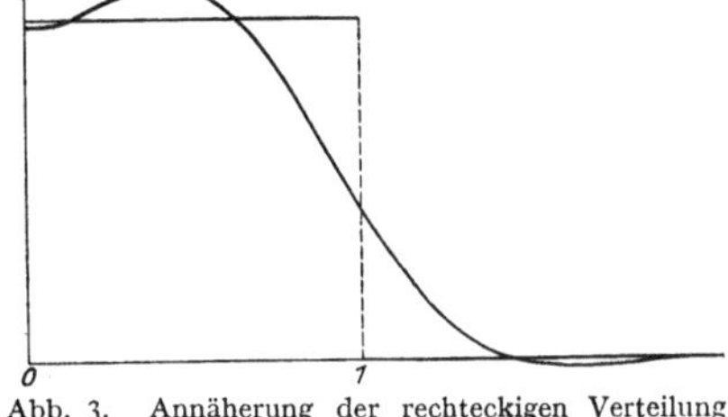

Abb. 3. Annäherung der rechteckigen Verteilung durch die Hermitesche Reihe.

Als Beispiel nehmen wir das „rechteckige" Gesetz $\varphi(x) = \frac{1}{2}$ im Intervall $-1, +1$, $\varphi(x) = 0$ außerhalb. Die Momente dafür sind $\mu_{2m+1} = 0$, $\mu_{2m} = 1/2m+1$ und daraus

$$\gamma_{2m+1} = 0 \qquad \sigma^2 = \frac{1}{3} \qquad \gamma_4 = -\frac{6}{5} \qquad \gamma_6 = +\frac{48}{7}$$

und

$$\varphi(x) = \sqrt{\frac{3}{2\pi}} \cdot e^{-3x^2/2}\left[1 - \frac{1}{20} H_4(x\sqrt{3}) + \frac{1}{105} H_6(x\sqrt{3}) \ldots\right]. \tag{56}$$

Abb. 3 gibt den Grad der Annäherung wieder, welcher mit den angeschriebenen Gliedern erreicht wird.

[1]) W. MYLLER LEBEDEW, Math. Ann. Bd. 64, S. 388. 1907.

23. Die Reihenentwicklung für n-fache Wiederholung. Die Frage nach der asymptotischen Annäherung an das normale Gesetz bei n-facher Wiederholung (Ziff. 19) hat man oft durch die Momentenmethode zu erledigen gesucht. Rationeller ist es, gleich von den Hermiteschen Polynomen und deren Mittelwerten Gebrauch zu machen.

Es mögen wie in Ziff. 20 wieder n unter sich unabhängige Zufallserscheinungen vorliegen mit den resp. Variablen $x_1 \cdots x_n$, welche von ihren entsprechenden Mittelwerten ab gemessen seien und die Streuungen $\sigma_1 \cdots \sigma_n$ besitzen. Es wird die Verteilung $\varphi_n(X)$ der Summe $X = \sum x_i$ gesucht, wobei für die Streuung $\sigma_X^2 = \sum \sigma_i^2$ ist.

Man hat zunächst die Identitäten:

$$\prod_{i=1}^{n} e^{x_i t - \sigma_i^2 t^2/2} = e^{X t - \sigma_X^2 t^2/2},$$

$$\prod_{i=1}^{n} \sum_{0}^{\infty} \frac{1}{m!} H_m\left(\frac{x_i}{\sigma_i}\right) \cdot (\sigma_i t)^m = \sum_{0}^{\infty} \frac{1}{m!} H_m\left(\frac{X}{\sigma_X}\right) \cdot (\sigma_X t)^m. \tag{57}$$

Nach Ausmultiplizieren gibt letztere durch Gleichsetzen der Koeffizienten von t^m ein Additionstheorem für $H_m(X/\sigma_X)$, welches einem Polynom der Funktionen $H_1 \cdots H_m$ mit den verschiedenen Argumenten x_i/σ_i gleich wird. Durch Bildung des Mittelwerts wird dann

$$C_m = \int_{-\infty}^{+\infty} H_m(X/\sigma_X)\, \varphi_n(X)\, dX,$$

in den Zahlenwerten γ^i für die Einzelerscheinungen [Formel (54)] ausgedrückt. Man kann ebensogut unmittelbar aus (57) ableiten

$$\prod_{i=1}^{n} \left[1 + \frac{\gamma_3^i}{3!}\sigma_i^3 t^3 + \frac{\gamma_4^i}{4!}\sigma_i^4 t^4 + \cdots\right] = 1 + \frac{C_3}{3!}\sigma_X^3 t^3 + \frac{C_4}{4!}\sigma_X^4 t^4 + \cdots. \tag{58}$$

wo das Ausmultiplizieren sich bedeutend vereinfacht durch den Wegfall der Glieder mit t und t^2. Zur Vereinfachung der Formeln sei weiterhin angenommen, daß die Einzelerscheinungen statistisch alle gleich sind[1]). Aus dem Produkt wird dann eine n-te Potenz, ferner gilt

$$\sigma_X = \sigma_i \sqrt{n},$$

und für die ersten Koeffizienten findet man[2]):

$$C_0 = 1 \qquad C_1 = C_2 = 0 \qquad C_3 = n^{-1/2}\gamma_3 \qquad C_4 = n^{-1}\gamma_4 \qquad C_5 = n^{-3/2}\gamma_5,$$

$$C_6 = n^{-1}(1 - n^{-1})\, 10\gamma_3^2 + n^{-2}\gamma_6, \qquad C_7 = n^{-3/2}(1 - n^{-1})\, 35\gamma_3\gamma_4 + n^{-5/2}\gamma_7.$$

Diese Größen C_i wird man statt der γ_i in die Reihenentwicklung (54) einsetzen. Das ist sicher dann erlaubt, wenn die Entwicklung (54) für die Einzelerscheinung gültig war. Die so gefundene Reihe für $\varphi_n(X)$ wird in diesem Fall konvergieren. Vermutlich gibt sie aber auch sonst eine asympto-

---

[1]) Es ist nachher unschwer zu sehen, wie die Formeln für den Poissonschen Fall der Ungleichheit zu erweitern sind.

[2]) Diese Ableitung stammt im Prinzip von J. P. GRAM (1879), aber wurde erst allgemeiner bekannt nach der Wiederentdeckung durch F. Y. EDGEWORTH, Phil. Mag. Bd. 41, S. 90. 1896 und durch H. BRUNS, Astron. Nachr. Bd. 143, K. 329. 1897.

tische Entwicklung für $\varphi_n(x)$. Nach fallenden Potenzen von n geordnet wird die Entwicklung

$$\left.\begin{aligned}\varphi_n(y) = \frac{1}{\sqrt{2\pi}} e^{-y^2/2}[1 + n^{-1/2}\gamma_3 H_3(y)/3! + n^{-1}\{\gamma_4 H_4(y)/4! + 10\gamma_3^2 H_6(y)/6!\}\\ + n^{-3/2}\{\gamma_5 H_5(y)/5! + 35\gamma_3\gamma_4 H_7(y)/7! + 280\gamma_3^3 H_9(y)/9!\} + \cdots],\end{aligned}\right\} \quad (59)$$

wo als Veränderliche wieder $y = X/\sigma_X$ eingeführt ist.

Als Beispiel diene die schiefe Verteilung $\varphi(x) = e^{-x}$ für $x > 0$, $\varphi(x) = 0$ für $x < 0$, welche $\varphi_n(X) = X^{n-1} e^{-X}/(n-1)!$ gibt (Ziff. 16). Für diese wird $\mu_m = m!$ und nach Verlegung des Ursprungs in den Mittelwert:

$$\sigma = 1, \quad \gamma_3 = 2, \quad \gamma_4 = 6, \quad \gamma_5 = 24, \quad \gamma_6 = 160.$$

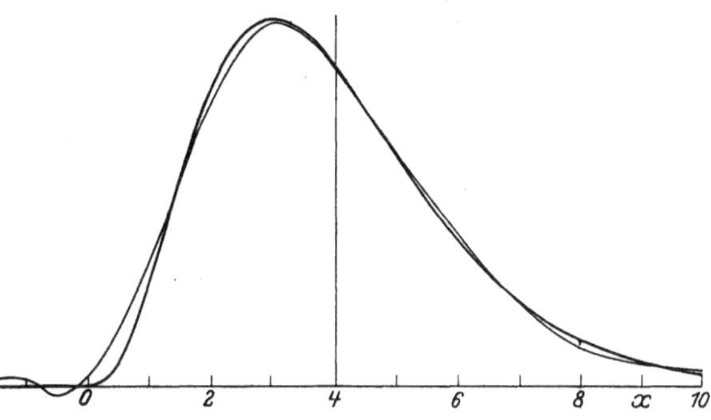

Abb. 4. Verteilung $x^3 e^{-x}/6$ und ihre Annäherung durch (59).

Abb. 4 zeigt für $n = 4$ den wahren Verlauf und die Näherung, wenn man in (59) bis n^{-1} geht. Die Reihe divergiert für jeden Wert von n.

V. Verteilungen und Statistik.

a) Grundlagen.

24. Abschnittswahrscheinlichkeit und Wahrscheinlichkeitsdichte. Es kommt oft vor, daß einem Ereignis A ein Wert x einer kontinuierlichen Veränderlichen zugeordnet ist, derart, daß zu verschiedenen Werten von x, innerhalb eines bestimmten Intervalls, verschiedene Ereignisse gehören. Man denke als Beispiel für A an den Geschwindigkeitsvektor eines Gasmoleküls. Es kann x dann der Winkel sein, welchen dieser Vektor mit einer festen Richtung im Raum einschließt (Intervall 0 bis π), oder der Kosinus dieses Winkels (Intervall -1 bis $+1$), oder die Komponente der Geschwindigkeit in einer festen Richtung (Intervall $-\infty$ bis $+\infty$) usw. Die Ereignisse, welche zum selben Wert von x gehören, fügen wir zusammen zu einem Ereignis A_x. Die W., daß A_x eintrifft (kurz W. von x), wird (wenigstens „fast überall“) gleich Null sein. Sind a und b die untere und obere Grenze des in Betracht kommenden Intervalls, so betrachte man deshalb die Teilintervalle $a < x < x_0$ und $x_0 \leqq x < b$ und nenne die W., daß irgendein Ereignis A_x, $x < x_0$ eintrifft, die Abschnittswahrscheinlichkeit, welche zu x_0 gehört. Offenbar ist diese Abschnitts-W. eine mit x_0 wachsende Funktion von x_0, welche durch $\Phi(x_0)$ angegeben werde (oder allgemein durch große Buchstaben). Die W., daß $x \geqq x_0$, ist die komplementäre W. $\Phi'(x_0)$, so daß $\Phi + \Phi' = 1$.

Ist die Abschnitts-W. Φ in einem bestimmten Fall gegeben als Funktion von x, so findet man daraus unmittelbar die W., daß x in ein Intervall $x_2 - x_1$ fällt zu $\Phi(x_2) - \Phi(x_1)$. Für den Fall, daß die Funktion Φ stetig und differenzierbar ist (und das wird im folgenden gewöhnlich vorausgesetzt werden), liegt es auf der Hand, das Wahrscheinlichkeitsdifferential $d\Phi = \varphi(x)\,dx$ zu bilden, welches die W. angibt, daß die Veränderliche in das Intervall zwischen x und $x + dx$ fällt. Vor der Aussage „$\varphi(x)$ ist die W. von x“ sei ausdrücklich gewarnt, sie ist nicht nur wenig genau, sondern gibt auch leicht zu groben Fehlern

Veranlassung. Wir werden $\varphi(x)$ die Wahrscheinlichkeitsdichte nennen. Dieser Name erinnert besser als andere, gebräuchlichere, an die Eigenschaften der Funktion φ bei der Transformation (Ziff. 26) und deutet auch darauf hin, wie φ statistisch bestimmt werden kann.

Man denke sich nämlich eine sehr große Anzahl N von gleichartigen Versuchen ausgeführt und das Ergebnis durch N Punkte auf die Strecke $b - a$ graphisch dargestellt. Die relative Häufigkeit für das Intervall $x_2 - x_1$ nähert sich dann bei wachsendem N der W. $\Phi(x_2) - \Phi(x_1)$, und die relative Anzahl Punkte pro Längeneinheit geht also gegen φ. Das heißt, statistisch ausgedrückt ist φ die Dichte der Punkte pro Längeneinheit und pro Versuch.

Man nennt $\varphi(x)$ gewöhnlich die Verteilungsfunktion, das weniger benützte Φ Summenfunktion (BRUNS). Ist x ein Beobachtungsfehler, so wird φ allgemein „Fehlergesetz" genannt, in anderen Fällen auch wohl „Frequenzgesetz". In den Anwendungen werde ich diese Benennungen bisweilen gebrauchen.

Die hauptsächlichsten früheren Formeln und Definitionen werden unschwer für kontinuierliche W. entsprechend erweitert. Folgende seien besonders angeschrieben:

$$\int_a^b d\,\Phi = \int_a^b \varphi(x)\,dx = 1\,, \tag{60}$$

$$\bar{u} = \int_a^b u\,d\,\Phi = \int_a^b u\,\varphi(x)\,dx\,. \tag{61}$$

Es sei noch darauf hingewiesen, daß diese Formeln — soweit φ darin nicht vorkommt — ihre Bedeutung nicht zu verlieren brauchen, wenn Φ unstetig ist. STIELTJES[1]) hat das durch Erweiterung des Integralbegriffes erreicht. Dadurch wird es bei allgemeinen mathematischen Untersuchungen möglich, diskrete und kontinuierliche Wahrscheinlichkeiten durch dieselbe Formel zu umfassen. Tatsächlich kann die Funktion Φ auch für diskrete W. gute Dienste leisten. Es sei dem Leser überlassen, sich die graphische Darstellung dieser Funktion („die Summenkurve") für einen einfachen Fall diskreter W. als „Treppenkurve" zu zeichnen. Eine solche wird man für die Rechnung durch einen glatten Kurvenzug anzunähern bestrebt sein. Das leisten die asymptotischen Darstellungen (Ziff. 10). Merkwürdigerweise kommt auch das Umgekehrte vor: Für tatsächlich stetige Φ liefert die statistische Beobachtung naturgemäß immer nur eine endliche Anzahl diskreter Werte, und das Auffinden von Φ (oder von φ) ist dann eine Aufgabe der Interpolation.

25. W.-Dichte bei n Veränderlichen, Geschwindigkeitsverteilung. Will man an einem Ereignis n Veränderliche in Betracht ziehen, so kann ganz analog eine Abschnitts-W. als Funktion dieser Veränderlichen $\Phi(x_1, x_2, \ldots, x_n)$ eingeführt werden sowie eine W.-Dichte $\varphi(x_1, x_2, \ldots, x_n)$, welche mit Φ zusammenhängt durch:

$$\varphi(x_1, x_2, \ldots x_n) = \frac{\partial^n \Phi}{\partial x_1\, \partial x_2 \ldots \partial x_n}\,. \tag{62}$$

Die entsprechenden Integrale werden dann n-fache, φ kann als Dichte in einer n-dimensionalen graphischen Darstellung gedacht werden.

Berücksichtigt man die Werte der Veränderlichen $x_{m+1} \ldots x_n$ nicht länger, so findet sich die neue W.-Dichte ψ durch Addition der Wahrscheinlichkeiten

$$\psi(x_1, x_2, \ldots x_m) = \int^{(n-m)} \varphi\, d x_{m+1}\, d x_{m+2} \ldots d x_n\,, \tag{63}$$

[1]) T. J. STIELTJES, Ann. de Toulouse Bd. 8 und 9. 1895.

wo die $(n-m)$-fache Integration über alle möglichen Werte der Integrationsvariablen zu erstrecken ist. In der Folge werden die Grenzen in diesen Fällen nicht weiter angegeben werden. Geometrisch kann man sagen: ψ entsteht durch Projektion der Verteilung φ auf den R_m der Variablen $x_1 \dots x_m$.

Als Beispiel nehme ich die Geschwindigkeitsverteilung in einem einatomigen Gase, dessen N-Moleküle ein abgeschlossenes mechanisches System bilden mögen. Wir achten nicht auf die Koordinaten der Moleküle, haben daher die $3N$-Geschwindigkeitskomponenten $v_1, v_2, \dots, v_{3N}$ als Veränderliche, mit der Bedingung $\sum v^2 = R^2$. Mittelbildung dieser Bedingung gibt $R^2 = 3N\overline{v^2}$.

Alle mögliche Verteilungen der v werden daher durch die Punkte auf einer Hypersphäre S_{3N-1} mit dem Radius R dargestellt. Es sei die Verteilung von v_1 zu bestimmen. Das wird durch Projektion unmittelbar ermöglicht, sobald die W.-Dichte auf der Hypersphäre bekannt ist. Ich will diese konstant annehmen, betone dabei aber ausdrücklich, daß diese Annahme nur durch die statistische Mechanik gerechtfertigt werden kann (vgl. Bd. IV und Bd. IX ds. Handbuchs).

Es sei der „Flächeninhalt" einer Hypersphäre S_n durch $\sigma_n(R)$ angegeben, sie ist proportional R^n. Die Fläche des Kreisrings, welcher sich auf das Segment dv_1 der v_1-Achse projiziert, ist dann $\sigma_{3N-2}(r)\,dv_1 R/r$, und man findet

$$\varphi(v_1)\,dv_1 = \frac{\sigma_{3N-2}(r)\,dv_1 \frac{R}{r}}{\sigma_{3N-1}(R)} = C\,\frac{r^{3N-3}}{R^{3N-2}}\,dv_1\,,$$

wo die numerische Konstante C belanglos ist. Mit $r^2 = R^2 - v_1^2$ und $R^2 = 3N\,\overline{v^2}$ wird dann

$$\varphi(v_1) = \frac{C}{R}\left(1 - \frac{v_1^2}{3N\overline{v^2}}\right)^{\frac{3N-3}{2}} = k\,e^{-\frac{v_1^2}{2\overline{v^2}}}\,,$$

d. h. das bekannte Maxwellsche Verteilungsgesetz, dessen Konstante k man leicht aus Gleichung (60) bestimmt.

Es sei hier auf die Ableitung der Geschwindigkeitsverteilung durch v. Mises[1]) hingewiesen, welcher das an sich kontinuierliche Problem zu einem diskreten macht, dadurch aber die Grundvoraussetzung (die gleichmöglichen Fälle) als selbstverständlich hinnimmt. Ebenso wie bei älteren oft gerügten Anwendungen der Wahrscheinlichkeitsrechnung erscheint dann das Ergebnis als nur durch diese Rechnung bedingt, während tatsächlich das Maxwellsche Gesetz auf den mechanischen Gesetzen der Wechselwirkung zwischen den Molekülen beruht.

Im allgemeinen ist es umgekehrt nicht möglich, die W.-Dichte als Funktion mehrerer Veränderlichen aus den gegebenen W.-Dichten der einzelnen Variablen zu bestimmen. Das gelingt aber, wenn die mehrdimensionale Dichte einfache Symmetrieeigenschaften hat, wie im folgenden Fall.

Es sei die Verteilung einer Geschwindigkeitskomponente — etwa für eine Gruppe von Sternen — gegeben durch $\psi(v)$. Man fragt nach der Verteilung der Absolutwerte c der Geschwindigkeit, falls die Richtungen der c regellos verteilt sind. Die W.-Dichte im dreidimensionalen Geschwindigkeitsraum wird dann Kugelsymmetrie haben, d. h. nur von c abhängen. Es sei daher das W.-Differential $\varphi(c)\,dv_1\,dv_2\,dv_3$, so wird durch Projektion

$$\int_{v_1}^{\infty} \varphi(c)\cdot 2\pi c\,dc\,dv_1 = \psi(v_1)\,dv_1$$

und daraus

$$\varphi(v_1) = -\frac{1}{2\pi v_1}\frac{d\psi}{dv_1}$$

---

[1]) R. v. Mises, Phys. ZS. Bd. 19, S. 81. 1918.

gefunden. Man beachte noch, daß andererseits durch Integration über die Kugelfläche das W.-Differential $4\pi c^2 \varphi(c) dc$ wird, d. h. $4\pi c^2 \varphi$ ist die Verteilungsfunktion der c.

Wären die W. der Komponenten v_1, v_2, v_3 unabhängig voneinander, so würde man — auch ohne Kugelsymmetrie — einfach haben:

$$\varphi(c)\, dv_1\, dv_2\, dv_3 = \varphi(v_1)\, dv_1 \cdot \varphi(v_2)\, dv_2 \cdot \varphi(v_3)\, dv_3 .$$

Es wird selten vorkommen, daß man diese Formel benützen kann. Mit dem Fall der Kugelsymmetrie ist sie nur vereinbar, wenn φ das normale Gesetz (das Maxwellsche) ist. Aus der Bedingung dieser Vereinbarkeit hat bekanntlich MAXWELL — übrigens mit großem Vorbehalt — sein Gesetz zum erstenmal gefunden. Vor dem leichtfertigen Gebrauch obiger Produktformel sei also gewarnt.

26. Übergang auf andere Variablen. Es sei die eine Veränderliche x durch eine neue, ξ, zu ersetzen, welche mit x zunimmt (andere Fälle wird man darauf zurückführen, nötigenfalls durch Zerteilen des Intervalls der x oder der ξ). Ist dann $x = f(\xi)$, so wird für ξ die Abschnitts-W. $\Phi[f(\xi)]$, wenn $\Phi(x)$ die Abschnitts-W. für x ist. Die W.-Dichte $\psi(\xi)$ wird daher gemäß

$$\psi(\xi) = \varphi[f(\xi)] \cdot f'(\xi)$$

aus der Dichte $\varphi(x)$ gefunden.

Man kann dafür auch das W.-Differential $d\Phi = \varphi(x)\, dx$ transformieren. In der Statistik kommt es vor, daß die Verteilungen $\varphi(x)$ und $\psi(\xi)$ gegeben sind, und der Zusammenhang von x und ξ daraus zu bestimmen ist. Man löst die Aufgabe einfach dadurch, daß φ und ψ zu den Abschnitts-W. Φ resp. Ψ integriert werden. Ist dann $x = \Omega(\Phi)$ die Umkehrung der Funktion φ, so wird $x = \Omega[\Psi(\xi)]$. Die Aufgabe kann auch graphisch in leicht ersichtlicher Weise gelöst werden, indem man die Kurve $y = \Psi(\xi)$ aufträgt und daran die zu verschiedenen x-Werte gehörenden Werte der ξ abliest (vgl. Ziff. 34).

Hat man n Veränderliche $x_1, x_2 \cdots, x_n$ durch $\xi_1 \cdots \xi_n$ zu ersetzen, so transformiert man in bekannter Weise das Differential des n-fachen Integrals und findet

$$\psi(\xi_1, \xi_2, \cdots \xi_n) = \frac{\partial(\xi_1 \cdots \xi_n)}{\partial(x_1 \cdots x_n)}\, \varphi(x_1, \cdots x_n)\,, \tag{64}$$

wo der Bruch die Funktionaldeterminante von JACOBI vorstellt.

Man beachte noch, daß das Mittel einer Größe u, nach der allgemeinen Formel (61) berechnet, denselben Wert bekommt, ob man φ und die x, oder ψ und die Veränderlichen ξ benutzt.

Ein einfaches Beispiel einer physikalisch bedingten Transformation geben die Versuche von STERN[1]) und von STERN und GERLACH (Bd. 15, S. 221). Es handelt sich dabei um die Ablenkung von „Atomstrahlen", und zwar ist die Ablenkung y nicht nur von den Versuchsbedingungen abhängig, sondern auch von der individuellen Geschwindigkeit v des Atoms, so daß $v = k y^{-\frac{1}{2}}$ wird. Nimmt man an, der Atomstrahl komme aus einem Dampf in Temperaturgleichgewicht, so ist die W.-Dichte für v für die Volumeinheit im Strahl ein Exponentialgesetz mit v^2 multipliziert; für die Atome, welche pro Zeiteinheit die Auffangplatte treffen, wird der Faktor v^3. Die Transformation von v auf y gibt

$$C v^3 e^{-\frac{v^2}{2s^2}} dv = \tfrac{1}{2} C k^4 y^{-3} e^{-\frac{k^2}{2s^2 y}} dy$$

und die Dichte des Metallniederschlags wird proportional dem Faktor von dy sein. Die Messung wird wohl ungefähr den Wert von y liefern, wo diese Dichte

[1]) O. STERN, ZS. f. Phys. Bd. 2, S. 49; Bd. 3, S. 417. 1920.

maximal ist. Man findet $y_m = k^2/6\,s^2$, während zur mittleren Geschwindigkeit $v = s\sqrt{3}$ die Ablenkung $y = k^2/3\,s^2$ gehört[1]).

27. Geometrische Wahrscheinlichkeiten. Unter diesem Titel findet man in allen Lehrbüchern der Wr. eine Anzahl Probleme über kontinuierliche W., welche alle das Gemeinsame haben, daß in irgendeiner Weise von einer konstanten W.-Dichte ausgegangen wird. Gewöhnlich wird aber die betreffende Annahme nicht ausdrücklich angegeben, sondern durch Worte wie „willkürlich" oder „zufällig" u. ä. ersetzt. Dagegen ist nichts einzuwenden, solange man diese Worte bei der Aufstellung des Problems benutzt, derart, daß kein Zweifel möglich ist, welche W.-Dichte damit als konstant angegeben wird.

Man betrachte z. B. das bekannte Problem: Ein Stab von der Länge l wird beliebig in drei Stücke gebrochen: Wie groß ist die W., daß diese die Seiten eines Dreiecks bilden können? Diese Angabe ist nicht ganz klar, nehmen wir aber an, es wird damit gemeint: man verzeichnet zwei willkürliche Punkte auf l und zerbricht den Stab an diesen. Die Teilpunkte mögen Abstände x_1 resp. x_2 vom einen Ende haben. Jede Zerteilung ist dann durch einen Punkt (x_1, x_2) im Quadrat $OABC$ mit der Seite l darstellbar (Abb. 5). Man wird weiter finden, daß die günstigen Fälle durch die Punkte des schraffierten Teils gegeben werden. Nach Voraussetzung soll nun die auf OA projizierte W.-Dichte konstant sein, ebenso diejenige auf OB. Daraus folgt, daß die W.-Dichte im Quadrat überall gleich ist. Die gesuchte W. wird also gleich dem Flächenverhältnis, d. i. gleich 1/4.

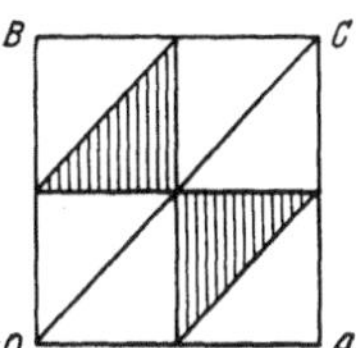

Abb. 5. Zum willkürlichen Dreieck gegebenen Umfangs.

Eine geometrische Darstellung in welche die drei Stücke symmetrisch vorkommen, erhalten wir, indem wir durch die Annahme $x_1 < x_2$ nur die Hälfte, in der graphischen Darstellung also nur die Punkte in $\triangle^{OAC}$ betrachten, dann bemerken, daß das erste und dritte Stück die Koordinaten für den Ursprung A sind, und endlich das mittlere Stück als dritte Koordinate einführen. Der darstellende Punkt fällt dann in ein gleichseitiges Dreieck, dessen Projektion auf die Zeichenebene OAC ist. Auch in dem gleichseitigen Dreieck wird daher die W.-Dichte überall gleich sein.

Die Gefahr der Ausdrücke „willkürlich", „nach dem Zufall" u. ä. ist nun offenbar darin gelegen, daß man durch deren Gebrauch versucht werden kann, nach jeder ausgeführten Transformation die Lage des Punktes wieder als „willkürlich" zu betrachten, während nach Ziff. 26 eine konstante W.-Dichte im allgemeinen durch Transformation zu einer variablen wird. Wer einmal richtig eine gewisse W.-Dichte als das im voraus gegebene dieser Probleme sieht, wird es nicht als ein Paradoxon empfinden, wenn eine Frage dieser Art ganz verschiedene Antworten ergibt bei verschiedener Auffassung der „zufälligen" Verteilung (s. Bertrandsches Paradoxon in Poincaré, Lehrbuch S. 118).

Das betrachtete Beispiel läßt sich leicht auf den Fall einer Zerteilung in n Stücke ausdehnen. Liegen die Teilpunkte in $x_1, x_2, \ldots, x_{n-1}$, so wählt man von den $(n-1)!$ gleichwertigen Reihenfolgen die eine $0 < x_1 < x_2 < x_3 < \cdots < x_{n-1} < l$ aus, und führt die Länge der Stücke $y_1 = x_1$ $y_2 = x_2 - x_1$ $y_n = l - x_{n-1}$ ein. Man findet

$$\frac{\partial(y_1, y_2 \cdots y_{n-1})}{\partial(x_1, x_2 \cdots x_{n-1})} = 1$$

und deshalb wird auch hier die W.-Dichte konstant, wenn man im n-dimensionalen Raume einen darstellenden Punkt $(y_1, \ldots, y_n)$ einführt, welcher wegen $\sum y = l$

1) N. Semenoff, ZS. f. Phys. Bd. 30, S. 151. 1924.

in einem $(n-1)$-dimensionalen „Tetraeder" liegt, analog dem obigen gleichseitigen Dreieck. Durch Projektion auf eine der Koordinatachsen findet man weiter unmittelbar die W.-Dichte für die Länge y eines Stückes

$$\varphi_n(y) = \frac{n-1}{l^{n-1}}(l-y)^{n-2}.$$

Auf diese Fragestellung läßt sich das Problem der Verteilung der Weglängen eines Gasmoleküls unmittelbar zurückführen, indem wir den in einer Sekunde zurückgelegten gebrochenen Linienzug auf einer Geraden abtragen, und darauf die Zusammenstöße als Teilpunkte. Für den Grenzübergang $n \to \infty$ wird man die mittlere Länge eines Stückes $\lambda = l/n$ einführen, und findet dann

$$\varphi_\infty(y) = \lim \frac{n-1}{l}\left(1 - \frac{y}{n\lambda}\right)^{n-2} = \frac{1}{\lambda} e^{-y/\lambda}$$

in Übereinstimmung mit Formel (36), Ziff. 16.

Auch bei vielen anderen Anwendungen kann man die Fragestellung vorteilhaft zu einer geometrischen umformen. Hier sei besonders hingewiesen auf das „Problem der Irrwanderung" (random walk), welches wiederholt von RAYLEIGH[1]) diskutiert wurde wegen seiner Bedeutung für die Zusammenwirkung einer großen Anzahl Wellenbewegungen von willkürlicher Phase.

b) Entstehung der Verteilungen.

28. Zusammenfügung, Sonderstellung der normalen Verteilung. Die Formeln aus Ziff. 24 und 26 seien auf die Frage angewendet nach der W.-Dichte einer Summe $x' = x + \xi$, wenn die W.-Dichten für x und für ξ gegeben sind. Diese seien $\varphi(x)$ resp. $\psi(\xi)$ und gegenseitig unabhängig. Bei der Transformation wird man $d\,x\,d\xi = d\,x'\,d\xi$ finden, und weiter

$$\chi(x') = \int \varphi(x' - \xi)\,\psi(\xi)\,d\,\xi \tag{65}$$

für die W.-Dichte von x'. Durch wiederholte Anwendung der Formel findet man die Verteilung für eine Summe von n Größen, oder auch für eine willkürliche lineare Funktion von n Größen. Nimmt man für φ und ψ normale Gesetze, d. h.

$$\varphi(x) = \frac{1}{s\sqrt{2\pi}} e^{-\frac{x^2}{2s^2}}, \qquad \psi(\xi) = \frac{1}{\sigma\sqrt{2\pi}} e^{-\frac{\xi^2}{2\sigma^2}},$$

so wird

$$\chi(x') = \frac{1}{\sqrt{2\pi(s^2+\sigma^2)}} e^{-\frac{x'^2}{2(s^2+\sigma^2)}}$$

durch elementare Rechnung gefunden: Zusammenfügung von normalen Verteilungen gibt eine normale Verteilung. Oder noch allgemeiner formuliert: Sind n unabhängige Größen normal verteilt, so ist es auch jede lineare Funktion dieser Größen.

Die obigen Formeln geben noch

$$\overline{x^2} = s^2, \quad \overline{\xi^2} = \sigma^2$$

und dann auch

$$\overline{x'^2} = s^2 + \sigma^2.$$

Man kann mittels ihrer Fourierintegrale beliebig viele Funktionen bilden, die ebenso wie die normale Verteilung ihre Form bei Zusammenfügung nicht ändern. PÓLYA[2]) beweist aber, daß die normale Funktion die einzige darunter

[1]) Lord RAYLEIGH, Papers V S. 256, VI S. 604, 627.

[2]) G. PÓLYA, Math. ZS. Bd. 18, S. 96. 1923.

ist, welche eine endliche Streuung aufweist. Das ist auch damit in Übereinstimmung, daß Zusammenfügung einer großen Anzahl gleicher nicht normaler Verteilungen eine Annäherung an die normale gibt, aber nur, wenn die Streuung der Einzelverteilungen endlich ist (Ziff. 19).

29. Infinitesimale Änderung einer Verteilung. Man denke sich eine große Zahl von gleichartigen Emulsionsteilchen, welche zur Zeit $t = 0$ alle in derselben Ebene liegen. Nach kurzer Zeit werden sie durch die Brownsche Bewegung verschiedene Entfernungen x von dieser Ebene erreicht haben. Wegen der Regellosigkeit der Brownschen Bewegung kann man unmöglich x als Funktion von t angeben, sondern nur die W.-Dichte von x in ihrer Abhängigkeit von t, welche gleich der relativen Teilchenzahl pro Längeneinheit ist. Diese sei $\varphi(x, t)$, sie hängt deshalb von t ab, weil x für jedes Teilchen mit t veränderlich ist. Nimmt t um τ zu, so nehme für irgendein Teilchen x um ξ zu. Offenbar ist ξ vom Zufall abhängig, und wir wollen den allgemeinen Fall voraussetzen, daß die W. für die ξ auch von x abhängt (bei den Emulsionsteilchen z. B. durch die Wirkung äußerer Kräfte). Es sei die W.-Dichte für ξ also durch $\psi(\xi, x)$ angegeben. Die Zusammenfügung gibt dann gemäß Formel (65), wenn wir $x' = x + \xi$ setzen:

$$\varphi(x', t + \tau) = \int \varphi(x' - \xi, t)\, \psi(\xi, x' - \xi)\, d\xi . \qquad (66)$$

Das ist eine Integralgleichung für $\varphi(x, t)$, aus welcher man in einzelnen Fällen diese Funktion wird bestimmen können, wenn ψ gegeben ist. Folgende Umformung zu einer Differentialgleichung wird man meistens aber nicht entbehren können:

Man entwickelt den Integranden nach Potenzen von ξ

$$\begin{aligned}\varphi(x - \xi, t)\, \psi(\xi, x - \xi) = \varphi(x, t)\, \psi(\xi, x) &- \xi(\varphi' \psi + \varphi \psi') \\ &+ \tfrac{1}{2} \xi^2 (\varphi'' \psi + 2\varphi' \psi' + \varphi \psi'')\end{aligned}$$

und bricht diese Reihe mit ξ^2 ab (vgl. unten). Die resultierenden Integrale über ψ und seine Ableitungen (nach dem zweiten Argument) haben alle eine einfache Bedeutung, beispielsweise:

$$\int \psi\, d\xi = 1, \qquad \int \xi \psi\, d\xi = \bar{\xi}, \qquad \int \xi^2 \psi''\, d\xi = \frac{d^2}{dx^2} \overline{\xi^2} .$$

Nach Einsetzen in der Integralgleichung (66) bringt man $\varphi(x, t)$ nach der linken Seite, dividiert durch τ und läßt τ gegen Null gehen, dann entsteht die partielle Differentialgleichung

$$\frac{\partial \varphi}{\partial t} = \frac{1}{2} f_2(x) \frac{\partial^2 \varphi}{\partial x^2} + \{f_2'(x) - f_1(x)\} \frac{\partial \varphi}{\partial x} + \left\{\frac{1}{2} f_2''(x) - f_1'(x)\right\} \varphi , \qquad (67)$$

wo

$$\lim (\bar{\xi}/\tau) = f_1(x) \qquad \text{und} \qquad \lim (\overline{\xi^2}/\tau) = f_2(x)$$

gesetzt ist. Die Gleichung gilt offenbar nicht nur für die gedachten Emulsionsteilchen, sondern allgemein für Verteilungen, welche sich mit der Zeit ändern. Sie ist streng richtig, wenn $\overline{\xi^n}/\tau$ für $n > 2$ mit τ gegen Null geht, in anderen Fällen kann sie eine Annäherung geben (s. das zweite Beispiel Ziff. 30)[1].

[1]) Die Gleichung (67) wurde im Prinzip schon 1890 von RAYLEIGH angewandt (Ziff. 30). Als allgemeine Gleichung für die Bestimmung von stationären Verteilungen findet man eine integrierte Form ohne Beweis von A. D. FOKKER, Ann. d. Phys. Bd. 43, S. 810. 1914 mitgeteilt. Um dieselbe Zeit wandte SMOLUCHOWSKI aus phänomenologischen Betrachtungen heraus die Diffusionsgleichung auf die Änderung der Verteilung von Emulsionsteilchen an. Aus anderen Gesichtspunkten (vgl. Ziff. 34) fand Verfasser 1915 den Zusammenhang zwischen partiellen Differentialgleichungen und Statistik durch die im Text gegebene Umformung der Integralgleichung (vgl. Proc. Amsterdam Bd. 18, S. 1520. 1916; und H. C. BURGER, ebenda Bd. 20, S. 642. 1918). Da die Gleichung (67) erst durch M. PLANCK, Berl. Ber. 1917, S. 324, allgemeiner bekannt wurde, hat man sie in der Literatur wohl als Fokker-Plancksche Gleichung bezeichnet.

Den einfachsten Fall erhält man, wenn f_2 konstant $= s^2$ ist und $f_1 = 0$, nämlich

$$\frac{\partial \varphi}{\partial t} = \frac{1}{2} s^2 \frac{\partial^2 \varphi}{\partial x^2}, \tag{68}$$

die Gleichung der linearen Wärmeleitung oder der eindimensionalen Diffusion. Nach bekannten Fourierschen Formeln kann man daraus φ für jede spätere Zeit berechnen, wenn $\varphi(x, 0)$ gegeben ist. Auch schon die Analogie: die W.-Dichte breitet sich aus wie die Wärme auf einem homogenen unbegrenzten Stab, kann der Vorstellung sehr nützlich sein. Wenn für $t = 0$ x nur Null sein kann, so ist φ die bekannte „Hauptlösung" dieser Differentialgleichung

$$\varphi(x, t) = \frac{1}{s\sqrt{2\pi}} e^{-\frac{x^2}{2s^2 t}}, \tag{69}$$

d. h. die Verteilung wird normal mit der Streuung $s\sqrt{t}$.

Ist wieder $f_2 = s^2$, aber f_1 gleich einer Konstante k, so bedeutet das ein Verschieben des Mittelwerts von x mit der Zeit, und man braucht nur in obiger Lösung x durch $x - kt$ zu ersetzen. Der Parameter t kann in diesen Formeln auch die Zahl der Einzelspiele bei einem Glücksspiel messen, oder die Zahl der Partialfehler, welche zusammen den Beobachtungsfehler x ergeben. In solchen Fällen ist t keine kontinuierliche Veränderliche, und der Grenzübergang $\tau \to 0$ entspricht nicht der Wirklichkeit, sondern ist als ein mathematischer Kunstgriff aufzufassen, welcher eine einfache Berechnung der asymptotischen Formeln, auch in schwierigen Fällen, ermöglicht. BACHELIER[1]) hat diesen Kunstgriff schon 1900 angegeben; er betrachtete auch den Fall, daß f_1 und f_2 Funktionen von t sind, nicht aber von x. Die Idee der Abhängigkeit von x stammt von KAPTEYN, der 1903 darin zuerst die Möglichkeit der Entstehung schiefer Verteilungen erblickte (s. Ziff. 34).

30. Beispiele, Rayleigh's Kolben. Ein Emulsionsteilchen befinde sich zur Zeit 0 in O. Man fragt nach der W., daß durch die Brownsche Bewegung zur Zeit t seine Entfernung von O zwischen r und $r + dr$ liegt. Das Teilchen lege in der Zeit von t bis $t + \tau$ eine Strecke ϱ zurück, welche den Winkel ϑ mit dem Fahrstrahl r macht. Nach Potenzen von ϱ entwickelt wird dann:

$$\xi = r' - r = \varrho \cos\vartheta + \frac{\varrho^2}{2r}(1 - \cos^2\vartheta) + \cdots$$

Setzt man $\overline{\varrho^2}/\tau = 3s^2$, so bedeutet s die mittlere Verschiebung in einer Koordinatenrichtung pro Zeiteinheit, und die Funktionen f_1 und f_2 werden:

$$f_1 = \frac{\overline{\varrho^2}}{2r\tau}\left(1 - \overline{\cos^2\vartheta}\right) = \frac{s^2}{r}$$

$$f_2 = \frac{\overline{\varrho^2}}{\tau} \overline{\cos^2\vartheta} = s^2 .$$

Es entsteht also keine normale Verteilung für r, weil f_1 hier nicht Null ist, und Gleichung (67), Ziff. 29 wird:

$$\frac{2}{s^2}\frac{d\varphi}{\partial t} = \frac{\partial^2 \varphi}{\partial r^2} - \frac{2}{r}\frac{\partial \varphi}{\partial r} + \frac{2}{r^2}\varphi .$$

---

[1]) L. BACHELIER, Theorie de la spéculation. Paris 1900. Calcul des probabilités. Paris 1912. Auch wiedergegeben in CZUBERS Lehrbuch 3. Aufl., S. 273—285. 1914.

Die Lösung dieser Gleichung, welche den Anfangsbedingungen genügt, ist

$$\varphi(r) = \frac{2}{\sqrt{\pi}} \frac{r^2}{s^3 t \sqrt{t}} e^{-\frac{r^2}{2s^2 t}},$$

d. h. die bekannte Form, welche man gewöhnlich aus den normalen Verteilungen für die Koordinaten x, y, z des Teilchens herleitet.

Rayleigh[1]) hat als Beispiel für das Zustandekommen der Geschwindigkeitsverteilung durch die Zusammenstöße der Gasmoleküle einen schweren Kolben betrachtet, auf dessen beiden Seiten sich ein Gas befindet. Die Gasmoleküle mögen zuerst alle mit der gleichen Geschwindigkeit v auf den Kolben stoßen, der durch die Zusammenstöße die Geschwindigkeit $u \ll v$ schon erreicht habe. Sind die Massen resp. M und m, so nimmt u durch einen Stoß auf der linken resp. rechten Seite zu um

$$u' - u = q(v - u) \text{ resp. } u' - u = -q(v + u),$$

wo

$$q = \frac{2m}{M + m}.$$

Es ist ferner die Zahl der Stöße in einer Zeit τ links resp. rechts

$$\nu_1 = On(v - u)\tau \text{ resp. } \nu_2 = On(v + u)\tau,$$

wo O die Fläche des Kolbens, n die Anzahl Moleküle im cm³ ist. Die Zunahme von u in der Zeit τ wird daher:

$$\xi = Onq\tau(v - u)^2 - Onq\tau(v + u)^2 = -4Onq\tau vu.$$

Das würde gelten, wenn die Gasmoleküle gleichmäßig im Raum verteilt wären, und wäre dann u am Anfang Null, so würde es sich durch die Stöße nicht ändern. In Wirklichkeit haben wir nur den Mittelwert von ξ berechnet. Man nehme τ so klein, daß $\nu_1 \ll 1$ wird, dann bedeutet ν_1 auch die W., daß im Zeitraum τ ein Stoß auf der linken Seite stattfindet (vgl. Ziff. 15). Der Mittelwert des Quadrats der Stoßzahl ist daher auch gleich ν_1, und es wird

$$\overline{\xi^2} = \nu_1 q^2(v - u)^2 + \nu_2 q^2(v + u)^2 = 2Onq^2\tau v^3,$$

wo u^2 gegen v^2 vernachlässigt ist in der Voraussetzung, daß q sehr klein ist. Gleichung (67), Ziff. 29 wird daher:

$$\frac{\partial\varphi}{\partial t} = Onq^2 v^3 \frac{\partial^2\varphi}{\partial u^2} + 4Onqvu\frac{\partial\varphi}{\partial u} + 4Onqv\varphi.$$

Man kann in diesem Fall leicht auch die höheren Potenzmittel von ξ angeben, alle werden proportional τ. Vernachlässigen der entsprechenden Glieder wäre hier also nicht erlaubt. Sie enthalten aber höhere Potenzen der kleinen Größe q und dürfen darum doch weggelassen werden.

Rayleigh gab auch schon als Lösung dieser Differentialgleichung

$$\varphi(u) = \frac{1}{\sqrt{2\pi f(t)}} e^{-\frac{u^2}{2f(t)}}, \text{ mit } f(t) = \frac{q\overline{v^3}}{4\bar{v}}\left(1 - e^{-8Onqvt}\right)$$

an, also ein normales Gesetz, dessen Streuung — es ist $\overline{u^2} = f(t)$ — mit t bis zu einer Grenze wächst, welche nicht von der Fläche des Kolbens oder der Dichte des Gases abhängt. Haben nicht alle Gasmoleküle gleiche Geschwindigkeit, so hat man die Größen v^3 und v durch ihre Mittelwerte zu ersetzen. Gilt das

[1]) Lord Rayleigh, Phil. Mag. Bd. 32, S. 424. 1891; Papers III. S. 473.

Maxwellsche Gesetz für die v, so wird $\overline{v^3} = 2\bar{v} \cdot \overline{v^2}$ und damit für den Grenzwert $\overline{u^2} = \frac{1}{2} q \overline{v^2}$, d. h. $\frac{1}{2} M \overline{u^2} = \frac{1}{2} m \overline{v^2}$; es tritt Aequipartition ein. Diese ist also an die Form des Verteilungsgesetzes der v gebunden, während das normale Gesetz für u unabhängig davon nach genügend langer Zeit sich einstellt. RAYLEIGH hat den einfachen Fall dieses Kolbens, wo sich das alles genau nachrechnen läßt, als Vorbild für das Entstehen der normalen Geschwindigkeitsverteilung durch die Wirkung der Zusammenstöße gewählt. Der Kolben gleicht einem Emulsionsteilchen in einem hochverdünnten Gase. Man vergleiche auch die Berechnung für ein derartiges sphärisches Teilchen bei LORENTZ[1]).

c) Mathematische Statistik.

31. Empirische Verteilungen, Terminologie. Im folgenden sollen die Fachausdrücke der mathematischen Statistik kurz erklärt werden. Viele dieser Ausdrücke stammen von FECHNER und BRUNS, viele andere von den englischen Statistikern, vor allem PEARSON.

Da die ursprünglich englischen Bezeichnungen oft keinen Zusammenhang mit den deutschen Äquivalenten zeigen, seien erstere in Klammern beigefügt. Für genaue Definition der Grundbegriffe, deren Diskussion, sowie Herkunft der Ausdrücke muß auf die Originalliteratur und auf die Lehrbücher der Statistik verwiesen werden.

Eine statistische Angabe bezieht sich immer auf Individuen, welche durch gemeinsame Eigenschaften ausgezeichnet sind. Die Summe dieser Eigenschaften bestimmt die Gruppe, welche betrachtet wird, den „Kollektivgegenstand" (population). Eine für die Individuen ungleiche Eigenschaft wird besonders beachtet, und für jedes Individuum des Kollektivgegenstandes durch eine Zahl x gemessen bzw. bei einem qualitativen Merkmal Abwesenheit oder Anwesenheit durch 0 oder 1 angegeben. Letzterer Fall der Zweiteilung (dichotomy) wird weiter nicht besonders berücksichtigt werden, ebensowenig der Fall, daß x von Natur ganzzahlig ist. Es sei x im Gegenteil eine kontinuierliche Variable (variate).

Die „Urliste" gibt die beobachteten x-Werte. Man kann diese umordnen zu einer „Verteilungsliste" nach steigenden Werten von x. Den Bereich von x teilt man weiter in eine Anzahl gleich großer Intervalle und zählt für jedes Intervall die Zahl der Individuen, deren x in ihm liegt: die „Häufigkeiten" der Intervalle. Die Zusammenstellung dieser Zahlen heißt die „Verteilungstafel". Durch Division durch die Zahl aller Individuen, den „Umfang", erhält man die „relativen Häufigkeiten". Über die zweckmäßige Größe der Intervalle vgl. Ziff. 36. Es kann auch die Zahl der Individuen, deren $x < x_0$ ist, für eine Reihe von x_0-Werte in einer „Summentafel" zusammengestellt werden.

Greift man aus dem Kollektivgegenstand ein Individuum willkürlich heraus, so ist die W., daß sein x in ein bestimmtes Intervall fällt, offenbar gleich der relativen Häufigkeit für das Intervall. Man sagt darum auch, x sei eine „vom Zufall abhängige Größe". Aber auch der Kollektivgegenstand selber hängt vom Zufall ab, weil es praktisch niemals möglich ist, alle Individuen zu untersuchen, welche die Eigenschaften, auf welche es ankommt, besitzen. Das heißt also, man fordert noch weitere unwesentliche Eigenschaften und erst diese beschränken die viel zu große, ja, gewöhnlich unendliche Gruppe aller für die betreffende Untersuchung geeigneter Individuen, das „Kollektiv", zum vorliegenden Kollektivgegenstand. Zumal für die Berechnung von statistisch erreichbaren Genauigkeiten ist diese Unterscheidung wesentlich [GREINER[2])].

[1]) H. A. LORENTZ, Les Théories statistiques en Thermodynamique. Leipzig 1916. S. 52.
[2]) R. GREINER, ZS. f. Math. u. Phys. Bd. 57, S. 121. 1909.

Aus dem Kollektiv, der für die Untersuchung zu großen Gruppe, wählt man gewissermaßen eine Stichprobe, den Kollektivgegenstand. Beim Sammeln des Materials ist darauf zu achten, daß die Art der Auswahl keinen systematischen Einfluß auf das Vorkommen der x-Werte hat, was man auch so formulieren kann: der Kollektivgegenstand soll eine „zufällige Auswahl" (random sample) aus dem Kollektiv sein.

Man beachte, daß hinzugefügt werden kann: zufällig gegenüber der Eigenschaft x, und daß die Auswahl, nach einer anderen Eigenschaft y beurteilt, sehr wohl systematisch sein kann.

Betrachtet man jedes untersuchte Individuum als zufällig aus dem Kollektiv gewählt, so erhalten die relativen Häufigkeiten im Kollektiv dadurch die Bedeutung von Wahrscheinlichkeiten. Nur diese werden im folgenden ohne weiteres als W. angedeutet; im Kollektivgegenstand sprechen wir von relativer Häufigkeit (vgl. auch Ziff. 7). Dadurch ist also der Zusammenhang der Statistik mit der Wahrscheinlichkeitsrechnung hergestellt, und es ist ohne weiteres klar, was man unter Verteilungskurve (frequency curve) oder W.-Dichte, Summenkurve usw. zu verstehen hat.

Im Anfang dieser Ziffer wurde vorausgesetzt, daß nur eine Eigenschaft statistisch untersucht wird, und also nur eine Variable x nötig ist. Der allgemeinere Fall, daß n Eigenschaften jedes Individuums durch n Variable auf einmal angegeben werden, ist aber grundsätzlich nicht davon verschieden, er entspricht ebenso der kontinuierlichen Wahrscheinlichkeit mit n Veränderlichen. Sonderbarerweise haben die deutschen Forscher bei der Definition des Begriffs „Kollektivmaßlehre" immer ausdrücklich die Beschränkung auf eine Variable vorgenommen. Das ist wohl mit Schuld daran, daß die wichtigen Betrachtungen über Korrelation der englischen Statistiker in den deutschen Ländern nicht die gebührende Beachtung gefunden haben. (Sehr unzutreffend sagt BRUNS, Lehrbuch S. 97: „Es ist indessen nicht nötig, bei dem Fall mehrerer Argumente zu verweilen, denn seine Behandlung läßt sich auf den Fall nur eines Argumentes zurückführen.")

Im folgenden beschränken wir uns vorläufig auf den Fall einer Variablen; die besonderen Begriffe betreffend mehrere Veränderlichen findet man in Abschnitt VI).

32. Graphische Darstellung „schiefer" Verteilungen. Es sei (Abb. 6) $ODCM$ die Verteilungskurve für ein bestimmtes Kollektiv. An einer Stichprobe daraus beobachtet man, etwa für das Intervall (x_1, x_2), die relative Häufigkeit und stellt diese durch den Punkt P mit Abszisse $\frac{1}{2}(x_1 + x_2)$ dar. Dabei ist offenbar die Ordinate von P gleich der r. H. dividiert durch $x_2 - x_1$ zu nehmen. Das gezeichnete Rechteck wird dadurch — abgesehen von zufälligen Abweichungen, d. h. im Mittel — gleich dem schraffierten Flächeninhalt unter der Verteilungskurve. Bei einer graphischen Darstellung einer Verteilungstafel durch die Punkte P ist also zu beachten, daß die zu bestimmende Verteilungskurve nicht durch diese Punkte hindurchgeht. Man tut deshalb besser, nur die Rechtecke zur Darstellung zu

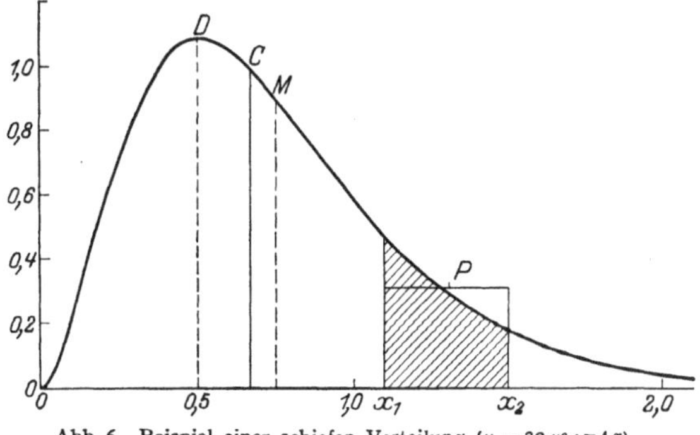

Abb. 6. Beispiel einer schiefen Verteilung ($y = 32x^3e^{-4x}$).

bringen, welche aneinandergereiht das „Staffelbild" (histogram) bilden. Wird dagegen in analoger Weise die Summentafel graphisch dargestellt, so geht die Summenkurve einfach durch die eingetragenen Punkte, aber wieder abgesehen von den zufälligen Abweichungen. Durch letztere Zufügung wird der Vorteil der Summenkurve gegenüber der Verteilungskurve aber mehr als aufgehoben.

Es sei die Verteilungskurve in Abb. 6 graphisch gefunden. Formen wie diese kommen oft vor: die Kurve gleicht der „normalen" (Ziff. 19), aber ist nicht wie diese symmetrisch, sie ist „schief". Man hat folgende Bezeichnungen eingeführt: die Abszisse x_d des Maximums D heißt der „dichteste Wert" (mode) der schiefen Kurve; die Ordinate von C teilt die Fläche in gleiche Teile, es ist daher $\int\limits_{-\infty}^{x_c} \varphi\, dx = \frac{1}{2}$, es heißt x_c der „Zentralwert" (median); endlich ist $x_m = \bar{x}$ der Mittelwert (mean). Die gezeichnete Anordnung der Punkte DCM ist die gewöhnliche für „nach rechts schiefe" Kurven, sie ist umgekehrt für nach links schiefe. Die Differenz $x_m - x_d$ ist ein Maß für die „Schiefe". Es gibt noch die einfache Faustregel, daß $x_m - x_c = \frac{1}{3}(x_m - x_d)$ ist. Die drei genannten Bestimmungsstücke fallen für symmetrische Kurven zusammen.

Bei gegebener Kurvenform kann irgendeiner dieser Werte zur Bestimmung einer additiven Konstante der x dienen, d. h. zur Bestimmung der „Lage" (location). Die Breite der Kurve wird etwa bestimmt durch die schon früher angegebene Streuung von x, auch „mittlere Abweichung" (standard deviation) genannt. Es ist bekanntlich das Integral für $\overline{(x - a)^2}$ (das Trägheitsmoment um a) ein Minimum für $a = \bar{x}$, und dieser Minimalwert ist das Quadrat der Streuung σ. Ein anderes Maß der Breite gibt die „durchschnittliche Abweichung" $\overline{|a - x|}$, welche ein Minimum ist für $a = x_c$. In der Statistik wird dieser Wert wenig benutzt. Von größerer Bedeutung sind die „Viertelwerte" (quartiles), deren Ordinaten $^1/_4$ resp. $^3/_4$ der ganzen Fläche begrenzen. Die Differenz zwischen beiden (interquartile range) gibt ein Maß für die Breite. Ebenso wie der Zentralwert haben auch die Viertelwerte die Besonderheit, daß sie bei Transformation der x erhalten bleiben (d. h. mittransformiert werden), während die anderen Werte ganz verloren gehen.

33. Empirische Formeln, die Pearsonschen Kurven. Es liegt auf der Hand, daß man versuchen wird, eine graphisch konstruierte Verteilungskurve durch eine möglichst einfache Gleichung darzustellen oder, genauer ausgedrückt, durch eine Formel mit der kleinstmöglichen Konstantenzahl. Aus vielen praktisch durchgeführten Fällen geht hervor, daß man fast immer mit höchstens vier Konstanten auskommt. Schreibt man $(x - m)/a = \xi$, so hat man durch m die Lage, durch a die Breite der Kurve in der Hand und braucht dann noch eine Funktion von ξ mit zwei Konstanten.

Es ist von verschiedener Seite vorgeschlagen worden, dazu die allgemeine Entwicklung [Ziff. 22, Gleichung (54)] an der geeigneten Stelle abzubrechen. Die Funktion von ξ wird dann

$$\left(1 - a_3 \frac{d^3}{d\xi^3} + a_4 \frac{d^4}{d\xi_4}\right) \frac{1}{\sqrt{2\pi}} e^{-\frac{1}{2}\xi^2}, \tag{70}$$

sobald man $m = \bar{x}$ und $a = \sigma(x)$ wählt. Nach den Eigenschaften der gebrauchten Entwicklung kann man

$$a_3 = \mu_3/6a^3$$

und

$$a_4 = \frac{1}{24}\left(\frac{\mu_4}{a^4} - 3\right)$$

nehmen. Die Formel ist gut brauchbar bei geringer Abweichung vom normalen Gesetz, etwa wenn $|a_3| < 0{,}1$ und $|a_4| < 0{,}05$. Nicht richtig ist sie natürlich insofern, als für größere Werte von ξ unvermeidlich negative Ordinaten vorkommen. Es wäre jedenfalls nötig, die beste Bestimmung von a_3 und a_4 zu untersuchen, welche im allgemeinen von der oben angegebenen für die unendliche Entwicklung verschieden sein wird. Für den dichtesten Wert und den Zentralwert gibt die Formel in erster Näherung $x_d = m - 3\alpha a_3$ resp. $x_c = m - \alpha a_3$.

Der am weitesten durchgeführte Versuch, ein System von vierparametrigen Kurven von großer Anpassungsfähigkeit einzuführen, ist von PEARSON gemacht worden. Er nimmt

$$\frac{dy}{dx} = -\frac{(x-m)\,y}{c_0 + c_1 x + c_2 x^2} \tag{71}$$

als Differentialgleichung für seine Kurven, wo der Nenner als abgebrochene Reihenentwicklung anzusehen ist. Der dichteste Wert ist offenbar $x = m$. Die allgemeine Lösung hat die Form

$$y = c\left(1 - \frac{x-m}{a_1}\right)^{\nu a_1}\left(1 - \frac{x-m}{a_2}\right)^{\nu a_2},$$

wenn $c_0 + c_1\,x + c_2 x^2 = 0$ reelle Wurzeln hat. Bei komplexen Wurzeln wird

$$y = c\left(1 + \frac{x^2}{a^2}\right)^{-p} e^{-\nu \operatorname{arc\,tg} x/a}.$$

Für die Anwendung als Verteilungsgesetz zerfällt der erste Fall noch in zwei, je nachdem m zwischen den Wurzeln a_1 und a_2 oder außerhalb liegt. Die drei so entstehenden allgemeinen Typen kann man durch geeignete Wahl des Nullpunkts dreikonstantig machen, Übergangsformen zwischen diesen werden dann zweikonstantig, auch im Falle der Symmetrie werden die Formeln zweikonstantig. PEARSON kommt dadurch zur Unterscheidung von sieben Typen, deren Formeln mit Weglassung der multiplikativen Konstante hier angeführt seien:

$$\left.\begin{array}{ll}
I & \left(1 + \frac{x}{a_1}\right)^{\nu a_1}\left(1 - \frac{x}{a_2}\right)^{\nu a_2}, \\
II & \left(1 - \frac{x^2}{a^2}\right)^{p}, \\
III & \left(1 + \frac{x}{a}\right)^{\gamma a} e^{-\gamma x}, \\
IV & \left(1 + \frac{x^2}{a^2}\right)^{-p} e^{-\nu \operatorname{arc\,tg} x/a}, \\
V & x^{-p}\, e^{-\gamma/x}, \\
VI & (x - a)^{p_1} x^{-p_2}, \\
VII & \left(1 + \frac{x^2}{a^2}\right)^{-p}, \\
N & e^{-x^2/2\sigma^2}.
\end{array}\right\} \tag{72}$$

Die allgemeinen Typen sind *I*, *IV* und *VI*, die symmetrischen *II* und *VII*. *N* ist das „normale Gesetz“, welches auch der Pearsonschen Differentialgleichung genügt. Es gelten weiter *I* und *II* für ein beiderseits begrenztes Intervall, *III*, *V* und *VI* für ein einseitig begrenztes, *IV* und *VII* für ein beiderseits unbegrenztes

Intervall. Den gegenseitigen Zusammenhang der Typen sieht man aus folgendem Schema:

$$\begin{matrix} II & I & I & I & I \\ N & N & N & N & III \\ VII & IV & V & VI & VI \end{matrix}$$

wo aneinanderstoßende Typen durch kontinuierliche Änderung der Konstanten ineinander übergehen können. Eine graphische Darstellung dieser Verhältnisse, welche auch weitere Besonderheiten angibt, wurde von FISHER gegeben[1]).

PEARSON hat ein allgemeines Rechenschema gegeben, um aus den ersten vier Momenten einer empirisch vorgelegten Verteilung den Typus und dessen Konstanten zu bestimmen[2]).

34. Ursachen der Schiefe. In der letzten Ziffer sind Interpolationsformeln für Verteilungen angegeben. Man soll nicht in den Irrtum verfallen, die Berechnung einer solchen Formel als den letzten Zweck einer statistischen Untersuchung anzusehen. Für die Ausgleichung der Beobachtungsdaten, etwa auch für die Vergleichung von Material verschiedener Herkunft, hinsichtlich derselben Erscheinung, haben diese Formeln ihre Bedeutung, sie geben aber keinen Aufschluß über die Ursachen, welche die Verteilung bewirkt haben.

Eine einfache Ursache für eine schiefe Verteilung besteht z. B. darin, daß man zwei Gruppen von Individuen durcheinander untersucht hat. Gibt jede Gruppe für sich eine normale Verteilung, so entsteht im allgemeinen eine nichtsymmetrische Kurve durch die Addition der Ordinaten der beiden normalen Kurven. Nur wenn die Mittelwerte der beiden Gruppen genügend weit auseinanderliegen, wird man den wahren Sachverhalt aus der resultierenden Kurve leicht erkennen, etwa dadurch, daß sie zwei Maxima hat. Ist dagegen die Teilkurve der kleineren Gruppe ganz von der anderen überdeckt, so kann die Gesamtkurve genau wie eine schiefe Verteilungskurve anderer Art aussehen. Weiß man in solchen Fällen, etwa aus theoretischen Gründen, daß die Kurven normal sein sollten — oder sonst einer gegebenen Formel genügen müssen —, so hat die Aufspaltung der gefundenen Verteilung in zwei Teilkurven keine große Schwierigkeit.

Dieser Fall kommt vor bei Untersuchungen über Feinstruktur von Spektrallinien. Unter den günstigsten Umständen gibt die Intensitätsverteilung in einer einfachen Linie ein Abbild der Geschwindigkeitsverteilung der leuchtenden Gasmoleküle, ist also normal. Eine geringe beobachtete Schiefe kann deshalb schon genügen, um die Existenz eines zweiten Leuchtprozesses, d. h. eines Satelliten, zu beweisen. Die Teilkurven werden hier gleiche Streuung haben.

Es sei noch erwähnt, daß PEARSON für die Spaltung in zwei normale Kurven — bei welcher im allgemeinen fünf Konstanten zu berechnen sind — ein Rechenverfahren mittels der Momente gegeben hat. Für gewöhnlich wird man mit einer versuchsweise vorgehenden graphischen Konstruktion auskommen.

Aber auch bei homogenem Material findet man vielfach nicht normale Verteilungen. Durch eine Transformation der unabhängigen Veränderlichen kann man eine solche immer zu einer normalen machen, d. h. man kann eine

---

[1]) R. A. FISHER, Phil. Trans. Bd. 222, S. 343. 1922.

[2]) Zusammengestellt in W. PALIN ELDERTON, Frequency curves and correlation. London 1906, 2. Aufl. 1928 und in K. PEARSON, Tables for Statisticians and Biometricians. 2. Aufl. 1925. Nach persönlicher Mitteilung bearbeitet Prof. PEARSON jetzt ein zusammenfassendes Lehrbuch über seine statistischen Methoden.

neue Veränderliche $y = F(x)$ so bestimmen, daß die vorliegende W.-Dichte $\varphi(x)$ dargestellt wird durch

$$\varphi(x) = \frac{F'(x)}{\sqrt{2\pi}} e^{-\frac{[F(x)-m]^2}{2s^2}}. \tag{73}$$

Diese Formel, unter Anwendung von einfachen Formen für $F(x)$, wurde schon früher von EDGEWORTH zur Wiedergabe von schiefen Verteilungen vorgeschlagen. Für die neue Veränderliche $y = F(x)$ ist die Verteilung dann normal. KAPTEYN[1]) hat das so formuliert: die Schiefe liegt nur daran, daß man nicht die richtige Veränderliche gewählt hat. Durch folgende Überlegungen versucht KAPTEYN dann weiter die Bedeutung der Funktion $F(x)$ für die Entstehung der Verteilungen aufzufinden.

Die normale Verteilung von y kann man sich dadurch entstanden denken, daß jedes y die Summe einer großen Zahl verschiedener Zuwächse $\Delta_1 y$, $\Delta_2 y \ldots \Delta_n y$ ist, welche unabhängig voneinander vom Zufall abhängig sind (Ziff. 19). Jedes Δy habe einfachheitshalber dieselbe W.-Dichte; es sei $\overline{\Delta y} = a$, $\sigma(\Delta y) = b$. Es wird dann

$$y = n\,\overline{\Delta y} \qquad \sigma_y = b\sqrt{n}.$$

Nun wird aber nicht y sondern x beobachtet, und aus $y = F(x)$ folgt

$$a = \overline{\Delta y} = F'(x)\,\overline{\Delta x} + \left(\tfrac{1}{2}F''(x)\,\overline{\Delta x^2}\right) + \cdots, \quad a^2 + b^2 = \overline{\Delta y^2} = F'^2\,\overline{\Delta x^2} + \cdots. \tag{74}$$

KAPTEYN läßt das eingeklammerte Glied vorerst weg und sagt dann: die Zuwächse von x sind also nicht unabhängig, jeder hängt von x, d. h. von der Summe der vorhergegangenen Zuwächse, ab, und zwar derart, daß

$$\overline{\Delta x} = \frac{a}{F'(x)} \qquad \text{und} \qquad \overline{\Delta x^2} = \frac{a^2 + b^2}{F'(x)^2} \tag{75}$$

wird. Kennt man die darin auftretende „Reaktionsfunktion" $1/F'(x)$, so kann das resultierende Verteilungsgesetz nach Formel (73) unmittelbar hingeschrieben werden. Gewöhnlich geht man den umgekehrten Weg, bringt die beobachtete Verteilung in die Form (73) und findet daraus $F(x)$ und $1/F'$. VAN UVEN gibt in derselben Arbeit ein einfaches graphisches Verfahren, um mittels einer beigefügten Skala aus der statistisch gefundenen Summenkurve die Funktion $F(x)$ zu konstruieren. An verschiedenen biologischen Beispielen zeigen KAPTEYN und VAN UVEN weiter den Nutzen ihres Verfahrens. Die Reaktionsfunktion gibt an, in welcher Weise das Wachstum der Individuen von ihrer individuellen Größe abhängig ist.

KAPTEYNS Schlußweise ist natürlich nicht zwingend. Man kann jede Verteilung durch eine Transformation $y = F(x)$ künstlich normal machen, aber daraus folgt nicht, daß die Zuwächse Δy gegenseitig unabhängig gewesen sind! Das wäre dadurch nachzuprüfen, daß man dieselben Individuen zu verschiedenen Zeiten untersucht. Die Transformation zum normalen Gesetz sollte dann immer dieselbe Funktion $F(x)$ ergeben. Bisher scheint eine solche Prüfung nicht angestellt worden zu sein.

Die, auch von KAPTEYN formulierte, Beschränktheit seines Verfahrens erkennt man auch umgekehrt, wenn man von den Formeln (75) ausgeht. Das mittlere Wachstum, sowie die Schwankungen, d. h. $\sigma(\Delta x)$, sollen demnach derselben Funktion von x proportional sein. Selbst unter dieser Voraussetzung ist es zum mindesten zweifelhaft, ob die Vernachlässigung des in (74)

[1]) J. C. KAPTEYN, Skew frequency curves in biology and statistics. Groningen: P. Noordhoff 1903. 2. Aufl. mit M. J. VAN UVEN. 1916. Auch Rec. d. Travaux botan. Néerl. Bd. 8, S. 105. 1916.

eingeklammerten Gliedes, sowie der höheren Glieder, erlaubt ist. Den allgemeinen Fall, daß $\overline{\Delta x}$ und $\overline{\Delta x^2}$ zwei verschiedene Funktionen von x sind, haben wir schon Ziff. 29 in anderer Weise behandelt. Aus den physikalischen Beispielen in Ziff. 30 geht zur Genüge hervor, daß man oft die beiden Funktionen f_1 und f_2 brauchen wird, also nicht mit der einen „Reaktionsfunktion" auskommt.

Bei Beachtung seiner Gültigkeitsgrenzen könnte das elegante Verfahren von KAPTEYN und VAN UVEN auch in physikalischen Fragen zur vorläufigen Orientierung vielleicht einmal seinen Nutzen haben.

35. Die statistische Genauigkeit. Wahl des Intervalls. Man habe n Individuen untersucht und gefunden, daß davon p eine gewisse Eigenschaft zeigen. Welche Genauigkeit hat die Zahl p? Die Frage ist nur eindeutig zu beantworten, wenn man erstens weiß, was man als den genauen Wert p_0 dieser Zahl ansehen würde, zweitens, nach welchen Gesetzen man Abweichungen $p - p_0$ zu erwarten hat. Die erste Forderung wird erfüllt durch Betrachtung der n Individuen des Kollektivgegenstandes als Muster aus einer größeren Gruppe (Kollektiv) von N Individuen (Ziff. 31). Ziel der statistischen Untersuchung ist dann die Kenntnis der Häufigkeit P im Kollektiv, anders ausgedrückt, es ist $p_0 = nP/N$. Die zweite Forderung erfüllt man durch die Annahme, es sei das Muster durch zufällige Auswahl aus dem Kollektiv gezogen. Die Abweichungen $p - p_0$ sind dann normal verteilt und es ist (Ziff. 14)

$$\sigma_p^2 = p_0 \frac{(N-P)(N-n)}{N(N-1)} = p_0\left(1 - \frac{p_0}{n}\right)(1-m),$$

wo m den Bruchteil angibt, den man als Muster genommen hat. Gewöhnlich wird man N willkürlich groß nehmen können, dementsprechend setzen wir weiter $m = 0$. Die Voraussetzung des Zufallsmusters soll man beachten, sie wird oft nicht erfüllt sein bzw. nachgeprüft werden müssen.

Es sei der Verlauf einer Verteilungskurve aus statistischen Daten zu bestimmen. Man hat aus diesen eine Verteilungstafel (Ziff. 31) hergestellt und trägt diese graphisch auf. Wir setzen eine sehr große Zahl von Beobachtungen voraus (z. B. 1000), so daß man viele Intervalle, jedes mit einer nicht zu kleinen Zahl p von Individuen, machen kann. Als Näherung kann dann $\sigma_p = \sqrt{p}$ gesetzt werden. Es ist also die relative Genauigkeit der Ordinate jedes eingetragenen Punktes durch $p^{-\frac{1}{2}}$ gegeben. Daraus geht gleich hervor, daß man eine sehr große Anzahl von Individuen untersuchen muß, um eine Verteilungskurve mit brauchbarer Annäherung konstruieren zu können. Denn um 10 Ordinaten, jede ungefähr auf 10% genau zu haben, muß $p = 100$ und $n = 1000$ sein. Aus 1000 Beobachtungen könnte man z. B. auch 100 Ordinaten, mit durchschnittlich 30% mittlerer Abweichung, bestimmen. Es wäre offenbar verfehlt, in dieser Weise sozusagen die Genauigkeit der Abszissen viel weiter treiben zu wollen als die der Ordinaten. Die günstigste Wahl für die Anzahl der Intervalle ist aus diesem Gesichtspunkt dann getroffen worden, wenn — bei übrigens geeigneter Wahl des Maßstabverhältnisses zwischen Abszissen und Ordinaten — die Streuungshöhe $2\sigma_p$ im Diagramm gleich der Intervallbreite b wird. Eine Überschlagsrechnung ergibt daraus

$$\text{Zahl der Intervalle} = 2\sqrt[3]{n}. \tag{76}$$

Hat man die Intervalle zu klein gewählt, so wird sich das auch darin zeigen, daß die zufälligen Abweichungen ein unregelmäßiges Zu- und Abnehmen der Zahlen der Verteilungstafel hervorbringen. Wenigstens in den stärker ansteigenden Teilen der Kurve wird man demnach fordern, daß der regelmäßige Anstieg von einem Intervall zum nächsten größer ist als die oft vorkommenden zufälligen Abweichungen. Bei angenähert normalem Verlauf gibt eine leichte Rechnung, daß dazu

$$\frac{\sigma_x}{b} \leqq 0{,}33 \sqrt[3]{n}$$

sein muß. Das ist praktisch dieselbe Grenze wie (76).

36. Konstantenbestimmung bei gegebener Verteilungsformel. Bei statistischen Reihen kleineren Umfangs wird man nach obigem genötigt sein, die Art der Verteilungsformel vorauszusetzen, und nur die darin auftretenden Konstanten aus den statistischen Daten zu bestimmen. Gerade bei den physikalischen Anwendungen wird es auch oft vorkommen, daß aus theoretischen Überlegungen die Form der Verteilung bekannt ist bis auf eine oder einige wenige Konstanten. Auch die Aufgaben der Ausgleichungsrechnung gehören grundsätzlich hierzu.

Die Bestimmung der Lage einer Verteilungskurve soll als Beispiel etwas ausführlicher angegeben werden. Es handelt sich um die Bestimmung von m aus n Werten von x, wenn das Verteilungsgesetz in der Form $\varphi(x-m)$ gegeben ist, wobei φ eine bekannte Funktion ist. Graphisch würde man so verfahren: es wird einerseits die Kurve $y = n b \varphi(x)$ gezeichnet, andererseits werden die Punkte $y_i = p_i$ mit Abszissen in der Mitte jedes Intervalls abgetragen, d. h. also die Zahlen der Verteilungstafel. Durch Horizontalverschiebung muß dann die Kurve den Punkten möglichst gut angepaßt werden. Rechnerisch stelle man sich vor, daß eine sukzessive Näherung ausgeführt wird. Zeigt der i-te Punkt die Abweichung

$$\delta p_i = p_i - n b \varphi(x_i - m),$$

so ergibt diese für sich eine Verbesserung von m um

$$\delta m_i = -\frac{\delta p_i}{n b \varphi'}.$$

Die Genauigkeit dieser Verbesserung wird gegeben durch:

$$\sigma(\delta m_i) = \frac{1}{n b \varphi'} \sigma(p_i) = \frac{\sqrt{n b \varphi}}{n b \varphi'}.$$

Jedes Intervall gibt so einen Wert für die Verbesserung von m; diese Werte sind nach den Regeln der Ausgleichungsrechnung zu kombinieren. Diese Regeln sind hier sicher anwendbar, weil die W.-Dichte eines jeden δm durch ein normales Gesetz gegeben ist. Man hat daher (vgl. Kap. 13, Ziff. 11) das Mittel der δm_i zu nehmen mit den Gewichten $1/\sigma^2(\delta m_i)$ und es wird

$$\delta m = \frac{\sum n b \frac{\varphi'^2}{\varphi} \delta m_i}{\sum n b \varphi'^2/\varphi} = \frac{\sum -\frac{\varphi'(x_i - m)}{\varphi(x_i - m)} \delta p_i}{n \int \frac{\varphi'^2}{\varphi} d x}$$

wo im Nenner $b \to 0$ genommen ist. Läßt man auch im Zähler b gegen Null gehen, so werden die δp_i alle 0 oder 1, d. h. man erhält die Summe der Werte $-\varphi'/\varphi$ für jedes Individuum.

Diese Bestimmung von m hat ein Gewicht gleich dem Nenner, d. h. man hat m gefunden mit einer mittleren Abweichung:

$$\sigma_m = n^{-1/2} \left(\int \frac{\varphi'^2}{\varphi} d x \right)^{-1/2}. \tag{77}$$

Da aber im Zähler der Wert von m eingeht, so hat man den bestmöglichen Wert von m erst gefunden, wenn dieser $\delta m = 0$ liefert, d. h. m kann auch unmittelbar bestimmt werden aus der Gleichung:

$$\sum \frac{\varphi'(x-m)}{\varphi(x-m)} = 0. \tag{78}$$

In dieser Weise erhält man den wahrscheinlichsten Wert von m, sowie auch den genauesten. Durch eine ganz andere, weniger durchsichtige, Betrachtung gelangt FISHER[1]) zu denselben Gleichungen.

Bisher begnügte man sich gewöhnlich mit einer einfacheren Berechnung. Man nimmt das arithmetische Mittel aller beobachteten x-Werte und setzt es dem aus der Kurve berechneten Mittel gleich:

$$\frac{\sum x}{n} = \int x\,\varphi(x-m)\,dx\,.$$

Hat man von vornherein das Argument von φ von seinem Mittelwert ab gezählt, d. h.: ist $\int x\varphi(x)\,dx = 0$, so wird auch $\int (x-m)\varphi(x-m)\,dx = 0$, daher

$$\frac{\sum x}{n} = m\,. \tag{79}$$

Für die Genauigkeit dieser Bestimmung von m hat man:

$$\sigma_m^2 = \frac{1}{n^2}\left[\overline{(\sum x)^2} - \left(\overline{\sum x}\right)^2\right] = \frac{1}{n}\,\sigma_x^2\,. \tag{80}$$

In allen Fällen, wo ihre Genauigkeit nicht zuviel zurücksteht gegen die besterreichbare nach (77), wird man die einfachere Berechnung benutzen. Nur wenn φ ein normales Gesetz ist, gibt (80) denselben Wert wie (77), es sind dann aber auch (78) und (79) identisch. Vgl. die Anwendung dieser Formeln in der Fehlertheorie, Ziff. 38.

Ist zweitens die Breite der Verteilung unbekannt, so hat man in dem Verteilungsgesetz $1/a \cdot \varphi(x/a)$ die Konstante a zu bestimmen. In ganz analoger Weise wie oben findet man die bestmögliche Bestimmung durch Mittelbildung mit Gewichten. Das Ergebnis läßt sich reduzieren auf die Gleichung

$$n + \sum \frac{\xi\varphi'(\xi)}{\varphi(\xi)} = 0\,, \tag{81}$$

wo $\xi = x/a$ gesetzt ist, und für die relative Streuung dieser Bestimmung findet sich:

$$\frac{\sigma_a}{a} = n^{-1/2}\left(\int \frac{\xi^2\varphi'^2}{\varphi}\,d\xi - 1\right)^{-1/2}. \tag{82}$$

Meistens werden Lage und Breite der Verteilung unbekannt sein, d. h. man hat m und a zu bestimmen in dem Verteilungsgesetz $1/a \cdot \varphi\{(x-m)\}a/$, wo φ eine bekannte Funktion ist. Es ist dann die Methode der kleinsten Quadrate (Kap. 13, Abschn. II) zur Bestimmung der Verbesserungen δm und δa anzuwenden. In den Normalgleichungen setzt man, analog wie oben, $\delta m = \delta a = 0$. Man erhält so wieder dieselben Gleichungen (78) und (81), und auch dieselben Genauigkeiten der Unbekannten, wie oben, vorausgesetzt, daß der Nullpunkt derart gewählt wurde, daß

$$\int \frac{\xi\,\varphi'^2}{\varphi}\,d\zeta = 0 \tag{83}$$

ist, wo jetzt überall das Argument $\xi = (x-m)/a$ einzusetzen ist. Ist das Gesetz symmetrisch um den Nullpunkt (φ eine gerade Funktion von ξ), so ist die Bedingung offenbar erfüllt.

Die übliche Bestimmung von a ist wiederum einfacher. Man wählt den Nullpunkt so, daß $\bar{x} = 0$ ist, und setzt dann:

$$\frac{\sum x^2}{n} = \int x^2\varphi(\xi)\,d\xi = a^2\int \xi^2\varphi(\xi)\,d\xi\,. \tag{84}$$

---

[1]) R. A. FISHER, Phil. Trans. Bd. 222, S. 330. 1922.

Die linke Seite dieser Gleichung sei s genannt. Man findet

$$\sigma^2(s) = \frac{1}{n}\left(\overline{x^4} - \overline{x^2}^2\right) = \frac{\mu_4 - \mu_2^2}{n},$$

wo die μ die „Momente" sind (Ziff. 21). Die relative Dispersion von a wird dann

$$\frac{\sigma_a}{a} = \frac{1}{2} n^{-\frac{1}{2}} \left(\frac{\mu_4}{\mu_2^2} - 1\right)^{\frac{1}{2}}. \tag{85}$$

Auch hier wird für das normale Gesetz diese Bestimmungsweise mit der bestmöglichen identisch (vgl. weiter Ziff. 39).

Für die Bestimmung von mehr als zwei Konstanten gelten dieselben Gesichtspunkte. Für vier Konstanten benutzt PEARSON[1]) allgemein die ersten vier Potenzmittel und berechnet auch die Genauigkeit dieses Verfahrens, wobei die Momente bis μ_8 eingehen. FISHER[2]) hat den Begriff der bestmöglichen Bestimmung eingeführt. Er nennt das Quadrat des Verhältnisses der Genauigkeit eines Verfahrens zur bestmöglichen Genauigkeit den Nutzeffekt (efficiency) des Verfahrens. Für die Pearsonschen Kurven berechnet er den Nutzeffekt der Konstantenbestimmung aus Potenzmitteln. Nur bei geringer Abweichung vom normalen Gesetz wird dieser Nutzeffekt über 80% gefunden, bei stärkerer Abweichung kann er Null werden, z. B. sobald $\mu_8 = \infty$ wird. Es muß für das weitere auf die Originalarbeit verwiesen werden.

d) Verteilungen in der Fehlertheorie.

37. Fehlergesetze. Die statistischen Eigenschaften der Beobachtungsfehler werden vor allem deshalb untersucht, weil sie bestimmend sind für die Vorschriften, nach welchen Beobachtungen zu kombinieren sind, um ein Ergebnis zu erhalten, das möglichst wenig von diesen Fehlern gefälscht ist. Daß auch umgekehrt aus einer Vorschrift zur Berechnung des wahrscheinlichsten Resultats ein Rückschluß auf das Verteilungsgesetz der Beobachtungsfehler möglich ist, wurde bekanntlich von GAUSS zur Grundlage seiner Behandlung der Ausgleichungsrechnung gemacht. Im folgenden werden diese Zusammenhänge etwas eingehender untersucht, als man es bisher gewöhnt ist, weil nur dadurch das nötige Licht auf die Grundlagen der Rechenvorschriften fallen kann. Nur der einfachste Fall, daß n gleichartige Messungen für eine zu bestimmende Größe vorliegen, soll hier betrachtet werden. Für die verwickelteren Fälle und die praktische Ausführung s. Kap. 13 dieses Bandes.

n Beobachtungen mögen Zahlen $x_1, x_2, \ldots, x_n$ ergeben haben, welche von dem wahren Wert x_0, der gewöhnlich unbekannt ist, Abweichungen zeigen, die wir die Fehler $\varepsilon_1 \ldots \varepsilon_n$ nennen. Die W., daß ein Fehler zwischen ε und $\varepsilon + d\varepsilon$ liegt, sei $\varphi(\varepsilon)d\varepsilon$. Man bezeichnet $\varphi(\varepsilon)$ gewöhnlich als das Fehlergesetz, welches demnach die W.-Dichte der Beobachtungsfehler angibt. Die herkömmliche Behandlung berücksichtigt nur den Fall, daß φ das „normale" Gesetz ist, ja, unter „Fehlergesetz" schlechthin versteht man oft nur dieses. Wir werden hier im Gegenteil annehmen, daß die Funktion φ irgendeine Form hat, welche für die vorliegenden Beobachtungen bekannt ist. Man hat sie etwa bestimmt durch statistische Bearbeitung einer viel größeren Zahl früherer Beobachtungen der gleichen Art (Ziff. 35), oder kennt sie a priori aus der Weise, wie die Zahlen $x_1 \ldots x_n$ gewonnen werden. So ist für einen Logarithmus aus der

[1]) Siehe die 2. Fußnote S. 464.

[2]) R. A. FISHER, Phil. Trans. Bd. 222, S. 330. 1922.

Tafel $\varphi = 1$ im Intervall $-0,5 < \varepsilon < +0,5$, wenn man ε in Einheiten der letzten Dezimale mißt, gleich Null außerhalb.

Ein eigenartiges Fehlergesetz gibt die geometrische Betrachtung im folgenden Fall. In der Ebene zieht man n Gerade durch einen Punkt P in „zufälligen" Richtungen (d. h. derart, daß die W.-Dichte des Winkels konstant ist). Aus den Abszissen $x_1 \ldots x_n$ der Schnittpunkte dieser Geraden mit der x-Achse soll die Lage von P bestimmt werden. Es ist hier $\varepsilon_1 = x_1 - x_P$, und man findet

$$\text{(D)} \quad \varphi(\varepsilon) = \frac{a_4}{\pi} \frac{1}{a_4^2 + \varepsilon^2}, \tag{86}$$

für das Fehlergesetz, wo $a_4 = y_P$ ist.

Zur Erläuterung der allgemeinen Formeln wenden wir sie im folgenden auf dieses Gesetz (D) an, und außerdem auf drei andere:

$$\text{(A)} \quad \frac{15}{16 a_1}\left(1 - \frac{\varepsilon^2}{a_1^2}\right)^2, \qquad \text{(B)} \quad \frac{1}{a_2\sqrt{2\pi}} e^{-\varepsilon^2/2a_2^2}, \qquad \text{(C)} \quad \frac{1}{2a_3} e^{-|\varepsilon|/a_3}. \tag{86}$$

Diese vier Probegesetze ergeben in der Reihenfolge $ABCD$ eine zunehmende W. für sehr große Fehler. Bei A kommen Werte $\varepsilon > a_1$ überhaupt nicht vor, D geht für wachsende ε so langsam gegen Null, daß alle Momente (Ziff. 21) für dieses Gesetz ∞ sind.

(B) ist das normale Gesetz, als Fehlergesetz gewöhnlich nach GAUSS genannt. Es sind bei astronomischen und anderen Präzisionsmessungen die beobachteten Verteilungszahlen oft mit diesem Gesetz in guter Übereinstimmung gefunden. Man ist deshalb berechtigt, die Gültigkeit des normalen Gesetzes versuchsweise vorauszusetzen, wenn a priori keine Anhaltspunkte für die Verteilung der Fehler vorliegen, und n zu klein ist, um die Verteilung aus den Beobachtungen selber zu finden (s. aber Ziff. 40). Das ist aber etwas ganz anderes als der irrtümliche Glaube an die Notwendigkeit oder mathematische Beweisbarkeit des Gaußischen Gesetzes.

Das häufige Auftreten von normalen Fehlerverteilungen ist nur dadurch zu erklären, daß die Summe einer großen Zahl von „Teilfehlern" unter geeigneten Bedingungen angenähert normal verteilt ist, unabhängig von den Verteilungen der Teilfehler (Ziff. 19 und 23). So ist der Fehler einer Summe dreier Logarithmen ungefähr nach A, von sechs aber praktisch schon normal verteilt[1]).

Es ist hier nur die Rede von der Verteilung der Fehler der direkten Beobachtungen. Nur diese soll Fehlergesetz genannt werden. Ist das Fehlergesetz normal, so folgt daraus nicht, daß auch die abgeleiteten Verteilungen, welche bei der Verarbeitung der Beobachtungen auftreten, alle normal sein werden. Das Gegenteil ist wohl oft mehr oder weniger implizit angenommen worden.

38. Der beste Wert aus n Beobachtungen, der systematische Fehler. Man denke sich zuerst n als eine sehr große Zahl. Es kann dann eine Statistik der n x-Werte gemacht und ihre Verteilungskurve konstruiert werden. Es bleibt nur noch die Frage: wie soll man den wahren Wert x_0 an dieser Kurve ablesen? Ist die Kurve z. B. darstellbar durch die Gleichung

$$y = \frac{a}{\pi} \frac{1}{a^2 + (x - m)^2},$$

so wird man keinen Augenblick im Zweifel sein, daß $x_0 = m$ zu wählen ist, denn durch diese Wahl wird die W. eines Fehlers $x - x_0$ unabhängig von seinem Vorzeichen, also das Fehlergesetz symmetrisch. Ferner ist dann m der wahr-

[1]) Siehe die Kurven bei A. SOMMERFELD, Boltzmann-Festschrift 1904, S. 856.

scheinlichste Wert (dichteste Wert der Kurve) und der Zentralwert (Ziff. 33). Dennoch ist es sehr wohl möglich, daß der wahre Wert nicht gleich m ist, weil die Beobachtungen mit Fehlern behaftet sind, welche stets in derselben Richtung wirken. Den übrigbleibenden Fehler $m - x_0$ nennt man **konstanten** oder **systematischen Fehler.** Dieser kann nur eliminiert werden, wenn man seine Ursache kennt, so daß man entweder die Ursache fortschaffen oder den Fehler berechnen, oder ihn durch Messung bestimmen kann. Das gehört weiter nicht zur Fehlertheorie. Ohne nähere Kenntnis ist $x = m$ jedenfalls der beste Wert, den man den Beobachtungen entnehmen kann.

In einem anderen Fall sei die Kurve darstellbar durch

$$y = \frac{(x - m)^3}{6a^4} e^{-\frac{x-m}{a}}$$

eine schiefe Kurve. Für den wahrscheinlichsten Wert findet man daraus $x_d = m + 3a$; für den Zentralwert $x_c = m + 3{,}67a$, für den Mittelwert $x_m = m + 4a$. Hier ist es also nicht einleuchtend, was man als besten Wert wählen muß. Man vergleiche diesen Fall mit dem analogen der Wellenlängenmessung einer unsymmetrisch verbreiterten Spektrallinie, wo man ebenso im unsicheren sein wird, ob man die Stelle des Intensitätsmaximums, die Stelle, welche auf beiden Seiten die Hälfte der Intensität liegen hat, oder den Schwerpunkt als den wahren Ort der Linie ansehen muß. Ohne weitere Kenntnisse über die Entstehungsweise der Schiefe wird man in beiden Fällen vorzugsweise x_d, die Stelle des Maximums wählen, dabei aber darauf bedacht sein, daß leicht ein systematischer Fehler begangen wird. Die Schwierigkeit läßt sich auch so ausdrücken: bei schiefer Fehlerverteilung ist eine scharfe Trennung von systematischen und zufälligen Fehlern nicht möglich. Wir setzen deshalb weiter ein willkürliches **symmetrisches** Fehlergesetz $\varphi(x - m)$ voraus.

Der gewöhnlich benutzte beste Wert aus n Beobachtungen ist das arithmetische Mittel α, bestimmt durch die Gleichung $\sum(x - \alpha) = 0$, wo die Summe, wie überall im folgenden, über alle Beobachtungswerte $x_1 \ldots x_n$ zu nehmen ist. Man betrachte die Verallgemeinerung dieser Gleichung

$$\sum h(x - g) = 0, \tag{87}$$

wo h eine ungerade Funktion des Arguments $x - g$ ist. (87) kann so gelesen werden: es ist g das Mittel aus den x-Werten mit Gewichten $h/x - g$, also mit einer symmetrischen Gewichtsfunktion, berechnet. Wäre die Zahl der x-Werte in jedem Intervall genau gleich der aus dem Fehlergesetz berechneten, so würde man $g = m$ finden. Aus den statistischen Abweichungen dieser Zahlen berechnet man für die Abweichung von g

$$\sigma^2(g) = \frac{1}{n} \frac{\int h^2 \varphi\, dx}{(\int \varphi\, dh)^2}, \tag{88}$$

welche Formel für spezielle Wahl der Funktion h leicht zu folgenden Ergebnissen führt:

$$\left.\begin{array}{llll} \text{Arithmetisches Mittel} & \alpha & h(x) = x, & \sigma_\alpha = n^{-\frac{1}{2}} \sigma_x, \\ \text{Zentrale Beobachtung} & c & h(x) = \operatorname{sg}(x)\ ^{1)}, & \sigma_c = n^{-\frac{1}{2}}/2\varphi(0), \\ \text{Bestmögliche Bestimmung} & \gamma & h(x) = \varphi'(x)/\varphi(x), & \sigma_\gamma = \left(n\int \frac{\varphi'^2}{\varphi} dx\right)^{-\frac{1}{2}}. \end{array}\right\} \tag{89}$$

[1]) Signum von x bedeutet die unstetige Funktion, welche -1 ist für $x < 0$ und $+1$ für $x > 0$. Für die Anwendung auf diesen Fall ist der Nenner von (88) als Stieltjesintegral aufzufassen.

Bei Anwendung dieser Formeln auf die vier Probegesetze (86) erhält man die Zahlen der Tabelle 2, welche das „Gewicht" $= 1/\sigma^2$ der Bestimmungen α, c und γ gibt, sowie die für die Bestimmung von γ nötige Gewichtsfunktion:

Tabelle 2. Gewicht von Mittelwertsbestimmungen.

Fehlergesetz	$1/\sigma_\alpha^2$	$1/\sigma_c^2$	$1/\sigma_\gamma^2$	Gewicht für γ
A	$7\, n/a_1^2$	$3{,}52\, n/a_1^2$	$10\, n/a_1^2$	$(1 - x^2/a_1^2)^{-1}$
B	n/a_2^2	$0{,}637\, n/a_2^2$	n/a_2^2	1
C	$0{,}5\, n/a_3^2$	n/a_3^2	n/a_3^2	$1/\lvert x\rvert$
D	0	$0{,}405\, n/a_4^2$	$0{,}5\, n/a_4^2$	$(1 + x^2/a_4^2)^{-1}$

Da die Konstanten a_1, a_2, a_3 und a_4 verschiedene Bedeutung in den entsprechenden Gesetzen haben, so sind nur die Verhältniszahlen der Genauigkeiten verschiedener Berechnungsweisen vergleichbar. Die Tabelle gibt z. B. an, daß c nur 35% des Gewichts der besten Bestimmung hat für Gesetz A, 100% für C, also für letzteres identisch mit γ ist. Für das Gaußsche Gesetz B gibt α die beste Bestimmung. Aus der letzten Spalte sieht man, daß man für A den weiter abliegenden Beobachtungen am besten ein größeres Gewicht gibt als den in der Mitte liegenden, umgekehrt für C und D ein kleineres. Selbst das Gesetz D gibt dann eine gute Genauigkeit, das gewöhnliche arithmetische Mittel ist dafür aber ganz unbrauchbar.

39. Bestimmung der Genauigkeit aus den Fehlern. Man stellt sich gewöhnlich die weitere Aufgabe, aus den Abweichungen der n Beobachtungen unter sich ein Maß für die Größe der Beobachtungsfehler zu berechnen. Wir betrachten zuerst den Fall, daß der genaue Wert der gemessenen Größe bekannt ist, und daher auch die Fehler $\varepsilon_1, \varepsilon_2, \ldots, \varepsilon_n$. Man mißt z. B. wiederholt eine bekannte Größe, um die Genauigkeit des Meßinstruments zu untersuchen. Die Aufgabe lautet dann, die Konstante a des Fehlergesetzes $\varphi(\varepsilon/a)$ zu bestimmen, wo φ eine gegebene gerade Funktion ist. Die bestmögliche Lösung dieses Problems wurde in Ziff. 36 besprochen. Es sei hier eine allgemeine Berechnungsweise betrachtet, welche alle gebräuchliche Verfahren umfaßt.

Man berechnet das Mittel irgendeiner geraden Funktion $k(\varepsilon/a)$ und setzt dieses gleich dem aus φ berechneten Mittelwert, in welchem a nicht vorkommt:

$$\frac{1}{n}\sum k(\varepsilon/a) = \int k(\xi)\,\varphi(\xi)\,d\xi. \tag{90}$$

Nach bekannten Grundsätzen findet man für die Genauigkeit dieser Bestimmung von a:

$$\sigma_a^2 = \frac{a^2}{n}\,\frac{\overline{k^2} - \overline{k}^2}{\left(\int \xi\,\varphi(\xi)\,d\,k\right)}. \tag{91}$$

Für die spezielle Anwendung dieser Formel werden wir weiter a^2/σ_a^2 angeben, d. h. das Quadrat der relativen Genauigkeit von a, das eine reine Zahl ist. In Tabelle 3 findet man die Zahlenwerte für vier Verfahren: 1. Berechnung von a aus der Quadratsumme; 2. aus der Summe der Absolutwerte der Fehler; 3. Berechnung von a durch eine Abzählung, d. h. man sucht das symmetrisch gelegene Intervall, innerhalb welcher der Bruchteil α aller Fehler enthalten ist. Man hat also $k = 1$ für $\varepsilon^2/a^2 < q^2$ und $k = 0$ für $\varepsilon^2/a^2 > q^2$, wo q und α nach

$$\int_{-q}^{+q} \varphi(\xi)\,d\xi = \alpha \tag{92}$$

zusammenhängen. Gleichung (91) gibt für diesen Fall

$$\frac{a^2}{\sigma_a^2} = \frac{\{2q\varphi(q)\}^2}{\alpha(1-\alpha)} \tag{93}$$

und man kann α so wählen, daß die Genauigkeit maximal wird. 4. gibt Tabelle 3 die Genauigkeit der bestmöglichen Bestimmung von α nach Ziff. 36, und den zugehörigen Wert der Funktion k.

Tabelle 3. Quadrat der relativen Genauigkeit von a.

Fehlergesetz	aus $\sum \varepsilon^2$	aus $\sum \lvert\varepsilon\rvert$	aus der besten Abzählung	α dafür	bestmögl. Bestimmung	k dafür
A	$3n$	$2{,}16\,n$	$2{,}33\,n$	24/25	$5n$	$\xi^2/1-\xi^2$
B	$2n$	$1{,}75\,n$	$1{,}30\,n$	6/7	$2n$	ξ^2
C	$0{,}80\,n$	n	$0{,}648\,n$	4/5	n	$\lvert\xi\rvert$
D	0	0	$0{,}405\,n$	1/2	$0{,}5\,n$	$\xi^2/1+\xi^2$

Die Bestimmung aus der Quadratsumme ist die bestmögliche für das normale Gesetz B, die aus den Absolutwerten für das Gesetz C. Aber auch für B gibt die Berechnung aus $\sum|\varepsilon|$ eine Genauigkeit, welche der bestmöglichen nur wenig nachsteht. Da man oft Abweichungen vom Gaußschen Gesetz findet derart, daß die größten Fehler etwas häufiger sind als nach der Formel, so wird der Vorteil der Benutzung von $\sum\varepsilon^2$ gegenüber $\sum|\varepsilon|$ praktisch oft geringer sein, als die Tabelle für B angibt. Wie immer die Rechnung gemacht sei, als Ergebnis sollte man jedenfalls den „mittleren Fehler" (d. h. σ_x) als Maß für die Genauigkeit der Beobachtungen anführen.

Für gewöhnlich wird man also die relative Genauigkeit eines mittleren Fehlers auf $\sqrt{2n}$ veranschlagen. Folgendes Beispiel zeigt die praktische Wichtigkeit dieser Größe. Die von einer Werkstätte hergestellten Theodoliten werden vor der Ablieferung dadurch geprüft, daß ein bekannter Winkel mit jedem Instrument sechsmal gemessen wird. Die daraus abgeleiteten mittleren Fehler werden für 22 Instrumente gleicher Art wie folgt angegeben, in 0,01″ als Einheit: 95, 144, 119, 110, 81, 84, 101, 76, 90, 109, 106, 97, 44, 40, 83, 117, 95, 86, 67, 95, 79, 86. Diese Zahlen[1]) scheinen auf den ersten Blick anzugeben, daß einige Instrumente besonders genau ausgefallen sind, andere deutlich ungenauer, als dem Mittel 91 aus obigen Zahlen entspricht. Für die Wurzel aus dem Quadratmittel der Abweichungen wird man aber 23 finden, und für die Streuung unter der Voraussetzung, daß alle Instrumente tatsächlich gleich genau waren: $91/\sqrt{12} = 26$. Die Übereinstimmung bedeutet, daß die wirkliche Ungleichheit der Instrumente gering ist und ganz verdeckt wird durch die Ungenauigkeit der Prüfung.

Bis jetzt haben wir angenommen, der genaue Wert der gemessenen Größe sei bekannt. Meist wird das nicht der Fall sein; man kennt auch die wirklichen Fehler nicht, und nimmt an ihrer Stelle die Abweichungen e vom Mittel. Es ist

$$e_1 = \varepsilon_1 - \frac{\varepsilon_1 + \varepsilon_2 + \cdots \varepsilon_n}{n},$$

und durch Quadrieren und Mittelbildung findet man leicht

$$\overline{e^2} = \frac{n-1}{n}\,\overline{\varepsilon^2} \tag{94}$$

unabhängig von der Form des Fehlergesetzes. Daher die bekannte Regel, daß die Quadratsumme der Abweichungen, durch $n-1$ statt durch n dividiert,

[1]) Aus A. Fennel, ZS. f. Instrkde. Bd. 46, S. 207. 1926.

den mittleren Fehler gibt. Bei anderer Berechnungsweise des Fehlers muß ein anderer Betrag von n abgezogen werden, z. B. $\frac{1}{2}$ bei Benutzung von $\sum|\varepsilon|$ und normalem Gesetz.

Es liegt hier aber noch eine unerwartete Schwierigkeit vor. Gibt man an, es soll $n-1$ statt n benutzt werden, so bedeutet das offenbar, die Formeln werden als genau angesehen auch für Glieder von der Ordnung n^{-1} gegenüber dem Hauptglied. Das sind sie aber nicht ohne weiteres. Für das normale Fehlergesetz soll diese Frage etwas weiter verfolgt werden, weil sie auch bei Verarbeitung der Abweichungen bei der Brownschen Bewegung vorkommt[1]). Es genügt, den Fall zu untersuchen, daß die wirklichen Fehler gegeben sind.

Setzt man

$$\varepsilon_1^2 + \varepsilon_2^2 + \cdots + \varepsilon_n^2 = R^2,$$

so ergibt sich durch eine geometrische Betrachtung, genau wie in Ziff. 27, für die W.-Dichte von R:

$$\varphi(R) = C\,\sigma^{-n} R^{n-1} e^{-R^2/2\sigma^2}. \tag{95}$$

Das ist eine schiefe Verteilung, welche für den dichtesten Wert sowie für die Mittelwerte gibt:

$$R_d^2 = (n-1)\,\sigma^2 \qquad \overline{R}^2 = (n-\tfrac{1}{2})\,\sigma^2 \qquad \overline{R^2} = n\,\sigma^2.$$

Danach erscheint es fraglich, ob man bei gegebenem R^2 den besten Wert von σ^2 findet durch Division mit n, $n-\frac{1}{2}$ oder $n-1$. Anfang dieser Ziffer haben wir nur deshalb n gefunden, weil wir den beobachteten Wert von R^2 seinem berechneten Mittelwert gleichgesetzt haben.

Die Frage muß aber anders gestellt werden, nämlich so: was ist die W.-Dichte für σ, wenn R gegeben ist? Das ist nur dann eindeutig zu beantworten, wenn die W.-Dichte für σ a priori gegeben ist. Man hat diese oft konstant vorausgesetzt, roh ausgedrückt: jeder Wert von σ soll a priori gleich wahrscheinlich sein. Wieder andere benutzen das „Präzisionsmaß“ $h = 1/\sigma\sqrt{2}$ und nehmen für h konstante W.-Dichte als eben so selbstverständlich an. Es ist wohl besser, die W.-Dichte für $\lg\sigma$ konstant zu nehmen, d. h. es soll a priori gleich wahrscheinlich sein, daß σ zwischen 1 und 2 liegt wie zwischen 2 und 4 usw. Daß das Intervall für $\lg\sigma$ beiderseits unendlich ist, bildet nur scheinbar eine Schwierigkeit, da man es ohne Einfluß auf das Resultat immer passend begrenzen kann.

Die W. a priori für ein Intervall $d\sigma$ wird damit $K d\sigma/\sigma$, und a posteriori

$$C K R^{n-1} \sigma^{-n-1} e^{-R^2/2\sigma^2}\, d\sigma \tag{96}$$

wiederum ein schiefes Gesetz. Man hat hier für den besten Wert von σ etwa die Wahl zwischen den folgenden Berechnungsarten:

$$\sigma_c = \sqrt{\frac{R^2}{n}}, \quad (\lg\sigma)_d = \tfrac{1}{2}\lg\frac{R^2}{n}, \quad \bar{\sigma} = \sqrt{\frac{R^2}{n-1{,}5}}, \quad \overline{\sigma^2} = \frac{R^2}{n-2}, \quad \sigma_d = \sqrt{\frac{R^2}{n+1}}.$$

Man wird gut tun, an den beiden zuerst angeführten, dem Zentralwert, und dem dichtesten Wert für $\lg\sigma$ als Variable, festzuhalten, also R durch n zu dividieren, und entsprechend die Summe der Abweichungen durch $n-1$, wie üblich. Die angeführten Zahlen illustrieren zugleich die Schwierigkeit der Wahl bei jedem schiefen Gesetz, wovon Anfang Ziff. 38 die Rede war. Daß man bei anderer Formulierung der Aufgabe etwa $n+2$ finden kann statt n, wird demnach verständlich. Nur die Betrachtung der Verteilungskurve kann in solchen Fällen Klarheit bringen.

[1]) ERICH SCHMID, Phys. ZS. Bd. 9, S. 222. 1922.

40. Verwerfen stark abweichender Beobachtungen. Unter n vorliegenden Beobachtungen sei eine durch einen groben Fehler entstellt, etwa durch einen Schreibfehler oder ein Versehen anderer Art, durch das Nichtbeachten einer Vorsichtsmaßregel bei der Messung, oder auch durch zufälliges Eintreten eines störenden Umstandes, der für gewöhnlich nicht da ist. Selbstverständlich wird man diese falsche Beobachtung bei der Mittelbildung weglassen. Wie soll man aber erkennen, ob die Beobachtung falsch ist?

Wir betrachten den Fall, daß eine Nachprüfung nicht möglich ist, daß man also nur die beobachtete Zahl, und daher ihre Abweichung vom Mittel, zur Beurteilung besitzt. Ist diese Abweichung z. B. das Zehnfache des mittleren Fehlers σ, so ist es nicht zweifelhaft, daß die Beobachtung falsch ist, denn die W., daß eine richtige Beobachtung so weit abweicht, ist, unter Voraussetzung des Gaußschen Gesetzes, von der Ordnung 10^{-22}. Anders ist es im folgenden Beispiel.

Unter 10 Beobachtungen zeigt eine eine Abweichung vom Mittel im Betrage von $3{,}3\ \sigma$. Soll man diese verwerfen? Aus einer Tafel des Fehlerintegrals wird man finden, daß im Mittel 1/1000 der Beobachtungen um $3{,}3\ \sigma$ oder mehr abweichen. Das bedeutet hier: die W., daß unter 10 Beobachtungen eine Abweichung dieser Größe vorkommt, ist 0,01. Diese Zahl müßte man vergleichen mit der W., daß unter 10 Beobachtungen eine falsche vorkommt. Gewöhnlich wird man darüber nicht viel wissen. Gesetzt aber, man weiß aus früherer Erfahrung, daß etwa 1% der Beobachtungen falsch ist, so wird die W. für eine falsche Beobachtung 0,1, und damit die W., daß die starke Abweichung richtig ist, 1/11. Schließt man die Beobachtung aus, so hat man also eine W. 1/11, daß das mit Unrecht geschieht. Durch Ausschließen wird in diesem Fall das Mittel um $0{,}33\ \sigma$ geändert, eine verhältnismäßig große Änderung, die man nicht unrichtigerweise vornehmen möchte!

Obiges Beispiel gibt ein deutliches Bild der Schwierigkeiten beim Verwerfen abweichender Beobachtungen. Jeder Einzelfall muß für sich betrachtet werden. Man bedenke immer, daß das Verwerfen nur wegen Verdacht eines ungewöhnlichen Fehlers geschehen soll, d. h. wegen Abweichung vom normalen Gesetz. Wäre die W.-Dichte der „ungewöhnlichen" Fehler bekannt, so könnte man natürlich das Fehlergesetz entsprechend abändern, es würde einen „Schwanz" bekommen, welcher die größere Häufigkeit der großen Fehler angäbe. Gemäß Ziff. 38 würde die bestmögliche Bestimmung dann erfordern, daß man den weit abliegenden Beobachtungen ein kleines, fast zu Null herabgehendes Gewicht $\varphi'(\varepsilon)/\varepsilon\varphi(\varepsilon)$ beilege. Das gänzliche Ausschließen der Beobachtungen im „Schwanz" ist die einfachste Annäherung an diese bestmögliche Berechnung.

41. Die Abrundungsfehler. Berechnete sowie beobachtete Zahlenwerte sind fast immer abgerundet. Durch das Abrunden an sich wird ein Fehler begangen, der in Einheiten der letzten Dezimale ausgedrückt, $s(x)$ genannt sei. Es sei x der Zahlenwert ohne Abrundung, ebenso in Einheiten der letzten Dezimale, so daß man sagen kann, es wird x auf einen ganzzahligen Wert abgerundet. $s(x)$ ist periodisch mit der Periode 1 und es ist

$$s(x) = -x \qquad \text{für} \qquad -\tfrac{1}{2} < x < +\tfrac{1}{2}. \tag{97}$$

Die Frage ist: Wie kombiniert sich dieser Fehler mit den Beobachtungsfehlern? Kann x nacheinander alle möglichen Werte annehmen, so wird s ebenso leicht positiv als negativ ausfallen, und man berechnet leicht $\sigma(s) = 1/\sqrt{12} = 0{,}29$. Das ist also der mittlere Fehler durch Abrundung. Unter geeigneten Umständen wird demnach z. B. das Mittel aus 9 Beobachtungen mit einem mittleren Abrundungsfehler von 0,29/3 behaftet sein, und die Verteilung der möglichen

Abrundungsfehler wird dabei außerdem mit guter Annäherung durch ein normales Gesetz mit dieser Streuung gegeben. Folgendes einfache Beispiel zeigt aber, daß es auch einen systematischen Abrundungsfehler gibt.

Eine durch zwei Endstriche genau definierte Länge von 25,638 mm wird mit einem genauen Millimetermaßstab gemessen, die Zehntel werden geschätzt. Läßt man den linken Endstrich mit einem Strich der Skala zusammenfallen, so gibt die Ablesung am rechten Endstrich 25,6 mm. Es ist hier zwecklos, die Messung zu wiederholen, das Ergebnis ist immer dasselbe, auch das Mittel vieler Messungen gibt den Fehler −0,38 Zehntel mm. Es wird also ein systematischer Fehler im Betrage $s(x)$ gemacht. Ein Vorteil ist es hier, wenn die Skala für Strecken von 25 mm Abweichungen von etwa 0,05 mm zeigt. An verschiedenen Stellen der Skala wird man dann 25,7 ablesen, an anderen 25,6, und das Mittel aus mehreren Messungen wird viel näher an den wahren Wert herankommen, wie es die Rechnung weiter unten genauer angibt.

Gänzlich vermieden wird in diesem Beispiel der systematische Fehler, wenn man die zu messende Länge an immer andere willkürlichen Stellen der Skala legt und an beiden Enden die Zehntel schätzt. Es werden dann zwei Zahlen x_1 und x_2 abgerundet, und es ist $x_2 - x_1 = 256{,}38$. Liegt der gebrochene Teil von x_2 zwischen 0,5 und 0,88, so ist das Ergebnis 25,7, sonst 25,6. Die W. für den größeren Wert ist also 0,38 und das Mittel aus n Beobachtungen wird mit wachsendem n dem genauen Wert von x zustreben. Für den mittleren Fehler dieses Mittels findet man nach bekannten Formeln

$$n^{-\frac{1}{2}}\sqrt{0{,}38\cdot 0{,}62} = 0{,}49\,n^{-\frac{1}{2}}.$$

Aus 100 Messungen würde man in dieser Weise die Länge tatsächlich mit einem m. F. von 5 μ bestimmen. Der Zahlenwert stimmt nur ungefähr mit der Berechnung aus dem mittleren zufälligen Abrundungsfehler 0,29 an beiden Enden, welche $0{,}29\sqrt{2}\cdot n^{-\frac{1}{2}} = 0{,}41\,n^{-\frac{1}{2}}$ gibt.

Allgemein finden wir den systematischen Abrundungsfehler $r(x)$ wie folgt. Es wird die Zahl x abgerundet, Fehler $s(x)$. Der wahre Wert ist aber x_0, der Beobachtungsfehler $\varepsilon = x - x_0$ hat die W.-Dichte $\varphi(\varepsilon)$. Der Mittelwert von ε ist Null, der Mittelwert von $s(x)$ aber hängt von x_0 ab, wir schreiben:

$$\overline{s(x)} = r(x_0) = \int_{-\infty}^{+\infty} s(x)\,\varphi(x - x_0)\,dx. \tag{98}$$

Das ist eine periodische Funktion von x_0, von der Periode 1. Für ihre Fourierentwicklung findet man

$$r(x_0) = \sum c_n \sin 2n\pi x_0 \qquad \text{mit} \qquad c_n = \frac{(-1)^n}{n\pi}\int_{-\infty}^{+\infty}\cos 2n\pi x\,\varphi(x)\,dx, \tag{99}$$

und speziell im Fall des Gaußschen Gesetzes:

$$r(x_0) = -\frac{1}{\pi}e^{-2\pi^2\sigma^2}\sin 2\pi x_0 + \frac{1}{2\pi}e^{-8\pi^2\sigma^2}\sin 4\pi x_0 - \cdots. \tag{100}$$

Nach letzterer Formel nimmt der systematische Fehler bei zunehmendem σ sehr schnell ab. Das Maximum von r, ungefähr bei $x_0 = 1/4$ und $x_0 = 3/4$ ist gleich σ für $\sigma = 1/6$, es wird $0{,}1\,\sigma$ für $\sigma = 1/3$, und $0{,}002\,\sigma$, also gänzlich unmerklich, für $\sigma = 1/2$. Daß der systematische Abrundungsfehler mit wachsender Ungenauigkeit der Beobachtungen abnehmen muß, wird man auch aus Abb. 7 erkennen, wo die Verteilungsgesetze für den Abrundungsfehler für den besonderen

Fall dargestellt sind, daß der wahre Wert x_0 den gebrochenen Teil 0,75 hat[1]). Ohne zufällige Beobachtungsfehler wäre dann $s = 0{,}25$, und um diesen Wert herum liegen die Abrundungsfehler, wenn der mittlere Beobachtungsfehler σ z. B. ein Neuntel des Abrundungsintervalls beträgt. Für $\sigma = 1/6$ kommt es schon öfter vor, daß die Beobachtung statt 0,75 Werte unter 0,5 liefert, so daß s negativ wird und $\bar{s}$ merklich kleiner als 0,25. Für $\sigma = 1/3$ ist die Verteilung schon fast gleichmäßig, und es wird $\bar{s} = 0{,}03$. (Über die Art dieser Verteilungskurven vgl. Ziff. 42.)

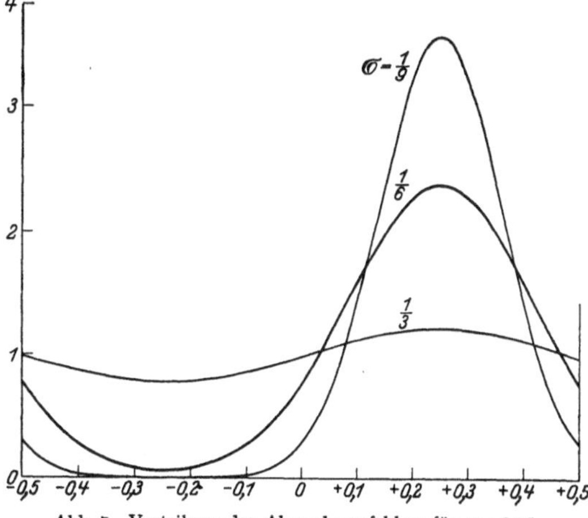

Abb. 7. Verteilung des Abrundungsfehlers für $x = 0{,}75$.

Aus den obigen Zahlen, welche alle für das Abrundungsintervall als Einheit gelten, entnimmt man als praktische Regel: Das Abrundungsintervall soll höchstens das Doppelte des anderweitigen mittleren Beobachtungsfehlers betragen.

42. Zyklische Fehlergesetze. In verschiedenen Fällen kommt es vor, daß man aus Beobachtungen ganzzahlige Verhältnisse zu bestimmen sucht. Man denke etwa an die Bestimmung des elektrischen Elementarquantums nach MILLIKAN. Die wahren Werte x_0 sind dann bei geeigneter Wahl der Einheit — und diese sei im folgenden vorausgesetzt — ganze Zahlen. Die beobachteten x weichen davon um die Beobachtungsfehler ε ab, die bei gegebenem x_0 die W-Dichte $\varphi(\varepsilon) = \varphi(x - x_0)$ haben mögen. Wir wollen weiter annehmen, daß in der Umgebung eines gewissen Wertes m die Zahlen $m, m+1, m+2\ldots$ $m-1, m-2\ldots$ als wahre Werte a priori gleich wahrscheinlich sind. Für die Verteilung der x ergibt sich dann (Abb. 8)

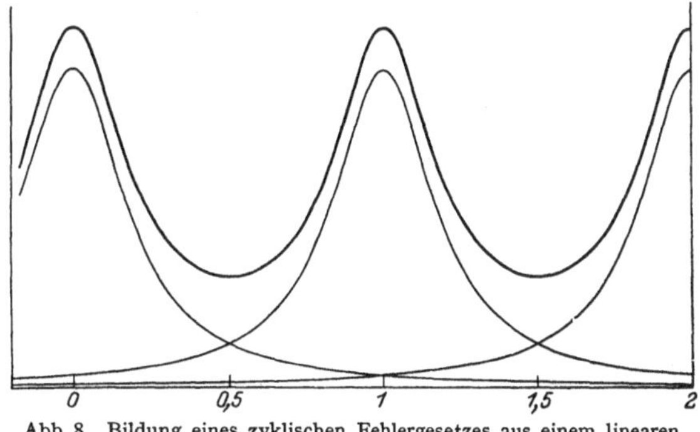

Abb. 8. Bildung eines zyklischen Fehlergesetzes aus einem linearen.

$$C\varphi(x-m) + C\varphi(x-m-1) + \cdots + C\varphi(x-m+1) + \cdots.$$

Es liegt auf der Hand, die verschiedenen Perioden dieser periodischen Verteilung zusammenzufügen, etwa dadurch, daß man nach der W-Dichte des gebrochenen Teils von $x - m$ fragt. Dieser sei ξ, dann finden wir für das Verteilungsgesetz $\omega(\xi)$

$$\omega(\xi) = \sum_{k=-\infty}^{+\infty} \varphi(\xi + k), \tag{101}$$

[1]) Für andere Werte von x_0 braucht man nur die Kurven entsprechend horizontal zu verschieben.

da die Konstante C gleich 1 wird, weil

$$\int_0^1 \omega(\xi)\, d\xi = \int_{-\infty}^{+\infty} \varphi(x)\, dx = 1 .$$

Für die Fourierentwicklung von ω findet man, wenn φ symmetrisch ist,

$$\omega(\xi) = 1 + 2C_1 \cos 2\pi\xi + 2C_2 \cos 4\pi\xi + \cdots, \quad \text{wo } C_k = \int_{-\infty}^{+\infty} \varphi(x) \cos 2k\pi x\, dx. \quad (102)$$

ω heißt nach v. MISES[1]), welcher die vorliegende Frage zuerst behandelte, zyklisches Fehlergesetz. Als Gegensatz sei φ als lineares Fehlergesetz bezeichnet. Für gewöhnlich wird man für φ das normale Gaußsche Gesetz in (102) einsetzen können und dadurch das normale zyklische Gesetz

$$\omega(\xi) = 1 + 2q \cos 2\pi\xi + 2q^4 \cos 4\pi\xi + \cdots = \vartheta_3(\xi), \quad q = e^{-2\pi^2\sigma^2}, \quad (103)$$

eine Jacobische Thetafunktion, erhalten. Dieselbe Formel erhält man, indem man gemäß Ziff. 29 die Wärmeleitungsgleichung für einen ringförmigen Stab vom Umfang 1 löst.

Es ist lehrreich, das in ganz anderer Weise von v. MISES abgeleitete zyklische Gesetz zum Vergleich heranzuziehen. Er versuchte die alte Gaußsche Herleitung des linearen Gesetzes aus dem Postulat des arithmetrischen Mittels auf diesen Fall zu übertragen. Man hat dafür folgende Fragestellung zu betrachten.

Die wahren Werte seien $m + k$, wo m unbekannt, k eine willkürliche ganze Zahl sei. Wie soll man aus n Beobachtungswerten $x_1 \ldots x_n$ den Wert von m bestimmen? v. MISES postuliert nun folgende Bestimmungsweise: auf einen Kreis vom Umfang 1 trage man Bogenlängen $x_1 \ldots x_n$ auf und bestimme den Schwerpunkt der Endpunkte. Der Halbmesser durch diesen Schwerpunkt gibt auf dem Kreis den Bogen m an. Analytisch bedeutet das: m wird bestimmt aus der Gleichung

$$\sum \sin 2\pi(x_i - m) = 0. \quad (104)$$

Nehmen wir etwa an, die Bestimmung nach (104) soll die genaueste sein, so ist das Fehlergesetz dadurch festgelegt. Es muß nach Ziff. 36 Formel (78) dann

$$c \sin 2\pi(x - m) = \frac{\omega'(x - m)}{\omega(x - m)}$$

und damit

$$\omega(x - m) = C e^{\alpha \cos 2\pi(x - m)} \quad (105)$$

sein. Das ist das Ergebnis von v. MISES. Abb. 9 gibt einen Vergleich dieses Gesetzes mit dem normalen gemäß (103). Es liegt hier also ein Beispiel vor, wo, anders als bei dem linearen Fehlergesetz, das „Postulat des arithmetischen Mittels" — entsprechend abgeändert — in seinen Schlußfolgerungen deutlich von der „Hypothese der Partialfehler" verschieden ist. Es ist wohl nicht zweifelhaft, daß man der letzteren den Vorrang geben muß.

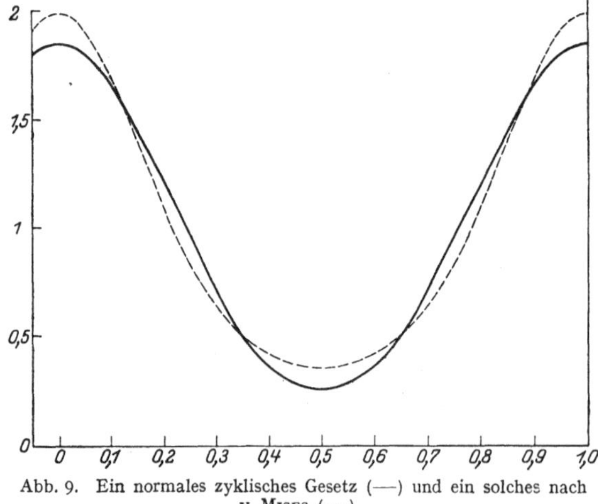

Abb. 9. Ein normales zyklisches Gesetz (—) und ein solches nach v. MISES (----).

[1]) R. v. MISES, Phys. ZS. Bd. 19, S. 420. 1918.

VI. Korrelation.

a) Mit zwei Veränderlichen.

43. Einleitung, der Korrelationskoeffizient. In den Abschnitten IV und V wurde fast ausschließlich der Fall betrachtet, daß den Zufallserscheinungen nur eine Variable, x, zugeordnet ist. Betrachtet man gleichzeitig mehrere Veränderlichen, welche vom Zufall abhängen, so kommen überall neue Gesichtspunkte hinzu, so daß eine erschöpfende Behandlung weit mehr Raum beanspruchen würde, als die entsprechende für eine Variable. Es sind aber viele von den oben behandelten Fragen für mehrere Variable noch ungelöst oder nicht einmal aufgeworfen. Auch von der schon geleisteten Arbeit auf diesem Gebiete können nur einzelne Teile, welche direkte physikalische Anwendung finden, hier gebracht, andere im Zusammenhang damit kurz gestreift werden.

Wir beschränken uns vorläufig auf zwei Veränderliche, x, y und betrachten später die wesentlich neuen Begriffe bei mehreren Variablen (Ziff. 48ff.). Es sollen ferner im folgenden für gewöhnlich kontinuierliche Wahrscheinlichkeiten behandelt werden, die Aussagen lassen sich — soweit es überhaupt einen Unterschied macht — leicht für den Fall diskreter möglicher Werte der Veränderlichen entsprechend abändern.

In jedem besonderen Fall wird die Zufallserscheinung bis in alle Einzelheiten bekannt sein, sobald die W.-Dichte $\varphi(x, y)$ (Ziff. 24) als Funktion der beiden Veränderlichen bekannt ist. Nun wird aber einerseits bei statistischen Untersuchungen das Beobachtungsmaterial schwieriger noch als bei einer Variablen zur Bestimmung des Verlaufs von φ ausreichen, anderseits wird bei theoretischen Untersuchungen die Berechnung von φ oft sehr beschwerlich oder unausführbar sein. Man sucht deshalb die Eigenschaften von φ durch eine möglichst geringe Anzahl von Konstanten wiederzugeben. Als solche kommen wegen ihrer einfachen Eigenschaften und willkürlich wählbaren Anzahl an erster Stelle die Potenzmittel (Momente) in Betracht, in der Reihenfolge

$$\bar{x},\ \bar{y},\ \overline{x^2},\ \overline{xy},\ \overline{y^2},\qquad \overline{x^3},\ \overline{x^2y},\ \overline{xy^2},\ \overline{y^3},\ \text{usw.}$$

oder besser, gleich die von den Mittelwerten an gemessenen Momente μ_{mn}

$$\mu_{mn} = \overline{(x-\bar{x})^m\,(y-\bar{y})^n}\,. \tag{106}$$

So wie nun für eine Veränderliche oft die Mittelwerte $\bar{x}$ und $\overline{x^2}$, oder $\bar{x}$ und σ_x genügen, ebenso wird man für zwei Veränderliche häufig mit den fünf Werten $\bar{x}$, $\bar{y}$, $\overline{x^2}$, $\overline{xy}$, $\overline{y^2}$ auskommen, wo nur der Wert $\overline{xy}$ oder das entsprechende μ_{11} neu ist. Dieser Mittelwert ist in einigen Fällen zur Beurteilung der Abhängigkeit von x und y schon sehr brauchbar, da bei Unabhängigkeit $\mu_{11} = 0$ ist (vgl. weiter Ziff. 47), er kann auch in theoretischen Berechnungen hierzu gebraucht werden. Gewöhnlich wird man aber vorziehen, aus ihm eine dimensionslose Zahl r abzuleiten nach

$$r = \frac{\mu_{11}}{\sigma_x\sigma_y} = \frac{\overline{(x-\bar{x})\,(y-\bar{y})}}{\sqrt{\overline{(x-\bar{x})^2}\cdot\overline{(y-\bar{y})^2}}}\,, \tag{107}$$

welche als Korrelationskoeffizient (im folgenden abgekürzt zu Kk.) bezeichnet wird. Es seien weiter die normierten Veränderlichen

$$\xi = \frac{x-\bar{x}}{\sigma_x}\,,\qquad \eta = \frac{y-\bar{y}}{\sigma_y} \tag{108}$$

eingeführt, so daß $\overline{\xi^2} = \overline{\eta^2} = 1$, $\overline{\xi\eta} = r$ wird. Der Ausdruck

$$\overline{(a\xi + b\eta)^2} = a^2 + 2rab + b^2 \tag{109}$$

kann für keine reellen Werte von a und b negativ werden, also muß

$$-1 \leqq r \leqq +1 \tag{110}$$

sein. Er kann nur Null werden für $r = \pm 1$, für $r = +1$ wird $\overline{(\xi - \eta)^2} = 0$, also identisch $\xi = \eta$, ebenso für $r = -1$, $\xi = -\eta$. Die Grenzwerte ± 1 des Korrelationskoeffizienten geben also an, daß x und y vollständig verbunden sind, d. h. bei bekanntem x hängt y nicht mehr vom Zufall ab, sondern ist vollkommen bestimmt:

$$y = \bar{y} \pm \frac{\sigma_y}{\sigma_x}(x - \bar{x}), \qquad \text{wenn} \qquad r = \pm 1.$$

Sind andererseits x und y unabhängig, so wird $r = 0$, es gilt aber im allgemeinen nicht das Umgekehrte (Ziff. 47). So wird für die Richtungskosinus aus Ziff. 13

$$\overline{\alpha_1} = \overline{\alpha_2} = 0, \qquad \overline{\alpha_1 \alpha_2} = 0 \qquad \text{also} \qquad r(\alpha_1, \alpha_2) = 0$$

aber

$$\overline{\alpha_1^2} = \overline{\alpha_2^2} = \tfrac{1}{3}, \qquad \overline{\alpha_1^2 \alpha_2^2} = \tfrac{1}{15}, \qquad \overline{\alpha_1^4} = \overline{\alpha_2^4} = \tfrac{1}{5},$$

daraus

$$r(\alpha_1^2, \alpha_2^2) = -\tfrac{1}{2},$$

so daß α_1^2 und α_2^2, und auch α_1 und α_2, nicht unabhängig sind. Wie in diesem Beispiel wird man allgemein die gemischten Momente μ_{mn} auf die Korrelationskoeffizienten $r(x^m, y^n)$ zurückführen können. x und y werden nur dann unabhängig sein, wenn diese $r(x^m, y^n)$ für alle positiv ganzzahligen m und n verschwinden.

Um anzugeben, daß nur bekannt ist, daß $r(x, y) = 0$, werden wir auch sagen: x und y sind unkorreliert.

44. Das Vektorschema für lineare Funktionen. Man berechne die Streuung von $z = ax + by$, wenn r der Kk. von x und y ist. Es wird

$$z - \bar{z} = a(x - \bar{x}) + b(y - \bar{y})$$

und

$$\sigma_z^2 = a^2\sigma_x^2 + 2abr\,\sigma_x\sigma_y + b^2\sigma_y^2. \tag{111}$$

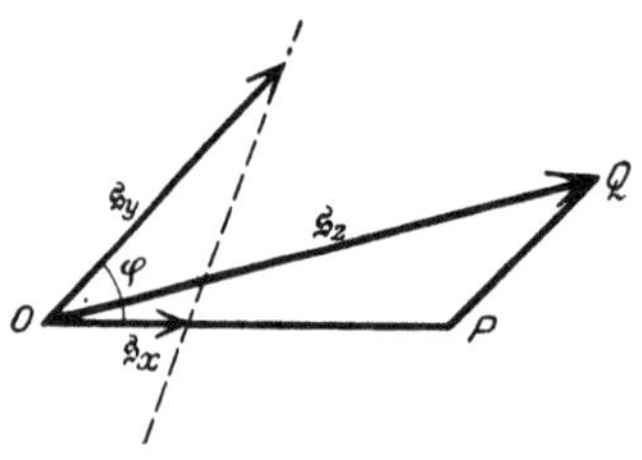

Abb. 10. Streuung und Kk. einer linearen Funktion.

Diese Formel läßt sich einfach geometrisch veranschaulichen. Man trage zwei Vektoren $\mathfrak{s}_x$ und $\mathfrak{s}_y$ mit Absolutwerten σ_x und σ_y auf, welche den Winkel $\varphi = \arccos r$ einschließen (Abb. 10). Nimmt man dann $OP = a\sigma_x$, $PQ = b\sigma_y$, so wird $OQ = \sigma_z$. Für den Kk. r_{xz} findet man weiter:

$$r_{xz} = \frac{\overline{(x - \bar{x})\{a(x - \bar{x}) + b(y - \bar{y})\}}}{\sigma_x \sigma_z} = \frac{a\sigma_x + br\sigma_y}{\sigma_z} = \cos QOP. \tag{112}$$

Der Kk. zwischen zwei willkürlichen linearen Funktionen von x und y wird ebenso dem Kosinus des Winkels zwischen den entsprechenden Vektoren gleich gefunden. Der Vektor $\mathfrak{s}_z = a\mathfrak{s}_x + b\mathfrak{s}_y$ gibt also durch Richtung und Größe die Korrelation und Streuung für $z = ax + by$ an.

Es ist beispielsweise der Vektor $\mathfrak{s}_y - r\frac{\sigma_y}{\sigma_x}\mathfrak{s}_x$ senkrecht auf OP, deshalb ist $y - r\frac{\sigma_y}{\sigma_x}x$ unkorreliert mit x, wie man auch algebraisch leicht nachrechnet.

Als Anwendung sei der Fall betrachtet, daß man aus Beobachtungen in verschiedener Weise die beiden Zahlenwerte x und y als Bestimmungen für dieselbe Größe mit den mittleren Fehlern σ_x resp. σ_y entnimmt. Man wird versuchen, x und y zu einem noch genaueren Mittel zu vereinigen. Die Streuung von $z = (ax + by)/(a + b)$, d. h. des Mittels mit Gewichten a und b, wird nach dem Obigen durch den Abstand eines Punktes der gestrichelten Geraden von O dargestellt. Das Lot von O auf diese Gerade gibt also das genaueste Mittel an, in Abb. 10 müßte man dafür y ein negatives Gewicht erteilen. Nur wenn x und y unkorreliert sind, wird man aus der Abbildung die bekannte Vorschrift der Ausgleichungsrechnung zurückfinden, nach welcher $a/b = \sigma_y^2/\sigma_x^2$ sein muß. Für den besonderen Fall dagegen, daß die Gerade durch die Endpunkte von $\mathfrak{s}_x$ und $\mathfrak{s}_y$ auf einem dieser Vektoren senkrecht stehen sollte, wird das Heranziehen des anderen keine Erhöhung der Genauigkeit bringen können. Dieser Fall tritt in folgendem Beispiel ein.

Aus der großen Zahl N gleichartiger Messungen $x_1 \cdots x_N$ einer Größe nimmt man einerseits das arithmetische Mittel x_m, andererseits den Zentralwert x_c (Ziff. 33). Um den Kk. $r(x_m, x_c)$ zu berechnen, sei ein symmetrisches Verteilungsgesetz $\varphi(x_i)$ für jede Einzelmessung vorausgesetzt, und der Nullpunkt in $\bar{x}$ gelegt. Der bedingte Mittelwert für $x_i > x_c$ wird

$$\overline{x_i}^{x_c} = \int_{x_c}^{\infty} x\,\varphi(x)\,dx \Big/ \int_{x_c}^{\infty} \varphi(x)\,dx = 2[1 + 2x_c\,\varphi(0)]\int_0^{\infty} x\,\varphi(x)\,dx\,,$$

das letztere als lineare Annäherung für kleines x_c. Ist nun x_c der beobachtete Zentralwert, so liegen $N/2$ Beobachtungen oberhalb von x_c, und es wird für den Mittelwert des arithmetischen Mittels x_m

$$N\,\overline{x_m}^{x_c} = N[1 + 2x_c\varphi(0)]\int_0^{\infty} x\varphi\,dx + N[1 - 2x_c\varphi(0)]\int_{-\infty}^{0} x\varphi\,dx = N\cdot 2x_c\varphi(0)\cdot\overline{|x|}.$$

Durch Bildung des allgemeinen Mittelwerts nach Multiplikation mit x_c wird leicht weiter gefunden

$$r(x_m, x_c) = \frac{2\varphi(0)\cdot\overline{|x|}\cdot\sigma_c}{\sigma_m} = \frac{\overline{|x|}}{\sigma_x}, \qquad \sigma_c = \frac{1}{2\varphi(0)\sqrt{N}}, \qquad \sigma_m = \frac{\sigma_x}{\sqrt{N}}. \tag{113}$$

Tabelle 4 gibt die Zahlenwerte für drei ausgewählte Fehlergesetze. Beim ersten, rechtwinkligen Gesetz muß man für die beste Bestimmung x_c ein negatives Gewicht geben, für die beiden anderen sind die besten Bestimmungen x_m resp. x_c selber, in Übereinstimmung mit dem allgemeinen Ergebnis in Ziff. 38.

Tabelle 4. Korrelation von Zentralwert und arithmetischem Mittel.

Fehlergesetz	$\sigma_c\sqrt{N}$	$\sigma_m\sqrt{N}$	$r(x_m, x_c)$	Genauestes Mittel
$\varphi(x) = \begin{matrix}\frac{1}{2}\ (x^2 < 1)\\ 0\ (x^2 > 1)\end{matrix}$	1	$\frac{1}{3}\sqrt{3}$	$\frac{1}{2}\sqrt{3}$	$\frac{3}{2}x_m - \frac{1}{2}x_c$
$\varphi(x) = e^{-x^2/2}/\sqrt{2\pi}$	$\sqrt{\pi/2}$	1	$\sqrt{2/\pi}$	x_m
$\varphi(x) = \frac{1}{2}e^{-\lvert x\rvert}$	1	$\sqrt{2}$	$\frac{1}{2}\sqrt{2}$	x_c

45. Die Irrwanderung mit Korrelation. Zur Erläuterung von Fragen über das Zusammenwirken vieler Schwingungsvorgänge, sowie über die Brownsche Bewegung, hat man folgendes Problem gestellt. Ein Wanderer legt in willkürlicher Richtung die gerade Strecke l_0 zurück, wählt dann eine andere Richtung, welche mit der ersten einen Winkel α_1 macht, nach einer Strecke l_1 schlägt er wieder einen Winkel α_2 ab, usw. Man sucht die W.-Dichte des Endpunktes nach n Strecken, wenn die Winkel α vom Zufall abhängen.

Es seien die Strecken alle gleich $\overline{l}$, und die α symmetrisch auf positive und negative Winkel verteilt, so daß $\overline{\sin\alpha} = 0$ und $\overline{\cos\alpha} = \vartheta$ gilt. Werden kleine Winkel stark bevorzugt, so wird ϑ nahe an 1 sein. Man findet leicht

$$\overline{\cos(\alpha_1 + \alpha_2)} = \vartheta^2, \qquad \overline{\cos(\alpha_1 + \alpha_2 + \cdots + \alpha_m)} = \vartheta^m$$

und daher für den mittleren Weg λ in der Richtung von l_0

$$\lambda = l(1 + \vartheta + \vartheta^2 + \cdots) = \frac{l}{1-\vartheta} \tag{114}$$

und für das Quadratmittel der Projektion des ganzen Weges auf irgendeine x-Achse, mit welcher die Strecken Winkel φ_0, φ_1 ... einschließen

$$\overline{L_x^2} = l^2\overline{(\cos\varphi_0 + \cos\varphi_1 + \cdots + \cos\varphi_{a-1})^2} = l^2\sum_i\sum_j \overline{\cos\varphi_i\cos\varphi_j}$$

und

$$\overline{\cos\varphi_i\cos\varphi_j} = \overline{\cos^2\varphi_i}\cdot\overline{\cos(\alpha_{i+1} + \cdots \alpha_j)} = \tfrac{1}{2}\vartheta^{|j-i|}.$$

Für große n wird man angenähert $j - i$ von $-\infty$ bis $+\infty$ nehmen können, und finden

$$\overline{L_x^2} = \tfrac{1}{2} n l^2 \frac{1+\vartheta}{1-\vartheta} \qquad \text{und} \qquad \overline{L^2} = \overline{L_x^2} + \overline{L_y^2} = n l^2 \frac{1+\vartheta}{1-\vartheta}.$$

Man achte darauf, daß ϑ als Kk. zwischen den Projektionen angrenzender Strecken aufgefaßt werden kann. Für den allgemeinen Fall, daß auch die Länge l_i vom Zufall abhängt und auch für das entsprechende dreidimensionale Problem, wird man besser gleich den Kk. einführen, und zwar zwischen den Strecken als Vektoren, $\mathfrak{l}_0$ und $\mathfrak{l}_1$, wo in der Definitionsgleichung (109) das skalare Produkt zu nehmen ist. Ist der Kk. für angrenzende Vektoren immer gleich ϑ, so wird man ihn für $\mathfrak{l}_0$ und $\mathfrak{l}_m$ wieder zu ϑ^m finden (vgl. dazu Ziff. 49) und ebenso die Endformel:

$$\overline{L^2} = n\,\overline{l^2}\,\frac{1+\vartheta}{1-\vartheta}. \tag{115}$$

Man begegnet Formel (115) in der Gastheorie bei Einführung der sog. Persistenz der Geschwindigkeit nach einem Zusammenstoß. Genau genommen muß man dabei die Persistenz der Weglänge benutzen, d. h. den Kk. angrenzender Weglängen, die als Vektoren betrachtet werden.

Formel (115), oder eine in ähnlicher Weise gebildete, gibt die mittlere Intensität für interferierende Lichtschwingungen, deren Phasen Korrelation zeigen. Für die Anwendung auf Lichtzerstreuung vgl. man die Literatur[1]). Einfacher ist die Anwendung auf den Weg, den ein Emulsionsteilchen durch Brownsche Bewegung in der Zeit t zurücklegt. Dabei bedenke man, daß man für $\mathfrak{l}$ auch die Vektorsumme einer Anzahl von Weglängen einsetzen kann. Man teile die Zeit t in n gleiche Teile $\Delta t = t/n$, welche so klein sind, daß die Geschwindigkeit u sich während Δt nur wenig ändert, und setze $l = u\Delta t$. Es ist für die Brownsche Bewegung (Ziff. 46)

$$\frac{\overline{\Delta u}^u}{\Delta t} = -\beta u, \qquad \text{also} \qquad \overline{(u + \Delta u)u} = (1 - \beta\Delta t)\,\overline{u^2}, \qquad \vartheta = 1 - \beta\Delta t,$$

wo β die Dämpfungskonstante ist. In (115) eingesetzt, mit $\overline{l^2} = \overline{u^2}\,(\Delta t)^2$, hebt sich Δt heraus und es wird

$$\overline{L^2} = \frac{2\overline{u^2}}{\beta}\,t, \tag{116}$$

die bekannte Einsteinsche Formel für das Quadratmittel der Entfernung nach einer Zeit t, in welche man gewöhnlich $m\overline{u^2} = kT$ und $\beta = 6\pi\eta\, a/m$ einsetzt (ds. Hb. Bd. IX, Kap. 6).

[1]) L. S. ORNSTEIN und F. ZERNIKE, Phys. ZS. Bd. 27, S. 761. 1926.

46. Die Brownsche Bewegung. Es seien hier einige Berechnungen über die Brownsche Bewegung eingeschaltet, weil es dabei gerade auf Korrelation ankommt, deren richtige Erkenntnis die Berechnung sehr einfach möglich macht. Sie bilden zugleich ein Beispiel dafür, daß es nicht immer von Vorteil ist, den Kk. auszurechnen, weil man oft mit den Mittelwerten der Produkte auskommt.

Wir beschränken uns im folgenden auf Bewegungen in einer Koordinate x, die Verschiebung, Drehung, aber auch durchgeflossene Elektrizitätsmenge usw. darstellen kann. Das entscheidende Moment bilden die zufälligen Stöße von umgebenden Molekülen, Elektronen im Leiter u. dgl. Durch diese würde das System in immer stärkere Bewegung geraten, wenn nicht mit zunehmender Geschwindigkeit u unvermeidlich eine wachsende Dämpfung verbunden wäre. Rayleigh hat in einem einfachen Falle diese Dämpfung genau berechnet (Ziff. 30). Meistens wird die kinetische Berechnung nicht möglich sein, man wird in der Bewegungsgleichung

$$\frac{du}{dt} = -\beta u + P \tag{117}$$

die Dämpfungskonstante β sodann als eine empirisch bekannte Größe einführen. Einfachheitshalber wurde diese Gleichung durch die Masse m dividiert, es ist mP der rein zufällige Teil der Kraft, d. h. $\overline{P} = 0$ bei gegebenem u.

Die kritische Betrachtung dieser zuerst von Langevin[1]) aufgestellten Gleichung folgt weiter unten. Es soll aber vorher ihre praktische Benutzung zur Berechnung einiger Mittelwerte gezeigt werden nach einer Methode, welche auch in verwickelteren Fällen (elastische Bindung, gekoppelte Systeme) anwendbar ist [Ornstein[2])]. Die Geschwindigkeit u_0 zur Zeit $t = 0$ sei gegeben. Integration von (117) gibt,

$$u = u_0 e^{-\beta t} + e^{-\beta t}\int_0^t e^{\beta s} P(s)\, ds\,, \tag{118}$$

und daraus für den bedingten Mittelwert bei gegebenem u_0

$$\bar{u}^{u_0} = u_0 e^{-\beta t},$$

wie vorauszusehen war: die mittlere Geschwindigkeit nimmt durch die Dämpfung ab, wird nicht durch P beeinflußt. Anders aber das Quadratmittel

$$\overline{u^2}^{u_0} = u_0^2 e^{-2\beta t} + e^{-2\beta t}\overline{\left[\int_0^t e^{\beta s} P(s)\, ds\right]^2}^{u_0},$$

wo der letzte Term ebenso wie das Quadrat einer Summe auf Mittelwerte von Produkten führt, sich nämlich reduziert zu

$$2e^{-2\beta t}\int_0^t e^{2\beta s} ds \int_0^{t-s} e^{\beta s'}\,\overline{P(s)\,P(s+s')}\, ds' = \frac{1}{\beta}\,(1 - e^{-2\beta t})\int_0^\tau \overline{P(s)\,P(s+s')}\, ds',$$

letzteres gilt angenähert, weil das Produkt der P nur für sehr kleine Zeitunterschiede $s' < \tau$ einen von Null verschiedenen Mittelwert haben wird. Z. B.

[1]) P. Langevin, Pariser C. R. Bd. 146, S. 530. 1908.

[2]) L. S. Ornstein, Proc. Amsterdam Bd. 21, S. 96. 1917; ZS. f. Phys. Bd. 41, S. 848. 1927.

wird in einem verdünnten Gas τ von der Größenordnung der Stoßzeit sein. Es sei das letzte Integral mit Q bezeichnet

$$\int_0^\tau \overline{P(s)\,P(s+s')}\,ds' = Q,$$

dann wird

$$\overline{u^2}^{u_0} = Q/\beta + (u_0^2 - Q/\beta)\,e^{-2\beta t}, \tag{119}$$

d. h. das mittlere Geschwindigkeitsquadrat geht vom Anfangswert u_0 exponentiell gegen den Endwert Q/β, welcher also gleich dem allgemeinen Mittel $\overline{u^2}$ sein muß. Analog berechnet man $\overline{x^2}^{u_0}$ und ähnliche Mittelwerte[1]).

Es sind auf den ersten Blick schwerwiegende Bedenken gegen die Richtigkeit der Langevinschen Gleichung (117) erhoben worden. Man multipliziere sie mit u und bilde den allgemeinen Mittelwert:

$$\frac{d}{dt}\left(\frac{1}{2}\,\overline{u^2}\right) = -\beta\,\overline{u^2} + \overline{uP}. \tag{120}$$

Die linke Seite muß sicher Null sein, es scheint aber, als sei auch $\overline{uP} = 0$, was einen Widerspruch bedeuten würde. Es wurde aber bei den obigen Rechnungen nur $\overline{P}^{u_0} = 0$ und daher $\overline{u_0 P} = 0$ benutzt. In der Tat findet man, ganz wie oben, aus (118)

$$\overline{uP} = e^{-\beta t}\int_0^t e^{\beta s}\,\overline{P(t)\,P(s)}\,ds = Q,$$

wodurch der Widerspruch in (120) verschwindet, weil $\overline{u^2} = Q/\beta$ ist.

Die Langevinsche Gleichung genügt aber nicht der prinzipiellen Forderung, daß die Molekularprozesse umkehrbar sein sollen. Die Dämpfungskraft, welche ja auch von den stoßenden Molekülen herrührt, ist damit in Widerspruch. Die Sachlage wird deutlich, wenn man statt der Differentialgleichung die Differenzengleichung schreibt:

$$\frac{\Delta u}{\Delta t} = -\beta u + P, \qquad \text{wo} \qquad \overline{P}^u = 0, \tag{121}$$

deren Richtigkeit und Umkehrbarkeit wie folgt gefunden wird.

Die Geschwindigkeit zur Zeit t sei u, zur Zeit $t + \Delta t$, $u + \Delta u$. Es ist

$$\overline{(u+\Delta u)^2} = \overline{u^2} \quad \text{also} \quad \overline{u\,\Delta u} = -\tfrac{1}{2}\,\overline{(\Delta u)^2}, \quad \overline{(u+\Delta u)\,\Delta u} = +\tfrac{1}{2}\,\overline{(\Delta u)^2},$$

daher

$$\overline{u\frac{\Delta u}{\Delta t}} = -\overline{(u+\Delta u)\frac{\Delta u}{\Delta t}} = -\frac{1}{2}\,\frac{\overline{(\Delta u)^2}}{\Delta t} = -C$$

eine Konstante, unabhängig von Δt, solange Δt ein gewisses Maß τ nicht unterschreitet. Es sind also u und $\Delta u/\Delta t$ negativ korreliert, umgekehrt $u + \Delta u$ und $\Delta u/\Delta t$ positiv korreliert, und man hat die Regressionsgleichungen (Ziff. 47)

$$\overline{\frac{\Delta u}{\Delta t}}^{u} = -\beta u \quad (121\text{a}) \qquad \overline{\frac{\Delta u}{\Delta t}}^{u+\Delta u} = +\beta(u+\Delta u) \quad (121\text{b}),$$

wo $\beta = C/\overline{u^2}$.

Es ist aber (121 a) gleichbedeutend mit (121). Kehrt man nun die Zeitfolge um, so ändert $\Delta u/\Delta t$ das Zeichen, außerdem ist aber u durch $u + \Delta u$ zu ersetzen,

---

[1]) Vgl. L. S. ORNSTEIN, vorige Fußnote, auch F. ZERNIKE, ZS. f. Phys. Bd. 40, S. 628. 1926.

und aus (121 b) resultiert wieder (121). Abb. 11 gibt den aus diesen Überlegungen folgenden Verlauf von $\overline{u}^{u_0}$ für positive und negative Zeiten wieder. Durch die ganz kleine Abrundung der Spitze wird allen Forderungen der statistischen Mechanik genügt, welche auch die starke Krümmung bei $t = 0$ zu berechnen erlaubt[1]). Es ist fast selbstverständlich, daß man für die Berechnungen die Differenzengleichung (121) durch die Langevinsche Gleichung (117) ersetzen wird, und daß diese eine praktisch vollkommen richtige Lösung ergeben wird, mit Ausnahme der nächsten Umgebung von $t = 0$ (t von der Ordnung von τ).

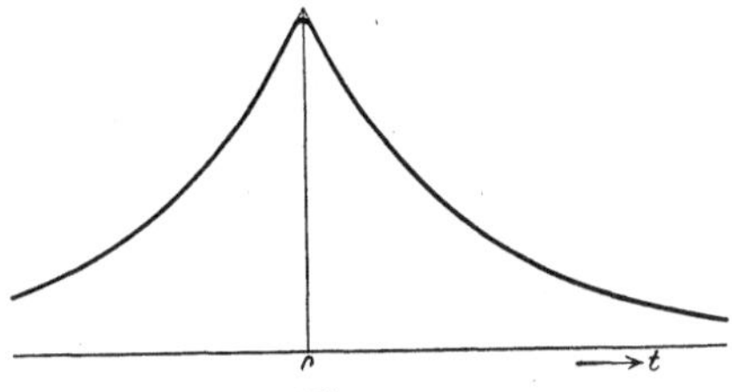

Abb. 11. Verlauf von $\overline{u}^{u_0}$ eines Brownschen Teilchens als Funktion der Zeit.

Merkwürdigerweise hat man früher gewöhnlich die Differentialgleichung vorangestellt, daraus durch Integration (121) gewonnen und diese Gleichung für die weiteren Berechnungen benutzt[2]).

47. Die Regressionslinien. Um mehr über die Verbundenheit von y mit x zu erfahren, als es die eine Konstante r anzugeben vermag, kann man den bedingten Mittelwert $\bar{y}^x$, d. h. der Mittelwert bei festgehaltenem x, als Funktion von x untersuchen. Man nennt

$$\bar{y}^x = f(x)$$

die Regressionsgleichung für y, ihre graphische Darstellung die Regressionslinie. Denken wir die Verteilungsfunktion $\varphi(x, y)$ als Massendichte in der xy-Ebene, so ist diese Regressionslinie der Ort der Schwerpunkte von schmalen Streifen parallel der y-Achse. Für Streifen parallel der x-Achse werde umgekehrt für die Schwerpunkte

$$\bar{x}^y = F(y)$$

gefunden, die Regressionsgleichung für x. Im allgemeinen wird durch die Gestalt der einen Regressionslinie nichts über die andere festgelegt.

Wichtig ist der einfache Fall, daß eine Regressionslinie eine Gerade ist. Es sei

$$\bar{y}^x = a + bx\,, \tag{122}$$

so findet man durch Bildung des allgemeinen Mittelwerts von (122) bzw. nach Multiplikation mit x (vgl. Ziff. 12)

$$\bar{y} = a + b\bar{x}\,, \qquad \overline{xy} = a\bar{x} + b\overline{x^2} \tag{123}$$

und

$$b = \frac{\overline{xy} - \bar{x}\cdot\bar{y}}{\overline{x^2} - \bar{x}^2} = \frac{\sigma_y}{\sigma_x} r\,.$$

Man nennt b den Regressionskoeffizienten. In normierte Variablen (Ziff. 43) umgerechnet wird aus (122) einfach

$$\bar{\eta}^x = r\xi\,, \qquad \text{analog } \bar{\xi}^y = r\eta$$

aus der Regressionsgleichung für x, vorausgesetzt, daß auch diese linear ist.

---

[1]) L. S. Ornstein u. F. Zernike, Versl. Akad. Amsterdam Bd. 26, S. 1227. 1918.

[2]) Man sehe G. L. de Haas-Lorentz. Die Brownsche Bewegung, Sammlung die Wissenschaft Bd. 52. Braunschweig 1913.

Der Kk. r läßt sich also auch aus der Regressionsgleichung bestimmen. So haben wir Ziff. 44 primär eigentlich die Regressionsgleichung für x_m bestimmt, um daraus $r(x_m, x_c)$ zu finden.

Ist die Regression nicht linear, so kann man dennoch die Gerade suchen, welche sich der Regressionslinie am besten anschließt. Dafür mache man die Summe der Quadrate der Abweichungen $\bar{y}^x - (a + bx)$ minimal, d. h. bestimme a und b so, daß

$$\overline{(\bar{y}^x - a - bx)^2} = \text{Minimum}.$$

Differentiation dieses Ausdrucks nach a und nach b, und Vertauschen von Mittelbildung und Differentiation führt auf die Gleichungen (123) zurück, so daß die obigen Formeln für den Regressionskoeffizienten bei linearer Regression auch für nicht lineare Regression einen guten Sinn haben: sie geben die bestanschließende Gerade.

Um ein Maß für den Anschluß dieser Geraden an die Regressionslinie zu bekommen, berechnen wir den Wert des Minimums. Es sei zur Vereinfachung der Formeln durch Abzug von Konstanten $\bar{y} = \bar{x} = 0$ gemacht worden. Man findet

$$\overline{(\bar{y}^x - bx)^2} = \overline{(\bar{y}^x)^2} - \frac{\sigma_y^2}{\sigma_x^2} r^2 \overline{x^2} = \overline{(\bar{y}^x)^2} - r^2 \sigma_y^2 .$$

Ist dieser Wert gleich Null, so bedeutet das, daß der Anschluß vollkommen ist, d. h. die Regression von y ist linear. Man hat das Korrelationsverhältnis η definiert durch

$$\eta^2 = \frac{\overline{(\bar{y}^x)^2}}{\overline{y^2}}, \tag{124}$$

durch Einführen dieser Größe wird der obige Minimalwert gleich $(\eta^2 - r^2)\sigma_y^2$. Es kann also η^2 nicht kleiner als r^2 sein, und η^2 ist nur dann gleich r^2, wenn die Regression linear ist.

Wir bestimmen noch die bedingte Streuung von y, d. h. die Streuung bei gegebenem x. Diese sei mit ${}_x\sigma_y$ bezeichnet, so ist

$${}_x\sigma_y^2 = \overline{(y - \bar{y}^x)^2} = \overline{y^2} - (\bar{y}^x)^2 . \tag{125}$$

Führt man den Mittelwert über alle x, $\overline{{}_x\sigma_y^2}$ ein, so läßt sich schreiben

$$\eta^2 = 1 - \overline{{}_x\sigma_y^2}/\sigma_y^2$$

und daraus geht hervor, daß η^2 niemals > 1 ist. Der Grenzwert $\eta^2 = 1$ bedeutet, daß die bedingte Streuung ${}_x\sigma_y$ durchweg Null ist, y also funktionell von x abhängt. Dieser Zusammenhang braucht nicht linear zu sein, es ist dann $r^2 < 1$. Andererseits bedeutet $\eta = 0$, daß $\bar{y}^x$ durchweg Null ist, unabhängig von x. Man kann in diesem Falle y „vollständig unkorreliert mit x" nennen, was offenbar viel mehr aussagt, als „unkorreliert mit x" (Ziff. 43).

Aus dem Wert des Korrelationsverhältnisses η kann man daher weitergehende Schlüsse ziehen als aus dem Kk. r. Für die Anwendung in der Statistik ist das wichtig. r hat aber dieselben Eigenschaften, wenn man weiß, daß die Regression linear ist, weil dann $r^2 = \eta^2$ wird.

Es sei noch bemerkt, daß Vertauschen von x und y andere Werte für b und für η gibt, auch die Aussage: x ist vollständig unkorreliert mit y, von der umgekehrten verschieden ist.

Für andere Maßzahlen, durch welche sich Abhängigkeiten charakterisieren lassen, vgl. man die Literatur[1]).

---

[1]) A. A. TSCHUPROW, Korrelationstheorie, Leipzig 1925; dort auch ausführliche Literaturangaben.

b) Mehr als zwei Veränderliche.

48. Totale und partielle Korrelation. Betrachtet man m Veränderliche $x_1, x_2, \ldots, x_m$, so kann man zuerst auf jedes Paar x_i, x_j die früheren Entwicklungen anwenden, und zwar ohne Beachtung der Werte der übrigen Veränderlichen. Man findet dann die Streuungen s_i, s_j, den Kk. r_{ij} und die Regressionskoeffizienten $b_{ij} = s_i/s_j \cdot r_{ij}$. Diese Größen werden wir als totale bezeichnen, zur Unterscheidung von den partiellen, welche für den Fall gelten, daß die übrigen Variablen konstant gehalten werden.

Die $\frac{1}{2}m(m-1)$ totalen Kk. r_{ij} müssen gewissen Ungleichungen genügen. Es ist nämlich

$$\overline{\left(a_1 \frac{x_1}{s_1} + a_2 \frac{x_2}{s_2} + \cdots + a_m \frac{x_m}{s_m}\right)^2} = a_1^2 + 2 r_{12} a_1 a_2 + \cdots + a_m^2 \tag{126}$$

niemals negativ, d. h. eine positiv definite Form der Veränderlichen $a_1 \ldots a_m$. Die Koeffizienten dieser Form genügen daher folgenden Bedingungen: Ist D die Determinante

$$D \equiv \begin{vmatrix} 1 & r_{12} & r_{13} \ldots & r_{1m} \\ r_{12} & 1 & r_{23} \ldots & \\ r_{13} & r_{23} & 1 & \ldots \\ \cdot & & & \\ \cdot & & & \\ \cdot & & & \\ r_{1m} & & \ldots & 1 \end{vmatrix} \tag{127}$$

so ist $D \geqq 0$, und dasselbe gilt von den Unterdeterminanten der Hauptdiagonale. Speziell für drei Variable wird man so als Grenzen für r_{23} finden:

$$r_{12} r_{13} - \sqrt{(1 - r_{12}^2)(1 - r_{13}^2)} \leqq r_{23} \leqq r_{12} r_{13} + \sqrt{(1 - r_{12}^2)(1 - r_{13}^2)}\,. \tag{128}$$

Bezeichnen wir weiter die partiellen Größen mit griechischen Buchstaben, so wird die Regressionsgleichung für x_1

$$\bar{x}_1^p = \beta_{12} x_2 + \beta_{13} x_3 + \cdots + \beta_{1m} x_m\,, \tag{129}$$

wo der partielle Mittelwert, d. h. der bedingte Mittelwert bei gegebenen $x_2 \ldots x_m$ gemeint ist. Multipliziert man (129) der Reihe nach mit $x_2 \ldots x_m$ und bildet den allgemeinen Mittelwert, so entstehen $m-1$ Gleichungen

$$r_{i1} s_1 = r_{i2} s_2 \beta_{12} + r_{i3} s_3 \beta_{13} \cdots + r_{im} s_m \beta_{1m}$$

zur Bestimmung der $m-1$ Regressionskoeffizienten. So findet man allgemein

$$\beta_{ij} = -\frac{s_i}{s_j} \frac{D_{ij}}{D_{ii}}\,, \tag{130}$$

wo die Unterdeterminanten erster Ordnung von D eingeführt sind. Da man aus statistischen Beobachtungen am einfachsten die totalen Kk. r_{ij} berechnet, so wird man die Gleichungen (130) zur Berechnung der Regressionsgleichungen, welche zur Beurteilung der Ergebnisse der Statistik wichtig sind, benötigen. Das sei an folgendem Beispiel von Yule illustriert.

In einer langjährigen Statistik ist für gewisse Gebiete Englands die Ernte an Saaten x_1 mit der totalen Regenmenge x_2 während des Frühlings sowie mit der Summe der täglichen Lufttemperaturen x_3 verglichen worden. Die Ergebnisse sind

$$s_1 = 4{,}42 \text{ Zentner/acre}\,, \qquad s_2 = 1{,}10 \text{ Zoll}\,, \qquad s_3 = 85^\circ \text{ F}\,,$$
$$r_{12} = +0{,}80\,, \qquad r_{13} = -0{,}40\,, \qquad r_{23} = -0{,}56\,,$$

wobei es zunächst auffällt, daß r_{13} negativ ist, höhere Temperatur also eine geringere Ernte liefert. Die Regressionsgleichung für x_1 aber wird

$$\bar{x}_1^p = 3{,}37\, x_2 + 0{,}0036\, x_3\,,$$

und daraus sieht man, daß die Ernteausbeute in wärmeren Jahren etwas höher ist, vorausgesetzt, daß man Jahre mit gleicher Regenmenge x_2 vergleicht. Die negative Korrelation wurde nur dadurch vorgetäuscht, daß mit höherer Temperatur gewöhnlich weniger Regen einhergeht (r_{23} negativ).

Sind $x_2, x_3, \ldots, x_m$ gegeben, so zeigt x_1 noch eine gewisse Streuung. Den allgemeinen Mittelwert dieser Streuung werden wir als partielle Streuung σ_1 bezeichnen. Es ist

$$\sigma_1^2 = \overline{\overline{x_1^2}^p - \left(\overline{x_1}^p\right)^2} = s_1^2 - \overline{\left(\overline{x_1}^p\right)^2}$$

Den letzten Mittelwert berechnet man aus der Regressionsgleichung durch Multiplizieren mit $\bar{x}_1^p$ und Mittelwertbildung. Man findet nach Einsetzen der Werte aus (130), daß $\sigma_1^2 = s_1^2\, D/D_{11}$ wird, allgemein

$$\sigma_i^2 = s_i^2\, \frac{D}{D_{ii}}\,. \qquad (131)$$

Schließlich wird für den partiellen Korrelationskoeffizienten ϱ_{ij} zwischen x_i und x_j, bei festgelegten übrigen Variablen, gefunden, daß $\beta_{ij} = \sigma_i/\sigma_j \cdot \varrho_{ij}$ wird, und daraus

$$\varrho_{ij} = \frac{\sigma_j}{\sigma_i}\, \beta_{ij} = -\frac{D_{ij}}{\sqrt{D_{ii} D_{jj}}}\,. \qquad (132)$$

Für obiges Beispiel wird man finden

$$\varrho_{12} = +0{,}76\,, \qquad \varrho_{13} = +0{,}10\,, \qquad \varrho_{23} = -0{,}44\,,$$

wo die beiden ersten den ursächlichen Zusammenhang der Ernte mit den meteorologischen Faktoren jetzt in dimensionslosen Zahlen ausdrücken. Aus (131) findet man noch $\sigma_1^2 = 0{,}36 s_1^2$, d. h. die Schwankungen der Ernteausbeute in den verschiedenen Jahren werden zu 64% durch die Verschiedenheit der beiden Faktoren x_2 und x_3 erklärt.

In diesem Beispiel haben ϱ_{13} und r_{13} verschiedenes Vorzeichen. Man muß allgemein bei statistischen Korrelationsuntersuchungen bedenken, daß die totalen Kk. das unmittelbare Beobachtungsergebnis sind, die partiellen zwischen Folgeerscheinung einerseits und den Ursachen anderseits dagegen das für kausale Schlüsse Benötigte. Eine Schwierigkeit bleibt es, daß alle unter sich korrelierten Ursachen dazu in Betracht zu ziehen sind.

49. Geometrische Darstellung. Ebenso wie Ziff. 44 für zwei Veränderliche angegeben, kann man für m Veränderliche m Vektoren $\mathfrak{s}_1 \ldots \mathfrak{s}_m$ im m-dimensionalen Raum dazu benutzen, Streuungen und Kk. für lineare Funktionen der $x_1 \ldots x_m$ darzustellen. Dazu muß $\mathfrak{s}_i$ den Absolutwert s_i haben, und mit $\mathfrak{s}_j$ den Winkel $\arccos r_{ij}$ einschließen. Speziell für den Fall $m = 3$ kann man sich leicht die entstehende Abbildung vorstellen. Die Zusammenhänge von Ziff. 44 können hier außerdem für eine Veranschaulichung der in Ziff. 48 eingeführten Begriffe dienen. So wird der Vektor

$$\mathfrak{s}_1 - \beta_{12}\,\mathfrak{s}_2 - \beta_{13}\,\mathfrak{s}_3$$

die Projektion von $\mathfrak{s}_1$ auf die Normale der Ebene durch $\mathfrak{s}_2$ und $\mathfrak{s}_3$ sein, weil $x_1 - \beta_{12} x_2 - \beta_{13} x_3$ sowohl mit x_2 als mit x_3 unkorreliert ist. Für den Absolutwert dieses Vektors findet man σ_1.

Anderseits sind $x_1 - b_{13}x_3$ sowie $x_2 - b_{23}x_3$ unkorreliert mit x_3 und entsprechen zwei Vektoren $\perp \mathfrak{s}_3$ in den Seitenflächen des Trieders durch $\mathfrak{s}_1 \mathfrak{s}_2 \mathfrak{s}_3$. Für den Kk. dieser Größen findet man ϱ_{12}, daher ist $\arccos \varrho_{12}$ der Flächenwinkel an $\mathfrak{s}_3$. In der Tat sind die Formeln (132) gleichbedeutend mit der Grundformel der sphärischen Trigonometrie:

$$\cos A = \frac{\cos a - \cos b \cos c}{\sin b \sin c}.$$

Entsprechend sind die Grenzen (128) einfach der Ausdruck dafür, daß die Seite c eines sphärischen Dreiecks zwischen $|a - b|$ und $a + b$ liegt.

Bei theoretischen Betrachtungen wird man, umgekehrt wie in der Statistik, gewöhnlich von den partiellen Kk. ϱ_{ij} ausgehend die totalen r_{ij} zu berechnen haben. In der geometrischen Darstellung ist das ohne weiteres möglich. Einen einfachen Fall haben wir schon Ziff. 45 erledigt. Nennen wir die x-Komponenten der dort betrachteten Weglängen der Reihe nach $x_1, x_2, \ldots$, so war dort gegeben, daß $r_{i,i+1} = \vartheta$, weiter aber auch — was dort nicht besonders hervorgehoben wurde —, daß für die drei Variablen x_1, x_2, x_3 die Korrelation zwischen x_1 und x_3 nur durch die Vermittlung von x_2 zustande kommt, d. h. daß $\varrho_{13} = 0$. Dadurch wird $r_{13} = r_{12} r_{23} = \vartheta^2$, und da auch $\varrho_{14} = \varrho_{24} = 0$, so wiederholt sich immer wieder diese dem rechtwinkligen sphärischen Dreieck entsprechende Formel: $r_{14} = r_{13} r_{34} = \vartheta^3$, $r_{15} = \vartheta^4$ usw., wie auch früher gefunden.

Für die Berechnung der r aus den ϱ findet man Formeln, welche ebenso gebaut sind wie (132), (130) und (131), nämlich

$$r_{ij} = + \frac{\Delta_{ij}}{\sqrt{\Delta_{ii} \cdot \Delta_{jj}}}, \qquad b_{ij} = + \frac{\sigma_i}{\sigma_j} \frac{\Delta_{ij}}{\Delta_{jj}}, \qquad \frac{\sigma_i^2}{s_i^2} = \frac{\Delta}{\Delta_{ii}} = \frac{D}{D_{ii}}, \tag{133}$$

wo Δ die Determinante

$$\Delta = \begin{vmatrix} 1 & -\varrho_{12} & \cdots & -\varrho_{1m} \\ -\varrho_{12} & 1 & \cdots & \\ \cdot & & & \\ \cdot & & \cdots & \\ \cdot & & & \\ -\varrho_{1m} & & \cdots & \end{vmatrix} \tag{134}$$

darstellt.

Wie auch in Ziff. 45 schon bemerkt wurde, kann man bei theoretischen Betrachtungen oft mit Vorteil die Einführung der r und ϱ, und damit der Größen s und σ, umgehen, indem man nur die Regressionskoeffizienten b und β benutzt. Ihr Zusammenhang wird gegeben durch

$$\sum_{k=1}^{m} \beta_{jk} b_{ki} = 0, \qquad \text{wo} \qquad \beta_{jj} = -1, \qquad b_{ii} = +1, \qquad j \neq i, \tag{135}$$

wie aus den obigen Formeln leicht abzuleiten. Als Beispiel aber für das Umgehen der Größen r und ϱ sei (135) direkt abgeleitet.

Die Bedeutung der β folgt aus den Regressionsgleichungen

$$\overline{x_j}^p = \sum \beta_{jk} x_k \qquad (k \neq j),$$

diejenige der b aus

$$\overline{x_k}^{x_i} = b_{ki} x_i, \qquad b_{ii} = 1.$$

Nimmt man also den bedingten Mittelwert der ersteren bei gegebenem x_i, $i \neq j$, so wird, weil für den Mittelwert $\overline{x_j}^p$ u. a. auch x_i festgehalten wurde,

$$\overline{\overline{x_j}^p}^{x_i} = \overline{x_j}^{x_i} = \sum \beta_{jk} b_{ki} x_i,$$

und daraus (135), wenn man $\beta_{jj} = -1$ nimmt.

In derselben Weise läßt sich die Korrelation der Dichteschwankungen in nahe gelegenen Volumelementen eines Gases behandeln. Die partielle Korrelation wird sich dabei nur auf Entfernungen von der Ordnung der Molekülgröße erstrecken, die totale aber, welche die Schwankungen in größeren Volumen bestimmt, wird unter geeigneten Umständen selbst auf Entfernungen größer als die Lichtwellenlänge noch merklich. Da hier statt einer endlichen Zahl m von Variablen ein Kontinuum vorliegt, so wird (135) zu einer Integralgleichung, welche dann weiter auf eine partielle Differentialgleichung für b als Funktion der Ortskoordinaten zurückzuführen ist [ORNSTEIN und ZERNIKE[1])].

50. Die normale Korrelation. Die oben gegebenen Formeln der Korrelationstheorie sind alle unabhängig von der besonderen Gestalt des Verteilungsgesetzes (W.-Dichte) $\varphi(x_1, x_2, \ldots, x_m)$. Für einige Anwendungen hat es aber seinen Nutzen, eine einfache Normalform dafür angeben zu können. Größere Statistiken erlauben natürlich auch, das wirklich herrschende Gesetz angenähert zu bestimmen. Es kann hier nicht weiter auf die Ausdehnung der Betrachtungen der Ziff. 33 auf den Fall mehrerer Variablen eingegangen werden. Man hat, ebenso wie für eine Veränderliche, verschiedene schiefe Gesetze, Reihenentwicklungen, und Methoden zur Konstantenbestimmung vorgeschlagen. Dieselbe zentrale Stellung, welche für eine Veränderliche das normale Gesetz $e^{-x^2/2}$ einnimmt, und welche vor allem auf seiner asymptotischen Eigenschaft beruht (Ziff. 19), kommt für mehrere Veränderliche in gleicher Weise den Verteilungsgesetzen zu, deren Exponent quadratisch in den $x_1 \ldots x_m$ ist. Man bezeichnet diese zweckmäßig als normale Verteilungsgesetze, spricht bei ihrer Gültigkeit auch von normaler Korrelation.

Die wichtigsten darauf bezüglichen Formeln seien hier mitgeteilt. Es sei

$$\varphi \equiv C e^{-\frac{1}{2}\sum_{ij} a_{ij} x_i x_j} \tag{136}$$

die zu untersuchende normale Verteilung, wo die Summe eine positiv definite quadratische Form der $x_1 \ldots x_m$ sein muß. Schreibt man diese als Summe von Quadraten, so findet man für das m-fache Integral

$$\int_{-\infty}^{+\infty} e^{-\frac{1}{2}\sum a_{ij} x_i x_j} dx_1 dx_2 \cdots dx_m = (2\pi)^{m/2} \Delta'^{-\frac{1}{2}} \tag{137}$$

wo Δ' die symmetrische Determinante der Koeffizienten a ist. Differenziert man (137) nach a_{ij}, so entsteht links das Integral, welches den Mittelwert $\overline{x_i x_j}$ gibt, so daß

$$\overline{x_i x_j} = -2\Delta'^{\frac{1}{2}} \frac{\partial}{\partial a_{ij}} \Delta'^{-\frac{1}{2}} = \frac{\Delta'_{ij}}{\Delta'}$$

und

$$s_i^2 = \frac{\Delta'_{ii}}{\Delta'} \qquad r_{ij} = \frac{\Delta'_{ij}}{\sqrt{\Delta'_{ii}\Delta'_{ij}}}. \tag{138}$$

Betrachtet man die beiden Variablen x_i und x_j bei konstanten Werten aller übrigen Variablen, so läßt sich der Exponent leicht auf

$$-\tfrac{1}{2}(a_{ii} x_i^2 + 2 a_{ij} x_i x_j + a_{jj} x_j^2)$$

reduzieren, und die Anwendung der obigen Formeln gibt dann

$$\sigma_i^2 = \frac{1}{a_{ii}}, \qquad \varrho_{ij} = -\frac{a_{ij}}{\sqrt{a_{ii} a_{jj}}}, \tag{139}$$

[1]) L. S. ORNSTEIN u. F. ZERNIKE, Proc. Amsterdam Bd. 17, S. 793. 1914; Phys. ZS. Bd. 19, S. 134. 1919.

so daß umgekehrt zu gegebenen partiellen Streuungen und Kk. eine zugehörige normale Verteilung unmittelbar angeschrieben werden kann, und zwar mit den Koeffizienten

$$a_{ij} = -\frac{\varrho_{ij}}{\sigma_i \sigma_j}, \qquad \varrho_{ii} = -1.$$

Sind dagegen die totalen Größen s_i und r_{ij} gegeben, so berechnet man die partiellen daraus mittels der Determinante (127) nach (131) und (132) und findet

$$a_{ij} = \frac{1}{s_i s_j} \frac{D_{ij}}{D}.$$

Weiter sind bei normaler Korrelation alle Regressionen linear, wie sich leicht nachrechnen läßt.

Ursprünglich haben die Untersuchungen über Korrelation von der normalen Verteilung (136) ihren Ausgangspunkt genommen. Die Formeln (131), (132), (133) leitet man dann aus (138) und (139) ab. Daß die ersteren, wie aus der hier gegebenen Ableitung hervorgeht, unabhängig von der speziellen Form des Verteilungsgesetzes sind, hat man erst später gefunden.

51. Genauigkeit der statistischen Bestimmung von r. Nach den obigen Formeln ist die normale Verteilung für m Variable durch m^2 Konstanten vollkommen festgelegt. Speziell lassen sich die Mittelwerte von Ausdrücken höheren Grades, wie $\overline{x_i^4}$, $\overline{x_i^2 x_j^2}$ usw., alle durch diese Konstanten ausdrücken, was man leicht durch mehrfache partielle Differentiationen von (137) erreicht.

Solche Mittelwerte braucht man für die Beurteilung der Genauigkeit eines statistisch bestimmten Korrelationskoeffizienten. Offenbar brauchen wir dabei nur die zwei betreffenden Variablen in Betracht zu ziehen. Sind diese x und y, so gibt die Statistik durch n Beobachtungen n Wertepaare $x_1, y_1, x_2, y_2, \ldots, x_n, y_n$. Daraus berechnet man die empirischen Streuungen und Kk.:

$$s'_x = \frac{1}{n}\sum x_i^2, \qquad s'_y = \frac{1}{n}\sum y_i^2, \qquad r' = \sum x_i y_i / \sqrt{\sum x_i^2 \cdot \sum y_i^2}. \tag{140}$$

Die Streuung der beiden ersteren wurde schon Ziff. 39 besprochen, die Streuung $\sigma(r')$ läßt sich nicht so einfach berechnen, weil r' nicht linear in den Beobachtungsgrößen ist. Für große n sei die anzuwendende Näherungsmethode kurz skizziert. Wir berechnen das Streuungsquadrat von r', welches bei gegebenen $x_2 \ldots y_n$ durch x_1, y_1 verursacht wird. Die in r' vorkommenden Summen, mit Weglassung von x_1 und y_1, seien mit Σ_{xy}, Σ_{xx}, Σ_{yy} bezeichnet. Angenähert wird dann

$$r' = \Sigma_{xy} \Sigma_{xx}^{-\frac{1}{2}} \Sigma_{yy}^{-\frac{1}{2}} \cdot \left(1 + \frac{x_1 y_1}{\Sigma_{xy}} - \frac{1}{2}\frac{x_1^2}{\Sigma_{xx}} - \frac{1}{2}\frac{y_1^2}{\Sigma_{yy}}\right)$$

und das Quadrat der Abweichung

$$(r' - \overline{r'})^2 = \frac{r^2}{n^2}\left(\frac{x_1 y_1}{r s_x s_y} - \frac{x_1^2}{2 s_x^2} - \frac{y_1^2}{2 s_y^2}\right)^2,$$

wenn man die Σ durch ihren Mittelwert ersetzt. Führt man hier die normierten Variablen $\xi = x/s_x$ und $\eta = y/s_y$ ein, bildet den Mittelwert und multipliziert mit n, so findet man

$$\sigma_{r'}^2 = \frac{1}{4n}\left[r^2(\overline{\xi^4} + \overline{\eta^4}) + (2r^2 + 4)\,\overline{\xi^2\eta^2} - 4r\left(\overline{\xi^3\eta} + \overline{\xi\eta^3}\right)\right], \tag{141}$$

was bis auf Glieder von der Ordnung n^{-2} richtig ist. Die in dieser allgemeinen Formel vorkommenden Mittelwerte sind reine Zahlen. Setzt man ihre Werte für ein normales Gesetz ein, so vereinfacht sich die Formel zu der bei praktischen Anwendungen gewöhnlich benutzten

$$\sigma_{r'}^2 = \frac{(1-r^2)^2}{n} \quad \text{(für normale Korrelation)}\,. \tag{142}$$

Die Genauigkeit von r' wird also größer, wenn r nahe eins ist. Das liegt daran, daß die Abweichungen von Zähler und Nenner sich dann weitgehend aufheben. Um diesen Vorteil zu erzielen, muß man r' nach (140) berechnen. Hätte man dagegen s_x und s_y schon anderweitig bestimmt, so würde

$$r'' = \sum x_i y_i / n\, s_x s_y$$

die leicht nach (Ziff. 14) berechenbare Streuung

$$\sigma_{r''}^2 = \frac{1+r^2}{n}$$

zeigen, wo noch von der Ungenauigkeit von s_x und s_y abgesehen ist. Die Bestimmung nach (140) ist also jedenfalls vorzuziehen.

Kapitel 13.

Ausgleichsrechnung.

Von

K. MADER, Wien.

Mit 1 Abbildung

I. Prüfung von Beobachtungsfehlern auf ihre Verteilung und Zufälligkeit.

1. Beobachtungsfehler. Zweck der Ausgleichsrechnung. Wenn von einer oder mehreren Größen Messungen in größerer Anzahl durchgeführt sind, als zur algebraischen Lösung des Problems ihrer Bestimmung nötig sind, lassen sich die Beobachtungsergebnisse wegen der unvermeidlichen Fehler nicht widerspruchsfrei zu einem Endresultat vereinigen. Die Aufgabe der Ausgleichsrechnung ist, aus den Messungsresultaten die besten Werte der Unbekannten abzuleiten, also jene Werte, welche den wahren möglichst nahekommen. Die Ausgleichung muß ferner zu den besten Werten Genauigkeitsgrenzen angeben, innerhalb welcher die wahren Werte der Unbekannten liegen. Die Genauigkeitsgrenzen lassen die Güte der Beobachtungen beurteilen. Schließlich wird man aus den berechneten Resultaten den Beobachtungskomplex darstellen, man wird die nach der Ausgleichung übrigbleibenden Fehler berechnen und prüfen, ob ihre Verteilung eine zufällige ist.

Die besten Werte der Unbekannten werden nach der Methode der kleinsten Quadrate berechnet. Die Theorie ist in Kap. 12, insbesondere in den Ziff. 37 bis 42 besprochen; in diesem Abschnitt wird nur die praktische Anwendung gegeben.

Bis auf gelegentliche Hinweise nehmen wir im folgenden an, daß die Beobachtungsfehler den Gesetzen des Zufalls gehorchen, daß also die Messungsergebnisse frei von einseitig wirkenden, systematischen Fehlern sind. Letztere erfordern in jedem Einzelfall eine besondere Untersuchung, sie müssen durch besondere Meßmethoden entweder bestimmt und in Rechnung gestellt oder unwirksam gemacht werden. Um von der Wirkung systematischer Fehler[1]) frei zu sein oder ein Bild ihres Einflusses zu erhalten, muß die Messung einer Größe nach mehreren, voneinander verschiedenen Methoden ausgeführt werden.

Schon bei ganz einfachen Messungen ist es schwer, systematische Einflüsse fernzuhalten, z. B. wird bei der Messung der Länge einer Strecke durch sukzessives Auflegen von Maßstäben ein einseitig wirkender Fehler dadurch entstehen, daß die Maßstäbe nicht genau in die Richtung der Geraden gebracht werden, die Länge der Strecke wird stets zu groß gemessen. Bei genauen Messungen dieser

[1]) Siehe Kap. 12, Ziff. 38.

Art wird man durch ein eigenes Visierinstrument die einzelnen Stäbe genau in die Richtung der Strecke einweisen. Ebenso wird man sich gegen die aus der Temperaturänderung stammenden Einflüsse schützen usw.

2. Das Fehlergesetz von GAUSS. Die Methode der kleinsten Quadrate. Wir denken uns eine Größe wiederholt in gleicher Weise mit der gleichen Genauigkeit gemessen. Kein Beobachtungsergebnis ist vor den andern ausgezeichnet, es muß jedem einzelnen a priori ein bestimmter Fehler mit derselben Wahrscheinlichkeit zugeschrieben werden. Erfahrungsgemäß sind die auftretenden Fehler in den weitaus meisten Fällen derart nach Vorzeichen und Größe verteilt, daß man bei ihrer Entstehung ähnliche Verhältnisse wie bei einem Zufallsspiel als wirksam annehmen darf. Da in der Regel bei einer Beobachtungsserie über die Verteilung der Fehler von vornherein nichts bekannt ist, so ist es am besten, die Gültigkeit des Gaußschen Gesetzes vorauszusetzen[1]), dessen Übereinstimmung mit namentlich in der Astronomie beobachteten Fehlerverteilungen oft überraschend gut gefunden wurde. Für die praktische Ausgleichung genügt es, das Gaußsche Gesetz als empirisches, durch die Erfahrung hinreichend erprobtes Gesetz einzuführen[2]). Über die Versuche, das Gaußsche Gesetz und die Methode der kleinsten Quadrate zu begründen, berichtet E. CZUBER[3]).

GAUSS setzt die Wahrscheinlichkeit, daß bei einer Beobachtung ein Fehler zwischen den Grenzen ε und $\varepsilon + d\varepsilon$ begangen wird, gleich $\varphi(\varepsilon)\,d\varepsilon$. Die Funktion $\varphi(\varepsilon)$, „das Fehlergesetz", soll nur Funktion von ε allein sein, nicht aber von der zu messenden Größe x abhängen.

Unter der Annahme, daß das arithmetische Mittel bei gleich genauen direkten Messungen einer Größe deren wahrscheinlichsten Wert darstellt, gelang es GAUSS[4]), die Gestalt von $\varphi(\varepsilon)$ anzugeben:

$$\varphi(\varepsilon) = \frac{h}{\sqrt{\pi}} e^{-h^2\varepsilon^2}. \tag{1}$$

Der einzige in $\varphi(\varepsilon)$ auftretende Parameter h hängt mit der Genauigkeit der Messung zusammen, heißt „Präzisionsmaß" und ist für eine mit gleicher Genauigkeit durchgeführte Messungsreihe eine ihr eigene, leicht zu bestimmende Größe.

Die Wahrscheinlichkeit, bei einer Messung einen Fehler, der zwischen ε_1 und ε_2 gelegen ist, zu begehen, ist

$$\frac{h}{\sqrt{\pi}} \int_{\varepsilon_1}^{\varepsilon_2} e^{-h^2\varepsilon^2}\, d\varepsilon .$$

Unter der Annahme der Gültigkeit des Fehlergesetzes (1) gab GAUSS die erste Begründung der Methode der kleinsten Quadrate. An Stelle des wahren Wertes X einer Unbekannten ergaben n gleich genaue direkte Beobachtungen die Werte $l_1, l_2, \ldots, l_n$. Für die wahren Fehler ε_i bestehen die n Gleichungen:

$$X - l_i = \varepsilon_i .$$

[1]) Siehe Kap. 12, Ziff. 37.

[2]) Wie F. R. HELMERT, Die Ausgleichsrechnung nach der Methode der kleinsten Quadrate. 3. Aufl. Berlin u. Leipzig: B. G. Teubner 1924.

[3]) E. CZUBER, Theorie der Beobachtungsfehler. Leipzig: B. G. Teubner 1891. Die Entwicklung der Wahrschleinlichkeitstheorie und ihrer Anwendungen. Jahresber. d. Deutsch. Math. Vereinigung Bd. 7, Abschn. 6, 1899.

[4]) C. F. GAUSS, Theoria motus corp. coel. art. 175—179 = Werke 7. 1809.

Der Ausgleich führt nicht zur Kenntnis des wahren Wertes X der Unbekannten, sondern ihres wahrscheinlichsten[1]) Wertes x. Die wahren Fehler ε_i bleiben daher auch unbekannt, man gewinnt ein System scheinbarer Fehler:

$$x - l_i = v_i\,. \tag{2}$$

Unter der Voraussetzung, daß die einzelnen Fehler $x - l_i$ voneinander unabhängig zustande kommen, hat jenes System von Fehlern die größte Wahrscheinlichkeit, für welche

$$\left(\frac{h}{\sqrt{\pi}}\right)^n e^{-h^2[(x-l)^2]} = \text{Maximum}$$

ist[2]). Der Exponent muß daher einen Minimalwert annehmen:

$$[(x - l)^2] = \text{Minimum.}$$

Aus der Minimalbedingung

$$\frac{d[(x-l)^2]}{dx} = 0$$

folgt

$$x = \frac{1}{n}[l]\,.$$

Das arithmetische Mittel ist der wahrscheinlichste Wert der Unbekannten. Es nimmt somit $[vv]$ einen Minimalwert an, wenn x das arithmetische Mittel ist. Eine zweite Eigenschaft des Mittels gewinnt man durch Addition der Gleichungen (2), nämlich

$$[v] = 0\,.$$

Die Bestimmung mehrerer Unbekannter durch Ausgleichung ist nur möglich, wenn man den Fehlergleichungen lineare Form geben kann. Es seien $X, Y, Z \ldots$ die wahren Werte von m Unbekannten, sie sind mit den beobachteten Größen l_i[3]) durch $n\,(n > m)$ lineare Fehlergleichungen verbunden:

$$a_i X + b_i Y + c_i Z + \cdots - l_i = \varepsilon_i\,.$$

Durch Ausgleichung berechnet man statt der wahren Werte $X, Y, Z \ldots$ die wahrscheinlichsten Werte $x, y, z \ldots$ der Unbekannten, für welche die Fehlergleichungen bestehen:

$$a_i x + b_i y + c_i z + \cdots - l_i = v_i\,, \qquad i = 1, 2, \ldots, n\,.$$

Die Bedingungen für $[vv]$ = Minimum sind die m in den $x, y, z \ldots$ linearen Normalgleichungen

$$\frac{\partial[vv]}{\partial x} = 0\,, \qquad \frac{\partial[vv]}{\partial y} = 0 \ldots,$$

---

[1]) Bezeichnung von GAUSS in der Theoria motus. In der zweiten Begründung der Methode der kleinsten Quadrate (Theoria combinationis-Werke 4, Art. 6) werden diese Werte die vorteilhaftesten (minimis erroribus obnoxia) genannt.

[2]) In der Ausgleichsrechnung werden nach GAUSS die Summen durch eckige Klammern bezeichnet:

$$[l_i] = \sum_{i=1}^{n} l_i\,, \qquad [vv] = \sum_{i=1}^{n} v_i^2\,, \qquad [ab] = \sum_{i=1}^{n} a_i b_i\,.$$

[3]) Die Gaußsche Begründung läßt allgemein die l_i von verschiedener Genauigkeit sein. Ausführlich bei E. CZUBER, Theorie der Beobachtungsfehler, S. 288 und Jahresbericht d. Dtsch. Math. Ver. 1899, S. 181.

deren Auflösung die wahrscheinlichsten Werte $x, y, z \dots$ der m Unbekannten $X, Y, Z \dots$ ergibt.

3. Genauigkeitsmaße von Beobachtungsreihen auf Grund der wahren Fehler. Das Gaußsche Fehlergesetz wird durch eine Kurve

$$y = \frac{h}{\sqrt{\pi}} e^{-h^2 x^2}$$

dargestellt, welche mit der Abszissenachse eine Fläche vom Inhalt 1 einschließt und nur den einen Parameter h enthält. Die Ursprungsordinate ist $\frac{h}{\sqrt{\pi}}$. Eine Beobachtungsreihe heißt genauer, wenn bei ihr ein fehlerfreies Resultat mit größerer Wahrscheinlichkeit zu erwarten ist. Die Genauigkeit oder Präzision ist also dem Parameter h direkt proportional, GAUSS nimmt h selbst als Präzisionsmaß.

Nach dem Gaußschen Gesetz ist die Wahrscheinlichkeit dafür, daß bei einer Messung ein Fehler zwischen $-\alpha$ und $+\alpha$ begangen wird, gleich

$$\frac{h}{\sqrt{\pi}} \int_{-\alpha}^{+\alpha} e^{-h^2 \varepsilon^2} d\varepsilon = \frac{2}{\sqrt{\pi}} \int_{0}^{h\alpha} e^{-t^2} dt = \Phi(h\alpha) \text{ [1]}. \tag{3}$$

Wir vergleichen zwei Beobachtungsreihen, deren Fehler das Gaußsche Gesetz befolgen, die Parameter seien h und h'. Die Wahrscheinlichkeit, in einer Beobachtung der ersten Reihe einen Fehler $|\varepsilon| \leqq \alpha$ zu begehen, ist $\Phi(h\alpha)$, für einen Fehler $|\varepsilon| \leqq \alpha'$ ist sie in der zweiten Reihe $\Phi(h'\alpha')$. Die Wahrscheinlichkeiten sind gleich für

$$\alpha h = \alpha' h'.$$

Die erste Reihe heißt genauer, wenn ihre Fehlergrenze α enger ist als α', dann ist ihr Präzisionsmaß $h > h'$. Die erste Reihe heißt doppelt so genau als die zweite, wenn

$$\alpha = \tfrac{1}{2}\alpha' \quad \text{und} \quad h = 2h'.$$

Das Gaußsche Präzisionsmaß entspricht also der im täglichen Leben üblichen Auffassung des Wortes „Genauigkeit". Statt des Begriffes Genauigkeit verwendet man meist den des Gewichtes. Einer Beobachtung kommt ein $p$mal größeres Gewicht zu als einer anderen, wenn die Folgerungen, die man aus einer Beobachtung der ersten Art ziehen kann, gleichwertig sind mit den Folgerungen, welche man aus p Beobachtungen der zweiten Art, welche alle das gleiche Resultat ergeben haben, ableiten kann. Die Gewichte sind reine Verhältniszahlen. Wenn zwei Beobachtungen aus zwei Messungsreihen der Präzisionsmaße h und h' stammen, so gilt für ihre Gewichte p und p':

$$p : p' = h^2 : h'^2. \tag{4}$$

Präzisionsmaß und Gewicht werden nicht direkt aus den Beobachtungsfehlern berechnet, sondern aus dem mittleren (zu befürchtenden) Fehler μ oder dem durchschnittlichen ϑ, deren Definition ist

$$\mu^2 = \int_{-\infty}^{+\infty} \varepsilon^2 \varphi(\varepsilon)\, d\varepsilon. \tag{5}$$

und

$$\vartheta = \int_{-\infty}^{+\infty} |\varepsilon|\, \varphi(\varepsilon)\, d\varepsilon, \tag{6}$$

[1] Tafeln der Transzendenten $\Phi(x)$ sind den meisten Lehrbüchern der Wahrscheinlichkeitsrechnung beigefügt. Eine numerische Berechnung s. Kap. 15, Ziff. 24.

worin $\varphi(\varepsilon)$ das Fehlergesetz ist. Setzt man in die Formeln (5) und (6) an Stelle von $\varphi(\varepsilon)$ das Gaußsche Gesetz und integriert von $-\infty$ bis $+\infty$, so erhält man

$$\mu^2 = \frac{1}{2h^2} \quad \text{und} \quad \vartheta = \frac{1}{h\sqrt{\pi}}. \tag{7}$$

Verbindung mit (4) gibt:

$$p : p' = \frac{1}{\mu^2} : \frac{1}{\mu'^2}. \tag{8}$$

Die Gewichte verhalten sich umgekehrt wie die Quadrate der mittleren Fehler.

Der wahrscheinliche Fehler ϱ wird dadurch definiert, daß es bei einer Beobachtung gleich wahrscheinlich ist, einen Fehler zu begehen, dessen Absolutbetrag größer oder kleiner als ϱ ist. Bei Zugrundelegung des Gaußschen Gesetzes wird φ berechnet aus

$$\frac{h}{\sqrt{\pi}}\int_{-\varrho}^{+\varrho} e^{-h^2\varepsilon^2}\,d\varepsilon = \frac{1}{2} \quad \text{oder} \quad \Phi(\varrho h) = \frac{1}{2}.$$

Aus einer Tafel für $\Phi(x)$ erhält man durch Interpolation

$$\varrho h = 0{,}47694\ldots$$

In Zahlen werden die Beziehungen zwischen μ, ϑ, ϱ und h ausgedrückt:

$$\mu = \frac{1}{h\sqrt{2}} = \frac{0{,}70711\ldots}{h}, \quad \vartheta = \frac{1}{h\sqrt{\pi}} = \frac{0{,}56419\ldots}{h}, \quad \varrho = \frac{0{,}47694\ldots}{h}. \tag{9}$$

Hiermit hat man eine erste Möglichkeit, zu prüfen, ob die wahren Fehler einer Beobachtungsreihe dem Gaußschen Gesetz gehorchen, wenn die zwei Berechnungen von ϱ aus μ, dann aus ϑ

$$\varrho = 0{,}67449\ldots\mu, \qquad \varrho = 0{,}84535\ldots\vartheta \tag{10}$$

zum gleichen Resultat führen. Oder man berechnet ϑ aus

$$\vartheta = 0{,}79789\ldots\mu \tag{11}$$

und vergleicht es mit dem aus den ε direkt berechneten ϑ. Diese Kriterien (10) und (11) sind nur einseitig. Wenn sie nicht annähernd erfüllt sind, liegt keine Gaußsche Fehlerverteilung vor; sind sie erfüllt, so muß die Verteilung noch keine zufällige sein, denn μ und ϑ berücksichtigen vor allem nicht die Vorzeichen der Fehler, man muß dann noch andere Kriterien [z. B. Anzahl der positiven und negativen Fehler (Ziff. 8)] anwenden.

Weiter gelten die Formeln (10) und (11) nur bei einer sehr großen Anzahl direkter Beobachtungen. Bei einer geringeren Zahl n werden die aus

$$\mu = \sqrt{\frac{[\varepsilon\varepsilon]}{n}} \quad \text{und} \quad \vartheta = \frac{[|\varepsilon|]}{n} \tag{12}$$

berechneten mittleren und durchschnittlichen Fehler nicht deren wahren Werte sein[1]).

---

[1]) Man sollte diese Werte begrifflich und auch durch die Bezeichnung auseinanderhalten, z. B. μ für den Wert (5) aus dem Fehlergesetz, μ' für den Wert (12) aus den Beobachtungen, ϑ für (6), ϑ' für (11), ϑ'' für (12) usw. Da der wahre Wert der gemessenen Größe in der Regel nicht bekannt ist, werden μ und ϑ aus (13) und (14) berechnet.

Für die Berechnung von μ und ϑ sind die „mittleren" Grenzen:

$$\mu = \sqrt{\frac{[\varepsilon\varepsilon]}{n}}\left(1 \pm \frac{0,70711}{\sqrt{n}}\right),$$

$$\vartheta = \frac{[|\varepsilon|]}{n}\left(1 \pm \frac{0,75551}{\sqrt{n}}\right).$$

Die Berechnung von μ ist demnach etwas sicherer[1]). Die mittleren Grenzen geben die Größe des mittleren Fehlers an, der bei der Bestimmung von μ und ϑ nach den Formeln (12) zu befürchten ist. Die Wahrscheinlichkeit, daß der wahre Wert einer zu berechnenden Größe innerhalb der mittleren Grenzen falle, ist 0,683, ist also etwa doppelt so groß als die Wahrscheinlichkeit, daß er außerhalb falle (Ziff. 5).

Von all den die Fehlerverteilung charakterisierenden Größen wird der mittlere Fehler μ am sichersten bestimmt[2]).

4. Genauigkeitsmaße von Beobachtungsreihen auf Grund der scheinbaren Fehler. Meist ist der wahre Wert der gemessenen Größe unbekannt, daher gelangt man nicht zur Kenntnis der wahren Fehler ε. Durch Ausgleich gewinnt man den wahrscheinlichsten oder plausibelsten Wert der Unbekannten und die scheinbaren Fehler v. Man erhält[3])

$$\mu = \sqrt{\frac{[v v]}{n-1}}. \tag{13}$$

Die mittleren Fehlergrenzen dieser Bestimmung sind

$$\mu = \sqrt{\frac{[v v]}{n-1}}\left(1 \pm \sqrt{\frac{1}{2(n-1)}}\right). \tag{13'}$$

Für den durchschnittlichen Fehler ϑ einer Beobachtung gilt nach PETERS

$$\vartheta = \frac{[|v|]}{\sqrt{n(n-1)}}\left(1 \pm \sqrt{\frac{\pi-2}{2(n-1)}}\right). \tag{14}$$

Der Klammerausdruck gibt die mittlere Fehlergrenze bei größerem n[4]). Mit den unabhängig voneinander berechneten μ und ϑ[5]) prüft man die Verteilung der wahren Fehler ε nach den Formeln (10) oder (11), der letzteren kann man hier die Form geben:

$$\frac{\sqrt{[v v]}}{[|v|]} = \sqrt{\frac{\pi}{2n}} = \frac{1,25331}{\sqrt{n}}.$$

Will man die Verteilung der scheinbaren Fehler prüfen, so ist die Untersuchung statt mit μ und ϑ mit

$$\mu' = \sqrt{\frac{[v v]}{n}} \qquad \text{und} \qquad \vartheta' = \frac{[|v|]}{n}$$

vorzunehmen. Wenn nämlich die wahren Fehler ε nach einem Gaußschen

1) Siehe Bemerkung (Kap. 12, Ziff. 39) über die Berechnung des μ aus den $[\varepsilon\varepsilon]$ und aus $[|\varepsilon|]$.

2) Ausführlich Kap. 12, Ziff. 39.

3) Siehe Kap. 12, Ziff. 39.

4) F. R. HELMERT, Astron. Nachr. Bd. 88, Nr. 2096; Ausgleichsrechnung, S. 77; C. A. F. PETERS, ebenda Bd. 44, Nr. 1034. Ferner E. CZUBER, Theorie der Beobachtungsfehler, S. 163; s. auch Ziff. 15 dieses Kapitels.

5) Siehe Anmerk. 1 der vorigen Seite.

Gesetz vom Präzisionsmaß h verteilt sind, so befolgen nach E. CZUBER[1]) die scheinbaren Fehler v gleichfalls ein Gaußsches Gesetz nur mit etwas größerem Präzisionsmaß

$$h' = h\sqrt{\frac{n}{n-1}}. \tag{15}$$

Befolgen die v kein Gaußsches Fehlergesetz, so fügen sich die ε noch weniger einem solchen, da im allgemeinen die v nur einen Teil der regelmäßigen Fehler enthalten. Bei großer Anzahl n verschwindet der Unterschied von μ und μ' sowie von ϑ und ϑ'.

5. Genäherte Bestimmung des mittleren, des durchschnittlichen und des wahrscheinlichen Fehlers durch Abzählung. Streuung. Die wahren Fehler einer Beobachtungsreihe werden nach ihrer absoluten Größe geordnet. Gleiche Fehler werden so oft angeschrieben als sie vorkommen, ebenso der Fehler Null, wenn er auftritt. Sind die Fehler nach dem Gaußschen Gesetz verteilt, so sollen in der Reihe der Absolutbeträge 50% kleiner als der wahrscheinliche Fehler ϱ und 50% größer als ϱ sein, ϱ soll daher genau in der Mitte der Reihe der Absolutbeträge der Fehler liegen. 58% der Fehler sollen kleiner als ϑ und 68% kleiner als μ sein. Die Wahrscheinlichkeit, einen Fehler absolut kleiner als den mittleren μ zu begehen, ist ungefähr doppelt so groß als die für einen Fehler absolut größer als μ. Die Berechnung der obigen Prozentzahlen folgt aus den Gleichungen (9)

$$\varrho h = 0{,}47694, \quad \vartheta h = 0{,}56419, \quad \mu\vartheta = 0{,}70711$$

mittels

$$\Phi(\varrho h) = 0{,}50, \quad \Phi(\vartheta h) = 0{,}57506, \quad \Phi(\mu h) = 0{,}68268. \tag{16}$$

Diese Bestimmung von ϱ, ϑ und μ ist sehr unsicher. Man wird besser diese drei Größen auf dem früher angegebenen Wege berechnen und sie zwecks einer rohen Prüfung der Fehlerverteilung mit den durch Abzählung gefundenen vergleichen.

Wenn nur die Reihe der scheinbaren Fehler v bekannt ist, so wäre eigentlich das Präzisionsmaß h' nach (15) in die Gleichungen (16) einzuführen. Doch ist die Bestimmung durch Abzählung so ungenau, daß man sie mit den für die wahren Fehler angegebenen Prozentzahlen vornehmen wird. Erst bei größerem n kommt der Abzählung Bedeutung zu, dann unterscheidet sich h' nicht merklich von h.

Trägt man die Fehler samt Vorzeichen auf einer Geraden vom Nullpunkt nach beiden Seiten auf, so schließen die beiden äußersten Fehler eine Strecke ein, welche Gesamtstreuung heißt. Trägt man vom Nullpunkt nach beiden Seiten die μ, ϑ und ϱ darstellenden Strecken auf, so soll 2μ 68%, 2ϑ 58% und 2ϱ 50% der Fehler enthalten. Die Größen 2μ, 2ϑ und 2ϱ, oft auch μ, ϑ und ϱ werden als mittlere, durchschnittliche und wahrscheinliche Streuung bezeichnet.

In der Fehlertheorie ist μ das Genauigkeitsmaß, welches am sichersten aus den Fehlern bestimmt wird und das die Fehlerstreuung am sichersten charakterisiert. In der Regel überschreitet die Gesamtstreuung nicht die dreifache mittlere Streuung.

6. Genauigkeitsmaße auf Grund der Beobachtungsdifferenzen[2]). n gleich genaue direkte Messungen ergaben für eine Größe die Werte $l_1, l_2, \ldots, l_n$, die

[1]) E. CZUBER, Monatshefte für Math. u. Phys. Bd. I. 1890. Theorie der Beobachtungsfehler. S. 156.

[2]) Literatur bei E. CZUBER, Theorie der Beobachtungsfehler, S. 174.

wahren Fehler seien $\varepsilon_1, \varepsilon_2, \ldots, \varepsilon_n$ und die scheinbaren Fehler $v_1, v_2, \ldots, v_n$. Es ist

$$l_i + \varepsilon_i \qquad \text{der wahre Wert der Unbekannten,}$$
$$l_i + v_i = \frac{1}{n}[l_i] \qquad \text{der wahrscheinlichste Wert.}$$

Für irgend zwei Beobachtungswerte l_i und l_k und die zugehörigen ε und v gilt

$$l_i + \varepsilon_i = l_k + \varepsilon_k, \qquad l_i + v_i = l_k + v_k$$

und für die Differenz

$$\Delta_{ik} = l_i - l_k = \varepsilon_k - \varepsilon_i = v_k - v_i.$$

Wenn die wahren Fehler ε dem Gaußschen Gesetz mit dem Präzisionsmaß h gehorchen, so befolgen die Beobachtungsdifferenzen Δ gleichfalls ein solches, aber mit dem Präzisionsmaß $\frac{h}{\sqrt{2}}$. Da man nur die Absolutbeträge der Δ braucht, so hat man $\frac{n(n-1)}{2}$ solche Differenzen zu bilden und berechnet:

$$\mu = \sqrt{\frac{[\Delta\Delta]}{n(n-1)}}, \qquad \vartheta = \frac{[|\Delta|]\sqrt{2}}{n(n-1)}.$$

7. Genauigkeitsmaße des arithmetischen Mittels. Das arithmetische Mittel $x = \frac{1}{n}[l]$ stellt den wahrscheinlichsten Wert der Unbekannten X dar, für welche n gleich genaue direkte Beobachtungen die Resultate l_i ergaben. Sind μ, ϑ und ϱ der mittlere, der durchschnittliche und der wahrscheinliche Fehler einer Beobachtung, so sind die analogen Fehlergrößen des arithmetischen Mittels:

$$\mu_x = \frac{\mu}{\sqrt{n}}, \qquad \vartheta_x = \frac{\vartheta}{\sqrt{n}}, \qquad \varrho_x = \frac{\varrho}{\sqrt{n}}.$$

Dem arithmetischen Mittel kommt das n-fache Gewicht einer Einzelbeobachtung zu, es ist gleichwertig den n Beobachtungsresultaten l_i. Wenn die Fehler der l_i ein Gaußsches Gesetz mit dem Präzisionsmaß h befolgen, so folgt auch der Fehler des arithmetischen Mittels einem solchen, nur mit dem Präzisionsmaß $h\sqrt{n}$.

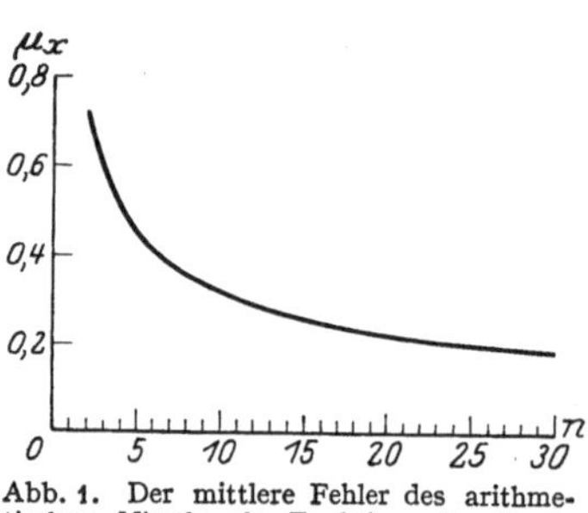

Abb. 1. Der mittlere Fehler des arithmetischen Mittels als Funktion der Beobachtungen.

Das wichtigste Genauigkeitsmaß des arithmetischen Mittels ist sein mittlerer Fehler:

$$\mu_x = \frac{\mu}{\sqrt{n}} = \sqrt{\frac{[vv]}{n(n-1)}}.$$

Unter der Annahme $\mu = 1$ zeigt Abb. 1 den Verlauf von $\mu_x = \frac{\mu}{\sqrt{n}}$. Zuerst, bei 5 bis 10 Beobachtungen, nimmt μ_x gegenüber μ rasch ab, dann immer langsamer und nähert sich asymptotisch, aber sehr langsam der Null. Man sieht, daß es für die Genauigkeit des arithmetischen Mittels ziemlich gleich ist, ob man 20 oder 30 Messungen macht. Durch Häufung von Beobachtungen wird das Resultat nur ganz allmählich genauer. Es ist besser, eine schärfere Meßmethode und Instrumente größerer Genauigkeit zu wählen, als die Zahl der Beobachtungen übermäßig zu erhöhen.

8. Prüfungen der Fehlerverteilung. Während μ und ϑ ohne bestimmte Annahmen über das Fehlergesetz berechnet werden können, setzt die Berechnung von ϱ nach (10) wesentlich die Gültigkeit des Gaußschen Gesetzes voraus. Die zweifache Berechnung von ϱ aus μ und ϑ ermöglicht daher eine erste Prüfung auf Gaußsche Verteilung. Die in Ziff. 5 besprochene Überprüfung der Fehlerverteilung durch Abzählung ist wenig genau.

In zwei Messungsreihen erhielt man nacheinander die folgenden Fehler:

-2	-2
-1	$+1$
0	-1
$+1$	0
$+2$	$+2$

Beide Fehlerreihen ergeben die gleichen μ und ϑ, doch zeigt die erste einen ausgesprochen systematischen Gang, die zweite läßt einen solchen nicht erkennen. Aus μ wird ϱ zu 1,07, aus ϑ zu $\varrho = 1{,}13$ berechnet, also gute Übereinstimmung mit einer Gaußschen Verteilung.

μ und ϑ berücksichtigen nur die Absolutwerte der Fehler, dagegen nicht Vorzeichen und Reihenfolge. Diese müssen durch eigene Kriterien untersucht werden, wenn man die Verteilung auf ihre Zufälligkeit prüfen will. Diese verlangt nicht nur das Fernsein systematischer Fehler (dann wäre noch jedes symmetrische Fehlergesetz möglich), es muß auch die Reihenfolge der Fehler eine zufällige sein.

a) Die Anzahl der positiven und negativen Fehler[1]). Die wahren Fehler ε_i von n gleich genauen direkten Beobachtungen einer Größe werden teils positiv, teils negativ sein. Bei der wahrscheinlichsten Verteilung treten, abgesehen von einer Einheit bei ungeradem n, gleich viel positive wie negative ε auf. Nach dem Bernoullischen Theorem ist die Wahrscheinlichkeit einer zwischen $-\delta$ und $+\delta$ gelegenen Abweichung einer der beiden Anzahlen von ihrem wahrscheinlichsten Wert $\frac{n}{2}$ bei genügend großem n dargestellt durch

$$\frac{2}{\sqrt{\pi}}\int\limits_0^{\delta\sqrt{\frac{2}{n}}} e^{-t^2}\,dt,$$

und die wahrscheinliche Grenze dieser Abweichung ist:

$$\delta = \frac{\varrho h}{\sqrt{2}}\sqrt{n} = \frac{0{,}47694}{\sqrt{2}}\sqrt{n} = 0{,}3372\ldots\sqrt{n}\,.$$

Bei n Beobachtungen ist es gleich wahrscheinlich, daß die Anzahl der positiven oder negativen Fehler innerhalb wie außerhalb der Grenzen

$$\frac{n}{2} \pm 0{,}3372\sqrt{n}$$

fällt; bei 100 Beobachtungen ist die Wahrscheinlichkeit $\frac{1}{2}$, daß die Anzahlen innerhalb 46 und 54 fallen.

Dasselbe gilt, wenn statt der wahren Fehler eine genügend große Zahl scheinbarer Fehler v vorliegt und ihre Verteilung untersucht werden soll.

b) Die Vorzeichensumme[2]). V_i bedeute das Vorzeichen eines Fehlers ε_i, und es ist $V = +1$ für einen positiven und gleich -1 für einen negativen Fehler. Der wahrscheinlichste Wert der Summe

$$s = V_1 + V_2 + \ldots V_n$$

ist bei geradem n Null, bei ungeradem n ist er ± 1. Das mittlere Fehlerquadrat dieser Bestimmung ist n, da jedes $V^2 = 1$ ist und es am wahrscheinlichsten

---

[1]) E. Czuber, Theorie der Beobachtungsfehler, S. 188.

[2]) F. Helmert, Ausgleichsrechnung, S. 334. Berl. Ber. 1905, S. 594; ferner H. Seeliger, Münchener Ber. 1899, S. 3.

ist, daß die Doppelprodukte gleich häufig positiv und negativ auftreten, also in der Summe verschwinden. Es ist also

$$s = 0 \pm \sqrt{n}\,.$$

Nach der Bedeutung der mittleren Fehlergrenze (Ziff. 3, 4 und 5) ist mit der Wahrscheinlichkeit 0,683 zu erwarten, daß bei zufälliger Verteilung die Vorzeichensumme s innerhalb die Grenzen $\pm\sqrt{n}$ fällt.

Fehler Null brauchen in der Vorzeichensumme nicht mitgenommen zu werden, dagegen zählen sie bei n mit.

Für scheinbare Fehler ist das Kriterium unsicherer, da systematische Fehler oft in günstigem Sinn wirken. Man wendet daher noch das folgende Kriterium an:

c) Die Vorzeichenfolgen und Wechsel. Vermutet man das Vorhandensein systematischer Einflüsse, welche von der Zeit oder einer anderen Veränderlichen abhängen, so ordnet man die Beobachtungsreihe nach dieser Variablen. In der dadurch entstehenden Reihe der Vorzeichen V sei f die Anzahl der Zeichenfolgen, w die der Wechsel. Für $f - w$ ist der wahrscheinlichste Wert und die mittlere Fehlergrenze:

$$f - w = 0 \pm \sqrt{n-1}\,.$$

Fehler Null werden in f und w nicht berücksichtigt, wohl aber in n.

d) Das Kriterium von ABBE[1]). Die Fehler ε werden nach einer Veränderlichen, z. B. nach der Zeit, geordnet. Ruft diese Veränderliche systematische Einflüsse hervor, dann werden sie sich in den Differenzen $\varepsilon_i - \varepsilon_{i+1}$ wenigstens zum Teil aufheben. Man berechnet die zwei Quadratsummen:

$$A = \varepsilon_1^2 + \varepsilon_2^2 + \ldots \varepsilon_n^2,$$

$$B = (\varepsilon_1 - \varepsilon_2)^2 + (\varepsilon_2 - \varepsilon_3)^2 + \ldots (\varepsilon_{n-1} - \varepsilon_n)^2 + (\varepsilon_n - \varepsilon_1)^2\,.$$

Wenn die ε nach dem Zufall verteilt sind, muß

$$B = 2A$$

sein. Bei endlichem n ist diese Gleichung nicht streng erfüllt; es gilt (mit Angabe der mittleren Fehlergrenze):

$$\frac{2A}{B} = 1 \pm \frac{1}{\sqrt{n}}\,. \qquad (17)$$

Bei Vorhandensein systematischer Fehler, wobei also jedes ε gewissermaßen von seinen Vorgängern beeinflußt ist und selbst wieder auf seine Nachfolger wirkt, ist

$$B < 2A \qquad \text{oder} \qquad \frac{2A}{B} > 1\,.$$

In der physikalischen Statistik ist die Abweichung des reziproken Bruches $\frac{B}{2A}$ von 1 ein Maß der Wahrscheinlichkeitsnachwirkung[2]).

---

[1]) ERNST ABBE, Über die Gesetzmäßigkeit in der Verteilung der Fehler bei Beobachtungsreihen. Jena 1863 (Habilitationsschrift); ferner ERNST ABBE, Gesammelte Abhandlungen Bd. II, S. 55—81. Jena 1906; F. HELMERT, Ausgleichsrechnung, S. 341; H. E. TIMERDING, Analyse des Zufalls, S. 89. Braunschweig 1915; O. MEISSNER, Astron. Nachr. Bd. 202, S. 11. 1916; Anwendung auf meteor. Probleme: V. CONRAD, Meteorol. ZS. 1925, S. 484, auf Stellarstatistik: S. OPPENHEIM, Astron. Nachr. Bd. 224, S. 283. 1925, auf rein zufällige Zahlenwerte: L. W. POLLAK, Gerlands Beitr. z. Geophys. Bd. 16, S. 147. 1927.

[2]) R. FÜRTH, Schwankungserscheinungen in der Physik, S. 27. Braunschweig 1920. S. OPPENHEIM, Astron. Nachr. Bd. 224, Nr. 5369.

Wenn die scheinbaren Fehler v das Kriterium von ABBE erfüllen, ist nicht zu schließen, daß das gleiche für die wahren Fehler ε gilt. Wenn aber die scheinbaren Fehler der Gleichung (17) nicht genügen, so tun es die wahren noch weniger.

Eine kleine Modifikation des Abbeschen Kriteriums für den Fall, daß der systematische Einfluß periodisch wirkt, gab HELMERT[1]).

e) Vergleich der innerhalb bestimmter Grenzen beobachteten Fehleranzahl mit der aus dem Gaußschen Gesetz berechneten. Dies ist die schärfste Prüfung einer Fehlerreihe auf Gaußsche Verteilung. Man ordnet die Absolutwerte der Fehler nach ihrer Größe und teilt sie in Gruppen ab durch die Zahlen $0, \alpha_1, \alpha_2, \alpha_3, \ldots, \alpha_r = \infty$. Bei bekanntem Präzisionsmaß, das man aus

$$h = \frac{1}{\mu\sqrt{2}} \qquad \text{oder} \qquad \frac{1}{\vartheta\sqrt{\pi}}$$

gewinnt, hat man unter n Fehlern

$$n\frac{2}{\sqrt{\pi}}\int\limits_0^{h\alpha_k} e^{-t^2}\,dt = n\,\Phi(h\alpha_k)$$

zu erwarten, deren Absolutwerte zwischen 0 und α_k fallen. Zwischen α_k und α_{k+1} hat man

$$n[\Phi(h\alpha_{k+1}) - \Phi(h\alpha_k)]$$

Fehler zu erwarten. Mit Hilfe einer Tabelle des Wahrscheinlichkeitsintegrals $\Phi(x)$ berechnet man die Anzahl der in jeder Gruppe zu erwartenden Fehler und vergleicht sie mit der tatsächlich beobachteten Anzahl.

Wenn nur scheinbare Fehler v vorliegen, verfährt man genau so. Bei entsprechend großem n, wo die Untersuchung allein einen Zweck hat, braucht auf den Unterschied von h' und h (15) nicht geachtet zu werden, auch verwendet man die sich auf die wahren Fehler beziehenden Größen μ oder ϑ statt der hiervon nur wenig verschiedenen $\mu' = \sqrt{\frac{[vv]}{n}}$ und $\vartheta' = \frac{[|v|]}{n}$. Die erste Prüfung des Gaußschen Gesetzes nahm auf diesem Wege BESSEL[2]) vor. Unter anderen Beispielen gab er das folgende über eine Reihe eigener Messungen der Rektaszension des Polarsterns in den Jahren 1813 bis 1815.

Der mittlere Fehler ist $\mu = 1{,}3093$ Zeitsekunden:

Grenzen	Anzahl der v beobachtet	Anzahl der v berechnet	Unterschied (Rechnung-Beob.)
$0{,}0^s$—$0{,}4^s$	25	24,0	−1,0
0,4 —0,8	22	21,9	−0,1
0,8 —1,2	19	18,2	−0,8
1,2 —1,6	11	13,7	+2,7
1,6 —2,0	9	9,5	+0,5
2,0 —2,4	8	6,0	−2,0
2,4 —2,8	2	3,4	+1,4
2,8 —3,2	3	1,8	−1,2
3,2 —3,6	1	0,9	−0,1
3,6 und darüber	0	0,6	+0,6

Die Übereinstimmung ist sehr befriedigend.

f) Der größte Fehler einer Beobachtungsreihe. Ausscheidung besonders abweichender Beobachtungen. Nach dem Gaußschen Gesetz

[1]) F. HELMERT, Die Ausgleichsrechnung, S. 343.

[2]) F. W. BESSEL, Astron. Nachr. Bd. 15, Nr. 358 u. 359. E. CZUBER, Theorie der Beobachtungsfehler. S. 189ff.

ist die Wahrscheinlichkeit, daß ein Fehler dem absoluten Wert nach gleich oder größer als eine Zahl α sei, gegeben durch

$$\frac{2h}{\sqrt{\pi}}\int_{\alpha}^{\infty} e^{-h^2\varepsilon^2}\,d\varepsilon = \frac{2}{\sqrt{\pi}}\int_{\alpha h}^{\infty} e^{-t^2}\,dt = 1 - \Phi(h\alpha) = 1 - \Phi\left(\frac{\alpha}{\mu\sqrt{2}}\right).$$

Unter n Fehlern ist die zu erwartende Anzahl von Fehlern gleich oder größer α[1]):

$$n\left[1 - \Phi\left(\frac{\alpha}{\mu\sqrt{2}}\right)\right].$$

Daß unter n Fehlern einer Beobachtungsreihe vom mittleren Fehler μ ein maximaler Fehler gleich oder größer als α vorkommt, dafür besteht die Wahrscheinlichkeit

$$W = 1 - \left[\Phi\left(\frac{\alpha}{\mu\sqrt{2}}\right)\right]^n.$$

n	$\frac{\alpha}{\mu}$	W
20	1,95	0,65
40	2,24	0,65
60	2,39	0,64
80	2,49	0,64
100	2,58	0,63
500	3,09	0,63
1000	3,39	0,63

Hiermit ist die nebenstehende Tabelle berechnet. Es ist demnach mit einer Wahrscheinlichkeit von etwa $\frac{2}{3}$ zu erwarten, daß unter $n = 20$ Beobachtungen ein größter Fehler gleich oder größer als 2μ, unter $n = 400$ einer gleich oder größer 3μ vorkommt. Das Verhältnis $\frac{\alpha}{\mu}$ wächst sehr langsam mit n. Daß bei dem in der Tabelle angegebenen $\frac{\alpha}{\mu}$ bei Gaußscher Verteilung nur ein Fehler gleich oder größer α zu erwarten ist, ersieht man aus (18).

Berücksichtigt man auch die Vorzeichen, so ist die Differenz zwischen dem größten positiven und dem kleinsten negativen Fehler je nach der Anzahl n bei 4μ oder 6μ zu erwarten. Man benützt dies, um sich nach Beendigung einer Messungsreihe über die Verläßlichkeit derselben zu orientieren. Der mittlere Fehler $\mu = \sqrt{\frac{[vv]}{n-1}}$ soll bei kleinem n etwa $\frac{1}{4}$ der Differenz der extremsten Fehler sein, bei größerem n etwa $\frac{1}{6}$.

An die Frage des Maximalfehlers knüpft sich die der Ausscheidung anormaler Beobachtungen[2]). Viele, wie z. B. BESSEL, wenden sich überhaupt gegen einen derartigen Vorgang, wenn der Beobachter sich bewußt ist, alle Messungen mit gleicher Sorgfalt ausgeführt zu haben. Die Ursachen, welche zur Bildung eines Fehlers führen, können bei der einen oder anderen Beobachtung einseitig wirken und so eine größere Abweichung hervorrufen. Es ist nicht möglich, ein allgemein gültiges, voraussetzungsfreies, auf wahrscheinlichkeitstheoretischer Grundlage beruhendes Merkmal anzugeben, ob eine Beobachtung, die stärker abweicht, von störenden Ursachen beeinflußt war und daher auszuschließen ist.

Vielfach ist es üblich, Beobachtungen auszuscheiden, deren Fehler den Betrag 3μ übersteigt[3]).

g) Experimentelle Prüfungen. Eine direkte Prüfung des Fehlergesetzes kann man so vornehmen, daß man die zu beobachtende Größe auf anderem Wege derart scharf bestimmt, daß sie als absolut sicher dem zu untersuchenden Beobachtungsverfahren gegenüber gilt[4]). So bestimmte O. STRUVE durch Messung

[1]) E. CZUBER, Theorie der Beobachtungsfehler, S. 206; Wahrscheinlichkeitsrechnung S. 315.

[2]) Siehe Kap. 12, Ziff. 40.

[3]) Siehe hierzu Kap. 12, Ziff. 40.

[4]) F. HELMERT, Ausgleichsrechnung, S. 333.

künstlicher Doppelsterne die regelmäßigen (persönlichen) Fehler seiner Beobachtungen zölestischer Doppelsterne. Apparate zur Bestimmung persönlicher Fehler sind auf allen Sternwarten in Gebrauch. Ähnlich wie Beobachtungsserien beim Würfel-, Roulette- und Lotteriespiel zum Vergleich mit den theoretischen Folgerungen aus dem Bernoullischen Theorem herangezogen wurden[1]), stellte CZUBER[2]) zur Prüfung des Fehlergesetzes Versuchsreihen durch Ziehen von Kugeln aus einer Urne an. Die zu messende Größe ist die konstante Wahrscheinlichkeit eines Ereignisses, also ein streng arithmetisch berechenbarer Wert. Die beobachteten Abweichungen waren daher wahre Fehler, andererseits stellte der Mittelwert der Beobachtungen den wahrscheinlichsten Wert dar und die Abweichungen von ihm waren die scheinbaren Fehler. Die Übereinstimmung mit dem Gaußschen Gesetz war sehr gut.

Literatur zum Abschnitt I: E. CZUBER, Ausgleichsrechnung; Enzyklopädie der Math. Wissenschaften Bd. I. D.; Di eEntwicklung der Wahrscheinlichkeitstheorie und ihrer Anwendungen. Jahresber. d. Dtsch. Math. Vereinigung Bd. 7, Abschn. 6. 1899; Theorie der Beobachtungsfehler. Leipzig: Teubner 1891; F. HELMERT, Die Ausgleichsrechnung nach der Methode der kleinsten Quadrate. Leipzig: Teubner 1907; S. WELLISCH, Theorie und Praxis der Ausgleichsrechnung. Wien u. Leipzig: Fromme 1909.

II. Ausgleich mittels der Methode der kleinsten Quadraten.

9. Einteilung. Das Ausgleichsproblem kommt für den Physiker nur in zwei Formen in Betracht:

1. Ausgleich direkter Beobachtungen einer Unbekannten
   a) gleicher Genauigkeit,
   b) verschiedener Genauigkeit.

Der vorteilhafteste oder wahrscheinlichste Wert der Unbekannten ist im Fall a) das arithmetische Mittel, im Fall b) das verallgemeinerte (ponderierte) arithmetische Mittel.

2. Ausgleich vermittelnder Beobachtungen. Es sind Größen l_i gemessen, welche mit den m Unbekannten $X, Y, Z \ldots$ durch n Gleichungen $(n > m)$

$$f_i(X, Y, Z \ldots) - l_i = \varepsilon_i \tag{1}$$

verbunden sind. Wenn die f_i nicht lineare Beziehungen sind, werden sie durch Einführung von Näherungswerten der Unbekannten linear gemacht.

Der Ausgleich führt nicht zur Kenntnis der wahren Werte der Unbekannten, sondern der wahrscheinlichsten oder vorteilhaftesten[3]) Werte $x, y, z \ldots$ Einsetzen dieser Werte in (1) führt zur Kenntnis des Systems der übrigbleibenden (scheinbaren) Fehler v:

$$f_i(x, y, z \ldots) - l_i = v_i, \tag{2}$$

deren Quadratsumme ein Minimalwert ist:

$$[vv] = \text{Minimum}^{4)}. \tag{3}$$

---

[1]) E. CZUBER, Die philosophischen Grundlagen der Wahrscheinlichkeitsrechnung Nr. 97ff. Berlin u. Leipzig 1923.

[2]) E. CZUBER, Wahrscheinlichkeitsrechnung Bd. I, S. 329, 2. Aufl. Leipzig u. Berlin 1914.

[3]) Siehe Anmerkung 1 S. 495.

[4]) In der Ausgleichsrechnung wird nach GAUSS das Summenzeichen $\sum$ durch eine eckige Klammer ersetzt, es ist

$$[vv] = \sum_{i=1}^{n} v_i^2, \quad [ab] = \sum_{i=1}^{n} a_i b_i.$$

Einführung eines anderen Wertsystems der $x, y, z \ldots$ würde auf ein größeres $[vv]$ führen.

Die Ausgleichung erfordert weiter für jede Größe $x, y, z \ldots$ die Angabe eines Genauigkeitsmaßes, als welches am besten immer der mittlere Fehler gewählt wird, dessen Berechnung die sicherste ist.

Der Algorithmus der Ausgleichung führt direkt zur Kenntnis der mittleren Fehler der berechneten $x, y, z \ldots$ Die Angabe des mittleren Fehlers μ_1 des wahrscheinlichsten Wertes x einer Unbekannten bedeutet eine Wahrscheinlichkeitsaussage über die Abweichung des wahren Wertes X vom berechneten x: „Es ist mit der Wahrscheinlichkeit 0,68 zu erwarten, daß der wahre Wert X innerhalb der Grenzen $x - \mu_1$ und $x + \mu_1$ liegt.“ Dies drückt man durch Beifügung der mittleren Fehlergrenzen zu dem berechneten Wert der Unbekannten in der Schreibweise $x \pm \mu_1$ aus.

Die Sicherheit des Rechenvorganges der Ausgleichung wird durch eine Reihe von Kontrollen überprüft. Alle Rechnungen sind einfachster Art, durch geschickte Wahl von Näherungswerten kann man es wohl immer erreichen, daß die meiste Rechenarbeit sich mit dem Rechenschieber ausführen läßt.

Die nach der Ausgleichung übrigbleibenden Fehler v (2) wird man nach den Kriterien des vorigen Abschnitts auf ihre Zufälligkeit prüfen.

10. Ausgleich direkter, gleich genauer Beobachtungen. n Messungen einer Unbekannten X ergaben die Resultate $l_1, l_2, \ldots, l_n$. Die wahren Fehler dieser Bestimmungen

$$\varepsilon_i = X - l_i \qquad i = 1, 2, \ldots, n$$

bleiben in der Regel unbekannt. Die Ausgleichung liefert nicht den wahren Wert X, sondern den vorteilhaftesten oder wahrscheinlichsten Wert x. Die Abweichungen

$$v_i = x - l_i \tag{4}$$

heißen die scheinbaren Fehler. Aus

$$[vv] = \text{Minimum} \tag{5}$$

wird x bestimmt durch die Minimalbedingung:

$$\frac{d}{dx}[vv] = \frac{d}{dx}[(x - l)^2] = 2[x - l] = 0 = 2[v]. \tag{6}$$

Ausgeschrieben lautet die Minimalbedingung

$$(x - l_1) + (x - l_2) + \ldots (x - l_n) = 0,$$

woraus folgt:

$$x = \frac{[l]}{n}. \tag{7}$$

Der vorteilhafteste Wert der Unbekannten ist das arithmetische Mittel. Es hat zwei wertvolle Eigenschaften: nach (5) erteilt es der Quadratsumme der übrigbleibenden Fehler einen Minimalwert; nach (6) ist die Minimalbedingung auch so zu lesen, daß die Summe der scheinbaren Fehler verschwindet, was als Kontrolle der Berechnung von x dient. Mit dem nach (7) berechneten x gewinnt man aus den Fehlergleichungen (4) die übrigbleibenden Fehler v_i, deren Summe sich als Null oder infolge Abrundung als ein wenig von Null verschiedener Wert ergeben soll.

Der mittlere Fehler einer Messung l_i oder einer Gleichung (4) ist

$$\mu = \pm \sqrt{\frac{[vv]}{n-1}},$$

der des arithmetischen Mittels x ist

$$\mu_x = \frac{\mu}{\sqrt{n}} = \pm\sqrt{\frac{[v\,v]}{n\,(n-1)}}\,.$$

Zur Kontrolle der Berechnung von $[vv]$ dient die aus

$$[v\,v] = n\,x^2 - 2x[l] + [ll]$$

mit $nx = [l]$ abgeleitete Beziehung

$$[v\,v] = [ll] - x[l] = -[lv]\,. \tag{8}$$

Die Berechnung der Fehlerquadrate vv erfolgt am raschesten mit dem Rechenschieber oder mit einer Quadrattafel. Wenn größere Rechengenauigkeit gewünscht ist und das arithmetische Mittel x eine mehrstellige Zahl ist, wird eine direkte Berechnung der $[vv]$ zu langwierig. Man wählt einen nahe x gelegenen runden Näherungswert ξ und bildet

$$l_i - \xi = \lambda_i\,, \qquad x - \xi = \delta\xi\,.$$

Dadurch wird der Nullpunkt der Zählung der l_i und des x um eine Strecke ξ verschoben, und die weitere Rechnung erfolgt mit den kleineren Größen λ_i und $\delta\xi$. Aus

$$v_i = x - l_i = \delta\xi - \lambda_i$$

erhält man wegen $[v] = 0$ durch Summenbildung

$$\delta\xi = \frac{1}{n}[\lambda]\,.$$

Mit Hilfe dieser Gleichung erhält man aus

$$[v\,v] = n\,\delta\xi^2 - 2\delta\xi[\lambda] + [\lambda\lambda]$$

schließlich die für die Berechnung der $[vv]$ bequemste Gleichung:

$$[vv] = -\delta\xi[\lambda] + [\lambda\lambda]\,. \tag{9}$$

Als Kontrolle dient

$$[vv] = -[\lambda v]\,.$$

Wenn aus dem Minimalwert $[vv]$ die mittleren Fehler μ und μ_x berechnet sind, sieht man nach, ob abnorm große Fehler, größer als 2μ oder 3μ, vorkommen, weiter untersucht man die Fehlerverteilung auf ihre Zufälligkeit, indem man die Vorzeichenproben, das Abbesche Kriterium usw. anwendet.

1. Beispiel[1]). Mit der Mohrschen Wage wurde 10mal die Dichte einer Flüssigkeit bestimmt. Die Rechnung ergibt:

Beobachtungen l	v	$v\,v$
0,9345	+3	9
48	0	0
52	−4	16
47	+1	1
48	0	0
44	+4	16
50	−2	4
49	−1	1
46	+2	4
51	−3	9
$x = \frac{[l]}{10} = 0{,}9348$	$[v] = 0$	$[vv] = 60$

[1]) V. Happach, Ausgleichsrechnung (Teubners Technische Leitfäden Bd. 18), S. 12. 1923.

Der mittlere Fehler einer Beobachtung

$$\mu = \pm\sqrt{\frac{60}{9}} = \pm 2{,}58$$

in Einheiten der 4. Dezimalstelle, der mittlere Fehler des Resultats

$$\mu_x = \pm\sqrt{\frac{2{,}58}{10}} = \pm 0{,}8$$

in Einheiten der 4. Dezimalstelle. Der vorteilhafteste oder wahrscheinlichste Wert der Dichte ist

$$x = 0{,}9348 \pm 0{,}00008.$$

Diese Schreibweise bedeutet, es besteht die Wahrscheinlichkeit 0,68 dafür, daß der wahre Wert X der Unbekannten innerhalb der angegebenen mittleren Fehlergrenzen fällt[1]).

Der durchschnittliche Fehler einer Beobachtung ist

$$\vartheta = \frac{[|v|]}{\sqrt{n(n-1)}} = \frac{20}{\sqrt{90}} = 2{,}11$$

in Einheiten der 4. Dezimale. Bei Gaußscher Verteilung der wahren Fehler soll sein

$$\frac{\mu}{\vartheta} = \sqrt{\frac{\pi}{2}} = 1{,}2533\left(1 \pm \frac{0{,}7555}{\sqrt{n}}\right) = 1{,}2533 \pm 0{,}2994.$$

Hier ist $\frac{\mu}{\vartheta} = 1{,}22$, also gute Übereinstimmung, da die Abweichung des Quotienten von 1,25 nur 0,03 ist, während die mittlere Fehlergrenze 0,30 ist.

Zum Kriterium von ABBE braucht man

$$A = [vv] = 60, \qquad B = [(v_i - v_{i+1})^2] = 174.$$

Bei zufälliger Verteilung soll sein:

$$\frac{2A}{B} = 1 \pm \frac{1}{\sqrt{n}}.$$

Hier ist

$$\frac{2A}{B} = 0{,}70.$$

Die Abweichung von 1, nämlich 0,30, liegt noch innerhalb der mittleren Fehlergrenze:

$$\frac{1}{\sqrt{10}} = 0{,}316.$$

Es kann nicht auf Vorhandensein systematischer Fehler geschlossen werden.

Von den Vorzeichen der v sind 4 positiv und 4 negativ, die Vorzeichensumme daher 0, also gleich ihrem wahrscheinlichsten Wert. Die Probe der Vorzeichenfolgen und -wechsel $f - W = 0 \pm \sqrt{n-1} = 0 \pm 3$ gibt $2 - 5 = -3$, die Abweichung ist gleich der mittleren Fehlergrenze, also zulässig.

Der Absolutwert des größten auftretenden Fehlers ist 4, er ist kleiner als $2\mu = 5{,}16$.

---

[1]) Ziff. 5 und 9 dieses Kapitels.

2. Beispiel. In den Jahren 1892 bis 1893 in Wien ausgeführte Messungen der Polhöhe[1]) ergaben:

Beobachtungen l	$x - l = v$	vv
48° 12′ 40,08″	−0,04	0,0016
40,13	− 9	81
40,11	− 7	49
40,12	− 8	64
40,09	− 5	25
40,05	− 1	1
39,94	+ 10	100
39,90	+ 14	196
39,87	+ 17	289
39,98	+ 6	36
40,06	− 2	4
40,05	− 1	1
40,08	− 4	16
40,15	− 11	121
$x = \frac{[l]}{n} = 48° 12' 40{,}04''$ $\pm 0{,}023''$	$[v] = -0{,}05$	$0{,}0999 = [vv]$

Der mittlere Fehler einer Beobachtung ist:

$$\mu = \sqrt{\frac{[vv]}{13}} = \pm 0{,}088''.$$

Der größte vorkommende Fehler ist 0,17, also etwa 2μ, abnorm große Fehler treten nicht auf. Aber die v zeigen nach Vorzeichen und Größe einen ausgesprochen systematischen Gang, sie ordnen sich nach Art einer Sinuswelle.

Die Vorzeichensumme ist −6, sie überschreitet stark die mittlere Abweichung von Null, nämlich $\sqrt{14} = 3{,}74$.

Die Differenz Zeichenfolgen—Wechsel ist $11 - 2 = 9$ statt 0, die mittlere Fehlergrenze $\sqrt{13} = 3{,}61$ wird weit überschritten. Für das Abbesche Kriterium

$$\frac{2A}{B} = 1 \pm \frac{1}{\sqrt{n}} = 1 \pm 0{,}268$$

findet man hier

$$\frac{2A}{B} = \frac{0{,}1998}{0{,}0494} = 4{,}04.$$

Der Wert liegt weit außerhalb der mittleren Grenzen. Alle Kriterien deuten starken systematischen Einfluß an (Polhöhenschwankung), die Abweichungen v haben nicht den Charakter zufälliger Fehler.

11. Ausgleich direkter Beobachtungen von verschiedener Genauigkeit. n Messungsergebnisse $l_1, l_2, \ldots, l_n$ einer Unbekannten X seien von ungleicher Genauigkeit, und es kommen ihnen die Gewichte $p_1, p_2, \ldots, p_n$ zu. Der wahrscheinlichste oder vorteilhafteste Wert von X ist das verallgemeinerte oder ponderierte arithmetische Mittel der l:

$$x = \frac{[pl]}{[p]}. \tag{10}$$

Denkt man sich in den Punkten l_i der X-Achse die Massen p_i, so ist x die Abszisse des Schwerpunktes.

[1]) R. v. Sterneck, Astron. Nachr. Bd. 135, S. 33. 1894; Th. Albrecht, Bericht über den Stand der Erforschung der Breitenvariation im Dezember 1897, S. 21. Berlin 1898 (Zentralbüro der internationalen Erdmessung). Die angegebenen Zahlen sind Monatsmittel, können aber als gleich genau gelten.

Nach der Definition des Gewichtes ist eine Beobachtung vom Gewicht p gleichwertig mit p gleich genauen Einzelbeobachtungen vom Gewicht 1. An Stelle der Beobachtung l_i vom Gewicht p_i kann man den Mittelwert von p_i Beobachtungen $l^{(i)}$ setzen, also:

$$l_i = \frac{[l^{(i)}]}{p_i}. \tag{11}$$

Der gesuchte Mittelwert x der l_i ist:

$$x = \frac{l_1^{(1)} + l_2^{(1)} + \dots l_{p_1}^{(1)} + l_1^{(2)} + l_2^{(2)} + \dots l_{p_2}^{(2)} + \dots l_1^{(n)} + l_2^{(n)} + \dots l_{p_n}^{(n)}}{p_1 + p_2 + \dots p_n}.$$

Durch Zusammenfassung der Elementarbeobachtungen nach (11) geht diese Formel in (10) über.

Ist μ der mittlere Fehler einer Beobachtung vom Gewicht 1, so ist, da dem Mittel von m Beobachtungen vom Gewicht 1 der mittlere Fehler $\frac{\mu}{\sqrt{m}}$ entspricht, der mittlere Fehler von l_i

$$\mu_i = \frac{\mu}{\sqrt{p_i}} \tag{12}$$

oder

$$p_i = \frac{\mu^2}{\mu_i^2} \tag{13}$$

und

$$p_i : p_k = \mu_k^2 : \mu_i^2. \tag{13'}$$

Das arithmetische Mittel x hat das Gewicht $[p]$, daher ist sein mittlerer Fehler

$$\mu_x = \frac{\mu}{\sqrt{[p]}}, \tag{14}$$

wofür man nach (13) auch schreiben kann:

$$\mu_x = \frac{1}{\sqrt{\left[\frac{1}{\mu\mu}\right]}}.$$

Die Gewichte sind Verhältniszahlen, von denen eine willkürlich wählbar ist, die anderen folgen aus (13'). Man wählt passend den mittleren Fehler der Gewichtseinheit, entweder als eine runde Zahl nahe den μ_i, oder man wählt eines der μ_i, z. B. μ_α als mittleren Fehler der Gewichtseinheit; die zugehörige Messung l_α hat das Gewicht 1, die übrigen Gewichte berechnet man nach (13)[1]) Sind die l_i Mittelwerte aus gleich genauen Einzelmessungen verschiedener Anzahl, dann wählt man die Gewichte auch proportional der Zahl der Beobachtungen, aus welchen die l_i gebildet wurden. Die Abweichungen der Beobachtungen l vom Mittelwert x liefern die „Fehlergleichungen"

$$x - l_i = v_i. \tag{15}$$

Diese sind nicht gleichwertig. Wird jede Gleichung mit dem zugehörigen $\sqrt{p_i}$ multipliziert, so erhält man ein System von Fehlergleichungen, welche alle das gleiche Gewicht haben[2]). Mit den $\sqrt{p_i}\,v_i$ verfährt man wie mit den v_i bei direkten Beobachtungen gleicher Genauigkeit. An Stelle von $[vv]$ = Min. ist hier

$$[pvv] = \text{Minimum}. \tag{16}$$

[1]) Die Berechnung der Gewichte nach (13) auf dem Rechenschieber findet man in RUNGE-KÖNIG, Vorlesungen über numerisches Rechnen. S. 51.

[2]) Folgt der Fehler v_i einem Gaußschen Gesetz vom Präzisionsmaß h_i, so folgen die Fehler $h_i v_i = v_i'$, $h_k v_k = v_k' \dots$ alle einem und demselben Gesetz vom Präzisionsmaß 1 und verhalten sich wie Fehler gleich genauer direkter Beobachtungen. Da sich die Präzisionsmaße wie die Wurzeln der Gewichte verhalten, kann $\sqrt{p_i}\,v_i$ an Stelle von $h_i v_i$ treten.

Durch Differenzieren nach x, wobei die v nach (15) ersetzt wurden, erhält man die Minimalbedingung

$$[pv] = [p]x - [pl] = 0,$$

woraus Gleichung (10) für x folgt. Statt $[v] = 0$ dient hier als Kontrolle die Bedingung

$$[pv] = 0. \tag{17}$$

Einführung des Mittelwertes x in die Fehlergleichungen (15) liefert die „nach der Ausgleichung übrigbleibenden Fehler v“. Aus ihnen berechnet man den Minimalwert $[pvv]$ und hieraus die mittleren Fehler nach der Ausgleichung.

Der mittlere Fehler einer Beobachtung vom Gewicht 1 nach der Ausgleichung ist

$$\bar{\mu} = \sqrt{\frac{[pvv]}{n-1}}\left(1 \pm \frac{0 \cdot 7071}{\sqrt{n-1}}\right)^{1)}. \tag{18}$$

Der mittlere Fehler der Beobachtung l_i nach der Ausgleichung ist

$$\bar{\mu}_i = \frac{\bar{\mu}}{\sqrt{p_i}} = \sqrt{\frac{[pvv]}{p_i(n-1)}}\left(1 \pm \frac{0 \cdot 7071}{\sqrt{n-1}}\right) \tag{19}$$

und der des Mittelwerts x nach der Ausgleichung ist

$$\bar{\mu}_x = \frac{\bar{\mu}}{\sqrt{[p]}} = \sqrt{\frac{[pvv]}{[p](n-1)}}\left(1 \pm \frac{0 \cdot 7071}{\sqrt{n-1}}\right). \tag{20}$$

Der mittlere Fehler des arithmetischen Mittels vor der Ausgleichung (14) ist aus den mittleren Fehlern gerechnet, der nach der Ausgleichung (20) aus den wirklichen Abweichungen. Beide Werte werden nicht völlig übereinstimmen. Eine stärkere Abweichung der μ_i von den $\bar{\mu}_i$ nach der Ausgleichung deutet das Vorhandensein systematischer oder grober Fehler an.

Die Berechnung des durchschnittlichen Fehlers der Gewichtseinheit

$$\vartheta = \frac{[|\sqrt{p}\, v|]}{\sqrt{n(n-1)}} \tag{21}$$

ist hier weniger verläßlich[2]) als bei gleich genauen direkten Beobachtungen, ebenso die Gleichung $\bar{\mu} = 1{,}2533\ldots\vartheta$. Als Kontrolle der Berechnung des Minimalwerts $[pvv]$ dient die Bestimmung aus den l:

$$[pvv] = [pll] - x[pl] = -[pvl]. \tag{22}$$

Durch Einführung eines runden Näherungswertes ξ von x kann man die ganze Rechnung vereinfachen. Man setzt

$$x - \xi = \delta\xi \quad \text{und} \quad l_i - \xi = \lambda_i.$$

Es wird

$$v_i = x - l_i = \delta\xi - \lambda_i,$$

die Minimalbedingung $[pv] = 0$ wird zu

$$[p]\delta\xi - [p\lambda] = 0,$$

woraus man die Verbesserung $\delta\xi$ gewinnt, schließlich erhält man

$$[pvv] = -[p\lambda]\delta\xi + [p\lambda\lambda]. \tag{23}$$

Die Genauigkeit des Rechenschiebers wird hier meist ausreichen.

---

[1]) Ziff. 4, Formel (13′) dieses Kap. [2]) Ziff. 15 dieses Kap.

Die Bildung des verallgemeinerten arithmetischen Mittels dient zur Gewinnung eines Endresultats, wenn für eine Größe mehrere Messungsreihen ungleicher Genauigkeit, z. B. nach verschiedenen Methoden ausgeführt wurden.

Beispiel. Aus 4 Messungsreihen erhielt man folgende Werte der Dichte einer Substanz (die mittleren Fehler sind in Einheiten der letzten Dezimalstelle angegeben, in dieser Einheit nimmt man auch die λ und v):

$$5{,}815 \pm 3{,}5\,,$$
$$5{,}820 \pm 4{,}5\,,$$
$$5{,}818 \pm 2{,}0\,,$$
$$5{,}814 \pm 3{,}0\,.$$

Wir erteilen dem zweiten Ergebnis das Gewicht 1, der mittlere Fehler der Gewichtseinheit vor der Ausgleichung ist $\mu = 4{,}5$, und nach (13) sind die Gewichte

$$p_1 = \frac{20{,}25}{12{,}25} = 1{,}65\,, \qquad p_2 = 1\,, \qquad p_3 = 5{,}06\,, \qquad p_4 = 2{,}25\,,$$

ferner ist $[p] = 9{,}96$.

Als Näherungswert des arithmetischen Mittels x wählen wir $\xi = 5{,}817$ und erhalten:

$l-\xi=\lambda$	$p\lambda$	$p\lambda\lambda$
-2	$-3{,}30$	$6{,}60$
$+3$	$+3{,}00$	$9{,}00$
$+1$	$+5{,}06$	$5{,}06$
-3	$-6{,}75$	$20{,}25$
	$[p\lambda] = -1{,}99$	$40{,}91 = [p\lambda\lambda]$

v	pv	pvv
$+1{,}8$	$+2{,}97$	$5{,}35$
$-3{,}2$	$-3{,}20$	$10{,}24$
$-1{,}2$	$-6{,}08$	$7{,}30$
$+2{,}8$	$+6{,}30$	$17{,}64$
	$[pv] = -0{,}01$	$40{,}53 = [pvv]$

Die Verbesserung von ξ ist

$$\delta\xi = \frac{[p\lambda]}{[p]} = \frac{-1{,}99}{9{,}96} = -0{,}2 \cdot 10^{-3}$$

und $x = 5{,}8168$. Damit findet man die

$$v_i = x - l_i = \delta\xi - \lambda_i\,,$$

bildet die Probe $[pv] = -0{,}01$ und erhält $[pvv] = 40{,}53$, welchen Wert man überprüft mit

$$[pvv] = -[p\lambda]\,\delta\xi + [p\lambda\lambda]$$
$$= -0{,}40 + 40{,}86 = 40{,}51\,.$$

Der mittlere Fehler der Gewichtseinheit nach der Ausgleichung ist

$$\bar{\mu} = \sqrt{\frac{[pvv]}{n-1}} = \sqrt{\frac{40{,}53}{3}} = 3{,}67 \cdot 10^{-3},$$

vor der Ausgleichung war $\mu = 4{,}5 \cdot 10^{-3}$.

Der mittlere Fehler des arithmetischen Mittels ist

$$\text{vor der Ausgleichung} \quad \mu_x = \frac{\mu}{\sqrt{[p]}} = \frac{4{,}5 \cdot 10^{-3}}{3{,}16} = 1{,}4 \cdot 10^{-3},$$

$$\text{nach der Ausgleichung} \quad \bar{\mu}_x = \frac{\bar{\mu}}{\sqrt{[p]}} = \frac{3{,}67 \cdot 10^{-3}}{3{,}16} = 1{,}2 \cdot 10^{-3}\,.$$

Der Unterschied der μ vor und nach der Ausgleichung ist nicht so groß, daß mit Sicherheit auf das Vorhandensein systematischer Einflüsse geschlossen werden könnte. Der mittlere Fehler des $\bar{\mu}_x$ (20) ist in diesem Beispiel schon $\pm 0{,}5 \cdot 10^{-3}$. Es wären noch viel größere Abweichungen von μ_x und $\bar{\mu}_x$ durch Zufall möglich. Der durchschnittliche Fehler der Gewichtseinheit ist nach (21):

$$\vartheta = \frac{12 \cdot 41}{\sqrt{12}} \cdot 10^{-3} = 3{,}54 \cdot 10^{-3}.$$

Das Kriterium

$$\frac{\bar{\mu}}{\vartheta} = 1{,}2533\left(1 \pm \frac{0{,}7555}{\sqrt{n}}\right)$$

ist weniger verläßlich, aus den oben berechneten μ und ϑ ergibt sich:

$$\frac{\bar{\mu}}{\vartheta} = \frac{3{,}67}{3{,}54} = 1{,}04\,.$$

Die mittlere Fehlergrenze des Quotienten ist für $n = 4$ gleich 0,473, die Abweichung des Wertes 1,04 von 1,2533 ist noch zulässig. Zu weiteren Untersuchungen über die Zufälligkeit der Fehlerverteilung ist die Anzahl der Beobachtungen zu klein.

12. Fehlerfortpflanzungsgesetz von Gauss. Die Messungsergebnisse mehrerer voneinander unabhängiger Größen $x_1, x_2, x_3 \ldots$ sind mit den mittleren Fehlern $\mu_1, \mu_2, \mu_3 \ldots$ behaftet, die als klein vorausgesetzt werden. Ein mit diesen Größen berechneter Funktionswert $f(x_1, x_2, x_3 \ldots)$ hat den mittleren Fehler:

$$M = \pm\sqrt{\left(\frac{\partial f}{\partial x_1}\mu_1\right)^2 + \left(\frac{\partial f}{\partial x_2}\mu_2\right)^2 + \left(\frac{\partial f}{\partial x_3}\mu_3\right)^2 + \cdots} \tag{24}$$

Ist μ der mittlere Fehler der Gewichtseinheit, so ist das Gewicht

$$\text{von } x_1\colon\ p_1 = \frac{\mu^2}{\mu_1^2}, \qquad \text{von } x_2\colon\ p_2 = \frac{\mu^2}{\mu_2^2} \ldots$$

und das des Funktionswertes

$$P = \frac{\mu^2}{M^2}$$

oder mit Rücksicht auf (24)

$$\frac{1}{P} = \frac{1}{p_1}\left(\frac{\partial f}{\partial x_1}\right)^2 + \frac{1}{p_2}\left(\frac{\partial f}{\partial x_2}\right)^2 + \frac{1}{p_3}\left(\frac{\partial f}{\partial x_3}\right)^2 + \cdots$$

Einige Spezialfälle der Gleichung (24) treten häufig auf. Der mittlere Fehler der Summe $x_1 + x_2$ ist

$$M = \sqrt{\mu_1^2 + \mu_2^2}\,,$$

aber auch der mittlere Fehler der Differenz $x_1 - x_2$ ist

$$M = \sqrt{\mu_1^2 + \mu_2^2}\,.$$

Wenn alle mittleren Fehler gleich sind

$$\mu_1 = \mu_2 = \mu_3 = \cdots = \mu$$

und alle Ableitungen

$$\frac{\partial f}{\partial x_1} = \frac{\partial f}{\partial x_2} = \cdots = 1\,,$$

dann wird

$$M = \mu\sqrt{n}\,,$$

wo n die Anzahl der Größen $x_1, x_2, x_3 \ldots$ ist.

Die letzte Formel heißt Quadratwurzelgesetz. Eine Strecke wurde durch n-maliges Auflegen eines Maßstabs gemessen. Ist μ der mittlere Fehler einer Lage und Ablesung, so ist der mittlere Fehler der ganzen Streckenmessung $\mu\sqrt{n}$.

Der mittlere Fehler von $a x_1$ ist $M = a\mu_1$.

Der mittlere Fehler des Produktes $x_1 x_2$ ist

$$M = \sqrt{x_2^2\mu_1^2 + x_1^2\mu_2^2} = x_1 x_2\sqrt{\left(\frac{\mu_1}{x_1}\right)^2 + \left(\frac{\mu_2}{x_2}\right)^2}. \tag{25}$$

$\frac{\mu_1}{x_1}$ heißt der mittlere relative Fehler von x_1, $\frac{100\,\mu_1}{x_1}$ ist der mittlere prozentuale Fehler. Schreibt man die Gleichung für den mittleren Fehler des Produkts in relativen Fehlern, so ist sie

$$\frac{M}{x_1 x_2} = \pm\sqrt{\left(\frac{\mu_1}{x_1}\right)^2 + \left(\frac{\mu_2}{x_2}\right)^2}. \tag{25'}$$

Der mittlere Fehler des Quotienten $\frac{x_1 x_2}{x_3}$ ist

$$M = \pm\sqrt{\left(\frac{x_2}{x_3}\mu_1\right)^2 + \left(\frac{x_1}{x_3}\mu_2\right)^2 + \left(\frac{x_1 x_2}{x_3^2}\mu_3\right)^2}$$

und der relative

$$\frac{M}{\frac{x_1 x_2}{x_3}} = \pm\sqrt{\left(\frac{\mu_1}{x_1}\right)^2 + \left(\frac{\mu_2}{x_2}\right)^2 + \left(\frac{\mu_3}{x_3}\right)^2}.$$

Die mittleren relativen Fehler folgen bei Produkt und Quotient demselben Gesetz wie die mittleren Fehler für eine Summe oder Differenz. Man kann dies in logarithmischer Form ersichtlich machen, aus $f = x_1 x_2$ folgt nach logarithmischem Differenzieren die mit (25′) identische Formel:

$$\frac{d\log f}{df}\cdot M = \pm\sqrt{\left(\frac{d\log x_1}{dx_1}\mu_1\right)^2 + \left(\frac{d\log x_2}{dx_2}\mu_2\right)^2}. \tag{25''}$$

Man benützt oft diese Formel, ersetzt aber die Differentialquotienten durch die Differenzenquotienten $\frac{\Delta\log x_1}{\Delta x_1}$ usw.; der Zähler ist die Differenz der Mantissen bei Änderung um eine Einheit der letzten Stelle des Arguments; der Nenner ist eine Einheit der letzten Argumentstelle. Winkel müssen im Bogenmaß genommen werden, es ist α° durch $\frac{\alpha^\circ\pi}{180}$ zu ersetzen.

Beispiel. Das Gewicht eines Körpers wurde gemessen zu $G = 16{,}364\,\mathrm{g} \pm 7\,\mathrm{mg}$, sein Volumen zu $V = 3{,}219\,\mathrm{cm}^3 \pm 5\,\mathrm{mm}^3$; es soll die Dichte und ihr mittlerer Fehler berechnet werden. Man erhält $d = \frac{G}{V} = 5{,}084$ und ihren mittleren Fehler:

$$M = \frac{G}{V}\sqrt{\frac{m_1^2}{G^2} + \frac{m_2^2}{V^2}} = 5{,}084\sqrt{0{,}18 + 2{,}41}\cdot 10^{-3} = \pm 8{,}2\cdot 10^{-3}.$$

Bei Rechnung nach (25″) entnimmt man einer 6stelligen Tafel die Änderung des Logarithmus für eine Einheit der letzten Stelle des Arguments bei G zu 2,7, bei V zu 13,5 und bei $\frac{G}{V}$ zu 8,5, daher:

$$M = \frac{1}{8{,}5}\cdot 10^{-3}\sqrt{2{,}7^2\cdot 7^2 + 13{,}5^2\cdot 5^2} = 8{,}2\cdot 10^{-3}.$$

13. Ausgleich vermittelnder Beobachtungen. Problemstellung. Zwischen den Unbekannten $X, Y, Z \ldots$ und Beobachtungsgrößen l_i bestehen die Beziehungen $f_i(X, Y, Z \ldots) - l_i = \varepsilon_i$. Statt der wahren Werte $X, Y, Z \ldots$ gewinnt man durch Ausgleich die plausibelsten Werte $x, y, z \ldots$, welche mit den Beobachtungswerten l_i und den scheinbaren Fehlern v_i durch die Fehlergleichungen verbunden sind:

$$f_i(x, y, z \ldots) - l_i = v_i, \quad i = 1, 2, \ldots, n. \tag{26}$$

Der Index i bei f drückt aus, daß in f Parameter stecken, welche sich von Beobachtung zu Beobachtung ändern (z. B. Temperatur, Druck usw.). Die Anzahl m

der Unbekannten $x, y, z \dots$ muß kleiner sein als die der Beobachtungen n, damit ein Ausgleichsproblem vorliegt. Die Berechnung der vorteilhaftesten Werte der Unbekannten ist nur möglich, wenn

1. alle Gleichungen (26) in den $x, y, z \dots$ linear sind,
2. wenn bei nicht linearer Form der f_i solche Näherungswerte der $x, y, z \dots$ bekannt sind, daß man die Taylorsche Entwicklung der f nach den ersten Potenzen der Verbesserungen abbrechen kann, so daß die Verbesserungen aus linearen Gleichungen zu berechnen sind. Solche Näherungswerte kann man sich immer verschaffen, z. B. indem man in m der Fehlergleichungen die v rechts Null setzt und die Gleichungen streng auflöst. Die m Gleichungen wählt man zwecks scharfer Bestimmung der Näherungswerte so aus, daß die Koeffizienten und Parameter der f möglichst verschieden sind.

14. Lineare Fehlergleichungen. Schema für zwei und drei Unbekannte. Zwischen den vorteilhaftesten oder wahrscheinlichsten Werten x, y, z der Unbekannten X, Y, Z und den Beobachtungsgrößen l_i bestehen die Fehlergleichungen

$$\left.\begin{array}{l} a_1 x + b_1 y + c_1 z + \cdots - l_1 = v_1, \\ a_2 x + b_2 y + c_2 z + \cdots - l_2 = v_2, \\ \dots\dots\dots\dots\dots\dots\dots \\ a_n x + b_n y + c_n z + \cdots - l_n = v_n. \end{array}\right\} \tag{27}$$

Das Ausgleichsprinzip $[vv] =$ Minimum verlangt die Minimalbedingungen:

$$\frac{\partial[vv]}{\partial x} = 0, \qquad \frac{\partial[vv]}{\partial y} = 0, \qquad \frac{\partial[vv]}{\partial z} = 0 \dots \tag{28}$$

Hier führt man für die v die linken Seiten der Gleichungen (27) ein. Die erste der Bedingungen (28) wird

$$a_1(a_1 x + b_1 y + c_1 z + \cdots - l_1) + a_2(a_2 x + b_2 y + c_2 z + \cdots - l_2) + \cdots \\ + a_n(a_n x + b_n y + c_n t + \cdots - l_n) = 0 = [av].$$

Durch Zusammenziehung erhält man aus dieser Gleichung und den analog aus den übrigen Gleichungen (28) gebildeten das System der m Normalgleichungen

$$\left.\begin{array}{l} [aa]x + [ab]y + [ac]z + \cdots - [al] = 0, \\ [ab]x + [bb]y + [bc]z + \cdots - [bl] = 0, \\ [ac]x + [bc]y + [cc]z + \cdots - [cl] = 0, \\ \dots\dots\dots\dots\dots\dots\dots\dots \end{array}\right\} \tag{29}$$

Dazu nimmt man noch eine ganz gleich gebaute Gleichung für den Minimalwert $[vv]$, die als Rechenkontrolle dient:

$$-[al]x - [bl]y - [cl]z + \cdots + [ll] = [vv]. \tag{30}$$

Die Gleichungen (29) sind m lineare Gleichungen für die m Unbekannten $x, y, z, \dots$ Man löst sie nach dem Gaußschen Algorithmus oder mittels Determinanten auf und gewinnt außer den plausibelsten Werten der Unbekannten auch ihre Gewichte. Die Einführung der so berechneten $x, y, z, \dots$ in die Fehlergleichungen (27) liefert das System der übrigbleibenden Fehler v, die man auf ihre Zufälligkeit untersucht. Ihre Quadratsumme muß mit dem aus (30) berechneten Wert übereinstimmen. Weitere Kontrollen geben die Normalgleichungen (29) in der Form

$$[av] = 0, \quad [bv] = 0, \quad [cv] = 0, \quad \dots,$$

die von den übrigbleibenden Fehlern erfüllt werden müssen. Ähnlich läßt sich Gleichung (30) in der Form schreiben:

$$[vv] = -[lv].$$

Aus den nach dem Ausgleich sich aus (27) ergebenden v berechnet man den „mittleren Fehler einer Gleichung"[1]):

$$\mu = \pm\sqrt{\frac{[vv]}{n-m}}. \tag{31}$$

Da für m Unbekannte n Gleichungen vorliegen, ist die im Nenner stehende Zahl $n - m$ die Anzahl der überschüssigen Gleichungen oder Beobachtungen. Ergab die Rechnung für die Gewichte der Unbekannten $x, y, z, \ldots$ die Werte p_1, p_2, $p_3, \ldots$, so sind die mittleren Fehler der Unbekannten:

$$\mu_1 = \frac{\mu}{\sqrt{p_1}} = \sqrt{\frac{[vv]}{(n-m)\,p_1}}, \qquad \mu_2 = \frac{\mu}{\sqrt{p_2}}, \qquad \mu_3 = \frac{\mu}{\sqrt{p_3}}, \quad \ldots \tag{32}$$

Die Normalgleichungen kann man nach irgendeiner für lineare Gleichungen üblichen Methode auflösen. Da aber die Gewichte der Unbekannten ebenfalls bestimmt werden müssen, wird man nur die Methoden benützen, welche ohne weiteren Rechenaufwand auch die Gewichte ergeben. Um letztere richtig zu erhalten, darf an keiner Normalgleichung eine Änderung, z. B. Kürzung, vorgenommen werden. Die gebräuchlichste Auflösung ist die von GAUSS angegebene. Da die Gleichungen symmetrisch sind, führt auch die gewöhnliche Determinantenmethode ebenso rasch zum Ziel.

Bezeichnet man die Determinante der Koeffizienten der Unbekannten der Normalgleichungen mit D, ihre zum Element $[aa]$ gehörige Unterdeterminante mit A_{aa}, die von $[ab]$ mit $A_{ab} = A_{ba}$, so erhält man die Werte der Unbekannten aus:

$$\begin{aligned} Dx &= A_{aa}[al] - A_{ba}[bl] + A_{ca}[cl] - \cdots, \\ Dy &= -A_{ab}[al] + A_{bb}[bl] - A_{cb}[cl] + \cdots, \\ Dz &= A_{ac}[al] - A_{bc}[bl] + A_{cc}[cl] - \cdots \end{aligned}$$

Die Gewichte p_1 von x, p_2 von y, p_3 von $z, \ldots$ erhält man aus:

$$\frac{1}{p_1} = \frac{A_{aa}}{D}, \qquad \frac{1}{p_2} = \frac{A_{bb}}{D}, \qquad \frac{1}{p_3} = \frac{A_{cc}}{D}, \quad \ldots$$

Die Methode von GAUSS werde zuerst für zwei Unbekannte besprochen. Die zwei Normalgleichungen und die ähnlich gebaute für $[vv]$ werden aus den Fehlergleichungen $a_i x + b_i y - l_i = v_i$ gebildet:

$$\left.\begin{aligned} [aa]x + [ab]y - [al] &= 0, \\ [ab]x + [bb]y - [bl] &= 0, \\ -[al]x - [bl]y + [ll] &= [vv]. \end{aligned}\right\} \tag{33}$$

Die zur Gewinnung von y notwendige Elimination von x geschieht nach GAUSS, indem die mit $-\frac{[ab]}{[aa]}$ multiplizierte erste Gleichung zur unveränderten zweiten addiert wird, ferner die mit $+\frac{[al]}{[aa]}$ multiplizierte erste zur dritten Gleichung. Man erhält:

$$\left.\begin{aligned} \left([bb] - \frac{[ab][ab]}{[aa]}\right)y - \left([bl] - \frac{[al][ab]}{[aa]}\right) &= 0, \\ -\left([bl] - \frac{[ab][al]}{[aa]}\right)y + \left([ll] - \frac{[al][al]}{[aa]}\right) &= [vv]. \end{aligned}\right\} \tag{34}$$

[1]) Da die l gleich genau sind, also gleiches Gewicht haben, für welches man passend 1 wählt, ist μ auch der mittlere Fehler der Gewichtseinheit.

Der Koeffizient von y in der ersten der zwei Gleichungen (34) ist schon das Gewicht p_2 von y. GAUSS führt für die in (34) auftretenden Klammerausdrücke neue Symbole ein und schreibt die zwei Gleichungen (34) in der Form:

$$\left.\begin{array}{r} [bb1]\,y - [bl1] = 0\,, \\ -[bl1]\,y + [ll1] = [vv]\,. \end{array}\right\} \tag{34'}$$

Das Bildungsgesetz der Symbole ist leicht zu erkennen, die Ziff. 1 kennzeichnet sie als die Ergebnisse der ersten Reduktion. Die Gleichungen (34′) sind symmetrisch wie die Normalgleichungen; die Anzahl der Unbekannten ist um eine geringer geworden.

Aus der ersten der Gleichungen (34′) gewinnt man y, das Gewicht p_2 von y ist sein letzter Koeffizient:

$$p_2 = [bb1] = [bb] - \frac{[ab]^2}{[aa]}\,.$$

Einführung des Wertes von y in die zweite der Gleichungen (34′) ergibt den Minimalwert $[vv]$. Diesen wird man zur Kontrolle nach Berechnung jeder Unbekannten bestimmen. Elimination von y aus den zwei Gleichungen (34′) gibt

$$[ll2] = [ll1] - \frac{[bl1]\,[bl1]}{[bb1]} = [vv] \tag{35}$$

direkt aus den Koeffizienten der Normalgleichungen.

y wird aus den Normalgleichungen (33) eliminiert, indem die mit $-\frac{[ab]}{[bb]}$ multiplizierte zweite Gleichung zur ersten addiert wird, ferner die mit $\frac{[bl]}{[bb]}$ multiplizierte zweite zur dritten

$$\left.\begin{array}{r} \left([aa] - \dfrac{[ab][ab]}{[bb]}\right)x - \left([al] - \dfrac{[bl][ab]}{[bb]}\right) = 0\,, \\ -\left([al] - \dfrac{[ab][bl]}{[bb]}\right)x + \left([ll] - \dfrac{[bl][bl]}{[bb]}\right) = [vv]\,, \end{array}\right\} \tag{36}$$

oder in der Symbolik von GAUSS

$$\left.\begin{array}{r} [aa1]\,x - [al1] = 0\,, \\ -[al1]\,x + [ll1] = [vv]\,. \end{array}\right\} \tag{36'}$$

Der Koeffizient von x in der ersten Gleichung

$$[aa1] = [aa] - \frac{[ab]^2}{[bb]} = p_1$$

ist schon das Gewicht p_1 von x. Die Einführung des aus der ersten Gleichung berechneten x in die zweite oder die Elimination von x aus den Gleichungen (36′) gibt $[vv]$, welcher Wert mit dem aus (34) oder (35) gleich sein muß bis auf Abrundungsfehler der letzten Stelle. Da jetzt x und y bekannt sind, werden die nach der Ausgleichung übrig bleibenden Fehler $a_i x - b_i y - l_i = v_i$ berechnet, ihre Verteilung untersucht, $[vv]$ gebildet, welches mit den aus (34′), (35) und (36′) erhaltenen übereinstimmen soll, schließlich mit $[vv]$ aus der dritten der Normalgleichungen (33).

Diese $[vv]$-Proben kontrollieren die ganze Rechnung. Es ist empfehlenswert, schon die Aufstellung der Normalgleichungen mittels der Summenproben zu kontrollieren. Man bildet in jeder Fehlergleichung die Summe der Koeffizienten

$$a_i + b_i - l_i = s_i$$

und weiter $[as]$, $[bs]$, $[ls]$. Die Koeffizienten jeder Normalgleichung (33) werden kontrolliert durch

$$\begin{array}{rcl} [aa] + [ab] - [al] &=& [as]\,, \\ [ab] + [bb] - [bl] &=& [bs]\,, \\ -[al] - [bl] + [ll] &=& -[ls]\,, \\ \hline [as] + [bs] - [ls] &=& [ss]\,. \end{array}$$

Man bildet die Vertikalsummen und erhält für sie die letzte Gleichung; $[ss]$ wird so zweimal erhalten, welche Werte übereinstimmen müssen, wenn bei Bildung der Normalgleichungen kein Fehler unterlief. Für die Berechnung der Produkte und Summen zur Aufstellung der Normalgleichungen und die Summenproben bedient man sich eines passenden Schemas. Die Quadrate und Produkte entnimmt man Tafeln. Auch die Produkte kann man mit einer Quadrattafel bilden, gemäß

$$ab = \tfrac{1}{2}\{(a+b)^2 - a^2 - b^2\} \quad \text{und} \quad [ab] = \tfrac{1}{2}\{[(a+b)(a+b)] - [aa] - [bb]\}.$$

Der mittlere Fehler der Gewichtseinheit (31) oder einer Gleichung ist

$$\mu = \sqrt{\frac{[vv]}{n-2}}\,,$$

die von x und y sind

$$\mu_1 = \frac{\mu}{\sqrt{p_1}}\,, \qquad \mu_2 = \frac{\mu}{\sqrt{p_2}}\,.$$

Die ganze Rechnung wird durch Einführung von Näherungswerten ξ, η für x und y sehr abgekürzt; man bildet die Normalgleichungen für die Verbesserungen $\delta\xi$ und $\delta\eta$ der Näherungswerte, wobei man die Koeffizienten $[aa]$, $[ab]$ usw. nur von geringer Stellenzahl braucht, so daß die Genauigkeit des Rechenschiebers ausreicht. Man setzt

$$x = \xi + \delta\xi\,, \qquad y = \eta + \delta\eta\,, \qquad a_i\xi + b_i\eta - l_i = -\lambda_i$$

und erhält die Fehlergleichungen in der Form

$$a_i\,\delta\xi + b_i\,\delta\eta - \lambda_i = v_i\,.$$

Aus ihnen bildet man die Normalgleichungen usw., wie oben besprochen.

Bei drei Unbekannten bildet man aus den Fehlergleichungen

$$a_i x + b_i y + c_i z + l_i = v_i \tag{37}$$

die drei Normalgleichungen und die Gleichung für $[vv]$:

$$\left.\begin{array}{rcl} [aa]x + [ab]y + [ac]z - [al] &=& 0\,, \\ [ab]x + [bb]y + [bc]z - [bl] &=& 0\,, \\ [ac]x + [bc]y + [cc]z - [cl] &=& 0\,, \\ -[al]x - [bl]y - [cl]z + [ll] &=& [vv]\,. \end{array}\right\} \tag{38}$$

Zur Elimination von x addiert man die mit $-\frac{[ab]}{[aa]}$ multiplizierte erste Gleichung zur zweiten, ferner die mit $-\frac{[ac]}{[aa]}$ multiplizierte erste zur dritten, endlich die mit $\frac{[al]}{[aa]}$ multiplizierte erste zur vierten und erhält:

$$\left([bb] - \frac{[ab]}{[aa]}[ab]\right)y + \left([bc] - \frac{[ab]}{[aa]}[ac]\right)z - \left([bl] - \frac{[ab]}{[aa]}[al]\right) = 0\,,$$

$$\left([bc] - \frac{[ac]}{[aa]}[ab]\right)y + \left([cc] - \frac{[ac]}{[aa]}[ac]\right)z - \left([cl] - \frac{[ac]}{[aa]}[al]\right) = 0\,,$$

$$-\left([bl] - \frac{[al]}{[aa]}[ab]\right)y - \left([cl] - \frac{[al]}{[aa]}[ac]\right)z + \left([ll] - \frac{[al]}{[aa]}[al]\right) = 0\,.$$

Mit Einführung des Symbols

$$[ik1] = [ik] - \frac{[ai]}{[aa]}[ak] \qquad \begin{matrix} i = b, c, l, \\ k = b, c, l, \end{matrix}$$

erhält man Gleichungen, welche ganz die Form der Normalgleichungen für zwei Unbekannte haben

$$\begin{aligned} [bb1]y + [bc1]z - [bl1] &= 0, \\ [bc1]y + [cc1]z - [cl1] &= 0, \\ -[bl1]y - [cl1]z + [ll1] &= [vv], \end{aligned}$$

die man nach der Gaußschen Methode weiter auflöst. Die Elimination von y liefert

$$\left([cc1] - \frac{[bc1]}{[bb1]}[bc1]\right)z - \left([cl1] - \frac{[bc1]}{[bb1]}[bl1]\right) = 0,$$

$$-\left([cl1] - \frac{[bl1]}{[bb1]}[bc1]\right)z + \left([ll1] - \frac{[bl1]}{[bb1]}[bl1]\right) = [vv]$$

oder mit Einführung der Gaußschen Symbole für die runden Klammern

$$[ik2] = [ik1] - \frac{[bi1]}{[bb1]}[bk1], \qquad \begin{matrix} i = c, l, \\ k = c, l. \end{matrix}$$

$$\begin{aligned} [cc2]z - [cl2] &= 0, \\ -[cl2]z + [ll2] &= [vv]. \end{aligned}$$

Elimination von z gibt

$$[ll3] = [ll2] - \frac{[cl2]^2}{[cc2]} = [vv]$$

zur Kontrolle. Der Koeffizient von z in der ersten Gleichung ist das Gewicht von z

$$p_3 = [cc2] = [cc1] - \frac{[bc1]^2}{[bb1]}.$$

Indem man ebenso eine andere Unbekannte an den Schluß stellt, erhält man sie und ihr Gewicht. Diese Werte von x, y, z setzt man in die Gleichungen (37) ein und bekommt die übrigbleibenden Fehler v_i, deren Verteilung man untersucht. Aus $[vv]$ erhält man den mittleren Fehler der Gewichtseinheit oder einer Gleichung

$$\mu = \sqrt{\frac{[vv]}{n-m}} = \sqrt{\frac{[vv]}{n-3}}$$

und die der Unbekannten x, y, z:

$$\mu_1 = \frac{\mu}{\sqrt{p_1}}, \qquad \mu_2 = \frac{\mu}{\sqrt{p_2}}, \qquad \mu_3 = \frac{\mu}{\sqrt{p_3}}.$$

Die richtige Bildung der Normalgleichungen (38) kontrolliert man mit den Summenproben

$$a_i + b_i + c_i - l_i = s_i,$$

wie oben bei zwei Unbekannten besprochen.

Damit die Koeffizienten und die Unbekannten am schärfsten bestimmt werden, müssen die a_i, b_i, ..., l_i von derselben Größenordnung sein. Durch Multiplikation mit einer Potenz von 10 läßt sich dies meist erreichen. Wir führen statt x z. B. ein $10x = x'$. Die Auflösung gibt x' und seinen mittleren Fehler μ_1', es ist dann $x = 0{,}1x'$ und sein mittlerer Fehler $\mu_1 = 0{,}1\mu_1'$. Zur rascheren Rechnung führt man statt x, y, z wieder Näherungswerte ein und berechnet ihre Verbesserungen.

Beispiel. In Ziff. 26 des Kap. 15 wird für die Variation der magnetischen Deklination die Gleichung aufgestellt

$$f_0 - \frac{1}{n^2}\frac{d^2 f}{dt^2} - f(t) = 0,$$

$f(t)$ sind die Beobachtungswerte der Variation (entsprechend den l_i), f_0 eine Konstante, $n = \frac{2\pi}{T}$ und T die Periode der Erscheinung. Die zusammengehörigen Werte sind:

t	$f(t)$	$\frac{d^2 f}{dt^2}$
1842	7,45	+0,36
44	6,88	+0,61
46	8,47	+0,08
48	10,35	−0,48
50	10,54	−0,41
52	9,26	+0,18
1854	8,41	−0,09

Durch Einführung von $f_0 = x$ und $\frac{1}{n^2} = y$ erhalten die Fehlergleichungen lineare Form:

$$\left.\begin{aligned}
x - 0{,}36y - 7{,}45 &= v_1,\\
x - 0{,}61y - 6{,}88 &= v_2,\\
x - 0{,}08y - 8{,}47 &= v_3,\\
x + 0{,}48y - 10{,}35 &= v_4,\\
x + 0{,}41y - 10{,}54 &= v_5,\\
x - 0{,}18y - 9{,}26 &= v_6,\\
x + 0{,}09y - 8{,}41 &= v_7.
\end{aligned}\right\} \tag{39}$$

Als Näherungswerte führen wir die in Ziff. 26, Kap. 15 berechneten Werte ein $\xi = 8{,}82$, $\eta = 3{,}18$, setzen also $x = \xi + \delta\xi$, $y = \eta + \delta\eta$ in (39) ein und erhalten die Fehlergleichungen:

$$\left.\begin{aligned}
1\,\delta\xi - 0{,}36\,\delta\eta + 0{,}23 &= v_1,\\
1\,\delta\xi - 0{,}61\,\delta\eta + 0{,}00 &= v_2,\\
1\,\delta\xi - 0{,}08\,\delta\eta + 0{,}10 &= v_3,\\
1\,\delta\xi + 0{,}48\,\delta\eta + 0{,}00 &= v_4,\\
1\,\delta\xi + 0{,}41\,\delta\eta - 0{,}42 &= v_5,\\
1\,\delta\xi - 0{,}18\,\delta\eta - 1{,}01 &= v_6,\\
1\,\delta\xi + 0{,}09\,\delta\eta + 0{,}70 &= v_7.
\end{aligned}\right\} \tag{39'}$$

Die Berechnung der Koeffizienten der Normalgleichungen und ihre Kontrolle wird in folgendem Schema vorgenommen:

$a = aa$	$b = ab$	$-l = -al$	bb	$-bl$	ll	$s = as$	bs	$-ls$	ss
1	−0,36	+0,23	+0,13	−0,08	+0,05	+0,87	−0,31	+0,20	+0,76
1	−0,61	0,00	+0,37	0,00	0,00	+0,39	−0,24	0,00	+0,15
1	−0,08	+0,10	+0,01	−0,01	+0,01	+1,02	−0,08	+0,10	+1,04
1	+0,48	0,00	+0,23	0,00	0,00	+1,48	+0,71	0,00	+2,19
1	+0,41	−0,42	+0,17	−0,17	+0,18	+0,99	+0,41	−0,42	+0,98
1	−0,18	−1,01	+0,03	+0,18	+1,02	−0,19	+0,03	+0,19	+0,03
1	+0,09	+0,70	+0,01	+0,06	+0,49	+1,79	+0,16	+1,25	+3,20
7	−0,25	−0,40	+0,95	−0,02	+1,75	+6,35	+0,68	+1,32	8,35
$[aa]$	$[ab]$	$-[al]$	$[bb]$	$-[bl]$	$[ll]$	$[as]$	$[bs]$	$-[ls]$	$[ss]$

Man überzeugt sich, daß die Proben stimmen:

$$[aa] + [ab] - [al] = \quad 7 \quad - 0{,}25 - 0{,}40 = +6{,}35 = [as]\,,$$
$$[ab] + [bb] - [bl] = -0{,}25 + 0{,}95 - 0{,}02 = +0{,}68 = [bs]\,,$$
$$-[al] - [bl] + [ll] = -0{,}40 - 0{,}02 + 1{,}75 = +1{,}33 = -[ls]\,.$$

Die letzte Summe $-[ls]$ weicht infolge Abrundung um eine Einheit der letzten Stelle ab. Weiter gilt

$$[as] + [bs] - [ls] = 6{,}35 + 0{,}68 + 1{,}32 = 8{,}35 = [ss]\,.$$

Die Normalgleichungen

$$7\,\delta\xi - 0{,}25\,\delta\eta - 0{,}40 = 0\,,$$
$$-0{,}25\,\delta\xi + 0{,}95\,\delta\eta - 0{,}02 = 0\,,$$
$$-0{,}40\,\delta\xi - 0{,}02\,\delta\eta + 1{,}75 = [vv]$$

werden nach GAUSS aufgelöst, die Rechnung führt man in folgendem Schema aus:

	$[ab] = -0{,}25$	$-[al] = -0{,}40$
$\frac{[ab]}{[aa]} = -0{,}0357$	$[bb] = 0{,}95$ $-0{,}0357\,[ab] = 0{,}01$	$-[bl] = -0{,}02$ $0{,}0357\,[al] = +0{,}01$
	$[bb1] = 0{,}94$	$-[bl1] = -0{,}03$
$-\frac{[al]}{[aa]} = -0{,}057$	$-[bl] = -0{,}02$ $-0{,}057\,[ab] = 1$	$[ll] = 1{,}75$ $0{,}057\,[al] = +\ 2$
	$-[bl1] = -0{,}03$	$[ll1] = 1{,}73$

	$[ab] = -0{,}25$	$-[bl] = -0{,}02$
$\frac{[ab]}{[bb]} = -0{,}263$	$[aa] = 7{,}00$ 7	$-[al] = -0{,}40$ 1
	$[aa1] = 6{,}93$	$-[al1] = -0{,}41$
$-\frac{[bl]}{[bb]} = -0{,}021$	$-[al] = -0{,}40$ 1	$[ll] = 1{,}75$ 0
	$-[bl1] = -0{,}41$	$[ll1] = 1{,}75$

Die einmal reduzierten Normalgleichungen sind:

$$6{,}93\,\delta\xi - 0{,}41 = 0\,, \qquad 0{,}94\,\delta\eta - 0{,}03 = 0\,,$$
$$-0{,}41\,\delta\xi + 1{,}75 = [vv]\,, \qquad -0{,}03\,\delta\eta + 1{,}73 = [vv]\,.$$

Man erhält

$$\delta\xi = +0{,}06 \quad \text{und sein Gewicht } p_1 = 6{,}93\,,$$
$$\delta\eta = +0{,}03 \quad \text{und sein Gewicht } p_2 = 0{,}94$$

nnd weiter aus den zwei letzten Gleichungen übereinstimmend $[vv] = 1{,}73$. Mit

$$x = 8{,}82' + 0{,}06' = 8{,}88'\,,$$
$$y = 3{,}18' + 0{,}03' = 3{,}21'$$

erhält man aus (39) das System der übrigbleibenden Fehler:

v	vv
+0,28	0,078
+0,04	2
+0,15	23
+0,07	5
−0,34	116
−0,96	922
+0,76	576
$[v] = [av] = 0,00$	$1,722 = [vv]$

Der Wert $[vv] = 1,722$ stimmt gut mit dem oben erhaltenen 1,73. Der mittlere Fehler der Gewichtseinheit ist

$$\mu = \sqrt{\frac{[vv]}{7-2}} = \sqrt{\frac{1,722}{5}} = \pm 0,587.$$

Der mittlere Fehler von x ist

$$\mu_1 = \frac{0,587}{\sqrt{p_1}} = \pm 0,22',$$

der von y ist

$$\mu_2 = \frac{0,587}{\sqrt{94}} = \pm 0,605.$$

Aus y erhält man die Periode

$$T = \frac{2\pi}{n} = 2\pi\sqrt{y}$$

und nach dem Fehlerfortschreitungsgesetz ihren mittleren Fehler $\frac{\pi\mu_2}{\sqrt{y}}$, schließlich

$$T = 11,26 \pm 1,06 \text{ Jahre.}$$

In Wirklichkeit ist die Periode der Variation 11,03 Jahre, die Ausgleichung wurde in dem Beispiel über einen zu kurzen Zeitraum vorgenommen.

Keiner der übrigbleibenden Fehler übersteigt $2\mu = 1,17$. Die Probe der Vorzeichensumme (Ziff. 8 *b*) $s = 0 \pm \sqrt{n}$ gibt hier $s = 3$ und $\sqrt{7} = 2,6$, deutet also keine rein zufällige Verteilung an. Die v sind auch nicht mehr rein zufällige Beobachtungsfehler der l_i; es wurde dem Ausgleich die Annahme zugrunde gelegt, daß die magnetische Variation in ihrem Verlauf eine einfache harmonische Schwingung darstellt. Einem so einfachen Gesetz gehorcht aber die Variation nicht, wir haben nur die Hauptschwingung berechnet. Die v sind hier nicht scheinbare Fehler, sondern „Abweichungen" und zeigen an, wie genau die mit Fehlern behafteten Beobachtungswerte dem angenommenen empirischen Gesetz gehorchen. Weiteres über empirische Gesetze in Ziff. 17 dieses Kapitels.

15. Der durchschnittliche Fehler. Gemäß den zwei Formen des mittleren Fehlers der Gewichtseinheit

$$\mu^2 = \frac{[\varepsilon\varepsilon]}{n} = \frac{[vv]}{n-m}$$

steht die Quadratsumme der scheinbaren Fehler v zu der der wahren ε im Verhältnis $(n-m):n$. Könnte man für die Summen der Absolutbeträge $[|v|]$ und $[|\varepsilon|]$ annehmen, daß sie im Verhältnis $\sqrt{n-m} : \sqrt{n}$ stehen, so würde man für den durchschnittlichen Fehler $\vartheta = \frac{[|\varepsilon|]}{n}$ erhalten:

$$\vartheta = \frac{[|v|]}{\sqrt{n(n-m)}}. \tag{40}$$

Die v müßten ein Fehlergesetz derselben Form befolgen wie die ε. HELMERT[1]) hat im Falle des Gaußschen Gesetzes strenge Untersuchungen angestellt. Nur für gleich genaue direkte Beobachtungen fand sich (40) als richtig. In allen anderen Fällen ist ϑ größer als der aus dieser Formel berechnete Wert. HELMERT gab für ϑ die Ungleichungen an:

$$\frac{[|v|]}{n-m} > \vartheta > \frac{[|v|]}{\sqrt{n(n-m)}}.$$

Eine genauere Formel ist zu verwickelt, um verwendet werden zu können. Bei großem n ist der Fehler von (40) in der Berechnung von ϑ klein, wenn die v das Gaußsche Gesetz befolgen, ferner liegt ϑ der rechten Seite der Ungleichung näher. Wenn aber das Gaußsche Gesetz von den übrigbleibenden Fehlern v nicht erfüllt wird, weiß man nicht, wie groß die Annäherung der Formel (40) ist.

16. Lineare Fehlergleichungen ungleicher Genauigkeit. Die Beobachtungswerte l_i der Fehlergleichungen

$$a_i x + b_i y + c_i z + \cdots - l_i = v_i$$

sollen ungleiches Gewicht haben. Wie in Ziff. 11 werden sie von gleichem Gewicht, wenn jede Gleichung mit der zugehörigen $\sqrt{p_i}$ multipliziert wird. Aus den so erhaltenen gleichgewichtigen Fehlergleichungen bildet man die Normalgleichungen:

$$\begin{aligned}
&[paa]\,x + [pab]\,y + [pac]\,z + \cdots - [pal] = 0,\\
&[pab]\,x + [pbb]\,y + [pbc]\,z + \cdots - [pbl] = 0,\\
&\dots\dots\dots\dots\dots\dots\dots\dots\dots\dots\\
-&[pal]\,x - [pbl]\,y - [pcl]\,z - \cdots + [pll] = [pvv].
\end{aligned}$$

An diesen Gleichungen darf keine Kürzung usw. vorgenommen werden, um bei der Auflösung auch die richtigen Werte der Gewichte der $x, y, z \ldots$ zu erhalten. Die Auflösung wird man nach dem Gaußschen Algorithmus durchführen. Es ist hier

$$[pvv] = \text{Minimum},$$

und die Ableitungen, die Normalgleichungen, dienen als Rechenkontrollen in der Form:

$$[pav] = 0, \quad [pbv] = 0 \ldots$$

Der mittlere Fehler der Gewichtseinheit ist

$$\mu = \pm\sqrt{\frac{[pvv]}{n-m}},$$

der von x ist

$$\mu_x = \frac{\mu}{\sqrt{p_x}}$$

usw. p_x ist wieder der letzte Koeffizient von x in der reduzierten Normalgleichung letzter Stufe, welche nur mehr x als einzige Unbekannte enthält. Zur Probe dient:

$$[pvv] = -[pal]x - [pbl]y - [pcl]z - \cdots + [pll] = -[plv].$$

Die Koeffizienten der Normalgleichungen werden mit der Summenprobe kontrolliert. Man setzt $a_i + b_i + c_i + \cdots - l_i = s_i$, bildet $[pas]$, $[pbs]$ usw., welche den Gleichungen genügen müssen

$$\begin{aligned}
&[paa] + [pab] + \cdots - [pal] = [pas],\\
&[pab] + [pbb] + \cdots - [pbl] = [pbs] \quad \text{usw.}
\end{aligned}$$

[1]) F. HELMERT, Über die Formeln für den Durchschnittsfehler. Astron. Nachr. Bd. 85, S. 353. 1875.

17. Ausgleich vermittelnder Beobachtungen bei nichtlinearer Form der Fehlergleichungen. Die Werte $f_i(x, y, z \ldots)$ wurden durch Beobachtung als $l_1, l_2, \ldots, l_n$ bestimmt. Die Fehlergleichungen

$$f_i(x, y, z \ldots) - l_i = v_i \tag{41}$$

sollen von gleicher Genauigkeit sein. Wären sie es nicht, so würden sie ganz wie im vorigen Abschnitt durch Multiplikation mit den zugehörigen $\sqrt{p_i}$ in gleichgewichtige übergehen. Der Index i von f_i soll die Anwesenheit von Parametern (z. B. Temperatur) andeuten, die sich von Beobachtung zu Beobachtung ändern. Die Anzahl der Unbekannten werde, ohne Beschränkung der Allgemeinheit mit drei festgesetzt. Die Ausgleichung ist nur durchführbar, wenn für x, y, z Näherungswerte ξ, η, ζ bekannt sind, deren Verbesserungen $\delta\xi$, $\delta\eta$, $\delta\zeta$ so klein sind, daß ihre Produkte und Quadrate zu vernachlässigen sind, so daß eine Entwicklung nach dem Taylorschen Satze

$$\left.\begin{aligned} f_i(x, y, z) &= f_i(\xi + \delta\xi, \eta + \delta\eta, \zeta + \delta\zeta) \\ &= f_i(\xi, \eta, \zeta) + \delta\xi\left(\frac{\partial f_i}{\partial x}\right)_{\xi,\eta,\zeta} + \delta\eta\left(\frac{\partial f_i}{\partial y}\right)_{\xi,\eta,\zeta} + \delta\zeta\left(\frac{\partial f_i}{\partial z}\right)_{\xi,\eta,\zeta} \end{aligned}\right\} \tag{42}$$

nach den linearen Gliedern abgebrochen werden kann.

Die Näherungswerte ξ, η, ζ gewinnt man durch strenges Auflösen von drei Gleichungen $f_i(x, y, z) - l_i = 0$, die möglichst verschiedene Koeffizienten haben, oder auf graphischem Wege oder durch irgendwelche Annahmen. Sollten sich die $\delta\xi$, $\delta\eta$, $\delta\zeta$ als zu groß ergeben, so muß mit $\xi + \delta\xi$ usw. die ganze Rechnung wiederholt werden, evtl. so lange, bis sich schließlich ein System genügend kleiner Verbesserungen ergibt. Die Näherungen ξ, η, ζ müssen genügend nahe den plausibelsten Werten x, y, z liegen, welche Näherungswerte man unter dieser Bedingung wählt, ist gleichgültig, sie führen alle auf dieselben x, y, z.

In der Taylorschen Entwicklung ist $f_i(\xi, \eta, \zeta)$ berechenbar, ebenso die partiellen Ableitungen $\left(\frac{\partial f_i}{\partial x}\right)_{\xi,\eta,\zeta}$ usw., in welche man, wie die Indizes ξ, η, ζ andeuten, die Näherungen ξ, η, ζ einführt. Setzt man zur Abkürzung

$$f_i(\xi, \eta, \zeta) - l_i = -\lambda_i, \quad \left(\frac{\partial f_i}{\partial x}\right)_{\xi,\eta,\zeta} = a_i, \quad \left(\frac{\partial f_i}{\partial y}\right)_{\xi,\eta,\zeta} = b_i, \quad \left(\frac{\partial f_i}{\partial z}\right)_{\xi,\eta,\zeta} = c_i,$$

so sind also die a_i, b_i, c_i berechenbare Größen, ebenso die λ_i, welche außerdem noch klein sein werden, wenn die Näherung ausreichend ist. Die Fehlergleichungen sind linear geworden

$$a_i\,\delta\xi + b_i\,\delta\eta + c_i\,\delta\zeta - \lambda_i = v_i, \tag{43}$$

aus ihnen bildet man die Normalgleichungen:

$$\left.\begin{aligned} [av] &= [aa]\,\delta\xi + [ab]\,\delta\eta + [ac]\,\delta\zeta - [a\lambda] = 0, \\ [bc] &= [ab]\,\delta\xi + [bb]\,\delta\eta + [bc]\,\delta\zeta - [b\lambda] = 0, \\ [cv] &= [ac]\,\delta\xi + [bc]\,\delta\eta + [cc]\,\delta\zeta - [c\lambda] = 0 \end{aligned}\right.$$

und die Kontrollgleichung:

$$-[v\lambda] = -[a\lambda]\,\delta\xi - [b\lambda]\,\delta\eta - [c\lambda]\,\delta\zeta + [\lambda\lambda] = [vv]. \tag{44}$$

Wird die Auflösung nach GAUSS durchgeführt, so sind die letzten Koeffizienten der Unbekannten in den zweimal reduzierten Normalgleichungen ihre Gewichte, welche auch die Gewichte der x, y, z sind. Das Einsetzen der gefundenen x, y, z

in die Fehlergleichungen (41) liefert das System der übrigbleibenden Fehler v, aus denen man den mittleren Fehler der Gewichtseinheit oder einer Gleichung

$$\mu = \pm\sqrt{\frac{[vv]}{n-3}},$$

den mittleren Fehler von x

$$\mu_1 = \frac{\mu}{\sqrt{p_1}}$$

usw. erhält. Der Minimalwert $[vv]$ und die Auflösung der Normalgleichungen wird kontrolliert durch die letzte der Gleichungen (44).

18. Empirische Gesetze. Wie in Ziff. 13 erwähnt, verlieren die v ihre Bedeutung als scheinbare Fehler, wenn $f(x, y, z)$ ein empirisches Gesetz ist, mit welchem man den Beobachtungen genügen will. Die Abweichungen v und die aus ihnen abgeleiteten mittleren Fehler μ, μ_1 usw. beziehen sich nicht allein auf die Beobachtungswerte l_i, sondern sind mit einem systematischen Teil behaftet, der davon abhängt, wie weit das Gesetz, welchem die $x, y, z \ldots$ wirklich gehorchen, von dem angenommenen empirischen abweicht. Die v und μ geben ein Bild, wie genau die gewählte Formel f durch die mit Fehlern behafteten Beobachtungsgrößen l_i dargestellt wird.

Die Unbekannten $x, y, z \ldots$ sind hier durch Ausgleich zu bestimmende Konstante der empirischen Formel. Ein solches empirisches Gesetz dient als Interpolationsformel in dem Bereich, in welchem die Beobachtungen ausgeführt wurden.

Beispiel. Im Kap. 14, Graphisches Rechnen, Ziff. 26, wird der Zusammenhang der Energie S, welche pro 1 cm² in einer Sekunde von einer Glühlampe ausgestrahlt wird, und der absoluten Temperatur T des Kohlefadens betrachtet. Messungen LUMMERS[1]) ergaben:

T absolut	S in gcal
1309	2,138
1471	3,421
1490	3,597
1565	4,340
1611	4,882
1680	5,660

Durch Eintragen dieser Werte in logarithmisches Papier findet man, daß sie sehr nahe das Gesetz befolgen:

$$S = a\left(\frac{T}{1000}\right)^b.$$

Der Zeichnung entnimmt man die Näherungswerte $\alpha = 0,725$ für a und $\beta = 3,96$ für b. Es sollen die Verbesserungen $\delta\alpha$ und $\delta\beta$ durch Ausgleich gefunden werden. Die Fehlergleichungen

$$a\left(\frac{T_i}{1000}\right)^b - S_i = v_i \tag{45}$$

gehen durch Einführung der Näherungswerte über in

$$\left(\frac{T_i}{1000}\right)^\beta \delta\alpha + \alpha\left(\frac{T_i}{1000}\right)^\beta \log\operatorname{nat}\frac{T_i}{1000}\cdot\delta\beta + \alpha\left(\frac{T_i}{1000}\right)^\beta - S_i = v_i\,, \tag{46}$$

[1]) O. LUMMER, Verflüssigung der Kohle und Herstellung der Sonnentemperatur, S. 44 bis 48. Braunschweig: Vieweg & Sohn A.-G.

in Zahlenwerten:

$$
\begin{aligned}
2{,}905\,\delta\alpha + 0{,}567\,\delta\beta - 0{,}032 &= v_1,\\
4{,}610\,\delta\alpha + 1{,}290\,\delta\beta - 0{,}078 &= v_2,\\
4{,}851\,\delta\alpha + 1{,}402\,\delta\beta - 0{,}080 &= v_3,\\
5{,}892\,\delta\alpha + 1{,}913\,\delta\beta - 0{,}068 &= v_4,\\
6{,}608\,\delta\alpha + 2{,}285\,\delta\beta - 0{,}091 &= v_5,\\
7{,}802\,\delta\alpha + 2{,}935\,\delta\beta - 0{,}003 &= v_6.
\end{aligned}
$$

Die Normalgleichungen sind

$$
\begin{aligned}
192{,}476\,\delta\alpha + 63{,}665\,\delta\beta - 1{,}8661 &= 0,\\
63{,}665\,\delta\alpha + 21{,}446\,\delta\beta - 0{,}5777 &= 0,\\
-1{,}8661\,\delta\alpha - 0{,}5777\,\delta\beta + 0{,}0264 &= [v v]
\end{aligned}
$$

und in reduzierter Form

$$
\begin{aligned}
3{,}479\,\delta\alpha - 0{,}1511 &= 0, & 0{,}387\,\delta\beta + 0{,}0395 &= 0,\\
-0{,}1511\,\delta\alpha + 0{,}0108 &= [v v], & 0{,}0395\,\delta\beta + 0{,}0083 &= [v v],
\end{aligned}
$$

daher

$$
\begin{aligned}
\delta\alpha &= +0{,}0434, & \delta\beta &= -0{,}102,\\
[v v] &= 0{,}0042, & [v v] &= 0{,}0043.
\end{aligned}
$$

Führt man

$$\alpha + \delta\alpha = \alpha_1 = 0{,}7684 \quad \text{und} \quad \beta + \delta\beta = \beta_1 = 3{,}858$$

statt a und b in (45) ein, so erhält man ein System übrigbleibender Fehler w,

w	$w w$
+ 0,033	0,001089
— 15	225
— 18	324
— 15	225
— 45	2025
+ 0,026	676
	0,004564

deren Quadratsumme $[w w] = 0{,}00456$ von den Werten $[v v] = 0{,}0042$ bzw. $0{,}0043$ zu stark abweicht. Die Summe $[w w]$ ist noch nicht der Minimalwert, und die Größen α_1 und β_1 sind noch nicht die ausgeglichenen Werte a und b. Der Ausgleich muß mit den Näherungswerten α_1 und β_1 wiederholt werden, Einführung dieser Zahlen in (46) ergibt die Fehlergleichungen:

$$
\begin{aligned}
2{,}826\,\delta\alpha_1 + 0{,}585\,\delta\beta_1 + 0{,}033 &= v_1,\\
4{,}433\,\delta\alpha_1 + 1{,}315\,\delta\beta_1 - 0{,}015 &= v_2,\\
4{,}657\,\delta\alpha_1 + 1{,}427\,\delta\beta_1 - 0{,}018 &= v_3,\\
5{,}629\,\delta\alpha_1 + 1{,}937\,\delta\beta_1 - 0{,}015 &= v_4,\\
6{,}295\,\delta\alpha_1 + 2{,}306\,\delta\beta_1 - 0{,}045 &= v_5,\\
7{,}400\,\delta\alpha_1 + 2{,}950\,\delta\beta_1 + 0{,}026 &= v_6.
\end{aligned}
$$

Die Normalgleichungen sind:

$$
\begin{aligned}
176{,}3983\,\delta\alpha_1 + 61{,}3778\,\delta\beta_1 - 0{,}2323 &= 0,\\
61{,}3778\,\delta\alpha_1 + 21{,}8798\,\delta\beta_1 - 0{,}0823 &= 0,\\
-0{,}2323\,\delta\alpha_1 - 0{,}0823\,\delta\beta_1 + 0{,}0046 &= [v v].
\end{aligned}
$$

Die einmal reduzierten Normalgleichungen

$$12{,}139\,\delta\alpha_1 - 0{,}0041 = 0\,, \qquad 1{,}010\ \delta\beta_1 - 0{,}0024 = 0\,,$$
$$-0{,}0041\,\delta\alpha_1 + 0{,}0043 = [vv]\,, \qquad -0{,}0024\,\delta\beta_1 + 0{,}0043 = [vv]\,,$$

ergeben die Lösungen:

$$\delta\alpha_1 = +0{,}0004\,, \qquad \delta\beta_1 = +0{,}0024\,,$$
$$[vv] = \ \ 0{,}0043\,, \qquad [vv] = \ \ 0{,}0043\,.$$

Einführung der Werte

$$\alpha_1 + \delta\alpha_1 = a = 0{,}7688\,, \qquad \beta_1 + \delta\beta_1 = b = 3{,}8604$$

in die Gleichungen (45) gibt die nach der Ausgleichung übrigbleibenden Fehler v,

v	vv
+0,036	0,001296
−0,010	100
−0,013	169
−0,008	64
−0,037	1369
+0,036	0,001296
	0,004294 = $[vv]$

deren Quadratsumme $[vv] = 0{,}004294$ mit dem aus der letzten Normalgleichung gewonnenen Wert 0,0043 übereinstimmt. Eine Wiederholung des Ausgleichs würde jetzt keine Änderung an den erhaltenen Werten von a und b bei der gewählten Stellenzahl hervorrufen. Die Verteilung zeigt, daß die Fehler nicht rein zufällig sind. Der mittlere Fehler der Gewichtseinheit ist

$$\mu = \sqrt{\frac{[vv]}{6-2}} = \pm 0{,}03276\,,$$

der mittlere Fehler von a ist

$$\mu_1 = \frac{0{,}03276}{\sqrt{12{,}139}} = \pm 0{,}0094\,,$$

der von b ist

$$\mu_2 = \frac{0{,}03276}{\sqrt{1{,}010}} = \pm 0{,}0326\,.$$

Die Strahlung des Kohlefadens wird in dem beobachteten Bereich dargestellt durch die empirische Funktion:

$$S = \underset{\pm\,0{,}0094}{0{,}7688}\left(\frac{T}{1000}\right)^{3{,}860\,\pm\,0{,}033}.$$

Literatur zum Abschnitt II. Außer den am Schlusse des ersten Abschnitts dieses Kapitels angegebenen Büchern sei noch verwiesen auf V. Happach, Ausgleichsrechnung nach der Methode der kleinsten Quadrate. Leipzig u. Berlin: Teubner 1923; E. Hegemann, Ausgleichsrechnung. (Bd. 609. Aus Natur u. Geisteswelt.) Leipzig u. Berlin: Teubner 1919; N. Herz, Wahrscheinlichkeits- und Ausgleichsrechnung (Bd. 19, Sammlung Schubert). Leipzig: Göschen 1900; C. Runge-H. König, Vorlesungen über numerisches Rechnen. Kap. 3. Berlin: Julius Springer 1924.

III. Annäherung willkürlicher Funktionen.

19. Begriff der Annäherung. Minimalbedingung. Mittlerer Fehler. Mit Hilfe der Interpolation wird eine willkürlich gegebene Funktion durch eine einfachere ersetzt, wobei die zwei Funktionen in einer Anzahl von Punkten vollständig übereinstimmen. Über die Abweichung in Zwischenwerten wird dabei nichts gesagt. Bei der Annäherung wird unter Verzicht auf völliges Übereinstimmen an gegebenen Stellen verlangt, daß in einem bestimmten Intervall die Näherungsfunktion sich der gegebenen im ganzen Verlauf möglichst gut anschmiegt. Diese Art der Annäherung ist zu empfehlen, wenn die Funktion nur durch eine Anzahl beobachteter, mit Fehlern behafteter Werte gegeben ist; die Näherungsfunktion soll den allgemeinen Verlauf darstellen, man wird nicht verlangen, daß sie genau durch fehlerhafte Punkte geht.

Das Intervall $x_1 \leqq x \leqq x_2$ der Veränderlichen x wird durch die Substitution

$$x = \frac{x_2 + x_1}{2} + \frac{x_2 - x_1}{2} u$$

auf das Intervall $(-1, +1)$ der Veränderlichen u gebracht. In diesem Intervall soll eine Funktion $f(u)$ durch eine endliche Reihe

$$g(u) = a_0 \varphi_0(u) + a_1 \varphi_1(u) + \cdots a_m \varphi_m(u)$$

ersetzt werden.

Der Fehler der Annäherung in einem Punkte u ist die Abweichung

$$v(u) = g(u) - f(u) = a_0 \varphi_0(u) + a_1 \varphi_1(u) + \cdots a_m \varphi_m(u) - f(u).$$

Diese $v(u)$ bilden eine kontinuierliche Folge von Werten, die Summen in der Ausgleichsrechnung werden hier durch Integrale ersetzt. Die Forderung, die Näherungsfunktion $g(u)$ soll sich im Intervall $(-1, +1)$ der gegebenen $f(u)$ „möglichst gut anschmiegen", wird mathematisch so festgelegt, daß die Quadratsumme der Abweichungen von f und g einen Minimalwert annehmen soll. Aus dieser Minimalbedingung ergeben sich die Werte der Konstanten a_i von g. Diese Festsetzung entbehrt nicht der Willkür ebenso wie in der Ausgleichsrechnung, doch ist sie die einfachste. Die Forderung, die Summe der Fehler, hier $\int_{-1}^{+1} v(u)\,du$, soll einen Minimalwert annehmen, würde bedeuten, daß die Fläche zwischen den zwei Kurven möglichst klein sein soll. Da sich positive und negative Flächenstücke aufheben, fände ein Anschmiegen nicht statt. Es muß also eine gerade Funktion von $v(u)$ zu einem Minimum gemacht werden, die einfachste gerade Funktion ist aber das Quadrat; die Forderung

$$\int_{-1}^{+1} |v(u)|\,du = \text{Minimum}$$

würde viel schwierigeren Kalkül erfordern.

Es wird jene Annäherung gesucht, für welche

$$\Omega = \int_{-1}^{+1} [v(u)]^2\,du = \text{Minimum}. \tag{47}$$

Ω ist eine definite quadratische Form der unbekannten Koeffizienten a_i. Der Minimalwert Ω_0 von Ω mißt, wie in der Ausgleichsrechnung die Quadratsumme $[vv]$ der übrigbleibenden Fehler, die Güte der Annäherung. Der Mittelwert von Ω_0 wird wieder als Quadrat des mittleren Fehlers μ eingeführt:

$$\mu^2 = \tfrac{1}{2}\Omega_0 = \tfrac{1}{2}\int_{-1}^{+1} [v(u)]^2\,du.$$

Er ist ein Maß der Güte der Annäherung im allgemeinen; wenn er klein ist, kann trotzdem in einzelnen Punkten u die Abweichung $v(u)$ große Beträge erreichen.

Entsprechend (47) müssen die Ableitungen von Ω nach $a_0, a_1, \ldots, a_m$ verschwinden. Die so erhaltenen $m+1$, in den a_i linearen Gleichungen gestatten die Berechnung der $m+1$ Koeffizienten a_i. Diese Gleichungen entsprechen den Normalgleichungen der Ausgleichsrechnung und sind wie diese symmetrisch:

$$\left.\begin{aligned}
\frac{\partial\Omega}{\partial a_0} &= a_0\int_{-1}^{+1}[\varphi_0(u)]^2du + a_1\int_{-1}^{+1}\varphi_0(u)\,\varphi_1(u)\,du + \cdots a_m\int_{-1}^{+1}\varphi_0(u)\,\varphi_m(u)\,du - \int_{-1}^{+1}\varphi_0(u)\,f(u)\,du = 0,\\
\frac{\partial\Omega}{\partial a_1} &= a_0\int_{-1}^{+1}\varphi_0(u)\,\varphi_1(u)\,du + a_1\int_{-1}^{+1}[\varphi_1(u)]^2du + \cdots a_m\int_{-1}^{+1}\varphi_1(u)\,\varphi_m(u)\,du - \int_{-1}^{+1}\varphi_1(u)\,f(u)\,du = 0,\\
&\cdots\cdots\cdots\cdots\cdots\cdots\cdots\cdots\cdots\cdots\cdots\cdots\\
\frac{\partial\Omega}{\partial a_m} &= a_0\int_{-1}^{+1}\varphi_0(u)\,\varphi_m(u)\,du + a_1\int_{-1}^{+1}\varphi_1(u)\,\varphi_m(u) + \cdots a_m\int_{-1}^{+1}[\varphi_m(u)]^2du - \int_{-1}^{+1}\varphi_m(u)\,f(u)\,du = 0.
\end{aligned}\right\} \quad (48)$$

Zu den Normalgleichungen tritt eine gleichgebaute für den Minimalwert Ω_0 hinzu, wie in der Ausgleichsrechnung für $[vv]$:

$$\Omega_0 = \int_{-1}^{+1}[f(u)]^2\,du - \int_{-1}^{+1}f(u)\,g(u)\,du. \quad (49)$$

Die Normalgleichungen (48) kann man in der Form schreiben:

$$\frac{1}{2}\,\frac{\partial\Omega}{\partial a_i} = \int_{-1}^{+1}[g(u) - f(u)]\,\frac{\partial g(u)}{\partial a_i}\,du = 0. \quad (48')$$

Da $g(u)$ eine homogen lineare Form der Größen a_i ist, also

$$g(u) = a_0\frac{\partial g}{\partial a_0} + a_1\frac{\partial g}{\partial a_1} + \cdots a_m\frac{\partial g}{\partial a_m},$$

erhält man durch Multiplikation der Gleichungen (48') mit den zugehörigen a_i und Addition

$$\int_{-1}^{+1}[f(u) - g(u)]\,g(u)\,du = 0,$$

womit man die Gleichung (49) für Ω_0 auch schreiben kann:

$$\Omega_0 = \int_{-1}^{+1}[f(u)]^2\,du - \int_{-1}^{+1}[g(u)]^2\,du. \quad (49')$$

Ist $f(u)$ nur durch einzelne Ordinatenwerte oder graphisch gegeben, dann führt man die Integrationen über $f(u)$ numerisch, z. B. nach der Simpsonschen Regel, oder graphisch aus.

20. Annäherung durch ganze rationale Funktionen. Die Funktionenfolge $\varphi_i(u)$ sei

$$\varphi_0(u) = 1, \quad \varphi_1(u) = u, \quad \varphi_2(u) = u^2, \quad \ldots, \quad \varphi_m(u) = u^m$$

und die Näherungsfunktion

$$g(u) = a_0 + a_1 u + a_2 u^2 + \cdots a_m u^m.$$

Man schreibt zur Abkürzung:

$$J_0 = \tfrac{1}{2}\int_{-1}^{+1} f(u)\,du\,,\qquad J_1 = \tfrac{1}{2}\int_{-1}^{+1} u\,f(u)\,du\,,\qquad J_m = \tfrac{1}{2}\int_{-1}^{+1} u^m f(u)\,du\,.$$

Die Koeffizienten der Normalgleichungen sind die Integrale:

$$\int_{-1}^{+1} u^\alpha\,du = \frac{2}{\alpha+1}\quad \text{bei geradem } \alpha\,,$$
$$= 0 \quad \text{bei ungeradem } \alpha\,.$$

Das Quadrat des mittleren Fehlers ist

$$\mu^2 = \tfrac{1}{2}\int_{-1}^{+1} [f(u)]^2\,du - (a_0 J_0 + a_1 J_1 + \cdots a_m J_m) = \tfrac{1}{2}\int_{-1}^{+1} [f(u)]^2\,du - F_m\,,$$

wobei F_m zur Abkürzung für den Ausdruck in der runden Klammer ge setzt ist. Bei verschiedenem m erhält man für die Koeffizienten a_i:

$$m = 0\,,\quad a_0 = J_0 = \text{Mittelwert von } f(u)\,,\qquad F_0 = a_0^2\,.$$
$$m = 1\,,\quad a_0 = J_0\,,\ a_1 = 3J_1\,,\qquad F_1 = F_0 + \tfrac{1}{3}a_1^2\,.$$
$$m = 2\,,\quad a_0 = \tfrac{3}{4}(3J_0 - 5J_2)\,,\qquad F_2 = F_1 + \tfrac{4}{15}a_2^2\,.$$
$$a_1 = 3J_1\,,$$
$$a_2 = \tfrac{15}{4}(3J_2 - J_0)\,,$$
$$m = 3\,,\quad a_0 = \tfrac{3}{4}(3J_0 - 5J_2)\,,\qquad F_3 = F_2 + \tfrac{4}{175}a_3^2\,.$$
$$a_1 = \tfrac{15}{4}(5J_1 - 7J_3)\,,$$
$$a_2 = \tfrac{15}{4}(3J_2 - J_0)\,,$$
$$a_3 = \tfrac{35}{4}(5J_3 - 3J_1)\,,$$
$$m = 4\,,\quad a_0 = \tfrac{15}{64}(15J_0 + 70J_2 + 63J_4)\,,\qquad F_4 = F_3 + \tfrac{64}{11025}a_4^2\,.$$
$$a_1 = \tfrac{15}{4}(3J_1 - 7J_3)\,,$$
$$a_2 = \tfrac{107}{32}(-5J_0 + 42J_2 - 45J_4)\,,$$
$$a_3 = \tfrac{35}{4}(5J_3 - 3J_1)\,,$$
$$a_4 = \tfrac{315}{64}(3J_0 - 30J_2 + 34J_4)\,.$$

Für $m > 3$ wird man besser durch Kugelfunktionen oder durch andere orthogonale Polynome annähern.

Eine Entwicklung von $f(u)$ nach dem Taylorschen Lehrsatz gibt in genügender Nähe des Punktes u_0, in dem entwickelt wird, eine Darstellung von großer Annäherung. Wird aber im ganzen Intervall gute Annäherung gewünscht, so geben die obigen Methoden bei gleicher Ordnung m eine bessere Approximation und einen kleineren mittleren Fehler[1]).

21. Annäherung von empirischen Funktionen. Glätten einer Kurve. $f(x)$ sei durch eine Anzahl äquidistanter Werte y_i gegeben. Man kann entweder die Methode der vorausgehenden Nummer anwenden und die Integrationen numerisch ausführen, z. B. nach der Simpsonschen Regel, wobei die Anzahl äquidistanter Ordinaten größer als 5 sein soll, wenn $m = 2$, und größer als 7, wenn $m = 3$ ist, oder man berechnet die $m + 1$ Koeffizienten a_i von $g(x)$ durch

[1]) Siehe Beispiel in Ziff. 23.

Auflösen der $m + 1$ Normalgleichungen, in welchen die Integrale wieder durch Summen ersetzt sind:

$$\left.\begin{array}{l} a_0 \sum 1 + a_1 \sum x + a_2 \sum x^2 + \cdots a_m \sum x^m = \sum y, \\ a_0 \sum x + a_1 \sum x^2 + a_2 \sum x^3 + \cdots a_m \sum x^{m+1} = \sum x y, \\ \cdots\cdots\cdots\cdots\cdots\cdots\cdots\cdots \\ a_0 \sum x^m + a_1 \sum x^{m+1} + a_2 \sum x^{m+2} + \cdots a_m \sum x^{2m} = \sum x^m y. \end{array}\right\} \quad (50)$$

Das Quadrat des mittleren Fehlers ist wieder das Mittel der Quadrate der Abweichungen. Den Grad m der Näherungsfunktion $g(x)$ wird man so niedrig wählen als möglich, doch soll der allgemeine Verlauf von $f(x)$ gut dargestellt werden.

Das Verfahren wird man statt der Interpolation anwenden, wenn die Ordinaten y mit Fehlern behaftete Beobachtungswerte sind. Eine Interpolationsfunktion nach Kap. 15, Ziff. 7 und 19 müßte gerade durch diese fehlerhaften Ordinatenendpunkte gehen. Durch Interpolation aus empirischen Ordinaten berechnete erste und zweite Differentialquotienten sind erheblich unsicher (Ziff. 25, Kap. 15). Wenn von einer empirischen Funktion Extremwerte und Ableitungen bestimmt werden sollen, wird man aus den Beobachtungswerten durch Ausgleich eine Näherungsfunktion berechnen und deren Extremwerte und Ableitungen ermitteln.

Bei Annäherung durch eine ganze rationale Funktion

$$a_0 + a_1 u + a_2 u^2 + \ldots a_m u^m$$

hat man in der Mitte des Intervalls, also bei $u = 0$, die Werte der ersten und zweiten Ableitung:

$$y' = a_1, \quad y'' = 2a_2.$$

$$\begin{array}{lll} \text{Für } m = 2 \text{ ist} & y' = 3J_1, & y'' = \tfrac{15}{2}(3J_2 - J_0), \\ \text{für } m = 3 \text{ wird} & y' = \tfrac{15}{4}(5J_1 - 7J_3), & y'' = \tfrac{15}{2}(3J_2 - J_0). \end{array}$$

Die Integrationen führt man nach der Simpsonschen Formel aus. Wird Annäherung von höherem Grade gewünscht, dann nähert man besser durch Kugelfunktionen an[1]).

Will man die beobachteten Ordinatenendpunkte durch eine Kurve verbinden, so ist das nicht ohne Willkür möglich, wenn die Beobachtungswerte stärker streuen. Man kann entweder mit den Formeln (50) die Konstanten einer Näherungsfunktion bestimmen oder den Ausgleich durch die einfachst gebauten rationalen Funktionen abteilungsweise vornehmen, man spricht dann vom „Glätten einer empirischen Kurve“[2]). Es empfiehlt sich, Beobachtungswerte zuerst zu glätten, wenn man numerisch durch Interpolation Differentialquotienten ableiten will. Die einfachste und am häufigsten verwendete Form der Glättung ist: man bildet aus je zwei benachbarten Werten das arithmetische Mittel und schreibt es in der Mitte der zugehörigen Abszissen an, also $\frac{1}{2}(y_{i-1} + y_i)$ in der Abszisse $\frac{1}{2}(x_{i-1} + x_i)$, weiter $\frac{1}{2}(y_i + y_{i+1})$ in $\frac{1}{2}(x_i + x_{i+1})$ usw.

Ein in der Meteorologie übliches Verfahren faßt immer je drei aufeinanderfolgende äquidistante Ordinatenwerte zusammen und ersetzt den mittleren durch das arithmetische Mittel der drei Werte. Hierbei wird die Kurve zwischen

[1]) Ein Beispiel, nach beiden Methoden gerechnet, findet man in RUNGE-KÖNIG, Vorlesungen über Numerisches Rechnen. S. 266.

[2]) RUNGE-KÖNIG, Vorlesungen über Numerisches Rechnen, S. 199; K. STUMPFF, Analyse periodischer Vorgänge, S. 13. Berlin: Bornträger 1927; W. SCHMIDT, Zur Glättung von Wertereihen und Kurven, Meteorol. ZS. 1916, S. 455; V. LÁSKA, Der Variationsindex, ebenda 1916, S. 241; Der Variationsindex und die Glättung, ebenda 1917, S. 122.

den drei Werten durch eine lineare Näherungsfunktion ersetzt. Diese sei $a_0 + a_1 u$, die Funktionswerte in den Punkten x_{i-1}, x_i und x_{i+1} seien als y_{i-1}, y_i und y_{i+1} beobachtet. Das Intervall (x_{i-1}, x_{i+1}) der Veränderlichen x wird durch die neue Veränderliche u mittels

$$x = \frac{x_{i+1} + x_{i-1}}{2} + \frac{x_{i+1} - x_{i-1}}{2} u \tag{51}$$

auf $(-1, +1)$ gebracht. Die Normalgleichungen sind

$$\begin{aligned} 3a_0 &= \sum y = y_{i-1} + y_i + y_{i+1} \quad \text{oder} \quad & a_0 &= \tfrac{1}{3}(y_{i-1} + y_i + y_{i+1}), \\ 2a_1 &= \sum uy = -y_{i-1} + y_{i+1} & a_1 &= \tfrac{1}{2}(-y_{i-1} + y_{i+1}). \end{aligned}$$

Für den mittleren Wert y_i ist wegen $u = 0$ der Wert a_0, das arithmetische Mittel der drei Ordinaten zu setzen. Bezeichnet man die zweite Differenz an der Stelle x_i mit $f^{II}(x_i)$ (Kap. 15, Ziff. 15), so ist

$$f^{II}(x_i) = y_{i-1} - 2y_i + y_{i+1},$$

und die Abweichung v der Näherungsfunktion von den gegebenen y_i ist aus der folgenden Tabelle zu ersehen:

x	u	y	v
x_{i-1}	-1	y_{i-1}	$-\frac{1}{6}f^{II}(x_i)$
x_i	0	y_i	$+\frac{1}{3}f^{II}(x_i)$
x_{i+1}	$+1$	y_{i+1}	$-\frac{1}{6}f^{II}(x_i)$

Der mittlere Fehler, aus den v berechnet, ist $\frac{1}{\sqrt{12}} f^{II}(x_i)$. Bei dieser Art der Glättung wird jede Ordinate y_i durch das arithmetische Mittel $\frac{1}{3}(y_{i-1} + y_i + y_{i+1}) = y_i + \frac{1}{3}f^{II}(x_i)$ ersetzt. Hatten die ursprünglichen y_i alle den mittleren Fehler μ, so sind die mittleren Fehler der geglätteten Werte (nach Ziff. 12) $\frac{\mu}{\sqrt{3}}$, das Gewicht eines Punktes wird also durch diese Glättung verdreifacht.

Reicht die lineare Näherung nicht aus, dann glättet man durch eine quadratische Näherungsfunktion $a_0 + a_1 u + a_2 u^2$. Von je fünf aufeinanderfolgenden äquidistanten Ordinaten wird die mittelste y_i ersetzt durch

$$y_i - \tfrac{3}{35} f^{IV}(x_i),$$

wobei das Symbol $f^{IV}(x_i)$ die vierte Differenz an der Stelle x_i bezeichnet. x wird nach (51) durch u ersetzt.

x	u	y
x_{i-2}	-2	y_{i-2}
x_{i-1}	-1	y_{i-1}
x_i	0	y_i
x_{i+1}	$+1$	y_{i+1}
x_{i+2}	$+2$	y_{i+2}

Die Normalgleichungen

$$\begin{aligned} 5a_0 \qquad + 10a_2 &= \sum y, \\ 10a_1 \qquad &= \sum uy, \\ 10a_0 \qquad + 34a_2 &= \sum u^2 y \end{aligned}$$

liefern die Koeffizienten

$$\begin{aligned} a_0 &= \tfrac{1}{35}\left(17\sum y - 5\sum u^2 y\right), \\ a_1 &= \tfrac{1}{10}\sum uy, \\ a_2 &= \tfrac{1}{14}\left(\sum u^2 y - 2\sum y\right). \end{aligned}$$

Die mittelste Ordinate y_i erhält den ausgeglichenen Wert

$$a_0 = \tfrac{1}{35}(-3y_{i-2} + 12y_{i-1} + 17y_i + 12y_{i+1} - 3y_{i+2}) = y_i - \tfrac{3}{35} f^{(IV)}(x_i)\,.$$

Haben die ursprünglichen y_i alle den mittleren Fehler μ, so wird das Quadrat des mittleren Fehlers μ_{a_0} von a_0 zu

$$\mu_{a_0}^2 = \frac{\mu^2}{35^2}(3^2 + 12^2 + 17^2 + 12^2 + 3^2) = \frac{\mu^2}{2{,}06}\,,$$

die Verbesserung ist also nur gering, das Gewicht wird verdoppelt.

Sind die y_i nicht gewöhnliche Ordinaten, sondern Stufenzahlen einer statistischen Stufenkurve wie in vielen Tabellen der Meteorologie, dann glättet man bei stärkerer Streuung die Rechtecke der Stufenkurve nach der Trapezregel. Man ersetzt jedes y_i durch

$$\tfrac{1}{4}(y_{i-1} + 2y_i + y_{i+1})\,.$$

22. Annäherung durch Exponentialfunktionen. In der Radioaktivität und bei gedämpften Schwingungen tritt das Problem auf, eine empirisch gegebene Kurve durch eine Funktion

$$g(x) = a_1 e^{\alpha_1 x} + a_2 e^{\alpha_2 x} + \cdots a_m e^{\alpha_m x}$$

zu ersetzen. Der Unterschied gegen früher ist, daß die Funktionen $\varphi_i(x) = e^{\alpha_i x}$ hier unbekannt sind. Die m Größen α_i werden, wie AIGNER und FLAMM[1]) zeigten, als Wurzeln einer Gleichung m-ten Grades bestimmt. In der Arbeit findet man auch durchgerechnete Beispiele. Für drei Exponentialfunktionen geben RUNGE-KÖNIG[2]) die vollständige Berechnung, auch ein Beispiel, ebenso WILLERS[3]). Über schwach gedämpfte Schwingungen findet man Näheres bei BASCH[4]) und KALÄHNE[5]). Über die Anwendung zur Auffindung verstärkter Periodizitäten (Methode von F. BERNSTEIN) wird in Ziff. 27 dieses Kapitels gesprochen.

23. Annäherung durch Orthogonalfunktionen. Das Funktionensystem $\varphi_0(u),\ \varphi_1(u),\ \varphi_2(u)\ldots$ heißt orthogonal, wenn

$$\int_{-1}^{+1} \varphi_\alpha(u)\,\varphi_\beta(u)\,du = 0\,,\quad \alpha \neq \beta\,,$$

$$\int_{-1}^{+1} [\varphi_\alpha(u)]^2\,du = C_\alpha \neq 0\,.$$

Die letzten Integrale C_α heißen die Normen. Sind alle $C_\alpha = 1$, dann heißt das Funktionensystem ein normiertes, z. B.

$$\frac{1}{\sqrt{2\pi}}\,,\quad \frac{\cos x}{\sqrt{\pi}}\,,\quad \frac{\cos 2x}{\sqrt{\pi}}\,,\quad \ldots,\quad \frac{\sin x}{\sqrt{\pi}}\,,\quad \frac{\sin 2x}{\sqrt{\pi}}\,,\quad \ldots$$

Die Koeffizienten a_i der Näherungsfunktion

$$g(u) = a_0\varphi_0(u) + a_1\varphi_1(u) + \cdots a_m\varphi_m(u)$$

---

1) FR. AIGNER u. L. FLAMM, Wiener Ber. Bd. 121, S. 2033. 1912; ferner H. BURKHARDT, Göttinger Nachr. 1907, S. 160.

2) RUNGE-KÖNIG, Vorlesungen über Numerisches Rechnen. S. 231. Berlin: Julius Springer 1924.

3) F. A. WILLERS, Numerische Integration. § 12. Nr. 864. 1923. Leipzig: S. Göschen.

4) A. BASCH, Zur Analyse schwach gedämpfter Schwingungen, Wiener Ber. Bd. 123 II A, S. 767. 1914.

5) A. KALÄHNE, Grundzüge der math.-physik. Akustik. Bd. I. Leipzig: Teubner 1910.

werden hier aus den einfachen Normalgleichungen berechnet

$$a_i \int_{-1}^{+1} [\varphi_i(u)]^2 du - \int_{-1}^{+1} f(u)\, \varphi_i(u)\, du = 0$$

oder

$$a_i C_i = \int_{-1}^{+1} f(u)\, \varphi_i(u)\, du\,, \qquad i = 0, 1, 2 \ldots m\,.$$

Jeder Koeffizient a_i ist unabhängig vom Grade der Annäherung. Muß im Laufe der Rechnung zu höherer Annäherung übergegangen werden, so bleiben die schon berechneten Koeffizienten ungeändert, es müssen nur die neu hinzugetretenen noch bestimmt werden. Der Minimalwert der homogen quadratischen Funktion Ω erhält die einfache Gestalt:

$$\Omega_0 = 2\mu^2 = \int_{-1}^{+1} [f(u)]^2 du - (C_0 a_0^2 + C_1 a_1^2 + \cdots C_m a_m^2)\,.$$

24. Annäherung durch Kugelfunktionen. Die im Intervall (x_1, x_2) gegebene Veränderliche x wird durch

$$x = \frac{x_2 + x_1}{2} + \frac{x_2 - x_1}{2} u$$

auf $(-1, +1)$ gebracht. Die orthogonalen Polynome[1] $P_n(u)$, die Legendreschen Polynome oder Kugelfunktionen, sind die Koeffizienten von r^n in der Entwicklung

$$\frac{1}{\sqrt{1 - 2ru + r^2}} = P_0(u) + P_1(u)\, r + P_2(u)\, r^2 + \cdots P_n(u)\, r^n + \cdots,$$

nach steigenden Potenzen von r, wo $|r| < 1$ und $|u| \leqq 1$. Für u wird häufig $\cos\gamma$ oder $\sin\vartheta$ geschrieben. Für alle $P_n(u)$ gilt $|P_n(u)| \leqq 1$, ferner

$$P_n(u) = \frac{1}{2^n n!} \frac{d^n}{du^n} (u^2 - 1)^n$$

und speziell ist:

$$\begin{aligned}
P_0(u) &= 1\,,\\
P_1(u) &= u\,,\\
P_2(u) &= \tfrac{1}{2}(3u^2 - 1)\,,\\
P_3(u) &= \tfrac{1}{2}(5u^3 - 3u)\,,\\
P_4(u) &= \tfrac{1}{8}(35u^4 - 30u^2 + 3)\,,\\
P_5(u) &= \tfrac{1}{8}(63u^5 - 70u^3 + 15u)\,,\\
P_6(u) &= \tfrac{1}{16}(231u^6 - 315u^4 + 105u^2 - 5)\,,\\
P_7(u) &= \tfrac{1}{16}(429u^7 - 693u^5 + 315u^3 - 35u)\,,\\
P_8(u) &= \tfrac{1}{128}(6435u^8 - 12012u^6 + 6930u^4 - 1260u^2 + 35)\,.
\end{aligned}$$

Die n Wurzeln von $P_n(u) = 0$ liegen zwischen -1 und $+1$ und sind sämtlich reell und voneinander verschieden. In diesen n Nullstellen von $P_n(u)$ werden bei der mechanischen Quadratur von GAUSS die Ordinaten gewählt[2].

---

[1] Die Formeln für andere orthogonale Polynome (die von TSCHEBYSCHEFF, JAKOBI, HERMITE u. LAGUERRE) findet man zusammengestellt in COURANT-HILBERT, Methoden der mathematischen Physik. S. 73. Berlin: Julius Springer 1923 und bei v. MISES, Die Differential- und Integralgleichungen der Mechanik und Physik. S. 340. Braunschweig: Vieweg 1925.

[2] Kap. 15, Ziff. 32.

Eine Kugelfunktion $P_{n+1}(u)$ wird aus den zwei vorhergehenden $P_n(u)$ und $P_{n-1}(u)$ durch die Rekursionsformel berechnet:

$$(n+1)\,P_{n+1}(u) = (2n+1)\,u\,P_n(u) - n\,P_{n-1}(u)\,.$$

Weiter ist für $n = 1$ $\quad P_n(1) = 1$,

„ $u = 0$ $\quad P_{2n}(0) = (-1)^n \frac{1\cdot 3\cdot 5\ldots(2n-1)}{2\cdot 4\cdot 6\ldots 2n}\,, \quad P_{2n+1}(0) = 0,$

für negatives Argument ist $P_n(-u) = (-1)^n P_n(u)$. Tafeln der Kugelfunktionen findet man in den Funktionentafeln von JAHNKE und EMDE[1]).

Die $P_n(u)$ sind orthogonal, es ist

$$\int\limits_{-1}^{+1} P_n(u)\,P_m(u)\,du = 0\,, \qquad n \neq m\,, \qquad \int\limits_{-1}^{+1} [P_n(u)]^2\,du = \frac{2}{2n+1}\,.$$

Wenn eine Funktion $f(u)$ im Intervall $(-1, +1)$ durch

$$g(u) = a_0 P_0(u) + a_1 P_1(u) + a_2 P_2(u) + \cdots a_m P_m(u) \tag{52}$$

angenähert werden soll, berechnet man die Koeffizienten aus

$$a_i = \frac{2i+1}{2}\int\limits_{-1}^{+1} P_i(u)\,f(u)\,du\,.$$

Die Berechnung geschieht durch Zerlegung des Polynoms $P_i(u)$ in seine Summanden, worauf nur Integrale

$$\int\limits_{-1}^{+1} u^\alpha f(u)\,du$$

auszuwerten sind. Man faßt diese Integrale zu den einzelnen a_i zusammen und hat damit nach (52) die Näherungsdarstellung $g(u)$ für $f(u)$. Ordnet man hierin nach Potenzen von u, so ergibt sich für $f(u)$ die Annäherung durch eine ganze rationale Funktion

$$g(u) = b_0 + b_1 u + b_2 u^2 + \cdots b_m u^m.$$

Dieselbe Darstellung hätte man mittels Annäherung durch eine ganze rationale Funktion nach Ziff. 19 erhalten. Der Vorteil der Entwicklung nach Kugelfunktionen ist die einfachere Berechnung der Koeffizienten a_i, ferner brauchen, wenn weitergehende Annäherung gewünscht wird, nur die neu hinzutretenden a_i noch berechnet zu werden; die schon berechneten bleiben ungeändert, während bei der Annäherung nach Ziff. 19 alle Normalgleichungen neu aufgestellt und gelöst werden müßten, da bei Erhöhung des Grades der Annäherung die schon berechneten b_i niedrigeren Grades geändert werden.

Das Quadrat der mittleren Abweichung von $g(u) - f(u)$ ist

$$\mu^2 = \frac{1}{2}\,\Omega_0 = \frac{1}{2}\int\limits_{-1}^{+1} [f(u)]^2\,du - \frac{1}{2}\sum_i \frac{2}{i+1}\,a_i^2\,.$$

Beispiel. Es soll die Funktion $\sin x$ im Intervall $\left(-\frac{\pi}{2}, +\frac{\pi}{2}\right)$ durch eine nach Kugelfunktionen fortschreitende Reihe angenähert werden. Die Veränderliche u, deren Intervallgrenzen $(-1, +1)$ sind, steht mit x in der Beziehung

$$x = \frac{\pi}{2}\,u\,.$$

[1]) E. JAHNKE u. F. EMDE, Funktionentafeln mit Formeln und Kurven. Leipzig: Teubner 1909. S. 79.

Die zu berechnenden Integrale sind:

$$\int_{-1}^{+1} \sin\frac{\pi}{2}u\,du = 0\,, \qquad \int_{-1}^{+1} u\sin\frac{\pi}{2}u\,du = 2\left(\frac{2}{\pi}\right)^2,$$

$$\int_{-1}^{+1} u^2\sin\frac{\pi}{2}u\,du = 0\,, \qquad \int_{-1}^{+1} u^3\sin\frac{\pi}{2}u\,du = 6\left(\frac{2}{\pi}\right)^2\left[1-\left(\frac{2}{\pi}\right)^2\right],$$

$$\int_{-1}^{+1} u^4\sin\frac{\pi}{2}u\,du = 0\,.$$

Damit wird

$$\int_{-1}^{+1} P_0(u)\sin\frac{\pi}{2}u\,du = 0\,, \qquad \int_{-1}^{+1} P_1(u)\sin\frac{\pi}{2}u\,du = 2\left(\frac{2}{\pi}\right)^2,$$

$$\int_{-1}^{+1} P_2(u)\sin\frac{\pi}{2}u\,du = 0\,, \qquad \int_{-1}^{+1} P_3(u)\sin\frac{\pi}{2}u\,du = 6\left(\frac{2}{\pi}\right)^2\left[2-5\left(\frac{2}{\pi}\right)^2\right],$$

$$\int_{-1}^{+1} P_4(u)\sin\frac{\pi}{2}u\,du = 0\,.$$

Die Koeffizienten a_i sind

$$a_0 = a_2 = a_4 = 0\,, \qquad a_1 = 3\left(\frac{2}{\pi}\right)^2 = 1{,}2158542\,,$$

$$a_3 = 21\left(\frac{2}{\pi}\right)^2\left[2-5\left(\frac{2}{\pi}\right)^2\right] = -0{,}2248913\,.$$

Die Näherungsfunktion, bis zum 3. Grad entwickelt und geordnet nach Potenzen von x, ist

$$0{,}9888x - 0{,}1451x^3. \tag{53}$$

Der mittlere Fehler ist zufolge

$$\frac{1}{2}\int_{-1}^{+1} \sin^2\frac{\pi}{2}u\,du = \frac{1}{2} \quad \text{und} \quad \mu^2 = \frac{1}{2} - \left(\frac{1}{3}a_1^2 + \frac{1}{7}a_3^2\right),$$

gleich

$$\mu = 0{,}0028\,.$$

Bei Annäherung bis zur 5. Ordnung ist noch das Integral zu berechnen

$$\int_{-1}^{+1} u^5\sin\frac{\pi}{2}u\,du = 10\left(\frac{2}{\pi}\right)^2 - 120\left(\frac{2}{\pi}\right)^4 + 240\left(\frac{2}{\pi}\right)^6,$$

daher ist

$$a_5 = \frac{11}{2}\int_{-1}^{+1} P_5(u)\sin\frac{\pi}{2}u\,du = 165\left(\frac{2}{\pi}\right)^2 - 4620\left(\frac{2}{\pi}\right)^4 + 10395\left(\frac{2}{\pi}\right)^6 = 0{,}00921\,.$$

Bis zur 5. Ordnung ist

$$\sin x = \sin\frac{\pi}{2}u = 1{,}2158542\,P_1(u) - 0{,}2248913\,P_3(u) + 0{,}00921\,P_5(u)$$

und geordnet nach Potenzen von x

$$\sin x = 0{,}99979x - 0{,}16585x^3 + 0{,}00758x^5 . \tag{54}$$

Das mittlere Fehlerquadrat

$$\mu^2 = \tfrac{1}{2} - \left(\tfrac{1}{3} a_1^2 + \tfrac{1}{7} a_3^2 + \tfrac{1}{11} a_5^2\right)$$

ist bei 8stelliger Rechnung nicht von Null verschieden, also sicher

$$\mu < 0{,}0001 . \tag{55}$$

Mit wachsender Gliederzahl nähert sich die Entwicklung nach Kugelfunktionen immer mehr der Taylorschen Reihe

$$\sin x = x - \frac{x^3}{6} + \frac{x^5}{120} - \cdots = x - 0{,}166667x^3 + 0{,}008333x^5 - \cdots ,$$

wie man aus Vergleich mit (53) und (54) sieht. Bei unendlicher Gliederzahl sind beide Entwicklungen identisch. Bei endlicher Anzahl ist die Annäherung durch die Taylorsche Reihe schlechter, wenn man das ganze Intervall der Veränderlichen in Betracht zieht. Der mittlere Fehler der Taylorschen Entwicklung bis zur 5. Ordnung ist wegen

$$\mu^2 = \frac{1}{\pi} \int\limits_{-\frac{\pi}{2}}^{+\frac{\pi}{2}} \left[\sin x - \left(x - \frac{x^3}{6} + \frac{x^5}{120}\right)\right]^2 dx$$

gleich

$$\mu = 0{,}0011 ,$$

ist also größer als der mittlere Fehler der Annäherung durch Kugelfunktionen bis zur 5. Ordnung (55).

25. Annäherung durch Fourierreihen. $f(x)$ sei periodisch mit der Periode 2π. Hätte sie eine andere Periode p, so führt man $\frac{2\pi x}{p}$ als neue Veränderliche ein, welche jetzt die Periode 2π hat. Sind die Randpunkte der Periode x_1 und x_2, dann ist die neue Veränderliche $\frac{2\pi(x - x_1)}{x_2 - x_1}$ periodisch mit der Periode 0 bis 2π. $f(x)$ habe im folgenden die Periode 2π im Intervall 0 bis 2π. Für die Näherungsfunktion (Fourierreihe, Besselsche Formel)

$$\left.\begin{aligned} g(x) = a_0 + a_1 \cos x + a_2 \cos 2x + \cdots a_m \cos mx ,\\ + b_1 \sin x + b_2 \sin 2x + \cdots b_m \sin mx \end{aligned}\right\} \tag{56}$$

sind die $2m + 1$ Koeffizienten $a_0, a_1, \ldots, a_m, b_1, \ldots, b_m$ durch Ausgleich zu bestimmen, so daß

$$\Omega = \int\limits_0^{2\pi} [f(x) - g(x)]^2 dx = \text{Minimum}$$

wird. Wegen der Orthogonalitätseigenschaft

$$\left.\begin{aligned} \int\limits_0^{2\pi} \cos\alpha x \cos\beta x \, dx = \\ \int\limits_0^{2\pi} \sin\alpha x \sin\beta x \, dx = \end{aligned}\right| \begin{aligned} &0 \quad \alpha \neq \beta ,\\ &\pi \quad \alpha = \beta , \end{aligned}$$

$$\int\limits_0^{2\pi} \cos\alpha x \sin\beta x \, dx = 0 , \qquad \int\limits_0^{2\pi} \cos\alpha x \, dx = \int\limits_0^{2\pi} \sin\beta x \, dx = 0 , \qquad \int\limits_0^{2\pi} dx = 2\pi$$

werden die Normalgleichungen zu

$$a_0 = \frac{1}{2\pi}\int_0^{2\pi} f(x)\,dx\,,$$

$$a_\alpha = \frac{1}{\pi}\int_0^{2\pi} f(x)\cos\alpha x\,dx\,, \qquad b_\beta = \frac{1}{\pi}\int_0^{2\pi} f(x)\sin\beta x\,dx\,.$$

Die für bestimmte Gliederzahl berechneten Koeffizienten geben bei dieser Ordnung die beste Annäherung. Bei höherem Grad der Annäherung brauchen nur die neu hinzutretenden noch berechnet zu werden. Ferner ist der Minimalwert

$$\Omega_0 = \int_0^{2\pi} [f(x)]^2\,dx - 2\pi a_0^2 - \pi(a_1^2 + a_2^2 + \dots a_m^2 + b_1^2 + b_2^2 + \dots b_m^2)\,,$$

und das Quadrat der mittleren Abweichung im Intervall $(0, 2\pi)$ ist

$$\mu^2 = \frac{1}{2\pi}\Omega_0\,.$$

Ist $f(x)$ graphisch gegeben, z. B. durch selbstregistrierende Instrumente, dann führt man die Integrationen graphisch oder mittels Planimeter aus[1]), oder bedient sich eines harmonischen Analysators[2]).

26. Harmonische Analyse empirischer Funktionen. Wenn $f(x)$ nur durch eine Anzahl äquidistanter empirischer Werte gegeben ist oder wenn bei graphischer Darstellung von $f(x)$ nur eine Anzahl äquidistanter[3]) Ordinaten zur weiteren Rechnung verwertet wird, dann treten Summen an Stelle der Integrale. Die n äquidistanten Ordinaten seien $y_0, y_1, y_2, \dots, y_{n-1}, y_n = y_0$. n muß größer als die Anzahl $2m + 1$ der zu bestimmenden Konstanten sein, damit ein Ausgleichsproblem vorliegt. Die Normalgleichungen sind

$$n a_0 = \sum_\alpha y_\alpha\,, \qquad \alpha = 1, 2 \dots n\,,$$

$$\frac{n}{2} a_\beta = \sum_\alpha y_\alpha \cos\beta x_\alpha\,, \qquad \beta = 1, 2 \dots m\,,$$

$$\frac{n}{2} b_\beta = \sum_\alpha y_\alpha \sin\beta x_\alpha\,.$$

Die Anzahl n der Ordinaten y_i wählt man praktisch als ein Vielfaches von 4, dann wiederholen sich die Absolutwerte der Kosinus- und Sinusgrößen in jedem der 4 Quadranten, und man braucht nur den vierten Teil der Produkte zu berechnen. Wählt man die Anzahl $2m$ der zu bestimmenden Konstanten gleich der Anzahl n der Ordinaten y, also

$$2m = n = 4p\,,$$

dann liegt kein Ausgleichsproblem mehr vor. Die Konstanten

$$a_0,\ a_1,\ a_2,\ \dots,\ a_{2p},\ b_1,\ b_2,\ \dots,\ b_{2p-1}$$

---

1) H. v. SANDEN, Praktische Analysis. 2. Aufl., S. 126. Leipzig: Teubner 1923.

2) A. GALLE, Mathematische Instrumente. VII. u. VIII. Abschn. Leipzig: Teubner 1912; F. A. WILLERS, Math. Instrumente, IV. u. V. Abschn. Sammlung Göschen 922. 1926.

3) Das Verfahren bei nicht äquidistanten Ordinaten in Kap. 15, Ziff. 14.

(b_{2p} kann nicht mehr mitgenommen werden) berechnet man aus den Gleichungen

$$n a_\beta = \sum_\alpha y_\alpha \cos\beta x_\alpha \quad \text{für} \quad \beta = 0 \quad \text{und} \quad \beta = 2p\,,$$

$$\left.\begin{aligned} \frac{n}{2} a_\beta &= \sum_\alpha y_\alpha \cos\beta x_\alpha\,, \\ \frac{n}{2} b_\beta &= \sum_\alpha y_\alpha \sin\beta x_\alpha\,, \end{aligned}\right\} \qquad \beta = 1, 2, \ldots, 2p - 1.$$

α durchläuft die Werte 1, 2, 3, ..., $n = 4p$ oder 0, 1, 2, ..., $n - 1$. Die Symmetrie der trigonometrischen Funktionen kann man zur rascheren Bildung der Summen benützen. In diesem Sinne sind praktische Rechenschemata ausgearbeitet worden, für $n = 4p = 12$ und 24 Ordinaten von RUNGE[1]), für 20 Ordinaten von LOHMANN[2]). Rechenformulare, wie sie zur Verarbeitung von Gezeitenbeobachtungen dienen, findet man bei G. H. DARWIN[3]).

Durch die „Rechentafeln zur Harmonischen Analyse" von L. W. POLLAK[4]) wird die Rechenarbeit außerordentlich vereinfacht. Die Tabellen sind berechnet für $n = 3$ bis $n = 40$ Ordinaten. Man kann mit diesen Tafeln jetzt leicht die umfangreichen Rechenarbeiten bewältigen, welche bei Auffindung versteckter Periodizitäten mit Hilfe der Periodogramme (Ziff. 27 dieses Kap.) nötig sind.

Nach dem Schema von C. RUNGE für 12 Ordinaten „faltet" man deren Werte, d. h. man faßt je zwei von den Enden der Periode gleich weit abstehende zusammen zu Summe und Differenz:

Ordinaten		y_1	y_2	y_3	y_4	y_5	y_6
	y_{12}	y_{11}	y_{10}	y_9	y_8	y_7	
Summe . .	s_0	s_1	s_2	s_3	s_4	s_5	s_6
Differenz .		d_1	d_2	d_3	d_4	d_5	

Zur Berechnung der Koeffizienten a_i der Kosinusglieder faltet man die Summen s nochmals, für die Sinusglieder die Differenzen d:

	Summen				Differenzen		
	s_0	s_1	s_2	s_3	d_1	d_2	d_3
	s_6	s_5	s_4		d_5	d_4	
Summe . . .	$\mathfrak{s}_0$	$\mathfrak{s}_1$	$\mathfrak{s}_2$	$\mathfrak{s}_3$	σ_1	σ_2	σ_3
Differenz . .	$\mathfrak{d}_0$	$\mathfrak{d}_1$	$\mathfrak{d}_2$		δ_1	δ_2	

[1]) C. RUNGE u. F. EMDE, Rechnungsformular zur Zerlegung einer empirisch gegebenen periodischen Funktion in Sinuswellen. Braunschweig 1913; ferner RUNGE-KÖNIG, Vorlesungen über Numerisches Rechnen, S. 214. Berlin: Julius Springer 1924. In diesem Buch findet man ein Beispiel für 12 und 24 Ordinaten durchgerechnet S. 218—231. Die Zerlegung in 12 Ordinaten nach C. RUNGE findet man auch in v. SANDEN, Praktische Analysis, S. 129; und F. A. WILLERS, Numerische Integration, § 11. (Sammlung Göschen Nr. 864.)

[2]) W. LOHMANN, Harmonische Analyse zum Selbstunterricht. Hamburg 1921; v. SANDEN, Praktische Analysis, S. 133.

[3]) G. H. DARWIN, Ebbe und Flut (Deutsch von A. POCKELS). 2. Aufl., S. 209. Leipzig: Teubner 1911.

[4]) L. W. POLLAK, Rechentafeln zur Harmonischen Analyse. Leipzig: Barth 1926: siehe auch Ziff. 27 dieses Kap. Anm. 2, S. 543.

Die weitere Rechnung wird in den Formularen ausgeführt:

	Kosinusglieder							
$\sin 30^\circ = \frac{1}{2}$			$\mathfrak{d}_2$		$-\mathfrak{s}_2$	$\mathfrak{s}_1$		
$\sin 60^\circ = 1 - 0{,}1340$				$\mathfrak{d}_1$				
$\sin 90^\circ = 1$	$\mathfrak{s}_0$ $\mathfrak{s}_2$	$\mathfrak{s}_1$ $\mathfrak{s}_3$	$\mathfrak{d}_0$		$\mathfrak{s}_0$	$-\mathfrak{s}_3$	$\mathfrak{d}_0$	$\mathfrak{d}_2$
Summe	*I*	*II*	*I*	*II*	*I*	*II*	*I*	*II*
Summe *I* + *II*	$12a_0$		$6a_1$		$6a_2$			
Differenz *I* − *II*	$12a_6$		$6a_5$		$6a_4$		$6a_3$	

	Sinusglieder					
$\sin 30^\circ = \frac{1}{2}$	σ_1					
$\sin 60^\circ = 1 - 0{,}1340$		σ_2	δ_1	δ_2		
$\sin 90^\circ = 1$	σ_3				σ_1	σ_2
Summe	*I*	*II*	*I*	*II*	*I*	*II*
Summe *I* + *II*	$6b_1$		$6b_2$			
Differenz *I* − *II*	$6b_5$		$6b_4$		$6b_3$	

Die Größen $\mathfrak{s}$, $\mathfrak{d}$, σ und δ sind mit den links in derselben Zeile stehenden Sinuswerten zu multiplizieren, hierauf die untereinanderstehenden Produkte zu den Summen *I* und *II* zu addieren, aus welchen dann durch Addition die Werte $12a_0$ usw. bzw. durch Subtraktion $12a_6$ usw. erhalten werden. Für $\sin 60^\circ$ ist $1 - 0{,}1340$ geschrieben, da die Multiplikation mit 0,1340 sich schärfer auf dem Rechenschieber ablesen läßt. Außer vier Divisionen durch 2 und vier Multiplikationen mit $\sin 60^\circ$ besteht die ganze Rechnung nur aus Additionen und Subtraktionen.

27. Methoden zur Auffindung versteckter Periodizitäten. Das Periodogramm und der Expektanzbegriff von A. SCHUSTER. Die im vorausgehenden besprochene Fourierentwicklung läßt sich für jede empirisch gegebene Funktion durchführen. Nur wenn die Funktion mit der angenommenen Grundperiode T rein periodisch ist, kommt der Fourierentwicklung (56) physikalische Bedeutung zu. Die Perioden der Partialschwingungen sind dann aliquote Teile der Grundperiode. Wenn aber die angenommene Periode T nicht wirklich Periode der Funktion ist oder die Funktion nicht rein periodisch, sondern quasiperiodisch ist, also einem Gesetz folgt:

$$f(t) = c_0 + c_1 \sin\left(\frac{2\pi}{T_1} t + q_1\right) + c_2 \sin\left(\frac{2\pi}{T_2} t + q_2\right) + \cdots \tag{57}$$

oder in anderer Form geschrieben

$$\left.\begin{aligned} f(t) &= a_0 + a_1 \cos\frac{2\pi}{T_1} t + a_2 \cos\frac{2\pi}{T_2} t + \cdots \\ &\quad + b_1 \sin\frac{2\pi}{T_1} t + b_2 \sin\frac{2\pi}{T_2} t + \cdots \end{aligned}\right\} \tag{57'}$$

$$a_i = c_i \sin q_i, \qquad b_i = c_i \cos q_i, \qquad a_i^2 + b_i^2 = c_i^2,$$

worin die Perioden $T_1, T_2 \ldots$ zueinander inkommensurabel sind, dann hat die Fourierentwicklung (56) nur die Bedeutung einer Interpolationsformel im Intervall T. Aus der Eindeutigkeit der Fourierentwicklung schloß H. H. TURNER[1]),

[1]) H. H. TURNER, On the Expression of sun-spot-Periodicity as a Fourier Sequence, Month. Not. 73. 1913. Further Remarks on the Expression of sun-spot-Periodicity, ebenda 1914, S. 74.

daß auch in diesem Falle die wahren Perioden implizit in den Fourierkoeffizienten (56) enthalten sein müssen, und entwickelte ein Verfahren zur Bestimmung der unbekannten wahren Perioden. Wenn nämlich eine wahre Periode zwischen $\frac{T}{m}$ und $\frac{T}{m+1}$ (m = ganze Zahl, T angenommenes Grundintervall) in der Funktion vorhanden ist, dann tritt zwischen den Fourierkoeffizienten (56) a_m und a_{m+1} und ebenso zwischen b_m und b_{m+1} ein Vorzeichenwechsel ein[1]).

Wenn die Perioden schon genähert bekannt sind, gelingt ihre schärfere Bestimmung nach der Methode von F. KLEIN und A. SOMMERFELD[2]), die sie zur Bestimmung der zwei Perioden der Polschwankungen entwickelten. Die eine Periode T_1 fällt aus den Differenzen der Beobachtungswerte

$$f(t + T_1) - f(t)$$

heraus[3]), aus denen die zweite zu T_1 inkommensurable Periode T_2 auf graphischem Wege schärfer bestimmt wurde. Ebenso wurde ein genauerer Wert von T_1 aus den von T_2 freien Differenzen $f(t + T_2) - f(t)$ gewonnen.

Eine direkte Methode der Periodenbestimmung gab F. BERNSTEIN[4]). Wenn die mittleren Fehler der Beobachtungswerte bekannt sind, lassen sich die mittleren Fehler der berechneten Periodendauer bestimmen, so daß die Realität der gefundenen Perioden überprüft werden kann. Über die Anzahl n der Perioden wird eine Annahme gemacht und für die beobachtete Funktion wird angesetzt[5])

$$f(\nu) = A_1 e^{\alpha_1 \nu} + A_2 e^{\alpha_2 \nu} + \cdots A_n e^{\alpha_n \nu}, \tag{58}$$

worin die α rein imaginär sind, wenn $f(\nu)$ rein periodisch ist.

Die Anwendung der Laplaceschen Transformation auf $e^{\alpha \nu}$:

$$L(e^{\alpha \nu}) = \int_0^\infty e^{-\tau \nu} \cdot e^{\alpha \nu} d\nu = \frac{1}{\tau - \alpha} \quad (\text{reeller Teil von } \tau - \alpha > 0) \tag{59}$$

verwandelt (58) in

$$L(f) = \frac{A_1}{\tau - \alpha_1} + \frac{A_2}{\tau - \alpha_2} + \cdots \frac{A_n}{\tau - \alpha_n}, \tag{60}$$

wobei τ so zu wählen ist, daß der reelle Teil von $\tau - \alpha$ größer als Null ist für alle α; bei rein imaginärem α genügt es, τ positiv zu wählen. Die Bildung des Ausdrucks (60) für $2n$ Größen $\tau_1 \ldots \tau_{2n}$ führt auf $2n$ algebraische Gleichungen

$$(g_0 + g_1 \tau_i + \cdots \tau_i^n) L_i(f) = c_0 + c_1 \tau_i + \cdots c_{n-1} \tau_i^{n-1}, \qquad (i = 1, 2 \ldots 2n),$$

woraus nach Elimination der n Größen c_i die n Größen $g_0, g_1 \ldots g_{n-1}$ berechnet werden. Aus der algebraischen Gleichung

$$g_0 + g_1 \tau + \cdots g_{n-1} \tau^{n-1} + \tau^n = (\tau - \alpha_1)(\tau - \alpha_2) \cdots (\tau - \alpha_n) = 0 \tag{61}$$

werden die α und aus ihnen nach (60) die Amplituden A berechnet. Schärfere Werte erhält man durch Ausgleich. Die Integration (59) wird angewandt, evtl. numerisch oder graphisch, wenn die Beobachtungsfunktion $f(\nu)$ durch einen kontinuierlichen Kurvenzug gegeben ist. Besteht $f(\nu)$ aus äquidistanten Ordi-

---

[1]) Eine zusammenfassende Darstellung gibt K. STUMPFF, Analyse periodischer Vorgänge, 3. Kap., S. 60ff. Berlin: Bornträger 1927.

[2]) F. KLEIN u. A. SOMMERFELD, Über die Theorie des Kreisels, S. 678ff. Leipzig: B. G. Teubner 1923.

[3]) Eine hierauf beruhende Methode der Periodenbestimmung gibt N. BERNSTEIN, Analyse aperiodischer trig. Reihen, ZS. f. angew. Math. u. Mech. Bd. 7, S. 476. 1927.

[4]) F. BERNSTEIN, Über die numerische Ermittlung verborgener Periodizitäten, ZS. f. angew. Math. u. Mech. Bd. 7, S. 441—444. 1927.

[5]) Siehe Ziff. 21 dieses Kapitels.

naten, dann treten an Stelle der Integrale (59) analoge Summen (Lagrange-transformation) und die weitere Rechnung verläuft ähnlich obiger.

Von einer physikalischen Erscheinung werde vermutet, daß sie sich durch eine Formel (57) beschreiben läßt. Amplituden, Perioden, Phasen und die Anzahl der Sinusglieder seien unbekannt. Eine solche Erscheinung ist z. B. das von einem selbstleuchtenden Körper ausgestrahlte Licht. In seinem prismatischen Spektrum ist die Schwingungszahl als Funktion der Wellenlänge oder Schwingungszahl (Periode) dargestellt. Die rein periodischen Schwingungen treten als Helligkeitsmaxima (Linien) hervor, während die regellosen einen kontinuierlichen Untergrund (Band) bilden. Im Spektrum ist also für den Lichtstrahl die Analyse ausgeführt. Von dieser optischen Analogie ausgehend, gab A. SCHUSTER[1]) in seinem Periodogramm die Lösung für eine beliebige periodische Erscheinung. Das Periodogramm ist eine Kurve, welche bezüglich der angenommenen Perioden (Versuchsperioden, trial periods) als Abszissen an den Stellen, die wirklichen Perioden entsprechen, Maximalwerte aufweist, deren Ordinaten je nach der Anlage des Periodogramms schon direkt die Amplituden[2]) der Sinusglieder sind oder zu ihnen in einfacher Beziehung stehen.

Die N äquidistanten Beobachtungswerte y_ν, deren Abstand $t_\nu - t_{\nu-1}$ wir im folgenden als 1 annehmen, werden zur Konstruktion des Periodogramms in Gruppen zu je p [Versuchsperiode $= p(t_2 - t_1)$], wo $rp \leqq N < (r+1)p$ ist, geordnet:

$$\begin{array}{cccc}
y_1 & y_2 & \cdots & y_p \\
y_{p+1} & y_{p+2} & \cdots & y_{2p} \\
y_{2p+1} & y_{2p+1} & \cdots & y_{3p} \\
\cdots & \cdots & \cdots & \cdots \\
y_{(r-1)p+1} & y_{(r-1)p+2} & \cdots & y_{rp} \\
\hline
Y_1 & Y_2 & & Y_p
\end{array}$$

man bildet die Mittelwerte der einzelnen Kolonnen $Y_1 \cdots Y_p$. Für die Y gelten nach BUYS-BALLOT folgende Sätze:

1. Wenn die Beobachtungswerte y bezüglich einer Periode vom $p$fachen Intervall zweier aufeinanderfolgender Beobachtungen periodisch sind, dann sind es auch die Mittelwerte Y; das gleiche gilt auch für alle Unterperioden von $p\left(\frac{p}{2}, \frac{p}{3} \ldots\right)$.

[1]) A. SCHUSTER, On the Investigation of Hidden Periodicities with applications to a supposed 26 day period of Meteorological Phenomena. Terr. Magn. Bd. VIII, S. 13. 1898; The Periodogram and its Optical Analogy. Proc. Roy. Soc. London A Bd. 77. 1906; On the Periodogram of Magnetic Declination at Greenwich. Phil. Trans. Cambridge Bd. 18; On the Periodicities of Sun-spots. Phil. Trans. London A Bd. 206. 1906; The Periodicity of Sun-spots. Astrophys. Journ. Bd. 23.

Eine kurze leicht verständliche und durch Beispiele vervollständigte Darstellung gab V. CONRAD, Der Expektanzbegriff von A. SCHUSTER. Meteorol. ZS. 1924, S. 293 u. 389.

Eine vollständige Übersicht, Beispiele und ein vollständiges Literaturverzeichnis gibt K. STUMPFF, Analyse periodischer Vorgänge, 4. Kap., S. 99. Berlin: Bornträger 1927.

Über die Anwendung und die bisherigen Ergebnisse der A. Schusterschen Methode berichtet L. W. POLLAK, Das Periodogramm der Polbewegung. Gerlands Beiträge zur Geophysik Bd. 16, S. 108. 1927.

Über die Vorgeschichte der Methode findet man Ausführliches bei H. BURKHARDT, Entwicklung nach oszillierender Funktionen. Jahresber. d. Dtsch. Math. Vereinigung Bd. 10. 1908.

[2]) A. SCHUSTER berechnet in Cambridge Phil. Trans. Bd. 18, S. 107. 1900 als Ordinaten der Periodogrammkurve die Intensität $H^2(p)$, was eine Reihe theoretischer und praktischer Vorteile hat. Da aber in der Literatur die Periodogramme fast ausschließlich mit den Ordinaten $H(p)$, also den Amplituden, berechnet sind, wird dies auch hier beibehalten. Hierüber L. W. POLLAK, Periodogramme hochfrequenter Schwankungen meteorologischer Elemente. Meteorol. ZS. 1927, S. 121.

2. Wenn die wahre Periode T von der Versuchsperiode p verschieden ist, so wird sie in den Y ganz oder teilweise verschwinden, und zwar um so mehr, je größer die Anzahl $\mathfrak{r}$ der Reihen und je größer der Unterschied zwischen T und p ist.

3. Bildet man die Mittel Y zuerst nur aus den ersten Reihen der y und berechnet, indem man nacheinander immer mehr y-Reihen hinzunimmt, immer die zugehörigen Y, so verschiebt sich bei $T > p$ die Phase nach rechts, bei $T < p$ nach links, und zwar um so rascher, je größer der Unterschied zwischen T und p ist.

Wenn man die y nach allen möglichen Versuchsperioden p ordnet und immer die Mittel Y bildet, so weisen diese Y für diejenigen p-Werte, die einer wahren Periode gleich oder nahekommen, die größten Schwankungen auf.

Für jedes p stellt man die zugehörigen Y durch eine einfache Sinusschwingung dar, man berechnet die ersten Fourierkoeffizienten a_1 und b_1 (Ziff. 25), die hier als Funktion von p mit $a(p)$ und $b(p)$ bezeichnet werden, das Absolutglied $a_0 = c_0$ wird nicht berechnet:

$$a(p) = \frac{2}{p}\sum_{\nu=1}^{p} Y_\nu \cos\frac{2\pi}{p}\nu, \qquad b(p) = \frac{2}{p}\sum_{\nu=1}^{p} Y_\nu \sin\frac{2\pi}{p}\nu$$

und damit die Amplitude

$$c_p = H(p) = \sqrt{a(p)^2 + b(p)^2} \tag{62}$$

Diese $H(p)$ trägt man als Ordinaten zu den zugehörigen Abszissen p auf und erhält so diskrete äquidistante Punkte der Periodogrammkurve. Für Zwischenwerte von p, wo also p kein ganzzahliges Vielfaches des Abszissenabstandes zweier aufeinanderfolgender Beobachtungen ist, bildet man

$$a(p) = \frac{2}{N}\sum_{\nu=1}^{N} y_\nu \cos\frac{2\pi}{p}\nu, \quad b(p) = \frac{2}{N}\sum_{\nu=1}^{N} y_\nu \sin\frac{2\pi}{p}\nu, \quad H(p) = \sqrt{a(p)^2 + b(p)^2}. \tag{62'}$$

$a(p)$, $b(p)$ und $H(p)$ sind dadurch als stetige Funktionen der stetigen Variablen p gegeben. Liegt das Beobachtungsmaterial als eine stetige Kurve im Bereich $0 \leqq t \leqq N$ vor, dann gewinnt man $a(p)$ und $b(p)$ durch Integration[1])

$$a(p) = \frac{2}{N}\int_0^N y(t)\cos\frac{2\pi}{p}t\cdot dt \qquad b(p) = \frac{2}{N}\int_0^N y(t)\sin\frac{2\pi}{p}t\cdot dt.$$

Man konstruiert also die nach (62) oder (62′) stetige Periodogrammkurve

$$H(p) = \sqrt{a(p)^2 + b(p)^2}. \tag{63}$$

Die Rechnung wird durch den Gebrauch der Tafeln von L. W. Pollak[2]) wesentlich abgekürzt.

Auch bei ganzzahligem p empfiehlt es sich, alle y_ν bei der Bildung der Mittel Y (61) zu verwerten, auch wenn p in N nicht ganzzahlig aufgeht[3]); die letzte Reihe der y_ν im Schema (61) ist dann nicht vollständig.

Bei der Konstruktion eines Periodogramms erscheinen Nebenmaxima, die Perioden vortäuschen. Zeichnet man z. B. das Periodogramm der reinen Sinusschwingung[4])

$$y = c\sin\left(\frac{2\pi}{T}t + q\right),$$

[1]) Die Integration führt man mit einem harmonischen Analysator aus oder graphisch. Eine graphische Methode gibt H. v. Sanden an: Praktische Analysis, II. Aufl., S. 126. 1923.

[2]) L. W. Pollak, Rechentafeln zur Harmonischen Analyse. Leipzig: Barth 1926; weiter Zur Harmonischen Analyse empirischer, durch eine große Zahl gegebener Ordinaten definierter Funktionen. Ann. d. Hydrogr. 1926, S. 311, 344 u. 378.

[3]) K. Stumpff, Analyse periodischer Vorgänge, S. 105.

[4]) K. Stumpff gibt in Analyse periodischer Vorgänge, S. 105 eine Abbildung des Periodogramms der reinen Sinusschwingung.

so erhält man bei $p = T$ ein Maximum von der Ordinatenhöhe $H = c$, bei den Stellen

$$p = \frac{T}{1 - \frac{k}{N}t} \quad (k = \pm 1, \pm 2, \pm 3 \ldots)$$

Nullstellen und dazwischen kleinere Nebenmaxima (unechte oder Gespensterperioden, spurious periodicities), welche A. SCHUSTER mit den Beugungsspektren eines Gitters vergleicht. Sie nehmen mit wachsender Entfernung vom Hauptmaximum rasch ab, ihre Abstände von diesem ändern sich stark mit N, sie sind also von einem Hauptmaximum leicht zu unterscheiden, da die Lage des letzteren von N unabhängig ist.

Zu einer anderen Periodogrammfunktion gelangt man, indem man die Reihe der Beobachtungswerte

$$y_1, \quad y_2, \quad y_3 \quad \ldots \quad y_N \qquad (y_\nu)$$

mit den Reihen

$$\cos\frac{2\pi}{p}, \quad \cos 2\cdot\frac{2\pi}{p}, \quad \cos 3\cdot\frac{2\pi}{p} \quad \ldots \quad \cos N\frac{2\pi}{p} \qquad (u_\nu)$$

$$\sin\frac{2\pi}{p}, \quad \sin 2\cdot\frac{2\pi}{p}, \quad \sin 3\cdot\frac{2\pi}{p} \quad \ldots \quad \sin N\frac{2\pi}{p} \qquad (v_\nu)$$

in Korrelation[1]) setzt. Bezeichnet

$$\sigma_y = \sqrt{\frac{\Sigma y_\nu^2}{N}} \tag{64}$$

den quadratischen Mittelwert der y, so bestehen zwischen den Korrelationskoeffizienten und den $a(p)$ und $b(p)$ (62) oder (62′) die Beziehungen[2])

$$r_{uv} = 0, \qquad r_{yu} = \frac{a(p)}{\sigma_y\sqrt{2}}, \qquad r_{yv} = \frac{b(p)}{\sigma_y\sqrt{2}}$$

und der totale Korrelationskoeffizient von y in bezug auf u und v

$$r_y = \sqrt{r_{yu}^2 + r_{yv}^2} = \frac{H(p)}{\sigma_y\sqrt{2}} \tag{65}$$

ist der Periodogrammfunktion $H(p)$ (63) proportional.

Aus einer nach (63) oder (65) berechneten Periodogrammfunktion gewinnt man die ungefähre Lage der wahren Perioden T. Um eine Periode T genauer festzulegen, bedient man sich des Phasendiagramms. Aus den nach (62) oder (62′) berechneten Amplituden $a(p)$ und $b(p)$, die man als rechtwinklige Koordinaten eines Punktes auffaßt, bildet man die Polarkoordinaten

$$a(p) = H(p)\sin\psi, \qquad b(p) = H(p)\cos\psi$$

und den Phasenwert

$$\psi(p) = \operatorname{arc\,tan}\frac{a}{b}.$$

Die Rechnung führt man gruppenweise aus, indem man das Gesamtintervall $(0N)$ in m gleiche Abschnitte teilt, deren jeder die gefundene Näherungsperiode p mehrfach, etwa viermal, umfaßt;

$$[0\ldots n][n\ldots 2n]\ldots\quad[(\mu-1)n\ldots\mu n]\ldots[(m-1)n\ldots mn]$$

und für jedes der Intervalle die Amplituden $a(p)$ und $b(p)$ berechnet. Wenn p schon exakt gleich der Periode T ist, werden $a(p)$ und $b(p)$ von Gruppe zu Gruppe annähernd (wegen zufälliger Fehler) konstant bleiben und damit auch der Phasenwinkel ψ.

---

[1]) Siehe Kap. 12, Ziff. 43 u. 47.

[2]) K. STUMPFF, Analyse periodischer Vorgänge, S. 107; E. T. WHITTAKER u. G. ROBINSON, The Calculus of Observations, Kap. XIII.

In der Nähe von T sei keine weitere Periode vorhanden und p ihr Näherungswert. Man läßt nun μ alle Werte von 1 bis m durchlaufen und trägt ψ als Funktion von μ auf (Phasendiagramm). ψ ergibt sich näherungsweise als lineare Funktion von μ[1]), aus deren Richtungstangente

$$2\pi n\left(\frac{1}{T} - \frac{1}{p}\right)$$

die Periode T schärfer berechnet wird. Die Vieldeutigkeit des arctan stört nicht, da T aus dem Periodogramm genähert als p bekannt ist. Bei zwei und mehr Perioden, zumal nahe benachbarten, werden die Verhältnisse schwieriger[2]).

Auch im Periodogramm liegen in der Regel komplizierte Erscheinungen vor, da die empirisch gegebene Funktion meist nicht allein aus einer Anzahl reiner Sinusschwingungen besteht, weiter sind namentlich bei meteorologischen Problemen die Perioden nicht von konstanter Dauer, wodurch die Maxima im Periodogramm verbreitert, aber erniedrigt werden, schließlich sind die Beobachtungswerte y mit Fehlern behaftet.

Um wahre Kausalperioden von durch zufällige Maxima im Periodogramm vorgetäuschten Perioden unterscheiden zu können, gab A. SCHUSTER zwei Hilfsmittel an:

1. Man verwendet zur Berechnung der $a(p)$ und $b(p)$ zuerst nur die erste Reihe der Beobachtungswerte y (61), hierauf die erste plus zweite Reihe, dann die ersten drei, schließlich alle r Reihen. Bei rein zufälliger Verteilung der y wachsen die berechneten Amplituden H proportional der Wurzel der Anzahl der verwendeten Reihen, bei rein periodischer Anordnung aber, wenn also p eine wahre Periode ist oder ihr sehr nahe, geschieht das Anwachsen proportional der Anzahl der verwendeten Reihen.

2. Die Expektanz. Es seien N Beobachtungen y gegeben, frei von Periodizitäten, voneinander unabhängig und nach Art zufälliger[3]) Fehler in ihrer Größe schwankend. Als Mittelordinate des aus diesen y berechneten Periodogramm berechnet man die Expektanz ε[4]):

$$\varepsilon = \sigma\sqrt{\frac{\pi}{N}} = \sigma\frac{1\cdot 77}{\sqrt{N}}. \tag{66}$$

σ ist der quadratische Mittelwert (64) aller Beobachtungen. Die Wahrscheinlichkeit, daß eine Ordinate H dieses Periodogramms größer ist als der λ fache Wert der Expektanz, ist

$$W = e^{-\frac{\pi}{4}\lambda^2}.$$

Der Zusammenhang von W und λ ist aus folgender Tabelle ersichtlich:

λ	W	λ	W	λ	W	λ	W
0,1	0,9922	1,5	0,1708	3,0	0,00085	4,5	$1{,}24\cdot 10^{-7}$
0,5	0,8217	2,0	0,0432	3,5	$6{,}63\cdot 10^{-5}$	5,0	$2{,}97\cdot 10^{-9}$
1,0	0,4559	2,5	0,00738	4,0	$3{,}49\cdot 10^{-6}$		

[1]) K. STUMPFF, Analyse periodischer Vorgänge, S. 110; L. W. POLLAK, Das Periodogramm der Polbewegung. Gerl. Beitr. z. Geophys. Bd. 16, S. 183. 1927. Über die Berechnung der Amplituden $H(p)$ aus den Gruppen siehe K. STUMPFF, Fehlertheoretische Untersuchungen zur Periodogrammanalyse. Astron. Nachr. Bd. 226, S. 377. 1926 und Analyse periodischer Vorgänge, S. 120ff.

[2]) Bezüglich Einzelheiten sei auf die zusammenfassende Darstellung von K. STUMPFF, Analyse periodischer Vorgänge, S. 108ff. verwiesen.

[3]) Ein anderes wahrscheinlichkeitstheoretisches Kriterium dafür, ob eine berechnete Amplitude nur zufällig ist oder einer wahren Periode angehört, gab O. MEISSNER, Über die Wahrscheinlichkeit errechneter Periodizitäten. Astron. Nachr. Bd. 186, S. 57. 1910.

[4]) Außer bei A. SCHUSTER findet man die Ableitung bei K. STUMPFF, Analyse periodischer Vorgänge, S. 115.

Darnach ist es äußerst unwahrscheinlich, daß eine Zufallsordinate im Periodogramm einen Betrag erreicht, der ein Drei- oder Mehrfaches der Expektanz ist[1]).

Untersucht man nun ein Beobachtungsmaterial auf wahre Perioden, so bildet man nach (66) die Expektanz, sofern die Beobachtungen y als voneinander unabhängig angesehen werden können. Wenn im Periodogramm eine Ordinate auftritt, die größer ist als 3ε, dann ist man berechtigt, anzunehmen, daß die ihr entsprechende Periode eine Kausalperiode ist, denn die Wahrscheinlichkeit, daß eine Zufallsordinate 3ε erreicht, ist kleiner als 0,001. A. SCHUSTER nimmt die Sicherheitsgrenze erst bei 4ε an.

Sind die Beobachtungswerte y nicht unabhängig, sondern ist jedes durch die vorausgehenden beeinflußt (z. B. Tagesmittel oder stündliche Lesungen der Temperatur), dann setzt A. SCHUSTER in erster Annäherung die Expektanz gleich dem Mittelwert der Ordinaten des berechneten Periodogramms. Werden hierdurch Maximalordinaten als zu wahren Perioden gehörig erkannt, dann schließt man sie von der Mittelbildung aus und berechnet aus den übrigen y eine zweite Annäherung für die Expektanz, die nun schon ausreicht.

Aus

$$N \geqq \frac{9\pi\sigma^2}{H^2}$$

gemäß (66) berechnet man bei bekannter Expektanz die Anzahl N der Beobachtungen, die nötig ist, damit eine Periode von der Amplitude H mit Sicherheit als eine wahre Periode erkannt wird; dabei ist die Sicherheitsgrenze bei 3ε angenommen.

Sieht man von täglichen und jährlichen Perioden der meteorologischen Elemente ab, deren physikalische Realität evident ist, so ist es bisher nur viermal gelungen, bei geophysikalischen Erscheinungen Perioden nachzuweisen, deren Ordinaten das Vierfache der Expektanz übertrafen. Es fanden A. SCHUSTER und H. TURNER bei der 11- bis 14jährigen Periode der Sonnenflecken ein $H_{\max} = 5{,}41\,\varepsilon$, V. CONRAD[2]) für die tägliche und jährliche Periode der Erdbebenhäufigkeit Beträge zwischen 5,46 und $12{,}2\,\varepsilon$, E. TAMS[3]) für den täglichen Gang der Erdbebenhäufigkeit $8{,}9\,\varepsilon$ und L. W. POLLAK[4]) für die 12- und 14monatlichen Perioden der Polschwankungen Maximalordinaten zwischen 5,11 und $10{,}67\,\varepsilon$.

Daß in der Meteorologie keine Perioden mit der Ordinatenhöhe $H > 4\varepsilon$ gefunden wurden, kann darin seinen Grund haben, daß 1. keine Perioden vorhanden sind, 2. das Beobachtungsmaterial zu kurz ist (36jährige Brücknersche Periode), 3. die Periodenlänge selbst schwankt, namentlich bei kurzen Perioden von der Dauer weniger Tage[5]), dadurch wird das Maximum im Periodogramm verbreitert und erniedrigt.

---

[1]) Einen von V. CONRAD, Der Expektanzbegriff von A. SCHUSTER, Meteorol. ZS. 1924 vorgeschlagenen Versuch, ein Periodogramm für reine Zufallszahlen zu berechnen, die man sich z. B. durch eine große Zahl Augensummen beim Werfen von zwei Würfeln verschaffen kann, hat L. W. POLLAK ausgeführt. Er findet in Das Periodogramm der Polbewegung. Gerl. Beitr. z. Geophys. Bd. 16, S. 149 im Periodogramm von 342 Wurfergebnissen keine Periode, deren Amplitude 2ε erreicht.

[2]) V. CONRAD, Die zeitliche Verteilung der in den Jahren 1897—1907 in den österreichischen Alpen- und Karstländern gefühlten Erdbeben. Mitt. d. Erdbeben-Komm. d. Wien. Akad. d. Wiss. 1912, Neue Folge Nr. 44, 2. Mitt.

[3]) E. TAMS, Zur Frage der tägl. Periode in der Stoßfrequenz der vogtländischen Erdbebenschwärme. ZS. f. angew. Geophys. Bd. 1, S. 193—213. 1923. Die Frage der Periodizität der Erdbeben. Berlin: Bornträger 1926.

[4]) L. W. POLLAK, Das Periodogramm der Polbewegung. Gerl. Beitr. z. Geophys. Bd. 16. 1924.

[5]) L. W. POLLAK, Periodogramme hochfrequenter Schwankungen meteorologischer Elemente. Meteorol. ZS. 1927, S. 121.

Um eine Kausalperiode nach der Schusterschen Methode mit Sicherheit zu erkennen, muß das Gesamtintervall der Beobachtungen mindestens den 5fachen Bereich einer Periode übersteigen. Die kürzeste sicher erkennbare Periode darf nicht kleiner als der dreifache Abstand benachbarter Beobachtungswerte sein, das zugehörige Maximum liegt dann ganz am linken Rande des Periodogramms. Der große Rechenaufwand der Methode wird durch eine Reihe Hilfsmittel[1]) erleichtert. Über geistvoll konstruierte Instrumente zur Periodenbestimmung berichtet K. STUMPFF[2]), ferner über Analyse lückenhafter Beobachtungsreihen[3]).

28. Annäherung von Funktionen zweier Veränderlicher. Die Fouriersche Entwicklung einer Funktion $f(x, y)$ ist

$$f(x, y) = \sum_{\alpha=0}^{n} \sum_{\beta=0}^{n} [A_{\alpha,\beta} \cos(\alpha x + \beta y) + B_{\alpha,\beta} \sin(\alpha x + \beta y)],$$

die Koeffizienten sind

$$\left.\begin{matrix} A_{\alpha,\beta} \\ B_{\alpha,\beta} \end{matrix}\right\} = \frac{1}{4\pi^2} \int_0^{2\pi} \int_0^{2\pi} f(x, y) \left\{\begin{matrix} \cos \\ \sin \end{matrix}\right\} (\alpha x + \beta y)\, dx\, dy.$$

Eine vereinfachte Annäherung durch Kugelfunktionen zweier Argumente gab F. NEUMANN[4]). Die Beobachtungspunkte müssen eine bestimmte Lage auf der Kugel einnehmen. Die Beobachtungswerte brauchen nicht an diesen Stellen zu liegen, man leitet die Funktionswerte dort durch Interpolation ab. Die Stellen sind die Schnittpunkte von $2p$ äquidistanten Meridianen mit q Parallelkreisen. F. NEUMANN gab zwei Methoden an. Nach der ersten ist $q = 2p + 1$, dann ist die Lage der Parallelkreise beliebig. Nach der zweiten ist $q = p + 1$, dann müssen die Parallelkreise die Nordpoldistanzen $\vartheta_1, \vartheta_2, \ldots, \vartheta_{p+1}$ haben, die gegeben sind durch $P_{n+1}(\cos\vartheta) = 0$. Die $\cos\vartheta$ sind also die Nullstellen der Kugelfunktion $P_{n+1}(u)$.

Für die zweite Methode sind die Werte der Konstanten von H. SEELIGER[5]) bis einschließlich $p = 6$ berechnet, so daß eine Entwicklung bis zu dieser Ordnung ein Minimum an Rechenarbeit erfordert. Eine vollständig durchgerechnete Entwicklung bis zur 16. Ordnung findet man bei A. PREY[6]). In der Einleitung seiner Arbeit gibt er eine Zusammenstellung der Formeln für beide Methoden von Neumann.

Literatur zum Abschnitt III. C. RUNGE-H. KÖNIG, Vorlesungen über Numerisches Rechnen. 8. Kap. Berlin: Julius Springer 1924; v. SANDEN, Praktische Analysis. Kap. VIII, 2. Aufl. Leipzig u. Berlin: Teubner 1923; F. HELMERT, Die Ausgleichsrechnung nach der Methode der kleinsten Quadrate. 6. Kap., 2. Aufl. Leipzig: Teubner 1907.

---

[1]) L. W. POLLAK, Siehe Anm. 2, S. 543; Über das Lochkartenverfahren berichtet er in Prager Geophys. Studien Bd. 1, S. 22. 1927. Weiter G. H. DARWIN, Ebbe und Flut, S. 210. Leipzig: B. G. Teubner 1911.

[2]) K. STUMPFF, Eine neue photographische Methode zur Periodogrammanalyse. Astron. Nachr. Bd. 223, S. 187. 1925; Analyse periodischer Vorgänge, S. 147. Weiter L. W. POLLAK, Hilfsmittel zur Aufsuchung versteckter Periodizitäten. Ann. d. Hydr. Bd. 53, S. 211. 1925.

[3]) K. STUMPFF, ZS. f. angew. Geophys. Bd. 1, S. 129. 1925; Analyse periodischer Vorgänge, S. 127.

[4]) F. NEUMANN, Vorlesungen über die Theorie des Potentials und der Kugelfunktionen. Herausgegeben von C. NEUMANN. VII. Kap. Leipzig: Teubner 1887.

[5]) H. SEELIGER, Über die interpolatorische Darstellung einer Funktion durch eine nach Kugelfunktionen fortschreitende Reihe. Münchener Ber. Bd. 20. 1890.

[6]) A. PREY, Darstellung der Höhen- und Tiefenverhältnisse der Erde durch eine Entwicklung nach Kugelfunktionen bis zur 16. Ordnung. Abhandlgn. d. Ges. d. Wiss. zu Göttingen Math.-phys. Kl. N. F. Bd. 11/1. 1922.

Kapitel 14.

Graphisches Rechnen.

Von

Karl Mader, Wien.

Mit 59 Abbildungen.

I. Graphische Lösung von Gleichungen. Graphische Interpolation.

1. Allgemeines. Die numerischen Methoden lassen Annäherung mit beliebig zu steigernder Genauigkeit zu, die graphischen haben nur eine beschränkte Genauigkeit, etwa die einer dreistelligen Logarithmentafel. Durch Vergrößerung des Maßstabs läßt sich die Genauigkeit erhöhen. Die graphischen Methoden haben den Vorteil der Anschaulichkeit und führen rasch zu Näherungslösungen, die man dann numerisch verbessert, so bei der Auflösung algebraischer und transzendenter Gleichungen, bei der graphischen Integration.

Das Wesen der graphischen Methode ist die Darstellung funktionaler Zusammenhänge, die man in der Nomographie zweckmäßig einfacher veranschaulicht als durch die übliche Kurve $y = f(x)$ oder die Fläche $z = f(x, y)$. Beim Lillschen Verfahren zur Auflösung algebraischer Gleichungen erscheint die Unbekannte als Tangente eines Winkels, die graphische Differentiation und Integration macht im Richtstrahlenbüschel gleichfalls von Tangensfunktionen Gebrauch. Der Möglichkeiten der Darstellung gibt es viele.

2. Das Verfahren von Lill. Es ermöglicht die Auffindung zwei- bis dreistelliger Näherungswerte der reellen Wurzeln einer algebraischen Gleichung

$$y = a_0 x^n + a_1 x^{n-1} + \cdots + a_n$$

rascher als jede numerische Methode, auch rascher und einfacher als die Konstruktion der Kurve in kartesischen Koordinaten und Aufsuchung der Schnittpunkte mit der X-Achse.

Der Grundgedanke ist die Darstellung der Zahl oder Strecke x als Tangens eines Winkels φ, wenn die Einheitsstrecke 01 (Abb. 1) und x die Katheten eines rechtwinkligen Dreiecks sind. Ähnlichkeitskonstruktion liefert zur Strecke a das Produkt ax.

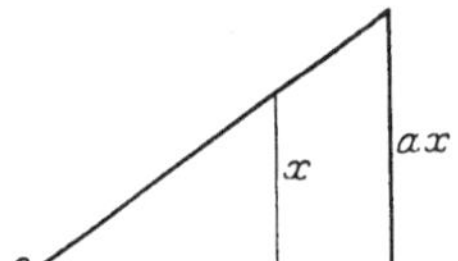

Abb. 1. Konstruktion der Zahl x als Tangens eines Winkels.

Abb. 2. Richtkreuz.

Weiter benützt man das Richtkreuz (Abb. 2). Gegen die Anfangsrichtung R_0 ist die Richtung R_1 im Uhrzeigersinn um 90° gedreht, weiter um 90° hierzu gedreht ist R_2, dann R_3. R_4 ist identisch mit R_0, R_5 mit R_1 usw.

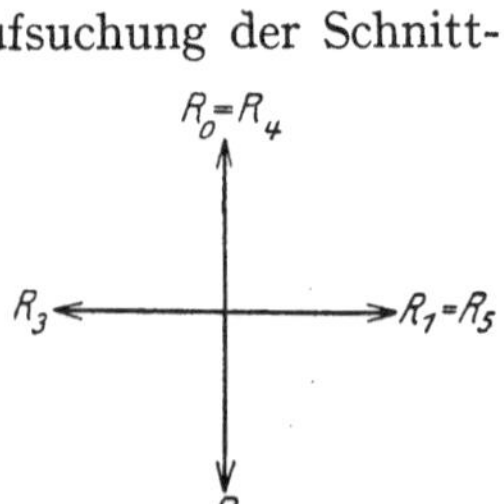

Zu der vorgelegten Funktion, z. B.

$$y = a_0 x^3 + a_1 x^2 + a_2 x - a_3 \tag{1}$$

wird mit Hilfe des Richtkreuzes der „darstellende Polygonzug" gezeichnet (Abb. 3). Von einem Punkt O ausgehend, trägt man die Strecke a_0 in der Richtung R_0 auf, von ihrem Endpunkt O_1 in Richtung R_1 die Strecke $a_1 = O_1 O_2$, von O_2 in Richtung R_2 die Strecke $a_2 = O_2 O_3$, schließlich $a_3 = O_3 O_4$ wegen des negativen Vorzeichens entgegen der Richtung R_3. Der Polygonzug $O O_1 O_2 O_3 O_4$ ist der darstellende Zug.

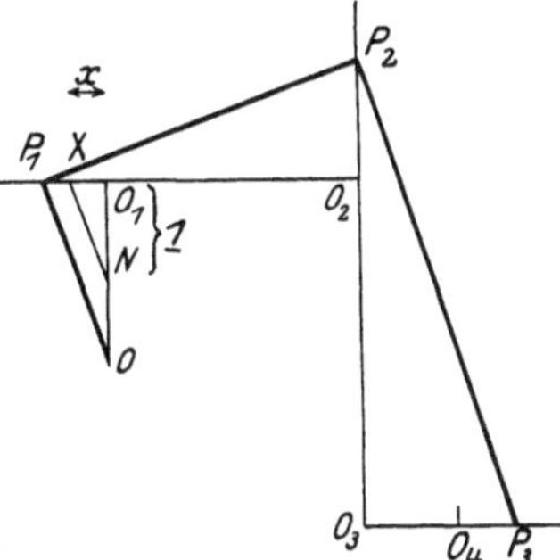

Abb. 3. Der darstellende Polygonzug.

Von O_1 wird die Einheitsstrecke $O_1 N = 1$ nach abwärts aufgetragen. Ein positives x trägt man auf der rückwärtigen Verlängerung von $O_1 O_2$ auf, es ist $O_1 X = x$, und andererseits ist x die Tangente des Winkels $O_1 N X$. Der positive Sinn des Winkels dreht von der Achse $N O_1$ entgegen dem Uhrzeiger. Ein negatives x wird von O_1 gegen O_2 abgetragen, der Winkel, dessen Tangente x ist, dreht dann im Uhrzeigersinn. In beiden Fällen ist $x = \operatorname{tg} \varphi$, und φ liegt zwischen $-\frac{\pi}{2}$ und $+\frac{\pi}{2}$, x kann alle reellen Werte von $-\infty$ bis $+\infty$ annehmen.

Die zu NX parallele Gerade $O P_1$ schneidet aus der rückwärtigen Verlängerung von $O_1 O_2$ die Strecke $O_1 P_1$ aus, deren Maßzahl ist

$$O_1 P_1 = a_0 \operatorname{tg} \varphi = a_0 x.$$

Zu $O P_1$ zieht man senkrecht $P_1 P_2$, bis sie die Gerade $O_2 O_3$ oder ihre rückwärtige Verlängerung schneidet, in der Abbildung bis zum Schnittpunkt P_2. Zu $P_1 P_2$ konstruiert man ebenso die Senkrechte $P_2 P_3$, bis sie in P_3 die Verlängerung von $O_3 O_4$ schneidet. Es ist

$$P_1 O_2 = P_1 O_1 + O_1 O_2 = a_0 x + a_1,$$
$$P_2 O_2 = (a_0 x + a_1) \operatorname{tg} \varphi = a_0 x^2 + a_1 x,$$
$$P_2 O_3 = a_0 x^2 + a_1 x + a_2,$$
$$P_3 O_3 = (a_0 x^2 + a_1 x + a_2) \operatorname{tg} \varphi = a_0 x^3 + a_1 x^2 + a_2 x,$$

schließlich ist

$$P_3 O_4 = a_0 x^3 + a_1 x^2 + a_2 x - a_3$$

der graphisch ermittelte Wert der Funktion (1) für das gegebene x. Die Zeichnung führt man auf Millimeterpapier[1]) aus. Der Abb. 3 liegt die Funktion

$$y = 1{,}7 x^3 - 2{,}4 x^2 + 3{,}1 x - 0{,}9$$

zugrunde und dem rechtwinkligen Zug $O P_1 P_2 P_3$ der Wert $x = \frac{6}{17} = 0{,}353\ldots$ Als Funktionswert wird $O_4 P_3 = y = 0{,}57$ gefunden (Rechnung ergibt 0,5678).

3. Auflösung einer algebraischen Gleichung mit Hilfe des Lillschen Verfahrens. Eine geringe Verkleinerung des oben angegebenen x-Wertes, also der Strecke $O_1 X$, würde bewirken, daß der Punkt P_3 mit O_4 zusammenfällt, dann ist $y = 0$ und der neue x-Wert eine Wurzel der Gleichung $y = 0$. Ein mit $x = \frac{5}{17} = 0{,}294\ldots$ konstruierter Polygonzug gibt $y = 0{,}26$ (Rechnung 0,2626). Jetzt führt man $x = 0{,}294$ als Näherungswert in die Gleichung ein und verbessert ihn durch ein numerisches Verfahren.

---

[1]) In dieser und den folgenden Abbildungen wurde, um die Deutlichkeit der Bilder zu erhöhen, das Millimeternetz nicht mitgedruckt.

Einen Näherungswert einer Wurzel graphisch zu finden, gelingt hier nach wenigen Versuchen. Man probiert mit einem beliebigen $x = \operatorname{tg}\varphi$ und verkleinert durch Drehung die Endstrecke (oben $O_4 P_3$). Man legt durchsichtiges Millimeterpapier auf die Zeichnung und befestigt es mit einer Nadel drehbar im Endpunkt des darstellenden Zuges (oben O_4). Durch Drehung findet man bald einen lösenden Zug, hierauf zieht man vom Punkt N aus ($O_1 N = 1$) eine Parallele zur ersten Seite OP_1, die Strecke $O_1 X$ ist die Wurzel x.

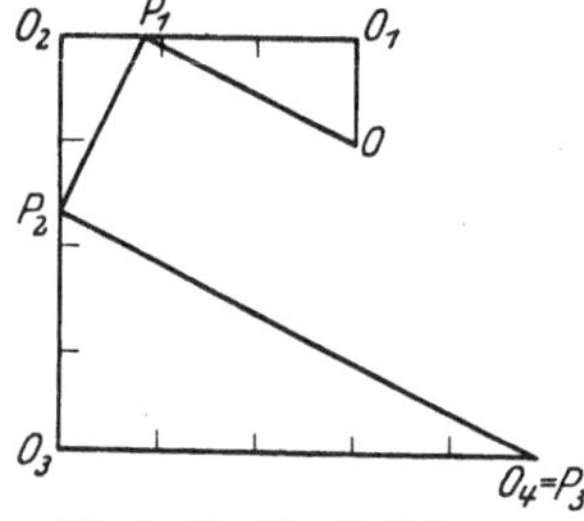

Abb. 4. Der lösende Polygonzug.

Beispiel. In Abb. 4 ist der darstellende Zug und der lösende für die Gleichung

$$f(x) = x^3 - 3x^2 + 4x - 5 = 0$$

gezeichnet. Der Näherungswert der Wurzel ist $x_1 = 2{,}2$. Das Newtonsche Verfahren[1]) gibt die Wurzel $x = 2{,}213412\ldots$

Die Konstruktion des lösenden Zuges wird mit Hilfe des Rechenschiebers verschärft. Man stellt für obige Zeichnung $x = 2{,}2$ auf dem Rechenschieber ein, multipliziert es mit der Maßzahl der Strecke $P_1 O_2 = 0{,}8$, liest ab $O_2 P_2 = 1{,}76$, dadurch $O_3 P_2 = 2{,}24$, das, mit 2,2 multipliziert, die Lesung $O_3 P_3 = 4{,}93$ gibt, während $O_3 O_4 = 5$ ist, so daß $x = 2{,}2$ schon nahe der Wurzel liegt. Auf diese Weise wird der rechtwinklige Zug sicherer geführt, und man gelangt bei Gleichungen höheren Grades zu besseren Näherungswerten der Wurzel, als wenn man die rechten Winkel bloß konstruiert. So findet man, daß die Gleichung

$$f(x) = x^6 - 3x^5 + 5x^4 - 7x^3 + x^2 + 2x - 8 = 0$$

eine Wurzel zwischen 2,1 und 2,2 hat, da $f(2{,}1) = -3{,}7$, $f(2{,}2) = 2{,}6$ ist.

4. Auffindung weiterer Wurzeln. Es sei eine Wurzel x_1 der algebraischen Gleichung $f(x) = a_0 x^n + a_1 x^{n-1} + \cdots + a_n = 0$ gefunden. Der lösende Zug, der unter dem Winkel φ_1 ($x_1 = \operatorname{tg}\varphi_1$) geführt wurde, ist schon der darstellende Zug der ganzen Funktion $n-1$-ten Grades

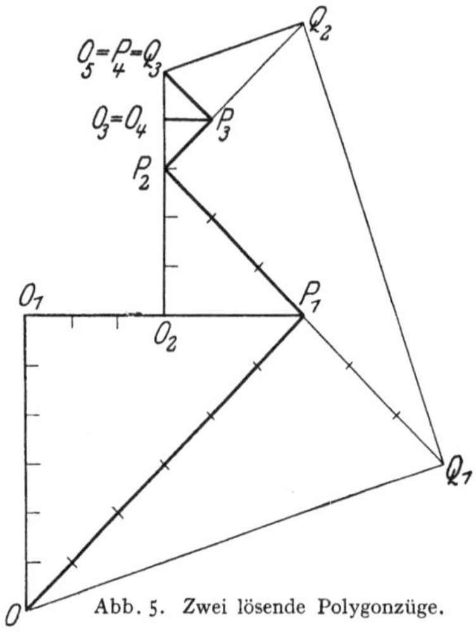

$$g(x) = \frac{f(x)}{x - x_1} = b_0 x^{n-1} + b_1 x^{n-1} + \cdots + b_{n-1},$$

doch ist sein Maßstab ein anderer. Dem Zahlenwert nach ist $b_0 = a_0$, allein b_0 wird jetzt durch die Strecke OP_1 (Abb. 5) dargestellt, die früher $\frac{a_0}{\cos\varphi_1}$ war. Die neue Einheitsstrecke ist daher $\frac{1}{\cos\varphi_1}$ mal der früheren Einheitsstrecke. Für die im geänderten Maßstab durch $OP_1P_2\ldots$ jetzt dargestellte Funktion $g(x)$ wird wie früher ein lösender Zug gesucht, der den Näherungswert einer zweiten Wurzel x_2 liefert usw.

Abb. 5. Zwei lösende Polygonzüge.

Wenn der Koeffizient einer oder mehrerer Potenzen von x in $f(x)$ Null ist, entfällt die entsprechende Strecke im darstellenden Zug; die Gerade, auf welcher sie liegen würde, läßt sich aber zeichnen, daher auch ihr Schnitt P_i mit dem rechtwinkligen Lösungszug. Der auf die fehlende Potenz folgende Koeffizient a_{i+1} muß in der ihm nach dem Richtkreuz zukommenden Richtung R_{i+1} aufgetragen werden.

[1]) In Kap. 15, Ziff. 3, wird das Beispiel zu Ende geführt.

Beispiel. Die Gleichung $6x^4 + 3x^3 - 4x^2 + 1 = 0$ (Abb. 5) hat eine Wurzel $x_1 = \operatorname{tg}\varphi_1 = -1$, denn φ_1 dreht in negativem Sinne. Der lösende Zug $O P_1 P_2 P_3 P_4$ ist darstellender Zug der Gleichung dritten Grades, welche aus obiger durch Division mit $x + 1$ hervorgeht:

$$6x^3 - 3x^2 - x + 1 = 0,$$

die man aber nicht auszurechnen braucht. Die neue Einheitsstrecke ist dadurch bestimmt, daß $OP_1 = 6$ sein muß, sie ist also $\frac{1}{\cos\varphi_1} = \sqrt{2}$ mal der alten. In Millimeterpapier läßt sich die neue Teilung sofort markieren.

Der zweite lösende Zug $OQ_1Q_2Q_3 (Q_3 = P_4)$ gibt

$$x_2 = \operatorname{tg}\varphi_2 = -\tfrac{3}{6} = -\tfrac{1}{2}.$$

Für quadratische Gleichungen besteht jeder der beiden lösenden Züge nur aus den zwei Schenkeln eines rechten Winkels, den man als Winkel im Halbkreis konstruiert. Zur Lösung der Gleichung

$$x^2 + 1{,}3x - 3{,}0 = 0$$

zeichnet man (Abb. 6) mit den Strecken 1, 1,3, −3,0 den darstellenden Zug $OO_1O_2O_3$ und mit OO_3 als Durchmesser den Kreis. O_1O_2 wird nach beiden Seiten bis zum Schnitt mit der Kreisperipherie in P_1 und P_1' verlängert. Die Wurzeln sind

$$x_1 = \frac{O_1P_1}{OO_1} \quad \text{und} \quad x_2 = \frac{O_1P_1'}{OO_1}$$

oder man greift sie, da der Nenner = 1, als die Strecken $O_1P_1 = 1{,}2$ und $O_1P_1' = -2{,}5$ ab.

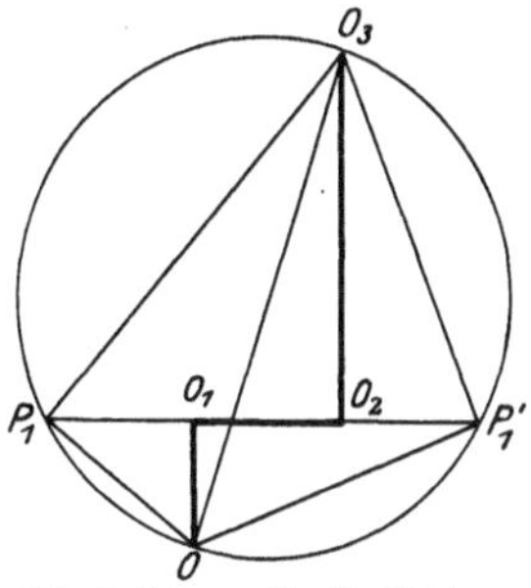

Abb. 6. Lösung für die Gleichung zweiten Grades.

5. Graphische Lösung einer Gleichung mittels zweier Kurven. Diese Methode wird angewendet, wenn sich eine Gleichung in zwei Teile zerlegen läßt, deren jeder leicht zu konstruieren ist. Das Verfahren führt bei Gleichungen höheren Grades und bei transzendenten rasch zu Näherungswerten aller reellen Wurzeln.

Die Gleichung soll sich in der Form $y = f(x) - \varphi(x) = 0$ schreiben lassen. Man zeichnet die zwei Kurven $y_1 = f(x)$ und $y_2 = \varphi(x)$. In den Schnittpunkten der zwei Kurven ist $f(x) = \varphi(x)$, also $y = 0$, die zugehörigen Abszissen x sind die Wurzeln der Ausgangsgleichung.

Auf diese Art behandelt man unter andern Gleichungen mit einem transzendenten[1]) und einem ganzen rationalen Bestandteil, z. B. der Form

$$\log x - g(x) = 0, \qquad e^x - g(x) = 0,$$
$$\sin x - g(x) = 0 \text{ usw.}$$

Beispiel:

$$^{10}\log x + \frac{x}{3} - 1 = 0.$$

Um einen größeren Schnittwinkel zwecks besserer Ablesung des Schnittpunktes zu erhalten (Abb. 7), nehmen wir die Einheitsstrecke auf der y-Achse dreimal so groß als auf der X-Achse. Diese Überhöhung ändert an der Abszisse des Schnittpunktes der Kurve

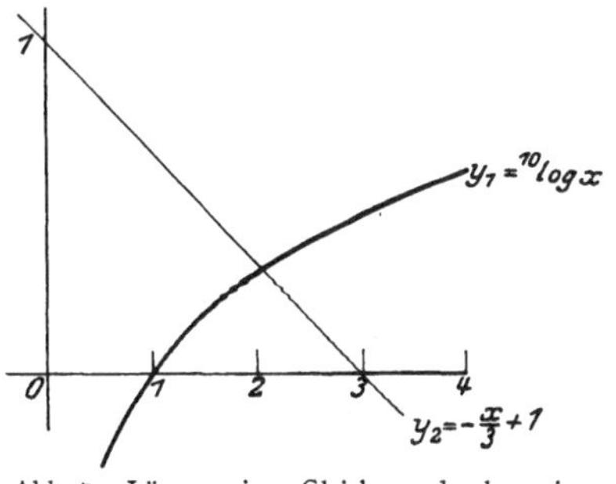

Abb. 7. Lösung einer Gleichung durch zwei Kurven.

1) Näherungsweise graphische Darstellung irrationaler und transzendenter Größen gibt K. T. Vahlen, Konstruktionen und Approximationen. Leipzig: Teubner 1911.

$y_1 = {}^{10}\log x$ mit der Geraden $y_2 = -\frac{x}{3} + 1$ nichts. Man findet, daß die Wurzel zwischen 2,0 und 2,1 gelegen ist, die man auf numerischem Wege jetzt weiter annähern kann.

6. Auflösung der reduzierten Gleichung dritten Grades. Für die Gleichung

$$x^3 + ax + b = 0$$

zeichnet man in Millimeterpapier die kubische Parabel $y_1 = x^3$. Die Gerade $y_2 = -ax - b$ wird durch Anlegen eines Lineals an die Achsenabschnitte dargestellt oder durch eine auf Pauspapier gezeichnete Gerade. Durch eine einzige Zeichnung erhält man so die Lösungen für alle Gleichungen dritten Grades in reduzierter[1]) Form. Abb. 8 gibt für die Gleichung $x^3 - \frac{1}{3}x - 1 = 0$ die Wurzel als Abszisse des Schnittpunktes genähert zu $x = 1{,}1$ [2]).

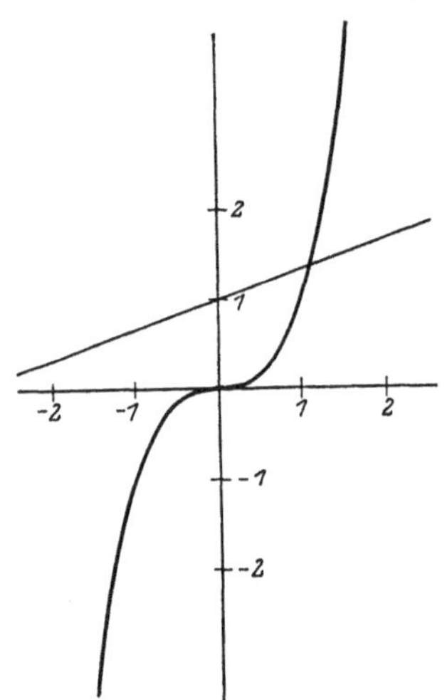

Abb. 8. Lösung der reduzierten Gleichung dritten Grades.

7. Graphische parabolische Interpolation. Eine Beziehung sei empirisch durch einzelne Ordinatenwerte gegeben, die nicht äquidistant zu sein brauchen. Wenn sie genügend nahe sind, läßt sich der Verlauf zwischen je drei aufeinanderfolgenden Punkten durch eine Parabel darstellen, deren Achse der Ordinatenachse parallel ist[3]). A, B, C seien die Endpunkte dreier benachbarter Ordinaten a, b, c (Abb. 9). Man kann beliebig viele Punkte konstruieren, die auf der Parabel zweiter Ordnung durch A, B, C liegen. Die Sehne AC schneidet die Ordinate b in B_1. Man zieht B_1C_1 parallel der X-Achse. Die Gerade C_1B wird über B hinaus verlängert. Die Ordinate p eines beliebigen Punktes schneidet C_1B in P_1. Die X-Parallele durch P_1 schneidet b in B_2. Die Gerade B_2A schneidet p in einem Punkt P, welcher auf der durch A, B, C gelegten Parabel liegt.

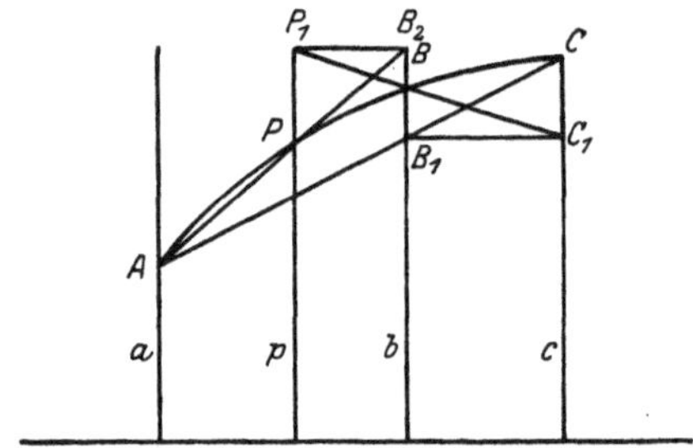

Abb. 9. Parabolische Interpolation.

Durch $n + 1$ gegebene Ordinatenendpunkte ist eine Parabel n-ter Ordnung

$$y = a_0x^n + a_1x^{n-1} + \cdots a_{n-1}x + a_n$$

bestimmt. Wie man Zwischenpunkte der Parabel graphisch erhält, zeigt D'OCAGNE[4]).

Das Glätten einer durch empirische Ordinaten gegebenen Kurve ist in Kap. 13, Ziff. 20, besprochen, graphischer Ausgleich einer Geraden in Kap. 14,

---

[1]) Auflösung mittels einer Fluchtlinientafel in Ziff. 43, Lösung der vollständigen kubischen Gleichung durch eine graphische Rechentafel in Ziff. 46 dieses Kapitels.

[2]) Das Beispiel wird in Kap. 15, Ziff. 20, zu Ende geführt.

[3]) C. RUNGE, Graphische Integrationsmethoden. ZS. f. techn. Phys. 1924, S. 161.

[4]) D'OCAGNE, Calcul graphique et Nomographie, S. 71—78. 1924.

Ziff. 30. Eine Methode für parabolischen Ausgleich gab A. BASCH[1]), R. SCHUMANN[2]) eine für parabolische Interpolation von Gradientgrößen.

Literatur zum Abschnitt I: R. MEHMKE, Leitfaden zum graphischen Rechnen. Leipzig u. Wien: Deuticke 1924; M. d'OCAGNE, Calcul graphique et Nomographie. Paris: Doin 1924; O. PRÖLSS, Graphisches Rechnen. Leipzig u. Berlin: Teubner 1920; C. RUNGE, Graphische Methoden, 2. Aufl. Leipzig u. Berlin: Teubner 1919.

II. Graphische Integration und Differentiation.

8. Grundgedanke der graphischen Integration. In einem rechtwinkligen Achsensystem (Abb. 10) sei die X-Parallele $y = c$ gegeben. Um die Einheitsstrecke links vom Ursprung O wird der „Polpunkt" P markiert und der „Richtstrahl" PA zum Schnitt A der Geraden $y = c$ mit der y-Achse gezogen. Die Tangente des Winkels OPA ist c. Die vom Ursprung parallel zum Richtstrahl PA gezogene Gerade $Y = cx$ ist die Integralkurve der vorgelegten Geraden $y = c$. Jede Ordinate Y der Integralkurve ist das Integral $\int\limits_0^x y\,dx$, die Differenz ihrer Ordinaten in x und a ist das Integral $\int\limits_a^x y\,dx$, weiter ist jede Ordinate von $y = c$ die Ableitung $Y' = c$ der Integralkurve.

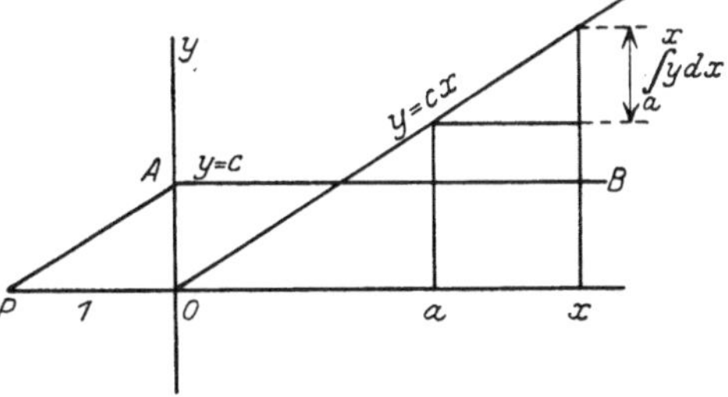

Abb. 10. Graphische Integration von $y = c$.

9. Graphische Integration. Tangentenverfahren. Auf die im vorigen angegebene Weise integriert man die Abschnitte einer Stufenkurve, in welche man die vorgelegte Kurve $y = f(x)$[3]) verwandelt (Abb. 11). Es genügt, wenn die Kurve durch einzelne Ordinatenwerte oder graphisch gegeben ist, ihr analytischer Ausdruck braucht nicht bekannt zu sein. Durch die Punkte A_1, A_2, A_3... zerlegt man die Kurve in monotone Abschnitte. In alle Extremstellen und Wendepunkte verlegt man Teilungspunkte, ebenso in die Nullstellen, da letzteren Maxima und Minima der Integralkurve entsprechen und diese sich sicherer zeichnen läßt, wenn ihre Extreme bekannt sind.

In jedem Abschnitt A_1A_2 usw. zieht man eine Y-Parallele derart, daß die

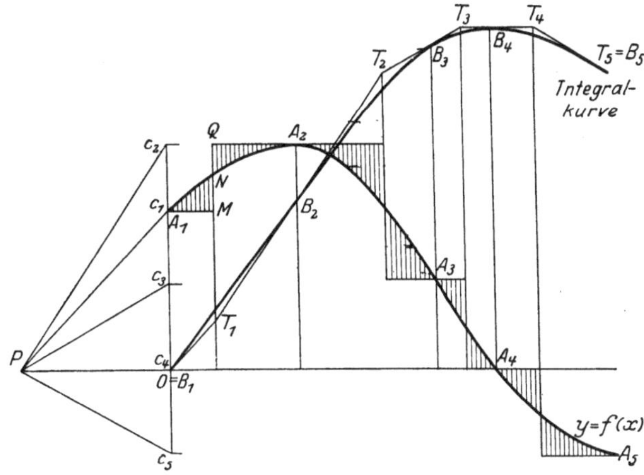

Abb. 11. Konstruktion der Integralkurve nach dem Tangentenverfahren.

[1]) A. BASCH, Ein rechnerisch-zeichnerisches Verfahren für parabolische Ausgleichung. ZS. f. angew. Math. u. Mech. Bd. 2, S. 401. 1922.

[2]) R. SCHUMANN, Über das Zeichnen der Isogammen aus Schwerkraftsgradienten. ZS. f. Instrkde. Bd. 46, S. 25. 1926.

[3]) Graphische Integration bei Polarkoordinaten behandelt F. A. WILLERS, Graphische Integration, S. 41. Sammlung Göschen Nr. 801; Graphische Integration im logarithmischen Funktionsnetz gibt R. MEHMKE, Leitfaden zum graphischen Rechnen, S. 142.

entstehenden Kurvendreiecke A_1MN und NQA_2 flächengleich werden. Auf diese Weise konstruiert man zur gegebenen Kurve eine flächengleiche Stufenkurve A_1MQA_2 usw., zu welcher leicht die Integralkurve gefunden wird.

Wenn vermieden wird, daß durch eine Teilungsordinate die Kurve mehr als einmal geschnitten wird, gelingt es mit großer Schärfe, die Kurvendreiecke flächengleich zu machen, das Auge ist für geringe Unterschiede kleiner Flächen empfindlich. Will man das bloße Schätzen vermeiden, so findet man die Y-parallelen Mittellinien durch eine sehr genähert richtige Hilfskonstruktion, welche für eine Parabel zweiter Ordnung streng richtig ist. Die graphische Integration der Stufenkurve mit den auf folgende Weise konstruierten Mittelordinaten ist eine graphische Anwendung der Simpsonschen Regel. Den Kurvenbogen A_1A_2 denkt man sich durch ein Stück einer Parabel ersetzt, deren Achse parallel der X- oder der Y-Achse ist. Im ersten Fall (Abb. 12) zieht man im Mittelpunkt C der Sehne A_1A_2 eine X-Parallele CD, teilt DC in drei Teile und zieht im ersten Teilungspunkt die Y-Parallele. Ist die Achse der Parabel parallel der Ordinatenachse (Abb. 13), dann errichtet man im Halbierungspunkt C der Sehne A_1A_2 die Ordinate CD und die X-Parallele CN. Weiter sei $DM = \frac{1}{3}DC$. In M zieht man die Parallele zur Sehne A_1A_2 bis zum Schnittpunkt mit CN, in welchem Punkt die Y-parallele Mittellinie errichtet wird.

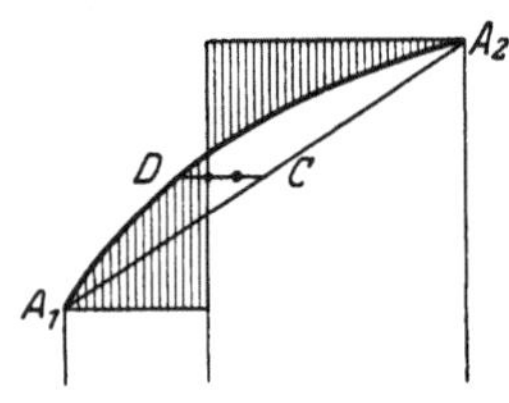

Abb. 12. Konstruktion der Mittelordinate. Parabelachse horizontal.

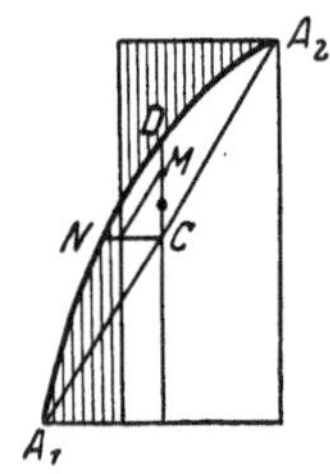

Abb. 13. Konstruktion der Mittelordinate. Parabelachse vertikal.

Die Ordinatenenden der Stufenkurve projiziert man auf die Y-Achse, die so entstehenden Punkte $c_1, c_2, c_3, \ldots$ verbindet man mit dem Polpunkt P, welcher um die Einheitsstrecke links von O gelegen ist. Die Geraden $Pc_1, Pc_2, \ldots$ heißen Richtstrahlen. Da $OP = 1$, ist die Maßzahl von $Oc_1 = y_1$ auch die Tangente des Winkels OPc_1. Die Tangente der Integralkurve $J(x)$ hat y_1 als Richtungskoeffizienten im Punkt x_1, da die Integralkurve zur Urkurve in der Beziehung steht:

$$\frac{dJ(x)}{dx} = y.$$

Die Tangenten der Integralkurve sind daher parallel den zugehörigen Richtstrahlen.

Von O ausgehend, zieht man parallel zum ersten Richtstrahl Pc_1 die Gerade OT_1 bis zum Schnitt mit der ersten Y-parallelen Mittellinie, von T_1 zeichnet man T_1T_2 parallel Pc_2, und T_2 ist der Schnitt mit der zweiten Mittellinie usw. (Abb. 11). $B_1, B_2, B_3, \ldots$ sind Punkte der Integralkurve. Wegen der angegebenen Beziehung zur Urkurve ist OT_1 die Tangente der Integralkurve in $O (= B_1)$, T_1T_2 die Tangente in B_2 usw. Die Konstruktion lieferte außer Punkten der Integralkurve auch die Tangentenrichtungen in diesen Punkten. Es ist nun leicht, die gefundenen Punkte $B_1, B_2, B_3, \ldots$ zu einem stetigen Linienzug, der Integralkurve, zu verbinden. Die Konstruktion der Integralkurve ist sehr sicher, man braucht nur wenig Teilungspunkte $A_1, A_2, \ldots$ anzunehmen. Die Erhöhung der Genauigkeit durch eine größere Anzahl Intervalle geht durch Häufung unvermeidlicher Fehler wieder verloren.

Wie oben im positiven Sinn der X-Achse, kann die Konstruktion auch in entgegengesetzter Richtung fortgeführt werden. Bei Integration über eine geschlossene Kurve integriert man wie besprochen über den oberen Teil der Kurve und setzt von der rechten Endordinate das Verfahren nach links über den unteren Teil der Kurve fort.

Jede Ordinate der Integralkurve gibt durch ihre Maßzahl den Flächeninhalt des Normalbereichs an, der begrenzt wird von der zugehörigen Ordinate der Urkurve, ihrer Anfangsordinate, dem dazwischenliegenden Stück der X-Achse und der Kurve.

Eine Verschiebung des Polpunktes auf der X-Achse ändert nur den Maßstab der Ordinaten der Integralkurve. Rückt man den Pol P in die doppelte Entfernung von O nach links, dann sinken alle Tangensfunktionen des Richtbüschels auf die Hälfte ihres früheren Betrages, damit werden auch alle Ordinaten der Integralkurve halb so groß als früher. Durch passende Lage des Polpunktes erreicht man es, daß die Integralkurve in dem für die Zeichnung zur Verfügung stehenden Raum bleibt.

Beispiel. $\int\limits_4^{10} {}^{10}\!\log x\,dx$ graphisch zu bestimmen (Abb. 14). Die Einheit der Ordinaten der Kurve $y = {}^{10}\!\log x$ ist fünfmal so groß als die der Abszissen genommen. Um dies zu kompensieren, verlegen wir den Polpunkt in die Entfernung 5 nach links. Statt die Ordinaten der Stufenkurve, deren Mittelordinaten mit der ersten der zwei angegebenen Hilfskonstruktionen gefunden wurden, auf die Y-Achse zu projizieren, wurde wegen Raumersparnis das Richtbüschel an der Ordinate von $x = 4$ gezeichnet. Man findet bei $x = 10$ als Endordinate der Integralkurve den Wert des zu suchenden Integrals mit 4,97. Direkte Berechnung ergibt

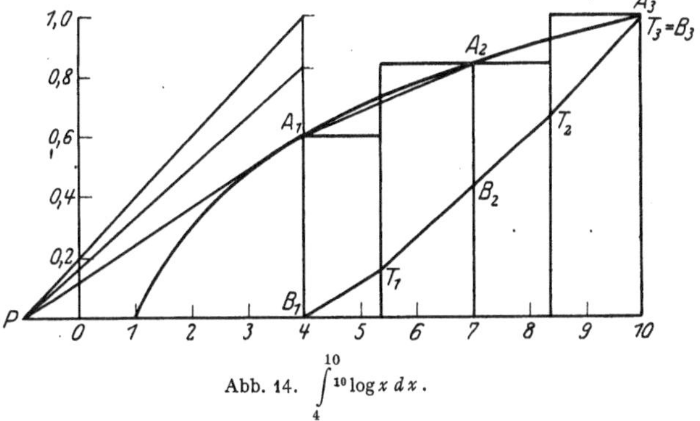

Abb. 14. $\int\limits_4^{10} {}^{10}\!\log x\,dx$.

$$\int\limits_4^{10} {}^{10}\!\log x\,dx = [x\,{}^{10}\!\log x - Mx]_4^{10} = 4{,}986,$$

wo $M = 0{,}4343$. Der graphisch bestimmte Wert weicht um 0,3% ab.

10. Teilung von Flächen. Die Fläche des Normalbereichs der Kurve $y = f(x)$ soll in fünf flächengleiche Teile geteilt werden (Abb. 15). Man konstruiert die Integralkurve, teilt ihre Endordinate in fünf gleiche Teile, zieht in den Teilungspunkten 1 bis 4 die X-Parallelen bis zum Schnitt mit der Integralkurve. Die Ordinaten in diesen Schnittpunkten S_1 bis S_4 teilen das vorgelegte Kurventrapez in fünf flächengleiche Teile.

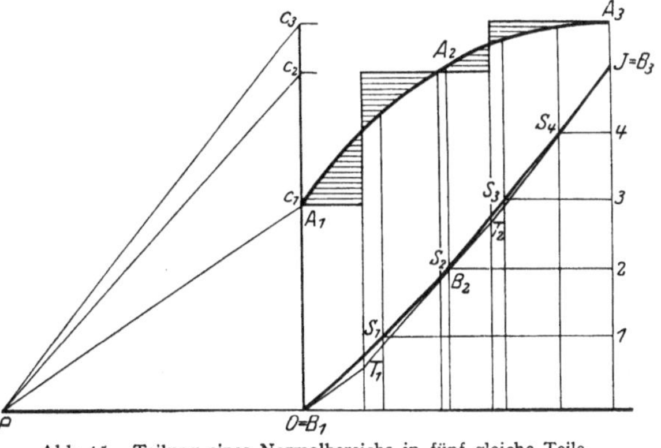

Abb. 15. Teilung eines Normalbereichs in fünf gleiche Teile.

11. Mechanische Hilfsmittel der graphischen Integration. Bei den Integraphen[1]) bleibt der Polpunkt auf der X-Achse um die Längeneinheit links

[1]) A. Galle, Mathematische Instrumente. S. 154. Leipzig: Teubner 1912; E. Pascal, I miei Integrafi. Neapel 1914, ins Deutsche übersetzt von A. Galle. ZS. f. Instrkde. 1922, S. 232, 253, 300 u. 326.

von den jeweils eingestellten Ordinaten der Urkurve $y = f(x)$. Die Zahlenwerte dieser Ordinaten werden auf die Stellung eines Rades so übertragen, daß die Steilheit $\operatorname{tg}\alpha$ der vom Rad gezeichneten Kurve in jedem Punkt gleich der Ordinate y der Urkurve ist, wenn der Fahrstift über letztere gleitet. Die Ordinaten von $y = f(x)$ und der vom Rad gezeichneten Kurve $Y = J(x)$ stehen in der Beziehung $y = \frac{dY}{dx}$, die vom Rad gezogene Kurve ist daher die Integralkurve der ursprünglichen. PASCALS Integraphen lösen auch bestimmte Typen von Differentialgleichungen und geben die reellen Wurzeln algebraischer Gleichungen beliebig hohen Grades.

Über Planimeter findet man Ausführliches bei A. GALLE (Math. Instrumente, S. 66) und in den Lehrbüchern der Geodäsie[1]).

Einen sehr genäherten Wert von $\int y\,dx$ erhält man schon, wenn man $y = f(x)$ in Millimeterpapier zeichnet und die Quadratmillimeter der Fläche abzählt.

12. Mehrfache graphische Integration. Bestimmung von statischen und Trägheitsmomenten. Die graphische Integration der Integralkurve einer Funktion $y = f(x)$ liefert die zweite Integralkurve von $f(x)$. Das statische Moment des Kurventrapezes (Abb. 16) bezüglich der Achse $x = \xi$ ist

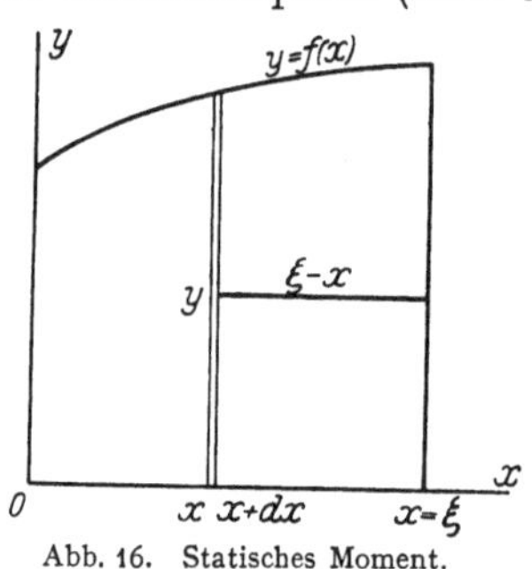

Abb. 16. Statisches Moment.

$$M(\xi) = \int_0^{\xi} (\xi - x)\,y\,dx.$$

Wegen

$$\frac{dM(\xi)}{d\xi} = \int_0^{\xi} y\,dx$$

ist $M(\xi)$ die zweite Integralkurve von $y = f(x)$, also

$$M(\xi) = \int_0^{\xi} d\xi \int_0^{\xi} y\,dx.$$

Die erste und zweite Integralkurve beginnen hier im Ursprung. Wenn die untere Integrationsgrenze $x = a$ ist, beginnen beide Kurven im Punkt $x = a$ der X-Achse. Die Maßzahl jeder Ordinate (Abb. 17) der zweiten Integralkurve ist das statische Moment der links von ihr befindlichen Fläche des Kurventrapezes bezüglich der Ordinate selbst als Achse. Die letzte Ordinate y_2 mißt das statische Moment der ganzen Fläche bezüglich der Achse $x = \xi$. Das statische Moment der ganzen Fläche bezüglich einer anderen Achse $x = x_1$ ist

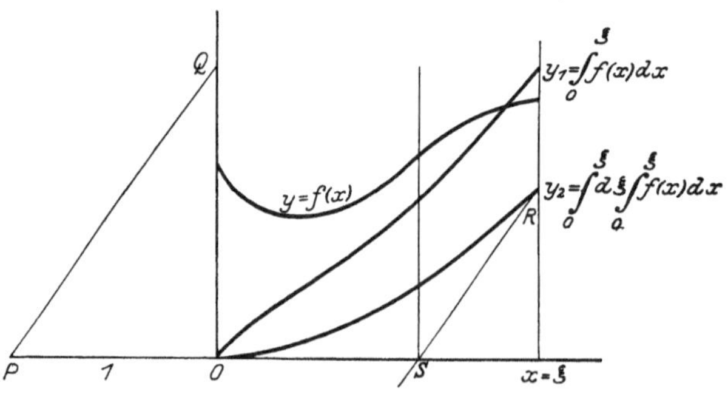

Abb. 17. Mehrfache graphische Integration. Schwerpunktordinate.

$$M(x_1) = \int_0^{\xi} (x_1 - x)\,y\,dx.$$

[1]) HARTNER-DOLEZAL, Hand- und Lehrbuch der Nied. Geodäsie. S. 1053. Wien: Seidel 1921; JORDAN-REINHERTZ-EGGERT, Handbuch der Vermessungskunde. Bd. II, S. 135. Stuttgart: Metzler 1914.

Da

$$\frac{dM(x_1)}{dx_1} = \int_0^{\xi} y\,dx$$

von x_1 unabhängig ist, muß $M(x_1)$ eine lineare Funktion von x_1 sein, also eine Gerade, deren Richtung gegeben ist durch $\int_0^{\xi} y\,dx$, durch den Richtstrahl, der zur letzten Ordinate der ersten Integralkurve gehört, in Abb. 17 als PQ eingetragen. Die Parallele hierzu, welche man durch die letzte Ordinate der zweiten Integralkurve legt, in Abb. 17 die Gerade RS, stellt durch ihre Ordinaten die Werte von $M(x_1)$ dar. Ihr Schnittpunkt S mit der X-Achse bestimmt jene Achse, bezüglich welcher das statische Moment der ganzen Fläche Null ist, die Ordinate in S geht durch den Schwerpunkt der homogen vorausgesetzten Fläche.

Das Trägheitsmoment der Fläche $\int_0^{\xi} y\,dx$ bezüglich der Achse $x = \xi$ ist

$$T(\xi) = \int_0^{\xi} (\xi - x)^2\, y\,dx\,.$$

Aus

$$\frac{dT(\xi)}{d\xi} = 2\int_0^{\xi} (\xi - x)\, y\,dx = 2M(\xi)$$

ist ersichtlich, daß man das halbe Trägheitsmoment durch Integration von $M(\xi)$ erhält, d. i. dadurch, daß man die Kurve $y = f(x)$ dreimal graphisch integriert.

Eine Verschiebung des Polpunktes P auf der X-Achse ändert den Maßstab der Ordinaten der ersten Integralkurve. Um die richtigen Werte der Ordinaten zu erhalten, müssen die abgelesenen mit einem Faktor μ multipliziert werden. Ähnlich sind die Werte der Ordinaten der zweiten Integralkurve mit einem Faktor μ^2 zu multiplizieren, die der dritten mit μ^3.

13. Graphische Volumberechnung. Die Fläche $z = f(xy)$ sei durch ihre Höhenschichtenlinien $z =$ konst. graphisch gegeben. Man bestimmt durch graphische Integration den Flächeninhalt der einzelnen Höhenkurven $z =$ konst. Die Endordinaten der Integralkurven trägt man als Ordinaten, die zugehörigen Höhen z als Abszissen auf und verbindet die Ordinatenendpunkte durch eine glatte Kurve, deren Integration einen genäherten Wert des Volumens ergibt. Auf diese Art bestimmen die Geographen die mittlere Höhe eines Gebirges[1]).

14. Hilfskonstruktionen zur graphischen Differentiation. Zu einer gegebenen Kurve $Y = F(x)$ soll jene gesucht werden, deren Integralkurve die gegebene ist. Die Ordinaten der gesuchten Kurve $y = f(x)$ müssen in jedem Punkt gleich der Steigung Y' der gegebenen Kurve in der gleichen Abszisse sein.

Eine Ungenauigkeit der Urkurve war auf die Konstruktion der Integralkurve von geringem Einfluß, dagegen ist sie von erheblichem Einfluß auf die Zeichnung der Differentialkurve, denn die Steigung der Urkurve wird ungenauer ermittelt als bei der Integration die Lage der flächenteilenden Ordinaten. Für die Zeichnung der Integralkurve wurde die Urkurve durch Auswahl der Intervallpunkte $A_1, A_2, \ldots$ geteilt, hier ist es oft besser, zu Tangenten vorgegebener Richtung die Berührungspunkte aufzusuchen. Der Berührungspunkt würde durch Anlegen eines Lineals an die Kurve zu unsicher bestimmt, man bedient sich zu einer schärferen Festlegung einfacher Hilfskonstruktionen.

---

[1]) C. RUNGE-F. A. WILLERS, Enzyklopädie d. Math. Wissensch. Bd. II C2, S. 137.

a) Aufsuchung des Berührungspunktes einer Tangente vorgegebener Richtung.

In der Umgebung des Berührungspunktes zieht man eine Anzahl zur gewünschten Tangentenrichtung paralleler Sehnen (Abb. 18). Ihre Mittelpunkte werden durch eine stetige Kurve verbunden und diese bis zum Schnitt mit der gegebenen Kurve fortgesetzt, der Schnittpunkt ist der Berührungspunkt.

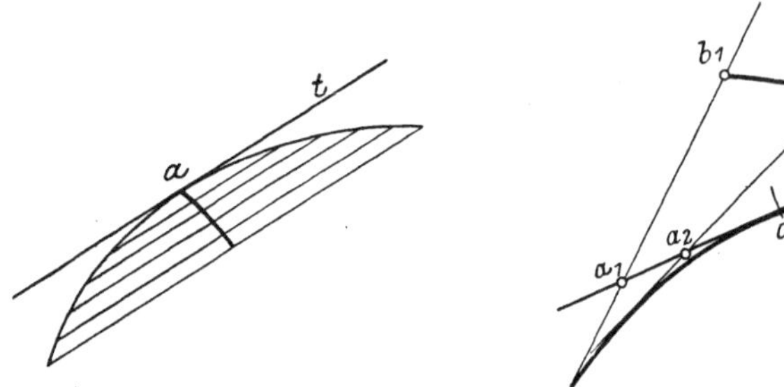

Abb. 18. Konstruktion des Berührungspunktes zu gegebener Tangentenrichtung.

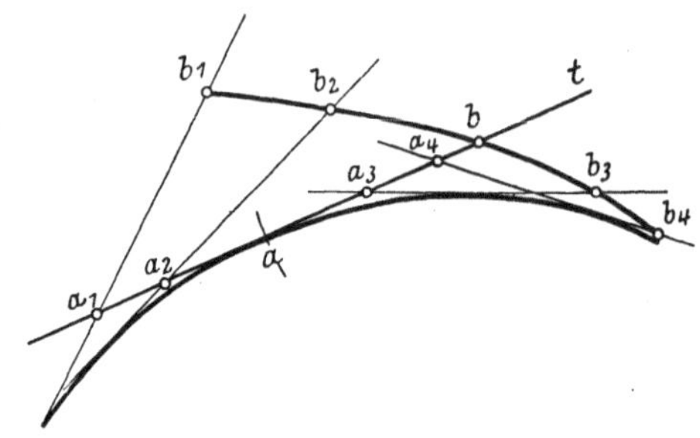

Abb. 19. Konstruktion des Berührungspunktes einer gegebenen Tangente.

Eine andere Konstruktion ist folgende (Abb. 19): Man zieht durch Anlegen des Lineals in der Umgebung des gesuchten Berührungspunktes einige Tangenten, so daß ihre Schnittpunkte $a_1, a_2, \ldots$ mit der gegebenen Tangente t auf beiden Seiten des Berührungspunktes liegen. Von diesen Schnittpunkten trägt man auf den Tangenten eine beliebige konstante Strecke $a_1 b_1 = a_2 b_2 = \cdots$ immer nach derselben Seite auf und verbindet die Endpunkte $b_1, b_2, \ldots$ durch eine stetige Kurve. Von dem Schnittpunkt b dieser Kurve mit der Tangente t trägt man die konstante Länge nach rückwärts ab und erhält so den Berührungspunkt a.

b) Konstruktion der Tangente im gegebenen Berührungspunkt.

Man legt durch den Berührungspunkt a (Abb. 20) Sehnen $b_1 a, b_2 a, \ldots$ und trägt von den Endpunkten $b_1, b_2, \ldots$ immer nach der einen Seite die gleiche (beliebige) Länge d auf, die Endpunkte $c_1, c_2, \ldots$ verbindet man durch eine stetige Kurve. Diese wird durch den Kreis, der mit a als Mittelpunkt und d als Radius beschrieben wird, in einem Punkt c geschnitten, welcher ein zweiter Punkt der Tangente in a ist.

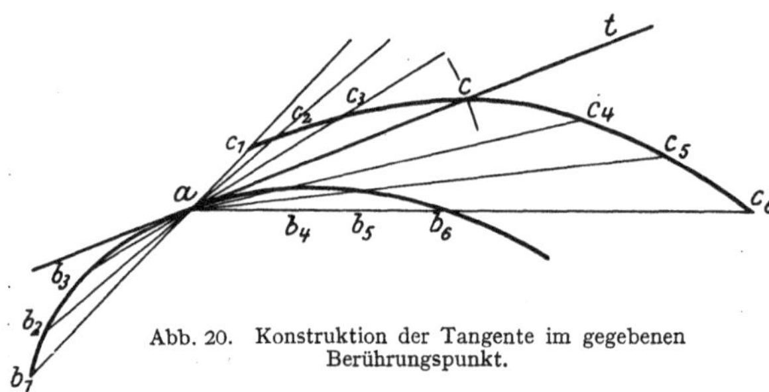

Abb. 20. Konstruktion der Tangente im gegebenen Berührungspunkt.

15. Konstruktion der Differentialkurve. Zu einer Anzahl Kurvenpunkte $A_1, A_2, A_3, \ldots$ konstruiert man mit der im vorausgehenden unter b) beschriebenen Hilfskonstruktion die Tangentenrichtungen und zieht im Pol P die Parallelen oder man nimmt ein Richtbüschel und sucht nach a) die Tangenten der Urkurve, welche zu den Strahlen des Richtbüschels parallel sind. In den Schnittpunkten aufeinanderfolgender Tangenten $T_1, T_2, \ldots$ (Abb. 21) zieht man die Ordinaten, welche als Vertikalabschnitte der Stufenkurve dienen sollen. Die Steigung der gegebenen Kurve $Y = F(x)$ ist die Ordinate der Differentialkurve $y = f(x)$ in derselben Abszisse zufolge

$$Y' = y.$$

Extremen der Urkurve entsprechen Nullstellen der Differentialkurve, Wendepunkte der gegebenen Kurve entsprechen Extremstellen der abgeleiteten.

Der Richtstrahl Pc_1 ist pararallel der Tangente in A_1, Oc_1 gibt den Wert von Y' im Punkte A_1 an, in $c_1 = B_1$ hat die Differentialkurve zu beginnen. Für diese zeichnet man zuerst eine Stufenkurve. Man zieht in c_1 die X-Parallele bis zum Schnitt M_1 mit der Ordinate von T_1. In der Höhe c_2 (Steigung in A_2) führt man die X-Parallele $M_1' M_2$ zwischen den Ordinaten von T_1 und T_2 usw. Die Schnittpunkte $c_1 = B_1$, B_2, B_3 ... der X-Parallelen mit den Ordinaten der Abschnittspunkte A_1, A_2, A_3, ... sind Punkte der Differentialkurve. Man verbindet sie durch eine glatte Kurve derart, daß die entstehenden Kurvendreiecke flächengleich werden, also $B_1 M_1 R_1 = R_1 M_1' B_2$ usw. Die Konstruktion wird hier umgekehrt ausgeführt wie bei der Zeichnung der Integralkurve mittels des Tangentenverfahrens.

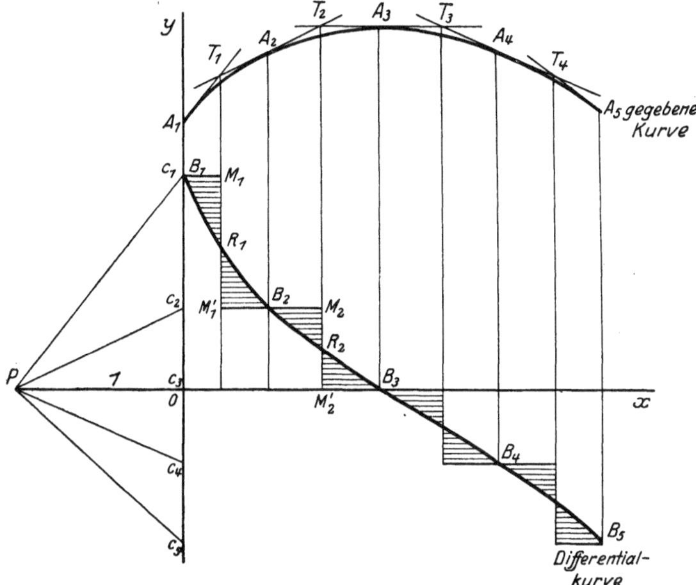

Abb. 21. Konstruktion der Differentialkurve.

Im selben Verhältnis, wie die Differentialkurve zur Urkurve, steht die zweite Differentialkurve zur ersten. Bei ihrer Konstruktion können sich leicht Fehler häufen.

Alle Zeichnungen wird man in Millimeterpapier durchführen.

16. Konstruktion der Differentialkurve nach SLABY[1]**).** Die Differentialkurve wird durch die Differenzenkurve ersetzt. Man benötigt keine Zeichnung der Richtstrahlen und der Stufenkurve. Die in Millimeterpapier gezeichnete Kurve wird auf Pauspapier kopiert und, um die kleine Strecke h auf der XAchse nach rechts verschoben, wieder neben die erste Kurve gezeichnet. Die Differenzen der Ordinaten der ursprünglichen Kurve weniger den Ordinaten der neuen Kurve trägt man wieder als Ordinaten auf, wobei man jede Ordinate um die Strecke h auf der X-Achse nach links verschiebt. Die so entstandene Kurve entspricht auch der Lage nach sehr genau der Differentialkurve. Man sieht in Abb. 22,

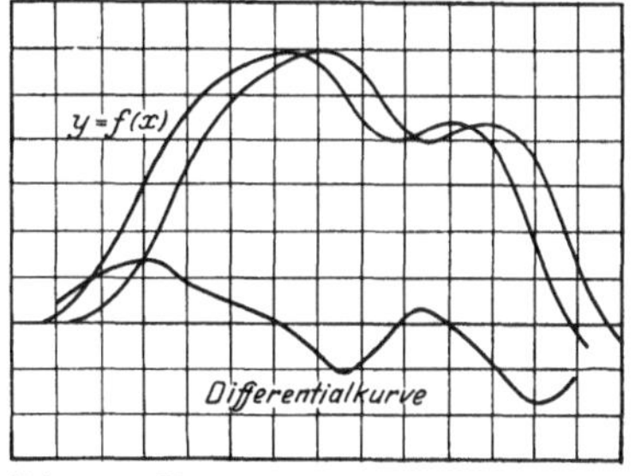

Abb. 22. Konstruktion der Differentialkurve nach R. SLABY.

[1]) R. SLABY, ZS. d. Ver. d. Ing. Bd. 58, S. 821. 1913; O. PRÖLSS, Graphisches Rechnen. S. 102; RUNGE-WILLERS, Enzyklopädie d. Math. Wissensch. Bd. II C2, S. 139.

wie Extreme und Nullstellen der Differentialkurve Wendepunkten und Extremen der Urkurve entsprechen. Bei dieser Methode ist je nach Wahl der Strecke h der Maßstab der Differentialkurve ein anderer. Dieser läßt sich aber leicht feststellen, indem man wie in Abb. 21 einen Punkt c des Richtbüschels zeichnet und die Strecke Oc mit der entsprechenden Ordinate der abgeleiteten Kurve vergleicht.

Das Verfahren von SLABY ist besonders in folgendem Fall empfehlenswert. Eine Funktion sei nur durch Beobachtungswerte gegeben, man legt durch die Endpunkte der Ordinaten eine glatte Kurve. Soll auch y' keine zu raschen Änderungen aufweisen, so prüft man ihren Verlauf durch die Differentialkurve. Kleine Änderungen in der Linienführung der Urkurve machen den Verlauf der y' gleichförmiger.

17. Mechanische Hilfsmittel zur Konstruktion der Differentialkurve. Von Hilfsgeräten zur Konstruktion von Tangenten oder Normalen einer Kurve seien genannt das Spiegellineal von RENSCH[1]), der Tangentenzeichner von PFLÜGER[1]) und der Spiegelderivator von WAGENER[2]).

Über Apparate zur mechanischen Differentiation berichten GALLE[3]), CRANZ und HÄRLEN[4]).

Die graphische Ermittlung partieller Ableitungen $\frac{\partial f}{\partial x}$, $\frac{\partial f}{\partial y}$ und des Gradienten einer Funktion $z = f(xy)$ bespricht RUNGE[5]).

18. Graphische Integration einer Differentialgleichung erster Ordnung. Methode der Isoklinen. Methode der sukzessiven Approximation. Durch die Differentialgleichung erster Ordnung

$$y' = f(x, y)$$

ist jedem Punkt x, y der Ebene eine Richtung y' zugeordnet (Richtungsfeld). Die Punkte, in welchen y' einen konstanten Wert hat, $y' = k$, liegen auf einer Kurve $f(xy) = k$, welche Isokline oder Isogone heißt.

Zur Integration der Differentialgleichung zeichnet man mehrere Isoklinen $f(x, y) = a, b, \ldots$ (Abb. 23), trägt auf der Y-Achse die Strecken $a, b, \ldots$ auf

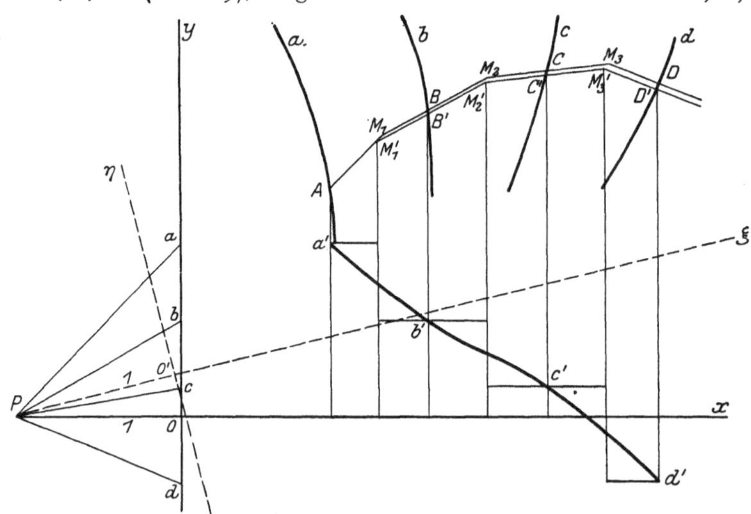

Abb. 23. Graphische Integration einer Differentialgleichung erster Ordnung.

[1]) R. MEHMKE, Leitfaden zum graphischen Rechnen, S. 109.

[2]) R. MEHMKE, Leitfaden zum graphischen Rechnen, S. 110; Phys. ZS. Bd. 10, S. 57. 1909; ZS. f. Instrkde. Bd. 29, S. 122. 1909.

[3]) A. GALLE, Mathematische Instrumente, S. 59.

[4]) H. CRANZ u. H. HÄRLEN, Über Apparate zur mechanischen Differentiation. ZS. f. Instrkde. Bd. 45, S. 365. 1925.

[5]) C. RUNGE, Graphische Methoden. 2. Aufl., S. 104.

und verbindet ihre Endpunkte mit dem Polpunkt P, der um die Einheitsstrecke links von O auf der X-Achse liegt. Die Richtstrahlen Pa, Pb, ... sind parallel den Richtungen $y' = a, b, \ldots$ auf den Isoklinen.

Aus der Schar der Lösungskurven der Differentialgleichung soll diejenige gesucht werden, welche durch den Punkt A der Isokline a geht. Man zieht in A die Parallele zum Richtstrahl Pa, etwa bis in die Mitte zwischen den Isoklinen a und b, bis zu einem Punkt M_1, von diesem aus eine Gerade in Richtung Pb bis zu einem Punkt M_2 in der Mitte zwischen den Isoklinen b und c usw. Würde man den Polygonzug AM_1BM_2C ... durch eine stetige Kurve derart ersetzen, daß sie durch $A, B, C, \ldots$, die Schnittpunkte des gebrochenen Zuges mit den Isoklinen, geht und dort die vorgeschriebenen Richtungen hat, d. h. AM_1, M_1M_2, M_2M_3 zu Tangenten, so wäre diese Kurve schon eine erste Näherungslösung[1]). Doch wird man sie nicht zeichnen, sondern mit Hilfe der graphischen Methode der sukzessiven Approximation von RUNGE[2]) verbessern. Bezeichnet man mit $y_1(x)$ die erhaltene Näherungsgleichung, so erhält man als zweite Näherung:

$$y_2(x) = y_A + \int_{x_A}^{x} f(x, y_1)\,dx.$$

Die Kurve, deren Ordinaten $f(x, y_1)$ sind, ist graphisch zu integrieren, muß also zuerst gezeichnet werden, sie heißt die „Verwandelte“[3]) der Näherungslösung $y_1(x)$. Die Ordinaten $f(x, y_1)$ in den Abszissen der Punkte $A, B, C, \ldots$ sind die Strecken $a, b, c, \ldots$, welche das Richtbüschel aus der Y-Achse ausschneidet. Die X-Parallelen in den Höhen $a, b, c, \ldots$ treffen die zugehörigen Ordinaten in den Punkten $a', b', c', \ldots$, deren stetige Verbindung die Kurve $y = f[x, y_1(x)]$, ist. Sie wird nach dem Tangentenverfahren graphisch integriert. Die Integralkurve beginnt im Punkte A mit der Ordinate y_A. Die erste Y-parallele Mittellinie schneidet die Gerade AM_1, die Parallele zum ersten Richtstrahl Pa, in M_1', von diesem Punkt aus zieht man eine Gerade parallel zum Richtstrahl Pb bis zur nächsten Y-parallelen Mittellinie, also bis M_2'. Die Gerade $M_1'M_2'$ schneidet die Isokline b in B', welcher Punkt der zweiten Näherungslösung der Differentialgleichung angehört. Auf die gleiche Weise findet man die Punkte C', D', ... der zweiten Näherungslösung. Letztere braucht man durch stetige Verbindung der Punkte A, B', C', D', ..., mit Beibehaltung der Tangentenrichtungen AM_1', $M_1'M_2'$, ... in diesen Punkten, noch nicht zu zeichnen, sondern man verbessert sie neuerlich auf die besprochene Art mit Hilfe von

$$y_3(x) = y_A + \int_{x_A}^{x} f[x, y_2(x)]\,dx,$$

wobei man wieder die Kurve $y = f[x, y_2(x)]$ graphisch zu integrieren hat. Dieser und weitere Schritte gehen sehr rasch vor sich, da die Richtstrahlen und die X-Parallelen der Stufenkurve schon gezeichnet sind, es treten nur seitliche Verschiebungen der Punkte b', c', d', ... und der Y-parallelen Mittellinien ein. Das Verfahren wird fortgesetzt, bis mit Rücksicht auf die graphische Ge-

---

[1]) Eine Anzahl äquidistanter Ordinaten dieser Kurve sind brauchbare Anfangswerte für numerische Methoden der Integration (Iteration, Summation) (Kap. 15, Ziff. 36).

[2]) C. RUNGE, Jahresber. d. D. Math. Ver. Bd. 16, S. 270. 1907; Graphische Methoden, S. 107; R. MEHMKE, Leitfaden zum graphischen Rechnen, S. 107.

[3]) Allgemein heißt die Punkttransformation der Ebene, welche dem Punkt x, y den Punkt $\bar{x} = x$, $\bar{y} = f(x, y)$ zuweist, die „Verwandlung nach $f(x, y)$“.

nauigkeit ein Lösungszug sich vom vorhergehenden nicht mehr unterscheidet. Dann ist

$$y_n(x) = y_{n+1}(x) = y_A + \int_{x_A}^{x} f[x, y_n(x)]\,dx \quad \text{oder} \quad \frac{dy_n}{dx} = f(x, y_n),$$

d. h. $y_n(x)$ ist die Lösung der Differentialgleichung. Man zeichnet sie durch stetige Verbindung der Punkte $A, B^{(n)}, C^{(n)}, \ldots$ mit den durch die Geraden $AM_1^{(n)}$, $M_1^{(n)} M_2^{(n)}$ usw. gegebenen Tangentenrichtungen.

Aus dem Verfahren selbst wird man durch die Änderungen, welche die aufeinanderfolgenden Näherungen bewirken, über die Konvergenz und deren Bereich unterrichtet. Die analytische Bedingung der Konvergenz ist die Lipschitzbedingung[1]), hier in der Form

$$\left| \frac{f(x, y_n) - f(x, y)}{y_n - y} \right| < M,$$

und der Bereich der Konvergenz ist begrenzt durch

$$M\,|x - x_A| < 1.$$

Diese Beschränkung des Bereiches stört bei der Konstruktion nicht weiter. Soll die Lösungskurve über ein größeres Gebiet erstreckt werden, so teilt man dies in Abschnitte und konstruiert die Lösungskurve für den ersten Abschnitt. Der mit entsprechender Genauigkeit gefundene Endpunkt der Kurve im ersten Teilbereich wird wie oben der Punkt A sofort zum Anfangspunkt der Lösung im zweiten Teilbereich gemacht usf.

Die rascheste Annäherung wird erzielt, wenn die Lösungskurve im Mittel parallel der X-Achse verläuft. Durch Drehung des Koordinatensystems in eine solche Lage führt man raschere Annäherung herbei. Beim graphischen Verfahren ist man hier im Vorteil gegenüber dem numerischen. Bei letzterem müßte man, wenn ein ξ, η-System an Stelle des x, y-Systems treten soll, die Differentialgleichung $\frac{dy}{dx} = f(x, y)$ durch eine Zwischenrechnung in $\frac{dy}{d\xi} = \varphi(\xi, \eta)$ transformieren. Hier aber bleiben die Isoklinen und die Lösungskurve an ihrem Platze, nur die aus dem Richtbüschel ausgeschnittenen Ordinaten werden andere. In Abb. 23 ließe sich rascheste Annäherung erzielen, wenn man das gestrichelt gezeichnete Achsenkreuz ξ, η zugrunde legte. Die im ξ, η-System gefundene Lösungskurve ist auch die Lösung im X, Y-System, man braucht nur die Ordinaten in diesem System abzugreifen.

In singulären Punkten werden die Richtungen y' unbestimmt, es schneiden sich dort unendlich viele Isoklinen. Das Verhalten der Lösungskurven in der Nähe singulärer Stellen bespricht WILLERS[2]).

Eine graphische Anwendung der numerischen Integrationsmethode von RUNGE-KUTTA gibt RUNGE[3]).

Die durch graphische Integration gewonnenen Ordinaten der Lösungskurve sind brauchbare Näherungen für numerische Methoden, mit denen die Lösung weiter angenähert wird.

19. Graphische Integration von Differentialgleichungen zweiter und höherer Ordnung. Die im vorigen besprochene Methode der sukzessiven Approximation ist auf Differentialgleichungen höherer Ordnung oder Systeme von Differentialgleichungen erster Ordnung anwendbar[4]). Die graphische Anwendung der

---

1) Vgl. Kap. 9, Ziff. 1. 2) F. A. WILLERS, Graphische Integration, S. 55.

3) C. RUNGE, Graphische Methoden, S. 116.

4) C. RUNGE, Graphische Methoden, S. 121; R. MEHMKE, Leitfaden zum graphischen Rechnen, S. 132.

Methode von RUNGE-KUTTA auf eine Differentialgleichung zweiter Ordnung oder zwei erster Ordnung findet man bei RUNGE[1]).

W. THOMSON[2]) schreibt die Differentialgleichung zweiter Ordnung

$$\frac{d^2y}{dx} = f\left(x, y, \frac{dy}{dx}\right)$$

mit Hilfe von

$$\frac{dy}{dx} = \tan\alpha, \qquad \frac{dx}{ds} = \cos\alpha,$$

$$\frac{d^2y}{dx^2} = \frac{1}{\cos^2\alpha}\frac{d\alpha}{dx}, \qquad \frac{d\alpha}{ds} = \frac{1}{\varrho}$$

in der Form

$$\frac{1}{\varrho} = \cos^3\alpha\, f(x, y, \tan\alpha). \tag{1}$$

Die Differentialgleichung zweiter Ordnung bestimmt für jeden vorgegebenen Punkt und vorgegebene Tangentenrichtung den zugehörigen Krümmungsradius.

Der Anfangspunkt A und die Tangentenrichtung in A seien gegeben (Abb. 24). Mit (1) wird der Krümmungsradius ϱ_A berechnet und im Punkte A nach Größe und Vorzeichen senkrecht zur Tangente aufgetragen. Im Endpunkt M_A als Mittelpunkt zieht man mit dem Radius $M_A A$ den Kreisbogen AB. Wird ein zu großer Bogen gezeichnet, ist die Näherung schlecht, bei zu kleinen Bogenlängen häufen sich wieder die Konstruktionsfehler.

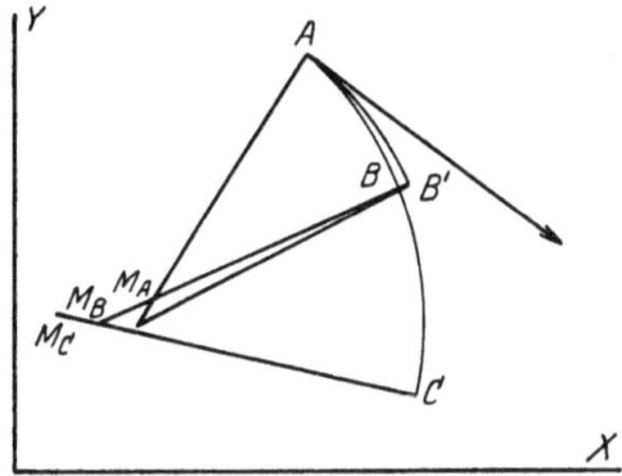

Abb. 24. Integration einer Differentialgleichung zweiter Ordnung nach W. THOMSON.

Mit den Koordinaten von B und der Tangentenrichtung des Kreisbogens in B berechnet man aus (1) den Krümmungsradius ϱ_B, der in B auf der Normalen bis M_B aufgetragen wird. Mit ϱ_B beschreibt man den Kreisbogen BC, berechnet ϱ_C und erhält den Krümmungsmittelpunkt M_C usw. Die Lösungskurve läßt sich etwas verbessern. In der Abb. 24 war der Radius AM_A zu klein für den ganzen Kurvenbogen AB, der Radius BM_B ist für denselben Bogen zu groß. Man trägt den mittleren Krümmungsradius $\frac{1}{2}(\varrho_A + \varrho_B)$ auf der Normalen in A auf und zieht mit ihm den Kreisbogen AB'. Der Punkt B' ist nur wenig von B verschieden. Mit dem Radius $\frac{1}{2}(\varrho_A + \varrho_{B'})$ zieht man wieder einen Kreisbogen AB'' und setzt das Verfahren so lange fort, bis keine Ändernng mehr eintritt.

Diese Integrationsmethode wurde von THOMSON auf die Kapillaritätsgleichung und Spezialfälle des Dreikörperproblems angewandt[3]).

Über mechanische Apparate zur Lösung bestimmter Differentialgleichungen beliebig hoher Ordnung berichten GALLE[4]) und WILLERS[5]).

Hinsichtlich der graphischen Behandlung partieller Differentialgleichungen findet man eine Literaturzusammenstellung von RUNGE-WILLERS in Enz. d.

---

1) C. RUNGE, Graphische Methoden, S. 127.

2) W. THOMSON, Phil. Mag. (5) Bd. 34, S. 443. 1892; Math. u. phys. papers Bd. 4, S. 516. 1910; R. MEHMKE, Leitfaden zum graphischen Rechnen, S. 139; C. RUNGE, Graphische Methoden. S. 119; F. A. WILLERS, Graphische Integration, S. 99.

3) Literaturangaben in RUNGE-WILLERS Enzyklopädie d. Math. Wissensch. Bd. II C2, S. 145.

4) A. GALLE, Mathematische Instrumente, S. 161. 1912; ZS. f. Instrkde. 1922, S. 232, 253, 300, 326.

5) F. A. WILLERS, Mathematische Instrumente, S. 108. 1926.

Math. Wiss. Bd. 2 C. 2, S. 159; Konstruktion von Potential- und Strömungslinien, ferner der Greenschen Funktion nach RUNGE gibt WILLERS[1]). Über mechanische Lösung von Randwertaufgaben sei auf WILLERS, Math. Instrumente § 20 und 21 verwiesen.

Literatur zum Abschnitt II: R. MEHMKE, Leitfaden zum graphischen Rechnen. 1924; C. RUNGE, Graphische Methoden. 2. Aufl. 1919; RUNGE-WILLERS, Enzyklopädie d. Math. Wissensch. Bd. II C 2; F. A. WILLERS, Graphische Integration. 1920.

III. Nomographie.

a) Nomographische Darstellung funktionaler Beziehungen zwischen zwei Veränderlichen.

20. Einleitung. Wahl des Maßstabes. Der Gegenstand der Nomographie ist die geometrische Darstellung funktionaler Beziehungen zum Zweck der Konstruktion graphischer Rechentafeln. Die gebräuchliche Darstellung der Funktion $y = f(x)$ als Kurve in kartesischen rechtwinkligen Koordinaten (Millimeterpapier) ist schon eine graphische Rechentafel. Zum Punkt x der Abszissenachse wird der zugehörige Funktionswert y gefunden, indem man in x die Y-Parallele bis zum Schnittpunkt mit der Kurve zieht, von hier die X-Parallele bis zur Y-Achse, wo der y-Wert durch Interpolation zwischen die Teilungspunkte der Ordinatenachse gewonnen wird. Der umgekehrte Weg führt von gegebenem y zum zugehörigen x.

Eine solche Kurve hat als Rechentafel außer Mängeln, über die in der folgenden Nummer gesprochen wird, noch den Nachteil, daß die Genauigkeit der Ablesung je nach der Steigung der Kurve eine verschiedene ist. Im Durchschnitt kommt eine solche Rechentafel bei handlichen Dimensionen an Genauigkeit etwa einer dreistelligen Logarithmentafel gleich. Durch Vergrößerung des Maßstabs, wobei man ferner nur den in Betracht kommenden Teil der Kurve zeichnet (Unterdrückung des Ursprungs), läßt sich die Genauigkeit natürlich erhöhen.

Unter Maßstab soll die Länge der Einheitsstrecke auf einer Koordinatenachse verstanden sein. Auf den zwei Koordinatenachsen braucht der Maßstab nicht gleich zu sein. Wenn er auf der X-Achse festgesetzt ist, kommt man durch folgende Betrachtungen zur Wahl des günstigsten Maßstabs der Ordinaten. Mit freiem Auge wird die Länge einer Strecke an der Millimeterteilung bis auf 0,1 mm genau abgemessen. Der Schwellenwert Δx, der für zwei benachbarte Punkte noch zu verschiedenen Maßangaben führt, beträgt also $\Delta x = 0{,}1$ mm. Die Länge der Einheitsstrecke auf der X-Achse sei $l_1 = 1$, die der Ordinaten sei, in derselben Einheit gemessen, gleich $l_2 = \lambda$, die Ordinaten haben daher in Einheiten der Abszissen die Länge $y = \lambda f(x)$. Soll der Schwellenwert Δy seinem Zahlenwert nach dem gerade noch merkbaren Zuwachs Δx entsprechen, so muß wegen $\frac{\Delta y}{\Delta x} = \lambda f'(x) = 1$

$$\lambda = \frac{1}{f'(x)} \qquad (f'(x) \neq 0)$$

sein. Die Kurve steigt unter 45° an. Dies λ ist der günstigste Maßstab für einen kleinen Bereich der y, welche zu Abszissen in der Umgebung von x gehören. Soll die Rechentafel aus einem längeren Kurvenstück bestehen, wird man abschnittsweise einen solchen Maßstab wählen, daß die Kurve in jedem Abschnitt genähert unter 45° ansteigt.

[1]) F. A. WILLERS, Graphische Integration, S. 104.

Abb. 25 zeigt eine solche Maßstabänderung bei der Konstruktion einer Quadrattafel $y = x^2$. Mit Unterdrückung des Nullpunktes ist die Kurve zwischen $x = 1$ und $x = 4$ mit einem solchen Maßstab der Ordinaten gezeichnet, daß sie für $x = 2{,}5$ unter 45° ansteigt. Also, da $l_1 = 1$ cm, mit

$$l_2 = \frac{l_1}{f'(2{,}5)} = 0{,}2\,\text{cm}.$$

Zwischen $x = 4$ und $x = 10$ ist der Maßstab l_2 der Ordinaten so gewählt, daß die Kurventangente bei $x = 7{,}5$ die Neigung 45° hat, also

$$l_2 = \frac{l_1}{f'(7{,}5)} = \frac{1}{15}\,\text{cm}.$$

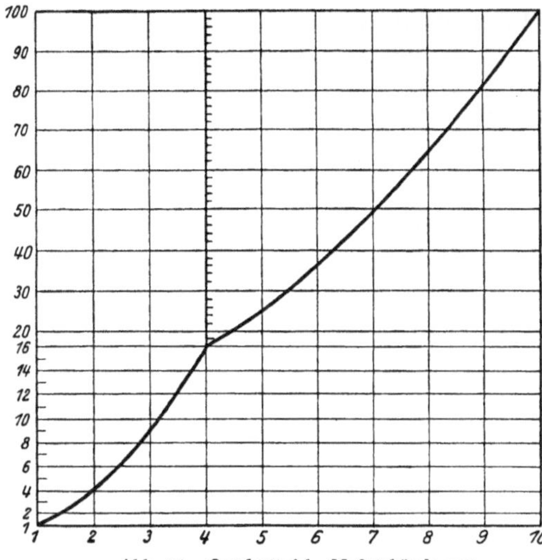
Abb. 25. Quadrattafel. Maßstabänderung.

Die Zeichnung ist als Quadrattafel der Zahlen von 1 bis 10 brauchbar und zum Quadratwurzelziehen aus den Zahlen 1 bis 100, für alle übrigen Zahlen durch Multiplikation mit einer passenden Potenz von 10, eine bemerkenswerte Eigenschaft der Potenzfunktion.

Die gewöhnliche Darstellung von $y = x^2$ durch eine Parabel für $x = 1$ bis $x = 10$ hätte einen rechteckigen Bereich, zehnmal so hoch als breit, verlangt, die Ablesung nahe den Rändern wäre sehr ungenau.

21. Die Funktionsskala. Zur Konstruktion einer graphischen Tabelle für $y = {}^{10}\log x$ wird die Kurve in Millimeterpapier[1]) gezeichnet (Abb. 26), die Einheitsstrecke der x ist 1 cm, die der y aber 10 cm. Logarithmen anderer Basis haben in diesem System nur eine andere Länge der Ordinaten. Bei Einführung eines solchen Maßstabs, daß die Strecke 10 cm der Ordinaten statt der Zahl 1 der Zahl 2,3026 entspricht, sind die Ordinaten derselben Kurve die natürlichen Logarithmen.

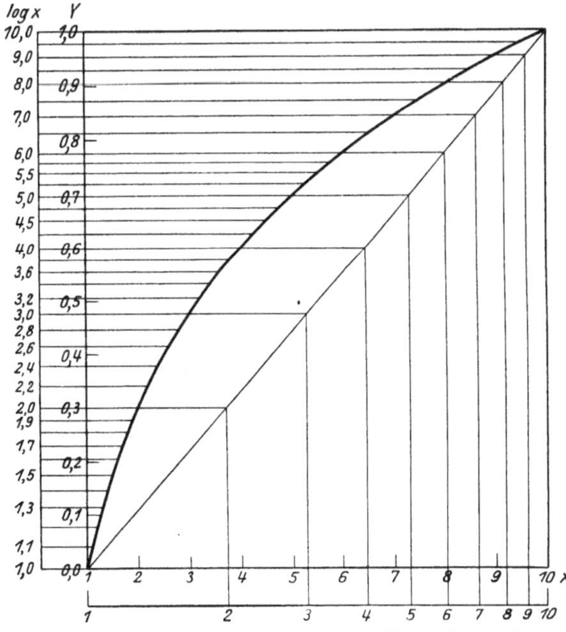
Abb. 26. Konstruktion der Funktionsskala $y = {}^{10}\log x$. Anamorphose.

Die Abbildung ist eine graphische Rechentafel, ein „Nomogramm", sie ersetzt eine dreistellige Logarithmentafel. Für $x = 4{,}65$ z. B. liest man den

1) Um die Deutlichkeit des Bildes zu erhöhen, wurde bei dieser und späteren Abbildungen das Millimeternetz nicht mitgedruckt.

Logarithmus 0,667 ab. Hierbei sind zwei Interpolationen auszuführen, und der Blick muß zweimal über größere Strecken im Koordinatennetz des Millimeterpapiers geführt werden, wobei ein Gleiten in eine benachbarte Masche des Netzes leicht möglich ist. In der Zeichnung ist viel Raum überflüssig. Zusammengehörige x- und y-Werte werden auf die Kurve projiziert, welche ein eindimensionales Gebilde ist, während man bei dieser Darstellung im Zweidimensionalen operiert. Zu einer einfacheren Gestalt der graphischen Tabelle kommen wir folgendermaßen. Für runde x-Werte 1,0, 1,1, 1,2, ... projiziert man die zugehörigen Kurvenpunkte auf die y-Achse. Die Maßzahl der Entfernung jedes Punktes der Ordinatenachse vom Anfangspunkt stellt den ${}^{10}\log x$ dar. Diese Punkte werden nun nicht mit den y-Werten, die sie darstellen, beschrieben, sondern mit den zugehörigen Argumenten x. So gelangt man zur Funktionsskala, hier speziell zur logarithmischen Skala.

Das Wesen der Funktionsskala ist: auf einer Geraden werden vom Anfangspunkt die Strecken $y = f(x)$ abgetragen, man bezeichnet sie aber nicht mit den Werten der Funktion, sondern der zugehörigen x, so daß der Punkt x den Endpunkt der Strecke $f(x)$ markiert, wie bekanntlich beim logarithmischen Rechenschieber der mit a bezifferte Punkt die Strecke ${}^{10}\log a$ begrenzt. Der Vorteil dieser Einrichtung ist, daß man alle Operationen, welche man an den mit x bezifferten Strecken ausführt, schon an den zugehörigen Strecken $f(x)$ durchführt.

Markiert man an dem einen Ufer der Geraden die mit x beschriebenen Strecken der y-Werte, am anderen Ufer die mit y beschriebene gleichmäßige Skala der Y-Achse (Abb. 26)[1], dann erhält man die eine graphische Tabelle in der einfachsten Form darstellende Doppelskala, hier der logarithmischen (Abb. 27), an welcher man den Wert des ${}^{10}\log x$ zu gegebenem x abliest und umgekehrt. Die Bezifferung wird so eng vorgenommen, daß zwischen die Teilungspunkte nur linear interpoliert zu werden braucht.

Diese Doppelskala entstand durch Aneinanderlegen einer ungleichförmig geteilten und einer gleichförmigen Skala. Eine Doppelskala kann auch gebildet werden durch Nebeneinanderlegen zweier ungleichförmiger Funktionsskalen $y = f(x)$ und $z = g(x)$, jede mit den zugehörigen x-Werten beschrieben. Der Wert x, welcher in beiden Skalen denselben Punkt bezeichnet, ist die Wurzel der Gleichung $f(x) - g(x) = 0$. Man kann weiter zwei Funktionen verschiedener Argumente zu einer Doppelskala verbinden, z. B. die Skalen $\varphi(\alpha)$ und $\psi(\beta)$. In diesem Falle bedient man sich praktisch einer gleichförmigen Verbindungsskala.

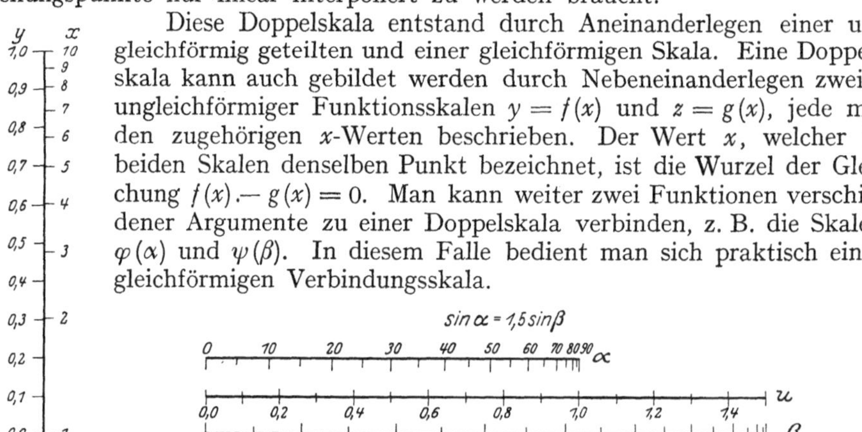

Abb. 27. Logarithmische Doppelskala.

Abb. 28. Brechungsgesetz.

Beispiel. Die Brechung eines Lichtstrahls folgt beim Übergang von Luft in Glas dem Gesetz

$$\sin\alpha = 1{,}5\sin\beta .$$

Eine dritte Veränderliche u wird eingeführt mittels $\sin\alpha = 1{,}5\sin\beta = u$ (Abb. 28). Man zeichnet mit der Längeneinheit von 5 cm die regelmäßige Skala u, ober-

[1]) Über die weiteren Konstruktionen in Abb. 26 s. Ziff. 24.

halb dieser in gleichem Maßstab die Funktionsskala $\sin\alpha = u$, welche mit α in Graden beschrieben wird; unterhalb der u-Skala im selben Maßstab die mit β zu beschreibende Skala $u = 1{,}5\sin\beta$. Diese ist um die Hälfte länger als die der α. Winkeln $\beta > 41^\circ{,}8$ steht kein α gegenüber (Totalreflexion). Direkte Verbindung der α- und β-Skalen läßt zusammengehörige Einfalls- und Brechungswinkel ablesen.

22. Der Rechenschieber. Wenn die Anfangspunkte zweier nebeneinanderliegender Funktionsskalen $\varphi(\alpha)$ und $\psi(\beta)$ gegeneinander verschoben sind, entspricht diese Lage einer funktionalen Beziehung:

$$\varphi(\alpha) = \psi(\beta) + C.$$

Darauf beruht die Verwendung der Rechenschieber, insbesondere des logarithmischen[1]). Der letztere ermöglicht bei Ausgleichsproblemen, oder wenn sonst in einem Problem Näherungswerte der Lösung bekannt sind und deren Verbesserungen berechnet werden sollen, eine wesentliche Erleichterung und Abkürzung des Rechenvorgangs.

Die Genauigkeit des logarithmischen Rechenschiebers ist bei der Länge der logarithmischen Skala von 25 cm etwa 0,1%. Zur Erhöhung der Genauigkeit hat man verschiedene Wege eingeschlagen. Eine zu große Ausdehnung der Skalenlänge ist nicht praktisch, die Skalen sind schwer wirklich kongruent herzustellen und erleiden durch die Luftfeuchtigkeit Verzerrungen und Verbiegungen. Man kann mit der Länge der logarithmischen Skala nicht über 50 cm hinausgehen, dann ist der Rechenschieber noch handlich. Weiter hat man die Skalen geteilt und getrennt untereinander angebracht, die erste Skala ist von 1 bis $\sqrt{10}$ beziffert, die zweite von $\sqrt{10}$ bis 10, dadurch sind auf einem Rechenschieber von 25 cm Länge 50 cm lange Skalen untergebracht (System Präzision). Beim Columbus-Kalkulator ist die Skala von 160 cm Länge in 10 Teilen abgesetzt, die untereinander angebracht sind, die Genauigkeit ist die einer vierstelligen Logarithmentafel. Bei den Rechenscheiben sind die Skalen auf den Peripherien konzentrischer Kreise aufgetragen. Die Länge einer Skala ist 3,14mal der des Durchmessers, der ganze Apparat braucht nicht groß dimensioniert zu werden.

Die Rechenräder sind Scheiben von gleichem Radius, auf der gleichen Achse gegeneinander drehbar angebracht; sie tragen die Skalen auf ihrer Mantelfläche.

Bei den Rechenwalzen sind entweder mehrere Skalen abgeteilt auf dem Mantel eines Zylinders angebracht oder sie sind kontinuierlich als Schraubenlinien auf dem Mantel geführt. Solche sind von BILLETER, NESTLER, THACHER usw. konstruiert, haben Skalenlängen bis 15 m mit der Genauigkeit einer fünfstelligen Logarithmentafel. Die handlichste Type eines zylindrischen Rechenschiebers mit Schraubenlinien als Skalenträgern ist der Otis King's Patent

[1]) Literatur über den Rechenschieber: A. GALLE, Mathematische Instrumente. Leipzig u. Berlin: Teubner 1912; E. HAMMER, Der logarithmische Rechenschieber und sein Gebrauch. 3. Aufl. Stuttgart 1908; A. ROHRBERG, Theorie und Praxis des logarithmischen Rechenstabes. Leipzig u. Berlin: Teubner 1925; C. RUNGE-H. KÖNIG, Vorlesungen über numerisches Rechnen. Berlin: Julius Springer 1924; H. v. SANDEN, Praktische Analysis. 2. Aufl. Leipzig u. Berlin: Teubner 1923; L. v. SCHRUTKA, Theorie und Praxis des logarithmischen Rechenschiebers. Leipzig u. Wien: Deuticke 1911; F. A. WILLERS, Mathematische Instrumente. 1926. Sammlung Göschen Nr. 922.

Deutsche Rechenstabfabriken: Dennert & Pape, Altona a. d. Elbe. — A. W. Faber, Stein bei Nürnberg und Heroldsgrün in Oberfranken. — Koch, Huxhold u. Hannemann, Hamburg. — Albert Nestler, Lahr i. Baden. — R. Reiß, Liebenwerda (Sa.). — Schacht & Westerich, Hamburg. — K. Schuster, Kaindorf b. Hartberg (Steierm.). — Gebr. Wichmann, Berlin.

Calculator[1]). Bei einer Skalenlänge von 165 cm ist das Resultat einer einfachen Rechnung auf vier Stellen genau abzulesen; der Durchmesser des Zylinders ist 2,5 cm, die Höhe 15 cm.

23. Krummliniger Skalenträger. Der Träger einer Funktionsskala braucht nicht wie in Ziff. 21 eine Gerade zu sein, er kann allgemein irgendeine Kurve sein. Die Gleichung der Kurve (Abb. 29 schematisch) sei in Parameterform:

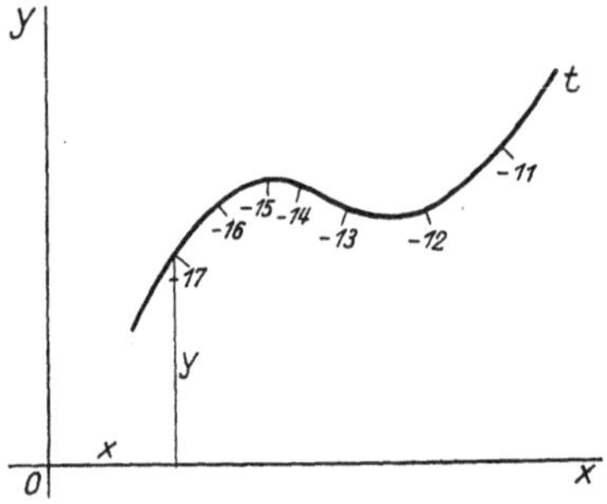

$$x = \varphi(t), \qquad y = \psi(t).$$

Zu einem Wert t gehört ein Wertepaar x, y und damit ein Punkt in der Ebene. Werden t fortlaufende Werte erteilt, dann beschreibt der Punkt x, y die Kurve, den krummlinigen Skalenträger. Seine Gleichung $y = f(x)$ erhält man durch Elimination von t aus den zwei obigen Gleichungen. Die Bezifferung der Skala geschieht, indem man zu runden, äquidistanten Werten t die zugehörigen x, y berechnet und die sie darstellenden Punkte auf der Kurve markiert und mit den zugehörigen t-Werten beschreibt.

Abb. 29. Krummliniger Skalenträger.

Die Gleichung der Kurve braucht man zur Konstruktion der Skala nicht zu kennen, die Elimination von t wird meist nicht oder nur schwer durchführbar sein. Man berechnet zu engeren t-Werten die x, y-Punkte, trägt sie im x, y-System auf und verbindet sie durch eine glatte Kurve.

24. Das Funktionsnetz. Die Anamorphose. In Abb. 26 mußte die logarithmische Kurve punktweise gezeichnet werden. Die Konstruktion würde sehr vereinfacht, wenn durch eine Verzerrung der Ebene die Kurve zu einer Geraden gestreckt werden könnte. Diese Verzerrung, die „Anamorphose", wird ausgeführt, indem man Anfang und Ende der Kurve durch eine Gerade verbindet und jeden Kurvenpunkt durch eine X-Parallele auf diese Gerade projiziert. Die so erhaltenen Punkte der Geraden werden auf die X-Achse projiziert, auf der eine logarithmische Teilung entsteht (in Abb. 26 unterhalb der X-Achse gezeichnet). Wenn im rechtwinkligen Koordinatensystem die Y-Achse regelmäßig geteilt ist, die X-Achse aber nach der logarithmischen Funktionsskala, so ist in diesem anamorphosierten Netz die logarithmische Kurve zu einer Geraden gestreckt. Die Marken der X-Achse grenzen die Strecken $\log x$ ab, sind aber mit x beziffert.

Man operiert in einem solchen Netz wie im regelmäßigen kartesischen. Auf der X-Achse wird der mit x beschriebene Punkt (der die Strecke $\log x$ markiert) aufgesucht, seine Ordinate gibt einen bestimmten Punkt der Geraden, dieser wird auf die Y-Achse projiziert und man liest dort den Wert y, d. i. $\log x$ ab. Von einem y-Wert ausgehend, findet man umgekehrt auf der X-Achse den zugehörigen Numerus.

LALANDE[2]) hat bei der Geradstreckung der Hyperbeln $xy =$ konst. im logarithmischen Netz den Begriff der Anamorphose entwickelt. Sind im kartesischen Koordinatensystem eine oder beide Achsen nach Funktionsskalen geteilt, z. B. nach $f(x)$ bzw. $g(y)$, die aber mit x und y beschrieben sind, dann liegt ein „anamorphosiertes kartesisches Netz" vor. In jedem solchen Netz gehen gewisse Kurven in Gerade über, die man ebenso zeichnet (aus 2 Punkten

[1]) Hergestellt von Carbic Limited. London.
[2]) Ann. des Ponts et Chauss. 1896.

oder 1 Punkt und Richtung) und mit denen man genau so operiert wie mit Geraden im regulären kartesischen Netz.

Um im Funktionsnetz rasch zu arbeiten, muß man sozusagen vergessen, daß die Achsen ungleichförmige Teilungen tragen. Die Bezifferungen x und y auf den Achsen begrenzen die Strecken $\xi = f(x)$ und $\eta = g(y)$; die Gleichung der Geraden ist $\eta = \alpha + b\xi$ oder $g(y) = g(a) + bf(x)$, wo $g(a) = \alpha$ gesetzt ist. Bei einiger Übung sieht man von der Ungleichförmigkeit der Teilungen ab und liest die Gleichung der Geraden in der Sprache der Anamorphose als $y = a + bx$, womit man zur vollen Ausnützung der Vorteile des Funktionsnetzes gelangt.

25. Das halblogarithmische Netz. Darstellung von Exponentialkurven durch Gerade. Durch die Anamorphose ging in Abb. 26 die Kurve $y = {}^{10}\log x$ oder $10^y = x$ in eine Gerade über. Vertauscht man die Bezeichnung der Achsen oder bringt man auf der X-Achse reguläre Teilung, auf der Y-Achse Bezifferung nach einer logarithmischen Skala an, dann werden in diesem Netz die Kurven

$$\left.\begin{array}{ll} y = a\,10^{bx} & {}^{10}\log y = {}^{10}\log a + bx \\ y = \alpha\, e^{\beta x} & {}^{10}\log y = {}^{10}\log \alpha + \beta M x \quad (M = {}^{10}\log e = 0{,}4343) \\ y = m q^x & {}^{10}\log y = {}^{10}\log m + x \cdot {}^{10}\log q \end{array}\right\} \tag{1}$$

zu Geraden gestreckt. Als Typus dieser Exponentialkurven betrachten wir die dritte Form ${}^{10}\log y = {}^{10}\log m + x\,{}^{10}\log q$, in der Sprache der Anamorphose wird diese Gleichung gelesen als

$$y = m + qx, \tag{2}$$

wobei man mit den ungleichen Bezifferungen auf der Y-Achse wie mit gleichmäßigen verfährt. Die in Millimetern gemessenen Koordinaten würden einer Gleichung $\eta = \mu + \gamma\xi$ genügen, wobei

$$\xi = x, \quad \eta = {}^{10}\log y, \quad \mu = {}^{10}\log m, \quad \gamma = {}^{10}\log q$$

gesetzt sind.

Ein Koordinatenpapier mit regelmäßiger X-Teilung und logarithmischer auf der Y-Achse ist auf Vorschlag von R. Mehmke von der Firma Schleicher & Schüll[1]) unter Marke Nr. $367\frac{1}{2}$ gedruckt in den Handel gebracht, es heißt halblogarithmisches oder einfach logarithmisches Papier. Die Einheitsstrecke ist auf beiden Achsen 25 cm. Zum Einzeichnen der Geraden (2) in dieses Netz konstruiert man sie wie im regelmäßigen kartesischen Netz. Die Ursprungsordinate ist m, man markiert auf der Ordinatenachse den Punkt mit der Bezifferung m, seine Ordinate ist $\log m$. Die Größe q ist Richtungstangente, man trägt sie als Ordinate im Punkte $x = 1$ auf (in Millimetern gemessen wäre sie $\log q$), verbindet den Punkt $1, q$ durch eine Gerade mit dem Ursprung $0{,}1$ und zieht durch den Punkt m der Y-Achse die Parallele, welche Gerade in dem Netz die Exponentialkurve $y = mq^x$ darstellt.

Sicherer wird die Gerade mittels zwei ihrer Punkte konstruiert.

Beobachtungswerte y, bei welchen man vermutet, daß sie einem Exponentialgesetz gehorchen, trägt man als Ordinaten zu den zugehörigen x in das halblogarithmische Netz ein und versucht, ob die Ordinatenendpunkte auf einer Geraden liegen. Ist dies genähert der Fall, dann greift man die Ursprungsordinate m und die Richtungstangente q aus der Zeichnung ab und hat damit die zwei Konstanten der Gleichung $y = mq^x$. Wenn schärfere Bestimmung erwünscht ist, dann legt man die graphisch erhaltenen Werte als Näherungswerte einer Ausgleichung[2]) zugrunde.

[1]) Düren im Rheinland. [2]) Kap. 13, Ziff. 14.

Beispiel[1]). Eine Leidener Flasche wurde durch einen Leinenfaden langsam entladen. Es wurde folgende Abnahme des Potentials V mit der Zeit t beobachtet:

t in Sekunden	0	30	60	90	120	150	180
V in Volt	1640	1350	1120	930	780	660	550

Die Auftragung dieser Werte würde zwei der kongruenten Felder des Netzes verlangen. Man könnte mit einem Feld ausreichen, wenn man für die drei ersten V-Werte auf der Ordinatenachse die Bezifferung 1000 bis 10000 ausschreiben würde, für die vier folgenden aber eine zweite Bezifferung 100 bis 1000. Die Gerade, welche unten aus dem Netz herausführt, würde in derselben Abszisse wieder am oberen Rand mit der gleichen Richtung beginnen. Man reicht aber mit einem Netz aus, wenn man alle Ordinaten durch 2 dividiert. Dies führen wir aus und schreiben die entsprechende Bezifferung an die Y-Achse (Abb. 30)[2]). An der Gleichung $V = V_0 \cdot q^t$ wird dadurch nichts Wesentliches geändert, V und V_0 sind in Einheiten von 2 Volt gemessen, t und die Richtung q der Geraden bleiben ungeändert. Mit Rücksicht auf die neue Bezifferung der Ordinaten wäre die abgegriffene Richtungskonstante q mit 2 zu multiplizieren. Diese Bestimmung von q ist aber zu ungenau. Man gewinnt sie besser aus einem zweiten Punkt der Geraden, welche man durch die Beobachtungswerte der Ordinaten gelegt hat, und findet zu $x = 180$ die Ordinate 273 oder

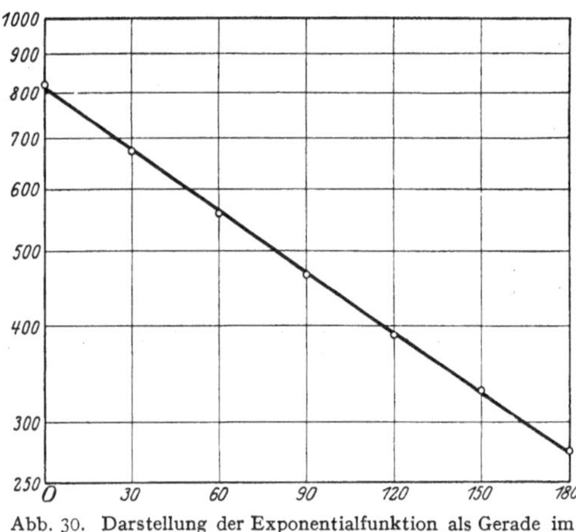

Abb. 30. Darstellung der Exponentialfunktion als Gerade im halblogarithmischen Netz.

$$q = \sqrt[180]{\frac{273}{820}},$$

wobei $V_0 = 820$ schon in der neuen Einheit von 2 Volt angegeben ist. Logarithmische Rechnung ergibt $q = 0{,}994$, so daß die Entladung der Leidener Flasche sehr genähert dem Gesetz

$$V = V_0 \cdot 0{,}994^t$$

folgt, d. h. das Potential vermindert sich pro Sekunde um 0,6% seines jeweiligen Werts zu Anfang der Sekunde.

Wenn eine Erscheinung nach einer e-Potenz

$$y = \alpha\, e^{\beta x}$$

abklingt, hat die Gerade, welche die Beobachtungswerte verbindet, im halblogarithmischen Netz die Ursprungsordinate α und die Richtungskonstante $q = e^{\beta}$.

26. Das logarithmische Netz. Darstellung von Potenzkurven als Gerade. Hier tragen beide Koordinatenachsen logarithmische Teilung im gleichen Maßstab. Bei dem von Schleicher & Schüll[3]) unter Nr. $375^1/_2$ gedrucktem logarith-

[1]) P. LUCKEY, Einführung in die Nomographie, Bd. II, S. 16. 1920 (II. Aufl. 1927, S. 28); MÜLLER-POUILLET, Lehrbuch der Physik. 10. Aufl., Bd. IV 1, S. 287. 1909.

[2]) Um Raum zu sparen, wurde nur der für die Zeichnung der Geraden in Betracht kommende Teil des Netzes in der Abbildung gedruckt.

[3]) Düren im Rheinland.

mischen Netz, welches auch doppeltlogarithmisches genannt wird, ist die Einheitsstrecke auf beiden Achsen 25 cm. Die Gerade in diesem Netz hat in der Sprache der Anamorphose die Gleichung:

$$y = a + bx. \tag{3}$$

Wenn die Koordinaten in Millimetern unter Berücksichtigung des Maßstabes gemessen werden, hat die Gerade, da die Punkte x und y auf den Achsen die Strecken ${}^{10}\log x$ und ${}^{10}\log y$ abgrenzen, die Gleichung

$${}^{10}\log y = {}^{10}\log a + b\,{}^{10}\log x$$

oder

$$y = a \cdot x^b. \tag{3'}$$

Das logarithmische Netz streckt die Potenzkurve gerade. Der Ursprung ist mit 1,1 beziffert. Für $x = 1$ ist nach (3') $y = a$, die Konstante a wird also wieder als Ursprungsordinate abgegriffen. Die Richtungstangente b ist hier im selben Sinn wie im kartesischen Netz zu verstehen, sie ist die Tangente des Winkels, den die Gerade mit der positiven X-Richtung bildet. Man gewinnt sie, indem man einen Y-Zuwachs durch den zugehörigen X-Zuwachs, beide in Millimetern gemessen, dividiert, oder man rechnet sie mit Hilfe der graphisch gewonnenen Koordinaten eines zweiten Punktes der Geraden.

Im logarithmischen Netz erscheinen alle Potenzfunktionen, auch die mit gebrochenem Exponenten, als Gerade.

Von Schleicher & Schüll wurden weiter Funktionsnetze mit den Teilungen $\log\sin x$ und $\log\tan x$ mit der Bezifferung x in Geraden hergestellt[1]).

Beispiel. Versuche O. Lummers[2]) über die Abhängigkeit der absoluten Temperatur T des Kohlefadens einer Glühlampe und der von der Oberfläche 1 cm² in 1 Sekunde ausgestrahlten Energie S (gemessen in Grammkalorien) hatten folgendes Resultat:

T	1309	1471	1490	1565	1611	1680
S	2,138	3,421	3,597	4,340	4,882	5,660

Es werden $\frac{T}{1000}$ als Abszissen, S als Ordinaten in das logarithmische Netz eingetragen (Abb. 31). Die Punkte liegen sehr nahe auf einer Geraden, deren Ursprungsordinate 0,725 ist. Man erhält letztere, da die Gerade aus dem Feld heraustritt, durch Parallelverschiebung, wobei man im oberen Teil der Figur die angeschriebene Bezifferung durch 10 zu dividieren hat. Die Steigung der Geraden ist 3,96 oder nahe gleich 4. Die Strahlung des Kohlefadens genügt also sehr nahe dem Stefan-Boltzmannschen Gesetz:

$$S = 0{,}725 \left(\frac{T}{1000}\right)^4.$$

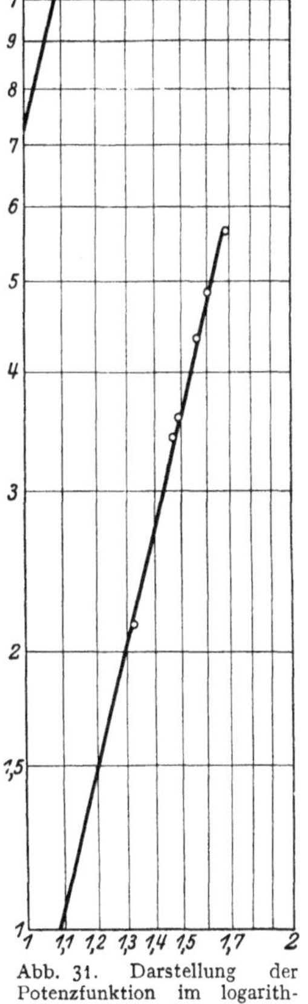

Abb. 31. Darstellung der Potenzfunktion im logarithmischen Netz.

Das Beispiel wird in Kap. 13, Ziff. 18, weiter behandelt.

---

1) Ein Verzeichnis der von Schleicher & Schüll, Düren im Rheinland, gedruckten graphischen Papiere gibt W. Grosse, Graphische Papiere und ihre vielseitige Anwendung. Düren 1917; weiter P. Schreiber, Grundzüge einer Flächennomographie, Bd. I u. II. Braunschweig 1921.

2) Verflüssigung der Kohle und Herstellung der Sonnentemperatur, S. 44—48. Vieweg. Braunschweig 1914; P. Luckey, Einführung in die Nomographie. Bd. II, S. 19. 1920.

27. MEHMKES graphische Additions- und Subtraktionslogarithmen. Im logarithmischen Netz wurde die Kurve $y = ax^b$ geradegestreckt. Eine Funktion

$$y = ax^b \pm cx^d \pm \cdots$$

läßt sich nicht direkt logarithmieren. R. MEHMKE[1]) ermöglichte mittels graphischer Additions- und Subtraktionslogarithmen die Behandlung derartiger Polynome im logarithmischen Netz.

28. Die projektive Skala. Darstellung der linear gebrochenen Funktion. Die Skala der linear gebrochenen Funktion

$$y = f(x) = \frac{mx + n}{px + q} \qquad \begin{vmatrix} m n \\ p q \end{vmatrix} \neq 0$$

wird aus der regulären durch Zentralprojektion abgeleitet (homographische Skala). Die Projektivität der zwei Skalen ist durch drei Paare entsprechender Punkte bestimmt (Abb. 32). Der Verbindungsstrahl x eines beliebigen vierten Punktes X der regulären Skala mit dem Zentrum O schneidet auf der $f(x)$-Skala den entsprechenden Punkt X' aus. Man muß zu drei bestimmten x-Werten die zugehörigen $y = f(x)$ berechnen, die erhaltenen Werte trägt man von einem Anfangspunkt auf der Geraden g' in passendem Maßstab auf. Praktisch trägt man die Punkte A', B', C' auf den Rand eines Papierstreifens auf und verschiebt denselben so lange im Strahlenbüschel, bis die Punkte A', B', C' auf die Verbindungsstrahlen a, b, c von A, B, C mit O zu liegen kommen. Die weiteren Verbindungsstrahlen von Punkten x der regulären Skala mit O schneiden auf g' die zugehörigen Punkte der $f(x)$-Skala aus, die man mit ihren x-Werten beschreibt.

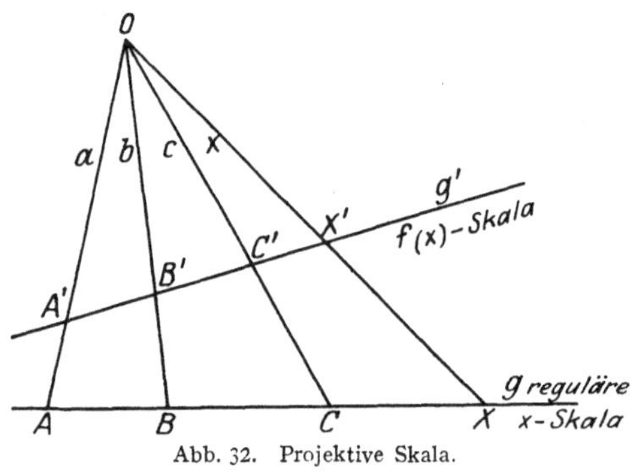

Abb. 32. Projektive Skala.

Mit Hilfe der Zentralprojektion kann man gewisse Teile der regulären Skala vergrößern oder verkleinern und den unendlich fernen Punkt im Endlichen abbilden.

Beispiel. E. RASCH[2]) gab für den Zusammenhang der in Hefnerkerzen pro Quadratmillimeter gemessenen Helligkeit Φ_{HK} einer Lichtquelle und ihrer absoluten Temperatur T folgende Formel an:

$$\log\text{nat}\,\Phi_{HK} = 12{,}943\left(1 - \frac{2068 \cdot 4}{T}\right). \quad (4)$$

Der $\log\text{nat}\,\Phi_{HK}$ ist also eine linear gebrochene Funktion $f(T)$ von T. Wir zeichnen zuerst die reguläre T-Skala (Abb. 33) im Maßstab 0,3 cm für 100°. Für die drei T-Werte 1000°, 1500° und 2500° berechnet man die zugehörigen $f(T)$ als $-13{,}828$, $-4{,}905$, $+2{,}234$. Wir lassen die Anfangspunkte (1000°) beider

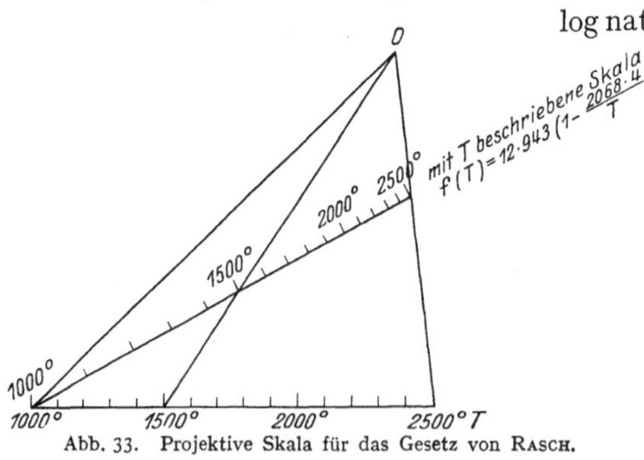

Abb. 33. Projektive Skala für das Gesetz von RASCH.

[1]) R. MEHMKE, Civilingenieur Bd. 35, S. 620. 1889. Ausführliche Darstellung in: Leitfaden zum graphischen Rechnen, S. 26.

[2]) E. RASCH, Ann. d. Phys. 1904, S. 202; M. PIRANI, Graphische Darstellung in Wissenschaft und Technik, S. 66. 1914. (Sammlung Göschen Nr. 728.)

Skalen zusammenfallen, ziehen also durch den Punkt 1000° der T-Skala eine zweite Gerade, auf der wir mit der Einheitsstrecke 0,3 cm die Differenzen der $f(T)$-Werte gegen den ersten auftragen und die erhaltenen Punkte mit 1500 und 2500° beschreiben. Die Verbindungsstrahlen dieser zwei Punkte mit den gleichbezifferten der T-Skala schneiden sich in einem Punkt O, und von diesem aus projizieren wir die auf der T-Skala markierten Punkte auf die $f(T)$-Skala. Zur Kontrolle rechnen wir einen vierten Punkt der $f(T)$-Skala, $f(2000°) = -0{,}443$, und dieser Punkt muß mit dem durch Projektion gefundenen übereinstimmen.

Für $\log\mathrm{nat}\,\Phi_{HK}$ konstruieren wir eine Skala mit derselben Längeneinheit 0,3 cm und legen sie an die $f(T)$-Skala so an, daß der mit $\Phi_{HK} = 1$ beschriebene Anfangspunkt der logarithmischen Skala gegenüber dem mit $T = 2068{,}4$ beschriebenen Punkt der $f(T)$-Skala zu liegen kommt. In dieser so erhaltenen Doppelskala liegen zusammengehörige Werte Φ_{HK} und T einander gegenüber.

Die Skala der natürlichen Logarithmen kann man sich durch Vergrößerung aus der Skala der Briggschen Logarithmen herleiten (Abb. 34) gemäß

$$\log\mathrm{nat}\,\Phi = \frac{1}{M}\,{}^{10}\!\log\Phi = 2{,}3026\cdot{}^{10}\!\log\Phi .$$

Durch eine solche Ähnlichkeitskonstruktion überträgt man sich eine gegebene, z. B. gedruckte Funktionsskala in einen anderen Maßstab.

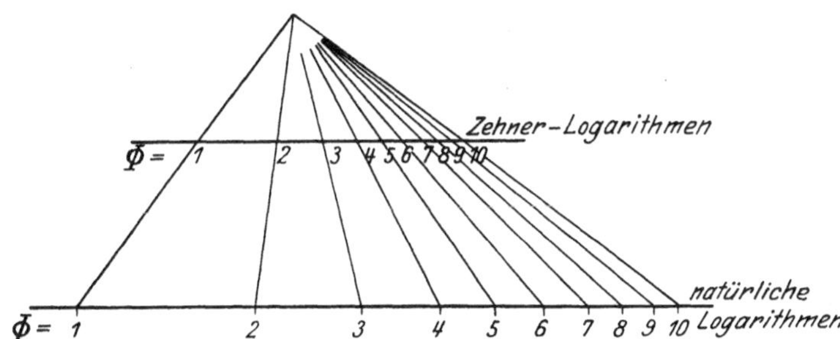

Abb. 34. Änderung des Maßstabes einer Skala durch Zentralprojektion.

Zu einer anderen konstruktiven Darstellung der Gleichung (4) gelangt man, indem man zur regulären T-Skala die reziproke für $1/T$ durch Zentralprojektion ableitet oder indem man direkt die Werte $1/T$ aufträgt und mit T beziffert. Die Gleichung (4) bildet sich in einem Funktionsnetz, dessen Abszissenachse nach $1/T$ und dessen Ordinatenachse nach $\log\mathrm{nat}\,\Phi_{HK}$ geteilt ist, als Gerade ab (Abb. 35). Auf der X-Achse soll 1 cm der Strecke 0,0001 entsprechen, es wird also der mit $T = 2500°$ beschriebene Punkt auf die Abszisse 4 cm zu liegen kommen, $T = 2000°$ auf 5 cm usw., $T = 1000°$ auf 10 cm. Die Y-Achse teilen wir nach Briggsschen Logarithmen und denken uns, daß die verwendete Einheitsstrecke von 0,5 cm den Wert $\frac{1}{M} = 2{,}3026$ erhalten soll (über den Maßstab jeder Achse können wir beliebig verfügen), wodurch die logarithmische Teilung in die der natürlichen Logarithmen übergeht, die Beschriftung mit den Φ_{HK}-Werten bleibt, wir haben an der Skala nichts zu ändern. Zwei zusammengehörige Φ_{HK}- und T-Werte liefern zwei Punkte der Geraden, auf welcher wir durch eine Anzahl X- und Y-Paralleler eine Doppelskala Φ_{HK}, T anbringen.

Wie die homographische Skala

$$f(x) = \frac{mx + n}{px + q}$$

durch Zentralprojektion aus der regulären abgeleitet wurde, so gewinnt man die projektive Skala

$$\varphi(x) = \frac{m g(x) + n}{p g(x) + q} \qquad \begin{vmatrix} m n \\ p q \end{vmatrix} \neq 0$$

durch Zentralprojektion aus der Funktionsskala von $g(x)$. An dem früher Gesagten ändert sich nichts, außer daß die Skala $g(x)$ nicht gleichförmig geteilt ist. Die Skala $\varphi(x)$ wird wieder mit den zugehörigen Werten x beschrieben. Ist die $\varphi(x)$-Skala gegeben, so gewinnt man ebenso aus ihr durch Zentralprojektion die Skala $g(x)$.

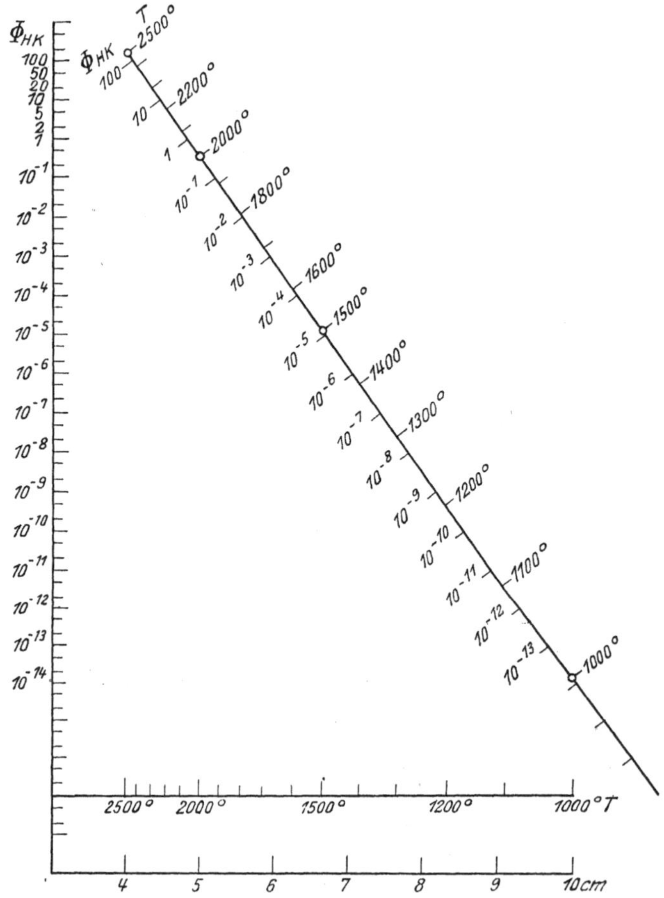

Abb. 35. Konstruktion einer Doppelskala für das Gesetz von RASCH.

Beispiel. Abb. 36 ist dem Buche von LACMANN[1]) entnommen. Zur Berechnung der Geschwindigkeit des Wassers in geschlossenen und offenen Führungen dient die Formel $v = k\sqrt{RJ}$, wo v die Geschwindigkeit in m/sec, R den hydraulischen Halbmesser und J das Gefälle bedeuten, während der Wert von k sich bei Wasserleitungen gleicher Art bei großen Gefällen nur mit R ändert. Für $J \geqq 0{,}0005$ wird diese Beziehung zwischen k und R durch die „kleine Kuttersche Formel“

$$k = \frac{100\sqrt{R}}{m + \sqrt{R}}$$

[1]) O. LACMANN, Die Herstellung gezeichneter Rechentafeln, S. 7. Berlin: Julius Springer 1923.

gegeben. Für diese Formel und mit $m = 2{,}5$ ist die Zeichnung ausgeführt. Die mit R beschriebene Skala von $\sqrt{R}$ wird aus einem Zentrum projiziert, die k-Skala, für welche drei Werte 0, 28,57, 44,44 zu $R = 0$, 1 und 4 gerechnet wurden, wird so in das Strahlenbüschel eingepaßt, daß die drei berechneten Punkte auf

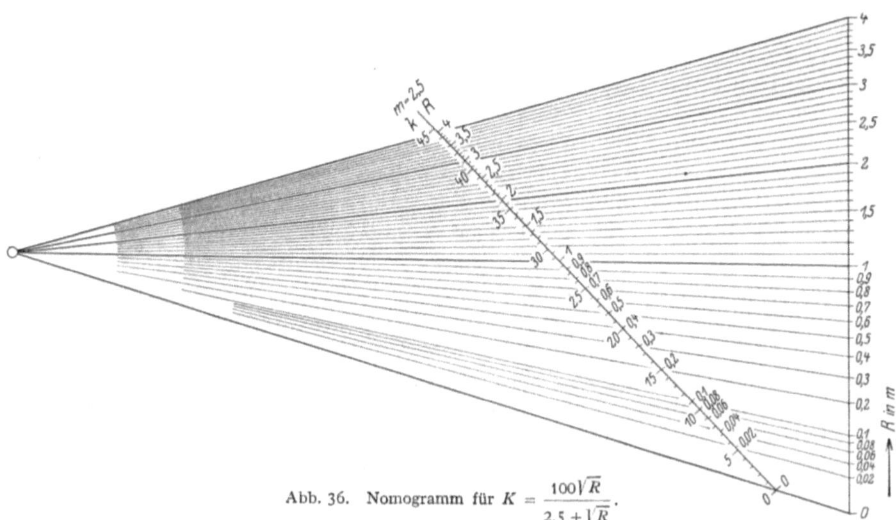

Abb. 36. Nomogramm für $K = \dfrac{100\sqrt{R}}{2{,}5 + \sqrt{R}}$.

die zugehörigen Strahlen zu liegen kommen. Zur leichteren Ablesung wurde eine Doppelskala hergestellt, indem die Schnittpunkte der Projektionsstrahlen mit der Trägergeraden der k-Skala mit ihren k- und R-Werten beschrieben wurden.

29. Die Hartmannschen Dispersionsnetze sind Funktionsnetze mit projektiver Teilung der Abszissenachse und regulärer Teilung der Ordinatenachse. J. HARTMANN gab zur Interpolation von Brechungsexponenten n und Wellenlängen λ im prismatischen Spektrum die Interpolationsformel an[1])

$$n - n_0 = \frac{c}{(\lambda - \lambda_0)^\alpha}, \quad \text{beziehungsweise} \quad f(\lambda) - f(\lambda_0) = \frac{c}{(\lambda - \lambda_0)^\alpha},$$

wo $f(\lambda)$ die beobachtete Funktion der Wellenlänge ist, n_0, c, λ_0, α zu bestimmende Konstante sind. Der Exponent α unterscheidet sich bei den gebräuchlichen Glassorten[2]) fast nicht von 1. Wenn $\alpha = 1$, ist die Gleichung zwischen n und λ eine gleichseitige Hyperbel und würde sich im logarithmischen Netz als Gerade darstellen, doch wäre die Genauigkeit nicht vergleichbar mit der in den Hartmannschen Netzen. Diese werden in zweifacher Ausführung von Schleicher & Schüll in Düren hergestellt[3]), Type A (Nr. $397^1/_2$) für das visuelle Spektrum von $\lambda = 7700$ am linken Ende, bis $\lambda = 3750$ A.-E. am rechten, Type B (Nr. $398^1/_2$) für das photographische Spektrum von $\lambda = 5000$ bis $\lambda = 3370$ A.-E.

Die Y-Achse trägt regelmäßige Teilung, die X-Achse ist projektiv nach $x = x_0 + \dfrac{10^6}{\lambda - 2000}$ geteilt und nach λ beschrieben. Wenn λ_0 in der Nähe von

---

1) J. HARTMANN, Publ. Astrophys. Obs. Potsdam Bd. 12, 1902 (Anhang).
2) A. HNATEK, Annalen der Univ. Sternwarte in Wien Bd. 25, Nr. 1, S. 45 u. 48. 1913.
3) J. HARTMANN, Zeitschr. f. Instrkde. 1917, S. 166; W. GROSSE, Graphische Papiere, S. 149.

2000 A.-E. liegt, wird eine Funktion $y = y_0 + \frac{c}{\lambda - \lambda_0}$ angenähert durch eine Gerade dargestellt, deren Gleichung lautet

$$y - y_0 = c \cdot 10^{-6} (x - x_0).$$

Wenn λ_0 sich merklich, etwa mehr als 100 A.-E., von 2000 A.-E. unterscheidet, wird die Interpolationskurve eine schwach gekrümmte Kurve sein. Sie wird sich wieder geradestrecken, wenn man die Zählung der Abszissen um eine entsprechende Konstante ändert, so daß die Kurve nach ihrer konvexen Seite verschoben wird.

Für rasche Interpolationen genügt es, zwei beobachtete Werte von $y = f(\lambda)$ als Ordinaten in geeignetem Maßstab zu der aufgedruckten λ-Teilung als Abszissen aufzutragen. Die geradlinige Verbindung der zwei Punkte gibt als Interpolationskurve für die übrigen λ die zugehörigen y und umgekehrt.

Will man die Interpolationsgerade genauer ermitteln, so trägt man zu drei λ die beobachteten y ein. Liegen die drei Punkte nicht auf einer Geraden, dann verbindet man sie durch eine glatte Kurve. Durch zwei um 1000 A.-E. in Abszissenrichtung voneinander entfernte Punkte dieser Kurve legt man eine Gerade und zählt den größten Abstand D dieser Geraden von der Kurve parallel der Abszissenachse in A.-E. ab. Liegt die Gerade nach der Seite der größeren (kleineren) Wellenlängen, so vermehrt (vermindert) man die vorgedruckten λ um $\frac{1}{4} D \cdot 100$ A.-E., wobei man $\frac{1}{4} D$ auf die nächste ganze Zahl abrundet. Wenn die drei Punkte noch immer nicht auf einer Geraden liegen, wiederholt man das Verfahren.

Beispiel. Die genaue Messung der Brechungsexponenten eines Flintglases lieferte folgende Brechungsexponenten[1]:

Linie	λ	n
B	6868,5 A.-E.	1,574359
C	6563,1	1,575828
α	6278,0	1,577377
D	5893,2	1,579855
b_1	5183,9	1,585999
F	4861,6	1,589828
H_γ	4340,7	1,598204
g	4227,1	1,600543
h	4102,0	1,603398

Wenn die 6. Dezimalstelle noch gebraucht wird, muß numerisch interpoliert werden. Aus drei zu möglichst verschiedenen λ gehörigen Beobachtungswerten müssen n_0, λ_0 und c bestimmt werden, bzw. muß noch ein vierter Wert mitgenommen werden, wenn auch der Exponent α berechnet werden soll. Ein einfaches Verfahren zur Bestimmung der Konstanten der Formel gab HARTMANN[2].

Reicht man mit der 5. Dezimale in n aus, dann trägt man die auf 5 Dezimalen abgerundeten Werte von n in das Dispersionsnetz Type A ein (Abb. 37 stark verkleinert). Auf der Ordinatenachse nimmt man 1 cm gleich 0,001 und beziffert die Teilung von 1,574 bis 1,604. Die Wellenlängen der Spektrallinien A, a, B, C, α, D_2 usw. sind besonders im Netz vermerkt. Die Eintragung obiger Werte in das Netz liefert Punkte, die alle auf einer Geraden liegen, mittels welcher man nun zu jedem λ das zugehörige n auf 5 Dezimalstellen ablesen kann.

---

[1] J. HARTMANN, Publ. Astrophys. Obs. Potsdam Bd. 12, Anhang S. 8. 1898.

[2] J. HARTMANN, Publ. Astrophys. Obs. Potsdam Bd. 12, Anhang S. 5. 1898; ZS. f. Instrkde. 1917, S. 168.

Zur Ausmessung eines Spektrums interpoliert eine analoge Formel zu jeder Lesung an der Mikrometertrommel die zugehörige Wellenlänge[1]), nämlich

$$\lambda = \lambda_0 + \frac{c}{s - s_0} \qquad \text{oder genauer} \qquad \lambda = \lambda_0 + \frac{c}{(s - s_0)^{\frac{1}{\alpha}}},$$

worin λ_0, s_0, c aus drei Messungen zu bestimmende Konstante sind, wenn numerisch interpoliert wird, α wird in der Regel gleich 1 gesetzt, s ist die Trommelablesung oder eine lineare Größe, welche auf der photographischen Platte ausgemessen wird.

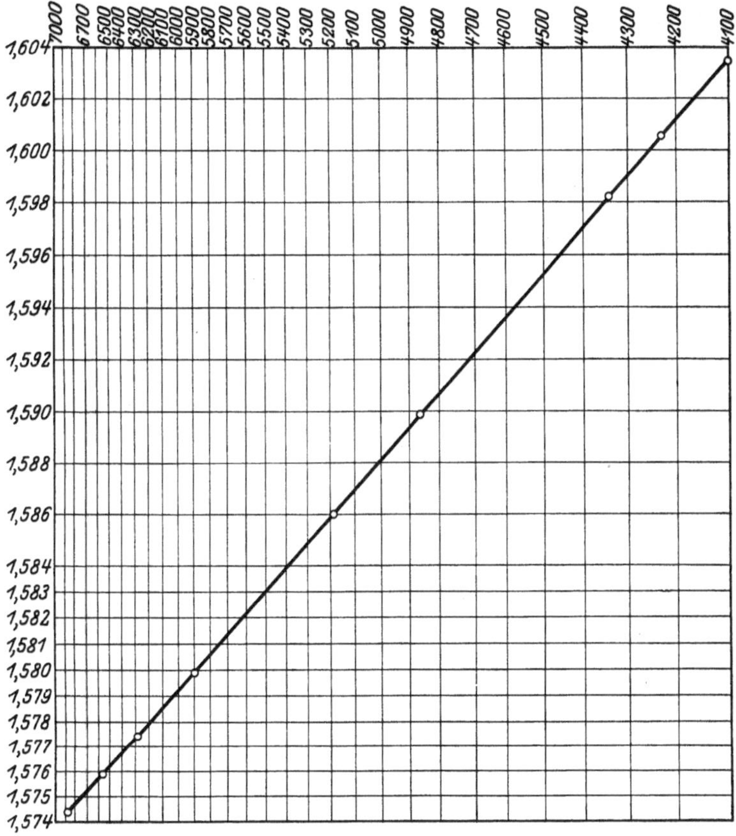

Abb. 37. Hartmannsches Dispersionsnetz für visuelles Spektrum.

Beispiel. Bei einer photographischen Aufnahme des Sonnenspektrums[2]) ergaben sich zu einigen Fundamentallinien folgende Schraubenablesungen:

Linie	λ	Schrauben-ablesung S
	3953,0 A.-E.	81,060
h	4101,9	111,542
g	4227,0	133,685
H_γ	4340,6	151,535
	4405,0	160,793
	4668,0	193,579
F	4861,7	213,523

[1]) J. Hartmann, Über die Ausmessung und Reduktion der photographischen Aufnahmen von Sternspektren. Astron. Nachr. Bd. 155, S. 104. 1901; Publ. Astrophys. Obs. Potsdam Bd. 12, S. 21; Bd. 18, S. 23. 1908.

[2]) J. Hartmann, Publ. Astrophys. Obs. Potsdam Bd. 12, Anhang. S. 24. 1898.

Soll die dritte Dezimale von s noch mitgenommen werden, dann muß nach obiger Formel numerisch interpoliert werden. Vernachlässigt man die letzte Stelle, dann kann die Interpolation im Netz Type B ausgeführt werden. Auf der Y-Achse nehmen wir eine Trommelumdrehung gleich 2 mm und tragen die Werte ein (Abb. 38 stark verkleinert). Die Verbindung gibt eine schwach gekrümmte Kurve I. Die geradlinige Verbindung der Endpunkte liegt nach der Seite der größeren λ. Die Kurve erstreckt sich nicht über 1000 A.-E. Wir verbinden die Kurvenpunkte $\lambda = 4000$ und $\lambda = 4800$ durch eine Gerade und finden die größte horizontale Abweichung von der Kurve mit 10 A.-E. Die im Netz oben angeschriebenen λ-Zahlen (in der Abbildung nicht gedruckt) sind

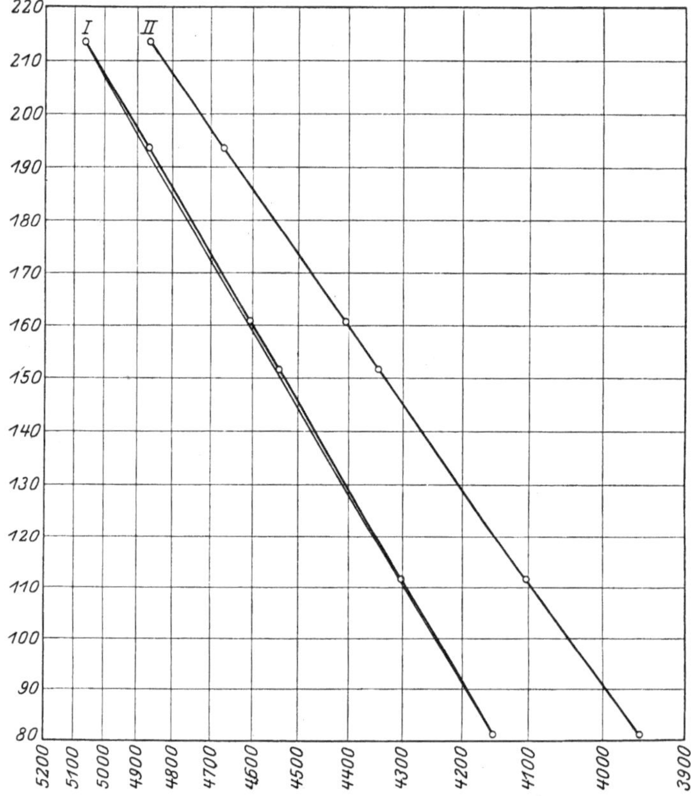

Abb. 38. Hartmannsches Dispersionsnetz für photographisches Spektrum.

daher um $0{,}8 \cdot \frac{10}{4} \cdot 100$ A.-E. $= 200$ A.-E. zu vermehren, die neue Bezifferung ist unten angeschrieben. Die in das neu bezifferte Netz eingetragenen Punkte liegen jetzt auf einer Geraden II, längs der die zu den Trommellesungen s gehörigen λ entnommen werden.

30. Graphischer Ausgleich einer Geraden nach R. MEHMKE. Wenn aus theoretischen Gründen linearer Zusammenhang zwischen y und x vermutet wird, die Beobachtungswerte y aber um eine Gerade stärker streuen, dann wird man die plausibelste Lage der Geraden durch Ausgleich bestimmen, der hier graphisch ausgeführt werden soll.

Im regulären kartesischen Netz soll die Beziehung durch die Gerade $y = ax + b$ dargestellt werden. Es liegen n $(n > 2)$ Beobachtungswerte $y_1', y_2', \ldots, y_n'$

zu n Argumenten $x_1, x_2, \ldots, x_n$ vor. Die scheinbaren Fehler der Beobachtungswerte seien

$$v_1 = y_1' - y_1, \quad v_2 = y_2' - y_2, \ldots, \quad v_n = y_n' - y_n.$$

Die plausibelsten Werte der Konstanten a und b der Geraden erhält man aus den zwei Bedingungen:

$$[v] = 0 \quad \text{und} \quad [vv] = \text{Min.}$$

(Die eckigen Klammern drücken die Summen aus, also $[v] = \sum_{i=1}^{n} v_i$, $[vv] = \sum_{i=1}^{n} v_i^2$ vgl. Kap. 13, Ziff. 2.) Durch Einführung von

$$v_i = y_i' - a x_i - b_i$$

in die erste Bedingungsgleichung wird diese zu

$$\frac{1}{n}[y'] = \frac{a}{n}[x] + b.$$

Die Gerade muß also durch den Schwerpunkt

$$x_0 = \frac{1}{n}[x], \quad y_0 = \frac{1}{n}[y']$$

gehen, wobei alle Beobachtungswerte y_i' gleiches Gewicht haben. Die erste Bedingung wird daher von jeder Geraden erfüllt, welche durch den Schwerpunkt geht. Man legt durch ihn 4 bis 5 Gerade (Abb. 39), die wenig gegen die voraussichtliche Lage der zu bestimmenden Geraden geneigt sind. Man greift für jede die Differenzen v_i der beobachteten Ordinaten y_i' weniger den zu denselben x_i gehörigen Ordinaten dieser Geraden ab und bildet $[vv]$. Vom Schnittpunkt jeder Probegeraden mit der Y-Achse trägt man ihr zugehöriges $[vv]$ in beliebiger Einheit nach rechts auf und verbindet die Endpunkte durch eine parabelähnliche Kurve. Durch den Punkt dieser Kurve, welcher den kleinsten Abstand von der Y-Achse hat, zieht man die X-Parallele bis zum Schnitt mit der Y-Achse. Die Gerade durch diesen Schnittpunkt und durch den Schwerpunkt ist die gesuchte Ausgleichsgerade, für sie nimmt $[vv]$ seinen Minimalwert an.

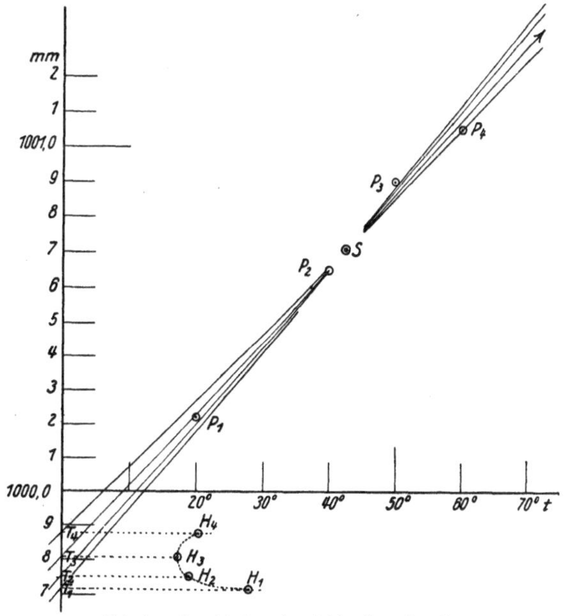

Abb. 39. Graphischer Ausgleich einer Geraden.

Beispiel[1]). Die Länge eines Meterstabes fand man in Abhängigkeit von der Temperatur:

$t = 20°$	$40°$	$50°$	$60°$
$l = 1000{,}22$ mm	$1000{,}65$	$1000{,}90$	$1001{,}25$.

Die Maßstabeinheiten auf den Achsen (Abb. 39)[2]) müssen so gewählt werden, daß die Beobachtungsgenauigkeit von t und l zur Geltung kommt, was durch

[1]) H. Schwerdt, Lehrbuch der Nomographie, S. 83. Berlin: Julius Springer 1924; F. Kohlrausch, Leitfaden der praktischen Physik, S. 12. 1896.

[2]) Entnommen aus H. Schwerdt, Lehrbuch der Nomographie, S. 83.

die Einheitsstrecken 2 mm für 1° und 10 mm für 0,1 mm erreicht wurde. Die graphische Ausgleichung liefert die Gleichung des Meterstabes:

$$l = 999{,}805 + 0{,}0212\,t\,.$$

Der Ausgleich einer Geraden im anamorphosierten Funktionsnetz mit ungleichen Achsenteilungen bedarf einer Modifikation, die man in H. SCHWERDT, Lehrbuch der Nomographie, S. 84, besprochen findet. Wenn die Y-Achse reguläre Teilung trägt, wie bei den Hartmannschen Dispersionsnetzen, geht das Verfahren wie im regulären Netz vor sich.

Im allgemeinen wird man einen Ausgleich selten graphisch ausführen, da die Genauigkeit nicht erheblich gesteigert wird. Besser ist es, der Geraden eine mittlere Lage durch die Beobachtungspunkte zu geben und ihre Konstanten als Näherungswerte in einen numerischen Ausgleich[1]) einzuführen. Die Rechnung wird dann größtenteils auf dem Rechenschieber ausgeführt.

b) Nomographische Darstellung funktionaler Beziehungen zwischen drei Veränderlichen.

31. Rechentafeln mit Kurvenkreuzung. In der Nomographie ist es üblich, die drei Veränderlichen mit z_1, z_2, z_3 zu bezeichnen; weiter bedeutet f_1 eine Funktion von z_1, f_2 eine andere Funktion von z_2, f_3 irgendeine von z_3, es sind also f_1, f_2, f_3 ganz verschiedene Funktionen. Ebenso ist f_{12} eine Funktion von z_1 und z_2, f_{23} eine von z_2 und z_3, schließlich F_{123} eine Funktion aller drei Veränderlichen. Durch diese Schreibweise werden Determinanten und Systeme von Gleichungen übersichtlicher.

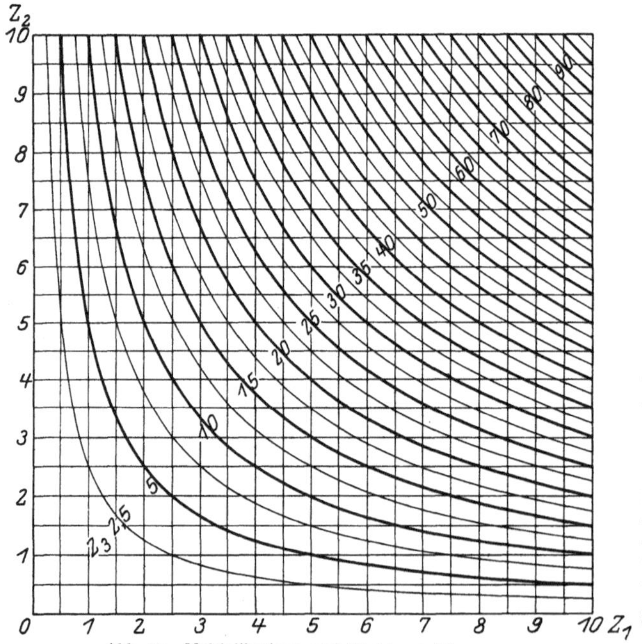

Faßt man z_1, z_2, z_3 als rechtwinklige kartesische Koordinaten auf, dann ist $z_3 = f_{12}$, auf welche Form $F_{123} = 0$ gebracht sein soll, die Gleichung einer Fläche. Ein anschauliches Bild des Verlaufs der Fläche gibt die Darstellung durch Höhenschichtenlinien in der $z_1 z_2$-Ebene. Man erteilt z_3 runde konstante Werte und trägt die Schar der Kurven $f_{12} =$ konst. in die $z_1 z_2$-Ebene ein. So wird das hyperbolische Paraboloid $z_3 = z_1 z_2$ in der $z_1 z_2$-Ebene durch die gleichseitigen Hyperbeln[2])

$$z_1 z_2 = \text{konst.}$$

dargestellt (Abb. 40). Diese Abbildung kann als Multiplikations- und Divisionstafel dienen.

Abb. 40. Multiplikations- und Divisionstafel $z_1 z_2 = z_3$.

[1]) Kap. 13, Ziff. 14.

[2]) Über die Bestimmung der Hyperbelkoordinaten mit dem Rechenschieber siehe RUNGE-KÖNIG, Vorlesungen über numerisches Rechnen, S. 6.

Bei dieser Art von Rechentafeln schneiden sich drei zusammengehörige Kurven der drei Scharen $z_1 =$ konst., $z_2 =$ konst. und $z_3 =$ konst. in einem Punkt (Rechentafeln mit Kurvenkreuzung, Netztafeln). Die Schar $z_1 =$ konst. sind die Y-parallelen Geraden, die $z_2 =$ konst. die X-Parallelen, welche man im Millimeterpapier schon vorgedruckt hat und nur zu beziffern braucht, während die dritte Schar der z_3-Kurven gezeichnet werden muß. Die Kurven der z_3-Schar werden mit ihren z_3-Werten beschrieben. Eine solche Rechentafel läßt sich für jede Fläche $F_{123} = 0$ zeichnen. Besonders empfehlenswert ist diese Form, wenn eine der drei Veränderlichen, z. B. z_3, durch Beobachtungen gegeben ist. Sonst haften dieser Darstellungsart gewisse Mängel an. Zur Aufsuchung eines Punktes im Netz, also dreier zusammengehöriger Werte der Veränderlichen sind meist drei Interpolationen nötig. Man wird die drei Scharen so eng zeichnen, daß nur lineare Interpolationen nötig sind. Ein Abgleiten in ein Nachbarfeld ist leicht möglich. Weiter ist die Zeichnung der z_3-Kurven mühsam, wenn sie krummlinig sind. Oft ist es auch nicht leicht, eine Veränderliche explizit als Funktion der beiden anderen darzustellen. Im Prinzip ist es gleich, welche Veränderliche man als abhängige wählt, ein solches Nomogramm ist auf drei Arten herstellbar:

$$z_3 = f_{12}, \quad z_1 = f_{23}, \quad z_2 = f_{31}.$$

Man wählt jene Form, die sich am einfachsten zeichnen läßt. Bei der Grundgleichung der trigonometrischen Höhenmessung

$$\frac{h}{d} = \tan\alpha$$

ist nur diese Form durch drei Geradenscharen darstellbar, die zwei Scharen der Achsenparallelen und das Büschel im Ursprung. Bei den zwei noch möglichen Arten der Darstellung im kartesischen Netz ist immer eine Schar krummlinig.

Eine bezifferte Kurven- oder Geradenschar heißt Kurvenskala.

32. Allgemeine Form der Netztafeln. Zur allgemeinsten Form einer Netztafel gelangt man, wenn man darauf verzichtet, daß zwei der drei Kurvenscharen $z_i =$ konst. ($i = 1, 2, 3$) durch die Scharen der achsenparallelen Geraden dargestellt werden. Es können dann alle drei Scharen beliebige Kurvenscharen sein (Abb. 41). In einem beliebigen rechtwinkligen System wird die Gleichung der Schar der Kurven z_1 lauten:

$$\varphi_1(x, y, z_1) = 0.$$

Jede Kurve wird mit ihrem z_1-Wert beschrieben. Ebenso verfährt man mit den zwei anderen Scharen. Die Gleichungen der drei Kurvenscharen lauten[1]):

$$\left.\begin{aligned} \varphi_1(x, y, z_1) = 0, \qquad \varphi_2(x, y, z_2) = 0, \\ \varphi_3(x, y, z_3) = 0. \end{aligned}\right\} \tag{1}$$

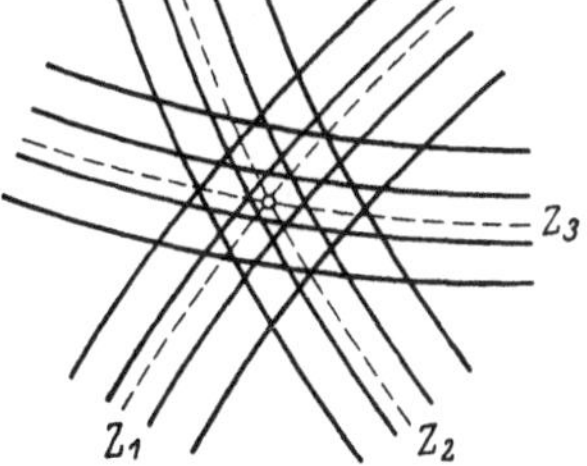

Abb. 41. Allgemeine Form einer Netztafel (schematisch).

Die Ablesung von drei zusammengehörigen Werten z_1, z_2, z_3, welche $F_{123} = 0$ erfüllen, geschieht wieder mittels Interpolation, man sucht z. B. den Schnittpunkt der zwei Kurven z_1 und z_2 und liest den z_3-Wert jener Kurve der dritten Schar ab, welche durch denselben Punkt geht. Die Ausgangsgleichung $F_{123} = 0$

[1]) Zu dieser Darstellung gelangt man nach J. Massau (Mém. sur l'intégration graphique. Extrait de la Rev. universelle de mines (2) Bd. 16, 1884. Liège 1885, S. 137) durch die allgemeinste Punkttransformation der Ebene $x = f_{12}(z_1, z_2)$, $y = g_{12}(z_1, z_2)$, welche die z_1, z_2 Ebene in eine x, y Ebene überführt. Die früher achsenparallelen Geradenscharen werden dadurch zu beliebigen, gerad- oder krummlinigen Kurvenscharen.

ist das Resultat der Elimination von x und y aus den drei Gleichungen (1). Zwei der drei Gleichungen (1) sind beliebig wählbar, z. B. die zwei ersten, die dritte $\varphi_3 = 0$ ergibt sich dann durch Elimination von z_1 und z_2 aus den drei Gleichungen:

$$\varphi_1(x, y, z_1) = 0, \quad \varphi_2(x, y, z_2) = 0, \quad F_{123} = 0.$$

33. Anamorphosiertes kartesisches Netz. In Ziff. 31 waren die Scharen $\varphi_1 = 0$ und $\varphi_2 = 0$ die achsenparallelen Geradenscharen $x = z_1$ und $y = z_2$, hierdurch war die Schar z_3 vollkommen bestimmt. Die Zeichnung einer solchen Tafel ist mühsam, wenn die z_3-Kurven krumm sind, sie wird sehr vereinfacht, wenn es gelingt, auch die z_3-Schar durch eine Geradenschar darzustellen. Dies führte Lalanne[1]) bei der Gleichung $z_3 = z_1 z_2$ mittels Anamorphose aus. Durch Logarithmieren wird sie

$$\log z_3 = \log z_1 + \log z_2.$$

Die Gleichungen $\varphi_1 = 0$ und $\varphi_2 = 0$ sind im logarithmischen Netz $x = \log z_1$ und $y = \log z_2$, die z_1- und z_2-Scharen sind wieder die Achsenparallelen, doch

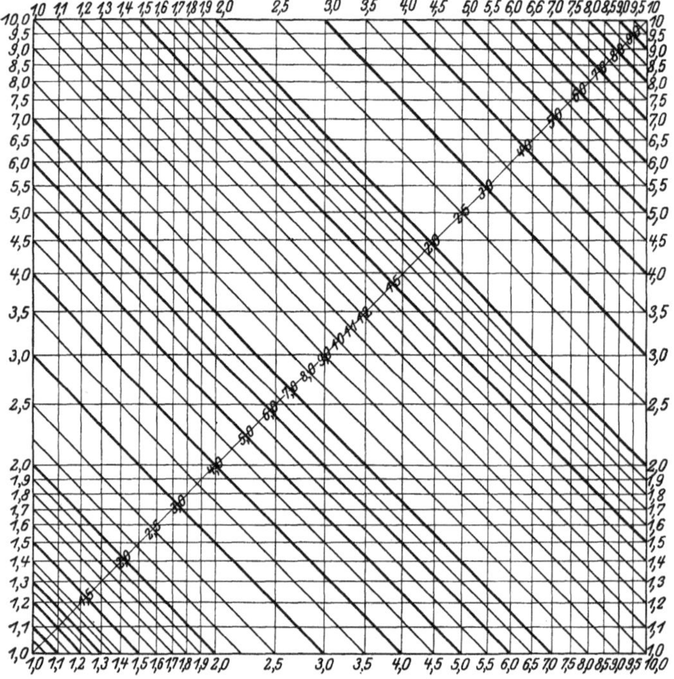

Abb. 42. Anamorphosierte Multiplikations- und Divisionstafel $z_1 z_2 = z_3$.

sind die Achsen nicht mehr regulär, sondern nach der logarithmischen Funktionsskala geteilt. An Stelle des regulären kartesischen Netzes haben wir hier ein anamorphosiertes kartesisches Netz. Die z_3-Schar ist zu einer Geradenschar geworden, und zwar hier speziell zu einer Parallelschar. Die z_3-Geraden sind mit ihren z_3-Werten beschrieben, sie steigen unter $135°$ an (Abb. 42), in der Sprache der Anamorphose lautet ihre Gleichung $x + y =$ konst. Der Vergleich der raschen Ausführung dieser Zeichnung mit der Konstruktion der z_3-Kurven in Abb. 40 zeigt die Vorteile der Anamorphose. Abb. 42 kann wieder als dreistellige Multiplikations- und Divisionstafel dienen.

[1]) L. Lalanne, Par. C. R. 16. 1843. S. 1162 u. Ann. des Ponts et Chauss. Bd. 11, S. 30. 1846.

Um die Bedingung zu erhalten, daß $F_{123} = 0$ in einem anamorphosierten Netz durch die Schar der Achsenparallelen z_1 und z_2 und die Geradenschar (im allgemeinen nicht Parallelschar) z_3 darstellbar ist, nehmen wir an, daß die X-Achse nach der Funktionsskala f_1, die Y-Achse nach f_2 geteilt ist, so daß

$$x = f_1, \quad y = f_2 \tag{2}$$

die Gleichungen der z_1- und z_2-Scharen sind. Soll auch die z_3-Schar geradlinig sein, dann müssen die z_3-Kurven im x, y-System eine in x und y lineare Gleichung annehmen:

$$f_3 x + g_3 y + h_3 = 0. \tag{3}$$

Die Koeffizienten sind Funktionen des Parameters z_3. Einsetzen von (2) in (3) gibt

$$f_1 f_3 + f_2 g_3 + h_3 = 0 \tag{4}$$

als die Form, auf welche sich $F_{123} = 0$ bringen lassen muß, damit diese Beziehung zwischen den drei Veränderlichen durch eine anamorphosierte kartesische Rechentafel dargestellt werden kann[1]).

Soll hierbei auch die Geradenschar z_3 eine Parallelschar sein, dann dürfen in (3) die Koeffizienten von x und y nicht von z_3 abhängig sein, so daß (4) in die typische Form übergeht:

$$f_1 + f_2 + f_3 = 0. \tag{5}$$

Als notwendige und hinreichende Bedingung, daß sich $F_{123} = 0$ in die Form (5) übersetzen läßt, fand De Saint Robert[2])

$$\frac{\partial^2 \log r}{\partial z_1 \partial z_2} = 0,$$

wobei

$$r = \frac{\partial F_{123}}{\partial z_1} : \frac{\partial F_{123}}{\partial z_2}.$$

Die Gleichung $z_3 = z_1 z_2$ ließ sich durch Logarithmieren in die Form (5) umwandeln und daher durch drei Parallelscharen darstellen.

Eine andere Type von Rechentafeln mit drei Scharen paralleler Geraden sind die

34. Dreieckstafeln[3]). Für einen Punkt im Innern eines gleichseitigen Dreiecks (Abb. 43) ist die Summe der drei Abstände z_1, z_2, z_3 von den Seiten konstant und gleich der Höhe h des Dreiecks. Liegt der Punkt außerhalb, so erhalten die Lote derjenigen Dreiecksseiten das negative Vorzeichen, bezüglich welcher Punkt und Dreieck an verschiedenen Ufern liegen, in Abb. 43 ist z. B. z_2' negativ. Eine Gleichung der Form

$$z_1 + z_2 + z_3 = k$$

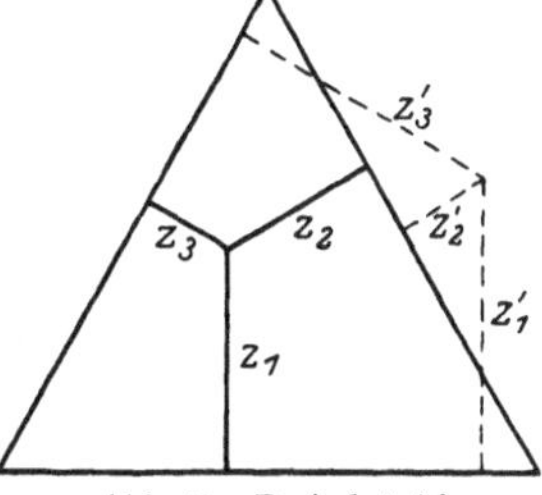

Abb. 43. Dreieckstafel.

ist durch eine Dreieckstafel darstellbar, wobei die Höhe h in einem geeigneten Maßstab gleich k zu machen ist. In demselben Maßstab trägt man auf drei sich

---

[1]) Die Abbildung einer derartigen Rechentafel unterblieb, da für diese Gleichungstype die Darstellung durch eine Fluchtlinientafel (Ziff. 43) viel einfacher ist. Beispiele solcher kartesischer Netztafeln mit nichtparalleler z_3-Schar sind Lalannes Darstellungen der trinomischen Gleichungen; in d'Ocagne, Traité de Nomographie, Kap. II, im Calcul graphique. S. 183, findet man eine solche Tafel für die reduzierte kubische Gleichung $z^3 + pz + q = 0$ entworfen, in P. Werkmeister, Das Entwerfen der graphischen Rechentafeln, S. 35 eine Tafel für die Gleichung 2. Grades.

[2]) P. de Saint Robert, Mem. di Torino 1871, S. 53.

[3]) O. Lacmann, Die Herstellung gezeichneter Rechentafeln, S. 38; H. Schwerdt, Lehrbuch der Nomographie, S. 143.

unter 60° schneidenden Strahlen (nicht Halbstrahlen unter 120° wie in Abb. 43) reguläre Skalen auf, die Zeichnung wird auf durchsichtigem Papier ausgeführt. Diese bewegliche Ablesevorrichtung wird immer so eingestellt, daß die Strahlen senkrecht zu den Seiten stehen.

Um die bewegliche Ablesevorrichtung zu vermeiden, zeichnet man zu den Dreiecksseiten die Parallelen. Zu jeder Geraden schreibt man den Wert des Abstandes von der zu ihr parallelen Dreiecksseite an (Abb. 44).

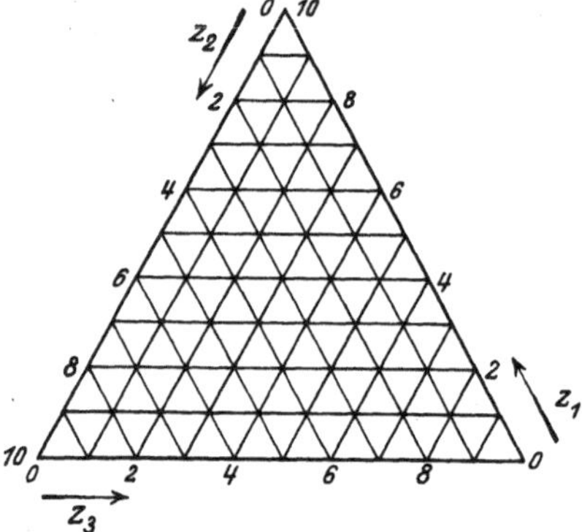

Abb. 44. Bezifferte Dreieckstafel.

Statt der regulären Skala kann man nach z_1, z_2, z_3 bezifferte Funktionsskalen f_1, f_2, f_3 auftragen, die Rechentafel löst dann Gleichungen der Form

$$f_1 + f_2 + f_3 = k. \tag{6}$$

Der Maßstab der Skalen ist so zu wählen, daß die Abstände von den Seiten im Maßstab der Höhe gemessen werden.

Die Dreieckstafeln finden Verwendung zur Darstellung der Gleichgewichtszustände ternärer Systeme. Bei der Berechnung der Konzentration dreier Stoffe setzt man die Summe konstant gleich 100, die Anteile der drei Komponenten werden in Prozenten angegeben. Jede Ecke des Dreiecks ist mit 100 beziffert und entspricht dem Fall, daß nur ein Stoff vorhanden ist, jede Dreiecksseite dem Fall, daß nur zwei Stoffe vorhanden sind. Der Schwerpunkt des Dreiecks charakterisiert die Konzentration, bei welcher alle drei Stoffe in gleicher Menge vorhanden sind. Eine ganz analoge Verwendung stellt das Newtonsche Farbendreieck dar. Der Mittelpunkt entspricht der Empfindung „reines Weiß", die Eckpunkte reinem spektralen Rot, Grün und Blau (R, G, B). Bezeichnen α, β, γ Prozente, also $\alpha + \beta + \gamma = 100$, dann entspricht dem Punkt α, β, γ eine Farbenmischung $\alpha R + \beta G + \gamma B$.

Im Fall $k = 0$ geht die Dreieckstafel in die Hexagonaltafel über, die aber nicht viel praktische Bedeutung hat. Ihr Gleichungstypus ist

$$z_1 + z_2 + z_3 = 0 \qquad \text{oder} \qquad f_1 + f_2 + f_3 = 0,$$

also derselbe wie (5), er wird besser durch Fluchtlinientafeln mit drei parallelen Skalenträgern (Ziff. 38) dargestellt.

35. Allgemeine Anamorphose. Der in Ziff. 33 besprochene Typus von $F_{123} = 0$, nämlich $f_1 f_3 + f_2 g_3 + h_3 = 0$ ließ sich im anamorphosierten kartesischen Netz durch drei Geradenscharen darstellen; zwei Scharen waren die Achsenparallelen, wenn auch nicht gleichabständig; die dritte Schar war im allgemeinen keine Parallelschar. Dies ist noch nicht der allgemeinste Fall einer Rechentafel, bei welcher drei Gerade, die mit drei zusammengehörigen z_1, z_2, z_3-Werten beschrieben sind, sich in einem Punkt schneiden. Im allgemeinsten Fall ist keine der drei Geradenscharen eine Parallelschar.

Für die Darstellung von $F_{123} = 0$ durch drei Kurvenscharen wurde in Ziff. 32 gefunden:

$$\varphi_1(x, y, z_1) = 0, \quad \varphi_2(x, y, z_2) = 0, \quad \varphi_3(x, y, z_3) = 0.$$

Wenn diese Kurvenscharen drei beliebige Geradenscharen sein sollen, müssen ihre Gleichungen in x, y linear sein, also von der Form:

$$x f_1 + y g_1 + h_1 = 0, \quad x f_2 + y g_2 + h_2 = 0, \quad x f_3 + y g_3 + h_3 = 0. \tag{7}$$

Die Gestalt, in welche sich für eine solche Darstellung $F_{123} = 0$ bringen lassen muß, erhält man durch Elimination von x, y aus (7), also:

$$\begin{vmatrix} f_1 & g_1 & h_1 \\ f_2 & g_2 & h_2 \\ f_3 & g_3 & h_3 \end{vmatrix} = 0 . \tag{8}$$

Die Transformation von $F_{123} = 0$ in Form (8) heißt „allgemeine Anamorphose", sie fand MASSAU[1]) 1884.

Die notwendige und hinreichende Bedingung, daß sich $F_{123} = 0$ in Form (8) übersetzen läßt, gab GRONWALL[2]), es müssen zwei partielle Differentialgleichungen ein gemeinsames Integral haben. Um bei gegebenem $F_{123} = 0$ die f_i, g_i und h_i $(i = 1, 2, 3)$ zu erhalten, gaben GRONWALL und SOREAU einfachere Wege an, weiter LUCKEY[3]).

Praktische Bedeutung haben die Netztafeln, bestehend aus drei beliebigen Geradenscharen, nicht, dafür um so mehr die duale Umformung dieser Tafeln von D'OCAGNE, bei welchen drei zusammengehörige Punkte dreier Punktskalen auf einer Geraden liegen (Fluchtlinientafeln, Ziff. 37 ff.).

36. Netztafeln mit Kreisscharen. Mit derselben Schärfe und Einfachheit wie eine Gerade läßt sich auch ein Kreis zeichnen, daher sind Tafeln mit Kurvenkreuzung, bei welchen eine, zwei oder alle drei Kurvenscharen Kreisscharen sind, leicht herstellbar. Im Falle, daß zwei der Scharen Geradenscharen sind, die dritte eine Kreisschar, gehen die Gleichungen (1) über in

$$\left.\begin{aligned} x f_1 + y g_1 + h_1 = 0, \quad x f_2 + y g_2 + h_2 = 0 . \\ x^2 + y^2 + x f_3 + y g_3 + h_3 = 0, \end{aligned}\right\} \tag{9}$$

Wählt man die mit z_1 und z_2 bezifferten Geradenscharen zu achsenparallelen Scharen, dann nimmt (9) die Form an

$$x - \psi_1 = 0, \quad y - \psi_2 = 0, \quad x^2 + y^2 + x f_3 + y g_3 + h_3 = 0. \tag{10}$$

Es muß also $F_{123} = 0$ von der Form sein:

$$\psi_1^2 + \psi_2^2 + \psi_1 f_3 + \psi_2 g_3 + h_3 = 0 .$$

Die x- und y-Achse sind nach den Funktionsskalen ψ_1 und ψ_2 geteilt und mit z_1 und z_2 beschrieben. Sollen die mit z_1 und z_2 beschriebenen Skalen auf den Achsen regulär sein, dann muß (10) von der einfacheren Form sein

$$x - z_1 = 0, \quad y - z_2 = 0, \quad x^2 + y^2 + x f_3 + y g_3 + h_3 = 0$$

und $F_{123} = 0$ muß die Gestalt haben:

$$z_1^2 + z_2^2 + z_1 f_3 + z_2 g_3 + h_3 = 0 .$$

Auf dieselbe Art behandelt man die Fälle, bei denen die Netztafel aus einer Geraden- und zwei Kreisscharen oder aus drei Kreisscharen besteht. Eine Besprechung dieser Typen findet man in dem Buche von WERKMEISTER[4]).

---

[1]) J. MASSAU, Mém. sur l'intégration graphique. Ann. de l'assoc. des Ing. sortis des Ecoles spéciales de Gand. 1878, 84, 86, 87 u. 90, 1900.

[2]) T. H. GRONWALL, Journ. d. Math. pures et appl. 1912, S. 70; R. SOREAU, Nomographie. Bd. II, S. 241. 1921; O. D. KELLOG, ZS. f. Math. u. Phys. Bd. 63, S. 159. 1914.

[3]) P. LUCKEY, ZS. f. angew. Math. u. Mech. Bd. 4, S. 66ff. 1924.

[4]) P. WERKMEISTER, Das Entwerfen von graphischen Rechentafeln. S. 43.

37. Allgemeines über Fluchtlinientafeln. In Ziff. 35 haben wir in Gleichung (8) jene Form gefunden, auf welche sich $F_{123}=0$ bringen lassen muß, damit sie durch eine Netztafel mit drei Geradenscharen dargestellt werden kann. Auf die Ebene dieser Tafel denken wir uns eine duale reziproke Transformation ausgeführt. Jeder Geraden in der ursprünglichen Ebene entspricht ein Punkt in der neuen, jeder Geradenschar eine Kurve. Die Bezifferung, welche jeder Geraden einer Schar zukam, schreibt man neben dem ihr entsprechenden Kurvenpunkt (Punktskala, bezifferte Skala). Während früher drei mit zusammengehörigen z_1, z_2, z_3-Werten beschriebene Gerade einen gemeinsamen Schnittpunkt hatten, liegen hier drei zusammengehörige Punkte der drei im allgemeinen krummlinigen Skalenträger auf einer Geraden (Abb. 45). Solche Rechentafeln heißen Tafeln mit Punktskalen oder nach MEHMKE[1]) Fluchtlinientafeln oder Fluchttafeln.

Der allgemeine Fall der Tafeln mit Kurvenkreuzung, bei welchem die drei mit z_1, z_2, z_3 bezifferten Scharen krummlinig waren (Ziff. 32), oder der in Ziff. 31 behandelte Fall, wo die z_1- und z_2-Scharen die Achsenparallelen waren, die z_3-Schar eine Kurvenschar, läßt sich, wenn die Tafel nicht anamorphosierbar, d. h. nicht in eine Rechentafel mit drei Geradenscharen verwandelbar ist, nicht durch drei Punktskalen mit einer Geraden als Ablesekurve darstellen, sondern nur der spezielle Fall der Netztafeln mit drei Geradenscharen. Doch lassen sich für die meisten praktisch vorkommenden Gleichungen zwischen drei Veränderlichen Fluchtlinientafeln entwerfen.

Da sich für jede Fläche $F_{123}=0$ eine Netztafel nach Ziff. 31 zeichnen läßt, bei der die z_1- und z_2-Scharen die Achsenparallelen sind, die z_3-Schar aber eine Kurvenschar ist, ist es von Interesse, zu untersuchen, in welche Tafelform diese Type durch die duale reziproke Transformation übergeführt wird. Diese Frage beantwortet TH. SCHMID[2]) durch seine Methode der direkten Überführung einer aus drei Geradenscharen bestehenden Netztafel in eine Fluchtlinientafel mittels der Polarität in bezug auf eine Parabel. Wendet man diese Methode auf eine nichtanamorphisierte Netztafel nach Ziff. 31 an, so verwandeln sich die zwei Scharen der Achsenparallelen in zwei geradlinige, bei spezieller Lage der Parabel parallele Punktskalen, die z_3-Schar der Höhenschichtenlinien (Punktorte) geht wieder in eine mit z_3 zu beziffernde Kurvenschar (Tangentenorte) über. Die Hyperbelschar der Abb. 40 würde in eine Schar von Ellipsen übergehen. Zur Aufsuchung eines zu bestimmtem z_1 und z_2 gehörigen z_3-Wertes wird die Gerade an die zwei entsprechenden Punkte der z_1- und z_2-Skala angelegt, sie berührt dann die mit dem zugehörigen z_3 beschriebene Kurve der z_3-Schar.

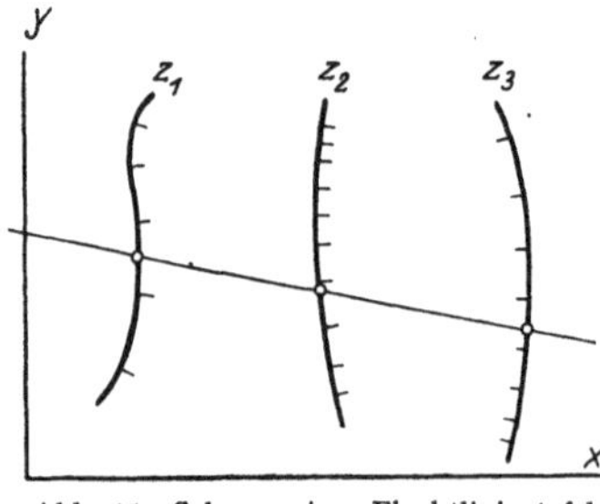

Abb. 45. Schema einer Fluchtlinientafel.

Zur Konstruktion einer Fluchtlinientafel (Abb. 45) denken wir uns die Gleichungen der die Skalen z_1, z_2, z_3 tragenden Kurven nach Ziff. 23 in Parameterform gegeben:

$$\begin{array}{lll} z_1: & z_2: & z_3: \\ x_1=\varphi_1(z_1), & x_2=\varphi_2(z_2), & x_3=\varphi_3(z_3), \\ y_1=\psi_1(z_1), & y_2=\psi_2(z_2), & y_3=\psi_3(z_3), \end{array} \tag{11}$$

[1]) R. MEHMKE, Beispiele graphischer Rechentafeln. ZS. f. Math. u. Phys. Bd. 44, 1899. Bei den Franzosen heißen diese Tafeln abaques à points allignés, die Netztafeln (Tafeln mit Kurvenkreuzung) abaques à entrecroisement oder à lignes concourrantes. Abaque (Schachbrett) ist die Bezeichnung für eine graphische Rechentafel, für ein „Nomogramm".

[2]) TH. SCHMID, Darstellende Geometrie. Bd. II (Sammlung Schubert 66), 2. Aufl., S. 336. 1923; H. SCHWERDT, Lehrbuch der Nomographie. § 43 u. 44. Die Erweiterung seiner Methode auf Netztafeln mit Höhenschichtenlinien teilte mir Herr Hofrat Prof. Dr. SCHMID mündlich mit.

wobei x_1, y_1 einen Punkt der mit z_1 beschriebenen Skala bezeichnet, ebenso x_2, y_2 einen Punkt der z_2-Skala und x_3, y_3 einen Punkt der z_3-Skala[1]).

Wenn drei Punkte z_1, z_2, z_3 auf einer Geraden liegen sollen, müssen ihre Koordinaten (x_1, y_1), (x_2, y_2), (x_3, y_3) der Gleichung genügen:

$$\begin{vmatrix} x_1 & y_1 & 1 \\ x_2 & y_2 & 1 \\ x_3 & y_3 & 1 \end{vmatrix} = 0, \quad (12) \qquad \text{oder} \qquad \begin{vmatrix} \varphi_1 & \psi_1 & 1 \\ \varphi_2 & \psi_2 & 1 \\ \varphi_3 & \psi_3 & 1 \end{vmatrix} = 0. \quad (13)$$

In diese Form läßt sich (8) immer überführen. Man kann durch entsprechende Operationen erreichen, daß sämtliche h_i von Null verschieden sind. Durch Division mit $h_1 h_2 h_3$ geht (8) in (13) über. Damit man $F_{123} = 0$ durch eine Fluchtlinientafel darstellen kann, muß es sich in Form (13) überführen lassen. Was in Ziff. 35 über die Darstellung von $F_{123} = 0$ durch drei Geradenscharen gesagt wurde, bleibt hier aufrecht. Wenn wir die Rechentafel einer projektiven Transformation unterwerfen, d. h. wenn wir (13) mit einer von Null verschiedenen Determinante

$$\begin{vmatrix} a & a' & a'' \\ b & b' & b'' \\ c & c' & c'' \end{vmatrix}$$

multiplizieren, geht sie nach Division mit den Elementen der dritten Spalte über in

$$\begin{vmatrix} \bar\varphi_1 & \bar\psi_1 & 1 \\ \bar\varphi_2 & \bar\psi_2 & 1 \\ \bar\varphi_3 & \bar\psi_3 & 1 \end{vmatrix} = 0, \qquad \text{wo} \qquad \begin{aligned} \bar\varphi_i &= \frac{a\varphi_i + b\psi_i + c}{a''\varphi_i + b''\psi_i + c''} \\ \bar\psi_i &= \frac{a'\varphi_i + b'\psi_i + c'}{a''\varphi_i + b''\psi_i + c''} \end{aligned} \quad i = 1, 2, 3.$$

Durch derartige Substitutionen vermag man der Fluchtlinientafel eine gewünschte Form zu geben, unendlich ferne Punkte der Skalen im Endlichen abzubilden, gewünschte Partien der Skalen allein in einem bestimmten Rahmen zur Abbildung zu bringen, Teile der Skalen vergrößert oder verkleinert darzustellen, schließlich von vornherein die Fläche der Tafel zu begrenzen, indem man die Randpunkte der zwei äußeren Skalen z. B. auf die Ecken eines Rechtecks abbildet.

Den speziellen Formen der allgemeinen Gleichung (13) entsprechen spezielle Typen von Rechentafeln[2]), deren einfachste im folgenden besprochen werden, vor allem die Fluchtlinientafeln, bei welchen alle drei Skalenträger Gerade sind.

---

[1]) d'Ocagne, dem man die duale Auffassung der Netztafeln mit drei Geradenscharen und der Fluchtlinientafeln verdankt, bediente sich ursprünglich einer eigentümlichen Form von Geradenkoordinaten, der Parallelkoordinaten. Seine Darstellung übernahmen F. Schilling, Über die Nomographie von M. d'Ocagne. 1900 und C. Runge, Graphische Methoden. 1919. R. Soreau gibt schon die Darstellung in kartesischen Koordinaten, ebenso O. Lacmann, H. Schwerdt und P. Werkmeister.

[2]) Man findet hierüber Ausführliches in den Monographien von d'Ocagne und R. Soreau. Einblick in den inneren Zusammenhang zwischen den Gleichungen dreier Veränderlicher $F_{123} = 0$ und den auf sie anwendbaren Anomorphosen und möglichen Gattungen von Rechentafeln gewann man durch den Begriff der nomographischen Ordnung. Siehe hierüber auch das Referat von P. Luckey, ZS. f. angew. Math. u. Mech. Bd. 4, S. 61. 1924. Anleitung zum Zeichnen von Rechentafeln an Hand instruktiver Beispiele geben die Bücher von O. Lacmann, H. Schwerdt und P. Werkmeister. Eine Zusammenstellung der Gleichungsformen und der zugehörigen Rechentafeln findet man in der Schrift von B. M. Konorski.

Diese Tafeln mit nur geradlinigen Skalenträgern ordnen sich in vier Gruppen:

1. die drei Geraden sind parallel,
2. zwei Gerade sind parallel,
3. die drei Geraden schneiden sich in einem Punkt,
4. die drei Geraden haben keinen gemeinsamen Schnittpunkt, keine zwei derselben sind parallel.

38. Fluchtlinientafeln mit drei parallelen geradlinigen Skalenträgern. Die Ablesegerade schneidet in Abb. 46 aus den drei mit z_1, z_2, z_3 beschriebenen, in gleichem Maßstab gezeichneten Funktionsskalen (Punktskalen) $\varphi_1, \varphi_2, \varphi_3$ Abschnitte aus, für welche man sofort abliest

$$(\varphi_1 - \varphi_3) : m_2 = (\varphi_3 - \varphi_1 : m_1$$

oder

$$m_1 \varphi_1 + m_2 \varphi_2 - (m_1 + m_2) \varphi_3 = 0. \quad (14)$$

Die Gleichungstype dieser Rechentafeln ist daher

$$f_1 + f_2 + f_3 = 0, \quad (15)$$

wobei die Skalen nach den Funktionen

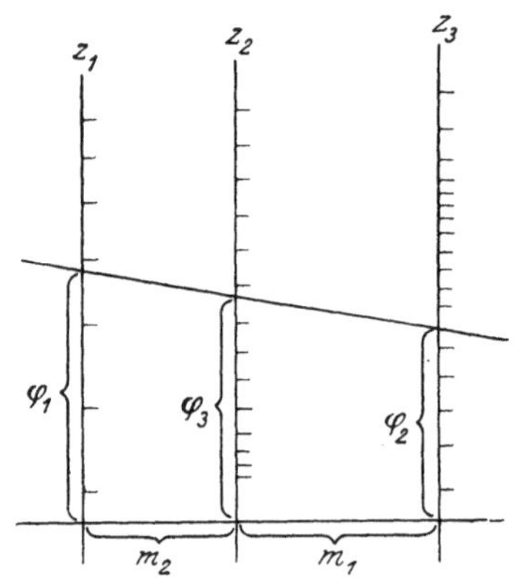

Abb. 46. Fluchtlinientafel mit drei parallelen Skalenträgern.

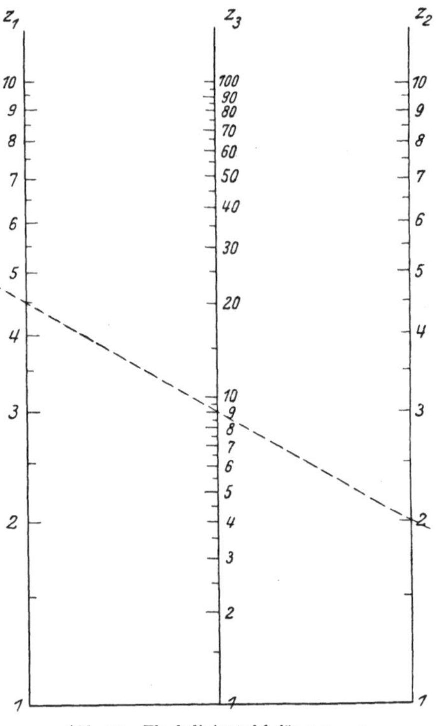

Abb. 47. Fluchtlinientafel für $z_1 z_2 = z_3$.

$$\varphi_1 = \frac{f_1}{m_1}, \quad \varphi_2 = \frac{f_2}{m_2}, \quad \varphi_3 = -\frac{f_3}{m_1 + m_2} \quad (16)$$

geteilt sind.

Beispiel. Die Gleichung:

$$z_1 z_2 = z_3$$

ist logarithmiert von der Form (15):

$$\log z_1 + \log z_2 - \log z_3 = 0.$$

Entsprechend (16) ist hier in beliebigem Maßstab $m_1 = m_2 = 1$, die z_3-Skala liegt genau in der Mitte zwischen den z_1- und z_2-Skalen, wegen der dritten Gleichung (16) ist die Einheitsstrecke von $\log z_3$ nur die Hälfte der für $\log z_1$ und $\log z_2$ gewählten (Abb. 47). Man sieht den Vorteil der Fluchtlinienmethode aus der Einfachheit dieser Multiplikations- und Divisionstafel gegenüber den Netztafeln Abb. 40 und 42.

Beim geometrischen Mittel $z_3 = \sqrt{z_1 z_2}$, oder

$$\log z_1 + \log z_2 - 2\log z_3 = 0,$$

sind alle drei Skalen kongruent, die z_3-Skala befindet sich wieder in der Mitte. Abb. 48 gibt für einen Schwingungskreis den Zusammenhang zwischen Wellen-

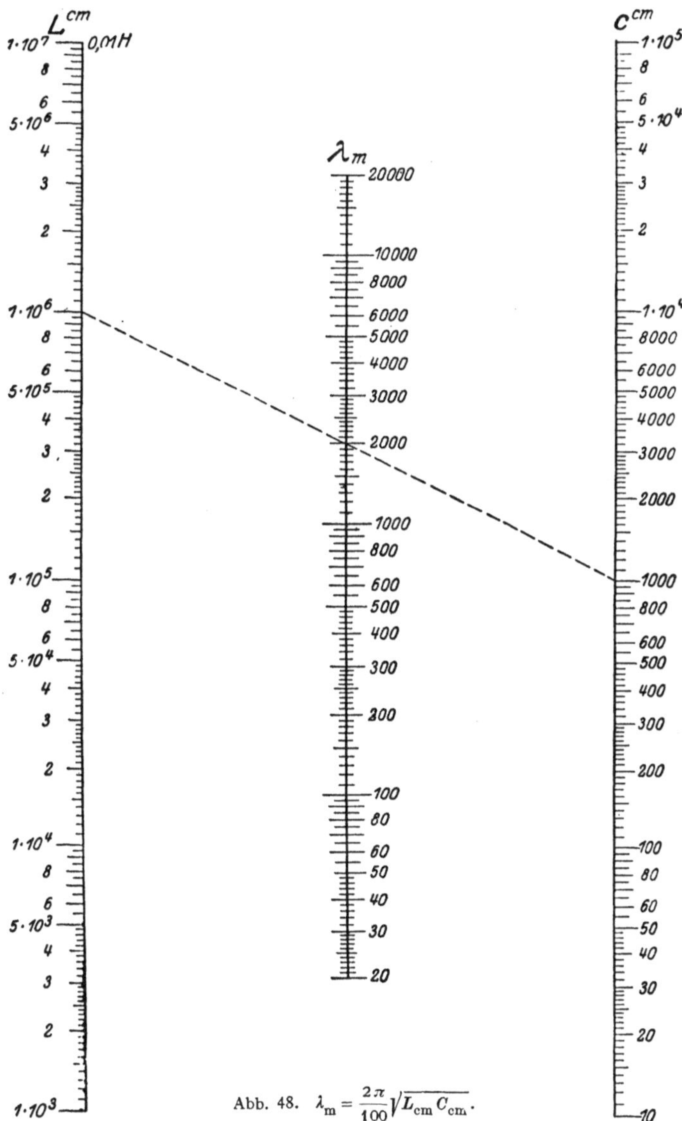

Abb. 48. $\lambda_m = \frac{2\pi}{100}\sqrt{L_{cm} C_{cm}}$.

länge λ_m in Metern, Selbstinduktion L_{cm} in cm und Kapazität C_{cm} in cm zufolge[1]):

$$\lambda_m = \frac{2\pi}{100}\sqrt{L_{cm} C_{cm}}.$$

[1]) Die Abbildung ist entnommen aus L. Bergmann, Nomographische Tafeln für den Gebrauch in der Radiotechnik. S. 34. Berlin: Julius Springer 1925.

39. Rechentafeln mit zwei parallelen und einer schneidenden Geraden als Skalenträger. Nach ihrer Form (Abb. 49) heißen diese Tafeln auch Z-Tafeln. Mit den Einheitsstrecken l_1, l_2, l_3 sind auf den drei mit z_1, z_2, z_3 beschriebenen Geraden die Funktionswerte φ_1, φ_2, φ_3 aufgetragen, die Anfangspunkte der Bezifferung sind 0_1, 0_2, 0_3, wobei 0_3 mit 0_1 zusammenfällt. Die Strecke $0_3\,0_2$ ist l cm oder im Maßstab l_3 ist $l = a l_3$. Man liest unmittelbar ab:

$$\frac{l_1\varphi_1}{l_2\varphi_2} = \frac{l_3\varphi_3}{l - l_3\varphi_3}.$$

Wählt man $l_1 = l_2$ und ersetzt l durch $a l_3$, so wird diese Gleichung zu

$$\frac{\varphi_1}{\varphi_2} = \frac{\varphi_3}{a - \varphi_3}. \tag{17}$$

Setzt man

$$\varphi_1 = f_1, \quad \varphi_2 = f_2, \quad \frac{\varphi_3}{a - \varphi_3} = f_3,$$

dann läßt sich die für diese Tafelform typische Gleichung (17) auch schreiben als

$$f_1 = f_2 f_3. \tag{18}$$

Beispiel. Bei Messungen mit der Wheatstoneschen Brücke sei w_1 der gegebene, w_2 der gesuchte Widerstand, w_3 sei die Ablesung am Meßdraht, dessen Länge $a = 100$ cm sein soll. Die Beziehung zwischen den drei Größen w ist dann

$$\frac{w_1}{w_2} = \frac{w_3}{a - w_3},$$

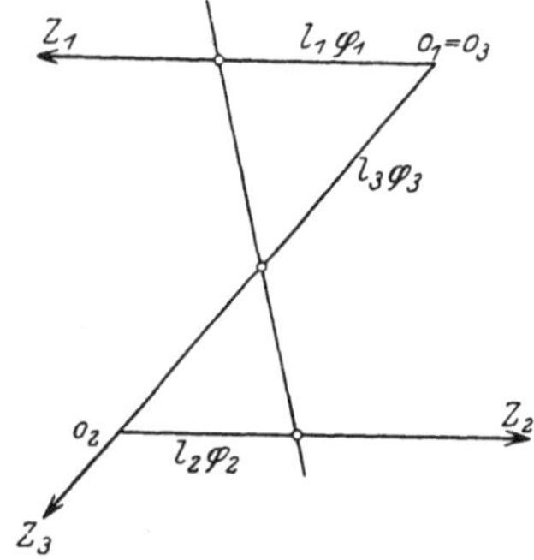

Abb. 49. Fluchtlinientafel aus zwei parallelen und einer schneidenden Geraden.

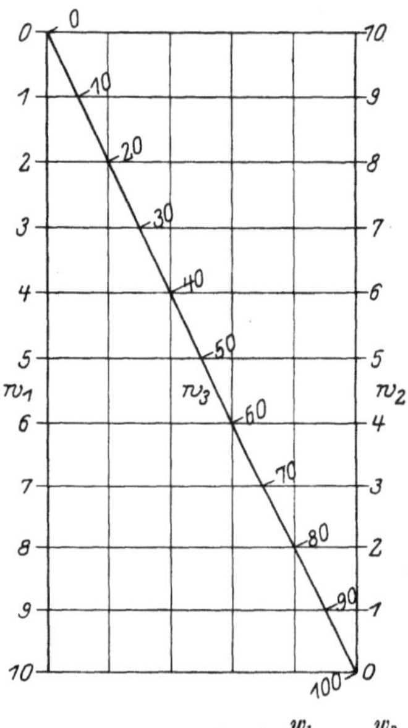

Abb. 50. Wheatstonesche Brücke $\frac{w_1}{w_2} = \frac{w_3}{100 - w_3}$.

hat also ganz die Form der Gleichung (17). Wir wählen $l_1 = l_2 = 1$ cm und verfügen über den Maßstab der Strecke $0_2\,0_3$ so, daß diese Strecke gleich $a = 100$ Maßstabeinheiten sein soll. In dieser Einheit ist w_3 aufzutragen, wobei w_3 die am Meßdraht abgelesenen cm bedeutet. Entsprechend der Gleichung

$$\frac{w_1}{w_2} = \frac{w_3}{100 - w_3}$$

sind die drei Skalen gleichförmig (Abb. 50). Am einfachsten ist die Zeichnung dieses Nomogramms in Millimeterpapier, weil darin die drei Skalenträger schon regulär geteilt sind und nur die Bezifferung anzuschreiben ist.

Von der Form (18) ist die Gleichung für die Korrektion k, welche von dem in mm abgelesenen Barometerstand b wegen der Temperatur t (in Celsiusgraden) des Quecksilbers abzuziehen ist:

$$k = 0{,}00016 \cdot b \cdot t. \tag{19}$$

Wir wählen $k = \varphi_1 = z_1$ und die Streckeneinheit 1 cm für $k = 1$ mm, weiter soll $b = \varphi_2 = z_2$ sein und die Streckeneinheit 1 cm soll 50 mm des Luftdrucks entsprechen. Für t wäre entsprechend

$$0{,}00016\,t = \frac{\varphi_3}{a - \varphi_3}$$

eine projektive, mit t zu beziffernde Skala aus der regulären φ_3-Skala abzuleiten. Man kann aber die mittlere Skala (Abb. 51) einfach dadurch teilen, daß man an den Schnittpunkt der Verbindungsgeraden von b- und k-Werten mit der Transversalen den ihm nach (19) zukommenden t-Wert anschreibt. In Abb. 51 sind nur die in Betracht kommenden Teile der Skalen gezeichnet.

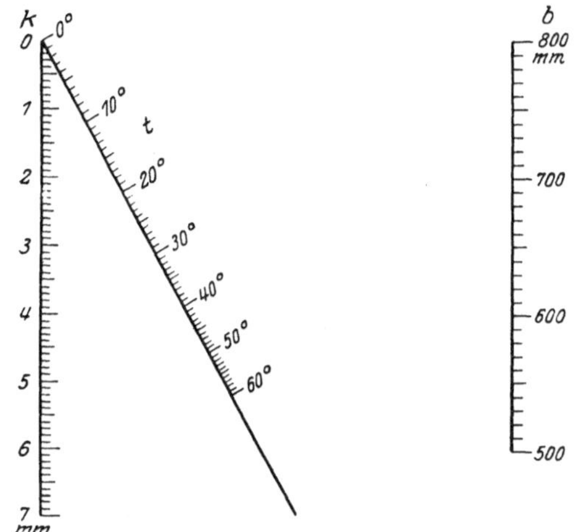

Abb. 51. Barometerkorrektion wegen Temperatur des Quecksilbers $k = 0{,}00016\,bt$.

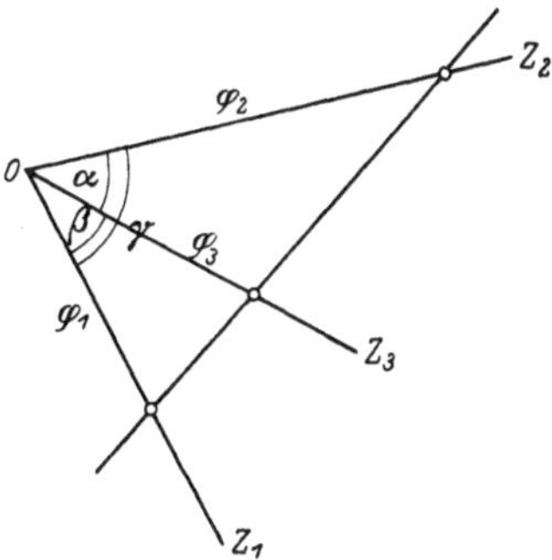

Abb. 52. Schema einer Fluchtlinientafel aus drei sich in einem Punkt schneidenden Geraden.

40. Fluchlinientafeln mit drei geradlinigen Skalenträgern, welche durch einen Punkt gehen. Auf den drei Geraden sollen vom Schnittpunkt O als Anfangspunkt (Abb. 52) die drei Funktionsskalen φ_1, φ_2, φ_3 aufgetragen sein, der Einfachheit halber nehmen wir an, im gleichen Maßstab. Eine Gerade schneidet drei zusammengehörige Punkte aus und bezüglich der Flächeninhalte der drei entstehenden Dreiecke gilt

$$\varphi_2\varphi_3\sin\alpha + \varphi_3\varphi_1\sin\beta = \varphi_1\varphi_2\sin\gamma\,,$$

oder

$$\frac{\sin\alpha}{\varphi_1} + \frac{\sin\beta}{\varphi_2} = \frac{\sin\gamma}{\varphi_3}. \tag{20}$$

Der allgemeine Typus dieser Rechentafeln ist

$$\frac{1}{f_1} + \frac{1}{f_2} = \frac{1}{f_3}. \tag{21}$$

Wählt man $\alpha = \beta = 60°$, so geht (20) direkt in die Form

$$\frac{1}{\varphi_1} + \frac{1}{\varphi_2} = \frac{1}{\varphi_3}$$

über. Ist $\alpha = \beta = \omega \neq 60°$, dann nimmt (20) auch die Form (21) an, wenn für die Skala φ_3 die Einheitsstrecke $l_3 = l \cdot 2\cos\frac{\omega}{2}$ gewählt wird, worin l die Einheitsstrecke der φ_1- und φ_2-Skala bedeutet.

Beispiel. Der resultierende Widerstand w_3 zweier parallel geschalteter Ströme mit den Einzelwiderständen w_1 und w_2 ist

$$\frac{1}{w_3} = \frac{1}{w_1} + \frac{1}{w_2}.$$

Da hier die Argumente an Stelle der Funktionen von (21) auftreten, sind alle drei Skalen regelmäßig. Auf den Winkel ω und seinem Einfluß auf die Wahl des Maßstabs der w_3-Skala braucht man nicht zu achten, wenn man die Konstruktion in Millimeterpapier ausführt (Abb. 53). Man wählt eine vertikale Gerade des Netzes als w_3-Träger und verwendet die Millimeterverteilung als w_3-Skala, zeichnet von 0 aus unter gleichen Winkeln zur w_3-Geraden die zwei Geraden der w_1- und w_2-Skala. Jede die w_3-Skala in einem mit x bezifferten Punkte schneidende Horizontale des Netzes trifft die zwei anderen Skalenträger in Punkten, die mit $2x$ beschrieben werden, dadurch sind die Teilungen der zwei schrägen Geraden auch durch die Netzteilung schon gegeben.

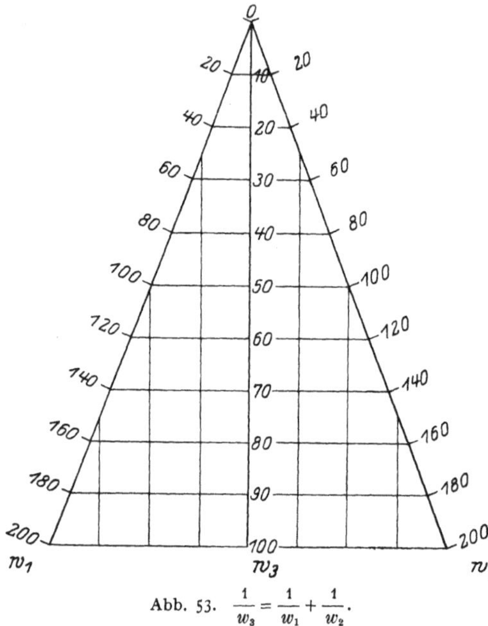

Abb. 53. $\frac{1}{w_3} = \frac{1}{w_1} + \frac{1}{w_2}$.

Dieselbe Tafel ist verwendbar zur Berechnung der resultierenden Selbstinduktion L_3 zweier parallel geschalteter Selbstinduktionen L_1 und L_2:

$$\frac{1}{L_3} = \frac{1}{L_1} + \frac{1}{L_2},$$

ferner zur Bestimmung der Gesamtkapazität zweier in Serie geschalteter Kondensatoren mit den Kapazitäten C_1 und C_2

$$\frac{1}{C_3} = \frac{1}{C_1} + \frac{1}{C_2},$$

schließlich zur Auflösung der Linsenformel:

$$\frac{1}{f} = \frac{1}{g} + \frac{1}{b}.$$

41. Nomogramme mit drei geradlinigen Skalenträgern in beliebiger Lage. Auf den drei Geraden (Abb. 54) seien im gleichen Maßstab die mit z_1, z_2, z_3 bezifferten Skalen der Funktionen φ_1, φ_2, φ_3 von den Anfangspunkten O_1, O_2, O_3 in der durch die Pfeile angegebenen Richtungen aufgetragen. Eine Ablesungsgerade schneidet die drei zusammengehörigen Punkte P, Q, R aus und nach dem Satz des Menelaus ist

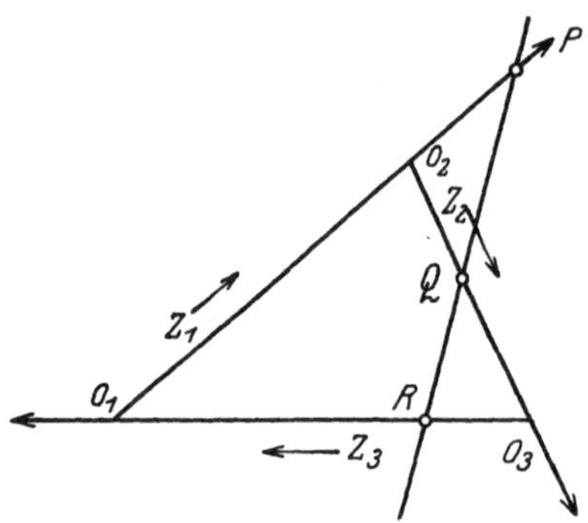

Abb. 54. Schema einer Fluchtlinientafel aus drei Geraden in beliebiger Lage.

$$\frac{O_1P}{O_2P} \cdot \frac{O_2Q}{O_3Q} \cdot \frac{O_3R}{O_1R} = 1$$

oder, wenn $O_1O_2 = a$, $O_2O_3 = b$, $O_3O_1 = c$ gesetzt wird:

$$\frac{\varphi_1}{\varphi_1 - a} \cdot \frac{\varphi_2}{\varphi_2 - b} \cdot \frac{\varphi_3}{\varphi_3 - c} = 1.$$

Der allgemeine Tafeltypus ist

$$f_1 f_2 f_3 = 1 \tag{22}$$

und die Skalenträger sind nicht nach f_1, f_2, f_3 zu teilen, sondern nach φ_1, φ_2, φ_3, die aus den f berechnet werden gemäß

$$\varphi_1 = \frac{a f_1}{f_1 - 1}, \quad \varphi_2 = \frac{b f_2}{f_2 - 1}, \quad \varphi_3 = \frac{c f_3}{f_3 - 1}.$$

Wenn im Variabilitätsbereich, der für die Tafel in Betracht kommt, eine der Funktionen f gleich 1 wird, dann wird das entsprechende φ unendlich, die Tafel würde sich ins Unendliche erstrecken. Angenommen, es geschähe dies für f_1, dann wird f_1 ersetzt durch kf_1, wo die Konstante $k > 1$; entsprechend (22) muß dann für f_2 eine Funktion $\frac{f_2}{k}$ eingeführt werden. Ebenso bildet man, falls f_1 und f_2 den Wert 1 annehmen, das Produkt der Funktionen kf_1, kf_2 und $\frac{f_3}{k^2}$.

42. Zusammenstellung der Gleichungstypen für Fluchtlinientafeln mit drei geradlinigen Skalenträgern.

1. Die drei Geraden sind parallel $\quad f_1 + f_2 + f_3 = 0$;

2. zwei Gerade sind parallel $\quad f_1 = f_2 f_3, \quad \frac{\varphi_1}{\varphi_2} = \frac{\varphi_3}{a - \varphi_3}$;

3. die drei Geraden gehen durch einen Punkt $\quad \frac{1}{f_1} + \frac{1}{f_2} = \frac{1}{f_3}$;

4. die drei Geraden haben keinen gemeinsamen Schnittpunkt, keine zwei von ihnen sind parallel $\quad f_1 f_2 f_3 = 1$.

Die erste Type ist von der Form, welche im kartesischen anamorphosierten Netz durch drei Scharen paralleler Gerader darstellbar ist. Auf diese Form sind auch die drei anderen Typen durch einfache algebraische oder transzendente Substitutionen (Logarithmieren) überführbar. Für alle vier Arten der Fluchtlinientafeln mit drei geradlinigen Skalenträgern ist daher eine duale Abbildung im (anamorphosierten) kartesischen Netz möglich, wo auch die z_3-Schar eine Schar paralleler Gerader ist [Ziff. 33, Gleichung (5)].

43. Fluchtlinientafeln mit zwei parallelen geradlinigen und einem krummlinigen Skalenträger. Diese Type ist die duale Umformung der kartesischen (anamorphosierten) Netztafeln, bei denen zwei Geradenscharen achsenparallel, die dritte Geradenschar aber keine Parallelschar ist, ihr Gleichungstypus ist (4) in Ziff. 33.

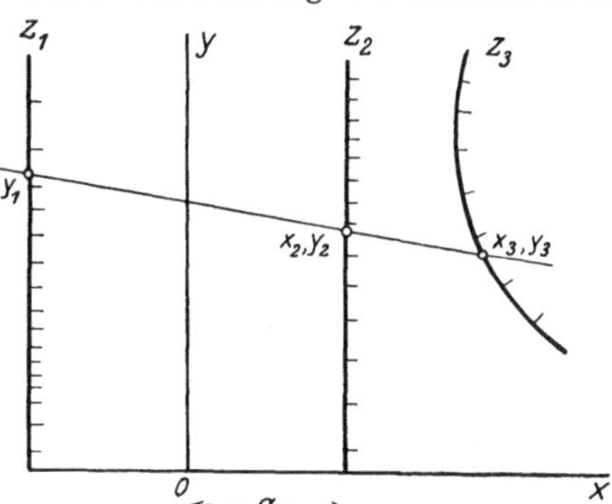

Abb. 55. Schema einer Fluchtlinientafel aus zwei gerad- und einem krummlinigen Skalenträger.

Die X-Achse eines rechtwinkligen Systems wählen wir senkrecht zu den beiden parallelen Skalenträgern (Abb. 55), deren Abstand $2a$ ist, die Y-Achse in der Mitte zwischen ihnen; nach Ziff. 32 sind die Gleichungen der Skalen in Parameterform, wenn l_1 und l_2 die Einheitsstrecken der geradlinigen Skalenträger sind:

$$\begin{array}{lll} z_1 & z_2 & z_3 \\ x_1 = -a, & x_2 = a, & x_3 = x_3(z_3), \\ y_1 = f_1 l_1, & y_2 = f_2 l_2, & y_3 = y_3(z_3). \end{array} \tag{23}$$

Die Gleichung der Geraden, welche drei zusammengehörige mit z_1, z_2, z_3 beschriebene Punkte der drei Skalen verbindet, ist Gleichung (12) in Ziff. 37 oder in entwickelter Form

$$y_1(x_2 - x_3) + y_2(x_3 - x_1) + y_3(x_1 - x_2) = 0,$$

welche durch Einsetzen von (23) wird:

$$f_1 l_1(a - x_3(z_3)) + f_2 l_2(x_3(z_3) + a) - y_3(z_3)2a = 0.$$

Die allgemeine Type ist
$$f_1 f_3 + f_2 g_3 + h_3 = 0 \tag{24}$$
dieselbe Gleichung wie (4). Hierbei ist gesetzt:
$$f_3 = l_1(a - x_3) \quad g_3 = l_2(x_3 + a) \quad h_3 = -2a y_3. \tag{25}$$
Durch Elimination von x_3 aus den zwei ersten Gleichungen würde man eine Beziehung zwischen f_3 und g_3 erhalten, welche in der allgemeinen Gleichung (24) nicht erfüllt sein muß. Um dem auszuweichen, denken wir uns die Gleichung (24) mit einem Faktor $k_3(z_3)$ multipliziert und erhalten statt (25)
$$k_3 f_1 = l_1(a - x_3) \quad k_3 g_3 = l_2(x_3 + a) \quad k_3 h_3 = -2a y_3. \tag{25'}$$
Hieraus folgt
$$k_3 = \frac{2 l_1 l_2 a}{l_2 f_3 + l_1 g_3}$$

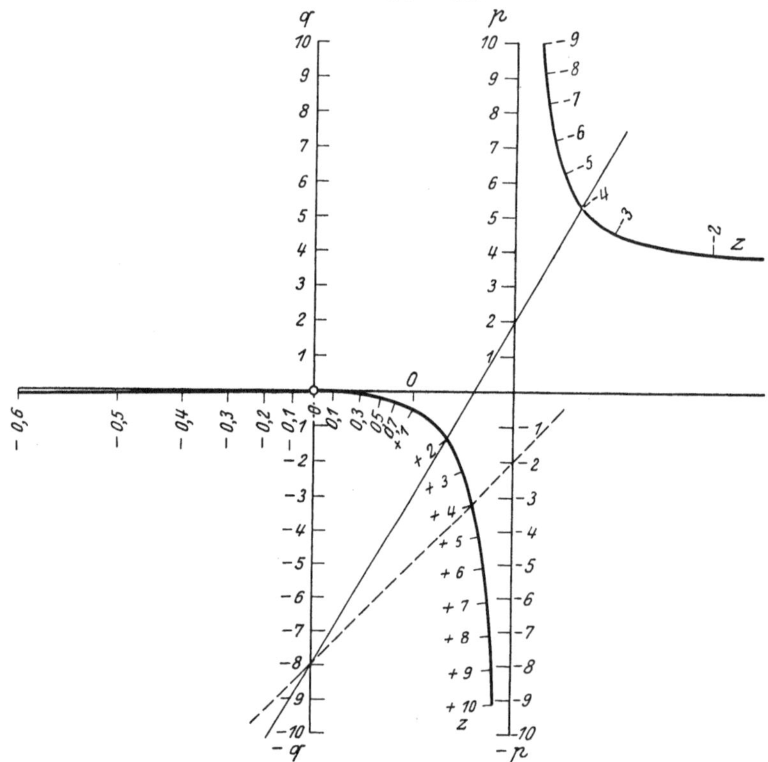

Abb. 56. Tafel zur Auflösung der quadratischen Gleichung $z^2 + pz + q = 0$.

und die Parametergleichung des krummlinigen Skalenträgers
$$x_3 = \frac{a(l_1 g_3 - l_2 f_3)}{l_2 f_3 + l_1 g_3}, \quad y_3 = -\frac{l_1 l_2 h_3}{l_2 f_3 + l_1 g_3}. \tag{26}$$
Werden die Maßstäbe gleich gewählt, $l_1 = l_2 = l$, dann wird (26) zu
$$x_3 = a\frac{g_3 - f_3}{g_3 + f_3}, \quad y_3 = -\frac{l h_3}{g_3 + f_3}. \tag{27}$$
Aus dieser Parameterdarstellung ist zu jedem z_3-Wert das x_3 und y_3 zu berechnen und so die Kurve punktweise zu zeichnen und mit diesen z_3-Werten zu beziffern. Durch Elimination von z_3 aus (27) erhält man die Gleichung des krummlinigen Skalenträgers $y_3 = y_3(x_3)$, welche man aber nicht zu berechnen braucht.

Beispiel. Die quadratische Gleichung $z^2 + pz + q = 0$ ist von der Form (24), wenn man nach Umstellung identifiziert:
$$f_1 = p, \quad f_2 = q, \quad f_3 = 1, \quad g_3 = z, \quad h_3 = z^2.$$

Mit der Einheitsstrecke $l = 0{,}5$ cm tragen wir (Abb. 56) die zwei regulären Skalen $f_1 = z_1 = q$ und $f_2 = z_2 = p$ auf zwei Parallelen auf, deren Abstand $2a = 6l = 3$ cm genommen ist. Die Gleichung der Kurve ist (mit $l = 1$ und $2a = 6$ im Maßstab der Einheitsstrecke $l = 0{,}5$ cm) nach (27):

$$x_3 = 3\,\frac{z-1}{z+1}, \quad y_3 = -\frac{z^2}{z+1} \tag{28}$$

oder nach Elimination von z aus diesen zwei Gleichungen

$$y = \frac{(x+3)^2}{6(x-3)},$$

ist also eine Hyperbel. Wir tragen sie punktweise nach (28) auf und schreiben den zugehörigen z-Wert neben die Punkte.

Die eingezeichnete Lage der Ablesegeraden entspricht der Gleichung $z^2 + 2z - 8 = 0$ mit den Wurzeln $+2$ und -4. Zur Auflösung einer quadratischen Gleichung reicht auch der untere Zweig der Hyperbel allein aus. Um die negativen Wurzeln kleiner als -1 (der mit $z = -1$ beschriebene Punkt liegt im Unendlichen) zu erhalten, ersetzt man in der Gleichung zweiten Grades z durch $-z$. Die gestrichelte Ablesegerade gibt die Wurzel 4 für die Gleichung $z^2 - 2z - 8 = 0$ oder $+4$ für die ursprüngliche.

Wenn die Werte der Koeffizienten p und q so groß sind, daß sie außerhalb des Gebietes der Tafel fallen, dann führt man ein Vielfaches von z, z. B. $3z$, $10z$, $100z$, als neue Veränderliche ζ in die Gleichung ein; bei sehr kleinen p, q erhöht man die Genauigkeit der Ablesung durch Einführung von $z/10$ usw. als neue Veränderliche. Durch dies Nomogramm erhält man die reellen Wurzeln aller quadratischen Gleichungen auf 2 bis 3 Stellen genau. Durch ähnliche Diagramme, welche aus zwei parallelen, geraden, regulär geteilten Skalenträgern und einer krummen Punktskala bestehen, lassen sich die reellen Wurzeln der trinomischen Gleichungen

$$z^n + pz^m + q = 0$$

genähert bestimmen. Als Beispiel diene die kubische Gleichung in reduzierter Form:

$$z^3 + pz + q = 0. \tag{29}$$

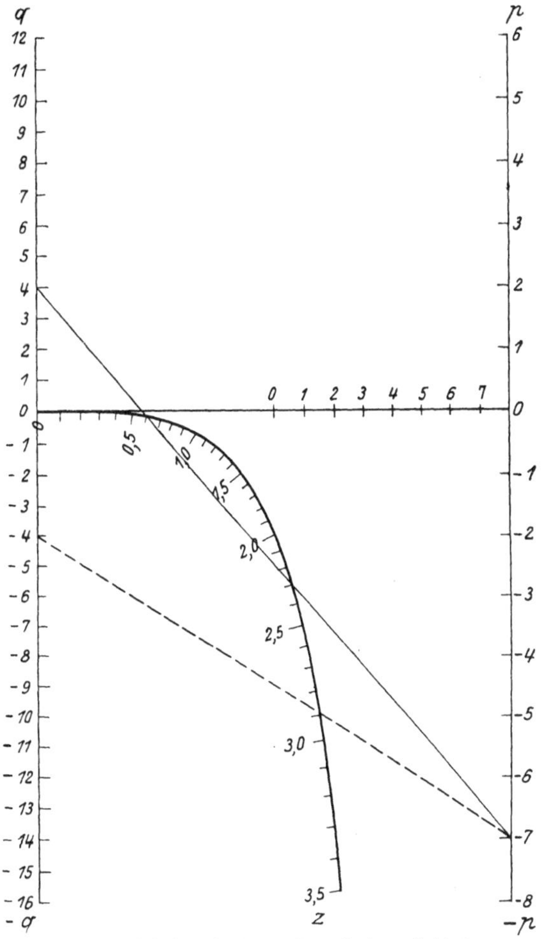

Entsprechend (24) setzen wir

$$z_1 = q = f_1, \quad z_2 = p = f_2, \quad f_3 = 1, \quad g_3 = z, \quad h_3 = z^3.$$

Abb. 57. Tafel zur Auflösung der reduzierten kubischen Gleichung $z^3 + pz + q = 0$.

In Abb. 57 sind die Maßstäbe der regulären Skalen $l_1 = 0{,}5$ cm, $l_2 = 1$ cm, der

Abstand $2a = 8$ cm gewählt. Wenn 1 für l_1 geschrieben wird, ist die Parametergleichung des krummlinigen Skalenträgers:

$$x_3 = \frac{8(z_3 - 2)}{z_3 + 2}, \quad y_3 = -\frac{2z_3^3}{z_3 + 2}.$$

Damit wird die z-Skala punktweise konstruiert. Es sollen die reellen Wurzeln von

$$z^3 - 7z + 4 = 0$$

genähert bestimmt werden. Die Verbindungsgerade von $q = 4$ und $p = -7$ schneidet die z-Kurve in den Punkten $z = 0{,}6$ und $z = 2{,}3$. Um die negative Wurzel zu erhalten, wird in der vorgelegten Gleichung z durch $-z$ ersetzt. Die Verbindungsgerade von $q = -4$ und $p = -7$ schneidet die z-Kurve sehr nahe bei $z = 2{,}9$. Die Gleichung hat also Wurzeln nahe $+0{,}6$, $+2{,}3$, $-2{,}9$, die auf numerischem Wege weiter anzunähern sind (Kap. 15, Ziff. 3).

Die Tafel hat für p, q und z beschränkte Skalen; wenn p, q, z außerhalb dieses Bereiches fallen oder so klein sind, daß eine scharfe Ablesung nicht möglich ist, ersetzt man in (29) z durch kz, wobei k passend groß oder klein gewählt wird.

44. Fluchtlinientafeln mit zwei oder drei krummlinigen Skalenträgern. Von diesen Nomogrammen behandeln wir nur die Type, bei welcher zwei Skalen auf demselben Kegelschnitt angeordnet sind, der Träger der dritten Skala gerad- oder krummlinig ist. Man verdankt sie CLARK[1]). Die typische Gleichung dieser Rechentafeln ist

$$f_1 f_2 f_3 + (f_1 + f_2) g_3 + h_3 = 0. \tag{30}$$

Die spezielle Type, bei welcher ein Kreis der Träger der zwei Skalen ist, fand SOREAU[2]). In letzterem Fall sind die Gleichungen, nach welchen die Skalenpunkte aufgetragen werden, in Parameterform:

$$\begin{array}{lll} z_1: & z_2: & z_3: \\ x_1 = \dfrac{1}{1+f_1^2} & x_2 = \dfrac{1}{1+f_2^2} & x_3 = \dfrac{f_3}{f_3+h_3} \\ y_1 = \dfrac{f_1}{1+f_1^2} & y_2 = \dfrac{f_2}{1+f_2^2} & y_3 = \dfrac{-g_3}{f_3+h_3}. \end{array}$$

Durch Elimination von f_1 aus den zwei Gleichungen für z_1 folgt die Gleichung des Trägers $x_1^2 + y_1^2 = x_1$, ebenso erhält man durch Elimination von f_2 aus dem zweiten Gleichungspaar $x_2^2 + y_2^2 = x_2$, woraus man sieht, daß der Träger beider Skalen derselbe durch den Ursprung gehende Kreis ist, denn die Indizes 1 und 2 bei x und y sollen nur die Trennung der Skalen erleichtern. Durch Elimination von z_3 aus dem dritten Gleichungspaar erhält man die Gleichung des Trägers der dritten Skala, der gerad- oder krummlinig sein kann.

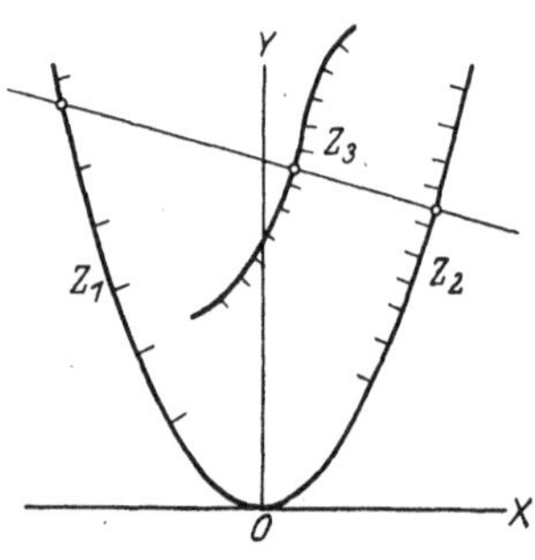

Abb. 58. Schema einer Fluchtlinientafel, bei welcher zwei Skalen auf demselben Kegelschnitt aufgetragen sind.

Wählt man als Träger der z_1- und z_2-Skala dieselbe Parabel $y = x^2$ (Abb. 58), dann sind die Skalenpunkte zu konstruieren aus den Gleichungen in Parameterform:

$$\begin{array}{lll} z_1: & z_2: & z_3: \\ x_1 = f_1 & x_2 = f_2 & x_3 = \dfrac{-g_3}{f_3} \\ y_1 = f_1^2 & y_2 = f_2^2 & y_3 = \dfrac{h_3}{f_3}. \end{array}$$

Die Gleichung, welche durch dies Nomogramm gelöst wird, ist wieder (30).

[1]) J. CLARK, Revue de Mécanique 1907, ferner d'OCAGNE, Calcul graphique, S. 290.

[2]) R. SOREAU, Nomographie 2, S. 16. Mém. et comptes rendues de la Soc. d. Ing. civils de France 1906; ferner O. LACMANN, Die Herstellung gezeichneter Rechentafeln S. 70, die Zeichnung einer solchen Tafel S. 72.

45. Andere Ablesevorrichtungen bei Tafeln mit drei Punktskalen. Bei den Fluchtlinientafeln wird die Ablesung zusammengehöriger z_1, z_2, z_3-Werte der drei Skalen durch eine Gerade vorgenommen, welche man sich als Kante eines Lineals, geraden Strich auf durchsichtigem Papier oder durch einen gespannten Faden realisiert denkt. Bei den Dreieckstafeln in Ziff. 34 haben wir eine Ablesevorrichtung, bestehend aus drei sich unter Winkeln von 60° schneidenden Geraden, kennengelernt. Durch andere Ablesevorrichtungen ist man in der Lage, Rechentafeln mit drei Punktskalen zu entwerfen für Gleichungstypen, für welche eine Fluchtlinientafel nicht herstellbar ist. Als Ablesekurven[1]) dienen hierbei

zwei Gerade, die sich unter einem rechten Winkel schneiden,

zwei parallele Gerade mit veränderlichem Abstand,

ein Kreis.

Bei Netztafeln ist auch die Parabel als bewegliche Ablesevorrichtung in Verwendung, wenn eine der drei Scharen aus kongruenten Parabeln besteht, die durch Parallelverschiebung der Parabel $y = x^2$ entstehen; ein Beispiel hierzu in Ziff. 46.

46. Graphische Rechentafeln für funktionale Beziehungen zwischen vier und mehr Veränderlichen. Man konstruiert solche durch Verbindung von zwei oder mehr Rechentafeln für drei Veränderliche. Es werden entweder nur Netztafeln untereinander verbunden oder nur Tafeln mit bezifferten Skalen, oder beide Gattungen kombiniert[2]). Es soll hier nur ein Beispiel von Reuschles[3]) graphisch-mechanischer Methode zur Auflösung von Gleichungen gegeben werden. Bei der vollständigen kubischen Gleichung

$$x^3 + bx^2 + cx = d \tag{31}$$

wird gesetzt

$$y = x^2 + bx + c, \tag{32}$$

womit (31) übergeht in

$$xy = d. \tag{33}$$

Werden x, y als kartesische rechtwinklige Koordinaten aufgefaßt, so ist (33) bei veränderlichem d eine Schar gleichseitiger Hyperbeln[4]) (Abb. 59). (32) entsteht durch Verschiebung der Parabel $y = x^2$, die Achse bleibt parallel der Y-Achse. Die reellen Wurzeln der Gleichung (31) werden erhalten als die Schnittpunkte der Parabel (32) mit der Hyperbel, welche zum Wert d gehört. Man zeichnet die Parabel $y = x^2$ auf durchsichtiges Papier und legt sie entsprechend (32) auf die Hyperbelschar.

Bei der Gleichung $x^3 - 6x^2 - 31x + 120 = 0$ kommen die Parabel $y = x^2 - 6x - 31$ und die Hyperbel $xy = -120$ in Betracht. Da hierzu die Tafel nicht ausreicht, substituiert man eine neue Veränderliche ξ mittels $x = 2\xi$ und erhält nach Division mit 8 die Gleichung

$$\xi(\xi^2 - 3\xi - \tfrac{31}{4}) = -15.$$

---

1) Näheres in den Büchern von R. Soreau und P. Werkmeister.

2) Die Herstellung solcher Tafeln besprechen d'Ocagne, O. Lacmann, R. Soreau und P. Werkmeister in ihren Monographien. Weiter findet man viel hierüber in der ZS. für angew. Math. u. Mech.

3) R. Mehmke, Numerisches Rechnen; Enzyklopädie d. Math. Wissensch. Bd. I, F., S. 1045.

4) Über die Ablesung zusammengehöriger x, y bei konstantem d auf dem Rechenschieber siehe Runge-König, Numerisches Rechnen, S. 6.

Die der Gleichung $\eta = (\xi - \frac{3}{2})^2 - 10$ entsprechende Parabel ist in Abb. 59 gezeichnet. Die Schnitte dieser Parabel mit der Hyperbel $\xi\eta = -15$ haben die Abszissen $-2{,}5$, $+1{,}5$, $+4$, daher sind die Wurzeln der ursprünglichen Gleichung -5, $+3$ und $+8$.

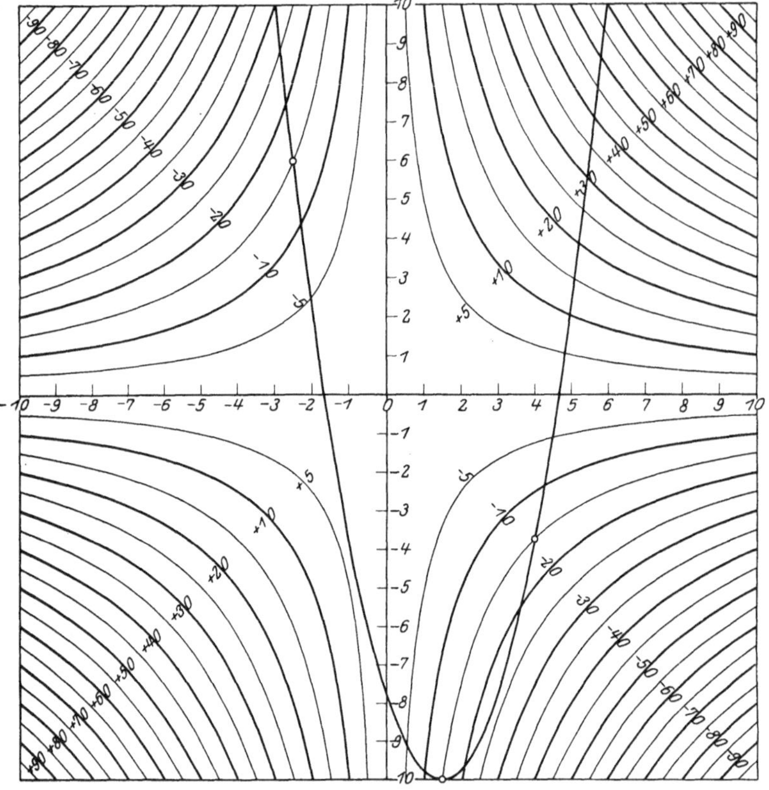

Abb. 59. Tafel zur Lösung der vollständigen kubischen Gleichung $x^3 + bx^2 + cx = d$.

Diese Methode der Auflösung vollständiger kubischer Gleichungen ist eine einfache Weiterbildung der Auflösung von Gleichungen durch zwei Kurven, welche in Ziff. 5 und speziell 6 besprochen wurden. Gerade dies Beispiel zeigt, welch ökonomische Hilfsmittel die Nomogramme im Zahlenrechnen sind.

Literatur zum Abschnitt III. M. d'Ocagne, Traité de Nomographie. 2. Aufl. Paris 1921; B. M. Konorski, Die Grundlagen der Nomographie. Berlin: Julius Springer 1923; O. Lacmann, Die Herstellung gezeichneter Rechentafeln. Berlin: Julius Springer 1923; P. Luckey, Einführung in die Nomographie. Teubners Math. Physik. Bibl. Bd. 28 und II. Aufl. Bd. 59/60. 1927; R. Mehmke, Numerisches Rechnen. Enzyklopädie d. Math. Wissensch. Bd. I, F.; H. Schwerdt, Lehrbuch der Nomographie auf abbildungsgeometrischer Grundlage. Berlin: Julius Springer 1924; R. Soreau, Nomographie ou Traité des Abaques. 2 Bde. Paris 1921; P. Werkmeister, Das Entwerfen von graphischen Rechentafeln. Berlin: Julius Springer 1923.

Kapitel 15.

Numerisches Rechnen.

Von

Karl Mader, Wien.

1. Einleitung. Rechenhilfsmittel. Funktionstafeln. Der Physiker muß meist ein Problem bis zum numerischen Ergebnis durchrechnen. Die für die Lösung geforderte Genauigkeit wird von vornherein festgesetzt und danach die Rechnung angelegt. Vielfach wird man für die Lösung zuerst einen Näherungswert auf graphischem oder numerischem Wege ermitteln und ihn dann numerisch weiter verbessern. Bei Verwertung von Beobachtungsergebnissen ist die Genauigkeit des Resultats durch die der Meßmethode selbst begrenzt, den Rechenvorgang führt man am besten nach der Gaußschen Methode der kleinsten Quadrate durch

Von der numerischen Rechnung ist zu fordern, daß sie

1. die angestrebte Genauigkeit einhält,
2. auf kürzestem Weg zum Ziel führt,
3. daß bei jedem Schritt Klarheit über die Abweichung von der strengen Lösung herrscht.

Wenn für ein Problem genügend Daten vorliegen, läßt es sich immer numerisch zu Ende führen, auch wenn eine analytische Lösung nicht gegeben werden kann; so ist ein Integral, das sich nicht in geschlossener Form auswerten läßt, einer numerischen Berechnung zugänglich, und eine Differentialgleichung läßt zu gegebenen Anfangswerten immer eine numerische Lösung zu. Das Problem der drei Körper ist allgemein nicht lösbar, im speziellen Fall gestatten die Methoden der Himmelsmechanik, den Ort eines Himmelskörpers für beschränkte Zeiten mit einer Genauigkeit zu berechnen, die nur begrenzt ist durch die Genauigkeit der Positionsmessung und gewisser astronomischer Fundamentalkonstanten.

Weiter wird man jeden möglichen Gebrauch von maschinellen Hilfsmitteln machen[1]). Von speziellen Einrichtungen der Logarithmentafeln[2]) seien genannt die Tafeln der Additions- und Subtraktionslogarithmen, der Potenzen, die S- und T-Tafeln für die Sinus und Tangenten kleiner Winkel, Tafeln der Vielfachen des Moduls M und $1/M$, um aus den Briggsschen die natürlichen Logarithmen zu erhalten.

Vierstellige Tafeln der gebräuchlichen Funktionen wie Gammafunktion, Hyperbelfunktionen, elliptische, Besselsche und Kugelfunktionen sind zusammengestellt von Jahnke und Emde[3]).

---

[1]) A. Galle, Mathematische Instrumente. 1912; K. Lenz, Die Rechenmaschinen und das Maschinenrechnen. 2. Aufl. 1924; R. Mehmke, Numerisches Rechnen. Enzyklopädie d. math. Wissensch. Bd. I, F.; F. A. Willers, Mathematische Instrumente. 1926. Sammlung Göschen Nr. 922; M. d'Ocagne, Le calcul simplifié. Paris 1928.

[2]) L. v. Schrutka, Zahlenrechnen. 1923.

[3]) E. Jahnke u. F. Emde, Funktionstafeln mit Formeln und Kurven. 1909. Übersicht über alle existierenden Funktionentafeln gibt J. W. L. Glaisher, Art. Mathematical Tables. Encyclopaedia Britannica. 11. Aufl. 1911.

I. Genäherte Auflösung algebraischer und transzendenter Gleichungen.

2. Die Regula falsi. Nach dieser Methode gewinnt man die reellen Lösungen einer algebraischen oder transzendenten Gleichung $f(x) = 0$ in schrittweiser Annäherung mittels linearer Interpolation[1]). Über die Lage der Wurzeln wird man genähert auf graphischem Wege unterrichtet, man entnimmt aus der Zeichnung der Kurve $y = f(x)$ die Schnittpunkte mit der X-Achse als Näherungswerte der Wurzeln oder erhält solche durch ein besonderes konstruktives Verfahren[2]), speziell durch die Methode von LILL[3]) bei algebraischen Gleichungen. Bei letzteren wird man die Anzahl der reellen Lösungen nach der Cartesischen Zeichenregel oder dem Sturmschen Satz bestimmen[4]).

Für die Funktionswerte $f(x)$ in der Nähe einer Nullstelle rechnet man eine kleine Tabelle. Es seien x_1 und x_2 zwei benachbarte Argumentwerte, zwischen denen $f(x)$ sein Vorzeichen wechselt. Die Sehne zwischen den zwei zugehörigen Kurvenpunkten hat den Anstieg

$$\frac{f(x_2) - f(x_1)}{x_2 - x_1}$$

und den Schnittpunkt

$$x_3 = x_1 - f(x_1)\,\frac{x_2 - x_1}{f(x_2) - f(x_1)}$$

mit der X-Achse. x_3 ist ein besserer Näherungswert der Wurzel als x_1 und x_2. Man benützt ihn mit demjenigen der Werte x_1 und x_2, für den $f(x)$ von entgegengesetztem Vorzeichen wie $f(x_3)$ ist, zur Berechnung eines weiteren Näherungswertes und setzt das Verfahren fort, bis die Grenzen, in welche man auf diese Weise die Wurzel einschließt, genügend eng geworden sind.

3. Das Newtonsche Verfahren. Auf graphischem Wege oder durch Rechnung einer Tabelle von $f(x)$ oder durch irgendwelche rechnerische Überlegungen verschafft man sich einen Näherungswert x_1 für eine reelle Wurzel der Gleichung $f(x) = 0$. Die Tangente im zugehörigen Kurvenpunkt schneidet die X-Achse in

$$x_2 = x_1 - \frac{f(x_1)}{f'(x_1)},$$

und x_2 dient als neuer Näherungswert der Wurzel, mit dem man den nächsten

$$x_3 = x_2 - \frac{f(x_2)}{f'(x_2)}$$

berechnet. Man setzt das Verfahren fort, bis in der gewünschten Genauigkeit ein Schritt kein vom vorausgehenden verschiedenes Resultat liefert. In nächster Nähe der Wurzel wird die Konvergenz sehr rasch[5]).

Die analytische Bedeutung des Verfahrens ist: Man führt in $f(x)$ den Näherungswert x_1, vermehrt um die unbekannte Verbesserung δ_1, ein und entwickelt nach TAYLOR, wobei man nur die erste Potenz von δ_1 mitnimmt:

$$0 = f(x_1 + \delta_1) = f(x_1) + \delta_1 f'(x_1), \tag{1}$$

woraus folgt

$$\delta_1 = -\frac{f(x_1)}{f'(x_1)}. \tag{2}$$

---

[1]) Die Lösung einer Gleichung mittels höherer Interpolation: Ziff. 20 dieses Kapitels.

[2]) Kap. 14, I, 5 und III. [3]) Kap. 14, I, 2–4. [4]) Kap. 2, Ziff. 48, S. 94.

[5]) Über Konvergenz- und Divergenzintervalle des Newtonschen Verfahrens: A. HUBER, Wiener Ber. IIa, Bd. 134, S. 405. 1925.

Der zweite Näherungswert ist

$$x_2 = x_1 + \delta_1,$$

der noch nicht der genaue Wurzelwert sein kann, da in (1) nur die erste Potenz von δ_1 mitgenommen wurde. Zu x_2 rechnet man wieder eine Verbesserung δ_2 usf. Wenn in der Berechnung einer Verbesserung, z. B. bei δ_i ein kleiner Rechenfehler unterläuft, so daß δ_i' statt δ_i berechnet wird, dann wird die Wirkung des Fehlers durch das weitere Verfahren beseitigt, denn $x_i + \delta_i'$ ist immerhin ein brauchbarer Näherungswert, sofern der Fehler klein ist. Da die Verbesserungen bald klein werden und dann der Zähler in (2) eine kleine Zahl ist, genügt es, die Ableitung auf wenig Stellen zu berechnen und den Quotienten auf dem Rechenschieber zu bilden. Wenn von einem Näherungswert x_i an nur mehr kleine Änderungen eintreten, rechnet man die weiteren Verbesserungen mit dem ungeänderten Nenner $f'(x_i)$.

Wenn die Differentiation von $f(x)$ umständlich ist, ersetzt man die Ableitung $f'(x_k)$ durch den Differenzenquotienten

$$\frac{f(x_k + h) - f(x_k)}{h},$$

worin h eine kleine Größe ist, etwa eine Einheit der letzten Stelle von x_k.

Wenn die Berechnung von $f'(x)$ nicht langwieriger ist als die von $f(x)$, führt das Newtonsche Verfahren rascher zum Ziel als das Sehnenverfahren (Regula falsi). Die Annäherung läßt sich noch auf folgende Weise[1]) beschleunigen. Man entwickelt (1) bis zur zweiten oder einer noch höheren Potenz von δ_1 und erhält durch Reihenumkehr

$$\delta_1 = -\frac{f(x_1)}{f'(x_1)} - \frac{\delta_1^2}{2}\frac{f''(x_1)}{f'(x_1)} - \frac{\delta_1^3}{3!}\frac{f'''(x_1)}{f'(x_1)} - \cdots, \tag{3}$$

welche Gleichung man durch Iteration[2]) löst. Man vernachlässigt in (3) zuerst die Glieder mit $\delta_1^2, \delta_1^3 \ldots$ und erhält für δ_1 einen Näherungswert, den man in die rechte Seite der Gleichung einsetzt, wodurch links ein neuer Wert δ_1 erhalten wird, den man wieder rechts einführt usf., bis innerhalb einer gewissen Stellenzahl keine Änderung mehr eintritt. Man wendet diese Methode an, wenn die Ableitungen leicht zu bilden sind, also z. B. bei algebraischen Gleichungen, oder wenn $f'(x_1)$ klein ist.

Weiter erhält man raschere Annäherung durch Verbindung des Sehnenverfahrens mit dem Newtonschen[3]).

Das Intervall $(a_1 b_1)$, das die Wurzeln einschließt, wird verengert durch

$$a_2 = a_1 - f(a_1)\frac{(b_1 - a_1)}{f(b_1) - f(a_1)}, \quad b_2 = b_1 - \frac{f(b_1)}{f'(b_1)}. \tag{4}$$

Aus (a_2, b_2) wird ebenso ein noch engeres Intervall (a_3, b_3) berechnet mittels

$$a_3 = a_2 - f(a_2)\frac{(b_2 - a_2)}{f(b_2) - f(a_2)}, \quad b_3 = b_2 - \frac{f(b_2)}{f'(b_2)},$$

bis schließlich zwei Intervallgrenzen a_n und b_n sich in der gewählten Stellenzahl nicht mehr unterscheiden.

---

[1]) C. RUNGE-H. KÖNIG, Vorlesungen über numerisches Rechnen. S. 154. 1924; v. SANDEN, Praktische Analysis. 2. Aufl., S. 153. 1923.

[2]) Ziff. 5 dieses Kapitels.

[3]) H. WEBER, Lehrbuch der Algebra. S. 162. Kleine Ausgabe 1912; WHITTAKER-ROBINSON, The Calculus of Observations. S. 94. 1926.

Beispiel. In Kap. 14, Ziff. 3 wurde mit Hilfe des Lillschen Verfahrens $x_1 = 2{,}2$ als Näherungswert der reellen Wurzel der Gleichung

$$f(x) = x^3 - 3x^2 + 4x - 5 = 0$$

gefunden. Es ist

$$f'(x) = 3x^2 - 6x + 4, \quad f''(x) = 6x - 6, \quad f'''(x) = 6.$$

Die Gleichung (3)

$$\delta_1 = \frac{0{,}072}{5{,}32} - \frac{\delta_1^2}{2} \cdot \frac{7{,}2}{5{,}32} - \frac{\delta_1^3}{6} \frac{6}{5{,}32}$$

oder

$$\delta_1 = 0{,}013534 - 0{,}6765\,\delta_1^2 - 0{,}1880\,\delta_1^3 \tag{3'}$$

ist durch Iteration zu lösen. Man setzt $\delta_1 = 0{,}013534$ rechts ein und erhält

$$\delta_1 = 0{,}013534 - 0{,}0001239 - 0{,}0000004 = 0{,}013410.$$

Das Glied mit δ_1^3 bleibt ohne Einfluß auf die 6. Dezimalstelle und wird weggelassen. Durch Einsetzen des neuen Wertes für δ_1 in die rechte Seite von (3′) findet man

$$\delta_1 = 0{,}013534 - 0{,}0001217 = 0{,}013412.$$

Eine neuerliche Wiederholung führt auf denselben Wert δ_1. Man setzt als zweiten Näherungswert

$$x_2 = x_1 + \delta_1 = 2{,}213412$$

in (3) ein und erhält für δ_2 die Gleichung

$$\delta_2 = -\frac{0{,}000002}{5{,}42} - \frac{\delta^2}{2} \cdot \frac{7{,}28}{5{,}42} = -0{,}0000004,$$

δ_2^2 braucht nicht mehr berücksichtigt zu werden. Man erhält weiter

$$\delta_3 = +0{,}0000001$$

und damit die Wurzel auf acht Stellen:

$$x = 2{,}2134117\ldots$$

4. Das Newtonsche Näherungsverfahren bei zwei oder mehr Veränderlichen. Die Anwendung auf mehrere Gleichungen mit mehreren Unbekannten ist ganz analog der auf zwei Gleichungen, so daß wir uns auf diese beschränken. Die zwei Gleichungen seien

$$f(x, y) = 0, \quad g(x, y) = 0, \tag{5}$$

x_1, y_1 Näherungswerte für ein Wurzelpaar, ihre Verbesserungen h_1 und k_1. Man entwickelt (5) nach TAYLOR und bricht nach den ersten Potenzen von h_1 und k_1 ab:

$$\left.\begin{aligned} 0 &= f(x_1 + h_1, y_1 + k_1) = f(x_1 y_1) + h_1 f_1(x_1 y_1) + k_1 f_2(x_1 y_1) + \cdots, \\ 0 &= g(x_1 + h_1, y_1 + k_1) = g(x_1 y_1) + h_1 g_1(x_1 y_1) + k_1 g_2(x_1 y_1) + \cdots, \end{aligned}\right\} \tag{6}$$

wobei die Indizes 1 und 2 bei f und g die partiellen Ableitungen nach x und y bedeuten. Man hat daher in (6) zwei lineare Gleichungen für die zwei Unbekannten h_1 und k_1, die noch nicht die endgültigen Verbesserungen der Näherungswerte sind, da nur die ersten Potenzen von h_1 und k_1 mitgenommen wurden. Für die zweiten Näherungswerte

$$x_2 = x_1 + h_1, \quad y_2 = y_1 + k_1$$

rechnet man wieder analog (6) die Verbesserungen h_2 und k_2 und setzt das Verfahren fort, bis in der gewählten Genauigkeit keine Änderung an den Wurzeln mehr eintritt. Da die Verbesserungen bald klein werden, genügt es, die Ableitungen auf wenig Stellen zu berechnen und sie nicht mehr zu ändern, wenn schon größere Annäherung erzielt ist.

Diese Methode ist auf komplexe Wurzeln anwendbar. Es sei $x_1 + i y_1$ der Näherungswert einer komplexen Wurzel von $f(z) = 0$. Man führt in der Gleichung die unbekannten Verbesserungen δx_1 und $i \delta y_1$ ein, nimmt in der Taylorschen Entwicklung nur die ersten Potenzen der Verbesserungen mit und erhält durch Trennen des reellen und rein imaginären Bestandteils zwei lineare Gleichungen für δx_1 und δy_1, die man weiter verbessert. Die Rechnung ist gewöhnlich langwierig. Wenn man von einer Gleichung auch die komplexen Wurzeln bestimmen will, ist es besser, von vornherein die Auflösung nach der Methode von GRAEFFE[1]) vorzunehmen.

5. Die Iterationsmethode. Wenn sich die zu lösende Gleichung auf die Form

$$x = \varphi(x) \tag{7}$$

bringen läßt, dann wird aus einem Näherungswert x_1 der Wurzel ein zweiter berechnet mittels

$$x_2 = \varphi(x_1), \tag{8}$$

aus diesem ebenso ein dritter usf.

Die Funktion $\varphi(x)$ darf sich in der Nähe der Wurzel x von (7) nur wenig ändern. Um die Konvergenz des Verfahrens zu untersuchen, bildet man die Differenz von (7) und (8):

$$x - x_2 = \varphi(x) - \varphi(x_1) = (x - x_1)\,\varphi'[x_1 + \vartheta(x - x_1)], \quad 0 < \vartheta < 1.$$

Angenommen, die Ableitung $\varphi'(x)$ sei in dem Intervall zwischen der Wurzel x und dem Näherungswert x_1 absolut kleiner als ein echter Bruch m, dann wird

$$|x - x_2| < |x - x_1|\, m.$$

Weiter wird

$$|x - x_3| < |x - x_2|\, m < |x - x_1|\, m^2,$$

schließlich

$$|x - x_n| < |x - x_1|\, m^{n-1}$$

oder die Abweichung des $n$ten Näherungswertes ist kleiner als das m^{n-1}fache des Fehlers des ersten Näherungswertes, wobei m als echter Bruch vorausgesetzt war. Ist die Ableitung $\varphi'(x) > 1$, dann bildet man aus (7) die inverse Gleichung

$$\psi(x) = x,$$

welche durch Iteration gelöst werden kann, da die Ableitung $\psi'(x)$ zufolge

$$\psi'(x) = \frac{1}{\varphi'(x)}$$

wieder ein echter Bruch ist.

Die Iterationsmethode wird vielfach in der Physik und namentlich in der Astronomie angewendet. Hier besteht oft $\varphi(x)$ aus einem von x freien Bestandteil und einer Anzahl Korrektionsgliedern, die mit x nur wenig veränderlich sind. Durch Einsetzen eines Näherungswertes von x in die rechte Seite erhält man einen besseren Wert von x. Aus der Bestimmung der Höhe eines Gestirns im

---

[1]) Kap. 2, Ziff. 53, S. 97.

Meridian erhält man die geographische Breite B des Beobachtungsortes; wird die Höhe etwas außerhalb des Meridians gemessen, so besteht für B eine Gleichung, bei welcher rechts Korrektionsglieder auftreten, welche die Unbekannte B enthalten. Da für B immer ein genäherter Wert bekannt ist, genügt die Einsetzung desselben in die Zusatzglieder, um den genauen Wert von B zu erhalten.

Weiter wird die Iterationsmethode bei der Reihenumkehr[1]) verwendet; eine Anwendung wurde in Ziff. 3 gegeben. Das Iterationsverfahren läßt sich auf mehrere Gleichungen mit mehreren Unbekannten ausdehnen.

1. Beispiel. Zur Bestimmung der reellen Wurzel von

$$x^3 - 2x^2 + 5x - 0{,}8 = 0$$

schreiben wir die Gleichung in der Form

$$x = 0{,}16 + 0{,}4x^2 - 0{,}2x^3$$

und führen rechts den Näherungswert $x_1 = 0{,}16$ ein, wodurch der zweite Nähe rungswert bestimmt wird:

$$x_2 = 0{,}16 + 0{,}4 \cdot 0{,}16^2 - 0{,}2 \cdot 0{,}16^3 = 0{,}16 + 0{,}01024 - 0{,}00082 = 0{,}1694.$$

Weiter wird

$$\begin{aligned} x_3 &= 0{,}17051, \\ x_4 &= 0{,}170638, \\ x_5 &= 0{,}170653, \\ x_6 &= 0{,}1706548, \\ x_7 &= 0{,}17065523, \\ x_8 &= 0{,}17065528, \\ x_9 &= 0{,}17065528. \end{aligned}$$

2. Beispiel. Die Gleichung

$$x^3 - 0{,}2x^2 + 4x - 800 = 0$$

hat eine reelle Wurzel nahe 9. Ein Ansatz wie im vorigen Beispiel ist hier nicht möglich, da $|\varphi'(9)| > 1$. Es wird daher die Gleichung in der Form geschrieben:

$$x = \sqrt[3]{800 - 4x + 0{,}2x^2}. \tag{9}$$

Man setzt $x_1 = \sqrt[3]{800} = 9{,}3$ in die rechte Seite von (9) ein und erhält nacheinander

$$\begin{aligned} x_2 &= \sqrt[3]{780{,}098} = 9{,}2056, \\ x_3 &= 9{,}2056604, \\ x_4 &= 9{,}2056604. \end{aligned}$$

Die Iterationsmethode dient weiter zur Berechnung irrationaler und transzendenter Größen. Zur Bestimmung der Quadratwurzel aus einer Zahl N wähle man eine beliebige Zahl x_1 und rechne

$$x_2 = \frac{1}{2}\left(x_1 + \frac{N}{x_1}\right), \quad x_3 = \frac{1}{2}\left(x_2 + \frac{N}{x_2}\right) \ldots,$$

es ist $\lim x_n = \sqrt{N}$.

[1]) Beispiel in Ziff. 20 dieses Kapitels.

Weiter sei erwähnt die Berechnung des elliptischen Normalintegrals erster Gattung

$$F = \int_0^{\frac{\pi}{2}} \frac{d\varphi}{\sqrt{1 - k^2 \sin^2\varphi}} \tag{10}$$

durch das arithmetisch-geometrische Mittel nach GAUSS. Man bildet

$$k' = \sqrt{1 - k^2}$$

hiermit

$$a_1' = \frac{1 + k'}{2}, \qquad b_1' = \sqrt{1 \cdot k'},$$

und die zwei Folgen

$$a_2' = \frac{a_1' + b_1'}{2}, \qquad b_2' = \sqrt{a_1' b_1'},$$

$$a_3' = \frac{a_2' + b_2'}{2}, \qquad b_3' = \sqrt{a_2' b_2'}.$$

Es ist nun $\lim\limits_{n=\infty} a_n' = \lim b_n' = M(1, k')$ das arithmetisch-geometrische Mittel. Schon beim dritten oder vierten Schritt sind meist die beiden Mittel auf 6 Stellen gleich. Es ist nun das elliptische Integral

$$F = \frac{\pi}{2} \frac{1}{M(1, k')}$$

und die komplementäre Funktion

$$F' = \int_0^{\frac{\pi}{2}} \frac{d\varphi}{\sqrt{1 - k'^2 \sin^2\varphi}} = \frac{\pi}{2} \frac{1}{M(1, k)}.$$

Den Quotienten

$$\frac{F'}{F} = \frac{M(1, k')}{M(1, k)}$$

braucht man zur Berechnung der ϑ-Reihen.

Literatur zum Abschnitt I. C. RUNGE-H. KÖNIG, Vorlesungen über numerisches Rechnen. Kap. 6. Berlin: Julius Springer 1924; C. RUNGE, Praxis der Gleichungen. 2. Aufl. Berlin u. Leipzig: W. de Gruyter 1921; H. v. SANDEN, Praktische Analysis. 9. Kap., 2. Aufl. Leipzig u. Berlin: Teubner 1923; WHITTAKER-ROBINSON, The Calculus of Observations. Kap. 6. London 1926.

IIa. Differenzen- und Interpolationsrechnung bei ungleichen Intervallen des Arguments.

6. Problemstellung. Die Interpolationsformel von LAGRANGE. Von einer Funktion, die in dem betrachteten Gebiet stetig vorausgesetzt ist, seien nur einzelne Werte durch Beobachtung oder Berechnung gegeben. Die Funktion wird, wenn ihr analytischer Ausdruck entweder unbekannt oder für die Rechnung zu kompliziert ist, zwecks Berechnung von Zwischenwerten durch eine einfacher gebaute Näherungsfunktion ersetzt, die für die vorliegenden Argumentwerte mit der gegebenen Funktion übereinstimmt[1]) (Interpolation).

[1]) Die Konstanten einer Näherungsfunktion, die sich im ganzen Intervall der gegebenen Funktion möglichst gut anschmiegt, ohne in gegebenen Punkten übereinstimmen zu müssen, werden durch die Methode der kleinsten Quadrate (Kap. 13 ds. Bandes) bestimmt.

Durch Differenzieren und Integrieren der Näherungsfunktion werden genäherte Ableitungen und Integrale der ursprünglichen Funktion gewonnen (numerische Differentiation und Integration).

Wenn die Funktionswerte für äquidistante Argumentwerte gegeben sind, werden die Formeln einfacher als bei ungleichen Argumentintervallen. Im folgenden wird zuerst die Interpolation bei ungleichen Argumentintervallen besprochen.

An den m Stellen $x = a, b, c, \ldots, k$ sei eine Funktion $f(x)$ durch ihre Werte $f(a), f(b), \ldots, f(k)$ gegeben. Die ganze rationale Funktion $m-1$ten Grades, welche an diesen Stellen die gleichen Werte annimmt, ist

$$g(x) = \frac{f(a)}{\varphi'(a)} \frac{\varphi(x)}{x-a} + \frac{f(b)}{\varphi'(b)} \frac{\varphi(x)}{(x-b)} + - \frac{f(k)\,\varphi(k)}{\varphi'(k)\, x-k}, \tag{1}$$

worin

$$\varphi(x) = (x-a)(x-b)(x-c)\ldots(x-k).$$

Wenn $f(x)$ kein Polynom $m-1$sten Grades ist, wird es an einer Zwischenstelle x nicht genau mit (1) übereinstimmen; der Fehler, der dadurch entsteht, daß $f(x)$ durch $g(x)$ ersetzt wird, ist um so kleiner, je näher x an einem der gegebenen Werte $a, b, \ldots, k$ liegt und je mehr es in der Mitte zwischen allen liegt[1]).

7. Dividierte Differenzen. Interpolationsformel von NEWTON. Strichregel von GAUSS. Der Quotient

$$\frac{f(a)-f(b)}{a-b} = \frac{f(a)}{a-b} + \frac{f(b)}{b-a} = \delta(a\,b) = \delta(b\,a)$$

heißt die erste dividierte Differenz für die Argumente a und b[2]). Sie ist die mittlere Steigung der Funktion im Intervall (a, b). Die dividierten Differenzen zweiter und höherer Ordnung bildet man ebenso aus den dividierten Differenzen der nächst niederen Ordnung:

$$\delta(abc) = \frac{\delta(ab)-\delta(bc)}{a-c}, \quad \delta(abcd) = \frac{\delta(abc)-\delta(bcd)}{a-d} \ldots$$

Die dividierten Differenzen ordnet man in das Schema:

Argument	Funktion	δ_1	δ_2	δ_3	δ_4
a	$f(a)$				
		$\delta(ab)$			
b	$f(b)$		$\delta(abc)$		
		$\delta(bc)$		$\delta(abcd)$	
c	$f(c)$		$\delta(bcd)$		$\delta(abcde)$
		$\delta(cd)$		$\delta(bcde)$	
d	$f(d)$		$\delta(cde)$		
		$\delta(de)$			
e	$f(e)$				

Die ganze Funktion $(m-1)$-ten Grades, welche an den m Stellen $a, b, \ldots, h, k$ mit der durch die Funktionswerte $f(a), f(b) \ldots$ gegebenen übereinstimmt, ist

$$\left.\begin{aligned} f(x) = f(a) &+ (x-a)\,\delta(ab) + (x-a)(x-b)\,\delta(abc) + (x-a)(x-b)(x-c)\,\delta(abcd) \\ &+ \cdots + (x-a)(x-b)(x-c)\cdots(x-h)\,\delta(abc\cdots hk). \end{aligned}\right\} \tag{2}$$

[1]) J. BAUSCHINGER, Enzyklopädie d. math. Wiss. Bd. I, D 3, S. 803.

[2]) In der Symbolik von T. N. THIELE, Interpolationsrechnung. Leipzig: Teubner 1909; C. F. GAUSS (Werke Bd. 3, S. 265) schreibt $[ab]$, dieselbe Schreibweise in N. E. NÖRLUND, Vorlesungen über Differenzenrechnung. Berlin: Julius Springer 1924.

(Newtonsche Interpolationsformel). Das Restglied, das an den Stellen $a, b, \ldots, k$ verschwindet, ist

$$(x-a)(x-b)\ldots(x-k)\,\delta(x, a, b, c\ldots hk).$$

Die Formel (2) verwendet die schräg absteigenden dividierten Differenzen, die folgende die schräg aufsteigenden:

$$f(x) = f(k) + (x-k)\{\delta(hk) + (x-h)[\delta(ghk) + (x-g)(\delta(fghk) + \cdots)]\}. \quad (3)$$

Wenn man wie in (3) Klammern setzt, beginnt man bequem die Rechnung von der innersten Klammer aus. Falls x ungefähr in der Mitte von $a, b\ldots k$ liegt, also z. B. in der Nähe von d, rechnet man nach den Formeln von GAUSS, und zwar, wenn x zwischen c und d fällt, mit

$$f(x)=f(d)+(x-d)\{\delta(cd)+(x-c)[\delta(cde)+(x-e)[\delta(bcde)+(x-b)(\delta(bcdef)+\cdots)]]\}$$

und, wenn x zwischen d und e gelegen ist, mit

$$f(x)=f(d)+(x-d)\{\delta(de)+(x-e)[\delta(cde)+(x-c)[\delta(cdef)+(x-f)(\delta(bcdef)+\cdots)]]\}.$$

Die dividierten Differenzen, die in den zwei Formeln auftreten, liegen zu beiden Seiten eines Horizontalstriches an der Stelle x, der zwischen c und d bzw. d und e zu denken ist. Man beginnt die Berechnung der Formeln von rückwärts und korrigiert, ohne auf die Vorzeichen zu achten, jede Differenz durch die nächst höhere derart, daß sie ihrer Nachbardifferenz auf der andern Seite des Horizontalstrichs näher gebracht wird (Strichregel von GAUSS).

8. Sätze über dividierte Differenzen. Ergänzung des Schemas einer ganzen rationalen Funktion. 1. Ein konstanter Faktor einer Funktion ist konstanter Faktor ihrer sämtlichen dividierten Differenzen.

2. Ist $f(x)$ die Summe von zwei oder mehr Funktionen, dann sind ihre dividierten Differenzen die Summe der dividierten Differenzen der Summanden.

3. Ist $f(x)$ eine ganze rationale Funktion $n$ten Grades, so ist die dividierte Differenz $m$ter Ordnung ($m < n$) eine ganze rationale symmetrische Funktion $(n-m)$ten Grades. Die $(n-1)$te dividierte Differenz ist eine lineare Funktion der Summe der n Argumente, aus denen sowie aus deren Funktionswerten die Differenz gebildet ist; die $n$te dividierte Differenz ist konstant und gleich dem Koeffizienten des Gliedes $n$ter Ordnung; alle höheren dividierten Differenzen sind Null.

Diese Eigenschaften erleichtern die Berechnung eines Schemas, die letzte benutzt man zur Ergänzung eines Schemas, um weitere Werte einer ganzen rationalen Funktion zu berechnen.

Beispiel[1]). Eine Fallmaschine, von der vorausgesetzt ist, daß sie die Falltiefe als quadratische Funktion der Zeit gibt, zeigt nach Verlauf von 1, 5, 7 Sekunden die Falltiefen 1, 15 und 28 cm. Um die Falltiefen für die ersten 8 Sekunden zu gewinnen, bildet man das im Druck hervorgehobene Schema, ergänzt in der ersten Spalte die gewünschten Argumente und

x	$f(x)$	δ_1	δ_2
1	**1**		
		3,5	
5	**15**		**0,5**
		6,5	
7	**28**		0,5
		8,0	
8	36		0,5
		7,5	
6	21		0,5
		5,5	
4	10		0,5
		4,0	
3	6		0,5
		3,0	
2	3		0,5
		1,5	
0	0		0,5
		$0,5x + 0,5$	
x	$0,5x^2 + 0,5x$		

[1]) T. N. THIELE, Interpolationsrechnung. S. 11.

setzt in die letzte Spalte konstant 0,5 ein. Die auf **6,5** folgende erste unbekannte dividierte Differenz $\delta(7, 8)$ muß mit 6,5 kombiniert, 0,5 als zweite dividierte Differenz ergeben:

$$\frac{\delta(5,8) - 6{,}5}{8 - 5} = 0{,}5 \qquad \text{oder} \qquad \delta(5,8) = 8{,}0 .$$

Mit ihrer Hilfe berechnet man $f(8)$ aus

$$\frac{f(8) - 28}{8 - 7} = 8{,}0 \qquad \text{zu} \qquad f(8) = 36 .$$

Ebenso findet man

$$\delta(6, 8) = 7{,}5 \qquad \text{und} \qquad f(6) = 21 \quad \text{usf.},$$

schließlich für das Argument x

$$\frac{\delta(x, 2) - 1{,}5}{x - 2} = 0{,}5 , \qquad \delta(x, 2) = 0{,}5x + 0{,}5$$

und $f(x)$ aus

$$\frac{f(x) - 0}{x - 0} = 0{,}5x + 0{,}5 \qquad \text{zu} \qquad f(x) = 0{,}5x^2 + 0{,}5x .$$

Bei gleichen Argumentintervallen ist die Rechnung viel einfacher.

9. Numerische Differentiation mittels dividierter Differenzen. Wenn in der ersten dividierten Differenz

$$\delta(xa) = \frac{f(x) - f(a)}{x - a}$$

a unbegrenzt an x heranrückt, geht sie in die erste wiederholte Differenz über

$$\delta(xx) = \delta^{(1)}(x) = f'(x) ,$$

also in die Ableitung an der Stelle x. Mit Einschaltung eines Zwischengliedes $\delta(x'x)$ erhält man die zweite Ableitung

$$f''(x) = \left(\frac{\delta(x'x') - \delta(xx)}{x' - x}\right)_{x'=x} = \left[\frac{\delta(x'x') - \delta(x'x)}{x' - x} + \frac{\delta(x'x) - \delta(xx)}{x' - x}\right]_{x'=x}$$

$$= 2\delta(xxx) = 2\delta^{(2)}(x)$$

allgemein

$$f^{(n)}(x) = n!\,\delta^{(n)}(x) .$$

x	$f(x)$	δ_1	δ_2	δ_3
1	**1**			
		7		
2	**8**		**6**	
		19		**1**
3	**27**		**10**	
		49		1
5	**125**		16	
		129		1
8	512		21	
		192		1
8	512		24	
		192		1
8	512		24	
		192		
8	512			

Man erhält so alle Ableitungen der ganzen rationalen Näherungsfunktion an der Stelle x; wenn die Funktion selbst ein Polynom von nicht höherem als $n$ten Grad ist, berechnet man auf diesem Weg ihre wirklichen Ableitungen.

Beispiel. Eine Tafel für x^3 ist durch die dritten Potenzen der ersten vier Primzahlen bestimmt, gesucht werden der Funktionswert und alle Ableitungen an der Stelle $x = 8$. Man bildet das im Druck hervorgehobene Differenzenschema aus den gegebenen x und $f(x)$ und ergänzt die letzte Spalte durch lauter **1**, und von diesen aus das Schema nach links, wodurch man findet

$$f(8) = 512 , \qquad f'(8) = 192 , \qquad f''(8) = 48 , \qquad f'''(8) = 6 .$$

10. Die Taylorsche Reihe. In diese geht die Newtonsche Interpolationsformel durch Gleichsetzen der Argumente $a = b = \cdots = k$ (Ziff. 7) über, die dividierten Differenzen werden zu wiederholten dividierten Differenzen:

$$\left.\begin{aligned} f(x) = f(a) + (x-a)\,\delta^{(1)}(a) + (x-a)^2\,\delta^{(2)}(a) + (x-a)^3\,\delta^{(3)}(a) + \cdots \\ + (x-a)^{m-1}\,\delta^{(m-1)}(a) + R_m(x). \end{aligned}\right\} \qquad (4)$$

Es ist

$$R_m(x) = (x-a)^m\,\delta^{(m)}(a\,a\,a\,\ldots\,x)$$

genau das Restglied der Taylorschen Reihe, nur in anderer Form geschrieben.

11. Allgemeinere Formulierung des Interpolationsproblems. Es sind die Werte einer Funktion und einiger ihrer sukzessiven Ableitungen für bestimmte Argumente gegeben, gesucht wird die ganze Funktion niedrigsten Grades, welche für die gleichen Argumente dieselben Werte und Ableitungen hat[1]).

Beispiel. Von einer Funktion sind drei Werte $f(0) = -7$, $f(1) = -6$, $f(2) = +11$ und die zwei Ableitungen $f'(0) = 3$, $f'(2) = 39$ gegeben. Damit läßt sich eine ganze Funktion vierten Grades bestimmen. Man bildet das im Druck hervorgehobene Schema, in welchem die Stellen 0 und 2 einmal wiederholt sind: Man ergänzt das Schema nach rechts und hierauf durch die viermal angeschriebene konstante vierte dividierte Differenz 1 nach oben. Die in der ersten schräg absteigenden Zeile stehenden Zahlen sind die Koeffizienten der Taylorschen Entwicklung an der Stelle 0, es ist daher

x	$f(x)$	δ_1	δ_2	δ_3	δ_4
0	−7				
		3			
0	−7		−5		
		3		2	
0	−7		−5		1
		3		2	
0	**−7**		−5		1
		3		3	
0	**−7**		−2		1
		1		5	
1	**−6**		8		1
		17		7	
2	**11**		22		
		39			
2	**11**				

$$f(x) = x^2 + 2x^3 - 5x^2 + 3x - 7$$

die gesuchte Funktion vierten Grades.

12. Auflösung einer algebraischen Gleichung mittels des Schemas der dividierten Differenzen[2]). Zur Lösung der Gleichung

$$x^3 - 25{,}8x^2 + 211{,}77x - 554{,}04 = 0$$

faßt man das Polynom als MacLaurinsche Reihe an der Stelle 0 auf, schreibt die Koeffizienten schräg aufsteigend an, ergänzt nach oben lauter 0 und die letzte Spalte durch lauter 1. Von rechts her berechnet man versuchsweise $f(2)$; alle Differenzen und der Funktionswert sind absolut kleiner geworden. Man berechnet ebenso $f(4) = -55{,}76$. Die rasche Abnahme zeigt, daß man einer

x	$f(x)$	δ_1	δ_2	δ_3
0	0			
		0		
0	0		0	
		0		**1**
0	0		**−25,8**	
		211,77		1
0	**−554,04**		−23,8	
		164,17		1
2	−225,70		−19,8	
		84,97		1
4	−55,76		−14,8	
		40,57		1
5	−15,19		−11,3	
		23,62		1
5,5	−3,38		−9,8	
		18,72		1
5,5	−3,38		−9,1	
		16,90		1
5,7	0		−7,6	
		5,50		1
7	+7,15		−5,1	
		−6,23		1
8	+0,92		−2,8	
		−9,03		1
8	+0,92		−1,7	
		−9,20		
8,1	0			

[1]) Markoff, Differenzenrechnung. Kap. 1—3; T. N. Thiele, Interpolationsrechnung. S. 15.

[2]) Die Auflösung einer Gleichung mit Hilfe des Differenzenschemas bei äquidistanten Argumenten wird in Ziff. 20 dieses Kapitels besprochen.

Wurzel schon nahe ist. Man versucht mit $x = 5$ und 5,5. Es ist $f(5{,}5) = -3{,}38$ schon klein, man wiederholt das Argument 5,5, um die erste Ableitung an der Stelle 5,5 zu erhalten. Bezeichnet w_1 die Wurzel, so ist bei Beschränkung der Taylorschen Formel auf die zwei ersten Glieder (Newtonsche Näherungsmethode) w_1 zu bestimmen aus

$$f(w_1) = f(5{,}5) + (w_1 - 5{,}5) f'(5{,}5) = 0$$

oder

$$w_1 \sim 5{,}7.$$

Ein Versuch mit 5,7 gibt $f(5{,}7) = 0$, also ist 5,7 die erste Wurzel. Wäre $f(w_1)$ noch nicht Null, so würde man durch mehrmalige Wiederholung des Verfahrens die Wurzel weiter annähern. In derselben Weise erhält man für die zweite Wurzel w_2:

$$f(w_2) = +\,0{,}92 + (w_2 - 8)\,(-\,9{,}03) = 0$$

oder $w_2 = 8{,}1$, schließlich $w_3 = 12$.

13. Numerische Integration[1]. Man gewinnt $\int f(x)\,dx$ am einfachsten durch gliedweise Integration der Taylorschen Reihe (4):

$$\int f(x)\,dx = C + (x-a) f(a) + \left(\frac{x-a}{2}\right)^2 \delta^{(1)}(a) + \left(\frac{x-a}{3}\right)^3 \delta^{(2)}(a) + \cdots \left(\frac{x-a}{m}\right)^m \delta^{(m)}(a) + \int R_m\,dx.$$

14. Harmonische Analyse[2]. Eine periodische Funktion $f(t)$ sei durch $2n+1$ Beobachtungswerte $f(t_i)$, die wir zuerst als nicht äquidistant annehmen, gegeben. Als Interpolationsfunktion dient die trigonometrische Reihe

$$\left.\begin{aligned} \varphi(t) = \frac{a_0}{2} &+ a_1 \cos t + a_2 \cos 2t + \cdots \quad a_n \cos nt + \\ &+ b_1 \sin t + b_2 \sin 2t + \cdots \quad b_n \sin nt. \end{aligned}\right\} \tag{5}$$

Mit Hilfe der $2n+1$-Werte $f(t_i)$ liefert die Interpolationsformel von LAGRANGE für $\varphi(t)$:

$$\left.\begin{aligned} \varphi(t) = f(t_1) &\frac{\sin\frac{1}{2}(t-t_2)\sin\frac{1}{2}(t-t_3)\ldots\sin\frac{1}{2}(t-t_{2n+1})}{\sin\frac{1}{2}(t_1-t_2)\sin\frac{1}{2}(t_1-t_3)\ldots\sin\frac{1}{2}(t_1-t_{2n+1})} \\ + f(t_2) &\frac{\sin\frac{1}{2}(t-t_1)\sin\frac{1}{2}(t-t_3)\ldots\sin\frac{1}{2}(t-t_{2n+1})}{\sin\frac{1}{2}(t_2-t_1)\sin\frac{1}{2}(t_2-t_3)\ldots\sin\frac{1}{2}(t_2-t_{2n+1})} + \cdots \end{aligned}\right\} \tag{6}$$

Überführung von (6) in (5) gibt die Koeffizienten a_i und b_i von (5). Bei äquidistanten Argumentintervallen, wenn also

$$t_2 = t_1 + \frac{2\pi}{2n+1}, \qquad t_3 = t_1 + 2\cdot\frac{2\pi}{2n+1} \cdots \qquad t_{2n+1} = t_1 + 2n\frac{2\pi}{2n+1},$$

sind die a_i und b_i einfacher zu berechnen:

$$a_i = \frac{2}{2n+1}\left[f(t_1)\cos i\,t_1 + f(t_2)\cos i\,t_2 + \cdots \quad f(t_{2n+1})\cos i\,t_{2n+1}\right] \quad i = 0, 1, 2, \ldots, n,$$

$$b_i = \frac{2}{2n+1}\left[f(t_1)\sin i\,t_1 + f(t_2)\sin i\,t_2 + \cdots \quad f(t_{2n+1})\sin i\,t_{2n+1}\right] \quad i = 1, 2, \ldots, n.$$

---

[1] Eine andere Methode gibt T. N. THIELE, Interpolationsrechnung. S. 21.

[2] Ausführliche Besprechung und Literaturangaben bei H. BURKHARDT, Enzyklopädie d. Math. Wissensch. Bd. II, A 9a, ferner bei J. BAUSCHINGER, ebenda Bd. I, D 3, S. 815. Andere Interpolationsformeln als (6) auch bei WHITTAKER-ROBINSON, The Calculus of Observations. S. 283.

Wenn die Anzahl der gegebenen Ordinaten nur $2n$ ist, kann b_n nicht bestimmt werden, die Koeffizienten sind:

$$\left.\begin{aligned} b_i &= \frac{1}{n}\,[f(t_1)\sin i\,t_1 + f(t_2)\sin i\,t_2 + \cdots\ f(t_{2n})\sin i\,t_{2n}] \quad i = 1, 2, \ldots, n-1, \\ a_i &= \frac{1}{n}\,[f(t_1)\cos i\,t_1 + f(t_2)\cos i\,t_2 + \cdots\ f(t_{2n})\cos i\,t_{2n}] \quad i = 0, 1, 2, \ldots, n-1, \\ a_n &= \frac{\cos n\,t_1}{2n}\,[f(t_1) - f(t_2) + f(t_3) + \cdots\ - f(t_{2n})]\,. \end{aligned}\right\} \quad (7)$$

Meist wird man über die Veränderliche so verfügen, daß $t_1 = 0$ und damit $t_{2n} = 2\pi$ wird. Vielfach ist es üblich, z. B. in den Rechenformularen von C. RUNGE, den ersten Koeffizienten a_0 und nicht wie oben $a_0/2$ zu schreiben; dann darf i in der zweiten der Formeln (7) nur die Werte $1, 2, \ldots, n-1$ annehmen und für a_0 gilt

$$a_0 = \frac{1}{2n}\,[f(t_1) + f(t_2) + \cdots\ f(t_{2n})]\,.$$

Weiteres über „Harmonische Analyse" in Kap. 13, Ziff. 26.

Literatur zum Abschnitt IIa: T. N. THIELE, Interpolationsrechnung. Leipzig 1909; WHITTAKER-ROBINSON, The Calculus of Observations, Kap. II. London 1926.

IIb. Differenzen- und Interpolationsrechnung bei gleichen Argumentintervallen.

15. Symbolik. Das Differenzenschema. Das Argument schreitet nach einer arithmetischen Reihe mit der konstanten Differenz w fort. Die Formeln werden symmetrischer, die Symbolik einfacher als im vorausgehenden Abschn. IIa. In der Bezeichnung von ENCKE[1]) bezeichnet $f^{I}(a+\frac{1}{2})$ die erste nach vorwärts gebildete Differenz[2])

$$f(a+w) - f(a) = f^{I}(a+\tfrac{1}{2})\,.$$

Das Argument $a+\frac{1}{2}$ (in Abkürzung für $a + w/2$) bezeichnet die Horizontale, in welcher die Differenz im Schema zu stehen kommt. Ebenso wird bezeichnet

$$f^{I}(a-\tfrac{1}{2}) = f(a) - f(a-w)\,.$$

Die zweite Differenz wird aus den ersten gebildet wie diese aus den Funktionswerten

$$f^{II}(a) = f^{I}(a+\tfrac{1}{2}) - f^{I}(a-\tfrac{1}{2}) = f(a+w) - 2f(a) + f(a-w)\,, \tag{8}$$

die dritte Differenz ebenso aus den zweiten

$$f^{III}(a+\tfrac{1}{2}) = f^{II}(a+1) - f^{II}(a) = f(a+2w) - 3f(a+w) + 3f(a) - f(a-w), \tag{8'}$$

1) J. F. ENCKE, Berliner Astron. Jahrbuch 1837; J. BAUSCHINGER, Enzyklopädie d. Math. Wissensch. Bd. I, D 3, S. 807. Bezüglich der Bezeichnung durch das Symbol Δ vgl. Kap. 12, Ziff. 8.

2) RUNGE-KÖNIG, Vorlesungen über numerisches Rechnen. S. 107 schreiben hierfür $\Delta f a$, für die nach rückwärts gebildete Differenz $f(a) - f(a-w) = \bar{\Delta} f(a)$, für die zweite Differenz $\Delta\bar{\Delta} f(a)$ usf. Eine andere Symbolik bei H. BRUNS, Grundlinien des wissenschaftlichen Rechnens. Leipzig 1903.

wobei $f^{II}(a+1)$ in der Horizontalen von $a+w$ anzuschreiben ist. Um das Argument a als Mitte gruppiert sich das Differenzenschema:

Argument	Funktion	1. Differenz	2. Differenz	3. Differenz	4. Differenz
$a-2w$	$f(a-2w)$				
		$f^{I}(a-\frac{3}{2})$			
$a-w$	$f(a-w)$		$f^{II}(a-1)$		
		$f^{I}(a-\frac{1}{2})$		$f^{III}(a-\frac{1}{2})$	
a	$f(a)$		$f^{II}(a)$		$f^{IV}(a)$
		$f^{I}(a+\frac{1}{2})$		$f^{III}(a+\frac{1}{2})$	
$a+w$	$f(a+w)$		$f^{II}(a+1)$		
		$f^{I}(a+\frac{3}{2})$			
$a+2w$	$f(a+2w)$				

Jede Kolonne des Schemas wird aus der vorhergehenden gebildet wie die erste aus den Funktionswerten. Die Summe aller Differenzen einer Kolonne ist gleich der Differenz der beiden äußersten Werte der vorhergehenden Kolonne, diese Eigenschaft verwendet man als Rechenkontrolle.

16. Schema einer ganzen rationalen Funktion. $f(x)$ sei eine ganze rationale Funktion $n$ten Grades. In ihrem Differenzenschema bilden die $n-1$sten Differenzen eine arithmetische Reihe, die $n$ten Differenzen sind konstant, die $n+1$sten und alle höherer Ordnung sind Null. Dies benutzt man zur Berechnung einer Tafel der Funktionswerte, speziell für Tafeln der Potenzen. Um z. B. eine Tafel für x^3 zu rechnen, schreibt man die dritten Potenzen von 0, 1, 2, 3 an und bildet das Schema (im Druck hervorgehoben). Die dritte Differenz ist konstant 6, man setzt sie nach unten fort und ergänzt das Schema nach links bis zu den Funktionswerten. Da

x	$f(x)=x^3$	f^{I}	f^{II}	f^{III}
0	**0**			
		1		
1	**1**		**6**	
		7		**6**
2	**8**		**12**	
		19		6
3	**27**		18	
		37		6
4	64		24	
		61		6
5	125		30	
		91		
6	216			

$$f^{II}(a+1) = f^{III}(a+\tfrac{1}{2}) + f^{II}(a)$$

ist usf., hat man nur zu jeder Zahl die links von ihr stehende zu addieren, welche um eine Halbzeile höher steht.

17. Fortschreiten eines Fehlers im Differenzenschema. Überprüfung einer Tabelle. An einer Stelle in der Kolonne der Funktionswerte sei ein Rechenfehler begangen worden. Um seine Wirkung auf das Differenzenschema ersichtlich zu machen, schreiben wir in die Kolonne der Funktionswerte an einer Stelle v und sonst lauter Nullen und bilden die Differenzen. Der Einfluß des Fehlers strahlt fächerförmig aus und ist am größten in und neben der Horizontale, in welcher der Fehler begangen wurde, man kann daher aus einer Sprungstelle im Differenzenschema auf den Ort des Fehlers in der Tabelle schließen. Hierbei muß man auf die Wirkung von Abrundungsfehlern der letzten Dezimale der Funktionswerte achten. Die Abrundung ruft maximal einen Fehler von 0,5 Einheiten der letzten

$f(x)$	δ_1	δ_2	δ_3	δ_4
0				
	0			
0		0		
	0		0	
0		0		v
	0		v	
0		v		$-4v$
	v		$-3v$	
v		$-2v$		$6v$
	$-v$		$+3v$	
0		v		$-4v$
	0		$-v$	
0		0		v
	0		0	
0		0		
	0			
0				

Stelle hervor, in der Kolonne der vierten Differenzen kann er bis $6 \cdot 0{,}5 = 3$ Einheiten anwachsen.

Die Koeffizienten von v in einer Kolonne des Schemas sind bis auf das Vorzeichen die Binomialkoeffizienten, die in den Formeln (8) und (8′) schon aufgetreten sind.

18. Halbkonvergenz der höheren Differenzen. Die ersten Differenzen sind nach dem Mittelwertsatz proportional dem Intervall w

$$f^{I}(a + \tfrac{1}{2}) = f(a + w) - f(a) = w f'(a + \vartheta w) \qquad |\vartheta| \leqq 1.$$

Die zweiten sind proportional w^2 usf. Durch entsprechende Verengung[1]) des Intervalls läßt sich erzielen, daß die Differenzen mit steigender Ordnung zuerst rasch abnehmen. Damit auch die höheren Differenzen immer weiter abnehmen, muß im allgemeinen die Zahl der Funktionswerte begrenzt sein und diese dürfen in ihrem Gesamtgebiet eine obere Grenze nicht überschreiten. Mit Ausnahme weniger Klassen von Funktionen, wie z. B. der ganzen rationalen und der ganzen transzendenten, für welche die Differenzenentwicklung konvergent ist, hat jede Funktion reelle Polstellen und singuläre Stellen, von denen aus unendliche Werte fächerförmig über das ganze Differenzenschema ausstrahlen. Bei entsprechender Wahl des Intervalls w nehmen die Differenzen zuerst ab, sie müssen aber wieder zunehmen, wenn man das Schema so weit fortführt, daß sich eine Unendlichkeitsstelle der Funktion fühlbar macht. Die Differenzen haben daher im allgemeinen halbkonvergenten Charakter. Man kann sich davon leicht ein Bild machen, wenn man das Differenzenschema der Logarithmen der natürlichen Zahlen betrachtet; der unendlich große Wert an der Stelle Null muß sich durch das Anwachsen der Differenzen entsprechend hoher Ordnung an jeder Stelle bemerkbar machen. Für die praktische Rechnung kommt diese asymptotische Eigenschaft des Differenzenschemas nicht in Betracht; man entwickelt das Schema, bis die Differenzen genügend klein geworden sind und bricht dort ab.

Bei der Berechnung einer Tabelle wird man das Intervall so eng wählen, daß bei der Interpolation nur die ersten Differenzen mitgenommen werden müssen; für vielgebrauchte Tabellen, z. B. Logarithmentafeln, wird man mehr Rechenarbeit aufwenden und die Funktionswerte so dicht tabulieren, daß nur linear interpoliert zu werden braucht. Bei seltener gebrauchten Tafeln, z. B. den astronomischen, nimmt man das Intervall größer; meist braucht man aber auch hier über die zweite Differenz nicht hinauszugehen.

19. Interpolationsformeln. Aus m zu äquidistanten Argumenten gehörigen Funktionswerten können die m Konstanten einer ganzen rationalen Funktion $m - 1$sten Grades berechnet werden. Mit dieser neuen Funktion, der Interpolationsformel, berechnet man Zwischenwerte, ebenso differenziert und integriert man sie und erhält dadurch genäherte Werte der Ableitungen und Integrale der Urfunktion.

Für einen Zwischenwert des Arguments

$$x = a + n w\,, \qquad n = \text{echter Bruch}$$

[1]) Aus einem Differenzenschema, dessen letzte Spalte als konstant angesehen werden kann, leitet man mittels einfacher Formeln ein Schema für ein engeres Argumentintervall her und bestimmt die zugehörigen Funktionswerte. J. Bauschinger, Enzyklopädie d. Math. Wissensch. Bd. I, D 3, S. 813 und T. N. Thiele, Interpolationsrechnung, S. 88.

erhält man den interpolierten Funktionswert nach der Interpolationsformel von NEWTON:

$$f(a+nw) = f(a) + \binom{n}{1} f^{I}\left(a+\frac{1}{2}\right) + \binom{n}{2} f^{II}(a+1) + \binom{n}{3} f^{III}\left(a+\frac{3}{2}\right) + \cdots$$

und für $x = a - n \cdot w$, $n =$ echter Bruch

$$f(a-nw) = f(a) - \binom{n}{1} f^{I}\left(a-\frac{1}{2}\right) + \binom{n}{2} f^{II}(a-1) - \binom{n}{3} f^{III}\left(a-\frac{3}{2}\right) + \cdots$$

Die erste Formel verwendet nur die schräg absteigenden Differenzen (Interpolation nach vorwärts), die zweite nur die schräg aufsteigenden (Interpolation nach rückwärts). Man rechnet mit ihnen, wenn nahe dem Rand der Reihe der Funktionswerte zu interpolieren ist, sonst sind die folgenden Formeln genauer, in welchen nur Differenzen auf oder neben dem Horizontalstrich durch $f(a)$ auftreten. Alle diese Formeln gewinnt man nach EULER durch unbestimmten Ansatz, indem man $f(x) = e^x$ setzt und die Koeffizienten durch Vergleich bestimmt.

GAUSS I:

$$f(a+nw) = f(a) + \binom{n}{1} f^{I}\left(a+\frac{1}{2}\right) + \binom{n}{2} f^{II}(a) + \binom{n+1}{3} f^{III}\left(a+\frac{1}{2}\right) + \binom{n+1}{4} f^{IV}(a) + \binom{n+2}{5} f^{V}\left(a+\frac{1}{2}\right) + \binom{n+2}{6} f^{VI}(a) + \cdots$$

GAUSS II:

$$f(a+nw) = f(a) + \binom{n}{1} f^{I}\left(a-\frac{1}{2}\right) + \binom{n+1}{2} f^{II}(a) + \binom{n+1}{3} f^{III}\left(a-\frac{1}{2}\right) + \binom{n+2}{4} f^{IV}(a) + \binom{n+2}{5} f^{V}\left(a-\frac{1}{2}\right) + \binom{n+3}{6} f^{VI}(a) + \cdots$$

Durch Einführung der Mittelwerte der auf den Halbzeilen stehenden Differenzen mit der Bezeichnung

$$f^{I}(a) = \tfrac{1}{2}\left(f^{I}(a+\tfrac{1}{2}) + f^{I}(a-\tfrac{1}{2})\right), \qquad f^{III}(a) = \tfrac{1}{2}\left(f^{III}(a+\tfrac{1}{2}) + f^{III}(a-\tfrac{1}{2})\right)$$

erhält man aus den zwei vorhergehenden die Formel von STIRLING:

$$\left.\begin{aligned} f(a+nw) &= f(a) + n f^{I}(a) + \frac{n^2}{1\cdot 2} f^{II}(a) + \frac{(n+1)n(n-1)}{3!} f^{III}(a) \\ &+ \frac{(n+1)n^2(n-1)}{4!} f^{IV}(a) + \frac{(n+2)(n+1)n(n-1)(n-2)}{5!} f^{V}(a) + \cdots \end{aligned}\right\} \quad (9)$$

Diese Formel findet wie die folgende Formel von BESSEL Verwendung bei der numerischen Differentiation und Integration. In der Formel von BESSEL werden die Mittelwerte

$$f^{II}(a+\tfrac{1}{2}) = \tfrac{1}{2}\left(f^{II}(a+1) + f^{II}(a)\right), \quad f^{IV}(a+\tfrac{1}{2}) = \tfrac{1}{2}\left(f^{IV}(a+1) + f^{IV}(a)\right), \ldots$$

eingeführt, sie lautet:

$$\left.\begin{aligned} f(a+nw) &= f(a) + n f^{I}\left(a+\frac{1}{2}\right) + \frac{(n-1)n}{2!} f^{II}\left(a+\frac{1}{2}\right) \\ &+ \frac{(n-1)n(n-\frac{1}{2})}{3!} f^{III}\left(a+\frac{1}{2}\right) + \frac{(n-2)(n-1)n(n+1)}{4!} f^{IV}\left(a+\frac{1}{2}\right) \\ &+ \frac{(n-2)(n-1)n(n+1)(n-\frac{1}{2})}{5!} f^{V}\left(a+\frac{1}{2}\right) + \cdots \end{aligned}\right\} \quad (10)$$

Führt man für das Mittel der Funktionswerte die Bezeichnung ein

$$f(a+\tfrac{1}{2}) = \tfrac{1}{2}(f(a+w) + f(a)),$$

welcher Wert nicht mit dem Funktionswert $f\left(a+\frac{w}{2}\right)$ an der Stelle $x = a + \frac{w}{2}$ zu verwechseln ist, dann erscheinen die zwei ersten Glieder der Besselschen Formel in der Gestalt

$$f(a+\tfrac{1}{2}) + (n-\tfrac{1}{2})\, f^{I}(a+\tfrac{1}{2}).$$

Für $-\frac{1}{2} < n < \frac{1}{2}$ ist die Stirlingsche Formel genauer, wenn man nach ungerader Ordnung abbricht, die Besselsche, wenn nach gerader. Setzt man in der Besselschen Formel $n = \frac{1}{2}$, dann erhält man die bei Tabellenberechnungen häufig gebrauchte Formel für Interpolation in die Mitte

$$f\left(a+\frac{w}{2}\right) = f\left(a+\frac{1}{2}\right) - \frac{1}{8} f^{II}\left(a+\frac{1}{2}\right) + \frac{3}{128} f^{IV}\left(a+\frac{1}{2}\right) - \frac{5}{1024} f^{VI}\left(a+\frac{1}{2}\right) + \cdots$$

Wenn die dritten Differenzen zu vernachlässigen sind, die zweiten aber mitgenommen werden müssen, rechnet man bequem nach der Strichregel[1])

$$n \text{ nahe } 0: \quad f(a \pm nw) = f(a) \pm n\left[f^{I}(a) \pm \frac{n}{2} f^{II}(a)\right] \quad (\text{Stirling}),$$

$$n \text{ nahe } \tfrac{1}{2}: \quad f(a \pm nw) = f(a) \pm n\left[f^{I}\left(a \pm \frac{1}{2}\right) \mp \frac{1-n}{2} f^{II}\left(a \pm \frac{1}{2}\right)\right] \quad (\text{Bessel}).$$

Man rechnet in den zwei Formeln von rechts nach links und korrigiert, ohne sich um das Vorzeichen zu kümmern, so, daß der jeweilige Wert näher an den zwischen $f(a)$ und $f(a+w)$ gedachten Strich rückt.

Eine für das Maschinenrechnen (Interpolation in Tafeln mit großem Intervall, Konstruktion von Tafeln durch Unterteilung des Intervalls weitmaschiger, vielstellig berechneter Funktionswerte) angepaßte Interpolationsformel gab J. D. Everett[2]).

20. Inverse Interpolation. Bestimmung des Argumentwertes zu gegebenem Funktionswert. Anwendung zur Auflösung einer Gleichung. Eine Funktion $f(x)$ sei tabuliert, und es soll zu einem Zwischenwert $f(\xi)$ der Funktion der zugehörige Argumentwert ξ berechnet werden. Der Wert $f(\xi)$ liegt zwischen zwei aufeinanderfolgenden Funktionswerten $f(a)$ und $f(a+w)$. In der Bezeichnung der vorausgehenden Ziffer ist

$$f(\xi) = f(a+nw), \quad \xi = a + nw$$

und der Bruch n soll bestimmt werden. Durch Umkehrung der Stirlingschen Formel (9) und Division durch $f^{I}(a)$ erhält man

$$\left.\begin{aligned} n = \frac{1}{f^{I}(a)}\Big\{f(a+nw) - f(a) - \frac{n^2}{2!} f^{II}(a) - \frac{(n+1)\,n\,(n-1)}{3!} f^{III}(a) \\ - \frac{(n+1)\,n^2(n-1)}{4!} f^{IV}(a) - \cdots\Big\}, \end{aligned}\right\} \tag{9'}$$

welche Gleichung durch sukzessive Annäherung nach der Iterationsmethode (Ziff. 5) aufgelöst wird. Man bildet als erste Näherung

$$n_1 = \frac{1}{f^{I}(a)}\{f(a+nw) - f(a)\} \tag{9''}$$

und setzt diesen Wert n_1 in die weiteren Glieder der rechten Seite von (9') ein, erhält dadurch links ein verbessertes n_2, das wieder in die rechte Seite eingesetzt

---

[1]) J. Bauschinger, Tafeln zur theoretischen Astronomie, S. 54. Leipzig 1901.

[2]) J. D. Everett, Brit. Asoc. Rep. 1900, S. 648. Whittaker-Robinson, The Calculus of Observations. S. 40.

zu einem Wert n_3 führt usf. Das Verfahren wird abgebrochen, wenn ein Näherungswert n_{k+1} sich vom vorausgehenden n_k in der gewählten Genauigkeit nicht unterscheidet. Die Rechnung wird nach der Stirlingschen Formel ausgeführt, wenn n nahe 0 oder 1 liegt. Wenn n nahe gleich $\frac{1}{2}$ ist, rechnet man besser nach der Besselschen Formel (10), der man die Gestalt gibt

$$\left.\begin{aligned} n = \frac{1}{f^I(a+\frac{1}{2})}\Big\{f(a+nw) - f(a) - \frac{(n-1)n}{2!} f^{II}\Big(a+\frac{1}{2}\Big) \\ - \frac{(n-1)n(n-\frac{1}{2})}{3!} f^{III}\Big(a+\frac{1}{2}\Big) - \cdots\Big\}. \end{aligned}\right\} \qquad (10')$$

Die in n linearen Terme der rechten Seite von (9′) und (10′) bringt man auf die linke Seite der durch Iteration zu lösenden Gleichung.

Die inverse Interpolation kann man zur Auflösung einer algebraischen oder transzendenten Gleichung benützen. In Kap. 14, Ziff. 6, wurde graphisch der Näherungswert $x = 1{,}1$ der Gleichung

$$f(x) = x^3 - \tfrac{1}{3}x - 1 = 0$$

gefunden. Da hier $f(x)$ eine ganze Funktion dritten Grades ist, verschwinden die vierten und höheren Differenzen und man braucht das Differenzenschema nur für vier Funktionswerte zu entwickeln:

x	$f(x)$	$f^I(x-\frac{1}{2})$	$f^{II}(x)$	$f^{III}(x-\frac{1}{2})$
1,0	$-0{,}\dot{3}$			
		$+0{,}2976^{\cdot}$		
$a = 1{,}1$	$-0{,}0356^{\cdot}$		$+0{,}066$	
		$+0{,}3636^{\cdot}$		$+0{,}006$
1,2	$+0{,}328$		$+0{,}072$	
		$+0{,}4356^{\cdot}$		
1,3	$+0{,}7636^{\cdot}$			

In unserer Schreibweise ist

$$w = 0{,}1, \quad f(a+nw) = f(\xi) = 0, \quad f(a) = -0{,}0356^{\cdot}, \quad f^I(a) = 0{,}3306^{\cdot},$$
$$f^{II}(a) = 0{,}066, \quad f^{III}(a) = 0{,}006.$$

Nach (9) ist n zu bestimmen aus

$$n = \frac{1}{0{,}3306667}\left[0{,}03566667 - \frac{n^2}{2}\,0{,}066 - \frac{(n^2-1)n}{6}\,0{,}006\right].$$

Wird noch der in n lineare Teil des letzten Gliedes auf die linke Seite geschafft, so lautet die Gleichung

$$n = \frac{0{,}03566667}{0{,}3296667} - \frac{0{,}033}{0{,}3296667}n^2 - \frac{0{,}001}{0{,}3296667}n^3$$

oder

$$n = 0{,}1081901 - 0{,}1001011\,n^2 - 0{,}00303337\,n^3.$$

Die sukzessiven Näherungslösungen sind:

$$n_1 = 0{,}1081901$$
$$n_2 = 0{,}1070146$$
$$n_3 = 0{,}1070400$$
$$n_4 = 0{,}1070395$$
$$n_5 = 0{,}1070395.$$

Da $w = 0{,}1$, ist schließlich die Wurzel der Gleichung:

$$\xi = a + nw = 1{,}11070395.$$

Wäre das Intervall w gleich 0,01 oder 0,001 gewählt worden, so wäre die Konvergenz noch rascher gewesen.

21. Numerische Integration durch Interpolation. Die Funktion $f(x)$ sei entweder nur durch äquidistante empirische Ordinaten gegeben, oder es sei ihr analytischer Bau bekannt, aber das Integral läßt sich nicht in geschlossener Form angeben oder würde zu komplizierte Rechenarbeit erfordern, man ersetzt daher die Funktion durch eine ganze rationale (Interpolationsformel) und integriert diese. Wenn die Funktion analytisch gegeben ist, läßt sich durch diese Methode ihr Integral mit jeder gewünschten Genauigkeit berechnen.

Die Funktion $f(x)$ sei durch eine Tabelle für äquidistante Argumente gegeben. In der Stirlingschen Formel war x durch

$$x = a + nw, \qquad n = \text{echter Bruch}$$

ersetzt. Durch Integration über zwei Teilintervalle wird (9)

$$\left.\begin{aligned} \int\limits_{a-w}^{a+w} f(x)\,dx &= w\int\limits_{-1}^{+1} f(a+nw)\,dn \\ &= 2w\left[f(a) + \frac{1}{6}f^{II}(a) - \frac{1}{180}f^{IV}(a) + \frac{1}{1512}f^{VI}(a) - \cdots\right]. \end{aligned}\right\} \quad (11)$$

Durch Addition der Integrale über je zwei Argumentintervalle erhält man die Integrale über größere Bereiche von x (Ziff. 28). Ebenso findet man aus der Besselschen Formel (10) das Integral über ein Teilintervall von x:

$$\left.\begin{aligned} &\int\limits_{a}^{a-w} f(x)\,dx \\ &= w\left[f\left(a+\frac{1}{2}\right) - \frac{1}{12}f^{II}\left(a+\frac{1}{2}\right) + \frac{11}{720}f^{IV}\left(a+\frac{1}{2}\right) - \frac{191}{60480}f^{VI}\left(a+\frac{1}{2}\right) + \cdots\right]. \end{aligned}\right\} \quad (12)$$

Es ist hier

$$f(a + \tfrac{1}{2}) = \tfrac{1}{2}\left[f(a+w) + f(a)\right]$$

das arithmetische Mittel der zwei aufeinanderfolgenden Funktionswerte, das natürlich von dem Funktionswert an der Stelle $a + \frac{w}{2}$ verschieden sein wird, ebenso

$$f^{II}(a + \tfrac{1}{2}) = \tfrac{1}{2}\left[f^{II}(a+1) + f^{II}(a)\right] \text{ usw.}$$

Nach Wahl eines entsprechend engen Intervalls w braucht man in (11) und (12) nur die ersten zwei Glieder mitzunehmen, beide Formeln enthalten w als Faktor, und die Koeffizienten nehmen rasch ab.

22. Berechnung einer Tabelle des elliptischen Normalintegrals erster Gattung. Als Beispiel zur vorausgehenden Ziffer soll eine Tabelle des Integrals

$$F = \int\limits_0^{\varphi} \frac{d\varphi}{\sqrt{1 - k^2\sin^2\varphi}}$$

berechnet werden. Wir wählen $k = \frac{1}{2}$ und als Intervall des Arguments φ

$$w = 5^\circ = \frac{5\pi}{180}.$$

Da w sowohl als Faktor von $\int f(a + nw)\,dn$ als auch als Faktor der Klammer in den Formeln (11) und (12) auftritt, nehmen wir w in das Funktionszeichen und müssen zuerst für den Integranden

$$f(\varphi) = \frac{5\pi}{180}\,\frac{1}{\sqrt{1 - \frac{1}{4}\sin^2\varphi}}$$

eine Tabelle von 5 zu 5° berechnen. Um auch für die obere Grenze 0 und 5° den Wert des Integrals zu erhalten, beginnen wir die Tabelle bei $\varphi = -10°$ und entwickeln das Differenzenschema. Jede Differenzenkolonne wird durch

φ	$f(\varphi) = \frac{5\pi}{180}\frac{1}{\sqrt{1-\frac{1}{4}\sin^2\varphi}}$	$f^{I}(\varphi+\frac{1}{2})$	$f^{II}(\varphi)$	$f^{III}(\varphi+\frac{1}{2})$	$f^{IV}(\varphi)$
− 10°	0,0875973				
		− 2479			
− 5°	0,0873494		+ 1650		
		− 829		+ 8	
0°	0,0872665		+ 1658		− 16
		+ 829		− 8	
+ 5°	0,0873494		+ 1650		− 29
		+ 2479		− 37	
10°	0,0875973		+ 1613		− 21
		+ 4092		− 58	
15°	0,0880065		+ 1555		− 31
		+ 5647		− 89	
20°	0,0885712		+ 1466		− 31
		+ 7113		− 120	
25°	0,0892825		+ 1346		− 40
		+ 8459		− 160	
30°	0,0901284		+ 1186		
		+ 9645			
35°	0,0910929				

die Summenprobe kontrolliert (Ziff. 15). Es ist die Summe der ersten Differenzen gleich $0{,}0034956 = f(35) - f(-10)$ usw.

Der Integrand ist eine gerade Funktion; wegen

$$\int_0^5 f(\varphi)\,d\varphi = \frac{1}{2}\int_{-5}^{+5} f(\varphi)\,d\varphi$$

genügt Formel (11) allein zur Integration. Bei einer ungeraden Funktion müßte ein Integral, z. B. $\int_0^5 f(\varphi)\,d\varphi$, nach Formel (12) berechnet werden, worauf Formel (11) auch die Integration über die weiteren Gebiete, deren Grenzen ungerade Vielfache von 5° sind, ermöglichen würde.

Die vierten Differenzen sind wegen des Faktors $\frac{1}{180}$ ohne Einfluß. Der Faktor w wurde in das Funktionszeichen einbezogen, wir erhalten die Teilintegrale gemäß

$$\int_{\varphi-5}^{\varphi+5} f(\varphi)\,d\varphi = 2\left(f(\varphi) + \frac{1}{6}f^{II}(\varphi)\right),$$

ihre Werte sind in der zweiten Spalte der nebenstehenden Tabelle eingetragen, der Gang der aufeinanderfolgenden Additionen derselben zur Bildung des elliptischen Integrals I. Gattung mit den Grenzen 0 und φ ist durch die zwei gebrochenen Linienzüge ersichtlich gemacht.

φ	$f(\varphi)+\frac{1}{6}f^{II}(\varphi)$	$\int_{\varphi-5°}^{\varphi+5°} f(\varphi)\,d\varphi$	$\int_0^{\varphi}\frac{d\varphi}{\sqrt{1-\frac{1}{4}\sin^2\varphi}}$	Die letzten zwei Ziffern sind richtig
0°	0,0872941	0,1745882	0,0000000	00
5°	0,0873769	0,1747538	0,0872941	41
10°	0,0876242	0,1752484	0,1747538	39
15°	0,0880324	0,1760648	0,2625425	25
20°	0,0885956	0,1771912	0,3508186	87
25°	0,0893049	0,1786098	0,4397337	38
30°	0,0901482	0,1802964	0,5294284	86
35°			0,6200301	02

In die letzte Spalte sind die letzten zwei Stellen der Werte des Integrals nach den Tafeln von LEGENDRE[1]) eingetragen.

23. Integration durch Summation. Wie von der Kolonne der Funktionswerte nach rechts das Differenzenschema entwickelt wurde, bildet man von den Funktionswerten nach links die Summenreihen. Die Funktionswerte sind die ersten Differenzen der ersten Summenreihe

$$^{I}f(a+\tfrac{1}{2}) - {}^{I}f(a-\tfrac{1}{2}) = f(a)\,, \tag{13}$$

ebenso sind die ersten Summen die Differenzen der zweiten Summen

$$^{II}f(a+1) - {}^{II}f(a) = {}^{I}f(a+\tfrac{1}{2})\,,$$

indem wir wieder in der Enckeschen Bezeichnung die Summen in den Zeilen und Halbzeilen anschreiben. Nach Ziff. 15 dient als Kontrolle

$$\sum_{i=0}^{p} f(a+iw) = {}^{I}f(a+(p+\tfrac{1}{2})) - {}^{I}f(a-\tfrac{1}{2}) \tag{14}$$

usw. Die Größen in jeder Summenreihe sind nur durch ihre Differenzen bestimmt, eine Summenfunktion in jeder Spalte kann nach Art einer Integrationskonstanten willkürlich gewählt werden, z. B. in der ersten Summenreihe $^{I}f(a-\frac{1}{2})$, dadurch ist nach (13) $^{I}f(a+\frac{1}{2})$ bestimmt und weiter ebenso die ganze erste Summenreihe. Man verfügt über die willkürliche Konstante so, daß die Formeln für die Integration möglichst einfache Gestalt erhalten[2]). Durch Integration der Stirlingschen Formel gemäß

$$\frac{1}{w}\int\limits_{a-\frac{w}{2}}^{a+\frac{w}{2}} f(x)\,dx = \int\limits_{-\frac{1}{2}}^{+\frac{1}{2}} f(a+nw)\,dn$$

und Addition über i derartige Teilintervalle, indem man ferner die Summe der Werte jeder Differenzenkolonne durch die Differenz der Randwerte der vorhergehenden Kolonne und die Summe der Funktionswerte nach (14) ersetzt, erhält man

$$\left.\begin{aligned}\frac{1}{w}\int\limits_{a-\frac{w}{2}}^{a+(i+\frac{1}{2})w} f(x)\,dx = \int\limits_{-\frac{1}{2}}^{i+\frac{1}{2}} f(a+nw)\,dn &= {}^{I}f\Big(a+\Big(i+\frac{1}{2}\Big)\Big) + \frac{1}{24}f^{I}\Big(a+\Big(i+\frac{1}{2}\Big)\Big)\\ &- \frac{17}{5760}f^{III}\Big(a+\Big(i+\frac{1}{2}\Big)\Big) + \frac{367}{967680}f^{V}\Big(a+\Big(i+\frac{1}{2}\Big)\Big) - \cdots\end{aligned}\right\} \tag{15}$$

Über die willkürliche Konstante der ersten Summenreihe ist dabei so verfügt, daß der von der unteren Grenze herrührende Teil verschwindet, daß also

$$-{}^{I}f\Big(a-\frac{1}{2}\Big) - \frac{1}{24}f^{I}\Big(a-\frac{1}{2}\Big) + \frac{17}{5760}f^{III}\Big(a-\frac{1}{2}\Big) - \frac{367}{967680}f^{V}\Big(a-\frac{1}{2}\Big) + \cdots = 0, \tag{16}$$

woraus das Anfangsglied der Summenreihe $^{I}f(a-\frac{1}{2})$ zu berechnen ist, aus diesem wieder das nächste Glied nach (13)

$$^{I}f(a+\tfrac{1}{2}) = {}^{I}f(a-\tfrac{1}{2}) + f(a)$$

usf. alle ersten Summen durch einfache Additionen. Da die dritte Differenz in (15) mit $\frac{17}{5760} \sim 0{,}003$ multipliziert ist, reicht man in (15) meist mit den

[1]) A. M. LEGENDRE, Traité des fonctions elliptiques. Bd. II, Tab. IX. Paris 1826.

[2]) Ausführlich bei J. F. ENCKE, Berliner Astron. Jahrbuch 1837 und in den Lehrbüchern der Bahnbestimmung der Himmelskörper, wo auch die zwei- und mehrfache numerische Integration behandelt wird, die für den Physiker kaum in Betracht kommt.

zwei ersten Gliedern aus, auch wenn die dritte Differenz nicht unmerklich klein ist.

Bezeichnet man mit $^I f(a+i)$ den Mittelwert der zwei Summengrößen, welche neben der Horizontalen durch $a+iw$ gelegen sind, also

$$^I f(a+i) = \tfrac{1}{2}\left[^I f(a+(i+\tfrac{1}{2})) + {}^I f(a+(i-\tfrac{1}{2}))\right],$$

dann ist die analoge Formel für das Integral, dessen Grenzen auf den Zeilen liegen:

$$\left.\begin{aligned}\frac{1}{w}\int\limits_a^{a+iw} f(x)\,dx = \int\limits_0^i f(a+nw)\,dn = {}^I f(a+i) - \frac{1}{12} f^I(a+i) + \frac{11}{720} f^{III}(a+i)\\ - \frac{191}{60480} f^V(a+i) + \cdots.\end{aligned}\right\} \quad (17)$$

worin die Summenreihe durch das Anfangsglied

$$^I f\left(a-\frac{1}{2}\right) = -\frac{1}{2} f(a) + \frac{1}{12} f^I(a) - \frac{11}{720} f^{III}(a) + \frac{191}{60480} f^V(a) - \cdots \quad (18)$$

bestimmt ist und die Differenzen ungerader Ordnung wieder wie in Formel (10) die arithmetischen Mittel der auf den Halbzeilen liegenden benachbarten Differenzen bedeuten.

Mit (18) als Anfangswert der Summenreihe ist das Integral zwischen den Grenzen a und $a+(i+\frac{1}{2})\,w$:

$$\begin{aligned}\frac{1}{w}\int\limits_a^{a+(i+\frac{1}{2})w} f(x)\,dx = \int\limits_0^{i+\frac{1}{2}} f(a+nw)\,dw = {}^I f\left(a+\left(i+\frac{1}{2}\right)\right) + \frac{1}{24} f^I\left(a+\left(i+\frac{1}{2}\right)\right)\\ - \frac{17}{5760} f^{III}\left(a+\left(i+\frac{1}{2}\right)\right) + \cdots\end{aligned}$$

Ebenso findet man das Integral zwischen $a-\dfrac{w}{2}$ und $a+iw$:

$$\frac{1}{w}\int\limits_{a-\frac{w}{2}}^{a+iw} f(x)\,dx = \int\limits_{-\frac{1}{2}}^{i} f(a+nw)\,dn = {}^I f(a+i) - \frac{1}{12} f^I(a+i) + \frac{11}{720} f^{III}(a+i) - \cdots.$$

wobei der Anfangswert $^I f(a-\frac{1}{2})$ der Summenkolonne nach (16) zu berechnen ist.

24. Berechnung einer Tabelle des Wahrscheinlichkeitsintegrals. Es soll

$$\Phi(x) = \frac{2}{\sqrt{\pi}}\int\limits_0^x e^{-t^2}\,dt$$

für $x = 0{,}00,\ 0{,}01\ \ldots,\ 0{,}10$ tabuliert werden. Um für diese Argumente noch die dritten Differenzen zu erhalten, muß der Integrand noch für $t = -0{,}02$, $-0{,}01$ und $0{,}11$, $0{,}12$ berechnet werden. Der Integrand ist logarithmisch leicht zu berechnen

$$^{10}\log f(x) = \log\frac{2}{\sqrt{\pi}} - t^2\log e = \log\frac{2}{\sqrt{\pi}} - M t^2,$$

da in den gebräuchlichen Logarithmentafeln eine Tabelle der Vielfachen des Moduls M enthalten ist.

t	^{I}f	$f=\frac{2}{\sqrt{\pi}}e^{-t^2}$	f^{I}	f^{II}	f^{III}
− 0,02		1,127928			
			+ 339		
− 0,01		1,128267		− 227	
	− 0,564190		+ 112		+ 3
0,00		1,128379		− 224	
	+ 0,564189		− 112		− 3
0,01		1,128267		− 227	
	1,692456		− 339		+ 2
0,02		1,127928		− 225	
	2,820384		− 564		0
0,03		1,127364		− 225	
	3,947748		− 789		+ 1
0,04		1,126575		− 224	
	5,074323		− 1013		− 1
0,05		1,125562		− 225	
	6,199885		− 1238		+ 3
0,06		1,124324		− 222	
	7,324209		− 1460		− 1
0,07		1,122864		− 223	
	8,447073		− 1683		+ 1
0,08		1,121181		− 222	
	9,568254		− 1905		+ 3
0,09		1,119276		− 219	
	10,687530		− 2124		− 1
0,10		1,117152		− 220	
	11,804682		− 2344		+ 3
0,11		1,114808		− 217	
	12,919490		− 2561		
0,12		1,112247			
	14,031737				

Die dritten Differenzen verlaufen infolge der Abrundungsfehler unruhig, das stört aber nicht, da sie wegen des Faktors $\frac{11}{720}$ [Formel (17)] ohne Einfluß sind. Die Summenreihe hat als Anfangsglied (18)

$$^{I}f(0-\tfrac{1}{2}) = -\tfrac{1}{2}f(0) + \tfrac{1}{12}f^{I}(0) - \tfrac{11}{720}f^{III}(0) = -0{,}564190\,.$$

Damit ist die Summenreihe zu berechnen, sie wird kontrolliert durch (14)

$$\sum_{i=0}^{12} f(0+iw) = 14{,}595927 = {}^{I}f[0+(12+\tfrac{1}{2})] - {}^{I}f(0-\tfrac{1}{2}) = 14{,}031737 + 0{,}564190\,.$$

Aus den Zahlen der Summen- und ersten Differenzenkolonne sind die arithmetischen Mittel $^{I}f(a+i)$ und $f^{I}(a+i)$ zu bilden.

t	$^{I}f(0+i)$	$f^{I}(0+i)$	$-\frac{1}{12}f^{I}0+i)$
0,00	0,000000	− 0000	+ 000
0,01	1,128323	− 226	+ 19
0,02	2,256420	− 452	+ 38
0,03	3,384066	− 677	+ 56
0,04	4,511036	− 901	+ 75
0,05	5,637104	− 1126	+ 94
0,06	6,762047	− 1349	+ 112
0,07	7,885641	− 1572	+ 131
0,08	9,007664	− 1794	+ 149
0,09	10,127892	− 2015	+ 168
0,10	11,246106	− 2234	+ 186
0,11	12,362086	− 2453	+ 204

Gemäß

$$ {}^{I}f(0+i) - \tfrac{1}{12} f^{I}(0+i) = \frac{1}{0.01}\,\frac{2}{\sqrt{\pi}}\int\limits_0^x e^{-t^2}\,dt $$

erhalten wir durch Addition der ersten und dritten Spalte den 100fachen Wert des Wahrscheinlichkeitsintegrals.

Mit Vernachlässigung der letzten Stelle hat man schließlich:

x	$\Phi(x) = \frac{2}{\sqrt{\pi}}\int\limits_0^x e^{-t^2}dt$	Die zwei letzten Ziffern heißen richtig
0,00	0,0000000	00
0,01	0,0112834	33
0,02	0,0225646	44
0,03	0,0338412	10
0,04	0,0451111	09
0,05	0,0563720	18
0,06	0,0676216	15
0,07	0,0788577	77
0,08	0,0900781	81
0,09	0,1012806	06
0,10	0,1124629	30
0,11	0,1236229	30

Zum Vergleich sind in der letzten Spalte die zwei letzten Stellen aus der Tabelle von CZUBER[1]) angeschrieben.

25. Numerische Differentiation. Die Stirlingsche Formel (9) werde nach Potenzen von n geordnet, durch Vergleich der Koeffizienten jeder Potenz von n mit der gleichen in der Taylorschen Reihe

$$ f(a+nw) = f(a) + nw\frac{df(a)}{da} + \frac{n^2w^2}{2}\frac{d^2f(a)}{da^2} + \cdots $$

erhält man die Formeln der numerischen Differentiation[2]):

$$ \frac{df(a)}{da} = \frac{1}{w}\left\{f^{I}(a) - \frac{1}{6}f^{III}(a) + \frac{1}{30}f^{V}(a) - \frac{1}{140}f^{VII}(a) + \cdots\right\}, \tag{19} $$

$$ \frac{d^2f(a)}{da^2} = \frac{1}{w^2}\left\{f^{II}(a) - \frac{1}{12}f^{IV}(a) + \frac{1}{90}f^{VI}(a) - \frac{1}{560}f^{VIII}(a) + \cdots\right\}. \tag{20} $$

$f^{I}(a)$, $f^{III}(a)$ usw. sind wieder die Mittelwerte der in den Halbzeilen stehenden Differenzen

$$ f^{I}(a) = \tfrac{1}{2}\left[f^{I}(a+\tfrac{1}{2}) + f^{I}(a-\tfrac{1}{2})\right] \text{ usw.} $$

Der Differentialquotient an einer beliebigen Zwischenstelle ist

$$ \frac{df(x)}{dx} = \frac{df(a+nw)}{d(a+nw)} = \frac{1}{w}\frac{df(a+nw)}{dn} $$

$$ = \frac{1}{w}\left\{f^{I}(a) + nf^{II}(a) + \frac{3n^2-1}{3!}f^{III}(a) + \frac{4n^3-2n}{4!}f^{IV}(a) + \frac{5n^4-15n^2+4}{5!}f^{V}(a) + \cdots\right\}. $$

[1]) E. CZUBER, Wahrscheinlichkeitsrechnung. Bd. I, 3. Aufl., S. 437. Leipzig u. Berlin 1914.

[2]) J. BAUSCHINGER, Enzyklopädie d. Math. Wissensch. Bd. I, D 3, S. 811; C. RUNGE-H. KÖNIG, Vorlesungen über numerisches Rechnen. S. 263; J. F. ENCKE, Berliner Astron. Jahrb. 1837, S. 255.

Für die Intervallmitten gelten die Formeln:

$$\frac{df\left(a+\frac{w}{2}\right)}{d\left(a+\frac{w}{2}\right)}=\frac{1}{w}\left\{f^{I}\left(a+\frac{1}{2}\right)-\frac{1}{24}f^{III}\left(a+\frac{1}{2}\right)+\frac{3}{640}f^{V}\left(a+\frac{1}{2}\right)-\frac{5}{7168}f^{VII}\left(a+\frac{1}{2}\right)+\cdots\right\},$$

$$\frac{d^2f\left(a+\frac{w}{2}\right)}{d\left(a+\frac{w}{2}\right)^2}=\frac{1}{w^2}\left\{f^{II}\left(a+\frac{1}{2}\right)-\frac{5}{24}f^{IV}\left(a+\frac{1}{2}\right)+\frac{259}{59760}f^{VI}\left(a+\frac{1}{2}\right)-\frac{3229}{322560}f^{VII}\left(a+\frac{1}{2}\right)+\cdots\right\}.$$

Die Konvergenz der Reihen ist hier schwächer als bei der numerischen Integration, außerdem darf das Intervall w nicht zu klein genommen werden, es steht rechts im Nenner.

Wenn die höheren Differenzen stark streuen, z. B. bei durch Beobachtungswerte gegebenen Funktionen, dann approximiert man besser die Funktion durch eine Näherungsfunktion, welche in ihrem allgemeinen Verlauf die Beobachtungswerte möglichst gut darstellt, ohne wie bei der Interpolationsformel in äquidistanten Ordinaten übereinstimmen zu müssen; von dieser Näherungsfunktion bildet man die Ableitungen[1]).

26. Auffindung versteckter Periodizitäten. Methode von S. OPPENHEIM[2]). Von einer durch empirische Ordinaten gegebenen Funktion wird erwartet, daß sich ihr Verlauf durch eine Formel

$$\left.\begin{aligned} f(t) = f_0 + a_1\cos n_1 t + a_2\cos n_2 t + a_3\cos n_3 t + \ldots \\ + b_1\sin n_1 t + b_2\sin n_2 t + b_3\sin n_3 t + \ldots . \end{aligned}\right\} \qquad (21)$$

darstellen lasse, oder in anderer Form geschrieben

$$f(t) = f_0 + c_1\sin(n_1 t + \gamma_1) + c_2\sin(n t_2 + \gamma_2) + c_3\sin(n t_3 + \gamma_3) + \ldots, \qquad (21')$$

wobei

$$a_i = c_i\sin\gamma_i, \qquad b_i = c_i\cos\gamma_i, \qquad a_i^2 + b_i^2 = c_i^2,$$

die beiden Formeln ineinander überführt.

In (21) soll n_2 nicht das Doppelte von n_1 sein, ebenso $n_3 \neq 3\,n_1$ usw., (21) ist daher keine so einfache Fourierreihe wie (5) in Ziff. 14. In der Akustik, in der Meteorologie und Astronomie werden Erscheinungen beobachtet, die sich, zum Teil wenigstens, näherungsweise durch Formeln (21) darstellen lassen. Das Wichtigste ist hier die Auffindung der Periodizitäten $T_1 = \frac{2\pi}{n_1}$, $T_2 = \frac{2\pi}{n_2}$ ...; sind diese bekannt, ergeben sich die a_i und b_i bzw. die Amplituden c_i und die Phasen γ_i sowie der konstante Teil f_0 der Funktion $f(t)$ durch Ausgleich. Entweder ist man aus theoretischen Gründen sicher, in der Erscheinung gewisse Perioden T_1, T_2 aufzufinden, so bei der Auswertung von Gezeitenbeobachtungen Perioden von einem halben und ganzen Mond- und Sonnentag, von einem halben Monat usw., oder man kann erwarten, daß sich bestimmte Perioden andeuten werden, z. B. bei von der Temperatur abhängigen meteorologischen Elementen die Periode von einem Tag und einem Jahr, oder man ist von vornherein ganz im Ungewissen über die Periodizitäten, wie z. B. bei Klimaschwankungen und Variationen des erdmagnetischen Feldes.

---

[1]) Kap. 13, Ziff. 20.

[2]) S. OPPENHEIM, Wiener Ber. 1909, S. 823.

Das Periodogramm von A. SCHUSTER[1]) läßt die Perioden auffinden, einfacher gewinnt man sie nach der Methode von S. OPPENHEIM[2]). Wir wollen uns darauf beschränken, daß in der durch äquidistante Ordinaten $f(t)$ gegebene Funktion nur eine oder zwei Perioden stecken, obzwar die Methode für jede Zahl von Perioden anwendbar ist, wie F. HOPFNER[3]) zeigte.

Wenn nur eine Periode vorhanden ist, genügt $f(t)$ der Differentialgleichung

$$f''(t) + n^2(f(t) - f_0) = 0.$$

Für zwei Beobachtungszeiten t_1 und t_2, für welche die zugehörigen $f''(t)$, die man nach (20) aus den Differenzen der $f(t)$ erhält, möglichst verschieden sind, bildet man zwei Gleichungen

$$f(t) - f_0 + \frac{1}{n^2} f''(t) = 0. \tag{22}$$

und löst diese zwei in den Unbekannten f_0 und $1/n^2$ linearen Gleichungen auf oder man gewinnt f_0 und $1/n^2$ durch Ausgleich aus allen zur Verfügung stehenden Gleichungen (22). Durch den Übergang auf die Differentialquotienten wird das transzendente Problem (21) der Periodenbestimmung zu einem algebraischen.

Bei Vorhandensein zweier Perioden genügt $f(t)$ der Differentialgleichung vierter Ordnung

$$f(t) = f_0 - y f''(t) - z f''''(t). \tag{23}$$

Die vierte Ableitung berechnet man aus den Differenzen mittels

$$f''''(t) = \frac{1}{w^4}\left\{f^{IV}(t) - \frac{1}{6} f^{VI}(t) + \frac{7}{240} f^{VIII}(t)\right\}, \tag{24}$$

f_0, y und z werden aus den Gleichungen (23) durch Ausgleich berechnet, weiter erhält man n_1^2 und n_2^2 als die zwei Wurzeln der Gleichung

$$1 + n^2 y + n^4 z = 0$$

und damit die zwei Perioden $T_1 = \frac{2\pi}{n_1}$ und $T_2 = \frac{2\pi}{n_2}$, mit denen man nun leicht a_1, a_2, b_1, b_2 berechnet (21).

Damit die Methode zu richtigen Werten führt, muß das Intervall w von t kleiner sein als die Hälfte der kleinsten Periode von $f(t)$[4])[5]), die man aber von vornherein nicht kennt, andererseits darf w nicht zu klein gewählt werden, da es in Formel (20) und (24) im Nenner steht. Durch eine kleine Modifikation, welche H. BRUNS[5]) dieser Methode gab, wird man ziemlich frei von der Wahl des Intervalls w, andererseits wird die Berechnung der Ableitungen von $f(t)$ erspart, da die Perioden direkt aus dem Differenzenschema berechnet werden, das man hier nur bis zu Differenzen f^{2n} zu entwickeln braucht, wenn n Perioden bestimmt werden sollen, während man bei der Berechnung der Ableitungen in der Regel über die Ordnung $2n$ hinausgehen muß. Eine zusammenfassende Darstellung dieser Methoden sowie der von S. HIRAYAMA[6]) und F. KÜHNEN[7]) gibt K. STUMPFF[8]).

---

[1]) Kap. 13, Ziff. 27.
[2]) S. OPPENHEIM, Wiener Ber. Bd. 118, Abt. II A, S. 823. 1909.
[3]) F. HOPFNER, Wiener Ber. Bd. 119, Abt. II A, S. 351. 1910.
[4]) F. HOPFNER, Wiener Ber. Bd. 119, Abt. II A, S. 351. 1910.
[5]) H. BRUNS, Astron. Nachr. Bd. 188, S. 55. 1911 (Druckfehlerberichtigung S. 119).
[6]) S. HIRAYAMA, Tokyo Math. Phys. Soc. Proc. (2) Bd. 7. 1916.
[7]) F. KÜHNEN, Astron. Nachr. Bd. 182, S. 1. 1909.
[8]) K. STUMPFF, Analyse periodischer Vorgänge, S. 80—98. Berlin, Bornträger, 1927.

Beispiel. Für die Jahre 1836—1850 wurden nach LAMONT[1]) in München folgende Jahresmittel der täglichen Variation der magnetischen Deklination beobachtet:

Jahr	f-Variation	f^{I}	f^{II}	f^{III}	f^{IV}	f^{V}	f^{VI}
1836	+9,86′						
		+1,40					
1838	11,26		−3,23				
		−1,83		+3,08			
1840	9,43		−0,15		−1,52		
		−1,98		+1,56		+0,71	
1842	7,45		+1,41		−0,81		−2,52
		−0,57		+0,75		−1,81	
1844	6,88		+2,16		−2,62		+4,32
		+1,59		−1,87		+2,51	
1846	8,47		+0,29		−0,11		−0,20
		+1,88		−1,98		+2,31	
1848	10,35		−1,69		+2,20		−2,83
		+0,19		+0,22		−0,52	
1850	10,54		−1,47		+1,68		−3,50
		−1,28		+1,90		−4,02	
1852	9,26		+0,43		−2,34		+9,08
		−0,85		−0,44		+5,06	
1854	8,41		−0,01		+2,72		−11,16
		−0,86		+2,28		−6,10	
1856	7,55		+2,27		−3,38		
		+1,41		−1,10			
1858	8,96		+1,17				
		+2,58					
1860	11,54						

Mit $w = 2$ erhält man aus (20) die zweiten Ableitungen, welche mit den zugehörigen $f(t)$ in der folgenden Tabelle stehen:

Jahr t	$f(t)$	$f''(t)$
1842	7,45′	+0,36
1844	6,88	+0,61
1846	8,47	+0,08
1848	10,35	−0,48
1850	10,54	−0,41
1852	9,26	+0,18
1854	8,41	−0,09

Der größte Wert von $f''(t)$ findet sich bei $t = 1844$, der kleinste für $t = 1848$. Damit bildet man die zwei Gleichungen (22) und erhält die Näherungswerte

$$f_0 = 8{,}82', \quad \frac{1}{n^2} = 3{,}183,$$

aus letzterem weiter

$$T = \frac{2\pi}{n} = 11{,}21 \text{ Jahre}.$$

Zu einer scharfen Bestimmung der Unbekannten müßte selbstverständlich ein weit ausgedehnteres Beobachtungsmaterial verarbeitet werden als in obigem Beispiel, außerdem wird man die Gleichungen nach der Methode der kleinsten Quadrate auflösen. Das Beispiel wird in Kap. 13, Ziff. 13, zu Ende geführt.

Literatur[2]) zum Abschnitt IIb. RUNGE-KÖNIG, Vorlesungen über numerisches Rechnen. Kap. 4 u. 9. Berlin: Julius Springer 1924; v. SANDEN, Praktische Analysis. Kap. IV u. V. Leipzig u. Berlin. Teubner 1923; WHITTAKER-ROBINSON, The Calculus of Observations. London 1926.

[1]) S. OPPENHEIM, Wiener Ber. Bd. 118, Abt. II A, S. 836. 1909.

[2]) Nach Drucklegung dieses Bandes ist erschienen: M. LINDOW, Numerische Infinitesimalrechnung. Berlin u. Bonn: Dümmler, 1928.

III. Mechanische Quadratur.

27. Die Trapezformel. Behält man in Formel (12), die in Ziff. 21 durch Integration der Besselschen Interpolationsformel (10) gewonnen wurde, nur das erste Glied bei, dann ist das Integral über ein Teilintervall w genähert dargestellt durch

$$\int_a^{a+w} f(x)\,dx = w\,f\left(a+\frac{1}{2}\right) = \frac{w}{2}\,[f(a)+f(a+w)].$$

Schreibt man y_0 für $f(a)$, y_1 für $f(a+w)$, y_k statt $f(a+kw)$, dann erhält man durch Addition über p Intervalle[1]), (p = ganze Zahl) das Integral genähert (Trapezformel):

$$\int_a^{a+pw} f(x)\,dx = \frac{w}{2}\,[y_0+2y_1+2y_2+\cdots 2y_{p-1}+y_p].$$

Wird die Rechnung mit doppelter Intervallbreite wiederholt, dann ist der Fehler der genaueren Rechnung etwa ein Drittel des Unterschiedes beider Resultate.

28. Die Simpsonsche Regel. Die Formel (11) wurde durch Integration der Stirlingschen Formel (9) über die zwei Teilintervalle von $a-w$ bis $a+w$ gewonnen. Führt man die Integration über die zwei Teilintervalle von a bis $a+2w$ aus und behält nur die zwei ersten Glieder bei, so ist

$$\int_a^{a+2w} f(x)\,dx = 2w\,[f(a+w)+\tfrac{1}{6}f^{II}(a+w)].$$

Setzt man $f(a+w)=y_1$ und drückt die zweite Differenz durch die Funktionswerte aus

$$f^{II}(a+w) = y_2 - 2y_1 + y_0,$$

dann wird das Integral über die zwei Teilintervalle

$$\int_a^{a+2w} (fx)\,dx = \frac{w}{3}\,(y_0+4y_1+y_2)$$

und durch Addition über p Teilintervalle (p = gerade Zahl) erhält man die Simpsonsche Formel:

$$\left.\begin{aligned}\int_a^{a+pw} f(x)dx = \frac{w}{3}\,(y_0+4y_1+2y_2+4y_3+2y_4+,\ldots,+2y_{p-2}\\ +4y_{p-1}+y_p),\quad p = \text{gerade Zahl.}\end{aligned}\right\}\tag{25}$$

Eine ganze Funktion höchsten dritten Grades wird durch die Simpsonsche Formel genau integriert. Bei einer anderen Funktion ist der Fehler der rechten Seite von (25) genähert $-\frac{pw^5}{180}f^{IV}(\xi)$, wo ξ ein Mittelwert zwischen a und $a+pw$ ist. Schreibt man b für die obere Integrationsgrenze $a+pw$, so ist der Fehler

$$-\frac{(b-a)^5}{180\,p^4}\,f^{(IV)}(\xi),$$

nimmt also mit der Anzahl p der Intervalle sehr rasch ab.

Zu einer bequemeren Abschätzung des Fehlers der Formel (25) gelangt man, wenn man die Rechnung ein zweites Mal mit doppelter Intervallbreite wieder-

[1]) Über passende Wahl der Intervallbreite w siehe v. SANDEN, Praktische Analysis. 2. Aufl. S. 90.

holt; der Fehler der genaueren Berechnung ist dann ungefähr $^1/_{15}$ des Unterschiedes beider Resultate[1]).

29. Allgemeines über mechanische Quadratur. Durch die Substitution

$$x = \frac{a+b}{2} + \frac{b-a}{2} u$$

geht $f(x)$ in $\varphi(u)$ über und das Integral[2]) $\frac{1}{2}\int\limits_a^b f(x)\,dx$ in

$$W = \tfrac{1}{2}\int\limits_{-1}^{+1} \varphi(u)\,du\,. \tag{26}$$

Ist der Integrand eine ganze rationale Funktion bestimmten Grades, so wird das Integral durch ein lineares Aggregat einer gewissen Anzahl Ordinaten

$$F = R_1 y_1 + R_2 y_2 + \dots R_n y_n \tag{27}$$

genau dargestellt; dabei sind die R_α Zahlenkoeffizienten und die $y_\alpha = \varphi(u_\alpha)$ ausgewählte Ordinaten. Ist $\varphi(u)$ keine ganze rationale Funktion, so läßt sich das Integral (26) durch einen Ausdruck (27) genähert darstellen[3]).

Die Funktion $y = \varphi(u)$ möge sich im ganzen Integrationsgebiet $(-1, +1)$ in eine rasch konvergierende Taylorsche Reihe

$$\varphi(u) = a_0 + a_1 u + a_2 u^2 + a_3 u^3 + \dots, \qquad a_k = \frac{\varphi^{(k)}(0)}{k!}$$

entwickeln lassen. Einsetzen dieser Reihe in (26) und Integration liefert

$$W = a_0 + \frac{a_2}{3} + \frac{a_4}{5} + \dots \tag{28}$$

Führt man

$$y_\alpha = a_0 + a_1 u_\alpha + a_2 u_\alpha^2 + \dots, \qquad (\alpha = 1, 2, \dots n)$$

in (27) ein, so wird

$$F = a_0 \sum_\alpha R_\alpha + a_1 \sum_\alpha u_\alpha R_\alpha + a_2 \sum u_\alpha^2 R_\alpha + \dots. \quad (\alpha = 1, 2, \dots n) \tag{29}$$

Damit W durch F möglichst gut dargestellt wird, setzt man die Koeffizienten der ersten a_i in (28) und (29) einander gleich

$$\left.\begin{aligned}
&\sum_\alpha R_\alpha = 1\,,\\
&\sum_\alpha u_\alpha R_\alpha = 0\,,\\
&\sum_\alpha u_\alpha^2 R_\alpha = \tfrac{1}{3}\,,\\
&\sum_\alpha u_\alpha^3 R_\alpha = 0\,,\\
&\dots\dots\dots\dots\\
&\sum_\alpha u_\alpha^{2\beta} R_\alpha = \frac{1}{2\beta+1}\,,\\
&\sum_\alpha u_\alpha^{2\beta+1} R_\alpha = 0\,.\\
&\dots\dots\dots\dots
\end{aligned}\right\} \tag{30}$$

---

1) Runge-König, Vorlesungen über numerisches Rechnen. S. 239 u. 245.

2) Aus Gründen einfacherer Schreibweise ist es üblich, den Faktor $^1/_2$ einzuführen.

3) Über die strenge Herleitung der Formeln der mechanischen Quadratur aus der Eulerschen Summenformel siehe Whittaker-Robinson, The Calculus of Observations. Kap. VII. Ausführliche Ableitung obiger Darstellung bei Runge-König, Vorlesungen über numerisches Rechnen. § 78–80.

Erfüllt man hiervon p Gleichungen, dann enthält die erste nicht mehr erfüllte Gleichung die Potenzen u_α^p. Setzt man

$$\sum_\alpha u_\alpha^p R_\alpha = \frac{1}{p+1} - \Omega\,, \quad \text{wenn } p \text{ gerade,}$$
$$= \qquad - \Omega\,, \quad \text{wenn } p \text{ ungerade,}$$

dann ist der Fehler v, der entsteht, wenn das Integral W durch den Ausdruck F ersetzt wird, genähert

$$v = a_p \Omega = \Omega \frac{\varphi^{(p)}(0)}{p!}\,.$$

Der Fehler ist genau gleich diesem Ausdruck, wenn a_{p+1} und die folgenden Koeffizienten a verschwinden, wenn also $y = \varphi(u)$ eine ganze rationale Funktion $p$ten Grades ist; der Fehler v verschwindet, wenn auch $a_p = 0$ ist, $\varphi(u)$ also eine ganze Funktion höchstens vom Grad $p - 1$ ist; für sie stellt (29) das Integral (26) oder (29) streng dar.

Die Erfüllung der Gleichungen (30) kann geschehen, indem man 1. die Abszissen u_α wählt (am einfachsten äquidistant) und aus (30) die R_α rechnet (Formeln von NEWTON-COTES), oder 2. über die R_α verfügt (z. B. daß sie alle gleich gewählt werden) und die u_α aus (30) berechnet (Formeln von TSCHEBYSCHEFF), oder 3. indem man weder über die R_α noch über die u_α Voraussetzungen macht und beide Gruppen von Größen durch Auflösung von (30) bestimmt (Methode von GAUSS).

30. Die Formeln von NEWTON-COTES. Die Abszissen u_α werden äquidistant und symmetrisch zur Mitte $u = 0$ gewählt. Die Annahme, daß die zu symmetrischen Abszissen gehörigen R_α gleich sind, also $R_1 = R_n$, $R_2 = R_{n-1} \ldots$, bringt die 2., 4., ... der Gleichungen (30) von selbst zum Verschwinden. Den einzelnen Werten von n in (27) entsprechen folgende Formeln:

$$n = 2\,,\quad F = \tfrac{1}{2}\varphi(-1) + \tfrac{1}{2}\varphi(+1)\,, \qquad v = -\tfrac{2}{3}a_2 + \cdots,$$

$$n = 3\,,\quad F = \tfrac{1}{6}\varphi(-1) + \tfrac{4}{6}\varphi(0) + \tfrac{1}{6}\varphi(+1)\,, \qquad v = -\tfrac{2}{15}a_4 + \cdots,$$

$$n = 4\,,\quad F = \tfrac{1}{8}\left[\varphi(-1) + 3\varphi\left(-\tfrac{1}{3}\right) + 3\varphi\left(+\tfrac{1}{3}\right) + \varphi(+1)\right], \quad v = -\tfrac{8}{135}a_4 + \cdots,$$

$$n = 5\,,\quad F = \tfrac{1}{90}\left[7\varphi(-1) + 32\varphi\left(-\tfrac{1}{2}\right) + 12\varphi(0) + 32\varphi\left(+\tfrac{1}{2}\right) + 7\varphi(+1)\right],$$
$$v = -\tfrac{1}{42}a_6 + \cdots.$$

Durch Addition von Integralen über aufeinanderfolgende Teilintervalle erhält man für $n = 2$ die Trapezregel

$$\int_{x_0}^{x_m} y\,dx = \frac{w}{2}(y_0 + 2y_1 + 2y_2 + \cdots, + 2y_{m-1} + y_m),$$

wenn w der Abstand zweier aufeinanderfolgender Ordinaten ist, für $n = 3$ die Simpsonsche Regel

$$\int_{x_0}^{x_m} y\,dx = \frac{w}{3}(y_0 + 4y_1 + 2y_2 + 4y_3 + \ldots, 2y_{m-2} + 4y_{m-1} + y_m),$$

wo m eine gerade Zahl sein muß, und für $n = 5$

$$\int_{x_0}^{x_m} y\,dx = \frac{2w}{45}(7y_0 + 32y_1 + 12y_2 + 32y_3 + 14y_4 + 32y_5 + \ldots$$
$$+ 32y_{m-3} + 12y_{m-2} + 32y_{m-1} + 7y_m),$$

wo m durch 4 teilbar sein muß.

Die Formeln von MAC LAURIN verwenden statt der Endordinaten die Mittelordinaten der einzelnen Teilintervalle. Für $n = 3$ erhält man

$$F = \tfrac{3}{8}\varphi\left(-\tfrac{2}{3}\right) + \tfrac{1}{4}\varphi(0) + \tfrac{3}{8}\varphi\left(+\tfrac{2}{3}\right), \qquad v = \tfrac{7}{135}a_4 + \cdots.$$

Der Fehler ist also kleiner als der bei der Formel von NEWTON-COTES für $n = 4$.

31. Die Formeln von TSCHEBYSCHEFF. Wenn die Funktion $y = \varphi(u)$ durch Beobachtungswerte gegeben ist, empfiehlt es sich, alle R_α gleich groß, und zwar nach der ersten der Gleichungen (30) gleich $\frac{1}{n}$ zu wählen. Die 2., 4., 6. ... der Gleichungen (30) verschwinden, wenn vorausgesetzt wird, daß die u_α symmetrisch um die Mitte $u = 0$ gruppiert sein sollen. Man erhält

$$n = 2, \quad R_1 = R_2 = \tfrac{1}{2}, \quad \left\{\begin{aligned} u_1 &= -\tfrac{1}{3}\sqrt{3} = -0{,}577350, \\ u_2 &= +\tfrac{1}{3}\sqrt{3} = 0{,}577350, \end{aligned}\right\} \quad v = \tfrac{4}{45}a_4 + \cdots$$

$$n = 3, \quad R_\alpha = \tfrac{1}{3} \quad \left\{\begin{aligned} u_1 &= -\tfrac{1}{2}\sqrt{2} = -0{,}707107 \quad u_2 = 0, \\ u_3 &= +\tfrac{1}{2}\sqrt{2} = 0{,}707107, \end{aligned}\right\} \quad v = \tfrac{1}{30}a_4 + \cdots$$

$$n = 4, \quad R_\alpha = \tfrac{1}{4} \quad \left\{\begin{aligned} u_1 &= -\sqrt{\tfrac{1}{3} + \tfrac{2}{15}\sqrt{5}} = -0{,}794654, \\ u_2 &= -\sqrt{\tfrac{1}{3} - \tfrac{2}{15}\sqrt{5}} = -0{,}187592, \\ u_3 &= -u_2, \quad u_4 = -u_1, \end{aligned}\right\} \quad v = \tfrac{16}{945}a_6 + \cdots$$

$$n = 5, \quad R_\alpha = \tfrac{1}{5} \quad \left\{\begin{aligned} u_1 &= -\sqrt{\tfrac{5}{12} + \tfrac{1}{12}\sqrt{11}} = -0{,}832497, \\ u_2 &= -\sqrt{\tfrac{5}{12} - \tfrac{1}{12}\sqrt{11}} = -0{,}374541, \\ u_3 &= 0, \quad u_4 = -u_2, \quad u_5 = -u_1, \end{aligned}\right\} \quad v = \tfrac{13}{1512}a_6 + \cdots$$

Werden nicht alle R_α gleich groß gewählt, so kann man zu besseren Darstellungen gelangen. Eine solche erhält man z. B., wenn man bei $n = 4$ die R der zwei mittleren Ordinaten doppelt so groß wählt als die der zwei äußeren:

$$n = 4, \quad \left\{\begin{aligned} R_1 &= R_4 = \tfrac{1}{6}, \\ R_2 &= R_3 = \tfrac{1}{3}, \end{aligned}\right. \quad \left\{\begin{aligned} u_1 &= -\sqrt{\tfrac{1}{3} + \tfrac{2}{15}\sqrt{10}} = -0{,}868890, \\ u_2 &= -\sqrt{\tfrac{1}{3} - \tfrac{1}{15}\sqrt{10}} = -0{,}350021, \\ u_3 &= -u_2, \quad u_4 = -u_1, \end{aligned}\right\} \quad v = \tfrac{1}{553}a_6 + \cdots$$

32. Die Integrationsmethode von GAUSS. Es werden weder über die Abszissen u_α noch über die Zahlen R_α Annahmen gemacht. In dem Ausdruck F (27) sind alle $2n$ Größen unbekannt und durch Auflösen von $2n$ der Gleichungen (30) zu bestimmen. Der Fehler beginnt mit $v = \Omega a_{2n} + \cdots$, er verschwindet, wenn $\varphi(u)$ eine ganze rationale Funktion $(2n-1)$sten oder niedrigeren Grades ist. Durch einen Ausdruck (27) mit n Ordinaten wird also eine ganze Funktion $(2n-1)$sten Grades genau integriert. Die Methode von GAUSS wird man anwenden, wenn durch wenig Ordinaten schon hohe Genauigkeit erreicht werden soll, insbesondere wenn die Funktion $\varphi(u)$ derart kompliziert gebaut ist, daß schon die Berechnung weniger Ordinaten großen Arbeitsaufwand erfordert, oder wenn $\varphi(u)$ durch beobachtete Ordinatenwerte festgelegt werden soll, über deren Anordnung man noch verfügen will.

Durch Auflösung der Gleichungen (30) findet man

$$n=2,\quad R_1=R_2=\frac{1}{2},\qquad u_1=-\sqrt{\frac{1}{3}}=-0{,}5773503,\quad u_2=+\sqrt{\frac{1}{3}},$$

$$v=\frac{4}{45}a_4+\cdots$$

$$n=3,\quad \left\{\begin{array}{ll} R_1=R_3=\frac{5}{18}, & u_1=-\sqrt{\frac{3}{5}}=-0{,}7745967,\\ R_2=\frac{8}{18} & u_2=0,\quad u_3=+\sqrt{\frac{3}{5}},\end{array}\right\} v=\frac{4}{175}a_6+\cdots$$

$$n=4,\quad \left\{\begin{array}{l} R_1=R_4=0{,}1739274,\\ R_2=R_3=0{,}3260726,\end{array}\right. \left\{\begin{array}{l} u_1=-\sqrt{\frac{15+2\sqrt{30}}{35}}=-0{,}8611363,\\ u_2=-\sqrt{\frac{15-2\sqrt{30}}{35}}=-0{,}3399810,\\ u_3=-u_2,\quad u_4=-u_1,\end{array}\right.$$

$$v=\frac{64}{11025}a_8+\cdots$$

$$n=5,\quad \left\{\begin{array}{l} R_1=R_5=0{,}1184634,\\ R_2=R_4=0{,}2393143,\\ R_3=0{,}2844444,\end{array}\right. \left\{\begin{array}{l} u_1=-\sqrt{\frac{35+2\sqrt{70}}{63}}=-0{,}9061798,\\ u_2=-\sqrt{\frac{35-2\sqrt{70}}{63}}=-0{,}5384693,\\ u_3=0,\quad u_4=-u_2,\quad u_5=-u_1,\end{array}\right.$$

$$v=\frac{64}{43659}a_{10}+\cdots$$

Die zu einem bestimmten n gehörigen u_α sind genau die Nullstellen der Legendreschen Kugelfunktion $P_n(u)$[1]).

Beispiel. Die mittlere Tagestemperatur soll aus zwei Temperaturlesungen bestimmt werden, wann sind diese vorzunehmen? Die Zählung der Stunden soll von Mitternacht beginnen. Man findet, daß die Ablesungen um $\sqrt{\frac{1}{3}}\cdot 12$ Stunden vor- und nachmittags stattzufinden hätten, also um 5 Uhr früh und 7 Uhr abends. Dieser so erhaltene Mittelwert wäre genau das Tagesmittel, wenn sich der Temperaturverlauf während eines Tages durch eine Parabel dritten Grades darstellen ließe (ein Maximum und ein Minimum täglich).

Ließe sich der Temperaturverlauf durch eine Parabel 5. Grades (2 Maxima und 2 Minima) genau darstellen, so würde man ein fehlerfreies Mittel aus drei Ablesungen erhalten, welche mittags 12 Uhr und $\sqrt{\frac{3}{5}}\cdot 12$ Stunden vor und nach dem Mittag, also 2 Uhr 42 Minuten früh, 12 Uhr mittags und 9 Uhr 18 Minuten abends vorzunehmen wären. Die Mittagslesung wäre mit $R_2=\frac{8}{18}$, die Morgen- und Abendablesung mit $R_1=R_3=\frac{5}{18}$ zu multiplizieren.

33. Mechanische Kubatur. Das Volumen des prismatischen Raumes, begrenzt von den Ebenen $x=a$, $x=a+2h$, $y=b$, $y=b+2k$ und der Fläche $z=f(x,y)$, ist

$$\int_a^{a+2h}dx\int_b^{b+2k}dy\,f(x,y)$$

[1]) Kap. 13, Ziff. 24.

und genähert gegeben durch

$$\left.\begin{aligned}&\frac{h}{3}\Big[\frac{k}{3}\,(f(a,b)+4f(a,b+k)+f(a,b+2k))+\frac{4k}{3}\,(f(a+h,b)+4f(a+h,b+k)\\&\quad+f(a+h,b+k)+\frac{k}{3}\,(f(a+2h,b)+4f(a+2h,b+k)\\&\quad+f(a+2h,\ b+2k))\Big].\end{aligned}\right\}\quad(31)$$

Der Fehler dieses Ausdrucks beginnt mit

$$-\frac{1}{45}hk\left(h^4\frac{\partial^4 f}{\partial^4 x}+k^4\frac{\partial^4 f}{\partial y^4}\right).$$

Wenn $z = f(x, y)$ eine ganze rationale Funktion höchstens dritten Grades der zwei Veränderlichen ist, gilt Formel (31) streng. Sie ist eine Erweiterung der Simpsonschen Regel, denn der erste Klammerausdruck

$$\frac{k}{3}\,[f(a,b)+4f(a,b+k)+f(a,b+2k)]$$

ist der nach der Simpsonschen Regel berechnete genäherte Flächeninhalt des Schnittes der Ebene $x = a$, der zweite Klammerausdruck bestimmt ebenso den vierfachen Flächeninhalt des Schnittes der Ebene $x = a + h$ und der dritte Term den Inhalt des Schnittes der Ebene $x = a + 2h$. Führt man für diese Flächeninhalte die Bezeichnung F_1, F_2 und F_3 ein, so ist das Volumen

$$V=\frac{h}{3}\,(F_1+4F_2+F_3).$$

Diese Formel heißt nach KEPLER (Doliometrie 1615) „Faßregel"[1]).

Literatur zum Abschnitt III. O. BIERMANN, Vorlesungen über mathematische Näherungsmethoden. Braunschweig 1905; RUNGE-KÖNIG, Vorlesungen über numerisches Rechnen. § 78—80. Berlin: Julius Springer 1924; RUNGE-WILLERS, Enzyklopädie d. Math. Wissensch. Bd. II, C 2; v. SANDEN, Praktische Analysis. Kap. VI; F. A. WILLERS, Numerische Integration; WHITTAKER-ROBINSON, The Calculus of Observations. Kap. VII.

IV. Numerische Integration von Differentialgleichungen.

34. Die Methode von RUNGE-KUTTA. Die durch die Anfangswerte x_0, y_0 bestimmte Integralkurve der Differentialgleichung

$$y' = f(x, y)$$

wird punktweise gerechnet, indem zu den x-Zuwächsen h die zugehörigen Ordinatenzuwächse k nach folgenden Formeln bestimmt werden[2]):

$$\left.\begin{aligned}k_1&=f(x_0,y_0)\,h,\\k_2&=f\left(x_0+\frac{h}{2},\quad y_0+\frac{k_1}{2}\right)h,\\k_3&=f\left(x_0+\frac{h}{2},\quad y_0+\frac{k_2}{2}\right)h,\\k_4&=f(x_0+h,\quad y_0+k_3)\,h,\\k&=\frac{k_1+k_4}{6}+\frac{k_2+k_3}{3}.\end{aligned}\right\}\quad(32)$$

[1]) Weitere Formeln in RUNGE-WILLERS Enzyklopädie d. Math. Wissensch. Bd. II, C 2, S. 135; Methoden analog der Gaussschen ebendort S. 132.

[2]) RUNGE-KÖNIG, Vorlesungen über numerisches Rechnen. S. 286; v. SANDEN, Praktische Analysis. II. Aufl., S. 177. 1923.

Ist nach (32) ein zweiter Punkt $x_0 + h$, $y_0 + k$ der Integralkurve berechnet, so wird er zum Ausgangspunkt des nächsten Schrittes gemacht usw. Das x-Intervall h braucht nicht sehr eng gewählt zu werden. Der Fehler ist von der Ordnung h^5; man erhält für ihn eine gute Abschätzung, wenn man die Rechnung mit der doppelten Intervallbreite, also $2h$, wiederholt. Der Fehler der genaueren Rechnung ist etwa $^1/_{15}$ des Unterschieds beider Resultate.

Ist die rechte Seite der Differentialgleichung von y unabhängig, handelt es sich also um die reine Quadratur von $y' = f(x)$, dann geht die Formel von RUNGE-KUTTA in die Simpsonsche Regel über.

Wenn die y-Zuwächse k groß werden, die Integralkurve also steil ansteigt, integriert man die umgekehrte Gleichung

$$\frac{dx}{dy} = \frac{1}{f(xy)} = \varphi(x, y),$$

mit y als unabhängiger Veränderlicher, oder man dreht das Koordinatensystem so, daß die Integralkurve angenähert parallel der neuen x-Achse verläuft.

In der Nähe eines singulären Punktes versagt die Methode RUNGE-KUTTA.

Beispiel: Es ist die zu den Anfangswerten $x_0 = 4$, $y_0 = 4$ gehörige Lösungskurve von $y' = -\frac{y}{x} + \frac{x^2}{5}$ zu suchen. Mit $h = 0{,}2$ als x-Zuwachs rechnen wir nach dem von RUNGE angegebenen Schema:

x	y	$f(xy)$	$k = hf(xy)$	k
x	y	$f(xy)$	$k_1 = hf(xy)$	$\frac{1}{2}(k_1 + k_3)$ $k_2 + k_3$
$x + \frac{h}{2}$	$y + \frac{k_1}{2}$	$f\left(x + \frac{h}{2}, y + \frac{k_1}{2}\right)$	$k_2 = hf\left(x + \frac{h}{2}, y + \frac{k_1}{2}\right)$	Summe:
$x + \frac{h}{2}$	$y + \frac{k_2}{2}$	$f\left(y + \frac{h}{2}, y + \frac{k_2}{2}\right)$	$k_3 = hf\left(x + \frac{h}{2}, y + \frac{k_2}{2}\right)$	$k = \frac{1}{3}$ Summe
$x + h$	$y + k_3$	$f(x + h, y + k_3)$	$k_4 = hf(x + h, y + k_3)$	
$x + h$	$y + k$			
4,0	4,0	2,2	0,44	0,4664690745
				0,9324452112
4,1	4,22	2,332731707	0,4665463414	1,3989142857
4,1	4,233273171	2,329494349	0,4658988698	$k =$
4,2	4,465898870	2,464690745	0,4929381490	0,4663047619
4,2	4,466304762	2,464594104	0,4929188208	0,5203396992
				1,0401641968
4,3	4,712764172	2,602008332	0,5204016664	1,5605038960
4,3	4,726505595	2,598812652	0,5197625304	$k =$
4,4	4,986067292	2,738802888	0,5477605776	0,5201679653
4.4	4,986472727			

Auf diese Weise berechnet man zu den einzelnen x folgende y-Werte:

y	x
4,0	4,0
4,2	4,466304762
4,4	4,986472727
4,6	5,562452174
4,8	6,196266667
5,0	6,890000000
5,2	7,645784615
5,4	8,465792592
5,6	9,352228571
5,8	10,307324138
6,0	11,333333333

Zur Abschätzung des Fehlers wird die Rechnung mit doppelter Intervallbreite, also mit $h = 0{,}4$, nochmals durchgeführt. Für $x = 6{,}0$ findet man schließlich dasselbe y, das bei Fortschreiten nach dem Intervall $h = 0{,}2$ berechnet wurde, das Resultat ist also bis auf die 9. Stelle fehlerfrei. Die direkte Lösung der Differentialgleichung ist

$$y = \frac{C}{x} + \frac{x^3}{20}.$$

Die spezielle Lösungskurve für $x_0 = 4$, $y_0 = 4$ ist

$$y = \frac{16}{5x} + \frac{x^3}{20},$$

sie liefert für $x = 6{,}0$ das gleiche y, wie es nach der Methode RUNGE-KUTTA berechnet wurde.

Wie man aus der Tabelle sieht, beginnen die y-Werte immer rascher zu wachsen. Bei Fortsetzung der Lösungskurve über den Anfangspunkt (4,4) nach links findet man bei $x = 2{,}15$ eine Minimalstelle, von da an beginnt äußerst rasches Wachstum der y, die y-Achse ist Asymptote der Lösungskurve. Man wird daher links von $x = 2{,}2$ und rechts von $x = 6{,}0$ besser die reziprok genommene Gleichung

$$\frac{dx}{dy} = \frac{5x}{x^3 - 5y}$$

mit y als unabhängiger Veränderlicher integrieren. Das y-Intervall k wählt man größer, zuerst etwa $k = 1{,}0$, dann immer größer.

Ein während der Rechnung begangener Fehler zieht sich durch alle weiteren Schritte hin. Um nicht die ganze Rechnung wiederholen zu müssen, bedient man sich des folgenden von RUNGE[1]) angegebenen Verfahrens:

An einer Stelle sei statt des richtigen y ein fehlerhaftes $\bar{y} = y + \delta$ berechnet worden. Vorausgesetzt, daß δ so klein ist, daß seine zweite Potenz zu vernachlässigen ist, korrigiert man jedes fehlerhaft berechnete $\bar{y} + \bar{k}$ gemäß

$$y + k = \bar{y} + \bar{k} - \delta\left(1 + h\frac{\partial f}{\partial y}\right).$$

Das Korrektionsglied ist für jede Stelle zu berechnen.

35. Anwendung der Methode von RUNGE-KUTTA auf Systeme von Differentialgleichungen erster Ordnung und auf Gleichungen zweiter und höherer Ordnung[2]). Eine Differentialgleichung zweiter Ordnung

$$y'' = \varphi(x, y, y')$$

wird in ein System zweier Gleichungen erster Ordnung verwandelt:

$$z = y' \quad z' = \varphi(x, y, z).$$

Dieses System ist ein Spezialfall des allgemeineren

$$y' = f(x, y, z), \quad z' = g(x, y, z), \tag{33}$$

deren zum Anfangswert $x_0 y_0 z_0$ gehörige Lösung man schrittweise gewinnt aus

$$\left.\begin{aligned}
k_1 &= f(x_0, y_0, z_0)\cdot h, & l_1 &= y(x_0, y_0, z_0)h,\\
k_2 &= f\left(x_0 + \frac{h}{2}, y_0 + \frac{k_1}{2}, z_0 + \frac{l_1}{2}\right)h, & l_2 &= g\left(x_0 + \frac{h}{2}, y_0 + \frac{k_1}{2}, z_0 + \frac{l_1}{2}\right)h,\\
k_3 &= f\left(x_0 + \frac{h}{2}, y_0 + \frac{k_2}{2}, z_0 + \frac{l_2}{2}\right)h, & l_3 &= g\left(x_0 + \frac{h}{2}, y_0 + \frac{k_2}{2}, z_0 + \frac{l_2}{2}\right)h,\\
k_4 &= f(x_0 + h, y_0 + k_3, z_0 + l_3)h, & l_4 &= g(x_0 + h, y_0 + k_3, z_0 + l_3)h,\\
k &= \frac{k_1 + k_4}{6} + \frac{k_2 + k_3}{3}, & l &= \frac{l_1 + l_4}{6} + \frac{l_2 + l_3}{3},
\end{aligned}\right\} \tag{34}$$

---

1) RUNGE-KÖNIG, Vorlesungen über numerisches Rechnen. S. 297.

2) RUNGE-KÖNIG, Vorlesungen über numerisches Rechnen. S. 311.

$x_0 + h, y_0 + k, z_0 + l$ wird nun ebenso zum Ausgangspunkt des zweiten Schrittes gemacht usw. Der Fehler ist wieder proportional h^5 und man schätzt ihn ab, indem man die Integration ein zweites Mal mit doppelter Intervallbreite ausführt. Der Fehler der ersten Rechnung ist ungefähr $\frac{1}{15}$ des Unterschiedes der zwei Resultate.

Durch eine leicht zu findende Erweiterung des Schemas (34) läßt sich die Methode auf mehr als zwei simultane Gleichungen erster Ordnung ausdehnen.

36. Methode der sukzessiven Approximation. Auf irgendeinem Weg, z. B. graphisch[1]) oder durch Reihenentwicklung, sei man zu einer Näherungslösung $y = y_1(x)$ der Differentialgleichung

$$y' = f(x, y) \tag{35}$$

gelangt. Die Näherung braucht nicht besonders gut zu sein, es genügt meist, als erste rohe Näherung $y = y_0 =$ konst. für das Ausgangsintervall der durch $x_0 y_0$ bestimmten Lösungskurve anzunehmen. Das Integral von (35) kann man in der Form schreiben

$$y = y_0 + \int_{x_0}^{x} f(x, y)\, dx\,. \tag{36}$$

Unter dem Integralzeichen steht dieselbe Funktion $y(x)$ wie links vom Gleichheitszeichen. Zuerst wird in (36) rechts unter dem Integralzeichen die Näherungslösung[2]) $y_1(x)$ eingesetzt und die Integration numerisch durch Interpolation[3]) oder Summation[4]) ausgeführt. Dadurch erhält man nun links eine zweite Näherung

$$y_2(x) = y_0 + \int_{x_0}^{x} f(x, y_1)\, dx$$

in Form einer Tabelle, dieses $y_2(x)$ setzt man rechts unter das Integral und gelangt durch numerische Integration zur dritten Näherungslösung

$$y_3(x) = y_0 + \int_{x_0}^{x} f(x, y_2)\, dx$$

usw. Das Verfahren wird solange fortgesetzt, bis eine Lösung $y_{n+1}(x)$ sich von der vorausgehenden $y_n(x)$ innerhalb der gewünschten Genauigkeit nicht mehr unterscheidet, womit offenbar die Lösung von (36) im ersten Intervall x_0 bis x gefunden ist. Diese Lösung setzt man über das Ausgangsintervall fort und verbessert durch numerische Integration im zweiten Intervall so lange, bis wieder keine Änderung zweier aufeinanderfolgender Lösungen eintritt, dann verfährt man ebenso im dritten Abschnitt.

Wesentlich für die rasche Konvergenz des Verfahrens ist, daß die Lösungskurve nicht zu steil gegen die X-Achse ansteigt, bei raschem Anstieg der Kurve hilft Einführung eines neuen Koordinatensystems, das so gegen das alte gedreht ist, daß die Lösungskurve ungefähr parallel mit der neuen X-Achse verläuft. Die analytische Bedingung der Konvergenz ist die Lipschitzbedingung[5]), hier

---

[1]) Kap. 14, Ziff. 18.

[2]) Wenn nur $y_0 =$ konst. als erste Näherung für die ersten x-Werte angesetzt ist, so gewinnt man durch Integration schon ein $y_1(x)$ und hierzu ein erstes Differenzenschema, das mit jedem folgenden Schritt verbessert wird.

[3]) Ziff. 21 dieses Kap.

[4]) Ziff. 23 dieses Kap.

[5]) Vgl. hierzu Kap. 9, Ziff. 1, ferner RUNGE-KÖNIG, Vorlesungen über numerisches Rechnen. S. 301; L. BIEBERBACH, Theorie der Differentialgleichungen. S. 25. Berlin: Julius Springer 1923.

in Form eines Differenzenquotienten, der für alle x, y, y_n des Bereiches eine obere Grenze M nicht überschreiten darf:

$$\left|\frac{f(x,y) - f(x,y_n)}{y - y_n}\right| < M.$$

Das x-Intervall ist so zu wählen, daß, unter k ein echter Bruch verstanden,

$$|x - x_0| \leqq \frac{k}{M}$$

gilt.

Praktisch wird man durch das Verfahren selbst über die Konvergenz orientiert. Wenn die aufeinanderfolgenden Schritte sich durch große Änderungen unterscheiden, wird man das Intervall $(x_0 x)$ verkleinern; ebenso sieht man bei der Entwicklung des Differenzenschemas, das man zur numerischen Integration für jede Näherung $y_1(x)$, $y_2(x)$ ... entwickeln muß, ob man die Argumentintervalle enger nehmen muß usw. Die Schranke M und $x - x_0$ braucht man also nicht zu berechnen. Ein während der Rechnung begangener Fehler wird durch das weitere Verfahren von selbst eliminiert, sofern die fehlerhafte Lösung eine brauchbare Näherung darstellt.

Die Methode ist auf Systeme von Differentialgleichungen anwendbar.

Spezielle Methoden hat die Astronomie ausgebildet[1]).

37. Numerische Integration partieller Differentialgleichungen. Eine Übersicht der Methoden und Literaturzusammenstellung findet man in dem Enzyklopädieartikel Bd. II, C 2, Nr. 19 und 20 von RUNGE-WILLERS, in Nr. 21 die Übertragung der Methoden, welche zur Integration gewöhnlicher Differentialgleichungen dienen, auf partielle, insbesondere die Formeln von RUNGE-KUTTA[2]), weiter eine von RUNGE[3]) angegebene Methode, welche die Differentialgleichung durch eine Differenzengleichung ersetzt, und die Methode von RITZ[4]), welch letztere dann anwendbar ist, wenn das vorgelegte Randwertproblem sich in ein Variationsproblem umformen läßt. Eine kurze Darstellung dieser Methoden gibt auch WILLERS[5]).

Literatur[6]) zum Abschnitt IV. RUNGE-KÖNIG, Vorlesungen über numerisches Rechnen. Kap. 10. 1924; RUNGE-WILLERS, Enzyklopädie d. Math. Wissensch. Bd. II, C 2, Nr. 15–22; v. SANDEN, Praktische Analysis. Kap. X u. XI. 1923; F. A. WILLERS, Numerische Integration. Bd. IV. (Sammlung Göschen Nr. 864. 1923.)

---

[1]) Enzyklopädie d. Math. Wissensch. Bd. II, C 2, S. 157; Bd. VI/2, S. 12; Bd. VI/2, S. 19. Weiter die Monographien der Bahnbestimmungen und der Himmelsmechanik.

[2]) C. RUNGE, Numerisches Rechnen. Autogr. Vorlesung. S. 248. Göttingen 1912/13.

[3]) C. RUNGE, ZS. f. Math. Phys. Bd. 56, S. 225. 1908.

[4]) W. RITZ, Göttinger Nachr. 1908, S. 236; Journ. f. reine u. angew. Math. Bd. 135, S. 1. 1908. Gesammelte Werke S. 192. Hierüber auch Kap. 11, Ziff. 16; ferner C. COURANT-D. HILBERT, Methoden der Math. Physik. S. 157. Berlin: Julius Springer 1924.

[5]) F. A. WILLERS, Numerische Integration. S. 96. (Sammlung Göschen Nr. 864.)

[6]) Nach Drucklegung dieses Bandes ist erschienen: M. LINDOW, Numerische Infinitesimalrechnung. 1928.

Namen- und Sachverzeichnis.